中国科学院科学出版基金资助出版

现代化学专著系列·典藏版 14

甲 壳 素 化 学

王爱勤　主编

科学出版社

北　京

内 容 简 介

甲壳素是从虾、蟹壳中提取的一种天然高分子。壳聚糖是甲壳素脱乙酰基的产物。本书在系统介绍甲壳素和壳聚糖的基本理化性能的基础上，详尽地总结了各种衍生物的类型，着重介绍了主链降解、羧化、酰化、羟基化、烷基化、酯化、季铵盐和接枝共聚以及有机-无机复合等方面的研究进展。

本书可供从事功能高分子材料、生物材料、日用化工、环境保护和生物技术等领域的科技人员阅读，也可作为高分子化学、生物化学、医药卫生、环保、食品和农业等专业的大专院校师生的参考书。

图书在版编目(CIP)数据

现代化学专著系列：典藏版/江明，李静海，沈家骢，等编著. —北京：科学出版社，2017.1

ISBN 978-7-03-051504-9

Ⅰ.①现… Ⅱ.①江… ②李… ③沈… Ⅲ.①化学 Ⅳ.①O6

中国版本图书馆 CIP 数据核字(2017)第 013428 号

责任编辑：杨 震 袁 琦/责任校对：张 琪
责任印制：张 伟 /封面设计：铭轩堂

科学出版社 出版
北京东黄城根北街 16 号
邮政编码：100717
http://www.sciencep.com
北京厚诚则铭印刷科技有限公司印刷

科学出版社发行 各地新华书店经销
*

2017 年 1 月第 一 版 开本：720×1000 B5
2017 年 1 月第一次印刷 印张：38 1/2
字数：752 000
定价：7980.00 元（全 45 册）

(如有印装质量问题，我社负责调换)

序

　　甲壳素是自然界广泛存在的一种可再生资源，每年生物合成量多达 100 亿吨，目前容易直接获取的资源量中最多的是海洋节肢动物的虾蟹外壳，每年的收集量在几十万吨。甲壳素和脱乙酰基后的壳聚糖均属带有氨基的线形生物大分子多糖，具有独特的理化特性和生物学功能，有别于作为能量来源的淀粉和植物结构支持物的纤维素。甲壳素/壳聚糖及其衍生化的研究和应用已经成为当今世界多糖研究领域的一个热点。

　　20 世纪 50 年代我国一些大专院校和企业的科研人员就曾开展过海洋虾蟹壳生产壳聚糖的工艺和应用方法的研究，并取得了一定成绩。90 年代以来，随着我国的改革开放、国家对科技的大力支持、国内外学术的交流促进，我国的甲壳素/壳聚糖的研究和生产蓬勃发展，生产企业达到百余家，壳聚糖总产量每年超过 3000 吨，产品质量不断提高。同时，以甲壳素为原料生产氨基葡萄糖单糖的总产量超过 10 000 吨。酶法新技术生产壳寡糖的年生产能力可达上千吨。我国已成为甲壳素、壳聚糖、壳寡糖和氨基葡萄糖的生产和出口大国。基于壳聚糖优良的理化特性和多功能性，通过不同的化学基团接枝改性研究可开发新产品，拓宽其应用领域。近十年我国在海洋多糖药物、海洋生物医用材料、功能性食品、精细化工等领域的研究和应用开发方面取得了创新性的发展，部分研究成果已经达到国际领先水平。我国从事甲壳素研究人员涉及众多高等院校、科研机构和企业，科技队伍不断扩大，正在成为国际甲壳素化学研究的主力军，受到世界上相关科学家和企业家的高度关注。

　　王爱勤研究员多年从事甲壳素和壳聚糖衍生物及配合物的研究工作，是国内较早开展甲壳素/壳聚糖研究工作的研究者之一。在繁忙的工作之余，综合国内外甲壳素/壳聚糖方面的研究进展，结合自己的研究工作成果，与其他科研人员共同编写了《甲壳素化学》这本著作。该书除对甲壳素/壳聚糖及其降解产物制备技术和应用进行了较详细的介绍外，还着重介绍了甲壳素/壳聚糖衍生物的反应类型及其研究进展，并列举了各种反应类型实例，内容系统丰富，可作为高分子化学和生物材料专业学生的参考书，对从事甲壳素化学相关领域的研究和开发人员也具有参考价值。该书的出版将为我国甲壳素/壳聚糖的基础研究和应用开发起到积极的推动作用。为此，我乐以为序。

中国工程院院士

2007 年 9 月

前　言

自 1811 年从蘑菇中发现甲壳素以来，由于对甲壳素的化学结构和组成难以确定，研究发展速度相对缓慢，直到 1977 年 Muzzarelli 的第一本专著问世和在美国召开的第一届甲壳素/壳聚糖国际会议，才推动了这一领域的迅速发展。尤其是近十年来，各学科的相互渗透和交叉，使该领域的研究和应用空前活跃，已形成了鲜明的学科特色。近年来，在全球形成了甲壳素和壳聚糖及其衍生物的开发热潮，各国都加大了对其应用开发研究的力度。迄今为止，已召开了十次甲壳素/壳聚糖国际会议，甲壳素和壳聚糖及其衍生物已在废水处理、食品工业、纺织、化工、日用化学品、农业、组织工程和医药等方面得到了应用。

早在 20 世纪 50 年代，我国就开始了甲壳素的制备和应用工作，但直至 80 年代中期，甲壳素资源的开发利用才引起有关部门和科研人员的重视。进入 90 年代，众多的科研机构和大专院校投入到该领域的研究中来，虽然在该阶段取得了不少研究成果，但多是侧重于甲壳素和壳聚糖制备工艺的研究，与发达国家相比，我国在这一领域的研究和开发还有很大的差距。我国的甲壳素研究热潮是从 1996 年日本保健食品热销国内后悄然兴起的，"天价"保健食品的热销使更多的人认识了甲壳素，从而带动了甲壳素的研究和生产。尤其是 1996 年和 1997 年分别在大连和青岛召开的"第一届甲壳素化学学术讨论会"和"甲壳资源研究与开发学术讨论会"，直接推动了国内甲壳素和壳聚糖的研究进程。目前全国约有上千家的科研院所和大专院校从事与甲壳素和壳聚糖相关的研究与开发工作，近几年平均每年约有 800 篇甲壳素和壳聚糖研究论文发表，尤其是 SCI 论文呈现逐年增长的态势，表明我国在甲壳素和壳聚糖的研究方面已进入自主创新阶段。

甲壳素又名甲壳质、几丁质，其化学名称为(1,4)-2-乙酰氨基-2-脱氧-β-D-葡聚糖，它是通过 β-(1,4)糖苷键相连的线形生物高分子，相对分子质量从几十万到几百万。它脱除乙酰基后的产物是壳聚糖，又名甲壳胺或可溶性甲壳质，其化学名称为(1,4)-2-氨基-2-脱氧-β-D-葡聚糖。在实际应用中，要得到完全脱乙酰基的壳聚糖成本较高。通常把脱乙酰度大于 60% 或能溶于稀酸溶液的甲壳素都俗称为壳聚糖。甲壳素分子中有较强的分子间和分子内氢键，不能溶于普通的溶剂。壳聚糖的分子结构中含有游离氨基，溶解性能有了一定改观，但也只能溶于某些稀酸溶液。因此，对甲壳素和壳聚糖进行化学改性，可拓宽甲壳素和壳聚糖的应用领域。通过化学改性可在甲壳素和壳聚糖分子中的重复单元上引入不同基团，这些基团的引入，不仅可以改善其溶解性能，更重要的是不同取代基的引入可赋予甲壳素和壳聚糖更多的功能。在甲壳素和壳聚糖的研究工作中，对甲壳素和壳聚糖进行化学改性是甲壳素化学研究中最活跃的领域之一。

随着资源的有效利用和环境友好高分子材料的需求增长，甲壳素和壳聚糖已经引起了越来越多的国内外学者的关注，目前全球形成了甲壳素和壳聚糖及其衍生物的开发热潮。我国海岸线长，江河湖海纵横交错，具有丰富的甲壳素资源。因此，有效地利用这一资源，对促进国民经济的发展是很有意义的。

国内已陆续出版了几本有关甲壳素和壳聚糖的专著，但多偏重于甲壳素和壳聚糖的应用介绍。事实上，甲壳素和壳聚糖的应用更多地依赖于其构效关系的研究。为此，本书在介绍甲壳素和壳聚糖国内外发展动向的基础上，结合作者多年来在壳聚糖衍生物、壳聚糖金属配合物和壳聚糖有机-无机复合物等方面的研究积累，总结了有关甲壳素和壳聚糖衍生物的反应类型，着重介绍了主链降解、羧化、酰化、羟基化、烷基化、酯化、季铵盐和接枝共聚以及有机-无机复合等方面的研究进展。书中有丰富的制备类型举例，可作为高分子化学和材料等专业的学生的参考书，同时也期望本书对正在从事甲壳素化学相关领域研究和开发的人员具有参考价值，以期能为深化甲壳素和壳聚糖的基础研究和加快甲壳素和壳聚糖的应用开发发挥积极作用。

全书共分11章，分别为：第1章概论（王爱勤、徐君义）、第2章甲壳素/壳聚糖的化学与物理基础（董炎明）、第3章甲壳素/壳聚糖降解产物（王爱勤）、第4章甲壳素/壳聚糖羧化衍生物（王爱勤）、第5章甲壳素/壳聚糖酰化衍生物（王爱勤、孙胜玲）、第6章甲壳素/壳聚糖烷基化和季铵盐衍生物（王爱勤、孙胜玲）、第7章甲壳素/壳聚糖羟基化和糖类衍生物（王爱勤、王丽）、第8章甲壳素/壳聚糖的其他衍生物（王爱勤、王丽）、第9章甲壳素/壳聚糖的接枝反应（王爱勤、张俊平、刘黎）、第10章壳聚糖及其衍生物复合物（王爱勤、王丽、张俊平）和第11章壳聚糖及其衍生物与金属离子的作用（王爱勤、孙胜玲、王丽）。

首先感谢中国科学院科学出版基金的资助。在本书的编写过程中，得到了厦门大学、武汉大学、北京大学、中国科技大学、中国海洋大学、天津大学、华东理工大学、浙江大学、江南大学、兰州大学、上海师范大学、暨南大学、福建师范大学、合肥工业大学、深圳大学、中国科学院大连化学物理研究所、中国科学院海洋研究所和中国科学院过程工程研究所等单位专家学者的鼓励与支持。厦门大学董炎明教授，上海师范大学刘黎博士，浙江玉环县科技局徐君义同志和中国科学院兰州化学物理研究所王丽博士、孙胜玲博士和张俊平博士参与了有关章节的编写工作。在此，向关心和参与本书编写和出版的同仁表示衷心感谢！此外，在编写过程中，作者参考了大量公开发表的文献资料，对所引用文献的作者表示诚挚的谢意。

由于甲壳素和壳聚糖涉及的学科领域较多，发展速度很快，加之作者的水平及能力有限，本书难免存在许多不足之处，敬请读者批评指正。

作　者

2007 年 6 月

目　　录

第1章 概 论

1.1 甲壳素研究发展概况

1.1.1 甲壳素研究的发展历史

　　1811 年，法国科学家 Braconnot 从蘑菇中首次分离出甲壳素（chitin）[1]。限于当时的测试手段和条件，人们对甲壳素的化学组成和结构难以确定，其研究发展速度相对缓慢。1859 年，Rouget 将甲壳素置于氢氧化钾浓溶液中，首次制得了壳聚糖（chitosan）[2]。20 世纪 30 年代，第一件甲壳素制备壳聚糖专利的问世，推动了甲壳素/壳聚糖的研究进程，但直到 70 年代，甲壳素/壳聚糖才真正引起人们的关注。1977 年，Muzzarelli 第一本专著的问世和第一届甲壳素/壳聚糖国际会议的召开[3]，使科学家对该资源的开发产生了浓厚的兴趣。1977 年 4 月 11～13 日，在美国波士顿召开了第一届甲壳素/壳聚糖国际会议，参加会议的有美国、前苏联、日本、挪威、加拿大、南非、比利时、英国、尼日利亚、印度、意大利和智利等国家的科学工作者。会议上提交的 47 篇报告，主要侧重于甲壳素/壳聚糖在自然界中的分布、分离、性质及其在各方面的应用，尤其是在废水处理方面的应用比较突出。这次会议对甲壳素/壳聚糖的研究和应用发展具有里程碑意义。

　　此后，世界各国相继投入了一定的人力、物力和财力进行甲壳素/壳聚糖的研究及工业化应用工作。在这个时期，日本在该领域的研究与应用业绩突出，许多研究成果居领先地位。1982 年，日本农林水产省制定了甲壳素/壳聚糖的十年研究开发计划（1982～1992 年）。1985 年，日本文部省拨出 60 亿日元，资助全国 13 所大学和研究机构从事甲壳素/壳聚糖在工农业等十多个领域的研究开发。同年，日本鸟取大学以动物实验确认了壳聚糖在癌细胞增殖中的抑制作用。1988 年，日本通产省开始了无公害塑料计划，日本 UNITIKA 公司以甲壳素为成分开发了世界最早的人工皮肤（beschitin-W）。1992 年，日本鸟取大学开发成功海绵状壳聚糖（sunfive），作为动物治疗用卫生材料，获得农林水产省正式许可。1993 年，日本国立健康营养研究所确认了壳聚糖对人体具有降低胆固醇的作用。1994 年，日本科学工作者使用甲壳素/壳聚糖粉末，解决了因俄罗斯核子船队在日本海中投入核能废料而污染日本海域的生态问题。在此阶段，日本在甲壳素/壳聚糖的衍生物研究方面也取得了长足的进展，合成了许多结构新颖的甲壳素/

壳聚糖衍生物[4]，推动了甲壳素/壳聚糖的基础研究和应用研究。此外，亚洲一些国家和地区如中国、韩国、新加坡、泰国和我国台湾地区也相继在甲壳素/壳聚糖研究方面取得阶段性成果。其中，中国已逐渐成为亚洲乃至世界在这方面研究的主要力量。

自1977年在美国波士顿召开了第一届甲壳素/壳聚糖国际会议以来，迄今为止已召开了十次甲壳素/壳聚糖国际会议。尤其是分别在日本、加拿大和法国召开的第八届到第十届甲壳素/壳聚糖国际会议，会议的规模越来越大，参加的人数越来越多，涉及的学科越来越广，充分说明甲壳素/壳聚糖资源的有效利用，受到了科学工作者的高度重视。国外也出版了多本有关甲壳素/壳聚糖的专著[5~7]。

1991年，日本成立了甲壳素/壳聚糖协会，并召开了第一次学术研讨会，其后每年一次。1992年，欧洲也成立了甲壳素/壳聚糖研究会。1999年，在武汉召开的"第二届甲壳素化学与应用研讨会"上，我国也成立了中国化学会甲壳素专业委员会。

近10年来，由于环境友好功能材料的发展和各学科的相互交叉与渗透，甲壳素/壳聚糖的化学修饰方法不断拓展，这些修饰反应不仅有利于构效关系的研究，而且有助于开发特定的功能高分子材料。目前有关甲壳素/壳聚糖应用研究和产品开发空前活跃，在全球已形成了甲壳素/壳聚糖及其衍生物的开发热潮，各国都加大了对其产品的开发研究力度。2000年以来，有关甲壳素/壳聚糖SCI研究论文几乎呈线性增长趋势。在网址www.scopus.com中输入主题词"chitosan"，检索到的SCI研究论文数如图1-1所示。在这些研究论文中，甲壳素和壳聚糖及其复合物在组织工程、基因载体和药物载体等方面的研究非常活跃，表明甲壳素/壳聚糖及其衍生物将在21世纪生物材料的研究和应用中扮演重要的角色。

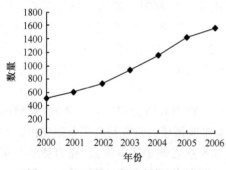

图1-1　2000年以来甲壳素/壳聚糖
SCI论文增长趋势

1.1.2　国内甲壳素发展概况

早在2000年前，我国医药宝库《山海经》、《神农本草经》即有蟹的药用记载，后有《食疗本草》和《本草纲目》等药学专著均有其清热解毒和破淤消积等多种功能的记载。但直至20世纪50年代，国内才有少数学者开始从事甲壳素方面的研究。1958年出版的《甲壳质的利用》是我国第一本较全面系统介绍甲壳素的专著[8]。1958年，浙江省玉环县化工厂利用蟹壳为原料制备的可溶性甲壳素（壳聚糖）代替阿克拉明应用于印染工业，首次实现了壳聚糖的工业化生产。1975 年，玉环县化工厂开始向国外出口甲壳素，但产量每年只有 200 多吨。而在同期日本月产量已达 56 t，美国月产也有 23 t。进入 90 年代中期，甲壳素/壳聚糖才引起了我国有关部门和科研人员的关注。纵观我国甲壳素/壳聚糖研究和应用的发展历程，大致可分为起步开发期、跟踪仿制期和自主创新期三个阶段。

起步开发期（1990 年以前）。参与研究的科研人员不多，投入的研发经费也很少，主要是对甲壳素的提取和壳聚糖的制备工艺进行了研究，其他方面的应用研究很少。在此期间，在中国知网上作为主题词可检索到的论文只有 27 篇。1983 年，玉环县科委谢雅明在《化学世界》第 4 期上发表论文"可溶性甲壳质的制造和用途"，这是早期比较全面介绍有关壳聚糖的工业化生产和应用的文章。1986 年，青岛海洋大学研制成功了壳聚糖人工皮肤，在全国 23 家综合性医院开展了二期临床试验研究，有效率达 90.5%，是国内最早在医药方面应用成功的范例[9]。北京化工大学开展了甲壳素季铵盐在电影胶片中的应用研究；遵义医学院开展了甲壳素亲和层析剂的研制工作；华东理工大学开展了甲壳素乙酰化反应研究，这些研究工作都取得了积极的结果。该阶段的亮点是 1958 年出版了专著《甲壳质的利用》和玉环县化工厂实现了甲壳素的工业化生产，其中工业化生产在亚洲尚属首次。

跟踪仿制期（1990～2000 年）。众多的大专院校科研机构和企业投入到了甲壳素/壳聚糖的研究开发行列当中，取得了不少的研究成果和产业化业绩。甲壳素/壳聚糖开始被众多的人认识，全国悄然兴起了甲壳素开发热。

首先是甲壳素生产能力大规模提升。甲壳素生产企业从原来的近十家发展到三百多家，经过市场洗礼，涌现出十多个上规模企业。产业布局以沿海地区为主，主要分布在浙江、江苏、福建、山东和辽宁等省。其中，浙江和江苏为甲壳素生产集中区域，企业数量和产业规模均占较大比重，尤其是浙江省的海岛小县玉环县，在不足数平方公里的区域内分布了 6 家甲壳素生产企业，年氨基葡萄糖生产能力达到 4000 余吨，出现 3 家年销售超亿元的省级高新技术企业。2005 年全国共出口氨基葡萄糖系列产品 8000 余吨，消费原材料甲壳素 1.6 万余吨，其中从国外进口甲壳素超过 5000 余吨，成为名副其实的氨基葡萄糖出口大国和甲壳素进口大国。

其次是研究开发成果突出。在该阶段一些研究单位系统开展了有关工作，为深化甲壳素/壳聚糖研究奠定了基础。南京总医院金陵药物研究所全面系统地开展了甲壳素提取、理化性质、药理和毒理方面的研究工作，得到了大量的基础数据，为甲壳素在医药方面的应用奠定了实验基础。同时他们还开展了甲壳素在药物缓释方面的研究工作[10～12]。

　　厦门大学合成了数十种甲壳素/壳聚糖衍生物，发现它们均具有溶致液晶性，这些衍生物的溶解性比壳聚糖好，能溶于许多有机溶剂，从而使其溶致液晶性表现得更加充分。后来进一步研究发现，甲壳素本身也有溶致液晶性，说明甲壳素是一类液晶性天然高分子，而且由于甲壳素的巨大蕴藏量和衍生途径的多样性，甲壳素类液晶的研究有着重要的科学价值[13~16]。

　　用低分子冠醚通过接枝反应制得的高分子冠醚，由于高分子效应产生的协同作用，其络合性能和选择性比相应的低分子冠醚有所增强。武汉大学系统合成了含氮、硫和磷原子的新型冠醚壳聚糖衍生物，开展了对金属离子吸附行为和性能的研究，为此类衍生物在金属分离、环境分析及废水处理等方面的应用做了大量的基础研究工作[17~20]。

　　中国科学院兰州化学物理研究所是国内较早系统开展羧甲基、羟乙基、羟丙基和烷基化甲壳素/壳聚糖衍生物研究工作的单位之一[21~24]。1998年，该所申请了壳聚糖衍生物国家发明专利，是我国第一件被授权的有关甲壳素/壳聚糖衍生物的发明专利[25]。其中一部分产品已产业化，对推动我国甲壳素资源的高值化利用起到了积极作用。同时还开展了壳聚糖/金属配合物的研究工作，在均相条件下，制备壳聚糖与金属离子配合物，首次得到了壳聚糖与锌离子有确定组成的配合物，这为壳聚糖金属配合物的构效关系的定量研究奠定了基础[26,27]。

　　氨基葡萄糖盐酸盐在医药上有广泛的用途，它具有促进抗生素注射效能的作用，可供糖尿病患者作营养补助剂，不但对治疗风湿性关节炎和乙型肝炎等有一定疗效，而且还是合成新型抗癌药物的主要原料。此外，它还可以用于化妆品、饲料添加剂和食品添加剂。由于国外市场对氨基葡萄糖盐酸盐的需求较大，在这个时期，有许多单位开展了工艺研究，主要目的是提高产品的收率。中国科学院大连化学物理研究所1996年承担了科技部"九五"科技攻关项目——"甲壳素生物降解制备低聚氨基葡萄糖的生产工艺"，2000年8月完成了科技成果鉴定，2001年获辽宁省科学技术二等奖。中国科学院海洋研究所也系统地开展了单糖和寡糖的研究工作[28]，这些工作推动了单糖和寡糖在医药和农业等方面的应用。

　　其三是学术活动频繁。1996年10月，中国化学会在大连召开了国内第一届甲壳素化学与应用研讨会，拉开了国内甲壳素/壳聚糖学术交流的序幕。其后，1997年11月在青岛召开了甲壳资源研究与开发学术研讨会。1998年7月，中国甲壳素化学与应用研讨会在玉环县召开，全国各地四十多名从事甲壳素/壳聚糖研究工作的专家参加了会议。1999年10月，中国化学会在武汉又召开了国内第二届甲壳素化学与应用研讨会，来自65个大学与科研部门和22家企业的140多位学者和企业家出席了研讨会。此次研讨会共征集到学术论文84篇，内容分为综述、结构表征、功能材料、甲壳素衍生物、生理药理和其他应用五个部分。研讨会通过大会交流、分组报告、专题讨论等形式，充分而广泛地探讨了我国甲壳素基础研究与应用情况，并展望了甲壳素在新世纪的研究与应用开发前景。此次会议期间，正式成立了中国化学会甲壳素研究会。

1991 年，国内出版了《甲壳和贝壳的综合利用》[29]一书。该书介绍了甲壳和贝壳的综合利用方法，详述了甲壳质及其衍生物的生产工艺以及在食品加工、化工、医学、纤维、薄膜材料、农业和其他方面的应用。为了让甲壳素这一宝贵资源在我国能得到充分利用，帮助更多的人以甲壳素为原料开发出更多的新产品，1996 年，由蒋挺大编写的《甲壳素》一书正式出版。该书详尽地总结了甲壳素和壳聚糖研究的理论成果，详细介绍了甲壳素/壳聚糖的制备和生产技术、产品技术指标以及化验分析方法，全面地介绍了甲壳素及其各种衍生物作为混凝剂、化妆品、膜材料、纤维材料、催化剂、酶和细胞的固定化载体、药物载体和吸附剂在食品工业、环境保护、医药保健、日用化工、农业及轻纺工业中的应用[30]。该书对我国甲壳素/壳聚糖的研究开发起到了积极的推动作用。2003 年，该书经作者修订后再版，内容更丰富，对全面了解甲壳素/壳聚糖的应用，具有指导作用。1999 年，《第六生命要素：几丁质 几丁聚糖 甲壳质 壳糖胺》也出版发行[31]。在该阶段，我国发表的有关甲壳素/壳聚糖的研究论文逐年增加，有些地方还自发成立了民间研究会，这对学术和信息交流起到了很好的推动作用。

其四是产业化技术稳步提高。在该阶段，一是初步解决了甲壳素/壳聚糖的质量稳定性问题，通过工艺控制可生产出不同黏度和不同脱乙酰度的壳聚糖产品。1996 年，玉环县海洋生物化学有限公司在有关科技人员的帮助下，完成对原有甲壳素生产工艺的技术创新，将甲壳素生产时间由原来的数十小时缩短为数小时，并且大幅度降低了劳动强度和物耗。1998 年，玉环县海洋生物化学有限公司建成国内第一条以虾壳为原料生产高纯壳聚糖的工业化生产流水线，月产高纯壳聚糖 20 t。在 20 世纪 90 年代末，玉环县甲壳素生产企业由原来的数家猛增至三十余家，年产甲壳素 1500 t，全国有 30 余家企业来玉环采购甲壳素，许多研究单位所用甲壳素/壳聚糖也大多来自玉环县。二是通过工艺持续改进，提高了单糖的收率，降低了产品成本。90 年代后期，玉环县企业利用甲壳素生产的氨基葡萄糖盐酸盐的收率可高达 50% 以上。三是一些科研新成果投入了生产，开发应用领域有较大的拓展，市场上出现了一些利用甲壳素/壳聚糖为原料生产的具有较高附加值的产品，其中保健食品达到了二十几个。此外，在人工皮肤、手术缝合线和纤维制品等方面也得到了长足的发展[32]。

自主创新期（2000 年以后）。在这个时期，国家加大了对甲壳素/壳聚糖的基础与应用研究开发的投入。国家自然科学基金委员会资助了许多具有原创性的有关甲壳素/壳聚糖研究项目；科技部对甲壳素/壳聚糖在生物材料等方面的应用研究给予了专项支持；浙江省设立了"科技兴海"专项。与此同时，许多企业主动与研究单位和大学联合，科研和开发投入呈现多元化的局面。多年从事甲壳素/壳聚糖研究的武汉大学、厦门大学、天津大学、江南大学、中国科技大学、浙江大学、中国海洋大学、中国科学院兰州化学物理研究所、中国科学院大连化学物理研究所和中国科学院青岛海洋研究所等单位，培养了大批具有引领和骨干作用的从事该资源开发的人才。在中国知网中输入关键词"壳聚糖"，可以看出自 2000 年以来，在国内公开出版物发表论文和硕、博士论文的数量如图 1-2 所示。由图可见，2004 年后硕博士论文数量趋于稳定；2000～2005 年，论文数量呈线性增长态势；2006 年，中文论文数量减少，但在国外期刊上发表论文的数量明显增多。这表明我国自主创新能力显著增强，并逐步成为国际甲壳素/壳聚糖研究的主力军。目前粗略统计，国内至少有 1000 家以上的单位从事甲壳素/壳聚糖的相关研究工作。

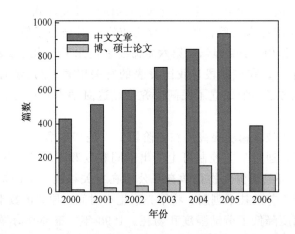

图 1-2　2000 年以来国内发表中文文章和硕博士论文的数量

　　20 世纪末、21 世纪初，国内多年从事甲壳素/壳聚糖研究的学者撰写的综述文章对引领甲壳素/壳聚糖的研究方向起到了重要作用。2000 年，武汉大学杜予民教授综述了甲壳素化学与应用的研究概貌和发展趋势[33]，着重围绕甲壳素化学结构与物化性质以及壳聚糖、甲壳低聚糖、氨基葡萄糖及其衍生物应用进行了评论，同时也介绍了国内外甲壳素化学的一些主要活动。厦门大学董炎明教授综述了甲壳素及其衍生物纤维的制备和性能[34]，介绍了制备甲壳素纤维的磺化法、含卤溶剂法和酰胺-氯化锂法，总结了壳聚糖纤维制备的一般方法和性能，简要介绍了甲壳素/壳聚糖酯类和醚类衍生物的纤维，讨论了甲壳素类纤维的应用。壳聚糖经酶法水解生成具有重要生理活性和功能性质的甲壳低聚糖，已成为近年来甲壳素领域中的一个研究热点。江南大学夏文水教授介绍了水解壳聚糖的几种酶和方法[35]，讨论了这些酶水解产物的生理活性与其结构之间的关系，指出如何提高壳聚糖酶或甲壳素酶的活性、降低酶法生产的成本，从而开发出商业酶制剂，是酶法生产甲壳低聚糖需要解决的关键问题。组织工程是指应用生命科学与工程的原理及方法构建一个生物装置来维护和增进人体细胞和组织的生长，以恢复、维持或提高受损组织或器官的功能。天津大学姚康德教授结合自己多年在生物材料方面的研究积累[36]，指出壳聚糖在组织工程材料研究中，可发挥重要作用。但是目前对用于组织工程的壳聚糖支架材料的研究仍不够全面。支架材料仍然存在许多缺点，如力学强度有限、降解速率与新生组织的生成速率不匹配、材料与宿主的整合性差、材料缺乏表面特异性等。青岛海洋大学刘万顺教授介绍了甲壳素/壳聚糖及其衍生物在医药等方面的应用现状[37]，展望了未来的应用前景。此外，国内还有众多从事甲壳素/壳聚糖相关研究的工作者，也发表了多篇综述文章[38~41]，对不同专业人员的相互交叉学习，起到了积极的促进作用。

在此期间，2001 年出版了《壳聚糖》一书，2007 年再版[42]。2002 年出版了《甲壳素·纺织品——抗病·健身·绿色材料》，书中简要介绍了甲壳素的来源、性能、用途及其独特的保健功能[43]。该书的作者结合参与甲壳素课题研究、甲壳素保健纺织品研制与开发工作实践，重点阐述了甲壳素纤维的制造方法和纺纱工艺方案以及开发各种甲壳素纺织品的途径和方法。

2001 年在浙江省玉环县召开的第三届甲壳素化学与应用研讨会，应该说对我国甲壳素/壳聚糖的研究具有里程碑意义，接着 2004 年在广西北海召开了"第四届甲壳素化学与应用研讨会"，而 2006 年在南京召开的第五届甲壳素化学学术讨论会更具有深远影响。为了顺应交叉学科发展和推动应用研究的需要，会议名称更名为中国化学会第五届甲壳素化学生物学与应用技术研讨会。会议主要内容有：甲壳素/壳聚糖物理化学性质与结构基础、甲壳素/壳聚糖分子表征与分析、甲壳素/壳聚糖溶解性能与相对分子质量和相对分子质量分布、甲壳素/壳聚糖化学改性和相关技术、甲壳素/壳聚糖降解及分离纯化、甲壳素/壳聚糖资源与清洁生产、甲壳素/壳聚糖应用开发与深加工利用、甲壳素/壳聚糖的生物学与生态学、甲壳素/壳聚糖生理活性与药理作用、甲壳素/壳聚糖其他相关内容。从会议提交论文的内容来看，基础研究明显加强，创新性成果明显增加，年轻科学工作者明显增多，表明我国甲壳素/壳聚糖的研究进入蓬勃发展时期。

2006 年 6 月 1~3 日，由中国化学会甲壳素专业委员会、中国生物工程学会糖生物工程专业委员会和中国海洋学会海洋生物工程专业委员会联合主办的"中国甲壳素及其衍生物学术研讨会"在青岛召开，来自国内不同专业领衔甲壳素/

壳聚糖研究的三十多位专家学者做了大会报告。这是我国近年来学科专业最齐全、大会交流时间最长和成果最丰富的一次学术交流会。从报告内容看，在医药、生物材料和功能材料等方面的研究成为热点，预示着甲壳素/壳聚糖在纳米生物材料、生物活性材料和环境友好功能材料方面有广阔的应用前景。

"十一五"期间，依据《国家中长期科学和技术发展规划纲要（2006～2020年）》、《国家"十一五"科学技术发展规划》和《"863"计划"十一五"发展纲要》，"863"计划生物和医药技术领域将围绕医药卫生、工业发酵、生物资源开发和生物安全等领域中的重大技术需求，着力自主创新，加强关键技术的研发和突破，提升生物和医药技术的整体竞争能力，力争实现跨越式发展。为此，2007年3月29日，科学技术部生物和医药技术领域办公室发布了"高靶向缓释纳米医药制剂研发"、"纳米生物材料研发"和"纳米生物器件研发"重点项目申请指南。针对重大疾病诊断和（或）治疗，研制新型纳米制剂，达到特异性靶向输送的目的。通过创新设计和优化获得缓释性强、生物相容性好、无毒副作用、包封率及载药量高的可应用于临床的纳米药物制剂；在不改变药性的前提下，建立纳米载体规模化制备工艺，实现绿色无公害低成本生产，解决产业化开发各种纳米制剂的关键技术，开发具有自主知识产权的新型功能性纳米生物材料，甲壳素/壳聚糖在这方面的应用将受到高度关注。

"新型海洋生物制品研究开发"是"十一五"国家"863"计划海洋技术领域重点项目之一。2007年5月14日，科学技术部"863"计划海洋技术领域办公室发布了"新型海洋生物制品研究开发"重点项目申请指南。其主要研究内容是以海洋生物大分子甲壳素/壳聚糖等为基本原料，进行分子修饰和分离纯化工艺研究；建立海洋生物医用材料三类医疗器械产品用壳聚糖基原料的质量标准体系和生产工艺；进行功能性医用材料和组织工程支架等产品的研制；进行生物安全性、功效评价和临床等研究；确立药用辅料或其他生物材料产业化生产工艺。研究目标是建立海洋生物医用材料规模化生产技术体系，研制出2～3种新型海洋生物医用材料的三类医疗器械产品和1～2种药用辅料或其他生物材料，建立我国海洋生物医用材料研发基地。同时还发布了"海洋生物农药及植物促生长剂产业化关键技术研究"，以海洋多糖为原料，研究酶催化可控降解技术及分离纯化技术；研究规模化生产工艺及放大等过程工程技术；开发新型生物农药、植物促生长剂及饲料添加剂，进行生物安全性、稳定性、药效评价和应用技术等研究。其研究目标是突破海洋寡糖生物农药及饲料添加剂规模化生产关键技术，建立产品质量标准体系；实现2～3种海洋生物农药、植物促生长剂及饲料添加剂规模化生产及其产品的推广应用；建立我国海洋寡糖生物制品研发基地。由此可见，未来甲壳素/壳聚糖将在提高人们生活质量等方面发挥重要作用。

1.2 甲壳素的分布与分离

1.2.1 甲壳素的分布

甲壳素广泛存在于自然界的昆虫类、甲壳类（如虾、蟹等）和软体类动物的骨骼及某些藻类的骨骼和某些菌类的细胞壁中，是地球上蕴藏量最丰富的有机物之一，在虾、蟹壳中的含量高达 15%～30%。每年生物合成甲壳素达 100 亿 t 之多，其年产量仅次于纤维素，是地球上一种取之不尽、用之不竭的可再生天然资源。

据报道，蛹皮中含有 30%～35% 的甲壳素；虾壳等软壳中含有 15%～30% 的甲壳素；蟹壳等硬壳中含有 15%～20% 的甲壳素；而干虾蛄中含有 15% 的甲壳素；蛆壳是纯度极好的甲壳素，含量达 95% 以上。甲壳素的分布在有关专著和文献中已进行了全面总结[44,45]。甲壳素在自然界并非单独存在，而是往往和其他物质一起构成复杂的化合物。在昆虫外壳和软体动物的外壳骨架中，甲壳素和蛋白质结合在一起，这样可以通过和多羟基酚交联而增加昆虫角质层的硬度；而在真菌中甲壳素与其他多糖如纤维素结合[46]。直到现在，纯净的甲壳素仅仅被证实存在于硅藻的胞外突起中[47]，而 β-(1,4)-N-乙酰氨基-2-脱氧-D-葡萄糖只在实验室通过严格的纯化分离过程并除去其他物质才可以获得。Richards[48]认为甲壳素严格说来并不是真正的天然有机化合物，而是经过复杂反应得到的产物。Hachman[49]也认为"天然甲壳素"应区别于从复杂化合物中分离出来的甲壳素，但 Hunt[50]认为"天然甲壳素"只表示聚合物结构和大分子组成的不同，而不是和其他分子联系在一起，他认为"天然甲壳素"应为"甲壳素-蛋白质复合物"。甲壳素作为自然界除蛋白质外数量最大的含氮天然有机高分子，在地球生物圈中众多的甲壳素酶、溶菌酶和壳聚糖酶等的生物降解下，参与生态体系的碳和氮源循环，对地球环境和生态系统保护起着重要的调控协同作用。

甲壳素分为 α、β、γ 三种构型。α-构型最稳定，故其含量最高；而 β-、γ-构型可以在适当条件下转化为 α-构型。β-甲壳素在甲酸中沉淀或与 6 mol/L 酸作用可得到 α-甲壳素[51]，这两种构型之间转换的难易程度与 β-甲壳素的来源有关。如从动物的刺中提取的 β-甲壳素容易发生构型转换，而从硅藻的胞外突起和食道上皮中得到的 β-甲壳素难以发生构型转变[51]。在饱和的 LiSCN 水溶液中 γ-构型将全部转换为 α-构型[51]，但在沸腾的 1.25 mol/L NaOH 中和 1.57 mol/L HCl 中，β-、γ-构型均能稳定存在[52]，所以从生物中提取甲壳素时不会改变其构型。

不同构型的甲壳素有不同的功能。α-甲壳素存在于高硬度的部位如节肢动物的角质层，并常与壳蛋白或无机物结合；β- 和 γ- 构型的甲壳素多存在于柔软和结实的部位。乌贼体内同时存在这三种构型的甲壳素：α- 甲壳素在胃内可形成薄的食道上皮，β- 甲壳素可形成一种骨架，γ- 甲壳素在胃中形成一种厚的上皮组织[51]。

　　甲壳素又名甲壳质、几丁质等，其化学名称为(1,4)-2-乙酰氨基-2-脱氧-β-D-葡萄糖，是通过 β-1,4 糖苷键相连的线形生物高分子。甲壳素与植物中的纤维素有相似的结构（图 1-3），当纤维素 C_2 位上的羟基（—OH）被乙酰氨基（—NHCOCH$_3$）取代后，就变为甲壳素，故有人也将甲壳素称为动物纤维素。然而，它们的理化性质却有很大差别。甲壳素除溶于二甲基乙酰胺/氯化锂、六氟丙酮和二氯乙烷与三氯乙酸的混合溶剂外，几乎不溶于其他的有机溶剂和稀酸、稀碱中[53]。有关甲壳素的构型将在第 2 章中详细介绍。

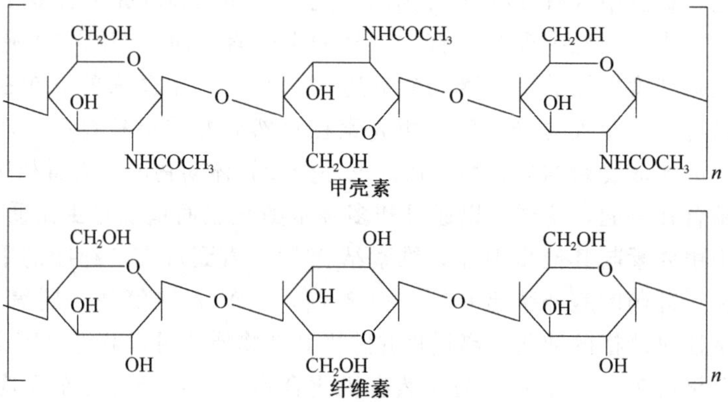

图 1-3　甲壳素和纤维素的结构式

1.2.2　甲壳素的分离

　　人们对甲壳素的分离与结构确认经历了一个漫长的过程。1811 年，Braconnot 用强碱从高级真菌中分离出一种物质，称其为真菌纤维素[1]。由于在制备过程中得到了乙酸，证实真菌纤维素是新的化合物。1823 年，Odier 从小金甲虫的翅鞘中，经过热浓 KOH 溶液处理，分离出一种不溶残渣，把它命名为甲壳素[54]。1824 年，Children 出版了 Odier 的论文英译本，并增加了自己关于甲壳素的研究成果。在翅鞘燃烧试验中，发现有 N_2 生成，这说明甲壳素中含有氮元素。然而，Odier 燃烧实验样品不是用热 NaOH 溶液处理得到的，这将使样品中含有大量的蛋白质，该样品燃烧就会放出 N_2。因此，用热浓 KOH 溶液水解处理得到的产物，很可能是壳聚糖而不是甲壳素。在 1859 年，Rouget 用浓 NaOH 溶液加热回流处理甲壳素，得到了被称为"修饰甲壳素"的物质[2]，它可溶于有机稀酸，用碘处理显示出与甲壳素不同的颜色。1894 年，Hoppe-Seyler 用 180℃的 KOH 溶液处理甲壳素，得到一种易溶于稀乙酸和稀盐酸的产品。在得到的酸液中加入碱会生成沉淀[55]。Hoppe-Seyler 没有采用"真菌纤维素"的名称[2]，而是称其为壳聚糖。

在 19 世纪对纤维素、甲壳素和壳聚糖的认识存在许多困惑。人们把在真菌中发现的这几种物质，统称纤维素。1891 年，Schulze 建议把不溶于稀酸和稀碱的细胞壁组成部分叫纤维素[56]，但用纤维素指代"真菌纤维素"还是延续了多年。1894 年，Winterstein 在 180℃用熔融的碱处理"真菌纤维素"，得到一种含氮化合物，虽然它水解得到的单糖与处理甲壳素的结果相同，但 Winterstein 认为"真菌纤维素"和甲壳素不完全相同，其获得的产物是壳聚糖而不是甲壳素[57]。此后，Winterstein 用稀 H_2SO_4 或稀 NaOH 溶液加热回流从真菌中得到的物质，其水解产物与用稀盐酸水解所得产物相同。尽管如此，Winterstein 仍用"真菌纤维素"来表示这种物质。

元素分析发现，由真菌制备的甲壳素与动物甲壳素完全相同，认为甲壳素在蘑菇中所起的作用与在显花植物和许多隐花植物中的纤维素是一样的。甲壳素可能和与显花植物中的纤维素相似的或相同的其他碳水化合物有联系。从黑曲霉中分离出的"真菌纤维素"，虽然与其他由真菌所得结果一样，但只有从黑曲霉中所得产物与蟹壳中的甲壳素相同。在后来的 30 年中，发现在蜗牛的萃取物中包含了壳糖酶，与动物甲壳素[58]和真菌甲壳素[59]中发现的两种酶作用相似。在 X 射线衍射图中发现，甲壳类动物、真菌和昆虫体中的甲壳素结构很相似[60]，而且真菌和昆虫中甲壳素的红外光谱是完全相同的。现在我们已经知道从甲壳类动物和真菌中获得的甲壳素都是 β-(1,4)-2-乙酰氨基-2-脱氧-D-吡喃葡聚糖，但不同来源所含的甲壳素的量不同，分布方式也不同。

现阶段工业化生产制备甲壳素主要以水产加工厂废弃的虾壳和蟹壳为原料，采用酸碱浸泡的化学法分别去除碳酸钙和蛋白质而制得。但该工艺存在许多固有的缺点：①虾、蟹等原料多产于沿海地带因而受到地域的限制；②虾、蟹繁衍的季节导致原料供应的季节性波动；③原料难以收集、保鲜和运输；④原料来源具有多样性、差异性，产品品质难以控制；⑤虾、蟹甲壳中含有大量的碳酸钙，这给甲壳素的提取带来了困难，在增加成本的同时还产生大量废水[61]。因此，人们将开发新的甲壳素资源的注意力集中在资源量大、种类多的昆虫等生物上。

近年来，松毛虫作为一类潜在的甲壳素资源受到了人们的重视[62~65]。研究发现，松毛虫中除含有丰富的蛋白质外，甲壳素的含量也较高，如云南松毛虫成虫中的甲壳素含量为 17.83%，德昌松毛虫蛹中的甲壳素含量为 9.99%[64]。

蝇蛆也是一种很有潜力的甲壳素资源。蝇和蛆壳的甲壳素得率分别为 10%～13% 和 15%～20%，蝇和蛆壳的壳聚糖得率分别为 8%～10% 和 13%～16%[65]。

利用盐场废弃物卤蝇蛆壳提取甲壳素和壳聚糖，蝇蛆甲壳素在质量分数 45%
NaOH 和100℃反应 1 h 即可得到自洁度好、黏度大、相对分子质量大的蝇蛆壳
聚糖[66,67]。蝇蛆壳聚糖具有免疫增强功能、调节血脂作用和抗突变作用[68,69]。
此外，蝇蛆壳聚糖对受试的 16 种真菌都有一定的抑制作用，抑制率最高时的蝇
蛆壳聚糖溶液浓度为 300 mg/mL，抑制效果最显著的真菌是丝核菌（rhizocto-
nicaspp)[70]。

　　蚕蛹也富含甲壳素。在桑蚕蛹[71]、家蚕蛹皮[72]和柞蚕蛹[73]中都含有丰富的
甲壳素。从蚕蛹中制备壳聚糖可作为相应酶的固定化载体[74]。从蚕蛹壳中可获
得 α-甲壳素[75]。研究发现，当用 6 mol/L HCl 和几丁质酶进行水解时，昆虫甲
壳素比虾甲壳素更易水解，昆虫甲壳素比虾甲壳素也更易脱去乙酰基。对黄粉虫
进行蛋白质和脂类等有效物质的综合提取后的虫渣及虫蜕，可制备甲壳素和壳聚
糖[76]。经酸碱法制得虫渣中壳聚糖提取率为 4.2%～4.4%，虫蜕中的得率为
11.0%；在相同制备条件下，虫渣中壳聚糖的脱乙酰为 66.5%～70.8%，虫
蜕中的壳聚糖脱乙酰度为 61.0%[77]。

　　利用蝉蜕可制取甲壳素和壳聚糖[77]，所得壳聚糖产物为白色片状，脱乙酰
度大于90%[78]；在一定条件下经 H₂O₂ 氧化降解，可制得相对分子质量较小的
壳聚糖，为蝉壳的综合开发利用找到了一条新的开发途径[79]。掸子虫又名宽蚺
陇马陆，也是潜在的甲壳素资源。对掸子虫中的甲壳素和壳聚糖与蟹壳中的甲壳
素和壳聚糖的性能比较研究表明[80]，在相同反应条件下，由于掸子虫甲壳素分
子间的作用力较弱，因而掸子虫甲壳素比蟹壳甲壳素具有较高的脱乙酰度。同时
掸子虫甲壳素和壳聚糖的亲水性和保湿性都比蟹壳甲壳素和壳聚糖的高，因而更
适宜用作医用缓释辅料。利用微波法制备蜚蠊甲壳素/壳聚糖产品，可提高蜚蠊
的利用率[81]；以蟋蟀和金龟子为材料也可获得甲壳素/壳聚糖[82,83]。此外，软体
动物鱿鱼[84]和蘑菇副产品中也含有甲壳素[85]。在子囊菌纲、担子菌纲、藻类纲
及半知菌纲等真菌细胞壁中的甲壳素含量也十分可观[86]。

　　我国陆地昆虫资源丰富，但目前我国昆虫类甲壳素资源的开发研究尚处在起
步阶段，除了个别昆虫外，许多昆虫的甲壳素含量及特性尚不了解。一些已被研
究的昆虫，除继续优化壳聚糖的分离和纯化工艺外，其壳聚糖的结构特性和功能
也有待进一步深化研究。

1.2.3　甲壳素的清洁生产

　　甲壳素的制备一般采用酸（HCl）脱钙和碱（NaOH）脱蛋白，两种化学品
对甲壳素的分子链都有一定的破坏，而且能耗高，废弃物对环境污染较严重。目
前，我国为制备 1 t 甲壳素需消耗 28～35 t 动物甲壳废弃物、0.5 t 片碱、8.5 t

30%的盐酸、200~250 t淡水和1.5 t煤炭等原料和能源，末端废水处理成本达5元/t以上，巨大的物质和能源消耗及环保治理成本是西方发达国家不愿生产甲壳素的主要原因。

清洁生产是指不断采取改进设计、使用清洁能源、采用先进的工艺技术与设备、改善管理和综合利用等措施，从源头削减污染，提高资源利用效率，减少或者避免生产、服务和产品使用过程中污染物的产生和排放，以减轻或消除对人类健康和环境的危害。甲壳素清洁生产就是引入清洁生产理念，通过对传统甲壳素生产工艺的分析和工艺创新，提高原料中蛋白质、$CaCl_2$、HCl等副产品的回收利用和能源的利用率，降低甲壳素生产过程中的废物排放，实现甲壳素的清洁化生产。其实现的途径主要有两条：一是改革传统的酸碱法生产工艺；二是开发不产生二次污染的新生产工艺，使用环境友好的试剂，如用酶或微生物替代碱和酸分别脱去蛋白质、矿物质等。

有关甲壳素清洁生产研究，中国专利申请（03115713.0）涉及一种甲壳素清洁生产工艺，以虾蟹壳为原料，先采用较低浓度HCl喷洒虾蟹壳，使虾蟹壳软化，然后用AS 1.398中性蛋白酶水解软化虾蟹壳中的蛋白质，滤出蛋白水解液后的固形物，用3~5 mol/L HCl溶液于40~50℃浸泡1~2 h，彻底脱除钙等矿物质，经自来水清洗、晒干获得甲壳素产品，而滤出蛋白水解液经调pH、沉淀、离心、干燥和粉碎等工艺过程，获得红色虾蟹蛋白水解精粉产品。另一个中国专利申请（2005100233515）也涉及一种甲壳素清洁生产工艺。先是通过对原料的预处理，大幅度削减蛋白质、水等物质进入碱煮这一后续工段；其次是回收碱煮废水中富含的虾蟹蛋白质及其降解产物、虾青素、油脂等，从根本上削减有机物的排放、变废为宝，降低末端综合废水处理难度；然后回收酸浸废水中的$CaCl_2$和HCl；最后将汇集的综合废水通过絮凝沉淀及UASB（upflow anaerobic sludge bed）——好氧处理达标排放。该清洁生产工艺变末端治理为产品源头全方位、全生产过程的控制，变单一的物化处理为生化法、物化法和废水回用及资源回收为一体的综合治理，变污染物的多元交叉为单一分隔，避免污染物的多元交叉混合，为资源回收和后续废水的生化处理创造了条件，从而突破甲壳素生产废水因高COD值和高氯根含量，导致不能采用生化法等常规办法治理的瓶颈制约，使长期困扰甲壳素产业的废水治理这一世界性难题得到解决，同时可回收大量的动物蛋白质和其他资源，经济和社会效益显著。一个年产100 t的甲壳素生产企业，实行清洁生产后，由于大量削减废物和能源，不仅废水处理成本由原来的5元/t降至1.0~1.5元/t，而且可回收蛋白质固形物达150~200 t，节约30%的盐酸达100~200 t，节约用水15 000 t等，产生的经济效益远大于废水处理成本，这对提高我国甲壳素产业竞争力意义重大。在这方面，浙江省玉环县的企业已经开展了部分工作，取得了较好的结果。

在研究中发现，传统甲壳素生产中 Cl^- 本身对 COD 测定值的贡献偏大，即使将废水中的虾蟹壳蛋白及其降解产物、虾青素、油脂等有机物除尽，若废水处理中没有废酸和 $CaCl_2$ 的回收这一步，则出水 COD 是不可能达标排放标准的。Cl^- 对 COD 测定值的贡献值计算如下：以生产 1 t 甲壳素计，需 30% 工业盐酸 8~8.5 t。则引入的 Cl^- 的量为

$$(8 \sim 8.5) \times 30\% \times 35.45/36.45 = 2.334 \sim 2.480 (t) \tag{1-1}$$

理论上，1 mg Cl^- 完全氧化后，需氧 0.226 mg，则折合 COD 绝对值为 0.5266~0.5763 t。若以综合废水的体积 300 t 计，则引入 COD 的相对值为 1742~1921 mg/L。因此，建议有关部门对甲壳素行业的废水处理环保指标达标考核应该充分考虑这一特殊性。

以虾壳为原料，采用乳酸发酵法来制备甲壳素，试验结果表明：葡萄糖是发酵的限制性底物，当新鲜湿虾壳与水的比例为 1:3、葡萄糖浓度为 15%（相对于原料壳）、发酵温度为 (42±1)℃、发酵时间为 3~7 d 时，所得甲壳素产品灰分小于 8%，固液分离后的发酵废液经浓缩回收可作为饲料添加剂或液体肥料，整个生产过程不使用强酸强碱，对环境友好。此外，用 EDTA 替代盐酸制备甲壳素，同等条件下所制得的甲壳素相对分子质量要高得多[87]，其他各项综合性能指标均优，EDTA 可回收，从而减少环境污染。相信通过不断努力，环境友好生产甲壳素的新工艺会被不断推出。

1.3　壳聚糖的制备

甲壳素脱去乙酰基可得到壳聚糖，但要得到完全脱乙酰基的产物很困难。通常把脱乙酰度大于 60% 或能溶于稀酸的脱乙酰基产物统称为壳聚糖。其制备方法可以分为化学制备法和酶法制备法。目前市场上所售壳聚糖一般是由甲壳素经强碱水解法除去分子中乙酰基而得到的，反应方程式如图 1-4 所示。

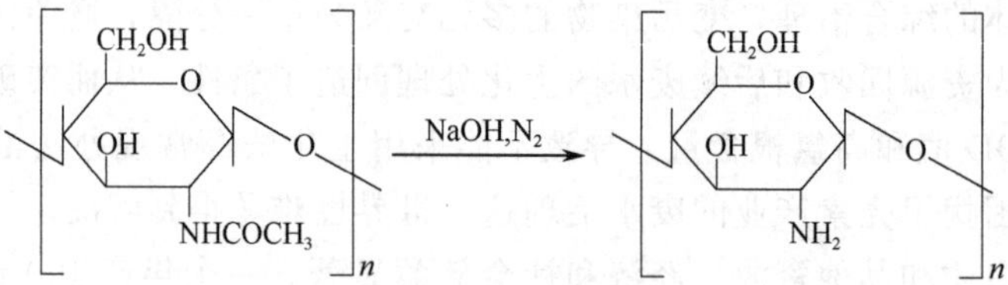

图 1-4　碱法水解甲壳素制备壳聚糖的反应式

1.3.1　壳聚糖的化学制备方法

壳聚糖化学制备法主要有碱熔法、浓碱液法、碱液催化法和水合肼法等。衡

量壳聚糖产品性能的主要指标是脱乙酰化度和相对分子质量（或黏度）。迄今为止，已有不少研究者进行过制备壳聚糖的研究[88,89]，获得了有意义的结果。纵观研究结果，从虾、蟹壳中提取壳聚糖一般都遵循图 1-5 所示的工艺流程。

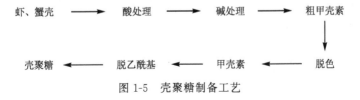

图 1-5　壳聚糖制备工艺

1.3.1.1　碱熔法

这是早期生产壳聚糖的一种方法，它是将甲壳素直接与固体氢氧化钾在镍坩埚中共熔。在 N_2 保护下于 180℃熔融 30 min，然后转入乙醇溶剂中。生成的胶状沉淀用水洗至中性，即得粗品壳聚糖。将粗壳聚糖溶于 5％的甲酸溶液中，用稀 NaOH 溶液中和使之沉淀，过滤，洗涤至中性，重复以上操作即可得到精品壳聚糖。但该法得到的产物，主链降解严重，相对分子质量较小，同时操作复杂，目前已不用此法制备壳聚糖。

1.3.1.2　浓碱液法

这是目前最常用的制备壳聚糖的方法，一般用 40％～50％的氢氧化钠溶液在 100～130℃反应 0.5～6 h，就可得到不同脱乙酰度的壳聚糖。其中碱的浓度、反应温度、反应时间和甲壳素的固体形状与壳聚糖的脱乙酰度密切相关。

以碱液浓度、碱处理温度和时间三个因素为影响壳聚糖性能（黏度和脱乙酰度）的主要因素，按正交实验法进行实验[90]。结果表明：NaOH 浓度、碱处理温度及处理时间对壳聚糖性能都有着不同程度的影响，而 NaOH 浓度的影响是最主要的。以黏度和脱乙酰度作为壳聚糖的主要质量标准，制备壳聚糖的工艺条件为：磨碎的甲壳素（40 目）以 1：10（W/V）与 45％～50％（最好是 47％）的 NaOH 溶液混合，然后在 90℃左右的温度下反应 8～10 h。整个反应过程中应仔细控制好温度，并不断搅拌混合液。反应之后将产物用水洗至中性，干燥即得纯白色的壳聚糖粉末。为了加快脱乙酰反应，也可进行间断性水洗。

在均相条件下，当甲壳素脱乙酰度为 50％左右时，产物具有良好的水溶性；但如果反应在非均相的条件下进行，即使脱乙酰度达到 50％，产物也不溶于水[91]。化学结构分析结果表明：脱乙酰度为 50％左右的水溶性壳聚糖分子链中，乙酰氨基和氨基呈无规分布，破坏了分子的有序性，从而使产物具有水溶性。水溶性壳聚糖不但提高了壳聚糖的溶解性能，而且能溶于碱性溶液，使得改性反应可在碱性条件下进行[92]，从而进一步扩大了壳聚糖研究与应用的范围。虽然均相脱乙酰可制备水溶性壳聚糖，但反应需在浓碱中进行，后期脱盐时需大量的溶剂，难以进行工业化生产。

1.3.1.3　溶剂碱液法

在浓碱液法中，NaOH 的用量大大过量，造成了不必要的浪费。有机溶剂（如异丙醇、丙酮、乙醇等）对甲壳素有强的渗透作用，可作为稀释介质使 NaOH 易于进入甲壳素分子内部，因而不仅可减少碱的用量，还可获得高脱乙酰度的壳聚糖。而采用间歇法制备工艺可获得高脱乙酰度、高品质的壳聚糖。在不同反应溶剂介质中，在反应温度 60℃时，丙酮比乙醇有较高的脱乙酰度和相对分子质量，但是用丙酮作反应介质时，产物不易洗涤，且色泽发黄。在反应温度 80℃时，用水作反应介质，与乙醇相比不但脱乙酰度低，产品色泽也不好，而且产物洗涤非常困难。因此，乙醇是较为适宜脱乙酰化的反应介质。乙醇有一定的极性和渗透性，它可有效地扩散渗入壳聚糖分子内部，因而提高了反应的效率。以乙醇为反应介质，在反应温度 80℃，反应时间 3 h，壳聚糖与氢氧化钠和乙醇的质量比为 1∶3∶16 的条件下，可获得脱乙酰度达 90％的壳聚糖，而传统方法只有 80％[93]。

1.3.1.4　碱液微波法

在壳聚糖的制备中，利用微波辐射加热新技术替代传统加热可以大幅度地缩短碱处理时间，且使壳聚糖具有较高的脱乙酰度和良好的溶解性。1979 年，Peniston首次应用微波处理甲壳素来制备壳聚糖[94]。近十几年来，国内利用微波技术来制备壳聚糖的报道层出不穷[95~97]。采用常规的碱液法，在温度 100℃、50％ NaOH 溶液体系中反应 10 h 可获得脱乙酰度 85％的壳聚糖。而改用碱液微波协同处理技术后，在 80℃下处理 18 min，即可得到脱乙酰度达 80％以上的壳聚糖。采用半干法微波处理也可制备壳聚糖。将预先粉碎到一定粒度的甲壳素（蟹壳）与一定量的浓碱溶液混合均匀，成糊状物。置于微波炉中，进行脱乙酰基反应，反应结束后，用热水洗涤至中性，再用甲醇浸泡洗涤后，真空干燥得白色或微黄色粒状产品[98]。

微波辐射技术极大地缩短了甲壳素脱乙酰化的反应时间，节约了能耗。但是，该法由于微波辐射造成了甲壳素分子链的严重断裂，其产品的相对分子质量较低，故该法特别适用于制备高脱乙酰度、低相对分子质量的壳聚糖。采用微波处理可以提高甲壳素的反应活性，显著提高脱乙酰基反应的速率，大大缩短了反应时间和大幅度减少碱用量。在节约原料及降低能耗方面有明显作用，对降低壳聚糖的生产成本有积极意义，若能设计出较适用的工业微波反应器用于生产，将产生显著的经济效益。

1.3.1.5 碱液催化法

该法适用于制备高脱乙酰度和高相对分子质量的壳聚糖。在该工艺中除使用NaOH 外，还加入了苯硫酚及二甲亚砜等溶剂。苯硫酚在 NaOH 强碱溶液中形成了具有脱氧与催化作用的苯硫酚钠。因而，一方面加速了反应的进程，另一方面又防止了主链的断裂。以 NaOH 醇水溶液为反应介质，实验采用价廉、无毒，且与人体相容性好的聚乙二醇（PEG600）为相转移催化剂（反应后无需分离除去），在反应条件比较温和的情况下制备壳聚糖，在 NaOH 质量分数为 35%，反应温度 90℃，反应时间 3 h，相转移催化剂质量分数为 5%时，有较高的脱乙酰度。该方法在碱液浓度不高的情况下达到除去蛋白的目的，降低了甲壳素的降解，减少了酸碱的用量，缩短了生产周期[99]。但是该方法目前仅限于实验室少量样品的制备。有关甲壳素脱乙酰化制备壳聚糖的内容还将在第 5 章中做详细介绍。

1.3.2 壳聚糖的酶法制备方法

甲壳素脱乙酰酶可以水解脱掉甲壳素上的乙酰基。因此，可以利用它代替现有的浓碱热解法生产高质量的壳聚糖。1974 年，最初从接合菌纲（*Zygomycetes*）的 *Mucor rouxii* 中发现甲壳素脱乙酰酶[100]，1982 年，又从半知菌纲（*Deuteromycetes*）的 *Colletotrichum lindemuthianum* 中发现该酶的存在[101]。在甲壳素脱乙酰酶的纯化和特性方面，对几种真菌研究得较深入，如：*Mucor rouxii*、*Absidia coerulea*、*Aspergillus nidulans* 及 *Colletotrichum lindemuthianum* 菌种。采用免疫亲和层析法对 *Mucor rouxii* 的甲壳素脱乙酰酶进行纯化，只需一步即可达到电泳纯，得率为 29.1%，比活力为 13.33 U/mg[102]；不同来源的甲壳素脱乙酰酶其相对分子质量、等电点、最适 pH、抑制剂、酶分布的位置等又不完全一样，这些差异导致不同来源的甲壳素脱乙酰酶的生理功能不同。在酶对底物的要求方面，从 *Mucor rouxii*、*Colletotrichum lindemuthianum*、*Absidia coerulea* 中得到的甲壳素脱乙酰酶对底物的要求较严格，只能以甲壳素、壳聚糖及其衍生物为底物，而 *Aspergillus nidulans* 的甲壳素脱乙酰酶对底物的要求低得多，它不仅可以脱除上述底物的乙酰基，而且可以水解 α-1,3 及 α-1,6 键连接的 N-乙酰氨基半乳糖。在甲壳素脱乙酰酶作用模式方面，来自 *Mucor rouxii* 的甲壳素脱乙酰酶是一种多点进攻模式，即酶与一条底物分子链结合后，从底物结合位置的非还原端开始，依次水解下来数个乙酰基，然后酶与底物解离，重新与一条新的底物分子结合，并且酶与底物分子中任何序列的结合没有倾向性[103]。对于有些能产生胞外甲壳素脱乙酰酶，且产酶能力强、酶活高的菌株，在生产甲壳素脱乙酰酶和酶法催化甲壳素脱乙酰生产壳聚糖的应用中具有非常重要的意义。

采用甲壳素脱乙酰酶脱去甲壳素的乙酰基来制备壳聚糖可取代浓碱热解脱乙酰生产壳聚糖的方法，不仅可以解决严重的环境污染问题，而且能降低能耗、解决浓碱热处理所得产品脱乙酰程度不均匀、相对分子质量降低等问题，酶法脱乙酰所得产品可用于一些新型功能材料的制造中。但是，目前也存在一些问题，如产生甲壳素脱乙酰酶菌株的产酶能力低，酶活低，同时天然存在的甲壳素都是结晶态的，而结晶态的甲壳素并不是甲壳素脱乙酰酶的良好底物。因此，要想很好的实现采用甲壳素脱乙酰酶脱乙酰制备壳聚糖的工业化生产，还必须做很多的工作。

微生物培养法生产壳聚糖的研究现在比较活跃，其主要原理还是利用微生物本身存在的酶进行自身催化，从而脱去乙酰基。从 20 世纪 80 年代起，日本和美国先后开始研究用微生物发酵的方法生产壳聚糖[104~106]，国内从 90 年代初也开始了这方面的研究。目前研究重点主要集中在菌株的选育和培养基的优化上。采用微生物培养法制备的壳聚糖其脱乙酰度和相对分子质量与利用甲壳动物生产的壳聚糖非常接近，其对金属离子的吸附能力远大于甲壳动物来源的壳聚糖，特别适合于重金属离子废水处理；其制成的食品保鲜剂的抗菌能力比甲壳动物来源的壳聚糖高 1~2 倍。因此，微生物培养法制备壳聚糖具有广泛的应用前景。

1.3.3 壳聚糖的清洁生产工艺

目前化学法制备的壳聚糖是市场供应的主体，该方法尽管生产技术简单，但生产的壳聚糖的品质和活性程度不能满足市场需求，且有强碱等废物排放对环境的危害和大量的能源消耗。酶法制备壳聚糖是利用专一性酶或生物发酵对甲壳素进行脱乙酰反应，是一种清洁生产工艺，但生产成本较高。壳聚糖清洁生产就是引入清洁生产理念，通过对壳聚糖制备工艺的创新和优化，使产品的品种、质量得到提高，满足市场的日益增长需求，对废物进行资源化利用，大幅度降低物耗和能耗，并将废物对环境的影响减少到最低程度。其需要解决的技术关键主要有：一是化学法制备壳聚糖清洁生产工艺的筛选和优化。其要求是通过工艺创新和装备革新，实现对不同相对分子质量、不同脱乙酰度和不同活性壳聚糖制备的可控性反应，同时实现废物的资源化利用。二是不同壳聚糖衍生物的制备与应用技术。三是优化甲壳素脱乙酰酶的分离、培养和工业化应用技术。四是微生物发酵制备壳聚糖技术开发。

化学法制备壳聚糖的传统工艺，均采用"酸脱钙-碱脱蛋白-碱脱乙酰基"的工艺路线，将脱蛋白与脱乙酰基分两步独立进行，这无疑造成了生产线路延长、碱用量增加及生产效率下降。采用"一步法"可同时脱蛋白和脱乙酰基。实验证明，用"一步法"脱虾壳中的蛋白质和甲壳素分子中的乙酰基，得到的壳聚糖产品蛋白质含量约为 8.99%，但在脱乙酰基方面，效果略微低于"两步法"，但总的来说，完全可以利用"一步法"来生产食品级及以下级别壳聚糖[107]。国内壳聚糖生产企业的普遍做法是优化学法制备壳聚糖工艺和装备，不断降低能耗、物耗和回收废碱液用于虾蟹壳的脱蛋白处理，以实现废弃物的资源化、减量化和无害化。

由于酶法制备壳聚糖不涉及强碱等化学试剂，完全靠专一性酶或生物发酵对甲壳素进行脱乙酰反应，这不但可以解决目前壳聚糖生产中的环境污染问题，而且可以生产出某些用化学法不能生产的壳聚糖产品，如乙酰化程度均匀、相对分子质量分布范围窄的壳聚糖产品，以及具有特定乙酰化位置的壳聚糖等。因此，该清洁生产工艺受到人们的极大关注。

1.3.3.1　米根霉发酵法生产壳聚糖

米根霉是生产 L-乳酸等生化产品的菌种，其细胞壁含有天然壳聚糖，可以通过发酵法直接进行提取，不需经浓碱脱乙酰步骤，提高了资源利用率，减少了发酵处理过程中的排污量。选用米根霉作为菌种，在 32℃下，220 r/min 下摇瓶培养 72 h，最终得壳聚糖产率为 10.1%（占生物量干重），脱乙酰度为 92%[108]。

1.3.3.2　犁头霉属真菌发酵生产壳聚糖

利用犁头霉属真菌发酵发现，pH 控制在 4.5 可获得 90% 以上的脱乙酰度；28～29℃ 和 pH 5.0 条件下，壳聚糖的收率达到 780 mg/L；随培养时间延长，产品相对分子质量迅速下降。扫描电镜分析显示，发酵法生产的壳聚糖成膜后，与酸碱处理甲壳素得到的产品在微观结构上存在显著差别，表现出更为独特有序的微观结构。培养时间对最终产品的相对分子质量影响远远大于温度及 pH 等条件，并且随培养时间的延长，产品相对分子质量迅速降低。因此，选择不同培养条件，可以得到不同相对分子质量大小的壳聚糖产品[109]。

实验室规模发酵蓝色犁头霉 36 h 后，菌体生物量达到 18 g/L，获得天然壳聚糖得率为 10%；发酵 91 h 后菌体生物量达到 23 g/L，壳聚糖得率为 12.4%。此法特点是可以直接从废菌体中提取脱乙酰度较高的壳聚糖[110]。日本旭硝子公司利用犁头霉生产壳聚糖的产量达到 7.8 g/L。

1.3.3.3　黑曲霉发酵生产壳聚糖

黑曲霉细胞壁中主要含甲壳素和蛋白质，蛋白质具有可电离的基团，在溶液中能形成带电荷的阳离子和阴离子，在电场中向一方迁移，从而把蛋白质分离，这是电解法制备甲壳素的原理。以黑曲霉为实验材料，研究在常用培养基中的发酵条件，确定了用电解法从菌丝体中提取甲壳素的工艺条件，制得脱乙酰度为 93.76% 的壳聚糖[111]。选择黑曲霉作为菌株研究了利用流加技术进行发酵法生产壳聚糖，确定了流加成分，其残糖浓度控制为 3.0%～3.5%，碳氮比选择 1∶1；同时比较了不同流加方式对壳聚糖产量的影响，结果表明恒残糖流加、恒培养基流加和恒葡萄糖流加 3 种方式对壳聚糖产量提高幅度大致相同。该研究表明，流加操作能提高黑曲霉发酵过程中的生物量，但提高幅度不大，范围在 24～30 mg/L，此发酵体系流加的作用仅仅为提高基质浓度[112]。

1.3.3.4　雅致放射毛霉发酵生产壳聚糖

以丝状真菌雅致放射毛霉 (accimonueorelegams) 发酵时形成的菌丝体为原料，利用其细胞中存在的甲壳素合成酶和甲壳素脱乙酰酶的自身催化作用，把尿苷二磷酸-N-乙酰-D-葡萄糖胺转变成壳聚糖，并研究了制备条件。结果发现在反应温度 28 ℃、摇床转速 250 r/min、pH＝7.4～7.6、培养时间 45 h 的条件下，壳聚糖对其菌丝体产率为 15.68%，脱乙酰度可达 85%～90%[113]。实验室规模发酵鲁氏毛霉 48 h 后，菌体生物量（干细胞重）达到 10 g/L，最终获得天然壳聚糖得率 4%～8%。采用 UV 对 *Gongronella butleri* 真菌诱变得到 M^{1+}、M^{2+}、M^{7+} 菌株，与野生株比，能成倍提高壳聚糖产量[114]。

1.4　甲壳素和壳聚糖的应用

甲壳素/壳聚糖是一种有广泛应用价值的天然生物多糖高分子材料，其基本结构与纤维素类似，但因在重复单元中多了一个乙酰基或氨基，尤其是壳聚糖带有正电荷，所以使其化学性质较为活泼[115]。由于所具有的生物官能性和相容性、安全性、微生物降解性等优良性能，目前已被广泛应用于医药、农业、食品、造纸、印染和日化等领域，并成为 21 世纪重点开发的生物新材料[116]。

1.4.1　在医药中的应用

在医学领域，甲壳素/壳聚糖可作为生物相容性很好的可降解材料，制成手术缝合线、人造血管和人工皮肤等医疗产品；在药学领域，它具有抗癌、治疗心血管疾病和促进伤口愈合等功效，同时还可作为智能型药物的缓释剂与控释剂。在保健方面，更被欧美学术界誉为继蛋白质、脂肪、糖类、维生素、无机盐之后的第六生命要素，对人体具有强化免疫机能、延缓衰老、预防疾病和调节人体生理等多重作用[57]。

1.4.1.1　在组织工程中的应用

单一材料很难满足组织工程对支架材料的要求，因而采用不同性质的材料进行复合以获得具有新性能的杂化支架材料成为当前生物材料研究的热点。壳聚糖是一类重要的碱性天然多糖，由于其良好的可生物再生性、生物降解性、生物相容性和无毒及生物功能性，因此，在生物医学领域具有广阔的应用前景。但是壳聚糖不具备生物活性，在生理环境中降解速度过快，而且机械强度较低，因而不能用于复杂部位骨的修复重建。大量研究证明，羟基磷灰石具有与自然骨无机矿物质相似的化学组成，而且有良好的生物活性和较高的机械强度，但它的脆性和极低的降解速率在某种程度上却限制了其在骨组织工程中的应用。将壳聚糖/羟基磷灰石复合可克服两种单组分材料各自的不足。通过粒子沥滤法可制备壳聚糖/羟基磷灰石多孔支架材料。研究结果表明，壳聚糖/羟基磷灰石复合材料中羟基磷灰石呈弱结晶状态，复合前后两组分的化学组成未发生显著变化，但两相间发生了相互作用。多孔材料呈高度多孔结构，孔壁上富含微孔，孔间贯通性高。复合材料/致孔剂质量比为 1∶1 时，多孔材料的孔隙率为 53%，其抗压强度可达 17 MPa 左右，可以满足组织工程支架材料的要求[117]。

将甲壳素和羟基磷灰石复合可形成一种新的甲壳素/羟基磷灰石复合物[118]，力学性能测试结果表明：在复合材料中进一步增加羟基磷灰石会使聚合物强度下降，但作为骨组织替代品的应用是有利的。如果对甲壳素进行羧甲基化修饰，更有利于与 Ca^{2+} 的相互作用[119]。如果用冻干甲壳素凝胶的方法制备多孔甲壳素，可形成更加坚固的甲壳素/钙磷灰石复合材料。将壳聚糖与羟基磷灰石复合制备的壳聚糖/羟基磷灰石膜，当膜中壳聚糖与羟基磷灰石的比例为 11∶4 时，对于膜的收缩性、拉伸性、硬度、Ca^{2+} 释放性、形态以及活性都有较好的效果。

通过冻干法可得到 100~500 μm 的甲壳素凝胶基质[120]。为解决冻干法制得的甲壳素基质上孔尺寸的限制，将 $CaCO_3$ 加到甲壳素溶液中，然后将溶液到入模具中，可得到 $CaCO_3$/甲壳素凝胶。将 $CaCO_3$/甲壳素凝胶放在 1 mol/L HCl 溶液中，此时发生化学反应生成 $CaCl_2$ 和 CO_2 气体，这样在甲壳素凝胶的内部和表面形成持续贯穿的孔。孔尺寸大小从 100～1000 μm，用这种方法得到的孔结构是敞开结构。甲壳素凝胶中的 $CaCl_2$ 在干燥后很容易用水洗掉而不留下含钙的杂质。

关于壳聚糖/羟基磷灰石凝胶三维网状结构的制备已经有许多报道。在不同的报道中，壳聚糖和其他材料的合成是研究的热点。壳聚糖-聚乙烯吡咯烷酮水凝胶与内皮细胞没有较大的相互作用，因而可作为免疫促进材料使用[121]。壳聚糖用乳糖酸修饰后生成半乳糖基的壳聚糖，再加到交联的藻酸盐凝胶中，凝胶经冷冻处理，最后冻干。这种结构显示了正常的孔构型，孔尺寸取决于冷冻处理、壳聚糖的相对分子质量以及半乳糖化壳聚糖的数量。肝细胞能够附着在藻酸盐-半乳糖化壳聚糖结构上。

乳酸羟基乙酸共聚物（PLGA）和聚羟基丁酸酯（PHB）等材料是目前组织工程研究和应用较多的合成高分子材料，但是其降解产物呈酸性，产生自催化效应，加速支架材料降解从而造成力学强度的迅速衰减，而且由于酸性引起的无菌性炎症反应使材料周围包囊加厚，与正常组织完全隔离。另外，合成高分子材料活性位点较少，影响细胞的黏附迁移。所以，许多学者将壳聚糖与聚酯类材料复合，优势互补，用于组织修复尤其是承重部位组织的修复和重建。如壳聚糖/PLA（PLGA）复合材料和壳聚糖纤维增强聚乳酸复合材料等，利用壳聚糖的碱性和带电性改善材料的生物相容性和降解性能。研究证明酰化改性的壳聚糖纤维能增强复合材料力学强度，力学衰减、细胞贴附性能远远高于聚酯类自增强材料。利用超临界 CO_2 技术制备的壳聚糖/聚酯类复合材料，解决了两者材料共溶及分散性等问题，并且可同时复合天然活性蛋白及生长因子，一次成型制备多孔复合支架材料，经软骨、成骨细胞培养及体内植入试验均表明材料具有良好的生物相容性和降解性能[122]。

多糖材料是软骨细胞的良好载体，它能够参与细胞信使传递和免疫反应。因此，广泛地应用于生物材料领域。将 85% 脱乙酰度、相对分子质量为 1.3×10^5 的壳聚糖，通过 1,1′-羰二咪唑（CDI）与琼脂糖偶合，在 4℃ 条件下凝胶化，在凝胶内培养胚胎脊神经部分，并检验神经的伸长情况，实验发现神经在壳聚糖偶合琼脂糖凝胶上比作为对照的琼脂糖上伸长了 41%。将壳聚糖与葡糖胺聚糖复合膜用于内皮细胞的增殖，孔径在 40～500 μm，试验表明这些膜能够支持内皮的增殖，而抑制滑肌细胞的生长[123]。

将 5%～40% 的阿拉伯半乳聚糖与 2% 壳聚糖的乙酸溶液混合，用 NaOH 溶液中和，然后清洗和冻干。软骨细胞在这些支架上黏附和增殖，培养 2 周后形成细胞簇。包含有软骨细胞的壳聚糖支架对于Ⅱ型胶原和硫酸角质素有相对的免疫性[124]。

角膜组织工程技术发展的关键是支架材料的制备。角膜组织工程支架不仅仅应具有优异的生物相容性、适宜的力学强度以及可控降解性，同时还应具有良好的透光率，符合人眼角膜的特殊要求。胶原是构成人眼角膜的重要物质，胶原纤维在角膜中以极其规整有序的层状结构排列，胶原具有其他合成材料无法比拟的生物相容性、降解性及生物活性，并具有细胞识别信号，可诱导细胞的黏附与生长，但胶原成膜性能比较差、降解快、机械强度低。壳聚糖具有良好的成膜性、良好的透光率、力学强度、一定的亲水性和吸水率，但壳聚糖膜表面大量氨基的存在可能对细胞的增殖有抑制作用，如何提高其生物相容性是当前研究的热点。将壳聚糖/胶原复合，通过考察复合膜支架的光学性能、力学强度、结晶性、吸水率、亲水性、微观形貌及细胞亲和性，发现支架内胶原与壳聚糖两种分子间存在较强的相互作用，且具有良好的相容性，支架表面平滑均一，内部呈现层状有序结构。壳聚糖/胶原复合膜具有优异的透光率和适宜的湿态力学强度。细胞培养实验中，人角膜缘上皮细胞能在支架上较好地黏附和增殖分化，显示复合膜支架具有良好的细胞亲和性。结果表明壳聚糖/胶原复合膜有望成为一种性能良好的角膜组织工程支架[125]。

1.4.1.2 在伤口愈合中的应用

甲壳素/壳聚糖与生物体有良好的亲和作用，用其制备人造皮肤被人体吸收后皮肤愈合性好，伤口不会留下疤痕，而且不会产生由于人体排斥反应带来的一系列问题。在甲壳素、壳聚糖、水溶性壳聚糖粉末和水溶性壳聚糖溶液的对比实验中，发现使用水溶性壳聚糖溶液使伤口修复的弹性强度最好，伤口恢复的速度也最快。

在提高角蛋白弹性的试验中，加入10％～30％壳聚糖到角蛋白中制成的复合膜[126]，表现出了较高的抗菌能力，可支持成纤维细胞的附着和繁殖，对伤口有加速愈合的功能。羧甲基壳聚糖通过抑制Ⅰ类胶原质分泌物，不但没有限制正常人皮肤成纤维细胞的生长，而且也没有阻止瘢痕瘤成纤维细胞的生长，这显示了羧甲基壳聚糖在瘢痕瘤控制伤口愈合方面的良好作用[127]。

将甲壳素制成杀菌剂可用于伤口缝合中。先将β-甲壳素和聚乙二醇制备成凝胶，然后将银磺胺嘧啶加入到部分凝胶中，在非溶剂中沉淀，生成的凝胶经冻干可用在伤口缝合中。动物研究结果表明，感染控制着伤口的愈合。制备双分子层的壳聚糖膜，被证实对控制感染是有效的[128]。这种膜使用一层薄的壳聚糖作为抗菌和湿度控制层，它附着在吸收伤口流出物的海绵层上。作为壳聚糖类缝合材料，这种膜能很好地粘贴在伤口表面，促进伤口正常地愈合。双分子层壳聚糖膜负载上银磺胺嘧啶后，磺胺嘧啶的释放是快速的，而银的释放则是一个缓慢的过程[129]。

甲壳素和壳聚糖具有止痛、止血、促进伤口愈合、减小疤痕、抑菌、良好的生理相容性和生物可降解性等优异的性能，非常适于作为伤口敷料的原料。它们还可以在伤口处通过促进肉芽组织及上皮的生成，减少伤口的收缩，从而起到减小疤痕的作用。通过非晶化蟹壳制备的甲壳素产品 Vinachitin，对 300 名重度烧伤、外伤和溃疡患者的临床使用结果表明，该产品对伤口有很好的愈合效果[130]。

甲壳素、壳聚糖及其衍生物可以通过粉、膜、无纺布、胶带、绷带、溶液、水凝胶、干凝胶、棉纸、洗液和乳膏等多种形式制成伤口敷料。目前对甲壳素和壳聚糖基伤口敷料的研究已经成为甲壳素和壳聚糖研究的热点[131]。相信未来甲壳素/壳聚糖及其衍生物将在这方面有更好的应用前景。

1.4.1.3　在药物释放中的应用

药物的控制释放涉及化学、医学、材料学、药物学和生物学等诸多领域。药物输送系统（drug delivery system，DDS）就是将药物与其他生物活性物质和载体材料结合在一起，使药物通过扩散等方式，在一定的时间内以某一速率释放到环境中或者是输送到特定靶组织，对机体健康产生作用，主要包括药物和载体两部分。因而除药物本身以外，药物载体材料扮演着重要角色。它们可以与药物一起被加工成不同的控制释放体系，如微球、微囊和丸剂等。

一般来讲，微球是指药物溶解或者分散在高分子材料基质中形成的微小球状结构。微球用于药物载体的研究始于 20 世纪 70 年代中期，目前对特定器官和组织的靶向性及药物释放的缓释性，已成为缓控/释剂型研究的热点。微球可以供注射（静注、肌注）、口服、滴鼻、皮下埋植或是关节腔给药使用。天然高分子药物缓释体系具有一般药物缓释的特点，如调节和控制药物的释放速度，实现长效目的；减少给药次数和药物刺激，降低毒副作用，提高疗效；增加药物稳定性；掩盖药物的不良口味；防止药物在胃内的失活等。由于天然材料自身的可降解性，使得材料降解速率成为控制药物释放速率的主要因素。另外，材料的降解抵消了位于体系中心的药物释放较慢的特点，使药物释放速率可以维持恒定，达到零级释放动力学模式。微球输送体系因表面积比较大，载药量增加。微球释放体系的靶向运输可以通过控制微球的粒径大小来实现。

药物载体是药物释放体系的重要组成部分，也是影响药效的主要因素。用生物降解性高分子作药物载体时，随着高分子在体内的降解，药物载体的结构在体内变得疏松，减少了内含的药物从中溶解和扩散的阻力，使药物释放速度加快[132]。壳聚糖作为药物载体有极大优越性，可以通过降低药物对人体胃肠道的刺激，有效解决对胃肠道的副作用。以壳聚糖为原料的药剂辅料有多种功能，研究表明壳聚糖氨基含量的多少和相对分子质量大小对抗菌和活性会产生重要的影响[133]。将壳聚糖制成的微型胶囊放入药剂，植入人体内，很容易结合成一体，使药物缓慢地释放，起到长期治疗的效果。

壳聚糖具有生物黏附性和多种生物活性，能有效增加药物通过眼部、鼻腔及胃肠道黏膜上皮的吸收，降低药物的吸收前代谢，提高药物的生物利用度。因此，壳聚糖在缓控释给药系统、结肠定位系统、鼻腔给药以及蛋白多肽类药物给药系统方面具有广阔的应用前景，但其溶解性能有待于进一步提高。然而利用壳聚糖重复单元上的羟基、氨基，可对其进行交联、接枝、酯化、酰化、醚化等化学改性，制备出具有不同理化特性的壳聚糖衍生物，从而延伸了壳聚糖的应用领域和范围。可生物降解聚酯纳米粒口服给药可以促进胰岛素等蛋白质类药物胃肠道吸收，已引起了广泛的重视。然而大量的研究结果表明，聚酯纳米粒具有较大的突释效应及疏水性，且纳米粒较低的生物黏附性限制了药物生物利用度的进一步提高。为了提高胰岛素口服给药生物利用度，以壳聚糖为包衣材料，制成生物黏附性包衣纳米粒，发现壳聚糖包衣胰岛素乳酸羟基乙酸共聚物（PLGA）纳米粒对胰岛素胃肠道吸收有促进作用。包衣后的纳米粒粒度分布均匀，可改变粒子表面 ζ 电势，提高包封率，降低突释[134]。

亲水性纳米微粒载体在给药过程中有许多潜在的应用[135]。以离子凝胶化过程为基础，在室温下，将两个水相混合即可完成亲水性纳米微粒载体的制备。纳米粒子的尺寸（200～1000 nm）和 ζ 电势（20～60 mV）可以通过改变壳聚糖和聚环氧乙烷的比率来控制，而且用牛血清白蛋白作为蛋白质模型时，发现这些新的纳米离子有很大的装载蛋白质的能力（截留蛋白质的效率可以达到 80%），并可以连续释放蛋白质长达 1 周的时间[136]。

生物降解的 PLGA 微球由于其良好的生物相容性和可降解性在药物系统中应用广泛，但是这种疏水的聚合体系药物包封率低、突释、包载亲水性的蛋白质不稳定、药物释放不完全。为了克服 PLGA 微球的缺陷，采用海藻酸盐-壳聚糖-PLGA 制备的微球[57]，可提高蛋白质的包封率，降低药物的突释。以牛血清白蛋白作为模型药物，通过改进的乳化方法包封在海藻酸盐和壳聚糖双重囊壁构成的微囊中，用异丙醇洗去残留的有机溶剂，药物的突释可通过壳聚糖包衣控制。

众所周知，水凝胶的物理化学性质不仅与分子结构、凝胶结构和交联度有关，而且与水凝胶中水的含量和状态有关。由于水中的夹杂物会明显地影响水凝胶的特性，所以研究水凝胶中水的物理状态是很重要的。人们已合成出由 β-甲壳素和 PEG 大分子单体组成的半互穿聚合物网络水凝胶，并将其应用于生物医药中[137,138]。同时也研究了这些水凝胶的热稳定性和力学性质，发现处于溶胀状态的半互穿聚合物网络的拉伸强度在 1.35～2.41 MPa。

1.4.1.4　在眼科中的应用

壳聚糖及其衍生物可作为眼科手术中抗组织瘢痕形成的材料。采用改性壳聚糖膜植入兔眼，早期在组织切片中显示植入材料周围有大量炎性细胞浸润，即中性粒细胞、单核细胞以及淋巴细胞浸润。第 4 周时炎性反应趋于减轻，植入材料开始降解为大小不等的片段。12 周时植入材料降解为碎屑状，周围有少量纤维结缔组织增生，少量淋巴细胞，单核细胞浸润以及异物层巨噬细胞反应。组织切片显示，角膜内皮无水肿，晶状体透明，虹膜及睫状体组织无异常，视网膜细胞层次清晰，结构形态正常，说明改性壳聚糖膜对眼内组织无毒性损害。

目前临床上应用较多的抗代谢药物是丝裂霉素，具有一定的抗瘢痕形成的作用，但由于丝裂霉素的毒性作用，它只能在手术中短暂地一次性使用。为了提高抗青光眼滤过手术的成功率，开拓新型抗纤维组织增生的药物及应用方法，减少丝裂霉素的毒副反应，将丁酰化壳聚糖膜与丝裂霉素结合，然后植入兔眼巩膜瓣下。应用高效液相色谱仪检测其药物在房水中的释放性能，发现实验组明显高于对照组。丁酰化壳聚糖丝裂霉素药膜，具有一定的缓解作用，可有效维持滤过泡的形成，而且它通过抑制滤过道瘢痕形成，下调增殖细胞核抗原在细胞增殖中的表达，从而表明改性壳聚糖膜是一种生物相容性良好、可生物降解、抑制纤维组织增生、抗组织瘢痕形成的有价值的医用生物材料。因此，有可能在眼科领域抗青光眼手术中得以应用[139]。

壳聚糖可用来制备隐形眼镜，提纯鱿鱼骨制备的壳聚糖具有一定的扩张强度、抗磨强度、延展性、水含量和氧的渗透性等。壳聚糖的抗菌性和促进伤口愈合的性质也可在隐形眼镜的实际应用中发挥作用[140]。

1.4.1.5　其他生物医药应用

甲壳素/壳聚糖是一种免疫促进剂，具有促进体液免疫和细胞免疫功能。甲壳素/壳聚糖的防癌主要是靠它们提高免疫细胞的活性来实现的。人体大约有 60 亿个细胞，由于新陈代谢作用，每天有大量的细胞死亡，又有大量细胞新生，其中有上千万个细胞会发生突变，也就是癌变，免疫功能正常的人，依靠自身的免疫系统，在具有广泛杀伤性的攻击细胞、淋巴细胞、吞噬细胞和巨噬细胞的联合作用下，严格控制癌细胞在 1 万个以下，使人不得癌症。但老年人和免疫功能低下者抑制癌细胞的能力有限，必然存在潜在危险，如果人们每天吃少量甲壳素/

壳聚糖则能强化免疫细胞，同样可使这部分人的癌细胞控制在 1 万个以下，起到防癌作用。

甲壳素/壳聚糖不能直接作用于癌细胞，但它的抗癌作用可从以下几个方面实现：一是它们可以激活或提高自身免疫细胞中有抗癌作用的免疫细胞活性，对自身癌细胞发起攻击。二是中和肿瘤周围的酸性物质，癌细胞周围一般倾向弱酸性，而抗癌的细胞一般都嗜碱性。壳聚糖由于带有氨基，可使人体 pH 维持在 7.4 左右，属弱碱性，于是具有抗癌作用的免疫细胞向癌细胞发起进攻。三是甲壳素/壳聚糖与抗癌药或化疗联合使用，可消除它们的副作用，使抗癌药最大限度地攻击癌细胞而不损伤正常细胞。四是甲壳素/壳聚糖很强的吸附作用可以吸附体内的毒素，特别是癌细胞代谢中放出的毒素，这对晚期癌症病人来说可以起改善症状、减轻痛苦、延长生命的作用[141]。

在小鼠腹腔内注射经乙酸处理的脱乙酰基甲壳素多孔珠，结果发现该物质可增强体内巨噬细胞的活性[142]。1996 年 9 月，北京联合大学应用文理学院保健食品功能检测中心研究表明，壳聚糖具有增强单核巨噬细胞和 NK 细胞活性的功能，对细胞免疫和体液免疫功能均有增强作用。壳聚糖能诱导局部巨噬细胞增生，并使其活性增强，而且提高机体免疫力的作用也不是暂时的。选用健康的雄性昆明大鼠为实验对象，研究壳聚糖对免疫作用的影响。结果表明，壳聚糖低、中剂量组的巨噬细胞吞噬率及吞噬指数分别高于对照组；壳聚糖低、中剂量组迟发性变态反应分别高于对照组；壳聚糖低、中、高剂量组的血清溶血素分别显著高于对照组；壳聚糖中剂量组的 NK 细胞活性显著高于对照组。由此可见，壳聚糖具有增强体液免疫功能、细胞免疫功能，提高巨噬细胞吞噬能力和 NK 细胞活性作用[143]。模拟体外消化，壳聚糖与胆汁酸作用，在比例为 1∶8 时，壳聚糖可以较好地络合胆汁酸，干扰机体对脂肪的吸收，使摄入的脂肪排出体外[144,145]。

肝脏是人体的重要器官，人们患肝病主要有两个方面：一是病毒细菌或毒素侵入体内；二是自身免疫功能下降，无力对付外来的病毒。甲壳素/壳聚糖是一种具有很强吸附性能的物质，它们能吸附体内有害重金属和其他毒素，同时减少毒素对肝脏的损伤，并且能使受伤的的肝细胞再生能力倍增，从而保护肝脏。同时这种物质可直接作用于人体中枢免疫器官造血细胞，使免疫细胞在分化过程中数量增加，质量提高，从根本上提高了人体的免疫功能，使人体不易患肝病，一旦患了肝病也易治愈。

心脑血管疾病是威胁人类健康的第一大杀手，其根本原因是血脂过高，导致胆固醇在血管壁上沉积，使血管失去弹性，形成血栓。甲壳素/壳聚糖调节血脂的作用有 4 个方面：①控制脂肪的摄入量，该物质可以抑制脂肪酶的活性，使脂肪不易分解，这样脂肪不易被人吸收而从空肠中顺利通过。同时它是人类发现唯一带有正电荷，并且可被人体吸收的物质，而脂肪在人体内形成的脂肪滴带有负电荷，该物质在脂肪滴周围形成保护层，使脂肪不易被人体吸收而排出体外。②甲壳素/壳聚糖可以破坏脂肪的表面张力。因脂肪的黏度大，易粘在血管壁的内膜上，由于甲壳素/壳聚糖破坏了它的表面张力，使脂肪滴易从血管壁的内膜上脱落。③它们能与胆汁酸结合排出体外，使肝脏中的胆汁酸减少，促使血液中的胆固醇进入肝脏并转化成胆汁酸，使血液中的胆固醇降低。④它们对脂蛋白有较强的选择吸附和双向调节作用，能使有害的低密度脂蛋白浓度下降，而使心血管的保护因子——高密度脂蛋白的浓度上升。

　　甲壳素/壳聚糖在胃里被胃酸溶解后，形成凝胶，在胃壁上形成保护膜，可阻止胃酸对胃损伤面的刺激和腐蚀，从而使胃和胃溃疡病得到改善，有效防止胃部癌变。该物质进入肠道后可以增殖肠内双歧杆菌等有益菌群，使双歧杆菌在肠内占绝对优势。同时它还能抑制有病菌，促进 B 族维生素和氨基酸的合成，提高机体对钙、铁等微量元素的吸收，防止肠道功能紊乱。

1.4.2　在纺织印染工业中的应用

　　壳聚糖与纤维素分子结构的差别只是氨基和羟基，所以它们两者之间结合力很强，并且能吸附纺织物中的正电荷，使织物具有抗静电、易纺织、柔软、着色好等特性。将纺织物用壳聚糖整理剂处理烘干后，纤维表面可形成一层十分牢固的、不溶于水的保护膜，使织物具有耐碱、耐热、耐磨、防缩、防皱等性能，且弹力保留率高。若将其用作有机固色剂，可提高织物的染色牢固度。还可以在传统的蜡染印花工艺中，将其代替蜡液涂在织物上，利用它的黏合力，根据需要进行雕刻，然后上色、脱胶即可得精美的印染图案。

　　纳米技术主要涉及纳米生物学、纳米机械学、纳米电子学、纳米材料学等各个领域，在纺织上的应用研究也在日益深入和扩展，成果不断。它主要体现在制造高性能、多功能材料和改进整理工艺等方面。采用离子凝胶法可以得到平均粒径 100 nm 以下的纳米壳聚糖。对比研究纳米壳聚糖分散液和壳聚糖溶液对真丝纤维的填埋特征和微观形态，发现纳米壳聚糖分散液对真丝纤维处理后，填埋效果比普通壳聚糖溶液更为理想，真丝纤维经纳米壳聚糖处理后断裂强度和伸长率增大。经纳米壳聚糖分散液处理和壳聚糖溶液处理后的真丝纤维，断裂强度和伸长率都获得了不同程度的提高，这主要是因为壳聚糖分子中含有大量的羟基和氨基等活性基团，纳米壳聚糖由于比表面积增大，表面活性增强，这两者在酸性条件下对真丝纤维具有较强的亲和力，使处理后的真丝纤维丝素分子间以及丝素与壳聚糖分子间结合力增强，从而导致强度和伸长率上升。经纳米壳聚糖分散液处理的真丝纤维，断裂强度和伸长率要比壳聚糖溶液处理的大，这是因为纳米壳聚糖有纳米材料的小尺寸表面效应，与非纳米化壳聚糖相比，更容易渗透和填埋于真丝纤维中去，与丝素分子形成交联[146]。另外，利用壳聚糖和氨基硅酮的活性基团与织物羟基的共价交联以及氨基硅酮优异的自交联原理，通过对棉织物进行复合整理，可提高纳米粒子与纤维的结合牢度，使抗紫外线性能持久[147]。

1.4.3　在废水处理中的应用

近年来，壳聚糖在废水处理中的应用取得了长足进展，它主要用作重金属离子螯合剂和活性污泥絮凝剂，其絮凝作用很强，而且无毒，不产生二次污染，并可生物降解。目前，国内外关于有机高分子絮凝剂絮凝机理的研究多处于假说阶段，有说服力的实际验证比较少。壳聚糖正是以其天然、无毒、易降解和对人体健康无害、具有杀菌作用，很快在水处理的应用中作为合成有机絮凝剂的有效替代品占据了特殊地位。

1.4.3.1　在造纸废水处理中的应用

造纸工业废水排放量大，其中的蒸煮废液对环境污染最为严重。造纸废水中杂质很多，粒径分布不均匀，有的呈胶体状态，有的悬浮于水中，难以经一次处理就达到要求，目前大多采用有机絮凝剂和无机絮凝剂配合使用处理废水。壳聚糖分子链上分布着大量的游离氨基，在稀酸溶液中质子化，使壳聚糖分子链带有大量的正电荷，成为一种聚电解质，是一种典型的阳离子型絮凝剂。壳聚糖作造纸废水絮凝剂主要的絮凝机理有桥联作用、电中和作用和基团反应[148]。用絮凝方法分离造纸废液中的溶解木素，是造纸废液综合利用的新途径[149]。分别对亚硫酸氢镁法苇浆、碱法麦草浆、中性亚硫酸钠法苇浆三种制浆废液进行絮凝剂的应用研究结果表明，在适宜的条件下，对废液中的固形物、有机物、无机物及COD都有较高的去除率（52%～70%）。固形物和有机物的絮凝效果亚硫酸氢镁法苇浆废液最优，其次为碱法麦草浆废液，对中性亚硫酸钠法苇浆废液的处理效果最差。COD的絮凝效果中性亚硫酸钠法苇浆废液最优，其次为亚硫酸氢镁法苇浆废液，再次为碱法麦草浆废液。光谱分析显示废液的溶解木素部分被絮凝沉降，部分保留在澄清液中。蒸煮废液的pH对壳聚糖的絮凝效果有重要影响，pH低，絮凝效果好。壳聚糖可使废液中相对分子质量较大、溶解性较差的木素絮凝而聚沉，而相对分子质量较小、易溶的木素保留在溶液中。研究表明，将壳聚糖用于处理造纸废水时，COD去除率都在91%以上，明显优于聚合氯化铝、明矾等净水剂。壳聚糖不但可去除水中悬浮物，而且可去除水中对人体有害的重金属离子，且过量的壳聚糖对人体无害，对中小型造纸厂的处理具有一定的实用性。

　　甲壳素/壳聚糖分子均是线形高分子，分子链上分布的大量羟基、氨基可以与离子起螯合作用，能有效地捕集或吸附溶液中的重金属离子，也可以凝聚溶液中带负电荷的染料、蛋白质、卤素等物质，是一种良好的阳离子絮凝剂。日本70％～80％的甲壳素用于制造污水处理用的絮凝剂，而用壳聚糖絮凝剂沉淀的污泥易于脱水，这是合成高分子絮凝剂所不能比拟的。利用壳聚糖处理造纸黑液，色度可去除90％，TOC可去除70％，无论是色度还是TOC的去除率均高于合成聚合物和无机絮凝剂[150]。

　　以过硫酸铵为引发剂，在通氮气条件下，使壳聚糖和丙烯酰胺于70～80℃下发生接枝共聚反应，制得一类新型壳聚糖改性聚合物絮凝剂（CAM）。在弱酸条件下，CAM具有很强的絮凝能力和对重金属离子的络合能力，与硫酸铝具有很强的协同作用。硫酸铝的存在可大大提高CAM的絮凝能力，用其处理造纸白水，后固形物去除率为87％，COD去除率为88％[151]。

　　我国是一个造纸大国，且草浆占有很大比重，在所制得的纸浆中短纤维含量较高，对造纸助剂的依赖性更大，而甲壳素/壳聚糖作为造纸助剂的应用已取得良好的成果。因此，甲壳素/壳聚糖及其衍生物作为绿色高科技新材料在造纸工业中具有巨大的开发潜力和应用前景。

1.4.3.2　在印染废水中的应用

　　为了得到满意的颜色、舒适的穿着和新颖的设计，需要合理的使用染料；但可溶性染料会造成环境污染。某些染料很难生物降解，特别是由水解反应制得的染料。因此，这些废水在排入河水和溪水前要进行处理。在众多的处理方法中，吸附处理是一种常见的方法。由于壳聚糖独特的分子结构使得它对许多染料都有极强的亲和力，这些染料分为分散染料、直接染料、反应染料、酸性染料、硫化染料以及萘酚染料。壳聚糖仅对碱性染料有低的亲和力。由于壳聚糖能吸附金属离子和表面活性剂，衍生化的壳聚糖能吸附碱性染料和其他物质。所以，壳聚糖具有多方面的功能。

　　染料浓度可以明显影响甲壳素/壳聚糖结合染料的能力。研究结果表明，甲壳素/壳聚糖结合染料的能力在很大程度上和染料的浓度相关[152]。pH对甲壳素/壳聚糖结合染料有较大的影响，pH在2.0～7.0时，甲壳素/壳聚糖对染料的结合能力是稳定的，而pH大于7时，甲壳素/壳聚糖对染料的结合能力降低[152]。

　　印染厂排出的废水中含有大量的有色染料，对印染废水中这些有色污染物的脱色，国内已采用许多方法，如生物活性污泥法、絮凝沉降法、氧化还原法等，并取得一定的成效。然而以上方法都存在不足之处，如操作不便或费用过高等。

经研究发现壳聚糖作为染色废水脱色剂效果甚佳，它能使印染废水中的大部分色素染料被吸附从而达到脱色的目的，这是因为壳聚糖具有独特的分子结构，其分子结构中含有大量的游离氨基，在酸性条件下，游离氨基被质子化，使壳聚糖带上正电荷，具有阳离子型聚电解质的性变，而印染废水中存在的绝大多数染料为阴离子型染料，由于离子间的相互作用，壳聚糖对此类染料具有很大的亲和力。与传统的吸附剂粉状活性炭相比，壳聚糖对酸性铬蓝 K 阴离子染料的吸附速度比活性炭快 6～7 倍。活性炭吸附染料后难以回收再生，且易发生泄漏，而壳聚糖容易回收，本身无毒，不会带来二次污染。

1.4.3.3　在含重金属离子废水中的应用

壳聚糖对过渡金属离子和重金属离子有很好的吸附作用，而对碱金属和碱土金属却没有吸附作用。早期人们研究壳聚糖对金属离子的吸附作用主要侧重于吸附条件的选择，即在什么条件下对金属离子有最大吸附。大量的研究结果表明，壳聚糖对金属离子的吸附与壳聚糖脱乙酰度的大小、物理状态、溶液的 pH、吸附时间和温度以及所吸附的金属离子的种类有关，不同的吸附条件对同一金属离子可得到不同的吸附结果。

有关壳聚糖与 Ag^+、Zn^{2+}、Mn^{2+}、Fe^{2+}、Cu^{2+}、Cd^{2+} 和 Co^{2+} 等常见金属离子的吸附条件的文献报道很多。壳聚糖对镧系金属离子也有吸附性，吸附序列为：$Nd^{3+}>La^{3+}>Sm^{3+}>Lu^{3+}>Pr^{3+}>Yb^{3+}>Eu^{3+}>Dy^{3+}>Ce^{3+}$，并且吸附作用受离子浓度和反应时间的影响[153]。有人用间歇吸附法研究了高脱乙酰度壳聚糖对 Nd^{3+} 的吸附性能，探讨了溶液初始浓度、pH、时间对吸附性能的影响，结果表明壳聚糖对 Nd^{3+} 吸附率可达 80％以上。通过大量的壳聚糖对金属离子的吸附性能研究报道，壳聚糖螯合金属离子的大致顺序为：$Cr^{3+}<Co^{2+}<Pb^{2+}<Mn^{2+}\ll Cd^{2+}<Ag^+<Ni^{2+}<Fe^{3+}<Cu^{2+}<Hg^{2+}$。

壳聚糖能选择性地吸附金属离子，在环境保护和水处理等领域有广泛的应用前景。然而，壳聚糖本身为线形高分子，在被处理溶液的 pH 过低或在处理后进行金属离子的酸性解吸时，往往会因分子中的—NH_2 被质子化（—NH_3^+）而溶于水造成吸附剂的流失，应用范围受到很大的限制，也不利于回收再利用。因此，需对壳聚糖进行交联改性，使其成为不溶不熔的网状聚合物。

交联壳聚糖在酸性条件下能够与金属离子形成络合物，吸附容量主要依赖于交联的程度，一般随着交联度的增加而减少。壳聚糖在非均相条件下与戊二醛交联，随着戊二醛量的增加，交联壳聚糖对 Cd^{2+} 的吸附容量从 250 mg/g 下降到 100 mg/g。这主要是因为聚合物的网状结构限制了分子扩散，降低了聚合物分子链的柔韧性。另外，与醛基反应占据了作为主要吸附点的氨基也是导致吸附容量降低的原因。利用壳聚糖 C_2 的—NH_2 发生席夫碱反应来保护—NH_2，以环氧氯丙烷为交联剂，通过多乙烯多胺的引入来增加壳聚糖分子上的吸附点，制备的新型多孔多胺化壳聚糖（P-CCTS），在 pH＝6 左右时，对 Cd^{2+} 的吸附能力最强，溶液中适量 NaCl 的存在能够显著提高 P-CCTS 对 Cd^{2+} 的吸附容量。用香草醛与壳聚糖交联，改性后的壳聚糖对金属离子的饱和吸附量比壳聚糖大，其中对 Cu^{2+}、Pb^{2+}、Cd^{2+} 和 Zn^{2+} 的吸附量分别达 143.5、585.9、357.7 和 178.4 mg/g[154]。

交联反应虽然解决了树脂强度和可重复使用性能，但也导致了吸附性能较未交联时差，其主要原因是交联反应往往发生在活性较高的—NH_2 上，而—NH_2 上引入了其他的基团后增加了氮原子同金属离子配位的空间位阻。因此，为了解决交联壳聚糖吸附能力下降的问题，近年来一种新的壳聚糖衍生物，即"交联模板壳聚糖"受到了重视[155]。交联模板壳聚糖的合成是通过使用金属阳离子作模板、交联，然后除去模板离子形成具有一定"记忆"功能的高分子吸附螯合树脂。该法合成的交联产物，因其分子内保留有恰好能容纳模板离子的"空穴"，从而对模板离子具有较强的识别能力。这种树脂的高选择性和吸附能力依赖于 pH 的大小。此外，这种树脂在酸性介质中比较稳定，也能再生。以 Zn^{2+} 为模板，合成了戊二醛交联壳聚糖树脂，通过对过渡金属离子吸附性能的研究，显示了该树脂对 Zn^{2+} 有较强的记忆功能，且对同族的 Cd^{2+}、Hg^{2+} 也有较高的吸附能力，而且在酸性条件下不会发生软化和溶解，重复使用性好[156]。

在壳聚糖的—NH_2 上引入不同的基团，可使壳聚糖的性质发生较大的变化，在其分子链中引入—COOH 或—OH 等基团可提高壳聚糖对金属离子的配位或吸附能力。将氨基酸连接到壳聚糖/部分交联壳聚糖上可得氨基酸壳聚糖化合物，这种壳聚糖对 Co^{2+} 和 Mn^{2+} 的吸附量有了显著提高[157]。近几年，壳聚糖的接枝共聚研究进展较快，通过分子设计可以得到由天然多糖和合成高分子组成的修饰材料。壳聚糖可以和糖基、多肽、聚酯链以及烷基链进行接枝，得到不同类型的壳聚糖接枝共聚物。反应引发主要有化学法和辐射法。国内对壳聚糖与烯类化合物如丙烯酰胺、丙烯腈、丙烯酸、甲基丙烯酸酯等的接枝共聚研究较多，常用硝酸铈铵或过硫酸钾作引发剂。

将孔状壳聚糖用乙二醇二缩水甘油醚交联后，再分别与环氧氯丙烷和聚乙烯亚胺反应可以生成聚胺类多孔树脂。在 pH＝7 的溶液中，这类树脂对以下金属离子吸附作用的选择顺序为：$Hg^{2+} > UO^{2+} > Cd^{2+} > Zn^{2+} > Cu^{2+} > Ni^{2+} > Mg^{2+}$，而对 Ca^{2+}、Ga^{3+}、As^{3+}、Sr^{2+} 不吸附。吸附选择性主要依赖于 pH，随着 pH 的下降，树脂对金属离子的吸附量下降。与商品化的螯合树脂相比，这种树脂有较高的吸附能力[158]，能够吸附洗涤重复循环，再生性能非常好。以 4,4′-二溴二苯并 18-冠-6 为交联剂，可以得到一种冠醚交联壳聚糖（DCTS）。在

pH＝7.5 的溶液中，DCTS 对 Cr 的吸附率为 100％，富集倍数可达 50 倍以上，用 0.20 g/L 酒石酸 2 mL 溶液可定量解吸总 Cr，用 0.20 g/L 柠檬酸 2 mL 溶液可定量解吸 Cr（Ⅲ）[159]。

壳聚糖对金属离子的吸附有许多报道，在实际也已经有应用，但壳聚糖相对成本较高，如何进一步降低成本是当前要解决的问题。近几年来，将黏土与壳聚糖复合有好的吸附效果，未来预计将在废水处理方面有很好的应用。

1.4.3.4　在含卤素及低浓度游离酸废水中的应用

甲壳素/壳聚糖用碘-碘化钾水溶液处理时，会因吸附作用呈现明亮的紫色。壳聚糖不但能吸附碘也能吸附溴，且在极性溶剂中吸附量比在非极性溶剂中大得多。壳聚糖用苯乙烯接枝后，对碘和溴的吸附量均大得多，其中溴的增加量更明显。壳聚糖吸附碘和溴时，是分子中氨基和碘或溴形成了 $n\delta$ 型电荷转移络合物。因此，壳聚糖常可以用来吸附溶液中少量的碘和溴。吸附剂壳聚糖分子中含有氨基，这是壳聚糖具有吸附性的根本原因。壳聚糖在酸性介质中溶解以后，随着氨基的质子化，会表现出阳离子聚合电解质的性质。壳聚糖几乎每个单元都有一个氨基，当 pH＜6.5 时，由于高电荷密度，使它不仅能吸附在水中的负电荷微粒表面，并且还能与许多重金属离子螯合。

1.4.3.5　在食品废水和高蛋白含量废水中的应用

在粮食加工、肉类加工、家禽加工、水产品加工、乳制品加工以及果蔬加工等食品行业中，总要排出大量含悬浮物的废水。用壳聚糖的吸附柱来处理味精废水，壳聚糖用量为废水量的 1％，浸泡 10 h，pH＝4，处理后 COD 的去除率可达 89.7％，处理后的渣可加工成饲料和饵料[160]。用壳聚糖季铵盐对味精废水进行处理，加入 100 mg/L 脱乙酰度 92.6％的壳聚糖季铵盐絮凝处理味精废水时，浊度去除可达 99.5％，COD 去除率为 37.9％，且 pH 范围宽[161]。用壳聚糖作絮凝剂和螯合剂，能有效地降低啤酒废水中的糖分、蛋白质、浊度、COD、Fe^{3+} 以及重金属离子和悬浮物的含量，效果优于活性炭。壳聚糖、活性炭和沸石若按一定质量比混合，其处理效果优于壳聚糖[162]，而且由于活性炭和沸石的存在，可基本消除废水中的臭味。

壳聚糖作为一种新型无毒高分子材料，原料来源丰富，且具有良好的水溶性、吸附性和絮凝功能，可作为絮凝剂和吸附剂用于水处理中。壳聚糖及其衍生物可以在短时间内被生物降解，避免使用化学试剂带来的二次污染。近年来，水溶性壳聚糖的研究越来越受到人们的重视。随着科学技术的进步和人们环保意识的提高，壳聚糖作为绿色环保产品会得到更广泛的研究与应用。

1.4.4　在食品工业中的应用

甲壳素可用作冷冻食品（冷肴、汤汁、点心）和室温存放食品（蛋黄、酱等）的增稠剂和稳定剂。母乳中的 N-乙酰氨基葡萄糖可以促进叉形细菌的生长，这可以抑制其他类型微生物的生长，同时可产生用于牛奶乳糖消化的乳糖酶。牛奶中仅含有一定量的 N-乙酰氨基葡萄糖。因此，一些婴儿可能消化不了牛奶。许多动物和一些人（包括老人）体内含有一些类似的不能消化的乳糖[3,163,164]。动物营养学表明，如果它们的饮食中含有少量的甲壳素材料，乳清的利用率就会有所提高。这种提高归因于甲壳素供给物引起的肠道微生物群落的变化[165]。给小鸡喂含有 20％乳清、2％甲壳素的商业饲料，可以很好地改善小鸡的体重[166,167]。给小鸡喂含有 0.5％甲壳素的商品饲料，它们的体重可以增加 10％[168]。

当前，养鸡生产中常常使用抗生素作为防病促生长剂。但长期使用易导致机体内正常菌群遭到破坏，使机体免疫机能下降和造成药物残留。N,O-羧甲基壳聚糖具有绿色、环保、添加剂量小、效果显著和无毒副反应等优点。在饲料中添加 N,O-羧甲基壳聚糖结果表明，与添加抗生素相比，添加 0.1％的 N,O-羧甲基壳聚糖能显著增加肉鸡免疫器官指数（$P<0.05$），且有高于空白对照组的趋势。添加 0.1％和 0.2％的 N,O-羧甲基壳聚糖可显著增加肉鸡血液中白细胞和淋巴细胞的数量。添加不同剂量的 N,O-羧甲基壳聚糖均可有效提高肉鸡对人工感染大肠杆菌的保护率（甚至达 90.00％）。由此可见，N,O-羧甲基壳聚糖可以增强肉鸡的免疫机能[169]。

在室温下，经壳聚糖处理过的芒果，储藏处理与对照组相比保鲜期可延长 15 d，且产生霉点面积小，用 1％壳聚糖溶液保鲜效果最理想。壳聚糖对于黄瓜、番茄、香蕉、青椒也有良好的保鲜效果，可使货架期延长 10 d 以上，明显地提高了经济效益和食用指数。实验结果表明，用 1％壳聚糖处理青椒后，在室温下放置 15 d，其外观仍有光泽，较新鲜，只是尾部出现失水皱缩现象，但对照组青椒大部分干腐，失去商品性。另外，对易失水的黄瓜保鲜效果尤佳。番茄由于表面光滑，不易附着保鲜膜，所以保鲜效果不如黄瓜明显。壳聚糖能有效地延长猕猴桃储藏期至 80 d，同时可保持果实较好的品质与风味。

复合涂膜剂是以生物保鲜剂、化学防腐剂等物质制成的果蔬保鲜剂，采用浸渍、涂膜、喷洒等方式施于果蔬表面，风干后形成一层薄薄的透明被膜，用于增强果蔬表皮的防护作用，抑制或杀灭真菌和细菌，防止果蔬霉变与腐烂，诱导果蔬表皮气孔缩小，控制果蔬气体交换，减小水分蒸腾，保持其饱满的外表与硬度，消除并抑制乙烯等有害挥发物，增加果蔬表面光泽度，改善其外观，提高商品价值。在壳聚糖中添加某些助剂（如对羟基苯甲酸乙酯、单甘油酯或油酸等）制成复合膜有利于提高壳聚糖膜的保鲜效果。从不添加助剂的壳聚糖膜与添加助剂的壳聚糖复合膜对黄瓜和番茄进行保鲜效果的对比中可知，复合膜能使黄瓜在储藏期间的叶绿素含量变化最小，色泽损失最少。与未加任何助剂的壳聚糖膜相比，涂覆复合膜的黄瓜与番茄失水率均明显降低，且硬度变化较小。

在壳聚糖酸溶液中加入一定量的 $ZnCl_2$ 溶液，可以得到 Zn^{2+} 壳聚糖复合物。其对荔枝的保鲜效果研究表明，浸泡过 Zn^{2+} 壳聚糖涂膜保鲜剂的荔枝保鲜效果最佳。Zn^{2+} 壳聚糖涂膜保鲜剂能有效地阻止荔枝水分的散失，减缓果皮褐变速度，防止维生素 C 损失，保持果实中酸含量，减缓淀粉等物质转化为葡萄糖速度，延缓果实采后自熟速度。储藏时间也有所延长，保鲜 5 d 后表现仍很好。在低温下处理效果更佳，可达 25 d，货架期 2～3 d。由于 Zn^{2+} 壳聚糖成膜的孔径控制了荔枝呼吸作用，所以保鲜效果较理想[170]。

壳聚糖具有广谱抗菌性。许多学者对壳聚糖的抗菌机理进行了研究。Young 等提出以细菌带有负电荷的细胞膜为作用靶的机理[171]；Hadwiger 提出以细菌分子中 DNA 为作用靶的抗菌机理[172,173]。以大肠杆菌为实验菌种，结合 Young 和 Hadwiger 等的研究工作，研究壳聚糖浓度、脱乙酰度、相对分子质量及环境 pH 等因素对壳聚糖抗菌活性的影响，初步推测壳聚糖的抗菌机理有两种模型[171]：模型一是在酸性条件下，壳聚糖分子中的质子化—NH_3^+ 具有正电性，吸附带有负电荷的细菌，使细菌细胞壁和细胞膜上的负电荷分布不均，干扰细胞壁的合成，打破在自然状态下的细胞壁合成与溶解平衡，使细胞壁趋向于溶解，细胞膜因不能承受渗透压而变形破裂，细胞的内容物如水、蛋白质等渗出，发生细菌溶解而死亡；模型二是壳聚糖齐聚物（$M_w = 8000$）吸附细菌后，穿过大肠杆菌的多孔细胞壁进入细菌细胞内，可能与 DNA 形成稳定的复合物，干扰 DNA 或 RNA 的合成，从而抑制了细菌的繁殖。

由于壳聚糖结构上含有氨基，带有电荷，在环保上大有用途。壳聚糖是一种成膜性很好的天然高分子物质，有望生产不造成环境污染的生物可降解包装材料及可食性包装材料。

1.4.5 在造纸工业中的应用

化学助剂在造纸生产中起着重要的作用，随着人们对纸张和纸制品需求量的加大，同时对纸的质量要求的提高，对化学助剂的需求也越来越迫切。天然高分子甲壳素/壳聚糖及其衍生物具有与纤维素的结构相近的特点，与纤维素有极好的相容性，而且壳聚糖在酸性条件下的溶解性与造纸中的抄纸酸性介质相似。因此，长期吸引造纸工作者的关注，并研究开发了复合施胶剂、纸张增强剂、纸张表面改性剂等造纸助剂。

1.4.5.1　施胶剂

施胶是造纸过程的重要工艺，是通过一定工艺方法使纸表面形成一种低能的憎液性膜，从而使纸和纸板获得抗拒流体的性质。壳聚糖用于施胶剂，较松香施胶剂具有较高的干、湿强度，耐破度和撕裂度，有较好的书写和印刷性能，并可在碱性介质中施胶。壳聚糖也可和松香、淀粉、酪蛋白、动物胶、明胶以及多元醇-多元酸树脂制成复合施胶剂使用。烷基双烯酮二聚物（AKD）是反应型中性施胶剂，但其本身留着率很低，须与助剂配合使用才能获得良好的施胶度，而且施胶费用高。将壳聚糖乙酸盐、壳聚糖氯化物和水溶性甲壳素加入到含有烷基双烯酮二聚物施胶剂（AKD）的碱性纸浆中，测定了施胶度、纸张中 AKD 和填料的含量，并比较了分别添加壳聚糖与阳离子聚酰胺多胺环氧氯丙烷（PAE）树脂制备的纸张，结果表明当聚合物的添加量为 $0.1\%\sim0.4\%$ 时，壳聚糖乙酸盐可使施胶和 AKD 的留着达到最佳效果，这是由于壳聚糖分子能够提高 AKD 乳状液的表面阳离子电荷[174]。

壳聚糖的相对分子质量与纤维素相近，化学结构与纤维素相似且是直链型，在水溶液中显示正的 ζ 电势，具有一定的阳离子性和良好的成膜性，且所成的膜具有强度较大、较好的渗透性和较稳定的抗水性的特点，适合用于纸张的表面施胶剂。用壳聚糖与改性淀粉配合使用，其配比为 $1:9$，经表面处理后，纸张的施胶度提高 $50\%\sim200\%$，裂断长提高 $12.7\%\sim16\%$，耐破度提高 $6.5\%\sim7.4\%$，耐折度提高 $11.6\%\sim42\%$，并对改进纸张的平滑度和表面强度效果特别明显[175]。使用壳聚糖代替 PVA 作表面施胶剂，采用甲醛作交联剂，并与氧化淀粉进行复合，用于生产胶版印刷纸、铜版原纸、晒图纸、静电复印纸等，纸张有更高的拉毛强度、更好的平滑性及适印性，同时对改善纸张的伸缩率、撕裂度与裂断长均有良好的作用。究其原因，一般认为是由于壳聚糖既可以与纤维素中的羧基形成较强的氢键，还可以与醛基作用生成—CH＝N—键，即席夫碱结构，因而提高了纸张的强度。壳聚糖本身还是一种防腐剂，用作纸张的表面施胶剂，还起到良好的防蛀、防霉作用，用于图书印刷类纸张的生产尤其受欢迎。

1.4.5.2　纸张增强剂

在纸张中添加增强剂，可以降低纸张尤其是印刷用纸张的用量。理想的增强剂是线形聚合物，其官能团能充分接近纤维表面，相对分子质量大，具有成膜能力，对纤维有足够的黏合强度和在纤维间架桥的能力；分子链上具有许多正电荷中心和氢键中心，便于和纤维上的负电荷结合生成离子键，和纤维上非离子表面生成氢键。由于壳聚糖能够满足上述要求，故其具有很好的增强效果，可用于纸张增强剂。

用丙烯酸、丙烯酰胺接枝共聚壳聚糖作为纸张增强剂[176]。在实际应用中，接枝共聚物具有良好的增强效果，裂断长、耐破度、撕裂度均有一定的提高；同时由于接枝共聚物是一种阳离子型的聚合物大分子，加入造纸浆料中会产生一定的絮凝作用，在一定程度上增加了填料的留着；而且壳聚糖相对分子质量对助剂的作用效果影响较大，其相对分子质量在一定范围内时，随其相对分子质量的增加，接枝共聚物分子链长度增加，支链增多，共聚物分子在纤维中形成的网状缠绕作用增强，从而使纤维间结合力增强，使纸张强度增加。壳聚糖与聚乙烯醇共混物与糊化淀粉的复合物作为添加剂对纸张的撕裂强度、耐破度和伸长率的影响研究表明，由于强的离子作用，阳离子的壳聚糖乙酸盐和它的共混物能够与阴离子的纤维相互作用而使纸张的强度得到显著提高。

采用微晶壳聚糖、类纤维、纤维和乙酸壳聚糖对卫生纸进行改性，并与PAE 树脂进行比较。结果表明当壳聚糖盐的平均相对分子质量约为 800，用量为纤维素的 1.0％时所制得的纸的湿强度比干强度下降不超过 15％，并且能保持较长时间[177]。利用壳聚糖与阳离子淀粉在酸性条件下接枝共聚，制备得到的 C-C助剂能有效地提高纸的物理强度并能促进填料的留着，在纸张物理强度一致时，C-C 助剂的用量少于两者的混合物用量，而且在壳聚糖脱乙酰化度相同的条件下，随着壳聚糖相对分子质量的增加（在 110 000～280 000 内）C-C 助剂的作用效果减弱。当 C-C 在最佳用量 1.0％时，浆料合理的 pH 为 5.0 的条件下，对同一纤维配比的浆料与空白纸张相比，纸张的裂断长提高了 77.8％，相对耐破度提高了 44.7％[178]。从纤维角度来看，纸张强度的提高主要是由于 C-C 助剂的加入增加了纤维间的结合面积和结合强度。从分子角度来看，助剂与纤维表面形成了更多的氢键结合，更重要的是助剂分子中的氨基与纤维表面的羧基形成了牢固的离子键，从而使纸张的强度得以提高。用壳聚糖制备纸张的干增强剂，研究表明壳聚糖的添加量从 0～1％均能提高纸张的机械强度，而且壳聚糖添加量在 0～0.5％时纸张强度增长的幅度比 0.5％～1％的增长幅度大，与 pH 无关。因此，不论是在酸性、中性还是在碱性条件下，壳聚糖都是一种优良的干增强剂，只是在碱性条件下增强效果不强。

1.4.5.3 助留剂

随着市场竞争的加剧以及环境保护等方面的限制，一般需要加入助留剂来提高纤维和填料的单程留着率和纸机白水的循环利用。助留剂的作用是使疏水性胶体悬浮液产生聚集，而后达到被截留在造纸机的网案上成为湿纸幅的目的。胶体吸附作用在助留机理中占主导地位。壳聚糖在酸性介质中可呈阳离子性，其相对分子质量非常大，使它们发生聚集，而且壳聚糖是长链高分子，可与填料和纤维发生架桥作用，同时吸附若干个粒子，而达到高的留着率。随着壳聚糖用量和相对分子质量的增加，助留效果显著提高。

　　利用 Mannich 反应，通过偶联剂将聚丙烯酰胺偶联到壳聚糖分子的氨基上，制得壳聚糖-聚丙烯酰胺交联物助留剂，由于壳聚糖在酸性溶液中有较高的阳离子电荷密度，经过偶联上阴离子的聚丙烯酰胺后，使该助留剂成为强阳离子-弱阴离子的两性分子特征，在实际应用中具有良好的助留助滤效果[179]。与壳聚糖和聚丙烯酰胺相比，其接枝共聚物对成纸在大大提高灰分的同时强度下降较少，主要是由于壳聚糖链和侧聚丙烯酰胺分子链中都含有羟基和氨基，与纤维素的羟基可形成氢键结合，增加纤维间的氢键结合数目和结合面积，提高纤维间的结合力。同时壳聚糖分子链中的氨基会和纤维中的羧基形成离子键结合，氨基还会和纤维上少量的醛基在高温下形成一定的共价键结合。因此，该助留剂充分利用了壳聚糖的增强特性和聚丙烯酰胺的助留特性，具有助留效果好，成纸强度降低少，储存稳定等特点。由于微真菌细胞壁基本上为甲壳素/壳聚糖，因此，有学者用微真菌处理纸浆所制得的纸具有非常好的强度、耐破度，尤其表现在湿强度上，这种纸还可以用于去除重金属离子，含有 1 g 菌丝体的纸能够去除 50 mL 浓度为 1.5 mmol/L 溶液中 90% 的重金属离子。

1.4.5.4　表面改性

　　电容器纸在压光前，用 0.3%～2% 壳聚糖乙酸溶液进行表面处理，可显著提高电容器纸的电阻率。用 0.3%～0.5% 氰乙基壳聚糖对纸张表面进行改性，可得到抗水性提高 6 倍、击穿强度提高 3 倍、电阻率和耐破度显著提高的特殊纸张。研究发现水解的甲壳素与纤维素复合能够提高纸的绝缘性[180]。复印纸产生静电会严重降低复印图像的质量，在复印纸表面涂上壳聚糖后，纸张的抗静电性增强 1 万倍以上，复印质量得到大幅度提高。

　　喷胶加固法是对纸质文物进行加固保护处理的有效方法之一，也是近年来对纸质文物保护研究的热点之一。其方法是将天然或合成树脂配成胶液，喷涂在纸质文物表面，依靠溶剂渗入纸张纤维内部，通过物理或化学的方法将断裂、粉化的纤维黏合连接起来，从整体上增强纸质文物的物理强度。而包覆在纸张纤维表面的胶液能够抵御或抑制外界不良因素对纸张的侵蚀。由此可见，其中的树脂材料是关键，所用的树脂除了要求无色透明、无光泽、不成膜，对字迹、色彩无遮盖，不脱色，对纤维无不良副作用外，而且能与纤维有机地结合，长久有效。由于古代纸质文物采用的是天然材料，因此，采用天然高分子进行加固保护处理更具有独到之处。为研究对壳聚糖进行氰乙基化改性后对纸质文物加固保护的可行性，将试验得到的壳聚糖改性产物配制成适当浓度的胶液，喷涂于纸样表面，分别进行抗张强度测试、耐折度测试、抗干热加速老化试验、光泽度测试等工作，并用 FT-IR 进行表征。结果表明，经最佳浓度为 30％的氰乙基壳聚糖胶液保护后，纸样保持了原有的质感、光泽、颜色，抗张强度提高了 67％，耐折度提高了 5.5 倍。由此证明，氰乙基壳聚糖对纸质文物的加固保护效果明显，为天然高分子在文物保护中的应用开辟了广阔的前景[181]。

用环氧丙烷等作醚化剂，在碱性条件下对壳聚糖进行接枝改性。改性产物羟丙基壳聚糖具有良好的水溶性，配制成适当浓度的胶液，喷涂于纸样表面，进行抗张强度测试、耐折度测试、抗干热加速老化试验、光泽度测试等一系列试验。结果表明，纸样保持了原有的质感、光泽、颜色，抗张强度提高了近一倍，耐折度也有提高，羟丙基壳聚糖对纸质文物的加固保护效果明显[182]。

1.4.6　在农业中的应用

在农业上，用甲壳素处理的植物种子，可以增加抗病虫害的能力，提高产量。壳聚糖可以作为土壤改良剂防治土传病害、用作种衣剂防治种传病害、用于果蔬保鲜控制收获后病害，还可作为植物生长调节剂、植物病害诱抗剂，促进植物生长、诱导提高植物的广谱抗病性。壳聚糖抑制植物病害具有多重机制。

随着农业生产的迅速发展，如何增强绿色植物的防病、抗病能力，以生物措施增强植物自身健康生长机制为手段，实现生态良性循环，是当今世界农业应用研究领域的焦点。壳聚糖是甲壳素脱乙酰基后的一种氨基多糖，对动植物均表现较强的生物活性，能参与调节植物生长发育，在促进植物开花结果、调整植物生长状态、促进植物对营养物质的吸收和利用、提高农作物产量等方面可发挥有益作用。用不同剂量的壳聚糖对小麦、水稻、玉米、棉花、大麦、燕麦、大豆、甘薯、蔬菜等作物进行种子处理均有增产效果。国外报道壳聚糖可使茶叶味道更香醇，提高水稻抗寒能力。壳聚糖能诱导番茄对早疫病的抗性，也可以拮抗番茄枯萎病菌。用 0.3％壳聚糖水剂对番茄品质和产量的提高有明显的促进作用，其中 500 倍液可使单果重增加 11.1％，产量提高 21.7％。同时它可以明显提高番茄对病害的抵抗能力，抑制病害发生，且 3 次施药效果更佳，500 倍液第 3 次施药后对番茄晚疫病防效达到 74.0％，300 倍液对绵疫病可达 78.2％。300～500 倍液壳聚糖对 2 种病害的防效与 50％多菌灵 600 倍液防效相近[183]。

缓释/控释肥料是通过对现有肥料进行改性，使得肥料中的养分形式在施肥后能根据作物需肥规律缓慢释放，被作物吸收和利用，达到一次性施肥就能够满足作物至少是一季生长的需要。它的优点在于其具有高效、速效、长效和毒性小、施放量小、污染小，以及减少农民在配方施肥、追肥等农艺措施上的投入和困难，减轻劳动强度等优点。目前各国都在竞相开发缓释肥料的新品种，研究制肥新工艺，但均主要研究氮肥的缓控释作用，只有部分研究涉及缓控释磷肥，对钾肥的缓控释研究极少。K 是植物生长中所必需的大量元素，它参与植物体内各种重要生理活动，是四十多种酶的辅助因子，能促进呼吸过程及核酸和蛋白质的形成，影响糖类的合成和运输。缺 K 会引起植物叶片细胞失水、蛋白质解体和叶绿素破坏，抑制植物生长，从而影响植物对 N、P 等营养的吸收，导致化肥利用率降低。由于我国化肥生产上一直是以氮肥为主，N、P、K 施用量长期比例失调，尤其是钾肥，致使对钾肥的缓控释研究不为重视。而 K^+ 易溶于水，不容易包埋和控制，也是钾肥的缓控释研究较少的原因。

以壳聚糖和 KCl 为主要原料制备壳聚糖包膜 KCl 的微球，测定了微球在 25℃水中浸泡后 K^+ 的释放速率，并应用扫描电子显微镜对浸泡前后微球表面膜结构进行表征。结果表明，壳聚糖对 K^+ 的包埋率达到 97.08%。K^+ 释放量增量表现为 1~4 d 快速上升，5~59 d 稳定上升，60 d 后开始减缓。扫描电镜观察结果表明，微球浸泡前表面膜结构密实，浸泡 73 d 后微球表面膜形成大量突起、均匀的小孔。包膜微球在 24 h 和 28 d 时在水中的释放量均符合缓释肥料标准。25℃时，肥料养分在水中的溶出率应满足如下 3 个条件（欧洲标准委员会制定的缓释肥料标准）：① 24 h 释放量不大于 15；② 28 d 释放量不超过 75%；③ 在规定时间内，至少有 75% 被释放。制备的 K^+ 包膜微球在 25℃下水中释放量为：24 h 为 12.52%，31 d 为 50.80%，59 d 为 82.77%，符合缓释肥料的评判标准。73 d 后释放量已达 95.78%，已基本释放完全。该研究采用的包膜工艺是将 K^+ 与成膜材料壳聚糖均匀混合，然后将壳聚糖固化而形成，与现有研究中（内部是肥芯，外层为膜层或涂层）的工艺有所区别。K^+ 在微球中一般仍以游离状态存在，主要结合力是 K^+ 与膜材料分子间的极性吸引力。当微球在水中浸泡时，前期释放的 K^+ 主要是外层结合较为松散的 K^+，因而释放速率较快。随微球在水中浸泡时间延长，固化的壳聚糖网络逐渐被水溶胀，孔径增大，水分子得以进入固化的壳聚糖分子内部，将内层的 K^+ 交换出来，这时的释放速率主要决定于孔的数量和孔径的大小。因此，释放速率接近恒速。当固化的壳聚糖网络溶胀趋于饱和，孔的数量和孔径的大小接近稳定，而微球内外 K^+ 含量差减小时，释放速率将逐渐减缓[184]。

近年来，由于化肥农药不合理的广泛使用，有益昆虫减少，其残骸几丁质对土壤的供给随之减少，从而扰乱了土壤中微生物的分布，有益菌大量骤减，致使病虫害的发生日益加剧。壳聚糖中含有 N、C 等元素，施入土壤中后，可被微生物分解为植物的养分，还能形成通透性良好的高分子膜，改善和提高土壤的通气性、透水性、保水性、耐浸侵性和易耕性，从而改变土壤微生物区系，促进有益微生物生长与繁殖，增强土壤的抗真菌能力，对目前大棚中严重的土传真菌等病害起到防治的作用，避免重茬的影响。同时，壳聚糖加入土壤后，不断分解，还可使蔬菜植株周围的 CO_2 浓度提高 40%～60%，更有利于光合作用。

壳聚糖能抑制多种细菌的生长，具有抗真菌活性，尤其对真菌和丝状菌类有独特的效果。其抗菌机理，一是壳聚糖的氨基构成的阳离子与构成微生物细胞壁的磷脂等阴离子相互吸引，其结果是刺激了微生物的自由度而引起了生育障碍；二是壳聚糖进一步低分子化，进入微生物细胞内部，阻止遗传因子 DNA 和 RNA 的转录，引起生育禁阻。壳聚糖对各类细菌和真菌完全抑制的最小浓度为：根瘤农杆菌 100×10^{-6} g/mL、软腐菌和黑腐菌 500×10^{-6} g/mL、枯草杆菌 1000×10^{-6} g/mL、灰色霉菌和斑点菌 10×10^{-6} g/mL、镰刀菌 100×10^{-6} g/mL。由于壳聚糖能阻止植物病原菌细胞的生长发育，诱导宿主植物对病原菌的防护机构，因而减少了菌类对植物的危害，因此又被称为新型植物抗性诱导剂。试验表明，用 25～50 µg/mL 的壳聚糖浸根处理芹菜苗，可明显延缓尖孢镰刀菌引起的萎蔫症状；利用壳聚糖浸根或喷雾处理番茄苗或在生长基质加入壳聚糖，可诱导对根腐病的系统抗病性；在黄瓜水溶液中加入壳聚糖，可控制由腐霉菌引起的猝倒症[185]。用壳聚糖处理蔬菜种子，能促进 MRNA 重新合成，使酶活性大大增强，激发种子提早萌发，提高发芽势和发芽率，使幼苗健壮，增加分蘖，促进生长，提高蔬菜作物的产量和品质。此外，壳聚糖在绿色蔬菜生产上还可用于制备生物降解地膜，作为种子包衣剂、农药化肥缓释剂，从而有效地防治蔬菜病虫害，保护生态环境，达到了蔬菜生产的优质、安全和高效。目前，丹麦王国州长 Niels Hoejberg 来到中国科学院大连化学物理研究所，就壳寡糖的推广与应用项目进行了合作洽谈。中国方面负责壳寡糖的生产及产品开发，丹麦方面负责壳寡糖及其产品在欧盟国家的推广与应用，预示着我国在这方面的研究开发已经走在世界前列。

1.4.7 在其他方面的应用

壳聚糖是目前已发现的一种天然阳离子高分子，用酸中和后，壳聚糖变黏，这些材料已用于乳油、洗剂以及永久的波浪洗剂的生产中[186]。在日化工业上，甲壳素/壳聚糖可作为化妆品和护发素的添加剂，增强保护皮肤、固定发型的作用，还可防止尘埃附着和抗静电。

保湿研究是化妆品学、皮肤医学的热门话题，开发研究性能优异的保湿剂是人们孜孜以求的目标。保湿剂在化妆品中的作用是维持或增加皮肤角质层的水含量，改善因角质层缺水导致的皮肤干燥及由此产生的发痒、脱屑等临床症状。目前在化妆品中最常见的是合成保湿剂甘油，其吸湿性能显著，保湿性能一般，作为保湿产品还存在一定不足。从天然物质中提取的具有营养和保湿双重性能的天然保湿剂是保湿剂的发展趋势，而壳聚糖及其衍生物在这方面已得到很好应用。

增稠剂在水包油型涂料中极为重要，水包油型涂料多为色彩花纹，有色油滴均匀地分散在水液中。如没有增稠剂，各色油滴就会黏结、结块，相互串色，涂料变质，无法施工。目前国内外该类涂料普遍采用纤维素系列增稠剂，因其保质期短、涂料易结块、增稠剂易发霉而给厂家和用户带来较大损失和不便，因而一直是厂家和用户有待解决的问题。壳聚糖相对分子质量大，在溶液中能起网状结构，包裹且分开油滴，使油滴不易黏结，稳定期长且不发霉，经多次试验，效果显著，目前经厂家使用，明显地改善了单一纤维增稠剂的缺点[187]。壳聚糖是生物聚合物，当它溶于乙酸时，具有一定的离子电导性。这种电导性是由乙酸溶液中的质子而产生的。有人认为，这些质子的运送是通过聚合物中的微孔进行的，因此从压电研究中得到的介电常数小，这表明聚合物结构中含有许多微孔。选择更合适的电极材料可以产生更好的电池组系统[188]。由于壳聚糖含有自由氨基和羟基，所以它在色谱测定中是很有用的。将壳聚糖用于薄层色谱法中可来分离核酸[189~192]。其他工作者也将壳聚糖用于色谱分离中获得了有趣的结果[193~195]。

1.5　甲壳素/壳聚糖研究发展趋势

甲壳素/壳聚糖是 21 世纪的生物新材料，在构建和谐社会和发展循环经济等方面有着巨大的作用。其理由：①甲壳素/壳聚糖是地球上仅次于纤维素的第二大生物资源，年生物合成量高达 100 亿 t，可以说是用之不竭的可再生生物资源。这无疑给面临全球资源枯竭危机的人类带来了生机。②全球几乎所有的国家均在研究开发甲壳素/壳聚糖，每年发表的论文报告上万篇，有的国家平均每 3 天就申报一项甲壳素/壳聚糖应用专利，甲壳素/壳聚糖已是一种内涵丰富、前景广阔的全球化和高新技术化的产业，已成为世人瞩目的前沿学科领域。③甲壳素/壳聚糖的商业产品已遍布全球，其应用领域已拓展到工业、农业、环境保护、国防和人民生活等各方面，其产业渗透性之大，应用领域之广，均超过其他资源产业。④人类创造了现代文明，同时也破坏了自然生态平衡，人类赖以生存的自然环境日益恶化。我们面对的主要疾病已不再是细菌、病毒和寄生虫，而是诸如肿瘤、心脑血管和糖尿病之类的慢性病。对这类疾病，具有细胞保护与细胞调节功能的食物比杀伤性药更有应用前景。甲壳素/壳聚糖是目前自然界中唯一发现带正电荷的食物纤维，具有现今食物不具备的生理功能，被誉为人体健康所必需的第六生命要素。这对于解决困扰人类社会已久的"现代文明病"，保障人类健康，提高人类的生存发展质量具有重大意义。⑤甲壳素/壳聚糖是一种环境友好材料，它具有无毒、无味、可生物降解的特点，有望成为塑料的替代物，不仅可以解除人类所面临的"白色污染"，而且可以消除人体内外环境的有毒有害物质对人体的威胁，实现经济社会的可持续发展。

甲壳素/壳聚糖产业要实现可持续发展，就必须从生态经济大系统的整体优化出发，着眼于降低甲壳素及其衍生物生产活动对资源的过度使用和对人类及环境的破坏，要求企业在开发利用甲壳素/壳聚糖资源，向社会提供生物新材料的同时，兼顾社会效益和环境效益，同时强化产业的管理创新和技术创新，突出品牌的培育和创新平台的建设，进一步理顺产业内部及与外部的关系，以实现甲壳素/壳聚糖产业的可持续发展。我国甲壳素/壳聚糖产业沦为发达国家的生产车间，靠赚取微薄的加工费维持产业的发展，这种靠拼资源消耗、拼劳力和牺牲环境的产业发展模式是难以持续的。因此，要实现甲壳素/壳聚糖产业的可持续发展，必须创新发展模式，走新型工业化道路，在强化产业自主创新能力上下工夫，真正实现由甲壳素/壳聚糖生产大国转为甲壳素/壳聚糖制造强国的转变，其需要解决的难题有：①强化产业的管理创新。我国甲壳素/壳聚糖产业尽管起步早，产业规模大，但长期以来呈无序发展，缺乏行业自律，恶性竞争严重，产业竞争力受到严重制约。应尽快启动我国甲壳素/壳聚糖产业发展战略及规划的研究，组建全国性行业协会和相关网站，发行行业协会会刊，建立沟通企业与政府的联系渠道，协调行业的发展，应对国外可能出现的反倾销和环保壁垒等突发事件。②强化拥有自主品牌和自主知识产权核心技术企业及产品的培育。③强化甲壳素/壳聚糖产业创新服务平台的建设。④强化甲壳素/壳聚糖产业化关键技术和共性技术的攻关。

近年来，甲壳素/壳聚糖的基础研究和开发研究发展迅速。从事甲壳素的研究、开发、应用的单位和研究人员与日俱增，在基础研究、开发应用、产品制造等诸多领域取得了显著成绩。甲壳素/壳聚糖在医药、保健、农业、化工、环境、纺织、化妆品等诸多领域已经和正在显示出有效的应用潜能，应该说甲壳素/壳聚糖的研究开发已经呈现了蓬勃发展的势头。当然在发展的同时也存在一些问题，已引起了有关部门和科学工作者的关注。综观甲壳素/壳聚糖研究、开发和生产的现状，在未来发展中呈现了如下发展趋势。

1.5.1　清洁生产成为产业健康发展主题

在经济增长与人口、资源、环境之间矛盾日益突出的情况下，正确处理人与环境的关系，促进可持续发展，是人类社会发展的必由之路。随着 1992 年在巴西里约热内卢召开的联合国环境与发展大会制定的《21 世纪议程》的实施，在世界范围内掀起了一场产业绿色革命。质量、规模和效益不再是产业发展必须考虑的因素，强调生产与经济、人与自然的和谐发展。任何产业均面临这场可持续发展的绿色革命选择。甲壳素/壳聚糖产业是以动物甲壳废弃物为原料，经酸碱处理等加工工艺制备的系列产品，是资源综合利用行业。产业发展同样面临许多亟待解决的可持续发展问题。我国虽然是甲壳素/壳聚糖生产大国，但90%的产品以原料形态出口国外，产品附加值很低，每吨氨基葡萄糖销售利润在1000～2000元，整个产业沦为发达国家的生产车间，产业创新能力严重不足，缺乏核心竞争力；同时，在制备过程中需消耗和浪费很多资源，不仅污染环境，而且污水处理费用较高，企业难以承受，产业发展面临巨大的资源、环境和市场压力。

目前甲壳素生产以废弃的动物甲壳为主要原料，露天开放式堆放、储存的原料臭气冲天，造成了空气污染；使用强碱强酸脱蛋白、矿物质所形成的大容量、高浓度有机废水难以处理，致使未经处理的大量废液被排入江、河、湖、海，严重影响人类生存的环境。以舟山为例，舟山的甲壳素企业散布各地，规模小，无力单独治污，普遍将未经处理的污水直接排放。浙江省人大常委会开展生态市建设和环保法执行检查时，普陀区展茅工业区块污染被列入全省35个整改问题之一，其主要污染源便是由当地的3家甲壳素企业所造成。有环保人士认为，这些企业在关闭前赚的其实就是逃避产品环保治理成本的钱。随着国内环保意识增强、环保风暴频起、对甲壳素产业治理污染力度的加强，这一行业将面临脱胎换骨的痛苦。以甲壳废弃物为原料直接制备甲壳素的生产企业数量将不断因环保问题而压缩。但危机的背后同时又有机遇。从这一角度看，甲壳素产业遭遇环保风暴，也许能逼着企业走出一条新路。

因此，甲壳素/壳聚糖产业应把绿色生产放在首位，当务之急是引入清洁生产理念，不断开发清洁生产工艺和相关绿色技术。从当前清洁生产技术发展态势来看，原料的封闭式采集、运输、储存和处理技术，不用强酸强碱的生物法制备甲壳素及相关资源综合利用技术将成为研究开发重点。其中生物法制备甲壳素生产工艺不使用强酸强碱试剂，而通过专一性酶或生物菌发酵的方法脱去虾、蟹壳中的蛋白质、油脂和生物钙来获得甲壳素，较酸碱法甲壳素清洁生产工艺更符合清洁生产和循环经济要求，所得甲壳素产品质量高，对环境友好，废物能回收利用，是理想的甲壳素清洁生产技术。目前，利用乳酸菌发酵制备甲壳素已实现技术突破，整个生产过程基本上无废物产生，发酵液经固液分离，废液富含蛋白质及其降解后的产物如多肽及氨基酸、乳酸钙等，经浓缩后可作为饲料添加剂。而且乳酸菌很安全，对环境无害，少量场地冲洗废水可经厌氧处理至达标排放。但该方法从中试进入产业化应用，尚有许多问题亟待研究解决。此外，氨基葡萄糖生产过程如何节能降耗和实现废酸的回收利用等，也将成为清洁生产关注的热点之一。

1.5.2　产学研结合成为技术突破重要方式

近 10 年，国际上对氨基葡萄糖的消费量激增，每年平均以 20％的速度增长，相关产品层出不穷。我国虽然是氨基葡萄糖产品的生产大国，但 90％的产品以原料形态出口国外，产品附加值很低。因此，如何跟踪市场消费需求，强化氨基葡萄糖相关产品的开发和自主创新，就成为产业发展的重点。近年来，我国甲壳素研究发展迅速，但真正能产业化投入市场的产品甚少，究其原因，就是缺乏对影响产业发展的关键技术和核心技术的集成攻关。

过去研究工作者多侧重于工艺路线的科学性和基础性，而忽视了针对性和实用性。因此，尽管在实验室可以达到很高的技术指标，但在中试放大时就暴露了许多问题，有些问题是实验室考虑不到的问题，但恰恰是制约技术突破的瓶颈。企业有生产工艺中的实践经验，对解决关键工艺路线有迫切的技术需求，甚至期望研究工作者的研究结果马上能解决核心问题。由于研究者和企业考虑问题的侧重点不同，导致许多技术不能有效实现产业化。例如，从甲壳素制备壳聚糖的生产工艺，研究者只是从收集到特定的虾蟹壳开展研究，而实际生产时原料来源千差万别，势必会影响产品的质量。因此，研究工作不仅仅是在点上开展，而要拓展到一条线上开展，这样的研究结果才有实用性。从这个意义上讲，产学研结合、优势互补和多学科联合攻关将是产业化技术突破的重要方式。

近年来，我国有关甲壳素/壳聚糖的研究论文和申请专利发展势头迅猛，但在发表的诸多文章中，也不难看出重复研究内容非常之多，尽管在开展有关甲壳素/壳聚糖的相关研究工作，但系统性和实用性不够。甲壳素/壳聚糖是一种天然高分子，有许多独特的理化性能，但同时它们的产品价格也相对较高，在低附加值产品中的应用肯定受到制约，如何既能发挥甲壳素/壳聚糖独特性能，又能应用在高附加值的产品中是当前需要迫切关注的问题。否则，我们的研究论文会越来越多，但在产品中实际应用不多，形不成产学研互动发展的和谐局面。

产品从研发到产业化有很长的路要走，需要不同专业和不同学科的人员协同攻关。围绕社会经济发展对多品种甲壳素及其衍生物产品的需求，开展合作研究，开发的产品更贴近市场，更易实现产业化。2001 年，中国科学院兰州化学物理研究所与浙江玉环海洋生物化学有限公司以甲壳素的高值化和产业化为目标，联合共建了国内首个"甲壳素研究与开发联合实验室"。几年来，通过双方的努力和有效合作，取得了一定的成果。实践证明，产学研结合是实现关键技术突破的有效途径。

1.5.3 基础研究成为研究重点

我国已有一支具有相当人数和颇具研发实力的甲壳素/壳聚糖研究开发科技队伍，但从研究内容看，早期以仿制国外产品的应用研究居多，而从事自主创新的应用基础研究比较少。近年来，虽然有一些科学工作者重视了基础研究，但目前研究力量还比较薄弱。基础研究是技术发展的源泉，对于甲壳素/壳聚糖开发同样如此。甲壳素被发现远在 200 年前，而大规模开发应用还是近二十多年的事，而在诸多的应用开发方面大多是"拿来主义"，缺少系统的、持久的应用基础积累，这成为我国甲壳素产业沦为发达国家生产车间和与发达国家相比还有一定差距的主要原因。因此，如何强化基础研究来支撑产业的可持续发展就成为关键。例如，现有的甲壳素生产采用强酸强碱脱去钙和蛋白，该工艺腐蚀性强，劳动条件恶劣，还造成严重污染，给环境治理提出新课题。而生活在天然海区的中华乌塘鳢，以小型鱼、虾、蟹、贝类为食，其中虾、蟹类在中华乌塘鳢胃内数小时就脱去钙和蛋白，是否可采用仿生技术生产甲壳素；同样可否模仿自然界生物体内的脱乙酰酶，以温和方便地脱乙酰化途径来制备壳聚糖，这都需要科学工作者深入思考或实践。

众所周知，存在于水圈（海洋、湖泊、江河）、岩石圈（陆地和海底）、生物圈（动植物）和大气圈中的甲壳素酶、溶菌酶、壳聚糖酶等可将甲壳素完全生物降解，参与生态体系的碳和氮循环，对地球生态环境起着重要的调控协同作用。但到目前为止，我们对生物体内如何合成甲壳素，如何被生物降解和参与生态体系的碳和氮循环，如何实现对地球生态环境起着重要的调控协同作用等相关问题的了解还甚少。

尽管我们已形成了规模化开发动物甲壳废弃物制备甲壳素产品的能力，但迄今为止，我们仅开发了数十种动物甲壳资源，而且主要集中在虾、蟹类甲壳上，还有成千上万种动物甲壳资源尚未认识，有待我们对这些甲壳素资源的分布、数量构成、含量和制备工艺及开发利用价值等问题开展进一步的研究。动物甲壳在不同的季节有不同的生活形态，包括幼体与成体、脱壳或蜕皮前后、成虫与蛹等，它们之间的甲壳素含量相差很大。同一品种不同部位（如头胸甲、腹部、大螯和附肢）的甲壳素含量也不一样。这些差异同样也反映在甲壳素在动物体中的状态、结合形式上。至于不同种类和部位的动物甲壳中的甲壳素结构是否有差异，从生物学结构与功能相统一的原理来看，应该是有差异，这有待进一步的研究确定。生产实践中已发现同一品种的甲壳，采用相同的制备工艺，夏天制得的甲壳素与冬天制得的甲壳素在相对分子质量上有明显差异。不难看出，对生产者来说，不同原料和不同的季节应当采取不同的制备工艺，否则就会造成原料能源

的浪费及产品性能的下降和不稳定。还应当值得注意的是，新鲜动物甲壳与高度
腐败动物甲壳、干壳与湿壳、生壳与熟壳（后者由于蛋白质变性）也不能采取相
同的制备工艺和条件。用甲壳素/壳聚糖开发的新产品，如果原料不能保证，产
品的质量就不会稳定。

　　壳聚糖的生物医学功能与其相对分子质量有密切关系，这给分子生物学、免
疫学等生物医学领域提供了研究内容。壳聚糖的降解方法、动力学、酶机制、产
物表征等也需要深入研究。用甲壳素和壳聚糖制备的可吸收缝合线，是一种理想
的医用材料，但它的湿强度较低，这就得从分子构造上如相对分子质量、脱乙酰
度、分子间相互作用力以及进行必要的修饰等方面加以深入研究，以达到预期的
要求。事实上，基础研究促进技术发展，生产技术的提高又给基础研究提出新课
题，二者相互促进。

1.5.4　构效关系成为研究热点

　　在甲壳素化学的研究和产业化中，对甲壳素/壳聚糖进行进一步衍生化仍是
该领域未来重要研究方向之一。壳聚糖重复单元中有羟基和氨基，在不同的反应
条件下，可进行 O-、N-和 N-,O-位反应。通过分子设计引入新的基团可赋予壳
聚糖新的功能性，因而在应用方面有广阔的前景。值得指出的是，在壳聚糖的
衍生化反应中，由于分子间强氢键作用形成了有序结构，甲壳素/壳聚糖难以进
行一般的反应，对它进行化学修饰通常需在较为苛刻的条件下进行，生成许多
具有重要应用价值的衍生物，但是往往伴随着降解和脱乙酰化反应，取代产物
的均一性和重复性也不理想。所以，探索温和条件下甲壳素/壳聚糖的修饰反应
值得重视。

　　甲壳低聚糖、糖缀合物的化学研究包括从分离、检出、结构鉴定、顺序测定
以至合成都缺乏有效手段，远不如对核酸、蛋白质所达到的研究水平。应加强对
不同相对分子质量甲壳低聚糖与生物活性构效关系的研究，了解其生物功能所对
应的最佳相对分子质量范围。当前用化学法或酶解法处理壳聚糖，得到的都是宽
范围相对分子质量的混合产物。如何建立新的分离技术、采用有效的新方法，以
提高单一或某一相近相对分子质量组分的分离精度和效率，这些问题给甲壳素化
学工作者提供了巨大的发展机会。

　　以虾、蟹壳为原料提取的 α-甲壳素已得到广泛深入的研究，这类甲壳素分
子主链之间以反平行方式排列，具有很强的分子之间氢键作用力。α-甲壳素致密
的晶体结构使其不易进行化学改性。例如，难以制得高脱乙酰度（同时高相对分
子质量）的壳聚糖，这影响了它的推广应用和发展。近年来，人们又把注意力投
向另一类甲壳素资源，即 β-甲壳素。β-甲壳素分子链间以相互平行的方式排列，

分子间的氢键作用力相对较弱，从而具有某些特殊的性质。例如，β-甲壳素对水和许多溶剂具有更好的亲和性。用 β-甲壳素制备的壳聚糖的相对分子质量一般达数百万，如此高的相对分子质量是相同高脱乙酰度的 α-甲壳素所无法达到的。由于 β-甲壳素具有松散的 β-晶型，其非均相反应活性较 α-甲壳素大。热分析结果表明 β-甲壳素在 270℃以下是稳定的。据报道，作为香烟过滤嘴添加剂材料，β-甲壳素在整个吸烟过程中不会发生热降解反应，微细 β-甲壳素颗粒在吸烟过程的前期作为功能型保健品被吸入人体起保健作用，而吸附了焦油等物质的微细 β-甲壳素颗粒将黏附在过滤嘴纤维上，与较大颗粒的 β-甲壳素一起继续吸附焦油等有害物质，不会影响其保健和吸附烟气有害物质的功能。从这个意义上讲，值得对 β-甲壳素深入开展构效关系的研究。

1.5.5　生物功能材料成为应用亮点

甲壳素/壳聚糖研发的另一个趋势是来自生物功能材料的需求，从设计和制备特定分子结构上，甲壳素/壳聚糖都有各自的优点。壳聚糖作为神经组织修复材料，有望克服移植法的弊端，该管材可黏合或缝合于患者断裂的两段神经末梢之间，用作神经组织生长的"脚手架"。管材内部涂覆有一种特殊细胞，可释放出蛋白质刺激神经组织的生长。当神经纤维长到所需长度开始发挥正常功能时，管材将开始自行降解。改性甲壳素纤维增强聚乳酸复合材料，用作骨折内固定装置有望解决聚乳酸类骨折内固定装置降解过快的问题。因此，组织创伤修复、疾患组织损伤修复生物医用膜材料，采用组织工程方法进行关节软骨修复和重建，将是今后甲壳素/壳聚糖研发关注的重要课题。发现与提供结构新颖和具有一定分子多样性的新材料，开展生物活性分子的构效关系和分子设计，已成为当代甲壳素/壳聚糖研究的一个新目标和新阶段。

组织工程是应用工程学和生命学的原理和方法，利用细胞和生物支架材料复合制备具有生物活性的替代物，以恢复、维持或提高受损组织的功能的学科。组织工程学科的研究是生命科学研究一页崭新的篇章，其关键因素之一是生物支架材料的选择。生物支架材料作为组织再生的模板，要求具有良好的生物相容性和表面生物活性及可降解性。壳聚糖为部分脱乙酰甲壳素的产物，它能生物降解，无免疫反应，无毒，同时具有一定的消炎、愈合伤口的修复功能，是一种较理想的组织工程支架材料，但壳聚糖并不具有生物活性。钙磷陶瓷特别是羟基磷灰石具有骨传导和骨诱导功能，故在骨组织修复中，采用羟基磷灰石修饰壳聚糖支架材料，使其具有表面生物活性是制备一种较理想的组织工程支架材料的方法。直接将羟基磷灰石粉加入壳聚糖溶胶中制备复合膜层，可改善膜层的生物学性能。用电化学共沉积法在钛合金基底表面可制备钙磷陶瓷/壳聚糖复合膜层。利用生物体中的有机官能团对无机相的调控作用来实现矿化，是目前生物矿化研究的热点，也是生物材料改性方法中简单易行的一种方法[196]。

近年来，随着纳米技术的发展，生物学、化学和物理学等学科之间的交叉渗透，纳米生物技术成为国际生物技术领域的前沿和热点之一。其中，由于纳米生物材料诸多良好的生物学特性，而成为制备高效、靶向基因治疗载体系统的良好介质。纳米生物技术与基因治疗相结合，显示出良好的应用前景[197]。纳米基因载体一般由具有生物相容性、可生物降解的纳米生物材料制备，基本无毒性，无免疫原性，体内可以代谢降解，生物安全性好。纳米脂质体主要由磷脂及胆固醇合成，磷脂和胆固醇本身是细胞膜的主要成分，由于其自身的仿生物膜的特点，可以通过其与细胞膜的融合或（和）胞吞作用将目的基因导入细胞。壳聚糖具有生物相容和体内缓慢降解的特性，无毒性，皮肤黏膜无刺激性和无免疫原性，可在可控、缓释的药物载体研究中得到应用。壳聚糖等作为基因治疗载体目前已受到广泛的关注。口服的壳聚糖纳米粒显示了较好的肠上皮吸收和转运能力，这些特性在口服的 DNA 疫苗研究中受到关注。壳聚糖纳米粒载体易于进行表面共价修饰、靶细胞配体的修饰，可实现目的基因主动靶向性的传递，也可以表面进行 PEG 修饰，延长载体体内的半衰期。壳聚糖展现了良好的临床应用前景。肿瘤细胞膜表面高度表达叶酸受体，对叶酸及其类似物都有很高的亲和力。因此，用叶酸修饰壳聚糖可制成肿瘤靶向性载体[198,199]。

磁性壳聚糖纳米材料是将磁性物质均匀地包覆在壳聚糖上，其粒径为10～15 nm，磁性稳定，靶向性强，且有超顺磁性；加之壳聚糖具有生物相容性，可降解性和极大的表面积，将其用于药物运载体，用于临床治疗很有价值。这样，可大大提高壳聚糖的利用价值。目前的关键在于制备真正具有靶向的载药系统，用于治病（如癌症等）时对目标有准确性、有效性以及药物进入靶细胞内的融合性和实效性，这些都需要更深入的实验研究。

有机/无机复合成为材料研究的热点，当然也成为生物功能材料研究的热点。在酸性溶液中，壳聚糖可与黏土插层形成纳米复合物，有较好的响应性，在传感器和药物载体等方面将有好的应用前景。但复合机理与实际应用效果仍是未来需要研究的主要内容。

近几年来，来自可再生资源的生物可降解聚合物已经受到很大的关注。可再生资源的聚合物材料提供了在经济上和生态上能够维持有吸引力的科技支撑发展。迄今为止，制备纳米复合物的基于可再生资源的生物可降解聚合物是聚交酯、聚 3-羟基丁酸盐和它的共聚物、热塑性淀粉、植物油、纤维素、明胶和壳聚糖等。由于甲壳素/壳聚糖的独特性能，我们有理由相信，甲壳素/壳聚糖在这些方面的应用将扮演重要角色。

参 考 文 献

[1] Braconnot H. Sur La nature des champignons. Ann Chi Phys, 1811, 79: 265~304

[2] Rouget C. Des substances amylacees dans le tissue des animux, specialement les Articules (Chitine). Compt Rend, 1859, 48: 792~795

[3] Muzzarelli R A A. Chitin. Oxford: Pergamon, 1977, 255~265

[4] Kurita K. Controlled functionalization of the polysaccharide chitin. Prog Polym Sci, 2001, 26 (9): 1921~1971

[5] Muzzarelli R, Jeuniaux C, Gooday G W. Chitin in nature and technology. New York: Plenum Press, 1986

[6] Roberts G A F. Chitin chemistry. London: Macmillan Press, 1992

[7] Goosen M F A. Applications of chitin and chitosan. Lancaster, PA: Technomic Publishing, 1997

[8] 包光迪. 甲壳质的利用. 北京: 科技卫生出版社, 1958

[9] 吴鸿昌. 甲壳胺人工皮在烧伤领域的应用. 青岛海洋大学学报, 1989, 19 (4): 64~69

[10] 屈步华, 李德平, 吴晴斋. 甲壳素作为药剂辅料的应用. 中国生化药物杂志, 1995, 16 (1): 42~44

[11] 吴晴斋, 屈步华, 李德平等. 甲壳素的毒理学研究 II. 对大鼠口服的急性毒性观察. 中国生化药物杂志, 1995, 16 (3): 119~122

[12] 吴晴斋, 屈步华, 李德平等. 甲壳素的毒理学研究 V. 对小鼠致畸胎作用研究. 中国生化药物杂志, 1995, 16 (3): 126~128

[13] 董炎明, 张璟. 壳聚糖的液晶行为研究. 高等学校化学学报, 1996, 17 (6): 973~977

[14] 董炎明, 袁清. 生物高分子液晶的新家族——甲壳素及其衍生物. 高分子通报, 1999, (4): 48~56

[15] 董炎明, 李志强. 苯甲酸壳聚糖——一种新液晶性高分子的合成与表征. 高分子材料科学与工程, 1999, 15 (6): 161~163

[16] 董炎明, 吴玉松, 王勉. 邻苯二甲酰化壳聚糖的合成与溶致液晶表征. 物理化学学报, 2002, 18 (7): 636~639

[17] Wan L, Wang Y, Qian S. Study on the adsorptionproperty of novel crown ether crosslinked chitosan for metal ions. J Appl Polym Sci, 2002, 84 (1): 29~34

[18] Tan S, Wang Y, Peng C et al. Synthesis and adsorption properties for metal ions of crosslinked chitosan acetate crown ethers. J Appl Polym Sci, 1999, 71 (12): 2069~2074

[19] Yang Z, Wang Y, Tang Y. Preparation and adsorption properties of metal ions of crosslinked chitosan azacrown ethers. J Appl Polym Sci, 1999, 74 (13): 3053~3058

[20] Ding S, Zhang X, Feng X et al. Synthesis of N,N'-diallyl dibenzo 18-crown-6 crown ether crosslinked chitosan and their adsorption properties for metal ions. React Funct Polym, 2006, 66 (3): 357~363

[21] 王爱勤, 俞贤达. O-丁基壳聚糖的合成与表征. 合成化学, 1999, 7 (3): 308~314

[22] 王爱勤, 俞贤达. 烷基化壳聚糖衍生物的制备与性能研究. 功能高分子学报, 1998, 11 (1): 83~86

[23] 王爱勤, 谭干祖. 羟丙基壳聚糖的制备与表征. 天然产物研究与开发, 1997, 9 (1): 33~36

[24] 邵志会, 汪琴, 王爱勤. N-羧丁基壳聚糖的吸湿性和保湿性. 应用化学, 2002, 19 (11): 1091~1093

[25] 王爱勤, 俞贤达. 水溶性壳聚糖衍生物的制备方法. 中国科学院兰州化学物理研究所, CN98126756. 4, 1998

[26] 黄晓佳, 王爱勤. 壳聚糖对 Zn^{2+} 的吸附性能研究. 离子交换与吸附, 2000, 16 (1): 60~65

[27] 王爱勤，周金芳，俞贤达. 完全脱乙酰化壳聚糖与 Zn（Ⅱ）的配位作用. 高分子学报，2000，（6）：688～691

[28] 邢荣娥. 甲壳单糖、寡糖、低聚糖制备方法的优化与比较研究. 中国科学院海洋研究所，2002

[29] 李兆龙，陶薇薇. 甲壳与贝壳的综合利用. 北京：海洋出版社，1991

[30] 蒋挺大. 甲壳素. 北京：中国环境科学出版社，1996

[31] 顾其胜，侯春林. 第六生命要素：几丁质　几丁聚糖　甲壳质　壳糖胺. 上海：第二军医大学出版社，1999

[32] 吴清基，吴鸿昌. 甲壳素——21 世纪的绿色材料. 东华大学学报，2004，30（1）：133～138

[33] 杜予民. 甲壳素化学与应用的新进展. 武汉大学学报，2000，46（2）：181～186

[34] 董炎明，王勉，吴玉松等. 天然高分子甲壳素类纤维的研究进展. 商丘师专学报，2000，16（2）：81～85

[35] 夏文水. 酶法改性壳聚糖的研究进展. 无锡轻工大学学报，2001，20（5）：550～554

[36] 叶芬，尹玉姬，孙光洁等. 壳聚糖支架在组织工程中的应用. 功能材料，2002，33（5）：459～461

[37] 王真，陈西广，郎刚华等. 甲壳质及其衍生物生理活性研究进展. 海洋科学，2000，24（9）：30～33

[38] 江磊，林宝凤，梁兴泉等. 壳聚糖及其衍生物水凝胶的研究进展. 化学通报，2007，70（1）：47～51

[39] 孔慧清，刘美玲，张晨等. 壳聚糖果蔬保鲜技术研究进展. 保鲜与加工，2006，6（4）：1～3

[40] 李红霞，闫真芳. 水溶性壳聚糖的研究进展. 中华现代医学与临床，2006，3（8）：51～53

[41] 强涛涛，王学川，任龙芳. 壳聚糖化学改性的研究进展. 皮革化工，2005，22（5）：14～17

[42] 蒋挺大. 壳聚糖（第 2 版）. 北京：化学工业出版社，2007

[43] 陈玉芳，梁金茹. 甲壳素·纺织品——抗病·健身·绿色材料. 北京：中国纺织大学出版社，2002

[44] 蒋挺大. 甲壳素. 北京：中国环境科学出版社，1995，1～11

[45] Togawa T, Nakato H, Izumi S. Analysis of the chitin recognition mechanism of cuticle proteins from the soft cuticle of the silkworm, Bombyx mori. Insect Biochem Molecul Biol, 2004, 34 (10): 1059～1067

[46] Ruiz-Herrera J. Proceedings of 1st international conference on chitin/chitosan. R. A. A. Muzzarelli and E. R. Pariser (eds), MIT Sea Grant Program Report MITSG 78-7, 1978, 11

[47] Falk M, Smith D G, McLachlan J et al. Studies on chitin (β-(1,4)-linked 2-acetamido-2-deoxy-D-glucan) fibers of the diatom thalassiosira fluviatilis hustedt. Can. J Chem., 1966, 44: 2269～2281

[48] Richards A G. The integunent of arthropods. Minneapolis: University of Minnesota Press, 1951

[49] Hackman R H. The occurrence of complexes in which chitin and protein are co-valently complexes in which chitin and protein are co-valently linked. Aust J biol Sci, 1960, 13: 568～577

[50] Hunt S. Polysaccharide-protein complexes in invertebrates. London: Academic Press, 1970, 129

[51] Rudall K M. The chitin/protein complexes of insect cuticles. Adv Insect Physiol, 1963, 1: 257～313

[52] Rudall K M. Chitin and its association with other molecules. J Polym Sci, 1969, (28): 83～102

[53] Madhavan P, Ramachandran N K G. Utilization of prawm waste. Isolation of chitin and its conversion to chitosan. Fish Technol, 1974, 11: 50～53

[54] Odier A. Mémorie sur la composition chimique des parties cornées des insects. Mém Soc Hist Nat, Parisl, 1823: 29～42

[55] Hoppe-Seyler F. Ueber chitin und cellulose. Ber, 1894, 27 (3): 3329～3331

[56] Schulze E. Zur kenntniss der chemischen zusammensetzung der pflanzlichen zellmembranen. Ber, 1891, 24 (2): 2277～2287

[57] Ledderhose G. Ueber salzsaures glycosamin. Ber, 1876, 9 (2): 1200~1201

[58] Karrer P, Hofmann A. Polysaccharide XXXIV. Über den enzymatischen abbau von chitin und chitosan I. Helv Chim Acta, 1929, 12 (1): 616~637

[59] Karrer P, François G V, Polysaccharide XXXX. Über den enzymatischen abbau von chitin II. Helv Chim Acta, 1929, 12 (1): 986~988

[60] Van Iterson-Meyer K H, Lotmar W. The fine structure of vegetable chitin. Rec Trav Chim, 1936, 55 (61~63): 130

[61] Heyn A N J. Further investigations on the mechanism of cell elongation and the properties of the cell wall in connection with elongation. Protoplasma, 1936, 25 (1): 372~396

[62] Muzzarelli R A A, Tanfani F. Gianfranco scarpini. chelating, film-forming, and coagulating ability of the chitosan-glucan complex from aspergillus niger industrial wastes. Biotech Bioeng, 1980, 22 (4): 885~896

[63] Liu G Q, Zhang K C, Wang X L. Advances in insects as food resources in China. in: the 5th international conference on food science & technology proceedings (Volume II). Beijing: Chinese Books Press, 2003, 263~266

[64] 刘高强, 魏美才, 王晓玲. 松毛虫资源开发及其资源化管理的初步设想. 西北林学院学报, 2004, 19 (4): 119~120

[65] Masuoka K, Ishihara M, Asazuma T et al. The interaction of chitosan with fibroblast growth factor-2 and its protection from inactivation. Biomaterials, 2005, 26 (16): 3277~3284

[66] 陈旭红. 苍蝇、蛆壳中甲壳素、壳聚糖的制取. 宁夏农林科技, 1997, (4): 15

[67] 王稳航, 刘安军, 黄巍等. 卤蝇蛆壳甲壳素的提取及壳聚糖的制备工艺. 食品与发酵工业, 2003, 29 (6): 18~22

[68] 雷朝亮, 钟昌珍, 宗良炳等. 蝇蛆几丁糖保健功能的评价. 华中农业大学学报, 1998, 17 (2): 117~121

[69] 雷朝亮, 钟昌珍, 宗良炳等. 蝇蛆几丁糖的免疫调节作用研究. 华中农业大学学报, 1997, 16 (3): 259~262

[70] 赖凡, 雷朝亮, 钟昌珍. 蝇蛆几丁糖对几种植物病原真菌的抑制作用. 华中农业大学学报, 1998, 17 (2): 122~124

[71] 倪红, 陈怀新, 杨艳燕等. 桑蚕蛹甲壳素及壳聚糖的提取与制备工艺研究. 湖北大学学报 (自然科学版), 1998, 20 (1): 94~96

[72] 詹永乐, 黄春芳, 陈复生. 家蚕蛹皮制取壳聚糖的最佳工艺条件. 化学通报, 2001, 7: 450~453

[73] 贾延华, 刘顾, 张燕玲等. 柞蚕蛹皮壳聚糖的制备工艺研究. 辽宁丝绸, 2003, 1: 10~13

[74] 郜宁文, 古鑫松, 袁中一等. 蛹皮壳聚糖的制备及其用作酶固定化载体的研究. 天然产物研究与开发, 1997, 9 (2): 48~52

[75] Zhang M, Haga A, Sekiguchi H et al. Structure of insect chitin isolated from beetle larva cuticle and silkworm (Bombyx mori) pupa exuvia. Int J Biol Macromol, 2000, 27 (1): 99~105

[76] 刘怀如, 杨兆芬, 谭东飞等. 黄粉虫有效物质的综合提取及提取方法的比较. 昆虫知识, 2003, 40 (4): 362~365

[77] 杨其蕴, 黄金城, 何蔚珩. 蝉蜕的甲壳质和壳聚糖的研究. 中国中药杂志, 1994, 19 (6): 360~361

[78] 戴云, 董学畅, 马新华. 从蝉壳制备壳聚糖. 天然产物研究与开发, 1999, 11 (6): 50~53

[79] 孟宪昌, 许明远. 蝉壳壳聚糖的制备和分析. 河北化工, 2000, 23 (1): 28~29

[80] 王爱勤，李天锡，俞贤达. 掸子虫壳聚糖的制备及其性能研究. 药物生物技术，1999，6 (1)：28～31

[81] 戴云，彭芳芝，李娟. 蛰蠊壳聚糖的制备研究. 云南化工，2002，29 (5)：16～17

[82] 王敦，胡景江，保从方. 从金龟子体中提取甲壳素的初步研究. 西北林学院学报，2001，16 (4)：57～59

[83] 王敦，胡景江，刘铭汤. 从蜂蝉中提取壳聚糖的研究. 西北林学院学报，2003，18 (3)：79～81

[84] Chandumpai A，Singhpibulporn N，Faroongsarng D et al. Preparation and physico-chemical characte-rizationof chitin and chitosan from the pens of the squid species, Loligo lessoniana and loligo formosana. Carbohydr Polym，2004，58 (4)：467～474

[85] Wu T，Zivanovic S，Draughon F A et al. Journal of Chitin and Chitosan-Value-Added Products from Mushroom Waste. Agric Food Chem，2004，52 (26)：7905～7910

[86] 赵继伦，王红林. 利用柠檬酸废菌体制备壳聚糖的工艺研究. 工业微生物，1999，29 (2)：33～37

[87] 刘毅，杨丹，何兰珍. EDTA 脱钙法制备甲壳素. 化学研究与应用，2004，16 (2)：278～279

[88] Bough W A，Salter W L，Wu A C et al. Influence of manufacturing variables on the characteristics and effectiveness of chitosan products. I. Chemical composition，viscosity，and molecular-weight distribu-tion of chitosan products. Biotechnol Bioeng，1978，20 (12)：193～194

[89] Seiichi M，Masaru M，Reikichi I et al. Highly deacetylated chitosan and its properties. J Appl Polym Sci，1983，28 (6)：1909～1917

[90] 曾名勇. 关于壳聚糖制备条件的研究. 水产科学，1992，11 (10)：9～13

[91] Sannan T，Kutita K，Iwakur Y. Studies on chitin Ⅱ，Effect of deacetylation on solubility. Macromol Chem，1976，177 (12)：3589～3600

[92] Kurita K，Yoshida A，Koyama Y. Studies on chitin 13：New polysacchrids/polypeptide hybrid mate-rials based on chitin and poly (γ-methyl L-glutamate). Macromolecules，1988，21 (6)：1579～1583

[93] 王爱勤，俞贤达. 溶解沉淀法制备高脱乙酰度壳聚糖. 精细化工，1998，15 (6)：17～18

[94] Peniston Q P. Process for activating chitin by microwave treatment and improved activated chitin prod-uct. USP 4159932，1979

[95] 曾茗，戴云，张仕军. 蛰蠊壳聚糖的快速制备方法研究. 云南民族大学学报，2005，14 (2)：131～132

[96] 郦和生，王吉龙，张春原等. 利用微波技术从黑曲霉提取壳聚糖的研究. 石化技术，2001，8 (4)：222～224

[97] 徐永平，陈东辉. 变功率微波法制备壳聚糖絮凝剂的研究. 天然产物研究与开发，2005，17 (2)：196～198

[98] 郭国瑞，钟海山. 半干法微波处理制备壳聚糖. 天然产物研究与开发，1994，6 (4)：103～106

[99] 孙吉佑，李艳辉，余作龙. 聚乙二醇相转移催化制备壳聚糖. 淮海工学院学报（自然科学版），2006，15 (2)：48～50

[100] Martinou A，Kafetzopoulos D. Bouriotis V. Chitin deacetylation by enzymatic means：monitoring of deacetylation processes. Carbohyd Res，1995，273 (2)：235～242

[101] Aggeliki M，Vassilis B，Bjorn T et al. Mode of action of chitin deacetylase from Mucor rouxii on par-tially N-acetylated chitosans. Carbohyd Res，1998，311 (1～2)：71～78

[102] Chung L Y，Schmidt R J，Hamlyn P F et al. Biocompatibility of potential wound management prod-ucts：Fungal mycelia as a source of chitin/chitosan and their effect on the proliferation of human F1000 fibroblasts in culture. J Biomed Mater Res，1994，28 (4)：463～469

[103] Iason T，Nathalie Z．Aggeliki M et al．Mode of action of chitin deacetylase from Mucor rouxii on *N*-acetylchitooligosaccharides．Eur J Biochem，1999，261：698～705

[104] Hang Y D．Chitosan production from Rhizopus oryzae mycelia．Biotechnol Lett，1990，12（12）：911～912

[105] Ravi Kumar M N V．A review of chitin and chitosan applications．React Funct Polym，2000，46（1）：1～27

[106] Kafetzopoulos D，Martinou A，Bouriotis V．Bioconversion of chitin to chitosan：purification and characterization of chitin deacetylase from Mucor rouxii．Proc Natl Acad Sci，USA，1992，90（7）：2564～2568

[107] 周爱芳，李家洲，揭广川等．用虾加工废料生产壳聚糖的新工艺．广州食品工业科技，2003，19（3）：50～51

[108] 陈世年．从米根霉细胞壁寻找天然壳聚糖研究．华侨大学学报，1996，17（4）：399～402

[109] 谢德明，张志航．真菌发酵制备生物材料壳聚糖．生物医学工程学杂志，1999，16（16）：90～91

[110] 魏光，李兆兰，田军等．从蓝色犁头霉中提取壳聚糖．食品科学，1998，19（12）：9～12

[111] 贺淹才，许庆清，许嫣红等．从黑曲霉提取甲壳素和壳聚糖．生物技术，2000，10（2）：20～23

[112] 鄌和生，王吉龙，王崇．流加技术在发酵法生产壳聚糖过程中的应用．石化技术，2002，9（4）：228～231

[113] 陈忻，赖兴华，袁毅桦等．用丝状真菌制备壳聚糖的研究．精细化工，2000，17（3）：132～134

[114] Maw T，Tan T K，Khor E et al．Selection of gongronella butleri strains for enhanced chitosan yield with UV mutagenesis．J Biotechnol，2002，95（2）：189～193

[115] 董英，徐自明，徐斌．壳聚糖制备技术的研究进展．食品研究与开发，2005，26（5）：23～26

[116] Rinaudo M．Chitin and chitosan：Properties and applications．Prog Polym Sci，2006，31（7）：603～632

[117] 张利，李玉宝，杨爱萍等．骨组织工程用纳米羟基磷灰石/壳聚糖多孔支架材料的制备及性能表征．功能材料，2005，36（2）：314～317

[118] Wan A C A，Khor E，Hastings G W．Hydroxyapatite modified chitin as potential hard tissue substitute material．J Biomed Mater Res，1997，38（3）：235～241

[119] Wan A C A，Khor E，Wong J M et al．Promotion of calcification on carboxymethylchitin discs．Biomaterials，1996，17（15）：1529～1534

[120] Chow K S，Khor E，Wan A C A．Porous chitin matrices for tissue engineering：fabrication and invitro cytotoxic assessment．J Polym Res，2001，8（1）：27～35

[121] Risbud M V，Bhonde M R，Bhonde R R．Effect of chitosanpolyvinyl pyrrolidone hydrogel on proliferation and cytokine expression of endothelial cells：implications in islet immunoisolation．J Biomed Mater Res，2001，57（2）：300～305

[122] 李立华，丁册，周长忍．聚乳酸/壳聚糖多孔支架材料生物学性能评价．生物医学工程学杂志，2003，20（3）：398～400

[123] Dillo G P．The influence of physical structure and charge on nurse extension in a 3D hydrogel scaffold．J Biomater Sci Polym Ed，1998，9：1049～1069

[124] Hanson J C．Chondrocyte seeded chitosan scaffolds for cartilage repair．6th World Biomaterial Congress，2000

[125] 王迎军，赵晓飞，卢玲等．角膜组织工程支架壳聚糖-胶原复合膜的性能．华南理工大学学报（自然

科学版），2006，34（8）：1～5

[126] Tanabe T，Okitsu N，Tachibana A et al. Preparation and characterization of keratin‑chitosan composite film. Biomaterials，2002，23（3）：817～825

[127] Chen X G，Wang Z，Liu W S et al. The effect of carboxymethyl-chitosan on proliferation and collagen secretion of normal and keloid skin fibroblasts. Biomaterials，2002，23（23）：4609～4614

[128] Mi F L，Shyu S S，Wu Y B et al. Fabrication and characterization of a sponge-like asymmetric chitosan membrane as a wound dressing. Biomaterials，2001，22（2）：165～173

[129] Mi F W，Wu Y B，Shyu S S et al. Control of wound infections using a bilayer chitosan wound dressing with sustainable antibiotic delivery. J Biomed Mater Res，2002，59（3）：438～449

[130] Khor E，Lim L Y. Implantable application of chitin and chitosan. Biomaterials，2003，24（13）：2339～2349

[131] 李敬龙，陆晓滨，李敬爱等. 甲壳素的制备及其在医药上的应用. 山东轻工业学院学报，2003，17（2）：27～30

[132] 李淳，蒋丽霞. 几丁质及其衍生物作为药用载体的应用. 上海生物医学工程，2002，23（4）：19～21

[133] 戚晓红，蒋莉，李晓宇等. 壳聚糖对实验性脂肪大鼠肝及线粒体的体视学分析. 中国生化药物杂志，2001，22（1）：8～10

[134] 潘研，李英剑，高鹏. 壳聚糖包衣对胰岛素聚酯纳米粒胃肠道吸收的促进作用. 药学学报，2003，38（6）：467～470

[135] Kreuter J. Biomedical science and technology. New York：Plenum，1998，31

[136] Calvo P，Remunan-Lopez C，Vila-Jato J L et al. Novel hydrophilic chitosan-polyethylene oxide nanoparticles as protein carriers. J Appl Polym Sci，1997，63（1）：125～132

[137] Kim S S，Lee Y M，Cho C S. Semi-interpenetrating polymer networks composed of β-chitin and poly (ethylene glycol) macromer. J Polym Sci Part A Polym Chem，1995，33（13）：2285～2287

[138] Lee Y M，Kim S S，Cho C S. 36th IUPAC international symposium on macromole-cules，Korea：Seoul，1996

[139] 韦萍，王爱勤，李晓琳等. 丁酰化壳聚糖膜对增殖细胞核抗原在兔眼滤过手术后成纤维细胞中的表达. 中国医学科学院学报，2006，28（6）：813～816

[140] Markey M L，Bowman M L，Bergamini M V W. Chitin and chitosan. London：Elsevier Applied Science，1989，713～718

[141] 宋宝珍. 几丁质、几丁聚糖与人体健康. 精细与专用化学品，1999，（21）：13～14

[142] Nishimura K，Nishimura S-I，Seo H et al. Macrophage activation with multiporous beads prepared from partially deacelylated chitin. J Biomed Mater Res，1986，20（9）：1359～1372

[143] 郑晓广，沈新元，杨庆. 甲壳胺及其衍生物在保健领域中的应用. 河南师范大学学报，1999，27（3）：46～50

[144] 魏涛，唐粉芳，高兆兰等. 壳聚糖降血脂、降血糖及增强免疫作用的研究. 食品科学，2000，21（4）：48～52

[145] 杨铭铎，刘浩宇，王禾等. 壳聚糖抑制作用的研究. 营养学报，2002，24（1）：53～57

[146] 陈宇岳，路艳华. 纳米壳聚糖的制备及其对真丝纤维性能的影响. 丝绸，2006，（8）：32～34

[147] 王浩，林红，黄晨等. 纳米 ZnO 分散液的制备及其在棉织物上的应用. 纺织学报，2006，27（9）：40～42

[148] 李静，高玉杰，任继春. 天然高分子絮凝剂壳聚糖. 天津造纸，2003，25（1）：33～34

[149] 张运展，班卫平，高学明等. 制浆废液中溶解木素的壳多糖可絮凝性. 大连轻工业学院学报，2003，22 (1)：1～4

[150] Ganjidoust H, Tatsumi K, Yamagishi T et al. Effect of synthetic and natural coagulant on lignin removal from pulp and paper wastewater. Water Sci Technol, 1997, 35 (2～3)：291～296

[151] 张光华，谢曙辉，郭炎等. 一类新型壳聚糖改性聚合物絮凝剂的制备与性能. 西安交通大学报，2002，36 (5)：541～544

[152] Knorr D. Dye binding properties of chitin and chitosan. J Food Sci, 1983, 48 (1)：36～37

[153] 李继平，邢巍巍，杨德君等. 壳聚糖对镧系金属离子吸附性的研究. 辽宁师范大学学报（自然科学版），2001，24 (1)：54～56

[154] 邵健，杨宇民. 香草醛改性壳聚糖的制备及其吸附性能. 中国环境科学，2000，20 (1)：61～63

[155] Sun S L, Wang A Q. Adsorption kinetics of Cu (Ⅱ) ions using N,O-carboxymethyl-chitosan. J Hazard Mater, 131 (1-3)：103～111

[156] 黄晓佳，袁光谱，王爱勤. 模板交联壳聚糖对过渡金属离子的吸附性能研究. 离子交换与吸附，2000，16 (3)：262～266

[157] Hiroshi I, Malko M, Boonma L et al. Synthesis of chitosan-amino acid conjugates and their use in heavy metal uptake. Int J Bioll Macromol, 1995, 17 (1)：21～23

[158] Kawamura Y, Mitsuhashi M, Tanibe H et al. Adsorption of metal ions on polyaminated highly porous chitosan chelating resin. Ind Eng Chem Res, 1993, 32 (2)：386～391

[159] Zhang S Q, Wang Y T, Tang T R. Studies of some ultratrace elements in antarctic water via crown ether crosslinked chitosan. J Appl Polym Sci, 2003, 90 (3)：806～809

[160] 周能，蒋先明，黎庆涛等. 壳聚糖净化味精废水的研究. 广西化工，1999，28 (3)：57～60

[161] 蔡伟民，叶筋，陈佩空. 壳聚糖季铵盐的合成及其絮凝性能. 环境污染与防治，1999，21 (4)：1～4

[162] 唐星华，沈明才. 壳聚糖及其衍生物应用研究进展. 日用化学工业，2005，35 (1)：40～44

[163] Zilliken F. Smith P N, Rose C S. Enzymatic synthesis of a growth factor for lactobacillus bifidus var penn. J Biol Chem, 1954, 208：299～305

[164] Knorr D. Use of chitinous polymers in food. Food Tech, 1991, 45 (1)：114～122

[165] Felt O，Buri P，Gurny R. Chitosan：a unique polysaccharide for drug delivery. Drug Dev Ind Pharm, 1998, 24，979～993

[166] Nicol S. Life after death for empty shells. New Scientist, 1991, 46

[167] Spreen K A, Zikakis J P, Austin P R. In chitin，chitosan and related enzymes. Zikakis J P, Academic：Orlando，FL，1984，57～75

[168] Zikakis J P, Saylor W W, Austin P R. Chitin and chitosan. Japanese Society of Chitin and Chitosan：Tottori，1982，233～238

[169] 王磊，万荣峰，张宗和等. N,O-羧甲基壳聚糖对 AA 肉鸡免疫机能的影响. 畜牧与兽医，2006，38 (5)：11～14

[170] 周昕，甘琦，赵斌元等. 可食性复合保鲜膜研究现状与发展趋势. 保鲜与加工，2005，5 (2)：4～7

[171] Muzzarelli R，Jeuaiaux C，Gooday G W. Chitin in nature and technology. New York：Plenum Press, 1985，210

[172] Young D H, Köhle H，Kauss H. Effect of chitosan on membrane permeability of suspension-cultured *Glycine max* and *Phaseolus vulgaris* cells. Plant Physiol, 1982, 70：1449～1454

[173] Young，D H. Kauss H. Release of calcium from suspension-cultured Glycine max cells by chitosan,

other polycations, and polyamines in relation to effects on membrane permeability. Plant Physiol, 1983, 73: 698~702

[174] Hasegawa M. Isogai A. Onabe F. Alkaline sizing with alkylketene dimers in the presence of chitosan salts. J Pulp Paper Sci, 1997, 23 (11): 528~531

[175] 凌永龙. 脱乙酰基几丁在纸张表面处理中的应用. 上海造纸, 1987, 1: 1~8

[176] 曹丽云, 黄剑锋, 张光华. 壳聚糖-丙烯酰胺接枝共聚物用作造纸增强、助留剂的研究. 纸和造纸, 2001, (1): 37~38

[177] Niekraszewica A, Struszczyk H, Malinowska H et al. Chitosan application to modification of paper. Fibres & Textiles in Eastern Euprope, 2001, 9 (3): 58~63

[178] 安郁琴, 王欣, 杨敏. 壳聚糖与阳离子淀粉接枝共聚物作为造纸助剂的研究. 中国造纸学报, 1995, 10: 51~57

[179] 张光华, 刘书钧. 壳聚糖交联聚丙烯酰胺的制备及应用. 造纸化学品, 1999, 11 (3): 5~9

[180] Dawy M, Turky G M, Nadaa M A. Physicochemical properties of hydrolyzed and blended chitin. Polym Plast Technol Eng, 2001, 40 (5): 745~752

[181] 卢珊, 邱建辉, 赵强等. 氰乙基壳聚糖对纸质文物加固保护的应用研究. 文物保护与考古科学, 2006, 18 (3): 1~4

[182] 孙振乾, 邱建辉, 徐方圆等. 羟丙基壳聚糖对纸质文物保护的应用研究. 化学与生物工程, 2005, (1): 39~41

[183] 刘伟, 杨广玲, 王金信等. 0.3%壳聚糖水剂对番茄产量和病害发生的影响. 现代农药, 2004, 3 (2): 30~31

[184] 何海斌, 王海斌, 陈祥旭等. 壳聚糖包膜缓释钾肥的初步研究. 亚热带农业研究, 2006, 2 (3): 194~197

[185] 王洁, 李振. 壳聚糖在绿色蔬菜生产上的应用. 广西园艺, 2004, 15 (3): 42~43

[186] Mark H F, Bikales N M, Overberger C G et al. Encyclopedia of polymer science and engineering. New York: John Wiley and Sons, 1: 1985, 20

[187] 季永新. 壳聚糖的提取及应用. 适用技术荟萃, 1995 (1): 12~14

[188] Arof A L, Subban R H Y, Radhakrishna S. Polymer and other advanced materials: emerging technologies and business. Prasad P N, Ed. New York: Plenum, 1995, 539

[189] Takeda M. Proc first int conf chitin/chitosan. London: Pergamon Press, 1978, 355~357

[190] Nagasawa K, Watnabe H Ogamo A. Ion-exchange chromatography of nucleic acid constituents on chitosan-impregnated cellulose thin layers. J Chromatogr A, 1970, 47: 408~413

[191] Nagasawa K, Watnabe H, Ogamo A. Ion-exchange chromatography of dinucleoside-3'→5'-phosphate on chitosan-impregnated cellulose thin layers. J Chromatogr A, 1971, 56: 378~381

[192] Townsley P M. Chromatography of tobacco mosaic virus (tmv) on chitin columns. Nature, 1961, 191: 626

[193] Arshady R. Microspheres and microcapsules, a survey of manufacturing techniques Part II: Coacervation. Polym Eng Sci, 1990, 30 (15), 905~914

[194] Arshady R. Microspheres and microcapsules, a survey of manufacturing techniques: Part III: Solvent evaporation. Polym Eng Sci, 1990, 30 (15): 915~924

[195] Arshady R, George M H. Suspension, dispersion, and interfacial polycondensation: a methodological survey. Polym Eng Sci, 1993, 33 (14): 865~876

[196] 马香书，梁东春，张镜宇. 改性壳聚糖作为基因递送载体的研究进展. 天津医科大学学报，12 (3)：471～473

[197] 张小伟，田聆，魏于全. 纳米生物技术基因治疗载体的研究进展. 生物医学工程学杂志，2005，22 (3)：610～661

[198] Lee E S，Kun N，Bae Y H. Polymeric micelle for tumor pH and folate mediated targeting. J Controlled Release，2003，91 (1-2)：103～113

[199] Mansouri S，Cuie Y，Winnik F et al. Characterization of folate-chitosan-DNA nanoparticles for gene therapy. Biomaterials，2006，27 (9)：2060～2065

第 2 章 甲壳素/壳聚糖的化学与物理基础

2.1 引　　言

甲壳素/壳聚糖是天然高分子，因而按照高分子学科对结构的分类方法，将甲壳素/壳聚糖的结构分为三个层次，即一级结构、二级结构和三级结构，所涵盖的内容见表 2-1[1]。但目前国内出版的有关甲壳素/壳聚糖专著，没有系统涉及该方面的内容，而了解甲壳素/壳聚糖的结构对深化研究具有重要意义。为此，本章较系统的介绍了甲壳素/壳聚糖近程结构、远程结构和超分子结构。此外，本章还涉及甲壳素/壳聚糖在加工和应用中最重要的两种物理性质，即热行为和溶解行为。

表 2-1　甲壳素/壳聚糖的结构层次及其研究内容

	名称	内容	备注
链结构	一级结构（近程结构）	结构单元的化学组成,脱乙酰度等	指单个大分子内与基本结构单元有关的结构
	二级结构（远程结构）	相对分子质量及其分布,构象（高分子链的形状）等	指单个分子链本身的尺寸和形状
	三级和四级结构（聚集态结构、超分子结构、织态结构）	晶态(结晶多型异构体等),非晶态,液晶态,复合结构等	指在单个大分子二级结构的基础上,许多这样的大分子聚集在一起而形成的结构,或与其他化合物形成的复合结构

2.2 甲壳素/壳聚糖的近程结构

2.2.1 甲壳素/壳聚糖的化学结构

2.2.1.1 结构单元的化学组成

甲壳素是由 N-乙酰-2-氨基-D-葡萄糖以 β-1,4 糖苷键形式连接而成的多糖，是一种天然高分子化合物。壳聚糖是其脱乙酰化产物。壳聚糖与甲壳素结构的差别在于 C₂ 位的取代基不同，壳聚糖是氨基（—NH₂），而甲壳素是乙酰氨基（—NHCOCH₃）。图 2-1 是甲壳素与壳聚糖的化学结构式，图中对碳的位置进行了标注，以便后续的讨论。甲壳素/壳聚糖的基本组成单元分别是乙酰氨基葡萄糖和氨基葡萄糖（这些葡萄糖六元环都呈椅式结构），但基本结构单元（或称重复单元）是二糖（分别是甲壳二糖和壳二糖）[2,3]。在自然界，甲壳素酶与壳聚糖酶自然降解甲壳素与壳聚糖时，最后产物正是甲壳二糖和壳二糖，而不是单糖。甲壳素主要存在 α-甲壳素和 β-甲壳素两种结晶结构不同的所谓"同质多晶"异构体或结晶多型异构体（isomer），又是糖类异构体（anomer）。需要指出的是，它们的差别与 α-或 β-糖苷键连接形式无关，不要混淆。甲壳素和壳聚糖的基本组成单元的相对分子质量分别为 203 g/mol 和 161 g/mol。

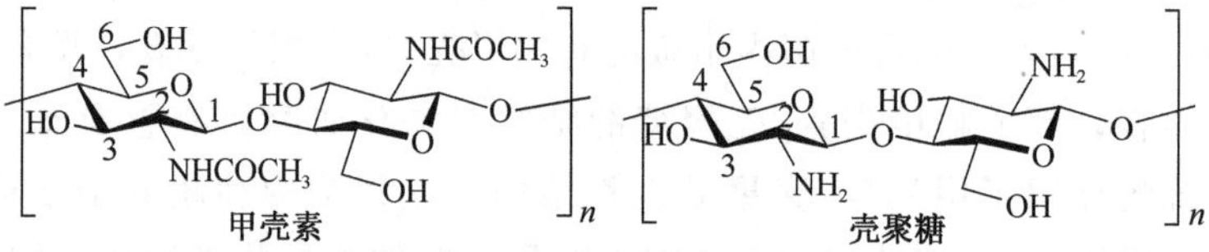

图 2-1　甲壳素与壳聚糖的化学结构

2.2.1.2　甲壳素/壳聚糖的 IR 光谱

有关甲壳素 IR 光谱的描述和解释已有许多报道[4~9]。α-甲壳素和 β-甲壳素的 IR 光谱见图 2-2，是典型多糖的谱图。由于样品的高结晶度，该谱图中呈现出一系列尖锐的吸收带，通常的谱图可能没那么尖锐。甲壳素有典型的三个酰胺谱带，分别出现在 1656 cm⁻¹、1556 cm⁻¹ 和 1315 cm⁻¹ 左右。有趣而费解的是 α-甲壳素和 β-甲壳素的酰胺 I 谱带明显不相同，因而 IR 光谱可用于鉴别 α-甲壳素和 β-甲壳素。

对于 α-甲壳素，酰胺 I 谱带是双峰，出现在 1656 cm⁻¹ 和 1621 cm⁻¹，而 β-甲壳素的酰胺 I 谱带是单峰，出现在 1626 cm⁻¹。α-甲壳素和 β-甲壳素的酰胺 II 谱带也不同，分别出现在 1556 cm⁻¹ 和 1560 cm⁻¹。α-甲壳素在酰胺 I 谱带出现两个吸收带成为讨论的热点。在 1656 cm⁻¹ 的吸收带是聚酰胺和蛋白质类的常见吸收带，它通常归属于与相邻链上 N—H 形成分子间氢键的 C═O 的伸缩振动。而 1621 cm⁻¹ 的吸收带不存在于一般聚酰胺和蛋白质类，可能归因于 C═O 与同一链上相邻单元羟基形成的分子内氢键[9,10]。N-乙酰-D-氨基葡萄糖在此区域出现单峰证实了这种假设[5]。同时，观察到在重水中 1621 cm⁻¹ 处的吸收带发生变化，而 1656 cm⁻¹ 处的吸收带却不受影响[8]。另一种推测认为在 1621 cm⁻¹ 处的吸收带是结合带或是由于酰胺的烯醇形式[5]。由于对 α-甲壳素的分子结构和内部氢键的了解还不够精确，使人们尚不能够对这个特殊谱带提供明确的解释。表 2-2 是 Pearson[10] 给出的 α-甲壳素 IR 光谱的部分解释。通常情况下能辨别的甲壳素谱带并不那么多，主要谱带详见表 2-3。

表 2-2　α-甲壳素红外光谱的部分归属[10]

波数/cm^{-1}	归属
685	O—H 面外弯曲振动
730	N—H 面外弯曲振动
890	环伸缩振动
915	
952	
975	CH_3 沿分子链方向摇摆振动
1013	
1020,1025,	C—O 伸缩振动
1065,1070	
1110	不对称面内环伸缩振动
1155	不对称氧桥键(C—O—C)伸缩振动
1203,1230,	与纤维素相同的谱带
1257	
1310	酰胺Ⅲ谱带和 CH_2 摇摆振动
1378	C—H 弯曲振动和 CH_3 对称变形振动
1420,1430	CH_2 弯曲振动和 CH_3 变形振动
1555	酰胺Ⅱ谱带
1619	C=N
1652	酰胺Ⅰ谱带
2840	CH_2 对称伸缩振动
2878,2890	C—H 伸缩振动
2929	CH_3 对称伸缩振动和 CH_2 不对称伸缩振动
2962	CH_3 伸缩振动
3106	
3264	N—H 伸缩振动
3447,3480	O—H 伸缩振动

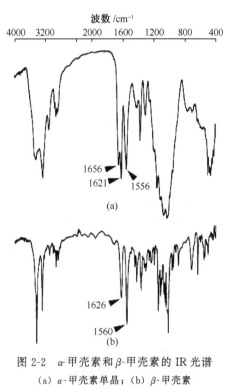

图 2-2　α-甲壳素和 β-甲壳素的 IR 光谱

(a) α-甲壳素单晶；(b) β-甲壳素

(脱蛋白并干燥的鱿鱼顶骨)

要得到完全脱乙酰基的壳聚糖很困难，实际应用的壳聚糖基本上保留一部分乙酰基，因而其 IR 光谱与甲壳素有一定的相似性。董炎明等[11] 比较了不同脱乙酰度壳聚糖的主要谱带，结果列于表 2-3。随着脱乙酰度的增加，酰胺谱带减弱，应当出现约 1600 cm^{-1} 的氨基 δ（N—H）谱带。但脱乙酰度较小时因为酰胺Ⅱ谱带太强，此时尚弱的氨基变形谱带被掩盖。只有当脱乙酰度高到 70% 时氨基变形谱带才开始表现出来，出现在 1590 cm^{-1}，并随脱乙酰度的进一步提高移向约 1600 cm^{-1}。从表 2-3 还可以看到，酰胺Ⅰ谱带、酰胺Ⅲ谱带和 C—O 伸缩振动谱带随着脱乙酰度的增加而位移，是因为氢键的变化。图 2-3 是三次脱乙酰化处理的壳聚糖的红外光谱。

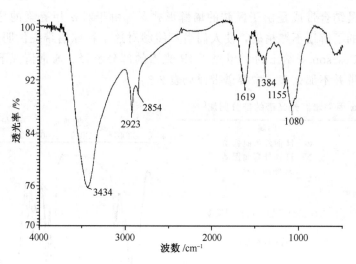

图 2-3　三次脱乙酰化处理的壳聚糖的 IR 光谱

表 2-3　甲壳素与不同脱乙酰度的壳聚糖（蟹壳）红外光谱的主要谱带归属[11]

	波数/cm^{-1}							归属
DD＝0	25	41	53	62	70	84	～100*	
3441	3421	3416	3420	3421	3368	3360	3430	ν(O—H)[包括～3300 的 υ(N—H)]
2930	2827	2926	2924	2924	2919	2921	2915	ν(C—H)
2891	2879	2875	2873	2873	2878	2875	2848	ν(C—H)
1654,1635	1655	1655	1653	1653	1653	1647	1620	ν(C＝O)酰胺 I 谱带
1599	1560	1560	1559	1559	1593	1599	1603	δ(N—H)（包括～1550 的酰胺 II 谱带，即 ν(C—N)＋δ(N—H)）
1418	1419	1419	1418	1419	1418	1420	1421	δ(CH$_2$)＋δ(CH$_3$)
1381	1378	1379	1378	1378	1378	1379	1379	δ(CH$_3$)＋δ(CH$_2$)
1315	1314	1316	1318	1318	1318	1321	1320	ν(C—N)＋δ(N—H)（酰胺Ⅲ谱带）
1157	1155	1155	1154	1154	1153	1152	1156	ν_{as}(C—O—C)
1116								ν_{as}(环)
1074	1071	1072	1073	1072	1074	1079	1075	Y(C—O)（二级醇羟基）
1028	1030	1029	1030	1031	1030	1035	1033	Y(C—O)（一级醇羟基）

＊　经三次脱乙酰处理，接近完全脱乙酰。

2.2.1.3　甲壳素/壳聚糖的核磁共振谱

由于甲壳素没有合适的氘代溶剂，一般不测液体核磁共振谱（NMR）。其固体 ^{13}C NMR 已有大量的文献报道[8,12~16]，结晶度高的样品有尖锐的峰形。为了得到高分辨的谱图，固体[13]C NMR 同时采用了交叉极化（CP）和魔角旋转（MAS）两项技术。图 2-4 是甲壳素固体[13]C CP-MAS NMR 谱图[15]，图中相关的峰值列在表 2-4 中。在 α,β-甲壳素中均有 8 个峰对应 8 个碳原子。β-甲壳素观察到 6 个单峰和 2 个双峰（C2 和 C═O 峰），双峰是由于相邻[14]N 的四极偶极的耦合作用[13]。从表 2-4 的数据可以看出，α-甲壳素和 β-甲壳素的谱图具有相似性，不能通过固体[13]C NMR 来鉴别。此外，还观察到蟹壳甲壳素的 C6 的弛豫时间远短于其他 α-甲壳素，也短于 β-甲壳素[13]。一种可能的解释就是与相邻 α-甲壳素的羟甲基相连的氢键被断开，从而使 C6 有更多的活动性。

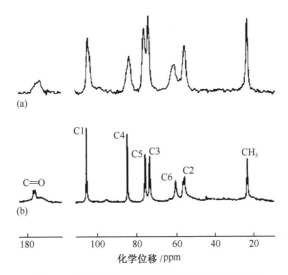

图 2-4 甲壳素固体[13]C CP-MAS NMR 的谱图

(a) α-甲壳素（脱蛋白质的龙虾腱）；(b) β-甲壳素（脱蛋白并干燥的鱿鱼顶骨）

表 2-4 甲壳素固体[13]C CP-MAS NMR 的化学位移[13,16]　　　　（单位：ppm）

	β-甲壳素(脱蛋白并干燥的鱿鱼顶骨)[13]	α-甲壳素(脱蛋白质的龙虾腱)[16]
C1	105.4	104.5
C2	55.3,73.1	55.6
C3	73.1	73.6
C4	84.5	83.6
C5	75.5	76.0
C6	59.9	61.1
C═O	175.6,176.4	173.7
CH₃	22.8	23.1

　　壳聚糖的核磁共振谱可分为液体核磁共振谱（¹H NMR、¹³C NMR 和 COSY）和固体核磁共振谱（¹³C CP-MAS NMR 和 ¹⁵N CP-MAS NMR）。壳聚糖的典型液体核磁共振谱图示于图 2-5[17]。它们的归属见表 2-5[17]。以此为对照，通过化学位移和峰面积的变化，可以得到壳聚糖衍生物的取代基位置和取代度等信息。

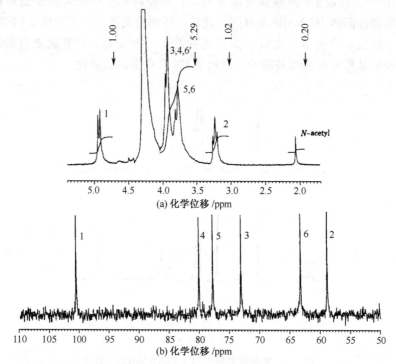

图 2-5　壳聚糖/HCl-D₂O 溶液的（a）¹H NMR 和（b）¹³C NMR 全去偶谱[17]

表 2-5　壳聚糖的 ¹H 和 ¹³C NMR（液体谱）的化学位移[17]　　　（单位：ppm）

位置	¹H NMR	¹³C NMR	位置	¹H NMR	¹³C NMR
1	4.92	100.3	4	3.92	79.9
2	3.22	58.8	5	3.75	77.6
3	3.94	72.9	6	3.79,3.93	63.2

注：(CD₃)₃Si(CD₂)₂COONa(TSP) 为外标，80℃，270 MHz。

　　2D NMR（二维 NMR）是 1D NMR 的扩展，用于确认峰的归属，还用于得到空间结构的信息、基团相互作用的信息等。已报道的壳聚糖的相关谱（correlation spectroscopy, COSY）有 ¹H-¹H 相关谱[18]（图 2-6）和 ¹³C-¹H 相关谱[17]（图 2-7）。

　　壳聚糖的固体 ¹³C CP-MAS NMR［图 2-8(a)］的化学位移与前述的液体谱

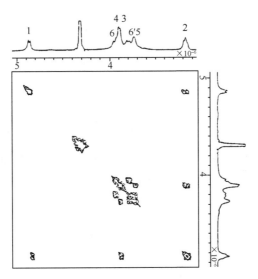

图 2-6　70℃下壳聚糖（DD＝92％）/CD₃COOD-D₂O 溶液的
同核二元相关谱（¹H-¹H COSY)[18]

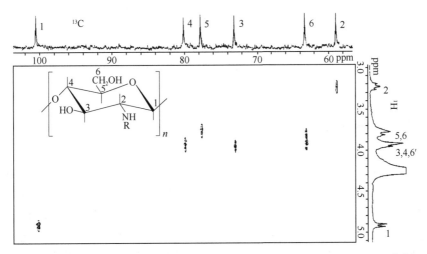

图 2-7　80℃下壳聚糖/HCl-D₂O 溶液的异核二元相关谱（¹³C -¹H COSY)[17]

基本相同。¹⁵N CP-MAS NMR［图 2-8(b)］只出两个峰，约 10ppm 对应于氨基
的 N；而约 100ppm 对应于乙酰氨基的 N。¹⁵N CP-MAS NMR 的谱线宽度可用于
研究样品的结晶度（结晶度越大，谱线越宽），由于没有其他 N，谱线孤立易于
处理。

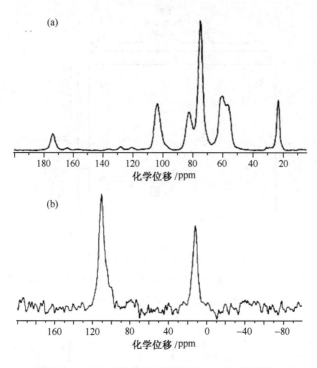

图 2-8 乙酰度为 58% 壳聚糖的 NMR 谱图[16]
(a) 13C CP-MAS；(b) 15N CP-MAS

2.2.2 壳聚糖的脱乙酰度

脱乙酰度（degree of deacetylation，DD）定义为脱去乙酰基的葡萄糖单元数占总的葡萄糖单元数的百分数。相反，还可以定义"乙酰度"（degree of acetylation，DA）为乙酰氨基的葡萄糖单元数占总的葡萄糖单元数的百分数，国外文献中常用。脱乙酰度是甲壳素/壳聚糖最基本的结构参数之一。无论甲壳素/壳聚糖的生产、研究或应用都少不了脱乙酰度的测定。壳聚糖中的氨基含量对其溶解性能（只有当 N-脱乙酰基甲壳素完全溶于稀的乙酸或甲酸水溶液时才能认为它已转变成了壳聚糖）、黏度、离子交换能力和絮凝性能等物化性质都有着重大影响[19]。因此，脱乙酰度是表征壳聚糖质量和进行产品开发的一项重要指标，准确测定脱乙酰度是壳聚糖研究和应用领域中的一个十分重要的基础工作。

为了确定脱乙酰度，人们采用了各种各样的方法，如化学分析方法（酸碱滴定法、胶体滴定法、电位滴定法、热分解法、苦味酸法、水杨酸法、盐酸盐法和氢溴酸法等)[20~23]或仪器分析方法（红外光谱法、近红外光谱法、^{1}H 核磁共振法、^{13}C 核磁共振法、紫外光谱法、紫外光谱的一阶导数法、裂解色谱法、凝胶色谱法、高效液相色谱法、元素分析法、质谱法、折光率法和分离光谱测定法等)[24~32]。各种方法在样品制备、分析时间和测定成本及精度上各有不同。化学方法操作繁琐、耗时较多，而仪器方法一般较昂贵。下面重点介绍了几种较常应用的方法。

2.2.2.1　酸碱滴定法

酸碱滴定法（又称碱量法）是经典的容量分析，是测定脱乙酰度最简单易行的一种方法，特别适合于生产过程的控制。它是通过酸与氨基反应，然后用碱回滴过量的酸，等当点约在 pH=4.2 左右。典型的步骤是：称取 0.3~0.5 g 样品，置于 250 mL 锥形瓶中，加入 0.1 mol/L HCl 标准溶液 30 mL，磁力搅拌至完全溶解（可加适量水稀释）后用 0.1 mol/L NaOH 标准溶液滴定。以甲基橙为指示剂，由红色滴至黄色为终点。另取一份样品置于 105℃烘箱中烘至恒量，测定含水量。计算公式如下

$$-NH_2\% = [(c_1V_1 - c_2V_2) \times 0.016/m] \times 100\% \qquad (2\text{-}1)$$

$$DD = [203 \times -NH_2\%/(42 \times -NH_2\% + 16)] \times 100\% \qquad (2\text{-}2)$$

式中：c_1 为 HCl 标准溶液的浓度，mol/L；c_2 为 NaOH 标准溶液的浓度，mol/L；V_1 为加入的 HCl 标准溶液的体积，mL；V_2 为滴定消耗的 NaOH 标准溶液的体积，mL；m 为扣除含水后样品的质量，g；0.016 为与 1 mL 1.0 mol/L HCl 标准溶液或 NaOH 标准溶液相当的—NH$_2$ 质量，g。

如果以式（2-3）计算，实际上结果是脱去乙酰氨基的葡萄糖单元的质量占总质量的百分数，与前述的脱乙酰度的定义偏离。

$$DD = [-NH_2\% \times (0.016/0.161)] \times 100\% = (-NH_2\%/9.94\%) \times 100\%$$

$$(2\text{-}3)$$

甲基橙为指示剂酸碱滴定法精密度优于 4.3%，但在胶体滴定中从红至橙的变色不如真溶液中灵敏，从而使终点难判断造成较大的误差，同一个人在不同时间，对同一个样品也会有 2%~4%的误差。黏度较大的样品在临近终点时局部碱浓度过高，会有壳聚糖析出。要等沉淀再溶解需要较长时间，从而会回色而难于判断终点。样品含有碱性残留物也会使测定结果产生较大偏差。

如果采用不同比例混配的甲基橙-溴甲酚绿和甲基橙-苯胺蓝混合指示剂[33]，分析结果发现：甲基橙-溴甲酚绿利用两种指示剂变色时颜色的互补，终点较明显。甲基橙-苯胺蓝则是利用一种惰性染料衬托一种指示剂颜色的变化，特别是

甲基橙：苯胺蓝为 1：2（体积比）的混合指示剂，颜色变化从紫红至蓝绿，变色较灵敏。

2.2.2.2　电位滴定法[34]

电位滴定法可分为一般电位滴定法、线性电位滴定法和双突跃电位滴定法。一般电位滴定法与酸碱滴定法的不同之处只是判断终点的方法不同。酸碱滴定法用指示剂，而电位滴定法是通过 pH～V（NaOH）的关系来确定滴定终点的，即每次滴加少量 NaOH 标准溶液，记录 pH 变化，绘制 pH～V 曲线，用三切线法找出等当点的 V_2。所用计算公式也是式（2-1）和式（2-2）。

一般的电位滴定法的不足之处是：①滴定曲线是 S 形的，从滴定曲线上确定等当点存在人为误差（但数据输入计算机处理可减少人为误差）。②在临近等当点时壳聚糖可能析出而使电极受污染而影响测定结果。因而有报道用线性电位滴定法和双突跃电位滴定法进行改进。

用线性法电位滴定壳聚糖，克服了判断终点的困难[35]。该方法不需逐点滴定到终点，可以在离等当点较远处用外推法确定滴定终点。具体步骤与一般电位滴定法基本相同，只是根据样品的多少，在加入 2～4 mL NaOH 标准溶液后才开始测定 pH，而后每加入 1 mL 测定一次 pH。测定 4～5 点左右即可。然后将每个 pH 对应的 NaOH 标准溶液体积 V 代入下列 A. Johansson 函数式计算出 $f(V)$

$$f(V) = (V_0 + V)([H^+] - [OH^-])/c_2 \qquad (2\text{-}4)$$

式中：V_0 为被滴定液体的总体积（包括稀释用水），mL；c_2 为 NaOH 标准溶液的浓度，mol/L；[H⁺] 为 H⁺ 的浓度，mol/L，通过 pH 求得；[OH⁻] 为 OH⁻ 的浓度，mol/L，通过 pH 求得。

以 V（NaOH）为横坐标，$f(V)$ 为纵坐标作图（图 2-9），直线外推到与横坐标相交 [$f(V) \rightarrow 0$] 为等当点，所用的 NaOH 标准溶液体积为 V_2，再以式（2-1）和式（2-2）计算脱乙酰度。线性电位滴定法可以适用于相对分子质量较高（黏度较大）的样品。

壳聚糖样品常含有吸附残酸或残碱（常为后者）[37]，影响测定结果。在电位滴定法用 NaOH 标准溶液返滴过量盐酸

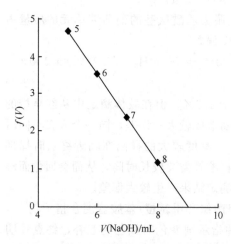

图 2-9　线性电位滴定法的作图示例[36]

时，NaOH 标准溶液首先中和过量的盐酸，pH 急剧上升，出现第一个突变。然后用 NaOH 标准溶液再中和与壳聚糖—NH_2 基结合的 HCl，达到等电点时，pH 出现第二个突变 ［图 2-10（a）］。数据输入计算机绘图并求一阶导数 ［图 2-10(b)］。两个突变点之间的消耗的 NaOH 的物质的量，相当于样品中—NH_2 基的物质的量。壳聚糖脱乙酰度按式（2-5）和式（2-2）计算

$$—NH_2\% = [c \times \Delta V \times 0.016/m] \times 100\% \qquad (2-5)$$

式中：ΔV 为两个突变点之间的消耗的 NaOH 体积之差，mL；c 为 NaOH 标准溶液的浓度，mol/L。

m 和 0.016 的意义同式（2-1）。该方法的特点是过量 HCl 不必准确计量。

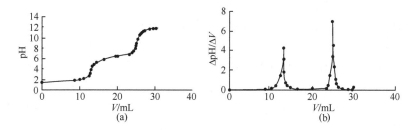

图 2-10　双突跃电位滴定法的作图示例[37]

（a）双突跃电位滴定法的滴定曲线；（b）滴定曲线的一阶导数曲线

2.2.2.3　胶体滴定法

胶体滴定是以聚阴离子与聚阳离子之间迅速的化学计量反应为基础的容量分析方法。聚电解质本身在水溶液中是稳定的。但如果遇到带相反电荷的聚电解质时，彼此之间就会按一定的化学计量关系发生电荷中和反应，形成中性的缔合物，最终形成沉淀。胶体滴定法就是以聚电解质之间这种正负电荷的拉链式反应为基础的，类似于酸碱中和滴定法。终点可以用比浊法、电导法、黏度法和目视法等判断[38~40]。

壳聚糖在酸性溶液中溶解，由于其氨基被质子化而形成阳离子聚电解质，因而可以用胶体滴定。滴定剂是聚阳离子聚乙烯醇硫酸钾（PVSK），目视法的指示剂为甲苯胺蓝（TB）。TB 是一种带正电荷的蓝色有机染料，它与带负电的 PVSK 结合反应滞后于正负聚电解质间的反应。终点时，过量的 PVSK 立即与 TB 反应，溶液由蓝色变为紫红色，很灵敏，并伴随生成大量沉淀。

脱乙酰度按式（2-6）和式（2-2）计算：

$$—NH_2\% = [c \times (V_2 - V_1) \times 0.016/m] \times 100\% \qquad (2-6)$$

式中：c 为 PVSK 标准溶液的浓度，mol/L；V_1 为滴定空白消耗的 PVSK 标准

溶液的体积，mL；V_2 为滴定样品消耗的 PVSK 标准溶液的体积，mL；m 为扣除含水后样品的质量，g；0.016 为与 1mL 1.0 mol/L PVSK 溶液相当的—NH$_2$ 基团质量，g。

2.2.2.4 红外光谱法

上述的各种容量分析方法的前提是壳聚糖试样溶解性要好，但对于脱乙酰度较低的壳聚糖，不太溶于稀酸，就不适用了。而红外光谱法可直接测固体样品，不受此局限。在仪器方法中，红外光谱是最值得推广的一种，它仪器较易得，操作简单快速，样品用量少。

一般的测定步骤是：用 200 目的分样筛，选取粒径＜0.076 mm 的壳聚糖试样，在 80℃条件下真空干燥 3 h 后，称取 2 mg 试样与 120 mg 干燥的 KBr 在红外灯下研磨混匀，用压片机制成样品压片，再将制成的压片在 80 ℃下真空干燥 4 h 放置于干燥器中。将上述压片用样品架夹持后，置于红外光谱仪中，以空气为背景，扫描 64 次，分辨率为 4 cm^{-1}，记录范围 400～4000 cm^{-1}。值得注意的是，壳聚糖很易吸水，会影响 3450 cm^{-1} 的—OH 和—NH$_2$ 的谱带强度；水在 1640 cm^{-1} 也有吸收，会影响酰胺Ⅰ和酰胺Ⅱ谱带。因此，试样充分干燥是非常必要的，从干燥器取出后的样品压片要在 1 min 内完成测定。

红外光谱测定脱乙酰度的关键除了实验技术外，很重要的是选择分析谱带和参比谱带（内标）。基线的确定有一定影响，但不是很大，主要应与所用参考文献一致。谱带吸光度用峰面积会产生较大偏差，而用峰高的结果较好[41,42]，一般采用峰高计算，公式中吸光度用 A 表示。另外，定量分析应当用吸收谱，而不是透射谱。

虽然已有不少红外光谱测定脱乙酰度的报道[43~53]，但被引用最多的还是早期 Sannan 等的工作[43]，该工作提供了 A_{1550}/A_{2878} 对 DD 的工作曲线。其测定范围约为 0.15～0.95，没有包括高脱乙酰端和低脱乙酰端。但该文没有提供计算公式，以其曲线读取的公式如下（仅供读者参考）

$$DD/\% = 35.84 \times [2.807 - (A_{1550}/A_{2878})] \tag{2-7}$$

Miya 等[44]则用 A_{1655}/A_{2867} 测定了高脱乙酰端（0.90～1.00）的脱乙酰度。其他一些作者[45]还报道了以 1665 cm^{-1} 分析谱带和以 3450 cm^{-1} 为参比谱带的测定结果。Shigemasa[46]等以酰胺Ⅰ谱带 1665 cm^{-1} 和 1630 cm^{-1} 以及酰胺Ⅱ谱带 1560 cm^{-1} 为分析谱带，以 1070 cm^{-1} 为内标，测定了全范围的脱乙酰度。可是 Ferreira 等[47]则观察到 1070 cm^{-1} 等 C—O 伸缩谱带用作参比谱带效果明显较 2873 cm^{-1} 或 3437 cm^{-1} 差。

Julian 等[54]的实验表明，完全乙酰化甲壳素的 A_{1655}/A_{3450} 为 1.33。假设完全脱乙酰基壳聚糖的上述两谱带吸光度之比为零，乙酰基的含量与酰胺 I 谱带强度之间存在线性关系，则理想化的脱乙酰基度计算公式如式（2-8）所示：

$$DD = 100\% - (A_{1655}/A_{3450}) \times 100\%/1.33 \tag{2-8}$$

Sabnis 和 Block[55] 用滴定法为标准，提供的上述两吸光度比的回归方程是

$$DD/\% = 97.67 - [26.486 \times (A_{1655}/A_{3450})] \tag{2-9}$$

Brugnerotto[16] 用 ^{1}H NMR 和 ^{13}C CP-MAS 固体 NMR 为标准，比较了两条分析谱带（1650 cm^{-1} 和 1320 cm^{-1}）和两条参比谱带（3450 cm^{-1} 和 1420 cm^{-1}）。认为 3450 cm^{-1} 作参比谱带的都较差；而 A_{1320}/A_{1420} 最好，线性相关系数 r 为 0.99042（图 2-11），只是 β-甲壳素偏离较大。回归方程式是

$$DA/\% = 31.92 \times (A_{1320}/A_{1420} - 12.20) \tag{2-10}$$

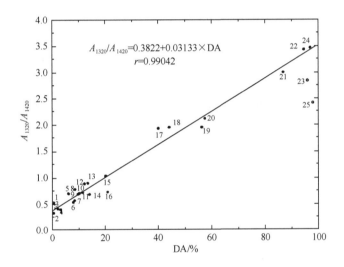

图 2-11　（A_{1320}/A_{1420}）-DA 工作曲线[16]

不同作者采用了不同组合的分析谱带/参比谱带。董炎明等[56] 则系统考察和比较了可能的 4 条分析谱带（1655 cm^{-1}、1560 cm^{-1}、1380 cm^{-1} 和 1320 cm^{-1}）与 8 条参比谱带（即 3430 cm^{-1}、2920 cm^{-1}、2880 cm^{-1}、1425 cm^{-1}、1155 cm^{-1}、1078 cm^{-1}、1030 cm^{-1} 和 895 cm^{-1}）组成的 32 种不同组合，部分还比较 32 种基线法，从中选出最为可行的组合。用元素分析法（C/N 比）为标准，测定范围几乎覆盖了脱乙酰度的全部范围（0.01～1.00）。认为最佳组合是 A_{1560}/A_{2920}，A_{1560}/A_{2880} 和 A_{1655}/A_{3430}，回归方程如下：

（1）均按一般峰谷连线法作较平的基线。

$$DD/\% = (1.9940 - A_{1560}/A_{2920})/0.0154 \quad（相关系数 r 为 0.9837）\tag{2-11}$$

$$DD/\% = (1.9512 - A_{1560}/A_{2880})/0.0148 \quad（相关系数 r 为 0.9818）\tag{2-12}$$

$$DD/\% = (1.1623 - A_{1655}/A_{3430})/0.0063 \quad (相关系数 r 为 0.9721) \quad (2\text{-}13)$$

（2）1560 和 1655 cm^{-1}以最近两个峰谷连线为两峰的共同基线，其他均按一般峰谷连线法作较平的基线。

$$DD/\% = (1.4456 - A_{1560}/A_{2920})/0.0127 \quad (相关系数 r 为 0.9866) \quad (2\text{-}14)$$

$$DD/\% = (1.4165 - A_{1560}/A_{2880})/0.0123 \quad (相关系数 r 为 0.9860) \quad (2\text{-}15)$$

$$DD/\% = (0.9705 - A_{1655}/A_{3430})/0.0058 \quad (相关系数 r 为 0.9880) \quad (2\text{-}16)$$

董炎明等[56]还用实验证明如果将式（2-14）和式（2-15）中的脱乙酰度换成乙酰度，可用于测定其他 N-烷酰化壳聚糖（如丙酰化、丁酰化、己酰化）的取代度（酰化度）。

2.2.2.5　核磁共振法（NMR）

NMR 法可分为^{1}H NMR、^{13}C NMR 和^{15}N NMR。^{1}H NMR 是测定溶液中壳聚糖乙酰基含量最为准确的方法。图 2-12 给出了壳聚糖（DA=23%）溶于 D_2O 和 HCl 中的谱图，相应的谱带归属列于表 2-6[16]。4.79ppm 为氨基葡萄糖残基的 H1 的吸收，4.50ppm 为乙酰氨基葡萄糖残基的 H′1 的吸收。利用以下三个公式之一计算 DA

$$DA = A_{H'1}/(A_{H'1} + A_{H1}) \quad (2\text{-}17)$$

$$DA = A_{CH_3}/3(A_{H'1} + A_{H1}) \quad (2\text{-}18)$$

$$DA = 6A_{CH_3}/3(A_{H2\sim H6}) \quad (2\text{-}19)$$

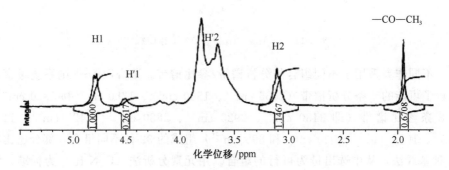

图 2-12　80℃下壳聚糖（DA=23%）/HCl-D_2O 溶液的
^{1}H NMR 谱图（聚合物浓度为 10mg/mL）[16]

表 2-6　壳聚糖 ¹H NMR 的归属

δ/ppm（TMS 为内标）	归属
4.79	H1
4.50	H′1
3.10	H2
3.70	H′2
3.58～3.80	H3～H6
1.95	—CH₃

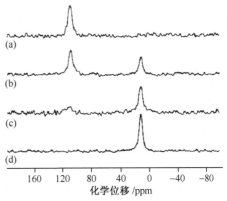

图 2-13　¹⁵N CP-MAS NMR 谱图

（a）为 α-甲壳素；（b）、（c）为部分脱乙酰壳聚糖（商品）；（d）两次均相乙酰化的壳聚糖[57]

由于采用质子去偶技术，¹³C NMR 难于准确定量。¹⁵N NMR（图 2-13）的谱线较宽，用于测定脱乙酰度灵敏度不高，DD 高于 90% 不能测。

2.2.2.6　紫外分光光度法

紫外分光光度法是定量分析的常规方法。壳聚糖只有助色团没有发色团，紫外无吸收；但甲壳素有 C =O 是发色团，—OH 和—NH 是助色团，紫外有吸收。紫外分光光度法就是通过测定壳聚糖样品中的 N-乙酰基-D-葡萄糖胺（以下简称乙酰氨基葡萄糖）的含量，计算壳聚糖的脱乙酰度[31,58,59]。目前没有壳聚糖标准样品，因此在单波长紫外分光光度法中，以乙酰氨基葡萄糖为标准物制作工作曲线。然后测定样品在特定波长的吸光度，从工作曲线得到乙酰基浓度。计算公式是

$$DD = 100\% - （样品中乙酰基浓度 / 样品浓度）× 100\% \qquad (2-20)$$

由于壳聚糖中所含的氨基葡萄糖会干扰测定，而且壳聚糖产品具有不同的颜色和少量不溶性杂质均干扰单波长紫外光度法的测定，使测定结果可能产生较大的偏差。紫外一阶导数分光光度法测定可消除氨基葡萄糖、色度和浊度的干扰，提高了测定结果的准确度和灵敏度。此法是根据一阶导数光谱图中峰或谷至零线的垂直距离为峰高与浓度成正比进行定量的[58]，需要导数分光光度计，手工操作比较繁琐。

紫外分光光度法必须用溶液测定，而溶剂的影响很大。Muzzarelli 等[59] 将 1 g 干壳聚糖溶于 1 L 乙酸（0.01 mol/L）中，在 190 nm 处测定。乙酰氨基葡萄糖在 190 nm 的吸光率与浓度的关系呈线性。乙酸虽能溶解壳聚糖，但溶解速度较慢，并且乙酸在此波长范围内吸收干扰较大。此法对由超声法制备的壳聚糖较适用，不经处理直接测定产品的脱乙酰度，不受制备过程中产生乙酸的影响。杜

上鉴等[31]和刘长霞等[60]用稀 HCl 为溶剂，溶解速度明显加快，缩短测定时间，且本底值低。以刘长霞等[60]的工作为例，以不同的浓度的乙酰氨基葡萄糖溶液在波长 200、201、202 和 203 nm 处的吸光度值对波长作图得到线性关系良好的一组直线，其斜率与对应溶液的浓度成正比，线性范围为 0.0025～0.0400 mg/mL，回归方程为 $k = -20\ 252c - 0.0027$，相关系数 $r = 0.9995$，相对标准偏差 0.20%～0.52%。

总的来说，紫外分光光度法测定壳聚糖脱乙酰度的相对标准偏差小于 1.9%，优于酸碱滴定法，是一种较理想的测定壳聚糖脱乙酰度的方法。

2.2.3　壳聚糖的结构单元序列分布

由于乙酰基易形成氢键和其疏水作用，乙酰基在分子链上的分布可能影响高分子的溶解性和分子链之间的相互作用。乙酰基分布可以通过[13]C NMR 测量[16]，图 2-14(a) 为乙酰氨基葡萄糖单元（Glu—NAc），图 2-14(b) 为氨基葡萄糖单元（Glu—NH₂）。

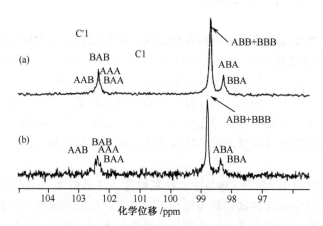

图 2-14　两种 DA=22% 的壳聚糖样品的[13]C NMR 谱图的 C1 区
(a) 非均相乙酰化；(b) 均相乙酰化[16]

2.3　甲壳素/壳聚糖的远程结构

2.3.1　壳聚糖与壳寡糖的相对分子质量

甲壳素/壳聚糖的相对分子质量的大小及其分布直接影响壳聚糖的理化性质和生理活性。因此，准确测定壳聚糖的相对分子质量显得非常重要（甲壳素因溶解性差而难于测定）。常规高分子相对分子质量的测定方法都可以用，但用得最多的是黏度法、光散射方法[61,62]和凝胶色谱法（GPC）。

2.3.1.1　黏度法

黏度法分旋转式黏度计测定黏度和乌氏黏度计测定特性黏数。工业上经常采用旋转黏度计快速测定指定浓度（常用 1％壳聚糖的 1％乙酸溶液或 0.5％壳聚糖的 0.5％乙酸溶液）的黏度（单位：Pa•s），用于估算或比较相对分子质量的大小，但不能准确知道壳聚糖的相对分子质量。具体步骤是：称取（2±0.01）g 干燥的样品，置 300 mL 的烧杯中，加入 200 mL 蒸馏水和 2 mL 冰乙酸，室温下搅拌（200～300 r/min），使完全溶解，将溶液放置在恒温水浴中，控制（20±1）℃，恒温 2 h，待气泡完全消失后用 NDJ-1 型旋转式黏度计测定，以 30 r/min的转速测定 20℃时样品的黏度。总共测 10 次，除去最高和最低各 2 次，以中间6 个数取平均值，则为该样品的黏度。

乌氏黏度计价廉易得，可快速地测得特性黏数，继而得到黏均相对分子质量。这是一种相对的方法，事先要确定出壳聚糖的 Mark-Houwink 方程 $[\eta] = KM^a$ 中的参数 K 和 a 值。而 K 和 a 值与所用溶剂有关，因而溶剂的选择相当重要。一般都采用缓冲溶液为溶剂，以克服聚电解质体系特殊黏度性质的影响。由于聚电解质分子链上同电荷离子的斥力，分子链大

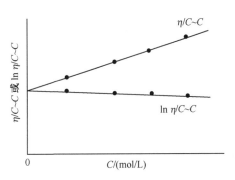

图 2-15　外推法求特性黏数的曲线

为伸展，如果没有添加盐，在低浓度时黏度大增，得不到线性关系。具体测定特性黏数的步骤是：准确称取 0.05 g 壳聚糖溶解于溶剂中，定容至 50 mL，于恒温水槽中用乌氏黏度计测流出时间，采用逐步稀释法求出各浓度的比浓黏度和比浓对数黏度，作图外推求得截距为特性黏数 $[\eta]$。作图方法如图 2-15 所示[1]。

Maghami 等[63]在 0.1 mol/L 乙酸和 0.2 mol/L 的氯化钠水溶液中 25℃下测定 K 和 a，适用的脱乙酰度范围是 60％～100％。特性黏数用式（2-21）表示

$$[\eta] = 1.81 \times 10^{-3} M_v^{0.93} \tag{2-21}$$

Roberts 等[64]以含 0.2 mol/L HAc 和 0.1 mol/L NaCl 溶液、4 mol/L 尿素的溶液为溶剂，壳聚糖初始浓度为 0.1 g/100 mL，25℃恒温下进行测定。得到 K 和 a 值也是 1.81×10⁻³ mL/g 和 0.93。根据脱乙酰度，可算出样品各种脱乙

酰度下的平均摩尔单元质量 m。设在较温和的条件下，甲壳素进行脱乙酰化反应后聚合度不变，则依式（2-22）可算出脱乙酰化反应前甲壳素的相对分子质量

$$M_{甲壳素} = M_{壳聚糖} \times m_1/m_2 \qquad (2-22)$$

式中：m_1 为样品脱乙酰化反应前的摩尔单元质量；m_2 为样品脱乙酰化反应后的摩尔单元质量。

表 2-7　不同 DD 壳聚糖的 K 和 a 值

DD(质量分数)/%	$K \times 10^3$/(mL/g)	a
69	0.104	1.12
84	1.424	0.96
91	6.589	0.88
100	16.800	0.81

以上作者都忽略了脱乙酰度对 K 和 a 值的影响。王伟等[65]以 0.1 mol/L 乙酸钠 ＋ 0.2 mol/L 乙酸为溶剂，在 30℃下用光散射法定出不同 DD 壳聚糖的 K 和 a 值，结果如表 2-7 所示。a 越大，说明分子链的刚性越大。从表 2-7 可见，壳聚糖的 DD 越大，a 越小，即刚性越小。这是由于甲壳素脱乙酰时破坏了分子内的氢键，减少了链刚性。

2.3.1.2　凝胶（渗透）色谱 GPC 法

凝胶（渗透）色谱（GPC）是液相色谱的一种，它利用聚合物溶液通过由特种多孔性填料（凝胶）组成的柱子，在柱子上按照分子大小进行分离的方法。用它可以快速测定平均相对分子质量及相对分子质量分布。GPC 的分离机理一般认为是"体积排除"，所以 GPC 又称为体积排除色谱（SEC）。当被分析的试样随着淋洗溶剂引入柱子后，溶质分子即向填料内部孔洞扩散。较小的分子除了能进入大的孔外，还能进入较小的孔；较大分子则只能进入较大的孔；而比最大的孔还要大的分子就只能留在填料颗粒之间的空隙中。因此，随着溶剂的淋洗，大小不同的分子就得到分离，较大的分子先被淋洗出来，较小的分子较晚被淋洗出来。

GPC 法是一种相对的方法，需要标准物质制定校正曲线。壳聚糖测定的标准物质常用普鲁氏蓝（pullulan，支链淀粉）。如用聚乙二醇标样，需做普适校正。寡糖测定要用单分散寡糖标样，不过价格昂贵。

GPC 如果带可测相对分子质量的多角度激光光散射检测器，就不需校正曲线，但电脑软件处理需预先知道 dn/dc 值（即折射率的浓度增量）。Brugnerotto[16]将在 0.3 mol/L 的乙酸和 0.2 mol/L 的乙酸钠溶液中测定的不同脱乙酰度的壳聚糖的 dn/dc 值作比较，结果发现在此混合溶剂中脱乙酰度对 dn/dc 值不产生影响，得到的平均值为（0.190 ± 0.005）mL/g。Brugnerotto[16] 推荐用 0.3 mol/L 的乙酸和 0.2 mol/L 的乙酸钠混合溶剂，第二维利系数 A_2 测定表明

它是一个好溶剂，溶液中没有壳聚糖分子链聚集体。

2.3.1.3　质谱法

普通质谱能测的最大相对分子质量是数千，只能用于寡糖的测定。董炎明等[66]用液相色谱-离子阱质谱联用仪（美国 Esquire 3000 Plus 型，可测最大相对分子质量是 6000）测定了壳三糖（图 2-16），由图可以看出，502.1 处的峰为最强峰，是分子离子峰［M＋H］⁺，次强峰 251.5 为二级离子峰［M＋H］²⁺，而其他峰应该是碎片所造成的峰。因此，在质谱中若把最强的峰视为分子离子峰，忽略其他小的碎片峰，可作为壳低聚糖的相对分子质量测定方法。要测更高相对分子质量的化合物，需用基质辅助激光解吸电离-飞行时间质谱（MALDI-TOF-MS），相对分子质量的测定上限是 3×10^5。

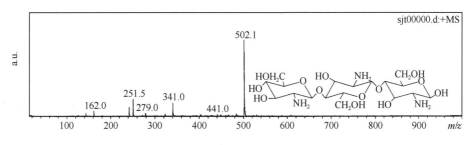

图 2-16　壳三糖的离子阱质谱图[66]

2.3.2　甲壳素/壳聚糖的构象

2.3.2.1　甲壳素/壳聚糖的氢键

甲壳素/壳聚糖可以形成大量的分子内和分子间氢键，其中部分脱乙酰的壳聚糖有羟基、氨基、乙酰氨基、环上氧桥、糖苷键氧等多种可形成氢键的基团，氢键类型复杂。由于分子内氢键的存在，分子刚性大为增加。以甲壳素为例，分子间氢键有两类。第一类如图 2-17（a）所示：C(6)—OH 与 O(5) 间和 C(6)—OH 与 C(7)＝O 的 O 间分别形成氢键；第二类如图 2-17（b）所示：C(3)—OH与O(5)间和 C(6)—OH 与 N 间分别形成氢键。分子内氢键是甲壳素/壳聚糖形成刚性构象的基础。

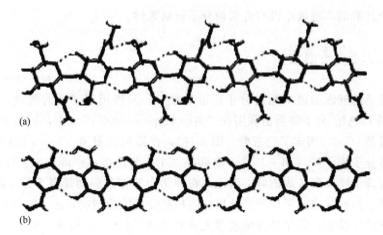

图 2-17　甲壳素的分子内氢键

2.3.2.2　壳聚糖及其盐的螺旋链构象

聚合物的螺旋链构象指数 Ut 表示 t 圈螺旋中含有 U 个结构单元，形成一个螺旋重复周期[67]。壳聚糖在结晶中都呈现 I 类构象，即 2_1 螺旋，是近似平面锯齿形的构象 [图 2-18(a)]。

壳聚糖结构单元有氨基存在，易于与酸成盐。Ogawa 等[68]用 3 种强酸和 4 种氢卤酸与壳聚糖制成盐，用 X 射线衍射进行研究，图 2-18(c) 是其中一种盐——壳聚糖盐酸盐的 X 射线图。结果发现这些盐的构象分为两类，一类与壳聚糖一样形成 I 类构象，即 2_1 螺旋；另一类则完全不同，形成 II 类构象，即 8_5 螺旋 [图 2-18(b)]。不同有机酸盐的构象也不同。这些结果一起列于表 2-8[69]。所有 8_5 螺旋构象都是左旋。

表 2-8　壳聚糖盐的分子链构象分类[68,69]

类型	I	II
构象	2_1 螺旋	8_5 螺旋
无机酸的盐	硝酸,氢溴酸,氢碘酸	氢氟酸,盐酸,硫酸,磷酸
有机酸的盐	三氟乙酸	乙酸,甲酸

I 类构象的 2_1 螺旋和 II 类构象的 8_5 螺旋在分子链方向的结构单元长度有差别。I 类构象的重复周期（相当于 2 个葡萄糖残基）的长度（螺距）为 1.04 nm 左右（不同盐差别很小）。另一方面，II 类构象的螺距为 4.07 nm，相当于每 2 个葡萄糖残基 1.02 nm。可见比 I 类构象短。I 类构象是较伸展的构象，而 II 类

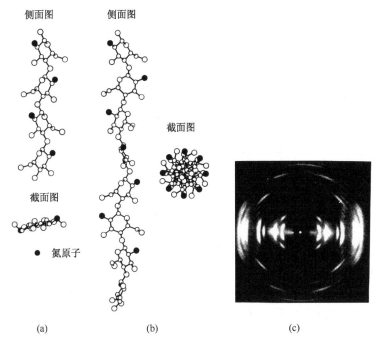

侧面图　　　侧面图

截面图

截面图

● 氮原子

(a)　　　　　　(b)　　　　　　　(c)

图 2-18　壳聚糖及其盐的分子链构象[17]

(a) 2_1 螺旋；(b) 8_5 螺旋；(c) 壳聚糖盐酸盐的 X 射线图[68]

构象是有点卷曲的构象，前者刚性较大。

Saito 等[70,71]进一步用固体高分辨^{13}C NMR 研究了上述壳聚糖的盐，观察到 X 射线不能检测到的现象，即氢溴酸盐和氢碘酸盐含有少量 II 类构象，而反过来甲酸和乙酸含有少量 I 类构象，也就是说实际上是混合物。

2.3.2.3　壳聚糖的构象持续长度

壳聚糖与纤维素类似，分子链属于半刚性链，分子链中存在的糖环构象畸变使链具有一定的柔性。如果链中结构单元的方向逐渐且连续地偏离链轴，则可用蠕虫状链（wormlike chain）模型描述。根据蠕虫状链模型，表征链刚性的一个最重要的参数是构象持续长度，又称持久长度（persistence length，L_p），定义为分子链的局部平均在一个方向上持续的长度。L_p 越大，链刚性越大，给定浓度的相同聚合度高分子溶液的黏度越大。研究表明聚合度越大，L_p 越大，见图 2-19。

根据分子模型计算，当聚合度很大时，甲壳素的 L_p（12.5 nm）较壳聚糖的 L_p（9.0 nm）大，说明甲壳素倾向于形成更伸展的构象，刚性更大。DD 对 L_p 有

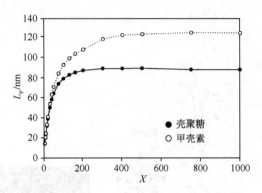

图 2-19　聚合度（X）对甲壳素和壳聚糖的构象持续

长度 L_p（单位：nm）影响的理论分析[16]

一定影响，DD＝0％～40％时几乎不变，但 DD＝40％～100％时 L_p 随 DD 的增加基本上是线性增加。

部分脱乙酰壳聚糖中氨基葡萄糖和乙酰氨基葡萄糖的分布对 L_p 也有一定影响。以 1∶1（DD＝50％）为例，无规分布是为 11.5 nm，交替分布时为 13.5 nm，后者刚性更大[16]。

构象持续长度一般通过静态和动态光散射实验或 GPC 测得。先求得均方旋转半径，然后根据蠕虫状链模型再转换成 L_p。

壳聚糖链的尺度、它的流体力学体积和黏度依赖于壳聚糖链的半刚性结构。由于壳聚糖在酸性溶液中能形成聚电解质，这些性质另一方面还会受到离子浓度的影响，有效构象持续长度值会由于相邻离子间的静电斥力而增加。因此测定时要考虑两方面的贡献，给定离子浓度条件下的构象持续长度 L_t 应包含固有贡献部分 L_p 加静电贡献部分 L_e，即

$$L_t = L_p + L_e \tag{2-23}$$

从 GPC 数据根据蠕虫状链模型求得的 Mark-Houwink 方程的参数 K 和 a 值列于表 2-9，可见 a 值随 DD 增加而减少，即刚性减小。a 值是反映链刚性的另一个重要参数。

表 2-9　不同 DD 的壳聚糖的 Mark-Houwink 参数[16]

DD/%	K	a
39～44	0.0574	0.825
60	0.0634	0.823
76～78	0.0695	0.810
88	0.074	0.800
97～100	0.079	0.796

2.4 甲壳素/壳聚糖的超分子结构

2.4.1 甲壳素/壳聚糖的结晶结构

2.4.1.1 甲壳素的结晶结构

根据来源，甲壳素有两种结晶多型异构体（polymorph），为 α-型和 β-型[2,3]，它们可以通过红外光谱、固相 NMR 和 X 射线衍射来区分。通过详细的分析，人们也发现了第 3 种异构体 γ-甲壳素[3,72]，它仅是 α-型的变换[73]。

α-甲壳素是最丰富的，它存在于真菌和酵母的细胞壁、龙虾与螃蟹的肢和壳，普通的小虾壳和昆虫的表皮等。天然的 α-甲壳素能在生物合成过程中重结晶[74,75]，因而其中的一些呈现出很高的结晶度和纯度。β-甲壳素较罕见，报道较多的是在鱿鱼或乌贼的顶骨内[3,72]。高纯度的 β-甲壳素在藻类植物 Thalassiosira fluviatilis[76~78]所分泌的单晶刺中发现。α-甲壳素通常与矿物质沉积在一起，形成坚硬的外壳。而 β-甲壳素通常与胶原蛋白相联结，表现出一定的硬度、柔韧性和流动性。

3 种结晶异构体中 α-甲壳素是最稳定的一种。β-甲壳素试样用 6 mol/L HCl 处理，γ-甲壳素用饱和 LiSCN 溶液处理，都会变成 α-甲壳素，这一过程不可逆。β-甲壳素溶于甲酸后再沉淀出来，就成为 α-甲壳素。β-甲壳素在溶液中重结晶总是能得到 α-甲壳素。从壳聚糖乙酰化获得的人工合成甲壳素也是 α-甲壳素。

在 3 种结晶异构体中甲壳素分子链的排列方式各不相同，X 射线衍射结果显示：α-构型以反平行（逆平行）链状排列，β-构型以平行链状排列，γ-构型以两条链向上、一条链向下平行排列（图 2-20）[3]。但自从 Rudall[3]首次报道甲壳素的第三种结构后，并没有太多的关于这方面的研究。后来的研究认为，γ-结构是 α- 和 β-结构的混晶，而不是第 3 种异构体[69]。所以下面主要介绍 α-型和 β-型。

α-甲壳素　　　　　　　β-甲壳素　　　　　　　γ-甲壳素

图 2-20 3 种结晶异构体中甲壳素分子链的排列方式

甲壳素结晶异构体的研究主要用广角（大角）X 射线衍射法。在生物体中，甲壳素是以无规分布的微纤（微晶）的形式存在的[79]。用 X 射线衍射直接测定微晶样品属"粉末衍射"，是一系列衍射环，难于确定结晶结构（图 2-21）。而甲壳素与其他高分子一样，也不可能制备足够大的单晶供"单晶旋转法"X 射线衍射测定。高分子常用纤维衍射代替单晶旋转法，因为单轴拉伸的纤维（或薄膜）是高度取向的材料，微晶在其中的分布相当于旋转的单晶，得到的图案与旋转单晶的图案一样[80]。具体方法是：将薄膜单轴拉伸，或用注射器将浓溶液挤出（这样可令分子链单轴取向），然后热处理（annealing，退火）令其充分结晶，得所需试样。

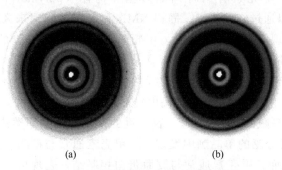

(a)　　　　　　　　　(b)

图 2-21　甲壳素的粉末 X 射线衍射图

(a) α-甲壳素（虾壳）；(b) β-甲壳素（鱿鱼顶骨）

研究甲壳素的 X 射线衍射图时不同作者有不同的选轴方法，一部分作者以 c 轴为纤维轴；另一部分作者则以 b 轴为纤维轴。为了避免读者混淆，本书统一以 c 轴为纤维轴，即使原文献中以 b 轴为纤维轴的也一律改为 c 轴。表 2-10 是用 X 射线衍射法测得的三种结晶异构体的典型结晶学参数。其他作者还有不同的结果[81~90]，将在后面进一步讨论。c 轴是分子链方向，c 都等于结构单元（两个葡萄糖残基）长度。

表 2-10　甲壳素的 3 种异构体的结晶学参数

结晶异构体类型	晶系	a/nm	b/nm	c/nm	γ/(°)	空间群	资料来源
α-甲壳素	正交（斜方）	0.474	1.886	1.032	90	$P2_12_12_1$	Minke 和 Blackwell[83]
β-甲壳素（干态）	单斜	0.485	0.926	1.038	97.5	$P2_1$	Gardner 和 Blackwell[84]
γ-甲壳素	正交	0.47	2.84	1.03	90	$P2_1$	Walton 和 Blackwell[74]

1. α-甲壳素

1) α-甲壳素纤维的广角 X 射线衍射

对 α-甲壳素结构的研究已年代久远了。最早的 X 射线衍射研究是 1926 年 Gonell 进行的[75]，它的纤维衍射图（图 2-22）在半个世纪后才破解。这是因为多糖晶体比单糖或二糖晶体的 X 射线衍射（反射）少得多，仅从纤维衍射图的数据还不足以得到结晶结构，还需要用分子模型模拟并与实验数据反复对照，而这种庞大的计算一直到大型计算机出现后才有可能。Gonell 的结果（表 2-11）是 Meyer 和 Mark 假设甲壳素和纤维素结构相似的基础[2]。

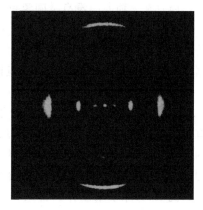

图 2-22　α-甲壳素的 X 射线衍射
纤维图[75]

另一些研究者提出 α-甲壳素正交晶胞的晶距 $a = 0.94$ nm[72] 或 0.925 nm[86]，$b = 1.925$ nm，$c = 1.046$ nm。Carlstrom[73] 同意正交晶胞的观点，他最早做了精细结构的分析，但得出另一个结果：$a = 0.476$ nm，$b = 1.885$ nm，$c = 1.028$ nm。Carlstrom 的数据也表明它是 $P22_12_1$ 或 $P2_12_12_1$ 空间群，这都需要一种反平行的链排列，并且吡喃环的平面应与（100）平面基本平行。Carlstrom 后来认定 α-甲壳素的空间群是 $P2_12_12_1$。

Carlstrom 的结果与以前的模型主要的不同在于他认为分子中的链是弯曲的，而不是直的[2,72]，这和 Hermans 等假设的纤维素的结构相似[87,88]。Carlstrom 指出纤维素可以类推到甲壳素而认为甲壳素是直链型的，这是因为没有考虑空间位阻因素。另外弯曲型中，$C(3)$—OH⋯$O(5)$ 键距是 0.268 nm，符合生成分子内氢键的距离；且纤维轴的链节重复距离为 1.028 nm，这些都符合 X 射线衍射的结果。第二个不同在于 Carlstrom 将侧基团考虑进去，—NHCOCH₃ 假设成平面，偏振红外光谱的结果已证明它和纤维轴垂直[73,77]。Carlstrom 还假设因为 $C(2)$—N 键的旋转受到限制，N—H 基团只能沿 a 轴方向大约指向相邻链上的 $C(7)$=O 基团。根据这些事实，包括 $C(2')$N—H⋯O=$C(7)$（符号 ′ 表示在相邻的另一根分子链上，下同）键距 0.269 nm，红外光谱证明有强烈的 N—H⋯O=$C(7)$ 氢键吸收，Carlstrom 推断在 a 轴方向有氢键存在。

在接下来的二十多年中，一直有人在发展着 Carlstrom 的模型，主要有 Person 等[77]、Ramakrishnan 和 Prasad[78]、Halean 和 Parker[89] 的工作。1978 年，Minke 和 Blackwell[83] 指出 Carlstrom 模型的大量缺陷和不足，他们的主要评论如下：

（1）尽管 IR 谱显示了所有—OH 都给出质子形成氢键，但是—CH₂OH 基团侧链不形成氢键。

（2）两个酰胺峰的存在，而在 Carlstrom 模型中它们都处于相同化学环境，这是矛盾的。

（3）有强烈的（001）经线（子午线，参见图 2-21）反射被发现，这在 $P2_12_12_1$ 空间群中是禁止的。

（4）在 c 轴方向没有链间氢键，但 α-甲壳素在水中不溶胀。

Minke 和 Blackwell 认为尽管 Carlstrom 模型链排列的近似方式和形态是对的，但他们的氢键网络模型还没有建立。Minke 和 Blackwell 根据 X 射线衍射数据，致力于用最小二乘法，建立氢键网络模型。

与 $P2_12_12_1$ 对称的氢键模型是不可能存在的。反平行链模型中链 1、链 2 的 —CH_2OH 基团各自有分子内和分子间氢键。有一点是相同的，就是哪一种模型有分子间、分子内氢键提供给链 1、链 2 各自的—CH_2OH，哪一个模型是简并的。由于没有改变相邻单元排列的选择性，这两种排列都有可能。这两种氢键排列结果是 1∶1，在大量的晶体中被认为是最可能的结构。通过 2 个 0.5 O 取代链上的 O(6)原子来制作这种结构模型，为—CH_2OH 基团提供分子内和分子间氢键的这种 1∶1 统计混合物的引入，得到了 $P2_12_12_1$ 对称。

Minke 和 Blackwell 提出的结晶参数是：$a=0.476$ nm，$b=1.885$ nm，$c=1.028$ nm（正交晶系）。这种结构的投影见图 2-23，直线围起来的部分是单位晶胞。（a）图是 b 轴和 c 轴围起来的部分的投影图，即侧视图；（b）图是 a 轴和 b 轴围起来的部分的投影图，即俯视图。从（a）图看，对于一根分子链，每个晶胞有 2 个葡萄糖残基。若分子链绕 c 轴（分子轴）旋转 180°，结构与原来一样，只是相当于向上或向下位移 0.5 个重复螺距，这种构象称为 2_1 螺旋，或平面锯齿形构象。这种构象由于 C(3)—OH…O(5)的分子内氢键而得到稳定，纤维素也存在同样氢键。另一方面从（b）图看，一个晶胞好像有 5 根分子链进入，但因为四角上的每根分子链都与 4 个晶胞（其他晶胞没有画出）共享，各贡献 1/4 而已，实际上一个晶胞只有 2 根分子链参与（$N=2$），葡萄糖单元数为 4（$Z=4$）。

图 2-23（a）的 O-6 位置上画了两个氧原子并非画错，它表示 O-6 有两种形成氢键的可能性，概率各为 50%。一种是与同分子链上相邻的乙酰氨基的 O-7 形成氢键；一种是与相邻分子上的 O-6 [O-6（1）与 O-6（2）间] 形成氢键。分子内氢键（—CH_2OH…O=C）和使链连接在一起的沿 b 轴方向的分子间氢键（—CH_2OH…$OHCH_2$—）的键长分别是 0.285 nm 和 0.279 nm，而使链连接在一起的沿 a 轴方向的分子间氢键（N—H…O=C）键长为 0.273 nm。

这一模型弥补了以上列举的 Carlstrom 模型的缺陷，所有 O 与 H 都形成氢键。这一模型不仅沿 a 轴方向有抑制在水中溶胀的分子间氢键，沿 b 轴方向也有抑制溶胀的分子间氢键。而且两种氢键以 1∶1 比例混合是符合 $P2_12_12_1$ 对称性的。此外，对于乙酰胺基的 O-7 来说，有一半参与了分子内 N—H…O=C 氢键的形成，有一半参与了未形成氢键，于是红外光谱的酰胺 I 谱带发生裂分，出现 1621 cm^{-1}（由于形成氢键的位移）和 1656 cm^{-1}，成功解释了 α-甲壳素实际 IR 光谱结果。

最后这种 1∶1 的氢键的形成模式由于晶体缺陷和边缘效应而减小了结构的

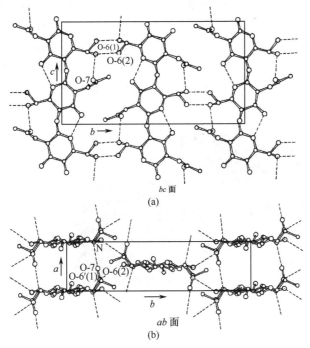

图 2-23　α-甲壳素的晶胞的 *bc*、*ab* 各面的投影图[83]
氢原子略；虚线代表氢键

对称性，提高（001）反射的强度，其强度与样品的晶体完美性是成反比的。已报道的 α-甲壳素的晶胞尺寸归纳列于表 2-11。

表 2-11　α-甲壳素的晶胞尺寸（nm）

a	b	c	数据来源
1.158	1.942	1.044	Gonell[75]
0.940	1.925	1.046	Meyer 和 Pankow[3]
0.925	1.925	1.046	Clark 和 Smith[86]
0.940	1.925	1.026	Loymar 和 Picken[90]
0.476	1.885	1.028	Carlstrom[73]
0.469	1.913	1.043	Dweltz[82]
0.474	1.886	1.032	Minke 和 Blackwell[83]

2）α-甲壳素单晶的电子衍射

用单轴取向样品的 X 射线衍射能得到 *c* 轴的准确信息，但 *a* 和 *b* 轴的信息就不够准确。但单晶的电子衍射则相反，a^* 和 b^* 轴的信息准确，而由于 c^* 轴垂直于观察面，*c* 轴不明确。于是这两种技术互为补充。（注：电子衍射的坐标轴加 * 号以区别于 X 射线衍射）。

1992 年，Persson 等[91]用低聚合度甲壳素/LiSCN 水溶液的稀溶液制备单晶，获得长度为几微米、宽度和厚度均为 10～20 nm 的针状结晶，TEM 下观察到的是集成束状的针状结晶，端部成扇形 [图 2-24(a)]。从电子衍射得到的结晶参数与 Minke 和 Blackwell 的结果[83]完全一致。针状结晶是由更小的片状单晶组成的，片状单晶的生长方向（针状结晶的轴向）是 a^* 轴，而 c^* 轴垂直于 TEM 照片的平面。

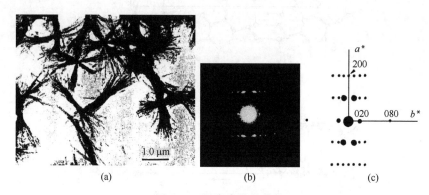

图 2-24　甲壳素针状单晶

(a) TEM 照片；(b) 电子衍射图；(c) 主要衍射点的解释

a^* 轴与针状晶体的长轴平行[91]

2. β-甲壳素

β-甲壳素的存在量比 α-甲壳素少得多，对它的结构研究也晚很多。1950 年，Lotmar 和 Picken[90]开始研究。Dweltz[92]通过 XRD，测得单斜晶胞和 P2₁ 空间群（表 2-12）。

1967 年，Blackwell 等[93]的 XRD 结果支持了 Dweltz 的单斜晶胞和 P2₁ 空间群的观点，但得出不同的晶距（表 2-12），和 α-甲壳素[83]相比，a 轴方向的晶距大了一些。这就说明它的链之间的空间大了一些，有较长的 C(2)NH…O＝C(7) 氢键，这也符合 IR N—H（伸缩振动）峰和酰胺 I 谱带的吸收带，与 α-甲壳素的 3265 cm⁻¹ 和 1621 cm⁻¹ 相比，分别增大到 3293 cm⁻¹ 和 1631 cm⁻¹ 的结果。另一个不同是 β-甲壳素的酰胺键吸收带是单峰，说明了结构中酰胺基是处于同一个化学环境中。

1968 年，Dweltz[94]等进一步的研究结果仍是单斜晶胞，P2₁ 空间群，但这次报道的晶距（$a=0.480$ nm，$b=0.983$ nm，$c=1.032$ nm，$\beta=112°$）和 Blackwell 等[93]的结果相似。两者主要的不同是 Blackwell 的晶胞的底边边缘成为了 Dweltz 的晶胞的 ac 底平面的对角线。接着 1969 年，Blackwell[95]报道了由 ClO₂ 的 50％冰乙酸溶液漂白的 β-甲壳素，这些 β-甲壳素有两种不同的水合度，从无水合到一水合物和二水合物，沿 b 轴方向的分子链间的间距由 0.926 nm 增大到 1.05～1.11 nm。

1975 年，Gardner 和 Blackwell[84]用固体最小二乘法处理，建立了一种氢键模型，详细说明了 β-甲壳素的结晶结构（图 2-25）。晶胞参数是：$a=0.485$ nm，$b=0.926$ nm，c（纤维轴）$=1.032$ nm，$\beta=97.5°$，空间群 P2₁。每个晶胞有一根分子链进入。分子链的构象与 α-甲壳素相同，是 2₁ 螺旋。与 α-甲壳素不同的是分子链平行排列。C(7)＝O 在 a 轴方向上可与两个相邻的链生成氢键，一个是 C(7)＝O⋯HN—C(2′)，另一个是 C(7)＝O⋯HOC(6′)。沿 b 轴方向相邻链间不能形成氢键。已报道的 β-甲壳素的晶胞尺寸归纳列于表 2-12。

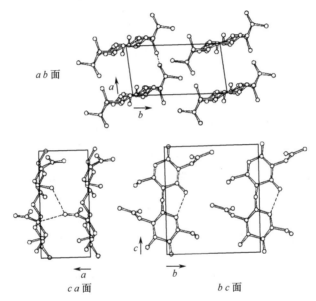

图 2-25　β-甲壳素的晶胞的 ab、ca 和 bc 各面的投影图[83]

氢原子略；虚线代表氢键

表 2-12　β-甲壳素的晶胞尺寸（nm）

a	b	c	γ	数据来源
0.47	1.05	1.03	90°	Dweltz[92]
0.485	0.926	1.038	97.5°	Blackwell et al[93]
0.480	0.983	1.032	112°	Dweltz et al[94]
0.485	0.926	1.038	97.5°	（注：脱水）Blackwell[95]
0.48	1.05	1.04	97°	（注：一水物）Blackwell[95]
0.48	1.11	1.04	97°	（注：二水合物）Blackwell[95]
0.485	0.926	1.032	97.5°	Gardner 和 Blackwell et al[84]

3. α-甲壳素和 β-甲壳素的区别

β-甲壳素沿 c 轴方向相邻面有共同的指向，分子链是平行的（↓↓），而 α-甲壳素是反平行的（↓↑）。α-结构分子链的反平行排列认为来源于链的折叠。聚合物中链的折叠最早在 1957 年聚乙烯单晶的研究中被发现，并且在不久后就有了分子链折叠的单晶纤维素[96]、木聚糖[97] 等多糖单晶的制备。由于前面所讲 α-甲壳素是最稳定的结构，β-甲壳素用 6 mol/L 的 HCl 处理会得到 α-甲壳素[3]，这种形态变化可以引起分子链长度收缩 50%。Rudall[98] 认为由 β 到 α 的转变的发生是通过 β-甲壳素的平行链的自动折叠而得（图 2-26）。

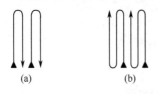

(a)　　　　(b)

图 2-26　　(a) α-甲壳素和 (b) γ-甲壳素中分子链的折叠结构示意图

另外，在 α-甲壳素中，沿 b 轴方向相邻分子链间保持有面间氢键 —(6)CH₂OH···OHCH₂(6′)—，所以 α-甲壳素在水中没有溶胀现象。而 β-甲壳素沿 b 轴方向相邻分子链间缺乏面间氢键，β-甲壳素会在水中迅速溶胀，而形成水合物。α-甲壳素对溶胀作用有很大的抵抗力，可以认为是它广泛存在于自然界的一个主要原因。β-甲壳素因而比 α-甲壳素更具反应活性，这对于甲壳素的化学修饰和酶解是很重要的性能。

甲壳素的结晶结构和稳定性与纤维素极为相似，α-甲壳素和 β-甲壳素分别类似于纤维素Ⅱ（再生纤维素和碱纤维素）和纤维素Ⅰ（天然纤维素）。纤维素Ⅱ具有反平行链排列，020 和 110 晶面都有分子间氢键，较多的分子间键合使其具有更高的稳定性；相反，纤维素Ⅰ由平行链组成，仅在 020 晶面有分子间氢键，从而较不稳定[99]。

虽然总体来说 β-甲壳素的晶体结构中没有面内氢键，然而面与面之间仍有一定数量的氢键而紧密连接。这种特殊的性质解释了为什么一些极性分子，如水、乙醇和胺类，能轻易地渗透到 β-甲壳素的晶格中而不影响晶体结构。这种溶胀过程非常迅速，实验发现高度结晶的 β-甲壳素能够在一分钟内迅速溶胀[100]。一旦客体分子进入到 β-甲壳素的晶格中，它就会成为 β-甲壳素的晶体络合物。从本质上来说，在溶胀时 β-甲壳素的结构单元参数 b 扩大了，而参数 a、c 不变。溶胀试剂与晶格的结合可以通过 010 衍射点表现出来。表 2-13 列举了典型的客体分子对于衍射点的变化。这种晶内的溶胀是可逆的，当进入的客体分子被清除时可以恢复到最初无水 β-甲壳素的状态，尽管有一些晶体的损失。

表 2-13　β-甲壳素络合不同客体分子后 010 衍射点的变化

客体分子	010 衍射点的位置相应的 b 值/nm	数据来源
无	0.917	Blackwell et al[93]
一水合	1.014	Ranby et al[101]
二水合	1.16	Blackwell et al[93]
甲醇	1.30	Manley[96]
正丁醇	1.55	Manley[96]
正辛醇	1.97	Manley[96]
正己胺	1.81	Marchessault et al[97]
乙二胺（Ⅰ型）	1.18	Marchessault et al[97]
乙二胺（Ⅱ型）	1.45	Marchessault et al[97]
丙烯酰胺	1.33	Ranby et al[101]
对氨基苯甲酸	1.31	Ranby et al[101]
D-葡萄糖	1.27	Ranby et al[101]

$α$-甲壳素的晶体溶胀极为特殊。因为水和乙醇不能渗入到 $α$-甲壳素晶格内部，更强的溶胀试剂例如脂肪族二胺能插入到晶格中形成高结晶度的络合物。在溶胀时 $α$-甲壳素的结构单元参数 b 扩大了，而参数 a、c 为常数，这一点与 $β$-甲壳素相同，溶胀过程 b 的增加与二胺类客体分子的碳链长度有关，例如含 7 个碳原子的二胺扩大了 0.7 nm[102]。

$β$-甲壳素在强酸介质中，如 HNO_3 和 6～8 mol/L HCl 中，就会不可逆地转变为 $α$-甲壳素。在这种溶胀过程中，层内和层间的氢键都被打断而且晶态也全部消失。当酸被除去后，能重新恢复 $α$-甲壳素的结晶结构[87,98,103]。从壳聚糖乙酰化获得的甲壳素也是 $α$-甲壳素的结晶结构[104]。

通过 XRD、IR、固体 CP/MAS ^{13}C NMR 谱和电子衍射等方法可区别 $α$-甲壳素和 $β$-甲壳素。

（1）XRD。$α$-甲壳素和脱水 $β$-甲壳素的 XRD 谱图的区别较小（图 2-21），二者间的主要不同点为：①在 0.338 nm 处的强衍射环通常是 $α$-甲壳素的标志，而 $β$-甲壳素的特征衍射环在 0.324 nm 处。②$β$-甲壳素在 0.918 nm 处的内环是水合作用敏感带，在有液体水时这个内环移动到 1.16 nm 处。而 $α$-甲壳素在 0.943 nm 处的强衍射环对水缺乏敏感性[84,89,93]。

（2）IR 谱图。如前已述，对于 $α$-甲壳素，酰胺 Ⅰ 谱带是双峰，出现在 1656 和 1621 cm^{-1}；而 $β$-甲壳素的酰胺 Ⅰ 谱带是单峰，出现在 1626 cm^{-1}。$α$-、$β$-甲壳素的酰胺 Ⅱ 谱带也不同，分别出现在 1556 cm^{-1} 和 1560 cm^{-1}。原因是 $α$-甲壳素的乙酰氨基的 C =O 有形成氢键和不形成氢键两种情况。

（3）固体 CP/MAS ^{13}C NMR 谱。区别是 C(3)、C(5) 原子的信号，在 $α$-甲壳素中常只显示一个信号，中心在 77 ppm；而在 $β$-甲壳素中观察到两个信号，在 74 ppm 和 76 ppm[103]，而从图 2-4 和表 2-4 看不出明显区别。但是可以看到

C(2)和 C=O 的区别，α-甲壳素中只显示一个信号；而在 β-甲壳素中观察到两个信号。

（4）电子衍射。从电子衍射可以得到更多 α-甲壳素和 β-甲壳素晶体结构的信息。图 2-27 是两种甲壳素的电子衍射的实例。两个图都是从 c^* 方向衍射，从图中可以清楚地看出，沿 b^* 方向 α-甲壳素的单元参数接近 β-甲壳素的两倍，而沿 a^* 方向两者相近。在 c^* 方向上衍射（未在图中标出），α-甲壳素和 β-甲壳素这两种异构体几乎相同。

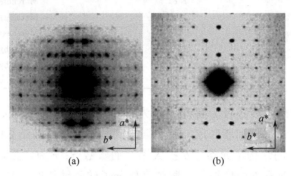

图 2-27　高度结晶甲壳素的电子衍射图

（a）α-甲壳素；（b）β-甲壳素

注意这里不是区别 α- 和 β-糖苷键（甲壳素和壳聚糖都属 β-型糖苷键）。区别糖苷键的构型主要方法如下：IR 谱图，一般 α-构型在 840 cm^{-1}，β-构型在 898 cm^{-1}；^{1}H NMR 谱，α-构型吡喃糖 C（1）质子的化学位移超过 5.0 ppm，而 β-构型则小于 5.0 ppm。

2.4.1.2　壳聚糖的结晶结构

1. 纯壳聚糖的结晶结构

壳聚糖大分子链上分布着许多羟基和氨基，还有一些残余的 N-乙酰胺基，它们会形成各种分子内和分子间的氢键。正因为这些氢键存在，才形成了壳聚糖大分子的二级结构（如 2_1 螺旋），这种构象有利于晶态形成，所以壳聚糖的结晶度较高，有很稳定的物理化学性质。但是由于从甲壳素脱乙酰的过程中原微纤结构已遭破坏，建立新的结晶结构依赖于制备样品的条件。所以壳聚糖结晶不再是甲壳素那样的 α-型、β-型和 γ-型三种异构体，而是与制备条件、水合程度等密切相关的多种类型，呈现多种多样的异构体。不同发现者给予不同系列的命名，已成为惯用名沿用至今。迄今报道的壳聚糖的主要结晶异构体归纳于表 2-14。

结晶结构解析必须用单轴取向样品（纤维或薄膜）。1937 年，Clark 和

Smith[86]从龙虾腱甲壳素经固体反应不均匀脱乙酰得到壳聚糖。龙虾腱的甲壳素微纤有天然的取向，用该样品进行 XRD [图 2-28(a)] 表征，确定是正交晶系（但也有可能是 $\gamma = 88°$ 的单斜晶系），$a = 0.89$ nm，$b = 1.70$ nm，$c = 1.025$ nm。他们根据壳聚糖的来源把这种结晶多型称为 Tendon 壳聚糖，Tendon 的原意就是"腱"。

直至 44 年后的 1981 年，Samuels[105]用壳聚糖的甲酸溶液制得了一种浇铸薄膜（溶剂挥发凝固，但未经碱中和，称 as-cast film），提出了一种正交晶系的晶胞模型，$a = 0.44$ nm，$b = 1.03$ nm，$c = 1.00$ nm，并命名为"Ⅰ型"；而把经碱中和（沉淀）的壳聚糖浇铸薄膜的结构命名为Ⅱ型。

1985 年，Sakurai 等发现前一种壳聚糖浇铸薄膜实际上是壳聚糖的甲酸盐，而不是纯壳聚糖[8]。Sakurai 等[7]报告了 I-2 和 L-2 两种结晶异构体，其中 L-2 与 Samuels 的Ⅱ型相同，虽然都是单斜晶系，但 γ-接近正交晶系的 90°。特别值得一提的是，L-2 是从液晶溶液制备的，其晶胞参数与通过极稀的溶液制得的单晶很接近。

1984 年，Ogawa[9]等研究了从 0.2 mol/L 乙酸溶液浇铸制得的壳聚糖薄膜样品，中和后在 95℃水中拉伸 300%，接着膜在高于 190℃的水中退火处理，而保持恒长。这种薄膜得到很明显的 X 射线衍射图 [图 2-28(b)]，说明它高度结晶。分析显示它是正交晶系，$a = 0.824$ nm，$b = 1.648$ nm，$c = 1.039$ nm。这和 Clark 和 Smith[86]报道的参数很接近。Ogawa 等[9]计算晶胞中含有 4 个链，是 Sakurai 等[7]发现的晶胞的两倍。晶胞中没有水分子，这是由于高温热处理的结果。Ogawa[106]等提出辨别壳聚糖是否含水的简便方法，即 X 射线衍射图 $2\theta = 10°$ 附近有衍射的结晶含水，$2\theta = 15°$ 附近有衍射的结晶不含水。

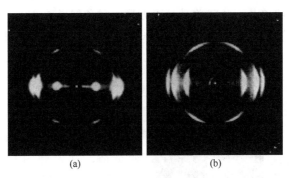

(a)　　　　　　　　(b)

图 2-28　壳聚糖的 X 射线纤维图

(a) Tendon；(b) Annealed

1987 年，Saito 等[70]根据蟹壳和虾壳壳聚糖的实验结果总结各种结晶异构体形成的规律，认为与相对分子质量有关。相对分子质量高的壳聚糖易形成 L-2

型，而相对分子质量低的壳聚糖易形成 tenden 型。然而 L-2 型或 tenden 型经
220℃热水处理，蟹壳壳聚糖会完全转变成 annealed 型，虾壳壳聚糖残存少量
L-2型。可见 annealed 型是能量最稳定的结构。

图 2-29 是晶格中分子链排列的一个例子。在 L-2 结晶的分子轴方向看过去
（ab 投影面内），每个晶格有两根分子链，沿 b 轴反平行排列。葡萄糖环的面基
本与 a 轴平行。壳聚糖的纤维轴（c 轴）重复周期也是 1.01～1.05 nm，相当于
两个葡萄糖单元，表明分子链是 2_1 螺旋构象 ［图 2-18(a)］。

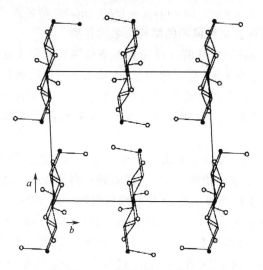

图 2-29　L-2 结晶的 ab 投影面[7]

1990 年，Cartier 等[12] 报道用平均聚合度只有 35 的壳聚糖的稀溶液在 125℃
制得壳聚糖的片状单晶。片状单晶呈正方形，对角线长 0.2～0.5 μm，片的厚度
大约是 12 nm，接近于壳聚糖的分子链长，分子链垂直于晶片表面，故表明没有
发生链折叠。图 2-30 是其 TEM 照片，右下角为电子衍射图[12]。

电子衍射研究显示晶胞是正交晶系，空间群 P2₁2₁2₁，$a = 0.807$ nm，$b = 0.844$ nm，$c = 1.034$ nm。晶胞中有两个链，这点和 Sakurai 等[7] 的结果（I-2 型和 L-2 型）相似。但总的来说单晶的晶体结构和 Ogawa 等[9] 的 Annealed 型很相近。Ogawa 等的 X 射线衍射图中，所有中等和强的衍射点在 Cartier 等的电子衍射图中都能观察到，

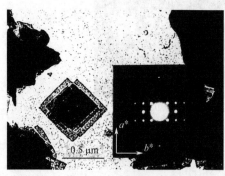

图 2-30　壳聚糖片状单晶的 TEM 照片
右下角为电子衍射图

电子衍射图中所有 60 个可见的衍射点都能说明。另外，晶胞都不含水分子。两者不同之处在于 c 轴的长度，Cartier 等的结果大约是 Ogawa 等的两倍。如果 Cartier 等的 $b=0.844$ nm 是正确的，那么 Ogawa 等报道的"晶胞"应是 2 个晶胞，包含 4 根链。Cartier 等假设的晶胞结构应该看作迄今最稳定的壳聚糖结构。

由甲壳素转变成壳聚糖时 a 值增大，归因于 N-乙酰基的离去。原来 N-乙酰基沿 a 轴方向，相邻链间形成氢键。转变成壳聚糖时链间氢键断裂，允许链在 a 轴方向离开远一些，相邻链间间距成为 0.89 nm，与纤维素 I（0.785 nm）和纤维素 II（0.980 nm）具有相似的链间距。纤维素的这两种结构在 a 轴方向上脱氧-D-葡萄糖残基间都没有链间氢键。

纯壳聚糖的结晶结构参数归纳于表 2-14，表中 N 为分子链数，Z 为葡萄糖单元数。壳聚糖的结晶度并不高，无论来源、天然或再生、脱乙酰度高低，壳聚糖的结晶度都在 30% ～ 35%。

表 2-14　纯壳聚糖的结晶多型

名称	晶系	a/nm	b/nm	c/nm	γ	N	Z	含水量	制备方法	数据来源
Tendon	正交	0.89	1.70	1.025	90°	4	8	1	1	Clark and Smith[86]
II 型	正交	0.44	1.00	1.030	90°	1	2	—	2	Samuels[105]
Annealed	正交	0.824	1.648	1.039	90°	4	8	0	3	Ogawa et al[9]
L-2	单斜	0.867	0.892	1.024	92.6°	2	4	1	4	Sakurai et al.[7]
I-2	单斜	0.837	1.164	1.030	99.2°	2	4	3	5	Sakurai et al.[7]
单晶	正交	0.807	0.844	1.034	90°	2	4	0	6	Cariter et al.[12]

注：制备方法：1. 从 α-甲壳素脱乙酰化（固体反应）；2. 用甲酸溶液铸膜，碱中和，100℃拉伸；3. 用乙酸溶液铸膜，碱中和，在 95℃水中拉伸至 300%，然后 200℃退火；4. 用 380 g/L 甲酸浓（液晶）溶液剪切取向，中和成膜；5. 用甲酸溶液铸膜，碱中和，97℃拉伸；6.125℃，从稀溶液中析出单晶。

2. 壳聚糖盐的结晶结构

壳聚糖的氨基极易与酸反应成盐。Sakurai 等[8] 报道了一系列壳聚糖的有机酸盐结晶的 XRD 曲线（图 2-31）。各种无机酸盐和有机酸盐结晶的结构参数列于表 2-15。

表 2-15　壳聚糖盐结晶的结构参数

名称	晶系	a/nm	b/nm	c/nm	γ	N	Z	含水量	数据来源
甲酸盐	正交	0.776	1.091	1.030	90°	2	4	—	Samuels[105]
乙酸盐	单斜	1.38	1.63	4.07	96.48°	—	—	—	Cairns et al[107]
丁酸盐	单斜	0.566	1.560	1.010	96.9°	2	4	—	Sakurai et al[8]
盐酸盐	单斜	1.381	1.633	4.073	96.46°	2	32	有一些	Ogawa et al[68]
HBr 酸盐	正交	1.187	1.472	1.042	90°	4	8	0	Ogawa et al[68]
HI 酸盐	单斜	1.258	1.488	1.045	102.27°	4	8	0	Ogawa et al[68]
硝酸盐	正交	1.118	1.640	1.040	90°	4	8	0	Ogawa et al[68]

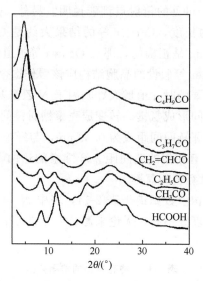

图 2-31　壳聚糖的有机酸盐结晶的 XRD 曲线[8]

2.4.1.3　甲壳素的模型物——甲壳二糖的晶体结构与结晶形貌

前述的甲壳素与壳聚糖的晶体结构基本上都是用纤维衍射得到的。众所周知，由于高分子的结构复杂性，再加上纤维衍射方法上的局限性，甲壳素与壳聚糖的晶胞参数难于得到精确的结果，不同研究者的结果总是有差别。只有制备足够大的宏观单晶（约 0.5 mm 以上），用 X 射线四元衍射仪（单晶 X 射线衍射仪）测定才能获得非常准确的数据。但可惜的是甲壳素与壳聚糖都难于制备大单晶，其单晶只能在电子显微镜下看到。

甲壳二糖（chitibiose）就不同，它是小分子，易于形成单晶。由于甲壳二糖是甲壳素的基本结构单元，因而甲壳二糖可以作为甲壳素的模型物用于晶体结构研究。1976 年，Mo 和 Jensen[108~109] 报道了甲壳二糖有 α- 和 β- 两种异构体。α-甲壳二糖为正交晶系，空间群为 $P2_12_12_1$，$a=1.1017$ nm，b=1.3066 nm，$c=1.3896$ nm，$N=2$，$Z=4$，含一分子水。β-甲壳二糖为单斜晶系，空间群为 $P2_1$，$a=1.1569$，$b=0.8920$，$c=1.1086$ nm，$\beta=99.00°$，$N=1$，$Z=2$，含三分子水。

董炎明等[110]制备了足够大的宏观单晶（图 2-32），利用 CCD 单晶 X 射线衍射仪获得 α-甲壳二糖的晶体结构，准确测得晶胞参数为：正交晶系，空间群为 $P2_12_12_1$，$a=1.0799$ (10)，$b=1.2895$ (13)，$c=1.3684$ (14) nm，$N=2$，$Z=4$，含一分子水。结果示于图 2-33。

图 2-32　α-甲壳二糖大单晶的显微镜照片

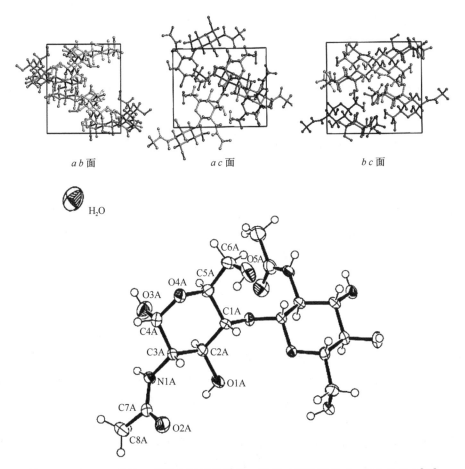

图 2-33　由 CCD 单晶 X 射线衍射仪确定的 α-甲壳二糖的结构式，左上角是水[111]

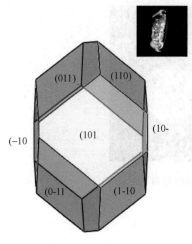

图 2-34　二糖单晶的惯态面的理论与
实际（右上角小图）的比较

董炎明等[110]进一步通过计算机模拟，研究了甲壳二糖单晶形貌与结构的关系。通过理论计算，获得计算机模拟的甲壳二糖单晶形貌。结果表明，甲壳二糖单晶主要由 {101}、{011}、{110} 这几个晶面族组成，其中又以 {101} 和 {011} 两个晶面族所占的晶面面积为最大。从结合能计算的结果表明，晶体生长时，这三个晶面族方向上的结合能较其他晶面族低，即该晶面的生长速率比较慢，最终晶面所占的晶体表面积比较大，从而成为晶体的惯态面（图 2-34）。利用甲壳二糖作为结构模型物，研究其单晶的惯态面、内部分子的排列方式及优势构象，可为进一步研究甲壳素及其衍生物的晶体结构、分子排列方式、优势构象、单晶的惯态面等提供参考和对照。

2.4.2　甲壳素/壳聚糖及其衍生物的结晶形态

人们熟知高聚物的单晶只有在特殊的条件下，即从极稀的溶液（0.01%～0.1%）缓慢结晶时生成的。而在浓溶液下结晶得到的是球晶等多晶聚集体。甲壳素和壳聚糖都是结晶性高分子，但一般是以微晶（微纤）的形式存在的，经特殊制备，可得到下述的各种结晶形态。

2.4.2.1　壳聚糖及其衍生物的常见结晶形态——球晶

球晶是线形合成高分子最常见的结晶形态，无论从熔体或从浓溶液都很易出现。但对于壳聚糖及其衍生物却不是那么容易产生，首先壳聚糖由于分子间强相互作用而不熔融，球晶只能在溶液中生长或用溶液浇铸成膜制备，受到浓度、温度、溶剂挥发速度等多因素的影响。图 2-35 是董炎明等报道的 O-氰乙基壳聚糖[111]、N-甲基壳聚糖[112]、N-乙基壳聚糖[113]、N-马来酰化壳聚糖[114]和壳聚糖胍等多种衍生物上出现的典型球晶形态。通常球晶数目很少，因而可以长得较大，直径常为数百微米，比一般合成高分子的球晶大。

图 2-35　几种壳聚糖衍生物的典型球晶形态的偏光显微镜照片

（a）O-氰乙基壳聚糖的球晶；（b）N-甲基壳聚糖的球晶；（c）N-乙基壳聚糖的球晶；

（d）N-马来酰化壳聚糖的球晶；（e）壳聚糖胍的球晶之一；（f）壳聚糖胍的球晶之二

2.4.2.2　甲壳素/壳聚糖及其衍生物的单晶

1. 甲壳素和壳聚糖的单晶

只有 Chenzy 的课题组报道过甲壳素和壳聚糖的单晶，即 1992 年报道了低相对分子质量甲壳素的针状晶体（图 2-24）[91]，平均长度为 3 μm；和 1990 年用聚合度为 35 的低聚壳聚糖的低浓度水溶液制备的方形片状单晶（图 2-30），对角线长 0.2～0.5 μm，厚度为 12 nm[12]。

2. 壳寡糖的单晶

一般单晶只有从极稀的溶液缓慢结晶时生成的。然而董炎明等[115]用聚合度为 4～5 的壳寡糖在浓溶液分别制得针状晶体和片状单晶。针状晶体的形貌与前述甲壳素的针状晶体（图 2-24）相似，而且针状晶体也倾向于集成束状。通过双折射符号可以推论分子链的方向不是针状晶体的轴向而是垂直方向，这点与前述甲壳素的针状晶体也相似。差别是壳寡糖的针状晶体的尺寸要大得多，浓度越低，针状晶体的尺寸越大，最大的长度约为 90 μm（图 2-36）[116]。

壳寡糖的片状单晶都在中部发生 180°的扭转[116]，而且只扭转一次（图 2-37）。这种扭转很像环带球晶中晶片的扭转。这种晶片的长度为数百微米，尺寸也比前述的壳聚糖单晶（图 2-30）大得多。

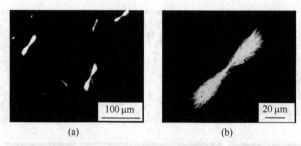

图 2-36　壳寡糖针状单晶的偏光显微镜照片，(b) 为 (a) 的细节[116]

图 2-37　壳寡糖的片状单晶（偏光显微镜照片）[116]

3. 壳聚糖衍生物的单晶

董炎明等从壳聚糖衍生物的浓溶液也得到单晶，有针状晶体和片状单晶 2 类。单晶尺寸很大，可以方便地用偏光显微镜进行观察。

（1）针状晶体。图 2-38 是 N-乙基壳聚糖的针状晶体，尺寸为 ~ 0.1 mm $\times \sim$ 3 μm $\times \sim 1$ μm，这一尺寸比 Persson[91] 报道的甲壳素晶体要大一个数量级以上。从晶体的端部可以看到实际上截面是长方形的，可以看成是很长的片状单晶。

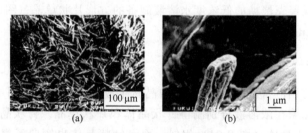

图 2-38　N-乙基壳聚糖针状晶体的 SEM 照片，(b) 为 (a) 的
细节[113]，可以见到长方形断面

（2）片状单晶。图 2-39(a) 是 N-甲基壳聚糖大片晶的 SEM 照片[112]，片晶堆砌在一起，典型的边长为 20 μm，晶片厚度约为 2 μm，和根据相对分子质量与键长键角计算的分子链平均长度一致，可以解释为在片晶中伸直链分子垂直于晶面排列，不发生折叠。图 2-39(b) 是 N-乙基壳聚糖的大的片状单晶[116]，它

是在球晶生成之后出现的,因而挂在球晶微纤的末梢上,单晶宽度 $25\sim55~\mu m$,长度 $100\sim800~\mu m$。图 2-39(c) 是 N-丙基壳聚糖片状单晶聚集体的偏光显微镜,单片单晶的最大尺寸约为 $0.1~mm$。O-氰乙基壳聚糖也观察到片状单晶作螺旋状堆砌的聚集体 [图 2-39(d)],单片晶体的尺寸小于 $100~\mu m$[111]。

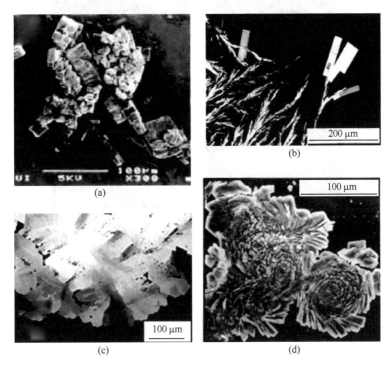

图 2-39　壳聚糖衍生物的片状晶体
(a) N-甲基壳聚糖的片状单晶 (SEM 照片);(b) N-乙基壳聚糖的片状单晶 (偏光显微镜照片);
(c) N-丙基壳聚糖片状单晶 (偏光显微镜照片);(d) O-氰乙基壳聚糖的片状单晶 (偏光显微镜照片)

　　在马来酰化壳聚糖和壳聚糖胍都观察到另一种大片晶形态,长度均为 $0.1\sim$ $1~mm$。从这两种衍生物的大片晶上均可分辨出晶带,大片晶由晶带横向堆砌而成,即晶带长度方向与大片晶长轴方向垂直,晶带长度基本相等,但有时会参差不齐,因而从大晶片边缘可以清楚地分辨出晶带。晶带的宽度约为 $2~\mu m$。图 2-40 是马来酰化壳聚糖的大片晶[114],也是生长在球晶微纤的末端上。图 2-41 是壳聚糖胍的片状单晶。在正交偏光显微镜插入石膏一级红波片检验后,说明是光学负性的,即片晶长轴方向的折射率较小,分子链不在这个方向上。

　　经测定上述这些大单晶(无论针状或片状,针状可以看成窄而长的片状)大都是光学负性的,即短轴(或晶带长轴)的折射率较大。较合理的解释是晶体为光学双轴,分子链轴垂直于片状晶体的表面,而片状晶体平面内分子链的平面与

图 2-40　马来酰化壳聚糖的片状单晶（偏光显微镜照片），
（b）为（a）的细节[114]

图 2-41　壳聚糖胍的片状单晶（偏光显微镜照片），
（b）为（a）的细节

晶带长轴平行，从而该方向折射率较大。这一结构示意于图 2-42。当晶带堆砌不齐时，会观察到图 2-40 和图 2-41 所示的结构。有时也观察到光学正性的针状或片状晶体，可以用分子链平面与晶带短轴平行来解释。

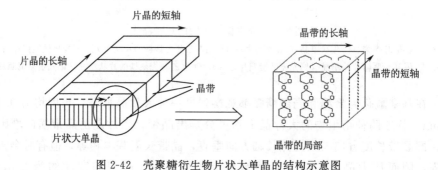

图 2-42　壳聚糖衍生物片状大单晶的结构示意图

2.4.2.3　壳聚糖的串晶

Cartier 等[12]以外加的纤维素微纤作为晶种，在与生长片状单晶的同样条件下得到很有趣的壳聚糖串晶（shish-kebab）。方形晶片串在纤维素的微纤上，就像羊肉串。晶片的边长取决于纤维素微纤的密度，较密时约为 0.05 μm

[图2-43(a)]，较稀时约为 0.4 μm[图2-43(b)]。壳聚糖与纤维素的分子链有共同的取向，显然壳聚糖与纤维素有相同的结构重复周期，它们的亲和性是很好的，纤维素是壳聚糖理想的晶核。

(a)　　　　　　　　　　　　　　　　　　(b)

图 2-43　壳聚糖串晶的 TEM 照片[12]

(a) 纤维素微纤较密时；(b) 纤维素微纤较稀时

2.4.3　壳聚糖及其衍生物的液晶态

液晶是介于液态和固态（晶态）之间的一种相态，又称"有序流体"。甲壳素类液晶多属溶致液晶，即高于一定浓度，低于一定温度时呈现各向异性相，即液晶相。

早期 Marchessault 等[117]就在甲壳素的悬浮液中观察到双折射，类似于人们熟知的烟草花叶病毒的液晶行为。1982 年，Ogura 等[118]等报道了壳聚糖、羟丙基壳聚糖和乙氧丙基壳聚糖在 10％乙酸溶液中能形成液晶相。1985～1990 年 Sakurai 等[7,119,120]研究了壳聚糖/甲酸液晶溶液的成膜性、膜的结晶结构以及壳聚糖/甲酸液晶溶液的纺丝，在壳聚糖膜和纤维中观察到典型的取向液晶态织构——条带织构。其液晶溶液的配制用的是浓缩法，费时且成本较高。

1988 年，Terbojevich 等[121]用光散射法测定了甲壳素在 DMAc-5％LiCl 中的链持久长度为 35 nm；1991 年，Terbojevich 等[122]用光散射法进一步测定了 DD 为 58％～85％的壳聚糖在 0.1 mol/L CH₃COOH＋0.2 mol/L NaCl 中的链持久长度为 22±2 nm，并证实了壳聚糖在浓溶液下形成液晶相。1993 年，Rout 等[123~125]报道了 3 个邻苯二甲酰化壳聚糖衍生物的液晶行为。1996 年，董炎明等[126]用偏光显微镜、折射率法、红外光谱法研究了壳聚糖形成液晶的临界浓度。2000 年，胡钟鸣等[127]研究了相对分子质量和脱乙酰度对壳聚糖/二氯乙酸液晶溶液临界浓度的影响。近年来董炎明等[128~142]相继研究了四十多种壳聚糖衍生物，它们几乎都有溶致液晶性。由于壳聚糖的衍生化途径很多，壳聚糖液晶性衍生物的数量也超过了经典的纤维素衍生物液晶的数目，成为品种最多的一类生物高分子液晶。

2.4.3.1 壳聚糖及其衍生物的液晶织构

与纤维素衍生物、DNA 等生物高分子一样，壳聚糖衍生物的液晶基本上都是胆甾相。所谓"胆甾相"是分子在层片内统一取向，层片周期性扭转，形成螺旋（图 2-44）。在正交偏光显微镜下，一些壳聚糖衍生物胆甾相呈现典型的指纹状液晶织构（图 2-45），这是由于层片与观察面正好垂直的结果。董炎明等用光固化交联的方法把这种织构固定下来，用电子显微镜和原子力显微镜进行了进一步研究（图 2-46）[143~145]。如果层片与观察面不垂直，则呈现所谓"平面织构"［图 2-47(a)］，观察到明显的双折射，这种织构更为常见。将壳聚糖衍生物液晶溶液剪切取向，会出现条带织构［图 2-47(b)］，是剪切松弛引起的结构变化，几乎所有高分子液晶都会发生，反过来也是液晶态存在的证据之一。在从各向同性溶液转变为液晶相的转变浓度区会出现所谓的滴状织构［图 2-47(c)］，这是由于孤立的液晶相受表面张力影响形成的。

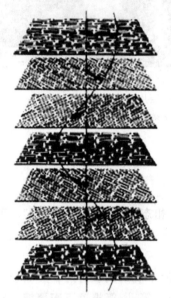

图 2-44　胆甾液晶相的层状结构示意图

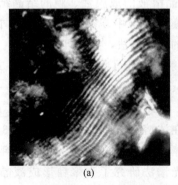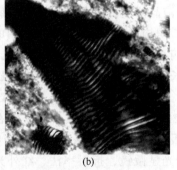

(a)	(b)

图 2-45　甲壳素和壳聚糖衍生物的典型指纹状织构

(a) 甲壳素在甲磺酸溶液中的指纹状织构的偏光显微镜照片；(b) 氰乙基壳聚糖在三氟乙酸中的指纹状织构的偏光显微镜照片[143]

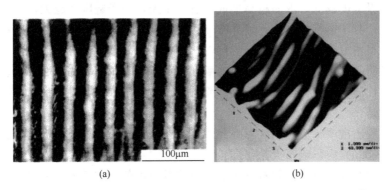

(a)　　　　　　　　　　　　　　　　(b)

图 2-46　壳聚糖/聚丙烯酸光固化复合膜中的固定下来的指纹状织构

（a）扫描电镜照片；（b）原子力显微镜照片[145]

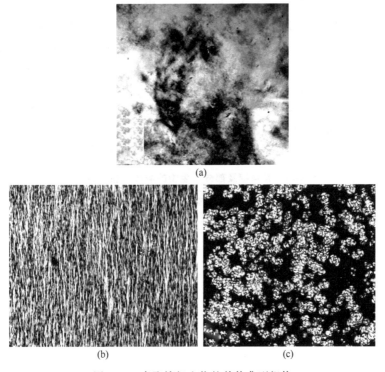

(a)

(b)　　　　　　　　　　　　　　　　(c)

图 2-47　壳聚糖衍生物的其他典型织构

（a）萘氨甲酰化壳聚糖的平面织构；（b）萘氨甲酰化壳聚糖的条带织构；（c）苯氨甲酰化壳聚糖的滴状织构

2.4.3.2　壳聚糖及其衍生物的液晶临界浓度

临界浓度是溶致液晶的一个最重要的物理参数，它反映物质形成溶致液晶的能力，临界浓度越低，液晶越易形成。总的来说，分子链刚性越大，临界浓度越低；相反，分子链刚性越小，临界浓度越高，甚至完全不能形成。壳聚糖能形成液晶相的根本原因就是其分子链的刚性。

董炎明等[128~142]详细研究了脱乙酰度、相对分子质量、侧基取代度、侧基长度、侧基性质和位置等因素对液晶临界浓度的影响，部分结果归纳列于表 2-16。主要规律是：

（1）脱乙酰度。脱乙酰度对临界浓度有一定影响，但在壳聚糖的常见 DD 范围（0.7~0.9）内影响不大。

（2）相对分子质量。相对分子质量对临界浓度的影响很大，相对分子质量越小，临界浓度越高。在壳聚糖的常见范围（几十万以上）内影响不显著，但在寡糖范围内则影响非常显著。这规律基本上符合根据蠕虫状链模型推导出的 KSO 理论，但当相对分子质量很低时，该理论不适用。实验表明，壳聚糖相对分子质量即使低至 662（相当于 4 糖）也能形成液晶相，而理论预期是不能形成的。

（3）侧基。侧基的多少影响很小，但侧基的长度和体积影响很大。柔性侧基越大，临界浓度越高。

（4）溶剂。经典的液晶理论（如 Flory 理论等）未考虑溶剂的影响，但实验结果表明溶剂有一定影响，特别是水和有机溶剂相比，在水中的临界浓度总是低很多，可能与大量氢键的形成和溶剂化有关。一般壳聚糖衍生物不能既溶于水又溶于有机溶剂，但从个别特殊的衍生物如 O-丙烯酰化壳聚糖能看到这点。

表 2-16　壳聚糖及部分衍生物的溶致液晶临界浓度

聚合物/溶剂	比较的因素	临界浓度(质量分数)/%	文献
壳聚糖/10%乙酸	DD=0.58,黏均相对分子质量=20×10⁴~120×10⁴	0.08~0.20	Terbojevich 等[123]
壳聚糖ᵃ/DCA	DD=0.710~0.891	0.10~0.11	胡钟鸣等[127]
	DD=0.998	0.10	
	DD=0.928	0.11	
	DD=0.814	0.14	
壳聚糖ᵇ/DCA	DD=0.642	0.16	董炎明等[129]
	DD=0.474	0.18	
	DD=0.375	0.19	
	DD=0.191	0.23	
	DD=0.076	0.21	
	DD=0.012	0.19	
	黏均相对分子质量=151×10⁴	0.11	
	黏均相对分子质量=73×10⁴	0.11	
壳聚糖ᶜ/DCA	黏均相对分子质量=52×10⁴	0.13	胡钟鸣等[127]
	黏均相对分子质量=41×10⁴	0.13	

续表

聚合物/溶剂	比较的因素	临界浓度(质量分数)/%	文献
	黏均相对分子质量=23×10⁴	0.14	
	黏均相对分子质量=13×10⁴	0.15	
	黏均相对分子质量=74.0×10⁴	0.08	董炎明等[130]
	黏均相对分子质量=34.9×10⁴	0.13	
	黏均相对分子质量=10.8×10⁴	0.27	
	黏均相对分子质量=7.86×10⁴	0.29	董炎明等[131]
壳聚糖ᵈ/甲酸	黏均相对分子质量=3.25×10⁴	0.32	
	黏均相对分子质量=1.57×10⁴	0.40	
	黏均相对分子质量=1.35×10⁴	0.44	
	质谱相对分子质量=0.43×10⁴	0.31～0.32	董炎明等[132]
	质谱相对分子质量=0.23×10⁴	0.35～0.36	
壳聚糖ᵈ/水	质谱相对分子质量=662	0.73	董炎明等[133]
	取代度=0.36	0.13	
O-氰乙基壳聚糖ᵉ/DCA	取代度=0.88	0.13	董炎明等[134]
	取代度=1.03	0.12	
	取代度=1.21	0.12	
	取代度=0.15	0.31	
	取代度=0.26	0.30	
N-乙基壳聚糖ᵉ/甲酸	取代度=0.47	0.31	董炎明等[135]
	取代度=0.72	0.31	
	取代度=0.81	0.30	
	总取代度=0.26	0.15	
	总取代度=0.42	0.15	
邻苯二甲酰化壳聚糖ᵉ/DCA	总取代度=0.85	0.15	董炎明等[136]
	总取代度=1.20	0.16	
	总取代度=1.60	0.16	
	总取代度=1.81	0.17	
N-甲基壳聚糖ᵉ/甲酸	侧基碳数=1,取代度=0.75	0.26	
N-乙基壳聚糖ᵉ/甲酸	侧基碳数=2,取代度=0.75	0.31	董炎明等[135]
N-丙基壳聚糖ᵉ/甲酸	侧基碳数=3,取代度=0.77	0.40	
N-丁基壳聚糖ᵉ/甲酸	侧基碳数=4,取代度=0.74	0.49	
乙酰化壳聚糖ᶠ/DCA	侧基碳数=2,取代度=1.10	0.15	
丙酰化壳聚糖ᶠ/DCA	侧基碳数=3,取代度=0.94	0.15	
丁酰化壳聚糖ᶠ/DCA	侧基碳数=4,取代度=0.44	0.15	董炎明等[137]
己酰化壳聚糖ᶠ/DCA	侧基碳数=6,取代度=0.91	0.17	
庚酰化壳聚糖ᶠ/DCA	侧基碳数=7,取代度=0.62	0.22	
	醚化度=0.2	0.21	
O-羟乙基壳聚糖ᵉ/甲酸	醚化度=2.5	0.24	董炎明等[138]
	醚化度=4.3	0.29	
	醚化度=5.4	0.34	

聚合物/溶剂	比较的因素	临界浓度(质量分数)/%	文献
	醚化度=0.6	0.12	
	醚化度=1.2	0.12	
	醚化度=2.6	0.15	
O-羟丙基壳聚糖[e]/DCA	醚化度=3.2	0.18	董炎明等[130]
	醚化度=4.7	0.20	
	醚化度=5.2	0.22	
	醚化度=6.0	0.33	
氰乙基羟丙基壳聚糖[e]/DCA	氰乙基取代度=1.0,羟丙基取代度=3.2,DD=0.84	0.17	董炎明等[139]
O-丙烯酰化壳聚糖/DMSO		0.48	
O-丙烯酰化壳聚糖/丙烯酸		0.45	
O-丙烯酰化壳聚糖/甲酸	取代度均为1.8,比较不同溶剂	0.44	董炎明等[140]
O-丙烯酰化壳聚糖/水		0.22	
O-苯甲酰化壳聚糖/DCA	DD=0.70,取代度未知	0.18	董炎明等[141]
N-苄基化壳聚糖[e]/DCA	取代度=0.2	0.09	董炎明等[142]

注:DCA 为二氯乙酸;

　　a. 壳聚糖黏均相对分子质量=160×10⁴;

　　b. 壳聚糖经三次脱乙酰得完全脱乙酰壳聚糖,再用乙酸酐乙酰化得不同 DD 的壳聚糖,黏均相对分子质量=28.2×10⁴~29.3×10⁴;

　　c. 壳聚糖的 DD 为 0.80~0.81;

　　d. 壳聚糖的 DD 在 0.73~0.86 范围内;

　　e. 壳聚糖原料 DD=0.84,黏均相对分子质量=74×10⁴;

　　f. 壳聚糖原料 DD=0.84,黏均相对分子质量=84.3×10⁴。

2.4.3.3　壳聚糖及其衍生物胆甾相的特殊性质

　　胆甾相有多种特殊的光学性质,例如:旋光性、旋光色散、选择光散射、圆双折射、圆偏光二向色性等。其中圆偏光二向色性(圆二色性)对于壳聚糖及其衍生物胆甾相的研究尤为重要,用于研究的方法是圆偏光二向色性谱(circular dichroism spectroscopy, CD 谱)。

　　平面偏振光可分解为相位相同、振幅绝对值相等、旋转方向相反的左旋和右旋两束圆偏振光。圆偏振光的左或右通常是相对于观测者而定,以电矢量的旋转是顺时针方向为右旋,反之为左旋。入射胆甾液晶的平面偏振光被分解为两种不同旋转方向的圆偏振光,相同旋转方向的圆偏振光被反射,相反方向的圆偏振光被透过(图 2-48)。左旋和右旋两束圆偏振光的摩尔吸光度不同,即 $\varepsilon_L \neq \varepsilon_R$,因此产生了"圆二色性"。CD 谱的纵坐标就是 $\varepsilon_L - \varepsilon_R$(单位:mdeg)。

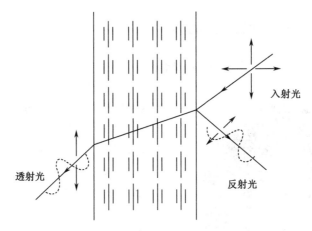

图 2-48　胆甾液晶圆偏光二向色性的原理

2003 年，董炎明等[146]用 CD 谱研究了浓度对壳聚糖衍生物胆甾相的螺旋行为的影响，观察到 N,O-苄基壳聚糖/二氧六环溶液（液晶临界浓度为 0.46）的浓度超过临界浓度后在可见光区出现相当宽的吸收峰。CD 峰值对应的胆甾相选择光反射波长随浓度的增大而移向较大的波长（红移）。接着用 CD 谱研究了邻苯二甲酰化壳聚糖/DMSO 胆甾相的螺旋方向（手性符号）会随浓度的增大而从左旋转变为右旋[147]，表现在 CD 谱（图 2-49）中波长约为 400 nm 的胆甾相选择光反射峰（浓度超过临界浓度 0.43 才出现）从正值反转为负值。董炎明等[148]提出用 CD 谱来测定壳聚糖衍生物（例如邻苯二甲酰化壳聚糖）胆甾液晶临界浓度，在刚达到临界浓度时，波长约为 400 nm 的峰常以 330 nm 锐峰（归属于螺旋构象）的肩峰的形式出现，相当灵敏。

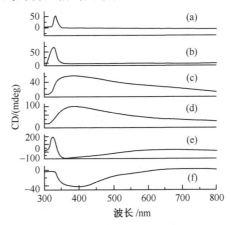

图 2-49　邻苯二甲酰化壳聚糖/DMSO 溶液（临界浓度为 43％）的 CD 谱图

浓度为：（a）25％；（b）40％；（c）45％；（d）50％；（e）55％；（f）60％

2.4.4　甲壳素与蛋白质的复合结构

甲壳素是低等动物骨骼组织中起增强作用的纤维成分。在甲壳类动物的外皮中甲壳素、蛋白质和 $CaCO_3$ 三者一起形成坚固的复合材料。在这些复合材料中甲壳素与本体形成规则的结构，这就是甲壳素的超分子结构。1980 年，Blackwell 和 Weih[149] 用广角 X 射线衍射（WAXD，图 2-50）揭示了在一种昆虫的外皮中甲壳素（含 15%）和蛋白质一种规则的复合结构。其中取向的直径约 2.8 nm 的 α-甲壳素链束（微纤）在中心，周围是 6 个蛋白质亚结构单元绕甲壳素微纤螺旋形排列，形成螺距为 3.06 nm 的 6_1 螺旋形棒状超分子结构（图 2-51）。

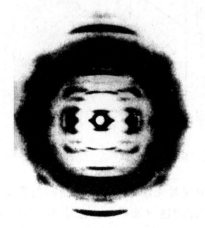

图 2-50　甲壳素/蛋白质复合体的广角衍射

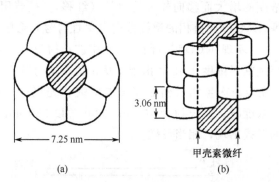

(a)　　　　　　　　　　　(b)

图 2-51　甲壳素/蛋白质复合体的结构示意图
(a) 断面图；(b) 投影

2.5　甲壳素/壳聚糖的重要物理性质和指标

2.5.1　壳聚糖的玻璃化转变

玻璃化转变温度（T_g）是高分子的一个重要特性参数，是高聚物从玻璃态转变为高弹态的温度，即链段开始运动的温度。由于壳聚糖存在大量的分子间和分子内氢键，熔点高于分解温度而无法检测，因而 T_g 是壳聚糖唯一重要的主转变，又称 α-松弛。

由于壳聚糖存在很强的分子间和分子内相互作用，其玻璃化转变温度较高；而且由于玻璃化转变是非晶部分的链段运动引起的，壳聚糖的高结晶度使 T_g 的测定变得很困难。用一般的技术测不到 T_g。1980 年 Ogura 等[150]和 1991 年 Pizzoli 等[151]用动态力学热分析法（DMA）升温至 180℃，报道壳聚糖的 T_g 为 150℃。1997 年，Ko 等[152]用 DMA 报道 tanδ 曲线上 161℃处的峰值可归属为壳聚糖的 α-松弛。2000 年，Sakurai 等[153]利用差示扫描量热法（DSC）二次扫描测得壳聚糖的 T_g 是 203℃，并用 DMA 技术加以印证。2001 年，Ahn 等[154]采用 DMA 报道 161℃为 α-松弛，60℃为水引起的 β-松弛。这些文献报道的主要有两个值：150～160℃和 203℃，这两个数值相差甚远。

2004 年，董炎明等[155]采用 DSC、DMA、热释电流法（TSC）和热膨胀法（DIL）4 种方法对壳聚糖（脱乙酰度为 91%，黏均相对分子质量为 4.5×10^5）的玻璃化转变做了详细的研究，同时观察到壳聚糖在 140℃和 200℃两个温度附近发生分子转变，并证明 140℃附近的转变是壳聚糖的 T_g，但 200℃附近的转变不是 T_g，而可能是液-液转变（$T_{l,l}$）。

直接测定未经处理的壳聚糖样品是得不到有意义的结果的，因为结晶会使 T_g 测不到。必须首先制备非晶样品，如用溶解再沉淀法制备壳聚糖膜，然后用壳聚糖膜做以下各种测定。

2.5.1.1　差示扫描量热法（DSC）

由于高分子在玻璃化转变前后热容不同，在 DSC 谱图上会出现一个阶跃式突变，所以差示扫描量热法（DSC）可用来测定高分子的玻璃化转变温度。T_g 的取值方法一般是把 DSC 谱图上转变前和转变后的基线延长，两线中点的切线与前基线延长线相交点为 T_g。

图 2-52 是壳聚糖膜淬火前后的 DSC 升温曲线[155]。从壳聚糖膜的第一次 DSC 升温曲线［图 2-52(a)］可观察到，100℃处出现一个溶剂挥发的吸热峰，这一吸热峰掩盖了壳聚糖的玻璃化转变。为消除溶剂对玻璃化转变行为研究的影响，采用 DSC 法时，壳聚糖膜需进行预处理，即扫描两次。由于壳聚糖热分解发生在 250℃左右，所以在 N_2 气氛下先从室温升温至 190℃以除去溶剂并消除每个试样的热历史，然后淬火，再由室温加热至 250℃测得淬火后 DSC 的升温曲线［图 2-52(b)］。这一次在 140℃处热容开始发生突变，基线向吸热方向移动，曲线出现一个突跃式台阶。尽管基线突变还不十分明显，但已可用于测定。

针对 DSC 对玻璃化转变温度测试的不灵敏性，用退火的方法可以克服这一困难。物理老化后的试样在 DSC 的升温曲线［图 2-53 的曲线（a）］上会出现一个明显的热熔吸热峰，该峰出现在玻璃化转变的尾端，有助于壳聚糖玻璃化转变温度的确定。对物理老化条件的研究表明，合适的条件是100℃，8 h（图2-54）。对不同DD的壳聚糖的进一步研究结果说明，脱乙酰度对壳聚糖的T_g没有显著影响，脱乙酰度从46%变化到100%，T_g都在140℃左右。

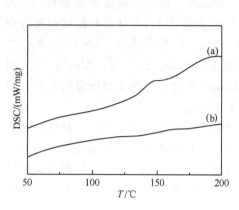

图2-52　壳聚糖薄膜试样物理老化前后的 DSC 曲线对比[155]

（a）100℃物理老化 8h 后；（b）物理老化前

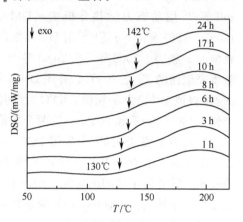

图2-53　壳聚糖薄膜试样 100 ℃物理老化不同时间后的 DSC 曲线[155]

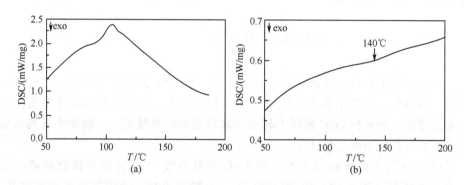

图2-54　壳聚糖膜淬火前后的 DSC 升温曲线[156]

（a）第一次升温曲线；（b）第二次升温曲线

2.5.1.2　动态力学热分析法（DMA）

　　壳聚糖的性能是其分子运动的反映，当运动单元的运动状态不同时，物质就表现出不同的宏观性能。动态力学热分析中，材料中每一种分子运动单元运动状态的转变（包括主转变与次级转变），都会在内耗-温度曲线上有明显的反映。所以，

DMA 法比 DSC 法对壳聚糖的分子运动的测试更为灵敏，深受研究者们的青睐。

在 DMA 法中，通过改变温度以改变链段及其他运动单元运动的松弛时间，从而得到壳聚糖膜在固定频率（例如 1 Hz）下动态力学性能随温度的变化的谱图，即动态力学性能温度谱（图 2-55）。由图可知，储能模量-温度曲线上分别在 85℃和 140℃出现两个小台阶，在 197℃处开始急剧下降。同时在损耗模量和 tanδ～T 曲线上出现相对应的三个峰，当温度高于 197℃时，tanδ 急剧上升，趋于无穷大。80℃附近的次级松弛主要是由水等溶剂引发的。对于 140 ℃附近的转变的归属的看法不完全一致。多数认为是玻璃化转变（即主转变 α 松弛），但也有认为壳聚糖的玻璃化转变发生在分解温度附近（约 200℃），而 140℃附近的转变应归属于 β 松弛。结合 DSC、DIL 和 TSC 实验，董炎明等[155]认为 140℃附近是玻璃化转变，不是 β 转变，而 200℃附近是另一种性质的分子运动，即液-液转变（$T_{l,l}$）。

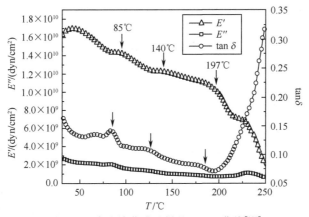

图 2-55　壳聚糖薄膜试样的 DMA 曲线[155]

液-液转变是 1950 年首先在聚苯乙烯和聚氯乙烯中发现的。1976 年，Gillham 和 Boyer[156]做了全面总结，认为这是一种从一种液态到另一种液态的整链运动，没有相变而具有松弛特征，称为 $T_{l,l}$ 转变或松弛。这是由于液态 l_1（有人称为"固定流体"）的整链运动受到周围高分子链的限制，经过 $T_{l,l}$ 转变消除这种限制达到真正能流动的液态 l_2。$T_{l,l}$ 是非晶态高聚物的最高转变温度。所以认为壳聚糖膜在 200 ℃附近的转变可能是液-液转变（$T_{l,l}$）。

$$\text{玻璃态（g）} \xleftarrow{T_g} \text{"固定流体"（}l_1\text{）} \xrightarrow{T_{l,l}} \text{真正液态（}l_2\text{）}$$

2.5.1.3　热膨胀法（DIL）

由于壳聚糖膜在玻璃态和高弹态的自由体积占有分数不同，热膨胀系数不同，所以可以采用热膨胀法研究壳聚糖的分子转变。在壳聚糖膜的 DIL 谱图（图2-56）中，壳聚糖膜的热膨胀系数在82℃和150℃有明显变化，这是因为在升温过程中，由于溶剂的挥发，还有分子内自由体积的变化，导致热膨胀系数先后发生了两次改变，后者对应于玻璃化转变。

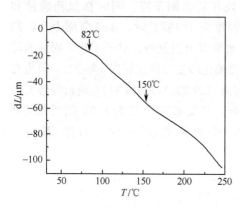 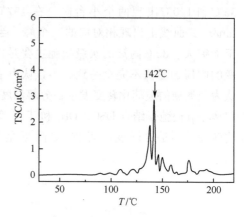

图 2-56　壳聚糖薄膜试样的 DIL 曲线[155]　　　图 2-57　壳聚糖薄膜试样的 TSC 曲线[155]

2.5.1.4　热释电流法（TSC）

在研究高聚物松弛和转变的方法中，热释电流法是一种较新的方法，所用的仪器较为简单，灵敏度较高。将壳聚糖膜置于 500 V 高压直流电场中，在100℃下进行极化，继而保持外电场，迅速冻结极化电荷；最后撤去外电场，获得半永久性驻留极化电荷的介电体，即壳聚糖驻极体。加热壳聚糖驻极体，激发其内部的分子运动，束缚的极化电荷就被释放出来，即热释电流。将热释电流对加热温度作图可得热释电流谱图（TSC 图），如图 2-57 所示，壳聚糖在 130℃附近开始出现电流峰，并在 142℃达到最大值，这表明壳聚糖分子在这一温度范围内发生转变，从而引发其物理性能的变化。

2.5.2　甲壳素/壳聚糖的溶解性

2.5.2.1　甲壳素的溶解性

由于甲壳素分子间存在强烈的氢键相互作用，所以它不溶于水和低浓度的酸碱，也不溶于一般有机溶剂。不溶解性是甲壳素应用中的主要困难。

1975 年，Capozza[157] 报道了六氟异丙醇和六氟丙酮的 1.5 水合物是甲壳素的溶剂，并分别从 2.0％甲壳素/六氟异丙醇溶液和 1.4％甲壳素/六氟丙酮溶液中制备了薄膜。虽然迄今它们的应用报道很少，但在一些特殊的制备中仍有用。同年 Austin[158,159] 发现氯代醇与无机酸水溶液或有机酸的混合物是溶解甲壳素有效的体系。无论甲壳素是天然的、再沉淀的粉末或不同的晶型（α-甲壳素或 β-甲壳素）都能溶解。这些溶剂体系在室温或不太高的温度下能很快溶解甲壳素，所得到的甲壳素溶液的黏度较低，甲壳素的降解过程也相对较慢。可用的氯代醇包括 2-氯乙醇、1-氯-2-丙醇、2-氯-1-丙醇和 3-氯-1,2-丙二醇。一些商品氯代醇混合物也可使用。当然最常用的是 2-氯乙醇。

甲壳素能溶于 HCl、H_2SO_4、H_3PO_4 或 HNO_3 中，但甲壳素都会严重降解。有人将甲壳素溶解在浓 HNO_3 中后观察到黏度随时间降低，但不伴随脱乙酰度的改变。如果这些无机酸与 2-氯乙醇混合使用，无机酸在氯代醇中会降低离子化程度，从而增加了甲壳素溶液的稳定性。例如，12 份 2-氯乙醇和 16 份 73％ H_2SO_4 混合缓慢加热到 2-氯乙醇的沸点以下，混合液能溶解 1 份甲壳素，给出相当低黏度的溶液。高浓度而同时低黏度有利于应用。向此溶液加入水、甲醇或氨水可沉淀出甲壳素。β-甲壳素能溶于无水甲酸（98％～100％），但不溶于一般市售的 88％的甲酸。α-甲壳素不溶于无水甲酸，但加入很少量的氯代醇能使 α-甲壳素溶于甲酸。

Austin 等[160] 对甲壳素在各种溶剂中的溶解度做深入研究的基础上，成功制得了 LiCl 和甲壳素乙酰胺基的配合物。这种配合物能溶解于二甲基乙酰胺、二甲基甲酰胺或 N-甲基-2-吡咯烷酮中。这种溶剂称为 LiCl/DMAc、LiCl/DMF 或 LiCl/MP 混合溶剂，对纤维素和其他 β（1,4）葡聚糖也是溶剂[161]。很长一段时间以来 LiCl/DMAc 混合溶剂（典型组成含 5％无水 LiCl）一直是甲壳素最重要的溶剂。它对甲壳素无降解作用，是一种优良的溶剂，可用于纺丝和制膜。

其他溶剂还有饱和 $CaCl_2 \cdot 2H_2O$/甲醇体系、二氯乙酸、三氟乙酸和硫氰酸锂的饱和溶液等。溶度参数相近原则是高分子选择溶剂的一个重要依据，Austin 等[162] 列出了一些甲壳素溶剂的溶度参数 δ 值（表 2-17），它们都在 22.0～24.7 $(J/cm^3)^{1/2}$ 的范围内，可以推测甲壳素本身的溶度参数也在这一范围内。

表 2-17　一些甲壳素溶剂的溶度参数 δ $(J/cm^3)^{1/2}$

溶剂	δ
LiCl/DMAc	22.0
LiCl/MP	23.1
甲酸	24.5
二氯乙酸	24.3
三氯乙酸	22.4

大量研究表明，冷冻下高浓度碱处理固态甲壳素十分有效。甲壳素首先被分散在浓 NaOH 溶液中并在室温保持 3 h 或更长时间，然后在 0℃的碎冰中冷却得到碱性甲壳素。用碱性甲壳素可制备机械性能良好的薄膜。得到的这种碱性甲壳素是无定型的，在某些条件下，能够直接溶于水。这种现象是因为在碱性条件下降低了相对分子质量

并起到脱乙酰化的作用。研究表明要得到水溶性的甲壳素，其脱乙酰度必须达到50%左右，并猜测乙酰基有可能规则地沿分子链排布，从而防止在强碱性介质中分子链的二级结构被破坏。

最近，杜予民等报道了采用纤维素的新溶剂 NaOH/尿素水相体系[163] 溶解甲壳素，确定了合适的溶解条件为：8% NaOH/4% 尿素水溶液，冷冻温度为−20℃[164]。表 2-18 列出了通过黏度法得到的甲壳素在一些溶剂体系中的 Mark-Houwink 方程的 k 和 a 参数实验值[165,166]。在表中提到了的 dn/dc 值是通过光散射得到的。这些参数可用来测定甲壳素的相对分子质量。

表 2-18　甲壳素的 Mark-Houwink 参数

溶剂	$K/(mL/g)$	a	$T/℃$	dn/dc
2.77 mol/L NaOH	0.1	0.68	20	0.145
5%LiCl/DMAc	7.6×10^{-3}	0.95	30	0.091
5%LiCl/DMAc	0.24	0.69	25	0.1

2.5.2.2　壳聚糖的溶解性

壳聚糖不溶于水、碱及一般的有机溶剂中。但能溶于很多稀的无机酸或有机酸中，如盐酸、甲酸、乙酸、柠檬酸、乙二酸、丙二酸、丁二酸、乳酸、丙酮酸、水杨酸、丙烯酸、酒石酸、苹果酸和抗坏血酸等等。酸性水溶液的浓度一般小于 10%。溶于酸性水溶液后变成半透明的黏稠液体。

壳聚糖在酸性水溶液中溶解的原理是氨基的质子化。酸中的 H^+ 与壳聚糖分子链上的—NH_2 形成阳离子—NH_3^+ 而溶于水。通常在 1% 或 0.1 mol/L 的乙酸水溶液中测试壳聚糖的溶解性。酸的浓度不能太低。所需质子的浓度至少要等于所有—NH_2 的浓度[64]。另一方面，太浓的酸性溶液反而不易溶解，因为溶解过程中酸的电离需要水。

壳聚糖的溶解过程与普通合成高分子的溶解过程类似，都比较慢，通常要搅拌过夜。溶解的第一步是溶胀，由于高分子难以摆脱分子间相互作用而在溶剂中扩散，所以第一步总是体积较小的溶剂分子先扩散入高分子中使之胀大。对于线形高分子，由溶胀会逐渐变为溶解。这些过程都需要时间，加热、超声波处理等能加速溶解。但更有效的方法是：

（1）反复冷冻（−18℃左右）和融化。溶胀入壳聚糖分子链间的水分子结冰时体积增加，破坏分子间相互作用力。

（2）加入尿素。尿素的分子体积不大，能进入溶胀的壳聚糖分子链间。尿素的两个酰胺基团极易与壳聚糖形成氢键，代替原壳聚糖分子链间的氢键，从而促进溶解。

（3）与甲壳素类似，用 NaOH 反应形成碱化壳聚糖，能溶胀和溶解。这是壳聚糖进行化学反应前常用的预溶胀法。

壳聚糖的溶解性主要与脱乙酰度、相对分子质量和酸的种类以及酸的离子化程度等因素有密切关系。

（1）脱乙酰度。DD 在 45％以下的壳聚糖不溶于稀酸溶液；均相条件制备的 DD 在 45％～55％的壳聚糖能直接溶于纯水；DD 为 55％～80％的壳聚糖在稀酸溶液中溶解困难；DD 为 80％以上的则较易溶于稀乙酸溶液中。显然，DD 越高，壳聚糖的氨基离子化程度就越高，因而越容易溶解。而 DD 在 50％左右且乙酰基无规分布是一种特殊的结构，此时分子链上统计嵌段序列是最短的，类似于合成高分子的无规共聚。这种链没有规整性，难于结晶，溶解时无需克服结晶能这部分额外的能量，因而能直接溶于水。这是高分子的微结构对溶解性起重要作用的一个典型例子。

由于普通商品壳聚糖的脱乙酰化通常是固相反应，DD 和相对分子质量都存在分布，因而先溶解的总是 DD 高和相对分子质量低的部分，最后很难溶的是 DD 低和相对分子质量高的部分。普通商品壳聚糖溶解时可能就有一小部分不溶的沉淀物而需要过滤。

（2）相对分子质量。壳聚糖溶解性不仅依赖于其平均脱乙酰度以及乙酰基在分子链上的分布，还取决于相对分子质量[21,27,167]。相对分子质量较大的壳聚糖中分子链有更多的缠结，分子间总的氢键作用也较强，从而导致溶解度较小，溶解速度较慢。相对分子质量低于 8000 的壳聚糖（已属低聚糖或寡糖）能直接溶于纯水，而不必有酸的作用。

（3）酸的种类和酸的离子化程度。虽然壳聚糖溶于大部分稀酸溶液，但不能一概地说壳聚糖溶于稀酸。事实上，壳聚糖不溶于稀硫酸或稀磷酸。壳聚糖在乙酸和盐酸溶液中的质子化作用的研究表明，离子化程度取决于酸的 pH 和 pK。脱乙酰度较低的壳聚糖的溶液的平均离子化程度 α 在 0.5 左右。对 HCl 来说，$\alpha=0.5$ 就是 pH 为 4.5～5。溶解性还依赖于离子强度，盐酸过量时可能析出壳聚糖的盐酸盐。壳聚糖盐酸盐和乙酸盐能够直接溶于水中得到 $pK_0=6\pm0.1$ 酸性溶液。利用外推法得到质子化程度的 α 值为 0，因此壳聚糖在 pH 小于 6 时发生溶解。

壳聚糖溶液的黏度也取决于以上因素。DD 和相对分子质量越大，黏度越大。而离子化程度对黏度的影响比较复杂，壳聚糖溶液表现典型的聚电解质的溶液性质，而与一般的溶液性质不同。这里以两个浓度（壳聚糖的浓度和酸的浓度）分别讨论：

（1）如果壳聚糖的浓度不变，酸的浓度增加，黏度降低。壳聚糖的溶解过程，先是质子与壳聚糖分子链上的游离—NH_2 不断地结合，全部形成阳离子—NH_3^+。当溶液中剩余的质子不多时，即溶液的离子强度很低时，壳聚糖分子链上的—NH_3^+ 基团因正电荷同性相斥而使壳聚糖分子链舒展，分子链有效体积增大，体系黏度达最大。如果增加酸的用量，将出现质子剩余过多，即溶液的离子强度增强。这时溶液中的酸根阴离子（抗衡离子）的数量也会更多，它们在阳离子周围聚集，降低了正电荷间的排斥作用，从而使壳聚糖分子链趋于卷曲，分子链有效体积减少，降低了体系的黏度。

（2）如果酸的浓度不变（酸都不过量时），黏度在壳聚糖某一浓度出现最低值，较高或较低都会增大，同样也是正电荷同性相斥效应的结果。在黏度测定或黏度法测定相对分子质量时，为了避免聚电解质（NaCl、乙酸钠等）的特殊溶液行为，需加入盐类强电解质。由于大量抗衡离子的存在，壳聚糖分子链上的—NH_3^+ 基团被包围，就不会有正电荷同性相斥效应，壳聚糖溶液的黏度性质就回归正常。

事实上，溶解性是很难控制的，除了上述主要因素外，分子链远程结构和聚集态结构也会影响溶解性能。如纯化和烘干的条件不同，导致结晶度和结晶形态不同，结晶完善程度不同，内部分子链间形成氢键的类型和数目的不同，也是必须要考虑的。

除酸性溶剂外，还曾报道过一些特殊溶剂体系。Allan 等[168]报道了 1 g 壳聚糖在 50 mL 二甲基甲酰胺中，外加 N_2O_4（其量为壳聚糖的 3 倍）能 100%溶解。这种溶剂体系甲壳素也能溶 5%。另有报道，在室温下壳聚糖能溶于磷酸甘油酯得到稳定的溶液，加热至 40 ℃左右成胶状。凝胶化的转变是部分可逆的。

最近张所波等[169]报道了用离子液体溶解甲壳素和壳聚糖。所谓"离子液体"（ionic liquid）是由带正电的离子和带负电的离子构成，它在 −100℃～200℃之间均呈液体状态稳定存在。与典型的有机溶剂不一样，在离子液体里没有电中性的分子，100%是阴离子和阳离子，因而离子液体一般不会成为蒸汽，所以在应用过程中不会产生对大气造成污染的有害气体，离子液体被称为绿色溶剂，是近年研究的热点。离子液体使用方便，特别是可以反复多次使用。张所波等所用的离子液体是 1,3-二烷基咪唑的鎓盐（结构见图 2-58）和 $AlCl_3$ 的混合物（后者的摩尔分数为 0.65）[170,171]，简称（bmim）Cl-$AlCl_3$，其中（bmim）+ 是

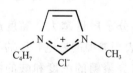

图 2-58　1,3-二烷基咪唑的鎓盐的结构式

1,3-二烷基咪唑的鎓离子（阳离子）。溶解步骤是：预先将上述离子液体在 100℃真空烘箱中干燥 48 h。在 110℃和 N_2 下将甲壳素或壳聚糖粉末加到装有 10 g 离子液体的 50 mL 带搅拌的三颈瓶中，每次只加 1%（质量分数）粉末，用 5 h 配成 10%（质量分数）的甲壳素或壳聚糖溶液。所得甲壳素溶液是透明和黏稠的、

壳聚糖溶液是半透明和黏稠的。用甲醇可以再生出甲壳素或壳聚糖。

2.5.3 甲壳素/壳聚糖中不纯物的测定

2.5.3.1 甲壳素/壳聚糖的水分测定

将称量瓶置于烘箱内，保持 110℃干燥 1 h，取出后放干燥器中冷却至室温（约 0.5 h），用分析天平称量备用。在称量瓶中精密称量（准确到 0.0001 g）2 g 左右样品，将称量瓶放至干燥箱中，在 105℃烘（约 2 h）至恒重为止。

$$水分 \% = (M_1 - M_2) \times 100\%/(M_1 - M_0) \qquad (2\text{-}24)$$

式中：M_1 为样品干燥前质量，g；M_2 为样品干燥后质量，g；M_0 为已恒重的空称量瓶质量，g。

值得指出的是，这里所测水分是物理吸附的水，壳聚糖结晶中含结晶水（如表 2-14 所示），结晶水在烘箱的温度下是去不掉的。有条件的话，水分的测定可以用热分析仪器，准确、快速而且用样品量很少。图 2-59 是用热重法（TG 或 TGA）在空气下测定蟹壳壳聚糖的谱图，其中 DTG 是 TG 曲线的微分，从 DTG 直接可以得到失重最快时的温度，相应于分解温度。从图 2-59 可看到，壳聚糖在 104℃、277℃和 524℃分三步失重，TG 曲线有三个台阶而 DTG 曲线有三个放热峰。第一步失重对应于失水、第二步和第三步是壳聚糖分子链的热氧分解直至完全烧蚀，剩余重量应是烧不掉的 “灰分”。如果测定气氛是 N_2，由于有机分子链的热分解后残余的碳不能进一步氧化成 CO_2 跑掉，会有较多的残重。热重法中样品在分解温度下实际停留时间很短，因而与化学分析方法比较，水分的测定值偏低，而灰分值偏高。

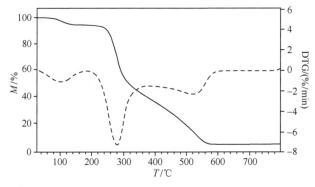

图 2-59 壳聚糖的热重谱图

实线是 TG，虚线是 DTG。升温速度为 10℃/min，气氛为空气

2.5.3.2　甲壳素/壳聚糖的灰分测定

将瓷坩埚用 HCl（1：4）溶液煮沸 10 min，洗净，放到 500～600℃马弗炉中灼烧 0.5 h。待炉温降到 200℃以下，取出坩埚，置干燥器中，冷却 0.5 h，称重，准确到 0.0001 g。精确称取样品 1～2 g 于坩埚内，300℃灼烧 2 h 使其完全炭化，再将马弗炉温度升至 600℃烘 2 h，使全部变成白灰，关闭电源，冷却到 200℃，取出置干燥器冷却 0.5 h 后称重，再置马弗炉灼烧 1 h，如此反复直至前后质量不超过 0.2 mg 为止。按下式计算灰分含量

$$灰分 = (M_2 - M_0) \times 100\% / (M_1 - M_0) \tag{2-25}$$

式中：M_1 为坩埚加样品的质量，g；M_2 为坩埚加灰分的质量，g；M_0 为灼烧至恒重时的空坩埚质量，g。

2.5.3.3　甲壳素/壳聚糖的重金属含量测定

食品级和医药级的甲壳素/壳聚糖对重金属和有害元素含量有严格的限制。需要测定的主要元素有 Pb、Hg、As，化学测定方法参见蒋挺大的专著[172,173]。微量或痕量元素的测定还可以用仪器方法，更为快速、简便、准确。等离子发射光谱（ICPS）、原子吸收光谱（AAS）、原子发射光谱（AES）和原子荧光光谱（AFS）等方法都可以使用。

翁棣[174]研究了冷原子荧光法测定甲壳素中痕量 Hg 的工作条件。样品风干后在 2 mol/L HNO$_3$＋4 mol/L HCl 体系中以 V$_2$O$_5$ 为催化剂消解 1 h，上清液中的 Hg 被 SnCl$_2$ 还原后用冷原子荧光法于 253.7 nm 测定。在以 10% SnCl$_2$ 为还原剂时，线性范围 0～2.0 ng/mL，$r=0.9997$，检出限为 0.05 ng/mL，相对标准偏差为 2.5%，平均回收率在 86.3%～110%。

Cd 也是对人体有害的元素之一，由于环境污染等因素，作为甲壳素来源的动物体内往往会有镉蓄留。另外，在由甲壳素脱乙酰基制备壳聚糖过程中，也可能有沾污。因此，对壳聚糖中 Cd 的残留检测具有重要意义。翁棣[175]取充分混匀的壳聚糖干粉 0.2000 g 于铂坩埚中，依次加入 1 mL Pd 溶液、1 mL HF 和 2 mL HClO$_4$ 混匀，放在电热板上缓慢蒸干至无白烟，取下冷却，加 2 mL HNO$_3$ 溶解残渣，用高纯水定容至 50 mL 容量瓶中，然后应用石墨炉原子吸收法对壳聚糖中的痕量 Cd 进行了测定。以 HF-HClO$_4$ 体系消化试样，用 Pd(NO$_3$)$_2$ 作基本改进剂，灰化温度 1000℃，原子化温度 2200℃。本法相对标准偏差为 2.8%，回收率在 97.0%～106.3%之间。

参 考 文 献

[1] 董炎明，张海良. 高分子科学教程. 北京：科学出版社，2004，1

[2] Meyer K H，Mark H. Über den aufbau des chitins. Chemische Berichte，1928，61：1936～1939

[3] Rudall K M. The chitin/protein complexes of insect cuticles. Adv Insect Physiol，1963，1：257～312

[4] Ruiz-Herrera J. In proceedings of the first international con. ference. MIT Sea Grant Program Report MITSG 78-7，1978，11～21

[5] Mima S，Miya M，Iwamoto R et al. Highly deacetylate chitosan and its properties. J Appl Polym Sci，1983，28（6）：1909～1917

[6] Sakurai K，Takagi M，Takahashi T. Crystal structure of chitosan Ⅰ. Unit cell parameters. Sen-i Gakkaishi，1984，40：T-246～253

[7] Sakurai K，Shibano T，Kimura K et al. Crystal structure of chitosan Ⅱ. Molecular packing in unit cell of crystal. Sen-i Gakkaishi，1985，41：T-361～368

[8] Sakurai K，Shibano T，Takahashi T. Effects of acidic solvents and chemical treatments on crystal structure of chitosan. Mem Fac Eng Fukui Univ，1985，33：71～91

[9] Ogawa K，Hirano S，Miyanishi T et al. A new polymorph of chitosan. Macromolecules，1984，17（4）：973～975

[10] Pearson F G，Marchessault R H，Liang C Y. Infrared spectra of crystalline polysaccharides Ⅴ. Chitin. J Polym Sci，1960，43（141）：101～116

[11] 董炎明，王勉，吴玉松等. 壳聚糖衍生物的红外光谱分析. 纤维素科学与技术，2001，9（2）：42～56

[12] Cartier N，Domard A，Chanzy H. Single crystals of chitosan. Int J Biol Macromol，1990，12（5）：289～294

[13] Buléon A，Chanzy H. Single crystals of cellulose Ⅷ：preparation and properties. J Polym Sci Polym Phys Ed，1980，18：1209～1217

[14] Nieduszynski I，Marchessault R H. The Crystalline structure of poly-β-D-(1→4′)mannose：Mannan Ⅰ. Can J Chem，1972，50（13）：2130～2138

[15] Tanner S F，Chanzy H，Vincendon M et al. High-resolution solid-state carbon-13 nuclear magnetic resonance study of chitin. Macromolecules，1990，23（15）：3576～3583

[16] Brugnerotto J，Desbrieres J，Heux L et al. Overview on structural characterization of chitosan molecules in relation with their behavior in solution. Macromol Symp，2001，168：1～20

[17] 櫻井謙資. キチン、キトサンハンドブック.（キチン、キトサン研究会編）. 東京：技報堂出版，1995，146

[18] Hirai A，Odani H，Nakajima A. Determination of degree of deacetylation of chitosan by ¹H NMR spectroscopy. Polym Bull，1991，26：87～94

[19] 蒋挺大. 甲壳素. 北京：中国环境科学出版社，1996，4

[20] 汪志君. 碱量法测定壳聚糖的氨基. 化学世界，1986（1）：20～22

[21] Broussignac P. Chitosan，a natural polymer not well known by the industry. Chim Ind Genie Chim，1968，99：1241～1247

[22] Alonso J G，Peniche-Covas C，Neito J M. Determination of the degree of acetylation of chitin and chitosan by thermal analysis. J Therm Anal，1983，28（1）：189～193

[23] Raymond L，Morin F G，Marchessault R H. Degree of deacetylation of chitosan using conductometric

titration and solid-state NMR. Carbohydr Res, 1993, 246 (1): 331～336

[24] Aiba S. Studies on chitosan: Ⅰ. Determination of the degree of *N*-acetylation of chitosan by ultraviolet spectrophotometry and gel permeation chromatography. Int J Biol Macromol, 1986, 8 (3): 173～176

[25] Hirano S, Tsuneyasu S, Kondo Y. Heterogeneous distribution of amino groups in partially *N*-acetylated derivatives of chitosan. Agric Biol Chem, 1981, 45 (6): 1335～1339

[26] Pelletier A, Lemire I, Sygush J et al. Chitin/chitosan transformation by thermo-mechano-chemical treatment including characterization by enzymatic depolymerization. Biotechnol Bioeng, 1990, 36 (3): 310～315

[27] Niola F, Basora N, Chornet E et al. A rapid method for the determination of the degree of *N*-acetylation of chitin-chitosan samples by acid hydrolysis and HPLC. Carbohydr Res, 1993, 238: 1～9

[28] Neugebauer W A, Neugebauer E, Brezezinski R. Determination of the degree of *N*-acetylation of chitin-chitosan with picric acid. Carbohydr Res, 1989, 189: 363～367

[29] 王伟, 薄淑琴, 秦汶. 壳聚糖折光指数增量的研究. 应用化学, 1991, 8 (2): 56～59

[30] 杜上鉴, 路彦, 岳淑媛等. 紫外光谱法测定甲壳素的脱乙酰化值. 应用化学, 1994, 11(2): 108～109

[31] Rathke T D, Hudson S M. Determination of the degree of *N*-deacetylation in chitin and chitosan as well as their monomer sugar ratios by near infrared spectroscopy. J Polym Sci Part A Polym Chem, 1993, 31 (3): 749～753

[32] 刘大胜, 姚评佳, 魏远安等. 近红外光谱法快速测定甲壳素和壳聚糖的脱乙酰度. 青岛: 中国甲壳素及其衍生物学术研讨会论文集, 2007, 94～97

[33] 陈振宁, 郭慎满. 碱量法测定壳聚糖中氨基方法的改进. 化学通报, 1990, (10): 42～43

[34] 陈盛, 陈祥旭, 黄丽梅. 甲壳素脱乙酰度方法及测定比较. 化学世界, 1996, (8): 419～422

[35] 柯火仲, 陈庆绸. 线性法电位滴定壳聚糖. 化学通报, 1990, (10): 44～45

[36] 况伟, 刘志伟. 线性电位滴定法测定壳聚糖的脱乙酰度. 广州化工, 2006, 34 (2): 49～51

[37] 贾之慎, 李奇彪. 双突跃电位滴定法测壳聚糖脱乙酰度. 化学世界, 2001, (5): 240～241

[38] Muzzarelli R A A, Tanfani F et al. The degree of acetylation of chitin by gas chromatography and infrared spectroscopy. J Biochem Bioph Methods, 1980, 2: 299～306

[39] 王伟, 李素清, 秦汶. 胶体滴定法测壳聚糖的氨基含量. 日用化学工业, 1989, (2): 36～38

[40] 陈浩凡, 潘仕荣, 胡瑜等. 胶体滴定测定羧甲基壳聚糖的取代度. 分析测试学报, 2003, 22(6): 70～73

[41] 林瑞洵, 蒋苏洪, 张幕珊. 脱乙酰度测定方法. 化学通报, 1992, (3): 39～42

[42] Struszczyk M H, Ratajska M, Boryniec S et al. The determination of the degree of *N*-acetylation of chitosan, in: H. Struszczyk (ed.), Progress in the Chemistry and Application of Chitin and its Derivatives (Proc. 3rd Workshop of the Polish Chitin Society, Poznan, Oct. 15. -16. 10. 1997). Lodz: Polish Chitin Society, 1997, 28～50

[43] Sannan T, Kurita K, Ogura K et al. Studies on chitin: Ⅶ. IR spectroscopic determination of degree of deacetylation. Polymer, 1978, 19: 458～459

[44] Miya M, Iwamoto R, Yoshikawa S et al. IR spectroscopic determination of CONH content in highly deacylated chitosan. Int J Biol Macromol, 1980, 2 (5): 323～324

[45] Moure G K, Roberts G A F. Determination of the degree of *N*-acetylation of chitosan. Int J Biol Macromol, 1980, 2 (2): 115～116

[46] Shigemasa Y, Matsuura H, Sashiwa H et al. Evaluation of different absorbance ratios from infrared

spectroscopy for analyzing the degree of deacetylation in chitin. Int J Biol Macromol, 1996, 18 (3): 237~242

[47] Ferreira M C, Duarte M L, Marvǎo M R et al. FT-IR speceroscopy as a tool to determine the degree of N-deacetylation of β-chitin/chitosan from loligo pen. in Proceedings of Third Asia-Pacific Chitin and Chitosan Symposium, Keelung, 1998: 123~128

[48] Ferreira M C, Duarte M L, Marvǎo M R. Determination of the degree of acetylation of chitosan by FT-IR spectroscopy: KBr discs vs films. in Proceedings of Third Asia-Pacific Chitin and Chitosan Symposium, Keelung, 1998: 129~133

[49] Baxter A, Dillon M, Taylor K D A et al. Improved method for IR determination of the degree of N-acetylation of chitosan. Int J Biol Macromol, 1992, 14 (3): 166~169

[50] Nah J W, Jang M K. Spectroscopic characterization and preparation of low molecular, water-soluble chitosan with free-amine group by nobel method. J Polym Sci Part A Polym Chem, 2002, 40 (21): 3796~3803

[51] Morimoto M, Shigemasa Y. Characterization and bioactivities of chitin and chitosan regulated their degree of deacetylation. Kobunshi Ronbunshu, 1997, 54 (10): 621-631

[52] 朱岩, 刘明. 红外光谱法定性分析壳聚糖脱乙酰化度的大小. 荆门职业技术学院学报, 1999, 14 (3): 21~23

[53] 孙琳, 江渊. 万方. 用红外光谱测定壳聚糖的 N-脱乙酰基度的探讨. 纺织科学研究, 1993, (3): 9~12

[54] Julian G D, George A F R. Evaluation of infrared spectroscopic techniques for analyzing chitosan. Makromol Chem, 1985, 186 (8): 1671~1677

[55] Sabnis S, Block L H. Improved infrared spectroscopic method for the analysis of degree of N-deacetylation of chitosan. Polym Bull, 1997, 39: 67~71

[56] 董炎明, 许聪义, 汪剑炜等. 红外光谱法测定 N-酰化壳聚糖的取代度. 中国科学 (B 辑), 2001, 31 (2): 153~160

[57] Heux L, Brugnerotto J, Desbrieres J et al. Solid state NMR for determination of degree of acetylation of chitin and chitosan. Biomacromolecules, 2000, 1 (4): 746~751

[58] 张广明, 刘宏民, 姬小明等. 紫外分光光度法测甲壳素的脱乙酰度. 郑州大学学报 (自然科学版), 1999, 31 (4): 65~68

[59] Muzzarelli R A A, Rocchetti R. Determination of the degree of acetylation of chitosans by first derivative ultraviolet spectrophotometry. Carbohydr Polym, 1985, 5 (6): 461~472

[60] 刘长霞, 陈国华, 孙明昆等. 多波长线性回归-紫外分光光度法测定壳聚糖的脱乙酰度. 青岛海洋大学学报, 2003, 33 (1): 148~154

[61] 郑昌仁. 高聚物相对分子质量及其分布. 北京: 化学工业出版社, 1986, 70

[62] Muzzarelli R A A, Lough C, Emanuelli M. The molecular weight of chitosans studied by laser light-scattering. Carbohydr Res, 1987, 164: 433~442

[63] Maghami G G, Roberts G. A. Evaluation of the viscometric constants for chitosan. Makromol Chem, 1988, 189: 195~200

[64] Vasudevan T K, Ran V S R. Preferred conformations and flexibility of aminoacyl side chain of penicillins. Int J Biol Macromol, 1982, 4 (6): 347~351

[65] 王伟, 薄淑琴, 秦汶. 不同脱乙酰度壳聚糖 Mark-Houwink 方程的订定. 中国科学 B 辑, 1990,

(11)：1126~1131

[66] 董炎明，黄训亭，赵雅青等. 甲壳素类液晶高分子研究——低分子量壳聚糖溶致液晶性及分子量对液晶临界浓度的影响. 高分子学报，2006，(1)：16~20

[67] 何曼君，陈维孝，董西侠. 高分子物理. 上海：复旦大学出版社，1990，57

[68] Ogawa K，Inukai S. X-ray diffraction study of sulfuric，nitric，and halogen acid salts of chitosan. Carbohydr Res，1987，160：425~433

[69] 小川宏藏. キチン、キトサンの応用.（キチン、キトサン研究会編）. 东京：技报堂出版，1990，1

[70] Saito H，Tabeta R，Ogawa K. High-resolution solid-state carbon-13 NMR study of chitosan and its salts with acids：conformational characterization of polymorphs and helical structures as viewed from the conformation-dependent carbon-13 chemical shifts. Macromolecules，1987，20 (10)：2424~2430

[71] Saito H，Tabeta R，Ogawa K. Conformations of chitosan，its metal complexes，and acid salts revealed by high-resolution solid-state ^{13}C NMR，in Industrial Polysaccharides，Genetic Engineering，Structure/Property Relations and Application，ed. Yalpani M，Amsterdam：Elsevier Science Publishers，1987：267

[72] Meyer K H，Pankow G W. Sur la constitution et la structure de la chitine. Helv Chem Acta，1935，18：589~598

[73] Carlström D. The crystal structure of α-chitin（poly-N-acetyl-D-glucosamine）. J Biophys Biochem Cytol，1957，3：669~683

[74] Walton A G，Blackwell J. Biopolymers. New York：Academic Press，1973，467

[75] Gonell H W. Röntgenographische studien an chitin. Hoppe-Seyler' s Zeit. Physiol Chem，1926，152：18~30

[76] Darmon S E，Rudall K M. Infrared and X-ray studies of chitin. Disc. Faraday Soc，1950，9：251~260

[77] Pearson F G，Marchessault R H，Liang C Y. Infrared spectra of crystalline polysaccharides. J Polym Sci，1960，43：101~116

[78] Ramakrishnan C，Prasad N. Rigid body refinement and conformation of α-chitin. Biochem. Biophys Acta，1972，261：123~135

[79] Muzzarelli R A A. Chitin. Oxford：Pergamon Press，1977，51~55

[80] 董炎明. 高分子分析手册. 北京：中国石化出版社，2004，542

[81] Marchessault R H，Sarko A. X-ray structure of polysaccharides. Adv. Carb. Chem，1967，22：421~482

[82] Dweltz N E. The structure of chitin. Biochim Biophys Acta，1960，44：416~435

[83] Minke R，Blackwell J. The structure of α-chitin. J Mol Biol，1978，120：167~181

[84] Gardner K H，Blackwell J. Refinement of the structure of β-chitin. Biopolymers，1975，14：1581~1595

[85] Rudall K M. The distribution of collagen and chitin. Symp Soc Exp Biol N9. Fibrous Proteins and their Biological Significance，1955，49~71

[86] Clark G. L，Smith A F. X-ray diffraction studies of chitin，chitosan，and derivatives. J Phys Chem，1937，40：863~879

[87] Hermans P H，de Booys J，Maan C J. Form and mobility of cellulose molecules. Kolloid-Zeit，1943，102：169~180

[88] Hermans P H. Physics and Chemistry of cellulose fibres. Amsterdam: Elsevier, 1949, 13

[89] Haleem M A, Parker K D. X-ray diffraction studies on the structure of α-chitin. Z. Naturforsch, 1976, 31c: 383~388

[90] Lotmar W, Picken L E R. A new crystallographic modification of chitin and its distribution. Experientia, 1950, 6: 58~59

[91] Persson J E, Domard A, Chenzy H. Single crystals of α-chitin. Int J Biol Macromol, 1992, 14 (4): 221~224

[92] Dweltz N E. The structure of β-chitin. Biophys Acta, 1961, 51: 283~294

[93] Blackwell J, Parker K D, Rudall K M. Chitin fibers of the diatoms Thalassiosira fluviatilis and Cyclotella cryptica. J Mol Biol, 1967, 28: 383~385

[94] Dweltz N E, Colvin J R, McInnes A G. Chitan {β- (1→4) -linked 2-acetamido-2-deoxy-D-glucan} fibers of the diatom Thalassiosira fluviatilis 3. The structure of chitan from X-ray diffraction and electron microscope observations. Can J Chem, 1968, 46: 1513~1521

[95] Blackwell J. Structure of β-chitin or parallel chain systems of poly-β-(1→4)-N-acetyl-D-glucosamine. Biopolymers, 1969, 7: 281~289

[96] Manley R St J. Crystals of Cellulose. Nature, 1961, 189: 390~391

[97] Marchessault R H, Morehead F F, Walter N M et al. Morphology of xylan single crystals. J Polym Sci, 1961, 51: S66~S68

[98] Rudall K M. Regular folds in protein and polysaccharide chains. Sci Basis Medicine Ann Rev, 1962: 203~214

[99] Blackwell J. The structures of cellulose and chitin. Biomol Struct Conform Funct Evol Proc Int Symp, 1978, (1): 523~535

[100] Rudall K M, Kenchington W. The chitin system. Biol Rev, 1973, 49: 597~636

[101] Ranby B G, Noe R W J. Crystallization of cellulose and cellulose derivatives from dilute solution I. Growth of single crystals. J Polym Sci, 1961, 51: 337~347

[102] Rudall K M. Conformation in chitin-protein complexes. Conformation of Biopolymers. Ramachandran G N (ed.). New York: Academic Press, 1967, 1: 751

[103] Vincendon M, Roux J C, Chanzy H et al. In chitin and chitosan. Skjak-Braek G, Anthonsen T, Sandford P (eds). London: Elsevier, 1989, 437

[104] Ogawa K, Okamura K, Hirano S. Ultrastructure of chitin in the cuticles of a crab shell examined by scanning electron microscopy and X-ray diffraction. Proc of the 2nd Int Conf on Chitin and Chitosan, Japan: Sapporo, 1982, 87~92

[105] Samuels R J. Solid state characterization of the structure of chitosan films. J Polym Sci Polym Phys Ed, 1981, 19: 1081~1105

[106] Ogawa K. Effect of heating an aqueous suspension of chitosan on the crystallinity and polymorphs. Agric Biol Chem, 1991, 55 (9): 2375~2379

[107] Cairns P, Miles M J, Morris V J et al. X-ray fibre diffraction studies of chitosan and chitosan gels. Carbohydr Res, 1992, 235: 23~28

[108] Mo F, Jensen L H. The crystal structure of a β- (1→4) linked disaccharide, αN, N′-diacetylchitobiose monohydrate. Acta Cryst, 1978, 34, 1562~1569

[109] Muzzarelli R A A. Chitin. Oxford: Pergamon Press, 1977, 45

[110] 杨柳林，董炎明. 中国化学会第五届甲壳素化学生物学与应用技术研讨会论文集. 2006，584

[111] Dong Y，Yuan Q，Wu Y et al. Crystalline morphology developing from cholesteric mesophase in cyanoethyl chitosan solution. Polym J，2000，32（4）：326～329

[112] Dong Y，Sakurai K，Wu Y et al. Multiple crystalline morphologies of N-alkyl chitosans in formic acid. Polym Bull，2002，49：189～195

[113] Dong Y，Sakurai K，Wu Y et al. Spherulite morphology studies of N-alkyl chitosan films cast from formic acid solutions. J Polym Sci Polym Phys Ed，2003，41：2033～2038

[114] 王惠武，董炎明，赵雅青等. N-马来酰化壳聚糖的结晶形态. 厦门大学学报（自然科学版），2004，43（6）：824～827

[115] Dong Y，Zhao Y，Huang X et al. Crystalline morphologies of polydispersive chitooligosaccharides from concentrated solution. Asian Chitin J，2005，1（1）：57～68

[116] 董炎明，毛微，赵雅青等. 从浓溶液制备 N-乙基壳聚糖的片状单晶. 商丘师范学院学报，2004，20（2）：1～4

[117] Marchessault R H，Morehead F F，Walter N M. Liquid crystal systems from fibrillar polysaccharides. Nature，1959，184：632～633

[118] Ogura K，Kanamoto T，Sannan T et al. Liquid cristalline phases based on chitosan and its derivatives. Japan：Chitin chitosan Proceeding Int Conf 2nd Tottori，1982，39～44

[119] Sakurai K，Takahashi T. Bended structure and crystal structure in chitosan prepared from oriented lyotropic liquid crystalline solution. Sen-i Gakkaishi，1988，44（3）：149～151

[120] Sakurai K，Miyata M，Takahashi T. Fiber structure and tensile property of chitosan fiber spun from lyotropic liquid crystalline solution. Sen-i Gakkaishi，1990，46（2）：79～81

[121] Terbojevich M，Carraro C，Cosani A et al. Solution studies of the chitin-lithium chloride-N，N-dimethylacetamide system. Carbohydr Res，1988，180（1）：73～86

[122] Terbojevich M，Cosani A，Conio G et al. Chitosan：chain rigidity and mesophase formation. Carbohydr Res，1991，209：251～260

[123] Rout D K. Pulapura S K，Gross R A. Liquid-crystalline characteristics of site-selectively-modified chitosan. Macromolecules，1993，26（22）：5999～6006

[124] Rout D K，Pulapura S K，Gross R A. Gel-sol transition and thermotropic behavior of a chitosan derivative in lyotropic solution. Macromolecules，1993，26（22）：6007～6010

[125] Rout D K，Barman S P，Pulapura S K et al. Cholesteric mesophases formed by the modified biological macromolecule 3，6-O-（butyl carbamate）-N-phthaloyl chitosan. Macromolecules，1994，27（11）：2945～2950

[126] 董炎明，张璟. 壳聚糖的液晶行为研究. 高等学校化学学报，1996，17（6）：973～977

[127] 胡钟鸣，李瑞霞，吴大诚等. 壳聚糖在二氯乙酸中的溶致液晶性. 高分子学报，2000，（1）：46～49

[128] 董炎明，汪剑炜，袁清. 甲壳素——一类新的液晶性多糖. 化学进展，1999，11（4）：416～428

[129] Dong Y，Xu C，Wang J et al. Influence of degree of deacetylation on critical concentration of chitosan/dichloroacetic acid liquid-crystalline solution. J Appl Polym. Sci，2002，83：1204～1208

[130] Dong Y，WuY，Wang J et al. Influence of degree of molar etherification on critical liquid crystal behavior of hydroxypropyl chitosan. Eur Polym J，2001，37：1713～1720

[131] Dong Y，Qiu W，Ruan Y et al. Influence of molecular weight on critical concentration of chitosan/formic acid liquid crystal solution. Polym J，2001，33（5）：387～389

[132] Dong Y，Wang H，Zheng W et al. Liquid crystalline behaviour of chitooligosaccharides. Carbohydr Polym，2004，57 (3)：235～240

[133] Dong Y，Li Z. Lyotropic liquid crystalline behavior of five chitosan derivatives. Chinese Journal of Polymer Science，1999，17 (1)：65～70

[134] Dong Y，Yuan Q，WuY et al. Studies on the effect of substitution degree on the liquid crystalline behavior of cyanoethyl chitosan. J Appl Polym Sci，2000，76：2057～2061

[135] Wu Y，Dong Y，Chen L et al. Studies on lyotropic liquid-crystalline N-alkyl chitosans in formic acid. Macromol Biosci，2002，2 (3)：131～134

[136] 董炎明，吴玉松，王勉. 邻苯二甲酰化壳聚糖的合成与溶致液晶表征. 物理化学学报，2002，18 (7)：636～639

[137] 董炎明，汪剑炜，梅雪峰等. 甲壳素类液晶高分子的研究. 高分子学报，1999，(6)：668～673

[138] 董炎明，吴玉松，王勉. 甲壳素类液晶高分子的研究 V. 取代基个数及长度对羟乙基壳聚糖液晶性的综合影响. 高分子学报，2001，(2)：172～176

[139] 董炎明，袁清，肖滋兰等. 氰乙基羟丙基壳聚糖的溶致和热致液晶性研究. 高等学校化学学报，1999，20 (1)：140～145

[140] Dong Y，Mao W，Wang H et al. Measurement of critical concentration for mesophase formation of chitosan derivatives in both aqueous and organic solutions. Polym Int，2006，55，1444～1449

[141] 董炎明，李志强. 苯甲酸壳聚糖——一种新液晶性高分子的合成与表征. 高分子材料科学与工程，1999，15 (6)：161～163

[142] 董炎明，吴玉松，王勉. N-苄基壳聚糖的合成和液晶性表征. 厦门大学学报 (自然科学版)，2001，40 (1)：63～67

[143] Dong Y，Yuan Q，Huang Y et al. Texture and disclinations in cholesteric liquid crystalline phase of cyanoethyl chitosan solution. J Polym Sci Polym Phys Ed，2000，38：980～986

[144] Dong Y，Yuan Q，Wu Y et al. Fine structure in cholesteric fingerprint texture observed by scanning electron microscopy. Polym Bull，2000，44：85～91

[145] Dong Y，WuY，Mian W et al. Cholesteric liquid crystalline character on the surface of chitosan/polyacrylic acid composites. Chin J Polym Sci，2001，19：247～253

[146] 董炎明，吴玉松，阮永红等. 甲壳素类液晶高分子的研究，Ⅶ. N，O-苄基壳聚糖的胆甾螺旋行为. 高分子学报，2003，(4)：509～512

[147] Dong Y，Wu Y，Zhao Y et al. Change of handedness in cholesteric liquid crystalline phase for N-phthaloylchitosan solutions in organic solvents. Carbohydr Res，2003，338 (16)：1699～1705

[148] 赵雅青，董炎明，毛微等. 甲壳素类液晶高分子的研究，用 CD 谱研究 N-邻苯二甲酰化壳聚糖溶致胆甾相的形成临界浓度. 高分子学报，2005，(5)：731～735

[149] Blackwell J，Weih M A. Chitin，chitosan，and related enzymes. Zikakis ed，Oriando：Academic Press，1984，327

[150] Ogura K，Kanamoto T，Itoh M et al. Dynamic mechanical behavior of chitin and chitosan. Polym Bull，1980，2：301～304

[151] Pizzoli M，Ceccorulli G，Scandola M. Molecular motions of chitosan in the solid state. Carbohydr Res，1991，222：205～213

[152] Ko M J，Jo W H，Lee S C et al. Phase behavior chitosan/polyamide 6 blend. Proceeding of the Fourth Asian Textile，1997，95～102

[153] Sakurai K，Maegawa T，Takahashi T．Glass transition temperature of chitosan and miscibility of chitosan/poly (N-vinyl pyrrolidone) blends．Polymer，2000，41 (19)：7051~7056

[154] Ahn J S，Choi H K，Cho C S．A novel mucoadhesive polymer prepared by template polymerization of acrylic acid in the presence of chitosan．Biomaterials，2001，22 (9)：923~928

[155] Dong Y，Ruan Y，Wang H et al．Studies on glass transition temperature of chitosan with four techniques．J Appl Polym Sci，2004，93 (4)：1553~1558

[156] Gillham J K，Boyer R F．Investigation of the T_{II} ($>T_g$) transition in amorphous polysyrene by torsional braid analysis．Soc Plast Eng Tech Paper，1976，22：570~573

[157] Capozza R C．Enzymically decomposable biodegradable pharmaceutical carrier．Ger Pat，2505305，1975

[158] Austin P R．Purification of chitin．U．S．Patent 3879377，1975

[159] Austin P R．Solvents and purification of chitin．U．S．Patent 3892731，1975

[160] Austin P R，Brine C J，Castle J E et al．Chitin：New facets of research．Science，1981，212：749~753

[161] Kaifu K，Nishi N，Komai T．Preparation of hexanoyl，decanoyl，and dodecanoyl (chitin)．J Polym Sci Polym Chem Ed，1981，19：2361~2363

[162] Austin P R．"Chitin solvents and solubility parameters," in J P Zikakis，ed．Chitin，chitosan and related enzymes．Orlando：Academic Press，1984，227~238

[163] 郑化，杜予民，周金平等．纤维素/甲壳素共混膜的结构表征与抗凝血性能．高分子学报，2002，(4)：525~529

[164] 胡先文，杜予民，汤玉峰．中国化学会第五届甲壳素化学生物学与应用技术研讨会论文集，南京：2006，445

[165] Muzzarelli R A A，Tanfani F，Emanuelli M J et al．N- (carboxymethylidene) chitosans and N-(carboxymethyl) chitosans：Novel chelating polyampholytes obtained from chitosan glyoxylate．Carbohydr Res，1982，107 (2)：199~214

[166] Muzzarelli R A A．Natural chelating polymers．New York：Pergamon，1973，83

[167] 倪红，杨艳燕，阎达中．溶剂对壳聚糖黏度及 Mark-Houwink 方程参数的影响．化学世界，2003，44 (8)：416~418

[168] Allan G G，Johnson P G，Lay Y Z et al．Solubility and reactivity of marine polymers in dimethylformamide dinitrogen tetroxide．Chem Ind，1971，127~129

[169] Xie H，Zhang S，Li S．Chitin and chitosan dissolved in ionic liquids as reversible sorbents of CO_2．Green Chem，2006，8：630~633

[170] Wilkes J S，Levisky J A，Wilson R A et al．Dialkylimidazolium chloroaluminate melts：a new class of room-temperature inoic liquids for electrochemistry，spectroscopy，and synthesis．Inorg Chem，1982，21：1263~1264

[171] Dyson P J，Grossel M C，Srinivasan N．Organometallic systhesis in ambient temperature chliroaluminate (Ⅲ) ionic liquids．Ligand exchange reactions of ferrocene．J Chem Soc，Dalton Trans，1997：3465~3469

[172] 蒋挺大．壳聚糖．北京：化学工业出版社，2001，91

[173] 蒋挺大．甲壳素．北京：化学工业出版社，2003，258

[174] 翁棣．冷原子荧光法测定甲壳素中的痕量汞．广东微量元素科学，2003，10 (8)：66~68

[175] 翁棣．石墨炉原子吸收法测定壳聚糖中的痕量镉．广东微量元素科学，2003，10 (9)：53~55

第3章 甲壳素/壳聚糖降解产物

3.1 引　言

甲壳素/壳聚糖由于具有良好的生物相容性和可降解性，在诸多领域得到了广泛的应用。但是甲壳素/壳聚糖相对分子质量大，不能直接溶于水，在人体内也不易被吸收。因而在医药和农业等领域的应用受到一定限制。随着研究的深入，人们发现壳聚糖经水解生成的低聚合度的葡胺糖具有独特的生理活性和功能性质。与壳聚糖大分子相比，低聚壳聚糖具有独特的性质。①水溶性：当壳聚糖被降解后，其相对分子质量较低，分子间的氢键作用随之减弱。链长度和分子构象的变化使壳聚糖在水溶液中的无序程度增加，从而改善了水溶性；②吸湿保湿性：低聚壳聚糖分子中有—NH_2 和—OH 等极性基团的存在，在改善水溶性的同时，也具有更好的吸湿保湿功能；③抑菌功能：研究证明壳聚糖的抑菌作用随着壳聚糖相对分子质量的降低而逐渐增强，相对分子质量为 1500 左右时低聚壳聚糖的抗菌效果最好[1]。相对分子质量低于 10 000 的低聚壳聚糖，在人体肠道内可活化增殖双歧杆菌，提高巨噬细胞的吞噬能力，抑制肿瘤细胞生长。相对分子质量较高的低聚壳聚糖具有阻碍病原菌生长和繁殖的功能，能促进蛋白质合成、活化植物细胞，从而促进植物快速生长等作用。

甲壳素/壳聚糖主链上发生水解反应时，β-(1, 4) 糖苷键断裂，主链水解在稀的弱酸溶液中就能缓慢进行。提高酸的强度和浓度及加热等能加快水解反应的进行。水解产物一般为系列不同相对分子质量的多糖和低聚糖，但充分水解时可得到单糖。20 世纪 80 年代中期，日本在这方面的研究具有领先地位，随后美国的研究也出现了蓬勃发展的局面。近年来，我国对壳聚糖降解反应的研究也取得了长足进展。随着糖化学成为研究热点之一，目前壳聚糖的降解反应越来越受到广泛的关注。为此，本章主要介绍甲壳低聚糖及其衍生物的制备方法，同时也对单糖及其衍生物制备方法做了简单介绍。

3.2　甲壳低聚糖的制备方法

甲壳低聚糖（chitin/chitosan-oligosaccharides）是由甲壳素/壳聚糖经降解而得到的二十糖以内的低聚糖[2]。通常壳寡糖是指 2～10 个单糖以糖苷键连接而成的糖类总称。甲壳低聚糖的结构式如图 3-1 所示。

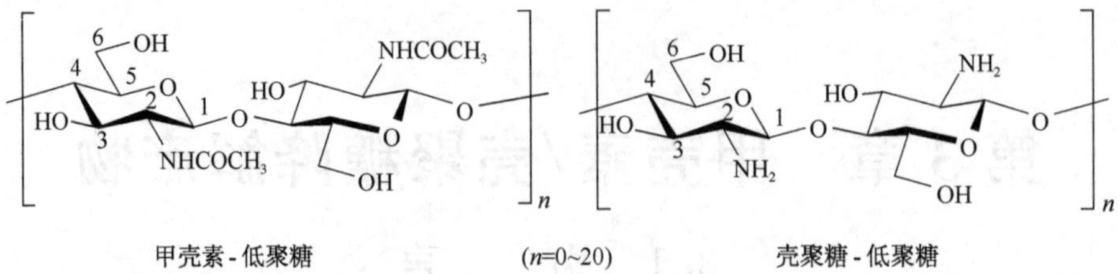

图 3-1　甲壳低聚糖分子结构示意图

　　不同相对分子质量的甲壳低聚糖具有不同的功效，特别是相对分子质量小于 10 000 的水溶性低聚壳聚糖具有独特的理化性质和生理功能，在医用、化妆品和农业等方面研究应用报道较多。壳聚糖的降解反应大致分 3 种方法：化学降解法、生物降解法和物理降解法[2~5]，近几年人们还发展了联合降解法[6]。酸解法是研究较早的壳聚糖降解方法，早在 20 世纪 50 年代就有报道[7]。除了经典的盐酸降解法已用于工业化生产外，最近几年亦有多种其他酸解法见诸报道，如过乙酸法、浓硫酸法和氢氟酸法等。氧化降解法主要有 H_2O_2 法、H_2O_2-HCl 法、H_2O_2-$NaClO_2$ 法和 ClO_2 法等。酶解法应用专一性壳聚糖酶和非专一性的其他酶来进行壳聚糖的降解，能用于酶解法的各种酶有 30 多种。酶降解法通过特异地开裂壳聚糖的 β-(1, 4) 糖苷键来达到降解目的，在整个降解过程中无其他反应试剂加入，无其他反应副产物生成，理论上是壳聚糖降解最理想的方法。近年来在规模化稳定生产方面取得了突破，大大促进了低聚壳聚糖的应用。

3.2.1　化学降解法

　　化学降解法中通常用酸和过氧化物进行降解。用化学法进行降解的难点是降解产物相对分子质量较难控制，相对分子质量分布较宽，但由于简便易行，适于工业化生产。近年来，通过研究改进化学降解法取得了一定进展。如用 HCl 控制反应条件可得到五糖至七糖[8]，用 $NaNO_2$ 可得到三糖[9]。值得一提的是，采用壳聚糖与 Cu 进行配位，然后用 H_2O_2 降解的方法，得到了相对分子质量分布较窄的低聚物[10]，该方法为化学降解法制备低聚壳聚糖开辟了新途径。

3.2.1.1　酸降解法

　　酸降解法是研究较早的壳聚糖降解方法，早在 20 世纪 50 年代，Horouitz 等将壳聚糖加入浓 HCl 溶液中进行降解反应，得到了聚合度小于 10 的低聚壳聚糖[7]。90 年代又发展了浓 H_2SO_4 法和 HF 法。浓 H_2SO_4 法是在稀 HCl 中加入

65%浓 H_2SO_4 对壳聚糖进行降解反应，反应后用丙酮和 H_2SO_4 的混合液处理得到甲壳低聚糖。HF 法是将壳聚糖溶于稀 HCl 中，然后加入 HF 溶液进行降解反应，反应 15 h 后滤液冷冻干燥，可制得低聚壳聚糖。

1. HCl 法

在酸性溶液中，壳聚糖的 β-(1，4) 糖苷键会发生断裂，形成许多相对分子质量大小不等的片断。主链的水解在稀的弱酸溶液中可缓慢进行，在室温条件下，这种降解速度十分缓慢，但随着酸浓度的增大和温度的提高，降解速度会逐渐加快。

1997 年，E. Belamie 等提出了壳聚糖固态降解法，即在少量水的存在下，用 HCl 气体对固体片状壳聚糖（脱乙酰度大于 97.5%）直接进行降解[11]。这种方法可以通过改变 HCl 气体用量和反应温度控制降解速度，从而能够方便地制备特定相对分子质量的产品。与壳聚糖完全溶解于无机酸的降解方法相比，固态降解法仅用少量的水作为增塑剂增大固体壳聚糖中的自由体积，使非晶区溶胀来促进降解，节省了生产时间和产品分离提纯的费用。反应结束后，过量的 HCl 可以用干空气洗出回收，减少了环境污染。但是固体壳聚糖中晶区分子链排列比非晶区相对紧密，不易溶胀，造成了非晶区降解程度大于晶区，使得产品的相对分子质量分布较宽，均一性较差。

许多研究表明，HCl 水解甲壳素或壳聚糖的产物聚合度和产率与反应浓度、温度和时间等密切相关。在 40℃时，以 5 mol/L HCl 水解壳聚糖 10 h，水解率不到 20%，而用 11 mol/L 的 HCl 其水解率可达 80%；在 80℃下，11 mol/L HCl 仅需 10 min 就可将壳聚糖 100%水解[12]。在 80℃时用 10 倍体积 35% HCl 水解壳聚糖 2 h，混合物用相同的水稀释，然后在 −20℃放置 2 d，可沉淀出聚合度为 5~7 的低聚壳聚糖[8]。将壳聚糖用 12 mol/L HCl 在 72℃水解 1.5 h，对水解液进行体积排阻色谱层析，以乙酸铵水溶液作洗脱剂，可分离出聚合度为 15~37 的低聚糖[13]。

壳聚糖的吡喃糖环在 H^+ 的催化作用下可发生水解反应。水解速度的快慢与壳聚糖的脱乙酰度相关。实验表明：在其他条件相同的情况下，壳聚糖糖苷键的水解比乙酰基的水解速率高 10 倍以上。这可能是因为水解乙酰基的反应是 S_N2 反应，水对碳阳离子的加成是控制步骤，如图 3-2 所示；而水解壳聚糖的反应是 S_N1 反应，过程中碳阳离子的形成是控制步骤，如图 3-3 所示[14]。

2. HNO₂ 法

以 $NaNO_2$ 为主的重氮化降解是一种传统的化学降解方法，降解产物的相对分子质量可以通过改变 $NaNO_2$ 的加入量和反应时间来控制。早在 1919 年就有

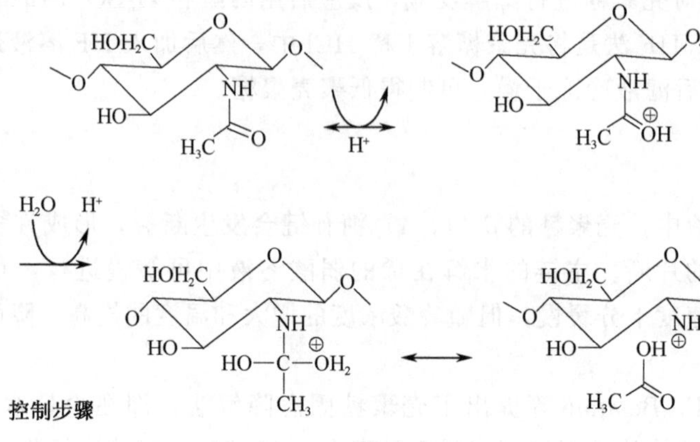

图 3-2　壳聚糖乙酰基的水解

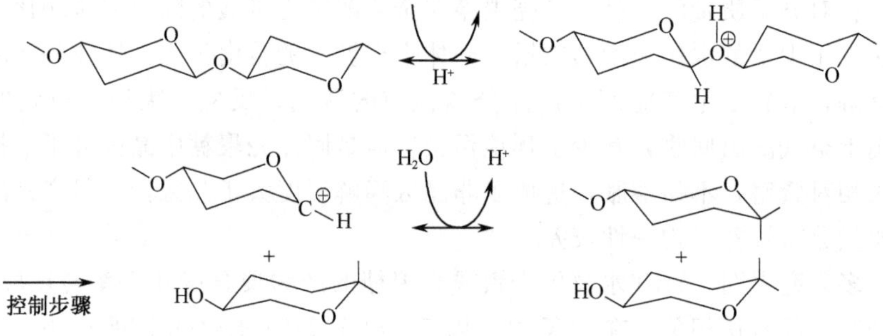

图 3-3　壳聚糖糖苷键的水解

人研究了亚硝酸盐降解壳聚糖的反应，发现可形成低相对分子质量的壳聚糖。现在一般是用 NaNO₂ 来降解壳聚糖酸溶液。将壳聚糖溶解于 10%（质量分数）的乙酸溶液中，在搅拌下缓慢滴入浓度为 10% 的 NaNO₂ 溶液，滴加 30 min 后，继续在 4℃下静止 10 h 使反应完全，然后用 NaBH₄ 将端基上的醛基还原成羟基，最后可分离得到平均相对分子质量分别为 9300 和 2200 两组产物[15~16]。其反应过程如图 3-4 所示[6]。

将 30 g 壳聚糖溶于 2.25 L 浓度为 0.1 mol/L 的 HCl 溶液中，再加入 100 mL 浓度为 2.5% 的 NaNO₂ 溶液，室温下反应 15 h，分离纯化后可得到平均聚合度为 9.7、15.9 和 18.0 的 3 组降解产物，其得率分别为 18.9%、9.6% 和 21.1%[17]。将 500 mg 壳聚糖溶解到 30 mL 2.5% 乙酸溶液，通 N₂ 5 min 除去溶液中的溶解氧，然后加入 1.5 mmol NaNO₂，在 4℃下避光反应 10 h，离心分离并过滤可得到低相对分子质量的完全酰基化壳寡糖，用 ¹H 和 ¹³C NMR 确定其平均聚合度为 25[18]。用 H₂O₂ 和 NaNO₂ 降解壳聚糖，在 40℃左右，H₂O₂ 用量

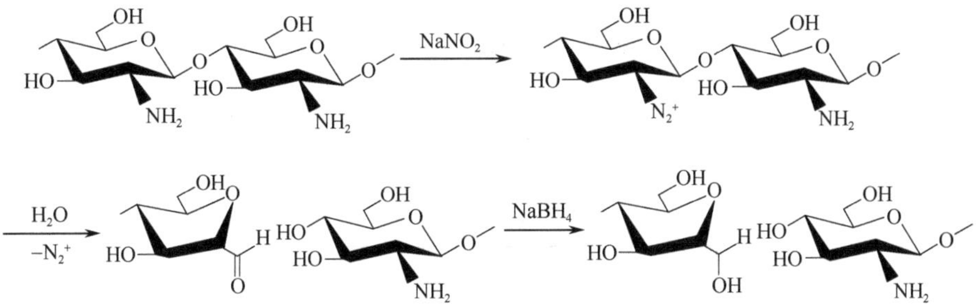

图 3-4　NaNO₂ 降解壳聚糖反应过程

2.5%，约 24 h 可以将原相对分子质量 600 000 的壳聚糖降低到 20 000～40 000，满足低相对分子质量壳聚糖的应用需求[19]。

　　NaNO₂ 降解法反应条件温和，选择性好，对制备特定相对分子质量的低聚糖有独特的优势。但主要缺陷在于降解过程中消耗了大量的活性氨基基团。理论上，每加入 1 mol 的 NaNO₂ 要消耗 1 mol 氨基，考虑到实际上所需要的各类衍生物相容性主要是氨基提供，而分子链上存在足够数量的氨基也是壳聚糖进一步改性的前提，氨基数量的减少势必使壳聚糖的应用范围受到限制，所以这种方法在制备进一步衍生化的低聚糖时是不可取的。

3. H_3PO_4 法

　　室温下，用 85% 的 H_3PO_4 均相水解壳聚糖可制得聚合度为 7.3 和 16.8 的低聚壳聚糖，其反应流工艺见图 3-5[20]，但反应时间长达 4 个星期。最近国内有人研究了反应温度和反应时间对用 H_3PO_4 制备低聚壳聚糖的影响，发现 60℃时，用 85% 的 H_3PO_4 均相水解壳聚糖 1～15 h，可以获得相对分子质量为 $1.90×10^4～16.4×10^4$ 的低聚壳聚糖[21]。在不同时间和不同温度下，发现时间越长，产率越低；同样温度越高，产率也越低[21]。

4. HF 法

　　甲壳素与壳聚糖可在无水 HF 下进行 β-(1,4) 糖苷键的水解，从而得到低相对分子质量的壳聚糖。产物的平均相对分子质量与水解反应的时间和温度有关。用无水 HF 降解壳聚糖制得产品的产率较高，产物为 DP＝2～11 的低聚糖[22]。但甲壳素在无水 HF 中室温下水解 10 h，主要产物是 2～4 糖，且有 β-(1,6) 糖苷键的低聚物异构体。HF 降解壳聚糖反应过程如图 3-6 所示。

5. 乙酸法

　　壳聚糖在 70℃、10% 乙酸溶液中的水解，在初始阶段，壳聚糖的相对分子

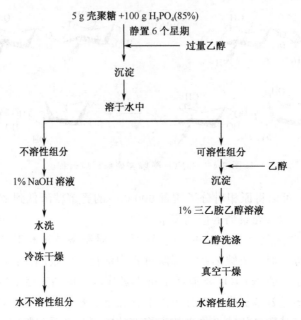

图 3-5　H₃PO₄ 水解壳聚糖制备低聚糖工艺流程图

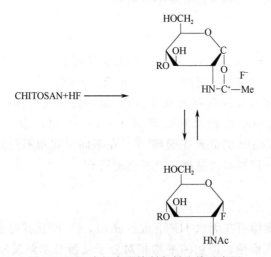

图 3-6　HF 水解壳聚糖制备低聚糖示意图

质量下降很快；随着时间的延长，降解速度逐渐减缓，降解后的产品平均相对分子质量都在几万左右。乙酸法降解所需时间较长，处理困难，不易用于大规模生产。把壳聚糖放在 60℃ 的乙酸中进行超声波降解，15 h 可使溶液的黏度下降 80%[23]。

　　超临界流体是继固体、液体和气体之后，人们发现的又一种物质形态，它具有许多独特的理化性质，为此，有人将其用于壳聚糖的降解研究。在温度 200～380℃，压力 20～35 MPa，反应时间 1～15 min，壳聚糖初始质量浓度 10 g/L 以及乙酸浓度 0.125％的条件下，研究壳聚糖在超（近）临界情况下的降解反应时发现，水解产物主要为单糖及六糖以下的寡糖[24]。

6. 浓 H_2SO_4 法

H_2SO_4 降解壳聚糖与 HCl 降解有较大差别，H_2SO_4 降解过程中伴随着 O 和 N 位上的磺化，且断开 β-(1, 4) 糖苷键行为是没有规律的。用 H_2SO_4 -乙酸酐混合降解则可获得甲壳低聚糖二聚体和三聚体。在某些无机酸中加入 65％的浓 H_2SO_4 对壳聚糖进行降解反应，反应一定时间后再用体积比为（5～7）∶1 的 $(CH_3)_2CO/H_2SO_4$ 混合液进行处理，可得到较高得率的低聚水溶性壳聚糖产品。

除上面介绍的酸降解方法外，还有采用三氯乙酸、过氧乙酸和甲酸等有机试剂来降解壳聚糖的报道。虽然上述几种方法简单易行，但由于产品的相对分子质量分布宽、产物分离提纯困难、生产成本高、污染严重，而逐渐被其他方法所取代。

3.2.1.2　氧化降解法

壳聚糖氧化降解法是目前研究比较多的一种降解方法，而且是一种普适反应，很多的氧化剂都可以使其氧化降解。其中，H_2O_2 氧化法最具有代表性。

1. H_2O_2 法

H_2O_2 氧化法是目前最常用的方法，也是目前研究最多的一种降解方法。特别是在日本，每年都有这方面的研究成果见诸报道。H_2O_2 氧化法降解壳聚糖机理为

$$H_2O_2 \Longrightarrow H^+ + HO_2^- \tag{3-1}$$
$$HO_2^- \Longrightarrow H^+ + O_2^- \tag{3-2}$$
$$HO_2^- \longrightarrow OH^- + (O) \tag{3-3}$$
$$HO_2^- + H_2O \longrightarrow HO_2 \cdot + HO \cdot + OH^- \tag{3-4}$$

游离基 $H_2O\cdot$、$HO\cdot$ 和新生 O 对壳聚糖具有强的氧化降解作用，从而实现壳聚糖的降解。作为反应物的 H_2O_2，其用量无疑直接影响壳聚糖的氧化降解速度和产率。一般来说，随 H_2O_2 用量的增加，所得低聚糖相对分子质量逐渐降低。这说明选择适当 H_2O_2 的用量，是控制降解得到特定相对分子质量壳聚糖的关键。

选用 H_2O_2 对壳聚糖进行氧化降解，无毒无副产品，且在酸性、碱性和中性

条件下都可得到低相对分子质量的壳聚糖。在酸溶液中，壳聚糖分子溶解，分子间与分子内的氢键断裂，分子伸展，整个分子上的基团对 H_2O_2 来说都是可及的，降解为均相反应，因而起始反应速度与非均相比较快，但并非酸度越强就越好。这是因为在强酸体系中，壳聚糖上的大部分氨基与 H^+ 结合生成 R-NH_3^+，形成缺电子的体系，而 H_2O_2 的氧化降解多发生在氨基未结合 H^+ 糖单元的 β-(1, 4) 糖苷键上，降解到一定程度后，分子变小，自由氨基的数量大大减小，导致后来降解困难。因而选取一定浓度的弱酸，使壳聚糖既可以溶解又不大量形成 R-NH_3^+，就可以实现降解迅速、降解产物相对分子质量低的目标。就相对分子质量的分布而言，一般说来，均相条件下所得水不溶性产物的相对分子质量分布较非均相降解所得产物的相对分子质量分布要窄。但也有文献报道，反应在乙酸溶液均相条件下降解到一定程度后，体系中会出现黄色的颗粒状沉淀[25]。此颗粒并不溶于水和酸，估计是在反应过程中形成了网状大分子，从而导致沉淀析出。在碱性和中性介质中，降解反应是非均相反应，反应既慢且不均匀。碱性条件下降解产物的相对分子质量普遍较高，不适合制备水溶性低聚糖[26]。所以，选择介质条件时针对不同的应用对象应加以考虑。

影响壳聚糖降解另外一个重要因素就是反应温度。整体来说，壳聚糖的 H_2O_2 氧化降解是一个吸热反应。升高温度有利于降解，但是随着温度的升高，产物的颜色也逐渐加深。在温度高于 75℃ 后，长时间反应产物会出现褐色沉淀。这可能是氧化过度，糖环断裂所致。在 H_2O_2 氧化降解的方法中，壳聚糖的脱乙酰度越高，完全降解为水溶性产物的时间就越短，这是因为 H_2O_2 作用点只是近靠连有自由氨基糖环的 β-(1, 4) -糖苷键。

在 H_2O_2 氧化降解法中，各个因素对降解反应有着不同的影响。较高的反应温度和 H_2O_2 浓度有利于降低产物的相对分子质量，提高水溶性壳聚糖的收率，但是工艺条件较难掌握，反应的稳定性和重复性差；另一方面，若温度和 H_2O_2 浓度过低，则需要延长反应时间，这会影响产品的外观品质。因此，最终产物的获得是上述因素共同作用的结果。

H_2O_2 单独使用时电离产生羟基自由基的过程较慢，氧化效果不好。为了克服这一缺点，最近又发展了一些新的 H_2O_2 降解技术。在 0.004% ～ 10% 的 $NaClO_2$ 及 0.01% ～ 3.50% 的 H_2O_2 溶液中，加入适量 HCl 进行降解反应，反应在 80℃ 进行 1 h 后，用 NaOH 中和，在经过 $NaBH_4$ 处理后，可得到平均相对分子质量为 600 的低聚水溶性壳聚糖。这种采用 $NaClO/H_2O_2$ 为混合氧化剂，以协同氧化方式对壳聚糖进行氧化降解，可得到不同相对分子质量大小的低聚糖。反应是在液固非均相体系、pH 为偏微酸性的条件下进行的。反应的机理可能是在壳聚糖颗粒的表面，主要是由 ClO^- 发生氧化作用，而在体系中添加适当的 H_2O_2 可产生大量的活性氧，它比 ClO^- 更易渗透进入壳聚糖内部，起到加强

ClO⁻ 氧化的作用。这种内外结合的方法可加快降解速度，而且协同氧化降解反应较好控制，使反应的转化率及降解产物的氨基含量得到保证。

NaClO/H_2O_2 协同氧化可制得相对分子质量为 930 的低聚壳聚糖[27]。对比 $NaNO_2$/HAc 与 H_2O_2/HAc 两种体系降解壳聚糖工艺发现：H_2O_2 对壳聚糖的降解速度较慢，温度要求较高，但产品色度较好，且不会破坏壳聚糖分子的氨基；$NaNO_2$ 对壳聚糖的降解速度快，条件温和，操作简单，用量少，但产品颜色较深[28]。

在紫外光照射下，H_2O_2 氧化降解壳聚糖可制得相对分子质量为 2.8 万左右的水溶性壳聚糖[29]；在超声波条件下，H_2O_2 降解壳聚糖的反应能在较低温度进行，降解反应速度提高近 3 倍，且产物白度令人满意[30]。在 H_2O_2 体系中加入催化剂可制备相对分子质量为 2600 的低聚水溶性壳聚糖[5]；用低浓度的 H_2O_2 降解部分脱乙酰化的甲壳素和壳聚糖，发现平均相对分子质量的降低符合一级反应动力学，H_2O_2 降解反应较微波降解和酶水解快，当温度≥80℃时有大量的低聚糖产生，壳聚糖中痕量的过渡金属离子和氨基对 β-(1，4) 糖苷键的断裂非常重要[31]。壳聚糖经 H_2O_2 降解后，结构没有明显变化，且随壳聚糖相对分子质量的降低，其稳定性增强[32]。

总体而言，H_2O_2 氧化法降解壳聚糖有以下规律：①产品的产率和颜色受反应时间的影响最大，一般以 6 h 为宜，此时产品为乳白色，且能得到 100% 水溶性的低聚壳聚糖，超过 6 h 开始慢慢变成褐色甚至变黑；②产品黏度受氧化剂与壳聚糖的比例影响较大；③降解温度也会对产品的颜色造成很大的影响，温度太高（80% 以上）会有部分壳聚糖炭化；④降解结束后，一定要调 pH 为 9～10，否则将影响产率；⑤过滤掉非水溶性壳聚糖后的溶液浓缩后要加入 2～3 倍量的无水乙醇，放置过夜才能得到水溶性的、低相对分子质量的低聚壳聚糖。

2. 过硼酸钠法

过硼酸钠降解法是将壳聚糖与 $NaBO_3$ 水溶液进行非均相的降解反应，反应的最终产物色泽纯白或者微黄，水溶性良好。该法的最大优势在于降解反应前后壳聚糖的自由氨基含量不发生任何的变化[25]，壳聚糖环结构保持完整，氧化断键发生在 β-(1，4) 糖苷键上[33]。用过硼酸钠降解制备壳寡糖的方法简单，通过该方法制备的壳寡糖不仅溶于水，而且在二甲乙酰胺和二甲亚砜等有机溶剂中有很好的溶解性[34]。

此外，将壳聚糖溶于稀酸溶液中，然后通入一定量的 Cl_2 进行降解反应，反应结束后，加入 $NaBH_4$ 和 NaOH 处理可得到降解产物[35]。ClO_2 具有强氧化性，是一种优良的氧化剂。其氧化能力是 Cl_2 的 2.6 倍，却不发生氯化反应。将 0.05% 的 ClO_2 溶液加到壳聚糖的乙酸溶液中，于 60℃下进行降解反应即可得到无色的低聚糖产品。

氧化降解存在的最大问题是在降解过程中引入了各种反应试剂，从而增加了控制降解副反应及降解产物分离纯化的难度。目前对氧化降解过程中有色副产物的产生机理及副产物的分离鉴定尚有待进一步的研究。

3.2.1.3 其他方法

壳聚糖的重复单元上有氨基和羟基，这些基团与金属离子具有较好的配位能力。因此，采用壳聚糖先与金属离子配位后再降解的方法，可制备相对分子质量分布较窄的壳寡糖[36]。研究表明，当壳聚糖与金属离子形成配合物后，会改变壳聚糖分子之间的均一有序排列，即改变原体系中分子间的主要由氢键形成的结合力。首先在酸性溶液中溶解壳聚糖，再加入适量的金属盐溶液，通过控制壳聚糖与金属离子的比例来控制配位点的个数，使配位节点在壳聚糖高分子链中均匀分布，保证配位节点之间未配位糖苷链中糖数的均一性。采用 H_2O_2 对配合物进行氧化降解，壳聚糖中的葡萄糖氨基从配位节点或在优势构象处断裂后，经过脱金属离子等后续步骤处理后可得到窄相对分子质量分布的低聚糖。该反应条件温和，降解产物相对分子质量易于控制[10, 37, 38]。

随着近年来糖化学的兴起，壳寡糖的合成也日益受到研究者的关注。人们已采用化学合成法合成特殊结构的低聚糖。1999 年，Antje Rottmann 等利用几丁质酶制备了壳聚糖和壳寡糖的杂环衍生物[39]。2002 年，Fridman Micha 等运用一锅煮的方法制备了壳寡糖[40]，其中三糖和四糖的产率在 51%～80% 之间，这种方法的优点就是可以根据自己的需要来设计寡糖。

3.2.2 生物降解法

生物降解是指利用生物技术使甲壳素/壳聚糖发生降解生成低聚寡糖，主要有酶降解法和糖基转移法。

3.2.2.1 酶降解法

酶降解法是制备低聚寡糖的主要途径。酶水解法具有专一性，它是用专一性酶或非专一性酶对甲壳素/壳聚糖进行生物降解，从而得到平均相对分子质量较低的低聚壳聚糖。酶法可制备确定聚合度的低聚寡糖，特别是二聚体以上的寡糖（图 3-7）。酶降解过程通常优于化学反应降解过程。在整个降解过程中，无其他反应试剂加入，不发生其他副反应；降解条件温和；降解过程及降解产物相对分子质量分布都易于控制；且不对环境造成污染，是最理想降解方法[41~43]。目前，已发现有三十多种专一或非专一性酶可用于壳聚糖的降解（图3-8）。

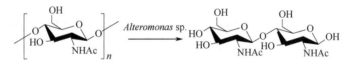

图 3-7　用酶降解甲壳素制备低聚寡糖

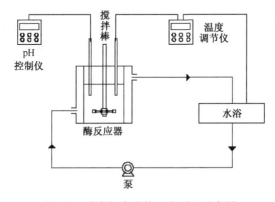

图 3-8　酶水解壳聚糖反应原理示意图

1. 专一性酶降解

甲壳素酶降解是研究较多的一种酶。甲壳素酶（chitnase）广泛分布于细菌、真菌和放线菌等多种微生物以及植物组织和动物的消化系统中。该酶系一般被诱导为多酶复合体：即甲壳素外切酶、内切酶和 β-N-乙酰氨基葡萄糖苷酶。甲壳素酶降解甲壳素的生化途径为[44]：先由降解酶系统水解甲壳素的糖苷键，如外切酶从甲壳素分子链的非还原端开始，以甲壳二糖为单位，依次酶解；内切酶则随机水解糖苷键；由外切酶水解成的甲壳二糖，被 β-N-乙酰氨基葡萄糖苷酶水解成单糖，有些 β-N-乙酰氨基葡萄糖苷酶也有较弱的外切酶活性，也是从甲壳素的非还原端开始直接水解成单糖。甲壳素酶作用甲壳素/壳聚糖时至少需要在水解的糖苷键一侧有一个 G1cNAc 基团。

壳聚糖酶（chitosanase）是壳聚糖的专一性水解酶，自然界中的壳聚糖绝大部分是由壳聚糖酶催化水解成小分子的。壳聚糖酶主要存在于真菌细胞中，在单子叶和双子叶植物的不同组织中也发现有该酶的活性[41]。壳聚糖酶以内切作用方式将壳聚糖分解为聚合度为 2~8 的低聚物，但具体的切断方式不一样。对壳聚糖酶降解部分乙酰化壳聚糖的底物特异性进行研究表明，Bacillus Pumilus BN~262和 Streptomycessp. N 174 产生的壳聚糖酶降解后得到的寡糖还原端含有 GlcNAc 或者 GlcN 基团和非还原端含有 GlcN 基团，这表明壳聚糖酶切断壳聚糖的 GlcNAc-GlcN 和 GlcN-GlcN 糖苷键[45]。*Penicillium islandium* 产生的壳聚糖酶降解部分乙酰化壳聚糖后得到寡糖的还原端只有 GlcNAc 基团；Bacillus sp No. 7-M 产生的壳聚糖酶降解部分乙酰化的壳聚糖后，寡糖的还原端和非还原端含有 GlcN 基团，说明此种壳聚糖酶只可以特异性的切断壳聚糖的 GlcN-GlcN 糖苷键；而 *S. griseus* HU T6037 和 *B. circulans* MH-k1 产生的壳聚糖酶不仅切断壳聚糖的 GlcN-GlcN 糖苷键，而且切断 GlcN-GlcNAc 糖苷键。因此，寡糖还原端末端只有 GlcN 基团[41]。

壳聚糖酶与甲壳素酶区别在于壳聚糖酶的底物不同，它仅能作用于甲壳素脱乙酰化后的产物。对从各种微生物和植物中分离出的几种壳聚糖酶的鉴定表明：不同来源的壳聚糖酶的氨基酸排列顺序和分子质量差别很大。从植物中分离得到的壳聚糖酶分子质量范围约为 10～21 kDa，而从微生物中分离得到的壳聚糖酶分子质量范围则为 20～40 kDa，它们的最适 pH 为 4.0～6.8。

壳聚糖酶是酶降解法中降解壳聚糖的最理想酶种，其优越性在制备聚合度较小的低聚糖时更为明显。若控制一定的条件，利用壳聚糖酶对壳聚糖大分子进行降解，则可方便得到聚合度低至 2～7 的水溶性壳寡糖甚至单糖。如 Fukamizg 等用 Bacillus pumilus BN-262 的壳聚糖酶对部分乙酰化的壳聚糖水解进行了研究，主要得到二聚和三聚体的降解产物[42]。Takiguchi 使用 Bacillus sp. 7-M 菌株得到的壳聚糖酶进行降解反应，成功的得到了二糖至五糖的低聚糖[43]。利用芽孢杆菌属 LCC-1 株得到的壳聚糖酶，在 pH＝5.0 下降解壳聚糖 10 h，获得了平均相对分子质量为 1500 的壳寡糖[46]。

Izume 等研究了不同脱乙酰度壳聚糖的酶促降解情况[47]，结果表明，以脱乙酰度为 85%～90% 的壳聚糖作为底物，较容易得到聚合度为 5～7 的低聚糖，其产量高于酸降解法。Hutadiolk 等研究了壳聚糖酶对部分 N-乙酰化壳聚糖和不同 O-取代壳聚糖衍生物的水解动力学行为[48]。在均相反应中，随着 N-乙酰化度的提高，米氏常数 K_m 增加，而最大反应速度 V_{max} 降低。当 N-取代的脂肪族酰基中碳链增长时，K_m 增加而 V_{max} 变化不大。对其他衍生物的水解作用，K_m 为 O-羧甲基壳聚糖＞壳聚糖＞O-羟乙基壳聚糖；V_{max} 为壳聚糖＞O-羟乙基壳聚糖＞O-羧甲基壳聚糖。在非均相反应中，具有一定取代度的 N-乙酰化壳聚糖比壳聚糖容易水解，但当脱乙酰度小于 36% 时，由于壳聚糖不能溶解而难以被水解。

自然界中的壳聚糖绝大部分由壳聚糖酶催化水解成小分子，但是商品壳聚糖酶的价格昂贵，不易得到。近年来，研究发现许多种酶如蛋白酶、脂肪酶、淀粉酶、葡萄糖酶和胰酶等对壳聚糖具有非专一性水解作用[49]，也可用来催化水解壳聚糖得到低相对分子质量产品。因此，寻求经济、高效的壳聚糖非专一性水解酶就成了近年来研究的热点。

2. 非专一性酶降解

目前已知能降解壳聚糖的非专一性酶有 30 多种，其中纤维素酶、半纤维素酶和果胶酶等多糖酶的作用效果较为显著。国内有人将纤维素酶、α-淀粉酶、蛋白酶联合作用于壳聚糖得到三糖至十糖的低聚物，水解率比纤维素酶、脂肪酶、菠萝蛋白酶单独作用时要高，但低于从灰色链霉菌中提取的壳聚糖酶[50]。

由于壳聚糖和纤维素都是由 D-葡萄糖经聚合形成的以糖苷键连接起来的多糖化合物，结构极其相似，它们的降解作用也应该相似。利用纤维素酶催化降解壳聚糖，其最佳反应条件为糖酶的摩尔比 10：1、pH＝5.6、反应温度 50℃、时间 6 h 时，能得到平均相对相对分子质量为 18 000 的低聚壳聚糖。用特种纤维素酶催化水解可制备不同低相对分子质量的壳聚糖和壳寡糖[51]。控制反应条件可制得聚合度为 2～12 的壳寡糖，其中聚合度为 5～10 的壳寡糖含量为 60％左右，回收率 88％。采用纤维素酶水解技术，通过控制酶水解的时间，并采用截留分子质量分别为 50 kDa 和 10 kDa 的中空纤维素膜进行截流与浓缩，可得到低相对分子质量的壳聚糖[51]。经凝胶渗透色谱法测定，其平均分子质量为 20 kDa，纯度（96.60±1.56）％。

溶菌酶（lysozyme）存在于鸡蛋蛋白、人的眼泪及唾液中，能催化一系列的反应裂解 β-（1，4）糖苷糖。酶的来源不同，其催化反应的重点不同。从鸡蛋蛋白提取的溶菌酶转糖苷化能力较强，而从人体的唾液中提取的溶菌酶裂解 β-（1，4）糖苷键的能力较强[52]。实验表明，溶菌酶在一定条件下可有效地降解壳聚糖，并且初始速度相当快。若对壳聚糖的乙酸溶液进行预处理后，溶菌酶在37℃温度下进行 6 d 左右的降解，经分离可得到较高得率的二糖至四糖。溶菌酶的作用机理是断裂连接 D-乙酰氨基葡萄糖和氨基葡萄糖的 β-（1，4）糖苷键。

研究溶菌酶降解甲壳素脱乙酰化度对降解的影响，发现脱乙酰度为 50％时，降解率达到最高值，而对于脱乙酰度为 97％的壳聚糖，基本不降解。这表明溶菌酶在降解壳聚糖时，至少需要糖苷键上有 GlcNAc 基团[53]。鸡蛋白、人乳汁和血清中的溶菌酶对壳聚糖的降解动力学研究表明，壳聚糖的酶解过程受 pH 的影响情况为，pH＝4.5 时的降解速度比 pH＝7.0 时大约高 5 倍，其最佳的 pH 在 4 左右。底物特异性受 pH 的影响很大，而受离子强度的影响很小。不论是鸡蛋白中的溶菌酶，还是人体内的溶菌酶，它们有相同的底物特异性[54~56]。用溶菌酶降解琥珀酸酐和壳聚糖生成的水溶性衍生物（脱乙酰度为 20％）时，相对分子质量也可迅速降低[57]。因纯溶菌酶比甲壳素酶经济上便宜得多，所以在制备聚合度为 2～4 的低聚糖时，可考虑用溶菌酶[58]。

脂肪酶（lipase）是作用于水–有机界面上不溶性物的脂酶。该酶对壳聚糖有一定的降解作用，并已引起许多研究者的兴趣。用麦胚脂肪酶对壳聚糖及其衍生物进行降解发现，在微酸性条件下，该酶能快速降解壳聚糖[59]。该脂肪酶在无需加热的情况即能发挥高效作用，这对工业化生产十分有利。进一步研究表明，麦胚脂肪酶降解壳聚糖时，并不改变其脱乙酰度，但降解产品的相对分子质量分布宽，仍存在高相对分子质量的组分。

猪胰脂肪酶在反应开始的 20 min 内即可将壳聚糖溶液的黏度降低至原液的50%[60]。在一定的酶浓度下，该脂肪酶水解壳聚糖的反应不遵循米氏方程，不符合普通的酶反应动力学模型。另外，研究表明多数金属离子在一定的浓度范围内（0.002～0.2 mol/L）对脂肪酶降解壳聚糖反应影响不大，但是，Ca^{2+} 有明显的抑制酶活作用，而出乎意料的是，Cr^{3+} 对脂肪酶有异常的激活作用，加入0.02 mol/L Cr^{3+}，会使酶活提高 3.5 倍，而加入 0.2 mol/L Cr^{3+}，会使酶活提高 8 倍。

除以上介绍的几种非专一性酶以外，还有多糖酶、蛋白酶、木瓜蛋白酶和果胶酶等主要来源于微生物和植物的酶能够对壳聚糖进行降解。它们在水解过程中有以下共同特点：在水解初期主要以内切方式作用为主，壳聚糖溶液黏度快速下降，N-乙酰化度对其酶活性有影响，随着脱乙酰化程度的提高，酶的水解活性增强，以水溶性壳低聚糖为底物时，酸活性为最高，反应不遵循 Michaelis-Menten 动力学方程，无论是提高酶的质量分数还是底物的质量分数，都可以提高反应速度；反应速度快，是生产壳寡糖的一条较好途径。最终产品相对分子质量在10 000左右；从电泳结果来看，相对分子质量分布较宽，各种酶的最优化温度和pH 各不相同，降解最合适的 pH 在 3～5，温度一般为 30～60℃。

采用蛋白酶对脱乙酰度为 91.7% 的壳聚糖进行水解，发现壳聚糖水解最佳的 pH 为 5.4，温度为 50℃，不同的反应时间可以得到不同相对分子质量的壳聚糖，水解所得产物的聚合度为 3～8[61]。采用 X 射线衍射、红外谱图和 MALDI-TOF 质谱分析降解后壳聚糖的结构，发现降解后壳聚糖的脱乙酰度有所下降，但其化学结构并没有发生改变。

单一水解酶对壳聚糖降解程度有限，增加酶量也难以提高水解程度，水解产物平均分子质量在 10 kDa 以上。若将非专一性水解酶按比例配合，利用酶之间水解作用的协同或互补效应，可进一步提高对壳聚糖的水解程度[46]。用由纤维素酶、淀粉酶、蛋白酶组成的复合酶降解壳聚糖，结果得到了聚合度为 3～10 的低相对分子质量壳聚糖。[50]

3.2.2.2　糖基转移法

糖基转移法又称酶法合成，是建立在酶反应基础上，利用低聚合度寡糖在酶参与作用下，延长糖链成为高聚合度甲壳低聚糖。有关化学合成法研究在过去 20 年取得较大进展，但合成过程涉及基团保护和基团脱去等过程，步骤较为复杂。而酶法合成则可在温和条件下进行，且不需要进行羟基保护过程。糖基转移反应受温度、pH、底物浓度和反应时间等因素影响，利用糖基转移反应合成低聚糖，不仅可调节聚合度，而且还可通过精心设计基质以合成特殊结构甲壳低聚糖衍生物。利用 N，N'，N''-三氯甲壳三糖在溶菌酶催化条件下，通过化学-酶联合作用可合成具有生物活性聚合度为 4～12 的甲壳低聚糖[62]。若用 10％的二糖为底物，在含有乙酸胺的缓冲溶液中加入 1％的溶菌酶，在 70℃时进行反应，经分离后可以得到较高浓度的六糖、七糖。利用这种方法合成低聚糖，可以调节聚合度，还可以通过改变底物合成一些特殊结构的低聚糖衍生物[63]。

采用甲壳素酶的糖基转移反应性，能制得较好得率的有生理活性的甲壳六糖和七糖[64]。从诺卡氏菌属（Nocardia orientalis）IFO 12806 的培养基滤液中分离得到的甲壳素酶能催化过量的 N-乙酰-甲壳四糖或五糖进行转糖基反应。酶催化四糖生成主要产物六糖（21％）和二糖（63％），催化五糖生成七糖（23％）和三糖（59％）。在反应体系中添加 $(NH_4)_2SO_4$ 能显著增加六糖产量。将 100 mg 四糖溶解在 1 mL 含 20％ $(NH_4)_2SO_4$ 的 0.1 mol/L H_3PO_4 缓冲液（pH＝7.0）中，加入来自木霉的甲壳素酶（1 U/mL），混合物在 60℃下保温 48 h，随时间延长，溶液开始出现浑浊，最终有沉淀形成。将沉淀物离心收集、溶解，通过 Bio-Gel P-4 凝胶柱，收集六糖组分，冷冻干燥得 24 mg。转糖苷基反应的效率与 $(NH_4)_2SO_4$ 浓度和温度密切相关。在含有质量分数为 20％ $(NH_4)_2SO_4$ 的体系中六糖的最高产率是不含 $(NH_4)_2SO_4$ 体系的 1.6 倍[64,65]。

通过壳多糖酶催化聚合 D-葡萄糖 β-（1，4）-N-乙酰基-D-氨基葡萄糖唑啉衍生物单体，可制备甲壳素-壳聚糖杂多糖（如图 3-9 所示）[66]。该杂化糖具有 β-（1，4）连接的 N-乙酰基-D-氨基葡萄糖和 D-葡萄糖的交替结构。由 Serratia

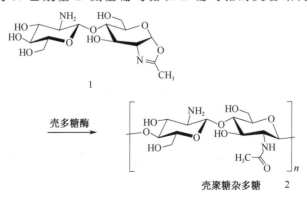

图 3-9　壳多糖酶催化合成甲壳素-壳聚糖杂多糖

*marcescens*酶催化聚合制得的杂多糖的相对分子质量可达 2020，含有十糖至十二糖单元。

3.2.2.3　其他方法

目前，将酶和超滤膜相结合，已经实现了壳寡糖的连续生产。用膜过滤酶反应器来水解壳聚糖，可进行连续反应，滤液用甲醇沉淀分离可得到五糖含量＞92.3％的壳寡糖[67]。用超滤膜酶反应器可制得 80％聚合度为 3~6 的壳寡糖[68]，而且这些壳寡糖在 0.5％浓度就具有完全抑制大肠杆菌的活性。用固定酶圆柱形反应器，连接超滤膜反应系统串联水解，使用 3 个不同的膜，可使相对分子质量减少 10 000、5000 和 1000[69]。此系统可有效地进行水解和分离从而制得不同相对分子质量的壳寡糖。在以芽孢杆菌（Bacillus pumilus）固定化壳聚糖酶反应器中，通过固定化酶控制酶解反应，可制备高功能活性的甲壳低聚糖[70]。产率受固定化载体表面酶浓度和反应器中溶液的流速影响很大，在最佳反应条件下，五糖和六糖的产率可达 30％以上。

大连中科格莱克生物科技有限公司采用自主研发的酶反应/膜分离耦合技术，建成了年产 30 t 壳寡糖生产基地，对推动我国壳寡糖的应用及糖生物工程产品产业化具有重要意义。与传统的强酸及氧化降解化学生产方法相比，具有聚合度可控性、产物活性高及生产过程无污染等优势。

3.2.3　物理降解法

除上述化学法和生物法降解制备甲壳低聚糖外，微波、超声波和 γ 射线等物理方式处理也可降解壳聚糖。物理降解法速度快、无副产物、无环境污染，是较理想的高聚物降解方法。其中主要方法有以下几种。

3.2.3.1　γ 射线辐射降解

在一定辐射剂量照射下，γ 射线能有效降解壳聚糖，得到相对低相对分子质量甲壳低聚糖。以 2~200 kGy 的辐射量辐射溶解在 2％乙酸溶液中的壳聚糖，随辐射量的增加，壳聚糖溶液的黏度下降，在辐射量增至 10 kGy 前，溶液黏度下降迅速，之后溶液黏度变化幅度减缓，而且随着辐射量的增加，产物的颜色逐渐加深[71]。

将脱乙酰度为 90％和 99％的壳聚糖粉末装入聚乙烯袋中，以放射源为 ^{60}Co 的 γ 射线辐射，结果发现开始辐射后，壳聚糖的相对分子质量下降很快，辐射量超过 200 kGy 后相对分子质量下降不明显，并且脱乙酰度高的壳聚糖相对分子质量要下降得快一些[72]。用 γ 射线照射壳聚糖发现辐射降解遵循无规降解动力学规律，降解过程中壳聚糖的脱乙酰化度略有升高，降解反应主要由壳聚糖分子链上的 C_1—O—C_4 键断裂引起，在降解过程中生成了 δ-内酯结构的端基。随辐射剂量的增加，壳聚糖的相对分子质量明显降低，当辐射剂量达到 250 kGy 时，大气环境下壳聚糖的相对分子质量从 274 000 下降到 24 000，而真空环境下则下降到 20 000[73]。

　　壳聚糖在 CH_3COOH/NaCl 均相体系下的辐射降解反应过程可用图 3-10 表示。酸性条件下，壳聚糖的降解主要由 ·H 和 ·OH 自由基共同作用引起，加入 H_2O_2 或者通入 N_2O 都能够略微提高 ·OH 自由基浓度，对壳聚糖的降解有促进作用。加入异丙醇后，由于同时降低了 ·H 和 ·OH 自由基浓度，导致壳聚糖降解缓慢。当溶液的 pH 接近中性后，对壳聚糖降解起主要作用的为 ·OH 自由基，加入 H_2O_2 或者通入 N_2O 都会增加 ·OH 自由基的浓度，从而明显提高壳聚糖的降解速率。样品的 UV 和 FT-IR 分析表明，辐照后除在壳聚糖分子链端生成羰基外，壳聚糖主链结构未见变化，脱乙酰度也没有显著改变，显示出辐射降解是一种有效的控制壳聚糖相对分子质量方法[74]。

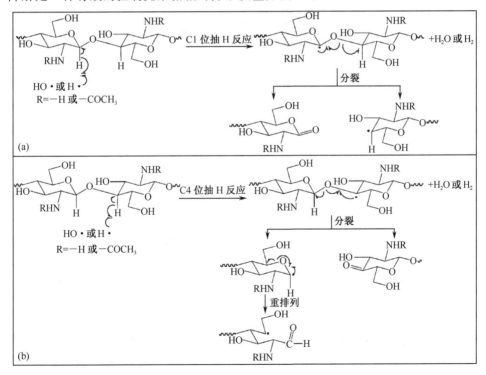

图 3-10　均相体系下辐射降解壳聚糖反应过程

3.2.3.2　光降解

用紫外线、可见光和红外线对壳聚糖进行照射也可以引起壳聚糖的降解反应，俗称光降解。当辐照光的波长小于 360 nm 时降解反应尤为明显。IR 分析表明，光降解过程中壳聚糖分子链上的乙酰氨基葡萄糖单元发生了脱乙酰化反应，导致自由氨基数量增加，同时 β-(1，4) 糖苷键断裂，降解过程中会生成羰基，这一点与 γ 射线引起的辐射降解不同[75]。

在紫外光照射下，用 H_2O_2 氧化降解壳聚糖，通过正交试验得到的最佳反应条件是 H_2O_2 2%（质量分数）、壳聚糖 2%（质量分数）、乙酸 1%（质量分数）和辐照 30 min[76]。对比超声波、紫外光和 γ 射线辐射作用的壳聚糖水溶液，发现紫外光降解壳聚糖是最有效的。在 205～280 nm 范围内壳聚糖有两个吸收峰，表明紫外光降解反应可能是自由基降解机理[77]。

3.2.3.3　微波降解

采用微波降解壳聚糖可使甲壳素脱乙酰化反应与壳聚糖降解反应同时进行，这样既可降低甲壳素脱乙酰化过程中碱的用量，减少生产成本，缩短生产周期；又可通过改进工艺技术实现对环境无污染绿色生产。利用微波辐射，用 H_2O_2 作氧化剂，在酸性条件下，非均相降解高相对分子质量的壳聚糖，得到的最优条件是 5% H_2O_2、4%HCl、微波功率约为 320 W、辐射 3 min，所得水溶性壳聚糖相对分子质量为 1.7×10^4，得率可达 40%[78]。在微波照射下，添加一些无机盐可以有效地提高壳聚糖的降解速度，其降解物的分子质量比用传统加热方法制备的要低[79]。将聚合度为 3～150，相对分子质量在 6×10^5～3×10^7 之间的壳聚糖加入到含有 NaCl 或 KCl 或 $CaCl_2$ 的电解质稀酸溶液中，以 480～800 W 的微波辐射能量，降解反应 3～12 min，冷至室温，再用 2 mol/L 的 NaOH 液中和，得淡黄色絮状沉淀；再在 4℃冷藏柜中沉化 30 min，抽滤，所得滤饼在 60℃下烘干、粉碎，即得甲壳低聚糖化合物。此方法能够降低能耗、减小污染、节省时间、具有好的产业化前景[80]。

3.2.3.4　超声波降解

超声波对壳聚糖的降解加速作用并非是简单的线性加和，这可归功于超声波的"声空化"作用。超声波在液体中的波长为 10～0.015 cm（相应的频率为15～10 MHz），它远大于分子的尺寸，在液体中产生微小的空化气泡即"空泡"。"声空化"作用就是在声场作用下，液体中的空泡振动、生长和崩溃闭合的动力学过程。空泡崩溃闭合时产生的局部高温、高压和发光、冲击波、微射流等能够强化传质，使固体表面保持高的活性。这种声空化作用主要表现为：①超声机械效应：超声波在媒质中传播时引起的媒质质元的振动，使位移速度加快，分子碰撞速度加快，同时对质点施加较大的冲击力，会导致分子链断裂；②超声热效应：超声波在媒质中被吸收，使部分声能转化为热能，有利于降解反应；③超声化学效应：超声波通过媒质时，由于产生强烈的分子碰撞，导致分子电离及其他化学反应。对壳聚糖的降解反应，主要是超声波的机械效应和热效应在起作用，因为超声波并不影响壳聚糖的降解反应动力学规律。另外，超声波能够加强体系内的传质效应，使体系高度均一化。不仅能够大大缩短降解时间，而且超声波降解产物的相对分子质量应该具有较窄的分布[81]。

　　用超声波对壳聚糖进行降解，反应温和，可在低温下进行，作用十分明显。选用适当频率和功率的超声波降解壳聚糖，能有效地使大分子断裂[82,83]。用 28 kHz 的超声波对溶解于稀 HCl 之中的壳聚糖作用 30 h，得到了相对分子质量很低的产品（聚合度 3～12）。升高温度和延长照射时间有利于降低产物的相对分子质量。另有研究表明，延长超声波的作用时间，可以使降解产物的相对分子质量分布明显变窄，从而得到较为均一的低相对分子质量壳聚糖；同时降解过程中壳聚糖的氨基含量不随降解时间而变化。与化学降解相比，超声波降解的酸用量明显减少，后处理过程大为简化，对环境的污染大大降低。但是这种方法的缺点是收率太低，生产成本过高，实现工业化还有待于进一步的研究。

　　综上所述，各种制备甲壳低聚糖的方法都各有其特点。化学法简便易行，所用酸或氧化试剂廉价易得，易于实现产业化。但所得降解产物的相对分子质量范围很宽，水解产物的还原端基会发生氧化和降解，副产物多。酶法降解可选择性地切断壳聚糖的 β-(1，4)-糖苷键，降解过程和降解产物的相对分子质量分布容易控制，反应专一性强，不会引起结构的破坏。反应可在较温和的条件下进行，副反应少，因而产物的安全性高，但生产周期长，在选择高活力的酶和低成本的分离纯化方法以适合工业化大规模生产上尚存在一定困难。

　　目前，大多数的制备方法还只是处于实验室研究阶段，要最终实现产业化，还必须在其降解机理、降解效率、降解产物的分离纯化及现有工艺的完善和提高等方面进行更深入的研究，并探索新的经济可行的降解和合成方法。如何提高酶的水解活力、筛选新的酶种、将化学法与酶法相结合和采用化学合成的方法等，将为甲壳低聚糖的制备提供新的途径。

3.3　分离纯化与表征方法

3.3.1　分离纯化方法

　　甲壳低聚糖的制备方法不同、制备目的不同,相应的分离纯化方法也不同。但通常都包括调节体系的 pH、过滤和真空（或冷冻）干燥,必要时还需要脱色和重结晶。其分离纯化过程如图 3-11 所示。

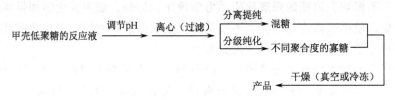

图 3-11　甲壳低聚糖的分离纯化过程

　　酶法降解的产物中有部分乙酰化的寡糖,很难用色谱法将其分离,先将降解产物全部乙酰化,得到相应聚合度的低聚糖,再用阳离子交换树脂或活性炭柱色谱分离,可达到很好的效果[84]。酸法水解所得的低聚糖混合物经阳离子交换树脂吸附,用 HCl 梯度洗脱可得到不同聚合度的寡糖[85]。例如,由酸法水解甲壳素得到的甲壳低聚糖经活性炭/硅藻土色谱柱吸附后,用乙醇梯度洗脱可得到不同聚合度（通常为 1~7）的寡聚糖,然后在甲醇中结晶,可精制得到高纯度的产物。但活性炭/硅藻土只吸附低聚糖,不吸附单糖,并且吸附能力低,需大量乙醇,速度慢,不适于工业化。采用凝胶过滤法处理要比活性炭/硅藻土法快速,可获得较大量的产物。有专利报道,用离子交换膜法代替活性炭/硅藻土法,即以离子交换膜将剩余的 HCl 去除,这样可高效回收生成的甲壳低聚糖和单糖,从而使得工业化成为可能。高压液相色谱法也是分离和纯化甲壳低聚糖行之有效的方法。此外,还有纸色谱法[86],薄层分析法[87]和超滤膜法[88]等。最近的研究发现,用排阻色谱可将壳寡糖低聚混合物中聚合度为 15 的低聚糖分离出来[89]。

3.3.2　相对分子质量的测定

　　甲壳低聚糖的相对分子质量测定可以采用凝胶渗透色谱法（GPC）[90]、蒸汽压渗透计法、渗透压法、端基法[25]、黏度法、光散射法（LS）[91]和光散射－凝胶渗透色谱法（GPC-LS）等方法进行。超离心法测定相对分子质量,由于设备和操作等原因，应用不多。一个相对分子质量较为分散的样品，若采用不同的相对分子质量测定法，测定的结果往往存在一定的差异。不同的测定方法得到的平均相对分子质量的意义也不同，凝胶渗透色谱法测得的是重均相对分子质量和数均相对分子质量，光散射法测的是重均相对分子质量（M_w），渗透压法、蒸汽压渗透计法和端基法测得的是数均相对分子质量（M_n）；黏度法只适合测定黏均相对分子质量（M_v），而且测定的相对分子质量的适用范围为 10^4 以上。

用高压液相色谱法方法测定壳聚糖相对分子质量的最大优点是，可以测绝对相对分子质量，同时还能得到相对分子质量分布图。目前已有专用的仪器和相对分子质量标样，已经发展为一种普遍采用的相对分子质量和相对分子质量分布测定方法。光散射法也是一种常用的方法，但不能准确测量相对分子质量小于5000的低聚糖的分散度和相对分子质量。端基法因其不需要特殊的仪器设备，并且操作方便，应用较为广泛，但误差较大。

高效毛细管电泳具有高分辨率、高灵敏度及快速分离的特点，广泛用于寡糖的结构测定。将低相对分子质量的水溶性壳聚糖 50 mg 加入 150 μL 0.2 mol/L 的 8-氨基萘-1，3，6-三磺酸盐（ANTS，溶于 HAc-H$_2$O 中）衍生物中，并于200 L 1 mol/L 的 NaBH$_3$CN 络合（40℃水浴反应 15 h），使糖链带负电荷，且具有发色团和荧光特性。由于大小不一的寡糖形成络合物时，每个络合物只带一个电荷，这样各种寡糖可根据分子大小在电泳中得到分离，并很快通过激光诱导荧光检测，然后从出峰时间判断寡糖的聚合度。通过峰面积计算各种聚合度的寡糖占总水解产物的百分比。

3.3.3　结构鉴别

甲壳低聚糖的结构鉴别及表征可采用纸层析、薄层层析、红外吸收光谱、紫外吸收光谱、质谱法、核磁共振、元素分析、X 射线衍射和游离氨基含量（或脱乙酰度）等测定方法[92]。采用乙酸乙酯：甲醇：水：氨水＝5：9：1：1.5 混合液作为硅胶薄板展开剂时，可将不同聚合度的壳寡糖很好地分开，且层析重现性高，糖残基数目和 R_f 值具有很好的线性关系[87, 93]。

通过红外光谱，可以确定糖苷键的构型、羟基和氨基被取代等情况。将高相对分子质量壳聚糖和低相对分子质量壳聚糖 KBr 压片，在 400～4000 cm^{-1} 区间扫描，相对分子质量不同的壳聚糖的红外光谱结构表征基本一致。几个特征吸收带如 3450 cm^{-1} 的 O—H 伸缩振动吸收带，2867 cm^{-1} 的 C—H 伸缩振动吸收带1665 cm^{-1} 和 1550 cm^{-1} 的酰胺吸收带都存在。低相对分子质量壳聚糖由于羟基的增多，3450 cm^{-1} 处出现较强的—OH 吸收带[94]。

在壳聚糖降解前后 3400 cm^{-1} 左右的 N—H 伸缩振动、1600 cm^{-1} 左右的

N—H 弯曲振动等主要峰的位置都无变化，只是随壳聚糖相对分子质量的降低各吸收带强度有所变化，进一步证实了该协同反应是以开裂壳聚糖的 β-(1，4) 糖苷键来进行，说明降解前后壳聚糖糖环结构没有改变。

对于多糖来说，紫外光谱使用的较少。一般的多糖分子结构不存在生色团，更没有共轭基团，甲壳素则是一种特殊的多糖，每个糖残基的 C_2 位置上，有一个乙酰氨基，是一个生色团，所以有紫外吸收。质谱分析 N-乙酰化低聚糖衍生物可通过一种酶水解壳聚糖半制备的色谱作标度 $(GlcNAc)_2$-70。

^1H 核磁共振主要是解决多糖中糖苷键的构型问题，多糖的信号（化学位移 δ）大多数集中在 $\delta 4.0\sim5.5$ ppm 范围。除了 C_1 上质子的信号在 $\delta 4.8\sim5.5$ ppm 易解析外，其他 $C_2\sim C_6$ 上质子的信号集中在 $\delta 4.0\sim4.8$ ppm 范围内，很难解析。^{13}C 核磁共振的化学位移范围较 ^1H 核磁共振宽得多，可以达到 200 ppm，所以共振信号能够分得开，不但能确定各种碳的位置，还能区分分子的构型和构象；峰的相对高度正比于碳的数目，所以可以根据不同的异头碳（C—1）的峰的相对高度来定量计算多糖中不同比例的残基。由此可见，^{13}C 核磁共振要比 ^1H 核磁共振用处大得多[92]。

3.4　甲壳低聚糖衍生物制备方法

甲壳素/壳聚糖的降解反应不是发生在羟基和氨基上，但它却是甲壳素/壳聚糖最重要的反应之一，降解产物的衍生化是甲壳素/壳聚糖类产品衍生化的一个重要组成部分。

3.4.1　羧化甲壳低聚糖衍生物

与壳聚糖衍生物类似，低相对分子质量壳聚糖衍生物的羧甲基化到目前为止研究的较多。高相对分子质量壳聚降解为低相对分子质量壳聚糖后，削弱了分子间的氢键，因而可溶于水，在其重复单元中引入—CH_2COOH 后，由于—COOH 具有亲水性，故可进一步改善其吸湿保湿性能。采用相对分子质量为 3000 的壳聚糖和氯乙酸反应制备了低相对分子质量 N, O-羧甲基壳聚糖。研究结果表明，该衍生物的吸湿保湿性能优于透明质酸[95]。

相对分子质量为 $1\times10^4\sim5\times10^4$ 的壳寡糖，保留了结合大分子药物用的氨基，具有较好水溶性。但亲脂性的不足，同样影响了其作为药物载体的细胞转运功能的作用。将壳寡糖分子结构中的部分氨基，与含羧基的疏水性物质硬脂酸嫁接，可改善壳寡糖分子结构的疏水性。该接枝物保留了适当数量的氨基，可作为一种阳离子型的载体。进一步嫁接荷负电的生物大分子，可形成纳米粒给药系统[96]。以碳二亚胺为交联偶合剂制备的壳寡糖硬脂酸嫁接物也是一种良好的药物载体[97]。

3.4.2　酰化甲壳低聚糖衍生物

用相对分子质量为 1 万的壳寡糖可合成两种不同结构的酰化壳寡糖（N,O-十二酰化壳寡糖和 O-十二酰化壳寡糖）[98]，取代度分别为 3.30 和 1.53。研究结果表明：酰化壳寡糖具有较好的脂溶性和热稳定性，酰化产物在发生热分解前，基本保持恒重，而壳寡糖在发生热分解前已有 10% 的热失重；壳寡糖在常用的有机溶剂中几乎不溶解，而改性后的酰化壳寡糖在有机溶剂中有较好的脂溶性。N,O-十二酰化壳寡糖能溶于许多有机溶剂，N,O-十二酰化壳寡糖与 O-十二酰化壳寡糖的脂溶性差别在于在乙醚和环己烷中的溶解性。改性产物 N,O-十二酰化壳寡糖是一种结晶性物质，熔点为 66℃。两种酰化产物的 XRD 谱图在 3° 左右的位置出现了强衍射峰。

壳聚糖酶水解壳聚糖并进一步经 N-乙酰化可制备 DP 为 2~6 的 N-乙酰甲壳低聚糖[99]。对水解产物进行凝胶色谱层析，从二聚体到六聚体可以明显地得到分离。使用不同脱乙酰度的壳聚糖，研究脱乙酰度对低聚糖产率的影响，产率以每种低聚糖对壳聚糖的质量分数计。当以脱乙酰度=5% 的壳聚糖为底物时，产率相对较低；而脱乙酰度>10% 的壳聚糖有较高的产率，主要产物是三糖、四糖和五糖。首先运用超声波与 HCl 协同作用先制备较低相对分子质量的甲壳素，再进行衍生化，采用常压正相硅胶柱进行分离，可得到 8 种全乙酰壳寡糖（八乙酰壳二糖、十一乙酰壳三糖、十四乙酰壳四糖和十七乙酰壳五糖，以及 N，N'-二乙酰壳二糖、N，N'，N''-三乙酰壳三糖、N，N'，N''，N'''-四乙酰壳四糖和 N，N'，N''，N'''，N''''-五乙酰壳五糖）[100]。

通过控制反应温度、反应时间及低相对分子质量壳聚糖和丁二酸酐的摩尔比，可制备系列不同取代度的低相对分子质量 N-羧丁酰壳聚糖。吸湿保湿性的研究结果表明，与高相对分子质量的 N-羧丁酰壳聚糖相比，在相近的取代度下，低相对分子质量的 N-羧丁酰壳聚糖衍生物具有更高的吸湿保湿性[101]。在相同的制备条件下，H_2O_2 降解制得的低相对分子质量壳聚糖及其 N-羧丁酰衍生物，无论水溶性还是吸湿保湿性能，均优于酶降解制得的低相对分子质量壳聚糖及其 N-羧丁酰衍生物的水溶性和吸湿保湿性。

将 N-/2（3）-（十二烷基-2-烯）琥珀酰基团接枝到壳低聚糖上，可制备取代度为 3%~18%（摩尔分数）的 N-/2（3）-（十二烷基-2-烯）琥珀酰壳低聚糖衍生物（图 3-12）[102]。这些衍生物可以溶解在水溶液中并呈单分散性，该衍生物的十四烯酰基分子链和质子化的氨基葡萄糖单体通过疏水性作用形成胶束。胶束浓度随十四烯酰基取代度的增加减小。研究结果表明：该衍生物可以引导基因的传送。最近，Vladimir 等[103]也制备了 N-/2（3）-（十二烷基-2-烯）琥珀酰壳低聚糖衍生物，该物质对细菌、酵母菌以及真菌表现出很好的抗菌性。

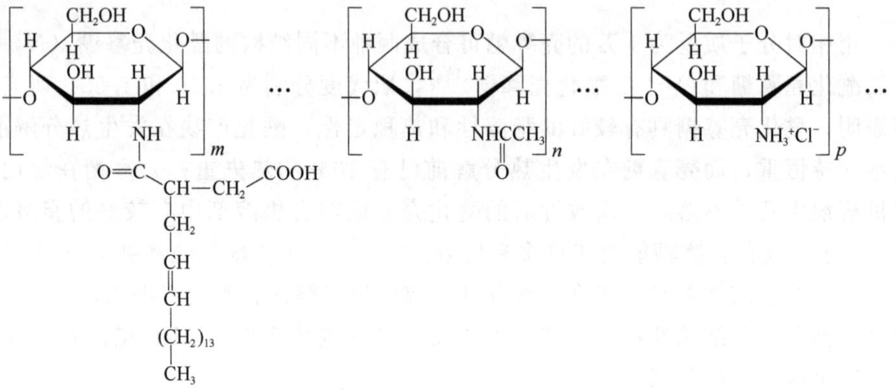

图 3-12　N-/2（3）-（十二烷基-2-烯）琥珀酰壳低聚糖的化学结构式

3.4.3　季铵化甲壳低聚糖衍生物

　　季铵化壳低聚糖是用壳低聚糖为原料合成的一类新型阳离子表面活性剂，具有良好的表面活性、乳化性能、吸湿保湿性和泡沫性等。褚春莹[104]合成了 4 种季铵化壳低聚糖，即（2-羟基-3，3-二甲基十二烷基铵基）丙基壳低聚糖、（2-羟基-3，3-二甲基十四烷基铵基）丙基壳低聚糖、（2-羟基-3，3-二甲基十六烷基铵基）丙基壳低聚糖、（2-羟基-3，3-二甲基十八烷基铵基）丙基壳低聚糖，并运用红外光谱、紫外光谱、元素分析和凝胶渗透色谱等方法对其结构、反应取代度及其相对分子质量进行了表征（图 3-13）。对新型季铵化壳低聚糖的理化性质如表面活性、增溶性、相行为、抑菌抗菌性和抗肿瘤活性等进行了研究，为其应用奠定了基础。

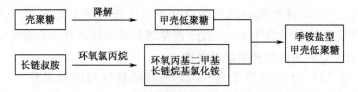

图 3-13　季铵化壳低聚糖类表面活性剂的合成路线

　　以壳聚糖降解得到的水溶性壳低聚糖为原料，分别与烷基缩水甘油醚、脂肪酰氯和环氧丙基长链烷基二甲基氯化铵反应，可制得 3 个不同系列（烷氧基羟丙基壳低聚糖、脂肪酰化壳低聚糖和季铵基羟丙基壳低聚糖）新型壳低聚糖衍生物[105]，包括非离子型、阴离子型、阳离子型 3 类壳聚糖类低相对分子质量表面活性剂。研究结果表明：3 类新型甲壳低聚糖衍生物均能溶于水中（但不溶于常用的有机溶剂），表现出良好的表面活性，且其表面活性受疏水基碳链长度和反应取代度的影响。烷氧基羟丙基甲壳低聚糖和季铵基羟丙基甲壳低聚糖具有一定的乳化性能和良好的吸湿保湿性能；而且前者的配伍性能良好，后者表现出优良的泡沫性能。因此，3 类甲壳低聚糖衍生物可望作为功能性添加剂应用于食品、医药和化妆品等领域中。

3.4.4　席夫碱甲壳低聚糖衍生物

用甲壳低聚糖分别与香草醛、邻香草醛、糠醛反应可合成新的甲壳低聚糖席夫碱衍生物[106]。将低相对分子质量壳聚糖在乙醇溶剂中与水杨醛反应，生成席夫碱后再经 $NaBH_4$ 还原，可得到相应衍生物[107]，对金属离子表现出较好的吸附性能。

将不同取代基的水杨醛与低聚糖反应，可制备在 C_2 位上的系列衍生物[108]，反应示意图如图 3-14 所示。采用元素分析、红外谱图、^1H 核磁谱图及电位滴定对低相对分子质量壳聚糖席夫碱衍生物进行了表征。产物取代度为 4.6％～68.5％，反应过程中壳聚糖的乙酰化度没有明显的改变。

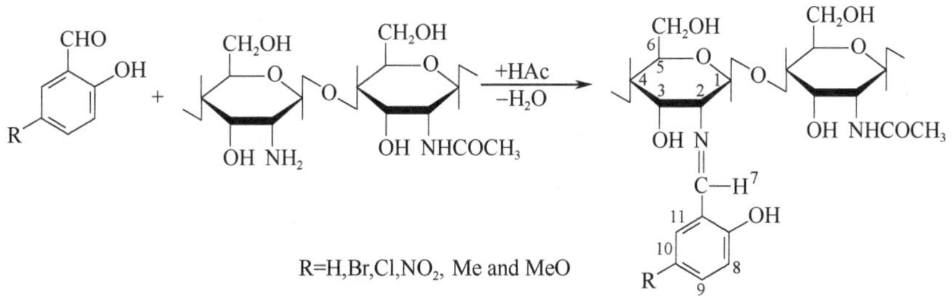

图 3-14　低聚糖与不同取代基水杨醛反应过程示意图

3.4.5　甲壳低聚糖复合物

通过 N-甲基丙烯酰胺的交联作用，可将聚合度为 9 的壳寡糖固定在聚乙烯醇分子链上，合成路线如图 3-15 所示[109]。该反应分为两个连续的过程，先将壳寡糖在酸性介质中和 N-甲基丙烯酰胺反应，接着再与聚乙烯醇在碱性介质中反应生成聚乙烯醇/壳寡糖复合物。聚乙烯醇/壳寡糖复合物的结晶性低于聚乙烯醇；聚乙烯醇/壳寡糖复合物拉伸模量虽低于聚乙烯醇，但复合物却表现出更高的抗张强度。另外，该复合物还表现出良好的抗菌性。聚乙烯醇/壳寡糖复合物结合了壳寡糖的各种功能性质和聚乙烯醇良好的机械性能，从而有望在生物材料方面得到应用。将壳寡糖先和 N-甲基丙烯酰胺反应制得丙烯酰胺甲基壳寡糖，再与藻酸盐复合可制得壳寡糖/藻酸盐复合物[110]，具有优良的抗菌性。

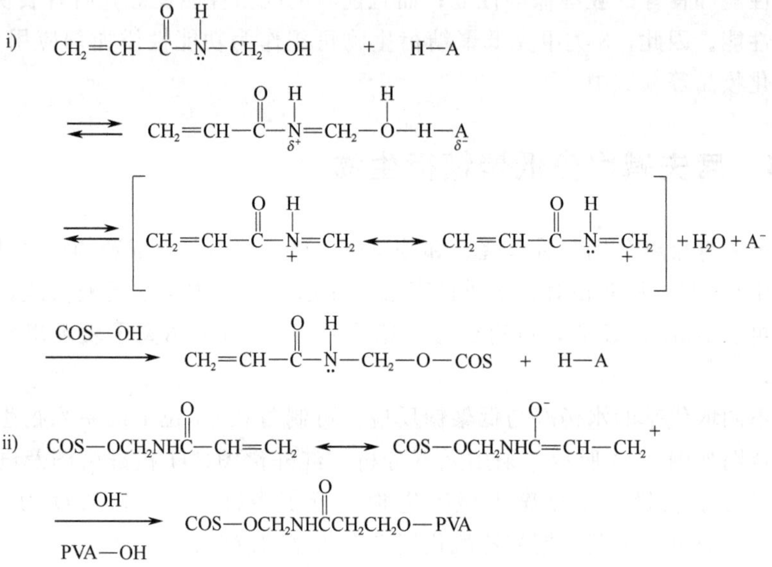

图 3-15　聚乙烯醇/壳寡糖复合物的合成路线

改变半乳糖的含量可制备一系列半乳糖/低相对分子质量壳聚糖复合物[111]，其结构示意图如图 3-16 所示。该物质与 DNA 的复合物对肝细胞表现出有效的细胞选择性转染，从而可望用于基因传送系统。

最近，Ke 等[112]的研究结果表明，在多壁碳纳米管上可复合低相对分子质量壳聚糖，其结构如图 3-17 所示。低相对分子质量壳聚糖分子结构中的氨基和伯羟基参与了反应。复合物中低相对分子质量壳聚糖的含量大约为 58%（质量分数），碳纳米管中大约每 1000 个碳原子结合 4 个低相对分子质量壳聚糖分子链。有趣的是，低相对分子质量壳聚糖的无定形结构在与碳纳米管结合时发生了戏剧性的改变，这可能是由于碳纳米管促使了低相对分子质量壳聚糖晶体结构的形成。作为一个新型的复合物，碳纳米管/低相对分子质量壳聚糖复合物可溶于二甲基甲酰胺、二甲基乙酰胺、二甲亚砜和乙酸水溶液中。该复合物在催化和环境保护方面有潜在的应用前景。

EDC=1- 乙基 -3-(3- 二甲胺丙基）碳二亚胺

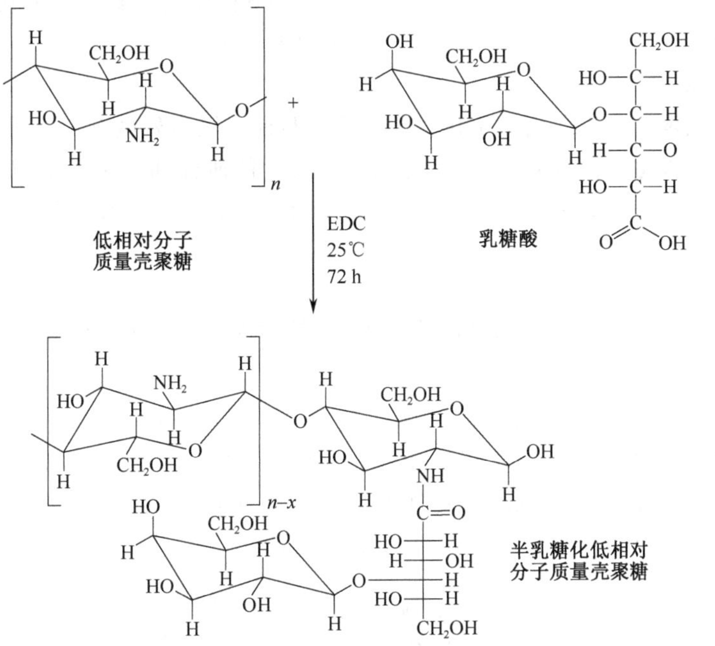

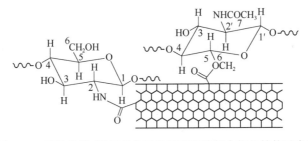

图 3-16　半乳糖/低相对分子质量壳聚糖复合物结构

图 3-17　碳纳米管/低相对分子质量壳聚糖复合物的结构示意图

3.4.6　其他甲壳低聚糖衍生物

根据甲壳低聚糖的氨基弱碱性质，它可以与 HCl、H_2SO_4、乙酸和草酸等无机酸和有机酸结合成为盐。用十二烷基苯磺酸与甲壳低聚糖可生成甲壳低聚糖的磺酸盐[113]。通过运用傅里叶红外光谱、核磁共振和紫外光谱等现代分析手段，发现甲壳低聚糖和十二烷基苯磺酸的反应产物是以盐的形式存在的。该甲壳低聚糖的衍生物可在农业生产中应用。在二甲基甲酰胺溶剂中，用发烟硫酸与甲壳低聚糖反应，可制备相对分子质量为 9000~35 000 的甲壳低聚糖硫酸盐[114]。壳聚糖硫酸盐主要在 C_6 和 C_3 位上形成，取代度为 1.10~1.63。该衍生物有良好的抗凝血性能。

甲壳低聚糖衍生化后有更优良的性能。目前，国内外虽有关于甲壳低聚糖衍生物的研究报道，但相对甲壳素/壳聚糖衍生物的研究却是微不足道的，而甲壳低聚糖衍生物是甲壳素/壳聚糖衍生物无法比拟的。因此，今后可以加强这方面的研究工作。

3.5　单糖及其衍生物制备方法

甲壳素/壳聚糖完全降解的产物是 D-氨基葡萄糖（图 3-18），它具有治疗关节炎和刺激蛋白多糖合成等功能。N-乙酰氨基葡萄糖有免疫调节作用，能改善肠道微生态环境，促进双歧杆菌生长，对肠道疾病有治疗和预防效果[115]。因此，有关单糖及其衍生物的研究近年来较为活跃。

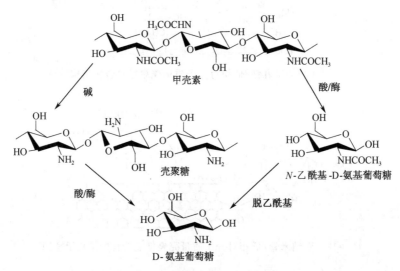

图 3-18　甲壳素或壳聚糖制备单糖及其衍生物示意图

化学法是甲壳素/壳聚糖主链水解制备单糖的主要途径。甲壳素用热的浓 HCl 水解可得到 D-氨基葡萄糖盐酸盐[20]，用乙酸水解可得到 N-乙酰基-D-氨基葡萄糖。利用盐酸盐还可制备硫酸盐和氨基葡萄糖的其他衍生物。

氨基葡萄糖盐酸盐（glucosamine hydrochloride，GAH），化学名为 2-氨基-2-脱氧-β-D-葡萄糖盐酸盐，化学式为 $C_6H_{14}O_5NCl$，相对分子质量为 215.63。GAH 为白色结晶，先甜后略苦盐味，易溶于水，不溶于乙醇。氨基葡萄糖

(glucosamine，GA)，化学名为 2-氨基-2-脱氧-β-D-葡萄糖，化学式为 $C_6H_{13}O_5N$，相对分子质量为 179.17。它是 GAH 在强碱的作用下发生中和反应而制得的。氨基葡萄糖硫酸盐（glucosamine sulfate，GAS），化学名为 2-氨基-2-脱氧-β-D-葡萄糖硫酸盐，可以利用 GAH 在一定浓度的 H_2SO_4 中根据各物质的溶解度不同，通过有关反应制得。

甲壳素、壳聚糖、氨基葡萄糖、氨基葡萄糖盐酸盐和氨基葡萄糖硫酸盐的化学结构式及其它们之间的相互转换关系可简单用图 3-19 表示。

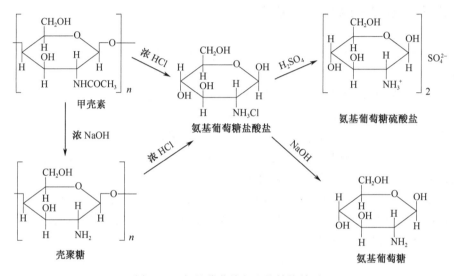

图 3-19　氨基葡萄糖衍生物转换关系

3.5.1　氨基葡萄糖盐酸盐

GAH 一般难以用化学方法合成，通常是甲壳素经水解制得。自 1878 年，Ledderhose 首次报道从甲壳素降解分离得到氨基葡萄糖以来，一般 GAH 的制备方法都是由甲壳素在浓 HCl 回流条件下降解，活性炭脱色，过滤，加入乙醇降温结晶、重结晶、洗涤、烘干而制得。以龙虾壳（蟹壳）为原料制备甲壳素，再用盐酸水解，纯化可得到 GAH[116]。采用正交试验优化水解条件，其研究结果表明最佳工艺为：30%盐酸、95℃、甲壳∶盐酸＝1∶8，水解 5 h[117]。用该方法粗产品得率达 60%，为工业化生产提供了依据。利用蝉蜕和虾壳粗粉制备GAH，其粗品得率为 66%，进一步精制得率为粗品的 86%[118]。以桑蚕蛹为原料，GAH 收率＞40%，纯度＞98%[119]。

以糙皮侧耳固体发酵料 GAH 产率可达 25.29%。微波水解条件下，在压力

0.2 MPa、时间 240 s、盐酸浓度 9.8% 和仪器功率 50% 时，GAH 产率可达 69.78%[120]。

结果表明，使用 D101 大孔吸附树脂作为 GAH 脱色剂，可使生产成本降低，提高产率，减少环境污染[121]。以活性白土为吸附剂，也可有效地降低 GAH 生产成本，提高产率，减少污染[122]。用活性炭脱色，于丙酮体系中重结晶，真空干燥，可得到白色粉末状 GAH[123]。

3.5.2　氨基葡萄糖硫酸盐

GAS 一般可用 GAH 与 K_2SO_4（Na_2SO_4）通过复分解反应制得。以 GAH 和 H_2SO_4 为原料制备 GAS，试验结果表明，平均得率为 93.7%，平均含量为 98.6%。产物的硫酸根含量平均为 21.5%，与理论含量 21.1% 相吻合，表明产物的得率及纯度均较高。GAH 为还原糖，而 H_2SO_4 却具有氧化性。故 GAS 除极易吸湿潮解外，即使在干燥条件下，也易发生氧化还原反应，致使其外观由淡黄逐渐变为橘黄以至棕色，长期干燥保存后产生消旋现象。因此，如何提高 GAS 的稳定性是进一步需要研究的课题[124]。

以 GAH 为原料，可通过甲醇钠方法可制备 GAS。GAH 先与甲醇钠反应生成氨基葡萄糖碱，再与 SO_3 反应，得白色粉末状产品。该方法制得的 GAS 产品的稳定性有明显的提高[125]。

通过阴离子交换层析法可制备 GAS。以吡啶、乙酸乙酯、水和冰乙酸按体积比 5∶5∶3∶1 组成的溶剂系统进行展层，GAS 的 R_f 值为 0.36。将 GAS 产物的晶体重新溶解于 20℃ 水中时，它的比旋光度随时间的延长而下降，1.5 h 后趋于稳定，从 92.1° 降低至 56.7°[126]。

抑制白血病细胞增殖、诱导凋亡和分化是治疗白血病的重要手段之一。研究发现 GAS 能抑制白血病细胞 K562 和 HL60 细胞的增殖，诱导其部分凋亡和分化[127, 128]。由于其毒副作用小，很可能成为新的更适合临床应用的新型细胞分化诱导药物。

3.5.3　其他氨基葡萄糖衍生物

GA 不仅具有治疗关节炎、消炎和刺激蛋白多糖的合成等活性，而且可活化 NK、LAK 细胞，具有免疫调节作用。事实上，GA 几乎分布于人体所有组织，参与构造人体组织和细胞膜，是蛋白多糖大分子合成的中间物质。由于此类化合物具有生理活性，因此在医药和生物领域应用较为广泛，相关衍生物的研究也受到了越来越多的重视[129]。GA 分子内有多个反应中心（—OH、—NH₂），故可以制备多种相关衍生物。1898 年，Breuer 首次合成了 N-乙酰氨基葡萄糖[130]，从此国外逐步开展了其相关衍生物的合成、性质和生理活性、生物功能的研究，并在 20 世纪 60 年代出现高潮。近几年来，糖与生命科学的联系越来越密切，GA 及其衍生物在这方面的应用时有报道。

3.5.3.1　N-酰化-D-氨基葡萄糖

N-酰化-D-氨基葡萄糖衍生物是指以 GA 或 GAH 为原料，采用不同酰化试剂对其进行修饰而得到的衍生物，可分为脂肪酸和芳香族两类。文献报道的合成方法主要有：乙酸银-乙酸酐法、DOWEX-1（碳酸盐型）-乙酸酐法和有机碱法[129]。上述方法中，目前常用的方法是有机碱法，它具有产率高和后处理简单的优点。图 3-20 给出了合成路线示意。

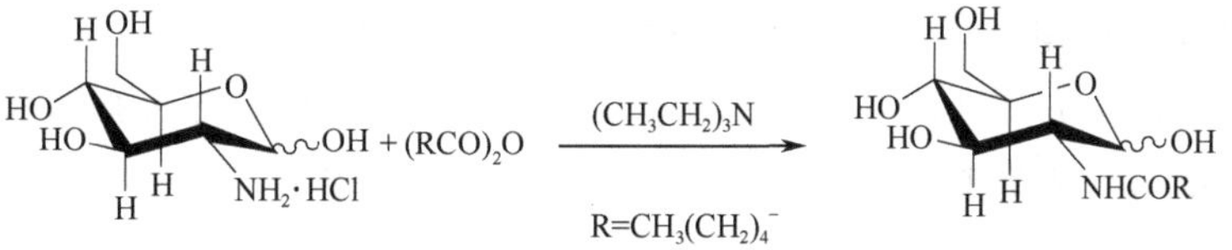

图 3-20　N-酰化-D-氨基葡萄糖衍生物合成路线

N-乙酰-D-氨基葡萄糖通常是由 GAH 经过乙酰化制得的。在 GAH 21 g、水 100 mL、NaOH 4.0 g 和乙酸酐 13.0 mL 时，在 25～30℃下搅拌反应 3 h，得率可达 78.0%，纯度为 99.4%[131]。进一步改进合成方法，产率可提高至 96.7%[132]。N-己酰-D-氨基葡萄糖易溶于乙醇、难溶于水，其溶解度随着温度和乙醇浓度的升高而增加，利用此差异可以进行样品的纯化。实验表明：在甲醇体系中进行 D-氨基葡萄糖盐酸盐与己酸酐的反应，具有反应体系简单、后处理容易等优点[133]。

3.5.3.2　氨基葡萄糖席夫碱

席夫碱及其配合物在抑菌、杀菌、抗肿瘤等方面具有独特的药用效果。氨基葡萄糖能促进抗生素药物的注射功能，也可作为糖尿病患者的药物助剂，它对人体恶性肿瘤有特异性。所以，以氨基葡萄糖为先导化合物合成席夫碱及其配合物的研究在医药领域具有重要意义。早在 20 世纪 20 年代初，在水相中合成了氨基葡萄糖与水杨醛的席夫碱，2003 年人们又在甲醇中合成了氨基葡萄糖水杨醛席夫碱[134]。近年来，人们又采用氨基葡萄糖与苯甲醛的衍生物反应合成了各种席夫碱（图 3-21）。在甲醇中用 Na₂O 处理 D-氨基葡萄糖盐酸盐，再分别与苯甲醛、邻甲氧基苯甲醛、间硝基苯甲醛、间氯苯甲醛、胡椒醛或香草醛反应合成了6 个新的 D-氨基葡萄糖席夫碱[135]。

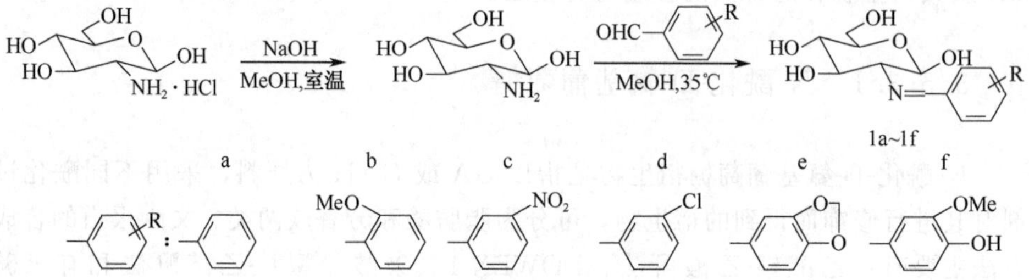

图 3-21　D-氨基葡萄糖席夫碱衍生物

　　D-氨基葡萄糖分子内具有多个反应中心（4 个—OH 和 1 个—NH₂），在合成某种特定的 D-氨基葡萄糖衍生物之前，需要将氨基或羟基保护起来，然后再选择性地脱掉保护基进行下一步反应。文献报道氨基的保护方法有邻苯二甲酸酐法、二乙基乙氧基亚甲基丙二酸法和对甲氧基苯甲醛法等。1，3，4，6-四-O-乙酰基-β-D-氨基葡萄糖有游离的氨基，而活泼的羟基全部被保护，这有利于氨基葡萄糖上氨基的选择性反应，是合成氨基葡萄糖衍生物重要的中间体（图 3-22）。1，3，4，6-四-O-乙酰基-β-D-氨基葡萄糖的合成有两类方法。一类是将糖上的羟基和氨基用乙酰基同时进行保护，然后采用试剂选择性地脱去氨基上的乙酰基，但这类方法试剂昂贵，反应条件苛刻，产率低。另一类是先将氨基保护起来，在保护其余羟基的基础上脱去氨基上的保护基团。前两者对合成 α-构型的产物有效，后者是合成 β-构型产物的最佳方法。分别用对甲氧基苯甲醛和苯甲醛保护 D-氨基葡萄糖的氨基，再将羟基用乙酰基保护，以 HCl 脱去氨基上的保护基团，最后脱去 HCl 可得到 1，3，4，6-四-O-乙酰基-β-D-氨基葡萄糖。两种方法的总产率分别为 59％和 61％[136]。

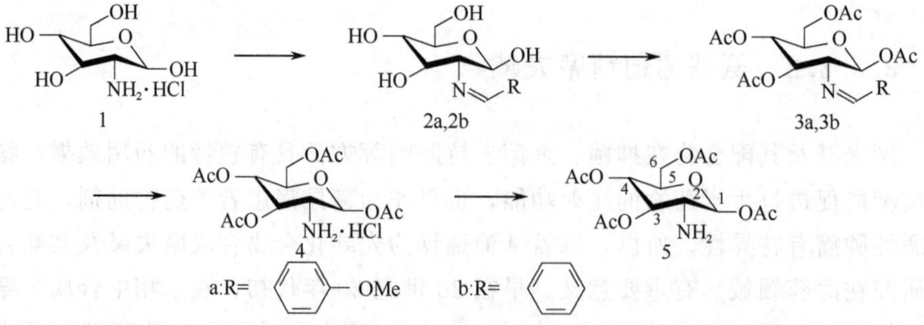

图 3-22　1，3，4，6-四-O-乙酰基-β-D-氨基葡萄糖合成路线

采用苯甲醛保护法也可合成苯甲醛保护的 D-氨基葡萄糖四乙酸酯（图 3-23）。在冰盐浴（冰盐质量比为 3：1）、n（氨基葡萄糖盐酸盐） ：n（苯甲醛）＝9：10 和反应时间为 40 min 反应条件下，得率为 48.4%，然后在冰盐浴条件下，以吡啶为溶剂，用乙酸酐对所得产物进行酰化，25℃ 恒温反应 18 h，得到了 81.1% 得率的苯甲醛缩 D-氨基葡萄糖四乙酸酯[137]。

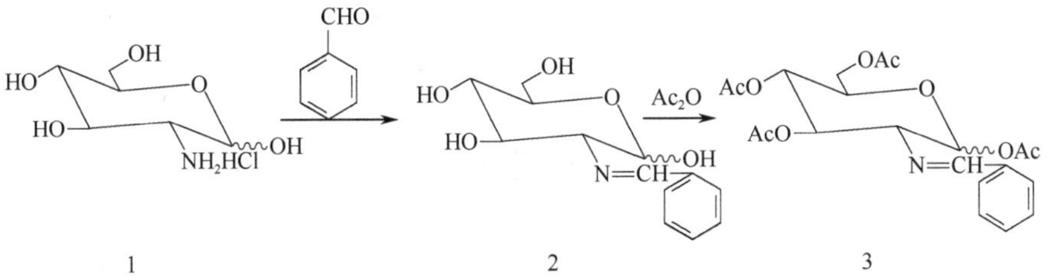

图 3-23　苯甲醛缩 D-氨基葡萄糖四乙酸酯合成路线

3.5.3.3　其他类型的衍生物

有关羧甲基单糖的报道很少，可能与单糖的溶解度太大，在强碱性条件下容易变性等因素有关。在碱性反应体系下，用氯乙酸对氨基葡萄糖盐酸盐进行化学改性，可使 D-氨基葡萄糖 C_6 上的羟基羧甲基化，得到羧甲基氨基葡萄糖[138]。经电位滴定法检测，羧基化度为 97.45%。再用 $SOCl_2$ 酰氯化，利用酰胺反应与精氨酸（Arg）相连，可合成葡萄糖胺-精氨酸（GlcNH$_2$-Arg），合成路线如图 3-24 所示。抗肿瘤活性研究实验表表明，该衍生物在高浓度下对肝癌细胞有抑制作用。

在众多的肿瘤细胞诱导分化剂中，分子的极性是呈现诱导分化活性必要和充分的因素。D-氨基葡萄糖是一种具有生物活性的小分子，它不仅参与人体肝肾解毒、发挥抗炎护肝的作用，而且可以抑制肿瘤细胞的增长。将 D-氨基葡萄糖进行部分衍生化后对肿瘤细胞具有更强的诱导分化作用[139, 140]。为了进一步考察含羧基侧链 D-氨基葡萄糖衍生物的诱导分化效果，采用两相体系合成了 2-(3-羧基-1-丙酰氨基)-2-脱氧-D-葡萄糖[141]，产率可达 72%。该反应条件温和，后处理简单，为开展诱导分化效果研究奠定了基础（图 3-25）。

氨基葡萄糖分子中的—NH$_2$ 和—OH 有较高的反应活性。因此，在—NH$_2$上可直接引入基团，也可在—NH$_2$ 引入基团的基础上再引入其他活性分子。目前临床使用的抗风湿药物常有严重的毒副作用，如胃肠道损伤、骨质疏松、肌肉无力、肝及肺损伤，降低这些毒副作用的途径之一便是把药物携带到靶组织。利用季铵盐正电荷与软骨蛋白多糖负电荷的相互作用，可以将含有季铵盐基团的化

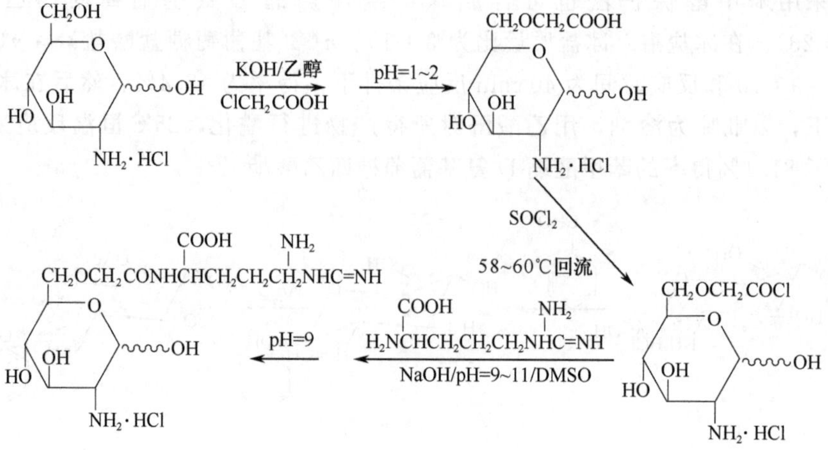

图 3-24　　GlcNH₂-Arg 的合成路线

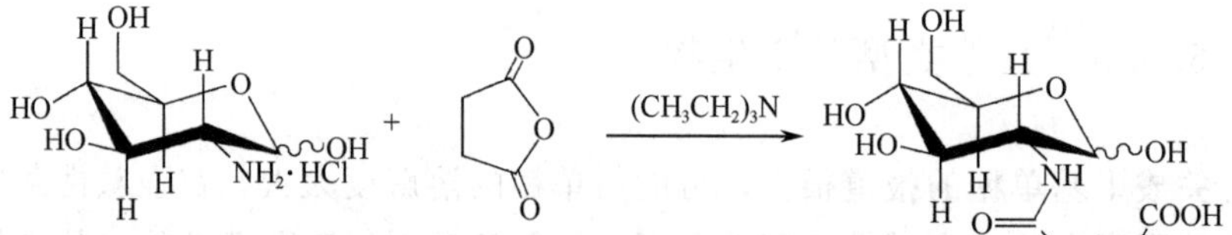

图 3-25　　2-（3-羧基-1-丙酰氨基）-2-脱氧-D-葡萄糖的合成路线

合物作为抗风湿药物的靶向载体。为此，李英霞等合成了 N-吡啶乙酰基-β-D-葡萄糖胺（化学式如图 3-26）[142]。

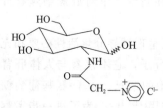

图 3-26　　N-吡啶乙酰基-β-D-葡萄糖胺

众所周知，D-氨基葡萄糖是高等动物蛋白链的一个重要单糖，对肿瘤细胞具有较好的杀伤作用，而对人体正常细胞毒性很小[143]。以 α-氨基酸作为连接，将 5-氟脲嘧啶衍生物与 D-氨基葡萄糖反应，可合成 5-氟脲嘧啶衍生物（图 3-27）[144]。体外抗肿瘤试验表明，化合物对艾氏腹水癌细胞杀伤率均为 100%（24 h，剂量为 0.0225 mol/L），远高于 5-氟脲嘧啶对艾氏腹水癌细胞杀伤力（杀伤率为 67%；22 h，剂量为 0.019 mol/L）和 D-氨基葡萄糖对艾氏腹水癌细胞的杀伤力（杀伤率为 80%；24 h，剂量为 0.28 mol/L）。该结果表明 5-氟脲嘧啶与 D-氨基葡萄糖之间存在某种体外抗肿瘤的协同作用。

综上所述，可以看出，近年来对低聚壳聚糖和氨基葡萄糖及其衍生物的制备和应用研究十分活跃，并取得令人瞩目的进展。尤其是氨基葡萄糖更表现出了诱

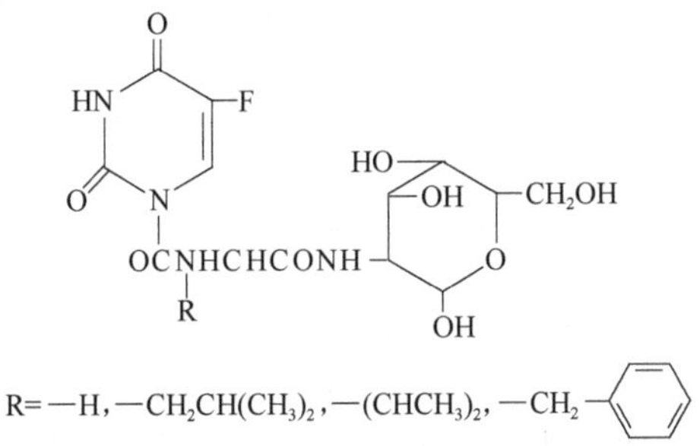

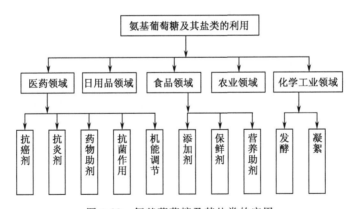

$$R= —H, —CH_2CH(CH_3)_2, —(CHCH_3)_2, —CH_2—\text{（苯基）}$$

图 3-27　D-氨基葡萄糖 5-氟脲嘧啶衍生物

人的发展前景（图 3-28）[145,146]。但就目前为止，在甲壳低聚糖的制备和作用机理的研究上还不够深入。如何使壳聚糖降解的成本低、工艺简单、产品均一和无污染是壳聚糖降解方法研究的重点方向。未来的研究不会拘泥于某一单一的降解方法，很可能是几种降解方法的联合运用，人们可以通过控制某一环节得到不同相对分子质量的壳聚糖，以达到不同的使用目的。另外，关于降解机理和降解效率还有待进一步研究。相信在不远的将来，在众多学者的共同努力下，一定会将甲壳低聚糖和氨基葡萄糖的利用推向更广阔的空间。

图 3-28　氨基葡萄糖及其盐类的应用

参 考 文 献

[1] 夏文水，吴焱楠. 甲壳低聚糖功能性质. 无锡轻工业大学学报，1996，15（4）：297～302

[2] 刘艳如，陈胜，余苹等. 水溶性低聚壳聚糖的制备及其与钙离子的结合. 福建师范大学学报，1997，13（3）：67～70

[3] 赵文伟，于黎，钟晓光等. 水溶性低聚壳聚糖的制备与应用. 福建师范大学学报，1994，（4）：11～14

[4] 林强，马可立. 利用纤维素酶催化水解壳聚糖的研究. 日用化学工业，2003，33（1）：22～24

[5] 金鑫荣，柴平海，张文清. 低聚水溶性壳聚糖的制备方法及研究进展. 化工进展，1998，17（2）：17～21

[6] 冯小强，杨声，苏中兴等．低聚壳聚糖降解制备、分离、纯化、鉴别的研究进展．高分子通报，2006，(10)：82～89

[7] Horouitz S T, Roseman S, Blumenthal H J. The preparation of glucosamine oligosaccharides. I. Separation. J Am Chem Soc, 1957, 79 (18)：5046～5049

[8] Lee M Y, Var F, Shin-ya Y et al. Optimum conditions for the precipitation of chitosan oligomers with DP 5～7 in concentrated hydrochloric acid at low temperature. Process Biochem, 1999, 34 (5)：493～500

[9] Seong H S, Whang H S, Ko S W. Synthesis of a quaternary ammonium derivative of chito-oligosaccharide as antimicrobial agent for cellulosic fibers. J Appl Polym Sci, 2000, 76 (14)：2009～2015

[10] 伊学琼，张岐，于文霞等．Cu（Ⅱ）对壳聚糖的配位控制降解．无机化学学报，2002，18 (1)：87～90

[11] Belamie E, Domard A, Giraud-Guille M M. Study of the solid-state hydrolysis of chitosan in presence of HCl. J Polym Sci Part A Polym Chem, 1997, 35 (15)：3181～3191

[12] Rupley J A, Butler L G. Optimal conditions for cleavage of chitosan by acid. Biochem Biophys Acta, 1964, 83：245～250

[13] Domard A, Cartier N. Chitin and chitosan. London：Elsevier, 1989, 383

[14] Vårum K M, Ottøy M H, Smidsrød O. Acid hydrolysis of chitosans. Carbohydr Polym, 2001, 46 (1)：89～98

[15] Kamachi M, Nakamura A. New macromolecular architecture and functions：proceedings of the oums' 95 Toyonaka. Japan：Osaka, 1995

[16] Sciichi T, Keisuke U, Satoshi M et al. Molecular weight dependent antimicrobial activity by chitosan. Berlin：Spring Vertag Hei delberg, 1996：199～207

[17] Yaku F, Muraki E, Tsuchiya K et al. The preparation of glucosumine oligosaccharide and its Cu（Ⅱ）complex. Cellulose Chem Technol, 1977, 11：421～430

[18] Kristoffer T, Magnus K-H, Kjell M V et al. Preparation and characterisation of chitosans with oligosaccharide branches. Carbohydr Res, 2002, 337 (24)：2455～2462

[19] 刘大同，张秽，徐敏等．异相法降解制备低相对分子质量壳聚糖．高分子材料科学与工程，2002，18 (6)：51～54

[20] Hasegawa M, Isogai A, Onabe F. Preparation of low-molecular-weight chitosan using phosphoric aci. Carbohydr Polym, 1993, 20 (4)：279～283

[21] Jia Z S, Shen D F. Effect of reaction temperature and reaction time on the preparation of low-molecular-weight chitosan using phosphoric acid. Carbohydr Polym, 2002, 49 (4)：393～396

[22] Defaye J, Gadelle A, Pedersen C. A convenient access to β-（1→4）-linked 2-amino-2-deoxy-D-glucopyranosyl fluoride oligosaccharides and β-（1→4）-linked 2-amino-2-deoxy-D-glucopyranosyl oligosaccharides by fluorolysis and fluorohydrolysis of chitosan. Carbohydr Res, 1994, 261 (2)：267～277

[23] 王伟，秦汶．脱乙酰基甲壳素的超声波降解．化学通报，1989，(9)：44～45

[24] 徐良峰．壳聚糖超/近临界水降解的研究．兰州：西北大学硕士学位论文，2004

[25] 邵健，杨宇民．低聚氨基葡萄糖的研制．中国医药工业杂志，1999，30 (11)：481～483

[26] 赵海峰，张敏卿，曾爱武．H_2O_2 氧化降解壳聚糖研究．化工进展，2003，22 (2)：160～164

[27] 张文清，柴平海，夏玮等．NaOCl/H_2O_2 协同氧化制备壳寡糖．华东理工大学学报，2000，26 (4)：425～428

[28] 蒋红梅，方俊，徐向丽等．两种壳聚糖降解工艺的比较研究．化学与生物工程，2006，23 (9)：10～12

[29] 黄群增，王世铭，王琼生等．UV/H_2O_2 降解壳聚糖的研究．福建师范大学学报，2004，20 (4)：63～67

[30] 张峰，殷佳敏，丁丽娟. 超声波辅助降解壳聚糖的研究. 高分子材料科学与工程，2004, 20 (1)：221～223

[31] Chang, K L B, Tai M. -C, Cheng FH. Kinetics and products of the degradation of chitosan by hydrogen peroxide. J Agric Food Chem, 2001, 49 (10)：4845～4851

[32] 汪琴，吴瑾，王爱勤. 不同相对分子质量壳聚糖的制备和部分性质研究. 中国生化药物杂志，2004, 25 (3)：154～156

[33] 林正欢，夏峥嵘，李绵贵. 低聚水溶性壳聚糖的制备研究. 精细石油化工进展，2002, 3 (10)：14～16

[34] Kubota N, Tatsumoyo N, Sano T et al. A simple preparation of half N-acetylated chitosan highly soluble in water and aqueous organ ic sol～vents. Carbohydr Res, 2000, 324 (4)：268～274

[35] 覃彩芹，肖玲，杜予民等. 过氧化氢降解壳聚糖的可控性研究. 武汉大学学报，2000, 46 (2)：195～198

[36] 尹学琼，林强，张岐等. 壳聚糖的配位控制氧化降解及量子化学研究. 化学研究与应用，2004, 16 (4)：485～488

[37] 郝红元，张岐，葛庆凯. 壳聚糖锰（Ⅱ）配位与氧化控制降解寡糖的分子量分布. 无机化学学报，2004, 20 (9)：1085～1089

[38] 郝红元，张岐，葛庆凯. 稀土金属镧（Ⅲ）用于配位氧化控制降解寡糖的分子量分布与抗氧活性. 分子植物育种，2003, 1 (5)：813～817

[39] Rottmann A, Synstad B, Eijsink V et al. Synthesis of N-acetyl glueosaminyl and diacetylchitobiosyl amides of heterocyelic carboxylic acids as potential chitinase inhibitors. Eur J Org Chem, 1999, 2293～2297

[40] Ffidman M, Solomon D, Yogev S et al. One-pot synthesis of glucosamine oligosaccharides. Org Lett, 2002, 4 (2)：281～283

[41] 张虎，赵玉清，杜昱光等. 壳聚糖酶的研究进展. 化学通报，1999, (5)：32～35

[42] Fukamizo T, Ohkawa T, Ikeda Y et al. Specificity of chitosanase from Bacillus Pumilus. Biochim Biophys Acta, 1994, 1205：183～188

[43] Takiguchi Y. Isolation and identification of a thermophilic bacterium producing N, N-diacetyl chitobiose from chitn. Agric Bio Chem, 1989, 53：1537～1541

[44] Davis B et al. Chitn, chitosan and related enzymes. Orlando：Academic Press, 1984, 161

[45] Fenton D M, Eveleigh D E. Purification and mode of action of a chitosanse from Penicillium islandicum. J Gen Microbiol. 1981, 126：151～165

[46] 夏文水. 酶法改性壳聚糖的研究进展. 无锡轻工大学学报，2001, 20 (5)：550～554

[47] Izume M, Nagae S, Kawagishi H et al. Preparation of N-acetylchitooligosaccharides from enzymatic hydrozylates of chitosan Biosci. Biotech. Biochem, 1992, 56 (8)：1327～1328

[48] Hutadilok N, Mochimasu T, Hisamori H et al. The effect of N-substitution on the hydrolysis of chitosan by an endo-chitosanase. Carbohydr Res, 1995, 268 (1)：143～149

[49] 李治，刘晓非，杨冬芝. 壳聚糖降解研究进展. 化工进展，2000, 6：20～24

[50] Zhang H, Du. Y G, Yu X J. Masaru mitsutomi and Sei-ichi Aiba, Preparation of chitooligosaccharides from chitosan by a complex enzyme. Carbohydr Res, 1999, 320 (3-4)：257～260

[51] 刘羿君，蒋英，封云芳等. 特种纤维素酶催化水解壳聚糖及壳寡糖的制备研究. 功能高分子学报，2005, 18 (2)：325～328

[52] 黄瓓，胡富强，袁弘等. 低分子质量壳聚糖的制备及质量控制. 中国中药杂志，2005, 30 (14)：

1076～1079

[53] Masaki A, Fukamzo T, Ohtakara A et al. Lysozyme-catalyzed reaction of chitooligosa ccharides. Biochem, 1981, 90: 527～533

[54] Kurita K, Kaji Y, Mori T et al. Enzymatic degradation of β-chitin: susceptibility and the influence of deacetylation. Carbohydr Polym, 2000, 42 (1): 19～21

[55] Nordtveit R J, Vårum K M, Smidsrød O. Degradation of fully water soluble, partially N-acetylated chitosans with lysozyme. Carbohydr Polym, 1994, 23 (4): 253～260

[56] Kjell M V, Myhr M M, Hjerde R J N et al. In vitro degradation rates of partially N-acetylated chitosans in human serum. Carbohydr Res, 1997, 299 (1-2): 99～101

[57] Nordtveit R J, Vårum K M, Smidsrød O. Degradation of partially N-acetylated chitosans with hen egg white and human lysozyme. Carbohydr Polym, 1996, 29 (2): 163～167

[58] Shigemasa Y, Usui H, Morimoto M et al. Chemical modification of chitin and chitosan 1: preparation of partially deacetylated chitin derivative via a ring-opening reaction with cyclic acid anhydrides in lithium chloride/N, N-dimethylacetamide. Carbohydr Polym, 1999, 39 (3): 237～243

[59] Aiba S-I. Preparation of N-acetylchitooligosaccharides from lyso-zymic hydrolysates of partially N-acetylated chitosans. Carbohydr Res, 1994, 261 (2): 297～306

[60] Muzzarelli RA, Muzzarelli C, Tarsi R et al. Fungistatic activity of modified chitosans against Saprolegnia parasitica. Biomacromolecules, 2001, 2 (1): 165～169

[61] 马如, 黄明智. 脂肪酶降解壳聚糖的反应动力学研究. 化学世界, 2002, 9: 472～475

[62] Li J, Dua Y, Yang J et al. Preparation and characterisation of low molecular weight chitosan and chitooligomers by a commercial enzyme. Polym Degrad Stab, 2005, 87 (3): 441～448

[63] Kohki A. Kazuyoshi K. Akio K. N-deacetylated chitin oligomers using N-acylated chitotrioses as substrates in a lysozyme-catalyzed transglycosylation reaction system. Carbohydr Res, 1995, 279 (27): 151～160

[64] 曾宪放, 陈苏陵, 李吉高. 甲壳质和甲壳胺壳聚糖的制备. 中国海洋药物, 1995, 14 (3): 46～51

[65] Usui T, Matsui H. Isobr K. Enzymic synthesis of useful chito-oligosaccharides utilizing transglycosylation by chitinolytic enzymes in a buffer containing ammonium sulfate. Carbohydr Res, 1990, 203 (1): 65～77

[66] Nanjo F, Sakai K, Ishikawa M et al. Properties and transglycosylation reaction of a chitinase from nocardia orientalis. Agric Biol Chem, 1989, 53: 2189～2195

[67] Akira M, Kazuhiro K, Masashi O et al. Chitinase-catalyzed synthesis of alternatingly N-deacetylated chitin: a chitin-chitosan hybrid polysaccharide. Biomacromolecules, 2006, 7 (3): 950～957

[68] Shimai. Enzymic preparation of high quality chitosan oliosaccharides. Kokai Tokkyo Koho JP 05068580, 1993

[69] Jeon Y J, Kim, S K. Production of chitooligosaccharides using an ultrafiltmtion membrane reactor and their antibacterial activity. Carbohydr Polym, 2000, 41 (2): 133～141

[70] Jeon Y J, Park P J, Kim S K. Antimicrobial effect of chitooligosaccharides produced bybioreactor. Carbonhyd polym, 2001, 44 (1): 71～76

[71] Takashi K, Sosaku I, Seigo S. Improvement of the yield of physiologitally active oligosaccharides in continuous hydrolysis of ehitosan using immobilized chitosanase. Bioteehnol Bioeng, 2003, 84 (1): 121～127

[72] Choi W S, Ahn K J, Lee D W et al. Preparation of chitosan oligomers by irradiation. Polym Degrad Stab, 2002, 78 (3)：533～538

[73] Hai L, Diep T B, Nagasawa N et al. Radiation depolymerization of chitosan to prepare oligomers. Nucl Instrum Methods Phys Res Sect B, 2003, 208：466～470

[74] 李治, 刘晓非, 徐怀玉等. 壳聚糖的 γ 射线辐射降解研究. 应用化学, 2001, 18 (2)：104～107

[75] 张志亮, 彭静, 黄凌等. 壳聚糖在水溶液中的辐射降解反应. 高分子学报, 2006, (7)：841～847

[76] Anthony L A, Ayako T, Takahiro K. Spectral sensitivity of chitosan photodegradation. J Appl Polym Sci, 1996, 62 (9)：1465～1471

[77] Wang S M, Huang Q Z, Wang Q S. Study on the synergetic degradation of chitosan with ultraviolet and hydrogen peroxide. Carbohydr Res, 2005, 340 (6)：1143～11471

[78] Jaroslaw M W, Fumio Y, Naotsugu N et al. Degradation of chitosan and sodium alginate by gamma radiation, sonochemical and ultraviolet methods. Radiat Phys Chem, 2005, 73 (5)：287～295

[79] 胡思前. 微波条件下制备水溶性壳聚糖的研究. 高等函授学报, 2004, 17 (2)：10～12

[80] Xing R, Liu S, Yu H H et al. Salt-assisted acid hydrolysis of chitosan to oligomers under microwave irradiation. Carbohydr Res, 2005, 340 (13)：2150～2153

[81] 中国科学院海洋研究所. 微波降解的甲壳低聚糖化合物及其制备方法. CN1473857, 2004

[82] 董岸杰, 张晓丽, 李军等. 超声波在壳聚糖降解反应中的作用. 高分子材料科学与工程, 2002, 18 (6)：187～189

[83] 韩松涛, 丘泰球, 蔡纯. 超声波强化壳聚糖在乙酸溶液中的降解作用的研究. 声学技术, 1999, 19 (3)：139～141.

[84] 周家华, 刘永, 曾颢等. 超声波新技术制备壳聚糖的研究. 粮油加工与食品机械, 2002, (8)：42～43

[85] 杜昱光, 张铭俊, 张虎等. 海洋寡糖工程药物—壳寡糖制备分离新工艺及其抗癌活性研究. 中国微生态学杂志, 2001, (1)：5～7

[86] Gardell S. Separation on Dowex 50 ion exchange resin of glucosamine and aalactosamine and their quantitative determination. Acta Chem. Scand, 1953, 17 (1)：207～215

[87] Capon B, Foster R L. The preparation of chitin oligosaccharides. Chem Soc, 1970, (12)：1654～1655

[88] 孟显丽, 陈国华, 孙明昆等. 薄层色谱法分离壳寡糖. 青岛海洋大学学报, 2002, 32 (4)：641～644

[89] 刘小鸣, 孟鹏, 王长云. 超滤技术在卡拉胶低聚糖分离纯化中的应用. 海洋湖沼通报, 2000, (3)：40～44

[90] Domard A, Cartier N. Glucosamine oligomers：1. Preparation and characterization. Int J Biol Macromol, 1989, 11 (5)：297～302

[91] 盛以虞, 仲惠娟. 高效凝胶渗透色谱法测定壳聚糖的分子量. 中国药科大学学报, 1994, 25 (4)：242～244

[92] 邹建敏. 光度法测定甲壳低聚糖的平均相对分子质量. 化学世界, 2001, 42 (6)：293～295

[93] 蒋挺大. 甲壳素. 北京：中国环境科学出版社, 1996, 149～152, 377～380

[94] 房子, 刘万顺, 位晓娟等. 甲壳胺寡糖的液相色谱及薄层层析分析. 中国海洋大学学报, 2005, 35 (1)：113～115

[95] 林瑞洵, 蒋苏洪, 张蓁珊. 脱乙酰度测定方法. 化学通报, 1992, (3)：39～42

[96] 王丽, 汪琴, 王爱勤. 低分子量 N, O-羧甲基壳聚糖的合成及吸湿保湿性能. 化学研究与应用, 2006, 18 (6)：729～732

[97] 李樱红, 胡富强, 袁弘. 壳寡糖硬脂酸接枝物纳米粒的制备及其体外释放. 中国药学杂志, 2005, 40

　　　(14)：1083～1086

[98] 叶轶青，胡富强，袁弘．壳寡糖嫁接硬脂酸阳离子聚合物胶团的制备及其理化性质．药学学报，2004，
　　　39 (6)：467～471

[99] 李明春，冯震，辛梅华等．十二酰化壳寡糖的制备及其性质．化工进展，2005，24 (9)：1024～1028

[100] Aiba S I. Preparation of N-acetylchitooligosaccharides by hydrolysis of chitosan with chitinase followed
　　　by N-acetylation. Carbohydr Res, 1994, 265 (2)：323～328

[101] 王骏，李英霞，宋妮等．壳寡糖及其全乙酰化衍生物的制备及结构表征．中国海洋大学学报，2005，
　　　35 (6)：994～1000

[102] 王丽，汪琴，王爱勤．低分子量 N-羧丁酰壳聚糖的合成及吸湿保湿性能．应用化学，2005，22 (6)：
　　　688～690

[103] Ercelen S, Zhang X, Duportail Guy et al. Physicochemical properties of low molecular weight alkylat-
　　　ed chitosans: A new class of potential nonviral vectors for gene delivery. Colloids Surf B, 2006, 51
　　　(2)：140～148

[104] Tikhonov V E, Stepnova E A, Babak V G et al. Bactericidal and antifungal activities of a low molecu-
　　　lar weight chitosan and its N-/2(3)- (dodec-2-enyl) succinoyl/-derivatives. Carbohydr Polym, 2006,
　　　64 (1)：66～72

[105] 褚春莹．季铵化壳低聚糖的合成及性能研究．青岛：中国海洋大学硕士学位论文，2003

[106] 范金石．甲壳低聚糖类表面活性剂的制备及其性能研究．青岛：青岛海洋大学硕士学位论文，2002

[107] 孙彬．甲壳低聚糖类席夫碱的制备及其抗氧化活性的研究．青岛：青岛大学硕士学位论文，2003

[108] 丁德润，陈燕青，刘鸿志．降解壳聚糖与水杨醛改性衍生物对 Ca^{2+}、Fe^{3+} 的螯合性质．精细化工，
　　　2003，20 (4)：247～249

[109] dos Santos J E, Dockal E R, Cavalheiro É T G. Synthesis and characterization of Schiff bases from chi-
　　　tosan and salicylaldehyde derivatives. Carbohydr Polym, 2005, 60 (3)：277～282

[110] Choa Y W, Hanb S S, Koa S W. PVA containing chito-oligosaccharide side chain. Polymer, 2000, 41
　　　(6)：2033～2039

[111] Song J W, Ghim H D, Choi J H et al. Preparation of antimicrobial sodium alginate with chito-oligosac-
　　　charide side chains. J Polym Sci Part A: Polym Chem, 2000, 39 (10)：1810～1816

[112] Gao S Y, Chen J N, Xu X R et al. Galactosylated low molecular weight chitosan as DNA carrier fo-
　　　rhepatocyte-targeting. Int J Pharm, 2003, 255 (1～2)：57～68

[113] Ke G, Guan W C, Tang C Y et al. Covalent functionalization of multiwalled carbon nanotubes with a
　　　low molecular weight chitosan. Biomacromolecules, 2007, 8 (2)：322～326

[114] 张红星．壳低聚糖及其十二烷基苯磺酸盐的生物活性研究．北京：北京化工大学硕士论文，2006

[115] Vikhorevaa G, Bannikovab G, Stolbushkinaa P et al. Preparation and anticoagulant activity of a low-
　　　molecular-weight sulfated chitosan. Carbohydr Polym, 2005, 62 (4)：327～332

[116] Usami Y, Okamato Y, Takayama T et al. Effect of N-acetyl-D-glucosamine and D-glucosamine oli-
　　　gomers on canine polymorphonuclear cells in vitro. Carbohydr Polym, 1998, 36 (2-3)：137～141

[117] 仇立干．D-氨基葡萄糖盐酸盐的研制．苏州大学学报，2000，16 (3)：86～90

[118] 王延松，李红霞，张朝晖．D-氨基葡萄糖盐酸盐的制备及工艺条件优化．江苏药学与临床研究，
　　　2005，13 (5)：22～24

[119] 黄金城，杨其蕴，梁诗飓．蝉蜕制备盐酸氨基葡萄糖的研究．天然产物研究与开发，1993，5 (3)：
　　　28～29

[120] 沈荣明. D-氨基葡萄糖盐酸盐的制备研究. 湖州职业技术学院学报, 2004, (4): 85～88

[121] 林进妹, 潘裕添, 庄远红等. 微波辐射快速制备氨基葡萄糖盐酸盐的研究. 漳州师范学院学报, 2006, (4): 87～92

[122] 张立伟, 赵春贵, 董建华等. 氨基葡萄糖盐酸盐制备及脱色研究. 化学世界, 1999, (2): 84～86

[123] 岳立明, 王正平. 氨基葡萄糖盐酸盐制备工艺研究. 应用科技, 2001, 28 (9): 55～56

[124] 钱和生, 李兰, 薛红梅. 氨基葡萄糖盐酸盐制备及溶解度研究. 化学世界, 1994, (2): 75～78

[125] 李继珩, 许激扬, 朱一非. D-氨基葡萄糖盐酸盐的制备研究. 药物生物技术, 1997, 4 (2): 102～104

[126] 耿作献, 尤瑜敏, 戚晓玉等. 氨基葡萄糖硫酸钠盐的制备及其性质. 上海水产大学学报, 2000, 9 (2): 134～137

[127] 周培根, 尤瑜敏, 倪晔等. 氨基葡萄糖硫酸盐的制备及其性质. 上海水产大学学报, 2002, 11 (2): 145～148

[128] 梁蓉, 王哲, 乔岩. 氨基葡萄糖硫酸盐对白血病细胞 K562 增殖的影响. 中国药理学通报, 2003, 19 (11): 1226～1230

[129] 董宝侠, 王哲, 梁蓉等. 氨基葡萄糖硫酸盐抑制白血病细胞 HL60 增殖并诱导其分化. 第四军医大学学报, 2004, 25 (5): 424～427

[130] 乔岩, 王丽, 王爱勤. D-氨基葡萄糖的化学修饰及其在生物医药领域的应用. 中国海洋药物, 2003, 22 (6): 51～55

[131] Breuer R. Ueber das freie Chitosamin. Ber, 1898, 31 (2): 2193～2200

[132] 丁邦东. N-乙酰氨基-D-葡萄糖合成方法的改进. 宝鸡文理学院学报, 2004, 24 (1): 36～37

[133] 乔岩, 王爱勤. N-乙酰氨基葡萄糖合成方法的改进. 化学试剂, 2002, 24 (3): 162～163

[134] 乔岩, 李安, 王爱勤. N-己酰氨基葡萄糖合成方法的改进. 化学试剂, 2002, 24 (5): 298～298

[135] Pessoa J C, Tomaz I, Henriques R T. Preparation and characterization of vanadium complexes derived from salicylaldehyde or pyridoxal and sugar derivatives. Inorganica Chimica Acta, 2003, 356: 121～132

[136] 李晶玉, 刘蒲. 新型 D-氨基葡萄糖席夫碱的合成. 合成化学, 2006, 14 (5): 523～525

[137] 许金峰, 方志杰, 巨长丽. 1, 3, 4, 6-四-O-乙酰基 β-D-氨基葡萄糖的合成. 合成化学, 2003, (11): 379～380

[138] 王晓焕, 赵永德. 苯甲醛缩 β-D-氨基葡萄糖四乙酸酯的合成. 化学研究, 2006, 17 (3): 44～45

[139] 张莉. 壳寡糖、氨基葡萄糖及其衍生物的制备和抗肿瘤活性研究. 青岛: 中国海洋大学. 硕士学位论文, 2005

[140] 王哲, 乔岩, 黄高升等. N-乙酰氨基葡萄糖诱导白血病细胞 K562 向巨噬细胞分化. 第四军医大学学报, 2003, 24 (1): 46～48

[141] 吴静, 寇炜, 高明太等. D-氨基葡萄糖衍生物抑制 HepG2 细胞生长及诱导凋亡的初步研究. 肿瘤防治杂志, 2005, 12 (16): 1223～1227

[142] 乔岩, 王爱勤, 王哲等. 2-(3-羧基-1-丙酰氨基)-2-脱氧-D-葡萄糖的合成. 化学试剂, 2004, 26 (2): 107～108

[143] 李英霞, 宋妮, 褚世栋等. N-吡啶乙酰基-β-D-葡萄糖胺的合成. 中国海洋药物, 2001, 20 (5): 9～10

[144] 张莉, 刘万顺, 韩宝芹. D-氨基葡萄糖及其衍生物抗肿瘤活性的初步研究. 中国海洋药物, 2006, 25 (2): 26～31

[145] 罗宣干, 卓仁禧, 李满庆. 5-氟脲嘧啶的 D-氨基葡萄糖衍生物的合成极其抗肿瘤活性的研究. 高等

学校化学学报，1996，17（9）：1416～1420

[146] 赵永德，王晓焕. D-氨基葡萄糖衍生物的研究进展. 化学研究，2007，18（1）：108～111

[147] 刘幸海，王宝雷，李正名. 低聚氨基葡萄糖的化学合成及修饰研究进展. 化学通报，2006，69（7）：484～492

第4章　甲壳素/壳聚糖羧化衍生物

4.1　引　言

　　甲壳素/壳聚糖在许多方面得到了应用[1]，但它们的性质在一定程度上仍满足不了实际应用要求，尤其是不溶于水，在很大程度上限制了其应用范围。因此，在甲壳素/壳聚糖分子上，通过化学修饰引入功能基团，可改善功能性和水溶性[2]，从而拓宽其应用领域，提高应用价值。

　　甲壳素/壳聚糖在医药缓释方面的研究应用已有许多报道[3,4]，但是它们作为缓释材料进入人体后，要消耗一定的胃酸才能溶解，而化学改性制备成水溶性的衍生物就可克服其不足。近十几年来，甲壳素/壳聚糖的化学改性一直是甲壳素化学研究中十分活跃和引人注目的课题。在迄今所报道的甲壳素/壳聚糖衍生物中，羧基化甲壳素/壳聚糖是研究最早和最多的[5~7]，这是因为引入羧基后一方面能得到完全水溶性的高分子，更重要的是能得到含阴离子的两性壳聚糖衍生物。甲壳素/壳聚糖与氯代烷酸或乙醛酸反应，可在甲壳素/壳聚糖的羟基或氨基上引入羧烷基基团。本章主要介绍羧基化甲壳素/壳聚糖的研究进展。

4.2　羧甲基甲壳素

　　甲壳素先在 NaOH 溶液中冷冻过夜，然后与氯乙酸反应可制备羧甲基甲壳素，其反应过程如图 4-1 所示。将甲壳素在二甲亚砜中充分溶胀后，在碱性条下进行甲壳素的羧甲基化，可得到羧甲基化的甲壳素钠盐[8]。如果将此产物进一步脱乙酰基，则得到羧甲基化壳聚糖。反应温度、碱的浓度和反应时间等因素对羧甲基甲壳素产物的理化性质有较大影响[9]。

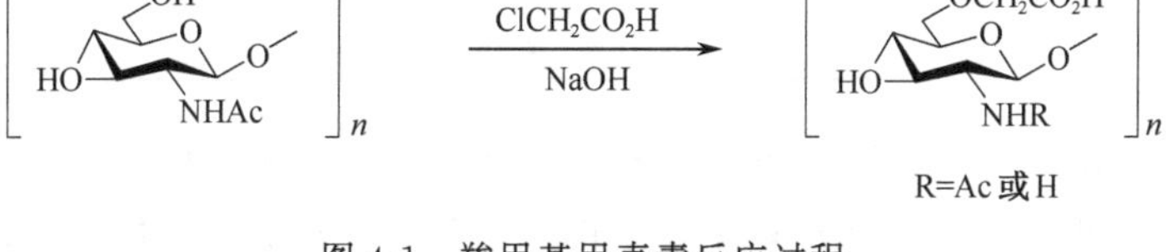

图 4-1　羧甲基甲壳素反应过程

　　采用 45%、50%、55%、60% 和 65% 的 NaOH 溶液制备羧甲基甲壳素，研究发现当碱浓度为 45%、50%、55% 和 60%，反应温度从 30℃升高到 80℃时，可得到水溶性的羧甲基甲壳素。而当碱的浓度大于60%时，被碱化的甲壳素在羧甲基反应过程中变成胶状弹性物质，说明碱化甲壳素的碱浓度太高，羧甲基化反应难以进行。当碱浓度为45%、50%、55%和60%时，反应温度保持在35～40℃可得到水溶性的羧甲基甲壳素，但当反应温度低于35℃时，羧甲基化反应就难以进行。表4-1给出了不同反应条件制备的羧甲基甲壳素的产率。可以看出，当碱化甲壳素的NaOH浓度为60%时，制备的羧甲基甲壳素的产率最高。在控制温度的情况下，羧甲基化反应可缓慢发生，但不控制温度时反应效果更好。

表 4-1　不同碱浓度和不同反应温度制备的羧甲基甲壳素的产率

制备碱化甲壳素所用的 NaOH 溶液浓度/%	产率/%	
	不控温	控温
45	36.7 ± 1.5	37.4 ± 1.4
50	49.8 ± 2.12	44.7 ± 1.2
55	56.5 ± 1.7	52.0 ± 1.6
60	69.6 ± 2.2	65.8 ± 1.85

表4-2给出了不同碱浓度条件下制备羧甲基甲壳素的黏度变化情况。由表可见，控制温度和不控制温度制备的羧甲基甲壳素的黏度有很明显的差别。因此，在羧甲基甲壳素的制备过程中，温度是影响黏度的重要因素。从表4-2还可以看出，产物的黏度随着碱浓度的增加而减小。在控制温度的条件下，制备的产物具有较好的黏度，在不控制温度的条件下，由于热降解从而使产物的黏度下降。

表 4-2　1%羧甲基甲壳素水溶液的黏度

制备碱化甲壳素所用 NaOH 溶液浓度/%	溶液的黏度（1%，cP）	
	不控温	控温
45	36 ± 2	2114 ± 15
50	30 ± 1	2010 ± 10
55	28 ± 1	1928 ± 7
60	22 ± 2	1926 ± 12

表4-3给出了不同碱浓度条件下制备的羧甲基甲壳素的相对分子质量。可以看出，反应温度的控制对羧甲基甲壳素的相对分子质量有显著影响。由于在高温条件下产物会发生降解反应，因此，不控制反应温度所得到的羧甲基甲壳素的相对分子质量较低。在相同温度下，碱浓度对羧甲基甲壳素的相对分子质量几乎没有影响。

表 4-3　由不同碱浓度制备的羧甲基甲壳素的相对分子质量

制备碱化甲壳素所用的 NaOH 溶液浓度/%	相对分子质量/10^6	
	不控温	控温
45	4.86±0.55	1.33±0.21
50	4.92±0.23	1.01±0.10
55	4.21±0.33	1.21±0.18
60	4.11±0.42	1.29±0.32

　　在羧甲基甲壳素的制备过程中，常常伴随着甲壳素的脱乙酰化反应。图 4-2 给出了不同条件制备时羧甲基甲壳素的脱乙酰度。可以看出，在不控制反应温度条件下，制备的羧甲基甲壳素的脱乙酰度为 75%；而在控制反应温度条件下，制备的羧甲基甲壳素的脱乙酰度为 40%～45%。脱乙酰度的大小取决于碱的浓度。因此，碱浓度在 60%、反应温度控制在 35～40℃ 制备的羧甲基甲壳素具有高的黏度和相对分子质量，其产率可达 65.8%。该研究结果表明，反应温度和碱浓度显著地影响着羧甲基甲壳素的黏度、相对分子质量和脱乙酰度等理化性质。

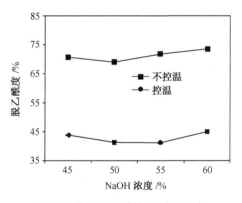

图 4-2　羧甲基甲壳素的脱乙酰度

　　在室温条件下，一氯乙酸与甲壳素反应 72 h 可制备羧甲基甲壳素[10, 11]。甲壳素分子的重复单元上有很多羟基、乙酰氨基和少量氨基，它们能形成分子内和分子间氢键，因而聚集态结构较紧密，结晶度较高。在甲壳素羧甲基化的过程中，先用浓碱使甲壳素溶胀，由于 NaOH 和水的作用，分子间氢键被破坏，晶面距离增大，使羧甲基化取代反应容易进行。反应后—CH₂COONa 基团引入到分子重复单元上，从而使整个分子的结晶度下降。取代度越高，—CH₂COONa 越多，结晶度越低[12]。羧甲基甲壳素有较好的保湿性、吸湿性和一定的抑菌作用。

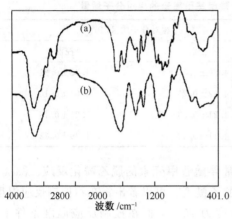

图 4-3 是甲壳素和羧甲基甲壳素的 IR 光谱图。在 3700～3000 cm^{-1} 范围内的吸收带是—OH、—NH$_2$ 的特征吸收带，羧甲基甲壳素在此范围内的吸收带强度低于甲壳素的吸收带强度，说明甲壳素分子上部分—OH、—NH$_2$ 中的 H 被—CH$_2$COONa 取代。甲壳素红外光谱中，在 1637 cm^{-1} 处的吸收带为酰胺Ⅰ谱带，在 1580 cm^{-1} 处的吸收带为酰胺Ⅱ谱带。羧甲基甲壳素红外光谱中在 1608 cm^{-1} 处有一吸收带，这是—CH$_2$COONa 中羧基的特征吸收带与酰胺Ⅰ谱带和酰胺Ⅱ谱带重叠在一起形成的强吸收带。

图 4-3 　（a）甲壳素和（b）羧甲基甲壳素（DS=0.68）的 IR 谱图

IR 光谱图中主要特征吸收带的变化，说明—CH$_2$COONa 已被成功引入到甲壳素重复单元上。

分析羧甲基甲壳素分子水解得到的单体单元结构，羧甲基化反应优先发生在 C$_6$ 位上[13]。在强碱溶液中进行甲壳素羧甲基化反应同时会发生 N-脱乙酰化反应，从而生成同时含有羧基和氨基的两性衍生物。羧甲基甲壳素溶液对 pH 敏感，等电点在 pH=2.1 附近[14]。尽管该反应产物的结构不明确给构效关系的讨论带来困难，但羧甲基甲壳素作为易得的衍生物是非常有应用价值的。它已被应用到生物材料和药物载体等方面[15～17]。

4.3　羧甲基壳聚糖

壳聚糖 C$_3$ 和 C$_6$ 位置上的羟基以及 C$_2$ 位置上的氨基均可发生羧甲基取代反应。在羟基上的取代产物称为 O-羧甲基壳聚糖，在氨基上的取代产物称为 N-羧甲基壳聚糖，同时在氨基和羟基上的取代产物称为 N,O-羧甲基壳聚糖。由于 C$_3$ 位空间位阻效应以及 C$_3$ 和 C$_2$ 分子间氢键作用，使 C$_3$ 位较难发生取代反应，而以 C$_6$ 位 O-羧甲基壳聚糖为主。对于 C$_6$—OH 和 C$_2$—NH$_2$ 来说，在碱性条件下羧甲基在羟基上的取代活性要高于氨基，只有取代度接近 1 和高于 1 时，才会同时在氨基上发生取代，形成 N,O-羧甲基壳聚糖[18]。采用电位滴定法测定羧甲基取代度的大小及其在 N、O-位的取代度分布情况，结果表明在壳聚糖分子上的取代顺序是 C$_6$—OH＞C$_3$—OH＞—NH$_2$[19]。所以，可以利用壳聚糖各反应位点的活性差异，通过控制反应条件可制备不同位取代的羧甲基化壳聚糖衍生物。

4.3.1　*O*-羧甲基壳聚糖的制备

　　O-羧甲基壳聚糖的制备通常是以甲壳素为原料，先制备出 *O*-羧甲基甲壳素，然后对羧甲基甲壳素进行脱乙酰化反应，最后生成 *O*-羧甲基壳聚糖。具体制备方法是甲壳素浸于 40%～60% NaOH 溶液中，一定温度下浸泡数小时后，在搅拌过程中缓慢加入氯乙酸，于 70℃反应 0.5～5 h，酸碱质量比控制在 1.2～1.6∶1，反应混合物再在 0～80℃时保温 5～36 h，然后用 HCl 或乙酸中和，将分离出来的产物用 75%乙醇水溶液洗涤后于 60℃干燥[20]。*O*-羧甲基壳聚糖制备过程如图 4-4 所示。

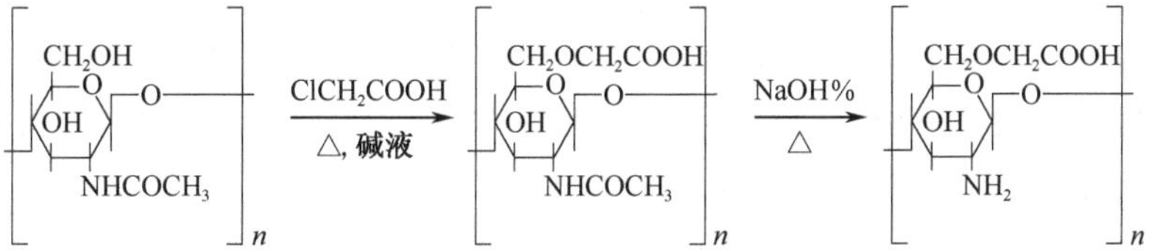

图 4-4　*O*-羧甲基壳聚糖制备过程

　　这种制备方法污染较小，但是在制备过程中需换两次反应介质，制备的羧甲基壳聚糖产品性能也不够均一。*O*-羧甲基壳聚糖也可用壳聚糖与氯乙酸直接反应来制备。在一种介质中，利用间歇反应法，可制备出性能均一、高相对分子质量和高黏度的羧甲基壳聚糖[21]。

　　在 KOH—异丙醇体系中，采用壳聚糖与氯乙酸反应制备羧甲基壳聚糖，发现影响产物结构的主要因素为壳聚糖与氯乙酸的质量比以及 KOH 与氯乙酸的质量比。温度对产物结构的影响与壳聚糖和氯乙酸的质量比有关，壳聚糖与氯乙酸及 KOH 与氯乙酸质量比分别为 2∶1 和 2.3∶1 时，室温下反应 5 h 即可制得较高取代度的 *O*-羧甲基壳聚糖[22]。该制备方法简便、快速、试剂用量小，降低了产物成本，适用于一定规模的生产。

　　以 DMSO-H_2O 为溶剂，在碱性条件下，壳聚糖与氯乙酸反应可制得取代度为 1.93 的羧甲基壳聚糖。较适宜的反应条件为：m（氯乙酸）∶m（壳聚糖）= 5∶1，w（NaOH）= 35%（以壳聚糖质量计算），w（十六烷基三甲基溴化铵）= 5%（以壳聚糖质量计算），在 50℃反应 6 h。用 XRD 和 IR 对羧甲基壳聚糖进行表征，结果表明是壳聚糖的—OH 参与了羧甲基化反应，而—NH_2 没有参与反应[23]。

　　应用超声波辐射方法也可制备水溶性的 *O*-羧甲基壳聚糖。在其他反应条件相同时，使用超声波辐射比使用机械搅拌能明显提高羧甲基取代程度，反应时间缩短 5 h[24]。超声波对非均相反应的促进作用与超声波能产生"空腔效应"有关，这种效应在反应体系中形成了足以引发或加速反应的高能中心，而且超声波的次级效应如机械振荡、扩散、乳化、击碎等也有利于反应物的充分混合，大大促进了反应的进行。该制备方法对工业化大规模生产水溶性壳聚糖衍生物具有重要意义[25]。

4.3.2　N-羧甲基壳聚糖的制备

　　N-羧甲基壳聚糖一般是在酸性介质中，乙醛酸与壳聚糖的 C_2 位氨基发生反应得到席夫碱，然后经 $NaBH_4$ 还原得到 N-羧甲基壳聚糖。具体方法为：壳聚糖溶于乙醛酸水溶液中，形成席夫碱后，用 NaOH 将 pH 调至 6，再用氢硼酸钠在室温下搅拌处理数小时，使席夫碱还原，将反应液倒入乙醇中，将会析出白色沉淀物，过滤，取滤出物用无水乙醇及丙酮洗涤后，真空干燥得到白色粉末的 N-羧甲基化壳聚糖产品[26]。其反应过程如图 4-5 所示：

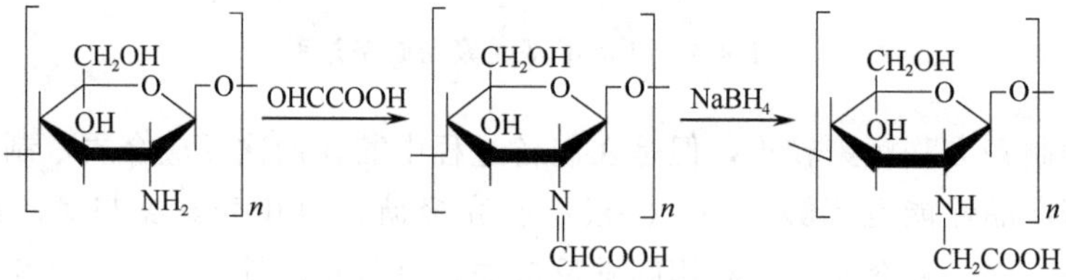

图 4-5　N-羧甲基壳聚糖的制备过程

　　该反应的特点是不需要加热、反应容易进行，但后处理繁琐。为此，在上述方法基础上，通过先加冰乙酸溶解原料，而后再加入乙醛酸进行反应，也可制备 N-羧甲基壳聚糖[27]。将 7 g 壳聚糖粉末悬浮于 482 mL 去离子水中，在 20℃ 下加 4.65 g 冰乙酸溶解，再加入 5.8 g 乙醛酸溶液（50%）搅拌一定时间。用 NaOH 调节 pH=4.0。加入 $NaBH_4$ 后 pH=4.8。将所得的清澈黏性溶液用去离子水透析，用培养皿在一定温度下冻干，得到 N-羧甲基壳聚糖。

　　固定反应时间、温度和投料比等因素，调节壳聚糖凝胶和乙醛酸钠混合物的 pH，使席夫碱反应在不同 pH 下进行。然后测定 N-羧甲基壳聚糖的取代度，从而可以发现 pH 对席夫碱反应的影响。由图 4-6 可见，pH 对 N-羧甲基壳聚糖的取代度有较大影响。当 pH 低于 6.0 或高于 10.0 时，N-羧甲基壳聚糖的取代度都很小。这是因为反应在自由氨基上进行，若 pH 低于 6.0，虽然反应速度较快，但是生成的席夫碱是沉淀形式，形成的沉淀反应活性很低，在较浓的酸、碱中都很难溶解，从而阻止反应的进一步进行；同时，席夫碱反应过程中，有一个缩合过程，要在分子中引入 H^+，这又需要一定浓度的 H^+。综合两方面的影响，席夫碱反应的最佳 pH 为 7.5。

控制席夫碱反应的 pH＝7.5，反应温度 40℃，—CHO/—NH₂＝6.0，控制反应时间，测定产物的取代度如图 4-7 所示。由图可见，在最初的 2 h 中，由于反应物的浓度较高，反应速度较快；随着反应的进行，壳聚糖中自由氨基含量减少，和醛基的反应几率减小，所以在 2～8 h 中，反应速度较缓；8 h 后取代度基本不再变化，说明此时反应已经达到平衡。在一定范围内随着温度的升高，溶液中反应物的热运动加剧，粒子之间的碰撞几率增加，有利于 N-羧甲基壳聚糖取代度的提高；但当温度超过 60℃时，取代度不再发生变化。

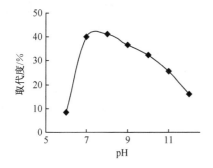

图 4-6　席夫碱反应的 pH 对取代度的影响

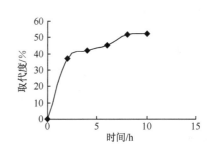

图 4-7　席夫碱反应的时间对取代度的影响

由于壳聚糖与乙醛酸的反应是在壳聚糖的氨基上进行，因此取代度的大小和壳聚糖的脱乙酰度有直接关系。当壳聚糖的脱乙酰度增大，取代度会随之增大（图 4-8 所示）。但是当脱乙酰度在 80％以上时，羧甲基壳聚糖的取代度增大不是很显著。这可能是因为随着反应的进行，壳聚糖链上的羧基基团逐渐增加，由于羧基体积较大，产生空间位阻。此时即使自由氨基含量增加，由于位阻效应阻止了醛基和剩余自由氨基的进一步接触，所以取代度不能进一步提高。用酸降解法制备不同相对分子质量的壳聚糖，进行 N-羧甲基化壳聚糖研究。发现壳聚糖的相对分子质量对 N-羧甲基化壳聚取代度影响很小。

N-羧甲基壳聚糖可以防止组织间黏结，将凝胶或膜用于外科伤口，可以防止血液在组织表面凝结，从而防止黏结[28,29]。用 N-羧甲基壳聚糖固化酶，有可能在白血病治疗上得到应用。N-羧甲基壳聚糖可以抑制植物体内产毒真菌孢子发

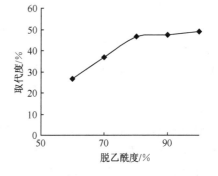

图 4-8　壳聚糖脱乙酰度对取代度的影响

芽和真菌体孢子形成，从而减少对人体有害的黄曲霉素的生成[30]。而这些性质都是 N,O-羧甲基壳聚糖和 O-羧甲基壳聚糖所没有的。N-羧甲基壳聚糖分子中的羧基和氨基也可以同时与金属离子配位，形成稳定的配合物，在环境保护和化工等方面得到应用。

4.3.3　N,O-羧甲基壳聚糖的制备

N,O-羧甲基壳聚糖可由壳聚糖和氯乙酸直接反应制得（图 4-9）。从水解得到的单体结构分析，羧甲基化主要发生在 C_6 上[12]。但由于反应是在强碱中进行的，既发生脱乙酰化的副反应，也发生 N-羧甲基化反应。特别是为了获得具有较高取代度的产物或反应时间较长时，N-位产物的出现会较明显，而且反应过程中易受温度波动的影响。尽管用该方法得到的衍生物结构不甚明确，但它仍是一种目前应用最广的壳聚糖衍生物。氯乙酸在碱性条件下与壳聚糖的 C_6 位羟基或 C_2 位氨基均可发生取代，所以最终产物是各种羧甲基壳聚糖的混合物，得到的是 N,O-羧甲基壳聚糖。

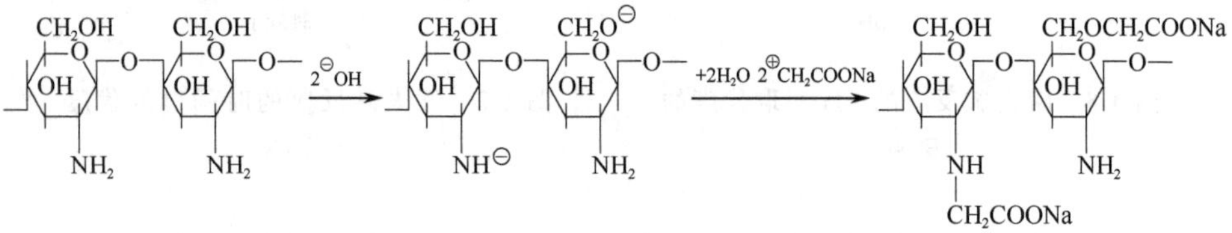

图 4-9　N,O-羧甲基壳聚糖的反应机理

传统的 N,O-羧甲基壳聚糖合成方法一般分为以下几步：溶胀、碱化、羧甲基化和提纯。其中溶胀这一步采用乙醇或异丙醇等有机溶剂浸泡数小时即可；碱化采取浓度为 38%～60% 的碱液为佳，温度可控制在 20～60℃ 之间，且时间也是一个关键的控制参数；羧甲基化是将适量的氯乙酸加到碱化后的壳聚糖中，反应数小时后得粗品；最后一步为提纯，提纯的目的是除去反应过程中生成的盐类，一般的方法是采用 75% 或 80% 的乙醇或甲醇溶液进行洗涤。也可采用膜析法除去盐，但是成本较高。除盐后需在真空状态下干燥，得黄色或白色纤维状粉末。碱化的壳聚糖在微波照射条件下，也可得到 N,O-羧甲基壳聚糖[24]。

1986 年，Hayes[31] 用氯乙酸与壳聚糖反应制备了羧甲基壳聚糖并获得了专利，制得的羧甲基壳聚糖取代度可达 0.8。此后，在如何提高取代度和水溶性以及降低成本等方面，人们做了许多改进。利用两步加碱法制备羧甲基壳聚糖的研究结果表明，在 m（壳聚糖）：m（氯乙酸）：m（NaOH）$=14:84:8$、反应时间 6 h、温度 60℃、异丙醇用量 50 mL 和水用量 22 mL 的反应条件下，羧甲基壳聚糖取代度可高达 1.7。与一步加碱法制得的产物相比，两步加碱法制备的

羧甲基壳聚糖取代度可提高 0.6[32]。在传统方法制备羧甲基壳聚糖的基础上，采用多段升温法也可合成取代度为 1.84 和平均相对分子质量为 3.08×10^5 的 N,O-羧甲基壳聚糖[33]。以异丙醇作溶剂，采用在不同温度段添加不同碱量的制备方法，在投料比为 w（壳聚糖）：w（一氯乙酸）：w（NaOH）＝1：4.8：5，反应时间为 4 h，反应温度为 60℃时，与传统制备工艺相比，产品的羧化度提高了 0.47，得率提高了 7%，制备成本下降 12%，主要经济技术指标均优于传统制备工艺[34]。

　　N,O-羧甲基壳聚糖的制备反应中，氯乙酸、NaOH 的浓度和用量、反应温度和反应时间对产物影响较大[35]。为使壳聚糖充分溶胀，一般用浓碱液浸泡后，先经过低温冷冻处理，让渗入壳聚糖分子内部的水凝固成冰，由于冰的体积增大从而破坏了壳聚糖分子内的氢键，并破坏了壳聚糖的晶形结构，提高了反应活性。氯乙酸作为反应物，过量虽然可以提高反应程度，但过多的氯乙酸会造成体系呈酸性。表 4-4 和表 4-5 分别给出了反应温度和时间对 N,O-壳聚糖羧甲基化反应的影响。从表 4-4 中可以看出，在同样的反应时间下，只有温度达到 40℃以上，取代度达到 0.6 以上，产物才会溶于水中。当温度达到 50℃时，取代度接近于 1.0。温度对产物黏度的影响很显著，随着温度的上升，产物的黏度逐渐减小，产品的颜色也由白色开始发黄，因为温度的升高使壳聚糖的分子链降解，导致相对分子质量降低。结合表 4-5 可用看出，反应时间和温度对产物的取代度和黏度有较大的影响，所以应根据实际需要选择合适的反应条件。

表 4-4　反应温度对壳聚糖羧甲基化反应的影响

反应温度/℃	30	40	50	60
溶解性	少量不溶	基本溶解	溶解	溶解
黏度/(mPa·s)	—	325	270	100
取代度	0.4	0.6	0.9	1.2
产品颜色	白	白	略黄	淡黄

表 4-5　反应时间对壳聚糖羧甲基化反应的影响

反应时间/h	2	3	4	5
溶解性	不溶	少量不溶	溶解	溶解
黏度/(mPa·s)	—	—	270	145
取代度	0.2	0.5	0.9	1.0

　　传统的 N,O-羧甲基壳聚糖合成需要在浓碱条件下碱化反应，需消耗大量的碱，生产成本较高并造成环境污染。常用的反应介质异丙醇，也使生产成本加大。最近，宋庆平等人在水溶液中，以壳聚糖与氯乙酸钠反应发展了一种制备

N,O-羧甲基壳聚糖的新方法[36]。具体方法是：取 1 g 壳聚糖加到锥形瓶中，氯乙酸溶解在 50 mL 水中，用碱液中和转变成钠盐，然后和 KI 一起加到锥形瓶中搅拌，在给定温度下反应一定时间，在反应过程中体系返酸时，不断滴加碱液 2～3 滴，使溶液保持弱碱性。反应结束后，向反应混合物中加入 50 mL H_2O_2 用乙酸调节溶液 pH＝7，充分搅拌，离心分离后收集上层澄清液，边搅拌边加入约 2 倍量的无水乙醇进行沉淀，待沉淀完全后抽滤，滤渣用无水乙醇洗涤 2 次，干燥得白色颗粒状固体。该产物在空气中吸湿性强，易溶于水，水溶液的 pH 在 9～10 时，产物以羧甲基壳聚糖的钠盐形式存在。通过研究投料比、反应温度、反应时间和催化剂等单因素对取代度的影响，发现在反应条件为 m（壳聚糖）：m（氯乙酸）＝1：5、温度 90℃、时间 5 h 和催化剂量为 3%（与壳聚糖的质量分数比），可制得取代度为 1.68 的羧甲基壳聚糖，产品的取代度优于醇水混合溶剂法。

用微波辐射代替传统的加热方法，可提高加热的效率，使反应时间大大缩短，适当提高反应得率。将 20 g 预处理过的壳聚糖在 200 mL 异丙醇中制成悬浮液，在搅拌下往其中加入 50 mL 10 mol/L 的 NaOH 溶液，在 20 min 内分 6 等份加入，然后再将 24 g 固体氯乙酸每间隔 5 min 一次，分 5 等份加到上述悬浮液中去，将制好的样品放入微波炉中，微波辐射若干分钟，接着将 17 mL 冷蒸馏水加到此混合物中，并用冰乙酸将它的 pH 调至 7.0，然后将反应后的混合物过滤，固体产物先用 70% 的甲醇水溶液洗涤，再用无水甲醇洗涤，所得的羧甲基壳聚糖真空干燥，可得到 N,O-羧甲基壳聚糖[37]。

以水为溶剂，将氯乙酸与壳聚糖反应，微波辐射下可制备取代度 0.85 的羧甲基壳聚糖[38]。在微波辐射下，当氨基葡萄糖单元：NaOH：氯乙酸＝1：20：1（物质的量比）时，氨基葡萄糖单元：异丙醇＝1：40（物质的量比），w（碱）＝0.45，碱化温度为 30℃，碱化时间为 1 h，羧化时间为 30 min 时，羧甲基壳聚糖取代度和得率分别可达到 0.95% 和 95%[39]。如果进行多次羧甲基化反应，羧甲基壳聚糖取代度可进一步提高到 1.70。同样是用微波加热制备羧甲基化壳聚糖，但所用原料来源不同，得到的最佳制备条件也不一样。有报道壳聚糖：NaOH：一氯乙酸＝1：10：8（质量比），碱化时间为 2.5 h，微波加热时间和温度分别为 20 min 和 100℃ 时，可获得取代度较高的羧甲基壳聚糖[40]。

N,O-羧甲基壳聚糖也可采用半干微波法来合成。半干微波法的优点在于合成过程中采用活化剂和催化剂，不用有机溶剂，简化了生产工艺，缩短了反应时间，使成本大大降低。将经纯化超微波粉碎的壳聚糖 20～50 质量份，加入 35% NaOH 溶液 50～500 质量份，加活化剂（对甲苯磺酸、聚乙二醇、四丁基溴化铵、二甲亚砜中的一种或其混合物）和 30% H_2O_2 0.1～0.8 质量份，混合均匀装入反应器中，采用 100～300 W 微波加热 5～10 min，置于 10℃ 以下温度冷却，化冻后加入 30％NaOH 微波加热 3 次，冷却后再加入 NaOH，微波反应，冷却即制成成品，再经过甲醇和乙醇洗去多余的氯乙酸、NaOH 等即制成纯品。

目前国内外对水溶性 N,O-羧甲基壳聚糖的研究一般都是在碱存在下，采用氯乙酸对壳聚糖进行羧甲基化改性，但由于壳聚糖溶解性较差，直接影响了反应结果。为此，采用相转移催化剂可制备 N,O-羧甲基壳聚糖[41]。在对催化剂种类、反应温度、反应时间和溶剂中水醇比对羧甲基壳聚糖取代度和溶解性影响考察的基础上，发现以三乙基苄基氯化铵（TEBA）作催化剂，反应温度 55℃，反应时间 4 h，溶剂中水醇比为 1∶4（体积比）时，羧甲基壳聚糖取代度可达到 1.12。

4.4　结构分析与性能测定

壳聚糖经羧甲基化改性以后，由于羧甲基的引入破坏了壳聚糖原有的晶体结构，提高了溶解性，赋予了成膜、增稠、保湿、絮凝、螯合、胶化和乳化等特性。这些特性和独特的功能是由其化学结构所决定的。在壳聚糖分子链上，与化学性质有关的功能基团是氨基葡萄糖单元上的 C_6 伯羟基、C_3 仲羟基和 C_2 氨基或乙酰氨基以及糖苷键。其中，糖苷键比较稳定、不易断裂，也不与其他羟基形成氢键；乙酰氨基化学性质稳定，但参与氢键形成。所以，通常壳聚糖的化学反应性只涉及两个羟基和一个氨基，而氨基的含量又取决于壳聚糖的脱乙酰化度。由于立体化学位阻、极性取代基的静电效应和分子内氢键的影响，反应条件不同，各个基团的反应能力和反应机制也不一样。在碱性介质中，羧甲基化反应主要发生在 C_6 伯羟基和 C_3 仲羟基上；在酸性介质中，主要是 C_2 氨基被羧甲基化。羧甲基位置可以用 IR、X 射线衍射、DEPT 和 ^{13}C NMR 以及取代度的测定等方法来确定。

4.4.1　羧甲基壳聚糖的红外光谱

图 4-10 是壳聚糖、壳聚糖席夫碱和 N-羧甲基壳聚糖的 IR 谱图。波数 3400 cm^{-1} 处是 N—H、O—H 的伸缩振动吸收带，形成席夫碱后该吸收带相对变尖，这是因为—NH$_2$ 形成了—N＝C—，而还原后吸收带又变宽。位于 1599 cm^{-1} 的氨基变形振动吸收带发生席夫碱反应后变弱，还原后该处的吸收带被羧酸盐的强吸收带掩盖。席夫碱反应后，1724 cm^{-1} 是羧基的 C＝O 伸缩振动吸收带，还原后该吸收带消失，是因为 pH 较高，羧基发生解离，而在 1610 cm^{-1} 处出现了羧酸盐的 C＝O 非对称伸缩振动强吸收带，1410 cm^{-1} 是 C＝O 的对称伸缩振动吸收带。因为席夫碱反应时 pH 相对较低，壳聚糖席夫碱谱图中在 2600 cm^{-1} 处出现的吸收带是席夫碱中形成的亚胺离子 N$^+$—H 伸缩振动的弱宽特征吸收带，还原

后该吸收带消失。而位于 1070 cm^{-1}、1030 cm^{-1} 等伯羟基吸收带反应前后没有变化，说明羟基没有发生反应。

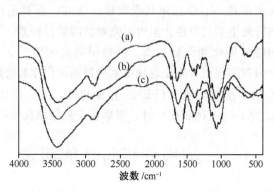

图 4-10　(a) 壳聚糖、(b) 席夫碱和 (c) N-羧甲基壳聚糖的 IR 谱图

在碱性条件下，壳聚糖与氯乙酸钠反应制备的 N,O-羧甲基壳聚糖，在取代度为 0.31、0.52 和 0.85 时，IR 谱图在 3400 cm^{-1} 附近出现了较强的—OH 吸收带；在 3260 cm^{-1} 附近出现了 N—H 的吸收带；在 2880～2939 cm^{-1} 范围内表征—CH$_2$ 的吸收带明显变强，且随取代度的增大而增大；位于 1597 cm^{-1} 的—NH$_2$ 吸收带，羧甲基化以后变弱，并在 1560 cm^{-1} 附近出现酰胺振动峰，取代度大于 0.5 后，—NH$_2$ 吸收带基本消失，这说明取代反应发生在—NH$_2$ 上，这与壳聚糖随取代度增大，脱乙酰度减小相一致。但反应原料壳聚糖的脱乙酰度只有 80%，而取代度为 0.85 时，仍有 10.3% 的脱乙酰度，这说明反应除在—NH$_2$ 上发生外，还在—OH 发生了取代反应。羧甲基化后，位于 1026 cm^{-1} 壳聚糖的伯羟基吸收带变弱，取代度增大，该吸收带消失，而位于 1086 cm^{-1} 的仲羟基吸收带几乎没有变化，说明 O-位取代时主要发生在伯羟基上。另外，羧甲基化后于 1745 cm^{-1}（C=O）出现新的吸收峰，这是脂肪酸羧基的特征峰，但它与 N-位羧甲基化的衍生物在波数上有一定差别[25]。由此进一步说明壳聚糖羧甲基化后，反应发生在 N,O-位上，但以 N-位为主[42]。

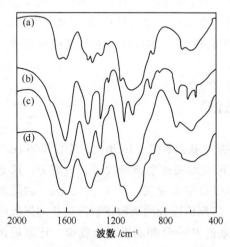

图 4-11　壳聚糖与不同取代羧甲基壳聚糖 IR 谱图

(a) 壳聚糖；(b) N,O-羧甲基壳聚糖；
(c) O-羧甲基壳聚糖；(d) N-羧甲基壳聚糖

图 4-11 给出了壳聚糖、N,O-羧甲

基壳聚糖、*O*-羧甲基壳聚糖和 *N*-羧甲基壳聚糖的 IR 谱图。1655 cm^{-1} 和 1596 cm^{-1} 是壳聚糖酰胺 I 和—NH$_2$ 的吸收带。在不同取代位置的羧甲基壳聚糖（b，c，d）IR 谱图中，1722 cm^{-1} 是羧基上的羰基振动吸收带（*N*，*O*-羧甲基壳聚糖），1610 cm^{-1} 是—COO$^-$ 的反对称伸缩振动吸收带，1420 cm^{-1} 是—COO$^-$ 的对称伸缩振动吸收带。由于基团间相互作用的变化，原壳聚糖的 1655 cm^{-1} 和 1596 cm^{-1} 处吸收带合并到 1610 cm^{-1} 处。原壳聚糖在 1317 cm^{-1} 处的酰胺 III 谱带也发生了位移。1078 cm^{-1} 和 1030 cm^{-1} 为原壳聚糖中 C—O 的伸缩振动吸收带，1154 cm^{-1} 为不对称氧桥伸缩振动吸收带。与壳聚糖相比，羧甲基壳聚糖（b，c，d）在 1078 cm^{-1}、1030 cm^{-1} 和 1154 cm^{-1} 处的吸收带明显减弱，而 1610 cm^{-1} 和 1420 cm^{-1} 处吸收带明显增强，说明壳聚糖在 *N*-位和（或）*O*-位不同程度引入了羧甲基[43]。*N*，*O*-羧甲基壳聚糖、*O*-羧甲基壳聚糖和 *N*-羧甲基壳聚糖的 IR 谱图没有显著的区别。

4.4.2　羧甲基壳聚糖的 X 射线衍射

壳聚糖分子中存在有 C$_3$ 位的羟基与另一个 *N*-乙酰氨基葡糖残基的糖苷氧原子、C$_2$ 氨基上的氮原子与 C$_3$ 羟基以及一个 *N*-乙酰氨基葡糖残基的 C$_3$ 羟基与另一个 *N*-乙酰氨基葡糖残基的吡喃环上氧原子之间形成的分子间和分子内氢键[44]。这些氢键的存在，阻抑了邻近的糖残基沿糖苷键的旋转，同时，相邻糖环之间的空间位阻，降低了糖残基旋转的自由度，从而限制了旋转角的大小，这样一方面构成了刚性较强的长链分子[45]，另一方面结晶性较强。壳聚糖分子中衍射角 $2\theta = 10°$ 的峰是由（001）和（100）作用的结果，$2\theta = 20°$

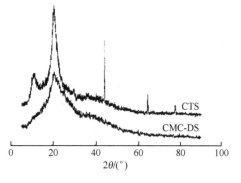

图 4-12　壳聚糖和羧甲基壳聚糖的 XRD 谱图

的衍射峰是由（101）和（002）作用的结果。当壳聚糖羧甲基化后，位于 10° 的衍射峰几乎都消失了，而 20° 的衍射峰的强度减弱了（图 4-12），这是因为在壳聚糖分子中的 *N*、*O*-位同时引入取代基团后，削弱了 C$_2$、C$_6$ 和 C$_3$ 位的氢键作用，这正是羧甲基壳聚糖能溶于水的主要原因[23]。

4.4.3　羧甲基壳聚糖的 NMR

羧甲基壳聚糖可用 ^{1}H NMR 和 ^{13}C NMR 谱来确定结构。由图 4-13 和图 4-14

可以看出，壳聚糖和羧甲基壳聚糖的[1]H NMR 谱图的差异相当明显。在壳聚糖的[1]H NMR 图中，$\delta=4.45$ ppm 的峰为杂环中 C_1 上质子的信号，$\delta=2.65$ ppm、3.12 ppm、3.50 ppm、3.70 ppm 和 3.86 ppm 各峰分别为杂环中 C_2、C_3、C_4、C_5 和 C_6 羟甲基上质子的峰。而在羧甲基壳聚糖中，在 $\delta=4.2\sim4.7$ ppm 间出现了典型的 C_6 位取代的羧甲基中质子的信号峰（—OCH_2COOD），在 $\delta=3.9\sim4.2$

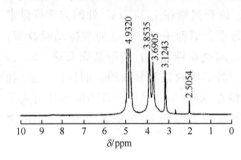

图 4-13　壳聚糖的[1]H NMR 图

ppm 间则出现了典型的 C_2 位取代的羧甲基质子的信号峰（—$NDCH_2COOD$），而且 $\delta=3.9\sim4.2$ ppm 间峰的面积明显高于 $\delta=4.2\sim4.7$ ppm 间峰面积，这说明 N, O-羧甲基壳聚糖是以 N-取代为主[46,47]。

N, O-羧甲基壳聚糖的[13]C NMR 谱图如图 4-15 所示，由图可见，在 $\delta=178.924$ ppm 及 $\delta=178.232$ ppm 处出现了两个较强的吸收峰，分别为 $O—CH_2C^*OOH$ 和 $NH—CH_2C^*OOH$ 的化学位移。N, O-羧甲基壳聚糖中少量乙酰氨基的羰基峰与 $\delta=178.232$ ppm 处的 N-位上取代的羧甲基的羰基峰重叠在一起，使该峰有所加强。$\delta=78.183$ ppm 是 $C—N$ 的吸收，76.481 ppm 是 $C—O$ 的吸收，57.560 ppm、61.912 ppm、70.835 ppm 分别是 N 位、3 位及 6 位上—C^*H_2COOH 的化学位移。从峰的强度来看，羧甲基在 OH—6 位

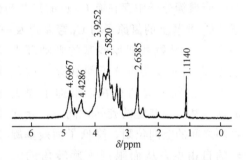

图 4-14　羧甲基壳聚糖的[1]H NMR 图

上的取代度明显高于 N 位及 OH—3 位的取代度，而 OH—3 位略高于 N-位上的取代度。与壳聚糖相比，其衍生物的化学位移向低场移动，其取代度大小顺序是：OH—6＞OH—3＞—NH_2[48]。

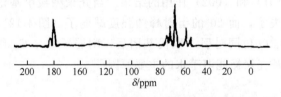

图 4-15　N, O-羧甲基壳聚糖的[13]C NMR 谱图

4.4.4　羧甲基壳聚糖取代度的测定

平均每个氨基葡萄糖或 N-乙酰氨基葡萄糖单元上被羧甲基化的基团数目称为取代度（DS）。即每个 $GlcNH_2$ 或 GlcNHAc 单元上羟基和氨基基团参加反应的数目。对于 O-羧甲基壳聚糖和 N-羧甲基壳聚糖，其平均 DS 只能是小于或等于 2；而对于 N，O-羧甲基壳聚糖其最大 DS 等于 3。通常情况下，羧甲基壳聚糖取代度都是小于 2。值得注意的是，当用乙醛酸作为羧甲基化试剂时，由于反应活性高，在适当的条件下也可以得到 N，N-二羧甲基壳聚糖[25]。

羧甲基壳聚糖的取代度直接影响其溶解性、乳化性、与金属离子的螯合性、吸湿和保湿性等，是羧甲基壳聚糖产品质量的一个重要指标。羧甲基壳聚糖的取代度可用元素分析法直接测定，但目前报道和普遍使用的是电位滴定法、电导滴定法、灰分分析法和离子选择电极法等[19,49,50]。电位滴定法取代度计算式分别为

$$x_1 = \frac{0.203(V_2 - V_1)c(\text{NaOH})/w}{1 - 0.058(V_2 - V_1)c(\text{NaOH})/w} \qquad (4\text{-}1)$$

式中：w 为样品的质量；203 是 N-乙酰基-D-葡萄糖胺残基（GlcNHAc）的相对分子质量；c（NaOH）为 NaOH 标准溶液的浓度。

$$x_2 = \frac{161V'(\text{NaOH})c(\text{NaOH})/m(\text{CMC})}{1 - 58V'(\text{NaOH})c(\text{NaOH})/m(\text{CMC})} \qquad (4\text{-}2)$$

式中：V'（NaOH）为滴定终点时消耗的 NaOH 的体积；161 是氨基葡萄糖残基（$GlcNH_2$）的相对分子质量；58 是—CHCOOH 相对分子质量；m（CMC）是羧甲基壳聚糖的质量。

$$x_3 = \frac{0.203\left[c(\text{NaOH})V(\text{NaOH}) - c_2V_4\right]}{G - 0.058\left[c(\text{NaOH})V(\text{NaOH}) - c_2V_4\right]} \qquad (4\text{-}3)$$

式中：G 为样品的质量；c_2 和 V_4 为过量碱终点时 HCl 标准溶液的浓度和体积。

壳聚糖是由两种结构单元组成的共聚物，用其中一种结构单元的相对分子质量代替壳聚糖的相对分子质量显然不合理。在计算取代度时，如果不全面考虑壳聚糖两种结构单元的比例和羧基的存在形式，而用一种结构单元（GlcNHAc 或 $GlcNH_2$）的相对分子质量代替壳聚糖的相对分子质量或认为羧甲基只以—CH_2COONa 或—CH_2COOH 一种形式存在，那么计算过程中会产生不可忽略的误差。灰分分析法、离子选择电极法是通过测定碱金属的含量来确定取代度的，如果样品不进行预处理使羧甲基上的 H^+ 完全中和转化为钠盐，会产生不可忽略的负误差[51]。无论是电位滴定法、电导滴定法和灰分分析法，还

是离子选择电极法，确定羧基的存在形式和壳聚糖两种结构单元的比例是非常重要的。

鉴于 N,O-羧甲基壳聚糖结构单元的复杂性，有人将 N,O-羧甲基壳聚糖电位滴定曲线与模型化合物氨基葡萄糖、羧甲基纤维素钠、N-羧甲基壳聚糖和标准 HCl 溶液电位滴定曲线进行比较，重新确定了 N,O-羧甲基壳聚糖电位滴定曲线突跃的意义，并推断出羧基的存在形式和壳聚糖的结构组成，提出了 $N,$ O-羧甲基壳聚糖取代度修订计算式[51]。具体方法如下：

准确称取一定量的 N,O-羧甲基壳聚糖样品和模型化合物，用 20.00 mL 0.1 mol/L 左右的标准 HCl 溶液溶解，用 0.1 mol/L 左右的 NaOH 标准溶液滴定，以玻璃电极指示，甘汞电极参比，记录 NaOH 标准溶液体积 V (NaOH) 与 pH 对应关系可得到电位滴定曲线，N,O-羧甲基壳聚糖滴定曲线上的突跃用二次微商法求得，同时量取相同体积的标准 HCl 溶液（20.00mL）进行空白滴定。通过对 N,O-羧甲基壳聚糖电位滴定曲线的分析，确定了 N,O-羧甲基壳聚糖滴定曲线上突跃所对应的官能团滴定终点，其取代度计算式为

$$x = \frac{0.203(V_2 - V_1) \times c(\text{NaOH})}{m - m_1 + m_2} \qquad (4\text{-}4)$$

式中：$m_1 = (V_2 - V_1) \times c(\text{NaOH}) \times 0.080 - (V_3 - V_0) \times c(\text{NaOH}) \times 0.022$；$m_2 = (V_3 - V_2) \times c(\text{NaOH}) \times 0.042$；$m$ 为 N,O-羧甲基壳聚糖样品的质量（扣除水分）；$(V_2 - V_1)$ 为滴定总羧基所消耗 NaOH 溶液的体积；$(V_3 - V_2)$ 为滴定总氨基（RNH_3^+、$\text{R}^+\text{NH}_2\text{CH}_2\text{COO}^-$）所消耗 NaOH 溶液的体积；$(V_3 - V_0)$ 为样品中游离羧甲基（$-\text{CH}_2\text{COOH}$）所消耗 NaOH 溶液的体积；m_1 为样品中总羧甲基（$-\text{CH}_2\text{COOH}$、$-\text{CH}_2\text{COONa}$）的质量；42 为乙酰基（$-\text{COCH}_3$）的相对分子质量；m_2 为样品脱掉的乙酰基质量；203 为 GlcNHAc 结构单元相对分子质量。

式（4-4）考虑了羧甲基的存在形式，在分母中增加了壳聚糖脱掉乙酰基质量 m_2 项，与前式（4-1）～（4-3）相比，计算更合理准确，适用范围更广。

取代度灰分分析法是分别测定羧甲基壳聚糖含氯量和含钠量[50]。

（1）含氯量测定。①灼烧前含氯量的测定：精确称取纯化的样品 0.2 g 左右若干份，放入 250 mL 左右的锥形瓶中，加入 50 mL 去离子水，滴入 5 滴 H_2O_2，温热试样至全部溶解后，缓慢沸腾 10 min，冷却至室温，加 5% K_2CrO_4 指示剂 2 mL，用 0.1 mol/L AgNO_3 标准溶液滴定至砖红色；②灼烧后含氯量的测定：精确称取纯化的样品 0.2 g 左右若干份于镍坩埚中，放入高温炉中灼烧，待升温至 400℃后缓慢升温至 700℃，保温 5 min，取出进行滴定。

（2）含钠量测定。精确称取纯化的样品 0.2 g 若干份于镍坩埚中，灼烧方法

同上。取出冷却至室温,移入 250 mL 锥形瓶中,加入 50 mL 去离子水,用移液管加入 0.1 mol/L H_2SO_4 标准溶液 10 mL,加热沸腾 10 min,加入 2~3 滴甲基红指示剂,用 0.1 mol/L NaOH 标准溶液滴定,中和过量的 H_2SO_4 至红色变黄。以上测定都需作空白实验。取代度的计算公式如下

$$161X + 203Y = W_0 - W \tag{4-5}$$

$$X/(X+Y) = DD(\text{脱乙酰度}) \tag{4-6}$$

$$SD(\text{取代度}) = \frac{\text{羧甲基钠的物质的量}}{(X+Y)} \tag{4-7}$$

式中:$W = W_1 + W_2 + W_3 + W_4$;$W_3 = F(W_{3'} - W_4)$;X 为样品中 2-氨基-2-脱氧-D-葡萄糖结构单元的物质的量;Y 为样品中样品中 2-乙酰氨基-2-脱氧-D-葡萄糖结构单元的物质的量;161 为 2-氨基-2-脱氧-D-葡萄糖结构单元的相对分子质量;203 为 2-乙酰氨基-2-脱氧-D-葡萄糖结构单元的相对分子质量;W_0 为样品质量;W_1 为羧甲基钠的质量,由滴定的 NaOH 物质的量换算而得;W_2 为样品残留的 NaCl 质量;W_3 为样品残留的氯乙酸钠质量;$W_{3'}$ 为灼烧后残留的 NaCl 质量;W_4 为样品的含水量;F 为由 NaCl 换算为氯乙酸钠的换算因子。

NaCl 的量 W_2 可直接由银量法测定。氯乙酸钠经过灼烧后能转变为 NaCl,其量为 $(W_{3'} - W_2)$,相应的氯乙酸可由此换算而得。将灰分分析法与元素分析和电位滴定方法进行比较,统计分析结果表明,灰分分析方法的精度和准确度要高于电位滴定,其准确度较接近元素分析,被认为是一种准确的分析方法。

胶体滴定法也可用于测定羧甲基壳聚糖取代度的定量测定。分析测定时,pH 一定要在能使羧甲基壳聚糖充分解离成离子的 pH 范围内进行,并且要尽可能除去共存盐类,滴定速度以 0.02 mL/s 左右为宜,羧甲基壳聚糖的测定浓度在万分之一左右。其具体的过程如下[52]:

将聚乙烯醇硫酸钾(PVSK)和聚二丙烯二甲基氯化铵(PDMDAAC)均配成浓度为 1 mmol/L 标准溶液。—NH_3^+ 可用标准聚阴离子 PVSK 直接滴定,—COO^- 则用间接法测定,即先加入过量的标准聚阳离子 PDMDAAC,再用 PVSK 返滴定过量的 PDMDAAC。样品于真空烘箱中 80℃ 干燥至恒重,精确称取一定质量的样品(g),以蒸馏水溶解,25 mL 容量瓶定容,配制成约 0.02% 的稀溶液。

羧甲基壳聚糖氨基含量的测定:准确移取上述稀溶液 5 mL 于锥形瓶中,加入 0.2 mol/L HCl 溶液 2 mL 和甲苯胺蓝(TB)指示剂一滴,摇匀后用 PVSK 标准溶液滴定至溶液由蓝色变为亮紫色(1 min 内不返色),记下消耗的 PVSK 标准溶液的体积 V_a;另移取 5 mL 蒸馏水做空白实验,得到空白值 V_{a0}。

　　羧甲基壳聚糖羧基含量的测定：准确移取上述稀溶液 2 mL 于锥形瓶中，加 0.1 mol/L 的 NaOH 溶液 1 mL、PDMDAAC 标准溶液 5 mL 和 TB 指示剂一滴，摇匀后用 PVSK 标准溶液滴定至溶液由蓝色变为亮紫色（1 min 内不返色），记下消耗的 PVSK 标准溶液的体积 V_b（mL）；另做一空白实验，得到空白值为 V_{b0}（mL）。

　　按下列公式分别计算羧甲基壳聚糖的氨基含量和羧基含量，即总取代度（DS）、N-位和 O-位的取代度。

$$w(NH_2)\% = \frac{M_{CMC}}{\dfrac{m \times 5/25}{c_{PVSK}(V_a - V_{a0})} + 58} \times 100\% \tag{4-8}$$

$$w(CO_2H)\% = \frac{M_{CHTOSA} - 42DD}{\dfrac{m \times 2/25}{c_{PVSK}(V_b - V_{b0})} - 58} \times 100\% \tag{4-9}$$

$$DS_N = DD - w(NH_2)\% \tag{4-10}$$

$$DS_0 = DS - DS_N \tag{4-11}$$

式中：c_{PVSK} 为 PVSK 标准溶液浓度（mmol/L）；m 为样品质量（g）；M_{CMC} 为羧甲基壳聚糖的链节相对分子质量 219.19；$M_{CHITOSAN}$ 为壳聚糖的链节相对分子质量 161.15；58 为羧甲基相对分子质量；DD 为脱乙酰度；DS_N 为 N 位取代度；DS_0 为 O 位取代度；DS 为羧基含量 $w(-COOH\%)$ 即总取代度。与电位滴定法和元素分析法相比，胶体滴定法的试样无需特殊纯化精制，简单、准确、费用低、重现性好，且不需任何复杂设备。

4.4.5　取代基团的分布与特性

　　取代基的分布由两个方面组成，一是沿着甲壳素或壳聚糖分子链在每个 GlcNHAc 或 GlcNH$_2$ 单元上的分布；二是在每个 GlcNHAc 或 GlcNH$_2$ 单元中不同羟基和氨基上的分布，而 GlcNHAc 或 GlcNH$_2$ 单元的结构有 3 种类型，即①非还原端单元；②中间单元；③还原端单元。在非还原端单元上多一个仲羟基位于 C$_4$ 上，还原端单元是半缩醛结构，有还原能力，而中间单元则决定了高聚物的主要性质。前者更多地取决于甲壳素和壳聚糖的聚集态结构，后者主要是在 C$_6$ 伯羟基和 C$_2$ 氨基上，受到游离氨基分布的影响。如果取代分布不均匀，即使平均取代度达到指标，产品的溶解性和其他功能性质也会较差。在非均相反应中，取代分布受到反应试剂、反应条件等影响，若在均相体系中，取代分布易为均匀化。取代基分布可以通过 ^{1}H 和 ^{13}C NMR 确定。

　　甲壳素或壳聚糖聚合度及其分布反映了其相对分子质量的大小和分布，对产物的溶解性和溶液性质、对酶降解的稳定性等有较大的影响。决定羧甲基壳聚糖聚合度和分布的主要因素为原料的聚合度和分布及其在反应过程中的降解程度。在强酸溶液中易引起 C_1 位和糖苷键的断裂；在强碱性介质中，也易引起端基降解和糖苷键的断裂；另外，反应中也有氧化降解，都将引起聚合度的下降，造成产物黏度和其他性质下降。文献报道较多的羧甲基壳聚糖相对分子质量的测定多采用黏度法。

　　壳聚糖经羧甲基化反应后，羧甲基的引入增加了在碱性溶剂中的溶解性，并赋予大分子阴离子性质。由于自由氨基的存在，其大分子又是一个两性离子，在溶液中表现出两性聚电解质的性质，并相应有一特定的等电点。随着羧甲基数目的增加，阳离子型壳聚糖将由两性向阴离子型转变，从而引起溶液性质的变化。

　　羧甲基壳聚糖大分子链节上有氨基和羧基，类似于氨基酸，可以在除等电点附近以外较宽的 pH 范围内溶解，既能像酸一样解离，也能像碱一样解离，其过程如图 4-16 所示：

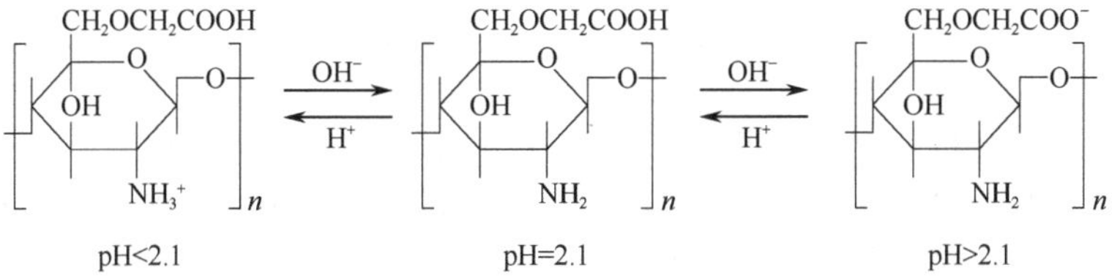

图 4-16　O-羧甲基壳聚糖的解离式

　　以 O-羧甲基壳聚糖溶液为例，当 pH < 2.1 时，O-羧甲基壳聚糖接受质子，大分子链主要以正离子状态存在，电荷排斥效应增大，大分子链更易伸展，与极性水分子的作用增强。利用 O-羧甲基壳聚糖具有两性的特性，可以制备具有特殊性能的产品，从而可为 O-羧甲基壳聚糖的应用开辟更新更广泛的领域。另外，氨基上羧甲基化后，产生甘氨酸基团—$NHCH_2COOH$，这与羧甲基壳聚糖的螯合金属离子有关，也具有一定的生物学意义。

4.5　其他羧基化壳聚糖衍生物

4.5.1　羧乙基壳聚糖

　　在碱性条件下，3-氯丙酸与壳聚糖反应可得 N,O-羧乙基壳聚糖。壳聚糖脱乙酰度大小对取代度有一定的影响。由图 4-17 可见，随着壳聚糖脱乙酰度的增大，羧乙基壳聚糖样品的取代度增大，水溶性也随之增加。这是因为脱乙酰度越高，壳聚糖分子中游离氨基越多，反应活性也就相对越强。这说明在该反应条件下，羧乙基取代主要发生在 N-位。因此，要得到取代度高的产品，原料的脱乙酰度越高越好。但壳聚糖脱乙酰度大于 90％后其衍生物取代度的差别不是十分明显。

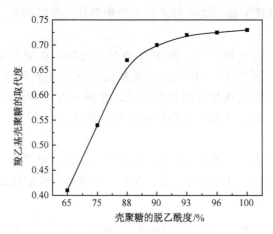

图 4-17　壳聚糖脱乙酰度对取代度的影响

升高温度有利于 3-氯丙酸和壳聚糖发生取代反应。温度升高，产品总取代度增大，从而水溶性增加。温度过高，一方面，3-氯丙酸的水解加快，不利于取代反应的进行，同时又会加剧壳聚糖在碱性介质中的降解作用，增加副反应和物料的黏附，从而降低取代度；另一方面，乙醇的蒸发速度加快，不利于反应物的充分接触，所以反应温度不宜过高。

壳聚糖与 3-氯丙酸物质的量比对产品性能的影响见图 4-18。随着 3-氯丙酸用量的增加，取代度呈先增大后减小的变化趋势。在碱性条件下，壳聚糖重复单元中的—NH$_2$被离子化，分子链氢键减弱。因此，3-氯丙酸用量越大，与壳聚糖反应的几率就越大，增大 3-氯丙酸的用量无疑有利于反应。而当壳聚糖和 3-氯丙酸之比达到一定比例后，由于反应需在碱性条件下进行，3-氯丙酸用量太大，导致反应体系的 pH 降低，取代反应速度减慢；3-氯丙酸用量的增加也会影响壳聚糖的碱化膨胀度，产生传质障碍，使壳聚糖和氯丙酸之间不能充分接触，从而影响羧乙基化反应。同时随 3-氯丙酸用量的增加，副反应也有所增加。实验结果表明，料酸比为 1：1～1：1.75 时，所得产物的水溶性较好。

反应初始阶段，产品的取代度随时间的延长而增加，当达到 3 h 后，取代度达到最大值，此后随着反应时间的延长，取代度缓慢下降，而特性黏度随着反应时间的延长持续下降。这表明，延长反应时间虽有利于反应的进行，但是反应是

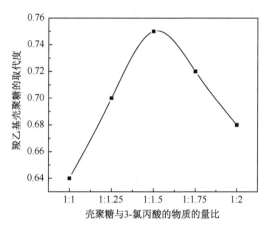

图 4-18　不同料酸比对取代度的影响

在碱性条件下进行的，加热时间过长壳聚糖会发生降解，使壳聚糖与分散相界面覆盖大量分解产物，不利于 3-氯丙酸进入反应区，导致产物取代度下降。

　　壳聚糖富含强极性基团，重复单元中含有—OH 和—NH$_2$ 基团，分子间存在着的较强的分子间和分子内氢键，因而结晶化程度较高。碱化过程就是一个膨胀、膨化、疏松处理过程，可破坏结晶性以利于传质扩散。碱化可使 3-氯丙酸与反应部位（—OH 和—NH$_2$）充分接触，提高反应性。碱化过程中 NaOH 溶液的浓度对产品的质量和产量影响很大，直接影响壳聚糖的膨胀程度。浓度过低不但反应缓慢，而且由于制得的是水溶性壳聚糖，很显然会影响反应结果；浓度过高不能保证碱液有效地渗入到内嵌聚合物链中。从图 4-19 可见，随着 NaOH 溶液浓度的增大，取代度先增大后减小，其中 NaOH 浓度为 15％时所得的产物

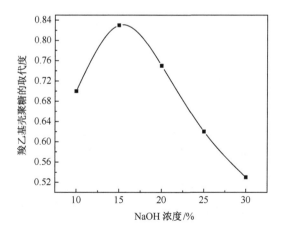

图 4-19　碱化浓度对取代度的影响

取代度最大。这是因为碱的浓度越大，碱与氯丙酸直接反应的几率越高，因而得到产物的取代度也就减小。

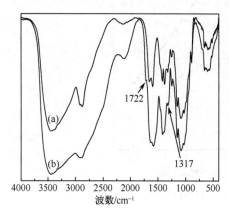

图 4-20　（a）原料壳聚糖及（b）羧乙基壳聚糖的红外谱图

综上所述，当脱乙酰度为 90% 的壳聚糖，在 NaOH 浓度为 15% 和反应温度为 60℃ 的条件下，与 3-氯丙酸（物质的量比 1∶1.5）反应 3 h 时，可得到取代度达 0.83 的羧乙基壳聚糖[53]。图 4-20 给出了取代度为 0.83 的羧乙基壳聚糖的 IR 谱图。与壳聚糖 IR 谱图（a）相比，羧乙基壳聚糖的 IR 谱图（b）中明显有 1722 cm^{-1} 处的羧基 C═O 特征吸收带，该吸收带是羧乙基壳聚糖区别壳聚糖的重要标志。此外，1317 cm^{-1} 处的 C—N 伸缩振动吸收带偏移至 1324 cm^{-1} 并加强，说明形成了更多的 C—N 键。而 1635 cm^{-1} 的 N—H 吸收带和 1032 cm^{-1} 的 O—H 吸收带减弱，说明羧乙基化反应发生在壳聚糖分子中的 N-位和 O-位。

采用 2-氯丙酸与甲壳素或壳聚糖反应可制备羧乙基壳聚糖衍生物。尽管甲壳素和 2-氯丙酸反应，应该在甲壳素的 C$_3$ 和 C$_6$ 位上引入羧乙基基团，但反应体系是碱性介质，同时会发生 N-脱乙酰化反应。所以，除在 C$_3$ 和 C$_6$ 位置发生羧乙基化反应外，还会同时在甲壳素的 N-位发生羧乙基化反应（图 4-21）[11]。

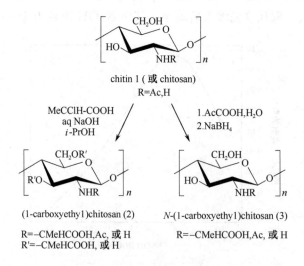

图 4-21　羧乙基壳聚糖制备过程

该结果与羧甲基甲壳素的制备情况具有相似性[12]。

研究结果表明，改变反应时间和反应温度，羧乙基壳聚糖的取代度在 0～0.9 之间变化。而通过增加反应过程重复次数，可以使乙基羧甲基壳聚糖取代度在 0.5～2.0 变化。取代度低的羧乙基壳聚糖在任何 pH 水溶液中都是可溶的，而取代度和脱乙酰度高的产物在 pH 约为中性的水溶液中不溶，这可能是由于羧乙基壳聚糖的等电点导致的结果。

4.5.2 羧丙基壳聚糖

壳聚糖也可与 4-氯丁酸反应，生成羧丙基壳聚糖。羧丙基壳聚糖的最佳制备条件为：2 g 壳聚糖（脱乙酰度 90％）在 NaOH 溶液浓度为 20％，反应温度为 50℃的条件下，与 4-氯丁酸（料酸比 1：1）反应 6 h，产物的取代度可达 0.83[54]。图 4-22 给出了壳聚糖羧丙基化前后的 IR 谱图。羧化后，在 1755 cm^{-1} 处出现了一个新的吸收带，对应于羧基 C═O 伸缩振动，相应的 1423 cm^{-1} 处的羧基吸收带变弱，并向低波数移动。酰胺 I 谱带和—NH_2 弯曲振动吸收带消失，产生了位于 1610 cm^{-1}（δNH_2）和 1521 cm^{-1} 酰胺 II 谱带（δN—H），相应的 1325 cm^{-1} 处酰胺 III 谱带（υC—N）明显增强。这说明了—$CH_2CH_2CH_2COOH$ 已接到了 N-位。1030 cm^{-1} 和 1090 cm^{-1} 处 C_6—OH、C_3—OH 的 C—O 伸缩振动吸收带明显减弱，说明羧丙基也接到了 O-位。此外，在 561 cm^{-1} 处还出现了新峰。由此说明壳聚糖与 4-氯丁酸反应后生成了 N,O-羧丙基壳聚糖。

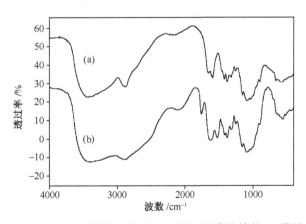

图 4-22 （a）原料壳聚糖及（b）羧丙基壳聚糖的 IR 谱图

4.5.3　其他羧化壳聚糖衍生物

利用氨基与醛基反应生成席夫碱的性质，选择分子结构中含有羧基、羟基等亲水性基团的醛，也可实现其他羧化反应。N-羧苯甲基壳聚糖是聚两性电解质，它的制备类似于 N-羧甲基壳聚糖，通过壳聚糖与苯醛酸在还原剂存在的条件下反应制得。它也是水溶性的，而且形成非水溶性螯合物依赖于溶液的 pH。典型的例子如下式（图 4-23）：

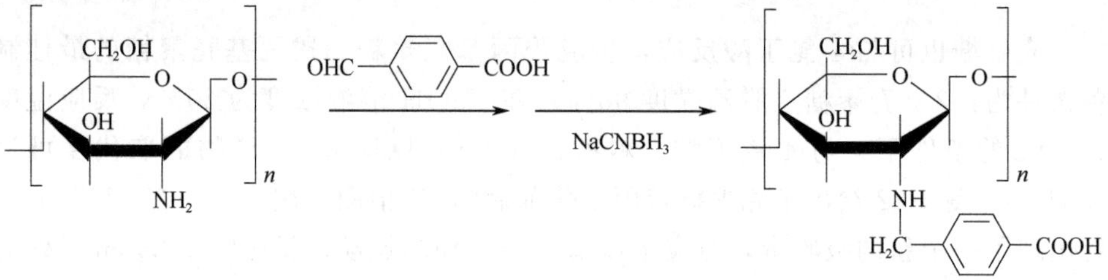

图 4-23　羧苯甲基壳聚糖的合成

表 4-6 列出了用胶体滴定法测定的不同反应条件制备的 N-羧苯甲基壳聚糖的取代度[55]。随醛基和氨基物质的量比和反应温度的增加，目标产物的取代度也明显增加。药物释放实验结果表明，在模拟人的胃肠道 pH 条件下，用戊二醛交联制备的 N-羧苯甲基壳聚糖水凝胶对水溶性差的药物 5-氟尿嘧啶，在 pH 为 7.4 的缓冲液中的释放速度远远快于 pH 为 1.0 的溶液，说明 N-羧苯甲基壳聚糖水凝胶可以作为潜在的 pH 敏感载体用于特效药的传送系统。

表 4-6　不同反应条件制备的 N-羧苯甲基壳聚糖的取代度

样品	壳聚糖/g	苯醛酸/g	CHO/NH$_2$/(mol/mol)	温度/℃	时间/h	DS/(mol/g)
CBCS1	2	1.8	1:1	25	3	1.58
CBCS2	2	2.7	1.5:1	25	3	1.64
CBCS3	2	3.6	2:1	25	3	1.73
CBCS4	2	3.6	2:1	50	3	2.1
CBCS5	2	3.6	2:1	50	3	2.62

N-羧苯甲基壳聚糖的 IR 谱图中，在 755 cm^{-1} 和 718 cm^{-1} 处出现了芳香环的 C—H 特征弯曲振动吸收带。在 1609 cm^{-1} 处出现了—COO$^-$ 不对称伸缩振动吸收带。在 1589 和 1454 cm^{-1} 处出现了芳香环上 C—C 骨架吸收带，在 1070 cm^{-1} 处有 C—O 的强伸缩振动吸收带，这表明 2-羧苯甲基基团和壳聚糖的

氨基发生了反应。从紫外光谱图可以看出，N-羧苯甲基壳聚糖显示了苯环的吸收谱带，明显的红移是由于苯环和羧基的 π 键产生的共轭效应导致的。在 208 nm 和 225 nm 处的最大吸收峰是苯环上的 E1 和 E2 键 π-π* 跃迁产生的。268 nm 处最大吸收峰是 N-羧苯甲基壳聚糖中苯环的特征吸收峰。

图 4-24 给出了壳聚糖（a）和 N-羧苯甲基壳聚糖（b）的 ¹H NMR 谱图。在壳聚糖的 ¹H NMR 谱图中，化学位移为 2.222 ppm 处的信号是残留的 N-乙酰基上的甲基质子吸收峰，在 5.035 ppm 处的信号代表吡喃糖环的质子吸收峰。在 N-羧苯甲基壳聚糖（b）的 ¹H NMR 谱图中，2.058 ppm 处也出现了乙酰基的信号，7.396～7.502 ppm 处的信号为苯环质子吸收峰。4.093～4.7912 ppm 处的信号为吡喃糖环的 C_3～C_6 质子吸收峰，3.697 ppm 处的信号为 C_2 质子吸收峰，2.576 和 2.691 ppm 处为苯环亚甲基的质子吸收峰。以上信息说明羧苯甲基已存在于壳聚糖的重复单元上。

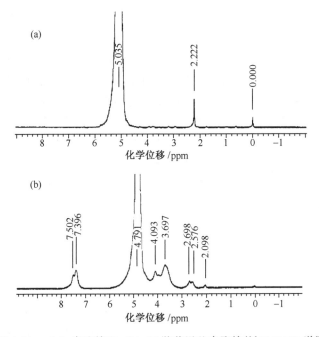

图 4-24　（a）壳聚糖和（b）N-羧苯甲基壳聚糖的 ¹H NMR 谱图

在相近条件下，用丙酮酸、β-羟基丙酮酸、α-酮戊二酸[56] 和 2-羰基丙酸[55] 与壳聚糖反应可制得相应的 N-羧烷基衍生物。用乙酰丙酸可以制得 N-羧丁基壳聚糖（图 4-25）。在一定反应条件下，也可以得到 5-甲基吡咯烷酮壳聚糖[57,58]。称取 10 g 壳聚糖悬浮于 200 mL 蒸馏水中，加入 35 mL 50％的乙酰丙酸溶液，在室温下搅拌至壳聚糖完全溶解后，加入 3.4g NaBH₄ 反应 2 h，调 pH＝6，用

3 倍的乙醇沉淀，过滤、洗涤、干燥即得 N-羧丁基壳聚糖[59]。与壳聚糖的红外光谱相比，N-羧丁基壳聚糖在 1730 cm^{-1} 出现—COOH 的吸收带，位于 1558cm^{-1} 处的—NH—吸收带和 2922 和 2880 cm^{-1} 处的—CH—吸收带明显变强。—NH_2 吸收带向低波数位移并变弱，表明反应发生在—NH_2 上。N-羧丁基壳聚糖和 5-甲基吡咯烷酮壳聚糖具有良好的生物活性和相容性。因此，作为新型生物材料已用于伤口愈合的涂覆剂和组织修复的促长剂。

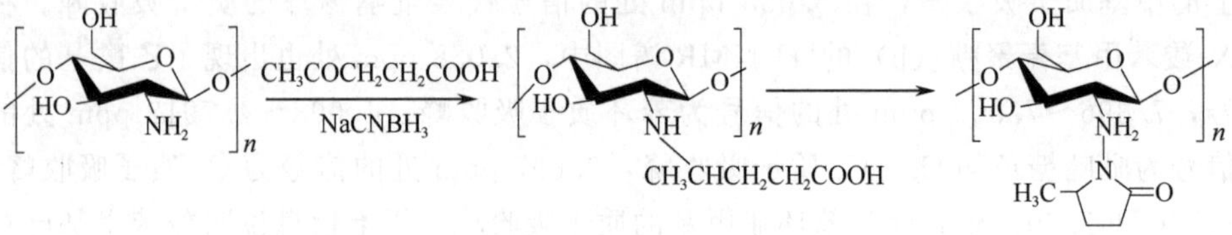

图 4-25　N-羧丁基壳聚糖的合成

用邻苯二甲酸酐与壳聚糖反应可制备水溶性的 N-（2-羧基苯甲酰基）壳聚糖[60]。N-（2-羧基苯甲酰基）壳聚糖由于在分子中引入了亲水基团—COOH，在水中的溶解性大为改善，2-羧基苯甲酰基的引入还破坏了壳聚糖致密的结晶结构，所以产物全都溶于水。随邻苯二甲酸酐浓度增高，产物特性黏数先降低后又升高，这是由于邻苯二甲酸酐浓度增高使反应体系的 pH 减小，导致壳聚糖在溶液中降解增加；又由于 N-（2-羧基苯甲酰基）壳聚糖是一种两性高分子，改变反应物的量必将改变产物分子链上—NH_2 和—COOH 的相对数目，从而影响分子在溶液中的结构。产率随着反应物质的量比的增加先增大后降低，当邻苯二甲酸酐与壳聚糖物质的量比为 0.5 时产率最高。N-（2-羧基苯甲酰基）壳聚糖的结构见图 4-26。

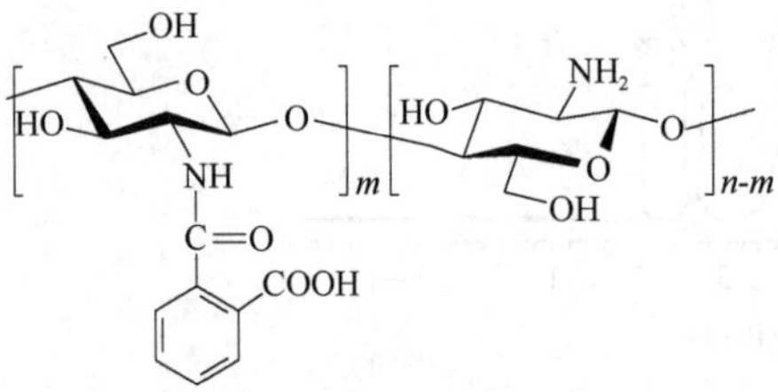

图 4-26　N-（2-羧基苯甲酰基）
壳聚糖的化学结构

采用环氧丁二酸和壳聚糖反应可制备两性水溶性 3′-羟基-2′，3′-二羧乙基壳聚糖衍生物[61]。研究结果表明，当环氧丁二酸加入量较少时，由于大量的氨基反应活性位点的存在，反应效率是很高的。随着环氧丁二酸加入量的增加，虽然反应试剂的量增大了，但可以获得的反应活性氨基迅速减少，环氧丁二酸的饱和加入量为 3mol。该壳聚糖衍生物可以在更广的 pH 范围溶解，尤其是在碱性溶液中。其溶解性受相对分子质量和取代度的影响，较低的壳聚糖相对分子质量和较高的取代度更有利于壳聚糖衍生物溶解性的提高。在 pH＜5.0 的溶液中，该壳聚糖衍生物产生沉淀，而且随着壳聚糖相对分子质量和取代度的增大，沉淀现象明显。合成路线如图 4-27 所示。

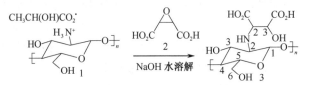

图 4-27　3′-羟基-2′, 3′-二羧乙基壳聚糖的合成路线

4.6　双取代羧化壳聚糖衍生物

4.6.1　O-羧甲基-N-琥珀酰壳聚糖

壳聚糖的酰化反应既可在羟基上发生生成酯，也可在氨基上发生生成酰胺，但由于氨基和羟基与酸酐反应的活性顺序为氨基＞一级醇羟基＞二级醇羟基，因此反应多数在氨基上进行，O-酰化壳聚糖生成较困难。琥珀酰壳聚糖主要是 N-位取代。因此，在一定的条件下，还可以进行 O-位亲核取代反应。以琥珀酰壳聚糖为原料，对琥珀酰壳聚糖进行 O-位上取代反应，可制备双基团取代的羧甲基-N-琥珀酰壳聚糖（carboxymethyl-N-succinyl-chitosan，CMNSC）。

称取 2 g 琥珀酰壳聚糖，加入到 40 mL 二甲基亚砜中，同时加入一定量 40% NaOH 溶液，室温碱化 2 h 后再加入 1.15 g 氯乙酸，在 60℃下反应 6 h，冷却、过滤，乙醇冲洗至中性，即得 CMNSC。其反应路线如下（图 4-28）：

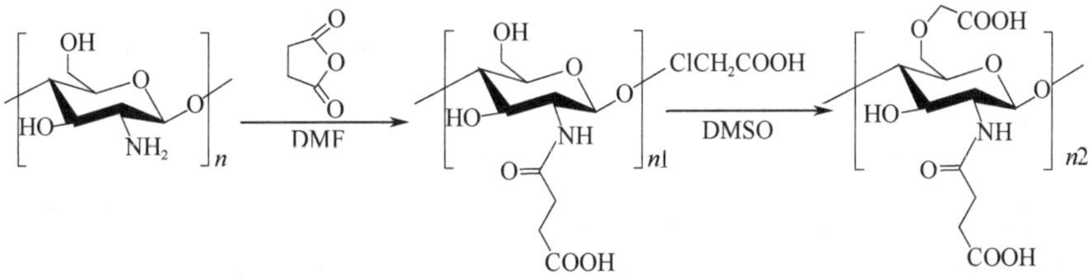

图 4-28　羧甲基-N-琥珀酰壳聚糖合成路线

壳聚糖与丁二酸酐反应后，红外谱图中位于 1590 cm^{-1} 的吸收带向低波数方向移动，出现了位于 1562 cm^{-1} 的酰胺Ⅱ吸收带，这表明在壳聚糖的分子中形成了 NH—CO 结构，在 1406 cm^{-1} 处出现羧基的对称振动，没有出现位于 1720～1750 cm^{-1} 的吸收带，说明琥珀酰化反应发生在 N-位上。与氯乙酸进一步反应后，红外谱图最明显的变化是在 1730 cm^{-1} 处出现羧基的 C≡O 伸缩振动带。这说明在琥珀酰壳聚糖分子中 C$_6$ 位上引入了—CH$_2$COOH 基团。

在 NaCl 溶液中，离子强度对 CMNSC 的特性黏度有一定的影响。由图 4-29 可见，随着离子强度的增加，CMNSC 特性黏度下降，这可能是小分子电解质抑制反离子脱离高分子链向溶剂中扩散，从而导致样品的特性黏度降低。同时也可看出，当 NaCl 浓度为 0 时，CMNSC 的特性黏度随物料物质的量比的降低而增加；浓度由 0 变为 1.5％时，物料物质的量比为 1：0.5、1：1 和 1：1.25 的 CMNSC 特性黏度变化率分别为：22.8％、25.8％和 26.6％。由此可见，CMNSC 的特性黏度越高，受离子强度的影响越大。

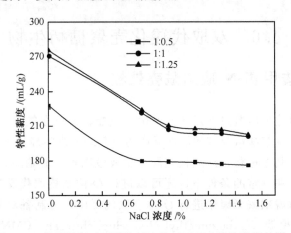

图 4-29　离子强度对不同物料比的 CMNSC 特性黏度的影响

在加热条件下，随着时间的延长，CMNSC 的特性黏度降低；前 20 d CMNSC 的特性黏度降解速率较快，30 d 后逐渐趋于平缓。物料物质的量比为 1：0.5、1：1 和 1：1.25 的 CMNSC 特性黏度在 60 d 后变化率分别为 20.3％、20.4％和 24.2％，由此可见，CMNSC 的特性黏度越高，其特性黏度降解速率越大，这可能是因为特性黏度越低，对空气中的氧越不敏感，因而越稳定。

许多高分子在生产和储存过程中，不可避免地受到光的照射。因此，高分子对光的稳定性也不容忽视。在强光的照射下，随着时间的延长，CMNSC 的特性黏度降低；物料物质的量比为 1：0.5、1：1 和 1：1.25 的 CMNSC 特性黏度在 60 d 后变化率分别为 27.9％，29.8％和 32.5％。由此可见，CMNSC 的特性黏度越高，其特性黏度的降解速率越大，这结果与热降解结果一致。

4.6.2　*O*-羧甲基-*N*-羟丙基三甲基氯化铵壳聚糖

羟丙基三甲基氯化铵壳聚糖（HACC）是一种水溶性壳聚糖衍生物，主要为 *N*-位取代产物，与氯乙酸进一步反应，可在 HACC 糖单元分子 C_6 位上引入 —CH_2COOH 基团，制备出双基团取代物羧甲基-2-羟丙基三甲基氯化铵壳聚糖

（carboxymethyl-2-hydroxypropyltrimethylammonio chloride chitosan，CMHACC）。

　　1 g HACC 浸泡到 10 mL 30％ NaOH，过夜，抽干，加入到 10 mL 95％的乙醇中，室温碱化 1 h，然后在 30 min 内再加入 10 mL 95％含有不同物料物质的量的氯乙酸的乙醇，升温至 60℃，反应 6 h，过滤，抽干，用水溶解，调 pH＝7，用乙醇沉淀，得样品。其合成路线如下（图 4-30）：

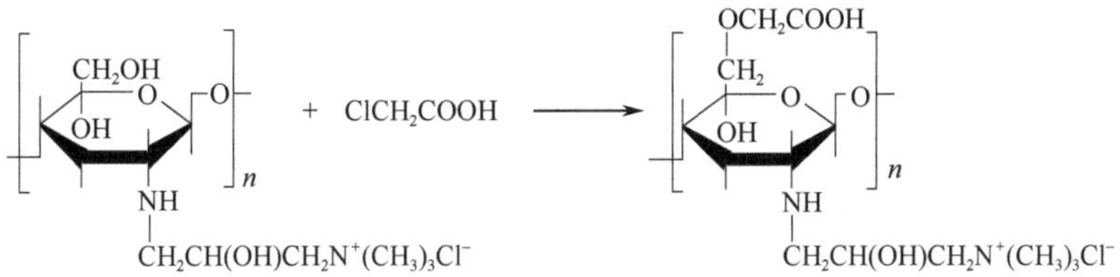

图 4-30　羧甲基-2-羟丙基三甲基氯化铵壳聚糖合成路线

　　在红外光谱中两者主要差异在于：HACC 的谱图中 1484 cm^{-1} 处的强吸收带，在 CMHACC 的谱图中随着物料物质的量比的降低而逐渐减弱；在 CMHACC 谱图中 1408 cm^{-1} 和 1321 cm^{-1} 分别为—COO^{-} 对称振动吸收带和—CH$_2$ 摇摆振动吸收带，且两者随物料物质的量比的降低而逐渐增强。由此可见，在 HACC 糖单元上接入了—CH$_2$COOH，但没有出现 1735 cm^{-1} 的吸收带，这可能是当 pH＝7 时，CMHACC 仍以钠盐的形式存在。IR 谱图分析表明羧甲基以 O-位取代为主，季铵盐阳离子以 N-位取代为主。两性表面活性剂 O-羧甲基-N-羟丙基三甲基氯化铵壳聚糖有良好的吸湿保湿性，并具有季铵盐本身所具备的抑菌、抗菌性，因而是一种功效突出的活性药剂[62]。

4.6.3　（2-羟基-3-丁氧基）丙基-羧甲基壳聚糖

　　羧甲基壳聚糖已广泛应用于日用化工及医药等领域。然而羧甲基壳聚糖本身几乎不具备表面活性。因此，在其应用时常需与表面活性剂共存，以发挥各自的功效。但羧甲基壳聚糖分子上的氨基和羟基，可与丁氧基环氧丙烷上的环氧基团在碱催化下发生亲核反应，生成（2-羟基-3-丁氧基）丙基-羧甲基壳聚糖（HBP-CMCHS）。在羧甲基壳聚糖分子中引入疏水基团，使其同时具有亲水亲油两亲性质，以降低水溶液表面张力，从而可作为高分子表面活性剂使用，避免高分子与表面活性剂复配时因二者相互作用而对实际应用效果可能产生的不利影响。

　　（2-羟基-3-丁氧基）丙基-羧甲基壳聚糖的制备过程如下[63]：将羧甲基壳聚糖均匀分散于 KOH 的异丙醇溶液中搅拌 1 h，滴加适量丁氧基环氧丙烷（添加量可按产物不同取代度而定），在 50℃水浴上搅拌反应 24 h 后冷至室温，加乙酸中和。将产物过滤，依次用异丙醇、丙酮洗涤，除去有机反应物。将固体物溶于水，滤去不溶物，然后转移至超滤系统中，用截留相对分子质量为 3000 的超滤膜通过循环蒸馏水超滤，除去小分子水溶性物质。将溶液在 50℃ 下旋转蒸发浓缩后冷冻干燥，得到蓬松产品。其反应路线如图 4-31 所示。

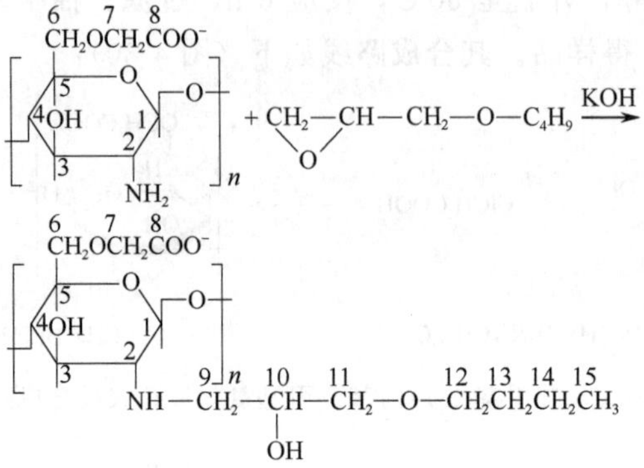

图 4-31　　（2-羟基-3-丁氧基）丙基-羧甲基壳聚糖制备路线

在羧甲基壳聚糖的红外光谱上，除 3421 cm^{-1} 的 O—H 与 N—H 伸缩振动吸收带、2925 cm^{-1} 的甲基、亚甲基伸缩振动吸收带、1066 cm^{-1}、1325 cm^{-1} C—O 的伸缩振动吸收带及与 δOH 的偶合谱带等吸收带以外，在 1710 cm^{-1} 处尚有很强的—COOH 特征吸收带，1596 cm^{-1} 和 1066 cm^{-1} 为羧基钠盐的特征吸收带，也可表征羧甲基钠盐的存在。另外，1519 cm^{-1} 处可清晰看到—NH$_3^+$ 的特征吸收峰，说明制备的羧甲基壳聚糖中仍含有相当一部分游离氨基，表明羧甲基在氨基上的取代度并不是很高，仍以 6 位羟基的取代为主。与羧甲基壳聚糖相比，（2-羟基-3-丁氧基）丙基-羧甲基壳聚糖的红外光谱图没有显著变化，但 2880～2920 cm^{-1} 和 1109 cm^{-1} 处吸收带明显增强，前者因为分子中引入了大量的—CH$_2$，后者可能是丁氧基中的醚键所致。该分析结果说明，取代反应在各羟基和氨基上都可能发生，氨基和 6 位羟基较为活泼，大部分取代反应可在此发生。

在羧甲基壳聚糖的 ^{1}H NMR 谱上（图 4-32），δ4.36 ppm、2.63 ppm 分别为 C$_1$、C$_2$ 上质子的共振吸收峰，δ3.10～3.83 ppm 为 C$_3$、C$_4$、C$_5$、C$_6$、C$_7$ 上的重叠吸收峰，δ1.88 ppm 为氨基质子的共振吸收峰。HBP-CMCHS 的 ^{1}H NMR 谱除保留原来的吸收峰外，在 δ0.71 ppm 处出现了端甲基（C$_{15}$）质子的三重裂分峰，在 δ1.13 ppm、1.37×10^{-6} 处出现了亚甲基（C$_{13}$、C$_{14}$）质子的重叠振动峰，另外，由于 C$_9$ 的引入而在 δ2.38 ppm 处出现了吸收峰，C$_{10}$、C$_{11}$ 的引入而使 δ3.0～4.5 ppm 处的吸收峰增强。

在 HBP-CMCHS 的 ^{13}C NMR 谱图中，δ177.58 ppm 处为羧基及羰基的吸收峰，δ101.97 ppm、62.80 ppm、73.33 ppm、74.74 ppm、77.86 ppm、60.06 ppm 各峰分别对应于六元环中 C$_1$、C$_2$、C$_3$、C$_4$、C$_5$、C$_6$、C$_7$、C$_{10}$、C$_{11}$ 的吸收

峰可能重叠于 δ70.10 ppm 附近，δ56.31 ppm 和 51.44 ppm 处分别为 C_{12} 和 C_9 的吸收峰，而端甲基和亚甲基的吸收峰则分别位于 δ22.01 ppm、30.49 ppm 处。^1H NMR 和 ^{13}C NMR 谱图都证明羧甲基壳聚糖已被改性成为 HBP-CMCHS。

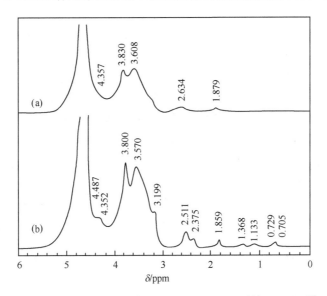

图 4-32　(a) CMCHS 和 (b) HBP-CMCHS 的 ^1H NMR 谱

在 (2-羟基-3-丁氧基) 丙基-羧甲基壳聚糖制备和表征的基础上，进一步采用量子化学研究 (2-羟基-3-丁氧基) 丙基-羧甲基壳聚糖的结构和稳定性发现，

异构体 1　　　　异构体 2

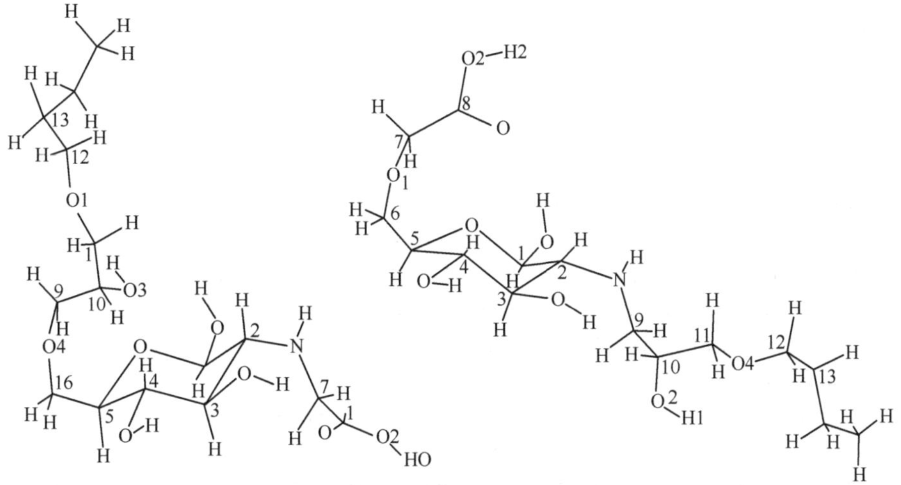

图 4-33　(2-羟基-3-丁氧基) 丙基-羧甲基壳聚糖结构 (异构体 1 和异构体 2)

以羧甲基壳聚糖为母体经加成反应，得到的羧甲基壳聚糖衍生物（2-羟基-3-丁氧基）丙基-羧甲基壳聚糖的两个异构体（图 4-33），其中构型 1 更稳定[64]。另外，隋卫平等人还制备了 2-羟基-3-（对壬基苯氧基）丙基-羧甲基壳聚糖[65]，研究了它们的相关性质。

　　壳聚糖和壳聚糖衍生物的抑菌性已有报道，但壳聚糖只在酸性介质中才显示出抑菌活性。具有聚阳离子性质的壳聚糖衍生物可作杀菌剂，其中氯化 N-三甲基壳聚糖就是很好的聚阳离子杀菌剂，其抑菌活性与溶液的 pH 有关。将氯化 N-三甲基壳聚糖进一步羧甲基化，可合成聚两性的 O-羧甲基-N-三甲基壳聚糖季铵盐（图 4-34）。实验结果表明：同时具备两性的聚阳离子和聚阴离子的 O-羧甲基-N-三甲基壳聚糖季铵盐具有很好的杀菌抑菌性[66,67]。

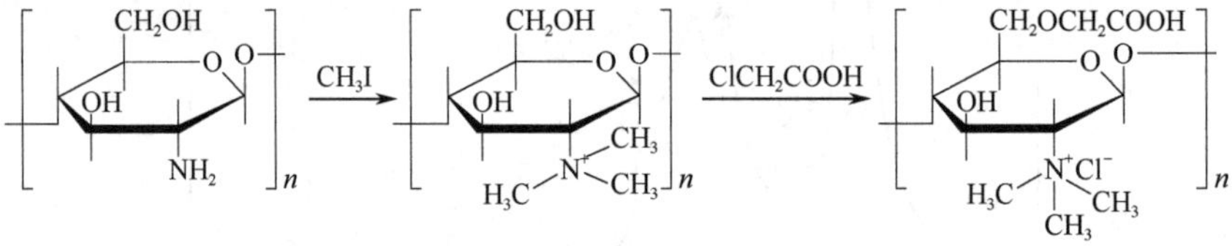

图 4-34　O-羧甲基-N-三甲基壳聚糖季铵盐制备路线

参 考 文 献

[1] Rinaudo M. Chitin and chitosan: Properties and applications. Prog Polym Sci, 2006, 31: 603~632

[2] 马宁, 汪琴, 孙胜玲等. 甲壳素和壳聚糖化学改性研究进展. 化学进展, 2004, 16 (4): 643~653

[3] Grabovac V, Guggi D, Bernkop-Schnürch A. Comparision of the mucoadhesive properties of various polymers. Adv Drug Del Rev, 2005, 57: 1713~1723

[4] 王爱勤, 李平. 甲壳素及其衍生物在药剂中的研究. 中国药房, 1994, 5 (6): 33~36

[5] Pang H T, Chen X G, Park H J et al. Preparation and rheological properties of deoxycholate-chitosan and carboxymethyl-chitosan in aqueous systems. Carbohydr Polym, 2007, 69, 419~425

[6] Zhu A P, Jin W J, Yuan L H et al. O-Carboxymethyl chitosan-based novel gatifloxacin delivery system. Carbohydr Polym, 2007, 68, 693~700

[7] Sun S L and Wang A Q. Adsorption properties of carboxymethyl-chitosan and cross-linked carboxymethyl-chitosan resin with Cu (Ⅱ) as template. Sep Purif Technol, 2006, 49 (3): 197~204

[8] Trujillo R. Preparation of carboxymethylchitin. Carbohydr Res, 1968, 7 (4): 483~485

[9] Sini T K, Santhosh S, Mathew P T. Study of the influence of processing parameters on the production of carboxymethylchitin. Polymer, 2005, 46 (9): 3128~3131

[10] Tokura S, Nishi N, Tsutsumi A et al. Studies on chitin Ⅷ. some properties of water soluble chitin derivatives. Polymer, 1983, 15 (6): 485~489

[11] Shigemasa Y, Ishida A, Sashiwa H et al. Synthesis of a new chitin derivative, (1-carboxyethyl) chitosan. Chem Lett, 1995, 24 (8): 623~624

[12] 高洸, 吴朝霞. 羧甲基甲壳素的结构与性能研究. 高分子材料科学与工程, 2004, 20 (3): 107~110

[13] Tsuyoshi M, Yoshio M. Studies on amino-hexoses ⅩⅣ. Preparation of partially O-carboxymethylated

chitin and its component 3-*O*- and 6-*O*-carboxymethyl-D-glucosamine, and the corresponding glucosaminitols. Bull Chem Soc Jpn, 1968, 41 (11): 2723～2726

[14] 陈炳稔, 汤又文, 陈文森. 羧甲基甲壳素水溶液等电点的测定. 化学通报, 1997, (11): 45～47

[15] Kunihito W, Ikuo S, Yoshihiro M et al. Antimetastatic activity of neocarzinostatin incorporated into controlled release gels of CM-chitin. Carbohydr Polym, 1992, 17 (1): 29～37

[16] Komazawa H, Saiki I, Igarashi Y et al. The conjugation of RGDS peptide with CM-chitin augments the peptide-mediated inhibition of tumor metastasis. Carbohydr Polym, 1993, 21 (4): 299～307

[17] Tokura S, Miura Y, Johmen M et al. Induction of drug specific antibody and the controlled release of drug by 6-*O*-carboxymethyl-chitin. J Controlled Release, 1994, 28 (1-3): 235～241

[18] 蒋挺大. 壳聚糖. 北京: 化学工业出版社, 2001, 33～63

[19] 陈凌云, 杜予民, 肖玲. 羧甲基壳聚糖的取代度及保湿性. 应用化学, 2001, 18 (1): 5～8

[20] 贺君, 司玫. 韩宝芹等. 羧甲基壳聚糖的化学结构表征. 中国海洋药物, 2002, 21 (2): 26～27

[21] 刘长霞. 壳聚糖、羧甲基壳聚糖和壳聚糖盐制备新工艺研究及其质量分析. 青岛: 中国海洋大学硕士论文, 2003

[22] 张贵芹, 赵丽瑞, 刘满英. *O*-羧甲基壳聚糖的制备及波谱分析. 光谱实验室, 2006, 23 (4): 658～661

[23] 吴友吉, 宋庆平, 李庆海. 高取代度羧甲基壳聚糖的制备. 合成化学, 2006, 14 (5): 506～509

[24] 林友文, 许晨, 卢灿辉. 超声波辐射制备羧甲基壳聚糖. 离子交换与吸附, 2000, 16 (1): 54～59

[25] 荣建辉. 超声波在有机合成方面的新进展. 化学通报, 1991, (2): 8～14

[26] Muzzarelli R A A, Tanfani F, Emanuelli M et al. *N*-(carboxymethylidene) chitosans and *N*-(carboxymethyl) chitosans: Novel chelating polyampholytes obtained from chitosan glyoxylate. Carbohydr Res, 1982, 107: 199～214

[27] Muzzarelli R A A, Tarsi R, Emanuelli et al. Solubility and structure of *N*-carboxymethylchitosan. Int J Biol Macromolecule, 1994, 16 (4): 177～180

[28] Benhamou N, lafontaine P J, Nicole M. Induction of system resistance fusarium crown and rot tomato plants by seed treatment with chitosan. Phytopathology, 1994, 84 (12): 1432～1444

[29] Hirano S, Hayashi M, Nagao N et al. Chiitinase activity of some seeds during their germination process and its induction by treating with chitosan and derivatives. Chitin and chitosan: sources, chemistry, biochemistry, physical, properties, and applications. UK: London, 1998, 743～747

[30] 师素云, 薛启汉. 壳聚糖对玉米生长的调节作用. 天然产物研究与开发, 1999, 11 (2): 32～36

[31] Hayes E R. *N, O*-Carboxymethyl chitosan and preparative method therefor. US 4 619 995, 1986

[32] 钟超, 赵静, 黄明智. 两步加碱法制备 *N, O*-羧甲基壳聚糖——反应条件对取代度的影响. 精细化工, 2004, 21 (5): 338～341

[33] 吴刚, 沈玉华, 谢安建等. *N, O*-羧甲基壳聚糖的合成和性质研究. 化学物理学报, 2003, 16 (6): 499～503

[34] 曾德芳, 马甲益, 袁继祖. *N, O*-羧甲基壳聚糖制备工艺的优化研究. 武汉理工大学学报, 2005, 27 (6): 15～18

[35] 晋治涛. 羧甲基壳聚糖水凝胶和羧甲基壳聚糖盐的制备、性质及其应用研究. 青岛: 中国海洋大学硕士毕业论文, 2004

[36] 宋庆平, 岳文瑾, 丁纯梅. 低碱法制备羧甲基壳聚糖及表征. 应用化学, 2006, 23 (8): 913～917

[37] 王海青, 高忠良. 羧甲基壳聚糖的制备及应用现状. 中国食品添加剂, 2002, (6): 68～70

[38] Ge H C, Luo D K. Preparation of carboxymethyl chitosan in aqueous solution under microwave irradia-

tion. Cnrbohydr Res, 2005, 340 (7): 1351~1356

[39] 徐云龙, 冯屏, 钱秀珍等. 微波合成羧甲基壳聚糖. 华东理工大学学报, 2003, 29 (4): 80~383

[40] 罗登科, 葛华才. 微波辐射水溶液体系壳聚糖羧甲基化反应的研究. 广州化学, 2004, 29 (3): 14~17

[41] 范国枝, 邹兵, 王甘露. 相转移催化制备羧甲基壳聚糖的研究. 化学与生物工程, 2005, (1): 27~28

[42] 王爱勤, 闫志宏. 羧甲基壳聚糖的制备与质量分析. 中国生化药物杂志, 1996, 17 (4): 147~149

[43] 陈浩凡, 潘仕荣, 王琴梅. 不同取代羧甲基壳聚糖的制备及其结构测定. 华中科技大学学报, 2003, 32 (2): 152~156

[44] Kim J H, Lee Y M. Synthesis and properties of diethylaminoethyl chitosan. Polymer, 1993, 34 (9): 1952~1957

[45] 汪剑炜, 董炎明, 刘晃南等. 相对分子质量对壳聚糖溶致液晶性的影响. 1999, 20 (3): 474~477

[46] Zhao Z P, Wang Z, Ye N et al. A novel N, O-carboxymethyl amphoteric chirosan/poly (ethersulfone) composite MF membrane and its charged characteristics. Desalination, 2002, 144 (1-3): 35~39

[47] Baumann H, Faust V. Concepts for improved regioselective placement of O-sulfo, N-sulfo, N-acetyl, and N-carboxymethyl groups in chitosan derivatives. Carbohydr Res, 2001, 331 (1): 43~57

[48] 崔毅, 杨霞, 贤景春等. 羧甲基壳聚糖的合成和光谱研究. 光谱实验室, 2002, 19 (6): 850~852

[49] 刘长霞. N, O-羧甲基壳聚糖羧化度计算式的比较. 沧州师范专科学校学报, 2007:, 23 (1): 49~51

[50] 王志铭, 叶心宇. 灰分分析法测定羧甲基壳聚糖羧甲基取代度. 分析化学, 1994, 22 (11): 1121~1124

[51] 刘长霞, 陈国华, 晋治涛等. N, O-羧甲基壳聚糖羧化度计算式的修正. 北京化工大学学报, 2004, 31 (2): 14~17

[52] 陈浩凡, 潘仕荣, 胡瑜等. 胶体滴定法测定羧甲基壳聚糖的取代度. 分析测试学报, 2003, 22 (6): 70~73

[53] 孙胜玲, 王爱勤. N, O-羧乙基壳聚糖的合成及对金属离子的吸附性能. 高分子材料科学与工程, 2006, 22 (3): 25~29

[54] 孙胜玲. 壳聚糖衍生物的合成及其对金属离子的吸附性能研究. 兰州: 中国科学院兰州化学物理研究所博士论文, 2006

[55] Lin Y W, Chen Q, Luo H B. Preparation and characterization of N- (2-carboxybenzyl) as a potential pH-sensitive hydrogel for drug. Carbohydr Res, 2007, 342 (1): 87~95

[56] 高永红, 马全红, 邹宗柏. α-酮戊二酸改性壳聚糖对金属离子的吸附性能. 东南大学学报, 2001, 31 (1): 104~106

[57] Muzzarelli R A A, Ilari P, Tomasetti M. Preparation and characteristic properties of 5-methyl pyrrolidinone chitosan. Carbohydr Polym, 1993, 20 (2): 99~105

[58] Muzzarelli R A A, Giagini G, Bellardini M et al. Osteoconduction exerted by methylpyrrolidinone chitosan used in dental surgery. Biomaterials, 1993, 14 (1): 39~43

[59] 邵志会, 汪琴, 王爱勤. N-羧丁基壳聚糖的吸湿性和保湿性. 应用化学, 2002, 19 (11): 1091~1093

[60] 王周玉, 蒋珍菊, 李富生等. 水溶性 N- (2-羧基苯甲酰基) 化壳聚糖的合成. 化学研究与应用, 2004, 16 (1): 8~10

[61] Gruber J V, Rutar V, Bandekar J et al. Synthesis of N- [(3′-hydroxy-2′, 3′-dicarboxy) -ethyllchitosan: A new, water-soluble chitosan derivative. Macromolecules, 1995, 28 (26): 8865~8867

[62] 李铭, 葛英勇. 新型两性壳聚糖衍生物的制取及应用研究. 化工生产与技术, 2004, 11 (4): 14~17

[63] 隋卫平，王党生，王素芬等．(2-羟基-3-丁氧基）丙基-羧甲基壳聚糖的合成及表面性质．应用化学，25，2002，22 (5)：521～524

[64] 夏树伟，隋卫平，陈国华等．羧甲基壳聚糖衍生物及其振动光谱的理论研究．物理化学学报，2002，18 (3)：248～252

[65] 隋卫平，陈国华，高先池等．一种新型疏水改性的两亲性壳聚糖衍生物的表面活性研究．高等学校化学学报，2001，22 (1)：133～135

[66] 李世迁，姚评佳，魏远安等．羧甲基壳聚糖季铵盐的制备及其抑菌性能研究．化学与生物工程，2006，23 (1)：22～24

[67] 姚评佳，李世迁，魏远安．O 羧甲基-N-三甲基壳聚糖季铵盐的合成及其结构表征．广西大学学报，2006，31 (3)：208～211

第 5 章 甲壳素/壳聚糖酰化衍生物

5.1 引　言

甲壳素/壳聚糖的酰化反应是甲壳素化学改性研究最早的一种反应。甲壳素/壳聚糖可通过与酰氯或酸酐的反应,在大分子链上导入不同相对分子质量的脂肪族或芳香族酰基。壳聚糖分子链上既有羟基,又有氨基。因此,酰化反应既可在羟基上反应(O-酰化)生成酯,也可在氨基上反应(N-酰化)生成酰胺。酰基的引入可以破坏甲壳素/壳聚糖及其衍生物大分子间的氢键,改变其晶态结构,使所得产物在一般常用有机溶剂中的溶解性大大改善。由于甲壳素的脱乙酰化也属于甲壳素酰化反应的一类。为此,本章系统介绍甲壳素的脱乙酰化反应和甲壳素/壳聚糖的酰化反应的类型。

5.2　甲壳素脱乙酰化

甲壳素有 α-型、β-型和 γ-型三种构型[1~2],其中 γ-型是 α-型的变换[3]。各种构型因所在位置的不同而以不同的排列方式存在。α-构型以反平行链状排列,β-构型的链成平行状,γ-构型的两条链上下平行。在甲壳素的脱乙酰基反应中,由于甲壳素的结构不同,其脱乙酰化的反应活性与产物的性质也不尽相同。

5.2.1　α-甲壳素脱乙酰化

α-甲壳素广泛存在于真菌和酵母的细胞壁,也存在于磷虾、龙虾和螃蟹的肢和壳以及普通的小虾壳和昆虫的表皮,还在多种海洋有机体内被发现。目前商业化生产和销售的产品基本上是 α-甲壳素。甲壳素是酰胺类多糖,脱乙酰化过程就是酰胺的水解过程。酸和碱都能使甲壳素发生脱乙酰反应,但苷键对酸非常敏感。因此,通常采用碱脱乙酰的方法制备壳聚糖。碱脱乙酰的方法有均相脱乙酰法和非均相处理法。均相脱乙酰法是将碱与甲壳素混合制得碱化甲壳素,通常反应在较低反应温度和较长反应时间下进行。非均相处理法是普遍应用于甲壳素脱乙酰基的反应,通常是将固体甲壳素置于碱溶液中,形成悬浮液,反应一般在较高反应温度和较短的反应时间下进行。

5.2.1.1　均相脱乙酰化

甲壳素在均相条件下进行脱乙酰化反应，当脱乙酰度为 50％左右时，可得到水溶性的壳聚糖。研究表明，脱乙酰度高于 60％或低于 40％的产物以及在非均相条件下控制得到的产物均不溶于水[4~6]。同样，具有较高脱乙酰度的壳聚糖在温和均相条件下进行乙酰化，控制乙酰度在 50％左右也可得到水溶性壳聚糖[7]。上述反应过程如图 5-1 所示。

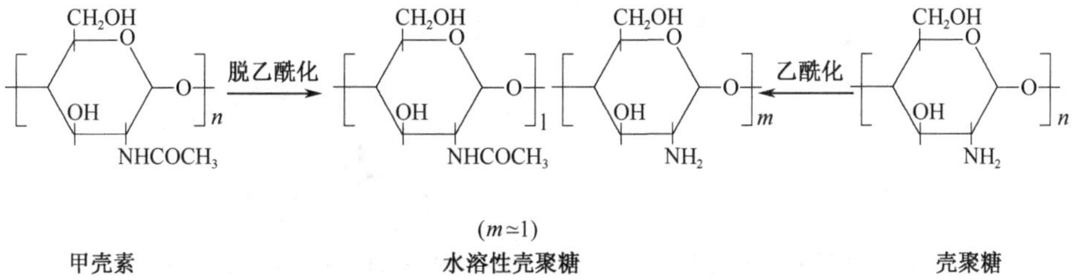

$(m \approx 1)$

甲壳素　　　　　　　水溶性壳聚糖　　　　　　　壳聚糖

图 5-1　甲壳素或壳聚糖制备水溶性壳聚糖路线

脱乙酰基壳聚糖的溶解度在很大程度上取决于壳聚糖的脱乙酰度和相对分子质量。在均相条件下，采用真空处理方法可制备脱乙酰度在 50％左右的壳聚糖[8]。这是一种快速、简单、低成本和高效制备壳聚糖的方法。

甲壳素以醇盐的形式溶解在 NaOH 水溶液中，可在均相条件下进行脱乙酰化反应。然而，由于甲壳素粒子的气孔阻碍以及内外传质效应的影响，甲壳素在高浓度 NaOH 溶液中需要很长的时间才能完全膨胀。结果是甲壳素表面比内部更容易脱乙酰化，从而导致甲壳素在非均相条件下进行脱乙酰化反应。在真空状态下，甲壳素粒子中的空气被抽空，NaOH 的质量传递速度加快，可使甲壳素彻底溶胀。由图 5-2 可以看出，与甲壳素粉末相比，在真空状态下脱乙酰化反应 1 h 的产物在形貌上有着明显的区别。脱乙酰化后的甲壳素粒子变为直径约为 1 μm 的微纤维，这有利于其均相脱乙酰化反应的进行。

表 5-1 给出了在均相条件下溶胀甲壳素样品在 NaOH 水溶液中 84℃脱乙酰化反应不同时间的情况。由表可见，随着反应时间的延长，甲壳素的脱乙酰度逐渐增大，15 min 时甲壳素的脱乙酰度就可以达到 50％左右。但是随着反应时间的延长，产物的相对分子质量和结晶度逐渐减小，说明在甲壳素的脱乙酰化反应中同时伴有氧化降解反应。因此，要得到高相对分子质量的壳聚糖，必须控制好反应时间或温度。

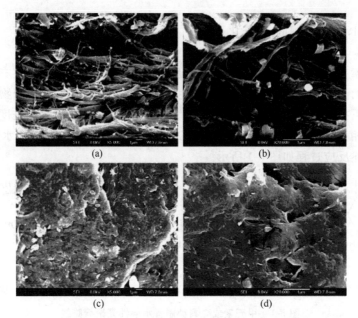

图 5-2　甲壳素粉末和通过真空渗透 1 h 制备的脱乙酰化壳聚糖的 SEM 照片

（a）5000×甲壳素粉末；（b）20 000×甲壳素粉末；

（c）5000×脱乙酰化壳聚糖；（d）20 000×脱乙酰化壳聚糖

表 5-1　反应时间对甲壳素脱乙酰化反应的影响

样品	时间/min	黏度/ (mL/g)	相对分子质量/ 10^5	脱乙酰度/%			结晶指数/%, XRD_{110}
				滴定法	^{1}H NMR	FT-IR	
0	甲壳素	—	—	—	—	77	90.7
1	15	385	18.1	49.51±0.47	49.8	41	63.5
2	15	473	18.1	50.70±0.28	50.2	39	62.9
3	20	525	17.8	56.84±0.35	57.4	42	62.8
4	45	737	17.4	68.26±0.87	66.8	36	58.7
5	600	851	9.32	84.74±0.57	86.4	29	59.9

在甲壳素脱乙酰化的过程中，相对分子质量和脱乙酰度共同决定着甲壳素和壳聚糖的溶解性。壳聚糖的表观电离常数（pKa）随乙酰基团的增加而增大，脱乙酰度较低壳聚糖的 pKa 接近中性，由于分子间的静电排斥，脱乙酰度为 50% 的壳聚糖可能在 pH≈7 的水溶液中溶解。另一方面，相对分子质量越高，分子间的作用力越大，产物的溶解性也越小。含乙酰基团少的壳聚糖和/或含乙酰基团多的甲壳素，可以通过范得华作用力及某种程度的氢键作用很容易形成有序的

排列，这种作用力远胜过分子间的化学键。这就是它们在碱性溶液中不能溶解的原因，而甲壳素在酸性介质中不能溶解是由于它没有足够的离子化氨基基团。对于脱乙酰度 50% 的壳聚糖，不规则的分子排列导致了它们分子间的作用力最小，这正是脱乙酰度约为 50% 壳聚糖能溶于水的原因所在。

甲壳素脱乙酰化反应动力学的研究认为[9,10]，在水解过程中，对于甲壳素分子链上的乙酰氨基和 NaOH 来说是二级反应。但由于水解反应中 NaOH 是远远过量的。因此，反应的速度只与乙酰氨基的浓度有关，是准一级反应，该反应的活化能为 92 kJ/mol。

5.2.1.2　非均相脱乙酰化

甲壳素的非均相脱乙酰化研究已有大量文献报道[11~13]，主要集中在如何采用温和的反应条件获得高相对分子质量和高脱乙酰度的壳聚糖。在这些研究中，主要是探讨脱乙酰化反应的主要影响因素（反应温度、碱液含量和反应时间）与产物壳聚糖脱乙酰度和特性黏数之间的关系，最终确定制备高脱乙酰度和高黏度壳聚糖的最佳反应条件[14]。

将甲壳素加入一定浓度的 NaOH 溶液，在甲壳素与 NaOH 的质量比为 1:20 的条件下，分别选择 2 h、4 h、6 h、8 h、10 h 和 12 h 6 个不同的反应时间点，在 70℃ 下进行甲壳素脱乙酰反应，产物壳聚糖的脱乙酰度（DD）和特性黏度 [η] 随反应时间变化的规律如图 5-3 所示。由图可以看出，随反应时间的延长，甲壳素脱乙酰度和溶液的 [η] 均呈上升趋势。当反应进行到 8 h 时，[η] 达到最大值。继续延长反应时间，[η] 反而呈现下降趋势。随反应时间的延长，壳聚糖量逐渐增加，导致 [η] 增大；同时壳聚糖的分子链又受 OH⁻ 和 O₂ 攻击的几率也逐渐增大，致使 [η] 降低。在反应时间为 2~8 h 范围内，前者占主导地位，[η] 曲线呈上述趋势；反应时间达 8 h 时，反应接近平衡，上述两种因素也处于平衡状态，故 [η] 出现最大值；反应超过 8 h，因壳聚糖量很高，受 OH⁻ 和 O₂ 攻击几率迅速增大，后者占主导地位，故随反应时间延长，[η] 会很快降低。

在反应温度 70℃、反应时间为 10 h，选择 43%、45%、47%、50% 和 53% 质量分数不同的 NaOH 水溶液，分别对甲壳素样品进行脱乙酰化反应，结果如图

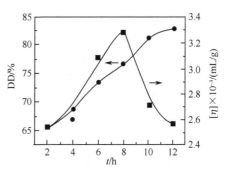

图 5-3　特性黏度和脱乙酰度随时间变化曲线

5-4 所示。当脱乙酰化反应的碱液质量分数控制在 47% 左右时，所得壳聚糖的 [η] 最高，碱液含量过低，脱乙酰化反应不彻底，过高则壳聚糖分子链降解，表现出 [η] 发生下降。由图可以看出，当 NaOH 溶液质量分数达到 47% 之后，脱乙酰度上升速度减慢。因此，采用质量分数为 47% 的 NaOH 溶液进行工业化生产，可以降低成本。

采用质量分数为 50% 的 NaOH 水溶液，脱乙酰反应时间为 12 h，选择 50℃、60℃、65℃、70℃和 80℃ 5 个反应温度点，产物特性黏数 [η] 和脱乙酰度随温度变化的规律如图 5-5 所示。随着反应温度的升高，壳聚糖的 [η] 逐渐增大，当反应温度为 65℃时 [η] 达到最大值；温度继续升高，[η] 反而下降。这是因为反应温度过高，壳聚糖分子链会发生断裂。但反应温度过低，脱乙酰反应不够充分，所以 [η] 也较低。产物的脱乙酰度随着温度的升高而提高，但当温度升至约 70℃时，脱乙酰度不再明显增大。

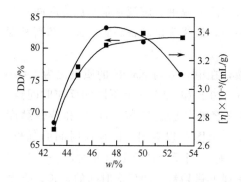

图 5-4　特性黏度和脱乙酰度随碱液
　　　　含量变化曲线

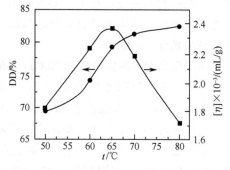

图 5-5　特性黏度和脱乙酰度随温度的
　　　　变化曲线

在甲壳素脱乙酰基制备壳聚糖的反应中，提高反应温度和碱浓度以及延长反应时间，均有利于脱乙酰化反应，但同时壳聚糖分子链的降解也越来越严重。高质量壳聚糖的标志是既具有高的脱乙酰度，又具有高的相对分子质量。因此，为了得到高脱乙酰度和高相对分子质量的壳聚糖，宜采用间歇低温处理法。采用连续法和间歇法分别在无 N_2 及 N_2 保护下进行脱乙酰化反应的结果见表 5-2。由表可见，壳聚糖的 [η] 按照连续法（无 N_2）、连续法（通 N_2）、间歇法（无 N_2）和间歇法（通 N_2）的排列顺序依次增加，N_2 的存在与否对产物的脱乙酰度影响不大。间歇法可明显提高壳聚糖的脱乙酰度和 [η]。短时间反复多次脱乙酰化反应，可以减少壳聚糖分子链的断裂，脱乙酰反应较为充分。

表 5-2　反应方式对脱乙酰度和特性黏度的影响

编号	1	2	3	4
反应方式	连续法(不通 N_2)	连续法(通 N_2)	间歇法(不通 N_2)	间歇法(通 N_2)
反应时间/h	6	6	2—2+2	2+2+2
脱乙酰度/(g/g)	70.86	72.56	84.04	84.47
特性黏度/(mL/g)	951.95	999.82	1103.39	1303.77

为了比较掸子虫、虾、蟹和蝇蛹等不同来源甲壳素脱乙酰基的反应活性，在同一条件下进行脱乙酰行为考察[15]，其结果如表 5-3 所示。由表可见，无论是第一次反应后，还是最终得到的脱乙酰化产物，掸子虫甲壳素的脱乙酰度最高，虾壳甲壳素次之，蟹壳甲壳素最小，说明在不同生物体内形成甲壳素时的微观结构不尽相同。壳聚糖相对分子质量的大小不仅与制备条件有关，而且与壳聚糖的来源有关[16~18]。在相同反应条件下，掸子虫甲壳素有相对较高的相对分子质量，预示着掸子虫壳是制备高相对分子质量壳聚糖较为理想的材料，随着反应次数的增加，其脱乙酰化产物的颜色略有加深，除蝇蛹壳聚糖呈微黄色外，其他来源的壳聚糖最终产物仍为白色。

表 5-3　碱处理次数对不同来源甲壳素脱乙酰度的影响

甲壳素来源	脱乙酰度			相对分子质量/10^5
	1 次	2 次	3 次	
虾壳	0.52	0.73	0.84	5.8
蟹壳	0.47	0.67	0.8	6.8
掸子虫	0.53	0.75	0.88	7.0
蝇蛹壳	0.46	0.70	0.82	4.6

非均相反应时，壳聚糖脱乙酰度对反应速率的影响研究结果表明[19]，当壳聚糖脱乙酰度小于 40% 时，反应速率随脱乙酰度的增加而减小。由脱乙酰度值大于 40% 数据作直线，斜率的绝对值较脱乙酰度值小于 40% 数据所作直线斜率小，这表明较低的壳聚糖脱乙酰度值对反应速率的影响较大。

在相同脱乙酰反应条件下，反应温度越高，壳聚糖脱乙酰度值越高。反应 1 h 后，在反应温度为 99℃时制得的壳聚糖脱乙酰度为 67.9%，而在反应温度为 140℃下制得的壳聚糖的脱乙酰度为 72.9%。在反应前 1~3 h 内，140℃的反应速率大于 99℃的反应速率，而在反应的 3~6 h 内，99℃的反应速率大于 140℃的反应速率。图 5-6 给出了反应速率及速率常数与产物脱乙酰度的关系。从图中可以看出，反应速率及速率常数随脱乙酰度的增加而减少。为了制备高脱乙酰度的产物并节省能源，更高的反应温度（＞140℃）应用于反应的初期。

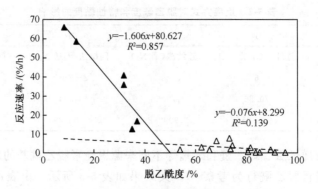

图 5-6　甲壳素脱乙酰度与反应速率的关系

图 5-7 显示了反应温度为 99℃、140℃，反应时间为 1~9 h 条件下，壳聚糖相对分子质量的变化。壳聚糖相对分子质量随脱乙酰化反应时间的延长而减少。在反应初期相对分子质量减少较为迅速，直到 6 h 后相对分子质量减少速率才变慢。在相同的反应时间内，反应温度越高，相对分子质量越低。这表明温度越高，分解反应越剧烈。为了制得高脱乙酰度和高相对分子质量的壳聚糖，可先在高温下反应 1 h，再在低温下反应至结束。

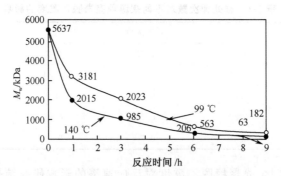

图 5-7　反应温度为 90℃和 140℃制备壳聚糖的分子
质量与反应时间的关系

由于甲壳素和壳聚糖分子中强烈的氢键作用，因而要得到脱乙酰度大于 90% 的壳聚糖较为困难。为此，采用溶解沉淀法可制备高脱乙酰度壳聚糖。将不同脱乙酰度的壳聚糖溶于 1% 的乙酸溶液中，过滤除杂后用 c（NaOH）＝1 mol/L 的溶液中和至 pH＝8~10。抽滤至干，然后加入含 NaOH 的 95% 乙醇溶液中，回流反应至给定时间。过滤、水洗至中性后，烘干，即得白色粉末状壳聚糖[20]。

图 5-8 给出了相同反应条件下，脱乙酰度为 62.5% 的壳聚糖以片状和溶解沉淀后以湿态连续反应数小时的结果，可见溶解沉淀后比固体片状的反应效率高。在湿态时反应 1 h 的脱乙酰度与固体片状反应 3 h 的脱乙酰度相同，而湿态反应

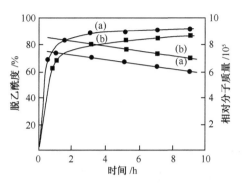

图 5-8　反应时间对脱乙酰度和相对分子质量的影响

（a）溶解沉淀后；（b）固体片状

3 h 时脱乙酰度已近 90％。无论是溶解沉淀后还是固体片状，在反应 3 h 以内脱乙酰度增加较快，随时间的延长，脱乙酰度增加缓慢，而相对分子质量却不断下降。因此，为得到高脱乙酰度和较高相对分子质量的壳聚糖，反应时间以 3 h 为宜。由于增加反应次数可进一步提高脱乙酰度，表 5-4 列出溶解沉淀后起始脱乙酰度为 62.5％ 和 74.5％ 间歇反应 3 h 的结果。由表可见，间歇反应 3 h 后，其虾和蟹壳聚糖的脱乙酰度分别达 94.0％ 和 97.7％，其相对分子质量分别为 5.7×10^5 和 1.20×10^6。虾壳比蟹壳的脱乙酰速度快，一方面是它们的微观结构不同，另一方面可能是蟹壳有较高的相对分子质量。

表 5-4　不同来源甲壳素间歇反应脱乙酰化结果

反应时间/h	虾壳聚糖		蟹壳聚糖	
	脱乙酰度/％	相对分子质量/10^5	脱乙酰度/％	相对分子质量/10^6
1	79.7	7.38	86.5	1.81
2	88.6	6.29	92.2	1.41
3	94.0	5.71	97.7	1.19

　　在不同反应介质中，溶解沉淀后进一步脱乙酰基，其脱乙酰度和相对分子质量也有一定差别。由表 5-5 可见，在反应温度 60℃ 时，在丙酮体系中比乙醇体系中有更高的脱乙酰度和相对分子质量，但是用丙酮作反应介质时，产物不易洗涤，且色泽发黄。在反应温度 80℃ 时，用水作反应介质，与乙醇相比不但脱乙酰度低，产品色泽也不好，而且产物洗涤非常困难。考虑到丙酮和水作反应介质的局限性，认为乙醇较为适宜作为溶解沉淀后进一步脱乙酰化的反应介质。乙醇有一定的极性和渗透性，它可有效地扩散渗入壳聚糖分子内部，因而提高了反应的效率。在脱乙酰度为 80.5％ 的壳聚糖中，加入 50％ 的 NaOH，在 N_2 保护下，于 80℃ 反应 8 h，用蒸馏水洗至中性，再重复以上操作 2 次，可制得脱乙酰度

99.9%的壳聚糖[21]。

表 5-5　不同反应介质中甲壳素脱乙酰化结果

编号	溶剂	反应温度/℃	脱乙酰度/%	相对分子质量/10^5
1	丙酮	60	81.5	7.39
2	乙醇	60	78.0	7.07
3	乙醇	80	88.9	6.81
4	水	80	72.8	5.67

　　在强碱条件下，采用 HAc/H_2O_2 体系，可制备高脱乙酰度壳聚糖。采用 10 mol/L NaOH 水溶液在 110℃ 间歇反应可以制备 90%～100% 脱乙酰度的壳聚糖[22]，用 0.35 mol/L HAc/0.45 mol/L H_2O_2 体系可以制备黏均相对分子质量 10 000～100 000 的壳聚糖样品。

　　利用相转移催化剂可制备出高脱乙酰度和低黏度的壳聚糖[23]。以 DMSO-NaOH 为反应体系进行甲壳素脱乙酰基反应是典型的非均相（固–液–固）亲核取代反应，若无催化剂，烧瓶底部的固态 NaOH 和漂浮在上部的甲壳素即使在搅拌的作用下也难以接触。当加入相转移催化剂水后，亲核试剂 NaOH 由水带入 DMSO 相，在相界面处 OH^- 与甲壳素进行亲核取代反应，当水释放出 OH^- 后，将 CH_3COO^- 带回 NaOH 固相，再将 OH^- 带到 DMSO 相，循环往复，直至反应达到平衡[24]。

　　在乙醇-NaOH 水溶液介质中，加入十六烷基三甲基溴化铵作为相转移催化剂可有效进行甲壳素的脱乙酰化[25]。在反应温度 100℃、NaOH 浓度 35%（质量分数）、醇碱比 1/4（V/w）、反应时间 3 h、催化剂用量为甲壳素质量的 3% 时，可制得脱乙酰度为 73.5% 的壳聚糖。以 NaOH-醇水溶液为反应介质，加入聚乙二醇相转移催化剂，在 NaOH 质量分数为 35%、反应温度 90℃、反应时间 3 h、相转移催化剂质量分数为 5% 时，也可获得高脱乙酰度的壳聚糖[26]。采用正丁醇-NaOH 反应体系，以十六烷基三甲基溴化铵为相转移催化剂，在甲壳素 1.5 g，反应温度 120℃，反应时间 2 h，w（催化剂）＝7%（以甲壳素的质量计），m（甲壳素）：m（NaOH）：m（醇）＝1:3:16 的反应条件下，可制得脱乙酰度为 92% 的壳聚糖[27]。在弱极性戊醇介质中，直接加入固体 NaOH，进行甲壳素的脱乙酰化研究。结果表明 NaOH 浓度在 10%（质量分数）左右低碱度条件下，可制得脱乙酰度大于 90% 的壳聚糖[28]，远优于 NaOH 水相体系，这对于工业生产壳聚糖具有较大的指导意义。

　　如果要获得完全脱乙酰基产品，除可使用 NaOH 外，还可加入苯硫酚及二甲亚砜，在 NaOH 的水溶液中，苯硫酚形成苯硫酚钠，它具有脱氧和催化作用。用此方法可以进行各种 N-乙酰的氨基多糖的脱乙酰化。多糖的主链很少断裂，可以获得完全脱乙酰基的产品，适合于实验室的少量制备[29]。

甲壳素脱去乙酰基的反应为固-液反应体系，由于两相的存在，反应中的物质扩散及传递存在困难。1979 年，Peniston 把微波法用于了甲壳素的脱乙酰化反应[30]。与传统的方法相比，微波作用下甲壳素的脱乙酰化反应时间和碱的消耗量有明显的下降。由表 5-6 可见，在最初的 5 min 内，产物的脱乙酰度和黏度随着反应时间的增加而迅速增加。而 5 min 以后，脱乙酰度随着时间增加仍可缓慢的增加，但产物的黏度开始下降。这是因为反应温度超过 80℃后，分子链的断裂加快。由于微波辐射作用，在较低的碱浓度就可达到较高的脱乙酰度。这对减少碱消耗和避免分子链断裂从而引起黏度下降很有好处[31]。

表 5-6 微波作用下甲壳素的脱乙酰化反应结果

时间/min	最终温度/℃	脱乙酰度/%	黏度/cP
3	60	54.5	43
5	80	75.6	62
9	103	78.5	55
13	130	80.4	49

在微波处理过程中，反应体系在短时间内升温迅速，在主要的反应阶段，温度能保持基本不变。在甲壳素脱乙酰反应的初期，脱乙酰度随温度的升高而增大，而后反应速率减慢，脱乙酰度的变化也减小。当 NaOH 溶液质量分数达到 45%左右、温度在 100℃以上时，反应速率急剧提高。脱乙酰度也发生较大变化，此状态持续的时间随微波功率不同而不同。在水中加入 NaOH 后，减弱了溶液对微波的吸收，但与常规加热方式相比，微波仍具有快速加热的优越性。NaOH 质量分数大小对溶液吸收微波能无影响。利用[1]H NMR 研究常规热处理及微波处理后壳聚糖分子的结构，发现微波对甲壳素脱乙酰反应有一定的"非热效应"。这可能是因为微波在加热的同时，破坏了甲壳素分子链中的氢键，促进分子链分散，NaOH 溶液容易渗入[32]。

使用微波间歇法也可快速制备高脱乙酰度和高黏均相对分子质量的壳聚糖[33]。在微波功率 800 W，将 45%的 NaOH 溶液与 250～380 μm 的 20 g 甲壳素粉以 8∶1 的体积比混合，在 100℃下反应 10 min，洗涤、微波干燥后，在相同条件下再反应 1 次，可制得脱乙酰度为 94.5%、黏均相对分子质量 1.48×10^5 的白色壳聚糖粉末。其他制备条件相同，使用电加热法间歇处理甲壳素粉 3 次，反应 5 h，可以得到脱乙酰度为 96.2%、黏均相对分子质量为 3.8×10^5 的褐色壳聚糖粉末。微波间歇法所制壳聚糖的结晶度高，内部有规整的有序结构，用它制备的膜致密，性能优于用电加热法所制壳聚糖制备的膜。

应用超声波辐射分别研究甲壳素在水中和乙醇介质中的脱乙酰反应，结果表明在水和乙醇这两种反应介质中，超声波都可以促进反应，在较低的反应温度下即可提高产品脱乙酰度和黏度[34]。但相对而言，超声波对水介质中的脱乙酰反应促进作用更加显著。以壳聚糖粗品（脱乙酰度 65%）为原料，在二甲亚砜-NaOH 体系中，运用超声波技术可加速脱乙酰化反应的进行。研究结果表明，超声波技术可以明显降低反应体系的温度，缩短反应时间，提高产品的脱乙酰度[35]。

5.2.2　*β*-甲壳素脱乙酰化

β-甲壳素具有反应性高等优点，在结构与性能上比 *α*-甲壳素更适合用于应用在功能材料等方面。从鱿鱼中分离出 *β*-甲壳素，然后在 N_2 保护下用 40%NaOH 于 80℃反应用 3 h，用蒸馏水洗至中性后，再用乙醇、丙酮洗涤后干燥，即得白色 *β*-壳聚糖[36]。

在非均相反应条件下，当采用 40%的 NaOH 溶液在 80℃反应 3 h 时，*β*-甲壳素的脱乙酰度可达 80%。而 *α*-甲壳素在 80℃反应条件下要达到 80%以上的脱乙酰度，必须间歇反应 24 h[17]，这说明 *α*-甲壳素分子间有非常强的作用。经测定 *β*-壳聚糖的相对分子质量为 3.6×10^6，而在低温反应条件下制备的具有 82%脱乙酰度的虾壳壳聚糖的相对分子质量却为 7.6×10^5。显然，*β*-壳聚糖具有非常高的相对分子质量，这可能是它显示独特性能的重要原因。

采用相转移催化剂可提高乌贼内 *β*-甲壳素的脱乙酰度。在 40%的 NaOH 溶液中，分别加入不同的相转移催化剂季铵盐-39 和聚乙二醇 600，与未用催化剂相比较，在同一个温度条件下反应 3 h 后，使用相转移催化剂均可以提高产物的脱乙酰度，其中以季铵盐-39 较好。从表 5-7 可看出，对同一种相转移催化剂来说，反应温度越高，脱乙酰度也越高，其中加入季铵盐-39，120℃反应 3 h 后，壳聚糖脱乙酰度可达 81.43%[37]。

表 5-7　相转移催化剂对 *β*-甲壳素脱乙酰度的影响

催化剂种类	壳聚糖脱乙酰度/%			
	80℃	90℃	100℃	120℃
未用	35.46	36.95	61.2	75.22
季铵盐-39	40.13	51.97	69.56	81.43
乙二醇（600）	36.85	39.92	62.34	79.36

在非均相条件下，对比研究从虾壳中制备的 *α*-甲壳素和从鱿鱼壳中制备的 *β*-甲壳素的脱乙酰化反应，按照水溶性和非水溶性部分（pH=8.5）把每个在中性条件下制备的脱乙酰化产物进行分馏，对两个脱乙酰部分产物的脱乙酰度、晶体结构和 N-乙酰氨基葡萄糖基团的分布进行系统的研究。当 *α*-甲壳素和 *β*-甲壳素

在 50%（w/V）NaOH 中，温度从 80℃升高到 110℃时，脱乙酰化反应的活化能分别为 39.9±1.0 kJ/mol 和 42.8±1.8 kJ/mol，碰撞频率因子分别为 7.2±2.4×10³/min 和 54.4±18.5×10³/min。通过对比脱乙酰化作用的水溶性和非水溶性部分，发现在脱乙酰过程中结晶程度的作用是主要的，其次才是甲壳素原料的种类对其化学结构的影响[38]。

从鱿鱼骨中提取的甲壳素的非均相脱乙酰化，在最初的反应过程中遵循准一级动力学。通过考察碱浓度、温度、时间和甲壳素与溶液的比率，发现脱乙酰度随着温度的升高、碱浓度的增加和时间的延长而增大，而甲壳素与溶液的比率对脱乙酰度的影响不大。温度在 40~100℃时，速率常数和活化能分别为 1.0×10⁻³~2.4×10⁻² kcal/mol 和 5.4~11.9 kcal/mol[39]。

相对分子质量和脱乙酰度高是高质量壳聚糖的标志。一般采用多次碱处理提高脱乙酰度。在 KOH（50%，w/w）溶液和 120℃条件下，碱处理次数对 β-甲壳素脱乙酰度的影响见表 5-8。由表可见，连续处理和重复碱处理对脱乙酰基的作用基本相同，但用重复碱处理对壳聚糖的相对分子质量影响较小[40]。Kurita 等人确定的从鱿鱼中制取甲壳素脱乙酰化的最佳实验条件是采用 40%NaOH 溶液和 80℃处理 3 h[41]，该过程考虑了乙酰度的变化，然而却没有考虑相对分子质量的变化。采用 Kurita 过程间歇处理鱿鱼甲壳素，在 N₂ 保护下连续处理 3 次时已实现完全脱乙酰化，相对分子质量为 5×10⁵。当温度相同时（80℃），两个过程制备的壳聚糖的相对分子质量相同，但 Kurita 过程的脱乙酰作用更好（表5-9）。实验结果表明，增加碱化的次数会导致壳聚糖发生解聚反应。当温度升高到 120℃，可以获得相同的乙酰化度。但在这些过程中，壳聚糖发生了严重的解聚反应（相对分子质量为 126 000，而不是 600 000）。

表 5-8　连续和重复处理次数对壳聚糖理化性质的影响

反应时间/h	乙酰度/%	相对分子质量/10³	反应时间/h	乙酰度/%	相对分子质量/10³
2	4	151	1+1+1	5	248
1+1	5	290	6	2.5	63
3		126	2+2+2	1.5	85

表 5-9　重复处理过程对壳聚糖理化性质的影响

反应时间/h	乙酰度/%		相对分子质量	
	Kurita 过程	Broussignac 过程	Kurita 过程	Broussignac 过程
3	25	30	nd	nd
6	3	26	595	nd
9	1	26	450	430
15	—	17	—	320

　　到目前为止，几乎所有的文献报道 β-甲壳素来源于鱿鱼骨中，但吴建一等人报道从蚕蛹中提取的甲壳素也为 β-甲壳素[42]。他们将蛹壳中提取的甲壳素，在异丙醇和浓 H_3PO_4 体系中制备了微晶化甲壳素，比较了两种甲壳素的脱乙酰化反应活性。研究结果表明，从蚕蛹中提取甲壳素，碱的浓度增大，甲壳素外观质量更好；降低碱液浓度的同时提高反应温度和延长反应时间，可得到高质量的甲壳素；微晶化处理的甲壳素比原甲壳素在脱乙酰化反应中活性更高。在 20%NaOH 溶液中，微晶化甲壳素脱乙酰 2 h 可达 50%，而原甲壳素只有 20%。在30% NaOH 溶液中，微晶化甲壳素脱乙酰 2 h 可达 70%，而原甲壳素只有 30%（见图 5-9）。延长反应时间，微晶化甲壳素和原甲壳素则均呈平衡态，微晶处理后脱乙酰动力学表明反应速度明显加快。

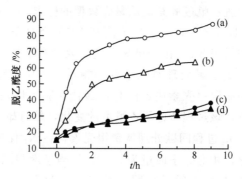

图 5-9　微晶化前后甲壳素脱乙酰化动力学
（a）30%NaOH 水解微晶化甲壳素；（b）20%NaOH 水解微晶化甲壳素
（c）30%NaOH 水解甲壳素；（d）20%NaOH 水解甲壳素

　　比较原甲壳素和微晶化处理后甲壳素的 IR 谱图可发现，微晶化处理后在3500～3200 cm^{-1} 范围内出现了两个尖吸收带，说明经微晶化处理时，原来分子链间的氢键有所减弱，因 N—H 键的伸缩振动而产生尖吸收带。原甲壳素则没有尖吸收带，只有羟基的宽吸收带。同时在 IR 谱图上均可看到 1650 cm^{-1} 有酰基吸收带，微晶化处理的目的是使其结构疏松而仍保持一定的高相对分子质量。在微晶化过程中冷冻处理的目的是使高速搅拌下渗入分子内部的水在结冰的条件下体积增大而破坏甲壳素分子间的氢键缔合作用。采用超声波搅拌产生高剪切力，使水能渗入分子内部，搅拌时间 2～5 min。微晶化处理后的甲壳素可溶于酸性水溶液。采用两段碱煮法从蚕蛹壳中提取甲壳素，并进行微晶处理，发现溶解性和反应活性有所改变。为此，作者认为具有 β-构型，有关从蚕蛹中提取的甲壳素也为 β-甲壳素构型，可能还需要做进一步的研究工作。

5.2.3　甲壳素脱乙酰化结构表征

5.2.3.1　红外光谱分析

甲壳素各种脱乙酰度的壳聚糖与 100％脱乙酰度壳聚糖结构之间的主要差异是：前者分子中有—NHCOCH₃ 和—NH₂，后者分子中仅有—NH₂。IR 图的差异表现在酰胺谱带和氨基谱带等方面。图 5-10（a）为 100％脱乙酰度壳聚糖的 IR 图，图 5-10（b）为 90％脱乙酰度壳聚糖的 IR 图，两者 IR 图基本相似。但 90％脱乙酰度壳聚糖在 1632 cm^{-1} 左右处有一个吸收带，此吸收带是酰胺中羰基伸缩振动吸收带，而 100％脱乙酰度壳聚糖没有此吸收带，说明 100％脱乙酰度壳聚糖没有—NHCOCH₃ 基团。另外 90％壳聚糖在 1590 cm^{-1} 处是—NHCOCH₃ 中的 N—H 弯曲振动吸收带，而 100％脱乙酰度壳聚糖中 N—H 弯曲振动吸收带在 1599 cm^{-1} 处发生了位移，这是因为在 90％脱乙酰度壳聚糖中，N 与 C＝O 为共轭体系，而在 100％脱乙酰度壳聚糖中，此共轭体系消失，相应的 N—H 弯曲振动吸收带就会向低波数移动，说明 100％脱乙酰度壳聚糖中已没有—NHCOCH₃ 基团，全部转为—NH₂。

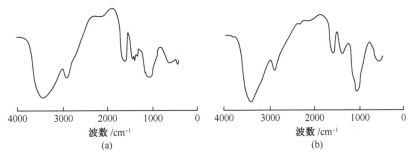

图 5-10　壳聚糖的 IR 图

(a) 100％DD；(b) 90％DD

图 5-11 给出了蟹壳甲壳素、掸子虫甲壳素和不同脱乙酰度壳聚糖的 IR 图。随着脱乙酰度的增大，其显著变化是：①位于 3100 cm^{-1} 和 2960 cm^{-1} 附近的—CH₃ 伸缩振动吸收带明显变弱，当脱乙酰度达 80％以上时，无论是掸子虫壳聚糖还是蟹壳聚糖，该吸收带都消失了；②C＝O 吸收带强度减小，但当脱乙酰度达 88％时，该吸收带几乎消失，且位于 1620 cm^{-1} 的吸收带也随之消失。而脱乙酰度达 80％的蟹壳聚糖仍有较强的 C＝O 吸收带；③位于 1550 cm^{-1} 处甲壳素的 N—H 弯曲振动吸收带，由于从—NHCOCH₃ 变为—NH₂，故吸收带出现在 1590 cm^{-1} 处。伴随这一变化，位于 3200 cm^{-1} 附近的 N—H 吸收带也随之消失，

而于 3420 cm^{-1}附近出现了 O—H 和 N—H 伸缩振动的叠加吸收带。在脱乙酰度达 80%左右的鱿鱼壳聚糖的 IR 谱图中，O—H 和 N—H 叠加吸收带出现在 3370 cm^{-1}，而蟹壳聚糖却出现在 3425 cm^{-1}。该吸收带越低，分子间作用力越弱。通常脱乙酰度不同，壳聚糖分子中酰胺基团参与形成的链内、链间氢键(C═O···H 及 NH···O═C)的数目和种类会发生变化，从而影响 N—H 吸收带的大小。因此，脱乙酰度越高，氢键作用力越小，则 N—H 向高波数位移越多。但是研究表明，当脱乙酰度大于 80%时，随脱乙酰度的再增大，分子间的作用力又会增强，具体表现在红外光谱上就是在 3310 cm^{-1}、660 cm^{-1}和 600 cm^{-1}附近又出现新的吸收带。而脱乙酰度达 88%的掸子虫壳聚糖与脱乙酰度为 80%的蟹壳聚糖相比，N—H 吸收带高 2 cm^{-1}，但并没有出现新的吸收带。这在某种程度上说明掸子虫壳聚糖的分子之间可能有弱的作用力。

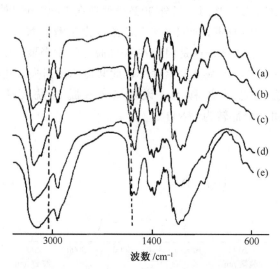

图 5-11　蟹壳甲壳素、掸子虫甲壳素和不同脱乙酰度壳聚糖的 IR 谱图
(a) 蟹壳甲壳素；(b) 掸子虫甲壳素；(c) 脱乙酰度 53%掸子虫壳聚糖；(d) 脱乙
酰度 88%掸子虫壳聚糖；(e) 脱乙酰度 80%蟹壳壳聚糖

　　在虾和鱿鱼中分离得到的甲壳素及壳聚糖的 IR 谱图上，虾壳甲壳素 1660 cm^{-1}处的酰胺 I 谱带附近显示有一附加吸收带 (1633 cm^{-1})，而从鱿鱼中分离得到的甲壳素只显示酰胺 I 谱带，这说明从鱿鱼中分离得到的为 β-甲壳素[41]。
　　虾壳壳聚糖和鱿鱼壳聚糖的 IR 谱图基本相似，只是吸收带位置略有位移。酰胺 I 谱带和—NH$_2$ 吸收带在虾壳壳聚糖中分别位于 1657 cm^{-1}和 1599 cm^{-1}处，而在鱿鱼壳聚糖中分别位于 1651 cm^{-1}和 1583 cm^{-1}处。另外，位于 3400 cm^{-1}处的 O—H 和 N—H 振动吸收带在鱿鱼壳聚糖中变尖，表征中—OH 吸收带的 1086 cm^{-1}在鱿鱼壳聚糖中位于 1093 cm^{-1}处。以上 IR 谱图的微观不同，可能与分子的反平行和平行排列方式有关。不同来源甲壳素和壳聚糖在 IR 谱图上的相同和差异，一方面说明它们有相同的基本结构，另一方面说明原料来源不同，在其微结构方面又有一定差别。

5.2.3.2　X 射线衍射分析

虾和蟹壳甲壳素在 $2\theta=9.3°$、$19.1°$、$26.4°$和 $28.1°$附近有强衍射峰，在 $2\theta=7.5°$、$20.6°$、$22.1°$、$23.0°$和 $32.1°$处有弱衍射峰。掸子虫甲壳素在 $2\theta=9.1°$、$19.2°$、$23.2°$和 $26.2°$附近有强衍射峰，在 $2\theta=12.8°$、$14.9°$、$20.6°$、$23.2°$和 $29.4°$附近有弱的衍射峰。这表明掸子虫甲壳素与虾、蟹和蝇蛹甲壳素的结晶形态又略有不同。随着脱乙酰度的不断增大，虾和蟹甲壳素衍射峰的强度减弱。当脱乙酰度达 53％时，掸子虫壳聚糖在 $2\theta=9.2°$和 $19.3°$处有强衍射峰，其余的衍射峰几乎消失，说明其分子的结晶性变弱。通常壳聚糖的特征峰为 $2\theta=10°$和 $20°$。由图 5-12 可见，当不同来源的壳聚糖脱乙酰度达 80％以上时，它们几乎有相同的 $2\theta=20°$的衍射峰，但在 $2\theta=10°$附近的衍射峰却有明显差别。掸子虫、虾、蟹和蝇蛹壳聚糖的衍射峰分别位于 $11.0°$、$9.5°$、$9.8°$和 $9.4°$。对同一种来源的壳聚糖而言，当脱乙酰度在 80％～90％之间时，结晶度随着脱乙酰度的增加而增加，但是掸子虫壳聚糖并未因脱乙酰度相对较高，而呈现出强的结晶峰。虾甲壳素显示了非常强的结晶性，而鱿鱼甲壳素有更多的非晶结构，只在 $2\theta=7.3°$、$19°$～$22°$和 $7.3°$处有弱衍射峰，这正是 β-甲壳素在相同反应条件下有高脱乙酰度的主要原因。在相近的脱乙酰度下，虾、蟹和蝇蛹壳聚糖仍表现出了强的结晶性；而鱿鱼壳聚糖中 $10°$左右的衍射峰几乎消失，这也说明鱿鱼壳聚糖分子中的作用力比虾、蟹和蝇蛹壳聚糖弱。这进一步说明不同来源壳聚糖的结晶形态

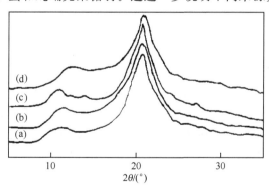

图 5-12　不同来源壳聚糖的 XRD 谱图

（a）脱乙酰度 84％的虾壳聚糖；（b）脱乙酰度 80％的蟹壳聚糖；（c）脱乙酰度 82％的蝇蛹壳聚糖；（d）脱乙酰度 88％的掸子虫壳聚糖

不尽相同，有着不同的晶胞参数，从而在同一条件下进行脱乙酰化表现出不同的脱乙酰度。

　　虾、蟹类甲壳素属 α-结构，分子呈反平行排列，分子内和分子间存在较强的氢键作用。随着脱乙酰度的增加，分子间的作用力逐渐减弱。当脱乙酰度达 50％左右时，分子间作用力最弱，在 XRD 谱图上几乎呈无定形态。但随着脱乙酰度增大，结晶性又比较明显，当脱乙酰度达 90％以上时，结晶性更明显，这正是用常用方法很难获得 90％以上脱乙酰度和高相对分子质量产物的重要原因。但是，将固体脱乙酰基壳聚糖先溶于酸后又用碱沉淀，可极大地削弱壳聚糖分子的结晶性或分子间作用力（如图 5-13 所示），因而使脱乙酰化反应易于进行。事实上，在制备壳聚糖衍生物时，如果先进行溶解和沉淀处理，再进行衍生化，可得到高取代度的衍生物。

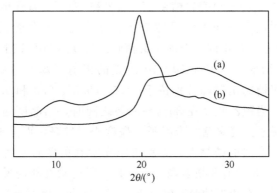

图 5-13　溶解前后脱乙酰度 80％壳聚糖的 XRD 谱图
（a）溶解沉淀后；（b）原壳聚糖

5.2.3.3　热分析

　　不同来源甲壳素的 TGA 曲线在 80℃左右均出明显失重现象，该失重峰为甲壳素分子中的吸附水丢失引起的。摔子虫、虾、蟹、蝇蛹和鱿鱼甲壳素的失重率分别为 4.6％、6.0％、6.3％、2.1％和 8.8％。其中鱿鱼甲壳素含水率最高，说明对水的亲和力相对较强。在 310℃左右，各种来源甲壳素出现的明显失重峰是由甲壳素主链断裂的热分解引起的。摔子虫、虾、蟹和蝇蛹甲壳素的最大失重温度分别为 300、327、312、316 和 311℃，相对应的失重率为 64.8％、63.6％、66.1％、65.7％和 43.4％。与具有 β-结构的鱿鱼甲壳素相比，其他 4 种不同来源甲壳素的失重率相差不大，但最大失重温度却有较大差别，说明 4 种不同来源的甲壳素分子间作用力不一样，摔子虫最大失重温度低，说明分子间作用力弱，这一分析结果与 IR 谱图和 XRD 分析相一致。

　　在掸子虫、虾、蟹、蝇蛹和鱿鱼壳聚糖的 TGA 谱图中，在 40~80℃之间，各壳聚糖有失重峰，这是由各壳聚糖中水分丢失引起的。其中，具有 β-结构的鱿鱼壳聚糖失水率最大（10.7%），其次为掸子虫 9.2%，最小为蝇蛹壳聚糖 3.4%。由于鱿鱼壳聚糖有弱的分子间作用力，才表现出了对水的高度亲和性。在 4 种 α-结构的壳聚糖中，掸子虫壳聚糖分子有较弱的相互作用力，因而有较高的吸水性。5 种壳聚糖热分解引起的最大失重温度分别为 290、280、292、280 和 291℃，相对应的失重率为 48.1%、53.7%、50.3%、58.6% 和 40.6%。与甲壳素相比，脱去乙酰基后的壳聚糖，最大分解温度降低了 20℃左右，这进一步说明乙酰基参与了氢键的形成，使稳定性增加。鱿鱼壳聚糖在 528℃还表现出一失重段，进一步说明其与虾、蟹壳聚糖结构的不同。α 和 β-结构的甲壳素和壳聚糖的热分解行为不同，也说明了分子的构象不同。

5.3　甲壳素酰化衍生物

　　甲壳素分子内和分子间有较强的氢键，具有强的胶束结构，酰化反应很难进行，一般要用酸酐作酰化试剂，相应的强酸作为溶剂或催化剂。已报道的反应方法有十余种之多，各种方法主要的差别在于使用不同的溶剂及催化条件。甲壳素和壳聚糖可通过与酰氯或酸酐的反应，在大分子链上导入不同相对分子质量的脂肪族或芳香族酰基。酰化反应可在羟基（O-酰化）或氨基（N-酰化）上进行。酰基的存在可以破坏甲壳素及其衍生物大分子间的氢键，改变其晶态结构，使所得产物在一般常用有机溶剂中的溶解性大大改善。

5.3.1　酸酐酰化甲壳素衍生物

　　在乙酰化反应中，早期研究曾用干燥 HCl 和饱和乙酸酐对甲壳素进行乙酰化，但反应时间长，聚合物降解严重。经研究发现，HCl、$HClO_4$、甲磺酸等强酸溶剂以及三氯乙酸-二氯乙烷，N,N-二甲基乙酰胺-无水 LiCl 等混合溶剂适用于作甲壳素进行反应的溶剂。近年来，研究发现甲磺酸可代替 HCl 进行酰化反应，对于甲壳素的酰基化反应来说，甲磺酸既是溶剂，又是催化剂，反应可均相进行，所得产物酰基化程度较高。三氯乙酸-二氯乙烷、N,N-二甲基乙酰胺-氯化锂等混合溶剂均能直接溶解甲壳素，使反应在均相进行，从而可制备具有高取代度且分布均一的衍生物。

　　取甲壳素 10 g，加入 $HClO_4$ 的冰乙酸溶液 616 mL，再加入冰乙酸 90 mL、干燥的二氯甲烷 100 mL 及一定量的乙酸酐，于 -20℃反应 12 h，再在 0℃继续反应

12 h。过滤，把收集的残留物悬浮于大量冰水中，并用氨水调 pH 至中性，过滤，依次用热蒸馏水、乙醇、乙醚洗涤，真空干燥得乙酰化甲壳素[43]。根据乙酸酐加入量的不同，可得到不同乙酰化度（0.5、0.8、1.4 和 2.0）的乙酰化甲壳素。

甲壳素在 1660 cm^{-1} 及 1628 cm^{-1} 出现其酰胺 I 谱带特征吸收带。在 1557 cm^{-1}、1313 cm^{-1} 及 1379 cm^{-1} 还分别出现了甲壳素酰胺 II 带、酰胺 III 带及 CH$_3$—CO 振动吸收带。甲壳素为 β-(1，4) 糖苷键连接的多糖，在 1158 cm^{-1} 及 895 cm^{-1} 也分别出现其特征吸收带。比较甲壳素与乙酰化甲壳素的红外谱图可发现，乙酰化甲壳素的红外谱图在 1743 cm^{-1}、1230 cm^{-1} 及 1380 cm^{-1} 出现了酯键 C＝O 伸缩振动特征吸收带，且随乙酸酐用量的增加，其强度逐渐变大。甲壳素 β-(1，4) 糖苷键连接的糖单元在 895 cm^{-1} 处的特征吸收带的消失，进一步说明乙酰化反应破坏了甲壳素分子链的有序结构，这一点从乙酰化甲壳素能溶于 88％的甲酸而甲壳素却不能溶于甲酸可得到进一步证实。

在对甲苯磺酸过量情况下，可以使乙酰化反应很好地进行。对甲苯磺酸一方面起催化作用，另一方面促进产物的溶解，因而反应进行地比较完全[44]。当 1 g 甲壳素用 10 g 对甲苯磺酸时，反应可均相进行，乙酰化可达 1.92，产物在甲酸中完全溶解。红外光谱表明在 3、6 位上发生了乙酰化反应。在甲苯磺酸-HClO$_4$ 反应体系中，进行甲壳素的乙酰化反应，可明显提高产物的比黏浓度，产物的乙酰化度变化很小，在甲酸中有良好的溶解性。

在甲磺酸体系中，用不同的酸酐已成功地制备了甲壳素的甲酰化、乙酰化、丙酰化、丁酰化衍生物。以丙酰化为例，其反应条件与产物酰化度的关系如表 5-10 所示。必须指出的是：上述反应均需在低温（一般 0℃）下进行，因为随反

表 5-10　甲壳素在甲磺酸-丙酸-丙酸酐混合物中的酰化度

样品序号	丙酸酐* / mL	丙酸** / mL	丙酰化度***	产率/ %	理论/%			计算/%		
					C	H	N	C	H	N
1	—	18.0	1.0	92	48.91	6.61	5.16	49.25	6.76	5.22
2	0.9 (0.5)	17.1	1.0	92	48.91	6.61	5.36	49.25	6.76	5.22
3	1.8 (1.0)	16.2	1.0	87	49.62	6.60	5.57	49.25	6.76	5.22
4	3.6 (2.0)	14.4	1.0	95	49.29	6.65	5.27	49.25	6.76	5.22
5	7.2 (4.0)	10.8	1.5	80	51.16	6.55	4.65	51.45	6.74	4.65
6	10.8 (6.0)	7.2	1.6	91	51.57	6.73	4.55	51.85	6.73	4.72
7	18.0 (9.9)	—	1.9	85	52.50	6.74	4.30	52.97	6.72	4.51
8	0.9 (0.5)	—	0.1	49	45.49	6.44	6.21	45.77	6.66	6.43

* 每 3g 甲壳素所用溶剂的量。所有反应在 0℃下搅拌 2 h，−20℃放在甲磺酸（12 mL）中过夜；

** 丙酸酐和 N-乙酰氨基葡萄糖单元的物质的量相等；

*** 每个 N-乙酰氨基葡萄糖单元含有的丙酰基团。

应体系温度和酸度的增加，会引起甲壳素的明显分解。实验证实在甲磺酸条件下，甲壳素溶液的黏度在 40℃时变化剧烈[45]，在不到 1 h 内，即下降到一常数值；在 25℃时，黏度的下降也很明显，说明甲壳素分子发生了明显的分解；但在 0℃时，则观察不到明显的分解现象。

在不同反应条件下，对甲壳素进行丁酰化、己酰化和十二烷酰化等实验，反应过程与以上过程相似。一般是将甲壳素粉末加入由甲磺酸、相应的酸酐或酰氯组成的混合液中，在 0℃冰浴下搅拌反应 2～4 h，凝胶产物于−20℃下放置 12 h，然后用冰水沉淀、水洗、氨水中和至 pH=7.0，煮沸几分钟，再过滤水洗，真空干燥后保存[46]。

在相同反应条件下，分别从 α-甲壳素（来源于蟹壳）和 β-甲壳素（来源于鱿鱼顶骨）制备丙酰化甲壳素，制备过程如下：取 2 g 甲壳素于烧杯中，加入10 mL甲磺酸，于 0℃的冰水浴中搅拌 15 min 使其完全溶解，再滴加入丙酸酐 11.8 mL，继续于 0℃下搅拌 1 h，然后于−18℃冰柜中放置 12 h。粗产物用少量水稀释，并滴加 10%氨水至 pH=7.0 以沉淀出聚合物，煮沸几分钟以除去残余氨。过滤，蒸馏水洗涤沉淀，然后于 40～50℃下干燥得产物[47]。

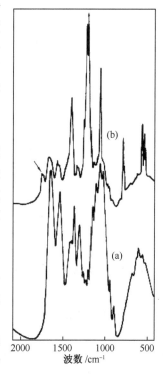

图 5-14 丙酰化 β-甲壳素
的 IR 谱图

与 β-甲壳素的 IR 谱图相比（图 5-14），在 β-甲壳素的丙酰化产物中，新增加的 1735 cm^{-1}吸收带是丙酰基 C＝O 的伸缩振动吸收带，表明已发生了丙酰化反应。用元素分析法测得丙酰化 β-甲壳素的取代度为 0.3，而丙酰化 α-甲壳素的取代度为 1.5。β-甲壳素脱乙酰的反应活性比 α-甲壳素高，但在丙酰化反应中反应活性比 α-甲壳素低。反应活性的差别是由于 β-甲壳素原料结晶度较高。

丙酰化甲壳素粉末样品的广角 X 射线衍射图见图 5-15。从图可见丙酰化 β-甲壳素出现了 2θ=20°锐峰，说明有高的结晶度和结晶规整性。另一方面，丙酰化 α-甲壳素仅能观察到 2θ=20°左右的非晶弥散峰，说明结晶度很低。丙酰化 β-甲壳素的高度结晶性可能与原料 β-甲壳素的较高的结晶性有关。根据 Scherrer 方程以最强峰 2θ=18.8°计算，丙酰化 β-甲壳素的晶粒线度平均为 15.6 nm，晶粒较大。

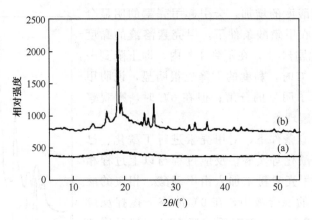

图 5-15　（a）丙酰化 α-甲壳素和（b）丙酰化 β-甲壳素的广角 X 射线衍射图

5.3.2　酰氯酰化甲壳素衍生物

采用相应的酰氯与甲壳素体系也能成功地制备苯甲酰化、己酰化、癸酰化、十二烷酰化以及一系列对位取代苯甲酰化甲壳素，并获得不同酰化程度的衍生物。酰化度的高低取决于酰氯的用量，通常要获得高取代度产物，需要添加过量的反应物。一般是对应 1 mol 乙酰氨基葡萄糖，需用 4～6 mol 反应物（相应的酰氯或酸酐），反应条件依然是在 0℃下搅拌 2 h，并在 −20℃下过夜。反应条件对反应的影响以十二烷酰化为例列入表 5-11。由于空间位阻效应，在甲壳素分子中引入脂肪链时，随取代基链长的增加，难以得到高取代产物。将过量己酰氯、癸酰氯或十二烷酰氯在无水吡啶-氯仿中沸腾反应，则可得到完全酰化的产物[48]。

表 5-11　反应条件和酰化度之间的关系

样品	十二烷酰氯的量*	反应条件	十二烷酰氯度
1	0.6	0℃，2 h＋ −20℃，12 h	0.15
2	1	0℃，2 h＋ −20℃，12 h	0.8
3	5	0℃，2 h＋ −20℃，12 h	1.5
4	5	10℃，2 h＋ −20℃，12 h	1.1
5	5	0℃，4 h＋ −20℃，12 h	1.5
6	2	0℃，2 h＋ −20℃，12 h	1.7
7	4	0℃，3 h＋ −20℃，12 h	1.7
3′	/	分馏沉淀**	1.9
6′	/	分馏沉淀**	1.9

＊十二烷酰氯和 N-乙酰氨基葡萄糖单元的物质的量相等；

＊＊热甲醇分馏产物冷冻得 3′或 6′。

　　在三口烧瓶中加入 3 g 甲壳素和一定量的甲磺酸，在冰浴中搅拌 30 min，待甲壳素充分溶胀后，加人所需量的 3，4，5-三甲氧基苯甲酰氯，在 0℃ 的冰浴中搅拌反应 3 h 后维持在 0℃ 以下静置过夜。加入冰水使产物沉淀，抽滤后将滤饼分散于大量冰水中，用氨水中和，抽滤、干燥；用乙醇和乙醚的混合溶剂(1/10，体积比) 浸泡 24 h，抽滤，真空干燥，制得了 3，4，5-三甲氧基苯甲酰甲壳素[49]。在室温下，产物在一些有机溶剂如 N，N'-二甲基乙酰胺、N，N'-二甲基甲酰胺、二甲基亚砜、四氢呋喃和甲酸中有较好的溶解性能。

　　对不同投料比所制备的 3，4，5-三甲氧基苯甲酰甲壳素进行 IR 谱图表征，发现随着 3，4，5-三甲氧基苯甲酰氯投料量增加，在甲壳素的谱图中 $3500\sim$ 3200 cm^{-1} 之间归属于 O—H 和 N—H 的伸缩振动吸收带逐渐变尖变锐，说明随着酰化程度的逐渐增加，甲壳素中的羟基减少，其和酰胺基团之间形成的氢键越来越弱；而在 1722 cm^{-1} 处归属于 C＝O 的伸缩振动吸收带以及在 1605 cm^{-1}、1590 cm^{-1}、1490 cm^{-1} 处归属于苯环的特征吸收带则越来越强。这些都表明 3，4，5-三甲氧基苯甲酰基已经与壳聚糖发生反应。

　　以氘代 DMSO 为溶剂对物质的量投料比为 1/9 时所得的接枝产物进行 ^{1}HNMR 表征（如图 5-16 所示），$\delta1.5$ ppm 处为甲壳素乙酰氨基上甲基的特征吸收峰；$\delta2.5$ ppm 处为甲壳素骨架上 C_2 质子吸收峰与 DMSO 吸收峰的相互叠加；$\delta4.5$ ppm 处的吸收峰对应于甲壳素骨架上 C_1 质子的吸收；$\delta7.1$ ppm 处为 3，4，5-三甲氧基苯甲酰基的苯环上质子的吸收峰。表明甲壳素分子链上接枝了 3，4，5-三甲氧基苯甲酰基。3，4，5-三甲氧基苯甲酰基甲氧基上质子的吸收峰与甲壳素骨架上 C_2、C_3、C_4、C_5 质子以及羟甲基上质子的吸收峰则在 $\delta3.6$ ppm 处相互重叠，形成了很强的峰。

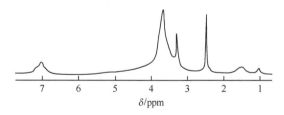

图 5-16　3，4，5-三甲氧基苯甲酰甲壳素的 ^{1}H NMR

　　对比甲壳素和投料比为 1：9 时的接枝产物的 X 射线衍射谱图，发现后者除了在 $2\theta=20°$ 左右有很宽的弥散峰外，无明显的结晶峰，与前者强而锐的衍射峰形成了鲜明的对比。说明改性产物的结晶度显著降低。这一方面是由于键接度已经比较高，甲壳素分子间的氢键作用已经变得很弱；一方面是由于侧取代基 3，4，5-三甲氧基苯甲酰基较大（其中的苯环体积几乎与一个葡萄糖单元相当）减少了排列的规整性。

在甲磺酸体系中，通过肉桂酰氯与甲壳素的反应，制得了肉桂酰甲壳素[50]。红外光谱表明产物具有目标产物的结构特征，X 射线衍射表明甲壳素酰化反应后结晶度明显降低，紫外光谱表明其具有一定的吸收紫外线的能力。

在 N, N-二甲乙酰胺-LiCl 均相体系中，采用吡啶、对甲苯磺酰氯和正链烷酸合成了带正酰基团的甲壳素衍生物（$C_n H_{2n-1} O—$, $n = 4 \sim 20$）[51]。产物（C_n-ACs 取代度为 $1.7 \sim 1.9$）的热转变行为依赖于 n 值：当 $n = 4 \sim 10$ 时，没有明显的热转变行为；当 n 为 12 和 14 时，有一个玻璃转变行为；当 $n = 16 \sim 20$ 时，有一个准一级相转变过程。当用示差扫描量热法检测时，后两种现象通常在室温以下发生。X 射线衍射对于每一个酰化产物在 20℃ 时显示了一个尖的衍射峰（$2\theta = 2° \sim 7°$）和一个宽峰（$2\theta = 20°$）。

5.4　壳聚糖酰化衍生物

壳聚糖的酰化反应要比甲壳素容易，一般不用催化剂，反应介质常用甲醇或乙醇。早期壳聚糖的酰化反应是在酸酐或酰氯中进行的，该反应条件温和，但反应时间长，聚合物降解严重[52]。与甲壳素的酰化反应一样，甲磺酸也是壳聚糖酰化反应的良溶剂，所得产物酰化程度较高[53]。壳聚糖可溶于乙酸溶液中，加入等量甲醇也不沉淀。所以，用乙酸-甲醇溶剂可制备壳聚糖的酰基化衍生物。

酰化壳聚糖反应通常发生在氨基上得到 N-酰化产物，但是反应并不能完全选择性的发生在氨基上，也会发生 O-酰基化反应，但 O-酰化壳聚糖生成较困难。通常情况下，直链脂肪酰基衍生物（甲酰、乙酰、己酰、十二酰、十四酰等）可在甲醇或吡啶/氯仿溶剂中制得。支链脂肪酰基衍生物（N-异丁酰基、N-三甲基乙酰基、N-异戊酰基）可在甲酰胺溶液中反应。芳烃酰基衍生物（苯甲酰基、苯磺酰基等）常在甲磺酸溶剂中制备，所得壳聚糖的酰化度（O-酰化）都在 1.8 以上，大部分都溶解于多种有机溶剂中。完全酰化壳聚糖衍生物的结构式如图 5-17 所示。

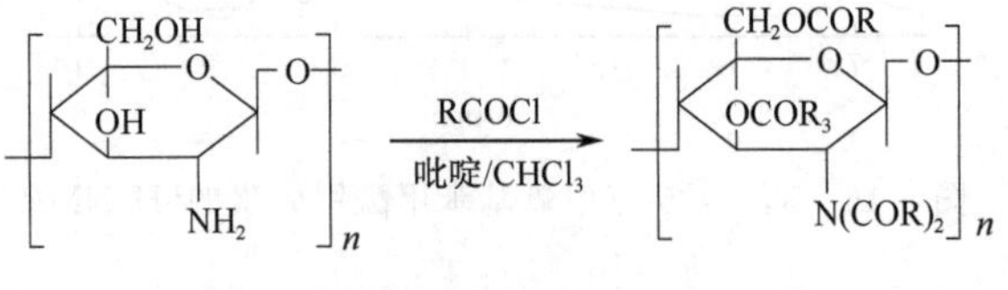

图 5-17　完全酰化壳聚糖衍生物的结构式

5.4.1　N-酰化壳聚糖衍生物

N-酰基壳聚糖的 N-取代基结构与取代度对其性能有重要影响，对于含饱和脂肪链的 N-酰基壳聚糖,其 N-酰基脂肪链的长度及取代度是决定其生物功能、生物降解性以及对某些癌细胞选择性聚集的重要因素。因此,研究该类 N-酰基壳聚糖的制备与控制取代度的方法对生物医用材料和医药领域具有重要意义。

　　N-酰基壳聚糖的合成始于 1930 年,Karrer 等[54]通过酸酐与壳聚糖的高温酰化反应首先制备了含饱和脂肪链的 N-酰基壳聚糖,但在该反应温度下,壳聚糖易发生热降解和—OH 的酯化反应,因而 N-酰基壳聚糖的 N-酰基取代度和产率不高。Hirano 等[55]通过在反应体系中加入甲酰胺/乙醇、甲醇、四氢呋喃等有机溶剂对 Karrer 等的方法进行了改进,使 N-酰基壳聚糖产率和取代度得到了提高。

　　在均相反应中,甲壳素脱乙酰度为 50% 左右时可溶于水溶液中,而用壳聚糖的 N-酰化反应也可制备脱乙酰度 50% 左右的水溶性壳聚糖。将壳聚糖溶于乙酸-乙醇溶液中,再加入适量吡啶,使壳聚糖在完全均相条件下与乙酸酐反应,控制壳聚糖与乙酸酐的物质的量比为 1∶2,可制得完全水溶性壳聚糖[56]。实验表明,反应时间对实验结果影响不大,说明此反应是一快速反应。壳聚糖不仅可以 N-乙酰化,也可将壳聚糖先溶于 1% 的乙酸溶液中,再用丙酸酐、丁酸酐、己酸酐进行 N-酰化,得到的一系列酰化产物[57]。

　　在乙酸水溶液中或在高溶胀的吡啶凝胶中,壳聚糖很容易发生 N-乙酰化反应,控制反应条件可得到 50% N-乙酰化壳聚糖。由于它可在有机溶剂中形成凝胶,有较好的反应活性。因此,又可作为二次修饰的反应原料。如把水溶性的甲壳素水溶液加入吡啶和 DMAc 等有机溶剂中,就可得到高溶胀性凝胶,用邻苯二甲酸酐和均苯四甲酸酐等都可以与氨基发生 N-酰基化反应[58]。在乙酸/甲醇介质中的酰化反应,乙酸浓度对壳聚糖 N-酰基取代度有明显的影响。在低乙酸浓度下壳聚糖具有较高的 N-乙酰取代度,随着乙酸浓度的增加,N-乙酰取代度逐步降低,当乙酸浓度增大到 10% 以后,取代度几乎不再受乙酸浓度变化的影响。在壳聚糖的 N-丙酰、N-丁酰、N-己酰基反应中,乙酸浓度对 N-酰基取代度的影响也表现出了相似的规律性。壳聚糖与酸酐的 N-酰化反应具有亲核加成-消除机理,其 N-酰基取代度决定于氨基的亲核能力以及氨基在壳聚糖聚阳离子高分子链中所受到的空间屏蔽作用。乙酸浓度较低时,氨基质子化程度较低,其亲核性相对较强,低浓度的质子化氨基产生的排斥作用使聚阳离子高分子链较为舒展,致使氨基受的空间屏蔽作用较小,因而易发生 N-酰基反应,具有较高的 N-酰基取代度。随着乙酸浓度的增加,氨基的质子化程度加深,乙酸根离子浓度相应增大并在壳聚糖聚阳离子高分子链周围形成相反电场,削弱了分子链中质子化氨基之间互相排斥作用,导致链扩展作用减弱,高分子链变得较为蜷曲并对氨基产生更大的屏蔽作用,因而 N-酰基反应相对不易发生,其 N-酰取代度相对较低。壳聚糖的 N-酰基取代度与酸酐脂肪链长度也具有相关性,在乙酸和甲醇浓度以及酸酐与氨基物质的量比相同的条件下，随着酸酐脂肪链长度的增加，壳聚糖的 N-酰基取代度呈下降趋势，这是由于酸酐的空间位阻所造成的[59]。

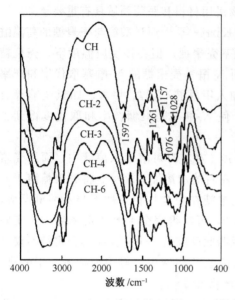

图 5-18　壳聚糖及 N-酰基壳聚糖的红外光谱

壳聚糖及 N-酰基壳聚糖的 IR 谱如图 5-18 所示。壳聚糖的 IR 谱图（CH）中，1597 cm⁻¹处有较强的氨基吸收带，酰胺Ⅰ带（约 1652 cm⁻¹）及酰胺Ⅱ带（约 1555 cm⁻¹）的吸收带较弱。壳聚糖分子中的 O—H 和 N—H 因氢键作用，其伸缩振动吸收带在 3200～3500 cm⁻¹ 范围内出现宽吸收带，O—H 弯曲振动吸收带出现在 1261 cm⁻¹处，1076 cm⁻¹ 和 1028 cm⁻¹处的平行谱带分别为 C_3 仲羟基和 C_6 伯羟基的 C—O 伸缩振动吸收带。在 1157 cm⁻¹及 896 cm⁻¹处吸收带为壳聚糖的 β-（1，4）糖苷键的特征吸收带。与壳聚糖的 IR 谱图相比较，反应产物在 1597 cm⁻¹处未出现明显的氨基吸收峰，也无 O-酰基的特征吸收峰（C＝O，约 1750 cm⁻¹；C—O，约 1240 cm⁻¹）。说明酸酐与壳聚糖的—NH_2 发生了酰基化反应。酰胺Ⅰ带（约 1652 cm⁻¹）、酰胺Ⅱ带（约 1555 cm⁻¹）、酰胺Ⅲ带（约 1326 cm⁻¹）及 C—CH_3（约 1383 cm⁻¹）的变形振动吸收带强度的增大，进一步证明了酸酐与壳聚糖的酰化反应产物为 N-酰基壳聚糖。

通常制备乙酰化壳聚糖（全乙酰化甲壳素）的方法如下[60,61]：将充分干燥的 1 g 壳聚糖粉末分散在 150 mL 甲醇中，加入过量的乙酸酐，在室温下搅拌 16 h，过滤，用甲醇洗涤两次，滤饼浸泡在 50 mL 0.5 mol L⁻¹乙醇—KOH 溶液中 16 h，再过滤，用甲醇充分洗涤，乙醚脱水，空气干燥，即得产品，产率几乎是定量的。这个制备方法很重要，因为从甲壳素来制备全乙酰化的甲壳素很困难，而且甲壳素会分解，而从壳聚糖来制备要容易得多，且产品性能好，生产成本也低得多。

在非均相反应条件下，采用乙酰酐、己酰酐和壳聚糖在甲醇中可制备酰化壳聚糖[62]。发生反应后，在 1590 cm⁻¹处—NH_2 的振动吸收带消失，在 1555 cm⁻¹处出现了酰胺Ⅱ的吸收带，在 1735 cm⁻¹处的酯键吸收带表明酰化反应选择性地发生在壳聚糖的 N-位上。在 1 h 之内壳聚糖的 N-酰化反应就可以进行完全。将壳聚糖乙酰化 3 h，可得 52％不溶于乙酸水溶液的甲壳素和 48％未反应的壳聚糖。而己酰化反应 3 h，可得到小于 99％的溶于乙酸的产物。因此，N-乙酰化反应比 N-己酰化反应速度快。在实验室有氧适温的堆肥反应中进行酰化壳聚糖薄膜生物降解研究表明，薄膜表面甲壳素的形成提高了膜的生物降解性，特别是采用 3 h 乙酰化的壳聚糖薄膜（厚度 0.045 nm）曝光28 d失重率可达 100％，而未改性的壳聚糖薄膜曝光 35 d 也没有明显的失重现象。

　　酰化壳聚糖衍生物有很好的生物相容性，是一种潜在的医用生物高分子，而含有羧基的酰化壳聚糖衍生物有较好的吸湿和保湿性能。为此，通过控制反应时间，可制备一系列取代度不同的 N-琥珀酰壳聚糖[63]。N-琥珀酰壳聚糖与壳聚糖的 IR 谱图有明显差别。在 3350～3500 cm^{-1} 处是壳聚糖分子中—OH 和—NH$_2$ 的伸缩振动吸收带，发生琥珀酰化反应后该吸收带变窄，且取代度越高，越向低波数方向位移。3030～3330 cm^{-1} 处是—NH 的伸缩振动吸收带，在壳聚糖分子中，尽管还存在 20％的乙酰基，但由于分子内和分子间的氢键作用，该区域没有出现吸收带，而发生 N-琥珀酰化反应后，在 3080～3110 cm^{-1} 附近有明显的吸收带，这说明壳聚糖分子中的—NH$_2$ 发生了酰化反应。2930 cm^{-1} 和 2880 cm^{-1} 处分别是—CH 和—CH$_2$ 的振动吸收带，酰化反应后强度有所增强，亦说明在壳聚糖的分子中引入了—CH$_2$。1030 cm^{-1} 和 1070cm^{-1} 处分别是伯羟基和仲羟基的吸收带，反应前后变化很小，而 1261 cm^{-1} 和 1326 cm^{-1} 处的—OH 变形振动吸收带也没有位移，说明壳聚糖分子中的—OH 没有发生反应。壳聚糖发生琥珀酰化反应后，IR 谱图明显的变化是在 1400～1700 cm^{-1} 之间。在 1650、1570 和 1410 cm^{-1} 附近出现了强的吸收带。其中 1650 cm^{-1} 处是酰胺 I 的吸收带，琥珀酰衍生物的取代度越大该吸收带越强。IR 谱图上没有出现位于 1720～1750 cm^{-1} 的吸收带，说明酰化反应发生在 N-位上；壳聚糖的分子中位于 1590 cm^{-1} 的—NH$_2$ 吸收带，在发生琥珀酰化反应后消失，出现了位于 1570 cm^{-1} 处地酰胺 II 吸收带，这进一步佐证了在壳聚糖的分子中形成了 NH—CO 结构。1410 cm^{-1} 处是羧基的对称振动吸收带，该吸收带也随取代度增大而增强。综上所述，壳聚糖与琥珀酸酐反应后，在壳聚糖的重复单元上引入了琥珀酰基，琥珀酰化反应是 N-位取代。壳聚糖在 C$_2$ 位上引入了琥珀酰基后可溶于水，其吸湿性与保湿性随取代度的增加而增强，且优于壳聚糖和透明质酸。

　　在机械搅拌条件下，将 1 g N-辛基壳聚糖悬浮在 20 mL 4.8％乳酸和 80mL 甲醇溶液中，然后加入含 3 g 琥珀酸酐的丙酮溶液，持续搅拌 48 h 后，用 5％ NaOH 溶液调至 pH＝7，用乙醇沉淀产物。沉淀溶于 50 mL 水中，用蒸馏水反复透析，然后冻干得 N-琥珀酰-N-辛基壳聚糖粉末[64]（合成路线如图 5-19 所示）。采用 FT-IR、^{1}H NMR、WAXD 和 TG 对其结构进行表征，证明是目标产物。研究还表明，该衍生物可作为抗肿瘤药物阿霉素的载体。

　　在 N，N-二甲基甲酰胺介质中，称取一定量的壳聚糖，按一定配比加入马

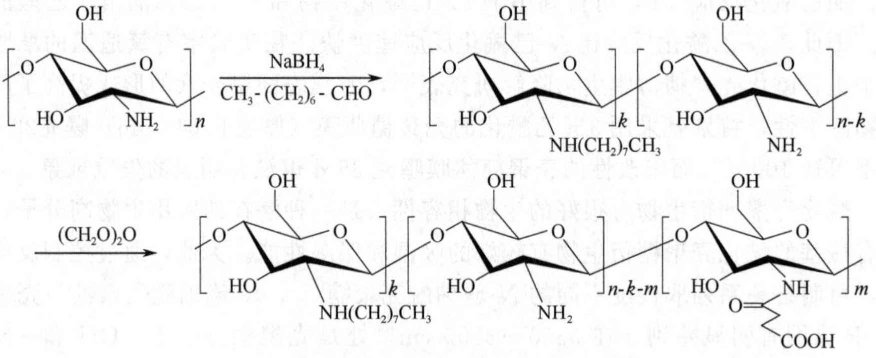

图 5-19　N-琥珀酰-N-辛基壳聚糖的合成路线

来酸酐，于一定温度下搅拌反应，产物直接抽滤，室温下自然干燥，可得到马来酰化壳聚糖[65]。在相同的温度和投料比下，控制不同的反应时间可以得到一系列不同取代度的 N-马来酰化壳聚糖衍生物。随着反应时间的延长，产物的取代度越来越大，溶解性越好。马来酰化壳聚糖可溶于甲酸、二氯乙酸、三氟乙酸、N，N-二甲基甲酰胺、N，N-二甲基乙酰胺和二甲亚砜中，不溶于苯、氯仿、丙烯酸、乙酸乙酯、甲醇和乙醇等溶剂中。

当反应温度从 50～140℃变化时，红外谱图中的主要谱带有一定差别（表5-12）。产物的特征吸收带是羧基中的羰基，在 1710～1725 cm^{-1} 和 1640～1665 cm^{-1} 之间有比较强的 C＝O 伸缩振动吸收带。1550～1580 cm^{-1} 之间有比较强的 N—H（混有 v_{C-N}）键面内弯曲振动（酰胺 II 带）吸收带，并且随着 N—H 键的减弱，吸收带也降低。在 1280～1320 cm^{-1} 之间是 C—N（混有 N—H）键伸缩振动（酰胺 III 带）。50℃和 140℃的反应产物的红外谱图在 1710～1725 cm^{-1} 没有特征吸收带出现，温度太低或太高都不能使反应进行；反应可以进行的最低温度为 70℃，最高温度为 120℃。

表 5-12　不同温度 N-酰化产物的 IR 谱图的主要谱带

属性	CTS	50℃	70℃	80℃	100℃	120℃	140℃
特征吸收带	无	无	1722.15	1722.25	1721.44	1722.86	无
酰胺 I 带	1654.32	1663.56	1666.2	1660.12	1665.15	1661.45	1650.99
酰胺 II 带	1602.19	1605.99	1561.64	1556.05	1567.87	1561.65	1605.99
酰胺 III 带	1326.81	1321.46	1326.18	1306.21	1309.1	1305.86	1322.69

称取 1.0 g 壳聚糖，将其溶于 100 mL 1%的乙酸溶液中。搅拌下加入 100 mL 甲醇和 100 mL 4%NaHCO₃ 溶液使壳聚糖沉淀。将水中预溶胀的产物在室温下搅拌 2 h，然后抽滤，水洗至中性，在布氏漏斗中抽至半干。将湿沉淀悬浮

于 150 mL 四氯呋喃（DMF）中，搅拌过夜。再用新 DMF 置换两次，每次 150 mL，并搅拌 1 h。过滤得经 DMF 预溶胀的壳聚糖。将此产物分散在 30 mL DMF 中，加入 210 g（约 0.02 mol）马来酸酐，在 110℃下搅拌反应 6 h，得深棕红色溶液。将该溶液倾入 200 mL 乙醇中，得褐色沉淀。过滤后分别用两批各 150 mL 乙醇萃取 5 h，过滤、干燥、称重，得 1.13 g N-马来酰化壳聚糖[66]。与壳聚糖 IR 谱图相比，1560～1640 cm^{-1} 处的—NH$_2$ 弯曲振动吸收带明显减小，但新出现了几个吸收带。1720 cm^{-1} 是羰基的强伸缩振动吸收带。3095 cm^{-1} 归属于双键中 C—H 的伸缩振动，而双键中 C—C 的伸缩振动出现在 1631 cm^{-1}。1483 cm^{-1} 和 695 cm^{-1} 分别对应于双键中 C—H 的弯曲和摇摆振动，这些谱带都反映了产物的结构。

　　在室温条件下，以乙酸和丙酮作为反应介质，用马来酸酐对壳聚糖进行 N-酰化改性，制备了一系列水溶性的壳聚糖衍生物[67]。马来酸酐的酰化反应主要发生在氨基上。反应式如图 5-20 所示：

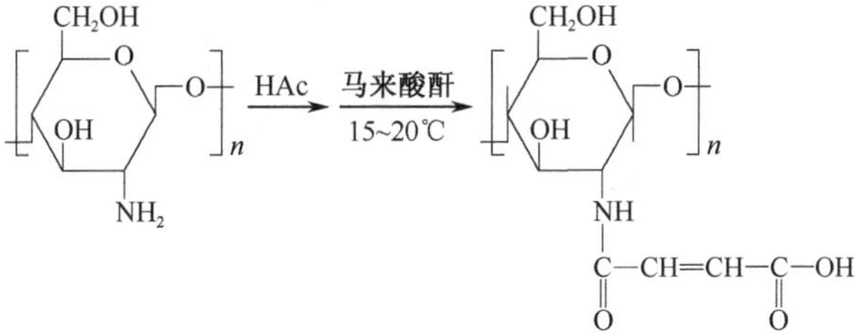

图 5-20　N-马来酰化壳聚糖合成路线

　　马来酸酐的酰化产物在 2500～3500 cm^{-1} 处的吸收带宽而散，这是羧酸存在的显著特征。1645 cm^{-1} 处为共轭烯烃的 C=C 振动吸收带，1706 cm^{-1} 处为不饱和羧酸因共轭作用的 C=O 振动吸收带。841 cm^{-1} 处为双键中 C—H 面外弯曲振动吸收带，在壳聚糖中未见此吸收带。这些吸收带证实了衍生物中马来酸基的存在。在壳聚糖和 N-马来酰化壳聚糖的紫外光谱图中，在相同条件下，N-马来酰化壳聚糖的紫外吸收明显大于壳聚糖。这是由于产物在 210 nm 处有 C=C 与 C=O 共轭产生的 π→π* 跃迁强吸收带，而在壳聚糖中不存在 C=C，只有 N 原子和 C=O 产生的 n→π* 和 π→π* 跃迁。因此，跃迁吸收强度远不如产物的吸收强度。

　　为了用壳聚糖制备有确定结构的衍生物和性能更好的功能材料，寻求一种容易控制反应的方法显得尤为重要。近年来，N-邻苯二甲酰化壳聚糖的选择性反应受到了关注。将壳聚糖悬浮在 DMF 中，加热至 120～130℃，与过量的邻苯二甲酸酐反应，所得的邻苯二甲酰化产物可溶于 DMSO 中（图 5-21）。该反应中也发生部分 O-邻苯二甲酰化，但邻苯二甲酰胺对碱敏感，在甲醇和钠作用下，发生酯交换反应，*O*-酰基离去只生成 *N*-邻苯二甲酰壳聚糖[68]。

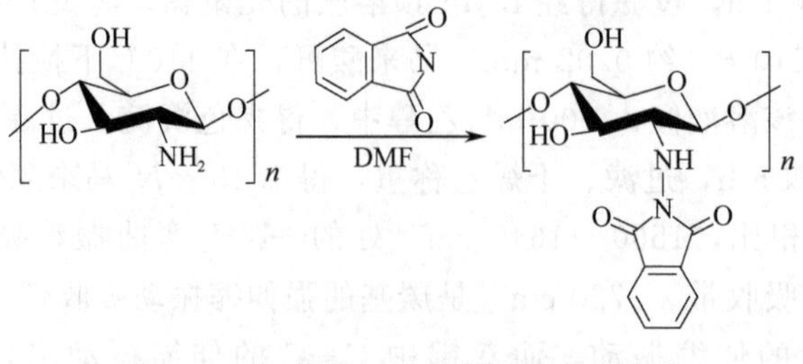

图 5-21　*N*-邻苯二甲酰壳聚糖合成路线

　　邻苯二甲酰化壳聚糖的合成目前普遍以二甲基甲酰胺为介质，在高温（>100℃）下合成，但产物会有酰胺型和酰亚胺型，而且糖链降解严重。为此，研究在室温均相条件下制备高相对分子质量邻苯二甲酰化壳聚糖就显得很重要。通过控制投料物质的量比，可得到一系列不同取代度的邻苯二甲酰化壳聚糖。研究表明，以无水乙醇/乙酸为介质，取投料比（酸酐与壳聚糖的氨基物质的量比）为 1∶1，添加 8 mL 吡啶，控制不同的反应时间，可以得到取代度接近的 *N*-邻苯二甲酰化壳聚糖衍生物[69]。因为吡啶与邻苯二甲酸酐生成 *N*-邻苯二甲酰基吡啶鎓盐，此反应是可逆的。而 *N*-酰基吡啶鎓盐相对于酸酐是更好的酰化剂，在酰化反应中吡啶环是一个良好的离去基团，故在均相、低酸酐浓度体系下可快速反应。

　　酰化壳聚糖衍生物取代度的大小与投料物质的量比有直接的关系（表5-13）。其他反应条件不变，改变投料物质的量比，取代度大于 0.38 以上的样品可完全溶解于水。因为壳聚糖分子间的氢键作用使其不溶于水中，2-羧基苯甲酰基的引入破坏了壳聚糖分子致密的二级结构，使其结晶度大大降低，几乎成无定形态。取代度越大非晶相越多，因而溶解性能也就越好[70]。实验结果表明，投料物质的量比越大，取代度越大，特性黏度和相对分子质量也增大。原因是由于吡啶的存在，使酰化反应可以在黏度很大的溶液体系中进行。但当投料物质的量比为 2 时，特性黏度和相对分子质量明显下降，产物色泽加深。这是因为随着反应进行，壳聚糖分子链会断裂。酸酐越多，反应介质酸性越大，糖链断裂程度越大。由 Mark-Houwink 方程可知，产物相对分子质量与产物特性黏度成正比。所以，当投料物质的量比为 1.25 时，得到较高黏度的邻苯二甲酰化壳聚糖，此时样品的相对分子质量最大。

　　在壳聚糖的酰化反应中，并非取代度越高性能越好。研究表明，乙酰化或壬酰化壳聚糖的取代度越低，对 Cu^{2+} 的吸附量越大。这是因为少量酰基的存在，一方面会破坏壳聚糖的晶体结构，使壳聚糖的亲水性增加；另一方面占据功能基团氨基的位置较少，因而对金属离子的吸附量增加。壬酰基的影响比乙酰基的影

表 5-13　投料比与酰化壳聚糖衍生物的理化性质

样品	投料比	取代度	特性黏度/(mL/g)	相对分子质量 1×10^5	产率/%	色泽	溶解率/%
CHTO	—	—	552.1	7.89	—	淡黄	0
PHCS-a	0.25	0.2	597.2	8.59	97.6	淡黄	90.3
PHCS-b	0.5	0.27	613.6	8.84	93.1	淡黄	96.1
PHCS-c	0.75	0.38	629.4	9.09	95.2	淡黄	100
PHCS-1	1.00	0.48	649.7	9.37	96.5	淡黄	100
PHCS-d	1.25	0.61	694.2	10.09	93.2	黄	100
PHCS-e	1.50	0.67	649.7	9.37	91.3	黄	100
PHCS-f	1.75	0.72	614.7	9.03	91.5	黄	100
PHCS-g	2.00	0.79	589.6	8.47	92.6	黄褐	100

响更为明显，是因为壬酰基的体积更大，憎水性更强[71, 72]。值得关注的是，近年来 Rogovina 等[73]采用固相法合成酰化壳聚糖衍生物也取得了一定进展。在 0.2～5 MPa 下，用固体脂肪酸或酸酐与壳聚糖反应，可制备取代度大于 0.2 的衍生物。固相法具有成本低和污染少的优点，如果能进一步提高衍生物的取代度，该方法具有潜在的商业化价值。

5.4.2　O-酰化壳聚糖衍生物

在对壳聚糖酰化反应的研究中，酰基的化学结构对酰化衍生物的 O-酰化反应影响很大，由于位阻效应，大体积的酰基取代度一般小于 0.5，否则需长时间才能获得较高的取代度。要想得到 O-酰化的壳聚糖是困难的，因为氨基的反应活性比羟基大，酰化反应首先在氨基上发生。因此，通常先将壳聚糖的氨基用苯甲醛保护起来，再进行温和条件下的酰化，反应结束后再脱掉保护基[74]。

称取 1.0 g 壳聚糖于三角瓶中，加入 5.2 mL 甲磺酸，用磁力搅拌器于 0℃下搅拌 20 min 至均匀。向混合物中滴加 9.5 mmol（1.1 mL）苯甲酰氯，于 0～5℃下搅拌 2 h。然后将凝胶状产物在 −20℃下静置过夜。粗产物用 150 mL 丙酮沉淀，沉淀物用两批各 150 mL 丙酮浸泡以萃取残留的反应试剂，整个处理过程在 0℃下进行，以防止产物酸解。产物经过滤和干燥后球磨得 1.4 g 苯甲酸壳聚糖[75]（合成路线见图 5-22）。苯甲酸壳聚糖能溶于水和甲酸、乙酸、丙烯酸、二氯乙酸、三氟乙酸、间甲酚、二甲亚砜、甲酰胺、二甲基甲酰胺、二甲基乙酰胺、吡啶等多种有机溶剂中，介质可以是酸性、中性和碱性，溶解性优于壳聚糖。这是由于引入的苯甲酰基是憎水基团，它对有机溶剂有较好的亲和性，而且引入该基团后，大大削弱了分子间氢键的作用，使其在水中也能溶解。

与壳聚糖相比，苯甲酸壳聚糖在 IR 谱图中多了 4 个吸收带。1722 cm^{-1} 是苯甲酰基上羰基的伸缩振动吸收带，781 cm^{-1} 和 714 cm^{-1} 对应于苯环的摇摆振动

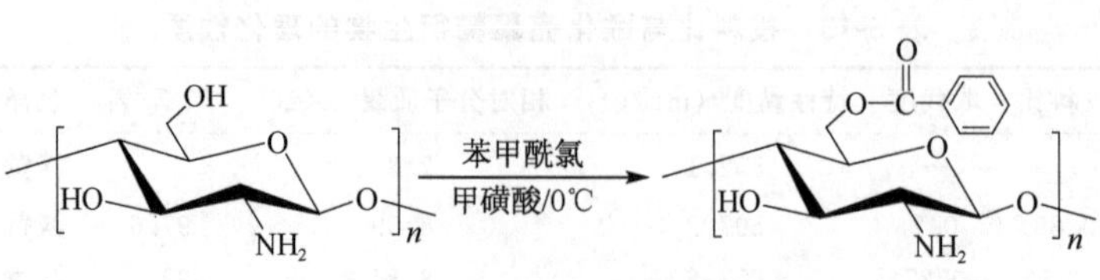

图 5-22　苯甲酸壳聚糖合成路线

吸收带。在 $1100\sim1300\ cm^{-1}$ 的 C＝O 伸缩振动吸收带中明显出现了 $1202\ cm^{-1}$ 新吸收带，这是由于新增了一种 C—O 键即酯基内的 C—O 键引起的。这说明壳聚糖的羟基被取代，生成了 O-苯甲酸壳聚糖。

在均相条件下，N-邻苯二甲酰壳聚糖可进行很多选择性修饰反应（图 5-23）。例如，在吡啶中 C_6 羟基先进行三苯甲基化反应，反应完全后，C_3 进行乙酰化反应，最后 C_6 脱去三苯甲基得到自由羟基。这些反应可以在溶剂中平稳并定量地进行[76]。由此可见，N-邻苯二甲酰基在选择性取代反应中，起到了保护氨基的作用。

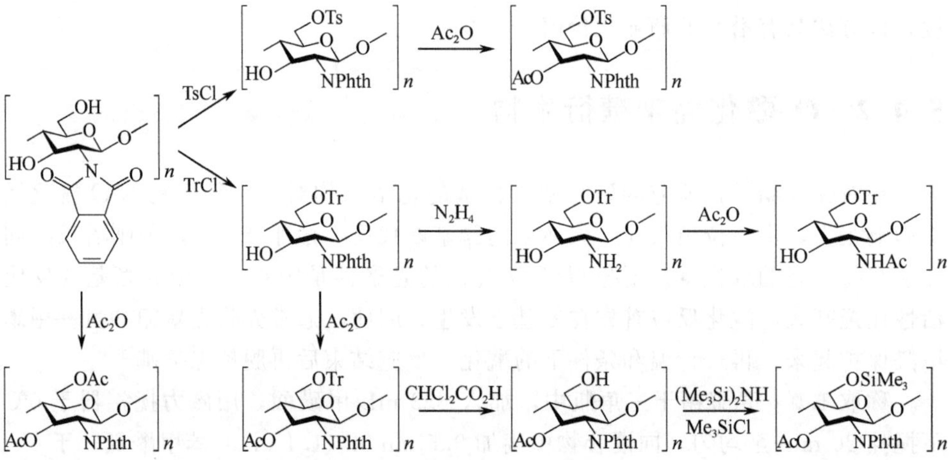

TsCl：对甲苯磺酰氯　　　　TrCl：三苯基氯甲烷

图 5-23　N-邻苯二甲酰壳聚糖的选择性反应

由壳聚糖改性可获得双亲性壳聚糖衍生物，利用其疏水长链侧基的相互作用，可构成壳聚糖基自组装纳米药物泡囊。1998 年，Uchegbu 首先采用 N-十六酰化乙二醇壳聚糖，成功地用于水溶性药物博来霉素的包埋[77]。而在甲磺酸介质中，通过控制十二酰氯的用量，也可以得到制备自组装纳米泡囊用的不同酰化取代度的 O, O-双十二酰化壳聚糖产物[78]。根据元素分析数据可计算酰化取代度分别为 1.3、1.4 和 1.7。制备脂溶的 O, O-双十二酰化壳聚糖合成路线见图 5-24。

图 5-24　O，O-双十二酰化壳聚糖合成路线

　　SEM 和原子力显微镜的结果表明，O，O-双十二酰化壳聚糖可以形成自组装泡囊，其基本形状为圆球，粒径分布主要在 $100\sim200$ nm。3 种不同酰化取代度的 O，O-双十二酰化壳聚糖自组装药用泡囊的维生素 B_{12} 药物包封率和载药量见表 5-14。从表中数据可以看出，O，O-双十二酰化壳聚糖自组装药用泡囊的维生素 B_{12} 药物包封率随酰化取代度的提高而增大；载药量随酰化取代度的提高略有降低，但基本接近。胆固醇的加入会导致 O，O-双十二酰化壳聚糖自组装药用泡囊的维生素 B_{12} 药物包封率和载药量均降低。自组装泡囊的药物释放速率随酰化取代度的增大而降低，同时在自组装泡囊的制备过程中加入胆固醇，能引起自组装泡囊的药物释放速率增大。壳聚糖基材料的酰化取代度对自组装药用泡囊的载药量影响较小，但对自组装药用泡囊的药物包封率有显著的影响。酰化取代度为 1.3、1.4 和 1.7 的 3 种 O，O-双十二酰化壳聚糖自组装泡囊药物包封率分别为 29.52%、31.55% 和 39.88%。

表 5-14　O，O-双十二酰化壳聚糖自组装泡囊维生素 B_{12} 药物包封率和载药量

自组装泡囊材料	包封率/%	载药量/（mg/mg）
O，O-双十二酰化壳聚糖（DS=1.3）	29.52	0.31
O，O-双十二酰化壳聚糖（DS=1.4）	31.55	0.30
O，O-双十二酰化壳聚糖（DS=1.7）	39.88	0.27
O，O-双十二酰化壳聚糖（DS=1.7），含胆固醇	18.23	0.17

5.4.3　N，O-酰化壳聚糖衍生物

　　将溶胀的完全脱乙酰化壳聚糖加到邻苯二甲酸酐的吡啶溶液中，反应得到 N，O-邻苯二甲酰化壳聚糖，总取代度在 $0.25\sim1.81$ 之间，溶于 DMSO、二氯乙酸和甲酸中，可以形成溶致液晶，它的临界浓度基本不受取代度变化的影响[79]。

　　三苯甲基化产物用肼脱去邻苯二甲酰基可得到 6-三苯甲基壳聚糖，它可溶于有机溶剂。因此，它是重要的反应原料。如果控制反应条件，可制得双取代和三取代的十六酰壳聚糖衍生物（图 5-25），产物可进一步磺酸化，该产物是一种

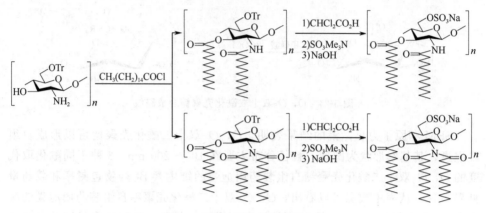

图 5-25　十六酰化壳聚糖衍生物

两性分子，可形成 Langmuir 层[80]。

　　将 10 mmol 壳聚糖（1.7 g）在室温下溶于 20 mL 甲磺酸中，1 h 后加入酰氯。混合物在室温下搅拌反应 5 h，加入 30 g 碎冰使反应终止。将该酸性混合物透析 1 d 除去多余的酸，加入 NaHCO₃ 调至中性。最后，混合物再透析至少 3 d，冷冻干燥得 N, O-酰基壳聚糖[81]（合成路线如图 5-26 所示）。表 5-15 给出了壳聚糖酰基衍生物取代基分布的情况，可以看出壳聚糖衍生物的产率很高，至少在 53%。由 ¹H NMR 光谱测定的每个官能团的摩尔分数表明，酰化反应主要发生在壳聚糖的—OH 基团上而不是—NH₂ 基团。从表 5-16 也可以看出，—NHCOR 的摩尔分数约为 0。这些数据表明，几乎 90.6%～100% 的氨基被 MeSO₃H 形成的盐加以保护。由 ¹H NMR 光谱测定的—OCOR 的摩尔分数不是很精确，变化很大，在 1.64～0.21 之间。与壳聚糖相比，N, O-酰基壳聚糖有着良好的抑菌性。

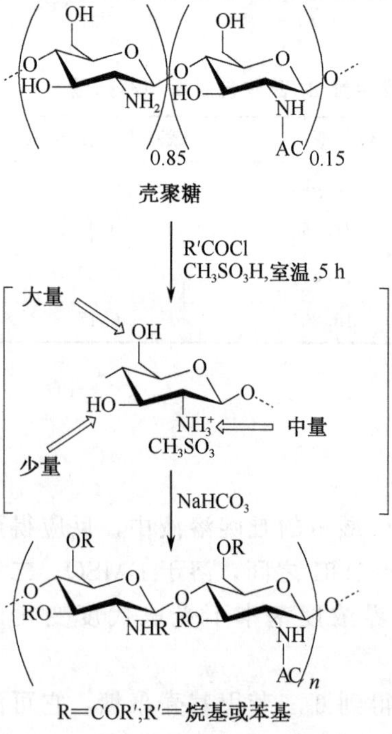

　　以氯仿、吡啶为反应介质，以十二酰氯、十四酰氯和十六酰氯与壳聚糖反应，可制备出完全疏水化的长脂肪链酰化壳聚糖[82]。研究结果表明，在高吡啶/氯仿体积比情况下，初产物的平均酰化度高，随着体积比减小，酰化度降低。这是因为不同溶剂配比沸点不同，高吡啶/氯仿体积比的情况下回流温度

壳聚糖

R'COCl
CH₃SO₃H, 室温, 5 h

大量
中量
少量

NaHCO₃

R＝COR';R'＝烷基或苯基

图 5-26　N, O-酰基壳聚糖合成路线

高，有利于酰化反应进行。从表 5-16 中可以看出，随着壳聚糖相对分子质量的增大，初产物的平均酰化度降低。这可能是由于壳聚糖相对分子质量越高，分子内和分子间氢键作用越强，因此反应不容易进行。同时，相对分子质量越高，在相同条件下，形成高分子溶液的本体黏度就越大，影响反应试剂扩散到高分子内，结果反应产物平均酰化度较低。当壳聚糖相对分子质量大于 10 000 后，这种影响更为显著。壳聚糖的酰化度与酰氯脂肪链的长度也有相关性。在其他条件相同的情况下，随着脂肪链长度的增加，初产物的平均酰化度呈降低的趋势，这可能是由于脂肪酰氯的空间位阻效应造成的。

表 5-15　壳聚糖酰基衍生物的结构与取代基分布

化合物	F.W.	产率/%	分子片段（MF.）					—NH$_2$ 保护程度/%
			—NH$_2$(x)	—NHAc(y)	—NHCOR	—OCOR(z)	—OH	
1	175	87	0.85	0.15	0	0.11	1.89	100
2	177	80	0.83	0.10	0.07	0.10	1.90	97.6
3	286	79	0.80	0.18	0.01	1.64	0.36	94
4	261	76	0.77	0.17	0.06	0.82	1.18	90.6
5	195	62	0.84	0.09	0.07	0.18	1.82	98.8
6	273	83	0.84	0.14	0.02	1.05	0.95	98.8
7	289	80	0.80	0.19	0.01	0.70	1.30	94
8	210	81	0.84	0.16	0	0.23	1.77	98.8
9	228	89	0.83	0.15	0.02	0.21	1.79	97.6
10	289	92	0.83	0.04	0.04	0.42	1.58	97.6
11	219	78	0.82	0.11	0.07	0.44	1.56	96.5
12	222	81	0.79	0.18	0.03	0.42	1.58	93
13	390	69	0.78	0.17	0.05	1.59	0.41	91.8
14	256	74	0.85	0.13	0.02	0.62	1.38	100
15	204	67	0.84	0.13	0.03	0.22	1.78	98.8
16	203	53	0.84	0.16	0	0.18	1.82	98.8
17	205	73	0.82	0.09	0.09	0.22	1.78	96.5
18	226	75	0.83	0.11	0.06	0.39	1.61	97.6

表 5-16　反应条件对取代度的影响

壳聚糖	酰基	吡啶-氯仿			壳聚糖相对分子质量			酰氯链长	
		吡啶：氯仿	$w_{N,实}$	w_C	相对分子质量	$w_{N,实}$	w_C	$w_{N,实}$	w_C
CTS-1	十二酰基	2：1	0.0160	0.7238	3000	0.0160	0.7238	0.0160	0.7238
CTS-1	十四酰基	1：1	0.0176	0.7174	5000	0.0180	0.7199	0.0169	0.7344
CTS-1	十六酰基	1：2	0.0209	0.7095	10000	0.0210	0.7088	0.0182	0.7108

　　壳聚糖的 IR 谱图在 1635 cm^{-1} 和 1521 cm^{-1} 处有较强的 N-酰化的 C—O 和 N—H 吸收带，在 3200～3500 cm^{-1} 范围出现宽吸收带，1071 cm^{-1} 处的谱带为 C$_3$ 仲羟基吸收吸收带。酰化壳聚糖的红外谱图在上述几处的红外吸收带完全消失，而在 1701 cm^{-1} 处出现一个新的强吸收带，即 N，N-二酰化的 C—O 吸收带。在 1750 cm^{-1} 出现的吸收带为酰化的 C—O 吸收带，说明壳聚糖上可以被酰化的 N—H 和 O—H 已经消失，并形成新的 O-酰化和 N，N-二酰化产物，即证实壳聚糖被完全酰化。在 2917 cm^{-1} 和 2849 cm^{-1} 附近表征饱和 C—H 伸缩振动的吸收带比壳聚糖有明显的增强，且 1464 cm^{-1} 和 720 cm^{-1} 处出现新的长链亚甲基吸收带。

　　将从蟹壳中制取的脱乙酰度为 80%±1% 的壳聚糖，用琥珀酸酐在均相和非均相条件进行化学改性，可得到在 2、6 位和 2、3、6 位衍生化的产物[83]。该衍生物对 Cu^{2+} 表现出良好的吸附性能，当采用 Cu（NO$_3$）$_2$ 作为介质时，衍生物表现出循环的电压电流响应性，并能在 KCl 电解液中稳定存在。图 5-27 给出了琥珀酰改性壳聚糖的 SEM 照片，尽管是采用不同的途径合成的 2、6 和 2、3、6 琥珀酰壳聚糖产物，但它们的形貌没有明显的区别。样品（a）的制备采用的是非均相反应条件，而其他两个样品采用的是均相反应条件，样品（b）和（c）的表面形貌比样品（a）更不规则。

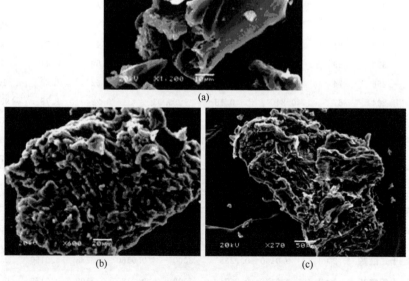

图 5-27　（a）壳聚糖；（b）2，6 位琥珀酰壳聚糖；
（c）2，3，6 位琥珀酰壳聚糖 SEM 照片

对于壳聚糖是 O-酰化还是 N-酰化的选择问题，研究发现当反应介质为乙醇/甲醇或甲醇/乙酰胺时，氮上的乙酰化速度最快[84]。酰基结构也能影响到酰化的难易，比丙酰基大的直链脂肪酰基以及有支链结构的酰基都容易进行氧上的酰化反应。预先在氨基上导入大的酰基或与苯甲醛形成席夫碱，可使 O-乙酰化反应容易进行，得到乙酰化度为 2 的产物[74]。导入大的酰基使紧密聚集的大分子链彼此分开，形成席夫碱后消除了酰胺基氮上氢原子对试剂的空间效应，因而反应变得容易进行。

5.5　酰化产物的溶解性能

酰化甲壳素及其衍生物中的酰基破坏了甲壳素及其衍生物大分子间的氢键，改变了它们的晶态结构，提高了甲壳素的溶解性。甲壳素在未经改性时，在 N,N-二甲基乙酰胺/LiCl 中的溶解度约为 3 g/100 mL，经甲/乙酰化后溶解度可提高到 10 g/100 mL 以上。在 N,N-二甲基乙酰胺/LiCl 中溶解度的提高，可有效地提高湿法纺丝所得甲壳素纤维的强度。

经溶解性实验发现，己酰化甲壳素衍生物可溶于乙醚、乙醇等常用的有机溶剂（在冷醚、冷醇中溶解较慢，稍加热、搅拌则迅速溶解）。十二烷酰化的甲壳素衍生物则完全溶于乙醚中，即使在冷乙醚中也能很快溶解。丁酰化甲壳素衍生物可不同程度地溶于乙酸、甲醇、四氢呋喃、丙酮等常用有机溶剂中。

通过酰基化反应，所得的酰化产物一般在有机溶剂中的溶解度均有所改善，尤其是在甲酸、二氯乙酸等酸性溶剂中。某些酰化度高的产物还溶于普通有机溶剂，如高取代的苯甲酰化甲壳素溶于苯甲醇/二甲亚砜；高取代的己酰化、癸酰化、十二酰化甲壳素可溶于苯、苯酚、四氢呋喃、二氯甲烷。除此之外，酰化甲壳素及其衍生物的加工性也大大改善。

酰化反应提高了甲壳素的溶解性，改善了成型加工性，也扩大了其应用面。N-丁酰化甲壳素可以模塑成型为硬性接触透镜，其安全性、可润湿性、强度及光学性能好，透气率可以达 14×10^{-11} cm²/s。甲壳素具有治愈伤口、止血功能，而双 O-乙酰化甲壳素与其特性正好相反，具有良好的抗凝血性能，适用于生物医用材料[45]。甲壳素与壳聚糖甲酰化和乙酰化物的混合物制成纤维后，可用作可吸收性外科手术缝合线，并且当用作缝合线时，其抗张强度及其保持率均优于同为可吸收生物材料的聚乙交酯类缝合线 Dexon。以甲酰乙酰化甲壳素纤维增强高相对分子质量聚乳酸基体，采用缠绕法制备成无纺布，再横压成型得到可吸收复合材料，其弯曲强度和弯曲模量分别 114 MPa 和 3.98 GPa，而没有改性的甲壳素纤维对应强度为 79 MPa 和 5.2 GPa，该复合材料具有更好的耐水解性和耐强度衰减性。用作新西兰白兔胫骨骨折内固定材料，多数兔子在 4 周后骨折就可愈合，组织学观察发现该材料具有良好的生物相容性，植入体内呈非特异性排异反应，与钢板固定相比，具有明显的诱导骨痂形成和新骨沉淀作用，因此在骨折内固定领域有很大的潜在价值[85]。通过酰化反应，制备的系列取代度不同的 N-马来酰化壳聚糖，其吸湿保湿性、抑菌性均优于透明质酸，有望替代昂贵的透明质酸，开辟壳聚糖应用的新途径[86]。

参 考 文 献

[1] Meyer K H, Mark H. Über den aufbau des chitins. Ber, 1928, 61: 1936~1939

[2] Rudall K M. The chitin/protein complexes of insect cuticles. Adv Insect Physiol, 1963, 1: 257~312

[3] Carlström D. The crystal structure of α-chitin (poly-N-acetyl-D-glucosamine). J Biophys Biochem Cytol, 1957, 3: 669~683

[4] Sannan T, Kurita K, Iwakura Y. Solubility change by alkaline treatment and film casting. Makromol Chem, 1975, 176 (4): 1191~1194

[5] Sannan T, Kurita K and Iwakura Y. Studies on chitin Ⅱ: Effect of deacetylation on solubility. Makromol Chem, 1976, (177): 3589~3600

[6] Kurita K, Sannan T, Iwakura Y. Studies on chitin Ⅳ: Evidence for formation of block and random copolymers of N-acetyl-D-glucosamine and D-glucosamine by hetero-and homogeneous hydrolyses. Makromol Chem, 1977, (178): 3197~3202

[7] Kurita K, Koyama Y, Nishimara S. Syntheses of 2, 6-dideoxy-6-fluoro-2- [(3R and 3S) -3-hydroxytetradecanamido] -3-O- [(3R) -3- (tetradecanoyl-oxy) tetra decanoyl] -D-glucopyranose 4- (dihydrogen phosphate) and 2-deoxy-2- [(3R and 3S) -3-hydroxytetradeca-namido] -3-O- [(3R) -3- (tetradecanoy loxy) tetra decanoyl] -alpha-D-glucopyranosyl fluoride 4- (dihydrogen phosphate): fluorosugar analogues of GLA-60. Carbohydr Res, 1991, (16): 83~97

[8] Zhang Y Q, Xue C H, Li Z J et al. Preparation of half-deacetylated chitosan by forced penetration and its properties. Carbohydr Polym, 2006, 65 (3): 229~234

[9] Sannan K, Kurita K, Iwakara Y. Kinetics of deacetylation reaction. Polymer J, 1977, 9 (6): 649~651

[10] 张子涛，陈东辉. 甲壳素脱乙酰化动力学模型研究. 化学世界，2004，45 (10): 511~514

[11] 薛志欣，杨桂朋，马晓梅等. 壳聚糖的提取及其脱乙酰化研究. 鲁东大学学报，2006，22 (3): 208~210

[12] 沈建，何春桃，陈兴凡等. 不同反应条件对壳聚糖性能的影响. 天然产物研究与开发，2005，17 (B06): 35~38

[13] 钱和生. 甲壳素的脱乙酰化反应. 中国纺织大学学报，1998，24 (2): 100~103

[14] 杨冬梅，冷延国，黄明智. 甲壳素脱乙酰反应的研究. 化学工业与工程，2000，17 (4): 204~207

[15] 王爱勤，李天锡. 掸子虫壳聚糖的制备及其性能研究. 药物生物技术，1999，6 (1): 28~31

[16] 王爱勤. 从蝇蛹壳中提取甲壳素. 化学世界，1998，39 (1): 29~30

[17] Mima S, Miya M, Iwamoto R et al. Highly deacetylated chitosan and its properties. J Appl Polym Sci, 1983, 28 (6): 1909~1917

[18] 王爱勤，李洪启，俞贤达. 不同来源甲壳素和壳聚糖的吸湿性和保湿性. 日用化学工业，1999，5 (5): 22~24

[19] Ming L T, Rong H C. The effect of reaction time and temperature during heterogenous alkali deacetyla-

tion on degree of deacetylation and molecular weight of resulting chitosan. J Appl Polym Sci, 2003, 88 (13): 2917~2923

[20] 王爱勤, 俞贤达. 溶解沉淀法制备高脱乙酰度壳聚糖. 精细化工, 1998, 15 (6): 17~19

[21] 王爱勤, 周金芳, 俞贤达. 完全脱乙酰度壳聚糖与 Zn (Ⅱ) 的配位作用. 高分子学报, 2000, (6): 688~691

[22] 王红昌, 孙晓飞. 不同相对分子质量高脱乙酰度壳聚糖的制备及表征. 中国海洋药物, 2007, 26 (1): 16~19

[23] 蒋先明, 覃江克, 钟新仙. 高脱乙酰度、低黏度壳聚糖的研制. 广西师范大学学报, 2000, 18 (3): 71~74

[24] 丁纯梅, 尹鹏程, 宋庆平等. 完全脱乙酰度壳聚糖的制备及表征. 华东理工大学学报, 2005, 31 (3): 296~299

[25] 夏士朋. 相转移催化制备壳聚糖. 化学世界, 2002, 43 (1): 25~26

[26] 孙吉佑, 李艳辉, 余作龙. 聚乙二醇相转移催化制备壳聚糖. 淮海工学院学报, 2006, 15 (2): 48~50

[27] 宋庆平, 李倩, 李艮松等. 相转移催化制备高脱乙酰度壳聚糖. 合成化学, 2005, 13 (2): 187~189

[28] 宋庆平, 汪泳, 丁纯梅. 醇溶剂法制备高脱乙酰度壳聚糖. 化学世界, 2005, (7): 422~423

[29] Kenne L, Lindberg B. N-deactylation of polysaccharides. Methods carbohydr Chem, 1980, (8): 295~296

[30] Peniston Q P. Process for activating chitin by microwave treatment and improved activated chitin product. US Patent 4159932, 1979

[31] 郭国瑞, 钟海山, 王科军等. 微波作用下甲壳素的脱乙酰化和壳聚糖的羧甲基化. 赣南师范学院学报, 1997 (3): 157~159

[32] 张立彦, 曾庆孝, 林王旬等. 微波对甲壳素脱乙酰反应的影响. 食品与生物技术, 2002, 21 (1): 15~19

[33] 李巧霞, 宋宝珍, 仰振球等. 微波间歇法快速制备高粘均相对分子质量和高脱乙酰度的壳聚糖. 过程工程学报, 2006, 6 (5): 789~793

[34] 周家华, 刘永, 曾颢等. 超声波新技术制备壳聚糖的研究. 粮油加工与食品机械, 2002, (8): 42~43

[35] 李战军, 周娟娟. 超声波辅助制备高脱乙酰度壳聚糖. 武汉工业学院学报, 2007, 26 (1): 11~13

[36] 王爱勤, 俞贤达. β-壳聚糖的制备及几种理化性能的测试. 中国海洋药物, 2000, 19 (2): 21~23

[37] 陈忻, 袁毅桦, 陈健飞. 乌贼内壳中 β-壳聚糖的制备研究. 水产科学, 2004, 23 (1): 39~41

[38] Lamarque G, Viton C, Domard A. Comparative study of the first heterogeneous deacetylation of α- and β-chitins in a multistep process. Biomacromolecules, 2004, 5 (3): 992~1001

[39] Pawadee M, Malinee P, Thanawit P et al. Heterogeneous N-deacetylation of squid chitin in alkaline solution. Carbohydr Polym, 2003, 52 (2): 119~123

[40] Tolaimatea A, Desbrières J, Rhazi M et al. On the influence of deacetylation process on the physicochemical characteristics of chitosan from squid chitin. Polymer, 2000, 41 (7): 2463~2469

[41] Kurita K, Tomita K, Tada T et al. Squid chitin as a potential alternative chitin source: Deacetylation behavior and characteristic properties. J Polym Sci Part A Polym Chem, 1993, 31 (2): 485~491

[42] 吴建一, 谢林明. 蛹壳中提取甲壳素及微晶化晶体结构的研究. 蚕业科学, 2003, 29 (4): 399~403

[43] 余家会, 杜予民, 郑化. 乙酰化甲壳素膜的制备及表征. 化学通报, 2001, (7): 432~434

[44] 严俊, 徐荣南, 夏炎. 甲壳素乙酰化反应研究. 高等学校化学学报, 1986, 7 (11): 1051~1053

[45] Kaifu K, Nishi N, Komai T et al. Studies on chitin, formylation and butyrylation of chitin. Polymer J,

1981，13（3）：241～245

[46] 陈长春，丁岷，孙康等．上海交通大学学报，1998，3（2）：116～119

[47] 董炎明，阮永红，宓锦校等．从鱿鱼顶骨β-甲壳素合成的丙酰化甲壳素的结晶结构．化学通报，2001，（11）：711～714

[48] Fujii S，Kumagai H，Noda M．Preparation of poly（acyl）chitosans．Carbonhydr Res，1980，83（2）：389～393

[49] 陈煜，多英全，罗运军等．3，4，5-三甲氧基苯甲酰甲壳素的制备与表征．功能高分子学报，2003，16（4）：475～478

[50] 陈煜，多英全，罗运军等．壳聚糖和甲壳素的肉桂酰化改性．高分子材料科学与工程，2005，21（3）：286～289

[51] Yoshikuni T，Tomoya M，Yoshiyuki N．Dual mesomorphic assemblage of chitin normal acylates and rapid enthalpy relaxation of their side chains．Biomacromolecules，2006，7（1）：190～198

[52] Jenkins D W，Hudson S M．Heterogeneous chloroacetylation of chitosan powder in the presence of sodium bicarbonate．J Polym Sci Part A Polym Chem，2001，39（23）：4174～4181

[53] Nishi N，Noguchi J，Tokura S et al．Studies on chitin I acetylafion of chitin．Polym J，1979，11（1）：27～32

[54] Karre P，White S M，Polysaccharide XLIV．Weitere beiträge zur kenntnis des chitins．Helv chim Acta，1930，13（5）：1105～1113

[55] Hirano S，Ohe Y，Ono H．Selective N-acylation of chitosan．Carbohydr Res，1976，47（2）：315～320

[56] 陈鲁生．完全水溶性壳聚糖制备条件的研究．化学通报，1998，（8）：48～50

[57] 陈天，严俊，徐荣南．水溶性壳聚糖研究进展．应用化学，1989，6（3）：90～92

[58] Kurita K，Ichikawa H，Ishizeki S et al．Modification reaction of chitin in highly swollen state with aromatic cyclic carboxylic acid anhydrides．Mikromol Chem，1982，（183）：1161～1169

[59] 郑化，杜予民，余家会等．N-酰基壳聚糖的制备及取代度控制的研究．武汉大学学报，2000，46（6）：685～688

[60] Grant S，Blaur H S，Mckay G．Water-soluble derivatives of chitosan．Polym Commun，1988，29（11）：342～344

[61] Grant S，Blaur H S，Mckay G．Structural studies on chitosan and other chitin derivatives．Makromol Chem，1989，（190）：2279～2286

[62] Xu J，McCarthy S P，Gross R A et al．Chitosan film acylation and effects on biodegradability．Macromolecules，1996，29（10）：3436～3440

[63] 汪琴，王爱勤．N-琥珀酰壳聚糖的合成和性能研究．功能高分子学报，2004，17（1）：51～54

[64] Xu X Y，Li L，Zhou J P et al．Preparation and characterization of N-succinyl-N′-octyl chitosan micelles as doxorubicin carriers for effective anti-tumor activity．Colloids Surf B，2007，55（2）：222～228

[65] 孙新枝，杨声，张凯峰等．马来酸酐酰化壳聚糖的合成．化学研究与应用，2005，17（2）：243～244

[66] 董炎明，李志强．新的溶致液晶性高分子——N-马来酰化壳聚糖的合成与表征．化学通报，1998，（6）：39～42

[67] 王周玉，蒋珍菊，胡星琪．水溶性 N-马来酰化壳聚糖的合成．应用化学，2002，19（10）：1002～1004

[68] Kurita K，Uno M，Saito Y et al．Regioselectivity in protection of chitosan with the phthaloyl group．Chitin Chitosan Res，2000，6（2）：43～50

[69] 易喻，杨好，应国清等．N-邻苯二甲酰化壳聚糖的合成与性能．化工进展，2006，25（5）：542～545

[70] Muzzarelli R A A, Tanfani F, Emanuelli M et al. N-（carboxymethylidene) chitosans and N-（carboxymethyl) chitosans: Novel chelating polyampholytes obtained from chitosan glyoxylate. Carbohydr Res, 1982, 107 (2): 199~214

[71] Kurita K, Chikaoka S, Kamiya M et al. Studies on chitin. 14. N-acetylation behavior of chitosan with acetyl chloride and acetic anhydride in a highly swelled state. Bull Chem Soc Jpn, 1988, 61 (3): 927~930

[72] Kurita K, Chikaoka S, Koyama Y. Improvement of adsorption capacity for copper （Ⅱ) ion by N-nonanoylation of chitosan. Chem Lett, 1988, 17 (1): 9~12

[73] Rogovina S Z, Vikhoreva g A, Akopova T A et al. Investigation of interaction of chitosan with solid organic acids and anhydrides under conditions of shear deformation. J Appl Polym Sci, 2000, 76 (5): 616~622

[74] Moore G K, Roberts G A F. Reactions of chitosan Ⅳ. Preparation and reactivity of schiff's base derivatives of chitosan. Int J Biol Macromol, 1982, 4 (4): 246~249

[75] 董炎明, 李志强. 苯甲酸壳聚糖———一种新液晶性高分子的合成与表征. 高分子材料科学与工程, 1999, 15 (6): 161~163

[76] Nishimura S, Kohgo O, Kurita K et al. Chemospecific manipulations of a rigid polysaccharide: syntheses of novel chitosan derivatives with excellent solubility in common organic solvents by regioselective chemical modifications. Macromolecules, 1991, 24 (17): 4745~4748

[77] Uchegbu I F, Schatzlein A G, Tetley L et al. Polymeric chitosan-based vesicles for drug delivery. J Pharm Pharmacol, 1998, (50): 453~458

[78] 李志君, 辛梅华, 李明春等. O, O-双十二酰化壳聚糖自组装纳米药用泡囊. 化工进展, 2006, 25 (6): 704~707

[79] 董炎明, 吴玉松, 王勉. 邻苯二甲酰化壳聚糖的合成与溶致液晶表征. 物理化学学报, 2002, 18 (7): 636~639

[80] Nishimura S-I, Miura Y, Ren L et al. An efficient method for the syntheses of novel amphiphilic polysaccharides by regio-and thermoselective modifications of chitosan. Chem Lett, 1993, 22 (9): 1623~1626

[81] Badawy M E I, Rabea E I, Rogge T M et al. Synthesis and fungicidal activity of new N, O-acyl chitosan derivatives. Biomacromolecules, 2004, 5 (2): 589~595

[82] 黄理耀, 刘超. 疏水化长脂肪链酰化壳聚糖的制备. 华侨大学学报, 2005, 26 (4): 439~441

[83] Lima I S, Lazarin A M, Airoldi C. Cyclic voltammetric investigations on copper α-N, O-succinated chitosan interactions. Carbohydr Polym, 2006, 64 (3): 385~390

[84] Moore G K, Roberts G A F. Reactions of chitosan: 2. Preparation and reactivity of N-acyl derivatives of chitosan. Int J Biol Macromol, 1981, 3 (5): 292~296

[85] 葛建华, 王迎军, 综述等. 可降解、可吸收性骨科材料类型及发展. 生物医学工程学杂志, 2004, 21 (1): 151~155

[86] 应国清, 杨好, 李东华等. N-马来酰化壳聚糖的合成和性能. 化工进展, 2007, 26 (3): 405~408

第6章 甲壳素/壳聚糖烷基化和季铵盐衍生物

6.1 引　言

在不同反应条件下，甲壳素/壳聚糖的化学改性可生成 N-、O- 和 N,O- 位取代的产物。不同碳链长度的卤代烷对壳聚糖进行改性，可制备乙基壳聚糖、丁基壳聚糖、辛基壳聚糖和十六烷基壳聚糖等衍生物。壳聚糖的烷基化反应主要发生在 C_2 位的—NH_2 上，C_3、C_6 位的—OH 上也可发生取代反应。在 O- 位烷基化反应中，由于甲壳素的分子间作用力非常强，因而反应条件较苛刻。所以，烷基化反应以壳聚糖研究报道居多。

在壳聚糖的烷基化反应中，反应时间、反应温度、反应介质、碱的用量和改性剂的用量直接影响改性产物的理化性质。壳聚糖引入烷基后，分子间氢键被显著削弱，因此烷基化壳聚糖衍生物可溶于水，但若引入的烷基链太长，则其衍生物不完全溶于水，甚至不完全溶于酸性水溶液。

壳聚糖形成季铵盐后具有很强的吸湿和保湿性能[1]，也是一种优良的絮凝剂[2]，控制 pH 在 9～13 之间，对谷氨酸钠生产废水 CODCr 的去除能力可达到 80％以上[3]，而用壳聚糖作絮凝剂，去除能力只有 70％。壳聚糖季铵盐处理油田污水和炼油废水，既有絮凝作用，又可以有效杀灭硫酸盐还原菌 SRB 菌。壳聚糖季铵盐还可用作食用纤维和降胆固醇药物[4]。壳聚糖季铵盐还是一种新型的性能优良的表面活性剂，通过壳聚糖接枝二甲基十四烷基环氧丙基氯化铵，再磺化引入—SO_3H，可制成新型的壳聚糖两性高分子表面活性剂[5]。另外，壳聚糖季铵盐还可用作金属离子的捕集剂、离子交换剂和相转移催化剂等。为此，本章将主要介绍烷基化和季铵盐壳聚糖衍生物。

6.2　烷基化和季铵盐甲壳素衍生物

6.2.1　烷基化甲壳素衍生物

甲壳素的烷基化反应在羟基上进行。甲壳素碱是甲壳素烷基化反应的中间体，通常是由甲壳素与浓 NaOH 溶液在低温下反应制得，甲壳素碱再与卤代烃或硫酸酯反应生成烷基化产物[6]。用甲壳素碱与氯乙烷在高压釜下反应，可制得取代度大于 1 的可溶于多种有机溶剂的乙基甲壳素，产物可用于控制释放毛果芸菜碱的缓释胶囊。

在低温下，用 NaOH/十二烷基硫酸钠处理甲壳素制得碱性甲壳素，然后与不同长度碳链的卤代烷反应，可得到烷基化甲壳素产物。该产物在水中溶解与膨胀的程度取决于烷基的碳链长度及体积大小。甲壳素分子晶体结构的部分破坏是亲水性增加的主要原因。将烷基化甲壳素溶于甲酸/二氯乙酸的混合溶液中，再通过喷嘴注入乙酸乙酯中可制得烷基甲壳素纤维。该纤维的吸湿性远大于甲壳素或 N-乙酰基壳聚糖纤维。研究结果表明，C_6 位上的羟基比 C_3 位上的羟基更易发生烷基化反应。将甲壳素和氯苄在 0～5℃反应 1 h，然后在室温反应 20 h 可制得苄基甲壳素[7]。

利用微波作用可加快反应的进程。将甲壳素与十六烷基三甲基溴化铵和 NaOH 处理，制备成碱化甲壳素，然后在碱化甲壳素中加入溴代正丁烷，充分混匀后置于微波炉中心，在一定功率下辐射一定时间后，取出冷却，反应混合物用稀乙酸中和到 pH 接近中性。用蒸馏水洗涤多次直至用 AgNO₃ 溶液检验水中无 Br⁻ 检出时，抽滤，丙酮脱水，干燥至恒重即得丁烷基甲壳素[8]。用同样的方法可制备辛烷基甲壳素、癸烷基甲壳素、十二烷基甲壳素和十六烷基甲壳素。其制备过程如图 6-1 所示。

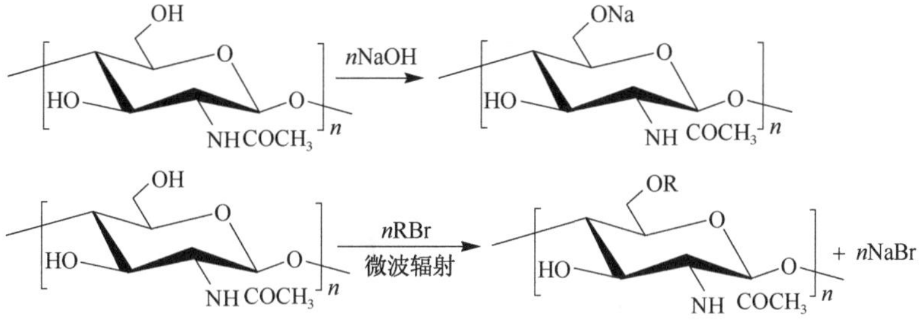

(R=CH₃(CH₂)ₘCH₂—m=2,6,8,10,14)

图 6-1　烷基化甲壳素制备过程

微波辐射法与常规法（在 10℃左右，搅拌反应 24h）相比，反应时间大大缩短。在相同的辐射反应时间下，随微波辐射功率的增大，产物的取代度越高。反应的时间以 1.5～2.5 min 为宜，否则产品变黄、壳聚糖碳化、溴代烷被蒸发。在红外谱图中，取代产物在 2980～2800 cm⁻¹ 处出现了明显的亚甲基和甲基的伸缩振动吸收带，随着取代烷基链的增长，亚甲基的伸缩振动吸收带也进一步增强。在 1470～1430 cm⁻¹ 处也出现了明显的甲基面内弯曲振动的特征吸收带。这说明甲壳素确实发生了 O-烷基化反应。

6.2.2　甲壳素季铵盐衍生物

　　用甲壳素与水溶性缩水甘油三甲基氯化铵（GTMAC）反应，生成的季铵盐处理短纤单丝，可产生耐久抗菌性，织物使用一个月后，对表皮葡萄球菌的灭菌率为 99.8%～100%[9]。在甲壳素 C_6 位上取代的季铵盐甲壳素衍生物，可保持甲壳素原有的离子特性。在水体系中，80℃下连续恒温搅拌反应 24 h，可以制得羟丙基三甲基甲壳素衍生物[10]。比较 α-甲壳素和 β-甲壳素的反应活性，发现不同晶型甲壳素在相同的反应条件下所得季铵盐衍生物的取代度有较大差别。β-甲壳素羟丙基三甲基季铵盐固、液两相中产物的取代度分别高于 α-甲壳素羟丙基三甲基季铵盐相应的固、液两相中的产物，而同种晶型甲壳素季铵盐衍生物液相中产物的取代度又高于固相中产物的取代度（表 6-1）。由此说明 β-甲壳素的反应活性高于 α-甲壳素。

表 6-1　α-甲壳素和 β-甲壳素季铵化的反应活性比较

样品	W_N		W_{Cl}		DS/%	
	a	b	a	b	a	b
α-甲壳素季铵盐（固相）	6.60	6.61	1.73	1.79	11.6	11.9
α-甲壳素季铵盐（液相）	9.77	9.80	8.10	8.04	48.5	47.8
β-甲壳素季铵盐（固相）	6.44	6.46	3.43	3.58	26.6	28.2
β-甲壳素季铵盐（液相）	6.76	6.79	7.76	7.71	82.7	81.1

　　a. 理论值；b. 计算值。

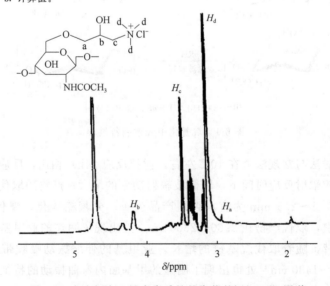

图 6-2　在液相中 β-甲壳素季铵盐产物的 ^1H NMR 图谱

图 6-2 是液相中 β-甲壳素季铵盐产物的 ^{1}H NMR 图谱，液相中 α-甲壳素季铵盐产物的 ^{1}H NMR 图谱与之相近。^{1}H NMR 谱图中化学位移 $\delta = 2.93$、3.10、3.48 ppm 和 4.15 ppm 分别对应于季铵盐结构中的各个支链碳原子上的氢原子信号。由此可以得知甲壳素发生了季铵盐化反应。

6.3　烷基化壳聚糖衍生物

6.3.1　O-烷基化壳聚糖衍生物

壳聚糖分子中有氨基和羟基，如果直接进行烷基化反应，在 N，O-位上都可以发生反应。为了选择性的在 O-位上发生烷基化壳聚糖反应，必须先对 N-位进行保护，通常保护氨基的方法有席夫碱法。

席夫碱氨基保护法是先将壳聚糖与醛反应形成席夫碱，再用卤代烷进行烷基化反应，然后在醇酸溶液中脱去保护基，即得到只在 O-位取代的衍生物。将壳聚糖溶于 1% 的乙酸水溶液中，用甲醇稀释后于室温搅拌下滴加过量苯甲醛，加毕移至水浴中于 60℃ 保温 24 h。将微黄色凝胶用甲醇充分洗涤，除去未反应的苯甲醛，再用丙酮在热萃取器上回流萃取 8 h，真空干燥得 C$_3$ 位反应的苄叉壳聚糖（B-CTS）。称取 B-CTS 粉末加入异丙醇和吡啶的混合溶剂中，于室温搅拌 1 h 后滴加氯丁烷，在回流温度下反应 24 h 后依次用乙醇、丙酮充分洗涤，真空干燥得 O-丁烷基-N-苄叉壳聚糖（B'-B-CTS）。将 B'-B-CTS 悬浮于 0.25 mol/L 的 HCl/乙醇（$V:V = 1:4$）混合液中，室温搅拌 24 h 后用乙醇、丙酮洗涤，

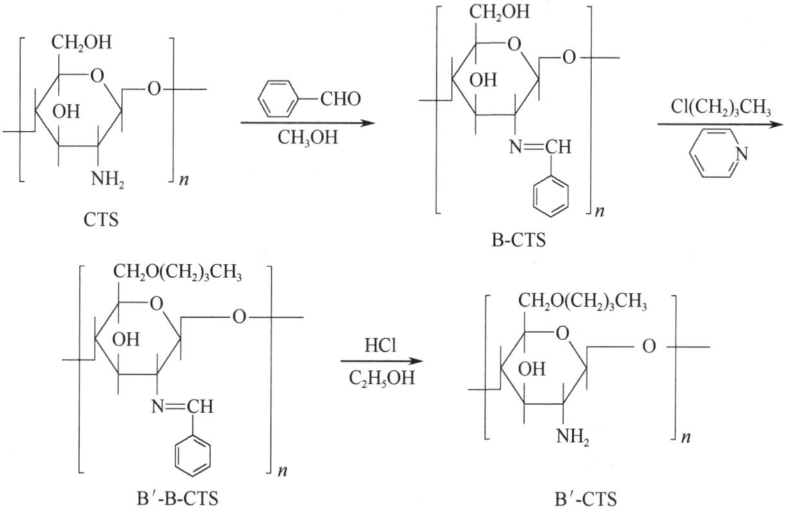

图 6-3　O-丁烷基壳聚糖的制备路线

真空干燥得 O-丁烷基壳聚糖（B′-CTS）[11]。以上过程的反应式如图 6-3 所示。

　　表 6-2 列出了壳聚糖及其衍生物的元素分析结果。由元素分析结果可见，壳聚糖与苯甲醛反应后全部形成了 B-CTS。当与 5 倍过量的氯丁烷反应时，其取代度达 0.60，而在移去席夫碱时，对 C_6 位的烷基化取代度几乎没有影响。研究还表明，通过增加氯丁烷的反应用量，可增大 B-CTS 和 B′-CTS 的取代度，当过量 7 倍物质的量时，其取代度接近 1.0。

表 6-2　壳聚糖及其衍生物的元素分析数据

样品	CTS	B-CTS	B′-B-CTS	B′-CTS
N/%	7.84 (7.83)	5.74 (5.75)	5.03 (5.06)	6.62 (6.63)
取代度	0	0.80	0.60	0.60

　　由于氢键作用，壳聚糖是一种半刚性高分子，因而只能溶于酸性溶液中。尽管 B-CTS 和 B′-B-CTS 分子中的氢键作用被削弱，但由于引入了苯环，仍不溶于一般的有机溶剂和酸性溶液中。而 B′-CTS 由于部分削弱了分子间作用力，其在酸性溶液中的溶解速度比壳聚糖快。同时在二甲亚砜、甲酰胺、二甲基甲酰胺等有机溶剂中可高度溶胀；在壳聚糖分子中 C_2 和 C_6 位同时引入丁烷基，则该衍生物可溶于水中[12]。

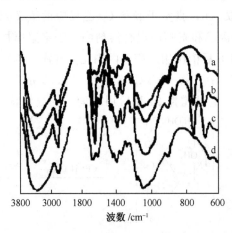

图 6-4　壳聚糖及其 O-丁烷基衍
生物的红外谱图

　　图 6-4 为壳聚糖及其衍生物的红外谱图。壳聚糖分子形成席夫碱后，1599 cm^{-1} 处的 γ_{NH}（面内）和 656 cm^{-1} 处的 γ_{NH}（面外）所产生的谱带消失，并在 754 cm^{-1} 和 690 cm^{-1} 处出现了芳香 C—H 的特征吸收带，这说明在—NH_2 上引入了苯环；当引入丁烷基后，其变化是位于 2860～2920 cm^{-1} 的 C—H 吸收带明显增强，3422 cm^{-1} 处的 υ_{-OH} 吸收带明显减小，1034 cm^{-1} 处的伯醇 υ_{C-OH} 向低频位移，另外 1070 cm^{-1} 处的 υ_{C-O} 特征吸收带略向高频位移，这说明引入丁烷基后在—OH 上发生了氧的电子转移，且反应主要发生在 C_6 位上；当酸解后其芳香 C—H 特征吸收带消失，N—H 吸收吸收带又出现，这证明酸解移去了 C_2 位上形成的席夫碱。红外光谱的以上变化表明壳聚糖衍生化后在不同的位置引入或移去了相应的基团。

　　图 6-5 为壳聚糖及其衍生物的 X 射线衍射曲线。壳聚糖的衍射特征峰出现在约 10° 和 20°，引入苯环后位于 10° 的衍射峰消失，20° 衍射峰强度减弱，再引入丁烷基后，20° 的衍射峰强度更弱；移去含苯基团后，10° 位置又出现弱的小峰。以

上这些变化一方面说明在壳聚糖分子中不同位置引入了不同基团，另一方面说明不同基团的引入削弱了其分子排列的有序性或结晶性。壳聚糖分子中有强烈的分子内和分子间氢键，先后引入苯环和丁烷基出现的特征衍射峰消失或减弱，证明 C_2 和 C_6 位上的—NH_2 和—OH 参与了氢键的形成。

将壳聚糖（320 目，脱乙酰度为 80%）与适量相转移催化剂和质量分数为 40% 的 NaOH 水溶液混合，通入 N_2 保护，先在 40℃ 搅拌 30 min 使之碱化，然后加入溴代正丁烷，充分混匀后置于微波炉中心，在一定的功率下辐射一定时间后，取出冷却后乙醚抽提，产物用水洗至中性并用 $AgNO_3$ 检验无 Br^-，抽滤后真空干燥至恒重，可得到微波辐射条件下制备的烷基化壳聚糖衍生物[13]。在微波辐射下，壳聚糖与溴代烷能迅速地发生反应，生成相应的 O-烷基化产物。研究表明，微波辐射可节约时间和提高效率，且取代度比常规法有一定的提高。

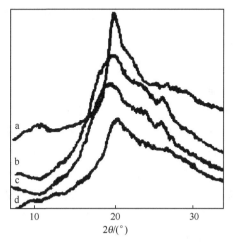

图 6-5　壳聚糖及其 O-丁烷基衍生物的 X 射线衍射图

以浓 NaOH 水溶液作为碱性试剂和载体，在相转移催化剂存在和微波辐射下，壳聚糖与氯苄能迅速地发生反应，生成相应的 O-苄基化产物[14]。在产物红外谱图的 $3050\ cm^{-1}$ 处出现了苯环的伸缩振动吸收带，$1510\sim1530\ cm^{-1}$ 为苯环的骨架振动吸收带，$2000\sim1600\ cm^{-1}$ 有 4 个小吸收带为苯环的泛频吸收带，$770\sim730\ cm^{-1}$ 处有 CH 单取代吸收带，这说明壳聚糖发生了 O-苄基化反应。在原料和产物的 IR 谱图中，$3500\sim3350\ cm^{-1}$ 处 N—H 缔合吸收带的形状均没有什么变化，说明没有发生 N-烷基化。

6.3.2　N-烷基化壳聚糖衍生物

N-烷基化壳聚糖衍生物的合成，通常是采用醛与壳聚糖分子中的—NH_2 反应形成席夫碱，然后用 $NaBH_3CN$ 或 $NaBH_4$ 还原即可得到目标衍生物[15]。乙醛与壳聚糖反应经还原后可以得到乙烷化壳聚糖（图 6-6）。用该方法引入甲基、乙基、丙基和芳香化合物的衍生物，对各种金属离子有很好的吸附或螯合能力[16,17]。

壳聚糖溶解于 1% 乙酸水溶液中，在室温下搅拌溶解 24 h 后，加入一定量的

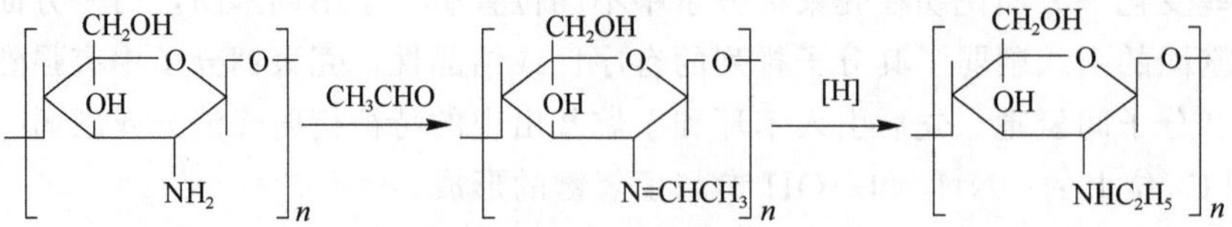

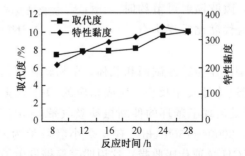

图 6-6　N-乙烷基壳聚糖衍生物的合成

醛，在一定温度下反应后，将溶液的 pH 调至 4.5，滴加一定量的 NaBH₄，搅拌反应 1 h 后，把溶液的 pH 调至 10，过滤并用蒸馏水洗至中性。产物先进行预冻处理，再进行冷冻干燥，即得到 N-烷基化壳聚糖[18]。选用 N-乙烷基和 N-丁烷基取代反应为研究目标，在反应温度为 25℃，反应时间分别为 8、12、16、20、24 和 28 h 时，其取代度与特性黏度随时间的变化关系如图 6-7 和图 6-8 所示。由图可知，N-烷基化取代反应在 8～20 h 内反应的速度较慢，取代度由 7.3％增加到 8.5％；在 20～24 h 之间反应速度较快，取代度由 8.3％增加到 9.4％；之后取代度不再发生变化。从特性黏度的变化情况来看，在反应开始到 24 h 内，特性黏度随着取代度的增大而逐渐变大；24 h 以后，由于反应时间过长，壳聚糖发生降解，导致特性黏度有比较明显的下降趋势。

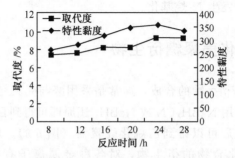

图 6-7　N-乙烷基壳聚糖特性黏度和取代度随反应时间变化曲线

图 6-8　N-丁烷基壳聚糖特性黏度和取代度随反应时间变化曲线

在反应温度分别为 25、30、35、40 和 45℃，水浴处理时间 24 h 时，N-乙基和 N-丁烷基壳聚糖的取代度与特性黏度随温度的变化关系如图 6-9 和图 6-10 所示。由图可以看出，随着反应温度的提高，壳聚糖 N-烷基化取代度也随之增大。在 25～30℃的范围内，取代度的变化趋势比较平缓；超过 30℃以后，取代度急剧上升；到 45℃取代度已经超过 24%。从黏度的变化情况来看，在 25～30℃的范围内，随着温度的升高，黏度平缓增大；但在 30～40℃范围内，黏度增大的幅度大；此后黏度变化的趋势减小，到 40℃时最大；当温度达到 45℃时，由于温度过高，使得壳聚糖分子降解，相对分子质量减小，导致特性黏度降低。

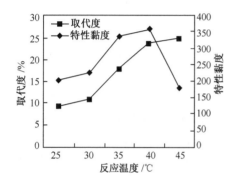

图 6-9　N-乙烷基壳聚糖特性黏度和取代度随温度变化曲线　　　图 6-10　N-丁烷基壳聚糖特性黏度和取代度随温度变化曲线

在相同的反应条件下，反应温度为 40℃，反应时间 24 h，加入乙醛、丁醛的量分别为 1.0、2.0、3.0、4.0 和 5.0 mL 时，N-乙基和 N-丁烷基壳聚糖的取代度与特性黏度随醛用量的变化关系如图 6-11 和图 6-12。从图 6-11 可以看出，乙醛的用量对 N-烷基化壳聚糖取代度有明显的影响。当 $V_{乙醛}=1.0$ mL 时，取代度相当低；当 $V_{乙醛}=2.0～3.0$ 时，取代度达到 5%～6%；当 $V_{乙醛}=4.0～5.0$ mL 时，取代度接近 $V_{乙醛}=3.0$ mL 时的 22 倍。由图 6-12 知，丁醛的用量对取代度同样有着非常明显的影响。在丁醛用量很少时，取代度很低；随着丁醛用量的增加，取代度变化曲线的斜率也不断的增大，而且取代反应越来越激烈。当 $V_{丁醛}=4.0～5.0$ mL 时，取代度已经超过 $V_{丁醛}=1.0$ mL 时取代度的 20 倍。

在水浴反应温度 40℃，反应时间 24 h 的情况下，分别加入 1.5、3.0、4.5、6.0 和 7.5 mL NaBH$_4$，NaBH$_4$ 用量对壳聚糖 N-烷基化衍生物取代度的影响如图 6-13 所示。由图可知，当 NaBH$_4$ 加入量为 1.5～3.0 mL 时，取代度比较低；当 NaBH$_4$ 加入量为 3.0～4.5 mL 时，取代度变化较大；当 NaBH$_4$ 加入量为

6.5～7.0 mL时，取代度达到最大值。当NaBH₄加入量多于6.0 mL会产生大量的泡沫，影响反应的正常进行。NaBH₄加入量为6.0 mL较合适，此时，NaBH₄加入量为壳聚糖—NH₂的6倍。

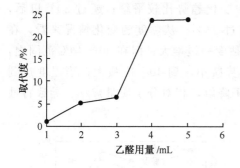

图 6-11　乙醛用量对取代度的变化曲线　　　图 6-12　丁醛用量对取代度的变化曲线

　　壳聚糖分子中引入烷基后，壳聚糖的分子间氢键被显著削弱，壳聚糖的溶解性得到改善。经适度改性的壳聚糖可用于化妆品和医药等方面。在碱性条件下，

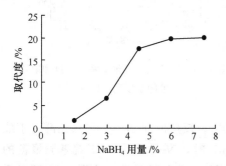

图 6-13　NaBH₄用量对取代度的变化曲线

卤代烃与壳聚糖反应制备的烷基化壳聚糖衍生物，红外光谱研究表明，取代反应主要发生在壳聚糖的氨基上。用动态光散射研究表明，该衍生物在水中可自动形成粒径在10～200 nm范围的纳米微粒[19]，负载紫杉醇后微球的粒径增大。在磷酸缓冲液（pH=7.4）中体外释放研究表明，随着烷基链长的增加，紫杉醇在磷酸缓冲液中达到平衡时的浓度降低。以扑热息痛为模型药物，在取代度接近的情况下，随着烷基链的增长，扑热息痛在磷酸缓冲液的缓释作用得到改善[20]。用正电子湮灭寿命谱（PALS）法，研究N-烷基化壳聚糖膜的自由体积[21]。在干燥状态下，N-烷基化壳聚膜的自由体积随N-烷基化的基团增大而增大；而在含水状态下，各种N-烷基化壳聚糖的自由体积均减小，而纯壳聚糖却增大。

　　将壳聚糖溶于NaOH溶液中，采用十六烷基三甲基溴化铵作相转移催化剂，在NaOH水溶液进行低聚水溶性壳聚糖的N-烷基化修饰改性反应[22]。在N-十六烷基壳聚糖的红外光谱图中，随着氨基被取代为十六烷基衍生物，C—H在2853 cm⁻¹和923 cm⁻¹处的伸缩振动吸收带增强，并在1423 cm⁻¹附近出现C—H变形吸收带，说明在壳聚糖分子中引入烷基取代基—CH₂和—CH₃基团。同时在1000～1350 cm⁻¹范围内的伯、仲醇吸收带没有明显变化，说明反应主要发生

在—NH$_2$ 上。

长链 N-烷基化壳聚糖衍生物因具有双亲性，可用于自组装药用微囊的制备，但用高级脂肪醛通过席夫碱反应改性，因系两相反应取代度低。加入相转移催化剂十二烷基磺酸钠可以提高 N-烷基化壳聚糖的取代度，但也存在反应时间长、效率较低的问题。为此，采用微波辐射的方法可提高反应效率，缩短反应时间[23]。将壳聚糖在 40℃搅拌溶解后用 NaOH 溶液调节 pH 为 7 左右，继续搅拌 30 min 碱化。加入体积分数为 5％的乙酸溶液，40℃搅拌 1 h 充分溶解后，依次加入月桂醛和催化剂十二烷基磺酸钠，40℃充分搅拌溶解后微波反应一定时间，用 NaOH 溶液调节 pH 后用 10％NaBH$_4$ 溶液还原，继续搅拌 2～3 h。丙酮沉淀，过滤，水洗，丙酮洗涤得 N-十二烷基化壳聚糖。

还原壳聚糖与醛反应生成的席夫碱制备 N-烷基化壳聚糖衍生物是一种常用的方法。但对于高取代度的 N，N- 双长链烷基化壳聚糖的制备，需在相转移催化剂的作用下才能获得[24,25]。实验获得的烷基化壳聚糖初产物，用氯仿进一步分离提纯，可获得氯仿溶解物和不溶解物两种组分。其中氯仿溶解物为接近完全 N，N- 双十二烷基化壳聚糖。N，N- 双烷基壳聚糖的合成路线如图6-14所示。

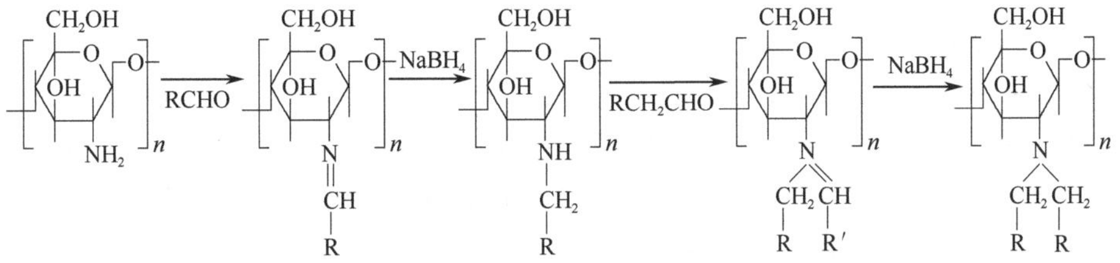

图 6-14　N，N-双烷基壳聚糖的合成路线

十二烷基磺酸钠用量对壳聚糖烷基化平均取代度有一定的影响。由于反应初产物是各种烷基化取代度壳聚糖的混合物，无法计算其平均取代度。所以，直接用元素分析测得产物中 C/N 进行产物取代度大小的比较。采用相对分子质量为 10 000 的壳聚糖为原料，在反应温度为 100℃和反应时间为 8 h 的条件下，随着十二烷基磺酸钠/月桂醛（物质的量比）的增加，反应产物的 C/N 增大，说明烷基化的程度随之增加（表 6-3）。但过度增大十二烷基磺酸钠的用量，并不能显著提高烷基化取代度，反而会给分离提纯带来不便。十二烷基磺酸钠在反应体系中起增溶作用，增加油溶性长链脂肪醛与水溶性壳聚糖的接触机会，有利反应的进行。实验结果表明：当反应体系未加十二烷基磺酸钠时，反应也可得到烷基化产物，但取代度较低，不能获得溶于氯仿的 N，N- 双十二烷基化壳聚糖。

表 6-3　十二烷基磺酸钠用量对取代度的影响

十二烷基磺酸钠/月桂醛（物质的量比）	0	1/20	1/15	1/12
C/N	10.21	14.14	14.97	15.05

溶于氯仿的提纯物，经柠檬酸-乙酸酐试验显示紫红色，这一定性实验表明该样品具有叔胺的结构。实验获得的氯仿溶解物的得率仅为合成初产物的5.52%（质量分数）。溶于氯仿的 N，N-双十二烷基壳聚糖的红外光谱中，在 2927 cm^{-1} 和 2852 cm^{-1} 附近表征饱和 C—H 伸缩振动的吸收带比壳聚糖有明显的增强，且 1470 cm^{-1} 和 721 cm^{-1} 附近出现新吸收带，其中 1467 cm^{-1} 为亚甲基的 C—H 变形振动吸收带，720 cm^{-1} 为 $n \geqslant 4$（CH$_2$）$_n$ 基团的骨架振动吸收带。说明长链烷基已接到壳聚糖上。

在较温和的反应条件下，用溴代异丁烷为卤化剂对壳聚糖进行改性。研究结果表明，在 20%NaOH/异丙醇溶液中，65℃反应 4 h，其产物 N-异丁基壳聚糖有良好的水溶性，且该产物成膜后比壳聚糖膜有更好的生物降解性和相容性[26]。

以壳聚糖为原料，—NH$_2$ 与辛醛形成席夫碱，用 KBH$_4$ 还原得到 N-辛基壳聚糖。然后在其剩余—NH$_2$ 上与 MeO- PEG- CHO 反应，再用 KBH$_4$ 还原可制备新型的辛基、PEG 取代度分别为 36% 和 64% 的两亲性 N-辛基-N-PEG 化壳聚糖衍生物（制备过程如图 6-15 所示）[27]。壳聚糖和 N-辛基-N-PEG 化壳聚糖的 IR 谱图如图 6-16 所示。与壳聚糖的红外谱图相比，目标产物位于 1600 cm^{-1} 左右的吸收带完全消失，说明—NH$_2$ 几乎完全被辛基和 PEG 所取代。1111.8 cm^{-1} 出现强度较大的醚的特征吸收带（ν_{C-O}），说明结构中 PEG 长链的

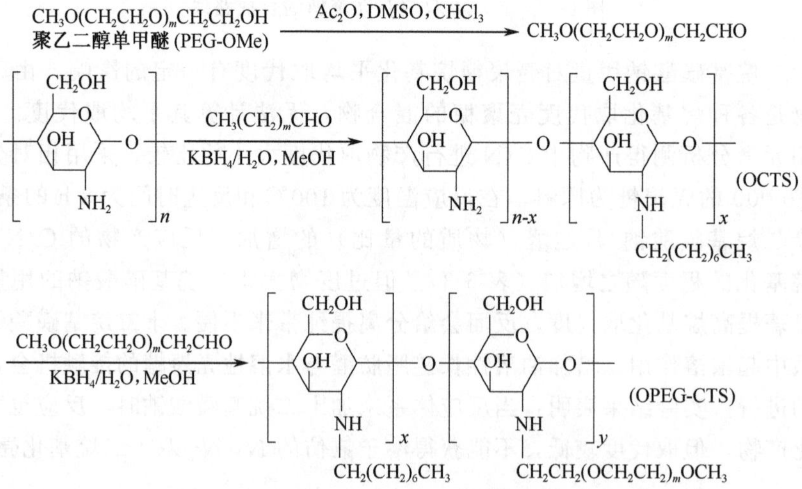

图 6-15　N-辛基-N-PEG 化壳聚糖衍生物合成路线

存在。2885.4 cm^{-1}处的吸收带也变得强而尖锐,说明结构中由于辛基的取代而出现长链烷基 CH$_2$ 的吸收带。

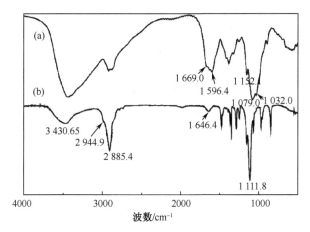

图 6-16　(a) 壳聚糖 (b) N-辛基-N-PEG 化壳聚糖的 IR 谱图

与壳聚糖的^{1}H NMR 相比,N-辛基-N-PEG 化壳聚糖在 $\delta=3.66$ ppm、3.34 ppm、2.64 ppm 和 2.14 ppm 处出现 4 个新的峰,它们分别归属于—PEG—OMe 的—CH$_2$O—、CH$_3$O—和辛基的—CH$_2$—、—CH$_3$。N-辛基-N-PEG 化壳聚糖的^{13}C NMR 谱中,$\delta=69.46$ ppm (—OCH$_2$)、32.47 ppm (—CH$_2$—) 也说明了—PEG—OMe 和辛基的存在。壳聚糖经改性后由于形成氢键能力的降低,导致热稳定性改变,在水中的溶解性变强,能形成澄清透明的水溶液。

6.3.3　N,O-烷基化壳聚糖衍生物

在三口瓶中依次加入完全脱乙酰的壳聚糖、苯甲醛和无水甲醇,在磁力搅拌下于室温 (20℃) 反应 20 h 后抽滤得絮状白色固体,置于索氏萃取器中用无水甲醇萃取 4 h,用蒸馏水洗涤,固形物用 NaBH$_4$ 还原,经过滤,真空干燥得浅黄色固体 N-苄基壳聚糖。在 N-苄基壳聚糖中加入 NaOH 溶液和十六烷基三甲基溴化铵,在 N$_2$ 保护下于 40℃水浴中反应 30 min,然后加入氯苄,升温至 95℃继续反应 7~8 h,静置过夜,加入乙醚析出沉淀,过滤,用蒸馏水洗至无 Cl$^-$ 被检出,真空干燥可得微黄色固体 N,O-苄基壳聚糖[28]。

在 N-苄基壳聚糖和 N,O-苄基壳聚糖的红外谱图中,原壳聚糖伯胺基 N—H 在 1600 cm^{-1} 处的振动吸收带已变得较弱,在 1642 cm^{-1} 处出现仲胺基 N—H 的吸收带,表明壳聚糖的—NH$_2$ 上已发生取代反应。同时在 697 cm^{-1} 和 755 cm^{-1} 处出现单取代苯环的特征吸收带,在 3000 cm^{-1}~3100 cm^{-1} 处出现一

组弱吸收带，也表明单取代苯环的存在。2924 cm^{-1}和 1454 cm^{-1}处的谱带强度随着苄基的引入变得更强，分别代表苄基上的亚甲基 C—H 弯曲振动和变形振动吸收带。元素分析结果表明，N-位上苄基的取代度为 0.3。由^{1}H NMR 结果计算出 N, O-苄基壳聚糖的总取代度为 0.8。

中间产物 N-苄基壳聚糖没有热塑性，热分解温度为 528K，但 N, O-苄基壳聚糖却有明显的热塑性。试样在 473 K 左右开始熔化流动，原结晶的双折射消失，表明已成为各向同性熔体。513 K 以上试样逐渐分解变色。DSC 测定进一步证实了熔点为 470 K，分解温度为 513 K，与显微镜的观察结果一致。

在碱性条件下，壳聚糖与卤代烷直接反应，也可制备在 N, O-位同时取代的衍生物。反应条件不同，产物的溶解性能有较大的差别[12]。反应过程是将壳聚糖加入含 NaOH 的异丙醇中，搅拌 30 min 后加入卤代烷，反应 4 h 后调节 pH 至中性，沉淀、过滤、洗涤、干燥。衍生化后位于 2860 cm^{-1} 和 2920 cm^{-1} 的吸收带强度增强，并于 1450 cm^{-1} 附近出现新吸收带，这是在壳聚糖分子中引入烷基取代基—CH$_2$ 和—CH$_3$ 的佐证。在壳聚糖的红外光谱中，1657 cm^{-1}、1560 cm^{-1} 和 1312 cm^{-1} 分别是酰胺Ⅰ（C＝O）、Ⅱ（N—H）和Ⅲ（C—N）的吸收带，1590 cm^{-1} 是—NH$_2$ 的吸收带。改性后最明显的变化是—NH$_2$ 的吸收带消失和酰胺Ⅱ谱带明显增强，说明取代反应主要发生在壳聚糖的—NH$_2$ 上；同时位于 1030～1200 cm^{-1} 范围内的伯、仲醇吸收带有不同程度的削弱或消失，说明在 C$_6$ 和 C$_3$ 位上也发生了取代反应。在壳聚糖分子中引入不同取代基后，其酰胺Ⅰ和Ⅱ的吸收带向低波数方向移动 2～20 cm^{-1}，酰胺Ⅰ移动波数随取代度增大而增大，而酰胺Ⅱ随取代度的增大而减小，这反映了削弱壳聚糖分子间氢键作用的程度。该类衍生物也有较好的生物相容性，有望在生物医用材料方面得到应用。

6.4　壳聚糖季铵盐衍生物

壳聚糖的季铵盐研究是壳聚糖化学改性研究的一个重要方向。由于水溶性比壳聚糖好，同时具有表面活性等独特性质，近来受到了广泛的关注[29~33]。有文献报道，将壳聚糖的季铵化分为以下 3 种方法[34]：①根据壳聚糖能溶于各种稀有机酸的特性，将壳聚糖溶于乙酸中，通过盐式链季铵盐化，即成壳聚糖有机酸盐；②壳聚糖与甲基碘等烷基卤反应，生成壳聚糖的 N, N, N-三甲基铵盐；③将壳聚糖与季铵化的化合物反应。目前在壳聚糖的季铵化过程中更多应用的是后两种方法。

6.4.1　卤代法壳聚糖季铵盐衍生物

壳聚糖的季铵盐是一种两性高分子，一般情况下，取代度在 25% 以上季铵盐壳聚糖可溶于水。可以用过量卤代烷和壳聚糖反应得到壳聚糖季铵盐[35]，由于碘代烷的反应活性较高，是常用的卤代化试剂。也可以用壳聚糖与醛反应形成席夫碱，然后用 $NaBH_3CN$ 或 $NaBH_4$ 还原，再用碘甲烷反应合成壳聚糖季铵盐[32]，其典型的合成路线如图 6-17 所示。分别用 0.25% 和 0.50% 的壳聚糖季铵盐对 Escherichia 大肠杆菌进行抑菌性实验，发现随季铵盐浓度的增大，抑菌能力明显增强。

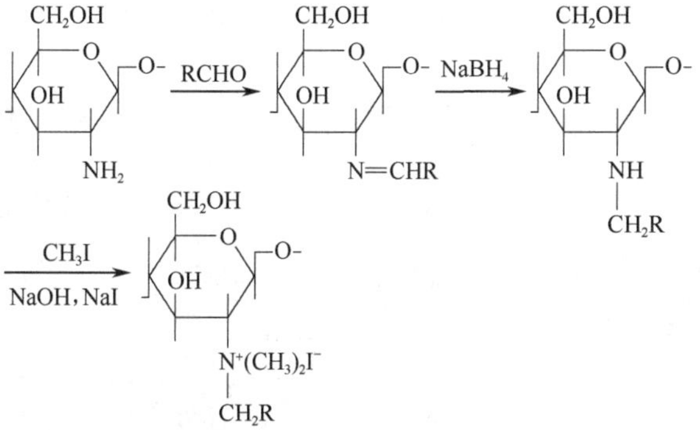

图 6-17　卤代烷法季铵盐壳聚糖合成路线

应用二甲基硫酸盐做甲基化试剂可得到 N,N,N-三甲基壳聚糖[36]。研究结果表明，二甲基硫酸盐不仅比以前采用的普通甲基化试剂便宜，而且更加有效。壳聚糖的季铵化反应程度依赖于反应时间和反应温度，产物的最终取代度可从 15.8% 到 52.5%。反应时间为 6 h 室温下制备的壳聚糖季铵盐的取代度最大。升高温度可使聚合物发生热降解反应，且壳聚糖的季铵化反应更容易在 O-位上发生。

6.4.2　季铵盐法壳聚糖季铵盐衍生物

缩水甘油三甲基氯化铵是壳聚糖季铵化常用的试剂，其制备过程如图 6-18 所示[37]。羟丙基三甲基氯化铵壳聚糖的水溶性随取代度的增加而增大，完全水溶性产物的 10% 溶液可以与乙醇、乙二醇、甘油任意比混合而不发生沉淀。

在红外光谱中，壳聚糖 1597 cm^{-1} 处的伯胺 N—H 面内弯曲振动强吸收带在羟丙基三甲基氯化铵壳聚糖中消失，羟丙基三甲基氯化铵壳聚糖在 1487 cm^{-1} 处出现了—CH_3 的 C—H 弯曲振动强吸收带，这说明在 N-位上引入了羟丙基三甲基氯化铵的季铵盐侧链[38]。从电镜照片可见：壳聚糖的颗粒粒度较小，粒度分布也较宽，呈现出细长状的外观形貌，而羟丙基三甲基氯化铵壳聚糖的颗粒粒度大，规则整齐，呈现出方形的层状外观形貌（图 6-19）。

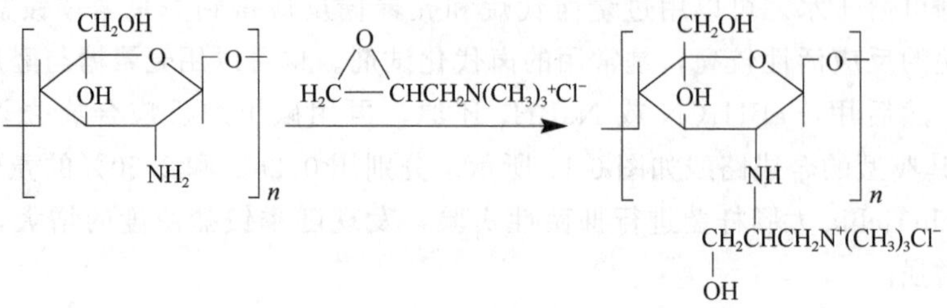

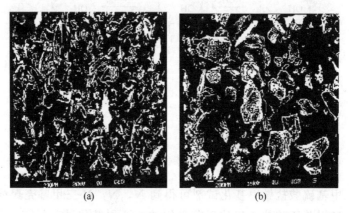

图 6-18　缩水甘油三甲基氯化铵制备壳聚糖季铵盐

图 6-19　（a）壳聚糖；（b）羟丙基三甲基氯化铵壳聚糖 SEM 图

　　羟丙基三甲基氯化铵壳聚糖溶液的稳定性对其应用具有特殊意义，溶液黏度是衡量稳定性的一个重要指标。图 6-20 为羟丙基三甲基氯化铵壳聚糖的 1‰乙酸溶液黏度随时间的变化曲线（1‰乙酸溶液 pH 约为 3）。从图看出，羟丙基三甲基氯化铵壳聚糖的乙酸溶液黏度在 12 d 内几乎没有降低，溶液比较稳定。但在 12～24 d 之间，产品黏度有明显下降，之后随着时间的增加，溶液黏度缓慢降低。这表明羟丙基三甲基氯化铵壳聚糖的乙酸水溶液比较稳定，可能因为在羟丙基三甲基氯化铵壳聚糖的分子结构中，易与 H^+ 结合生成—NH_3^+ 的—NH_2 基被改性取代，减少了酸催化糖苷键逐渐水解的趋势。图 6-21 是羟丙基三甲基氯化铵壳聚糖水溶液黏度随 pH 的变化曲线。由图可以看出，在 pH3.0～9.0 之间，羟丙基三甲基氯化铵壳聚糖水溶液黏度基本没有发生变化，说明羟丙基三甲基氯化铵壳聚糖水溶液在 pH3.0～9.0 范围内是稳定的。

　　将缩水甘油三甲基氯化铵引入壳聚糖分子链上制得的壳聚糖季铵盐，当缩水甘油三甲基氯化铵和壳聚糖的物质的量比从 3∶1 增加到 6∶1 时，壳聚糖季铵盐的取代度也相应从 56％增大到 74％。在室温下，取代度最高的壳聚糖季铵盐可以完全溶解在水中。随着聚合物浓度的增大，水溶液的 pH 和导电性也逐渐增

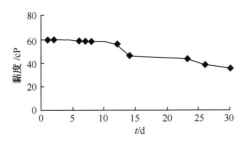

图 6-20　羟丙基三甲基氯化铵壳聚糖溶液黏度与时间的关系

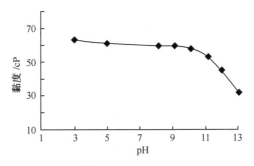

图 6-21　pH 对羟丙基三甲基氯化铵壳聚糖溶液黏度的影响

大。壳聚糖季铵盐水溶液的流变性质依赖于盐和聚合物的浓度以及壳聚糖季铵盐的取代度。在盐的存在下，壳聚糖季铵盐的流变学表现为典型的聚电解质在稀溶液中的行为。然而，由于盐的加入减小了壳聚糖季铵盐中三甲基铵基基团正电荷的静电排斥，从而降低了聚合物的黏度[39]。通过红外分析考察壳聚糖季铵盐的取代度对油脂卵磷脂和壳聚糖季铵盐作用程度的影响，发现取代度低的壳聚糖季铵盐有着高的流变性质，从而有着强的分子间物理作用力。

　　用 N-环氧丙基三甲基氯化铵与干淀粉在没有碱催化剂的条件下，可合成阳离子淀粉，而壳聚糖 C_2 位上氨基的氢比淀粉羟基活性更强。受该研究思路的启发，赵希荣等人采用缩水甘油基三甲基氯化铵用干法对壳聚糖进行阳离子化反应（图 6-22）[40]。在干法制备中，不是不用水，而是水的量须严格控制。水有助于阳离子化试剂和碱催化剂很好地在壳聚糖中扩散并反应，但水量过多会引起两个副反应 [图 6-22 式（2）和（3）]：一是阳离子化试剂的水解反应，水解后生成的副产物没有阳离子化能力，从而使反应体系中阳离子化试剂的有效浓度降低；二是水溶剂使生成的阳离子壳聚糖分解，生成壳聚糖和阳离子化试剂水解产物，同样导致反应效率下降。因此，水量过多不利于反应的进行，且给后处理带来麻烦。

　　在催化剂 NaOH 存在下，阳离子壳聚糖干法合成反应，由于少量溶剂分子的介入，最大限度地抑制了副反应。另外，少量溶剂分子的介入使反应体系的微环境不同于液相反应，造成了反应部位的局部高浓度，提高了反应效率。该方法具有反应效率高、操作简单经济、污染小等优点。实验结果表明，干法制备季铵化壳聚糖的最佳反应条件为：壳聚糖用量 100 g，缩水甘油基三甲基氯化铵用量 282 g，NaOH 用量 1 g，反应时间 3 h，温度控制在 80℃。在此条件下合成的季铵化壳聚糖得率为 92%，季铵化度为 95%。但需要指出的是该法还存在产物取代不均匀等问题。

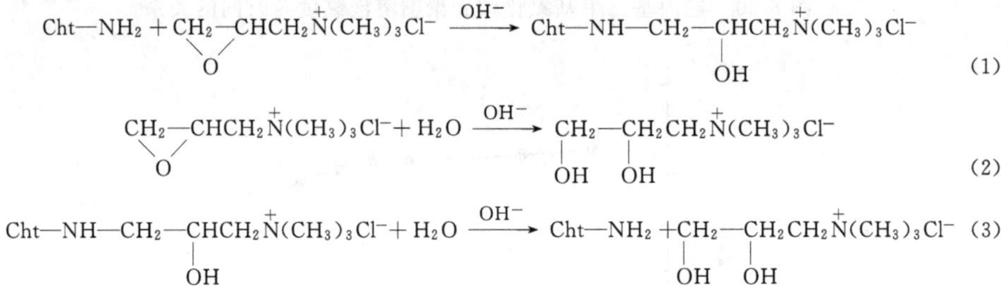

$$\text{Cht}-\text{NH}_2 + \underset{O}{\text{CH}_2-\text{CHCH}_2}\overset{+}{\text{N}}(\text{CH}_3)_3\text{Cl}^- \xrightarrow{\text{OH}^-} \text{Cht}-\text{NH}-\text{CH}_2-\underset{\text{OH}}{\text{CHCH}_2}\overset{+}{\text{N}}(\text{CH}_3)_3\text{Cl}^- \tag{1}$$

$$\underset{O}{\text{CH}_2-\text{CHCH}_2}\overset{+}{\text{N}}(\text{CH}_3)_3\text{Cl}^- + \text{H}_2\text{O} \xrightarrow{\text{OH}^-} \underset{\text{OH}}{\text{CH}_2}-\underset{\text{OH}}{\text{CH}}-\text{CH}_2\overset{+}{\text{N}}(\text{CH}_3)_3\text{Cl}^- \tag{2}$$

$$\text{Cht}-\text{NH}-\text{CH}_2-\underset{\text{OH}}{\text{CHCH}_2}\overset{+}{\text{N}}(\text{CH}_3)_3\text{Cl}^- + \text{H}_2\text{O} \xrightarrow{\text{OH}^-} \text{Cht}-\text{NH}_2 + \underset{\text{OH}}{\text{CH}_2}-\underset{\text{OH}}{\text{CH}}-\text{CH}_2\overset{+}{\text{N}}(\text{CH}_3)_3\text{Cl}^- \tag{3}$$

图 6-22　阳离子壳聚糖干法制备反应机理

以环氧丙基三甲基氯化铵和乙基缩水甘油醚为试剂，合成壳聚糖氨基 N-位取代的 2-羟丙基三甲基氯化铵和 1-乙氧基-2-羟丙基壳聚糖。实验表明：这种壳聚糖衍生物在甲醇、乙二醇和丙三醇中可以均匀溶解，在二甲亚砜、氯乙醇等多种有机溶剂中可部分溶解[41]。

以壳聚糖为原料，在—NH₂ 上引入长链疏水基（$n=8$、10 和 12），可制得 N-烷基壳聚糖，然后在未取代的—NH₂ 上进行季铵化得到两亲性的 N-烷基-N-季铵化壳聚糖衍生物，其合成步骤如图 6-23 所示[42]。

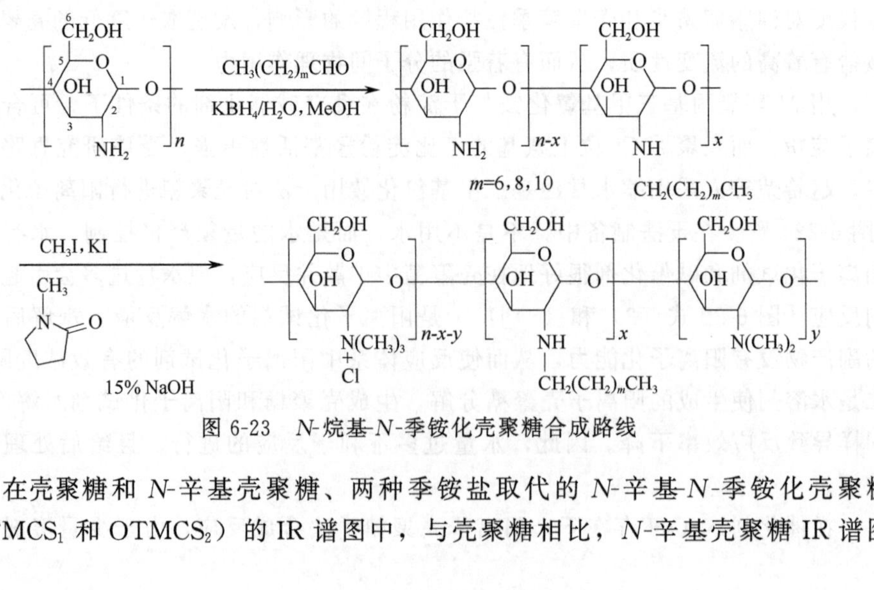

图 6-23　N-烷基-N-季铵化壳聚糖合成路线

在壳聚糖和 N-辛基壳聚糖、两种季铵盐取代的 N-辛基-N-季铵化壳聚糖（OTMCS₁ 和 OTMCS₂）的 IR 谱图中，与壳聚糖相比，N-辛基壳聚糖 IR 谱图中 1597 cm^{-1} 处的吸收带强度减小，2950 cm^{-1}、2850 cm^{-1} 左右的吸收带加强且变得尖锐，其他吸收带几乎没有变化，说明在壳聚糖骨架中的—NH$_2$ 上引入了 CH$_3$ 和 CH$_2$ 脂肪烃取代基。OTMCS1 与 OTMCS2 的 IR 谱图相似，唯一不同的是 1597 cm^{-1} 处吸收带的强度继续减小，在 OTMCS$_2$ 的图谱中几乎完全消失，说明在 OTMCS$_2$ 中壳聚糖上—NH$_2$ 上的 H 已经被甲基完全取代。从 IR 谱图的变化可以确定，在壳聚糖—NH$_2$ 上发生了叔胺化和季铵化反应；而从^{1}H NMR 中则可以明显地看出其取代度的相对大小。壳聚糖与 OTMCS$_1$ 和 OTMCS$_2$ 的^{1}H NMR 图谱如图 6-24 所示。

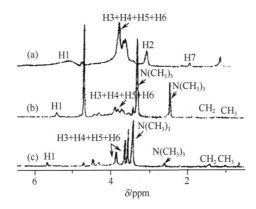

图 6-24　　(a) 壳聚糖；(b) OTMCS$_1$；(c) OTMCS$_2$ 的^{1}H NMR

OTMCS$_1$ 的^{1}H NMR（500MHz，D$_2$O）与壳聚糖相比出现 4 个新的峰，3.32 ppm [N (CH$_3$)$_3$]，2.46 ppm [N (CH$_3$)$_2$]，1.29 ppm (CH$_2$)，0.82 ppm (CH$_3$)，其他峰的归属如下：5.42 ppm (H$_1$)，4.30～3.38 ppm (H$_3$，H$_4$，H$_5$，H$_6$)，3.21 ppm (H$_2$)，1.89 ppm (NOCOCH$_3$)，4.7×10^{-6} 左右的很强峰为样品中的水峰。OTMCS$_2$ 的^{1}H NMR（500MHz，D$_2$O）与壳聚糖相比同样出现 4 个新的峰，3.43 ppm [N (CH$_3$)$_3$]，2.60 ppm [N (CH$_3$)$_2$]，1.41 ppm (CH$_2$)，0.99 ppm (CH$_3$)，其他峰的归属如下：5.66 ppm (H$_2$)，4.70～3.53 ppm (H$_3$，H$_4$，H$_5$，H$_6$)，4.72 ppm 左右的峰为样品中的水峰。比较 OTMCS$_1$ 和 OTMCS$_2$ 的^{1}H NMR 图谱可以看出，在 OTMCS$_1$ 的图谱中，季铵和叔胺 H 都较强（季铵：叔胺＝2：1），而在 OTMCS$_2$ 的图谱中，季铵 H 的强度比叔胺 H 要强的多（季铵：叔胺＝8：1）。

壳聚糖和 OTMCS$_1$、OTMCS$_2$ 的^{13}C NMR 图谱如图 6-25 所示。壳聚糖^{13}C NMR（500MHz，D$_2$O/F$_3$CCOOD）谱可归属如下：$\delta=97.5$ ppm (C$_1$)，76.5 ppm (C$_4$)，75 ppm (C$_5$)，70 ppm (C$_3$)，60 ppm (C$_6$)，55.6 ppm (C$_2$)。与壳聚糖相比，OTMCS$_1$ 的^{13}C NMR（500 MHz，D$_2$O）归属如下：出现的新峰

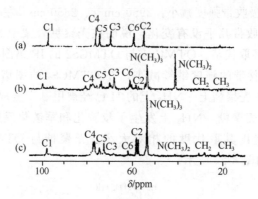

图 6-25   (a) 壳聚糖；(b) OTMCS₁；(c) OTMCS₂ 的¹³C NMR

是 53.7 ppm ［N（CH₃）₃］，41.1 ppm ［N（CH₃）₂］，34.3 ppm（CH₂），23.9 ppm（CH₃），其他峰为：99.6 ppm（C₁），77.5 ppm（C₄），77 ppm（C₅），68.4 ppm（C₃），61.1 ppm（C₆），58.6 ppm（C₂）。OTMCS₂ 的¹³C NMR 图谱（500 MHz，D₂O）与 OTMCS₁ 相似，只是叔胺和季铵基团的峰高有所区别，季铵基团的峰高大大强于叔胺基团的峰高，归属如下，δ＝97.9 ppm（C₁），77.4 ppm（C₄），74.6 ppm（C₅），72.5 ppm（C₃），58.5 ppm（C₆），57.6 ppm（C₂），54.2 ppm ［N（CH₃）₃］，41.1 ppm ［N（CH₃）₂］，28.1 ppm（CH₂），22.1 ppm（CH₃）。

N-辛基-N-三甲基壳聚糖（OTMCS）对 10-羟基喜树碱（10-HCPT，一种疏水性抗癌药物）有增溶和控释作用[43]。通过考察壳聚糖衍生物的结构和胶束的制备条件对包封效率、载药量和聚合物胶束粒子大小的影响，发现壳聚糖衍生物可以自组装形成平均直径为 24～280 nm 的球形胶束，载药量可达 4.1%～32.5%。OTMCS 可以调控 10-HCPT 的释放，改善 10-HCPT 的药效动力学性质和内酯环的稳定性。这些数据表明，两性胶束壳聚糖衍生物可以作为疏水性药物的载体。

对合成的系列单取代和双取代壳聚糖季铵盐进行抗菌试验。单取代壳聚糖季铵盐抗菌活性弱于双取代壳聚糖季铵。在双取代壳聚糖季铵盐中，O-季铵化-N-壳聚糖肉桂醛席夫碱的最低抑菌浓度（MIC）最小，对金黄色葡萄球菌和大肠杆菌的 MIC 分别达到了为 0.01% 和 0.02%[44]。壳聚糖衍生物抗菌活性与结构之间有一定的构效关系。通过 KI 的甲基化作用和 5-甲酸基-2-呋喃磺酸的还原烷基化作用，在非均相化学反应中可分别在壳聚糖表面引入正负电荷（如图 6-26 所示）[45]。研究结果表明，壳聚糖的表面改性程度可由反应时间和试剂浓度控制。采用 ATR-FTIR 谱图、XPS 谱图和零电位测量法，证明经过表面改性的壳聚糖薄膜存在着预想的官能团。含有 N-磺酸呋喃甲基基团的壳聚糖薄膜可以选择性地吸附蛋白质，无论是带正电荷的蛋白质，还是带负电荷的蛋白质，其吸附行为是由静电吸引和静电排斥作用的结果。相比较而言，表面含有正电荷季铵盐基团的壳聚糖薄膜的吸附行为比较反常。蛋白质的吸附数量随着季铵盐壳聚糖薄膜溶胀率的增大而增加，并不受蛋白质电荷的影响。与壳聚糖相比，这些表面改性壳聚糖薄膜在较宽的 pH 范围内可随环境 pH 的变化而改变，从而使其有着更广泛的用途。

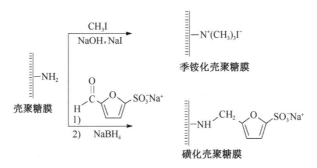

图 6-26　壳聚糖膜表面引入带电荷功能团示意图

　　将壳聚糖季铵盐（结构式见图 6-27）水溶液和聚乙烯吡咯烷酮（PVP）混合，采用电纺法可制备性能良好的纤维。随着电解质含量的增加，纤维的平均直径从 2800 nm 降低到 1500 nm[46]。为了增加壳聚糖季铵盐/PVP 电纺纤维对水和水蒸气的稳定性，向壳聚糖季铵盐/PVP 溶液中加入光交联添加剂，然后用紫外照射电纺纤维溶液。研究结果表明，光交联电纺纤维对革兰阳氏菌 *Staphylococcus aureus* 和革兰阴氏菌 *Escherichia coli* 有较高的抗菌性。

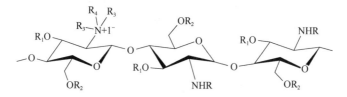

图 6-27　碘化 *N*-丁基 *N*，*N*-二甲基壳聚糖的结构式

　　以 *N*-酰氯-6-*O*-三苯甲基壳聚糖为原料可制备各种季铵化壳聚糖衍生物，该反应过程平稳，除去 *O*-三苯甲基就可以得到水溶性产物（合成路线如图 6-28 所示）[47]。研究结果表明，采用乙酰度为 15% 的壳聚糖，*N*-乙酰氯-6-*O*-三苯甲基壳聚糖的 *N*-乙酰氯取代度为 0.85，可以认为被完全取代，而 *N*-丁酰氯-6-*O*-三苯甲基壳聚糖的 *N*-丁酰氯取代度为 0.67，这说明 *N*-乙酰氯的反应活性比 *N*-丁酰氯高。*N*-酰氯-6-*O*-三苯甲基壳聚糖可以溶于有机溶剂。因此，改性反应是在均相反应体系中进行的。研究结果还表明，三乙胺、四乙胺与 *N*-乙酰氯-6-*O*-三

苯甲基壳聚糖反应的取代度很低，但可以在吡咯烷酮中通过添加 KI 提高其取代度。

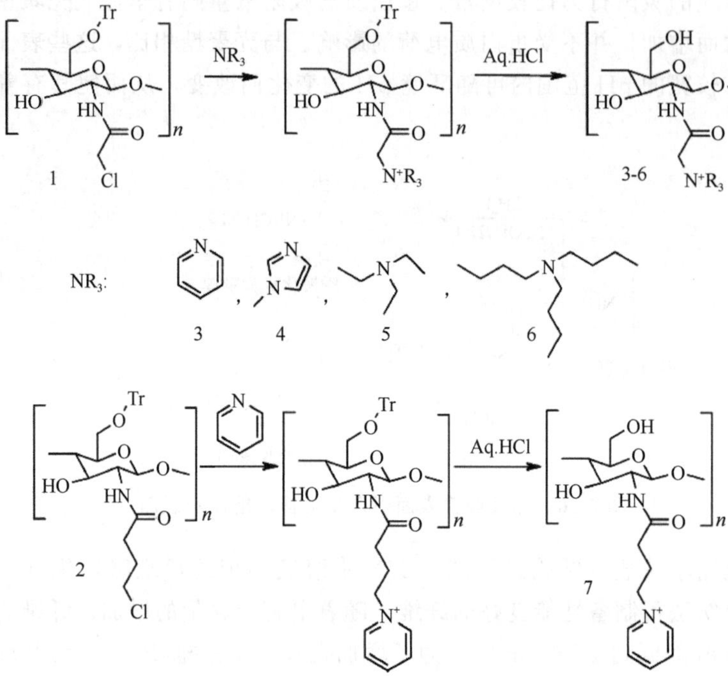

图 6-28　N-酰氯-6-O-三苯甲基壳聚糖制备壳聚糖衍生物的合成路线

　　用硫酸乙酯也可制备不同碳链长度的季铵盐壳聚糖衍生物[48]，N-甲基季铵盐的季铵化度可达35%，壳聚糖季铵化后可以明显改善拉伸强度等理化性能。用缩水甘油三甲胺卤化物与壳聚糖反应所得到的季铵盐可用于洗发香波中，洗过的头发易于梳理[49]。

　　烷基化壳聚糖还可用于医学方面。如甲基化壳聚糖碘化物对草蓝无阳性菌具有很强的抗菌作用[50]。烷基化壳聚糖还具有良好的抗凝血性能[12]。由于烷基化和季铵化壳聚糖的水溶性以及其他独特的性质，预计该类衍生物未来将在日用化妆品、生物医药和组织工程材料等方面得到较好的应用。

参 考 文 献

[1] 许晨，卢灿辉．壳聚糖季铵化衍生物的吸湿与保湿性．应用化学，1996，13（5）：94～95
[2] 俞继华，冯才旺，唐有根．甲壳素和壳聚糖的化学改性及其应用．广西化工，1997，26（3）：28～32
[3] 张亚静，朱瑞芬，童兴龙．壳聚糖季铵盐对味精废水絮凝作用．水处理技术，2001，27（5）：281～283
[4] 夏文水，陈洁．甲壳素和壳聚糖的化学改性及其应用．无锡轻工业学院学报，1994，13（2）：162～171
[5] 唐有根，蒋刚彪，谢光东．新型壳聚糖两性高分子表面活性剂的合成．湖南化工，2000，30（2）：

30~33

[6] Tokura S, Yoshida J, Nishi N et al. Studies on chitin Ⅵ preparation and properties of alkyl-chitin fibers. Polymer J, 1982, 14 (7)：527~536

[7] Somorin O，Nishi N, Tokura S et al. Studies on chitin Ⅱ preparation of benzyl and benzoylchitin. Polym J，1979, 11 (5)：391~396

[8] 董奇志,谭凤娇. 微波辐射技术在甲壳素烷基化反应中的应用. 湘潭师范学院学报, 2001, 23 (1)：12~15

[9] 杨俊玲. 壳聚糖在纺织品抗菌整理中的研究. 纺织学报, 2003, 24 (5)：76~78

[10] 高艳丽,张虹,吴奕光等. 不同晶型甲壳素的季铵盐化研究. 功能高分子学报, 2004, 17 (1)：67~71

[11] 王爱勤,俞贤达. O-丁基壳聚糖的合成与表征. 合成化学, 1999, 7 (3)：308~314

[12] 王爱勤,俞贤达. 烷基化壳聚糖衍生物的制备与性能研究. 功能高分子学报, 1998, 11 (1)：83~86

[13] 董奇志,郭振楚. 微波作用下壳聚糖的 O-烷基化反应. 湘潭大学自然科学学报, 2001, 23 (2)：57~59

[14] 董奇志,郭振楚,谭凤娇. 微波作用下壳聚糖的 O-苄基化反应. 合成化学, 2001, 9 (6)：560~562

[15] 王爱勤,俞贤达. 丁烷基壳聚糖的制备. 中国医药工业杂志, 1998, 29 (10)：471

[16] Muzzarelli R A A, Tanfani F, Enamuelli M et al. The characterization of N-methyl, N-ethyl, N-propyl, N-butyl and N-hexyl chitosans, novel film-forming polymers. J Membrane Sci, 1983, (16)：295~308

[17] 李方,刘文广,薛涛等. 烷基化壳聚糖的制备及载药膜的释放行为研究. 化学工业与工程, 2002, 19 (4)：281~285

[18] 李作为,张立彦,曾庆孝等. 壳聚糖 N-烷基化改性反应影响因素的研究. 食品工业科技, 2006, 27 (8)：63~65

[19] 代昭,孙多先,黄文强. 烷基壳聚糖纳米微球的制备及其紫杉醇负载研究. 高分子通报, 2006, (6)：64~67

[20] 代昭,孙多先,黄文强. 壳聚糖烷基化改性及其纳米微球负载扑热息痛的研究. 现代化工, 2002, 22 (10)：22~25

[21] 李明春,姚康德. 用 PALS 法研究 N-烷基化壳聚糖膜的自由体积及水的影响. 高分子材料科学与工程, 2002, 18 (3)：147~149

[22] 汪敏,李明春,辛梅华等. N-烷基壳聚糖的相转移催化制备. 中国医药工业杂志, 2004, 35 (12)：716~718

[23] 辛梅华,李明春,兰心仁. 微波辐射相转移催化制备高取代 N-烷基壳聚糖. 应用化学, 2005, 22 (12)：1357~1359

[24] 孙晓丽,辛梅华,李明春等. N，N-双十二烷基化壳聚糖的制备. 化工进展, 2006, 25 (9)：1095~1097

[25] Li M C, Su S, Xin M H et al. Relationship between N，N-dialkyl chitosan monolayer and corresponding vesicle. J Colloid Interf Sci, 2007, 311 (1)：285~288

[26] 李东红,胡德耀,肖南等. 异丁基壳聚糖的制备与生物降解性研究. 中国生化药物杂志, 2002, 23 (3)：124~126

[27] 张灿,丁娅,平其能. 新型两亲性 N-辛基-N-EG 化壳聚糖衍生物的合成与表征. 中国药科大学学报. 2005, 36 (3)：201~204

[28] 董炎明,郭振楚,吴玉松等. 热塑性甲壳素衍生物 N，O-苄基壳聚糖的合成及表征. 高等学校化学学

报，2003，24（12）：2330～2332

[29] 林友文，林青，蒋智清等．羟丙基三甲基氯化铵壳聚糖的制备及其吸湿保湿性能．应用化学，2002，19（4）：351～354

[30] Zhao Y，Tian J S，Qi X H et al. Quaternary ammonium salt-functionalized chitosan：An easily recyclable catalyst for efficient synthesis of cyclic carbonates from epoxides and carbon dioxide. J Mol Catal A Chem，2007，271：284～289

[31] Spinelli V A，Laranjeira M C M，Fávere V T. Preparation and characterization of quaternary chitosan salt：adsorption equilibrium of chromium（Ⅵ）ion，React Funct Polym，2004，61：347～352

[32] Jia Z，Shen D，Xu W. Synthesis and antibacterial activities of quaternary ammonium salt of chitosan. Carbohydr Res，2001，333（1）：1～6

[33] 林友文，许晨，卢灿辉．O-2′-羟丙基三甲基氯化铵壳聚糖的合成与表征．合成化学，2000，8（2）：167～170

[34] 杨俊玲．壳聚糖抗菌性的研究．纺织学报，2003，24（2）：151～153

[35] Muzzarelli R A A，Tanfani F. The N-permethylation of chitosan and the preparation of N-trimethyl chitosan iodide. Carbohydr Polym，1985，5（4）：297～307

[36] Britto D，Assis O B G. A novel method for obtaining a quaternary salt of chitosan. Carbohydr Polym，2007，69（2）：305～310

[37] 许晨，卢灿辉，丁马太．壳聚糖季铵盐的合成及结构表征．功能高分子学报，1997，10（1）：52～55

[38] 张艳艳，马启敏，江志华．壳聚糖季铵盐的合成及性质研究．中国海洋大学学报．2005，35（3）：459～462

[39] Cho J，Justin G，Micheline P M et al. Synthesis and physicochemical and dynamic mechanical properties of a water-soluble chitosan derivative as a biomaterial. Biomacromolecules，2006，7（10）：2845～2855

[40] 赵希荣，夏文水．阳离子壳聚糖的干法制备．化工进展，2005，24（3）：311～314

[41] 许晨，卢灿辉，丁马太．醇溶性壳聚糖衍生物合成及结构表征．水处理技术，1997，23（5）：266～269

[42] 张灿，丁娅，平其能．新型两亲性 N-烷基-N-季铵化壳聚糖衍生物的制备与表征．高分子材料科学与工程，2006，22（4）：200～203

[43] Zhang C，Ding Y，Yu L L et al. Polymeric micelle systems of hydroxycamptothecin based on amphiphilic N-alkyl-N-trimethyl chitosan derivatives. Colloids Surf B，2007，55（2）：192～199

[44] 赵希荣，夏文水．二元取代壳聚糖季铵盐的抗菌活性．食品与生物技术学报，2006，25（5）：55～60

[45] Hoven V P，Tangpasuthadol V，Angkitpaiboon Y et al. Surface-charged chitosan：Preparation and protein adsorption. Carbohydr Polym，2007，68（1）：44～53

[46] Ignatova M，Manolova N，Rashkov I. Novel antibacterial fibers of quaternized chitosan and poly（vinyl pyrrolidone）prepared by electrospinning. Eur Polym J，2007，43（4）：1112～1122

[47] Holappa J，Nevalainen T，Soininen P et al. Synthesis of novel quaternary chitosan derivatives via N-chloroacyl-6-O-triphenylmethylchitosans. Biomacromolecules，2006，7（2）：407～410

[48] Britto D，Assis O B G. Synthesis and mechanical properties of quaternary salts of chitosan-based films for food application. Int J Biol Macromol，2007，41（2）：198～203

[49] 康卓，董哲．甲壳素开发应用的新进展．辽宁化工，2001，30（5）：208～211

[50] Naggi A M，Iorri G O. Chitin in nature and technology. New York：Plemum Press，1986

第 7 章 甲壳素/壳聚糖羟基化和糖类衍生物

7.1 引　言

羟基化反应是指用氯代醇或环氧烷等试剂与甲壳素/壳聚糖反应，在甲壳素/壳聚糖分子的羟基或氨基上引入含羟烷基基团的一类反应。近几年，在甲壳素/壳聚糖化学改性研究中，羟基化衍生物的报道也较多[1~3]。这是因为引入羟基后能得到水溶性改善的甲壳素/壳聚糖衍生物。迄今所报道的甲壳素/壳聚糖羟基化衍生物中，羟乙基甲壳素/壳聚糖的研究报道是最多的[4,5]。具有梳状或树枝支链的甲壳素/壳聚糖都可溶于一般的有机溶剂中。一些天然的接枝多糖具有多种生物活性，如抗癌和免疫辅药活性，制备这些多糖具有非常重要的应用意义。为此，本章将介绍羟基化甲壳素/壳聚糖的研究进展，着重介绍羟基和含糖基壳聚糖衍生物的制备方法和类型。

7.2 羟基化甲壳素衍生物

7.2.1 羟基化甲壳素衍生物

甲壳素的分子结构与纤维素相似，只是 C_2 位上的羟基被乙酰氨基所取代。因而与纤维素一样，甲壳素可被羟基化[6]。羟基化后的甲壳素大多有良好的水溶性[7]，同时又有一定的生物活性，在医药方面有重要的价值[8]。

甲壳素在碱性溶液/溶剂体系中可与 2-氯乙醇、环氧乙烷、环氧丙烷反应生成羟乙基或羟丙基化衍生物[9]。典型的羟乙基甲壳素衍生化反应如图 7-1 所示。然而，反应在强碱条件下进行，甲壳素在羟乙基化反应的同时也会发生 N-脱乙酰化反应，而且环氧乙烷在碱性条件下会通过阴离子机理发生聚合。这些副反应

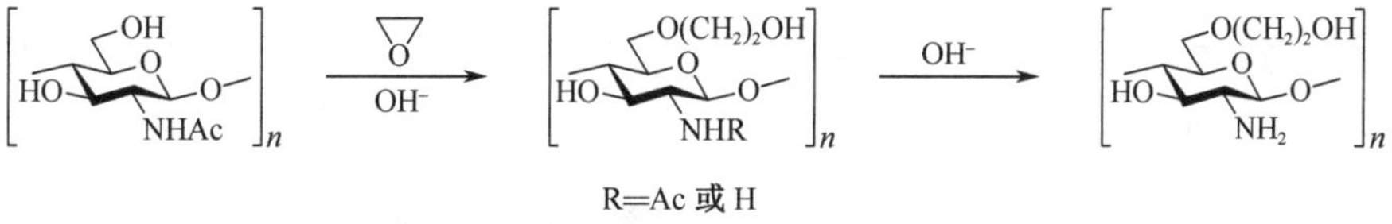

R=Ac 或 H

图 7-1　羟乙基甲壳素合成路线

会导致结构不明确衍生物的生成。羟乙基甲壳素的脱乙酰化反应生成了 *O*-羟乙基壳聚糖。

将 5 g 甲壳素粉末分散于 100 mL 质量分数 42% 的 NaOH 水溶液中，减压 4h 后过滤，滤饼用 NaOH 水溶液洗净，加入碎冰搅拌 30 min，然后用 NaOH 水溶液稀释成质量分数为 14% 的溶液，冰浴下滴加一定量的氯乙醇，移去冰浴，搅拌过夜。用 HCl 中和后过滤，滤液用丙酮沉淀。沉淀用 80% 乙醇脱盐，以 AgNO₃ 溶液检查至无白色沉淀生成，40℃ 真空干燥可得羟乙基甲壳素[5,9,10]。将得到的羟乙基甲壳素溶于 200 mL 去离子水，过滤除去不溶物，再用丙酮沉淀，干燥，可得到提纯产物。

红外光谱结果表明：经过羟乙基改性后，3500 cm⁻¹ 伯胺基伸缩振动小肩峰消失，与缔合羟基吸收带部分重合，证明部分游离氨基反应，3420 cm⁻¹ 处羟基吸收带加强，出现羟基缔合的宽吸收带。元素分析的结果表明：取代度随氯乙醇用量的增加而增加，基本上呈线性关系（图 7-2）。当取代度大于 1.619 时，产物有较好的水溶性[11]。

不同质量分数的羟乙基甲壳素水溶液的表观黏度见图 7-3，发现溶液的黏度在质量分数小于 2.0% 时，黏度随质量分数的增加而缓慢增大，当质量分数高于 2.0% 时，黏度急剧增大。羟乙基甲壳素溶液的流变学性质研究结果表明：在实验范围内，羟乙基甲壳素水溶液属于假塑性流体，其稠度因数为 0.252～24.830，非牛顿指数为 0.803～0.978。随着质量分数的增大，稠度因数增大，非牛顿指数减小。溶液的质量分数越大，黏流活化能越小。不同 pH 的溶液都具有正触变性。加入 NaCl、AlCl₃、Na₂CO₃ 和 Na₃PO₄ 等电解质溶液，同样表现为正触变性。加入柠檬酸等有机物和表面活性剂的溶液也均为正触变性。

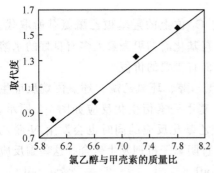

图 7-2　氯乙醇的加入量与羟乙基甲壳素
取代度的关系

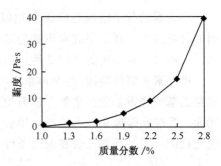

图 7-3　羟乙基甲壳素水溶液的表观黏度
与质量分数的关系（25℃）

将甲壳素粉末加入一定浓度的 NaOH 溶液中，在室温下使其充分溶胀，然后在 -18℃ 的冰柜中放置过夜。将解冻后的甲壳素装入三口瓶中，加入异丙醇，在搅拌下于40℃保持1 h，然后加入过量环氧丙烷，在回流状态下反应至所需时间后冷却，倾去溶剂，加少量蒸馏水后用1∶1HCl中和至pH＝7，然后倒入丙酮中使之沉淀，过滤，用85％乙醇多次洗涤，再用无水乙醇洗涤后，真空干燥，得到白色或微黄色粉末状固体羟丙基甲壳素[12]。

通常在纤维素碱化时，碱的浓度用量为20％左右，而甲壳素分子间的氢键作用比纤维素更强，因而甲壳素的碱化浓度也应更大一些。在相同的反应条件下，随着甲壳素与NaOH质量比的增大，产物的水溶性逐渐增大。这是因为碱的浓度越大，甲壳素的膨化效果越好，其活化反应点越多，反应较易进行，因而所得产物的均一性较好。但是在醚化反应中，并非NaOH的量越多越好，这是因为随着NaOH量的增加，其脱乙酰化也越来越严重。脱乙酰化度越大，水溶液的黏度下降得越快。

在室温下碱化后的甲壳素，醚化反应后几乎不溶于水。而于室温溶胀后，进行低温处理，产物有较好的水溶性。这可能是因为渗入甲壳素分子内部的水结冰，使分子内部体积胀大，破坏了甲壳素的结晶性，因而反应效果较好。反应温度对醚化反应亦有较大影响。随反应温度的升高，产物的质量先是增加后又略为降低，这说明反应温度升高，产物的取代度增大。但是，随着温度的升高，产物的脱乙酰度亦增大，产物的特性黏度$[\eta]$下降较快。改变异丙醇的加入量，发现随异丙醇量的增加，取代度也增大。但当甲壳素与异丙醇的质量比为1∶6以下时，反应无法进行，这主要是介质液比不足的缘故，影响了反应原料的均匀混合程度。

综上所述，甲壳素与NaOH的质量比为1∶2以上时，才能满足碱性条件下的反应。在相同的反应条件下，产物的水溶性与产物的脱乙酰度和取代度有关。要获得有较好水溶性、成膜性的产物，反应条件一般为甲壳素与NaOH质量比为1∶2.5，反应时间3 h，反应温度40℃，异丙醇与甲壳素的质量比8∶1时为最佳。将以上条件下反应所得产物，溶于水配成2％的胶液，过滤，静置脱泡，在不粘纸上成膜，干燥后有良好的机械强度和透气性，可望在食品保鲜和医用膜方面得到应用。同时由于所得产物极强的吸湿性和形成水凝胶的保湿性，也可望在化妆品方面得以应用。

图7-4是甲壳素和不同反应温度下制备的羟丙基甲壳素的IR谱图。由图可见，甲壳素羟丙基化后，位于1160~1030 cm^{-1}范围内的伯、仲醇吸收带有不同程度的减弱或消失，于3490 cm^{-1}处出现较强的—OH吸收带，于1430 cm^{-1}处出现次甲基振动吸收带，而位于1200~1000 cm^{-1}处的强宽吸收带是由C—O—C醚键不对称伸缩振动和—OH伸缩振动吸收带相叠加的结果。反应前后，—CONH—基团的N—H弯曲振动吸收带1660 cm^{-1}（I）、1560 cm^{-1}（II）和1310 cm^{-1}（III）及C—N在1370 cm^{-1}处的吸收带几乎没有变化，说明反应没

有发生在—NH$_2$上。随着反应温度的升高，产物脱乙酰度不断增大，其 1660 cm^{-1}处吸收带的相对强度不断减弱。在每个甲壳素重复单元上有两个羟基，反应时位于同一环内不同位置的两个羟基均有取代的可能性。但 C$_6$ 位伯羟基反应活性比 C$_3$ 位仲羟基强，在该反应条件下，取代反应主要发生在 C$_6$ 上。

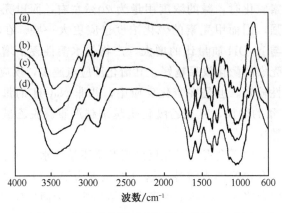

图 7-4　甲壳素和羟丙基化甲壳素的 IR 谱图
(a) 甲壳素；(b) 20℃；(c) 40℃；(d) 60℃

　　值得指出的是，甲壳素在自然界中有 α、β、γ 三种构型，不同构型的甲壳素其反应活性不同。以虾类甲壳素为原料，在较温和的条件下可制得发生在 C$_6$ 位上的低脱乙酰度、较低取代度及水溶性的羟丙基甲壳素。甲壳素和环氧丙烷在冰浴条件下反应 2 h 可得羟丙基甲壳素[13]。

7.2.2　甲壳素糖类衍生物

　　由于甲壳素糖类衍生物具有药理学活性，因而甲壳素的糖基化反应也十分有趣。当三甲基硅烷甲壳素在 1，2-二氯乙烷中以 10-樟脑磺酸作催化剂和唑啉反应时可制得甲壳素糖类衍生物。在温和的反应条件下，将 O-乙酰基保护基团除去可得甲壳素糖类衍生物[14]（图 7-5）。该反应过程不包含激烈的反应，可以制备预想的甲壳素糖类衍生物。由于该方法简单且产率较高，所以是制备甲壳素糖类衍生物较理想的方法[15]。

　　在甲壳素或壳聚糖的 C$_6$ 位上可选择性的引入 N-乙酰基-D-氨基葡萄糖和 D-氨基葡萄糖。研究结果表明：N-邻苯二甲酰壳聚糖可以作为控制改性反应的关键步骤，3-O-乙酰基-2-N-邻苯二甲酰壳聚糖和 3-O-乙酰基-2-N-邻苯二甲酰基-6-O-三甲硅烷壳聚糖可以作为氨基葡萄糖糖基化反应合适的受体。如图 7-6 所示，由甲壳素（1）先制备成壳聚糖（2），由（2）制备 N-邻苯二甲酰壳聚糖（3），

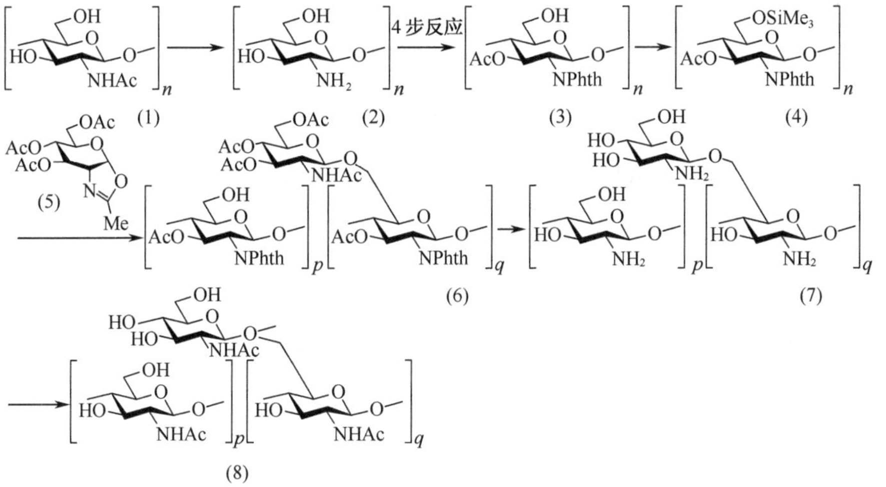

图 7-5　甲壳素的糖基化反应

再由（3）可制得 3-O-乙酰基-2-N-邻苯二甲酰壳聚糖（6）。为了提高其溶解性，将三甲硅烷基团引入 C_6 位置，从而可得到完全取代的 3-O-乙酰基-2-N-邻苯二甲酰基-6-O-三甲硅烷壳聚糖（7）[16]。所有的上述反应都可以在溶液中平稳的进行。

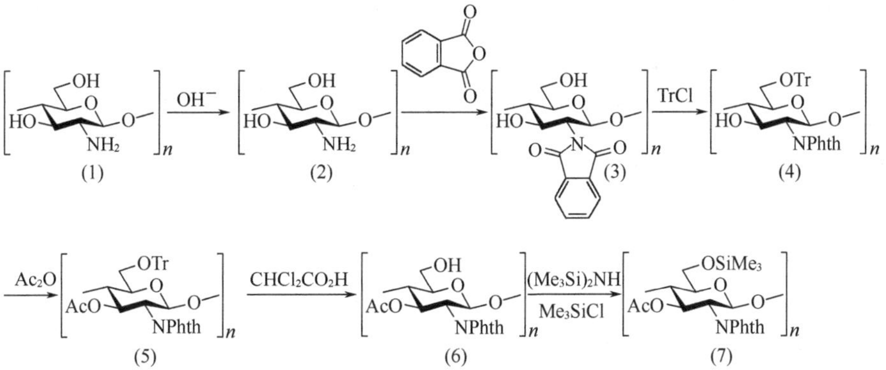

图 7-6　3-O-乙酰基-2-N-邻苯二甲酰-6-O-三甲硅烷壳聚糖合成路线

在 1,2-二氯乙烷中，以 10-樟脑磺酸作催化剂，3-O-乙酰基-2-N-邻苯二甲酰基-6-O-三甲硅烷壳聚糖（7）可以通过糖基化反应，选择性的在其 C_6 位上引入 N-乙酰基-D-氨基葡萄糖。在 NaOH 和水合肼水溶液中分别除去产物（9）的乙酰基和邻苯二甲酰基团，制得氨基葡萄糖壳聚糖衍生物（10）。然而，该反应过程通常会导致主分子链的部分降解，从而使产物的产率很低。在 80℃下，采用水合肼选择性的对产物（9）进行一步脱保护可制得高产率（80%～95%）的相应产物（10）。在甲醇中采用乙酸酐向产物（10）的自由氨基上引入乙酰基，从而制得产率为（85%～90%）的氨基葡萄糖甲壳素衍生物（11）（图 7-7）[17]。

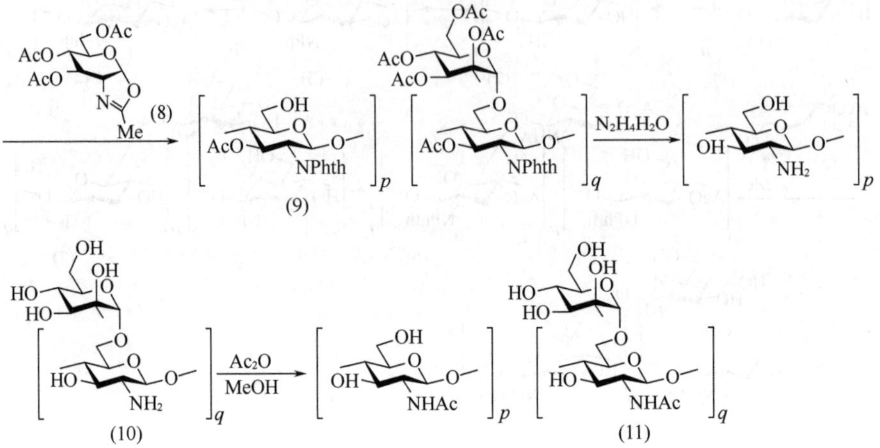

图 7-7　6-O-乙酰基-D-氨基葡萄糖甲壳素

在 60℃时，尽管糖基化反应是在均相反应溶液中进行，但还是很缓慢。在 80℃下进行反应时有利于生成树枝状衍生物（9）。由 ^{1}H NMR 核磁谱图中的乙酰基/邻苯二甲酰基的峰面积比可以计算出产物的取代度（见表 7-1）。由表可以看出，随着唑啉量的增加，产物的取代度逐渐增大，当唑啉的加入量达到 5 当量时，产物的取代度可达 0.6。

表 7-1　反应条件对树枝状产物（9）取代度的影响关系

乙酰基/邻苯二甲酰基 *	温度/℃	时间/h	（9）** 的取代度	
			由（7）制备	由（6）制备
3	60	24	0.06	0.03
1	80	24	0.21	0.13（9a）***
2	80	24		0.33（9b）***
3	80	24	0.31	0.37
3	80	48	0.40	0.45（9c）***
3	80	72		0.42
5	80	24	0.61	0.56
5	80	48		0.60
10	80	24		0.60
10	80	60		0.63（9d）***

* 物质的量比；

** 由 ^{1}H NMR 核磁谱图中的乙酰基/邻苯二甲酰基的峰面积比计算的产物取代度（DMSO-d$_6$）；

*** 后续反应生成的产物。

　　研究结果表明，衍生物（6）的 C_6 位羟基上也发生了糖基化反应。虽然衍生物（6）可以溶于有机溶剂，但衍生物（6）在 N,N-二甲基甲酰胺中不发生取代反应[18]。将溶剂改为 1,2-二氯乙烷，在反应初期衍生物（6）不溶，发生的是非均相反应，但随着糖基化反应的进行，反应混合物变为均相溶液。结果表明，无论衍生物（6）还是（7）都可以制得目标产物，所以进行该糖基化反应时衍生物（6）也可不进行三甲基硅烷化反应。

　　从表 7-1 可以看出，在适当反应条件下，产物（9）的取代度可达 0.63，而且随着唑啉加入量的增加，产物（9）的取代度逐渐增加。反应时间对取代度的影响结果表明，48 h 是比较合适的反应时间，其产物（9）的产率在 75%～90%。产物（9）的红外谱图在 1745 cm^{-1} 出现 O-乙酰基团的强吸收带，表明乙酰化氨基葡萄糖的存在。^{1}H NMR（DMSO-d_6）和 ^{13}C NMR 谱图（图 7-8）也证明了产物（9）的结构。

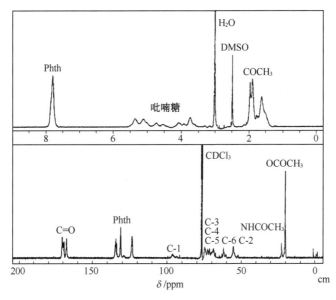

图 7-8　　（9）c 的 ^{1}H NMR（DMSO-d_6）和 ^{13}C NMR（CDCl$_3$）谱图

　　表 7-2 列出了甲壳素、壳聚糖和糖基化产物（9）、（10）、（11）溶解性的实验结果。可以看出，相对于甲壳素和壳聚糖，衍生物对溶剂表现出明显的亲和性。产物（9）甚至可以溶于低沸点有机溶剂中。当取代度大于 0.3 时，产物（10）和（11）都可溶于水，而在普通溶剂中高度膨胀。该结果表明，糖树枝状基团的引入可以明显改善产物的溶解性。研究结果还表明，甲壳素和壳聚糖的糖基化衍生物具有很高的吸湿保湿性，甲壳素糖基化衍生物可以被溶解酵素降解，而且随着糖基化反应取代度的增加，降解速率降低。

表 7-2　甲壳素、壳聚糖和糖基化产物 (9)、(10)、(11) 的溶解性

	1	2	9	10a	10b	10d	11a	11b	11d
DMF*	−	−	++	±	±	±	±	±	±
CH$_2$Cl$_2$	−	−	++	±	±	±	±	±	±
MeOH	−	−		±	±	±	±	±	±
H$_2$O	−	−	−	+	++	++	+	++	++
5%AcOH	−	++	−	++	++	++	++	++	++

* ++, 溶解；+, 部分溶解；±, 膨胀；−, 不溶。

7.3　羟基化壳聚糖衍生物

7.3.1　羟乙基壳聚糖

用氯乙醇与壳聚糖反应可以得到羟乙基壳聚糖[9]。用 2-氯乙醇或环氧乙烷与壳聚糖反应制备羟乙基壳聚糖的合成路线如图 7-9 所示。

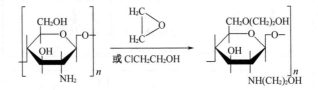

图 7-9　羟乙基壳聚糖的合成路线

在相同的反应条件下，分别以乙醇、异丙醇、丙酮、二甲亚砜和 N,N-二甲基乙酰胺为反应介质，产物的质量、脱乙酰度、特性黏度及取代度都有较大差别，其结果如表 7-3 所示[19]。由表可见，丙酮作反应介质时，产物增量最少，而用二甲基乙酰胺作反应介质时，产物增量最多。但是，用二甲基乙酰胺作反应介质时，其产物溶解于介质中，形成黏度很大的胶状物质，不易分离、干燥，因

表 7-3　不同反应介质中制备羟乙基壳聚糖的理化性能

反应介质	壳聚糖/g	产物质量/g	脱乙酰度/%	特性黏度	取代度
乙醇	1	1.25	23.50	553	0.70
异丙醇	1	1.35	10.20	435	0.87
丙酮	1	1.20	38.80	262	0.50
二甲亚砜	1	1.30	27.40	450	0.64
二甲基乙酰胺	1	1.50	46.10	162	0.40

而在最终干燥的产物中包裹着一定的杂质（如 NaCl 等），产物黏度的减小就充分说明了这一点。综合特性黏度和取代度等指标，用异丙醇作反应介质时，其反应结果较好。

在碱性条件下，壳聚糖和环氧乙烷反应也可得到羟乙基壳聚糖[20]，其产物具有水溶性，但由于反应是在碱性体系中进行的，同时也伴随着壳聚糖进一步脱乙酰化反应的发生。此外，环氧乙烷在 OH⁻ 作用下会发生聚合反应，因而在某些反应条件下得到的衍生物结构具有不确定性。

壳聚糖具有氨基和羟基两类活性基团，在不同条件下均可与环氧乙烷发生反应。羟乙基壳聚糖[1]H NMR 谱图中，在低场 $3.9 \sim 4.0$ ppm 处出现 CH_2 质子峰的核磁共振位移[21,22]，表明壳聚糖中已经引入了羟乙基基团。同时 IR 谱图（图 7-10）中，1031 cm⁻¹ 处的吸收带发生位移且变得尖锐，说明在该反应条件下壳聚糖羟基改性发生在 C_6—OH 上。羟乙基改性后壳聚糖的结晶性大大降低，表明氢键对其堆积结构影响大大减小了，有助于增强壳聚糖在水中的溶解性。

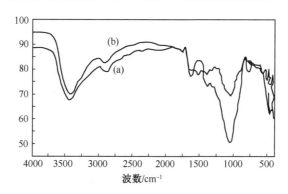

图 7-10　（a）壳聚糖和（b）羟乙基壳聚糖的 IR 谱图

7.3.2　羟丙基壳聚糖

在壳聚糖、NaOH 和异丙醇重量比为 1∶1∶16，反应温度 30℃，反应时间 4 h 时，用环氧丙烷与壳聚糖进行反应，其产物有良好的水溶性[23,24]。用环氧丙烷与壳聚糖反应制备羟丙基壳聚糖的合成路线如图 7-11 所示。

壳聚糖分子中有—NH_2 和—OH 反应基团，在酸性条件下，—NH_2 反应活性较高。在碱性介质中 C_6—OH 反应活性较高[25]，壳聚糖在碱化预处理时，破坏了壳聚糖的结晶区，使壳聚糖充分膨胀。在羟丙基化反应阶段，活性中心与反应物环氧丙烷接触，发生亲核取代反应，生成羟丙基壳聚糖[26]。

在羟丙基壳聚糖制备中，随着反应温度的升高，取代度先增大后减小，60℃

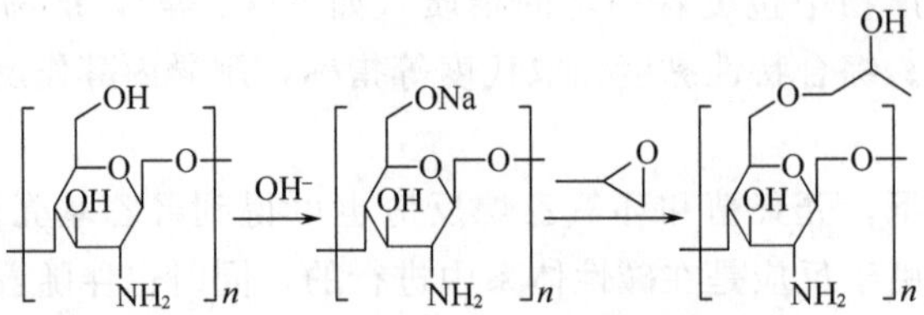

图 7-11　羟丙基壳聚糖的合成路线

时产物的取代度最大。壳聚糖与环氧丙烷的反应是非均相反应，反应初期是环氧丙烷的扩散、渗透、碱化及混合均匀阶段，接着环氧丙烷与壳聚糖上的活泼反应基团进行反应。随着时间的延长，反应将由表及里地进行，环氧丙烷将通过水的作用，扩散到各反应活性基团间与其发生反应，提高产物的取代度。但是该反应在浓碱中进行，壳聚糖会发生降解，所以反应时间也不宜过长。环氧丙烷量越大，产物的取代度也随之增大。

　　壳聚糖含有较强的氢键，致密的晶型结构使反应物难以渗透其中参与反应，需对壳聚糖进行预溶胀处理（碱化处理），生成的碱化壳聚糖具有很强的化学反应能力。壳聚糖经过碱的膨化作用发生预溶胀，有利于反应试剂向壳聚糖内的扩散，使环氧丙烷能与碱化壳聚糖发生充分反应。另外，碱还是催化剂，会催化开环反应。随着 NaOH 用量的增大，产物的取代度先增大后减小。在其他条件相同情况下，NaOH 用量为 33% 时，产物的取代度达到最大值 0.79。

　　制备水溶性的壳聚糖衍生物除需要冷冻碱化外[9,20,27]，异丙醇的加入顺序也影响产物的取代度和溶解性能。碱化前加入异丙醇，产物的取代度要明显高于碱化后加入异丙醇。异丙醇对壳聚糖具有一定的溶胀作用，碱化时可确保碱液能够均匀地渗透分散，能将碱化过程中放出的热量传递出来，减少了碱化壳聚糖的水解逆反应。同时，异丙醇的存在还可提高反应活性和反应的均匀性，从而得到取代度较高、更加均匀的碱化壳聚糖[28]。

　　壳聚糖与环氧丙烷的反应是非均相反应，适当加入相转移催化剂，可在一定程度上增加环氧丙烷与壳聚糖的接触机会，提高环氧丙烷的利用率，有利于反应的进行。

　　图 7-12 为壳聚糖和羟丙基壳聚糖的 IR 谱图，两者均在 3440 cm^{-1} 处存在强的—OH 和 N—H 叠加的伸缩振动吸收带，1650 cm^{-1} 和 1595 cm^{-1} 处的 N—H 变形振动吸收带几乎没有发生变化。而在羟丙基壳聚糖的谱图上，2970 cm^{-1} 和 1460 cm^{-1} 处出现了极为明显的新的吸收带，这两处分别是—CH_3 的伸缩振动和不对称形变振动吸收带，由此可说明在壳聚糖上引入了羟丙基基团。同时，位于 1000～1200 cm^{-1} 范围内的吸收带有不同程度的减弱或消失。因为反应产物上有新的 C—O 键和 C—O—C 键的形成，原仲—OH 的 C—O 吸收带发生位移至

1070 cm^{-1}处，合并成一个谱带，且明显增强。1030 cm^{-1}处原 C$_6$—OH 的伯—OH吸收带明显减弱，说明羟丙基化主要发生在 C$_6$—OH 上。

由于在壳聚糖分子上引入了亲水性基团羟丙基，使得分子排列的规整性被破坏，大大削弱了分子间作用力，羟丙基壳聚糖较壳聚糖的结晶性明显降低，从而使羟丙基壳聚糖的溶解性能得到明显的改善。取代度越大，引入的羟丙基越多，溶解性也就越好。当 DS≥0.40 时，产物即可完全溶于水中。

在羟丙基壳聚糖的^{1}H NMR 谱图上（图 7-13），在 1.0 ppm 处出现明显的—CH$_3$质子峰的化学位移，表明壳聚糖上引入了羟丙基基团；而在 2.8 ppm 处的—NH$_2$质子峰几乎没有什么变化。由此可见，羟丙基的取代反应主要是在羟基上发生的，且在 C$_6$—OH 上取代。因为 C$_6$—OH 与相邻重复单元间没有分子内的氢键作用，也没有相邻氨基的空间位阻，所以其反应活性要大于 C$_3$—OH。

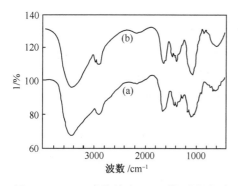 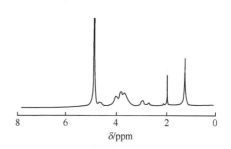

图 7-12　（a）壳聚糖和（b）羟丙基壳聚　　　图 7-13　羟丙基壳聚糖的^{1}H NMR 谱图
　　　　　糖的 IR 谱图

改性后的羟丙基壳聚糖在 10°左右的衍射峰明显减弱几乎消失，20°左右的衍射峰变宽且强度也明显减弱，说明非晶漫散射峰较弱，样品结晶度显著下降。壳聚糖经羟丙基化改性后，结晶度遭到一定程度的破坏，结构中具有较多的无定形区，从而使得所制备的改性产物水溶性得到改善。

不同相对分子质量的壳聚糖在 pH＝6～6.5 之间时，透光率急剧下降，说明在某一 pH 后有大量的壳聚糖因为不溶解而析出；而羟丙基壳聚糖在 pH＝1～13 的范围内透光率始终保持较高的值，处于平稳的状态。壳聚糖分子的 pKa＝6.2[29]，当 pH＞6.2 时，—NH$_3^+$电离出 H$^+$，壳聚糖析出；而羟丙基基团的引入，有可能使得羟丙基壳聚糖上的—NH$_3^+$的 pKa 值增大，从而可使其在较宽的pH 范围内成盐溶解。

不同取代度的羟丙基壳聚糖，在 pH＝1～13 的范围表现出不同的溶解性。随着取代度的增加，羟丙基壳聚糖的溶解性增加。当 DS≥0.34 时，羟丙基壳聚糖在 pH＝1～13 范围内均显示出较好的溶解性能。在实验中还发现，将羟丙基壳聚糖直接溶于水中，与用 HCl 和 NaOH 调节溶液的 pH 表现出不同的溶解状态。当将产物直接溶于水时，必须达到一定的取代度（DS≥0.4）才能完全溶于水中，而通过调节溶液的 pH，只要 DS≥0.34 就能在 pH＝1～13 范围显示出良好的溶解性。因为前者的溶解与羟丙基的水化作用有关，而后者则是先以高分子盐的形式，即离子状态溶解。随着溶液 pH 的升高，虽然酸性减弱，溶液中的 H^+ 浓度减少，但是已经溶解的物质由于羟丙基的空间位阻作用，使得溶解的分子相互之间不易再聚集在一起，具有更好的溶解性。

7.3.3　其他羟基壳聚糖衍生物

7.3.3.1　多羟基壳聚糖衍生物

用 3-氯-1,2-丙二醇与壳聚糖进行反应，可制备丙三醇壳聚糖[30]。在制备丙三醇壳聚糖的过程中，NaOH 的量直接影响着产物的性质。NaOH 用量太小，不能满足反应的要求；太大则导致严重的降解反应。所以，要把 NaOH 的用量控制在适量水平，才能制备出在有机溶剂或水中易溶、黏度又高的产物。

不同反应条件下制备的丙三醇壳聚糖，其性质有一定差异。反应温度越高，其反应速度越快，但温度的升高亦伴随着黏度的下降，说明主链有断裂现象。因此，要制备较高黏度的产物，在低温下反应较为适宜。反应时间越长，其产物的取代度也越大，说明反应越充分。但在其他条件不变时，反应时间超过 4 h 后，取代度的增加趋于缓慢。为此，在该反应条件下以 6 h 为宜。

壳聚糖的重复单元中有一个—NH_2 和两个—OH，都可以发生取代反应，由脱乙酰度的测定结果，结合红外光谱图，表明取代反应主要发生在—NH_2 活性基团上，产物是 N-取代为主的丙三醇壳聚糖。壳聚糖可发生多种取代反应，但不同的取代基所得产物有不同的性质。在同样条件下制备的丙三醇壳聚糖在水中的溶解性就不如羟丙基壳聚糖好。

图 7-14 给出了壳聚糖与丙三醇壳聚糖的 IR 光谱。由图可见，改性后的壳聚糖在 $3440cm^{-1}$ 处出现了非常强的—OH 吸收带，$2880\ cm^{-1}$ 处的吸收带强度明显增强，这说明在壳聚糖的重复单元上引入了次甲基。在 $1160～1030\ cm^{-1}$ 范围内，改性后产物的吸收带变尖，说明 C_6 位上发生了取代反应。同时改性后的产物 N—H 弯曲振动峰 $1660\ cm^{-1}$、$1560\ cm^{-1}$ 和 $1310cm^{-1}$ 也有较大变化，说明在—NH_2 基团上也发生了取代反应。

合适的环氧化合物均可与壳聚糖反应生成水溶性的壳聚糖。反应为亲核取代机制，C_2 位的氨基是主要的亲核剂，羟基在某种程度上也参与亲核取代反应。在碱性条件下，用缩水甘油与壳聚糖可进行羟基化反应[31]，通过一步反应就可

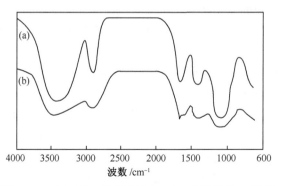

图 7-14　（a）丙三醇壳聚糖和（b）壳聚糖的 IR 谱图

在壳聚糖的分子中引入两个羟基，其反应过程如图 7-15 所示。

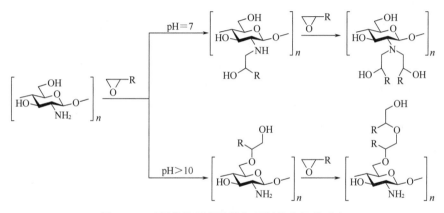

图 7-15　不同条件下壳聚糖与环氧化合物的反应

7.3.3.2　双取代羟基壳聚糖衍生物

在微波作用下，以片状壳聚糖为原料，先和氯乙醇反应制成羟乙基壳聚糖，再以氯磺酸-甲酰胺为磺化试剂，在适当条件下进行磺化，可获得水溶性良好的磺化羟乙基壳聚糖[32]。为降低能源消耗，缩短反应时间，可采用微波辐射的方法对壳聚糖进行羟乙基化。当微波辐射功率为 528 W 时，反应容易控制，壳聚糖不会焦化或碳化，且反应速度较快，能耗较低。然而，在对羟乙基壳聚糖进行磺化反应时，如果采用 528 W 则反应较为剧烈，短时间内即有大量的白色烟雾产生。由于磺化试剂的强氧化性，最后产物的颜色较深，甚至于发黑。所以，微波功率为 136 W 较好。

增大原料氯磺酸的用量，无疑使整个反应向着有利于生成物的方向进行，磺化壳聚糖的硫含量增加，产物的溶解性能也有所增强，但氯磺酸的用量也不能过大，因为它具有很强的氧化性，易使反应物发生氧化等副反应。为减少产品后处理时间，在硫含量达到肝素硫含量的情况下，应尽量减少氯磺酸的用量。在上述条件下，选适宜的氯磺酸用量为 2.5 mL/g 壳聚糖。

磺化羟乙基壳聚糖在 3450 cm^{-1} 处有强吸收，显示了—OH 中的 O—H 和—NH$_2$ 中的 N—H 的伸缩振动；1250 cm^{-1} 处有强吸收，证明有—OSO$_3$—基团的 S＝O 键伸缩振动；在 800 cm^{-1} 处有强吸收，显示有 C—O—S 键的伸缩振动。而壳聚糖和羟乙基壳聚糖在 1250 cm^{-1} 和 800 cm^{-1} 则均无此特征吸收带。经比较发现，这与文献中肝素在吸收波形、波数、吸收带强度、峰宽等指标上均十分相近[27]，且此反应产物与甲苯胺蓝反应呈紫色，并有沉淀形成，这与肝素的性质一致，是类肝素物质的一个特征反应。

以片状壳聚糖为原料，先制成羟丙基壳聚糖凝胶，然后以氯磺酸-甲酰胺为磺化试剂，在适当条件下进行磺化，可得到磺化羟丙基壳聚糖凝胶，硫含量为9.42%[33]。在壳聚糖羟丙基改性后再磺化的反应中，氯磺酸用量对产物硫含量影响最大，反应温度的影响次之，而反应时间的影响则很小[34]。称取 4 种不同相对分子质量的壳聚糖各 25.0 g，装入带搅拌、滴液漏斗及回流装置的反应器中，加入适量异丙醇介质和质量分数为 20% 的 NaOH 溶液，搅拌下滴加 174.3 g环氧丙烷，室温反应 1 h，再升温至 45 ℃回流反应 8 h。减压除去未反应的环氧丙烷后，向反应体系中继续滴入 38.0 g 十二烷基缩水甘油醚，50℃下恒温反应24 h。冷却后用 V（浓盐酸）：V（水）＝1∶1 的溶液中和至中性。用有机溶剂将产物沉出，溶于去离子水中，滤去不溶物并透析脱除小分子物质。此后将溶液浓缩，沉淀出目的产物于 60℃ 以下真空干燥，可制得不同相对分子质量的（2-羟基-3-十二烷氧基）丙基-羟丙基壳聚糖[35]。在 0.2～10.0 g/L 质量浓度范围内测定其泡沫性能和乳化性能。结果表明，相对分子质量越高，达到最大起泡能力所需的溶液浓度越小，其乳化能力也越强；其最大起泡能力和乳化层的稳定性却随相对分子质量的增大而下降[36]。不同相对分子质量的（2-羟基-3-十二烷氧基）丙基-羟丙基壳聚糖均具有良好的水溶性和表面活性，且其表面活性随相对分子质量的改变而呈规律性变化。在实验范围内，（2-羟基-3-十二烷氧基）丙基-羟丙基壳聚糖水溶液的最低表面张力随其相对分子质量的降低而减小[37]。

此外，将壳聚糖进行羟丙基及（2-羟基-3-丁氧基）丙基改性，可得到水溶性的两亲性化合物（2-羟基-3-丁氧基）丙基-羟丙基壳聚糖[38]。实验表明，产物具有良好的表面活性，可以作为具有独特性能的高分子表面活性剂使用[39]。

在碱性条件下，先用壳聚糖与氯乙醇反应制备羟乙基壳聚糖，然后再与氯乙胺盐酸盐反应，可制备乙胺羟乙基壳聚糖，合成路线见图 7-16[1]。选择反应时间、反应温度和羟乙基壳聚糖与氯乙胺盐酸盐的物质的量比，考察反应条件对取代产物的影响，发现乙胺羟乙基壳聚糖的最佳制备条件是：温度 70～80℃，反应时间 12 h，羟乙基壳聚糖与氯乙胺盐酸盐的物质的量比 2 : 1。

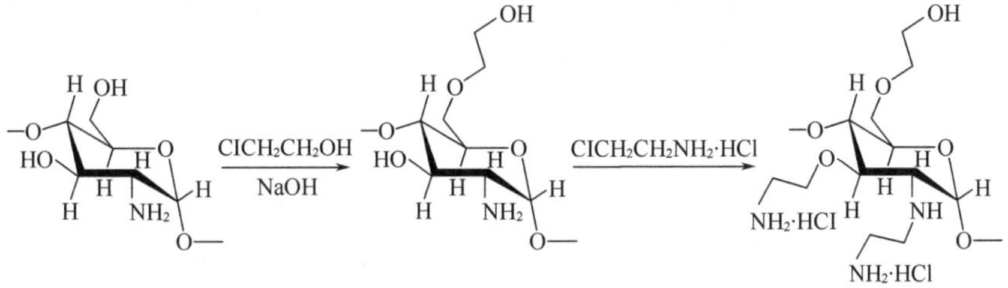

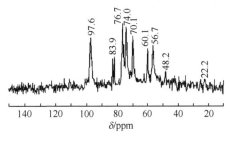

图 7-16　乙胺羟乙基壳聚糖的合成路线

与壳聚糖相比，在羟乙基壳聚糖的红外谱图中，1031 cm^{-1} 处 C$_6$ 上的—CO(H) 的伸缩振动吸收带发生位移且变窄，在 1650 cm^{-1} 与 897 cm^{-1} 处出现了伯胺基吸收带，没有仲胺基的吸收带，说明反应发生在 C$_6$—OH 而不是 C$_3$—OH 或—NH$_2$ 上。由于引入—NH$_2$ 基团，乙胺羟乙基壳聚糖的红外谱图在 1618 cm^{-1} 处出现了—NH$_2$ 的变形振动吸收带；1448 cm^{-1} 和 1409 cm^{-1} 处的吸收带分别为—CH$_2$—NH—基团上的—CH$_2$—的变形和旋转振动吸收带。在进一步与氯乙胺盐酸盐反应后，在 1058 cm^{-1} 处羟基的吸收带消失，而在 1022 cm^{-1} 处的仲胺基特征伸缩振动吸收带存在，表明胺化反应发生在—NH$_2$ 基团上。由于引进大量的仲胺基团使氢键的影响作用加强，与壳聚糖相比，乙胺羟乙基壳聚糖的红外谱图在 867 cm^{-1} 处伸缩振动吸收带向低波数位移。图 7-17 给出了乙胺羟乙基壳聚糖的 ^{13}C NMR 谱图，在 97.6 ppm、56.7 ppm、70.1 ppm、76.7 ppm、74.0 ppm 和 60.1 ppm 处的信号分别为吡喃环 C-1、2、3、4、5 和 6 的吸收峰。在 83.9 ppm 处为—CH$_2$NH$_2$ 的吸收峰，在

图 7-17　乙胺羟乙基壳聚糖的 ^{13}C NMR 谱图

48.2 ppm 处为—CH$_2$—O—的吸收峰，而在 22.2 ppm 的吸收峰表明有少量的—CH$_3$ 基团存在。NMR 谱图进一步佐证了衍生化反应的发生。乙胺羟乙基壳聚糖具有很好的水溶性，与乙基壳聚糖相比，乙胺羟乙基壳聚糖有更好的水溶性。

7.4　壳聚糖糖类衍生物

7.4.1　单取代壳聚糖糖类衍生物

在还原剂氰硼酸钠（NaCNBH$_3$）的存在下，壳聚糖可与含有羰基的单糖、

二糖甚至多糖在—NH₂ 上发生支化反应，得到具有梳状或树枝支链的可溶于水的产物。壳聚糖与乳糖反应的反应式如图 7-18 所示[40~41]。如果糖苷配基中含有醛基，那么不用开环就可以接枝糖基[42]。

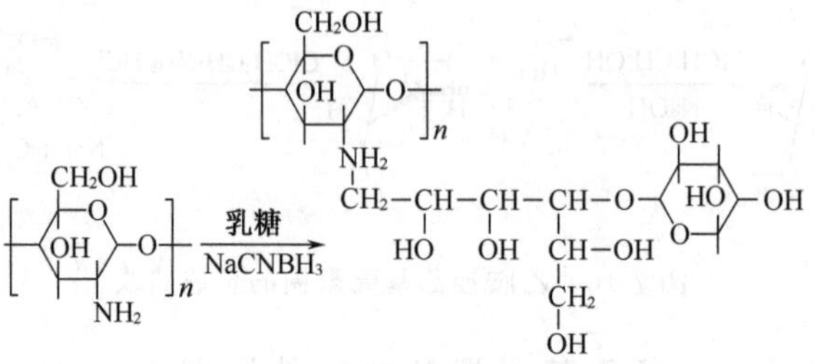

图 7-18　壳聚糖与乳糖的反应式

用乳糖酸和壳聚糖可制备半乳糖壳聚糖，也可以将多重半乳糖基和壳聚糖氨基共轭形成新型的壳聚糖衍生物，其合成示意图如图 7-19 所示[43]。多重半乳糖壳聚糖（Gal-m-CS）的具体制备过程是：将 1.5 g 壳聚糖溶于 100 mL 乙酸水溶液中体积分数 0.5%，室温搅拌 12 h，然后采用超声波除去壳聚糖乙酸溶液中的气泡。将合成的树枝状赖氨酸（B-Lys）和等物质的量的 EDC/NHS 反应 24 h 使 B-Lys 的羧酸基团活化。然后在 B-Lysₚ/EDC/NHS 溶液中加入等物质的量的壳聚糖，反应 24 h 后，通过氨基骨架的形成合成了壳聚糖和枝状赖氨酸的共轭产物（B-Lysₚ-CS）。采用酸处理使 B-Lysₚ-CS 的氨基脱保护得到含有活性氨基的壳聚糖枝状赖氨酸共轭产物（B-Lysₐ-CS），然后将乳酸（LA）加入 B-Lysₐ-CS/EDC/NHS 溶液中使 LA 的羧酸基团和 B-Lysₐ-CS 的氨基形成共价键。在室温下反应 24 h 即得多重半乳糖壳聚糖（Gal-m-CS）。

壳聚糖（CS）、半乳糖壳聚糖（Gal-CS）和多重半乳糖壳聚糖（Gal-m-CS）纳米粒子的 TEM 照片表明（图 7-20），3 种纳米粒子都呈球形。在观察期间，在水溶液中并没有发生聚集和沉淀现象，说明带正电荷的纳米粒子之间存在静电排斥。处理恶性肿瘤细胞的实验结果表明，相对于半乳糖壳聚糖纳米粒子，多重半乳糖壳聚糖纳米粒子对恶性肿瘤细胞有着更高的亲和力。因此，多重半乳糖壳聚糖纳米粒子可以作为新型半乳糖基载体用于肝脏特效药或基因的传送。

N-邻苯二甲酰壳聚糖是壳聚糖选择性的引入糖树枝支链物质很好的原料。生成的壳聚糖树枝支链衍生物具有很好的溶解性和独特的生物活性。因此，它们在医药、化妆品和食品等领域都有着潜在的应用前景[16]。壳聚糖 C₆ 位可以发生有效的糖基化反应，这种壳聚糖衍生物可由一系列的改性反应得到，其制备过程如图 7-21 所示。首先将完全脱乙酰化的壳聚糖（1）进行邻苯二甲酰化，得到 N-邻苯二甲酰壳聚糖（2）。在该过程中，除了氨基外，邻苯二甲酰化反应在某种程度上也会发生在壳聚糖的羟基上。然而在三苯甲基化反应中，O-邻苯二甲

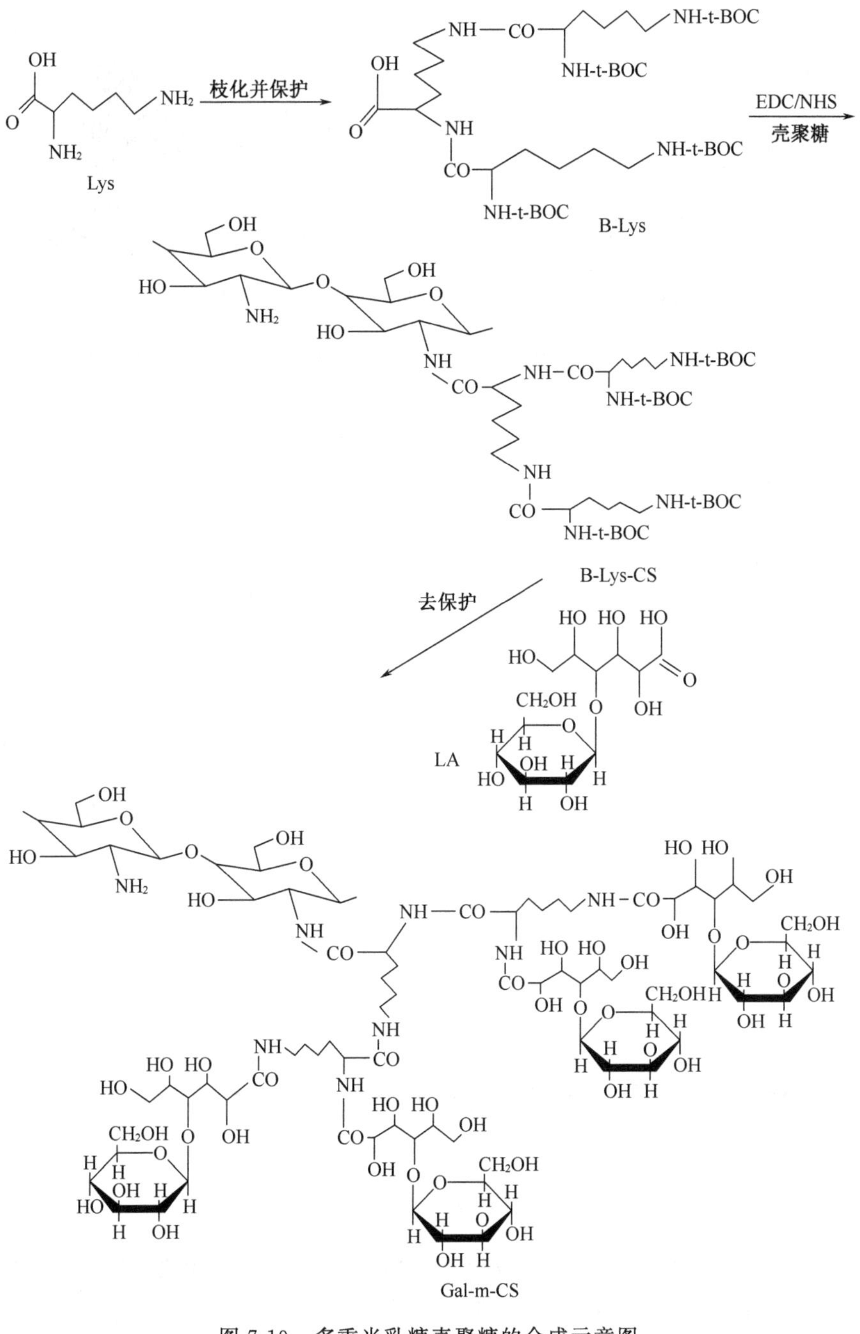

图 7-19　多重半乳糖壳聚糖的合成示意图

Lys，L-赖氨酸；B-Lys，树枝状赖氨酸；B-Lys-CS，壳聚糖和树枝状赖氨酸共轭物；LA，乳糖酸；Gal-m-CS，多重半乳糖壳聚糖；EDC，1-乙基-3-（3-二甲胺丙基）碳二亚胺；NHS，N-羟基琥珀酰胺

图 7-20　(a)壳聚糖、(b)半乳糖壳聚糖和(c)多重半乳糖壳聚糖纳米粒子的 TEM 照片

酰基团被三苯甲基取代，从而生成了 2-N-邻苯二甲酰-6-O-三苯甲基壳聚糖（**3**）。元素分析、红外和核磁谱图都证明了 O-邻苯二甲酰基团的消失。将（**3**）乙酰化并脱去三苯甲基可得 3-O-乙酰基-2-N-邻苯二甲酰壳聚糖（**5**）。

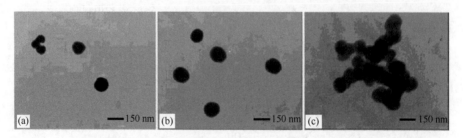

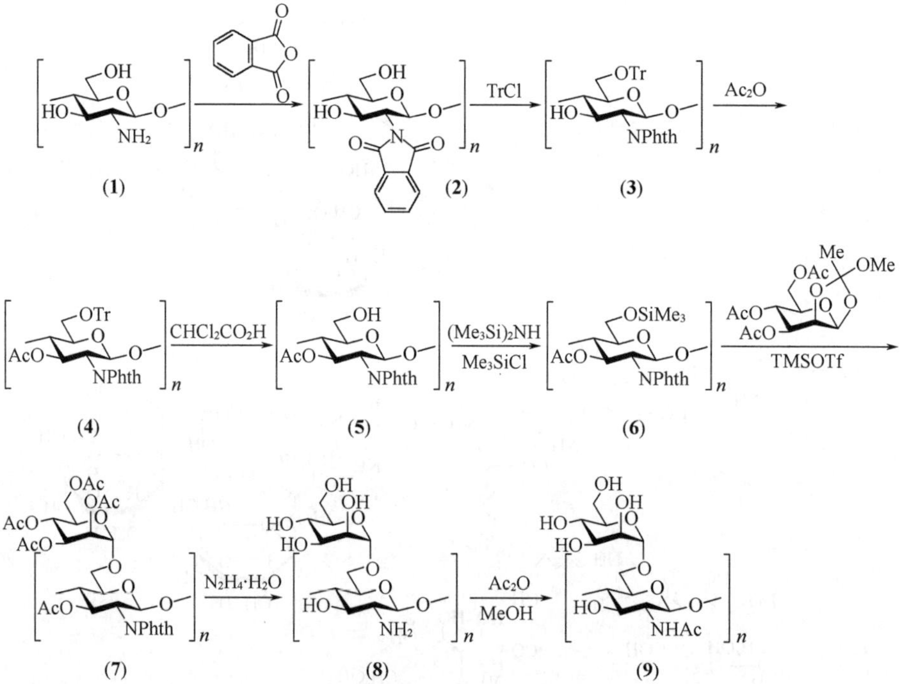

图 7-21　壳聚糖糖类衍生物合成路线

　　3-O-乙酰基-2-N-邻苯二甲酰壳聚糖（**5**）仅溶于极性有机溶剂，它可以在不同的反应条件下和甘露糖磺酸酯在嘧啶溶液中或氯苯悬浮液中发生反应。然而，它们之间的反应程度很低，混合物的颜色很深，表明随着温度的升高，3-O-乙酰基-2-N-邻苯二甲酰壳聚糖（**5**）或磺酸酯发生了分解。糖基化反应在无极性溶剂中可更加有效地进行。因此，将 3-O-乙酰基-2-N-邻苯二甲酰壳聚糖（**5**）转化为

三甲硅烷基衍生物（**6**）可提高其溶解性。红外谱图和元素分析表明，样品（**6**）发生了全取代。在三甲硅烷基衍生化反应后，样品（**5**）在 3450 cm^{-1} 处羟基的宽吸收带完全消失。样品（**6**）可以溶于低沸点溶剂如二氯甲烷、氯仿、1,2-二氯乙烷和 DMF 中。样品（**6**）和原酸酯（ortho ester）在二氯甲烷中，以三氟甲烷磺酸酯作催化剂，在室温下可以进行很平稳的反应。由甲醇可分离出淡褐色粉末树枝支链产物（**7**）。

随着原酸酯量的增加，取代度逐渐增大。当原酸酯的量为 10 当量时，样品（**7**）的取代度可达 0.59。继续延长反应时间到 72 h，样品的取代度不再增大。产率受反应条件的影响不大，一般都在 70%。在红外谱图中，随着乙酰甘露糖支链的引入，原酸酯在 1745 cm^{-1} 和 1230 cm^{-1} 处的酯基吸收峰增强。在 ^{1}H NMR 谱图中，1.5～2.1 ppm 观察到乙酰甲基的特征吸收带，3.2～5.5 ppm 为吡喃糖的特征吸收带，7.7～8.0 ppm 为邻苯二甲酰的特征吸收带。

树枝支链产物（**7**）脱保护生成样品（**8**）（R-甘露糖树枝支链壳聚糖）。在考察各种反应条件对脱保护反应的影响后，确认用水合肼可一步脱除乙酰基和邻苯二甲酰基团，经透析、冷冻干燥后可得到几乎无色的粉末产物（**8**）。在甲醇溶剂中，产物（**8**）和乙酸酐反应生成甲壳素的树枝支链状衍生物。然而在 ^{13}C NMR 谱图中（D_2O），在 19.6 ppm 处观察到了很小的吸收峰，这可能是由于 O-位的乙酰化度低的缘故。因此，将产物在甲醇中与甲醇盐发生酯交换反应。产物（**9**）的 ^{13}C NMR 谱图在 24.8 和 177.3 ppm 处出现了 N-乙酰基的吸收峰，在 57.6～103.9 ppm 处出现了甲壳素骨架上 C_1 和 C_6 的吸收峰以及甘露糖支链 $C_{1'}$ 和 $C_{6'}$ 的吸收峰。电导滴定法也确定了产物（**9**）中游离氨基的消失。产物（**8**）与（**9**）的红外谱图分别和壳聚糖与甲壳素的 IR 图类似，然而由于甘露糖树枝支链的引入，吡喃糖环在 1000～1150 cm^{-1} 处的吸收峰变得明显。

脱保护产物（**7**）表现出良好的溶解性，除了极性溶剂外还可以溶于低沸点有机溶剂中。脱保护衍生物（**8**）和（**9**）可溶于水溶液中，这和甲壳素与壳聚糖的不溶解形成了鲜明的对比。化合物（**8**）和（**9**）也对有机溶剂表现出很高的亲和力，甚至可以在相当普通的溶剂中发生溶胀。此外，由于 R-甘露糖基团的存在，这些产物对伴刀豆球蛋白表现出特殊的亲和力。树枝支链状壳聚糖还表现出很高的抗菌性。

采用同样的反应机理，可在甲壳素和壳聚糖的 C_6 位上引入了麦芽糖树枝支链[44]。二糖单元的引入对水的亲和力远远高于单糖单元，这由产物在水中的高溶解性和具有吸湿保湿性能得到证实。然而，二糖单元的存在使产物的生物可降解性和抗菌性降低，这可能是由于树枝支链体积大的缘故。这些结果表明，引入的糖树枝支链分子结构可以控制产物的各种性质，分子设计的变化可以合成具有预想功能的多聚糖衍生物。

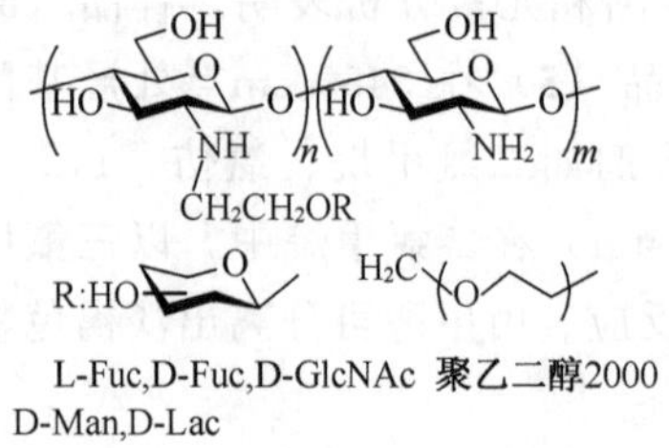

图 7-22　壳聚糖树枝支链衍生物
结构示意图

采用 L-海藻糖（L-Fuc），D-海藻糖（D-Fuc），N-乙酰-D-氨基葡萄糖（D-GlcNAc），D-甘露糖（D-Man）和 β-D-乳糖（D-Lac）与壳聚糖反应，可制备一系列不同取代度的壳聚糖树枝支链衍生物，其结构式见图 7-22[45]。用 ¹H NMR和¹³C NMR 谱图对衍生物的结构进行表征，发现水溶性的壳聚糖树枝支链衍生物对血宁素有着特定的键合作用，取代度为 0.3 的 L-海藻糖壳聚糖衍生物通过其结构中的 L-海藻糖基团和细胞表面 PA-II 蛋白质形成特殊键合作用。这些壳聚糖树枝支链衍生物的水溶性取决于它们的取代度。

　　为了提高壳聚糖的水溶性和生物相容性，用亲水性的葡萄糖酸对壳聚糖进行改性，接着再进行 N-乙酰化，可得壳聚糖糖类衍生物（其合成路线如图 7-23 所示）[46]。通过考察不同乙酰度的壳聚糖糖类衍生物在不同 pH 溶液中的水溶性，发现壳聚糖和它的系列衍生物都溶于 pH<6.5 的酸性水溶液。这是由于壳聚糖氨基的质子化作用导致的，表明大量的 D-氨基葡萄糖基团仍然保留着壳聚糖独特的溶解性能。对于每 100 个壳聚糖骨架的糖单元只有 32 个 D-氨基葡萄糖的壳聚糖衍生物，也可以像壳聚糖和其他壳聚糖衍生物一样溶于酸性水溶液。亲水性葡萄糖基团的增加，进一步提高了壳聚糖衍生物的水溶性。

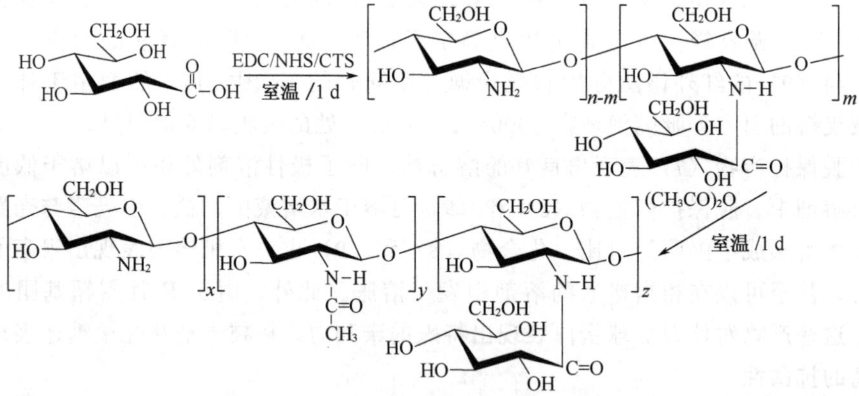

图 7-23　不同 N-乙酰度壳聚糖糖类衍生物合成路线

　　用单糖（如葡萄糖和半乳糖）通过 N-烷基还原作用制备的壳聚糖衍生物，在水溶液中的溶解 pH 范围比壳聚糖宽[47]。但这些壳聚糖衍生物即使共价结合大量的单糖（衍生物的取代度大于 35%），在中性或碱性水溶液中也不溶。壳聚糖糖类衍生物在水溶液中溶解的 pH 范围比壳聚糖宽，且随着取代度的增加而增大。

7.4.2　双取代壳聚糖糖类衍生物

经糖类改性的壳聚糖新型衍生物特别适合用作各种药物的释放载体和细胞的培养基质。在还原剂氰硼酸钠（NaCNBH₃）的存在下，用 N-琥珀酰壳聚糖与乳酸反应可制备乳酸胺-N-琥珀酰壳聚糖（图 7-24），作为肝脏移植时丝裂霉素 C 的载体效果很好[48]。

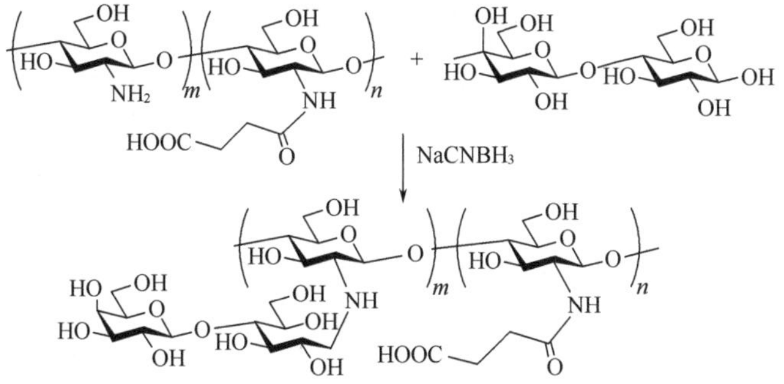

图 7-24　乳酸胺-N-琥珀酰基壳聚糖

以壳聚糖为原料，在制备水溶性 6-O-琥珀酰化壳聚糖的基础上，将 6-O-琥珀酰化壳聚糖通过与乳糖酸或乳糖与 KBH₄ 的均相反应，在其—NH₂ 上引入了半乳糖基，可制得 O-琥珀酰-N-半乳糖化壳聚糖衍生物[49]。将 N-邻苯二甲酰-6-O-琥珀酰化壳聚糖溶解在 DMF 中，加入水合肼和蒸馏水，在 N₂ 保护下搅拌加热反应 15h，过滤，在滤液中加入水，用旋转蒸发仪蒸去水和未反应完的水合肼。在减压蒸干的固体中加入甲醇 200 mL，过滤，然后冷冻干燥，得到棕色粉末状 6-O-琥珀酰壳聚糖（SCS）。将 SCS 溶解在蒸馏水中，加入乳糖酸，搅拌，加入用四甲基乙二胺（TEMED）溶解的二环己基碳二亚胺（DCC），室温反应 3d，过滤，滤去水不溶物，滤液冷冻干燥，得 6-O-琥珀酰基-N-乳糖酰化壳聚糖（Gal-SCS）。SCS 溶解在蒸馏水和甲醇溶液中，加入乳糖，室温搅拌 4 h 后，滴加 KBH₄ 水溶液，反应 3d，过滤，滤去水不溶物，滤液冷冻干燥，得 6-O-琥珀酰基-N-乳糖胺化壳聚糖（Lac-SCS）。整个过程的合成路线如图 7-25 所示。

图 7-25 是 6-O-琥珀酰-N-半乳糖化壳聚糖衍生物的 IR 谱图。与 SCS 相比，Gal-SCS 的 IR 谱图在 1555 cm⁻¹ 处—NH₂ 的面内弯曲振动吸收带增强，说明酰胺结构的存在；3447 和 2930 cm⁻¹ 的吸收带变得更宽，是因为衍生化后—OH 数目大大增加所致；位于 1670 cm⁻¹ 处出现了较明显的酰胺吸收带，1590 cm⁻¹ 的—NH₂ 吸收带基本消失，说明在—NH₂ 上进行了酰化反应；1389 cm⁻¹ 为—CH₂

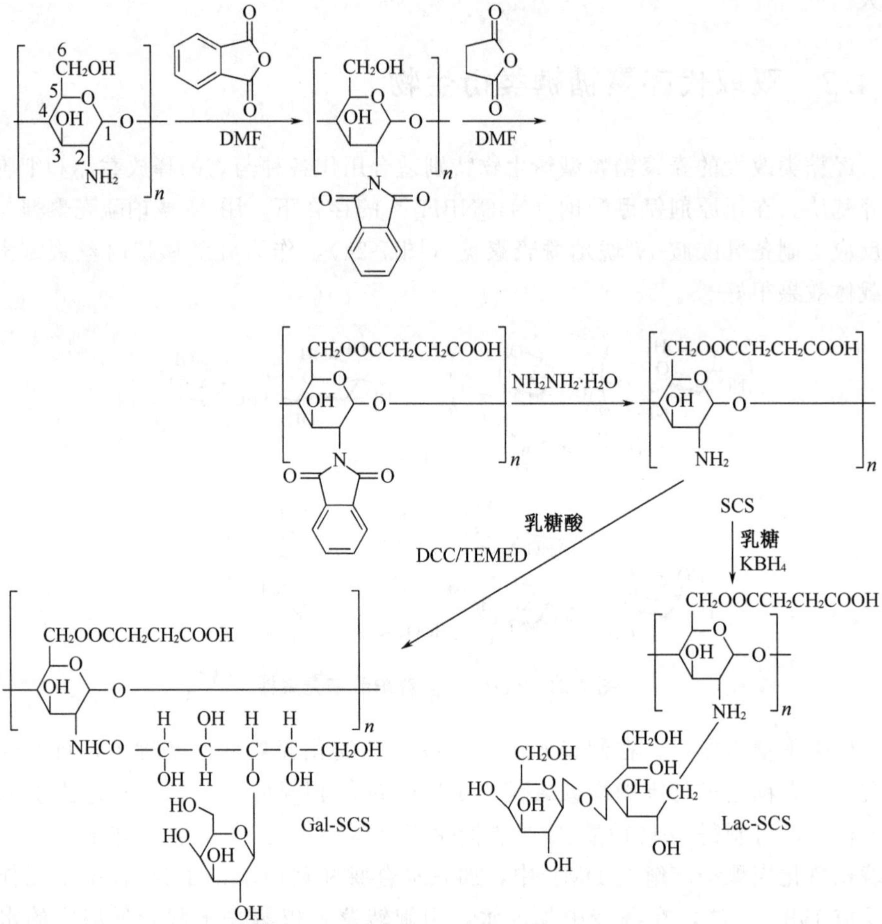

图 7-25　Gal-SCS 和 Lac-SCS 的合成

的对称伸缩振动吸收带。在 Lac-SCS 的 IR 图中，位于 3419 cm^{-1}、2921 cm^{-1} 和
2876 cm^{-1} 处的吸收带增强，主要是由于结构中—OH 的增多所致；1607 cm^{-1} 变
化不太大，可能是由于在—NH$_2$ 上的取代不多，1381 cm^{-1} 归属于—CH$_2$ 的对称
伸缩振动吸收带，1072 cm^{-1} 为仲羟基的 C—O 伸缩振动吸收带。

　　与 SCS 相比，在 Lac-SCS 的 ^{1}H NMR（D$_2$O）谱图中多出了 δ2.6 ppm 新的
质子信号，归属于 Ha。δ4.5～4.4 ppm 处的质子信号归属于 H$_1$，其余质子信号
归属如下：δ4.7 ppm（H$_1$）、δ4.2 ppm（H$_7$，H$_8$）、3.9～3.3 ppm（H$_3$，H$_4$，
H$_5$，H$_6$，H$_{2'}$，H$_{3'}$，H$_{4'}$，H$_{5'}$，H$_{6'}$，Hb，Hc，He，Hf），δ2.9 ppm（H$_2$），
δ2.0 ppm（—NHCOCH$_3$—）。结合 Lac-SCS 的红外谱图（图 7-26），证实了在
SCS 的—NH$_2$ 上引入了半乳糖基。同样在 Gal-SCS 的 ^{13}C NMR 谱图中，出现了

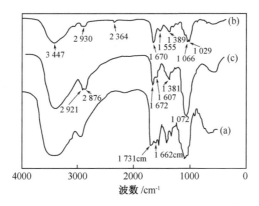

图 7-26　(a) SCS，(b) Gal-SCS 和 (c) Lac-SCS 的 IR 谱图

δ174.8 ppm、168.1 ppm、164.6 ppm 的 3 种羰基峰，分别归属为羧酸中的羰基碳、酯羰基碳和酰胺中的羰基碳信号，证实了在 SCS 的—NH$_2$ 上发生了酰化反应。元素分析数据计算出乳糖酰化和乳糖胺化的取代度为 3％和 3.4％。在室温 25℃下，发现 6-O-琥珀酰-N-半乳糖化壳聚糖衍生物在水中的最大溶解度为 6％。在 1％HCl 和 1％NaOH 溶液中的最大溶解度分别为 3.5％和 4％，与原料壳聚糖相比得到了明显改善。

以壳聚糖为原料，在制备 O-羧甲基壳聚糖（CMCTS）的基础上，将反应得到的 CMCTS 溶解在蒸馏水中，加入乳糖酸搅拌，加入用四甲基乙二胺（TEMED）溶解的 DCC，室温反应 3 d，过滤，滤液用蒸馏水透析 5 d，滤去水不溶物，滤液冷冻干燥，得 O-羧甲基-N-乳糖酰化壳聚糖（Gla-CMCTS）。将 CMCTS 溶解在蒸馏水和甲醇中，加入乳糖室温搅拌 4 h 后，滴加 KBH$_4$ 水溶液，反应 3 d 后过滤，滤液用蒸馏水透析 5 d，滤去水不溶物，滤液冷冻干燥，得 O-羧甲基-N-乳糖胺化壳聚糖（Lac-CMCTS）。整个过程的合成路线如图 7-27 所示[50]。

CMCTS 与壳聚糖相比，IR 谱图的 1767 cm^{-1} 处出现了羧酸的羰基吸收带。2929、1411 和 1107 cm^{-1} 处的—CH$_2$ 和 C—O—C 伸缩振动吸收带增强，1032 cm^{-1} 处伯羟基的 C—O 振动吸收带消失，只有 C$_3$ 羟基的 1066 cm^{-1} 的振动吸收带，说明羧甲基主要取代在 C$_6$—OH 上。在 Gal-CMCTS 的红外谱图中，3400 和 1070 cm^{-1} 的吸收带由于—OH 的增多而大大增强，在 1685 cm^{-1} 处的新吸收带是由酰胺的羰基吸收带所致。1596 cm^{-1} 处未取代的氨基吸收带有所减小，说明在 CMCTS 中的氨基已部分被乳糖酰化。在 Lac-CMCTS 的红外谱图中，3419 cm^{-1}、2919 cm^{-1} 和 2851 cm^{-1} 处的吸收带增强，主要是由于结构中—OH 的增多所致，1596 cm^{-1} 变化不大，可能是由于在—NH$_2$ 上的取代不多。

在 CMCTS 的 ^{1}H NMR（D$_2$O）谱图中，δ3.91 ppm 处出现了很强的质子信

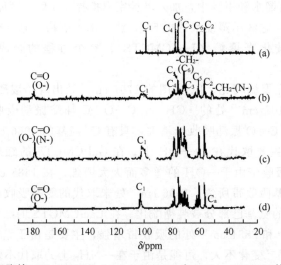

图 7-27　Gla-CMCTS 和 Lac-CMCTS 的合成路线

号，归属于 CMCTS 中的亚甲基氢。与 CMCTS 比较，Gal-CMCTS 的 ^{1}H NMR (D_2O) 显示在 $\delta 4.60$ ppm 处的新的质子信号，归属于 $H_{1'}$ 和 Hc。Lac-CMCTS 的 ^{1}H NMR (D_2O) 谱图中，在 $\delta 2.69$ ppm 和 2.52 ppm 处出现了新质子信号，分别归属于 Ha 和 Hd。

　　壳聚糖、CMCTS 及其衍生物的 ^{13}C NMR 谱图见图 7-28。CMCTS 的 ^{13}C NMR (D_2O) 谱图中，在 $\delta 177.6$ ppm 处出现了一个新的碳信号，归属于羧基的碳信号。在 $\delta 70.4$ ppm、69.5 ppm 和 50.7 ppm 处出现的碳信号归属于羧甲基

图 7-28　(a)壳聚糖、(b) CMCTS,(c)Gal-CMCTS 和(d)Lac-CMCTS 的 ^{13}C NMR 谱图

发生在 6—OH、3—OH 和 2—NH$_2$ 取代的甲基碳信号。从谱中可看出 δ70.4 ppm 的信号明显地要比其他两个位置的强，而且如果在 2—NH$_2$ 上发生取代，则羧基中的碳信号处于 δ170.0 ppm。这一切均说明羧甲基取代在 6—OH 上，生成了 O-羧甲基壳聚糖。与 CMCTS 比较，Gal-CMCTS 的^{13}C NMR（D$_2$O）谱图显示了 δ178.4 ppm 处新出现的酰胺羰基峰。Lac-CMCTS 的^{13}C NMR（D$_2$O）谱图中发现的 δ51.5 ppm 新的碳信号归属于 C$_a$。经元素分析数据计算羧甲基的取代度为 107％。乳糖酰化和乳糖胺化的取代度分别为 8％和 10％。

X 射线衍射图发现原属于壳聚糖位于 $2\theta = 11°$ 的结晶峰已消失，原 $2\theta = 20°$ 的结晶 II 带在 CMCTS、Gal-CMCTS 和 Lac-CMCTS 中均变成了一个很宽的峰，这说明壳聚糖由于改性使氢键发生破坏，使壳聚糖原有的一部分有序结构变成无定形结构。结晶度的下降使改性的壳聚糖在水中的溶解度增加。制得的 O-羧甲基-N-乳糖酰化壳聚糖和 O-羧甲基-N-乳糖胺化壳聚糖有望作为潜在的肝靶向基因载体。

以壳聚糖为原料，在制备季铵化壳聚糖的基础上，将季铵化壳聚糖与乳糖酸或乳糖反应，在其—NH$_2$ 上引入了半乳糖基，可制得半乳糖化季铵壳聚糖衍生物（合成路线见图 7-29）[51]。从元素分析数据计算出 Gal-TMC 和 Lac-TMC 的取代度分别为 36％和 18％。该物质的结构由 FT-IR、^{1}H NMR 和^{13}C NMR 得到了

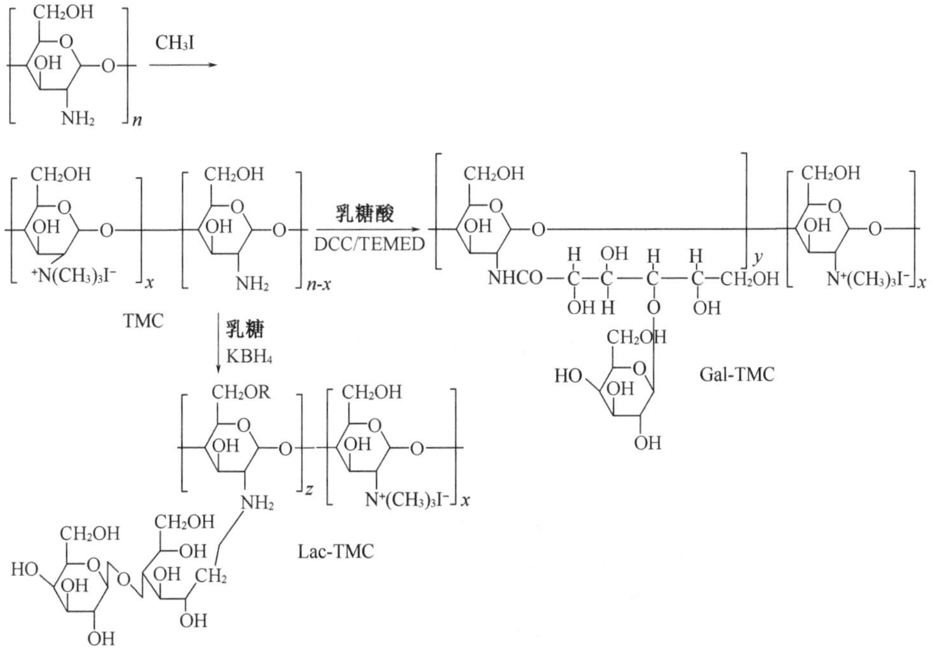

图 7-29 N-季铵化-N-乳糖胺化壳聚糖的合成路线

Gal-TMC：N-季铵化-N-乳糖酰化壳聚糖；Lac-TMC：N-季铵化-N-乳糖胺化壳聚糖

确证。半乳糖化季铵壳聚糖衍生物有望作为潜在的安全的基因载体。

　　以壳聚糖为原料，与甲醛和 H_3PO_4 反应，制得双取代的 N-亚甲基磷酸壳聚糖，然后使其剩余的—NH_2 与乳糖酸反应，制得 N-亚甲基磷酸-N-乳糖酰化壳聚糖；与乳糖反应，用 KBH_4 还原，制得 N-亚甲基磷酸-N-乳糖胺化壳聚糖。分别用 FT-IR、^{1}H NMR、^{13}C NMR 和元素分析对其进行表征。用粉末 X 射线衍射、DSC、TG 对其物理性质进行分析。制得的 N-亚甲基磷酸壳聚糖、N-亚甲基磷酸-N-乳糖酰化壳聚糖和 N-亚甲基磷酸-N-乳糖胺化壳聚糖的取代度分别为 1.22、0.23 和 0.21（其制备路线如图 7-30 所示）[52]。

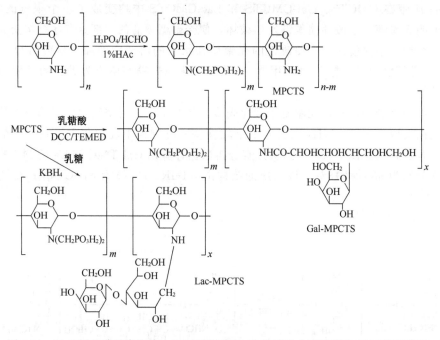

图 7-30　N-亚甲基磷酸壳聚糖、N-亚甲基磷酸-N-乳糖酰化壳聚糖和 N-亚甲基磷酸-
N-乳糖胺化壳聚糖制备路线

参 考 文 献

[1] Xie Y J, Liu X F, Chen Q. Synthesis and characterization of water-soluble chitosan derivate and its antibacterial activity. Carbohydr Polym, 2007, 69 (1): 142~147

[2] Chen B, Dang J, Tan T L et al. Dynamics of smooth muscle cell deadhesion from thermosensitive hydroxybutyl chitosan. Biomaterials, 2007, 28 (8): 1503~1514

[3] Prashanth K V H, Tharanathan R N. Chitin/chitosan: modifications and their unlimited application potential-an overview. Trends Food Sci Technol, 2007, 18, 117~131

[4] 王爱勤, 俞贤达. 羟基壳聚糖衍生物的制备及其抗凝血性能. 中国海洋药物, 1997, 16 (2): 13~15

[5] 赵育, 陈国华, 晋治涛. 羟乙基甲壳素水溶液的流变性能研究. 北京化工大学学报, 2004, 31 (5):

22～25

[6] 严俊. 甲壳素的化学和应用. 化学通报, 1984, 11: 26～31

[7] Nishimura S I, Nishi N, Tokura S et al. Bioactive chitin derivatives. Activation of mouse-peritoneal macrophages by O-(carboxymethyl) chitins. Carbohydr Res, 1986, 146 (2): 251～258

[8] 谭天瑞. 甲壳素、壳聚糖及其衍生物在制剂上的应用. 中国药学杂志, 1990, 25 (8): 453～456

[9] Hidenori Yamada, Taiji Imoto. A convenient synthesis of glycolchitin a substrate of lysozyme. Carbohydr Res, 1981, 92 (1): 160～162

[10] Hackman R, Mary G. Light-scattering and infrared-spectrophotometric studies of chitin and chitin derivatives. Carbohydr Res, 1974, 38: 35～45

[11] 赵育. 羟乙基甲壳素及其水凝胶的制备及其理化性能和药物缓释性能研究. 青岛: 中国海洋大学研究生学位论文, 2004

[12] 王爱勤, 季生福. 水溶性羟丙基甲壳素的合成及性能研究. 天然产物研究与开发, 1995, 7 (3): 79～84

[13] Kim S S, Kim S J, Moon Y D et al. Thermal characteristics of chitin and hydroxypropyl chitin. Polymer, 1994, 35 (15): 3212～3216

[14] Kurita K, Hirakawa M, Nishiyama Y. Silylated chitin: A new organosoluble precursor for facile modifications and film casting. Chem Lett, 1999, 28 (8): 771～772

[15] Kurita K, Kojima T, Nishiyama Y et al. Synthesis and some properties of nonnatural amino polysaccharides: Branched chitin and chitosan. Macromolecules, 2000, 33 (13): 4711～4716

[16] Kurita K, Shimada K, Nishiyama Y et al. Nonnatural branched polysaccharides: synthesis and properties of chitin and chitosan having α-mannoside branches. Macromolecules, 1998, 31 (15): 4764～4769

[17] Nishimura S, Matsuoka K, Kurita K. Synthetic glycoconjugates: simple and potential glycoprotein models containing pendant N-acetyl-D-glucosamine and N, N'-diacetylchitobiose. Macromolecules, 1990, 23 (18): 4182～4184

[18] Kurita K, Kojima T, Munakata T et al. Preparation of nonnatural branched chitin and chitosan. Chem Lett, 1998, 27 (4): 317～318

[19] 王爱勤, 李洪启, 张俊彦等. 不同介质中乙二醇壳聚糖的合成及性能研究. 天然产物研究与开发, 1997, 19 (2): 28～31

[20] 许晶, 周雪琴, 姚康德等. 水溶性 O-羟乙基壳聚糖的合成 III. 化学研究与应用, 2004, 16 (2): 225～226

[21] Zong Z, Kimura Y, Takahashi M et al. Characterization of chemical and solid state structures of acylated chitosans. Polymer, 2000, 41 (3): 899～906

[22] 高怀生, 黄是是, 张世达等. 壳聚糖的制备条件及其大鼠体内的分布. 中国海洋药物, 1997, 16 (4): 9～11

[23] 王爱勤, 谭干祖. 羟丙基壳聚糖的制备与表征. 天然产物研究与开发, 1997, 9 (1): 33～36

[24] 陈忻, 袁毅桦, 张莉萍等. 羟丙基壳聚糖的制备. 合成化学, 2004, 12 (1): 85～88

[25] 施亦东, 季莉, 陈衍夏等. 水溶性羟丙基壳聚糖的性能研究. 四川大学学报, 2006, 38 (3): 100～104

[26] 施亦东, 季莉, 陈衍夏等. 水溶性羟丙基壳聚糖的制备与结构特征. 印染助剂, 2006, 23 (3): 26～30

[27] 方波, 江体乾. 磺化羟乙基壳聚糖的研制. 中国生化药物杂志, 1998, 19 (4): 163～165

［28］张景武，程发，李桂凤．羧甲基纤维素取代基沿分子链分布的均一性（I）——溶剂种类对均一性的影响．天津大学学报，1995，28（5）：647～652

［29］杨冬芝，刘晓非，刘治等．壳聚糖抗菌活性的影响因素应用化学．2000，17（6）：598～601

［30］王爱勤，李洪启，张俊彦等．丙三醇壳聚糖的制备与分析．中国生化药物杂志，1997，18（2）：75～77

［31］Tokura S，Nishi N，Tsutsumi A et al. Studies on Chitin VIII. Some Properties of Water Soluble Chitin Derivatives. Polym J，1983，15：485～489

［32］来水利，王青玲，胡益平．微波作用下磺化羟乙基壳聚糖制备的初步研究．陕西科技大学学报，2005，23（5）：62～64

［33］方波，江体乾．新型类肝素物质的研究（I）—磺化羟丙基壳聚糖凝胶的研制．功能高分子学报，1997，10（4）：527～531

［34］黎碧娜，王奎兰，吴勇等．壳聚糖磺化衍生物的制备及抑菌性能研究．香料香精化妆品，2003，（1）：16～18

［35］张启凤，陈国华，范金石等．壳聚糖衍生物的结构表征和应用性能．日用化学工业，2003，33（5）：298～301

［36］张启凤，陈国华，范金石等，可生物降解的（2-羟基-3-十二烷氧基）丙基-羟丙基壳聚糖的制备及其泡沫性和乳化性的研究．现代化工，2002，22（11）：29～32

［37］范金石，张启凤，徐桂云等．分子量对非离子型壳聚糖表面活性剂表面活性的影响．高分子材料科学与工程，2004，20（1）：117～120

［38］隋卫平，杨秀利，杨倩等．（2-羟基-3-丁氧基）丙基-羟丙基壳聚糖的应用性质．应用化学，2002，19（9）：890～893

［39］隋卫平，范金石，杨秀利等．（2-羟基-3-丁氧基）丙基-羟丙基壳聚糖的合成及结构表征．高分子材料科学与工程，2003，19（3）：109～111

［40］Hall L D，Yalpani M. Formation of branched-Chain, soluble polysaccharides from chitosan. J Chem Soc Chem Commun，1980，23：1153～1154

［41］Yalpani M，Hall L D. Some chemical and analytical aspects of polysaccharide modifications. III. Formation of branched-Chain, soluble chitosan derivatives. Macromolecules，1984，17（3）：272～281

［42］Holme K R，Hall L D. Chitosan derivatives bearing C10-alkyl glycoside branches：a temperature-induced gelling polysaccharide. Macromolecules，1991，24（13）：3828～3833

［43］Mi F L，Wu Y Y，Chiu Y L et al. Synthesis of a novel glycoconjugated chitosan and preparation of its derived nanoparticles for targeting hepg2 cells. Biomacromolecules，2007，8（3）：892～898

［44］Kurita K，Akao H，Yang J et al. Nonnatural branched polysaccharides：Synthesis and properties of chitin and chitosan having disaccharide maltose branches. Biomacromolecules，2003，4（5）：1264～1268

［45］Morimoto M，Saimoto H，Usui H et al. Biological activities of carbohydrate-branched chitosan derivatives. Biomacromolecules，2001，2（4）：1133～1136

［46］Park J H，Cho Y W，Chung H et al. Synthesis and characterization of sugar-bearing chitosan derivatives：aqueous solubility and biodegradability. Biomacromolecules，2003，4（4）：1087～1091

［47］Yang T C，Chou C C，Li C F. Preparation，water solubility and rheological property of the N-alkylated mono or disaccharide chitosan derivatives. Food Res Int，2002，35（8）：707～713

［48］Kato Y，Onishi H，Machida Y. Lactosaminated and intact N-succinyl-chitosans as drug carrier in liver metastasis. Int J Pham，2001，226（1-2）：93～106

［49］张灿，丁娅，平其能. 水溶性 6-*O*-琥珀酰-*N*-半乳糖化壳聚糖衍生物的制备与表征. 中国药科大学学报，2005，36（4）：291～295

［50］张宏娟，丁娅，张灿等. *O*-羧甲基-*N*-半乳糖化壳聚糖衍生物的设计、合成和表征. 中国天然药物，2004，2（6）：354～358

［51］张灿，丁娅，平其能. 半乳糖化季铵壳聚糖衍生物的设计、合成和表征. 中国现代应用药学杂志，2005，22（5）：386～388

［52］张灿，丁娅，杨波等. *N*-亚甲基磷酸盐壳聚糖衍生物的设计、合成和表征. 中国天然药物，2004，2（2）：94～98

第8章 甲壳素/壳聚糖的其他衍生物

8.1 引 言

甲壳素分子中含有羟基，壳聚糖分子中同时含有氨基和羟基，二者可通过化学修饰形成不同结构和不同性能的衍生物。前面几章分别介绍了甲壳素/壳聚糖常见的主链降解、羧化、酰化、羟基化、烷基化和季铵盐等衍生化方法。在甲壳素化学中，除已介绍的这些类型和方法以外，还有氧化反应和交联反应以及其他一些衍生化方法。为此，本章着重介绍其他甲壳素/壳聚糖的衍生化反应类型。

8.2 氧 化 反 应

8.2.1 甲壳素氧化反应

甲壳素糖残基的一级羟基被氧化成羧基后，即为氧化甲壳素，实际上已是一种多糖酸。在 2,2,6,6-四甲基哌啶氮氧自由基（TEMPO）和 NaBr 的催化下，用 NaClO 溶液氧化甲壳素可得到氧化甲壳素[1]，反应方程式如图 8-1 所示。

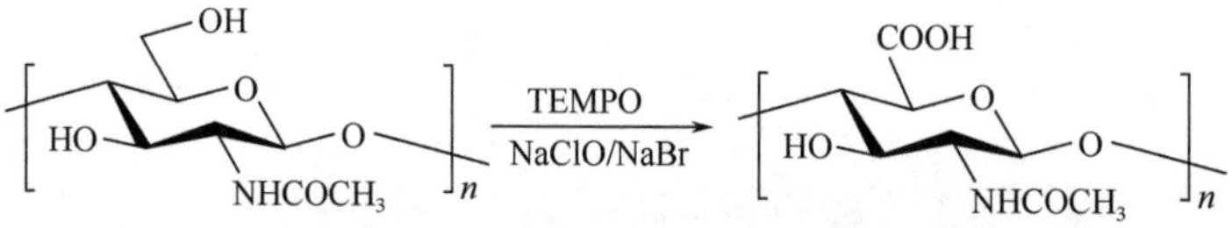

图 8-1　氧化甲壳素制备反应图

在甲壳素的分子中有两个活性羟基，一个是 C_6 位的伯羟基；另一个是 C_3 位的仲羟基，前者的活性大于后者。甲壳素与浓碱反应可生成碱化甲壳素。低温对甲壳素的碱化作用特别重要，由于侵入甲壳素内部的水分子在 $-10℃$ 下结冰，体积的增大削弱了甲壳素分子间的氢键，破坏了甲壳素的分子规整性，降低了它们的结晶度，从而促进了非均相氧化反应。实验表明，甲壳素不经碱化直接参与反应，产率很低，可能是只有甲壳素表面少量的非晶区参与反应的原因。反应体系对 pH 的要求比较严格，只有在特定的 pH 范围内，TEMPO 才能和 NaBr 以及 NaClO 共同作用，进行选择性氧化。反应温度在 $0\sim5℃$ 之间时，有较高的产率。

TEMPO-NaClO-NaBr 是一种新型的氧化体系，可使多聚糖中的 C_6 位伯羟基选择性地氧化成羧基，这主要是因为 TEMPO 的空间位阻效应。C_6 位伯羟的氧化速率远远大于仲羟基，以至反应产物中只发现 C_6 位羧基，该反应有很高的选择性。此氧化体系真正的反应机理目前尚不清楚。在实验过程中，选用甲壳素和脱乙酰度为 89.75% 的壳聚糖进行实验，发现甲壳素比壳聚糖的产率高。产品经纯化后，经 ^{13}C NMR 和 IR 谱图分析表明，糖基 C_6 位的—OH 被氧化为—COOH。

对甲壳素进行化学和物理的预处理，可使其晶体结构由 α 向 β 转变。经过预处理的甲壳素更容易被氧化。最近，Sun 等在 TEMPO 和 NaBr 存在下，在室温下使 NaClO 和甲壳素反应，得到完全水溶的 6-羧基甲壳素[2]。经过预处理的甲壳素（晶体结构由 α 转变为 β）更容易被氧化，制得的氧化产物的产率由 36% 迅速增加到 97%，而且其相对分子质量为 4×10^4，是未预处理甲壳素制备产物相对分子质量的 8 倍。与透明质酸钠与羧甲基壳聚糖相比，这些产物表现出更好的吸湿保湿性，有望在化妆品和临床医学领域得到应用。

8.2.2　壳聚糖氧化反应

壳聚糖的氧化同样是引入新官能团的重要方法。壳聚糖的伯羟基被氧化成羧基，更是一个有意义的反应，因为当壳聚糖的游离氨基被硫酸化后再将伯羟基氧化，则具有与肝素极为相似的结构，可作为肝素的代用品用作抗血凝材料，20 世纪 70 年代以来，这方面的工作开展得较多[3]。把 1g 壳聚糖样品先冷冻干燥，然后在 60℃减压干燥。干燥样品放入烧瓶，置于以 P_2O_5 为干燥剂的真空干燥器中。市售的液体 N_2O_4 用 P_2O_5 干燥剂使其蒸发，气体被干燥的冰-丙酮浴冷却成固体 N_2O_4。将 3g 固体 N_2O_4 装在干燥的烧瓶中，此烧瓶通过一根聚四氟乙烯导管与干燥器中烧瓶连接好，然后移去 N_2O_4 烧瓶外的水浴，这样固体 N_2O_4 就变成气体 N_2O_4 逐渐进入干燥器烧瓶中。氧化反应在 25℃下进行，反应结束后干燥器减压抽 3h，以除去剩余的 N_2O_4，得到的氧化壳聚糖用干燥的乙醚洗涤，再溶解于饱和 $NaHCO_3$ 溶液中，溶液的 pH 控制为 9，冷冻干燥，即得氧化壳聚糖的钠盐。

采用能够选择性氧化伯羟基的 CrO_3 作氧化剂，用 $HClO_4$ 来保护壳聚糖的氨基，得到 C_6 全氧化的产物[4]。如果与硫酸酯化反应结合，可得到与肝素结构更加接近的产物，其反应过程如图 8-2。

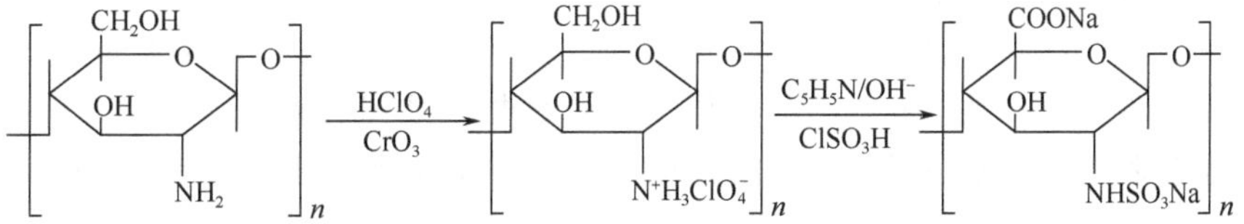

图 8-2　壳聚糖的氧化硫酸化反应

壳聚糖的羟基可以被氧化，氧化剂不同，反应的 pH 不同，则氧化产物也不同。C_6 羟基可被氧化成醛基或羧基，C_3 羟基可被氧化成羰基。目前有关壳聚糖氧化方面的文献报道较少。

8.3　交　联　反　应

壳聚糖是天然氨基多糖，其分子中有游离的氨基和羟基。它对过渡金属离子有良好的吸附作用，可用于去除废水中的各种有毒金属离子。但壳聚糖是线形高分子聚合物，所以可溶于多种酸性介质中并发生降解，这给壳聚糖的广泛应用带来了局限性。为此，人们就将其进行化学改性，以期使壳聚糖获得更充分的利用，交联即是其中的一种。壳聚糖的交联反应是指通过化学方法或物理方法使壳聚糖成为网状结构的高分子聚合物。化学方法主要是用交联剂在一定的条件下进行反应，物理方法是在辐射的条件下进行的。在这里主要介绍化学交联法。

8.3.1　壳聚糖交联反应

壳聚糖用三氯乙酸酰化成为光敏聚合物后，再用紫外光照射可以制备交联壳聚糖[5]。光交联壳聚糖膜的力学性能测试表明：光交联可明显提高膜的抗张强度和抗水性，并有效地降低溶菌酶对其降解速率。该光交联膜有望用作可控降解生物医用材料。

用静电纺丝法在制备壳聚糖/聚乙烯醇共混超细纤维过程中，为减少壳聚糖/聚乙烯醇纤维膜的溶胀变形，在体系中加入可光交联的单体二缩三乙二醇双甲基丙烯酸酯和光引发剂 2-羟基-2-甲基-1-苯基丙酮，对电纺丝纤维进行紫外光交联。结果表明，紫外光交联制备的无纺布纤维直径比较均一，平均约为 200 nm[6]。经光交联处理后纤维的耐水性能得到明显提高。

壳聚糖的化学交联反应主要是在分子间发生，也可在分子内发生；可发生在同一直链的不同链节之间，也可发生在不同直链间。壳聚糖的化学交联通常是在双官能团的醛或酸酐等交联剂的作用下进行，主要是醛基与氨基生成席夫碱结构。反应可在均相或非均相条件下，在较宽的 pH 范围内于室温下迅速进行。常用的交联剂有环氧氯丙烷[7]、苯二异氰酸酯、甲醛、乙二醛、戊二醛[8]、双醛淀粉和乙二醇双缩水甘油醚[9]等。

戊二醛交联壳聚糖是目前研究最多和最普遍的一种方法。基本制备过程是将壳聚糖溶于质量分数 1% 的乙酸溶液中，然后加入质量分数 1% 的戊二醛溶液，搅拌至凝胶析出。加入质量分数 4% 的 NaOH 溶液，调节至 pH=8~10 使凝胶沉淀。最后经过滤、洗涤、干燥，即得戊二醛交联的壳聚糖[10]。该交联产物主要用于金属离子的吸附。用流延法制备的壳聚糖/PVA 共混膜的 pH 敏感性可通过改变戊二醛交联剂浓度来控制。该法可以在壳聚糖/PVA 共混膜控释体系的后处理方面得到应用。

将环氧氯丙烷与壳聚糖进行交联反应可制备不溶于酸、碱的交联壳聚糖 (CCTS)。不同 pH 条件下对 Pd^{2+} 的吸附研究表明：在 pH=1~4 时，吸附 20 min，CCTS 对 Pd^{2+} 的吸附率达 98% 以上[12]。该交联产物可用于湖水和海水中痕量 Pd 的检测，回收率在 92%~96% 之间，也可用于 Pd 和 Ag 的回收利用[13]。分别以环硫氯丙烷和环氧氯丙烷作为交联剂，合成交联壳聚糖树脂，对 Au^{3+} 吸附研究结果表明，环硫氯丙烷交联壳聚糖树脂比环氧氯丙烷交联壳聚糖树脂所能适应的 pH、温度、初始离子浓度等条件范围更广，且在同样吸附条件下，环硫氯丙烷交联壳聚糖树脂比环氧氯丙烷交联壳聚糖树脂有更优良的吸附性能[14]。

通过苯甲醛与壳聚糖形成席夫碱保护氨基，用环氧氯丙烷交联可制备模板占位保护型壳聚糖树脂（PT-CTS）和无保护下的交联壳聚糖（UNPT-CTS）及在非均相条件下使用冷冻干燥法制备的多孔型乙酰化壳聚糖（P-CT）[15]。考察 3 种树脂对水杨酸的吸附和在不同 pH 条件下的缓释行为，发现 PT-CTS 相对于 UNPT-CTS 和 PCT 有较高的吸附量和初始吸附能力，PT-CTS 表现出稳定的缓释能力，并对介质酸度变化有强烈的依赖性，可作为潜在的肠道靶向药物缓释剂。以碳包铁作磁核，环氧氯丙烷作交联剂，通过反相悬浮交联法可制备交联壳聚糖磁性微球，磁性微球对 Cu^{2+} 和 Pb^{2+} 的吸附结果表明，磁性微球具有不易流失和易再生的特点[16]。将壳聚糖溶液吸附于颗粒活性炭上，用甲醛交联，得到的改性活性炭对亚甲基蓝的吸附量达 859 mg/g，用这种吸附剂处理高氟地下水，可去除水中 93% 的氟。

将壳聚糖溶液分散于葵花子油中，以 Span-80 为乳化剂，搅拌形成油包水乳液，然后加入香草醛的丙酮溶液进行交联，得到的微囊呈圆整的球形，表面致密，内部有空隙。红外光谱和 XRD 研究证实，壳聚糖的氨基与香草醛醛基的交联作用和丙酮的脱水作用是壳聚糖液滴固化成形的原因[17]。

以壳聚糖为原料，甲醛为预交联剂，环氧氯丙烷为交联剂，通过反相悬浮交联法可制备新型壳聚糖树脂[18]。利用微波辐射法也可合成甲醛交联壳聚糖香草醛席夫碱[19]，该壳聚糖改性产物对 Cu^{2+} 具有良好的吸附选择性，并且在酸性环境中几乎不溶解。因此，可用作 Cu^{2+} 的选择性吸附剂。甲醛和环氧氯丙烷交联的壳聚糖树脂比壳聚糖对 Ni^{2+} 有更高的吸附量，主要原因是交联树脂结晶度下降和孔隙率增加，二者导致在交联处理前 Ni^{2+} 难于接近的吸附位点"活性"相对增大，使其更容易与 Ni^{2+} 相结合[20]。以甲醛、环氧氯丙烷为交联剂，还可制备交联壳聚糖微球[21]。

乙二醛交联壳聚糖反应主要有两类：一类是发生在壳聚糖 C_2 氨基与乙二醛醛基之间的席夫碱反应，占据主导地位；另一类是发生在壳聚糖 C_6 伯羟基与乙二醛醛基之间的缩醛化反应，处于次要地位。采用乙二醛为交联剂对壳聚糖纤维进行交联处理可以改善纤维强度[22]。采用微波辐射方法也可制备乙二醛交联壳聚糖[23]。与传统方法制备的交联壳聚糖相比，微波法制备的交联壳聚糖比表面积较大，对 Cu^{2+} 的吸附量较多。说明微波除了能加快反应之外，还有其他的特殊作用（非热效应），这种作用对材料结构有一定的影响，可利用微波的这种作用来改善材料的某些性能。

以壳聚糖、聚乙烯醇和淀粉为原料，通过甲醛、戊二醛、乙二醛 3 种交联剂的交联反应可制备壳聚糖复合膜[24]，研究结果表明：pH 对甲醛、戊二醛、乙二醛交联复合膜的性能均有显著影响。强酸条件下反应速度快，相容性强。随着pH 的增加，拉伸强度和断裂伸长率都降低，甲醛和乙二醛交联膜的吸水率和透水率增加，而戊二醛交联膜的吸水率和透水率降低。随着 pH 的改变，戊二醛和乙二醛交联膜呈现不同颜色。醛的用量对膜的性能影响显著，随着醛用量的增加，拉伸强度和断裂伸长率先增后降，吸水率和透水率逐步降低，过量的醛会使膜的性能变差，而醛的存在使膜的相容性得到改善。

异氰酸酯基封端的生物降解型交联剂可用于制备交联壳聚糖多孔材料[25]。研究结果表明，随着—NCO/—NH₂ 物质的量比的增加，交联壳聚糖多孔材料表面形貌呈现出从开孔结构逐渐过渡到闭孔结构的状态，保水率基本为未交联材料的 3 倍，其最大拉伸强度和弹性模量均有较大提高，最大为 0.17 GPa 和 1.4 GPa。新型交联剂不仅保证了交联壳聚糖的降解性能，改善其亲水性，也提高了材料的力学性能。

—NH₂ 是吸附金属离子的主要基团，而交联反应也发生在—NH₂ 上，为了保持足够的吸附容量，需在交联前对—NH₂ 进行保护。为此，先利用 Cu^{2+} 与壳聚糖形成配合物保护—NH₂，然后用戊二醛为交联剂进行交联，最后再除去 Cu^{2+}，可合成具有较高吸附容量的壳聚糖树脂[26]。同样采用 Pb^{2+} 与壳聚糖形成配合物保护—NH₂，然后用戊二醛为交联剂进行交联，最后再除去 Pb^{2+}，可合成具有选择吸附性的壳聚糖树脂[27]。采用环氧氯丙烷或双环氧化物为交联剂，以 Cu^{2+} 和 Ni^{2+} 为"模板剂"也可合成一系列的壳聚糖树脂[28]。这类模板树脂对模板金属离子有较高的吸附容量和较好的选择吸附性，可用于混合金属离子溶液中选择性地回收相应的金属离子。此外，还可用戊二醛交联壳聚糖制备分子印迹聚合物[29]，作为一种新型尿素吸附剂具有广阔的应用前景。

由丁二醇缩水甘油醚交联的珠状高脱乙酰度壳聚糖或戊二醛交联的珠状高脱乙酰度壳聚糖，可吸附那些会引起自体免疫紊乱、变态反应和肿瘤等相关的免疫球蛋白，壳聚糖与戊二醛交联制备的微球或微囊，可作为药物缓释剂[30]。

采用戊二醛和 H_2SO_4 作为交联剂可制备交联壳聚糖/聚乙烯吡咯烷酮共混薄膜[31]。该薄膜表现出显著的溶胀性，但不溶于水。共混膜的非水溶性是由于壳聚糖的氨基和戊二醛的醛基形成亚胺键以及壳聚糖氨基和聚乙烯吡咯烷酮羰基之间弱的引力作用形成的。采用 H_2SO_4 进一步交联可以使 SO_4^{2-} 和壳聚糖剩余的氨基发生相互作用，其交联过程如图 8-3 所示。

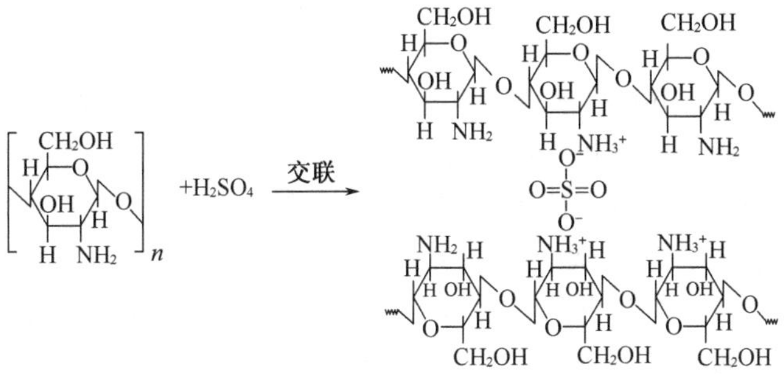

图 8-3　壳聚糖与硫酸的交联反应

8.3.2　壳聚糖衍生物交联反应

为制备不同用途的高吸附容量的交联树脂，可对壳聚糖进行必要的化学修饰后再进行交联反应。在碱性条件下，将壳聚糖与水杨醛反应，然后用环氧氯丙烷交联可制得交联壳聚糖衍生物树脂。当水杨醛壳聚糖/NaOH 物质的量比达到 1/6 时，树脂的抗酸性能基本不变，但吸附容量有明显提高[32]。

为了使化学改性后的壳聚糖既具有较高的吸附效率，又能在较广泛的 pH 范围内使用，将壳聚糖与硫氰酸铵（NH_4CNS）、一氯乙酸（$ClCH_2COOH$）进行接枝反应，引入硫脲基和羧基两个配位中心，再与戊二醛交联生成具有网状结构的交联壳聚糖[33]。研究结果表明，在反应体系 pH＝8、反应 4 h 条件下，与戊二醛进行交联的产物得率较高，对 Cu^{2+} 去除效率为 98.10%。

壳聚糖微球经环氧氯丙烷交联，然后与氯乙酸在碱性条件下反应，可合成交联羧甲基壳聚糖树脂[34]。其吸附 Pb^{2+} 的实验结果表明，在 1 h 内吸附速率较快。在 pH＝5 时，对 Pb^{2+} 的吸附量为 1.12 mmol/g，比壳聚糖树脂提高了 70%。羧甲基交联壳聚糖树脂与普通壳聚糖树脂相比，既在酸性介质中不溶又不失去其螯合性能[35]。

称取取代度为 0.85 的羧甲基壳聚糖 5.00 g，加入到盛有 450 mL 待吸附的乙酸铅溶液中（Pb^{2+} 浓度为 0.020 mol/L，pH＝5.9），置于恒温摇床中（转速 120 r/min，振荡幅度 20 mm），在 25℃进行吸附，24 h 后过滤并用蒸馏水洗涤至检测不出 Pb^{2+} 为止，而后依次用乙醇和乙醚洗涤，真空干燥，得吸附了 Pb^{2+} 的羧甲基壳聚糖。取 1.00 g 上述产物悬浮于 30 mL 蒸馏水中，加入一定体积的戊二醛（1，质量分数），在 50℃下恒温搅拌 5 h 使之交联，过滤，并用水、乙醇依次洗涤，可得交联羧甲基壳聚糖铅配合物。然后在 0.10 mol/L HCl 溶液中搅拌 5 h，过滤，如此重复，至滤液中检测不出 Pb²⁺，用 0.10 mol/L NaOH 溶液活化 5 h，然后用蒸馏水洗涤至中性，真空干燥，即可得到具有 Pb²⁺ 模板孔穴的交联铅模板树脂（如图 8-4 所示）[36]。采用同样的方法还可以制备 Cu²⁺ [37] 和 Zn²⁺ 交联铅模板树脂[38]。

图 8-5 显示了羧甲基壳聚糖及其铜模板羧甲基壳聚糖吸附 Cu²⁺ 前后的红外谱图。红外光谱显示羧甲基壳聚糖的 C—OH 伸缩振动带位于 1080 cm⁻¹，N—H 和 O—H 的伸缩振动吸收带位于 3419 cm⁻¹，羧基的反对称伸缩振动和对称伸缩振动吸收带分别位于 1603 cm⁻¹ 和 1412 cm⁻¹。吸附 Cu²⁺ 后，N—H 和 O—H 的伸缩振动吸收带向低波数位移（3393 cm⁻¹），羧基的反对称伸缩振动吸收带和伸羟基吸收带分别向高波数位移了 15 cm⁻¹ 和 5 cm⁻¹，由此表明，羧甲基壳聚糖中的羧基与 Cu²⁺ 有很强的配位作用，同时氨基、羟基也参与了配位。此外，吸附 Cu²⁺ 后，在 605 cm⁻¹ 处出现了很强的 S—O 振动吸收带，位于 500～400 cm⁻¹ 处新吸收带的出现揭示了吸附过程中 SO₄²⁻ 不是以自由离子的形式存在，而是参与了配位。

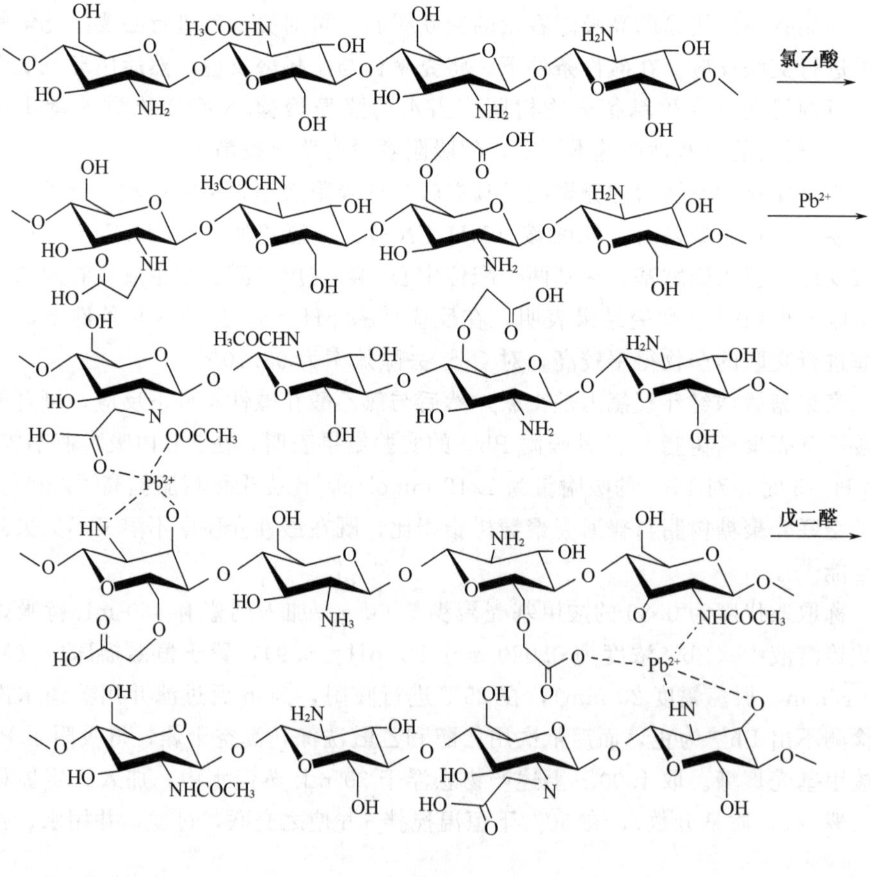

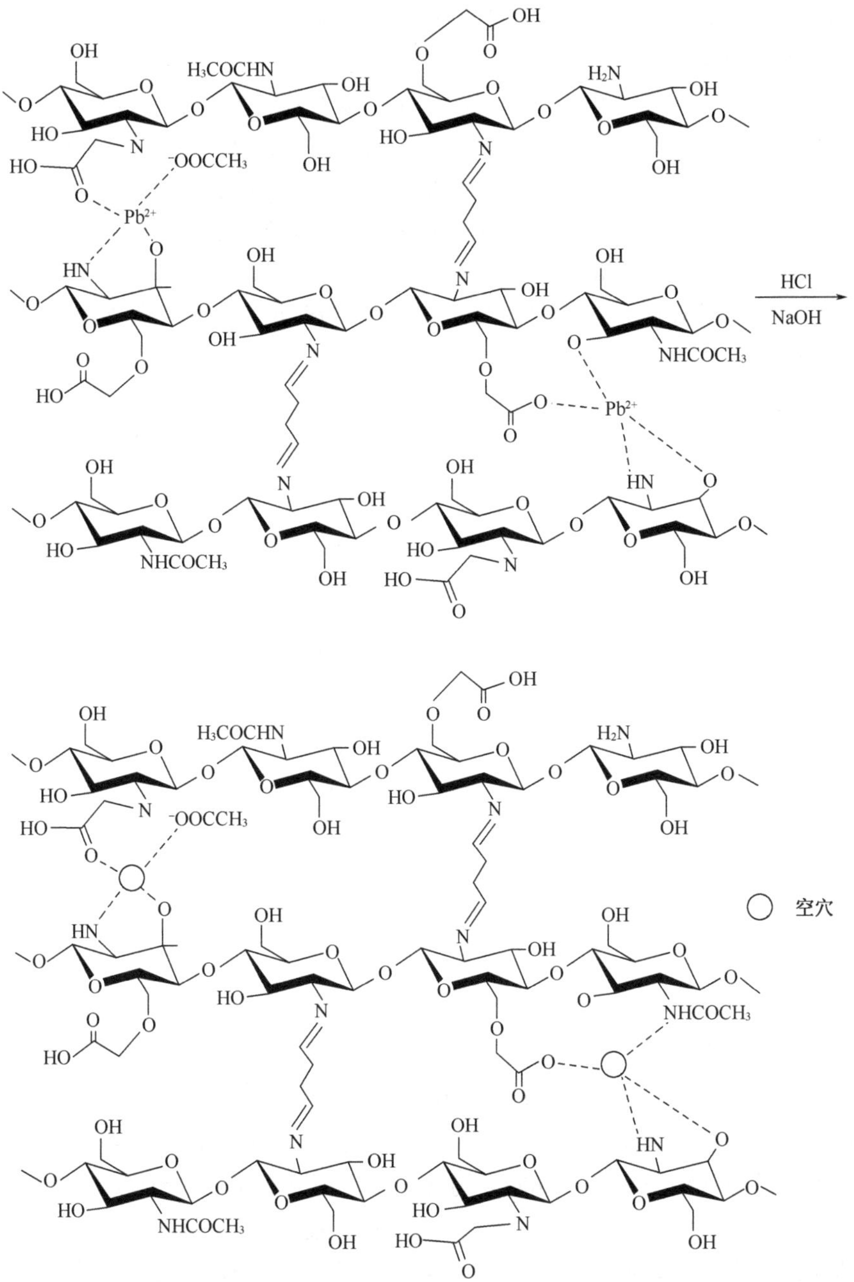

图 8-4　Pb^{2+} 模板交联羧甲基壳聚糖树脂制备过程

羧甲基壳聚糖形成铜模板后 [图 8-5 (c)]，位于 3419 cm⁻¹ 处的 N—H 和
O—H 的伸缩振动吸收带明显变窄且向高波数位移至 3442 cm⁻¹。羧基反对称伸
缩振动吸收带移至 1628 cm⁻¹，羟基伸缩振动吸收带从 1080 cm⁻¹ 移至 1067
cm⁻¹，这些变化归因于与戊二醛的交联反应。羧甲基壳聚糖铜模板吸附 Cu^{2+} 前
后谱图的变化与羧甲基壳聚糖吸附 Cu^{2+} 前后谱图变化大体相同。与羧甲基壳聚
糖不同的是，羧基的反对称伸缩振动峰和对称伸缩振动峰都变弱，且反对称伸缩
振动峰几乎没有位移，而对称伸缩振动峰则向低波数位移了 14 cm⁻¹，可能是羟
基参与了成键，同时参与成键的还有氨基、羧基。红外谱图结果显示，羧甲基壳
聚糖及其铜模板在对铜离子的吸附过程中，虽然羧基、氨基、仲羟基参与了配
位，但也存在着差异。

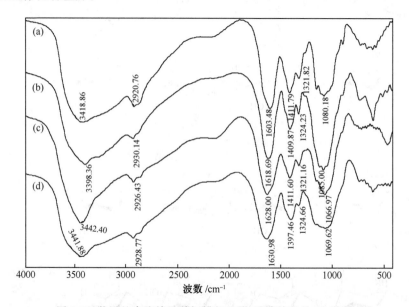

图 8-5　羧甲基壳聚糖及其铜模板吸附 Cu^{2+} 前后的 IR 谱图

　　将羧甲基壳聚糖及其铜模板吸附 Cu^{2+} 前后的样品表面喷金，用 SEM 观察表
面形态。图 8-6 给出了羧甲基壳聚糖及其铜模板吸附 Cu^{2+} 前后的 SEM 照片。从
图中可以看出，羧甲基壳聚糖吸附 Cu^{2+} 后表面比较疏松；交联后羧甲基壳聚糖
形成了致密的网状结构，Cu^{2+} 比较均匀地分布在羧甲基壳聚糖铜模板表面。
　　图 8-7 给出了交联后形成的锌模板吸附 Zn^{2+} 前后的表面形貌变化。与戊二
醛交联制成锌模板后，形成了三维网状结构 [图 8-7 (b)]，与 Zn^{2+} 进行吸附后，
表面光滑，且 Zn^{2+} 均匀地分布在锌模板表面。这可能是大分子链受到 Zn^{2+} 的络
合作用重新取向和聚集的结果。
　　取 10.00 g 取代度为 0.60 的 N-羧丁酰壳聚糖，加入到盛有 450 mL 待吸附

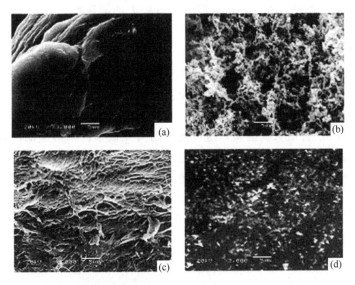

图 8-6　羧甲基壳聚糖及其铜模板吸附 Cu^{2+} 前后的 SEM 照片

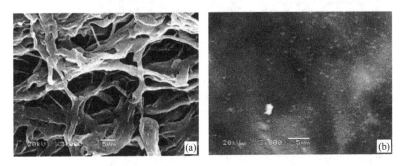

图 8-7　锌模板羧甲基壳聚糖吸附 Zn^{2+}（a）前（b）后的 SEM 照片

的乙酸铜（或铅）溶液中，在吸附 Pb^{2+} 的最佳条件下进行吸附，24 h 后过滤并用蒸馏水洗涤至检测不出 Pb^{2+} 离子为止，而后依次用乙醇和乙醚洗涤，真空干燥，得到吸附了 Pb^{2+} 的 N-羧丁酰壳聚糖。取 1.00 g 上述产物悬浮于 30 mL 乙醇（95%，质量分数）中，加入一定体积的戊二醛（1%），在 50℃下恒温搅拌 4 h 使之交联，过滤，并用水、乙醇依次洗涤，得交联 N-羧丁酰壳聚糖-Pb^{2+}。然后用 0.10 mol/L HCl 溶液洗脱至交联络合物检测不出金属离子，然后用蒸馏水洗涤至中性，真空干燥，得到具有 Pb^{2+} 模板孔穴的交联树脂[39]。

　　在制备过程中，随着交联剂戊二醛量的增加，相应条件下制得的 N-羧丁酰壳聚糖-Pb^{2+} 模板对 Pb^{2+} 的吸附能力也逐渐增大，但达到一个最大值后，交联剂量再增大，吸附量反而缓慢下降。这是由于刚开始所加交联剂量较少，从而使交联树脂的链间排列较为疏松，在溶液中具有较大的溶胀能力而使 Pb^{2+} 易于接近活性基团。随着交联剂用量的继续增大，使整个交联树脂形成了紧密的结构，树脂分子的疏水性随戊二醛的增加而增大，使 Pb^{2+} 不易接近活性基团，从而吸附量减少。此外，尽管羧丁酰壳聚糖对 Pb^{2+} 的吸附以羧丁酰基为主要吸附位，但也不排除部分—NH_2 的参与，因此交联反应导致分子链中—NH_2 基团减少也是吸附量下降的原因。当戊二醛的加入量为 5.0 mL 时，所制得的羧丁酰壳聚糖 Pb^{2+} 模板对 Pb^{2+} 有最大吸附量，这可能是因为在该条件下形成的树脂分子结构中，其空穴形状、大小与 Pb^{2+} 最为匹配。

　　图 8-8 给出了羧丁酰壳聚糖及其铅模板吸附 Pb^{2+} 前后的 SEM 照片。羧丁酰壳聚糖呈多孔结构 [图 8-8（a）]，吸附 Pb^{2+} 之后成为致密膜状 [图 8-8（b）]。交联模板羧丁酰壳聚糖是网状结构，吸附金属离子之后，多孔网络结构不明显，金属离子较均匀地分布在网状表面。

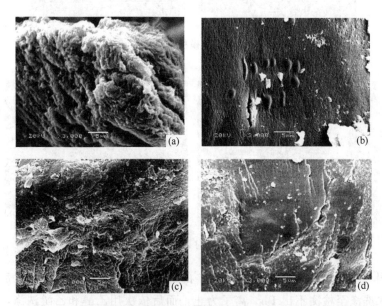

图 8-8　N-羧丁酰壳聚糖及其铅模板吸附 Pb^{2+} 前后的 SEM 照片

　　与壳聚糖相比，N-羧丁酰壳聚糖对金属离子有很好的吸附能力，尤其是 Pb^{2+}，吸附量提高了 4 倍。采用戊二醛交联制成的 N-羧丁酰壳聚糖铅模板对模板金属离子有较强的"记忆"能力，不但在酸性条件下不会发生软化和溶解，重复使用性能好，同时在多元混合体系中，能选择性地吸附模板金属离子，其吸附选择性比未交联的 N-羧丁酰壳聚糖高。该模板经酸洗脱后可再生利用。

　　壳聚糖经戊二醛交联后再用苯丙氨酸修饰得到的吸附剂，在体外对胆固醇的饱和吸附量达到 54.75 mg/g。用色氨酸修饰的交联壳聚糖，当血清胆固醇总浓度为 9.54 mmol/L 时，在 37℃下吸附 1 h，血清脂蛋白的去除率为 46.1%，苯丙氨酸修饰交联壳聚糖吸附 44.6%。这种壳聚糖树脂可用于体外血液灌流。

交联壳聚糖还可用作膜材料。如以丁二酸为间隔基，将配位体对氨基苄脒（PAB）偶联在交联壳聚糖膜上，再与乙二醇二环氧甘油醚交联。这种膜对胰蛋白酶较胰凝乳蛋白酶有较强的亲和力，可用于胰蛋白酶溶液的净化处理，其净化系数大于 7[40]。壳聚糖和聚丙烯酸等用反离子进行交联，形成离子化交联三维网络结构（PIC）的聚离子膜，具有更高的亲水性，表现出极其优良的渗透汽化分离性能。

壳聚糖与咪唑反应，咪唑通过亚甲基与壳聚糖氨基共价结合，增强壳聚糖的阳离子性。咪唑基团的引入可影响壳聚糖的生物效应。实验证明咪唑改性壳聚糖对骨的形成具有刺激作用。甲基吡咯烷壳聚糖是由天然壳聚糖改性的可吸收性聚合物，吡咯烷基团无规共价键合在多糖上，吡咯烷亲水基团的引入，增强了壳聚糖对溶菌酶水解作用的敏感性。在兔胫骨损伤修复实验中发现，甲基吡咯烷壳聚糖具有骨传导性。

先用苯甲醛与壳聚糖反应得到席夫碱以保护氨基，再用二苯并-18-冠-6 为基本结构的双官能基的冠醚作为交联剂，使之与 C_6 位上的羟基发生横向交联形成网状结构，并在其网状结构中嵌入不同的冠醚单元，制备成兼有冠醚和交联壳聚糖双重结构和特性的新型冠醚交联壳聚糖，这样既避免单独使用有毒的冠醚，又充分利用了冠醚具有螯合功能这一特性，且保留了壳聚糖的功能基团—NH_2。这种结构既能提高冠醚对金属离子的螯合效率，又能改善壳聚糖吸附金属离子的性能，可在水处理方面得到应用[41]。

8.4 酯化衍生物

甲壳素/壳聚糖的糖残基上都有羟基，在一些含氧无机酸或酸酐的作用下，会发生酯化反应，生成有机酯类衍生物[42]。酯类分为无机酸酯和有机酸酯两种，前者有硫酸酯、黄原酸酯、磷酸酯、硝酸酯等，后者有乙酸酯、苯甲酸酯、长链脂肪酸酯和氰乙酯等。由于无机酸酯表现出了较好的生物活性，本书对硫酸酯化和磷酸酯化反应重点作了介绍。

8.4.1 硫酸酯化反应

根据甲壳素/壳聚糖酯化前的状态不同，可分为两类：一类是针对所要制备甲壳素/壳聚糖硫酸酯的特殊要求，对其进行前处理，比如活化、降解或者是对糖单元上某一个或两个官能团进行化学修饰或加以保护后，然后再进行酯化（定位硫酸酯化）。不同的预处理方法和磺化方法相结合，即可得到符合要求的甲壳素/壳聚糖硫酸酯。第二类是直接对没有经过预处理的甲壳素/壳聚糖进行磺化[43]。

8.4.1.1　单一甲壳素/壳聚糖硫酸酯化衍生物的制备

甲壳素/壳聚糖的硫酸酯反应一般在非均相中进行。甲壳素在非均相条件下与硫酸酯化试剂反应可生成硫酸酯，反应示意图如图 8-9。

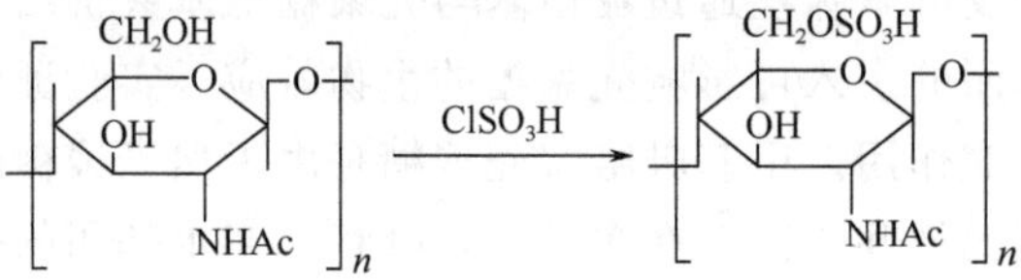

图 8-9　甲壳素硫酸酯的制备

反应过程一般是在装有搅拌装置的密闭三口烧瓶中，加入一定量的有机溶剂（预先冷却），置于冰盐水浴中。在搅拌状态下，滴加一定体积磺化剂，控制滴加的速度，使反应体系的温度保持在 5℃以下。滴加完毕后在室温下继续搅拌一定时间，再将三口烧瓶转移到恒温水浴中，加入甲壳素/壳聚糖，在一定的温度下搅拌反应一定的时间，形成黏稠的溶液，过滤，除去未反应的甲壳素/壳聚糖，将滤液倾入数倍乙醇中，形成的甲壳素/壳聚糖硫酸酯粗品沉淀经真空过滤分离，75%乙醇洗涤，蒸馏水溶解，饱和 $NaHCO_3$ 溶液中和，转入透析袋中，用去离子水充分透析，透析后的溶液用乙醇沉淀或冷冻干燥就可获得甲壳素/壳聚糖硫酸酯钠的纯品[44,45]。

甲壳素的硫酸酯化反应相对简单，而壳聚糖是 β-(1,4)糖苷键连接的 2-氨基-D-葡萄糖和 β-(1,4)糖苷键连接 2-乙酰氨基-D-葡萄糖组成的共聚物，每一个壳聚糖单元中有 3 个官能团。3 个官能团都可以进行化学修饰，但活性不同，引入位点也不同。因此，壳聚糖硫酸酯的结构比较复杂。不经化学修饰和基团保护，直接用壳聚糖制备的壳聚糖硫酸酯可以是单取代硫酸酯、二取代硫酸酯或三取代硫酸酯。对壳聚糖单元上的某些位点官能团进行化学修饰加以保护，可对各种取代位置的壳聚糖硫酸酯来进行定位制备。这样制备的壳聚糖硫酸酯的结构是可以确定的。

在合成壳聚糖硫酸盐的基础上，通过不同的表征手段，可分析以 H_2SO_4 作为试剂与壳聚糖反应的机理。以 H_2SO_4 为酯化试剂的磺化壳聚糖有机硫含量与硫酸软骨素、右旋葡萄糖硫酸酯、褐藻胶硫酸酯的含量该差不多，都不是很高，即本反应的平衡常数不高。也有可能是磺化发生在—NH_2 上，一方面由于有乙酰基的存在，导致磺化度不高从而有机硫含量不高；或者是由于在氨基上形成阳离子而降低了磺化度。因此，浓 H_2SO_4 与壳聚糖反应机理可分析如下[46]

H_2SO_4 在浓度较大的情况下，常出现一级电离，电离式如下

$$HOSO_2OH \Longrightarrow OSO_3H^- + H^+$$

电离出的 H^+ 与壳聚糖的氨基很容易形成阳离子，而 OSO_3H^- 又与壳聚糖氨基阳离子成盐。在较高浓度的 H_2SO_4 存在的情况下，此盐很容易以下列形式脱去一分子水，最后形成在 N 上取代的磺酸根，也就形成了壳聚糖—NH_2 上磺化的衍生物。具体过程如图 8-10 所示。

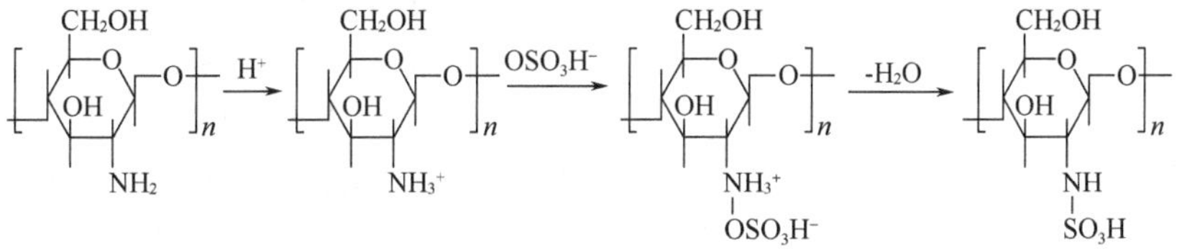

图 8-10　壳聚糖硫酸酯的制备过程

在甲壳素/壳聚糖硫酸酯化反应中，对反应结果影响较大的是磺化的有机溶剂以及磺化剂的选择。此外，甲壳素/壳聚糖在磺化前的预处理也是影响反应的重要因素。用于磺化的有机溶剂的选择在磺化反应中的作用是不可忽视的。溶剂不同，反应效果相差悬殊。在壳聚糖磺化体系溶剂的选择上，溶剂的作用优劣集中表现在对壳聚糖硫酸酯的溶解能力和络合磺化剂的能力。壳聚糖的磺化体系所用的溶剂有吡啶、甲酰胺和二甲基甲酰胺。这 3 种溶剂各有优缺点：吡啶的毒性很大且有恶臭味，但很多制备过程仍在使用；甲酰胺对磺化剂的溶解能力比较强，但不易干燥；二甲基甲酰胺对磺化剂的溶解能力不是很强，但它容易干燥，性质温和，毒性较小，是目前制备过程中应用较多的溶剂。

采用二甲基甲酰胺与 SO_3 络合物溶液直接磺化壳聚糖，由于壳聚糖本身的结构致密，只有表面的分子参与反应，反应不均一，含硫量不高。要得到高硫量的衍生物，必须延长反应时间，但又造成产率的下降[47]。直接用 H_2SO_4 对壳聚糖进行酯化，反应温度需保持在 -5℃ 以下，乙醇沉淀温度 -30℃ 以下，反应产率很低，SO_4^{2-} 含量不高[44]。上述两类磺化体系均为强酸性，在该反应环境中，C_2 位氨基已质子化，不易发生硫酸酯化反应，得到的主要产物是 C_6-O-壳聚糖硫酸酯。通过对 H_2SO_4/氯磺酸混酸硫酸酯化壳聚糖类肝素反应机理及 IR 谱图和 NMR 谱图的分析，H_2SO_4/氯磺酸混酸与壳聚糖主要在 C_6—OH 上发生酯化反应[48]。

采用三甲胺和三氧化硫的配合物作为磺化剂，在 pH＝9～10 的 Na_2CO_3 水溶液中，对壳聚糖进行磺化修饰，经过脱盐、干燥处理得到的是以 C_2-N-壳聚糖

硫酸盐为主的壳聚糖硫酸化衍生物[49]。Holme K R 和 Perlin A S 将壳聚糖经冷冻干燥处理后分散于水中，加入 Na_2CO_3 和 Me_3N-SO_3 在 50～70℃反应 4～12 h，直至形成透明的黏性溶液或凝胶，冷却后依次用蒸馏水、含 Amberlite IR-120 离子交换树脂的蒸馏水、0.0252 mol/L NaOH 溶液和蒸馏水透析，再冷冻干燥可得各种取代度的白色绒状固体，其得率在 80%～95%之间。如用 Na_2CO_3 和 Me_3N-SO_3 在 65℃下反应 12 h，可得到取代度为 0.86 的衍生物，其反应式如图 8-11。

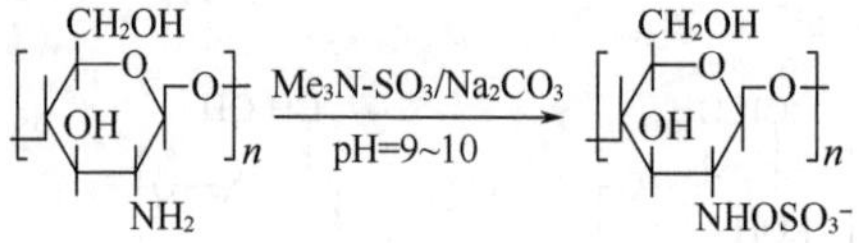

图 8-11　2-N-硫酸酯化壳聚糖制备过程

磺化剂的选择主要是依据反应过程控制的难易程度和反应装置的情况。磺化剂的种类很多，包括 SO_3、H_2SO_4 和发烟 H_2SO_4、HSO_3Cl、SO_2 和 O_2、SO_2 和 Cl_2、硫酰氯和亚硫酸盐等。从理论上讲，SO_3 是最有效的磺化剂。反应中直接引入—SO_3H，反应容易进行，可进行等物质的量反应，所得的磺酸盐产物中含盐量最少。用 HSO_3Cl 磺化可以在室温下进行，操作方便，适用于间歇工艺生产，HSO_3Cl 可单独使用，也可在溶剂中使用。浓 H_2SO_4 和发烟 H_2SO_4 的应用范围很广，但反应速度随酸浓度的下降呈数量级的下降[50]。

实验室中壳聚糖磺化采用的磺化剂主要有 HSO_3Cl 和浓 H_2SO_4 或发烟 H_2SO_4，以 HSO_3Cl 居多。磺化试剂的配制是壳聚糖磺化中的关键步骤。以壳聚糖为原料，先制成一定浓度的壳聚糖溶液，再以浓 H_2SO_4-HSO_3Cl 磺化试剂进行磺化，可获得水溶性好和含硫量较高的磺化壳聚糖，硫含量为 0.13%～0.15%[51]。IR 谱图分析表明，该衍生物具有与肝素相似的结构，是一种非常具有潜力的新型类肝素。

壳聚糖分子内部有强烈的氢键作用，结构致密，阻碍磺化试剂的渗透和反应。因此，对壳聚糖进行预处理是获得高质量壳聚糖硫酸酯的必经步骤。目前，预处理的方法主要有活化处理、降解处理和基团保护处理等。活化处理目的是减弱壳聚糖分子间强烈的氢键作用。将壳聚糖溶于一定量 1%乙酸溶液中，过滤除去不溶性的杂质，滤液用 0.01 mol/L NaOH 溶液中和，同时搅拌，直至形成壳聚糖沉淀。高速离心出壳聚糖沉淀，用蒸馏水洗至中性，乙醇洗涤数次，真空抽滤，再将得到的壳聚糖沉淀浸泡于二甲基甲酰胺中 12 h 以上，可得到具有较高活性和较大表面积的壳聚糖[52]。

壳聚糖的降解方法很多，其中以 H_2O_2 降解使用最为普遍。首先将壳聚糖溶解在乙酸溶液中，加入一定量的 H_2O_2，控制温度，搅拌一定时间，过滤，滤液用 95%乙醇沉淀，洗涤后的壳聚糖在 40℃下真空干燥，可获得一定相对分子质量的壳聚糖[53]。有关这一部分内容在第 3 章中已作了介绍。

8.4.1.2 定位壳聚糖硫酸酯化衍生物的制备

对壳聚糖分子上的官能团选择性进行化学修饰或保护，磺化后再去保护可制备定位硫酸酯化壳聚糖衍生物。定位硫酸酯化步骤多，操作复杂，制备周期长，都是制约其大规模生产的不利因素。

壳聚糖 C_6-O-位硫酸酯化（6S）衍生物的制备。因壳聚糖分子结构上含有反应活性很强的氨基（—NH_2），为了制备 6S 衍生物需避免—NH_2 参与酯化反应，并利用伯羟基和仲羟基的反应活性差异来使硫酸酯基只在 C_6—OH 上引入。基本的途径有两条：一是使—NH_2 在强酸性介质中质子化，使其失去参与酯化反应的活性；另一是采用保护基团对 C_2—NH_2 和 C_3—OH 进行保护。

强酸性介质中—NH_2 质子化保护法。将 1 g 壳聚糖加入在 4℃下预冷好的 40 mL 95% H_2SO_4 与 20 mL 98% $HClO_3$ 的混合物中，然后在室温反应 60 min 后出料，用 250 mL 冷乙醚沉淀、过滤，用乙醚洗涤后再加适量水溶解，用 0.5 mol/L 的 $KHCO_3$ 溶液中和，然后再用相对分子质量为 14 000 的膜进行透析，浓缩后冷冻干燥即得 6S，得率>90%[54]，其反应式如图 8-12。

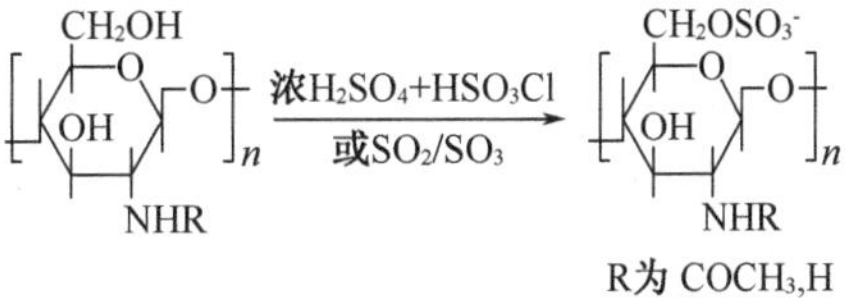

金属离子—NH_2 保护法。将 500 mg 壳聚糖用 2% 的甲酸溶解，滤去不溶物，然后滴加 8.3 mL 1mol/L $CuSO_4$ 溶液，在室温下搅拌 16 h 后过滤，分别用水、丙酮和乙醚洗涤，然后再分散于 30 mL 干燥的 DMF 中，将溶于 15 mL 干燥 DMF 中的 1.9g SO_3/吡啶，在 0~2℃下

图 8-12 6S 硫酸酯化甲壳素/壳聚糖制备过程

慢慢滴入，搅拌 1 h 后再升温至 50℃，在 N_2 氛中搅拌 16 h。最后将该溶液用 $NaHCO_3$ 调节至 pH=8 并加入 100mL 水透析 3 d，再用 Amberiite IRC817 离子交换柱去除 Cu^{2+}，然后冷冻干燥即得 6S，得率为 85%。采用 HSO_3Cl/$HCONH_2$ 作为硫酸酯化试剂，对 Cu^{2+} 螯合壳聚糖进行硫酸酯化，然后采用 EDTA 和 Sephadex G25 凝胶柱去除 Cu^{2+} 也可成功制备 6S[42,55]。

壳聚糖 C_3-O-位的硫酸酯化（3S）衍生物的制备。要选择性制备 3S，需对 C_2-N-位氨基和 C_6-O-位羟基进行保护。将 5.0 g 壳聚糖和 13.8 g 邻苯二甲酸溶于 100mL DMF 中，在 130℃下用 N_2 氛保护反应 5~7 h，混合物变成黏性透明溶液后过滤，在索氏提取器中用乙醇提取后，用 P_2O_5 干燥，得到 8.7 g 2-苯二甲酰亚氨基壳聚糖（得率 95.8%）。将 5.0 g 2-苯二甲酰亚氨基壳聚糖溶于 75 mL 吡啶，加入 47.98 g 氯化三苯基甲烷（TrCl），然后在 90℃下 N_2 氛中搅拌反应 24 h，冷至室温后浓缩为浆状，倾入 300 mL 乙醇中，过滤，用乙醚洗涤再用

P₂O₅ 干燥后得到 9.07 g 2-苯二甲酰亚氨基-6-O-三苯甲基壳聚糖（得率为 99％）。将 3.7 g 2-苯二甲酰亚氨基-6-O-三苯甲基壳聚糖与 20 mL 水合肼和 40 mL 水混合后，再在 N₂ 氛保护下于 100℃搅拌 15 h，冷却后加入 50 mL 水稀释，用旋转蒸发仪浓缩，再用乙醇和乙醚洗涤后干燥得 2.79 g 6-O-三苯甲基壳聚糖（得率为 84％）。用无水吡啶溶解纯化 6-O-三苯甲基壳聚糖（1.122 mmol）后，在该溶液中加入 SO₃/吡啶，再在 N₂ 氛中 80℃下搅拌 2 h，冷却后用乙醇离心沉淀，然后用水溶解，用 1 mol/L NaOH 调 pH＝9.0，然后在去离子水中透析 2 d，浓缩干燥可得到 237 mg 3-O-壳聚糖硫酸酯（得率为 80％）[56]。制备 3-O-壳聚糖硫酸酯，还可在2-苯二甲酰亚氨基-6-O-三苯甲基壳聚糖基础上，用 SO₃/吡啶进行硫酸酯化反应，然后用水合肼保护即可，这样合成虽然繁琐，产率较低，但反应定位选择性好，能得到较纯的 3S 衍生物。

采用先制 36S，再将其 6-O-位硫酸酯脱去的巧妙方法得到 3S，避免了繁琐的操作。将 36S 用水溶解后过 Amberlite IR-120 柱（2.5×20 cm²），然后用吡啶将洗脱液调 pH＝6.0 后冻干。将吡啶盐溶于 N-甲基吡咯烷酮和水的混合液中，再在 N₂ 氛中 90℃下搅拌 24 h，用 40 mL 水稀释后用 2 mol/L NaOH 溶液调 pH ＝9.0，然后在去离子水中透析 2 d，冷冻干燥即得 3S，得率为 55％，反应式如图 8-13[57]。

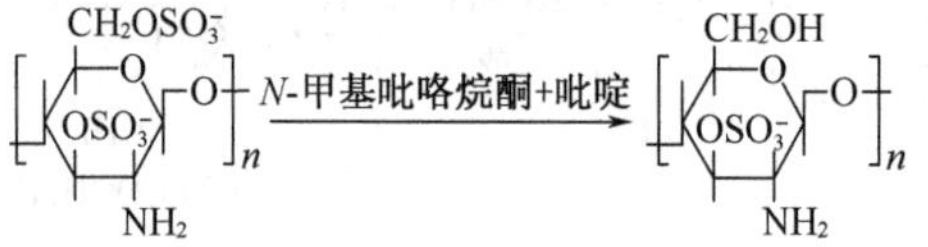

图 8-13　3S 硫酸酯化壳聚糖的制备

壳聚糖 C₂-N-位硫酸酯化（2S）衍生物的制备。为选择制备 2S，需避免 C₃ 和 C₆ 位羟基参与反应。有研究表明，脱硫肝素在碱性水溶液条件（pH＝9～10）下，用 Me₃N/SO₃ 或 SO₃/吡啶作硫酸化试剂可使 C₃ 和 C₆ 位羟基不参与反应[58]。

壳聚糖 C₂,₆-位硫酸酯化（26S）衍生物的制备。选择性制备 26S，可采用上述制备的 6S 为原料，按选择性制备 2S 的反应条件，即在碱性水溶液条件（pH ＝9～10）下，用 Me₃N/SO₃ 或 SO₃/吡啶作为硫酸酯化试剂进行操作即可。将 6S 酯化后再按 2S 的反应条件成功制备了 26S，硫取代度 DS＝1.57，得率达 92％[57]。其反应过程如图 8-14。

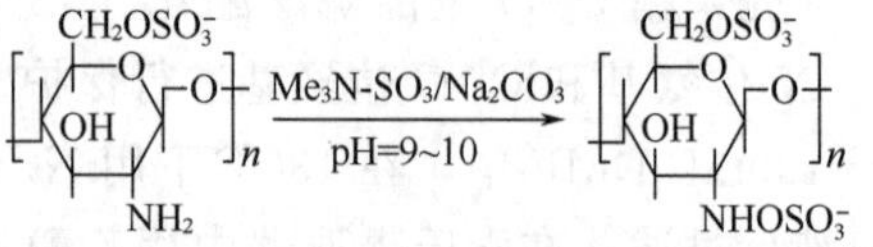

壳聚糖 C₃,₆-位硫酸酯化（36S）衍生物的制备。将 5.0 g 壳聚糖和 13.8 g 邻苯二甲酸酐溶于 100 mL 二甲基甲酰胺中，在 130℃下用 N₂ 保护反应 5～7 h，混合物变成黏性透明溶液后，倾入冰水

图 8-14　26 硫酸酯化壳聚糖衍生物

后过滤，在索氏提取器中用乙醇提取后，用 P₂O₅ 干燥，得到 2-苯二甲酰亚胺基壳聚糖[57]，为了去除保护基团，将其磺化产物溶解于水中，加入适量水合肼在

70℃反应 16 h，然后加入 50 mL 的水浓缩至近干，反复操作两次以消除剩余水合肼，透析和冷冻干燥即得 3、6 位的衍生物，取代度小于 2[59,60]。

　　壳聚糖 $C_{2,3}$-位硫酸酯化（23S）衍生物的制备。为了选择性制备 23S，可先制备 6-O-三苯甲基壳聚糖，对 C_6-O-位羟基进行保护，在此基础上按制备 3S 的反应条件进行硫酸酯化反应和脱保护即得。将 500 mg 6-O-三苯甲基壳聚糖溶解于 20 mL 干燥吡啶中，在室温条件下搅拌加入 989 mg SO_3/吡啶，在 N_2 氛中 80℃下搅拌 2 h，冷却后用 200 mL 乙醇离心沉淀，然后用 50 mL 水溶解，用 1 mol/L NaOH 溶液调 pH=9.0，然后在去离子水中透析 2 d，冷冻干燥得 530 mg 黄色棉状粗品，将此粗品分散于 10 mL 二氯乙酸中，在室温条件下搅拌 1 h 后溶液变为透明，加入 200 mL 乙醇离心沉淀，然后用 50 mL 水溶解，用 1 moI/L NaOH 溶液调 pH=9.0，然后在去离子水中透析 2 d，浓缩至 5 mL 后过 Sephadex G-25 柱，将洗脱液冻干可得 258 mg 的 23S 产物，得率为 62%[56]。

　　壳聚糖 $C_{2,3,6}$-位硫酸酯化（236S）衍生物的制备。236S 是在壳聚糖各可能活性位置进行硫酸酯化反应，是一个非选择性的过程，在没有对特定位置进行保护或限制反应活性的情况下，大多数硫酸酯化试剂都可使硫酸酯基随机进入 C_2、C_3、C_6 各个位置。将在 N-位部分羧甲基化的壳聚糖（取代度 DS=0.49）分散于无水吡啶中，在 -10℃下滴入 HSO_3Cl。然后在 60℃下搅拌过夜，在 -10℃下用饱和 $NaHCO_3$ 溶液中和酸性，再经过透析、过滤和冷冻干燥可得 236S 的衍生物，硫含量可高达 16.0%，取代度可达 2.5[61]。其反应过程如图 8-15。

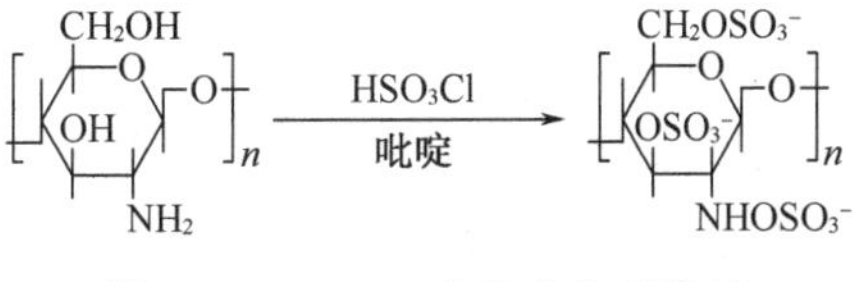

　　微波辐射加热具有均匀和快速的特点，对非均相反应有明显的促进作用。采用微波辐射法以 N，N-二甲酰胺和 HSO_3Cl 的配合物作为磺化剂对壳聚糖实施磺化修饰，经过脱盐、干燥处理得

图 8-15　2,3,6-硫酸酯化壳聚糖

到 C_2 位上的氨基、C_6 位上的羟基完全磺化，C_3 位上的羟基部分磺化的壳聚糖硫酸酯[62]。采用三氧化硫脲和壳聚糖反应可制备胍（guanidinylated）壳聚糖衍生物，其制备过程如图 8-16 所示[63]。相对于壳聚糖，该衍生物有着更好的抑菌性，而且其抑菌性随 pH 的减小而增强。

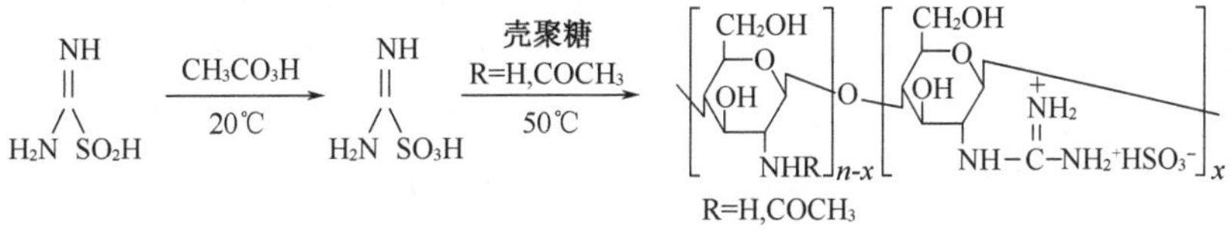

图 8-16　胍壳聚糖衍生物

8.4.1.3　双取代壳聚糖硫酸酯化衍生物的制备

在室温碱性介质中，采用 SO₃ 和嘧啶与羧甲基壳聚糖反应，可制备 *N*-磺化-*N*，*O*-羧甲基壳聚糖，其结构式如图 8-17 所示[64]。将 10 g 羧甲基壳聚糖溶于 0.6 L 水中，分次加入 SO₃ 和嘧啶溶液。在反应溶液中加入 NaOH 溶液（5 mol/L）使其 pH 保持在 9 以上。在最后一次加入硫化剂时，搅拌溶液使反应体系 pH 稳定约 40 min，然后在 33℃反应 15 min。用 100 μm 的尼龙筛过滤，将过滤后的磺化羧甲基壳聚糖倒入 6 L 异丙醇中，收集沉淀并干燥过夜得粗产物。将粗产物溶于 0.45 L 沸水中，然后放入透析袋（MWCO 12000）中，用去离子水透析 3～4 d，冻干得 6.2 g 纯产物。由衍生物的含硫量（3.0%～3.7%）测得产物的磺化度为 0.25～0.32。该衍生物可以作为肠道低相对分子质量肝磷脂的吸收增强剂。

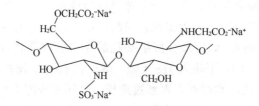

图 8-17　*N*-磺化-*N*，*O*-羧甲基壳聚糖的结构式

以甲壳素为原料先制备 *O*-羧甲基甲壳素，脱除乙酰基得到 *O*-羧甲基壳聚糖，再经不同的硫酸酯化工艺可分别制备 *O*-羧甲基-*N*-硫酸酯基壳聚糖、*O*-羧甲基-*O*-硫酸酯基壳聚糖和 *O*-羧甲基-*N*,*O*-硫酸酯基壳聚糖 3 种不同硫酸酯基取代位置的羧甲基壳聚糖衍生物[65]，其合成路线如图 8-18 所示。

在 *O*-羧甲基-*N*-硫酸酯基壳聚糖的红外图谱上，出现了 C＝O 的非对称和对称伸缩振动吸收带、S＝O 的非对称伸缩振动和 C—O—S 的对称伸缩振动吸收带，证明分子中羧基（—COO⁻）和硫酸酯基（—OSO₃⁻）的存在。在 ¹³C NMR 图谱上，C₃ 和 C₆ 的化学位移分别由 73.10 ppm 和 62.76 ppm 向低场移至 75.26 ppm 和 64.21 ppm，而且在低场 180.56 ppm 处出现了羧基碳（—CH₂*COO⁻）的吸收峰，在 54.02 ppm 出现了羧甲基碳（—*CH₂COO⁻）的吸收峰，这些信号充分表明羧甲基被引入在壳聚糖的 C₃ 和 C₆ 的 *O*-位上，但在 C₃—CM 处的信号较弱，表明羧甲基主要是引入在壳聚糖的 C₆ 位。C₂ 位的化学位移由 57.09 ppm 明显向低场漂移至 61.89 ppm，表明硫酸酯基被引入在壳聚糖的 C₂-*N* 位。

在 *O*-羧甲基-*O*-硫酸酯基壳聚糖的红外图谱上，出现了 C＝O 的非对称和对称伸缩振动吸收带、S＝O 的非对称伸缩振动和 C-O-S 的对称伸缩振动吸收带，

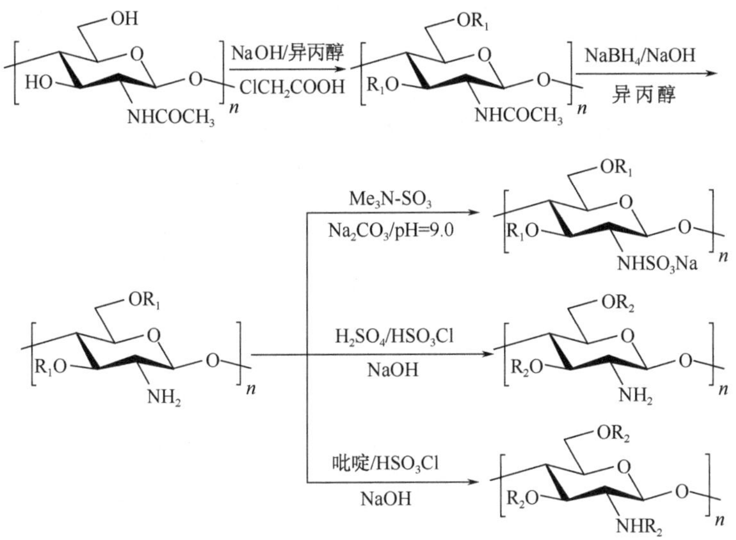

图 8-18　3 种羧甲基壳聚糖硫酸酯合成路线. ($R_1 =$ H，CH_2COONa；
$R_2 =$ H，CH_2COONa，OSO_3Na)

证明分子中羧基（—COO^-）和硫酸酯基（—OSO_3^-）的存在。在 ^{13}C NMR 图谱上，C_3 和 C_6 的化学位移分别由 73.91 ppm 和 62.18 ppm 向低场漂移至 75.59 ppm、78.69 ppm 和 64.86 ppm、69.40 ppm，表明在壳聚糖的 C_3 和 C_6 的 O-位既有羧甲基又有硫酸酯基存在。在低场 181.70 ppm 处出现了羧基碳（—$CH_2 \, ^*COO^-$）的吸收峰，在 53.83 ppm 出现了羧甲基碳（—$^*CH_2COO^-$）的吸收峰，这些信号进一步表明羧甲基的存在，从信号强度来看羧甲基主要是引入在壳聚糖的 C_6 位。

在 O-羧甲基-N,O-硫酸酯基壳聚糖的红外图谱上，出现了 C＝O 的非对称和对称伸缩振动吸收带、S＝O 的非对称伸缩振动和 C—O—S 的对称伸缩振动吸收带，证明分子中羧基（—COO^-）和硫酸酯基（—OSO_3^-）的存在。在 ^{13}C NMR 图谱上，C_3 和 C_6 的化学位移分别由 73.70 ppm 和 62.87 ppm 向低场漂移至 75.73 ppm 和 64.52 ppm，而且在低场 180.73 ppm 处出现了羧基碳（—$CH_2 \, ^*COO^-$）的吸收峰，在 54.00 ppm 出现了羧甲基碳（—$^*CH_2COO^-$）的吸收峰，这些信号表明羧甲基被引入在壳聚糖 C_3 和 C_6 的 O-位上。从信号强度来看，羧甲基也主要是引入在壳聚糖的 C_6 位。C_2、C_3 和 C_6 的化学位移分别由 57.14 ppm、73.70 ppm 和 62.87 ppm 明显向低场漂移至 60.47 ppm、77.96 ppm 和 69.72 ppm，表明在壳聚糖的 C_2—N 位和 C_3、C_6—O 位上也有硫酸酯基被引入。

壳聚糖硫酸酯衍生物由于具有与肝素类似的结构和强聚阴离子性质而引起了广大学者的关注，在抗凝、抗血栓和抗病毒方面的研究均有较多报道。在壳聚糖

分子的 C_6-O 位引入硫酸酯基后的抗凝活性明显高于在 C_2—N-位和 C_3—O-位硫酸酯化的衍生物[56]。根据肝素抗凝作用是其分子结构上硫酸基（—OSO_3^-）和羧基（—COO^-）协同作用的研究结果[66]，以 Cu^{2+} 为模板先定向合成 6-O-壳聚糖硫酸酯，然后分别用乙醛酸和丙酮酸在其 N-位形成席夫碱，再经 $NaCNBH_3$ 还原可制备 N-羧甲基-6-O-壳聚糖硫酸酯，制备过程如图 8-19 所示[67]。

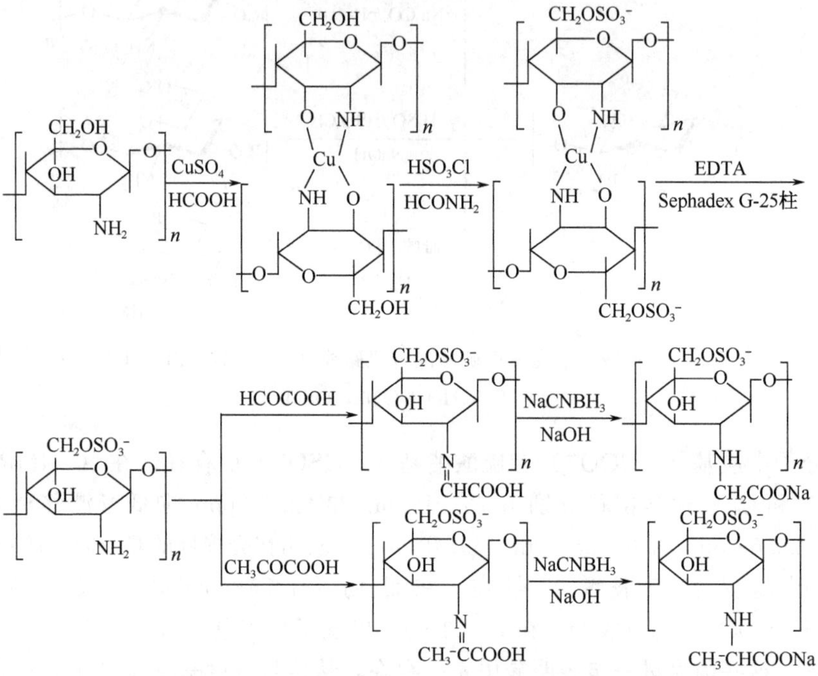

图 8-19　N-羧烷基-6-O-壳聚糖硫酸酯的制备路线

综上所述，根据壳聚糖自身结构的特点，采用不同磺化方法可制备出符合特定应用要求的壳聚糖硫酸酯。壳聚糖硫酸酯结构的多样性提供了多种生理功能，但仍需加强对壳聚糖硫酸酯的活性、构效以及应用等方面的深入研究。

8.4.2　磷酸酯化衍生物

甲壳素/壳聚糖也能形成磷酸酯。这些产物具有水溶性和耐热性，有很强的吸附重金属离子的能力，尤其是能捕集海水中的铀，因而也是一类重要的衍生物。

8.4.2.1　甲壳素/壳聚糖磷酸酯的制备

甲壳素/壳聚糖磷酸化试剂主要有 H_3PO_4/二甲基甲酰胺[68]或 P_2O_5/甲磺酸[69]。一般的制备方法是将 P_2O_5 加到甲壳素或壳聚糖的甲磺酸混合液中，搅拌反应。反应完后，加入乙醚使产物沉淀，进行离心分离，洗涤，然后干燥。一般的反应过程如图 8-20 所示。

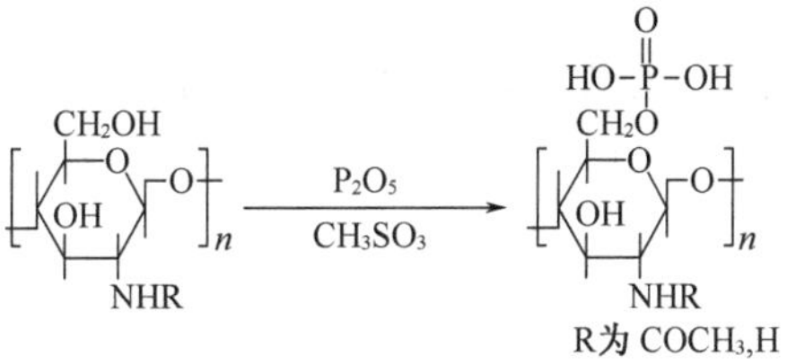

各种取代度的甲壳素磷酸酯化物都易溶于水，高取代度的壳聚糖磷酸酯化物溶于水，而低取代的不溶于水。将脱乙酰度为 88% 的壳聚糖加入到 1% 的乙酸溶液中，搅拌使壳聚糖充分溶解，得到 2% 的壳聚糖/乙酸溶液。将一定浓度的 H_3PO_4 溶液加入到壳聚糖溶液中，

图 8-20　甲壳素/壳聚糖磷酸酯化反应

搅拌，期间加入 50% 的甲醛。反应一定时间后，将反应物取出，洗涤，冷冻干燥即得壳聚糖磷酸酯化衍生物[70]。

将 P_2O_5 加到壳聚糖的甲磺酸混合液中也可制备水溶性的壳聚糖磷酸酯[71]。壳聚糖磷酸酯在水中的溶解性，在很大程度上取决于其脱乙酰度和取代度。通常，脱乙酰度和取代度低或适中的壳聚糖磷酸酯易溶于水，而脱乙酰度和取代度高的壳聚糖磷酸酯不溶于水，这可能是由于氨基和磷酸盐之间形成了分子内或分子间盐键，这种现象在两性聚电解质中通常会被观察到。通过改变酰化剂 P_2O_5 的加入量和反应时间，可以得到不同取代度的壳聚糖磷酸酯。

采用凝胶渗透色谱法测定三种不同脱乙酰度和取代度的壳聚糖磷酸酯的相对分子质量发现，壳聚糖磷酸酯的相对分子质量（8 261～18 939）都低于壳聚糖的相对分子质量（$\times 10^3$），说明在甲磺酸介质中发生的壳聚糖磷酸化反应，破坏了聚合物的分子链，而且磷酸化反应时间越长，取代度越高，壳聚糖磷酸酯的相对分子质量越低。该衍生物与 $Ca_3(PO_4)_2$ 形成的复合物在临床应用方面有很好的前景[72,73]。

以相对分子质量为 7.96×10^5 的壳聚糖为原料，与 P_2O_5/甲磺酸反应可合成不同取代度的壳聚糖磷酸酯[74]，进一步将壳聚糖磷酸酯与 K_2CO_3 作用可制成系列壳聚糖磷酸酯钾。将壳聚糖磷酸酯钾配制成 0.5、1、2、5、10 mg/L 溶液，以蒸馏水为对照，进行台湾四九菜心和水稻种子的浸种发芽实验。生物活性实验结果表明：在质量浓度为 0.5～10 mg/L 时，不同取代度的壳聚糖磷酸酯钾对菜心种子的发芽率有明显的促进作用。

此外，还有很多酯化反应形式可进行甲壳素/壳聚糖改性，使之成为水溶性

更好的酯化产物。如壳聚糖可和甲酸、乙酸、草酸、乳酸等有机酸生成盐，其胶状物具有阳离子交换树脂特性，可作离子交换剂亲和层析和酶固定化载体。

8.4.2.2　甲壳素/壳聚糖磷酸酯的结构分析

甲壳素/壳聚糖磷酸化的报道相对于壳聚糖其他衍生化反应较少，而在这些文献中对其结构作出分析的则更少。崔俊锋[70]对甲壳素/壳聚糖磷酸化衍生物的结构作了分析。

壳聚糖与磷酸化壳聚糖的 IR 谱图如图 8-21 所示。壳聚糖的 IR 谱图中 894 cm^{-1}与 1154 cm^{-1}处是壳聚糖糖基特征吸收带，1324 cm^{-1}是羟基特征吸收带。1600 cm^{-1}是氨基伸缩振动吸收带，1647 cm^{-1}左右是酰胺弯曲振动吸收带，根据这两个峰的大小可以判定壳聚糖的脱乙酰化程度[75]。由于壳聚糖的脱乙酰度为 88%左右，因此 1647 cm^{-1}位吸收带相对较小。磷酸化壳聚糖谱图与壳聚糖谱图相比，1600 cm^{-1}处的强氨基吸收带消失，1635 cm^{-1}处的酰胺弯曲振动吸收带明显增强，在 1541 cm^{-1}处出现新的强吸收带。同时，在 1070 cm^{-1}、941 cm^{-1}、524 cm^{-1}位出现两个明显的吸收带，这可能是 P—O 键的特征伸缩振动和弯曲振动吸收带，而 894 cm^{-1}与 1154 cm^{-1}的壳聚糖基特征吸收带明显减弱。磷酸化壳聚糖在 2000～3500 cm^{-1}处吸收带趋于平缓并变宽，这可能是氨基上的氢被—CH$_2$—PO$_4$取代后氮原子价位变复杂的结果。从这个结果可以推断壳聚糖的磷酸化反应是基于以下机理进行（图 8-22）：

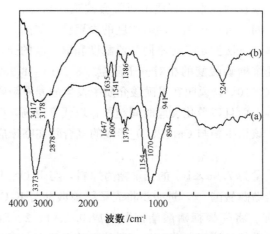

图 8-21　（a）壳聚糖与（b）磷酸化壳聚糖的 IR 谱图

在相同的实验条件下，比较壳聚糖和磷酸化壳聚糖的 XPS 全谱图，可以看出改性后在 135.2 eV 处新出现 P$_{2p}$峰，从而证实磷酸化壳聚糖中确实引入了磷元

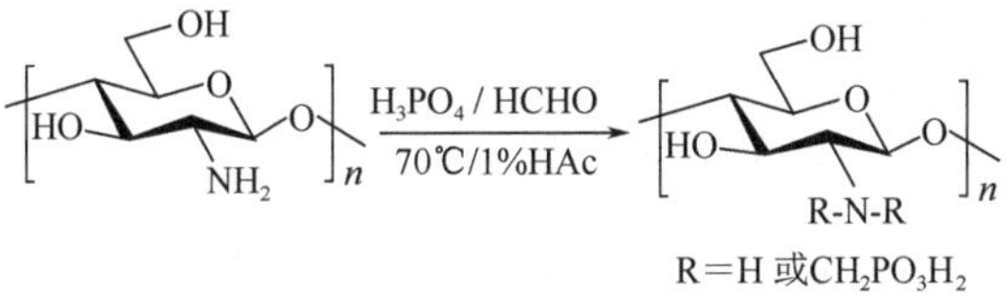

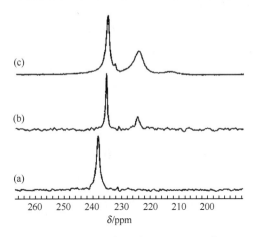

图 8-22　壳聚糖磷酸化反应机理

素。磷酸化壳聚糖的取代度和取代位置可由磷酸化壳聚糖的^{31}P NMR 谱图（图 8-23）中的去偶质子信号识别。根据空间位阻以及^{31}P NMR 谱图中的位移现象[69]，仅在 238 ppm 处出现吸收峰，表明取代度低的时候，壳聚糖的磷酸化反应仅发生在壳聚糖的 C_6 羟基位上。在 235 和 224 ppm 分别出现两个吸收峰 ［图 8-23（c）］，表明壳聚糖的 C_6 和 C_3 位同时发生磷酸化反应，同时磷酸化壳聚糖具有较高的取代度。在 232 ppm 附近出现小吸收峰，说明壳聚糖的其他基团也发生了磷酸化反应 ［图 8-23（c）］。尽管壳聚糖的许多氨基在甲磺酸介质中形成了胺，但壳聚糖的一部分氨基还是发生反应生成了磷酰氨基基团[71]。

图 8-23　磷酸化壳聚糖的^{31}P NMR 谱图
取代度：(a) 0.10，(b) 0.15，(c) 0.43

8.5　其他类型甲壳素/壳聚糖衍生物

8.5.1　甲壳素/壳聚糖硅烷化衍生物

　　甲壳素/壳聚糖硅烷化有助于提高它在有机溶剂中的溶解性。K Kurita 等人[76]在制备了三甲基硅烷甲壳素/壳聚糖的基础上，对结构、溶解性和反应性作了系统研究。将壳聚糖溶于吡啶后，加入六甲基二硅氮烷、氯代三甲基硅烷、4-二甲基氨基吡啶一起回流一定时间，然后用丙酮析出产物，再经洗涤、干燥即可。产物经测定取代度达到了 2.90。图 8-24 是甲壳素硅烷化反应的基本过程。

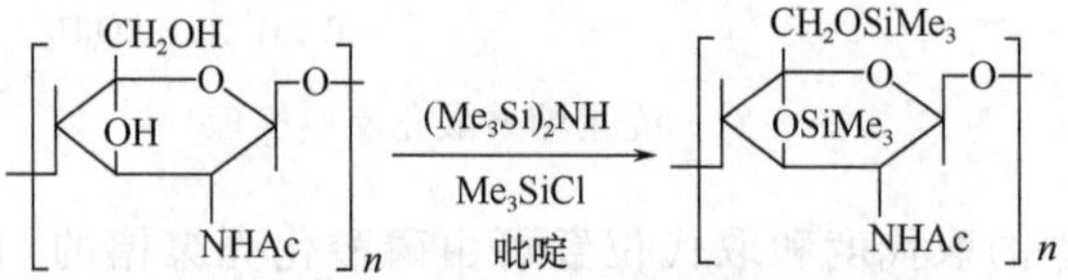

图 8-24　三甲基硅烷甲壳素制备过程

　　硅烷化甲壳素在一些反应中显示出了良好的反应活性，包括三苯甲基化反应，主要用来保护 C_6 羟基。甲壳素不但可以完全三甲基硅烷化，使之具有很好的溶解性和反应性，而且保护基又很容易脱去。因此，它可以在受控条件下进行改性和修饰。在 DMF 中，甲壳素的三甲基硅烷化只发生部分取代（取代度为 0.6），而在此条件下纤维素可以完全取代（取代度为 3.0）[77]，说明甲壳素的反应活性较低。三甲基硅烷甲壳素易溶于丙酮和吡啶，在另一些有机溶剂中可明显溶胀。完全硅烷化的甲壳素很容易脱去硅烷基。因此，可用它制备功能薄膜。将硅烷化甲壳素的丙酮溶液铺在玻璃板上，溶剂蒸发后得到薄膜，室温下将薄膜浸在乙酸溶液中，就可脱去硅烷基，得到透明的甲壳素膜。

　　与 β-甲壳素相比，α-甲壳素不容易被取代。两种甲壳素的三甲基硅烷化反应条件与取代度的关系见表 8-1[78]。在室温下反应 24 h，α-甲壳素和 β-甲壳素取代度相同；而反应 72 h 时，α-甲壳素的取代度比 β-甲壳素取代度高；但在 70℃ 反应 24 h 时，β-甲壳素取代度比 α-甲壳素的取代度高得多，这说明在较高温度反应时，β-甲壳素比 α-甲壳素更容易发生硅烷化改性反应[79]。

表 8-1　α-甲壳素和 β-甲壳素三甲基硅烷化反应活性比较

甲壳素	反应条件		产率/%	取代度
	温度/℃	时间/h		
虾壳 α-甲壳素	r. t.	24	60	0.16
虾壳 α-甲壳素	r. t.	72	69	0.45
虾壳 α-甲壳素	70	24	74	0.99
虾壳 α-甲壳素	70	72	73	1.53
鱿鱼 β-甲壳素	r. t.	24	76	0.16
鱿鱼 β-甲壳素	r. t.	72	74	0.37
鱿鱼 β-甲壳素	70	24	85	2.00

　　通过对硅胶进行硅烷化，利用席夫碱反应，用乙二醛作壳聚糖（CTS）的交

联剂和氨基化硅胶（Sigel-NH$_2$）为偶联剂，可制得结构稳定的 2-(1,2-乙二醛)-亚胺-2-脱氧-β-D-葡聚糖树脂，并形成硅烷化 TCL 层析硅胶（硅胶接枝 2-乙二醛壳聚糖，Si-gel-g-BifCTS）。李琳等[80]通过硅烷化试剂 KH-550，在甲苯中加热至 100℃，通 N$_2$ 保护，加热与硅胶反应 18 h，生成硅烷化硅胶（Sigel-NH$_2$），反应路线如图 8-25 所示。

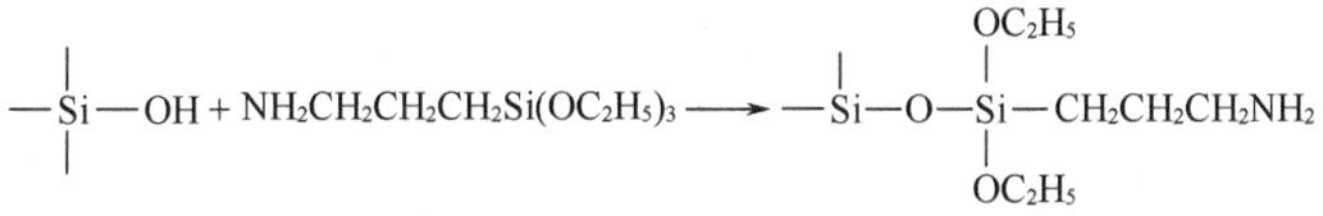

图 8-25　硅烷化硅胶（Sigel-NH$_2$）反应路线

称取一定量的 CTS，加入 HAc 溶液和硅烷化硅胶（Sigel-NH$_2$），再加入 NaAc 溶液，加入乙二醛，用水稀释至 100 mL，室温反应 1 h，升温至 40℃，反应 10 h 后过滤清洗，干燥，称重，则得到目标产物 Si-gel-g-BifCTS，反应路线如图 8-26 所示。该新型吸附剂对金属离子 Cd^{2+}、Pb^{2+} 吸附量大，吸附速度快，达到平衡的时间短，具有潜在的应用前景。

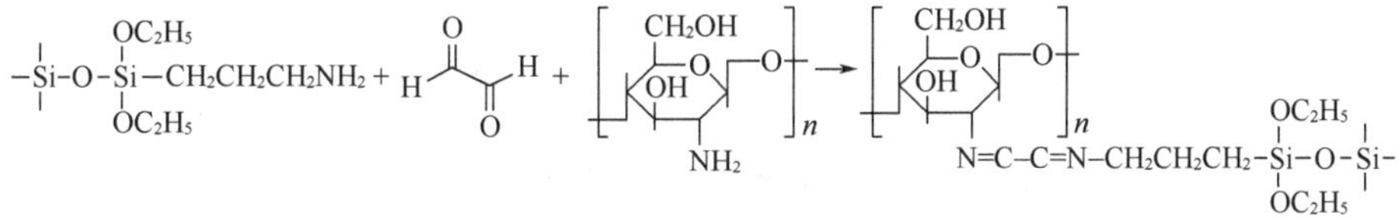

图 8-26　硅胶接枝 2-乙二醛壳聚糖反应路线

8.5.2　壳聚糖树形衍生物

壳聚糖树形衍生物是近年来才发展的一类高分子化合物。它一般是通过在壳聚糖的氨基上接枝功能分子基团而形成。如果接枝的基团是糖、肽类、脂类或者药物分子，所得的树形分子除结合了壳聚糖的无毒、生物相容性和生物降解性外，还有功能分子的药物作用。因此，在药物化学方面有广泛的应用。这类化合物可形象地形容为壳聚糖是这种分子的树干和主枝，树形分子是树枝，而功能分子就是树形材料的花和叶子。有关壳聚糖与糖类反应已经在第 7 章中做了一些介绍。为此，在这里主要介绍其他类型树形衍生物的制备方法。

树形聚合物由于具有多重功能，并能防止病毒和致病菌的吸附而受到广泛的关注，但很少有人对具有树形结构的壳聚糖进行研究。Hitoshi Sashiwa 建立了两种方法来合成一系列具有树形结构的壳聚糖衍生物（图 8-27）[81,82]。在方法一中，先合成了带有醛基和所需间隔结构的树形聚合物，然后通过 N-烷基的还原与壳聚糖发生反应。该方法的优越之处在于整个过程中不出现其他的交联。但是由于位阻作用，形成具有反应活性的树形衍生物有限。而在方法二中，壳聚糖只是结合到树形物的表面，这时可以直接采用商品化的带有氨基的树形物反应。方法二能够产生较多的结合点，正因为如此，也可能出现交联反应。

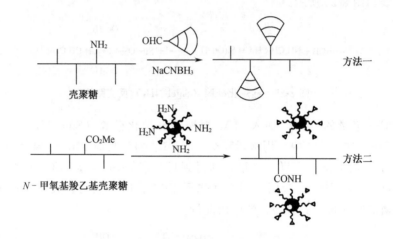

图 8-27　壳聚糖树形衍生物的合成路线

以四甘醇为起始原料，先得到 N,N-双丙酸甲酯-11-氨基-3,6,9-氧杂-癸醛缩乙二醇，然后再与乙二胺发生胺解反应，经过同样步骤，在端基引入 8 个氨基，氨基再和含有醛基的单糖反应，最后和壳聚糖经席夫碱反应、还原得到一种树形分子[82]。聚合物是一个树状的分子，壳聚糖是树干，那些间隔结构是主要的树枝，树形物是次级分支，功能性基团是树叶。在这里，四乙烯正二醇的间隔结构通过 1 到 3 级连锁反应获得，而在 5 到 7 级连锁反应中又对四乙烯正二醇进行了改性，形成了树形物的骨架，然后通过 N-烷基化反应接到硅铝酸上，最终再接到壳聚糖上。由于树枝状物的空间位阻作用，树枝状结构对糖单元的取代度会随着连锁反应级的增加而下降〔0.08（1 级），0.04（2 级），0.02（3 级）〕[81,83]。

采用乙醛可制备产率 80％壳聚糖硅铝酸树形衍生物 14（图 8-28）[84]。树形衍生物 14 的取代度为 0.06，树形衍生物 14 低的反应率是空间位阻造成的。在保护基团水解后（0.5 mol/L NaOH 溶液，室温，2 h）制备的树形衍生物 14 仅微溶于水，从而不能用于生物评价实验。为了进一步提高其水溶性，采用过量的琥珀酸酐使壳聚糖分子中剩余的氨基发生琥珀酰化反应，可得到产率为 90％的水溶性 N-琥珀酰壳聚糖树形衍生物。

图 8-29 是通过方法二合成的壳聚糖树形结构接枝物的过程[85]。通过 1 到 5 级的连锁反应，得到的带有 1,4-二氨基丁烷核的聚酰胺氨基基团，再由氨基化

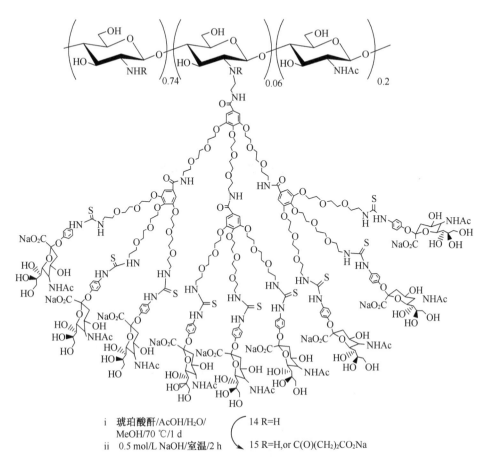

i　琥珀酸酐/AcOH/H₂O/
　　MeOH/70 ℃/1 d　　　　　　14 R=H
ii　0.5 mol/L NaOH/室温/2 h　　15 R=H,or C(O)(CH₂)₂CO₂Na

图 8-28　典型壳聚糖树形衍生物的合成路线

反应接枝到 N-甲氧基羰基乙基壳聚糖骨架上得到产物, 在此过程中要防止交联现象的出现。产物甚至能在更高的连锁反应级当中得到（4 或 5 级）。树形物的取代度会随着级数的上升而下降, 从 1 级的 0.53 降低到 4 级的 0.17 或 5 级的 0.11。所得产物能溶解于酸中, 但可以观察到在分子内部存在两个（或两个以上）联结点。硅铝酸在壳聚糖骨架上的结合呈现高度收敛[86]。

　　N-烷基还原法是一种有效的壳聚糖化学改性方法。因此, Sashiwa 等[81]选择了该方法制备了壳聚糖树形衍生物（图 8-30）。先将壳聚糖、甲基丙烯酸酯和二胺进行迈克尔加成反应, 制备取代度为 1.2 的水溶性产物 N-羧乙基壳聚糖甲基酯（二胺部分的取代度为 0.64～0.94）, 然后将聚酰胺氨基树形分子和 N-羧乙基壳聚糖甲基酯反应制备 N-羧乙基壳聚糖树形衍生物[87]。

　　将壳聚糖和乙缩醛溶于含乙酸的水中, 然后加入 NaCNBH₃。混合物在室温

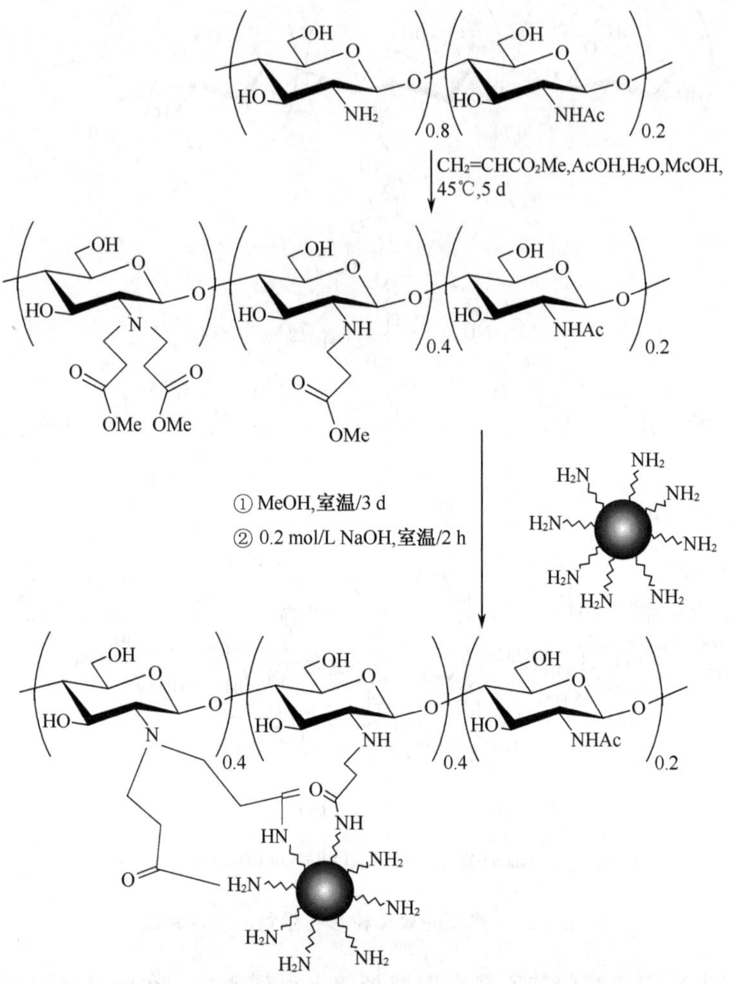

图 8-29　通过方法二合成壳聚糖树形衍生物的过程

下搅拌 1 d，加入 NaHCO₃ 将其 pH 调至 8。混合物透析 2 d，冷冻干燥，用乙醇洗涤除去残留的乙缩醛，干燥可得壳聚糖树形衍生物（图 8-31）。将壳聚糖树形衍生物在室温下悬浮于 0.1 mol/L NaOH 溶液中 1 h 后，将混合物透析 2 d，冷冻干燥可得含羧基的壳聚糖树形衍生物[88]。

　　与壳聚糖相比，壳聚糖树形衍生物的水溶性得到了很大的改善。壳聚糖树形衍生物和含羧基的壳聚糖树形衍生物具有极好的水溶性。研究结果表明，尽管含羧基的壳聚糖树形衍生物可溶于水，但它们的生物降解性差。具有最大树形状的壳聚糖树形衍生物表现出最差的生物降解性。由此可见，壳聚糖树形衍生物的生

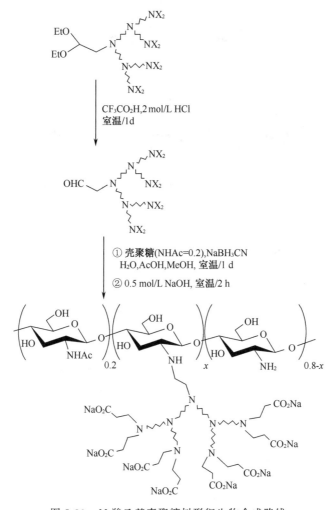

图 8-30　N-羧乙基壳聚糖树形衍生物合成路线

物降解性和水溶性无关，很大程度取决于它们的化学结构。壳聚糖树形衍生物生物降解性弱，可能是由于树形分子空间位阻抑制了酶降解过程。

　　虽然壳聚糖树形衍生物在国外已有许多报道[81~88]，但其中绝大多数却没有得到实际应用，究其原因主要有两点：一是壳聚糖树形衍生物合成过程繁琐，反应产率低；二是所得产物价格昂贵。国内目前在围绕壳聚糖树形衍生物的制备方面，研究工作非常有限。开发具有独特功能的壳聚糖树形衍生物，降低合成成本，是壳聚糖树形衍生物应用的必然要求。通过分子设计所得的高分子树形材料在主客体化学和催化方面显示出良好的应用前景。因此，尽管这类反应过程一般较为复杂，但仍是未来研究的方向之一。

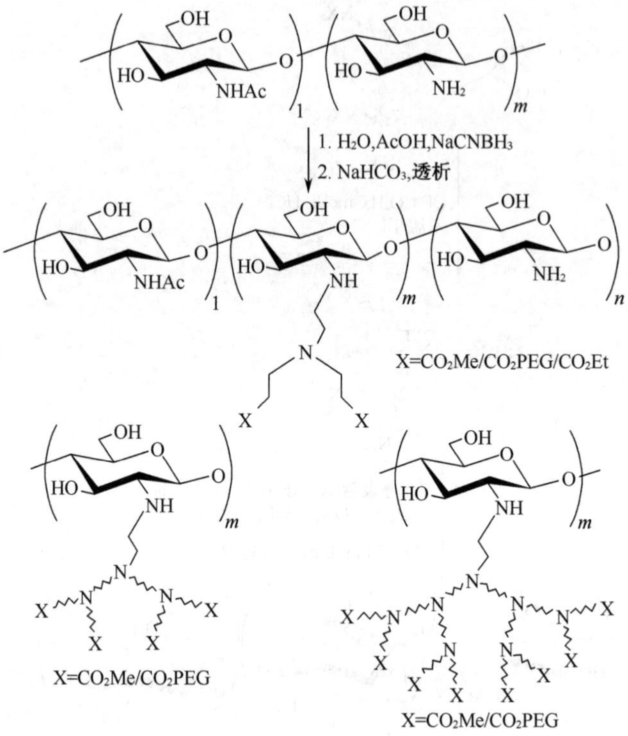

图 8-31　壳聚糖树形衍生物的合成路线

参 考 文 献

[1] 卞惠芳. 氧化甲壳素的合成. 四川化工, 2006, 9 (6): 13~16

[2] Sun L P, Du Y M, Yang J H et al. Kennedy conversion of crystal structure of the chitin to facilitate preparation of a 6-carboxychitin with moisture absorption-retention abilities. Carbohydr Polym, 2006, 66 (2): 168~175

[3] Whistler R L, Kosik M. Anticoagulant activity of oxidized and N-and O-sulfated chitosan. Arch Biochem Biophys, 1971, 142 (1): 106~110

[4] Horton D, Just E K. Preparation from chitin of (1→4)-2-amino-2-deoxy-β-D- glucopyranuronan and its 2-sulfoamino analog having blood-anticoagulant properties. Carbohydr Res, 1973, 29 (1): 173~179

[5] 梁凯, 杜予民, 张婷等. 光交联壳聚糖膜的制备及其性能研究. 分析科学学报, 2006, 22 (5): 501~504

[6] 甄洪鹏, 聂俊, 孙俊峰等. 壳聚糖/聚乙烯醇共混超细纤维的制备及紫外光交联研究. 高分子学报, 2007, (3): 230~234

[7] Vidmar P, Fomasiero P, Kaspar J et al. Effects of trivalent dopants on the redox properties of ce$_{0.6}$zr$_{0.4}$ o$_2$ mixed oxide. J catal, 1997, 171 (1): 160~168

[8] Nunan J G, Cohn M J, Donner J T. Effect of high temperature lean aging on the performance of Pt, Rh/CeO$_2$ and rare earth/alkaline earth doped Pt, Rh/CeO$_2$ catalysts. Catal today, 1992, 14 (2):

277～291

[9] Koltsakis G C，Stamatelos A M．Catalytic automotive exhaust aftertreatment．Prog Energy Combust Sci，1997，23（1）：1～39

[10] 白林山，冯长根，任启生．三甲胺修饰戊二醛交联壳聚糖树脂的制备及其吸附性能．现代化工，2003，23（8）：28～31

[11] 朱华跃，肖玲．戊二醛交联对壳聚糖/PVA 共混膜结构和性能的影响．浙江海洋学院学报，2005，24（2）：126～129

[12] 钱沙华，向罗京，邓红兵等．交联壳聚糖富集分离-石墨炉原子吸收光谱法测定痕量钯的研究．光谱学与光谱分析，2007，27（3）：592～594

[13] 钱沙华，邓红兵，汪光等．交联壳聚糖预富集分离-石墨炉原子吸收光谱法测定痕量银（I）．分析科学学报，2007，23（1）：37～40

[14] 党明岩，张廷安，王娉等．CCCS 与 ECCS 树脂对 Au（Ⅲ）吸附性能的比较．东北大学学报，2005，26（11）：1103～1106

[15] 孟晓荣，张敏，李凯等．模板占位交联壳聚糖对水杨酸的吸附与缓释研究．陕西师范大学学报，2007，35（1）：69～73

[16] 韩德艳，蒋霞，谢长生．交联壳聚糖磁性微球的制备及其对金属离子的吸附性能．环境化学，2006，25（6）：748～751

[17] 李巧霞，宋宝珍，仰振球等．香草醛交联的壳聚糖微囊的制备及表征．过程工程学报，2006，6（4）：608～613

[18] 袁彦超，陈炳稔，王瑞香．甲醛、环氧氯丙烷交联壳聚糖树脂的制备及性能．高分子材料科学与工程，2004，20（1）：53～57

[19] 葛华才，马志民，郑大锋等．微波辐射下甲醛交联壳聚糖香草醛希夫碱的制备及吸附性能．华南理工大学学报，2006，34（10）：40～43

[20] 袁彦超，章明秋，容敏智．交联壳聚糖树脂对 Ni（Ⅱ）的吸附行为研究．化学学报，2005，63（18）：1753～1758

[21] 石光，袁彦超，陈炳稔等．交联壳聚糖的结构及其对不同金属离子的吸附性能．应用化学，2005，22（2）：195～199

[22] 杨庆，梁伯润，窦丰栋等．以乙二醛为交联剂的壳聚糖纤维交联机理探索．纤维素科学与技术，2005，13（4）：13～20

[23] 曹佐英，赖声礼，葛华才．微波辐射下乙二醛交联壳聚糖的制备及其吸附性能的研究．微波学报，2000，16（1）：96～99

[24] 陈强，吕伟娇，张文清等．醛交联剂对壳聚糖复合膜性能的影响．华东理工大学学报，2005，31（3）：398～402

[25] 杨媛，罗丙红，周长忍．新型生物降解交联剂的制备和交联壳聚糖的性能．材料研究学报，2007，21（1）：25～31

[26] 孙胜玲，马宁，王爱勤．铜模板交联壳聚糖对金属离子的吸附性能研究．离子交换与吸附，2004，20（3）：193～196

[27] 孙胜玲，王爱勤．铅模板交联壳聚糖对 Pb（Ⅱ）的吸附性能．中国环境科学，2005，25（2）：192～194

[28] 曲荣君，王荣华．天然高分子吸附剂研究：X．交联壳聚糖树脂的制备及其吸附性能．水处理技术，1997，23（4）：230～235

[29] 温玉清，刘峥. 印迹交联壳聚糖树脂对尿素的吸附行为研究. 塑料工业，2006，34 (B05)：240～242

[30] 王亚敏，石庭森，蒲永林等. 顺铂壳聚糖微球的制备及特性研究. 药学学报，1996，31 (4)：300～305

[31] Anjali D, Smitha B, Sridhar S et al. Novel crosslinked chitosan/poly (vinylpyrrolidone) blend membranes for dehydrating tetrahydrofuran by the pervaporation technique. J Membr Sci, 2006, 280 (1-2)：45～53

[32] 刘峥，田兴乐，蒋先明. 交联壳聚糖缩水杨醛螯合树脂的制备及性能研究. 离子交换与吸附，1999，15 (5)：432～439

[33] 刘辉. 交联壳聚糖的合成及其对 Cu^{2+} 的去除效果. 山西大学学报，2004，27 (3)：268～272

[34] 施晓文，杜予民，覃采芹等. 交联羧甲基壳聚糖微球的制备及其对 Pb^{2+} 的吸附性能. 应用化学，2003，20 (8)：715～718

[35] 邵颖，袁幼菱. 羧甲基交联壳聚糖树脂的合成、表征及其应用. 宁波大学学报，2006，19 (4)：503～508

[36] Sun S L, Wang L, Wang A Q. Adsorption properties of crosslinked carboxymethyl-chitosan resin with Pb (II) as template ions. J Hazard Mater, 2006, 136 (3)：93～937

[37] Sun S L, Wang A Q. Adsorption properties of carboxymethyl chitosan and crosslinked carboxymethyl resin with Cu as template. Sep Purif Technol, 2006, 49 (3)：197～204

[38] Sun S L, Wang A Q. Adsorption properties and mechanism of cross-linked carboxymethyl-chitosan resin with Zn (II) as template ion. React Funct Polym, 2006, 66 (8)：819～826

[39] Sun S L, Wang A Q. Adsorption properties of N-succinyl-chitosan and cross-linked N-succinyl-chitosan resin with Pb (II) as template ions, Sep Purif Technol, 2006, 51 (3)：409～415

[40] 王峥，郭敏亮，姜涌明. 新型疏水色谱填料-丁基交联壳聚糖的合成. 功能高分子学报，2001，14 (1)：81～85

[41] 完莉莉，汪玉许. 新型冠醚交联壳聚糖的合成. 化学试剂，2001，23 (1)：6～7

[42] Terbojevich M, Carraro C, Cosani A et al. Solution studies of chitosan 6-O-sulfate. Makromol chem. , 1989, 190 (11)：2847～2855

[43] 蒋玉湘，李鹏程. 壳聚糖硫酸酯制备方法. 海洋科学，2004，28 (6)：75～77

[44] 徐加超，肖英龙. 水溶性甲壳素的制备. 海洋湖沼通报，1994，(1)：90～93

[45] 吴勇，黎碧娜. 磺化壳聚糖的研制. 广州化工，2000，28 (4)：99～100

[46] 蒋珍菊，王周玉，冯冬. 硫酸磺化壳聚糖的研究. 化学与生物工程，2005，22 (4)：12～14

[47] 方波，江体乾. 新型类肝素物质的研究—水溶性磺化羟丙基壳聚糖的研制. 华东理工大学学报，1998，24 (3)：286～290

[48] 蒋珍菊，王周玉，胡星琪. 硫酸/氯磺酸混酸酯化壳聚糖的研究. 化学研究与应用，2005，17 (3)：347～349

[49] Holme K R, Perlin A S. Chitosan N-sulfate：A water-soluble polyelectrolyte. Carbohydr Res, 1997, 302 (1-2)：7～12

[50] 周晴中. 磺化反应和技术. 精细化工，1995，12 (3)：59～63

[51] 王斌，胡星琪. 准均相反应制备磺化壳聚糖. 应用化工，2005，34 (10)：628～631

[52] 马恩忠，张千弘. 壳聚糖硫酸氢酯的合成. 天津师范大学学报，2000，20 (2)：54～56

[53] 赵霞，吕志华. 一种低分子壳聚糖硫酸酯铝的制备. 中国海洋药物，2001，81 (3)：28～32

[54] Naggi A M, Torri G, Compagnoni T et al. Synthesis and physic-chemical properties of polyampholyte

chitosan 6-sulfate. New York：1986，371

[55] Focher B，Massoli A，Torri G et al. High molecular weight chitosan 6-O-sulfate. Synthesis，ESR and NMR characterization. Makromol Chem，1986，187 (11)：2609～2620

[56] Nishimura S I，Kai H，Shinada K et al. Regioselective syntheses of sulfated polysaccharides：specific anti-HIV-1 activity of novel ctiitin sulfates. Carbohydr Res，1998，306 (3)：427～433

[57] Baumann H，Faust V. Concepts for improved regioselective placement of O-sulfo，N-acetyl，and N-Carboxylmethyl groups in chitosan derivatives. Carbohydr Res，2001，331 (1)：43～57

[58] Ayotte L，Perlin A S. NMR spectroscopic observations related to the function of sulfate groups in heparin. Calcium binding vs. biological activity. Carbohydr Res，1986，145 (2)：267～277

[59] 赵霞，于广利. 壳聚糖定位硫酸酯化的制备工艺. 中国海洋药物，2002，82 (3)：15～20

[60] Huang R H，Du Y M，Yang J H. Preparation and anticoagulant activity of carboxybutyrylated hydroxyethyl chitosan sulfates. Carbohydr Polym，2003，51 (4)：431～438

[61] Muzzarelli R A A，Giacomelli G. The blood anticoagulant activity of N-Carboxymethylchitosan trisulfate. Carbohydr polym，1987，7 (2)：87～96

[62] Xing R，Liu S，Yu H H et al. Preparation of low-molecular-weight and high-sulfate-content chitosans under microwave radiation and their potential antioxidant activity in vitro. Carbohydrate Res. 2004，339 (15)：2515～2519

[63] Hu Y，Du Y M，Yang J H et al. Synthesis，characterization and antibacterial activity of guanidinylated chitosan. Carbohydr Polym，2007，67 (1)：66～72

[64] Thanou M，Henderson S，Kydonieus A et al. N-sulfonato-N,O-Carboxymethylchitosan：a novel polymeric absorption enhancer for the oral delivery of macromolecules. J Controlled Release，2007，117 (2)：171～178

[65] 赵峡，吕志华，徐家敏. 几种 O-羧甲基壳聚糖硫酸酯的制备. 中国海洋药物，2003，22 (1)：13～16

[66] Yu G L，Guan H S，Xu J M et al. Prepa-ration and structure-activity differences of low molecular-weight heparins (LMWH). J Ocean University Oingdao，2001，31 (5)：673

[67] 赵峡，吕志华，徐家敏等. N-羧烷基-6-O-壳聚糖硫酸酯的制备. 中国海洋药物，2002，21 (4)：4～8

[68] Sakaguchi T，Horikushi T，Nakajima A. Adsorption of uranium by chitin phosphate and chitosan phosphate. Agric Biol Chem，1981，45 (10)：2191～2195

[69] Nishi N，Ebina A，Nishimura S et al. Highly phosphorylated derivatives of chitin，partially deacetylated chitin and chitosan as new functional polymers：preparation and characterization. Int J Biol Macromol，1986，8 (5)：311～317

[70] 崔俊锋. 磷酸化壳聚糖基仿生复合支架的研究. 天津：天津大学硕士论文，2004

[71] Wang X H，Ma J B，Wang Y N et al. Structural characterization of phosphorylated chitosan and their applications as selective additives of calcium phosphate cements. Biomaterials，2001，22 (16)：2247～2255

[72] Wang X H，Ma J B，Wang Y N et al. Bone repair in radii and tibias of rabbits with phosphorylated chitosan reinforced calcium phosphate cements. Biomaterials，2002，23 (21)：4167～4176

[73] Wang X H，Ma J B，Feng Q L et al. Skeletal repair in rabbits with calcium phosphate cements incorporated phosphorylated chitin. Biomaterials，2002，23 (23)：4591～4600

[74] 盛家荣，黄竹林，陈今浩等. 不同取代度的壳聚糖磷酸酯钾的合成及其对种子萌发的作用. 种子，2005，24 (12)：26～29

[75] Baxter A, Dillon M, Taylor K D A et al. Improved method for I. R. determination of the degree of N-acetylation of chitosan. Int J Biol Macromol, 1992, 14 (3): 166~169

[76] Kuritak, Hirakawa M, Kikuchi S, Yamanaka H et al. Trimethylsilylation of chitosan and some properties of the product. Carbohydr polym, 2004, 56 (3): 333~337

[77] Harmon R E, De K K, Gupta S K. New procedure for preparing trimethylsilyl derivatives of polysaccharides. Carbohydr Res, 1973, 31 (2): 407~409

[78] Kurita K, Hirakawa M, Nishiyama Y. Silylated Chitin: A new organosoluble precursor for facile modifications and film casting. Chem Lett, 1999, 28 (8): 771~772

[79] Kurita K. Application of chitin and chitosan. Lancaster, PA: Technomic Publishing, 1997, 79

[80] 李琳, 张书胜, 厉留柱等. 以硅烷化硅胶为基质交联壳聚糖对重金属吸附的研究. 分析科学学报, 2005, 21 (5): 520~523

[81] Sashiwa H, Shigemasa Y, Roy R. Chemical modification of chitosan. 3. Hyperbranched chitosan-sialic acid dendrimer hybrid with tetraethylene glycol spacer. Macromolecules, 2000, 33 (19): 6913~6915

[82] Sashiwa H, Shigemasa Y, Roy R. Chemical modifieation of chitosan 11: chitosan-dendrimer hybrid as a tree like molecule. Carbohydr Polym, 2002, 49 (2): 195~205

[83] Sashiwa H, Thompson J M, Das S K et al. Chemical modification of chitosan: preparation and lectin binding properties of α-galactosyl-chitosan conjugates. Potential inhibitors in acute rejection following xenotransplantation. Biomacromolecules, 2000, 1 (3): 303~305

[84] Sashiwa H, Shigemasa Y, Roy R. Chemical modification of chitosan. 10 Synthesis of dendronized chitosan-sialic acid hybrid using convergent grafting of preassembled dendrons built on gallic acid and tri (ethylene glycol) backbone. Macromolecules, 2001, 34 (12): 3905~3909

[85] Sashiwa H, Shigemasa Y, Roy R. Highly convergent synthesis of dendrimerized chitosan-sialic acid hybrid. Macromolecules, 2001, 34 (10): 3211~3214

[86] Msmmen M, Choi S, Whiteside G M. Polyvalent interactions in biological systems: implications for design and use of multivalent ligands and inhibitors. Angew Chem Int Ed, 1998, 37 (20): 2754~2794

[87] Sashiwa H, Shigemasa Y, Roy R. Chemical modification of chitosan. Part 9: Reaction of N-carboxyethylchitosan methyl ester with diamines of acetal ending PAMAM dendrimers. Carbohydr Polym, 2002, 47 (2): 201~208

[88] Sashiwa H, Yajima H, Aiba S. Synthesis of a chitosan-dendrimer hybrid and its biodegradation. Biomacromolecules, 2003, 4: 1244~1249

第9章　甲壳素/壳聚糖的接枝反应

9.1　引　言

接枝共聚是甲壳素/壳聚糖改性的重要方法之一。在一定条件下，甲壳素/壳聚糖的 C_6 伯羟基、C_3 仲羟基和 C_2 氨基可接枝引入高分子侧链，从而可拓宽甲壳素/壳聚糖的应用范围。通过改变分子结构、链长和支链数目等，既可保持甲壳素/壳聚糖原有的性能，又可改善甲壳素/壳聚糖的溶解性、耐温性和脆性等理化性能。目前甲壳素/壳聚糖的接枝共聚物已在组织工程材料、医用材料、吸附剂、絮凝剂、离子交换树脂和生物降解塑料等诸多领域得到了应用[1]。

甲壳素/壳聚糖接枝共聚反应主要有两条途径：①在甲壳素/壳聚糖高分子骨架上产生自由基引发另一种单体聚合，如以硝酸铈铵引发丙烯酸和甲基丙烯酸与壳聚糖的接枝共聚反应[2]；②通过甲壳素/壳聚糖高分子链上的反应性官能团与其他的聚合物分子链偶合，如壳聚糖与聚乙二醇的接枝共聚物。甲壳素/壳聚糖的接枝聚合反应类型有自由基接枝共聚、偶合接枝共聚、离子接枝共聚和定位接枝共聚等[1,3]。

甲壳素/壳聚糖的接枝共聚研究始于 20 世纪 70 年代。Slagel 等首先开展了丙烯酰胺、2-丙烯酰胺-2-甲基丙磺酸与壳聚糖的接枝共聚研究[4,5]。1979 年，Kojima 等采用三丁基硼烷作为引发剂用于甲基丙烯酸甲酯与甲壳素的接枝共聚[6]。此后 10 年，有关甲壳素/壳聚糖接枝共聚的文献报道不多，但在高分子多肽合成[7]、引入不饱和烯键再与乙烯基单体接枝共聚[8]和导电性接枝共聚物的制备[9]等方面取得了重要进展。在这个时期，采用的引发剂有偶氮二异丁腈[10]、Fe^{2+}-H_2O_2 [11] 和 Ce^{4+} 等[12]。1990 年以后，甲壳素/壳聚糖接枝共聚的研究进入了蓬勃发展时期，开发了新的接枝单体、新的引发剂体系和新的合成技术。近年来，具有生物相容性、生物可降解性的合成大分子单体和药物载体用树枝状大分子以及可控制释放且能超分子组装识别的环糊精大分子等成为研究的热点。近期的研究还将壳聚糖接枝共聚物与无机黏土复合，进一步提高材料的综合性能[13]。如果说早期的接枝共聚研究具有尝试性和科学研究的好奇性，那么这个时期的研究则更具理性和目的性，接枝策略也更多样化[14]。本章将着重从甲壳素/壳聚糖接枝反应机理和接枝聚合单体或高分子的种类等方面，对甲壳素/壳聚糖接枝聚合反应进行较全面的介绍。

9.2　自由基接枝聚合反应机理

自由基引发接枝共聚是甲壳素/壳聚糖接枝共聚的最主要的途径。通过引发剂引发、光引发或热引发等方式，在甲壳素/壳聚糖的分子链上产生大分子自由基，引发乙烯基单体进行接枝共聚反应。

9.2.1　Ce^{4+}引发接枝聚合

目前，以 Ce^{4+} 盐引发甲壳素/壳聚糖与乙烯基单体接枝共聚研究较多。在非均相条件下，壳聚糖与烯类单体在水存在下加入硝酸铈铵或硫酸铈铵，可发生接枝聚合反应。研究表明，Ce^{4+} 是条件温和的高效引发剂，主要影响因素为反应时间、反应温度、单体比例和引发剂浓度等。若引发剂低于某一含量，则反应几乎不能进行，这是因为壳聚糖是还原性多糖，它的还原性端基要消耗一定量的引发剂，只有高于这个量，才会引发接枝共聚反应[12]。通过动力学研究和聚合物链结构分析，可建立 Ce^{4+} 引发壳聚糖与乙烯基单体接枝共聚的引发机理，其过程如图 9-1 所示[15]。

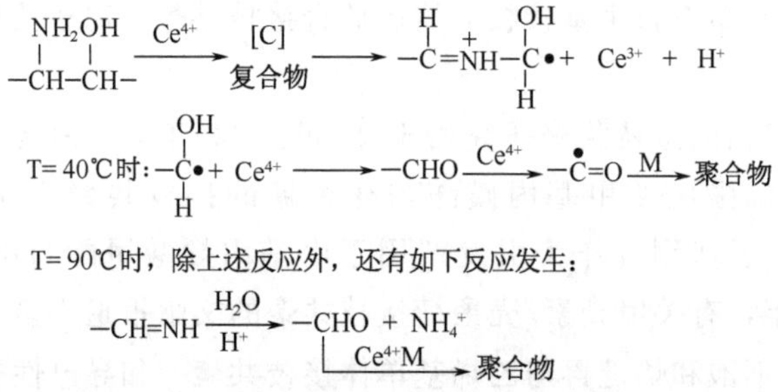

图 9-1　Ce^{4+}引发壳聚糖与乙烯基单体接枝共聚反应机理

Ce^{4+} 先与分子中的 C_2—NH_2 和 C_3—OH 形成一个络合的环状中间体，接着 C_2 和 C_3 之间的键断裂，在 C_2 处产生自由基；40℃时，所形成的自由基进一步被 Ce^{4+} 氧化形成羰基自由基引发乙烯基单体聚合；在 90℃时，除了上述反应外，C_2 位置的—CH＝NH 被水解生成醛基，进一步氧化又生成一个羰基自由基，从而以同样的方式引发聚合反应。

为进一步研究硝酸铈铵引发壳聚糖接枝聚合反应机理，以苄基葡氨糖苷作为模型化合物，以甲基丙烯酸甲酯作为乙烯基单体的代表，通过用紫外光谱、拉曼光谱、质谱和凝胶渗透色谱等物理手段对该反应机理进行了详细的探讨[16]。目前，对壳聚糖接枝乙烯基单体的研究多集中在引发方式（如射线引发和氧化还原引发等）以及接枝共聚单体等对反应的影响方面。通过浓度、溶剂和接枝百分比等对壳聚糖-甲基丙烯酸甲酯接枝体系的影响研究，可以深化对反应体系的认识[17]。在乙酸水溶液中，以 Ce^{4+} 为引发剂，N_2 保护下将壳聚糖与甲基丙烯酸甲酯（MMA）接枝共聚[17,18]，该体系由甲基丙烯酸甲酯液相和壳聚糖溶于 10% HAc 水溶液相组成，反应在两相界面上进行。由于 MMA 的相对分子质量远远小于壳聚糖，更容易扩散，可认为接枝共聚反应是在壳聚糖溶液相界面进行的。因此，甲基丙烯酸甲酯的扩散速率将影响接枝共聚反应的接枝速率。

采用硝酸铈铵-乙二胺四乙酸（EDTA）体系做引发剂，进行壳聚糖与甲基丙烯酸（MAA）的接枝，利用二者形成络合物，可以提高 Ce^{4+} 利用率；而且两引发剂组分能够反应，可以降低反应活化能，提高引发效率。其引发机理是 Ce^{4+} 与 EDTA 先形成络合物，然后分解产生 EDTA 自由基，在壳聚糖分子上形成自由基，然后引发单体进行接枝共聚[19,20]。

以硝酸铈铵-乙二胺四乙酸为引发剂，在 N_2 的保护下，可使壳聚糖同时与 MAA 和乙酸乙烯酯两种单体进行接技共聚[21]。四价铈盐是壳聚糖与聚甲基丙烯酸/乙酸乙烯酯进行接枝共聚合的高效引发剂。采用硝酸铈铵-乙二胺四乙酸复合引发体系，更充分利用了 Ce^{4+} 的引发效能。

以 1 mol/L HNO_3 溶液为介质，以硝酸铈铵引发甲基丙烯酸甲酯与 α-甲壳素接枝共聚，当接枝率达到 600% 以上时，产物在 DMF 中有很好的溶胀性能，溶胀后变成凝胶状，产物在甲乙酮、氯仿、丙酮、甲苯和二甲基乙酰胺/氯化锂中也有很好的溶胀性能[22]。在同样的体系中，采用 β-甲壳素进行接枝共聚反应，X 射线衍射表征表明：在接枝率较低的情况下，接枝共聚主要发生在 β-甲壳素的无定形区和 010 晶面；当接枝率高于 260% 时，010 晶面的衍射峰消失，这表明通过接枝共聚使 β-甲壳素的晶区变成了无定形状态。而对 α-甲壳素，即使接枝率超过 620%，其晶区也没有明显的变化。由于接枝过程中晶区变化的差别，α-甲壳素接枝产物的吸湿性随接枝率的增加而线性增加，β-甲壳素也呈现这种变化趋势，但接枝率在 240%～260% 时，由于晶区的破坏吸湿性发生突跃[23]。

在 H_2SO_4 介质中，以硫酸铈铵引发壳聚糖与丙烯酰胺（AM）的接枝共聚，此反应发生在 C_2 上，其反应历程如图 9-2 所示[24]。在硝酸铈铵引发下，壳聚糖与丙烯酰胺也是通过类似的接枝共聚机理进行反应[25]。在 Ce^{4+} 的引发下，用 AM 和丙烯酸（AA）与粉末状悬浮甲壳素进行接枝共聚反应，接枝率分别可达 240% 和 200%。接枝共聚产物在二氯乙酸和 0.1 mol/L 的 NaOH 溶液中能发生溶胀，与甲壳素相比，产物显示出好的吸湿性[26]。

以硝酸铈铵引发乙酸乙烯酯（VAc）在壳聚糖的乙酸溶液中接枝共聚，接枝效率可达 70%～80%[27,28]。由于在酸性条件下壳聚糖分子链上氨基的质子化，使其在参与反应的同时起到表面活性剂的作用，稳定了分散粒子。粒状产物干燥

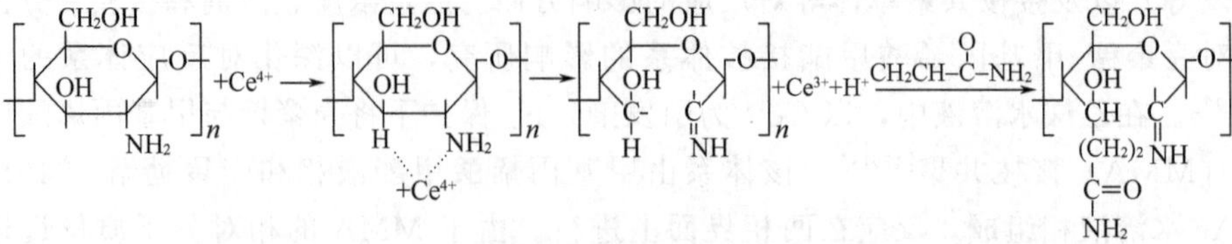

图 9-2　Ce^{4+} 引发壳聚糖与丙烯酰胺单体接枝共聚反应机理

后，亲水性的壳聚糖分布在粒子的表面，而憎水性的 PVAc 链段则位于核内。

以 Ce^{4+} 引发 N-异丙基丙烯酰胺（NIPAAm）与脱乙酰度为 76% 的壳聚糖接枝共聚反应，在 NIPAAm 的浓度为 0.5 mol/L，硝酸铈铵浓度为 2×10^{-3} mol/L 时，25℃ 下反应 2 h 可达到最大接枝率 48%[29]。将单（2-甲基丙烯酰基乙氧基）磷酸酯（MAP）和乙烯基磺酸钠（VSS）两种水溶性阴离子单体通过 Ce^{4+} 引发与脱乙酰度为 70% 和 90% 的壳聚糖接枝共聚，产物具有两性表面活性剂的性质，具有一定的抗菌性能，并在 pH=5.75 时达到最优[30]。将表氯醇交联的壳聚糖在硝酸铈铵的引发下与丙烯腈（AN）接枝共聚，再通过羟胺与氰基反应，可制得偕胺肟化壳聚糖-g-PAN[31]。这些产物对 Cu^{2+}、Pb^{2+}、Zn^{2+} 和 Cd^{2+} 等都有很好的吸附性能，且吸附能力随 pH 和 PAN 接枝率的变化而变化。

9.2.2　过硫酸盐引发接枝聚合

过硫酸盐如过硫酸钾（KPS）和过硫酸铵（APS）等是一类常用引发剂，也是乙烯基单体接枝天然高分子的一类重要自由基引发剂。用 KPS 和 APS 作引发剂，反应条件温和、操作过程简单、试剂价廉，且不会在接枝共聚物中残留。但目前对反应过程中过氧类引发剂的引发机理还有很多争论。以 KPS 引发甲基丙烯酸甲酯与壳聚糖接枝共聚时，会出现溶液黏度显著降低的现象，这可能是因为该接枝共聚反应遵循如下引发机理[32]：首先，在加热情况下 $S_2O_8{}^{2-}$ 分解成 SO_4^-· 并被壳聚糖的氨基阳离子吸引；由于自由基与吡喃环的 C_4 接近，夺取 C_4 位置的氢原子并将自由基转移给 C_4，从而导致壳聚糖主链上 C—O—C 键的断裂。壳聚糖分解为两部分：一部分含有端羰基，另一部分在断开位置含有自由基，产生的大分子自由基进一步引发单体聚合。可见 KPS 在反应中不仅是引发剂，而且也是壳聚糖分子链的降解剂。在反应过程中，壳聚糖也不仅是反应物，而且还可作为表面活性剂加速反应的进行。但主链断开形成的端羰基部分也可使自由基终止而抑制反应；同时，如果壳聚糖的降解程度较大，带负电荷的 $S_2O_8{}^{2-}$ 和 SO_4^-· 很容易被带正电荷的壳聚糖链段包围，产生"笼蔽效应"，降低反应速率。

以 KPS 为引发剂，在非均相条件下，引发甲基丙烯酸甲酯与不同脱乙酰度的壳聚糖接枝聚合[33]，发现壳聚糖的脱乙酰度对接枝率影响较大，这表明壳聚糖中的—NH₂ 参与了引发过程。根据过硫酸盐与一级胺反应机理研究，其接枝反应机理如图 9-3 所示。在 KPS 引发丙烯酸乙酯（EA）与壳聚糖的接枝反应中，壳聚糖脱乙酰度大小对接枝共聚反应也有一定的影响。当脱乙酰度较低时，自由基产生量较少，因而接枝率和均聚量较少；当脱乙酰度较高时，自由基数目随之增加，链增长为主要反应，接枝率增大；但当脱乙酰度继续增大时，自由基数目同时增大，造成自由基终止、链转移速度大于链增长速度，故接枝率反而下降[34]。

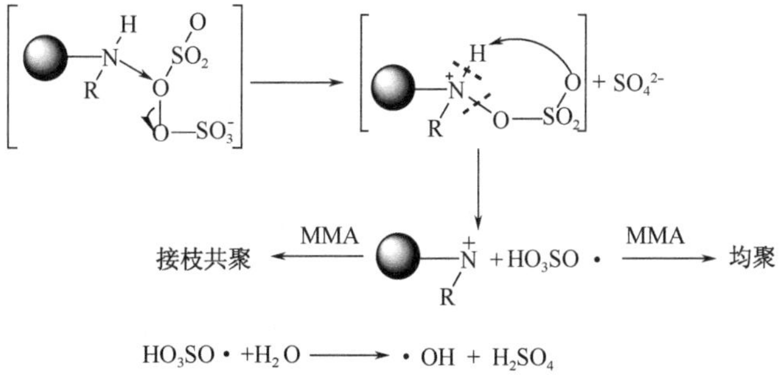

图 9-3　过硫酸盐引发壳聚糖与甲基丙烯酸甲酯接枝共聚反应机理

　　对 KPS 及 KPS-硫酸亚铁铵混合物两种引发剂体系引发甲基丙烯酸甲酯与甲壳素的接枝共聚合反应研究发现，过硫酸钾受热分解先形成 SO_4^-·，再与水反应生成·OH，而·OH 结合甲壳素的活泼氢，形成甲壳素大分子自由基，然后引发甲基丙烯酸甲酯的链增长反应。Fe^{2+} 可以加速 $S_2O_8^{2-}$ 分解形成 SO_4^-·，促使接枝反应的进行[35]。接枝共聚速率随着单体量增多而增大，而均聚物几乎不变。在该接枝反应中，当用 KPS 作催化剂，甲基丙烯酸甲酯/甲壳素物质的量比为 5.3 时，有最大接枝率为 94.5%；而当 KPS 中加入硫酸亚铁铵，且甲基丙烯酸甲酯/甲壳素物质的量比为 17.7 时，最大接枝率可提高到 352%。最大接枝率的提高除了与 Fe^{2+} 可以加速 SO_4^-·的形成有关外，还与甲壳素可以吸附 Fe^{2+}，使得过 KPS 一般在多糖链的附近分解，形成较多的大分子自由基有关。

　　为改善壳聚糖的脆性并提高其耐水性，以十二烷基苯磺酸钠为乳化剂，以 KPS 和 Na_2SO_3 体系为引发剂，开展了丙烯酸丁酯在壳聚糖乙酸溶液中的乳液接枝聚合反应研究[36]。反应进行的机理如以下反应式所示

$$S_2O_8^{2-} + HSO_3^- \longrightarrow SO_4^{2-} + SO_4^- \cdot + HSO_3 \cdot \qquad (9\text{-}1)$$

$$SO_4^- \cdot + HSO_3^- \longrightarrow SO_4^{2-} + HSO_3^{\cdot} \qquad (9\text{-}2)$$

　　具有反应活性的自由基主要为 $HSO_3^{\cdot}$，它可以在壳聚糖的氨基或羟基上进一步产生大分子自由基引发乙烯基单体聚合。

$$HSO_3 \cdot + chitosan \longrightarrow chitosan \cdot + H_3SO_3 \tag{9-3}$$

通过 SEM 观察发现接枝产物的表面不再呈现纤维状，而有凹凸不平的蜂窝出现。测试接枝共聚物膜的机械性能发现，抗张强度有所下降，而断裂伸长率和耐水性明显提高。

以稀乙酸溶液为反应介质，以 KPS 引发壳聚糖与 2-丙烯酰胺-2-甲基丙磺酸 (AMPS) 均相接枝共聚，引发机理如图 9-4 所示[37]。反应最大接枝率可达到 180%。以 KPS 引发壳聚糖与丙烯酰胺接枝共聚，提出了相同的反应机理，反应的接枝率可超过 100%。用戊二醛交联的接枝共聚物对非甾体抗炎药消炎痛有缓释作用[38]。

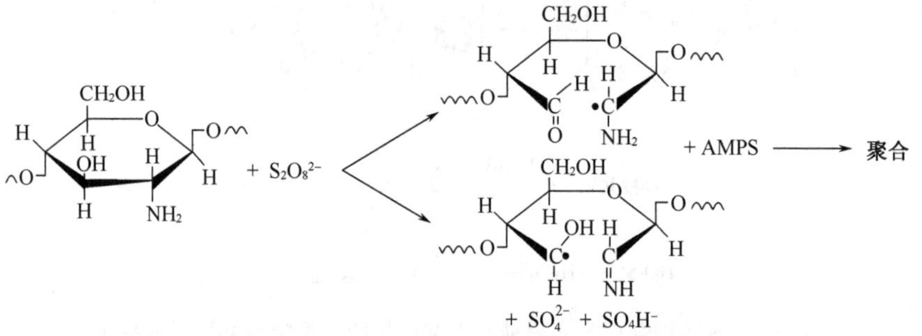

图 9-4　过硫酸钾引发 AMPS 与壳聚糖接枝共聚机理

以 $(NH_4)_2SO_4$ 为引发剂，将壳聚糖与丙烯酰胺接枝共聚，反应条件温和，是以阴离子为主的两性接枝共聚物，与 $Al_2(SO_4)_3$ 有很好的协同絮凝效果，特别适用于有机物和重金属离子的混合废水处理，是一类新型絮凝剂[39]。顺丁烯二酸酐酰化的壳聚糖在 KOH 溶液中用 $(NH_4)_2SO_4$ 引发与丙烯酰胺接枝共聚，产物在酸和碱溶液中稳定，干燥后为透明白色多孔粉末，在水中高度溶胀（体积增大 20~150 倍)[40]。以 KPS 为引发剂，在水溶液中可合成具有温敏性的羧甲基壳聚糖接枝 N-异丙基丙烯酰胺共聚物，可用于药物控制释放、酶及细胞的固定化和蛋白质水溶液的浓缩等生物医学领域[41]。在水溶液中以硫酸铵引发羟基丙基壳聚糖和马来酸钠 (MAS) 的接枝，在不同 pH 条件下产物都有很好的水溶性[42]。在 KPS 与硫酸亚铁铵作用下，可将丙烯酸或丙烯酰胺接枝到壳聚糖上，丙烯酸的接枝率最高可达 1800%，丙烯酰胺的接枝率最高可达 400%，而接枝率的高低对壳聚糖的膨胀性能有较大影响[42]。在 KPS 作用下，壳聚糖可在均相接枝乙烯基吡咯烷酮，接枝率可达 290%[43]。聚丙胺酸也可以接枝在壳聚糖上，制成导电聚合物。在 $(NH_4)_2SO_4$ 引发下，壳聚糖可以在乙酸溶液中和丙胺酸反应，聚丙胺酸侧链接枝在氨基上[9]。在 $(NH_4)_2SO_4$ 的引发下，羧甲基壳聚糖可与甲基丙烯酸进行均相接枝共聚[44]。由于羧甲基壳聚糖良好的水溶性，在一定条件下产物的最大接枝率可达到 1900%。目前在甲壳素/壳聚糖接枝共聚研究中，过硫酸盐是应用最多的引发剂。

9.2.3　Fenton 试剂引发接枝聚合

Fenton 试剂（Fe^{2+}/H_2O_2）可作为氧化还原引发剂引发甲基丙烯酸甲酯接枝共聚。通过 Fe^{2+} 和 H_2O_2 的相互作用产生 $\cdot OH$，进而引发聚合反应，引发机理如下所示[45]

$$
\begin{aligned}
&H_2O_2 + Fe^{2+} \longrightarrow \cdot OH + OH^- + Fe^{3+} \qquad &(1)\\
&\cdot OH + Fe^{2+} \longrightarrow OH^- + Fe^{3+} \qquad &(2)\\
&H_2O_2 + \cdot OH \longrightarrow \cdot OOH + H_2O \qquad &(3)\\
&H_2O_2 + \cdot OOH \longrightarrow O_2 + \cdot OH + H_2O \qquad &(4)\\
&\cdot OH + HO\text{-}\bigcirc \longrightarrow H_2O + \cdot O\text{-}\bigcirc \qquad &(5)
\end{aligned}
\qquad (9\text{-}4)
$$

式（5）产生的大分子自由基可引发乙烯基单体聚合。但 $\cdot OH$ 很容易与 Fe^{2+} 反应，降低引发效率；式（1）产生的 Fe^{3+} 可氧化自由基而终止反应；此外，Fe^{2+} 的增大还可能增加产物中均聚物的含量。通过控制 $[Fe^{2+}]/[H_2O_2]$ 比率可使接枝共聚达到最优结果。采用 Fenton 试剂引发甲基丙烯酸甲酯与壳聚糖接枝共聚，当 $[Fe^{2+}]/[H_2O_2]=6/1000$ 时可达到最大接枝率[11]。采用 Fe^{2+} 和 $S_2O_8^{2-}$ 组成氧化还原引发体系，引发机理如下所示[35]

$$
\begin{aligned}
&S_2O_8^{2-} + Fe^{2+} \longrightarrow \cdot SO_4^- + SO_4^{2-} + Fe^{3+}\\
&\cdot SO_4^- + H_2O \longrightarrow \cdot OH + HSO_4^-\\
&\cdot OH + HO\text{-}\bigcirc \longrightarrow H_2O + \cdot O\text{-}\bigcirc\\
&Fe^{2+} + \cdot OH \longrightarrow OH^- + Fe^{3+}\\
&Fe^{2+} + \cdot SO_4^- \longrightarrow Fe^{3+} + SO_4^{2-}
\end{aligned}
\qquad (9\text{-}5)
$$

产生的甲壳素/壳聚糖大分子自由基可以进一步引发乙烯基单体聚合。以 Fe^{2+}/KPS 引发甲基丙烯酸甲酯与甲壳素接枝共聚，引发剂浓度为 1:10 时，最高接枝率可达 352%[46]。以 Fe^{2+}/KPS 引发壳聚糖与丙烯酸接枝共聚，最大接枝率可达 1800%，而与丙烯酰胺的最大接枝率也可达 400%[42]。

以（Fe^{2+}/H_2O_2/二氧化硫脲）氧化-还原引发体系引发乙酸乙烯酯与甲壳素接枝共聚，除 Fe^{2+} 与 H_2O_2 引发产生自由基外，二氧化硫脲也能形成自由基，并夺取甲壳素分子羟基上的氢原子形成甲壳素大分子自由基引发聚合[47]。130℃ 时以 48% 的 NaOH 溶液对接枝共聚物进行处理，得到甲壳素-g-聚乙烯醇产物。产物对 Cu^{2+} 和 $Cr_2O_7^{2-}$ 等有很好的吸附效果，可作为离子交换剂，对染料也有较好的吸附效果，可以用于净化染料废水。

9.2.4　光引发接枝聚合

9.2.4.1　紫外光辐射引发接枝共聚

以 $NaIO_4$ 将甲壳素的羟基氧化为羰基，将氧化甲壳素放入石英管中，加入水、有机溶剂、甲基丙烯酸甲酯和光敏剂，充入 N_2 后封管，在 253nm，160W 低压汞灯下用紫外线辐照，可以引发甲基丙烯酸甲酯与氧化甲壳素进行接枝共聚[48]。氧化甲壳素比甲壳素的接枝效果好，可能是氧化甲壳素中 C=O 的增加，有利于反应。当体系中加入 10% 的 DMF 溶剂时，其接枝率更高，最高时可超过 150%。但 C=O 也容易参与链终止反应，含量过高时接枝率反而下降。用过氧化氢（HPO）或偶氮二异丁腈（AIBN）为光敏引发剂，在同样条件下进行光敏引发接枝共聚反应，HPO 的接枝效率高于 AIBN。对比两种光引发方法，光引发的转化率和表观接枝链数大于光敏引发法。通过对接枝产物红外谱图的研究，认为在光照情况下由于甲壳素 C_2—N 键的断裂产生自由基而引发聚合，氧化甲壳素中羰基的存在更有利于加速甲壳素的光解。采用 NO_2 氧化甲壳素后与甲基丙烯酸甲酯光引发接枝共聚，产物具有一定的离子交换能力[49]。紫外照射法较 γ 射线照射更容易在较短时间内制备大量共聚物，缺点是容易引起烯类单体的均聚。

9.2.4.2　γ 射线辐射引发接枝共聚

^{60}Co γ 射线可以引发乙酸乙烯酯与甲壳素接枝共聚，使用稀乙酸溶液为溶剂时，由于甲壳素的少量溶解，使反应物的接触面积增大，接枝效率最高[47]。γ 射线照射可引发甲壳素和苯乙烯的聚合[50]。通过 γ 射线照射也可以使苯乙烯在壳聚糖粉末或膜上发生接枝共聚。壳聚糖-g-聚苯乙烯共聚物对溴的吸附要优于壳聚糖本身，共聚物薄膜与壳聚糖薄膜相比，它在水中溶胀性较小，延展性较好[51]。当采用 ^{60}Co γ 射线辐照引发羟乙基丙烯酸甲酯（HEMA）与壳聚糖膜接枝共聚时，发现随接枝率的增加，共聚产物膜的拉伸强度降低，但热稳定性有所改善，所得共聚物有较好的血液相容性[52~54]。在 ^{60}Co γ 射线的引发下，将壳聚糖与 N,N-二甲氨乙基甲基丙烯酸酯接枝共聚后，随着接枝率的提高，产物的拉伸强度、结晶度和膨胀率降低，但热稳定性有所改善[55]。

在含蒙脱石（MMT）的乙酸水溶液中，γ 射线照射下丙烯酸丁酯（BA）可接枝到壳聚糖上，制得纳米复合物。加入 3% MMT 的共聚物在机械、热和抗吸水性能等方面得到显著改善，在工业、农业上（如包装膜、种子包衣）有潜在的应用前景[56]。

9.2.4.3　热引发接枝共聚

在线性多糖如纤维素和凝胶多糖的特定位置上引入糖基是很困难的，一般是用糖酐的开环聚合，再进行糖基化或者用二糖酐聚合得到接枝多糖。而采用 N-邻苯二甲酰壳聚糖可选择性的在甲壳素或壳聚糖上引入糖基，且可区分壳聚糖上3 种不同官能团。以 N-邻苯二甲酰壳聚糖与三苯甲基氯反应来保护壳聚糖的 C_6—OH，用水合肼脱去邻苯二甲酰基后，以 4，$4'$-偶氮-4-氰戊酸（ACVA）与壳聚糖的氨基结合。以 DMF 为溶剂，在 $60℃$ 时可通过 ACVA 中的 C—N 键断裂引发苯乙烯进行自由基接枝共聚，脱除三苯甲基就可得到两亲性的接枝共聚物壳聚糖-g-聚苯乙烯[57,58]。

9.2.5　其他自由基引发接枝聚合

在甲壳素/壳聚糖的自由基引发接枝聚合反应中，涉及到的其他引发剂有三正丁基硼烷（TBB）、偶氮二异丁腈、高分子载体铜-Na_2SO_3 和甲壳素硫醇等。当水作分散介质时，TBB 引发甲基丙烯酸甲酯与甲壳素接枝共聚的自由基聚合机理是：水分子先扩散到甲壳素主链结构中，使甲壳素溶剂化；溶剂化的甲壳素与 TBB 形成复合物；单体扩散到甲壳素中，与形成的复合物反应，产生大分子自由基而引发接枝共聚反应。由于 TBB 不是通用的引发剂，且反应的接枝率和接枝效率都很低，因此该体系很少使用[6]。

偶氮二异丁腈也可以引发壳聚糖与乙烯基单体接枝共聚。在 $60℃$ 下和非均相反应中，以偶氮二异丁腈作引发剂将丙烯腈接枝到壳聚糖主链上，最大接枝率为 9.26%，接枝产物难溶或不溶于 2% 的乙酸。将甲基丙烯酸甲酯接枝到壳聚糖上，其接枝率随偶氮二异丁腈含量的增加先提高后降低，并随甲基丙烯酸甲酯的增加以及反应时间的延长而提高，最大接枝率可达 65%，其接枝产物不溶于 2% 的乙酸。以上两个反应均是壳聚糖的氨基参加了反应，而与乙酸乙烯酯的非均相反应不是在氨基上进行，其接枝产物溶于 2% 的乙酸[59]。以偶氮二异丁腈为引发剂，在非均相体系中，甲基丙烯酸甲酯和丙烯腈也能在壳聚糖的氨基上发生接枝，但产物不溶于稀酸。在均相体系中，乙酸乙烯也只能在氨基上发生接枝，产物有限地溶于稀酸，所得产物接枝率都不是很高[10]。

高分子载体铜-Na_2SO_3 体系因具有室温引发、操作简单和产物与引发剂易分离等优点而备受关注。以交联壳聚糖/Cu^{2+}/亚硫酸钠体系在室温水溶液中引发甲基丙烯酸甲酯聚合，单位时间内单体的转化率随反应温度和亚硫酸钠浓度的增加而增加，产物相对分子质量随温度升高而降低，其反应机理如图 9-5 所示[60]。

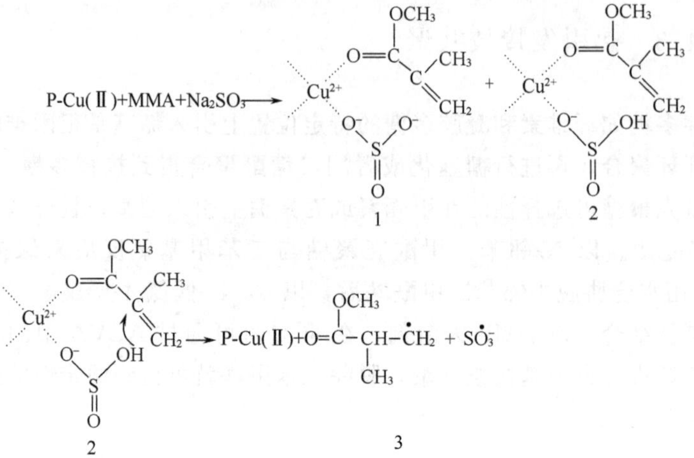

图 9-5　高分子载体铜-Na₂SO₃ 体系引发甲基丙烯酸甲酯的接枝聚合机理

在水溶液中，Na₂SO₃ 水解为 HSO₃⁻ 和 SO₃²⁻，它们带负电荷的氧和甲基丙烯酸甲酯分子中的羰基上的氧均有孤电子对，可以同时与 P-Cu(II)上的 Cu²⁺ 的空轨道配位，从而使甲基丙烯酸甲酯单体活化。所得络合物 2 可通过氢转移而产生甲基丙烯酸甲酯的自由基 3。自由基通过引发其余的甲基丙烯酸甲酯单体而实现链增长。

甲壳素硫醇可以在有机溶剂中溶胀，且易于分解成自由基，因此可用作甲壳素接枝聚合反应的中间体。将甲苯磺酰氯的氯仿溶液与甲壳素碱的水溶液混合，得到相分离的混合物，0℃下强力搅拌，再用水沉淀得到甲苯磺酰化甲壳素。将制得的甲苯磺酰化甲壳素在 DMSO 中溶解或溶胀，用硫代乙酸钾处理，再用甲醇钠脱去乙酰基，得到甲壳素硫醇。在 DMSO 中，溶胀甲壳素硫醇与苯乙烯混合，在 80℃下由硫醇分解形成的自由基引发接枝共聚合反应，其反应过程如图 9-6 所示。尽管为非均相反应，但在 24 h 后混合物变成了白色不透明的分散体系，接枝率可达到 970%[61]。

自从 1995 年发现原子转移自由基聚合（Atom Transfer Radical Polymerization，ATRP）以来，实现了真正意义上的可控自由基聚合，活性自由基聚合得到很快发展。它具有反应条件温和易控，相对分子质量分布极窄，相对分子质量可控，所得聚合物结构规整的优点。近年来，将原子转移自由基聚合技术引入到烯类单体与壳聚糖等天然高分子的接枝共聚也引起研究者极大的兴趣。原子转移自由基聚合通常在卤代烷烃（R—X）为引发剂和卤化亚铜(CuX)/2,2′-联二吡啶(bpy)为催化剂的引发体系中发生。在吡啶存在下，将 2-溴异丁酰溴与壳聚糖反应可以得到壳聚糖大分子引发剂，进而加入 CuBr(I)/bpy 和甲氧基聚乙二醇

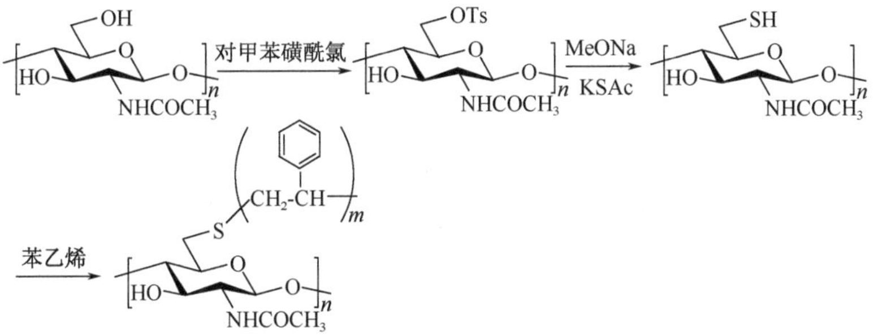

图 9-6　甲壳素硫醇引发苯乙烯接枝聚合反应示意图

丙烯酸酯单体（PEG 350），可以在室温下引发接枝聚合，其反应如图 9-7 所示[62]。接枝反应在非均相体系中进行，遵循一级聚合动力学。研究证实，数均相对分子质量随着单体转化率的升高而增加，这符合活性聚合的特征。

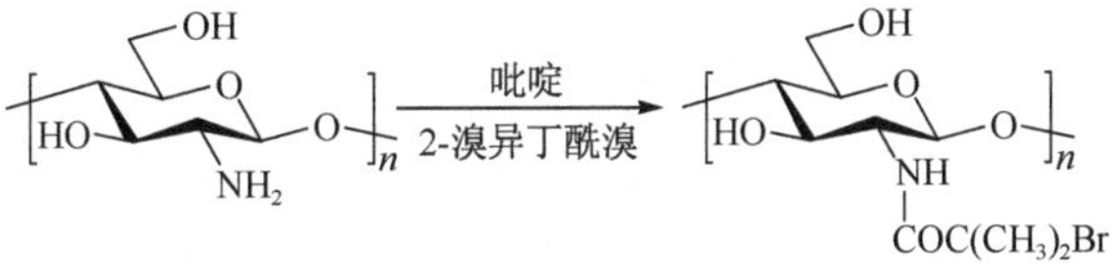

图 9-7　壳聚糖与 2-溴异丁酰溴的衍生化反应

　　将壳聚糖分子中的氨基和羟基进行溴乙酰化改性，然后采用表面引发原子转移自由基聚合的方法，可制备壳聚糖与聚苯乙烯的接枝共聚物，其反应机理如图 9-8 所示[63]。单体转化率和接枝率都随反应时间的延长而增加，反应 5 h 后分别达到 5.31% 和 19.12%。该反应效率很高，几乎所有的苯乙烯单体都被接枝到了壳聚糖上，而没有均聚物的产生。

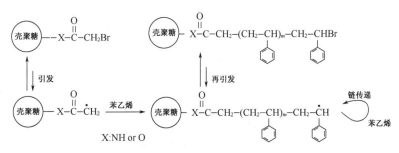

图 9-8　表面引发原子转移自由基聚合的机理

　　通过微波辐射的方法也可制备壳聚糖-g-聚丙烯腈接枝聚合物，其反应机理如图 9-9 所示[64]。在不添加任何催化剂和引发剂的条件下，通过均相微波辐射聚合 1.5 min，接枝率即高达 170%。在同样条件下，以过硫酸钾-抗坏血酸为氧化还原引发体系，反应 1 h 后，接枝率仅能达到 105%。

接枝在壳聚糖的—OH 上

$$ChOH + M \longrightarrow ChO\cdot + M\cdot \qquad 链引发$$

$$ChO\cdot + M \longrightarrow ChOM\cdot \qquad 链传递$$

$$ChOM\cdot + M \longrightarrow ChOMM\cdot$$

$$ChOMM\cdot_{n-1} + M \longrightarrow ChOM_n\cdot$$

$$ChOM_n\cdot + ChOM_n\cdot \longrightarrow 接枝聚合物 \qquad 链终止$$

$$M\cdot + M \longrightarrow MM\cdot \qquad 链传递$$

$$M\cdot_{n-1} + M \longrightarrow M\cdot_n$$

$$M\cdot_n + ChOH \longrightarrow ChO\cdot M_nH \qquad 均聚物$$

接枝在壳聚糖的—NH₂ 上

$$ChNH_2 + M \longrightarrow ChNH\cdot + M\cdot \qquad 链引发$$

$$ChNH\cdot + M \longrightarrow ChNHM\cdot \qquad 链传递$$

$$ChNHM\cdot + M \longrightarrow ChNHMM\cdot$$

$$ChNHM\cdot_{n-1} + M \longrightarrow ChNHM_n\cdot$$

$$ChNHM_n\cdot + ChNHM_n\cdot \longrightarrow 接枝聚合物 \qquad 链终止$$

图 9-9　微波辐射引发壳聚糖与丙烯腈接枝聚合的反应机理

在以上介绍的引发体系中，Ce^{4+} 的引发效率最高，对其引发的接枝共聚反应也研究最多；过硫酸盐和 Fenton 试剂引发体系也有较高的引发效率；光引发和热引发的接枝共聚反应则主要在表面进行。三正丁基硼烷引发反应的接枝率和接枝效率都很低，因此该体系很少使用。接枝烯类单体中以甲基丙烯酸甲酯效果最好。

9.3　自由基接枝聚合

接枝反应机理的研究是早期壳聚糖接枝共聚领域的研究热点和重点问题。近年来，随着壳聚糖接枝机理的不断成熟和完善，这一领域的研究热点和重点已经逐渐转向通过新的接枝聚合方法和分子设计，获得性能优异的功能材料上。目前，壳聚糖与乙烯基单体的接枝共聚仍是壳聚糖改性研究的重点和热点之一，主要研究内容包括：①引进新的乙烯基单体（如乙烯基吡咯烷酮、异丙基丙烯酰胺等）。乙烯基单体上功能化基团的性质是决定其与壳聚糖接枝共聚物性能的关键因素；②采用新的接枝聚合方法（如原子转移自由基聚合）。不同的聚合方法可以影响单体的聚合方式和所得接枝聚合物的分子结构，从而对其性能产生重要影响；③采用新的引发剂体系（过硫酸钾及其复合体系、CS_2-$KBrO_3$ 等）；④对壳聚糖进行修饰。壳聚糖由于只能溶于酸性介质中，限制了其与乙烯基单体的接枝聚合及所得产物的性能。通过化学改性及修饰，在壳聚糖高分子骨架上引进新的功能基团，不但可以改善壳聚糖的水溶性，获得水溶性壳聚糖，而且还可以赋予相应接枝聚合物新的性能，拓展壳聚糖的应用领域。本节从乙烯基单体种类的角度，对壳聚糖与不同乙烯基单体的自由基接枝聚合分别进行介绍。

9.3.1 丙烯腈

在壳聚糖的乙酸溶液中加入一定量 $NaHSO_3$-$K_2S_2O_8$ 引发剂，引发壳聚糖与丙烯腈接枝共聚[65]。结果表明，当 $K_2S_2O_8$ 的浓度为 0.011 mol/L、$NaHSO_3$ 的浓度为 0.010 mol/L 和丙烯腈的浓度为 0.50 mol/L 时，1.0 g 壳聚糖（100 mL）的溶液，在 60℃反应 4.5 h 后，其接枝率为 168.76%，接枝效率为 80.63%，并且其重现性好。由图 9-10 可见，壳聚糖与壳聚糖-g-聚丙烯腈的 IR 谱图相似，但接枝共聚物中有—CN 的特征吸收带（2240 cm^{-1}）。此外，壳聚糖-g-聚丙烯腈的 IR 谱图与聚丙烯腈有明显的区别，即聚丙烯腈谱图中无壳聚糖的特征吸收带，这表明壳聚糖已与丙烯腈发生接枝共聚反应。壳聚糖因存在一定的有序结构，在 20°(2θ) 附近出现较强的衍射峰，但壳聚糖-g-聚丙烯腈在 15.5°和 20°处有衍射峰，且 20°处的衍射峰已减弱，而 15.5°处的衍射峰与聚丙烯腈的强衍射峰一致，这也进一步说明壳聚糖已与丙烯腈发生接枝共聚。

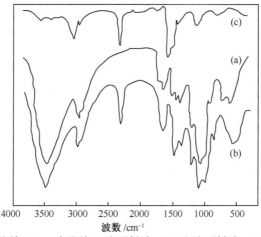

图 9-10　壳聚糖（a）、壳聚糖-g-聚丙烯腈（b）和聚丙烯腈（c）的 IR 谱图

以 $NH_2OH \cdot HCl$-H_2O_2 为引发剂，利用正交实验设计法，研究壳聚糖与丙烯腈接枝聚合中引发剂的配比、壳聚糖与丙烯腈的配比、反应时间及反应温度对接枝率和接枝效率的影响[66]，发现接枝共聚反应的最佳反应条件为：壳聚糖/H_2O_2（W/W）=8，壳聚糖/$NH_2OH \cdot HCl$（W/W）=14，丙烯腈/壳聚糖（W/W）=3.5，反应温度 35℃，反应时间 4.5 h。在此条件下，接枝率为 185.96%，接枝效率为 77.87%。

以硝酸铈铵为引发剂，制备壳聚糖-g-聚丙烯腈的最佳条件为：0.2 g 壳聚糖，2%乙酸溶液，反应温度 50℃，丙烯腈 1.60 g，硝酸铈铵浓度 0.006 mol/L，反应时间 2 h；在此条件下得到的最大接枝率为 535%[67]。壳聚糖-g-聚丙烯腈经水解后，可以得到两性 pH 敏感高吸水性树脂[68]。在水解过程中接枝物会变成深红色，同时产生大量氨气。这是由于在水解过程中产生了吡啶环结构（包括亚胺、—C≡N、共轭结构等）。假如上述反应发生在相邻的聚丙烯腈链间，还会通过图 9-11 所示的方式产生交联结构。

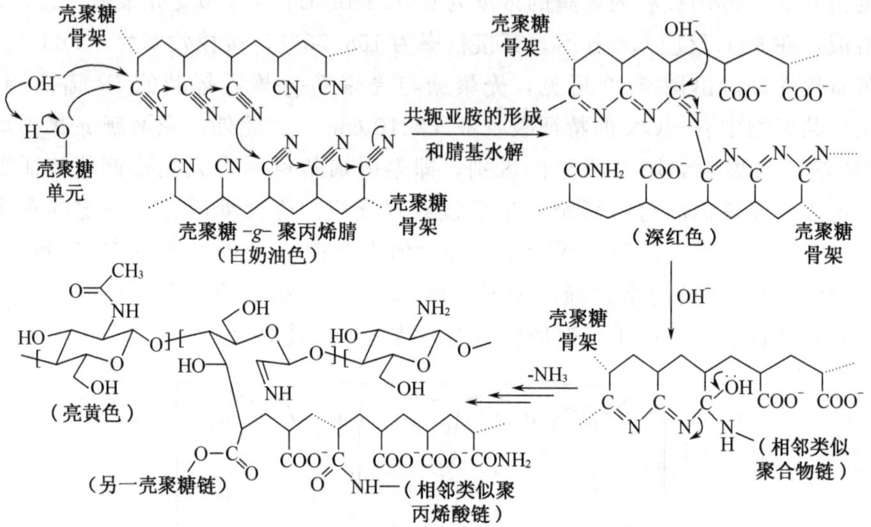

图 9-11　壳聚糖-g-聚丙烯腈水解过程中交联结构产生的机理

壳聚糖分子中的氨基是其具有与金属离子配位能力的关键所在，在壳聚糖分子中引入氨基可进一步提高其对金属离子的吸附能力。采用环氧氯丙烷对壳聚糖进行交联，然后在铈盐引发下与丙烯腈进行接枝聚合，可得交联壳聚糖-g-聚丙烯腈，再与羟胺进行反应，可得氨肟化壳聚糖-g-聚丙烯腈，反应过程如图 9-12 所示[31]。在壳聚糖-g-聚丙烯腈红外谱图的 2200 cm^{-1} 处出现了 —C≡N 的伸缩振动吸收带；与羟胺反应后，在 1680 cm^{-1} 处出现了—C＝N 伸缩振动吸收带。在壳聚糖-g-聚丙烯腈^{13}C NMR 谱图的 122.5 ppm 处也出现了 —C≡N 的信号；与羟胺反应后，在 158.1 ppm 处也出现了氨肟的信号。随 pH 的增大，氨肟化壳聚糖-g-聚丙烯腈对 Cu^{2+} 的吸附量从 0.35 增至 0.42 mmol/g；对 Pb^{2+} 的吸附量从 0.17 mmol/g 增至 0.35 mmol/g；对 Zn^{2+} 的吸附量从 0.28 mmol/g 降至 0.24 mmol/g；对 Cd^{2+} 的吸附量从 0.18 mmol/g 降至 0.16 mmol/g。随 pH 增大，其对所有金属离子的脱附能力均增大。

α-淀粉酶广泛应用于粮食加工、酿造、发酵、纺织品和医药工业中。由于固定化酶的优点，国内外研究人员对固定化糖化酶和固定化 α-淀粉酶的制备及其在淀粉酶法生产葡萄糖方面的应用作了大量研究，显示了良好的工业化应用前景。

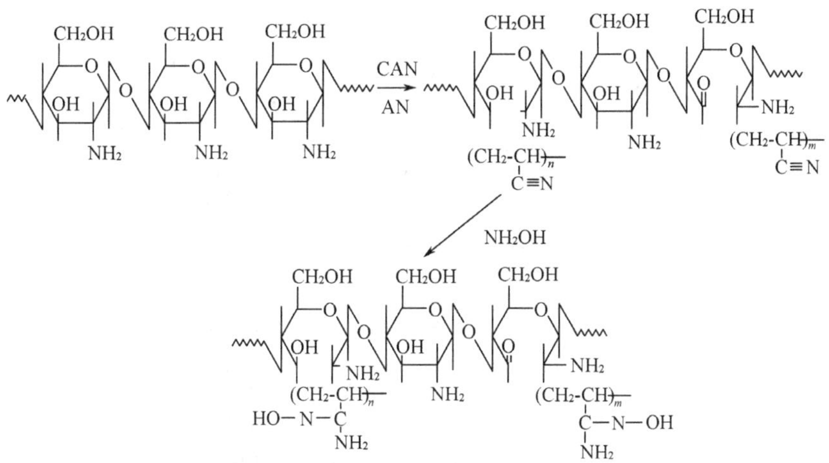

图 9-12　胺化壳聚糖-*g*-聚丙烯腈的制备过程示意图

丙烯腈接枝壳聚糖共聚物是固定化 α-淀粉酶的优良载体[69]。以壳聚糖-*g*-聚丙烯腈固定木瓜蛋白酶，结果表明固定化酶的酶活力较高，且稳定性得到提高[70]。用固定化酶处理啤酒，低温冷藏（4℃）70 d 后，无浑浊现象出现，可保持啤酒原有的风味和理化性质。

9.3.2　甲基丙烯酸酯

目前，壳聚糖及其衍生物与酯类单体的接枝聚合所涉及的单体主要包括甲基丙烯酸甲酯和甲基丙烯酸羟乙酯等。

9.3.2.1　甲基丙烯酸甲酯

壳聚糖分子链上有氨基，氨基对过硫酸盐引发接枝聚合具有重要作用。因此，考察壳聚糖脱乙酰度对接枝聚合的影响具有重要意义。壳聚糖脱乙酰度对其与甲基丙烯酸甲酯接枝聚合的影响研究表明，不同脱乙酰度壳聚糖的接枝量和接枝效率不同。如图 9-13 所示，当脱乙酰度由 20％增到 50％时，接枝量和接枝效率都增加，达到最高值后，随着脱乙酰度的增加接枝量和接枝效率反而下降。这是因为脱乙酰度越大，壳聚糖中的氨基越多，它与过硫酸钾反应在氮位生成的自由基越多，若全部用来引发单体接枝聚合，则接枝量和接枝效率应增大，实验结果相反，表明有副反应发生。当过硫酸钾与氨基反应形成氮位自由基的同时也生成·OSO₃H，它能引发单体均聚。另外，也能使氮位自由基中止，降低接枝率和接枝效率[33]。

壳聚糖-*g*-聚甲基丙烯酸甲酯具有很好的生物降解性。通过过硫酸盐引发，

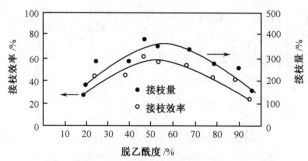

图 9-13　甲壳素脱乙酰度对接枝量和接枝效率的影响

可以得到壳聚糖-g-聚甲基丙烯酸甲酯接枝聚合物，通过热压可以得到薄膜。研究表明：枯草杆菌（Bacillus subtilis）对壳聚糖-g-聚甲基丙烯酸甲酯具有很好的生物降解性，在 37℃ 时，降解产生的氨基葡萄糖的释放速率为 11.3 μg/(min/mL)[71]。通过有氧培养，黄曲霉（Aspergillus flavus）可使该膜在 5～25 d 内降解 40%～45%。在壳聚糖-g-聚甲基丙烯酸甲酯 IR 谱图中，3400 cm^{-1} 处为—OH 和—NH$_2$ 的伸缩振动，1650 cm^{-1} 处为接枝聚合物中壳聚糖酰氨基振动吸收带。1730 cm^{-1} 处为接枝的聚甲基丙烯酸甲酯侧链羰基的振动吸收带。随着降解程度的增加，壳聚糖吸收带的强度逐渐减弱，而聚甲基丙烯酸甲酯没有任何变化。另外，壳聚糖的无定型部分比结晶部分更易降解。图 9-14 是壳聚糖-g-聚甲基丙烯酸甲酯的生物降解过程 SEM 照片。由图可见，在 24 h 时，即可清楚地

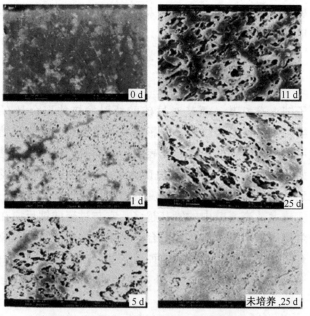

图 9-14　壳聚糖-g-聚甲基丙烯酸甲酯的生物降解过程 SEM 照片

观察到黄曲霉对壳聚糖的降解作用，在约 20 d 时达到最大降解程度，而未培养黄曲霉的薄膜的形貌没有发生任何变化。

微波常用于提高化学反应的效率。将其用于壳聚糖与甲基丙烯酸甲酯的接枝聚合，可提高接枝效率，缩短反应时间。研究表明：当甲基丙烯酸甲酯浓度为 0.17 mol/L，壳聚糖浓度为 0.1 g/25 mL，微波功率为 80%时，2 min 即可使接枝率达到 160%；而在相同甲基丙烯酸甲酯及交联剂浓度下，采用过硫酸钾/抗坏血酸氧化还原引发体系，Ag^+ 为催化剂，空气中氧气为助催化剂，接枝率为 105%[72]。该接枝聚合物对 Zn^{2+} 具有很好的吸附性能。

壳聚糖只能溶于酸性介质中。因此，壳聚糖的接枝聚合往往只能在非均相条件下进行，而非均相反应会限制壳聚糖氨基和羟基与单体的接触，从而使所得产物接枝率较低。采用邻苯二甲酸酐对壳聚糖进行修饰后，可以提高其在有机溶剂中的溶解度，然后再与甲基丙烯酸甲酯通过 γ 射线辐射进行接枝聚合，接枝率可达 100%以上[73]。图 9-15 为壳聚糖、邻苯二甲酰壳聚糖和不同接枝率壳聚糖-g-聚甲基丙烯酸甲酯的 IR 谱图。由于邻苯二甲酰基在 1712 cm^{-1} 和 1777 cm^{-1} 处吸收带的存在，很难观察到接枝的聚甲基丙烯酸甲酯的酯羰基吸收带。通过水合肼去除邻苯二甲酰基后，可以在 1730 cm^{-1} 和 1270～1150 cm^{-1} 处观察到接枝的聚甲基丙烯酸甲酯的特征吸收带。随接枝率的增大，接枝产物中 1240 cm^{-1} 处甲基丙烯酸甲酯吸收带的强度相对于 1070 cm^{-1} 处壳聚糖吸收带明显增强。壳聚糖只能溶于乙酸水溶液中；接枝率为 123%的接枝聚合物在 DMSO 和 DMF 中会发生部分溶解或高度溶胀，也会溶于乙酸水溶液中；当接枝率增至 245%时，接枝聚合物能够溶于 DMSO 和 DMF 中，在氯仿、乙醇和甲苯中也会发生溶胀，而只能部分溶于或溶胀于乙酸水溶液中。该结果表明，接枝聚合后壳聚糖在有机溶剂

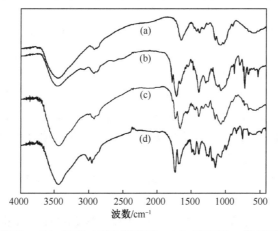

图 9-15　（a）壳聚糖、（b）邻苯二甲酰壳聚糖、（c）壳聚糖-g-聚甲基丙烯酸甲酯，接枝率 123% 和（d）壳聚糖-g-聚甲基丙烯酸甲酯，接枝率 245%的 IR 谱图

中的溶解性能有明显改善。

以过硫酸钾为引发剂，壳聚糖与丙烯腈和甲基丙烯酸甲酯的接枝聚合反应过程如图 9-16 所示[74]。在 CP-MAS13C NMR 谱图中，33 ppm 处出现了 N—CH 基团的信号；IR 谱图中 2244 cm−1 出现了氰基的吸收带，1730 cm−1 处出现了羰基吸收带，说明壳聚糖与丙烯腈及甲基丙烯酸甲酯发生了接枝聚合反应。对壳聚糖接枝丙烯腈体系，在 1% 壳聚糖溶液中，当丙烯腈浓度为 120 mmol/L，过硫酸钾浓度为 0.74 mmol/L，在 65℃下反应 2 h 时，接枝效率最高；对于壳聚糖接枝甲基丙烯酸甲酯体系，当甲基丙烯酸甲酯浓度为 140 mmol/L，在 75℃反应时，得到最高接枝效率。XRD 谱图表明：壳聚糖在 $2\theta=10°$ 和 20° 处有两个衍射峰；高度接枝的壳聚糖-g-聚丙烯腈除了在 21.04° 处有衍射峰外，在 16.72° 处也出现了聚丙烯腈的特征峰；而壳聚糖-g-聚甲基丙烯酸羟乙酯仅在 13.5° 处出现了一个宽衍射峰，这可能是由于大量的侧链甲基所致。图 9-17 是壳聚糖、壳聚糖-g-聚丙烯腈和壳聚糖-g-聚甲基丙烯酸甲酯的 SEM 照片。由图可见，接枝聚合对壳聚糖的形貌有较大的影响，而且与接枝单体性能有关。壳聚糖呈纤维状结构，与丙烯腈接枝聚合后呈多孔结构，与甲基丙烯酸甲酯接枝聚合后呈团簇的无规小球状结构。

9.3.2.2　甲基丙烯酸羟乙酯

聚甲基丙烯酸羟乙酯因带有羟基而具亲水性和优异的生物相容性，广泛用于牙科、骨科及眼科材料。将壳聚糖与甲基丙烯酸羟乙酯进行接枝聚合，可以赋予其亲水性、血液相容性以及相应的生物活性。当硝酸铈铵浓度 0.17%，甲基丙烯酸羟乙酯浓度 8.3%，反应温度 70℃，反应时间 2.5 h，壳聚糖浓度 1% 时，合成的产物具有最高的接枝率，从而具有较好的亲水性[75]。而对同样的反应体系，在硝酸铈铵溶液浓度为 0.018 mol/L，甲基丙烯酸羟乙酯溶液浓度为 0.169 mol/L，壳聚糖溶液浓度为 0.0617 mol/L，反应温度为 60℃，反应时间为 5 h，可得到最大接枝率为 70.4%[76]。图 9-18 是硝酸铈铵浓度对接枝率的影响。由图可以看出，当引发剂浓度低于 0.015 mol/L 时，接枝率极低。随着硝酸铈铵浓度的增大，反应活性中心增多，接枝率提高。当引发剂浓度增加到 0.018 mol/L 时，其接枝率几乎不再提高。这是因为虽然引发剂浓度增加可提高自由基的数目，但随着自由基数目的增加，单体的均聚几率增大，而共聚的活性中心几乎不增加，因此接枝率不再提高。

为进一步改善壳聚糖-g-聚甲基丙烯酸羟乙酯的性能，先将壳聚糖衍生化得到羧甲基壳聚糖，然后在硝酸铈铵的引发下与甲基丙烯酸羟乙酯接枝聚合[77]。在羧甲基壳聚糖的 IR 谱图中，1412.3 cm−1 处的强吸收带是—COO− 的对称伸缩

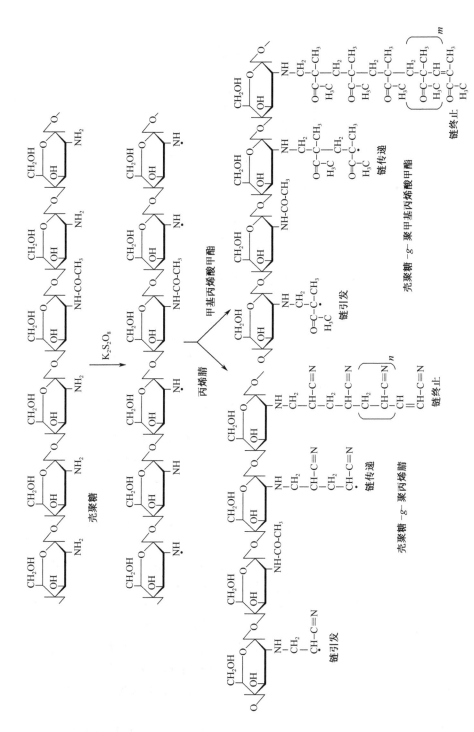

图 9-16　壳聚糖与丙烯腈和甲基丙烯酸甲酯的接技反应示意图

图 9-17　壳聚糖（a）、壳聚糖-*g*-聚丙烯腈（b）和壳聚糖-*g*-聚甲基丙烯酸
甲酯（c）的 SEM 照片

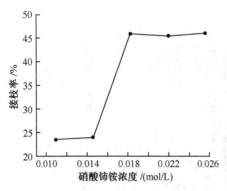

图 9-18　硝酸铈铵浓度对壳聚糖接枝聚甲
基丙烯酸羟乙酯接枝率的影响

振动，不对称伸缩振动吸收带（1900～1550 cm^{-1}）与壳聚糖氨基在 1599.3 cm^{-1} 处的变形振动发生重叠，形成一个非常强的吸收带。另外，对壳聚糖进行衍生化后，羟基的 C—O 振动吸收带变强且移至 1074.1 cm^{-1}。结果表明，壳聚糖的衍生化发生在 C$_6$ 位上。在羧甲基壳聚糖-*g*-聚甲基丙烯酸羟乙酯的 IR 谱图中，C＝O 的特征吸收带位于 1725.5 cm^{-1} 处。从 IR 谱图可以看出，接枝聚合物中同时具有聚甲基丙烯酸羟乙酯、壳聚糖及其衍生物的特征吸收带，从而证明了接枝聚合反应的发生。图 9-19 为羧甲基壳聚糖与甲基丙烯酸羟乙酯之间可能的反应机理。

　　烯类单体的引发接枝聚合，常以过硫酸盐、偶氮二异丁腈和铈盐为引发剂。

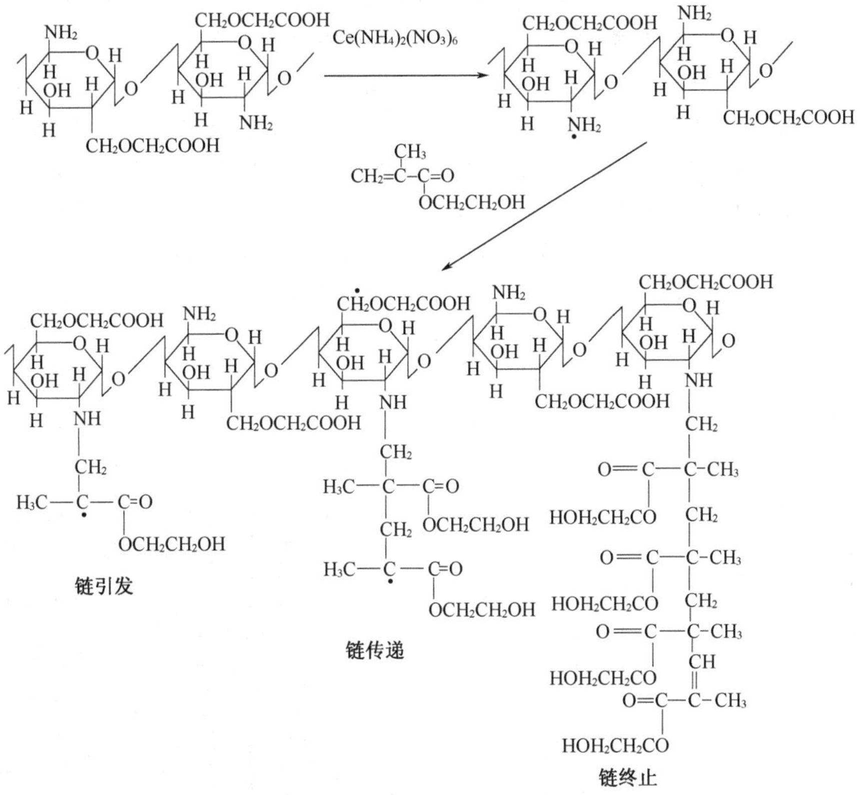

图 9-19　羧甲基壳聚糖与甲基丙烯酸羟乙酯的接枝聚合机理

溴酸钾是一种强氧化剂，尤其是在酸性介质中，它与硫代碳酸酯构成的氧化还原引发体系，可以引发多种烯类单体在多糖分子上进行接枝聚合。将壳聚糖悬浮于稀 NaOH 溶液中，然后加入 CS_2 反应一定时间后，得到壳聚糖硫代碳酸乙酯；再加入一定量甲基丙烯酸羟乙酯、甲酸和溴酸钾，反应一段时间后即可得到壳聚糖-g-聚甲基丙烯酸羟乙酯[78]。壳聚糖硫代碳酸酯与溴酸钾结合后，是一个高效的氧化还原引发体系。最佳反应条件下，甲基丙烯酸羟乙酯的转化率可达 75%，接枝产物中接枝链含量可达 38%。

　　血液透析中需要用高分子膜除去血液中的溶质和水。在壳聚糖与甲基丙烯酸羟乙酯接枝聚合中，当聚甲基丙烯酸羟乙酯含量为 12.5% 时，对肌氨酸酐具有很好的渗透性，在 45 min 即可达到平衡；与壳聚糖相比，含 7.5% 和 12.5% 聚甲基丙烯酸羟乙酯的接枝产物对葡萄糖具有更好的渗透性，对白蛋白的渗透性也有所提高；所有接枝聚合物对尿素的渗透性都好于壳聚糖。该接枝聚合物膜具有很好的血液相容性和生物降解性，无细胞毒性，是一种很好的血液透析膜材料[79]。

通过等离子体辐射引发溶胀的壳聚糖膜与甲基丙烯酸羟乙酯的接枝聚合，可得到表面接枝聚甲基丙烯酸羟乙酯的接枝聚合物[80]。研究表明，等离子体辐射一方面可以引发甲基丙烯酸羟乙酯进行接枝聚合，另一方面也会对壳聚糖膜发生刻蚀。因此，过高的辐射强度和过长的辐射时间会造成接枝率的显著下降。SEM 观察表明，等离子体辐射可以改变壳聚糖膜的表面形貌，而且其形貌随辐射强度和时间的不同而改变。由图 9-20 可见，接枝聚合后壳聚糖膜表面覆盖了许多松散堆积的小颗粒。随着辐射功率和接枝率的提高，膜表面的颗粒变为柏叶状，紧紧贴在膜的表面上。当功率较小时，壳聚糖膜表面形成的活性中心较少，甲基丙烯酸羟乙酯主要在气相进行聚合，然后沉积到壳聚糖膜表面；当功率提高到 85 W 时，在膜表面形成的活性中心足以引发单体进行接枝聚合，从而形成柏叶状表面形貌。随接枝率从 0 增至 12.2%，壳聚糖膜的接触角从 78.2°降至45.4°，表明壳聚糖与甲基丙烯酸羟乙酯进行接枝聚合后，膜的亲水性提高。

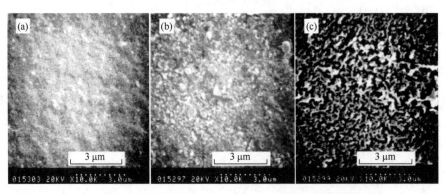

图 9-20　（a）壳聚糖膜、（b）壳聚糖-g-聚甲基丙烯酸羟乙酯，接枝率 4.78%，辐射
功率 45 W 和（c）壳聚糖-g-聚甲基丙烯酸羟乙酯，接枝率 12.2%，辐射功率 85 W 的
SEM 照片

9.3.2.3　丙烯酸丁酯

以十二烷基苯磺酸钠为乳化剂，过硫酸钾-NaHSO₃ 为氧化还原引发剂，可以通过乳液聚合的方法实现壳聚糖与丙烯酸丁酯的接枝聚合[36]。丙烯酸丁酯用量对接枝反应的影响如图 9-21 所示。当丙烯酸丁酯用量在 9 mL 以下时，随丙烯酸丁酯用量的增加，接枝率、接枝效率及均聚物含量都增加，但增加的趋势不一样。接枝率增加到一定程度后，逐渐趋于平缓，而均聚物含量则在丙烯酸丁酯用量大于 9 mL 时，以更快的速度增加。接枝效率在整个过程中达到最大值后开始下降，这与丙烯酸丁酯在乳液中的扩散速度和胶束的增溶能力有关。当单体量较少时，单体在胶束内的迁移能力大，有利于接枝链的增加。随单体量的增加，接

枝链增加到一定程度后其活性降低，同时体系黏度增加，单体向接枝链自由基扩散受阻，从而接枝链增加缓慢；而均聚物的链增长受以上因素影响较小，因此均聚物含量增加。当均聚物增长快于接枝链增长时，接枝效率下降。壳聚糖与丙烯酸丁酯接枝聚合后，膜的抗张强度从 34.56 MPa 下降到 1.25 MPa，而断裂伸长率却从 67.2% 升至 200%，说明亲水性较差的丙烯酸丁酯，通过接枝聚合后可以降低接枝共聚物的亲水性，提高壳聚糖膜的耐水性。

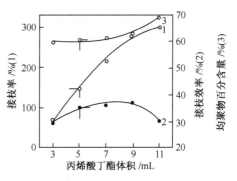

图 9-21　丙烯酸丁酯浓度对接枝聚合反应的影响

　　采用 γ 射线辐射引发壳聚糖乙酸水溶液与丙烯酸丁酯进行接枝聚合，得到了二者的接枝聚合物[81]。随丙烯酸丁酯浓度和辐射剂量的增大及壳聚糖浓度和反应温度的降低，接枝率不断增大。当辐射速率较低时，对接枝率没有显著影响；但是当辐射速率高于 35 Gy/min 时，接枝率迅速下降。

9.3.2.4　其他

　　近年来，高价过渡态金属离子(如 Mn(Ⅶ)、Cr(Ⅵ)、Ni(Ⅳ)、Ag(Ⅲ)、Cu(Ⅲ)和 V(Ⅴ)等)在烯类单体的聚合及接枝聚合等方面的研究引起了科研工作者的广泛兴趣。一般认为 Ag(Ⅲ)催化烯类单体聚合的机理是双电子转移过程，不会产生自由基。而 Liu 等通过系统研究过碘酸钾-Ag(Ⅲ)-壳聚糖(DPA-CTS)氧化还原引发体系发现，Ag(Ⅲ)引发烯类单体进行均聚或接枝聚合是一个两步单电子转移过程，中间会产生自由基，从而引发烯类单体聚合（图 9-22)[82]。随 Ag(Ⅲ)浓度增大，壳聚糖与丙烯酸甲酯的接枝率不断增大，这是因为 Ag(Ⅲ)进攻壳聚糖的氨基，产生大分子自由基，从而引发二者的接枝聚合；随 Ag(Ⅲ)浓度进一步增大，接枝率又逐渐减小，这是因为 Ag(Ⅲ)会参与链终止反应，因此丙烯酸甲酯参与链转移反应的概率增大，从而导致接枝率的下降。由于丙烯酸甲酯在水中的溶解度有限，当其浓度较小时，接枝率较低；随其含量增加，产生的壳聚糖-g-聚丙烯酸甲酯会产生自乳化作用，吸引更多的丙烯酸甲酯单体，从而提高接枝率；随丙烯酸甲酯浓度进一步增大，接枝物吸附的丙烯酸甲酯单体量增多，会阻碍 Ag(Ⅲ)靠近壳聚糖的氨基，抑制接枝反应的进行。另外，较高的单体浓度下，单体的链转移反应概率增大，从而导致接枝率下降。采用 Cu(Ⅲ)代替 Ag(Ⅲ)，通过同样的方法也可制得壳聚糖-g-聚丙烯酸甲酯[83]。

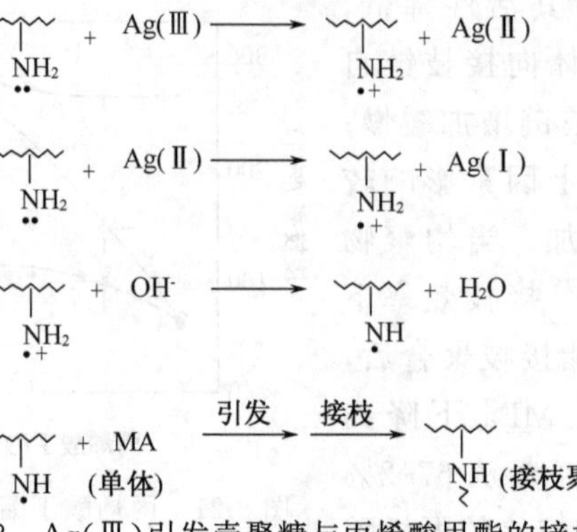

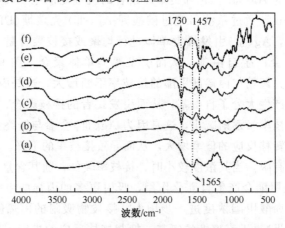

图 9-22　Ag(Ⅲ)引发壳聚糖与丙烯酸甲酯的接枝聚合机理

聚甲基丙烯酸二甲胺乙酯（DMA）具有温度敏感性，在药物控释等方面具有潜在应用。通过 γ 射线引发可将 DMA 接枝到壳聚糖膜上[55]。将壳聚糖衍生化得到水溶性羧乙基壳聚糖，然后以过硫酸铵为引发剂，可以在水相中实现其与 DMA 的接枝聚合[84]。图 9-23 是羧乙基壳聚糖、PDMA 和不同接枝率的壳聚糖-g-PDMA 接枝聚合物的 IR 谱图。由图可以看出：b-e 谱图中 1730 cm^{-1} 处为 PDMA 羰基吸收带峰，b-f 中 1457 cm^{-1} 处为 C—N 伸缩振动吸收带，b-e 中 1565 cm^{-1} 处为羧乙基壳聚糖的氨基吸收带。1730 cm^{-1} 和 1565 cm^{-1} 吸收带的强度比随接枝率的提高而不断增强，表明 PDMA 与羧乙基壳聚糖发生了接枝反应。在不同温度下，羧乙基壳聚糖-g-PDMA 水溶液的 ^{1}H NMR 谱如图 9-24 所示。当温度从 24℃升至 40℃时，PDMA 中三级胺甲基的质子信号（$\delta = 2.35$ ppm 处，峰 a）逐渐减弱，表明三级胺与水的相互作用减弱，PDMA 侧链的溶剂化作用也减弱，从而说明该接枝聚合物具有温度响应性。

图 9-23　羧乙基壳聚糖（a）、PDMA（f）和不同接枝率的壳聚糖-g-
PDMA 接枝聚合物的 IR 谱图
（b-e）：接枝率＝24％，38％，45％，63％

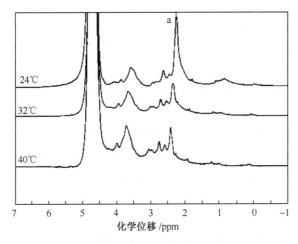

图 9-24　不同温度下羧乙基壳聚糖-g-PDMA 水溶液的 ^{1}H NMR 谱图

通过 γ 射线辐射可以引发在甲醇-水介质中溶胀的壳聚糖膜与 N,N'-甲基丙烯酸二甲胺乙酯进行的表面接枝聚合[55]。甲醇-水混合溶液不但可以溶解 N,N'-甲基丙烯酸二甲胺乙酯单体，而且可以溶胀壳聚糖膜，从而使其具有更大的表面积进行接枝聚合。图 9-25 为辐射引发接枝聚合时，水与甲醇比例对接枝率的影响。由图可见，在蒸馏水或甲醇中接枝率非常低（<7%）；而在二者的混合溶液中可以显著提高接枝率。当 H_2O/甲醇=1/1 时，接枝率达到最大值（39%）。在甲醇中较低的接枝率可能是由于大多数单体发生了均聚反应，造成体系黏度增大，从而抑制了单体扩散到壳聚糖膜表面。在甲醇中加入蒸馏水后，降低了均聚反应速率并抑制了体系黏度的迅速增大，从而使接枝率明显增大。另外，水分子的存在还会破坏壳聚糖的分子间氢键，从而可使单体更易于接近壳聚糖进行接枝聚合反应。然而，过多的水会同时抑制均聚反应和接枝聚合反应的进行，也会使其接枝率下降。壳聚糖与 N,N'-甲基丙烯酸二甲胺乙酯进行接枝聚合后，在接

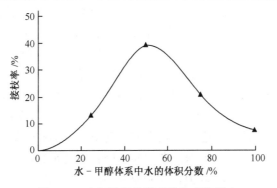

图 9-25　水与甲醇比例对接枝率的影响

枝率为 54% 时，膜的溶胀度、结晶度和拉伸强度分别减小了 51%、43% 和 37%，而热稳定性有所改善。

以 CuBr 和联吡啶（bpy）为引发体系，利用原子转移自由基聚合法可以得到一种新型 pH 敏感性的壳聚糖材料——壳聚糖-g-聚甲基丙烯酸聚乙二醇酯[85]。壳聚糖-异丁酰溴的 IR 谱图中除了有壳聚糖的特征吸收带外，还有 C＝O 在 1729 cm^{-1} 的特征吸收带，—CH$_3$ 在 1470 cm^{-1} 处的吸收带也明显增强，说明 α-溴代异丁酰溴接枝到壳聚糖的骨架上。接枝聚合物中—OH 在 3427 cm^{-1} 的振动吸收带明显增强，2875 cm^{-1} 有—CH$_2$O 的特征吸收带，1725 cm^{-1} 处酯基特征吸收带的强度也明显增强，1104 cm^{-1} 有—CH$_2$OCH$_2$ 的特征吸收带，进一步说明接枝聚合反应的发生。原子转移自由基聚合是制备具有规整结构聚合物的有效方法。将 2-溴异丁酰溴结合在壳聚糖氨基上，通过壳聚糖大分子引发剂，可实现壳聚糖与甲基丙烯酸聚乙二醇单甲醚酯的接枝聚合[62]。该接枝聚合反应符合一级动力学方程。

该接枝聚合物对辅酶 A 的控制释放研究表明：在 24℃，接枝聚合物在不同浓度或 pH 在 3.7～9 之间变化时，聚合物都能对辅酶 A 进行控制释放。接枝聚合物在酸性水溶液（pH=3.7）中，主链上的—NH$_2$ 被质子化，以—NH$_3^+$ 的形式存在，主链之间的静电斥力使大分子间距离的增大，使大分子处于一种膨胀的状态；另一方面聚合物中的羟基、酰胺基和醚基在大分子内和大分子之间形成氢键，使大分子具有向内收缩的趋势。两种方式作用的结果使大分子之间距离处于较大的疏松状态，从而使羟基、酰胺基和醚基在大分子之间形成氢键的机会大大减少，与辅酶 A 中磷酸基结合的机会增多，使吡啶环自身的供电子能力显著增强，辅酶 A 的特征吸收峰也最大。聚合物在中性水溶液（pH=6.8）中时，—NH$_2$ 的离子化程度比在酸性溶液中要小，离子之间的静电斥力也减小，所以大分子所处状态较酸性条件下收缩。聚合物中的羟基、酰胺基和醚基在大分子内和大分子之间形成氢键的几率较酸性条件下要大，从而与辅酶 A 磷酸基结合机会较酸性条件下要小。所以在酸性水溶液中（pH=3.7），聚合物吸附的辅酶 A 的量比中性条件下要大，辅酶 A 的特征吸收峰也较中性溶液条件下高。聚合物在碱性水溶液中（pH=9）时，聚合物中的所有基团相互之间都可形成氢键，大分子处于紧密收缩状态，与辅酶 A 的结合机会最少，所以辅酶 A 吸收峰最低。

通过硝酸铈铵引发可实现壳聚糖与乙酸乙烯酯的接枝聚合，在碱性条件下水解，又可得到壳聚糖-g-聚乙烯醇聚合物[86]。这两种聚合物都具有很好的成膜性，相对于接枝聚合前，干态下机械强度显著提高。溶胀性能及接触角表明，与乙酸乙烯酯接枝聚合后，壳聚糖的亲水性下降；经过水解后，壳聚糖的亲水性又显著提高。在 pH=1.98 溶液中，壳聚糖-g-聚乙酸乙烯酯膜具有比壳聚糖膜更高的稳定性，可能满足特殊生物医药领域的某些应用。接枝反应后，接枝产物的玻璃化转变温度降低，但没有影响壳聚糖的整体热稳定性。通过调整壳聚糖与乙酸乙烯酯的比例，可以对接枝产物的机械性能及亲水性进行调控，从而满足生物医药领域的不同应用。以过硫酸钾-NaHSO₃为氧化还原引发体系，通过均相和非均相反应，也可得到壳聚糖-*g*-乙酸乙烯酯[87]。其中，非均相接枝聚合的接枝率可达 180%，而均相接枝聚合的接枝率高达 360%，因此均相接枝聚合要优于非均相接枝聚合。经水解后，壳聚糖-*g*-乙酸乙烯酯转化为壳聚糖-*g*-聚乙烯醇，溶胀度显著提高。这两种接枝聚合物对酸性和碱性染料（尤其是酸性染料）具有很好的吸附性能。将这两种接枝聚合物与硫酸二甲酯反应后，可以得到季铵化的接枝聚合物。通过丝菌体生长、孢子形成等考察壳聚糖及其接枝聚合物的抗菌活性，结果表明，接枝聚合后壳聚糖的抗菌活性显著提高。

　　壳聚糖膜或纤维常用于血液透析、人工皮肤、组织工程支架材料及药物和基因载体，但是当壳聚糖与血液接触时会发生血栓现象。为改善壳聚糖与血液的相容性，许多研究工作者采用共混、接枝或交联的方法使合成高分子与壳聚糖结合。聚乙烯醇有好的生物相容性、无毒性、机械性能，较低的细胞粘连和蛋白质黏附性，与壳聚糖结合后通过氢键作用，得到了功能新材料。但也有研究表明，壳聚糖与聚乙烯醇共混物的相容性不是很好，会出现相互分离的现象。为增强壳聚糖与聚乙烯醇间的相互作用，通过将壳聚糖与乙酸乙烯酯进行自由基接枝聚合，得到壳聚糖-*g*-聚乙酸乙烯酯，然后再进行醇解，可以得到通过共价键结合的壳聚糖-*g*-聚乙烯醇/聚乙烯醇共混物[88]。图 9-26 是壳聚糖-*g*-聚乙烯醇/聚乙

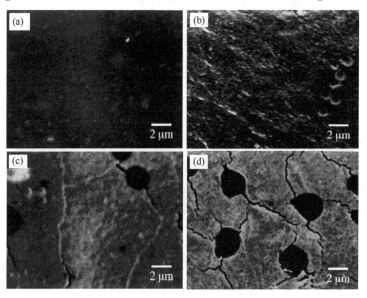

图 9-26　壳聚糖-*g*-聚乙烯醇/聚乙烯醇共混物的 SEM 照片

壳聚糖/乙酸乙烯酯 = （a）1/100，（b）5/100，（c）10/100，（d）15/100

烯醇共混物的 SEM 照片。由图可以看出，壳聚糖含量较低时（壳聚糖/乙酸乙烯酯＝1/100），接枝聚合物表面极为平整致密，随壳聚糖含量增加，表面粗糙度增加，而且出现很多小孔，表明二者发生了相分离现象；当壳聚糖/乙酸乙烯酯＞10 时，接枝的聚乙烯醇链含量较少，壳聚糖会从共混物中分离出来。通过造骨细胞培养和血小板黏附实验发现，与聚乙烯醇相比，壳聚糖-g-聚乙烯醇/聚乙烯醇共混物具有更好的细胞和血液相容性。

9.3.3　丙烯酸及甲基丙烯酸

9.3.3.1　丙烯酸

壳聚糖与丙烯酸的接枝聚合反应，主要用于制备高吸水性树脂、水凝胶、修饰壳聚糖膜和微球等方面。高吸水性树脂是一类具有一定的交联度，不溶于水，具有高度水膨胀性的高分子化合物。由于可吸收自身质量几百甚至上千倍的水分，在医用材料、生理卫生用品和农业等领域获得了广泛的应用。用具有无毒、可生物降解、易于进行化学改性的天然高分子材料如淀粉、纤维素和壳聚糖等为原料，与亲水性的乙烯基单体（尤其是丙烯酸）接枝聚合制备高吸水性树脂是当前研究的热点之一。壳聚糖分子中有氨基，理论上壳聚糖接枝丙烯酸制备吸水保水材料比淀粉类接枝物性能优异，但壳聚糖由于其特有的性质，导致其接枝改性制备吸水树脂较淀粉困难得多。因此，有关壳聚糖接枝改性的研究报道很多，但有关壳聚糖接枝乙烯基单体制备高吸水树脂的研究报道却不多。

将甲壳素溶于三氯乙酸和 1,2-二氯甲烷为溶剂中，然后浇注成不同厚度的薄膜。将甲壳素膜在蒸馏水中浸泡 2 h，然后加入一定量硝酸铈铵溶液浸泡 1 h，于 40℃下加入丙烯酸溶液并在 N_2 保护下反应 6 h 后弃去均聚物和反应液，得到甲壳素接枝丙烯酸膜[89]。随相对分子质量的增大，膜的渗透性越来越差，且相对分子质量增大到一定程度后下降的趋势趋于平稳。这是由于相对分子质量增大时链段活动困难，离子间相互作用变弱所致。脱乙酰度越高，膜的渗透性越好，这是由于乙酰化程度越高，分子链上的氨基在酸性条件下形成较多的阳离子基团，由于它们之间的静电排斥作用而使膜孔增大，而乙酰化程度较低时，除所形成的阳离子基团具有相互排斥作用外，同时含有较多的乙酰基，附着在膜层表面，部分地堵塞孔道，因而降低膜的渗透性。未接枝的甲壳素膜，其渗透性与pH 的变化无关，当其接枝丙烯酸后则与 pH 有明显关系，说明其为 pH 响应性材料。

将壳聚糖溶于丙烯酸溶液，待其充分溶解后通 N_2，搅拌下加入适量 Mn^{3+} 引发剂，在 90℃进行接枝反应。将接枝物进行酸解处理后，用 NaOH 溶液中和，脱水干燥，制得淡黄色吸水树脂[90]。将壳聚糖直接溶于丙烯酸溶液中进行接枝反应，用丙烯酸溶液取代一般壳聚糖的常用溶剂乙酸溶液，除可不用乙酸溶剂外，还因壳聚糖本身具有氨基，对丙烯酸有中和作用，因此不需在接枝反应前对丙烯酸进行中和处理，从而减少工艺步骤，降低生产成本。采用 Mn^{3+} 作引发剂，价廉且引发效果好。在接枝反应中，丙烯酸较易接枝到壳聚糖分子链上，只生成极少量的均聚物。

将 2.0 g 壳聚糖溶于 0.135 mol/L 乙酸溶液中，搅拌溶解后通入 N_2 30 min；于 60℃加入一定量 0.1 mol/L 硝酸铈铵溶液反应 15 min，加入丙烯酸接枝共聚 6 h；再加 N,N'-亚甲基双丙烯酰胺和 NaCl，用 8% NaOH 溶液调 pH=13，反应一定时间，可得丙烯酸（钠）-壳聚糖吸水树脂[91]。结果表明：NaCl 0.16 g、硝酸铈铵 96 mg、丙烯酸与壳聚糖比例为 14.5∶1.5 及 N,N'-亚甲基双丙烯酰胺 48 mg 时，合成树脂吸水率最高。在壳聚糖溶液中加入小分子物质 NaCl 可以降低溶液黏度，使凝胶反应时间大幅度缩短，反应产物壳聚糖-g-聚丙烯酸（钠）吸水树脂的吸水率增大。

将一定量壳聚糖溶于丙烯酸溶液中，然后加入 KPS 和硫酸亚铁铵引发剂，在不除 N_2 的情况下，升温至一定温度进行接枝聚合，然后采用丙酮除去均聚物，可得壳聚糖-g-聚丙烯酸接枝聚合物[46]。在反应体系中，加入 Fe^{2+} 会促进 KPS 的分解，然而过多的 Fe^{2+} 会消耗·OH 和 SO_4^-·。因此，可以通过调整 Fe^{2+} 含量来调节接枝聚合反应的程度，以得到具有预期性能的产物。图9-27给出了不同接枝率壳聚糖-g-聚丙烯酸聚合物的溶胀度与 pH 的关系。一般高吸水性树脂由于含有大量的羧基，溶胀度具有很高的 pH 依赖性，且一般在中性附近具有最高溶胀度。然而在该条件下制备的壳聚糖-g-聚丙烯酸聚合物对 pH 并没有很强的依赖性。接枝率为 524% 的产物在 pH=2 溶液中的溶胀度要高于 pH=7.4 时和在蒸馏水中的溶胀度。这一反常的现象是由于在 pH=2 时，许多链内

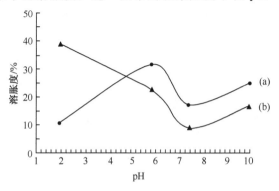

图 9-27　接枝率（a）115% 和（b）524% 的壳聚糖-g-聚丙烯酸聚合物溶胀度与 pH 关系

和链间的盐键发生电离，而且壳聚糖分子中的氨基发生了质子化，从而造成高分子链间排斥力增强，引起溶胀度增大。

　　将一定量的壳聚糖加入 120 mL 2％的乙酸溶液中，置于装有搅拌装置、回流冷凝管的三口烧瓶中，水浴加热，在 N_2 的保护下搅拌使壳聚糖充分溶解后，加入一定量的过硫酸铵，30 min 后加入定量的丙烯酸和 N, N'-亚甲基双丙烯酰胺。在恒定的温度下反应一定时间，停止反应后，向三口烧瓶中加入一定量的乙醇，高速搅拌并缓慢加入 20％NaOH 水溶液调节 pH 到 7.0，抽滤，将沉淀分散在乙醇中，高速搅拌充分洗涤沉淀，抽滤反复洗涤 3 次后再用乙醇和蒸馏水的混合溶剂（体积比为 4∶1）浸泡 24 h 后抽滤，将滤饼真空干燥、粉碎得到壳聚糖接枝聚丙烯酸高吸水性树脂[92]。

　　壳聚糖接枝丙烯酸后，1730 cm^{-1} 处归属于 C＝O 伸缩振动的吸收带和酰胺 I 带中 C＝O 伸缩振动的吸收带相互叠加，较壳聚糖强度显著增强；1586 cm^{-1} 处归属于氨基中 N—H 弯曲振动的酰 II 带的吸收带由于和 1570 cm^{-1} 处归属于羧酸盐中—COO$^-$的不对称伸缩振动带相互叠加，较壳聚糖强度显著增强；1410 cm^{-1} 处归属于—COO$^-$对称伸缩振动和 1290 cm^{-1} 处归属于 C—O 伸缩振动的吸收带显著增强；793 cm^{-1} 处出现了强的归属于长碳链的 C—H 平面摇摆振动的吸收带；2920 cm^{-1} 处归属于壳聚糖分子中 C—H 伸缩振动的吸收带。随着长碳链的引入向高波数方向移动，移动到了 2950 cm^{-1} 处，并且强度显著增加。这些都充分证明丙烯酸在壳聚糖的分子链上发生了接枝聚合反应。

　　从图 9-28 可见，当 $m_{丙烯酸}/m_{壳聚糖}$ ＜10 时，吸水率随比值的增加而增大。这是因为随着单体浓度的增加，壳聚糖分子链上的自由基有足够的单体可以与之反应，接枝共聚反应的速率加快，反应也更加充分，有利于树脂三维网络的形成；同时，由于亲水性的羧基含量的增加也使所生成的树脂的吸水性能提高。当 $m_{丙烯酸}/m_{壳聚糖}$ ＞10 时，随比值的增加吸水率反而降低。这可能是因为丙烯酸含量

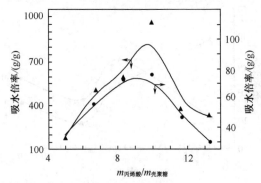

图 9-28　丙烯酸与壳聚糖比例对壳聚糖-g-聚丙烯酸高吸水性树脂吸水倍率的影响

越多，聚合后侧链的相对分子质量越大，由于体系黏度过大而阻碍分子或自由基的运动，容易引起暴聚；或者由于聚合物分子链之间容易缠结，提高了交联度进一步降低了产物的吸水性。

在 N_2 保护下，将壳聚糖溶于 1‰乙酸溶液中，然后在 60℃下加入 KPS、丙烯酸和丙烯酰胺单体，随后加入 N,N'-亚甲基双丙烯酰胺，反应一段时间后可得到壳聚糖-g-聚（丙烯酸-co-丙烯酰胺）高吸水性树脂，反应过程如图 9-29 所示[93]。该树脂对 pH 具有响应性（如图 9-30 所示）。在酸性（pH＜2）及碱性（pH＞12）介质中，由于 Cl^- 和 Na^+ 的屏蔽效应，该树脂的吸水倍率很低；当溶液 pH＝3 或 8 时，由于—NH_2 的质子化及电离的—COO^- 间的排斥作用，树脂具有很高的吸水倍率；当 pH＝4~6 时，—NH_2 会与—COOH 相互作用，形成分子内及分子间氢键，从而使树脂发生塌陷，溶胀程度较低。随溶液 pH 在 3 和 10之间变换，树脂的溶胀度发生周期性的变化，显示出对 pH 变化的响应性。当该树脂反复浸入 NaCl 溶液和 $CaCl_2$ 溶液时，也显示出较好的响应性（图 9-31），这是其他已报道的纯聚丙烯酸或聚丙烯酰胺树脂所不具备的性质。

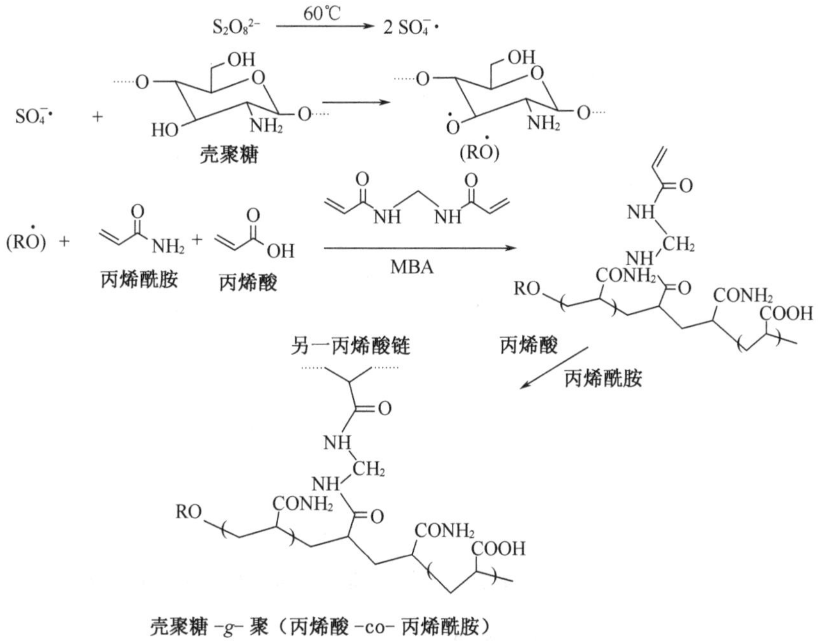

图 9-29　壳聚糖-g-聚（丙烯酸-co-丙烯酰胺）高吸水性树脂的反应过程

在硝酸铈铵的引发下，壳聚糖还可通过微波辐射的方法与丙烯酸接枝聚合，并在 N,N'-亚甲基双丙烯酰胺的存在下得到高吸水性树脂，反应速度可提高 8倍，吸水倍率可达 704 g/g[94]。图 9-32 给出了所用微波辐射引发装置的示意图。

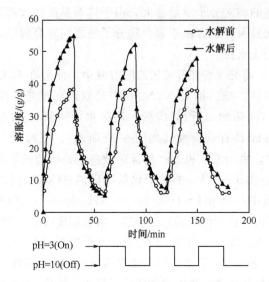

图 9-30　壳聚糖-*g*-聚（丙烯酸-co-丙烯酰胺）高吸水性树脂的 pH 响应性

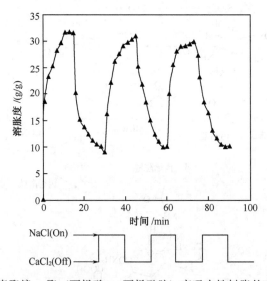

图 9-31　壳聚糖-*g*-聚（丙烯酸-co-丙烯酰胺）高吸水性树脂的离子响应性

通过正交实验得到了最佳的实验条件：0.3 g 壳聚糖，2.5 mL 0.01 mol/L 的引发剂溶液，5 mL 0.01 mol/L 的交联剂溶液，微波功率 120 W，反应时间 30 min。在此条件下，接枝率和接枝效率分别为 89.6% 和 86.5%，说明微波辐射法也是引发壳聚糖接枝丙烯酸的有效方法。

　　采用电子束对壳聚糖和丙烯酸混合水溶液进行辐照，可以得到壳聚糖-*g*-聚

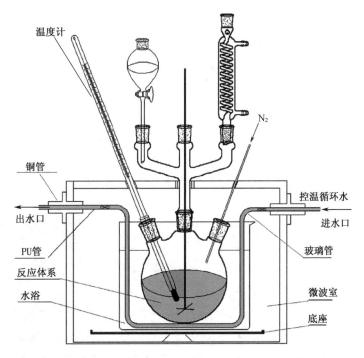

图 9-32　微波辐射引发壳聚糖接枝丙烯酸装置示意图

丙烯酸共聚物水凝胶[95]。该水凝胶具有 pH 敏感性,在酸性 (pH≈1) 和碱性 (pH>7) 条件下均表现出较好的溶胀性;而在 pH=2~5 范围内溶胀率较小。同时,随着辐照剂量的增大,产物的溶胀率也随之增大,在酸性条件下表现并不明显,而当 pH>6 时增大效果较显著。

以环己烷为油相,壳聚糖溶液为水相,采用反相乳液聚合法可以得到具有 pH 敏感性的壳聚糖/聚丙烯酸共聚物微球[96]。该微球的溶胀率在 pH=1~10 缓冲溶液中的变化表明,微球在酸性 (pH≈1) 和碱性 (pH>7) 条件下,溶胀率均在 10 倍以上;而在 pH=2~6 时溶胀较差,当 pH=4 时出现最低值,溶胀率低于 1 倍。壳聚糖/聚丙烯酸共聚物微球制备与溶胀过程如图 9-33 所示。光学显微镜所观察到的微球粒径均在 40 μm 以内,且大小均匀。

以乙二醇二缩水甘油醚为交联剂,采用相转移法得到多孔交联壳聚糖小球,然后以过硫酸铵为引发剂,与丙烯酸进行多相接枝聚合,接枝不同聚丙烯酸含量的交联壳聚糖小球的断面扫描电镜图片如图 9-34 所示[97]。交联壳聚糖小球的孔大约为几微米,随接枝聚丙烯酸含量的增加,多孔壳聚糖小球的多孔结构逐渐减小,最终消失。这说明接枝反应可以同时在壳聚糖小球的表面和孔结构的内部进行。对血浆中低密度脂蛋白的选择性去除实验表明:采用聚丙烯酸对交联壳聚糖

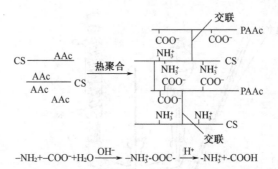

图 9-33　在不同 pH 条件下壳聚糖/聚丙烯酸微球的制备与溶胀过程

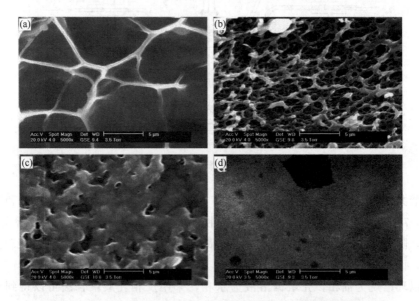

图 9-34　接枝不同聚丙烯酸含量的交联壳聚糖小球的断面 SEM 图片

聚丙烯酸含量 (a) 0, (b) 55%, (c) 143%, (d) 242%

小球进行表面修饰后，其对脂蛋白的吸附量和选择性明显提高，并与接枝的聚丙烯酸含量直接相关。

　　目前，壳聚糖微球在缓释药物和"靶向药物"方面的研究是新的热点之一。磁性壳聚糖微球是指内部含有磁性金属或金属氧化物的超细粉末且具有磁响应性的壳聚糖微球。它是一种新型的功能高分子材料，不仅具有壳聚糖微球的特点，而且具有磁响应性。用磁性壳聚糖微球固载药物，在外加磁场作用下能够达到增强靶向治疗的目的。壳聚糖可与丙烯酸接枝共聚得到壳聚糖-丙烯酸悬浮液，在铁磁流体（Fe_3O_4）与聚乙二醇（分散剂）存在下，通过与戊二醛交联，可以得到磁性壳聚糖-聚丙烯酸微球[98]。所得磁性微球外表呈球形，粒径为 100~400

nm（如图 9-35）。当 Fe 含量为 2.47% 时，磁性微球的饱和磁化强度约为 1.30 emu/g，磁矫顽力为 2800 e，磁化率为 2.16×10^{-4}（常温下），属于顺磁性材料。它对牛血清蛋白有较好的吸附效果，饱和吸附量约为 400 mg/g。该磁性微球由于表面引入了羧基，且粒径小，可大大提高对蛋白类药物的固载效果。磁性壳聚糖/聚丙烯酸微球由于本身具有磁响应性，能利用外界磁场进行靶向定位，而且该磁性微球对蛋白类药物具有良好的吸附效果，有望在"靶向药物"的领域内展示良好的应用前景。

图 9-35　磁性壳聚糖/聚丙烯酸微球的 SEM 照片

在碱性条件下，采用氯乙酸将壳聚糖衍生化，得到羧甲基壳聚糖。在 N_2 保护下，以过硫酸铵为引发剂，以 N,N'-亚甲基双丙烯酰胺为交联剂，与丙烯酸在 65℃ 接枝聚合可以得到羧甲基壳聚糖-g-聚丙烯酸高吸水性树脂[99]。当 $m_{丙烯酸}/m_{羧甲基壳聚糖} = 7.3$、$m_{引发剂}/m_{丙烯酸} = 2\%$、$m_{交联剂}/m_{丙烯酸} = 1.4\%$、丙烯酸中和度为 30%、在 50℃ 下反应 6 h 后，所得树脂具有最高的吸水倍率。在蒸馏水中吸水倍率为 1180 g/g、生理盐水中为 162 g/g、人工血液中为 116 g/g、人工尿中为 108 g/g。过硫酸盐引发壳聚糖接枝聚合的过程如图 9-36 所示。

在偶氮二异丁腈的引发下，丙烯酸钠和 N-乙烯基吡咯烷酮在羧甲基壳聚糖的分子链上接枝共聚，可制备羧甲基壳聚糖接枝聚丙烯酸钠/乙烯基吡咯烷酮高吸水性树脂，吸水倍率可达 1320 g/g 以上，吸生理盐水倍率可达 180 g/g 以上[100]。图 9-37 给出了丙烯酸钠和乙烯基吡咯烷酮总量对树脂吸水倍率的影响。随单体投料量的增加，羧甲基壳聚糖分子链上的自由基有足够的单体可以与之反应，接枝共聚的速率加快，反应也更加充分，提高了产物的吸水性能。但随 $m_{(丙烯酸钠+乙烯基吡咯烷酮)}/m_{(羧甲基壳聚糖)}$ 的进一步增加，由于—COONa 的水解体系的 pH 升高，降低了羧甲基壳聚糖相对分子质量，不利于接枝共聚的发生和产物吸水性能的增加；同时单体加入量越多，聚合后的接枝共聚支链的相对分子质量越大，分子链之间容易发生缠结，产物的交联度有所增加，限制了网络的扩张，进一步降低了产物的吸水性能。当 $m_{(丙烯酸钠+乙烯基吡咯烷酮)}/m_{(羧甲基壳聚糖)} = 11.5$ 时，产物具链引发及传递：

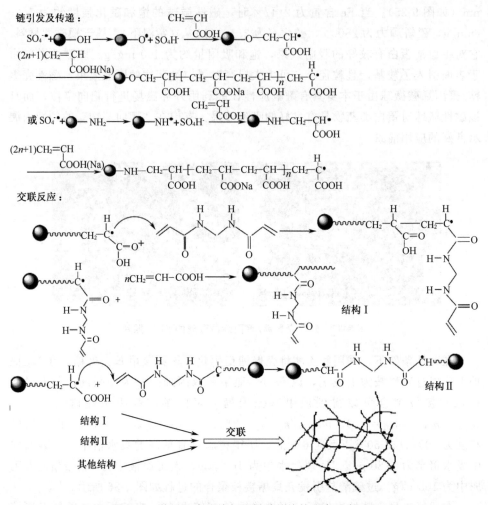

交联反应：

图 9-36　羧甲基壳聚糖与丙烯酸的接枝聚合反应过程

有最高的吸水性能。

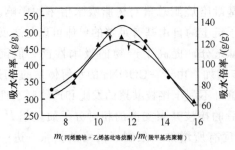

图 9-37　单体总量对产物吸水性能的影响

在保持单体总量不变的情况下，图 9-38 给出了丙烯酸钠与乙烯基吡咯烷酮质量比对产物吸水性能的影响。当 $m_{(丙烯酸钠)}/m_{(丙烯酸钠+乙烯基吡咯烷酮)}$ 小于 0.7 时，产物的吸水性能随 $m_{(丙烯酸钠)}/m_{(丙烯酸钠+乙烯基吡咯烷酮)}$ 的增加而缓慢增加，但随 $m_{(丙烯酸钠)}/m_{(丙烯酸钠+乙烯基吡咯烷酮)}$ 的进一步增加，产物的吸水性能反而降低。由于聚乙烯基吡咯烷酮的亲水性能不如聚丙烯酸钠的亲水性能强，丙烯酸钠投料量较少时，产物的吸水性能较弱；但丙烯酸钠的投料量太多时，虽然产物中—COONa 基团含量的增加，有助于提高树脂与水接触时网络内外的渗透压差，但由于丙烯酸钠的反应活性过低，共聚速率较慢，支链的分子链变短，产物的吸水性能降低。

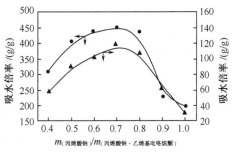

图 9-38　丙烯酸钠投料量对产物吸水性能的影响

在二甲基甲酰胺中，采用马来酸酐可制备马来酰壳聚糖。然后在过硫酸铵引发下，可使其与丙烯酸接枝聚合，得到马来酰壳聚糖-g-聚丙烯酸聚合物[101]。接枝量随丙烯酸/马来酰壳聚糖比例的增加和反应时间的延长而增加，随引发剂含量及反应时间的延长而先增加后减小。该接枝聚合物在 pH<4 及 pH>10时有较好的溶胀度，而在中性附近发生塌陷（图 9-39）。在酸性介质中，由于分子内及分子间氢键的存在，其溶胀度较小；当 pH 增加到 4 时，氢键作用逐渐减弱，马来酰壳聚糖及聚丙烯酸高分子链逐渐舒展，溶胀度提高；当 pH 增加到中性附近时，由于疏水侧链的聚集及氢键作用，导致溶胀度减小；随溶液 pH 继续增大，聚合物中—COOH 电离为—COO⁻，溶胀度提高。

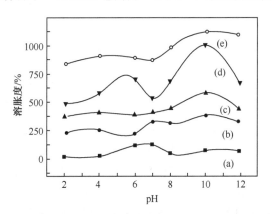

图 9-39　马来酰壳聚糖-g-聚丙烯酸在不同 pH 溶液中的溶胀行为

为提高壳聚糖膜的性能，许多研究者还对壳聚糖膜通过接枝聚合的方法进行修饰。以硝酸铈铵为引发剂，将丙烯酸和甲基丙烯酸羟乙酯接枝聚合到壳聚糖膜表面，并通过 IR 和动态机械热分析（DMTA）对接枝聚合进行了表征[102]。图 9-40 给出了该接枝共聚反应的示意图。聚甲基丙烯酸羟乙酯的引入，保持了膜原有的溶胀性能，改善了膜的细胞相容性、血液相容性和抗血栓性。

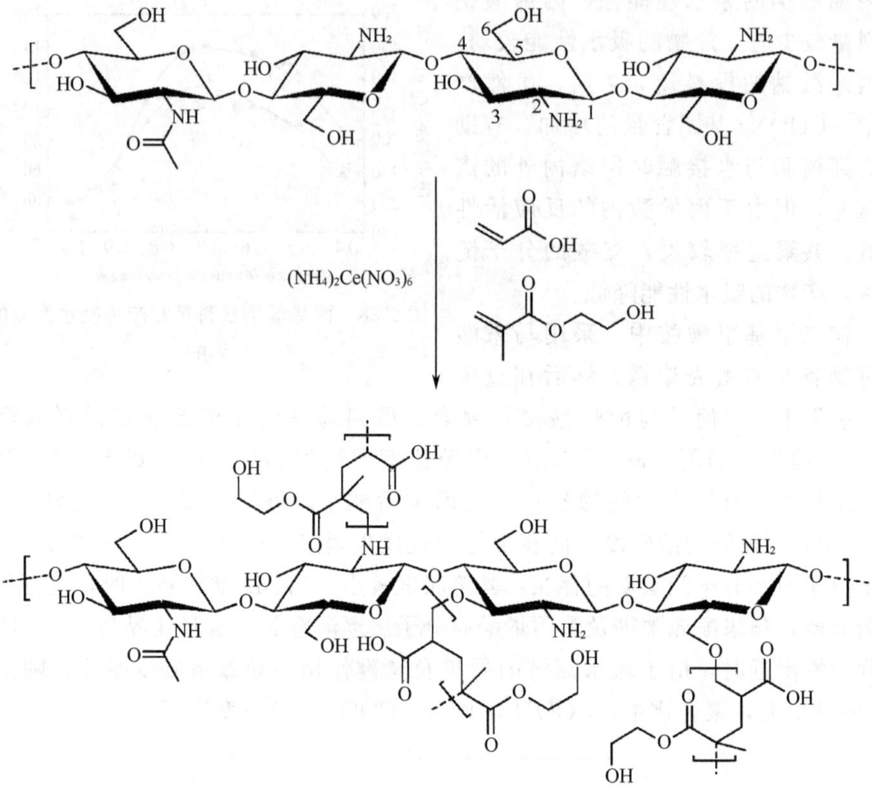

图 9-40　壳聚糖与丙烯酸和甲基丙烯酸羟乙酯的接枝共聚反应过程

　　将丙烯酸钠（AAS）和甲基丙烯酸钠（MAAS）与羧甲基壳聚糖（CM-CTS）进行反应，得到了 CMCTS-*g*-AAS 和 CMCTS-*g*-MAAS[103]。图 9-41 给出了 CMCTS-*g*-MAAS 对过氧化物自由基的清除作用与浓度的关系。随 CMCTS-*g*-MAAS 浓度的增加，其对过氧化物自由基的清除作用越强。CMCTS 的接枝率对其清除作用具有显著影响，具有较高接枝率的接枝产物对过氧化物自由基的清除作用要差。CMCTS-*g*-AAS 对过氧化物自由基的清除作用也有类似的现象。这是由于 CMCTS 与 MAAS 或 AAS 接枝聚合后，破坏了其晶体结构和氢键作用，从而释放出更多的自由羟基和氨基，提高了其抗氧化作用。随着接枝率的增大，接枝产物中对过氧化物自由基具有清除作用的羟基和氨基含量减少，因此接枝产物的过氧化物自由基清除作用随接枝率的增大而降低。在接枝率相近的情况下，CMCTS-*g*-MAAS 比 CMCTS-*g*-AAS 具有更好的清除效果。羧甲基的引入可以提高其耐电子效应，改善最高已占分子轨道的能量水平，同时降低羟基和氨基的电离能，从而使其具有更好的抗氧化活性。

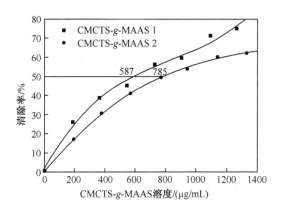

图 9-41　CMCTS-*g*-MAAS 对过氧化物自由基的清洁作用与浓度的关系
CMCTS-*g*-MAAS1：接枝率＝933％；CMCTS-*g*-MAAS2：接枝率＝1550％

9.3.3.2　甲基丙烯酸

以硝酸铈铵为引发剂，可以引发壳聚糖与甲基丙烯酸的接枝共聚，其聚合物膜具有很好的耐溶剂性能[104]。壳聚糖-*g*-聚甲基丙烯酸的热降解温度随着接枝率的增加而呈现降低趋势。该反应的表观活化能为 74.4 kJ/mol，所得产物不溶于壳聚糖的溶剂，在丙酮中发生溶胀现象。以硝酸铈铵-乙二胺四乙酸（CAN-EDTA）为引发剂，可以实现壳聚糖与甲基丙烯酸（MAA）的接枝共聚反应[19]。实验结果表明：当 c（硝酸铈铵）＝615 mol/L、c（EDTA）＝313 mol/L、ρ（MAA）＝20 g/L、ρ（壳聚糖）＝5 g/L，在 50℃反应 2.5 h，壳聚糖接枝率和单体转化率较高。在壳聚糖接枝共聚物的 IR 谱图中，壳聚糖 1596 cm^{-1} 处为胺基的 N—H 面内弯曲振动吸收带，接枝共聚物出现 1734 cm^{-1} 的羧酸特征吸收带，伯胺的 1653 cm^{-1} N—H 弯曲振动吸收带，同时出现仲酰胺 1684 cm^{-1} 的吸收带，1559 cm^{-1} 的酰胺吸收带和 N—H 伸缩振动双峰 3385 cm^{-1}，IR 谱图的以上变化证明发生了接枝共聚反应。

将壳聚糖首先衍生化，得到水溶性壳聚糖，然后再与甲基丙烯酸接枝聚合，不仅可以在更宽的 pH 范围内实现其与甲基丙烯酸的接枝聚合，而且可以改善接枝聚合物的溶解性、抗菌性及抗氧化性。将壳聚糖衍生化得到羧甲基壳聚糖，然后以过硫酸铵为引发剂，引发其与甲基丙烯酸的接枝聚合，可以得到羧甲基壳聚糖-*g*-聚甲基丙烯酸接枝聚合物[44]。

利用辐射源 [60]Co 辐照壳聚糖与甲基丙烯酸接枝聚合反应，合成的共聚物可以作为药物非诺洛芬钙缓释制剂的载体[105]。从图 9-42 可以看出，随着甲基丙烯

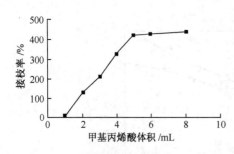

图 9-42　甲基丙烯酸量与接枝率的关系

酸单体浓度的增加，接枝率也随之增加，但是当浓度达到一定值后，接枝率趋于平缓。即当甲基丙烯酸的体积超过 5 mL 后，接枝达到饱和，甲基丙烯酸的体积对接枝率影响变化不大。随着辐照剂量的加大，接枝率也越来越高。当辐照剂量达到 200 Gy 时，接枝率达到最大；当辐射剂量大于 200 Gy 时，接枝率有所下降。这种现象可能是由于辐射剂量达到一定值后，辐射降解速率大于辐射接枝速率。

9.3.4　丙烯酰胺

　　壳聚糖与丙烯酰胺的接枝聚合主要用于制备重金属离子吸附剂、絮凝剂、造纸助剂和水凝胶等。以乙二醇二缩水甘油醚为交联剂，采用相转移法可制备多孔交联壳聚糖小球，然后通过羟基和氨基，将原子转移自由基引发剂——2-溴异丁酰溴结合在壳聚糖小球表面，通过原子转移自由基聚合的方法采用丙烯酰胺对其进行表面修饰，得到了对 Hg^{2+} 具有选择性吸附的吸附剂，具体反应过程如图 9-43所示[106]。图 9-44 给出了壳聚糖小球、表面引发壳聚糖小球及聚合反应不同时间的壳聚糖-g-聚丙烯酰胺小球的 IR 谱图。由图可以看出：在采用 2-溴异丁酰溴对壳聚糖进行表面引发后，壳聚糖在 1640 cm^{-1} 处 N—H 的弯曲振动吸收带移至 1635 cm^{-1}（酰胺Ⅱ的变形振动），说明了壳聚糖氨基与 2-溴异丁酰溴发生了反应，形成了酰胺基。另外，在 1732 cm^{-1} 处出现了—COOH 的吸收带，说明 2-溴异丁酰溴还可与壳聚糖的羟基进行反应。当与丙烯酰胺进行接枝聚合后，在 1650 cm^{-1} 和 1657 cm^{-1} 处出现了酰胺Ⅰ谱带，且随反应时间的延长，该吸收带强度增加，说明聚丙烯酰胺已经成功接枝到壳聚糖小球上。1732 cm^{-1} 处—COOH 吸收带在与聚丙烯酰胺进行接枝聚合后消失，可能是由于接枝的聚丙烯酰胺高分

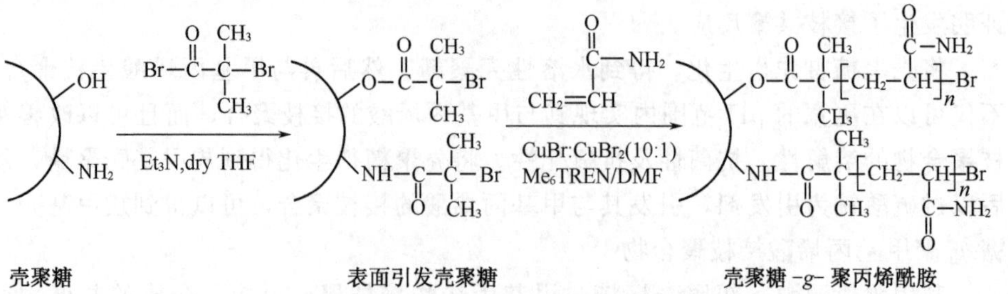

图 9-43　原子转移自由基引发丙烯酰胺接枝聚合反应过程

子侧链将其掩盖所致。

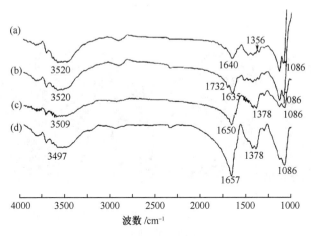

图 9-44　壳聚糖小球（a）、表面引发壳聚糖小球（b）及聚合 24 h（c）和
48 h（d）的壳聚糖-g-聚丙烯酰胺小球的 IR 谱图

　　将壳聚糖和丙烯酰胺溶于甲酸溶液中，在不添加任何自由基引发剂或催化剂的情况下，通过微波辐射即可引发壳聚糖与丙烯酰胺的接枝聚合反应[107]。以 KPS/抗坏血酸为氧化-还原引发剂，Ag$^+$ 为催化剂，以空气中氧为助催化剂，在 35℃下反应 1 h，接枝率最高为 82%。在接枝聚合物谱图的 3416.5 cm^{-1} 处出现了宽而弱的吸收带，这是由于壳聚糖 O—H 伸缩振动吸收带和接枝的聚丙烯酰胺 N—H 伸缩振动吸收带的重叠。与壳聚糖在该处吸收带的强度相比，该处吸收带的减弱说明壳聚糖的 O—H 和 N—H 参与了接枝聚合反应。接枝聚合物中 1671.5 cm^{-1} 和 1629.8 cm^{-1} 处酰胺 I 和酰胺 II 吸收带被壳聚糖 1578.3 cm^{-1} 处的强吸收带所掩盖。1432.2 cm^{-1} 处 C—N 伸缩振动吸收带的出现，进一步证明了接枝聚合反应的发生。在壳聚糖上接枝聚丙烯酰胺后，其对金属离子 Ca^{2+} 和 Zn^{2+} 的吸附量明显提高；采用微波辐射法所得接枝聚合物对 Ca^{2+} 和 Zn^{2+} 的吸附量要高于采用自由基引发剂引发接枝聚合所得聚合物。

　　采用过硫酸铵引发壳聚糖与丙烯酰胺进行接枝聚合，将接枝聚合物溶于热乙酸溶液中，然后加入硝苯地平，并用戊二醛进行交联，通过乳液法得到负载硝苯地平（抗高血压药物）的交联壳聚糖-g-聚丙烯酰胺小球[108]。图 9-45 为壳聚糖-g-聚丙烯酰胺小球和壳聚糖-g-聚丙烯酰胺/硝苯地平小球的 SEM 照片。由图可见，负载硝苯地平前后，壳聚糖-g-聚丙烯酰胺均呈球形表面，直径约 450 μm。硝苯地平的释放遵循零级动力学方程，且受交联度和药物负载量的影响。将制得的壳聚糖-g-聚丙烯酰胺小球用于消炎痛的缓释，也得到了类似的结果[38]。以 KPS 为自由基引发剂，亚甲基双丙烯酰胺或甲醛为交联剂，通过接枝共聚反应可以得到一系列壳聚糖接枝聚丙烯酰胺水凝胶[109]。研究结果表明：水凝胶具有离子强度、pH 和温度敏感性。这种可随外界因素响应及"开关"的性质，使此类智能水凝胶有望成为很好的药物载体。

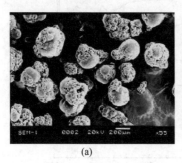

图 9-45　（a）壳聚糖-g-聚丙烯酰胺小球和（b）壳聚糖-g-聚丙烯酰胺/硝苯地平小球的 SEM 照片

以不同脱乙酰度壳聚糖、丙烯酰胺和二甲丙烯酰氧基乙基三甲基氯化铵（DMC）为原料，选择过硫酸铵-亚硫酸氢钠为氧化还原引发剂，乙二胺四乙酸作为金属离子螯合剂，合成了壳聚糖接枝丙烯酰胺 DMC 聚合物[110]。脱乙酰度对聚合反应有一定的影响，但并不是脱乙酰度越高，聚合反应接枝率就越大，这可能是因为壳聚糖中自由氨基参与了引发聚合反应。脱乙酰度低，壳聚糖氨基量少，接枝率就不高，但脱乙酰度很高时，壳聚糖氨基数目也越多，产生的自由基引发聚合的同时，也引发了单体的均聚和增大了链终止的机会，故壳聚糖脱乙酰度并不是越高越好[111]。

在 N_2 保护下，在壳聚糖溶液中加入一定量的硝酸铈铵溶液，一段时间后加入丙烯酰胺进行接枝共聚，反应到一定时间移出溶液，用 NaOH 溶液调至 pH＝9～10，得白色絮状沉淀物，用丙酮洗涤、抽提，除去均聚物，然后在 HCl 溶液中浸泡一定时间，去除没反应的壳聚糖，得到接枝聚合物[112]。随着丙烯酰胺比例的增加接枝率也增加，且达到一个最大值，继续增加丙烯酰胺比例其接枝率反而下降，这是因为随着单体比例的增加，丙烯酰胺的浓度增加，反应速度加快，接枝率增大；随着反应进行，其体系黏度也会增加，单体向接枝链自由基扩散受阻，从而使接枝率增加缓慢。所以，当单体增至一定值后接枝率趋于一较大值，单体量再增加接枝率反而下降。

以硝酸铈铵、过硫酸铵、H_2O_2-$FeSO_4$、$KMnO_4$-草酸作引发剂，分别进行壳聚糖与丙烯酰胺的接枝共聚反应，结果如表 9-1 所示[113]。由表 9-1 可见，过硫酸铵引发剂的效果最好。这是因为过硫酸铵本身被引发成活性较强的 $HO_3SO\cdot$ 自由基，能攻击壳聚糖上的碳和氮，形成壳聚糖大分子自由基。而硝

酸铈铵中的 Ce^{4+} 直接引发壳聚糖上的碳，形成的壳聚糖大分子自由基的数量较少，故效果不如前者。H_2O_2 - $FeSO_4$ 组成的氧化还原体系引发的自由基 HO· 的活性远小于过硫酸铵引发体系引发的 HO_3SO· 自由基。采用高锰酸钾-草酸的氧化还原体系在任何反应条件下，接枝率和黏度都几乎为零。以过硫酸铵引发剂，当引发剂浓度为 3 mmol/L，丙烯酰胺与壳聚糖的质量之比为 2∶1，反应温度为 30℃，反应时间为 3～3.5 h，冰乙酸的体积分数为 1.5％时进行的接枝共聚反应，产物接枝率为 133.40％、黏度大于 100 000 mPa·s，对模拟废水处理的透光率为 99％，絮凝性能最佳。

表 9-1　不同引发剂对接枝率和黏度的影响

引发剂	引发剂浓度/(mmol/L)	接枝率/%	特性黏度/(mPa·s)
$(NH_4)_2S_2O_8$	3	127.7	39500
$(NH_4)_2Ce(NO_3)_6$	3	119.0	6650
$n(H_2O_2)/n(FeSO_4)$	6∶1	115.0	8500
$KMnO_4$-$(COOH)_2$	—	0	1

聚丙烯酰胺是造纸工业应用最多的造纸助留剂，通过壳聚糖与丙烯酰胺接枝共聚改性可使其成为一种性能优异的造纸助剂。在壳聚糖溶液中加入一定量丙烯酰胺，在 N_2 保护下，于 40℃将引发剂硝酸铈铵分次 30 min 加完，反应一定时间后，加入相对分子质量调节剂继续反应 3 h，然后加入、三甲基羟丙基季铵盐阳离子化试剂，6℃进行阳离子化反应 1 h，冷却至室温后调节 pH 为 5.5，可制备接枝共聚物[114,115]。壳聚糖与丙烯酰胺接枝共聚在一定程度上破坏了壳聚糖的有序结构，并呈现一个强阳离子弱阴离子的两性分子特征。该接枝共聚物加入造纸浆料后可通过对纸料电荷的中和以及接枝共聚物大分子的架桥作用产生很好的絮凝效果，同时壳聚糖的多羟基与纤维结合使纸张的干强度也有所增加。

壳聚糖接枝共聚物的制备通常采用水溶液聚合的方法，但该方法存在聚合单体浓度低的问题，为得到固体产品，需要经过长时间的干燥、粉碎，工艺过程较为复杂。而采用反相乳液聚合法则可以克服上述缺点，所得产物呈小颗粒状，较易进行产品的后处理。以壳聚糖、丙烯酰胺、甲基丙烯酰氧乙基三甲基氯化铵为原料，硝酸铈铵为引发剂，Span-20 为乳化剂，通过反相乳液聚合技术，可以得到壳聚糖-g-聚（丙烯酰胺-co-甲基丙烯酰氧乙基三甲基氯化铵）接枝共聚物[116]。接枝共聚反应的最佳合成工艺条件为：乳化剂占油相的质量分数 6％，油水体积比 1.8/1，引发剂浓度 0.8 mol/L，单体物质的量配比 5∶1，反应时间 5 h，反应温度 60℃。以过硫酸铵-$NaHSO_3$ 为氧化还原体系引发剂，将壳聚糖、丙烯酰胺和丙烯酸乙酯二甲氨基季铵盐进行接枝反应，可以得到一种两性壳聚糖接枝聚合物[117]。最佳合成工艺为：m（壳聚糖）∶m（丙烯酰胺）∶m（阳离子单体）

=1:1:5，反应温度 55℃，引发剂用量为体系总质量的 0.05%。

9.3.5　N-异丙基丙烯酰胺

聚（N-异丙基丙烯酰胺）（PNIPAm）水凝胶具有温度敏感特性，它的低临界相溶温度（LCST）为 32℃。当温度低于 32℃时，PNIPAm 水凝胶高度溶胀；而当温度略高于 32℃时，PNIPAm 水凝胶会剧烈收缩，溶胀程度突然减少。人们利用该聚合物的这一特定性质释放出预先吸收在水凝胶中的物质，进行药物缓释、活性酶的包埋、化学反应的控制、制备记忆元件开关以及物质的分离纯化等。近年来，国内外学者在壳聚糖与 PNIPAm 的综合利用上做了不少工作。

目前，PNIPAm 温敏水凝胶主要用化学方法合成，而用辐射方法合成还比较少，采用 γ 射线辐射的方法引发壳聚糖与 NIPAm 接枝共聚，可制备接枝率高达 620% 的水凝胶[118~120]。在 ^{13}C NMR 谱图中，壳聚糖接枝后 C_2 和 C_6 峰发生明显的位移，推测壳聚糖与 PNIPAm 的辐射接枝反应可能发生在壳聚糖的 C_2 和 C_6 位上。通过测定水凝胶在不同温度下紫外透光率的变化，可以明显地观察到水凝胶在 25~34℃发生了明显的热敏相变，其 LCST 约为 28℃ [图 9-46（a）]，这就证明了所制备的水凝胶具有很好的热敏性能。图 9-46（b）给出了接枝率为 620% 的水凝胶在不同 pH 溶液中的溶胀比，从图中可以发现，溶胀比随 pH 的增加而降低。这是由于壳聚糖分子中的游离氨基，使得它在弱酸性介质中可以很好的溶胀，但在弱碱性介质中则容易析出。

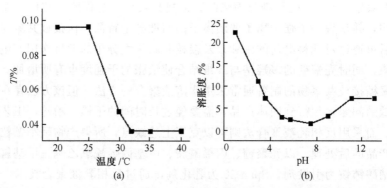

图 9-46　（a）壳聚糖-g-PNIPAm 接枝聚合物在不同温度的透光率和（b）
不同 pH 溶液中的溶胀度

将羧甲基壳聚糖与 NIPAm 在过硫酸钾引发下进行接枝聚合，得到了羧甲基壳聚糖-g-PNIPAm 接枝聚合物[41]。PNIPAm 敏感温度为 32℃，接枝产物的温敏性为 32~38℃，扩大了敏感温度范围，更具有药用价值。接枝共聚物的水溶液随着温度的升高，由澄清透明水溶液变成白色牛奶状浑浊，敏感温度因 NIPAm 的含量不同而不同。

壳聚糖与 NIPAm 的接枝聚合反应一般都是通过壳聚糖的氨基或羟基进行。通过在壳聚糖上引入可聚合双键，然后与 NIPAm 进行接枝聚合，可得到 AB 型接枝聚合物。先采用马来酸酐将壳聚糖衍生化，引入可聚合双键，得到马来酐壳聚糖，然后与 NIPAm 在紫外光辐射下进行接枝聚合，可得到 AB 型壳聚糖-g-PNIPAm 接枝聚合物[121]。根据 IR 谱图和 ^{13}C NMR 的结果，马来酐壳聚糖与 NIPAm 的接枝聚合过程如图 9-47 所示。NIPAm 的接枝效率随其浓度的增加而不断增大，最高达到 55%；与此同时，接枝率也不断增大，当加入的 NIPAm 含量为马来酐壳聚糖的 5 倍时，接枝率高达 247%。

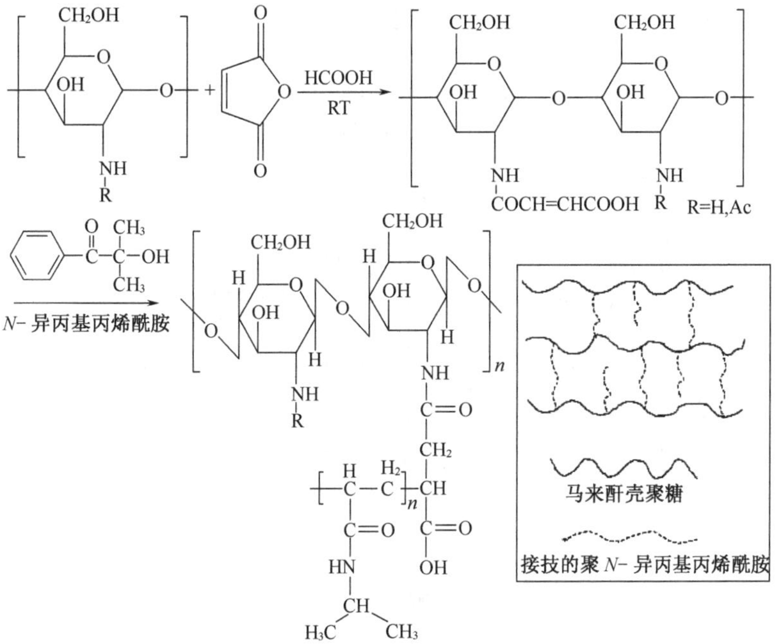

图 9-47　壳聚糖与 NIPAm 的接枝聚合反应过程

SEM 观察显示，所有样品的表面和断面都比较平滑而且致密。图 9-48 是不同马来酐壳聚糖与 NIPAm 配比的接枝聚合物溶胀后冻干样品的 SEM 照片。由图可见，样品的表面含有许多不规则的小块，而且小块的尺寸随 NIPAm 含量的增加而不断增大。这可能是由于 AB 型交联接枝聚合物的分子结构及壳聚糖与 PNIPAm 溶胀能力的不同所致。由于壳聚糖的 pH 敏感性及 PNIPAm 的温敏性，二者的接枝聚合物同时具有温度和 pH 敏感性，如图 9-49 所示。随着接枝率的增加，该接枝聚合物水凝胶的溶胀度不断减小，这可能是由于 PNIPAm 的增多，提高了交联密度，从而降低了水凝胶的溶胀程度。另外，当温度升至 32℃ 时，所有样品的溶胀度开始下降；相转变点附近样品的相转变程度也依赖于接枝率的大小，接枝率越高，则相转变程度越大。另外，所有接枝聚合物样品都有类似马来酐壳聚糖的 pH 响应性。在 pH 等于 4 和 7 时，接枝聚合物具有最低的溶胀度；在酸性或碱性介质中，由于电离的羧基或氨基的质子化，水凝胶的溶胀度增大。

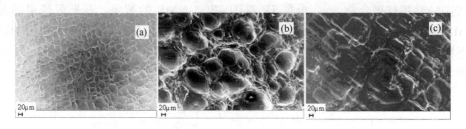

图 9-48　马来酐壳聚糖-g-PNIPAm 的 SEM 照片

(a) $m_{马来酐壳聚糖}/m_{NIPAm}=1:1$；(b) $m_{马来酐壳聚糖}/m_{NIPAm}=1:3$；(c) $m_{马来酐壳聚糖}/m_{NIPAm}=1:5$

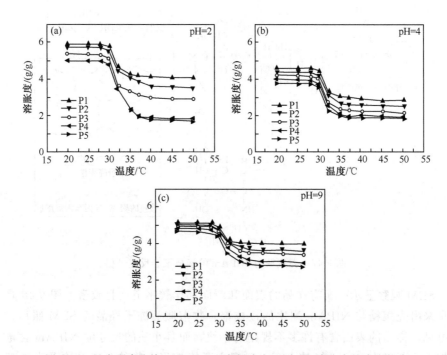

图 9-49　马来酐壳聚糖-g-PNIPAm 水凝胶在不同 pH 溶液中的溶胀行为

(a) $m_{马来酐壳聚糖}/m_{NIPAm}=1:1$；(b) $m_{马来酐壳聚糖}/m_{NIPAm}=1:2$；(c) $m_{马来酐壳聚糖}/m_{NIPAm}=1:3$；

(d) $m_{马来酐壳聚糖}/m_{NIPAm}=1:4$；(e) $m_{马来酐壳聚糖}/m_{NIPAm}=1:5$

　　PNIPAm 水凝胶存在溶胀速度较慢的缺点，许多研究工作者尝试多种方法制备能够快速溶胀的聚（N-异丙基丙烯酰胺）水凝胶。其中，通过接枝聚合得到具有梳状结构的接枝聚合物就是一种行之有效的方法。以偶氮二异丁腈为引发剂，将 3-巯基丙酸（MPA）与 N-异丙基丙烯酰胺反应，可得端基为羧基的聚（N-异丙基丙烯酰胺），然后在 1-乙基-3-(3-二甲胺丙基) 碳二亚胺盐酸盐（EDC）和 N-羟基琥珀酰亚胺（NHS）存在下与壳聚糖接枝反应，可得具有梳状结构的壳聚糖-g-聚（N-异丙基丙烯酰胺）水凝胶，其反应过程如图 9-50 所示[122]。在 PNIPAm-COOH 的 IR 谱图的 $1711~cm^{-1}$ 处出现了 MPA 的羧基吸收带，说明 MPA 与 NIPAm 发生了反应。由于 PNIPAm-COOH 中羧基含量较少，因此在谱图中只能观察到较弱的肩峰。另外，NIPAm 的 C＝C 伸缩振动（1618 cm^{-1}）、＝CH_2 伸缩振动（$1410~cm^{-1}$）和＝C—H 面外弯曲振动吸收带均在聚 MPA 反应后消失，说明 NIPAm 与 MPA 发生了反应，得到了 PNIPAm-COOH。在与壳聚糖反应后，PNIPAm-COOH 在 $1654~cm^{-1}$ 处的酰胺 I 吸收带强度增强，壳聚糖在 $1598~cm^{-1}$ 处自由氨基吸收带和 PNIPAm-COOH 在$1711~cm^{-1}$ 处羧基吸收带消失，从而表明 PNIPAm-COOH 的羧基与壳聚糖的氨基发生了反应，形成了酰胺键。由于具有梳状结构，该接枝聚合物具有较快的 pH 和温度响应性。

壳聚糖-g-PNIPAm 还可用于间充质干细胞的培养及诱导分化。通过降低壳

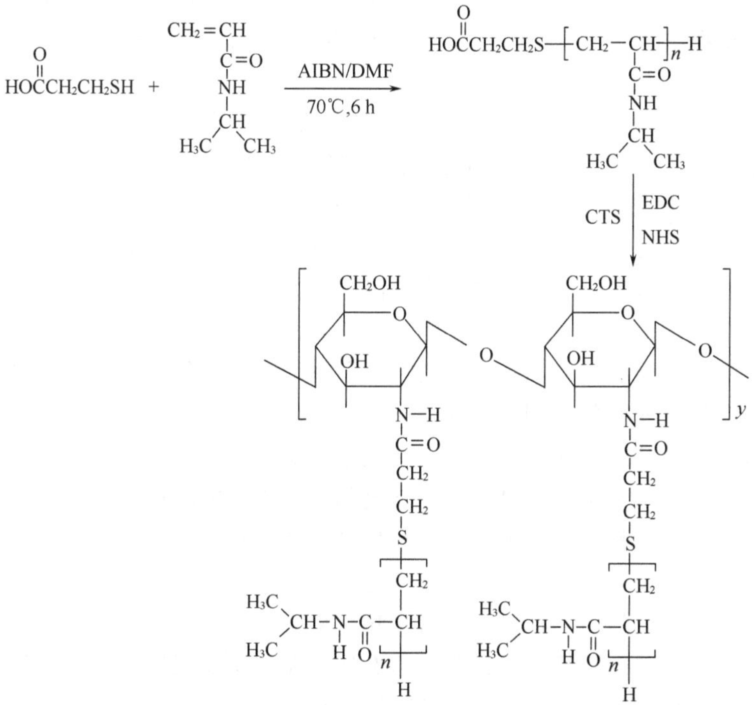

图 9-50　壳聚糖与聚（N-异丙基丙烯酰胺）的接枝聚合反应示意图

聚糖-g-PNIPAm 支架材料的温度，可以很容易地将其与培养的干细胞分离开来。在壳聚糖-g-PNIPAm 支架材料中，间充质干细胞能够分化为软骨细胞。由于其相转变温度为 32℃，因此这是一种可注射的细胞-聚合物复合材料[123]。

9.3.6　乙烯基吡咯烷酮

聚乙烯基吡咯烷酮是一种水溶性高分子聚合物，具有良好的生物相容性，已广泛应用于药物的载体、外伤包扎带、隐形眼镜、食品和化妆品等与人类健康密切相关的领域。利用聚乙烯基吡咯烷酮接枝壳聚糖，改变壳聚糖分子间的作用力，从而改善其亲水性，可以得到新型生物降解材料，从而具有更好的生物相容性，应用于更多的医药领域。

将一定量 N-乙烯基吡咯烷酮和 KPS 加入到壳聚糖乙酸溶液中，升温至 60℃ 引发接枝聚合，可以得到壳聚糖-g-聚乙烯基吡咯烷酮，经丙酮提取后，可得纯接枝聚合物[43]。乙烯基吡咯烷酮在壳聚糖上的接枝率可达 290％。接枝聚合物不溶于包括乙酸水溶液在内的常见溶剂中，但与 Cu^{2+} 结合后能够溶于稀 HCl 中。在 1650 cm^{-1} 处出现了聚乙烯吡咯烷酮的羰基吸收带。另外，在 618 cm^{-1} 处出现了壳聚糖和聚乙烯吡咯烷酮都没有的强吸收带，而壳聚糖与聚乙烯吡咯烷酮混合物的谱图中却没有这一吸收带。IR 谱图分析表明，聚乙烯吡咯烷酮通过共价键接枝到了壳聚糖分子上。

在壳聚糖的乙酸溶液中逐渐滴加 NaOH 溶液使壳聚糖沉淀出来，然后依次加入硝酸铈铵和乙烯基吡咯烷酮进行接枝聚合，可以在非均相条件下得到壳聚糖-g-聚乙烯基吡咯烷酮[124]。接枝聚合后，壳聚糖的亲水性和吸水率等性能得到明显改善，这为壳聚糖在细胞培养及药物释放等方面的应用奠定了基础。壳聚糖在接上聚乙烯吡咯烷酮以后吸水率比未接枝前大大提高。吸水率高低对细胞在材料上的黏附性和材料本身的降解性能均有较大的影响。吸水率高有利于细胞培养时的营养交换和废物代谢，有利于细胞的黏附增殖和分化。材料表面的亲疏水性对于细胞在材料表面的黏附有很大影响。一般来说，材料表面具有一定的亲水性，细胞比较容易黏附和生长。壳聚糖在接枝上聚乙烯吡咯烷酮后，接触角明显减小，同样也是由于亲水性聚乙烯吡咯烷酮的作用。细胞培养结果显示，壳聚糖在用聚乙烯吡咯烷酮改善亲水性后，对角膜上皮细胞具有更好的相容性。表明聚乙烯吡咯烷酮接枝壳聚糖材料适合角膜上皮细胞生长，可作为角膜上皮细胞的载体或角膜组织工程的支架材料。埋植实验结果表明：材料周边有胶原和角膜基质细胞生成，材料部分降解，并无明显的炎症和免疫排斥反应，说明该膜材料具有较好的组织相容性，且在体内能逐渐降解，在角膜组织工程支架材料中具有较好的应用价值。

以 Fe^{2+}-H_2O_2 为引发剂，N-乙烯基吡咯烷酮与壳聚糖进行接枝共聚，其反应过程如图 9-51 所示[125]。通过考察该接枝聚合物对 Ni^{2+}、Cu^{2+}、Cr^{3+} 和 Pb^{2+} 4 种重金属离子的吸附性能，发现对于同一种金属离子接枝聚合物的吸附容量是壳聚糖的几倍。其原因是由于在壳聚糖的分子中接上了 N-乙烯基吡咯烷酮，增加了不同结构的分子支链，其吸附性能有所改变，故接枝聚合物的吸附容量和吸附选择性比壳聚糖有所增强。

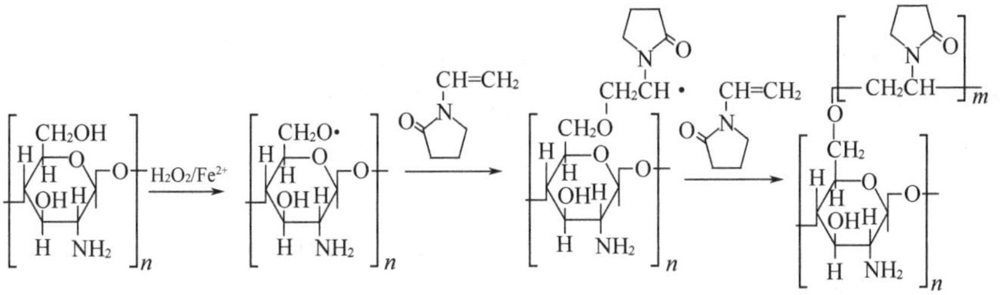

图 9-51　Fe^{2+}-H_2O_2 引发壳聚糖与 N-乙烯吡咯烷酮的接枝聚合反应

在 N_2 保护下，在壳聚糖乙酸溶液中加入硫酸铈铵和少量乙二胺四乙酸，然后加入戊二醛，反应一段时间后得到壳聚糖-g-聚乙烯基吡咯烷酮（TS-g-PVP）水凝胶[126]。当乙烯基吡咯烷酮/壳聚糖为 6，硫酸铈铵用量为壳聚糖质量的 0.4%，戊二醛用量为聚乙烯基吡咯烷酮质量的 0.2%，聚合温度 60℃，乙酸浓度 10% 时，反应的接枝率达到 300% 以上，所得凝胶的溶胀性能较好。图 9-52 为温度对水凝胶溶胀度的影响，随着温度的升高，溶胀度缓慢上升，在 40℃ 左右出现最大值，然后又降低。凝胶溶胀取决于水分子的扩散、凝胶网络链段的弛豫以及由于链段弛豫而产生的高分子网络收缩力等因素的协同作用，温度升高使水分子扩散、高分子链段弛豫加快，从而使网络迅速扩张，水分子更容易渗入凝胶网络内部，同时伴随着链段间、水分子与链段间相互作用的变化；另一方面，高分子网络的迅速扩张使网络收缩应力增大。图 9-52 中的结果表明，低于 40℃ 时，链段弛豫起主导作用，超过 40℃，溶胀度降低，说明高分子网络的收缩应力变得显著，成为影响凝胶溶胀性能的主要因素之一。40℃ 左右观察到凝胶由透明变为均匀浑浊，说明在 40℃ 左右水分子与高分子网络间、链段间相互作用可能发生了显著的变化，即发生了凝胶体积坍塌的一级相转变，表现出温度敏感性。聚乙烯基吡咯烷酮凝胶在 45℃ 左右也表现出类似的温度敏感性，但与之相比，壳聚糖-g-聚乙烯吡

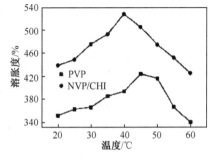

图 9-52　温度对壳聚糖-g-聚乙烯吡咯烷酮水凝胶溶胀度的影响

咯烷酮水凝胶的敏感性温度较低，更接近生理环境，更具有实际意义。另外，壳聚糖-*g*-聚乙烯吡咯烷酮凝胶的溶胀度大于聚乙烯基吡咯烷酮（PVP）水凝胶，说明壳聚糖-*g*-聚乙烯吡咯烷酮凝胶的性能得到了明显的改善。

图 9-53 为 pH 对凝胶溶胀性能的影响。凝胶在酸性或碱性条件下溶胀性能较差，在弱酸性或中性条件下溶胀性能较好。酸性有利于凝胶网络中氢键的形成，链段之间的作用较强，分子间的缠绕现象比较严重，导致凝胶溶胀率较小；在弱酸性或者中性条件下，水凝胶分子间的氢键作用较弱，分子内羰基大多呈自由舒展状态，凝胶网络内有充足的空间，能够充分地吸收水分。图 9-54 为 NaCl 溶液浓度对凝胶溶胀度的影响，可以看出，聚乙烯吡咯烷酮水凝胶对盐浓度的变化不敏感。壳聚糖-*g*-聚乙烯吡咯烷酮水凝胶则表现出明显的反聚电解质效应，其溶胀度随 NaCl 浓度的增大而增大，鉴于聚乙烯吡咯烷酮的应用大多与生物环境有关，这一现象对于拓宽聚乙烯基吡咯烷酮类凝胶在生物医药工程方面的应用具有重要意义。溶胀动力学研究表明，在溶胀前期，壳聚糖含量较高时，凝胶趋向于非 Fick 溶胀，说明除了溶剂扩散外，凝胶网络链段弛豫、水分子与凝胶网络间及凝胶高分子链段间相互作用对凝胶溶胀性能的影响至关重要；壳聚糖含量较高时则趋向于 Fick 溶胀。

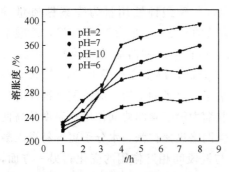

图 9-53　pH 对壳聚糖-*g*-聚乙烯吡咯烷酮水凝胶溶胀性能的影响

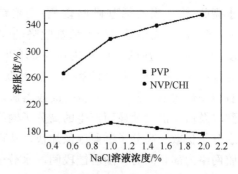

图 9-54　NaCl 溶液浓度对壳聚糖-*g*-聚乙烯吡咯烷酮水凝胶溶胀度的影响

9.3.7　黏土存在下的自由基接枝共聚

近年来，随着学科的交叉，有机无机复合高吸水性树脂得到了迅速的发展，并在高吸水性树脂领域占到了重要位置。目前常用的矿物主要有高岭土、膨润土、滑石、绢云母、凹凸棒土和硅藻土等。黏土的引入可以改善高吸水树脂的吸水性、保水性、耐盐性和凝胶强度等性能。壳聚糖分子中含有活性羟基和氨基，在一定条件下可与丙烯酸和丙烯酰胺等单体接枝聚合。研究表明，壳聚糖在一定条件下能够插层到蒙脱土层间,形成纳米复合材料。因此,将黏土引入到壳聚糖-g-聚丙烯酸或壳聚糖-g-聚丙烯酰胺高吸水性树脂体系中,有望得到新型复合高吸水性树脂,改善其吸水性能和生物降解性能。

以过硫酸铵为引发剂,在1%乙酸溶液中,通过自由基接枝聚合可制备壳聚糖-g-聚丙烯酸/凹凸棒黏土复合高吸水性树脂[13]。表 9-2 是壳聚糖相对分子质量对壳聚糖-g-聚丙烯酸/凹凸棒黏土复合高吸水性树脂吸水倍率的影响。由表可以看出,随着壳聚糖相对分子质量由 10.2 万逐步提高到 90 万,树脂在蒸馏水中和生理盐水中的吸水倍率分别由 215.9 g/g 和 53.3 g/g 降至 102.1 g/g 和 32.1 g/g。壳聚糖相对分子质量对树脂的吸水倍率具有显著的影响。这是因为壳聚糖分子具有刚性,随相对分子质量的提高其刚性增加,限制了丙烯酸分子与壳聚糖的作用程度,降低了接枝率,从而降低了复合高吸水性树脂的吸水倍率。

表 9-2　壳聚糖相对分子质量对复合高吸水性树脂吸水倍率的影响

相对分子质量/10^4	10.2	22.9	38.7	68.7	90
$Q_{水}$/(g/g)	215.9	141.9	126.8	109.2	102.1
$Q_{0.9\%NaCl}$/(g/g)	53.3	42.2	39.8	38.2	32.1

壳聚糖与丙烯酸的比例对壳聚糖-g-聚丙烯酸/凹凸棒黏土复合高吸水性树脂的吸水倍率也有很大影响。随丙烯酸与壳聚糖比值的增加,树脂的吸水倍率不断提高。这是因为随着壳聚糖含量的减少,体系中壳聚糖分子链上自由基附近有足够的丙烯酸单体可以与之反应,从而可以加快反应速率,使反应更加充分,得到更加完整的三维网络结构。另外,壳聚糖的亲水性比丙烯酸小,随丙烯酸相对含量的提高,树脂中羧基和羧基钠亲水基团含量不断增加,从而可以提高树脂溶胀时树脂网络内外的渗透压差,也使所生成的树脂具有较高的吸水性能。

凹凸棒黏土含量对壳聚糖-g-聚丙烯酸/凹凸棒黏土复合高吸水性树脂的吸水倍率有较大影响。由图 9-55 可以看出,添加少量的凹凸棒黏土(<2%质量分数)可以显著提高壳聚糖-g-聚丙烯酸树脂的吸水倍率。凹凸棒黏土的羟基可与丙烯酸发生接枝反应,改善树脂的网络结构,从而提高聚丙烯酸树脂的吸水倍率。凹凸棒黏土在壳聚糖-g-聚丙烯酸/凹凸棒黏土体系中也起到了类似的作用。随着凹凸棒黏土含量的进一步提高,树脂的吸水倍率又发生了明显的降低,但即使当树脂中凹凸棒黏土的含量增至 20%时,复合高吸水性树脂的吸水倍率仍与壳聚糖-g-聚丙烯酸树脂相当,这可大大降低树脂的生产成本。复合树脂吸水倍率随凹凸棒黏土含量的提高而不断减小主要是由于:①随凹凸棒黏土含量的增加,树脂中羧基和羧基钠亲水基团含量不断减小,减小了渗透压;②凹凸棒黏土可与丙烯酸反应,在网络中起到交联剂的作用,提高了树脂的实际交联密度;③凹凸棒黏土表面的羟基可与壳聚糖及丙烯酸形成分子间或分子内氢键,限制树

脂的溶胀程度。

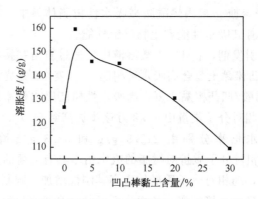

图 9-55　凹凸棒黏土含量对树脂吸水倍率的影响

　　通过原位聚合法可得到壳聚糖-g-聚丙烯酸/蒙脱土纳米复合高吸水性树脂[127]。研究表明，在聚合过程中，壳聚糖首先插层到蒙脱土层间，然后在交联剂和引发剂的存在下引发丙烯酸进行接枝聚合，形成蒙脱土达到纳米分散的复合高吸水性树脂。表 9-3 给出了蒙脱土含量对树脂吸水倍率的影响。由表可见，蒙脱土含量对树脂的吸水倍率具有较显著的影响。添加 2％蒙脱土后，树脂在蒸馏水和 0.9％ NaCl 溶液中的吸水倍率分别由 150.3 g/g 和 43.4 g/g 提高到 160.1 g/g 和 46.6 g/g。蒙脱土层间含有大量的可交换金属离子（如 Na$^+$）。当将含有蒙脱土的吸水树脂置于水中后，其层间金属离子会发生电离，从而提高树脂网络内外的渗透压，提高树脂的吸水倍率。随蒙脱土含量进一步增加到 30％，树脂的吸水倍率明显降低。随蒙脱土含量的增加，蒙脱土、壳聚糖和丙烯酸之间的相互作用逐渐增强，从而可以在树脂中形成更多的化学和物理交联，降低了高分子链的弹性，从而降低树脂的吸水倍率。另外，蒙脱土的亲水性低于丙烯酸，过多的蒙脱土会降低树脂的亲水性，也会减小树脂的吸水倍率。

表 9-3　蒙脱土含量对壳聚糖-g-聚丙烯酸/蒙脱土复合高吸水性树脂吸水倍率的影响

蒙脱土含量/％	0	2	5	10	20	30
Q_{eq}/(g/g)	150.3	160.1	153.2	148.7	129.5	116.1
$Q_{0.9\%NaCl}$/(g/g)	43.4	46.6	42.4	39.8	34.8	29.2

　　图 9-56 为蒙脱土和壳聚糖-g-聚丙烯酸/蒙脱土纳米复合高吸水性树脂的 X 射线衍射谱图。由蒙脱土的 XRD 可以看出，6.94°处为蒙脱土的特征衍射峰（对应蒙脱土片层的层间距为 12.74 Å）。在与壳聚糖和丙烯酸进行原位聚合反应后，此特征衍射峰消失，说明蒙脱土片层发生剥离，在聚合物中达到了纳米级分散。这可能是因为在酸性介质中，壳聚糖发生质子化，从而可与蒙脱土的层间可交换

阳离子进行交换，插层到蒙脱土层间，扩大蒙脱土的层间距；插层到蒙脱土层间的壳聚糖在引发剂的作用下产生自由基，引发丙烯酸进行聚合，从而导致蒙脱土发生剥离。

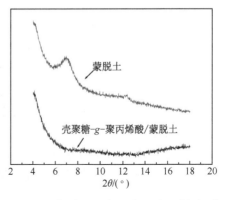

图 9-56　蒙脱土和壳聚糖-*g*-聚丙烯酸/蒙脱土复合高吸水性树脂（10％蒙脱土）的 XRD 谱图

图 9-57 是壳聚糖-*g*-聚丙烯酸和壳聚糖-*g*-聚丙烯酸/蒙脱土纳米复合高吸水性树脂的 SEM 照片。由图可以看出，蒙脱土的引入对树脂的表面形貌具有较大的影响。壳聚糖-*g*-聚丙烯酸具有一个凹凸不平而又致密的表面，添加 10％后，表面呈多孔状，而且变得松散。这种表面有利于水分子的渗入，从而能够提高树脂的吸水性能。

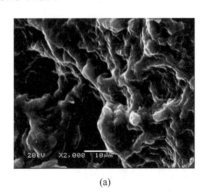

(a)

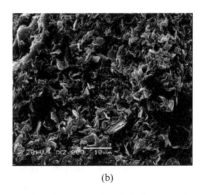

(b)

图 9-57　(a) 壳聚糖-*g*-聚丙烯酸；(b) 壳聚糖-*g*-聚丙烯酸/蒙脱土的 SEM 照片

将高岭土引入到壳聚糖-*g*-聚丙烯酸体系中，可制备壳聚糖-*g*-聚丙烯酸/高岭土复合高吸水性树脂[128]。该复合高吸水性树脂的吸水倍率随高岭土含量的增加而不断减小，且具有 pH 响应性。

目前，淀粉和纤维素类高吸水性树脂的研究已有大量报道，而采用壳聚糖制备高吸水性树脂的研究报道相对较少，这主要是壳聚糖既不溶于普通的有机溶剂也不溶于水，从而限制了它的广泛应用。改善壳聚糖的溶解性能，特别是将其制成水溶性的高分子可以扩大壳聚糖的应用范围，而这也是壳聚糖化学改性研究中最引人注目的方向之一。酰化壳聚糖衍生物有很好的生物相容性，是一种潜在的医用生物高分子，而含有羧基的酰化壳聚糖衍生物有较好的吸湿和保湿性能。采用壳聚糖与丁二酸酐反应合成 N-羧丁酰壳聚糖，在此基础上加入凹凸棒黏土，与丙烯酰胺进行接枝聚合，可制备羧丁酰壳聚糖-*g*-聚丙烯酰胺/凹凸棒黏土复合高吸水性树脂[129]。图 9-58 给出了丙烯酰胺与羧丁酰壳聚糖比例对羧丁酰壳聚糖-*g*-聚丙烯酰胺/凹凸棒黏土复合高吸水性树脂吸水倍率的影响情况。由图可以看出，随丙烯酰胺与羧丁酰壳聚糖比值的增加，高吸水性树脂的吸水倍率不断提高。这是因为随着羧丁酰壳聚糖含量的减少，体系中羧丁酰壳聚糖分子链上自由基附近有足够的丙烯酰胺单体可以与之反应，从而可以加快反应速率，使反应更加充分。随着二者比例的进一步增加，高吸水性树脂的吸水倍率发生了明显的降低。保水剂网络中带相同电荷亲水基团之间的相互排斥是使保水剂发生溶胀的主要原因。该高吸水性树脂中羧丁酰壳聚糖含有—COO⁻基团，而丙烯酰胺为非离子单体。因此，随高吸水性树脂中羧丁酰壳聚糖含量的不断减小，高吸水性树脂的吸水倍率逐渐减小。图 9-58 的结果表明，适当的丙烯酰胺与羧丁酰壳聚糖的比例可以提高高吸水性树脂的吸水倍率。

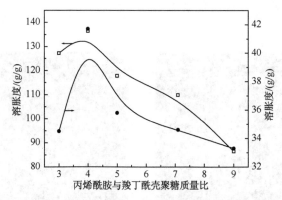

图 9-58　　丙烯酰胺和羧丁酰壳聚糖比例对复合高吸水
性树脂吸水倍率的影响

图 9-59 给出了凹凸棒黏土含量对羧丁酰壳聚糖-*g*-聚丙烯酰胺/凹凸棒黏土复合高吸水性树脂吸水倍率的影响情况。由图可以看出，添加少量的凹凸棒黏土（<10%）可以显著提高羧丁酰壳聚糖-*g*-聚丙烯酰胺高吸水性树脂的吸水倍率。凹凸棒黏土的羟基可与丙烯酰胺发生接枝反应，改善高吸水性树脂的网络结构，从而提高聚丙烯酸高吸水性树脂的吸水倍率。高吸水性树脂的吸水速率由比表面积、粒度和密度等因素决定的。羧丁酰壳聚糖-*g*-聚丙烯酰胺/凹凸棒黏土复合高吸水性树脂大约需要 12 min 就可吸收相当于其平衡吸水倍率的 90% 的水，20 min 即可达到溶胀平衡。在不同 pH 磷酸缓冲液中，当 pH<2.92 时，高吸水性树脂的吸水倍率很小；当 pH 增至 4.03 时，吸水倍率迅速增至 38.9 g/g；随溶液 pH 进一步增加到 12.38，吸水倍率缓慢增加到 44.4 g/g。该吸水数据表明，复合高吸水性树脂具有很高的 pH 响应性。

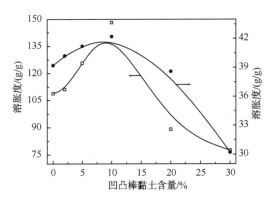

图 9-59 凹凸棒黏土含量对复合高吸水性树脂吸水倍率的影响

壳聚糖通过与烯类单体接枝聚合和通过将壳聚糖插层到层状硅酸盐黏土（如蒙脱石、累托石等）层间以改善壳聚糖性能和得到性能优异的纳米复合材料已有较多报道。将这两者结合起来，有望得到性能更加优异的复合材料。在壳聚糖的乙酸溶液中，加入丙烯酸丁酯和三十六烷基甲基溴化铵改性的蒙脱石，在^{60}Co辐射下，可以得到壳聚糖-g-聚丙烯酸丁酯/蒙脱石纳米复合材料[56]。图 9-60 给出了有机化蒙脱石（OMMT）及添加不同量有机化蒙脱石的壳聚糖-g-聚丙烯酸丁酯/蒙脱石纳米复合材料的 XRD 谱图。由可以看出，壳聚糖-g-聚丙烯酸丁酯没有任何衍射峰，当蒙脱石含量仅为 3％时，在 $2\theta=1.8°$（$d=4.78$ nm）处出现了衍射峰，表明壳聚糖-g-聚丙烯酸丁酯与蒙脱石发生了插层，形成了插层纳米复合材料。随蒙脱石含量增加到 7％，该衍射峰位置没有明显变化，说明蒙脱石含量不会对纳米复合材料中蒙脱石的层间距产生影响。

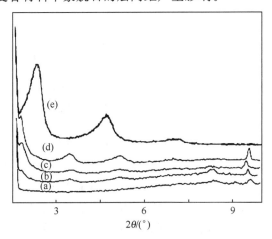

图 9-60 壳聚糖-g-聚丙烯酸丁酯/蒙脱石纳米复合材料的 XRD 谱图

(a) 0 OMMT；(b) 3％ OMMT；(c) 5％ OMMT；(d) 7％ OMMT；(e) 纯 OMMT

9.3.8　其他单体

以硫酸铈铵为引发剂，乙酸为溶剂，可以实现 2-丙烯酰胺基-2-甲基丙磺酸（AMPS）与壳聚糖（CTS）的接枝聚合[130]。通过正交实验优化出较佳的工艺条件为：反应时间 3 h，反应温度 40℃，m(CTS)：m(AMPS)＝1：5，引发剂用量 5 g（相对于 1 g 壳聚糖）。Ce^{4+} 引发壳聚糖大分子自由基主要有两种位置：一是在壳聚糖 C_2 位置上，一是在 C_3 位置上。CTS-g-PAMPS IR 光谱在 1710cm^{-1} 处无醛基吸收带，在 1637cm^{-1} 处有一个中等强度的吸收带，可认为接枝聚合物中有 R—C＝N—亚胺基存在。壳聚糖的 IR 光谱在 3448 cm^{-1} 处有一个吸收带，由于胺基中的 N—H 伸缩振动谱带与 O—H 伸缩振动谱带在同一区域，所以 3448 cm^{-1} 处的吸收带是两者的吸收带重叠。而在改性后产物的 IR 光谱中 3483 cm^{-1} 和 3261 cm^{-1} 处出现两个吸收带，前者是羟基的 O—H 伸缩振动，后者是酰胺基的 N—H 伸缩振动。这是因为与胺基相比酰胺有羰基，容易形成分子间氢键，使吸收带发生位移。由此可以推测，以 Ce^{4+} 为引发剂，在乙酸溶液中，壳聚糖与 AMPS 接枝共聚反应可能是以开环后不产生醛基而产生—CH＝NH基的方式进行，反应发生在 C_2 位置上，其反应历程如图 9-61 所示。

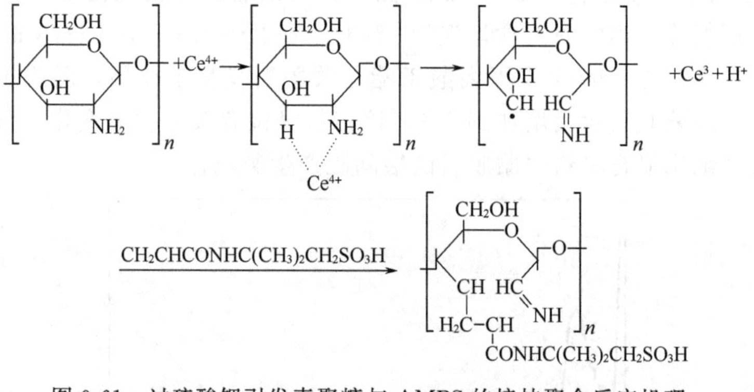

图 9-61　过硫酸钾引发壳聚糖与 AMPS 的接枝聚合反应机理

壳聚糖是一种天然聚阳离子多糖，由于其生物相容性好，有利于保持酶的生物活性，作为固定化酶的基质有很大的潜力。一些研究者利用壳聚糖固定化酶生物传感器检测葡萄糖、乳酸、乙醇和尿酸等，但是壳聚糖固定化酶制备的生物传感器在检测时响应电流较小、响应时间较长。聚苯胺具有良好的导电性能，常被应用到生物传感器中，但其溶解性不好，同时在制备传感器时成膜性差、固定酶量有限，也不能很好地保持酶的活性。通过壳聚糖接枝聚苯胺改性，溶解性和成膜性得到改善，同时还具有壳聚糖的生物相容性，对电子的传输能力也较强。因此，壳聚糖接枝聚苯胺是固定化酶的一种很好的材料，在生物传感器方面有着良好的应用前景。以过硫酸铵为引发剂，使壳聚糖与苯胺接枝聚合，然后采用静电自组装法可以得到壳聚糖接枝聚苯胺/葡萄糖氧化酶生物传感器[131]。壳聚糖与苯胺的接枝聚合反应如图 9-62 所示。自组装膜层数对电流响应具有显著影响，随着自组装膜层数的增加，响应电流增加。这一方面是因为随着层数的增多，固定在电极上的酶会增多，电流会有所提高；另一方面由于层数的增加，壳聚糖接枝聚苯胺会相对增多，聚苯胺中可离域化的正电荷增加，载流子的增多也使响应电流增大。该生物传感器检测范围为 0.5～16 mmol/L，电流响应时间仅为 5.2 s。

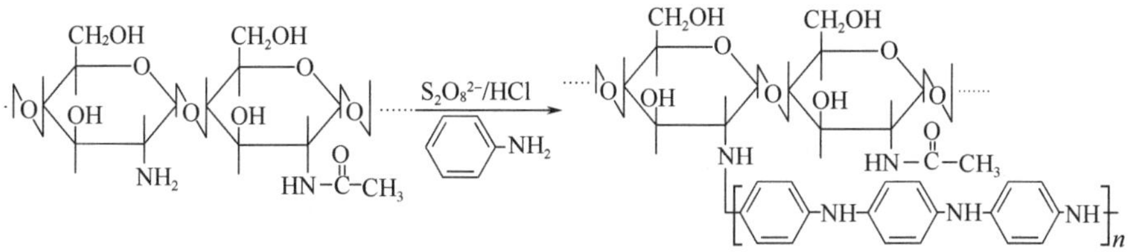

图 9-62　壳聚糖与苯胺的接枝聚合反应示意图

　　将壳聚糖的 C_6-OH 转化为巯基，在 DMSO 中可以实现其与苯乙烯的接枝聚合，如图 9-63 所示[61]。在最佳条件下，苯乙烯的接枝率高达 970%，说明巯基壳聚糖是苯乙烯的高效引发剂。由于聚苯乙烯链的引入，该接枝聚合物在有机溶剂中具有较好的溶胀性能。接枝率为 970% 的接枝聚合物的玻璃化转变温度为 115℃，在 DMSO 中可以部分溶解或高度溶胀；在 DMF、氯仿和甲醇中可以发生溶胀；不溶于水。计算结果表明：大约有 4% 的巯基参与了与苯乙烯的接枝聚合反应，大约每 45 个吡喃葡萄糖单元接枝一个聚苯乙烯侧链。

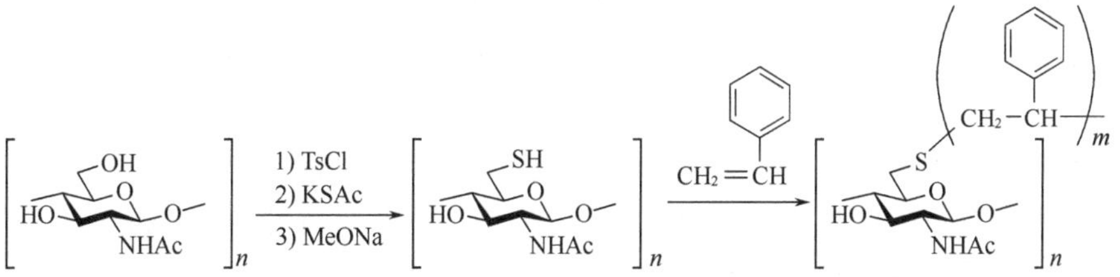

图 9-63　壳聚糖与苯乙烯的接枝聚合反应

　　腐殖酸钠（SH）分子中有大量的官能团，如羧基和酚羟基等。将腐殖酸引入到壳聚糖-g-聚丙烯酸体系中，可制备壳聚糖-g-聚丙烯酸/腐殖酸钠高吸水性树脂[132]。图 9-64 是腐殖酸钠含量对高吸水树脂的吸水倍率的影响情况。从图中可以看出，腐殖酸钠的含量从 0 到 10% 时，吸水倍率是增加的；而腐殖酸钠的含量超过 10% 以后，吸水倍率开始下降。在 0～10% 的范围内，随着腐殖酸钠含量的增加，高吸水树脂吸水倍率的增加说明了在聚合过程中腐殖酸钠参与了聚合反应；但当腐殖酸钠的含量超过 10％时，过量的腐殖酸钠仅仅是起到了物理填充的作用。由于腐殖酸钠本身的亲水性不强，随着腐殖酸钠含量的增加，聚合物骨架上亲水性官能团的数量降低，导致了吸水倍率的下降，但其在蒸馏水的吸水倍率仍然高于未加腐殖酸钠体系。

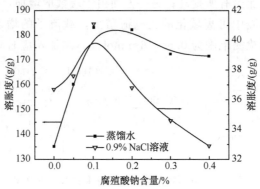

图 9-64　腐殖酸钠含量对壳聚糖-g-聚丙烯酸/腐殖
酸钠高吸水性树脂吸水倍率的影响

　　二甲基二烯丙基氯化铵为阳离子表面活性剂，既是烯类单体，又是季铵盐，其聚合物本身就是阳离子絮凝剂。以硝酸铈铵为引发剂，可以实现壳聚糖与二甲基二烯丙基氯化铵阳离子单体的接枝聚合[133]。以 KPS-NaHSO$_3$ 为氧化还原引发体系，采用 4-乙烯基吡啶对壳聚糖进行修饰，得到了壳聚糖与 4-乙烯基吡啶接枝聚合物，其反应过程如图 9-65 所示[134]。由图 9-66 可见，壳聚糖的表面呈纤维状，而接枝聚合物的表面覆盖了一层聚（4-乙烯基吡啶）膜，且覆盖厚度随接枝率的增大而增大。XRD 谱图表明，与 4-乙烯基吡啶接枝聚合后，壳聚糖的晶体结构不但没有被破坏，接枝聚合物的结晶度反而有所提高。与 4-乙烯基吡啶接枝聚合后，对酸性染料的吸附量显著提高。接枝聚合产物具有较高的溶胀度，季铵化后进一步提高，且在酸性和碱性介质中的溶胀度要高于在中性溶液中。接枝聚合产物较难溶于热的乙酸水溶液中，季铵化后可溶于蒸馏水。季铵化接枝产物的抗菌性与接枝的聚（4-乙烯基吡啶）含量有关。

　　壳聚糖具有抗氧化作用，通过化学改性得到壳聚糖衍生物，可以进一步提高其抗氧化作用。将壳聚糖衍生化得到羧甲基壳聚糖和羟丙基壳聚糖，然后与马来酸钠进行接枝聚合可以得到羧甲基壳聚糖-g-聚马来酸钠和羟丙基壳聚糖-g-聚马来酸钠接枝聚合物[135]。通过接枝聚合反应，破坏了羧甲基壳聚糖和羟丙基壳聚糖的氢键和晶体结构，从而能够活化其羟基和氨基，提高其自由基清除作用。由于羟基的引入，羟丙基壳聚糖-g-马来酸壳聚糖具有更好的自由基清除作用。

　　丁子香酚是一类具有抗氧化活性的物质，可以通过酚氧原子捕捉过氧化物自

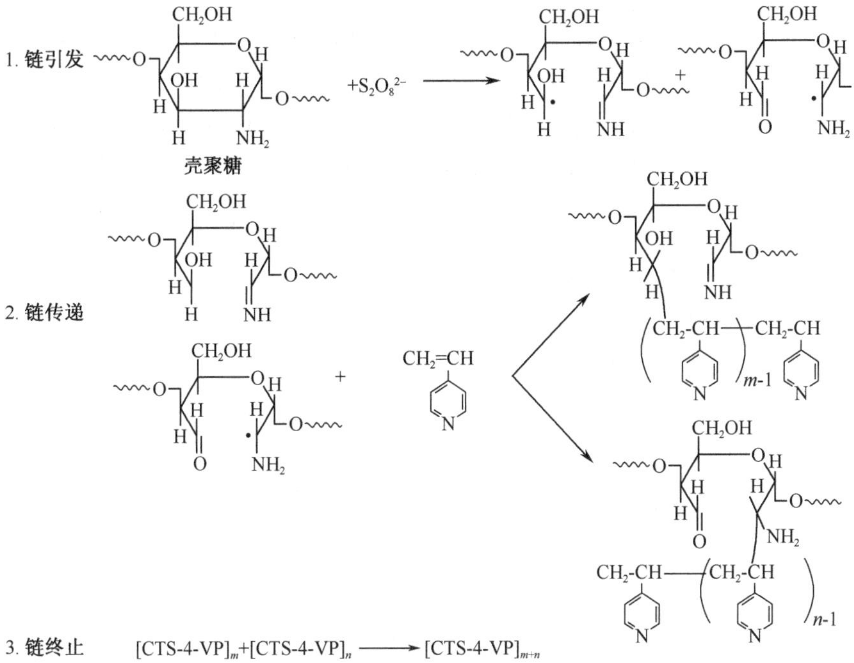

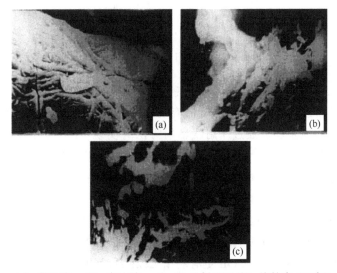

1. 链引发
CH2OH
OH
NH2
壳聚糖
+S2O8 2-
NH
O
2. 链传递
CH2=CH
N
CH2-CH
m-1
n-1
3. 链终止
[CTS-4-VP]m+[CTS-4-VP]n
[CTS-4-VP]m+n

图 9-65　壳聚糖与 4-乙烯基吡啶的接枝聚合反应机理

(a)
(b)
(c)

图 9-66　(a) 壳聚糖；(b) 壳聚糖-*g*-聚 (4-乙烯基吡啶) 接枝率 80%和 (c) 壳聚糖-*g*-聚 (4-乙烯基吡啶) 接枝率 105%的 SEM 照片

由基。丁子香酚是食品和药物部门认可的安全添加剂，广泛用于牙科、口腔环境及化妆品和食品的调味剂。以铈盐为引发剂，将丁子香酚与壳聚糖氨基进行接枝聚合，可以得到二者的接枝聚合物，其反应过程如图 9-67 所示。在丁子香酚 IR 谱图中，3443 cm^{-1}、1610 cm^{-1} 和 1434 cm^{-1} 处分别为酚羟基、苯环和烯键的伸缩振动吸收带。与丁子香酚接枝聚合后，壳聚糖的酰胺 II 谱带移至 1553 cm^{-1}，1598 cm^{-1} 处自由氨基吸收带消失；丁子香酚 1610 cm^{-1}、1434 cm^{-1} 和 ＝C—H 面外弯曲振动吸收带消失。以上数据表明壳聚糖的氨基与丁子香酚发生了接枝聚合反应。

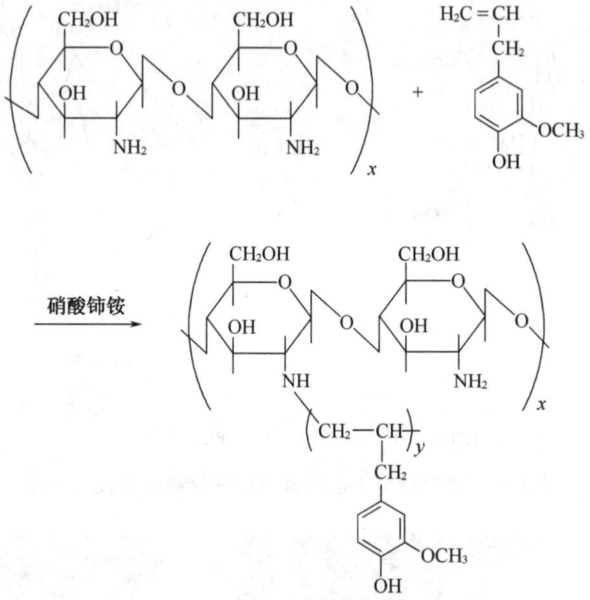

图 9-67 铈盐引发壳聚糖与丁子香酚接枝聚合的反应示意图

聚对苯二甲酸乙二醇酯（PET）在生物医药领域常用于制备人造血管、咽喉、食管和缝合线等，但是纯 PET 没有功能基团进行固定，因此常需要进行化学修饰以引入功能基团。通过 γ 射线辐射方法可实现 PET 与壳聚糖（CTS）和胶原（COL）的接枝反应[136]。首先采用 γ 射线对 PET 纤维进行辐射，然后浸入含有 H$_2$SO$_4$、FeSO$_4$ 和丙烯酸（AA）的水溶液中进行接枝反应，得到二者的接枝聚合物（PET-AA）；再在乙酸介质中与壳聚糖反应，可以得到壳聚糖与 PET 的接枝聚合物（PET-CS）。在 1-乙基-3-(3-二甲胺丙基)碳二亚胺盐酸盐存在下，可将 COL 结合在 PET-AA 上或通过戊二醛也可将 COL 结合在 PET-CS 上。与 PET-CS 相比，PET-CS-COL 更有利于 L929 纤维原细胞的增殖。通过与壳聚糖接枝及 COL 的固定，PET 不但对 4 种病毒性细菌具有抗菌性，而且其对纤维原细胞的增殖也有改善作用。通过类似的方法，采用戊二醛还可将硫酸软骨素结合在 PET-CS 上[137]。与壳聚糖接枝聚合后，PET 的血液相容性下降，而与硫酸软骨素结合后又有所改善。与壳聚糖接枝并与硫酸软骨素结合后，PET 不但具有抗菌活性，而且促进了纤维原细胞的增殖。通过氧等离子体辐射，也可以在聚对苯二甲酸乙二醇酯织物表面形成过氧化物，引发丙烯酸聚合，然后与壳聚糖或季铵盐壳聚糖接枝，得到壳聚糖-g-聚对苯二甲酸乙二醇酯和季铵盐壳聚糖-g-聚对苯二甲酸乙二醇酯，其反应过程如图 9-68 和图 9-69 所示[138]。热重分析表明，接枝的聚丙烯酸、壳聚糖和季铵盐壳聚糖的含量分别为 6、8 和 9 $\mu g/cm^2$。这两种接枝聚合物具有良好的抗菌性。

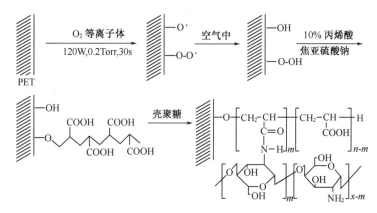

图 9-68　等离子体辐射壳聚糖-g-聚对苯二甲酸乙二醇酯的制备过程

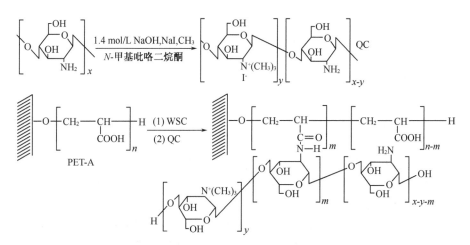

图 9-69　等离子体辐射季铵盐壳聚糖-g-聚对苯二甲酸乙二醇酯的制备过程

9.4　偶合接枝共聚

目前研究的壳聚糖接枝反应体系中，大多数都是基于烯类单体的自由基聚合。对于这些接枝体系来说，接枝链是靠单体的加成逐渐从主链上生长出来的，是一种"grafting-from"的方法。壳聚糖的主链由结构相对复杂的吡喃糖环构成，而且其糖单元的 C_6 位伯羟基、C_3 位仲羟基及 C_2 位氨基都具有较高的反应活性，这些位置皆可以成为接枝点。因此，壳聚糖还可以借助这些特殊位点与具有一定相对分子质量的接枝链预聚物或大单体的末端官能团偶联，将二者直接结合来制备接枝共聚衍生物。这种偶合接枝反应是一种"grafting-onto"的方法，聚醚、聚酯等通常就是利用这种方法接枝到壳聚糖骨架上（如图 9-70 所示）。目前报道最多的是聚乙二醇和聚乳酸与壳聚糖的接枝反应。

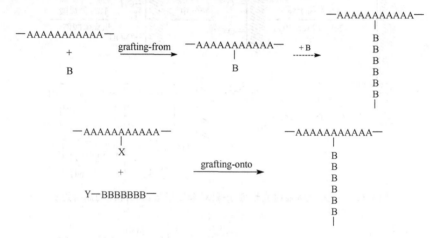

图 9-70　"grafting-from"和"grafting-onto"接枝反应的示意图

9.4.1　聚乙二醇

聚乙二醇是一类水溶性的聚醚，具有良好的生物相容性，是许多国家药典中收载的药用辅料。经聚乙二醇改性的壳聚糖衍生物能显著改善壳聚糖的亲水性，在智能水凝胶和药物缓释制剂等领域有广阔的应用前景。聚乙二醇大分子链的末端是羟基，羟基容易被衍生成醛基、羧基等官能团，从而与壳聚糖上的氨基或者羟基进行偶合接枝反应。

用 1,1-羰基二咪唑活化聚乙二醇单甲醚（MPEG）制备活化 MPEG，再用活化 MPEG 与壳聚糖上的氨基反应，通过两步法可以得到壳聚糖-g-聚乙二醇接枝共聚物，反应过程如图 9-71 所示[139]。壳聚糖与壳聚糖-g-聚乙二醇的 IR 图谱表明，壳聚糖-g-聚乙二醇中的—NH_2 吸收带明显减弱，说明反应主要发生在壳聚糖的—NH_2 上。该接枝共聚物的制备所采用的原料 1,1-羰基二咪唑在合成中易于除去，且所用的有机溶剂可全部除去，故该接枝共聚物具有纯度高、毒性小的优势，使其最终应用于体内成为可能。该接枝聚合物的接枝率约为 11%，即壳聚糖的每 9 个—NH_2 结合一个 MPEG。要产生有效的立体稳定作用，

避免人多型核白细胞的摄取，实现体内长循环的经典隐形纳米粒材料相邻两条
PEG 链的距离应为 1.5 nm。根据壳聚糖的螺旋结构，经计算该接枝聚合物的单
侧每两个 MPEG 之间的距离为 1.5 nm。故所合成的接枝共聚物有望实现"隐
形"的目的。

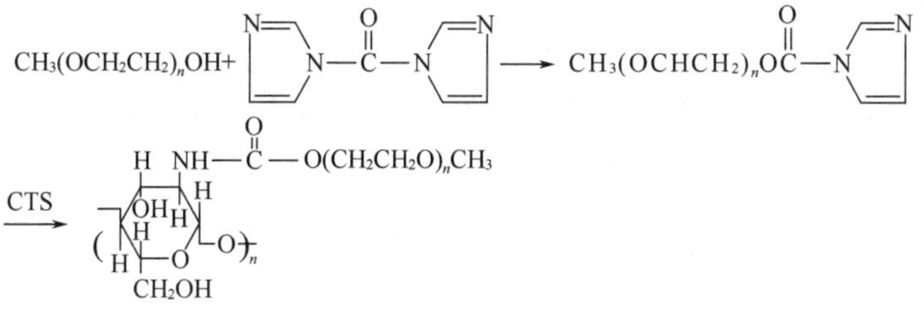

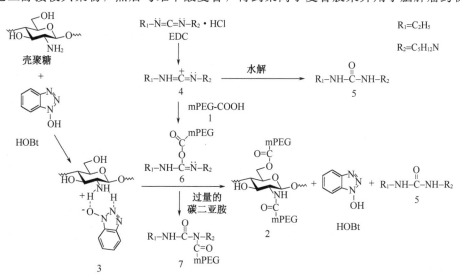

图 9-71　壳聚糖与聚乙二醇的接枝反应路线图

将壳聚糖和 1-羟基苯并三唑（HOBt）置于蒸馏水中，可以得到清澈透明的
壳聚糖溶液，然后依次加入端基为羧基的聚乙二醇单甲醚和 1-乙基-3-(3-二甲胺
丙基）碳二亚胺盐酸盐（EDC），反应结束经丙酮和甲醇提取和洗涤后，即可得
到二者的接枝聚合物，反应机理如图 9-72 所示[140]。研究表明：1-羟基苯并三唑
能与壳聚糖的氨基形成六元环，提高了壳聚糖的亲水性，形成稳定的壳聚糖水溶
液，这是此反应得以在均相条件下进行的关键所在。室温下反应 24 h 后，接枝
产物中聚乙二醇含量可达 42%。

在 1-乙基-3-(3-二甲胺丙基）碳二亚胺盐酸盐存在下，可以制备壳聚糖-*g*-聚
乙二醇接枝共聚物，然后与维甲酸复合，得到聚离子复合胶束并用于脑肿瘤药物

图 9-72　一步法均相合成壳聚糖-*g*-聚乙二醇的反应机理

的控制释放[141]。图 9-73 为壳聚糖-*g*-聚乙二醇与维甲酸复合物的示意图和 TEM
照片。由图可见,复合物呈球形,直径在 50～200 nm 之间。复合物中维甲酸含
量可达 80％以上,与壳聚糖-*g*-聚乙二醇接枝共聚物复合后,维甲酸的细胞毒性
没有明显变化,但在抑制肿瘤细胞转移方面表现出优于维甲酸的性能。

　　通过异氟尔酮二异氰酸酯,也可实现壳聚糖与聚乙二醇的接枝。首先,以二
月桂酸二丁锡为催化剂,在 DMF 中使聚乙二醇与异氟尔酮二异氰酸酯反应;然
后在 DMF/冰乙酸中,再与壳聚糖进行反应,即可得到壳聚糖-*g*-聚乙二醇,其
反应过程如图 9-74 所示[142]。与壳聚糖的红外谱图相比,接枝产物中—NH 和
—OH 吸收带的强度显著增强,说明壳聚糖与聚乙二醇之间发生了接枝反应。随

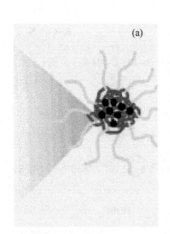

图 9-73　(a) 壳聚糖-*g*-聚乙二醇与维甲酸复合物示意图;(b) 壳聚糖-*g*-聚乙二醇与维
甲酸复合物的 TEM 照片

取代度不断增大，接枝产物在不同溶剂中表现出不同的变化。当取代度较低时，接枝物在乙酸水溶液中的溶解度降低，但仍具成膜性；随取代度进一步增大，接枝物在乙酸水溶液中只能发生溶胀。

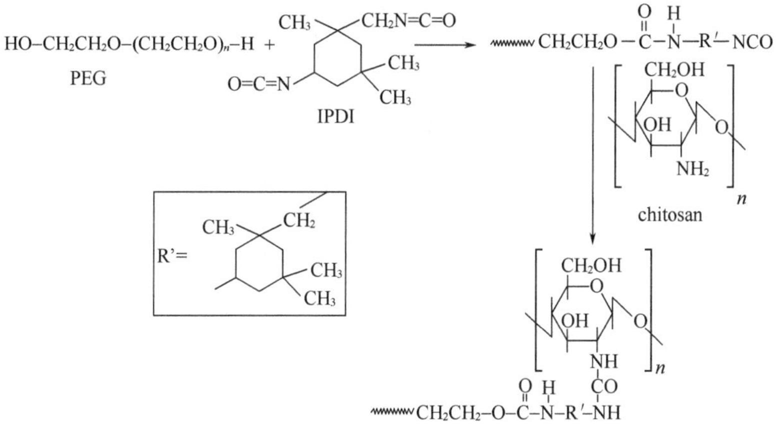

图 9-74　壳聚糖-g-聚乙二醇制备过程示意图

　　较低的水溶性和转染效率是限制壳聚糖在基因载体方面应用的主要原因。与聚乙二醇进行接枝聚合可以提高壳聚糖的水溶性，与叶酸结合可以通过叶酸受体的介导作用赋予其靶向性，从而提高其基因转染效率。在 DMSO 中，以三乙胺为催化剂，加入 N-羟基琥珀酰亚胺（NHS）、二环己基碳二亚胺（DCC）和叶酸，在一定条件下反应，可以得到叶酸-N-羟基琥珀酰亚胺酯，再与 2-氨基乙硫醇反应可以得到含巯基的叶酸。将壳聚糖与 N-羟基琥珀酰亚胺-聚乙二醇-马来酰亚胺反应，可以得到壳聚糖-g-聚乙二醇-马来酰亚胺，再与含巯基的叶酸进行反应，即可得到壳聚糖-g-聚乙二醇-叶酸，其反应过程如图 9-75 所示[143]。凝胶电泳表明壳聚糖-g-聚乙二醇-叶酸对 DNA 具有很强的结合能力。采用聚乙二醇对壳聚糖进行衍生化后，壳聚糖的水溶性显著提高。由于在人体 pH 条件下具有较好的溶解度，能够有效地浓缩 DNA，而且具有低细胞毒性和靶向性，壳聚糖-g-聚乙二醇-叶酸是一种好的 DNA 载体。

　　将壳聚糖与带有功能基团的聚乙二醇反应，可得到二者的接枝聚合物（如图 9-76 所示）[144]。在血清和胆汁的作用下，壳聚糖/DNA 复合物会发生聚集，而壳聚糖-g-聚乙二醇/DNA 不会发生这种聚集现象，在 30 min 内都保持相当稳定。另外，壳聚糖-g-聚乙二醇还可以阻碍血清和胆汁对 DNA 的降解作用。通过门静脉摄入 1d 后，壳聚糖/DNA 复合物引起的基因表达几乎检测不到，而壳聚糖-g-聚乙二醇/DNA 表现出很强的输异基因表达。随壳聚糖-g-聚乙二醇接枝率的增大，其他器官的输异基因表达逐渐增强。与壳聚糖接枝后，降低了聚乙二醇

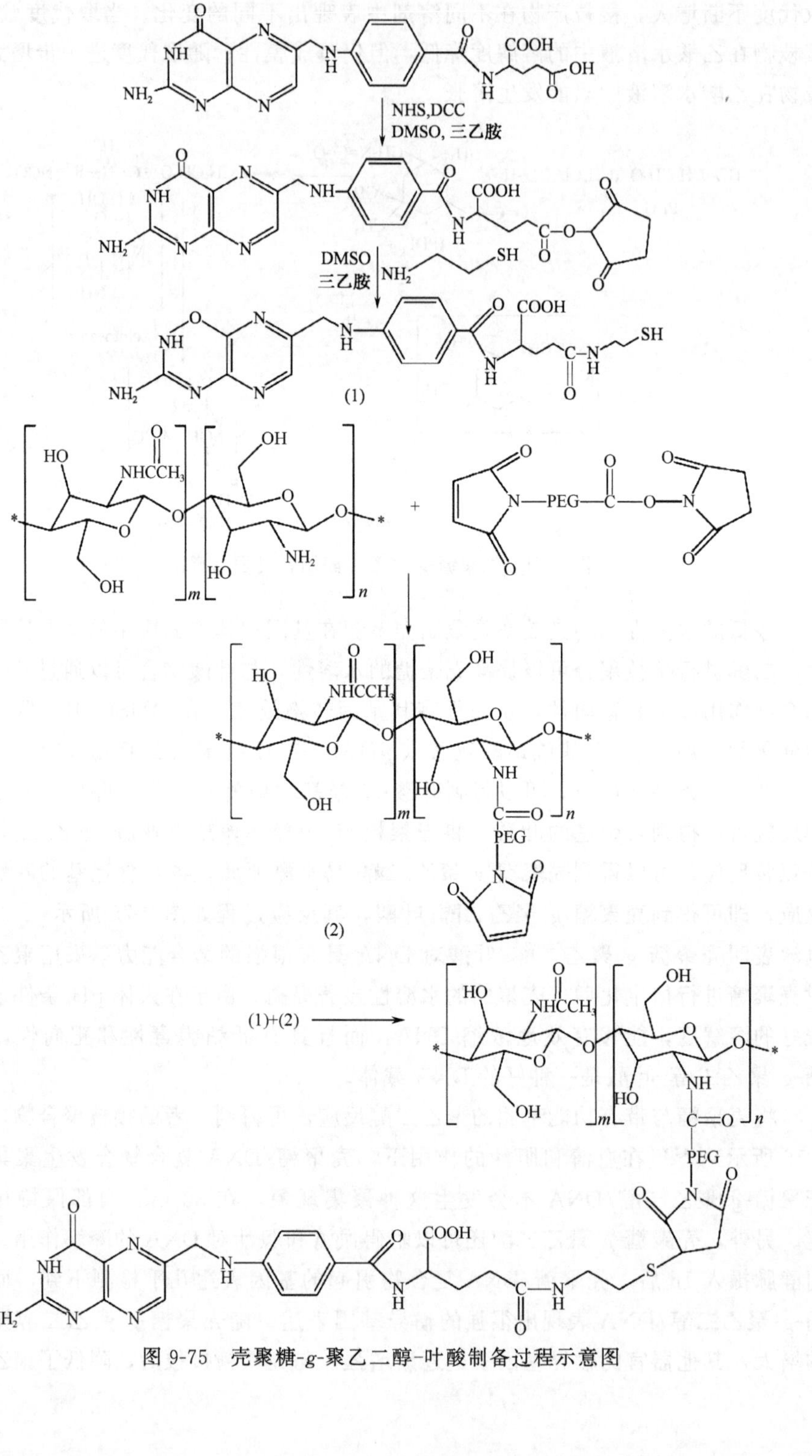

图 9-75　壳聚糖-*g*-聚乙二醇-叶酸制备过程示意图

的急性肝脏毒性。

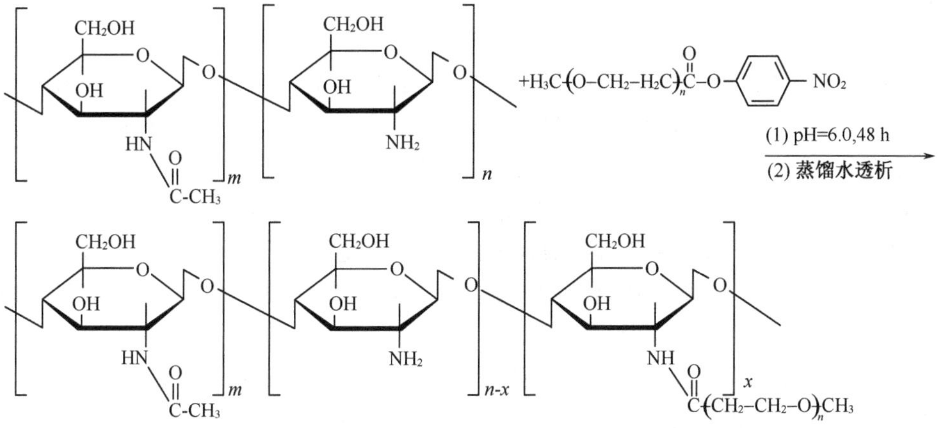

图 9-76　壳聚糖与功能化聚乙二醇的接枝反应示意图

　　将三甲基化壳聚糖与聚乙二醇进行接枝聚合，可提高壳聚糖的水溶性和三甲基化壳聚糖的生物降解性能。将聚乙二醇单甲醚与马来酐反应，可以得到马来酰聚乙二醇单甲醚，然后与 N-羟基丁二酰亚胺反应，可以将聚乙二醇活化，然后与三甲基化壳聚糖反应，可以得到三甲基化壳聚糖-g-聚乙二醇接枝聚合物，其反应过程如图 9-77 所示[145]。聚乙二醇熔融温度的降低，表明接枝聚合物中两个组分具有良好的相容性。在整个 pH 范围内的水溶液中，该接枝聚合物都有很好的溶解性。

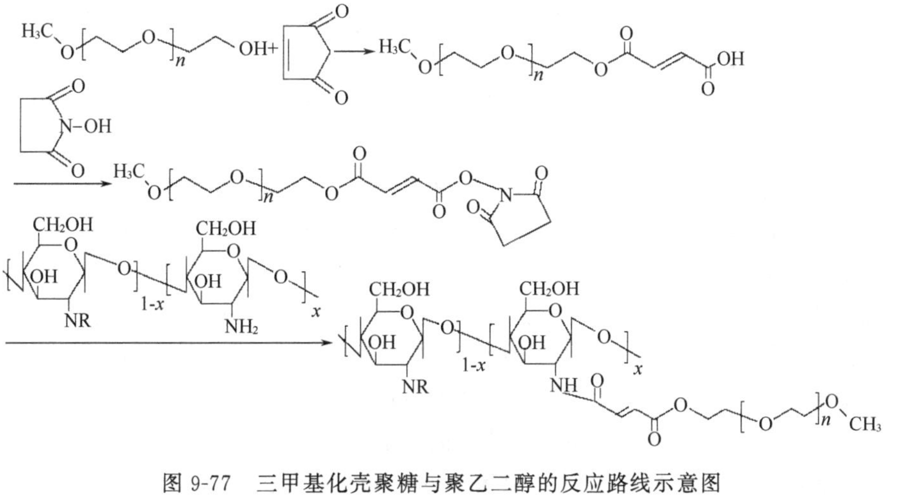

图 9-77　三甲基化壳聚糖与聚乙二醇的反应路线示意图

9.4.2　聚乳酸

聚乳酸（PLA）为高结晶度的聚合物，其硬度高，脆性大，加工困难，且PLA 为疏水性材料，在降解过程中，非晶区首先降解，而晶区降解很慢，降解不易控制。通过共混或共聚的办法可改变 PLA 的结晶度和亲水性，从而达到控制降解速度的目的。目前 PLA 主要用于药物释放材料和外科修复材料，根据不同的使用目的，可以采用不同的方法对 PLA 性能进行改进。由于聚乳酸与壳聚糖性能差异较大，用共混法制备的材料力学性能下降较大，因此，人们设计合成了聚乳酸与壳聚糖接枝共聚物。

通过加热脱水得到 L-乳酸与柠檬酸的共聚合物（PLCA），然后加入壳聚糖，通过减压加热可以实现壳聚糖与聚（L-乳酸-co-柠檬酸）的接枝，得到壳聚糖-g-聚（L-乳酸-co-柠檬酸）（CLC）[146]。在 1757 cm^{-1} 处 PLCA 的羰基吸收带在与壳聚糖反应后移至 1730 cm^{-1}，这是由于 PLCA 的酯基与壳聚糖的氨基或羟基间的氢键作用。壳聚糖的氨基吸收带从 1597 cm^{-1} 移至 1574 cm^{-1}，表明壳聚糖与PLCA 同时通过酰胺键和静电作用相互作用。1067 cm^{-1} 处出现了一个新的醚键吸收带，表明壳聚糖与 PLCA 间形成了化学交联。WXRD 谱图表明：与 PLCA进行接枝反应后，壳聚糖几乎变为无定形态，但是接枝的 PLCA 侧链会在接枝聚合物中形成结晶区。

通过等离子体耦合可以实现壳聚糖对聚（L-乳酸）膜的表面修饰[147]。通过考察老鼠纤维原细胞（L929）和人肝细胞（L02）在此接枝改性膜上的生长情况发现，细胞趋于聚集在一起，很难分散开来，是一种黏附性较差的基体材料；细胞在此基体材料上的生长速度与在玻璃材料上的生长速度相似。以上结果表明，该基体材料可用于控制细胞生长的形态，在组织工程方面具有潜在应用价值。

将壳聚糖用 NaOH 溶液进行钠化，然后与氯乙醇反应制备羟基化壳聚糖，再利用羟基化引发丙交酯开环聚合制备壳聚糖与聚乳酸接枝共聚物。所得接枝共聚物的降解速率低，由于壳聚糖氨基作用，中和了聚乳酸降解产物的酸性，从而消除了由于 pH 引起的炎症反应。以三乙基铝作为催化剂，利用壳聚糖的氨基或一级羟基作为反应位点，引发 D,L-丙交酯在壳聚糖分子链上进行聚合，形成梳型接枝共聚物[148]。采用三甲基硅烷化壳聚糖为大分子引发剂，引发丙交酯接枝到壳聚糖的羟基上和将活化的低相对分子质量聚乳酸连接到三甲基硅烷化壳聚糖的氨基上，都可以实现壳聚糖与聚乳酸接枝聚合[149]。

以乳酸乙酯为原料可以得到端基为单羟基的乳酸齐聚物（OPLA-OH），进一步与异氰酸酯反应将 OPLA-OH 的羟基转化为异氰酸酯基，可以得到 OPLA-NCO。在此基础上将 OPLA-NCO 与不同相对分子质量的壳聚糖在均相及非均相反应介质中进行接枝反应，可以得到二者的接枝聚合物。在非均相介质中制备的接枝共聚物可与 OPLA-NCO 进行二次接枝反应。由于聚乳酸支链的引入，使壳聚糖结晶度下降，在溶剂中的溶解性能得到较大的改善，降解过程中降解液的酸性化得到了明显的抑制，由该接枝聚合物制备的药物片剂具有缓释能力，是一类有应用前景的药物辅料[150]。

9.4.3　其他

　　通过聚丙烯酸的羧基或在聚（N-异丙基丙烯酰胺）分子链上引入端羧基，可以实现聚丙烯酸或聚（N-异丙基丙烯酰胺）与壳聚糖的偶合接枝聚合反应。先将聚丙烯酸与 1-乙基-3-(3-二甲氨丙基)-碳二亚胺盐酸盐（EDC）溶于二次蒸馏水中，使聚丙烯酸的部分羧基被 EDC 活化，然后加入一定量的交联壳聚糖小球，于 4℃进行接枝反应，得到聚丙烯酸修饰的壳聚糖小球，反应过程如图 9-78 所示[151]。场发射扫描电镜表明：交联壳聚糖小球表面呈多孔结构，采用聚丙烯酸对其进行表面接枝修饰后，表面多孔结构部分消失且变得较为致密，证明聚丙烯酸对壳聚糖进行了成功修饰。在交联壳聚糖-g-聚丙烯酸的 IR 谱图中，在 1575 cm^{-1} 和 1650 cm^{-1} 处分别出现了酰胺基的 C—N 和 C═O 两个新伸缩振动吸收带，证明壳聚糖的—NH_2 与聚丙烯酸的—COOH 发生了接枝反应，形成了酰胺基团。在 1743 cm^{-1} 处出现了—COOH 的强吸收带，证明在接枝聚合物中聚丙烯酸的羧基大量以—COOH 形式存在。另外，壳聚糖—NH_2 在 1676 cm^{-1} 和 1162 cm^{-1} 处的吸收带消失，表明其参与了接枝反应。Zeta 电势分析表明，采用聚丙

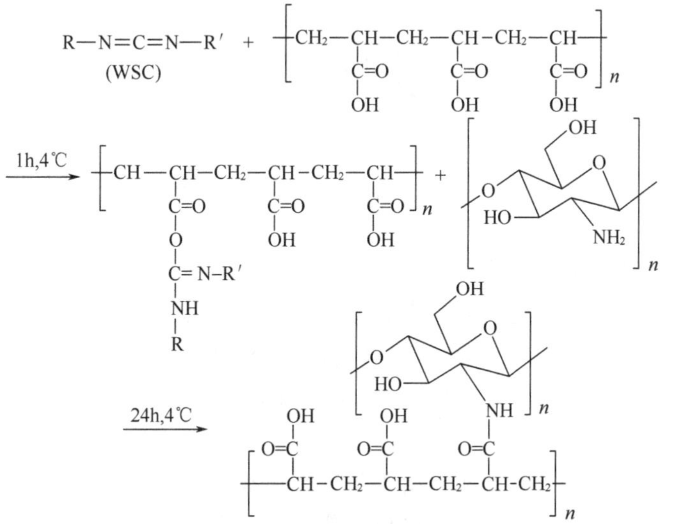

图 9-78　两步法聚丙烯酸接枝修饰交联壳聚糖小球

烯酸对壳聚糖进行修饰后，表面正电位减小，负电位增多，从而可以在很宽的
pH 范围内对金属离子具有很好的吸附性能。

　　将巯基乙酸与 NIPAm 进行聚合，再与壳聚糖接枝聚合，可制备具有梳状结
构的接枝聚合物（如图 9-79 所示），并用于软骨细胞的培养[152]。该接枝聚合物
具有很高的响应速率，与聚（N-异丙基丙烯酰胺）相比，机械性能显著提高。
图 9-80 为溶胀的壳聚糖-g-聚（N-异丙基丙烯酰胺）水凝胶、反复溶胀 100 次及
担载软骨细胞后的 SEM 照片。由图可见，壳聚糖-g-聚（N-异丙基丙烯酰胺）
水凝胶的表面呈多孔状结构，孔径在 10～40 μm 之间。反复溶胀 100 次后，该
水凝胶仍然具有与初始水凝胶类似的多孔结构，说明其有优异的机械强度。将软
骨细胞在其上培养 21 d 之后，可以发现细胞在其上生长的很好，呈圆形细胞形
状，说明该接枝聚合物是一种潜在的软骨细胞组织工程支架材料。

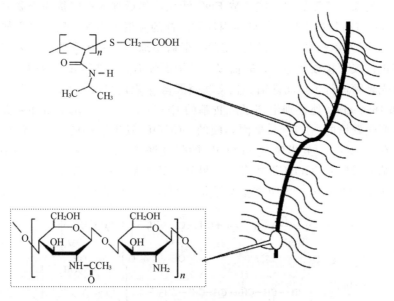

图 9-79　壳聚糖-g-聚（N-异丙基丙烯酰胺）的梳状结构示意图

　　采用半乳糖酸对壳聚糖进行衍生化，得到半乳糖酸壳聚糖，然后与端基为羧
基的聚乙烯吡咯烷酮反应，得到半乳糖酸壳聚糖-g-聚乙烯吡咯烷酮接枝聚合物，
其具体反应过程如图 9-81 所示，并以此接枝聚合物与 DNA 结合，得到壳聚糖-
g-聚乙烯吡咯烷酮/DNA 复合物[153]。原子力显微镜分析表明：该复合物呈紧密
结实的小球状，直径约 40 nm。

　　对于油溶性的高分子支链，由于与壳聚糖本身的溶解性差异较大，难以通过
简单的偶合反应实现与壳聚糖的接枝。聚（3-羟基链烷酸酯）是具有较高结晶度
和光学活性的材料，由于其优异的生物相容性、生物降解性和渗透性，聚（3-羟

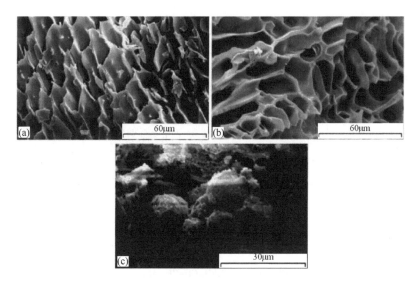

图 9-80　（a）溶胀；（b）反复溶胀～退溶胀 100 次；（c）担载软骨细胞后的壳聚糖-*g*-聚（*N*-异丙基丙烯酰胺）水凝胶的 SEM 照片

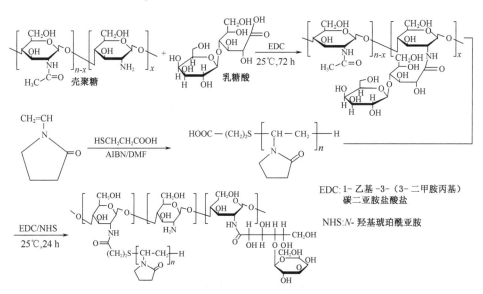

图 9-81　半乳糖酸壳聚糖与乙烯基吡咯烷酮的接枝反应过程

基链烷酸酯）在医药和工业领域具有潜在的应用价值，然而它们的一些物理、机械和热性能限制了其广泛应用。在真空条件下，经缩聚反应可实现壳聚糖与聚（3-羟基己酸酯）（PHO）、聚（3-羟基丁酸酯-co-3-羟基戊酸酯）（PHBV）和亚油酸（linoleic acid）的接枝聚合，其反应过程如图 9-82 所示[154]。通过氯仿和乙

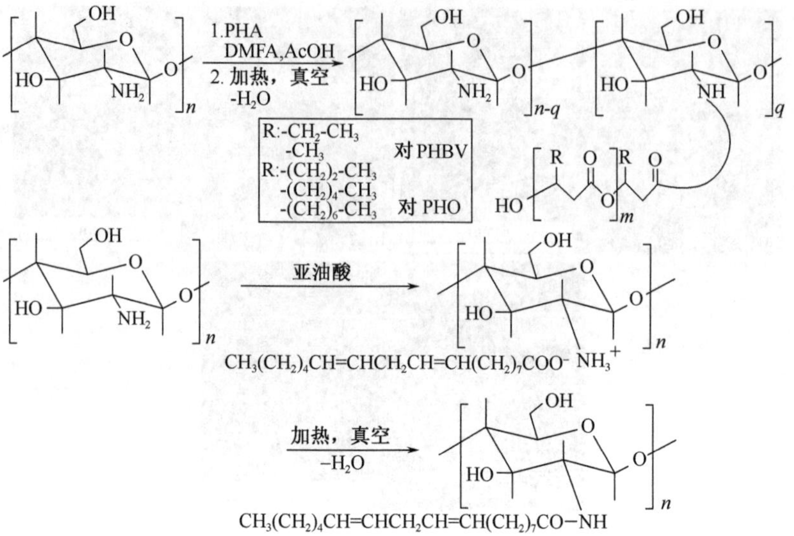

图 9-82　壳聚糖与 PHO、PHBV 和亚油酸接枝聚合过程

酸水溶液将未反应的链烷酯和壳聚糖去除，得到纯接枝聚合物。随聚链烷酯分子的不同，接枝产物的接枝率在 7%～52% 范围内变化。接枝产物在 2% 乙酸水溶液中的溶解性也随接枝率的变化而变化。与链烷酸酯接枝聚合后，降低了壳聚糖的热稳定性。

采用乳糖酸对壳聚糖进行修饰可以赋予壳聚糖对肝细胞的识别性，采用右旋糖苷与乳糖酸壳聚糖进行接枝可以提高乳糖酸壳聚糖在水溶液中的稳定性。在 N,N,N',N'-四甲基乙二胺/HCl 缓冲溶液中，以 1-乙基-3-(3-二甲胺丙基) 碳二亚胺为媒介，可以实现壳聚糖与乳糖酸的反应，得到乳糖酸壳聚糖；然后加入右旋糖苷，再采用氰基硼氢钠进行还原，即可得到乳糖酸壳聚糖-g-右旋糖苷，其反应过程如图 9-83 所示[155]。乳糖酸在与壳聚糖发生反应后，IR 谱图中其 1730 cm^{-1} 处羧基吸收带消失，说明羧基与壳聚糖氨基发生反应，形成了酰胺基。由于右旋糖苷与壳聚糖结构较为类似，无法从 IR 谱图中得到乳糖酸壳聚糖与右旋糖苷的还原胺化反应信息；但 3450 cm^{-1} 处羟基吸收带强度增强（与酰胺基相比）及 1550 cm^{-1} 处一级胺吸收带强度的减小，间接证明了该反应的发生。乳糖酸壳聚糖-g-右旋糖苷接枝物可以作为肝细胞靶向的 DNA 载体。随接枝物/DNA 比例的增大，复合物的粒径不断减小；在与壳聚糖接枝物形成复合物后，DNA 的构象没有发生变化。TEM 观察表明：乳糖酸壳聚糖/DNA 以伸长的聚集体形式存在，而乳糖酸壳聚糖-g-右旋糖苷接枝物/DNA 呈致密的球状。乳糖酸壳聚糖-g-右旋糖苷接枝物/DNA 只能被转染到张氏肝细胞和含唾液酸糖蛋白受体的 HepG2 细胞，表明细胞上唾液酸糖蛋白受体和壳聚糖上半乳糖基具有特

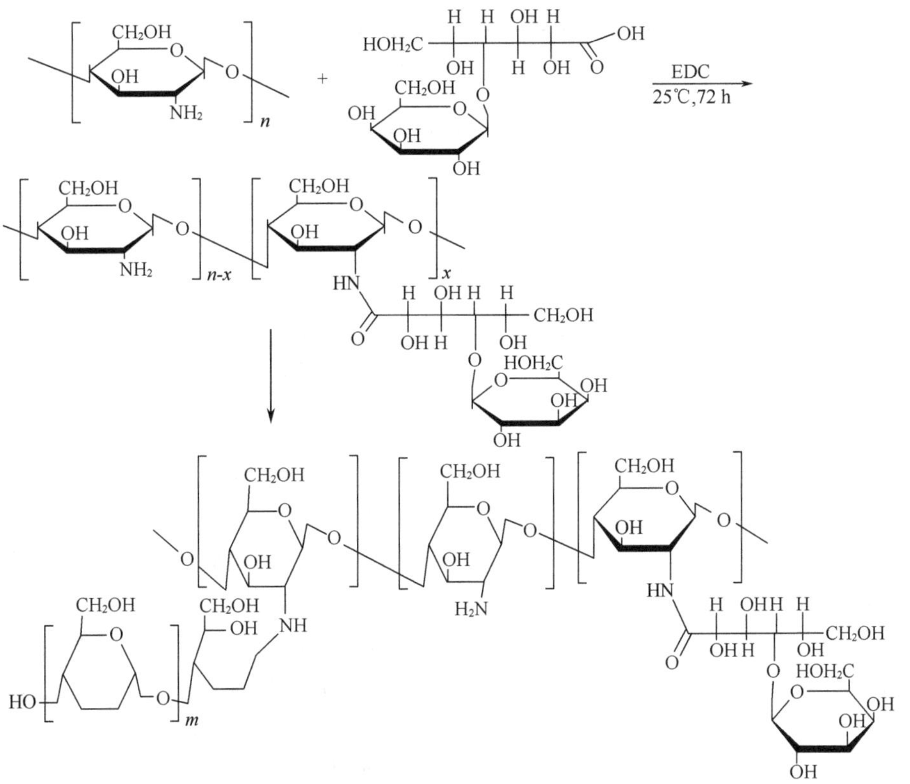

图 9-83 乳糖酸壳聚糖-*g*-右旋糖苷的制备过程

异性作用。

通过与端基活性聚合物阳离子进行接枝聚合，可以得到相对分子质量可控及相对分子质量分布较窄的壳聚糖接枝聚合物。通过聚异丁基乙烯基醚和聚（2-甲基-2-唑啉）端基活性聚合物阳离子与壳聚糖的氨基反应，得到了两种接枝聚合物，其反应过程如图 9-84 所示[156]。在壳聚糖-*g*-聚（2-甲基-2-唑啉）IR 谱图的570、686、818、1010、1034 和 1124 cm^{-1}处出现了聚（2-甲基-2-唑啉）聚合物阳离子的特征吸收带峰，表明二者间发生了接枝聚合反应。聚（2-甲基-2-唑啉）在壳聚糖上的接枝率随反应时间的延长而增加，反应 4 d 后接枝率可达 24.5%。随接枝率的增大，壳聚糖-*g*-聚（2-甲基-2-唑啉）在水中的溶解度逐渐增大。端基活性聚合物阳离子首先与壳聚糖粉末表面的阳离子进行接枝聚合，随反应的进行逐渐深入到壳聚糖颗粒内部。随端基活性聚合物阳离子相对分子质量的增大，由于空间位阻的原因，限制了其与壳聚糖氨基的反应，接枝到壳聚糖上的聚合物链数目减少。

壳聚糖是一种具有生物相容性的阳离子聚合物非病毒基因载体，但是壳聚

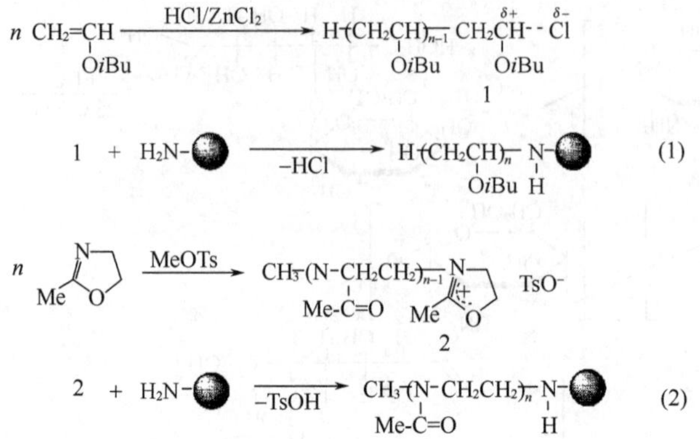

$$n\ CH_2{=}CH \xrightarrow{\text{HCl/ZnCl}_2} H{+}CH_2CH{)_{m-1}}\ \overset{\delta+}{CH_2CH}{-}\cdot\overset{\delta-}{Cl}$$
（O*i*Bu）

$$1\ +\ H_2N{-}\bullet \xrightarrow{-\text{HCl}} H{+}CH_2CH{)_n}\ N{-}\bullet \quad (1)$$

$$n\ \underset{Me}{\overset{N}{\bigcirc}}\ \xrightarrow{\text{MeOTs}} CH_3{+}N{-}CH_2CH_2{)_{n-1}}\ \overset{N}{\underset{Me{-}C{=}O}{}}\ TsO^- \quad$$

$$2\ +\ H_2N{-}\bullet \xrightarrow{-\text{TsOH}} CH_3{+}N{-}CH_2CH_2{)_n}\ N{-}\bullet \quad (2)$$

图 9-84　壳聚糖与聚异丁基乙烯基醚和聚（2-甲基-2-唑啉）的接枝聚合

糖-DNA纳米颗粒的转染效率非常低。聚乙烯基亚胺（PEI）是目前非病毒基因载体材料中文献报道最多一种阳离子聚合物，高相对分子质量的 PEI 具有令人满意的基因转染率，但却表现出较大的细胞毒性。通过高碘酸盐氧化的壳聚糖与低相对分子质量聚乙烯基亚胺间的反应，可以提高其转染效率，反应过程如图 9-85所示[157]。通过考察壳聚糖-*g*-PEI 接枝物与 DNA 质粒的相互作用发现，该接枝产物对 DNA 质粒具有很好的的结合能力，而且能够保护 DNA 质粒免受核酸酶的攻击。接枝物/DNA 纳米粒子的粒径小于 250 nm，随接枝物/DNA 比例的增加，纳米颗粒的尺寸不断减小，ζ 电势不断增大。这是由于接枝物与 DNA之间是静电作用，当接枝物含量较大时，净电荷含量较高，从而会对粒子间产生排斥作用，阻碍粒子聚集，从而使其粒径减小。与 PEI 相比，壳聚糖-*g*-PEI 的细胞毒性较小，在较高接枝物/DNA 比例下，接枝产物比 PEI 具有更高的转染

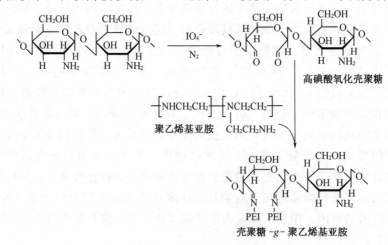

图 9-85　壳聚糖与聚乙烯基亚胺的接枝反应

效率，是一种潜在的体外基因载体。

9.5　定位接枝聚合

　　壳聚糖之所以引起人们的兴趣，就在于它的氨基葡萄糖结构单元，这一独特结构赋予了壳聚糖独特的生物活性，使其成为自然界中为数不多的带正电荷的生物高分子。因此，在壳聚糖的化学改性中保持其氨基的活性显得尤为重要，这就需要对壳聚糖进行选择性地定位接枝改性，使接枝反应只发生在羟基上，从而在接枝产物中保留壳聚糖主链的氨基葡萄糖单元结构，获得既包含合成高分子支链又有氨基葡聚糖主链的天然高分子与合成高分子的复合材料。但是，纵观当前有关壳聚糖接枝改性的研究，这个问题的研究还不多。究其原因可能是，氨基与羟基都是具有活泼氢的官能团，结构相似，相比之下氨基较羟基的反应活性更高，对于氨基的改性更容易进行，因而壳聚糖的氨基在通常的接枝反应中会被优先利用作为接枝反应位点。在一定程度上可以说，牺牲壳聚糖分子链上的部分氨基就是牺牲了壳聚糖独有的生物活性。因此，在接枝反应前把氨基保护起来，接枝上所需要的高分子支链后，再脱去保护基团，即采用"保护氨基—定位接枝反应—脱保护恢复氨基"的接枝路线，实现对壳聚糖羟基的定位接枝改性，对拓展壳聚糖的应用范围具有重要意义。氨基的保护方法有很多，这里重点介绍邻苯二甲酰化保护氨基和席夫碱保护氨基两种方法。

9.5.1　邻苯二甲酰化保护氨基的定位接枝

　　壳聚糖的氨基可与邻苯二甲酸酐反应，形成邻苯二甲酰壳聚糖。采用邻苯二甲酸酐与壳聚糖反应形成邻苯二甲酰壳聚糖，不但可以将壳聚糖的氨基保护起来，而且可以提高壳聚糖在有机溶剂中的溶解性，从而提高接枝聚合反应的效率。采用这种保护氨基的方法对壳聚糖的进行定位化学修饰已有大量研究，图9-86 给出了其中的一些例子[158~162]。在保护氨基的前提下对壳聚糖的羟基进行甲基硅烷化，得到的 6-O-三甲基甲硅烷化壳聚糖可溶于四氢呋喃、氯仿及甲苯等有机溶剂，然后可以进一步修饰得到含 α-甘露糖或 β-GlcNA 支链的壳聚糖，这种带有支化糖苷的壳聚糖在水溶液中有良好的溶解性。在有机溶剂中，利用邻苯二甲酰化壳聚糖可将抗癌药物多肽固定到壳聚糖分子上，从而避免了酶对药物的消化，此复合物对实验鼠的黑素瘤细胞向肺的转移显示出很强的抑制作用，这一结果表明壳聚糖用于活性药物的控制传输释放和固相酶的合成有很大的潜力。壳聚糖的定位接枝聚合反应，以聚乙二醇和聚己内酯的报道为多。

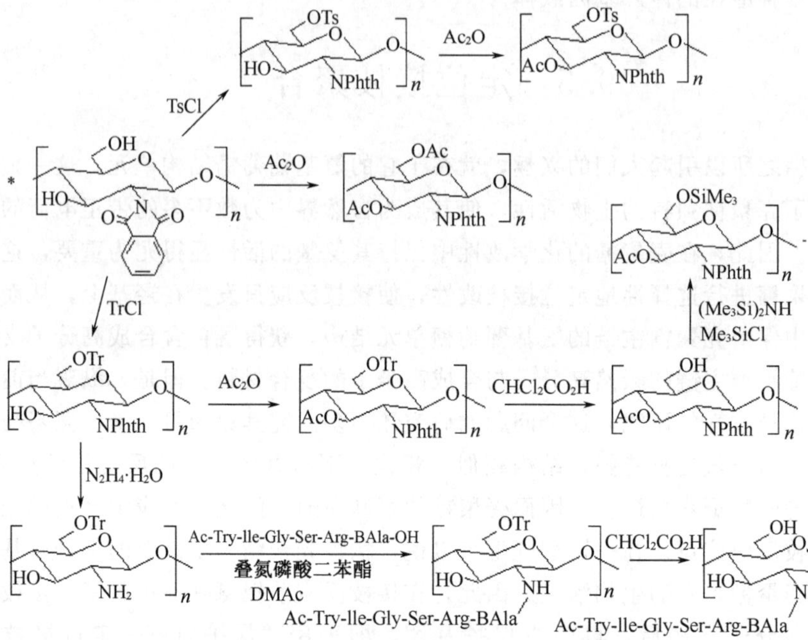

图 9-86　壳聚糖的定位接枝聚合反应示意图

9.5.1.1　聚乙二醇

在 DMF 中以 Ag$_2$O 为催化剂，将邻苯二甲酰化壳聚糖与碘化乙二醇单甲醚进行醚化反应，得到氧位接枝的壳聚糖-g-聚乙二醇接枝聚合物，具体反应过程如图 9-87 所示[163]。在氧位接枝的壳聚糖-g-聚乙二醇接枝聚合物的 IR 谱图中，1110 cm^{-1}（C—O 伸缩振动）和 2886 cm^{-1}（C—H 伸缩振动）处出现了新的吸收带，而 3440 cm^{-1}（O—H 伸缩振动）处的吸收带减弱甚至消失。这表明在氧位发生了接枝反应。取代度为 200％的氧位接枝壳聚糖-g-聚乙二醇接枝聚合物在很宽 pH 范围内都具有很好的溶解性，其黏度较低，与聚乙二醇单甲醚-2000相当。

将壳聚糖的氨基采用邻苯二甲酸酐进行保护，然后以 1-羟基-1H-苯并三唑一水合物为催化剂，在 DMSO 中加入聚乙二醇单甲醚，搅拌至溶液澄清；然后加入 1-乙基-3-(3-二甲胺丙基) 碳二亚胺盐酸盐，可以得到壳聚糖-g-聚乙二醇接枝聚合物胶束[164]。该接枝聚合物经 DMSO 或 DMF 透析后，可以得到具有核壳结构的胶束，其临界胶束浓度为 28 μg/mL。通过透析的方法将喜树碱结合在胶束核壳结构的内部，随喜树碱浓度的增大，胶束对喜树碱的负载量增大。将喜树碱负载在胶束上，可以避免喜树碱内酯结构的水解。TEM 分析表明（如图

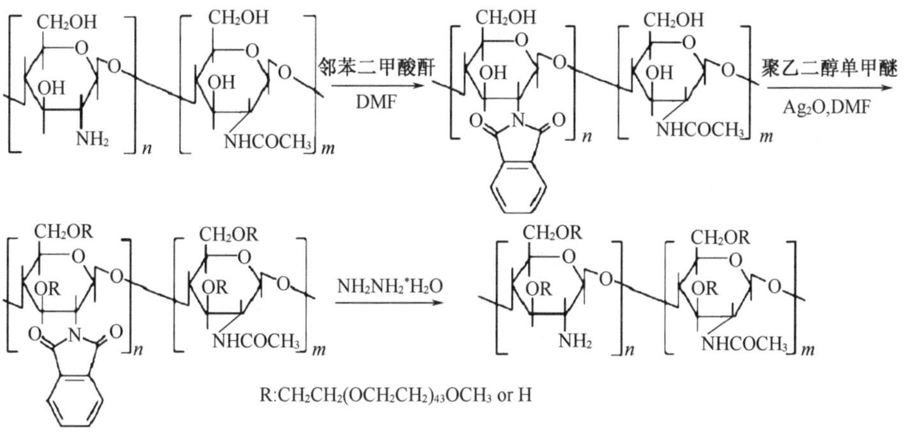

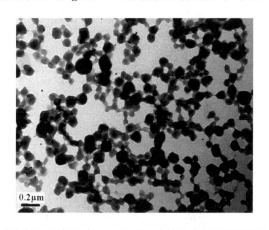

图 9-87　氧位接枝的壳聚糖-g-聚乙二醇接枝聚合物的制备路线图

9-88），负载喜树碱的壳聚糖-g-聚乙二醇接枝聚合物呈小球状。

图 9-88　负载喜树碱的壳聚糖-g-聚乙二醇接枝聚合物的 TEM 照片（×6000）

采用邻苯二甲酰化壳聚糖，通过 3 条反应路线实现了聚乙二醇支链选择性地接枝在壳聚糖的羟基上，其反应过程如图 9-89 所示[165]。①将 PHCS 的 6-位羟基氧化成醛基，即合成 6-羰基-2-N-邻苯二甲酰基壳聚糖（6-oxo-2-N-phthaloylchitosan），聚乙二醇单甲醚的末端官能团被活化成氨基，然后 MPEGAm 通过氨基与醛基的席夫碱反应接枝到壳聚糖 6-位羟基上，再在水合肼中脱去邻苯二甲酰基保护，制得 chitosan-O-聚乙二醇单甲醚；②将 PHCS 转化成 6-O-二氯三嗪-2-N-邻苯二甲酰基壳聚糖（6-O-dichlorotriazine-2-N-phthaloylchitosan），在吡啶中与聚乙二醇单甲醚加热 60℃反应 20 h，再脱保护，制得由三嗪环相接的 chitosan-O-聚乙二醇单甲醚；③将 PHCS 衍生成 3-O-乙酰基-2-N-邻苯二甲酰基壳

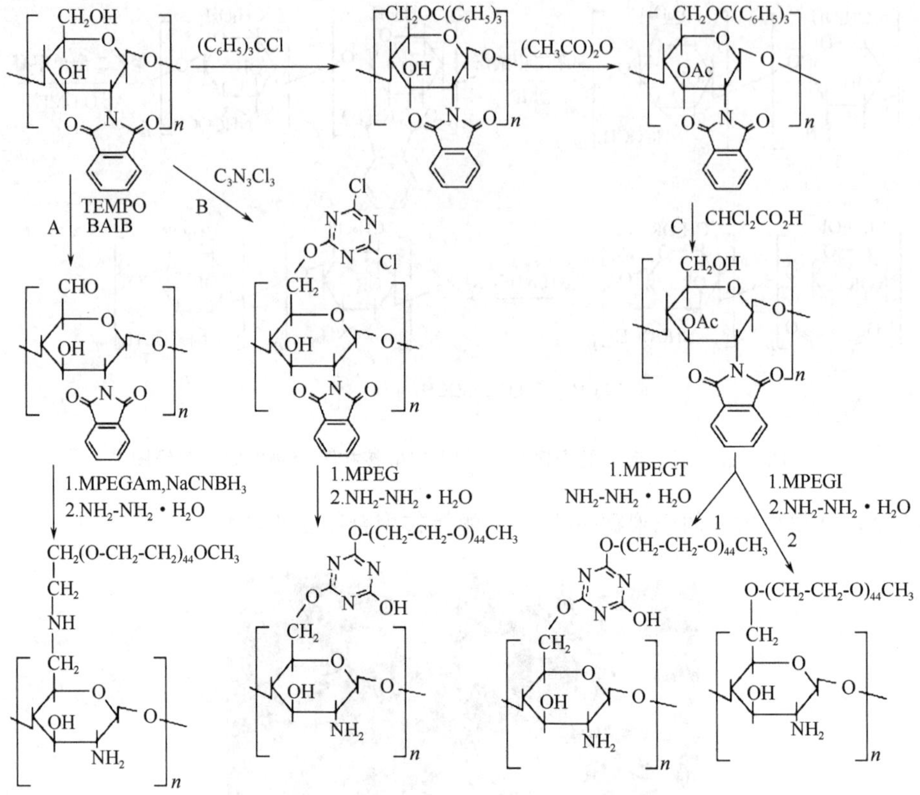

图 9-89　壳聚糖氧位选择性接枝聚乙二醇的反应示意图

聚糖（3-*O*-acetyl-2-*N*-phthaloylchitosan），而聚乙二醇单甲醚的末端羟基被活化成碘化物或者二氯三嗪，再通过偶合反应接枝到壳聚糖的 6-位羟基上。实验证实，这 3 条接枝路线都是可行的，可以获得较高的接枝率，路线 3 中 PEG 的取代度可达 90%。

　　将聚乙二醇单正丁醚与 2,4-甲苯二异氰酸酯反应，可在聚乙二醇分子中引入活性异氰基，从而将其活化，然后在 DMF 中与氨基保护的壳聚糖进行反应，再脱保护后，即可得到在 C$_6$ 位进行接枝的壳聚糖-*g*-聚乙二醇类衍生物，其反应过程如图 9-90 所示[166]。壳聚糖及其接枝聚合物的热分解温度在 250℃附近，壳聚糖分解较快，而接枝聚合物的热分解温度范围较宽，说明接枝聚合物的热稳定性相对较高。

　　将壳聚糖的氨基采用邻苯二甲酸酐保护起来，然后进行三苯甲基化，经水合肼去保护，得到三苯甲基化壳聚糖。将三苯甲基化壳聚糖的氨基与碘化聚乙二醇单甲醚反应，然后采用二氯乙酸去保护，可以得到 *N* 位取代的壳聚糖-*g*-聚乙二醇接枝聚合物，其反应过程如图 9-91 所示[167]。接枝聚合物在较宽 pH 范围内具有较好

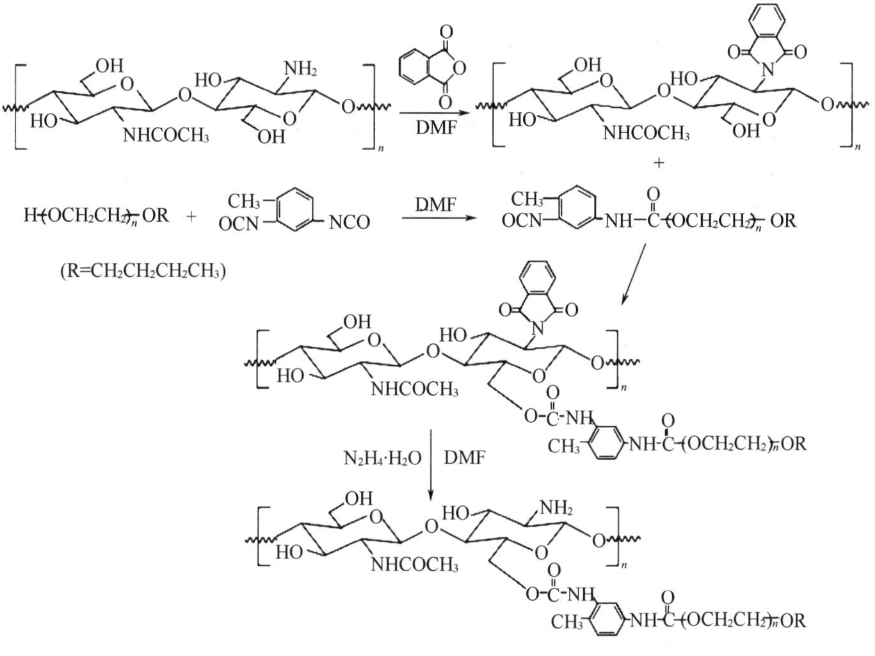

图 9-90　壳聚糖与聚乙二醇的接枝聚合反应过程示意图

的溶解性；当取代度大于 24％时，接枝聚合物也可以溶于 DMF 和 DMSO 中。

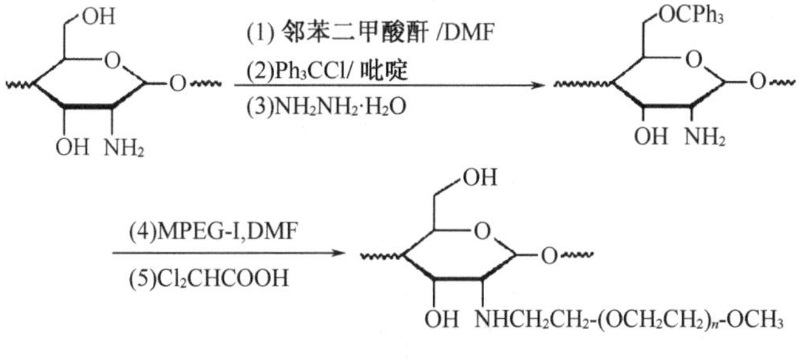

$$CH_3O—(CH_2CH_2O)_n—OH \xrightarrow[CH_3I]{(PhO)_3P} CH_3O—(CH_2CH_2O)_n—I$$

图 9-91　氮位接枝的壳聚糖-g-聚乙二醇接枝聚合物的反应过程示意图

9.5.1.2　聚己内酯

聚己内酯（PCL）由于其优异的机械性能、生物相容性、生物降解性和无毒性，已被广泛用于药物载体及外科修复材料。因此，将壳聚糖与 PCL 结合起来，有望得到性能更加优异的生物合成材料，从而应用于更多领域。

在水和催化剂辛酸亚锡 $Sn(Oct)_2$ 的存在下，利用壳聚糖中氨基的活性氢作为大分子引发剂的引发位点，引发己内酯开环聚合，可制备甲壳素/壳聚糖与低聚 PCL 的接枝共聚物[168]。为保护壳聚糖的氨基，维持壳聚糖的独特性能，采用邻苯二甲酸酐将壳聚糖的氨基保护起来，然后与端基为异氰酸酯基的 PCL 大分子单体通过酯交换反应进行接枝聚合，反应后将壳聚糖的氨基释放出来，可以得到通过壳聚糖羟基结合的壳聚糖-g-PCL，具体反应路线如图 9-92 所示[169]。该接枝聚合物为两性聚电介质，含有大量的亲水性氨基和疏水性 PCL 骨架。IR 谱图及 NMR 证明了该接枝聚合反应的发生。该反应需要首先将己内酯开环聚合，然后异氰酸酯化，才可与邻苯二甲酰壳聚糖接枝反应，反应步骤较为繁琐。为改进合成路线，在辛酸亚锡的催化下，可直接实现邻苯二甲酰壳聚糖与己内酯的接枝聚合，反应过程如图 9-93 所示[170]。PCL 具有很好的结晶性。与壳聚糖的 XRD 谱图相比，壳聚糖-g-PCL 在 $2\theta = 15 \sim 25°$ 之间的峰变弱、变宽。这说明壳聚糖与 PCL 的接枝聚合，抑制了壳聚糖和 PCL 的结晶性，这也说明壳聚糖与 PCL 达到了分子水平的结合。但当接枝共聚物中接枝 PCL 的量增加到 82％ 时，接枝产物的 XRD 谱除了属于壳聚糖骨架的馒头峰，在 $2\theta = 21.5°$ 和 23.8° 还出现

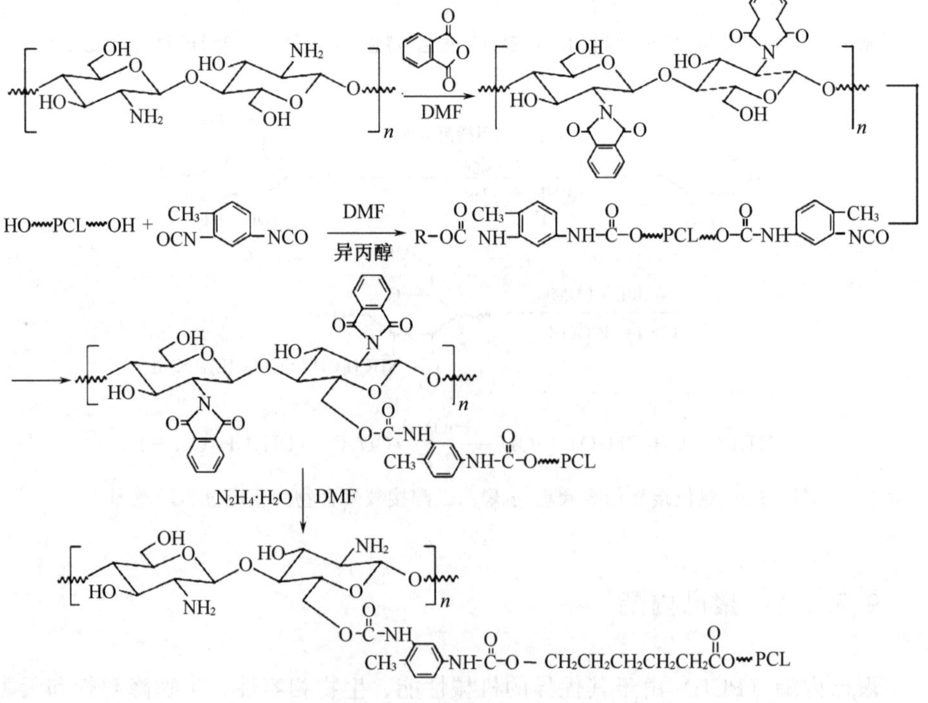

图 9-92　壳聚糖与 PCL 的接枝聚合反应过程

了新的锐峰，这与 PCL 均聚物的 XRD 特征衍射相一致，因此可归结为接枝共聚物中 PCL 接枝支链发生一定程度有序排列的结果。

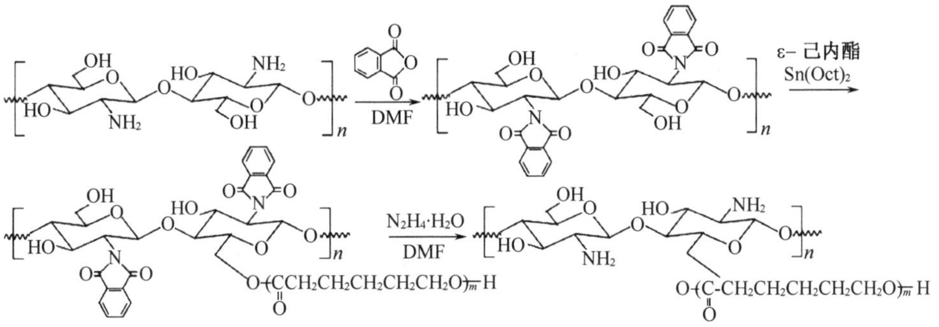

图 9-93　壳聚糖与己内酯的接枝共聚反应示意图

采用微波辅助的方法，以同样的路线，也可实现壳聚糖与己内酯的接枝聚合[171]。在很短时间内，PCL 的接枝效率就接近 100%，提高微波辐射功率可以进一步改善此接枝聚合反应。研究表明，具有邻苯二甲酰亚胺结构的分子均可对己内酯的开环聚合起到催化作用[172]。采用邻苯二甲酸酐对壳聚糖的氨基进行保护后，在不添加任何催化剂的情况下也可以实现壳聚糖与己内酯的接枝聚合，其中壳聚糖 C_6 位置的羟基为引发剂。因此，在与己内酯接枝聚合的过程中，邻苯二甲酰化壳聚糖起到了自催化和自引发的作用。

通过邻苯二甲酸酐和氯化三苯甲基甲烷保护，得到 6-O-三苯甲基壳聚糖。将苄基-PCL-OH 与羰基二咪唑反应，可将 PCL 活化，再将其与 6-O-三苯甲基壳聚糖反应，经 HCl 溶液脱去三苯甲基后，可得到接枝在氨基上的壳聚糖-g-PCL 接枝共聚物，其反应过程如图 9-94 所示[173]。将壳聚糖-g-PCL 悬浮于 DMF 中高度溶胀，搅拌一段时间后缓慢滴加少量蒸馏水再进行搅拌，经水透析除去 DMF 后可得壳聚糖-g-PCL 纳米粒子。动态光散射分析表明，纳米粒子粒径在 30～70 nm 之间，且随壳聚糖-g-PCL 中 PCL 含量的增大而增大。另外，制备纳米粒子时的溶液浓度也会对粒子尺寸产生较大影响。

9.5.1.3　丙烯酸丁酯

将壳聚糖制成邻苯二甲酰壳聚糖，然后在 γ 射线辐射下与丙烯酸丁酯进行接枝聚合反应，反应后脱去邻苯二甲酸基，得到氧位接枝的壳聚糖-g-聚丙烯酸丁酯，接枝率可达 838%，接枝聚合物中含有大量的自由氨基，保持了壳聚糖的优异性能[174]。疏水性聚丙烯酸丁酯的引入极大地提高了接枝聚合物的热稳定性，

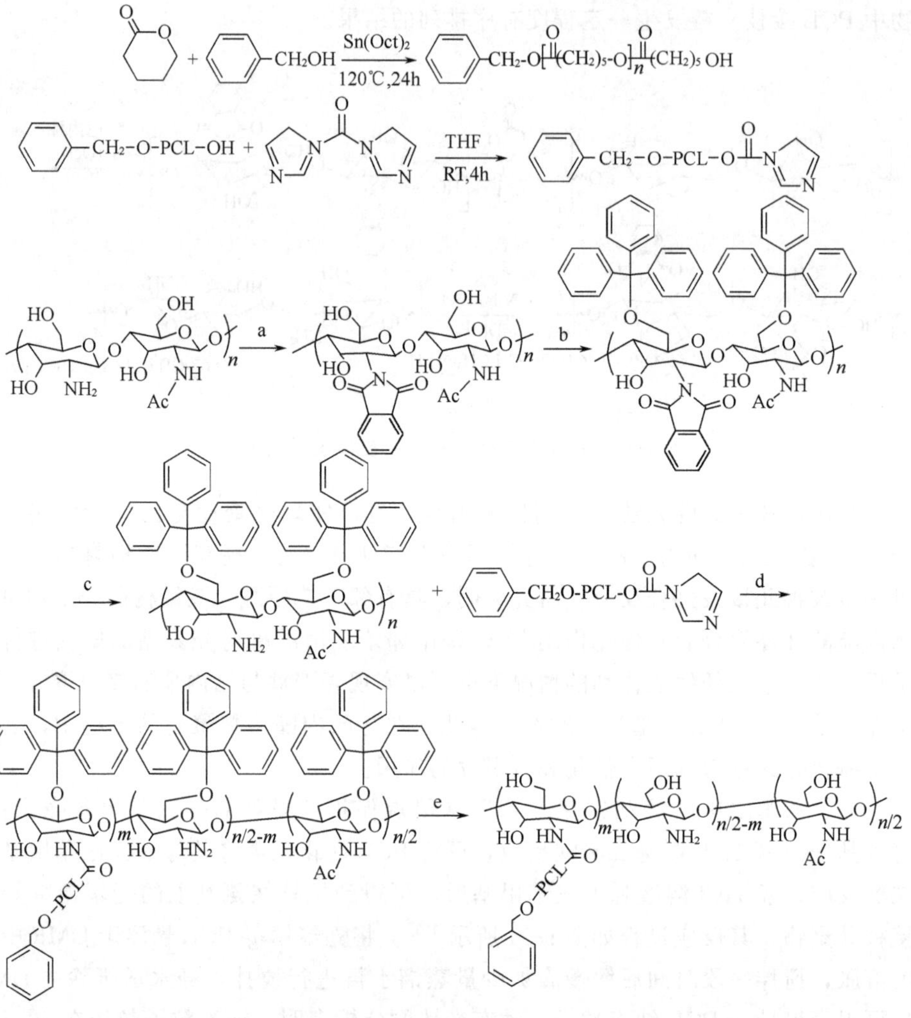

图 9-94　PCL 的活化及与壳聚糖的接枝聚合反应过程示意图

接枝率的提高可以进一步提高最终热分解温度。壳聚糖几乎不溶于有机溶剂中，但在其分子中引入疏水性的聚丙烯酸丁酯链段后，接枝聚合物在有机溶剂中的溶解性有所改善，且随着接枝率的提高，溶解性能进一步改善。当接枝率达到838％时，接枝聚合物在常规强极性有机溶剂（如 DMSO 和 DMF）中都可以溶解。另外，接枝聚合物在乙酸水溶液中仍能部分溶解或高度溶胀，说明接枝聚合物中仍有大量自由氨基，从而维持了壳聚糖的基本亲水性。采用马来酸酐对壳聚糖进行修饰，然后在 γ 射线引发下与丙烯酸丁酯进行接枝聚合，可得到马来酐壳聚糖-g-聚丙烯酸丁酯接枝聚合物[175]。以 6-马来酰基-N-邻苯二甲酰壳聚糖为中间体，通过 γ 射线引发可得到壳聚糖-*g*-聚丙烯酸丁酯，接枝聚合后壳聚糖的结晶结构部分被破坏[176]。

将壳聚糖的氨基采用邻苯二甲酸酐进行保护，然后与丁二酸酐反应，在 C_6 位置上引入羧基；再与聚乙烯醇反应，水解除去邻苯二甲酸后，可得琥珀酰壳聚糖-*g*-聚乙烯醇接枝聚合物，其反应过程如图 9-95 所示[177]。与脱保护前的谱图相比，琥珀酰壳聚糖-*g*-聚乙二醇在 1777 cm^{-1}、1708 cm^{-1} 和 723 cm^{-1} 处的吸收带几乎消失，而 1074 cm^{-1}（C—O—C）、2924 cm^{-1}（—CH_3）和 3432 cm^{-1}（—OH）处的吸收带强度显著增强。另外，在 1660 cm^{-1} 和 1585 cm^{-1} 处出现了聚乙烯醇的吸收带。以上数据表明，聚乙烯醇接枝到了壳聚糖上，而且在脱保护过程中没有被除去。DSC 分析表明，接枝聚合后聚乙烯醇的熔融温度由 50.6℃ 增至 58.1℃。XRD 分析表明，在接枝聚合产物的 $2\theta=10\sim30°$ 出现一个宽而弱的衍射峰，表明接枝聚合在一定程度上抑制了壳聚糖和聚乙烯醇的结晶性。SEM 表明接枝聚合产物具有多孔状表面形貌。

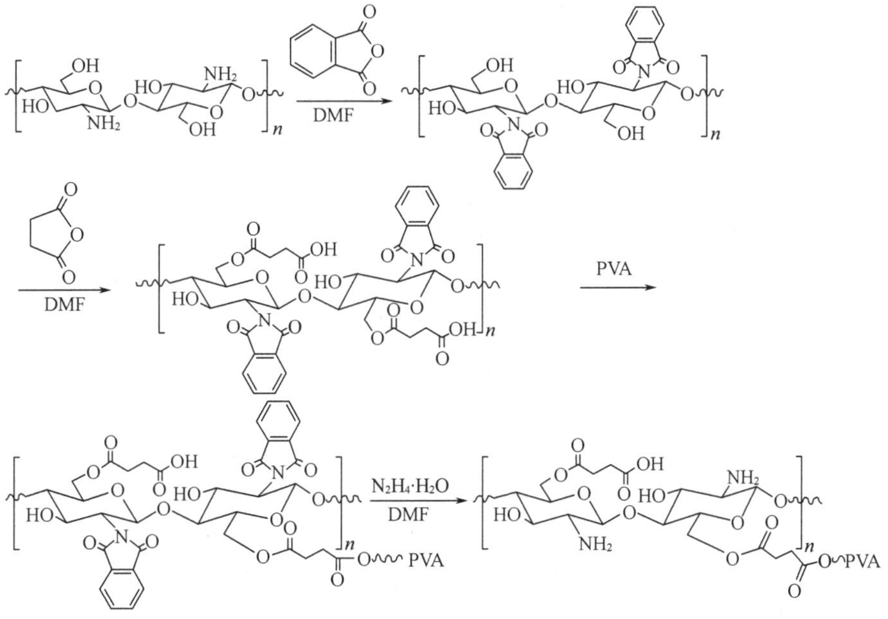

图 9-95　壳聚糖与聚乙烯醇接枝聚合反应过程示意图

9.5.2　席夫碱氨基保护定位接枝

利用氨基与醛基的席夫碱反应也可以达到保护氨基的目的。利用苯甲醛和壳聚糖反应将氨基保护，与带有环氧丙烷端基的环状二胺冠醚反应，然后在盐酸乙醇溶液中去除席夫碱的保护，即可得壳聚糖与冠醚的接枝衍生物（CTDA），其反应过程如图 9-96 所示[178]。该接枝产物在重金属离子 Pb^{2+}、Cu^{2+}、Cd^{2+} 共存的体系中对 Cu^{2+} 有很好的选择吸附性，选择能力较壳聚糖有很大提高。因此，在重金属离子的分离浓缩等方面有潜在的应用前景。

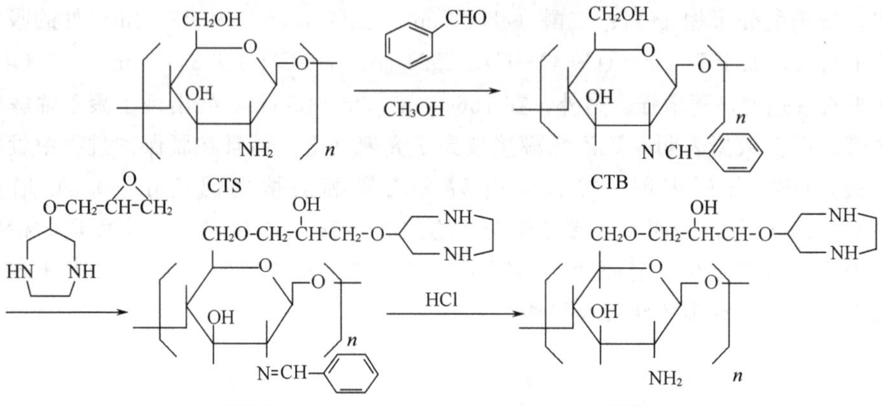

图 9-96　席夫碱保护氨基的壳聚糖接枝冠醚的反应示意图

　　具有硫脲结构的树脂对贵金属离子具有优良的吸附作用，将壳聚糖与含有硫脲结构的分子进行接枝，有望提高壳聚糖对金属离子的吸附能力。采用苯甲醛将壳聚糖的氨基保护起来，与环氧氯丙烷反应，再与苯基硫脲接枝，可以得到壳聚糖接枝苯基硫脲，具体反应过程如图 9-97 所示[179]。氨基硫脲是一种含共轭二胺结构的物质，含有此种结构的螯合树脂可与溶液中的贵金属离子作用，通过离子键或配位键形成多元环状配合物。壳聚糖与苯甲醛反应制得保护氨基的席夫碱壳聚糖，再与氨基硫脲反应可合成一种含硫的新型接枝壳聚糖[180]。

　　在二氧六环水溶液中，加入氨基保护的壳聚糖、碳酸钠和 3-羟基-1,5-二氮杂环庚烷（或 3-羟基-1,5-二氮杂环辛烷），在 N$_2$ 保护下可以实现二者的接枝反应（如图 9-98 所示）[181,182]。采用类似的方法，也可将壳聚糖与 3-羟基苯基中环二胺进行接枝聚合[183]。该接枝聚合物对 Ag$^+$ 具有很高的吸附量和吸附选择性，在 Ag$^+$、Pb^{2+} 和 Cd^{2+} 混合溶液中，该接枝聚合物对 Ag$^+$ 的选择系数可达 $K_{Ag(I)/Pb(II)} = 32.34$ 和 $K_{Ag(I)/Cd(II)} = 56.12$。

　　利用席夫碱反应也可制备定位在氨基上的接枝的反应。通过席夫碱反应将聚乙二醇单甲醚改性为端基为醛基的聚乙二醇单甲醚，在适宜条件下与壳聚糖反应，然后通过 NaBH$_3$CN 还原氢化，可以得到具有梳状结构的可溶于水的壳聚糖-g-聚乙二醇单甲醚接枝聚合物[184]。接枝后的壳聚糖能够溶于水，接枝产物在水溶液中均以胶束形式存在，胶束直径为 200～500 nm。胶束的形成是因为壳聚

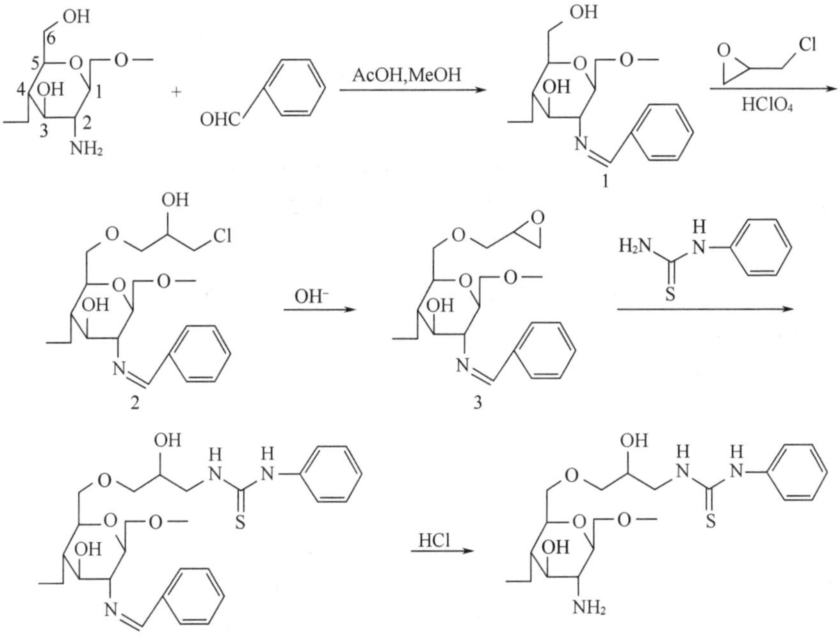

图 9-97　壳聚糖与苯基硫脲的接枝反应示意图

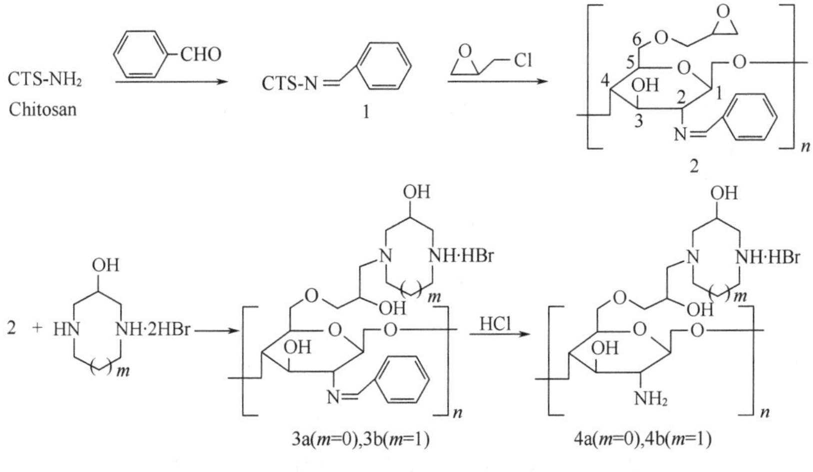

图 9-98　壳聚糖与羟基中环二胺的接枝反应示意图

糖-g-聚乙二醇单甲醚是具有较低接枝度的水溶性壳聚糖，它一方面具有一定的亲水性，另一方面，壳聚糖中未被改性的葡萄糖单元间的氢键作用使接枝产物中存在着疏水微区，因而接枝产物是具有两亲结构的聚合物，在水中以胶束形式存在。这种能胶束化的壳聚糖-g-聚乙二醇单甲醚作为药物的纳米载体，将具有较大的应用价值。

9.6　缩合接枝聚合

　　除自由基接枝聚合、偶合接枝聚合及定位接枝聚合外，还有一部分单体先通过与壳聚糖发生反应结合到壳聚糖上，而后通过缩合反应得到壳聚糖接枝聚合物，这也是一种"grafting-from"的方法，但与烯类单体的自由基接枝聚合反应不同。比较常见的是壳聚糖与聚乳酸接枝共聚物的制备，它主要有两种方法：一是用溶液缩合法将聚乳酸接枝到壳聚糖的氨基上；二是通过引发丙交酯开环缩合接枝到壳聚糖的羟甲基上。

9.6.1　溶液缩合法

　　将壳聚糖溶解在乳酸中，伴随着壳聚糖分子链氨基的质子化，即壳聚糖上的氨基与乳酸上的羧基以离子键的形式结合形成乳酸盐，该盐在一定条件下脱水而形成酰胺，同时乳酸分子上的羟基与羧基在乳酸的自催化作用下会发生缩合反应而生成乳酸齐聚物。随着反应的进行，壳聚糖分子链上的氨基将先转化为铵盐，进一步转化为酰胺。接着酰胺上的乳酸单元聚合而生成壳聚糖与乳酸的接枝共聚物，具体反应过程如图 9-99 所示[185]。与乳酸或乳酸低聚体接枝聚合后，壳聚糖的结晶结构发生破坏，在一定条件下几乎变为无定形体。当乳酸/壳聚糖<2 时，随二者比例的增加，接枝聚合物的拉伸强度不断增加；进一步增大二者比例，拉伸强度则不断下降。纤维原细胞在膜上的静态培养发现，细胞在接枝聚合物膜上生长较快；但当乳酸/壳聚糖比例增大时，生长速度下降。以上研究结果表明，壳聚糖-g-聚乳酸接枝聚合物是一种潜在的组织工程材料。

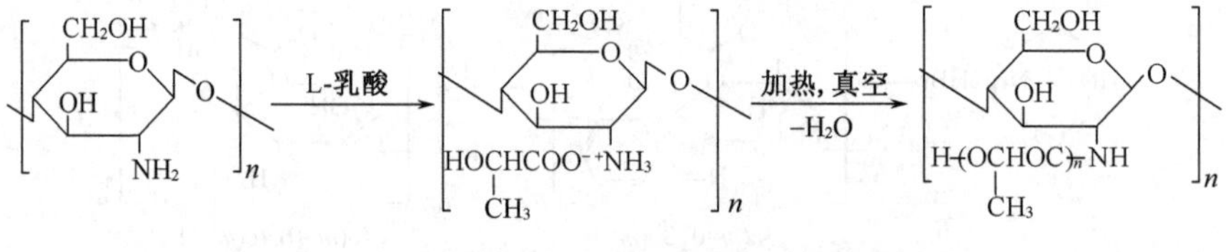

图 9-99　壳聚糖与乳酸的接枝聚合反应路线图

9.6.2　开环缩合法

　　在 N_2 保护下，以 Ti（OBu）$_4$ 为催化剂，于 90℃下在 DMSO 中，可以实现壳聚糖与 L-丙交酯的开环接枝聚合，得到壳聚糖-g-低聚丙交酯，反应过程如图

9-100 所示[186]。与其他接枝聚合方法相比，采用共价引发剂引发壳聚糖与 L-丙交酯接枝聚合可以减小 L-丙交酯外消旋化的可能性。与 L-丙交酯均聚物相比，通过接枝聚合可以改善其理化性能和生物降解性，从而在生物医学和制药领域得到更广泛的应用。与壳聚糖不同，所有接枝聚合物在水中呈凝胶状，且凝胶的溶胀度随疏水链含量的增加而减小。通过 DSC 和 SEM 对部分水解降解的样品进行研究发现，样品的降解程度与接枝聚合物中接枝聚乳酸侧链的含量密切相关。所有接枝聚合物的降解速度都要高于壳聚糖；随接枝聚合物中 L-丙交酯含量的增加，失重率减小。这与接枝聚合物的水合作用有关，含少量 L-丙交酯的接枝聚合物具有很好的亲水性。

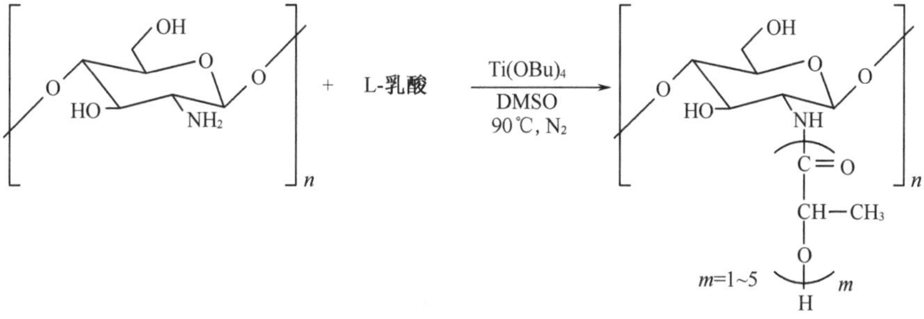

图 9-100　壳聚糖与 L-丙交酯的反应示意图

　　在 DMSO 中，以三乙胺为催化剂，通过壳聚糖与 D，L-丙交酯的接枝反应，可以得到两性壳聚糖-g-聚丙交酯接枝聚合物[187]。红外光谱和 ^{1}HNMR 表明，壳聚糖与丙交酯间形成了酰胺键。XRD 谱图表明，在与丙交酯进行接枝聚合后，壳聚糖的晶体结构部分被破坏，从而导致其热稳定性的降低。该两性接枝聚合物在水中会形成胶束，D,L-丙交酯/壳聚糖中氨基葡萄糖单元＝11/1 的接枝聚合物的临界胶束浓度为 6.49×10^{-2} mg/mL。动态光散射得到的接枝聚合物胶束在水中的粒度分布图表明，该胶束的力度分布较窄（多分散性＝$\mu/\Gamma^2 = 0.03$），平均直径为 154 nm。图 9-101 为该接枝聚合物胶束的 TEM 照片。由图可见，该接枝聚合物胶束呈球状，且比动态光散射观察到的直径要小，这是由于样品的 TEM 观察是在干态下进行所致。

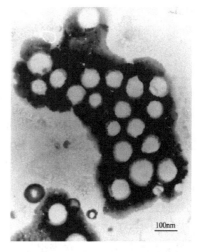

图 9-101　壳聚糖-g-聚丙交酯两性聚合物（D,L-丙交酯/壳聚糖中氨基葡萄糖单元＝11/1）的 TEM 照片

　　壳聚糖与己内酯的接枝反应也可通过缩合接枝聚合的方法制备的。以辛酸锡为催化剂，催化壳聚糖与己内酯接枝聚合的接枝率较低，而且无法将其从接枝聚合物中完全去除。有机金属锡会引起某些细胞毒性，从而会限制接枝聚合物再生物医药领域的应用。以 4-二甲氨基吡啶为催化剂，以水为溶胀剂，实现了壳聚糖与己内酯的接枝聚合，接枝率最高可达 400%，反应过程如图 9-102 所示[188]。IR 谱图及 NMR 分析表明，壳聚糖的氨基参与了接枝聚合反应，而 C_6—OH 没有参与接枝聚合。随己内酯与壳聚糖比例的增大，壳聚糖中参与接枝反应的氨基的含量减少。这是因为随着接枝聚合的进行，反应体系逐渐变为多相反应，己内酯单体变得难以接近壳聚糖氨基。XRD 谱图分析表明接枝聚合后在一定程度上破坏了壳聚糖的晶体结构，接枝的聚己内酯以无定型形式存在。

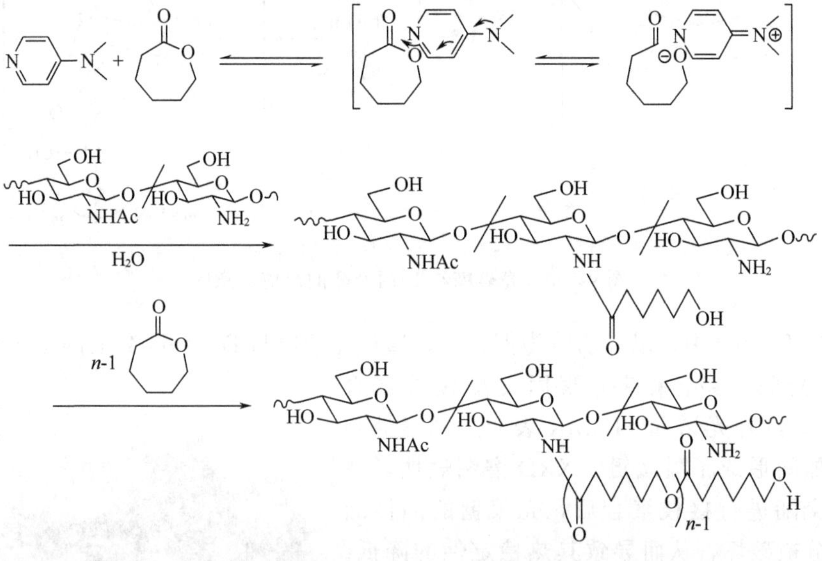

图 9-102　4-二甲氨基吡啶催化壳聚糖与己内酯的接枝聚合反应示意图

　　因为需要同时控制聚合度和取代度，要想控制接枝聚合物的结构相当困难。通过烟酸控制接枝聚合物的结构，在 DMSO 中实现了壳聚糖与肌氨酸 N-羧酸酐的可控聚合，反应过程如图 9-103 所示[189]。在烟酸存在下，存在一个胺活性种和铵盐休眠种之间的平衡，胺活性种会引发肌氨酸 N-羧酸酐进行聚合。

　　通过马来酸酐酰化改性得到水溶性壳聚糖，然后利用沉淀缩聚的方法，可将尼龙 64 接枝于该水溶性壳聚糖上，得到壳聚糖-g-尼龙 64 接枝产物，反应过程如图 9-104 所示[190]。在壳聚糖-g-尼龙 64 的 IR 谱图中，壳聚糖-g-尼龙 64 保留了马来酐壳聚糖的特征吸收带，其中尤以 1095 cm^{-1} 的 C—O 和 1355 cm^{-1} 左右的 C—N 吸收带最为明显，同时谱图中还存在很强的酰胺特征吸收带（1638 cm^{-1} 的

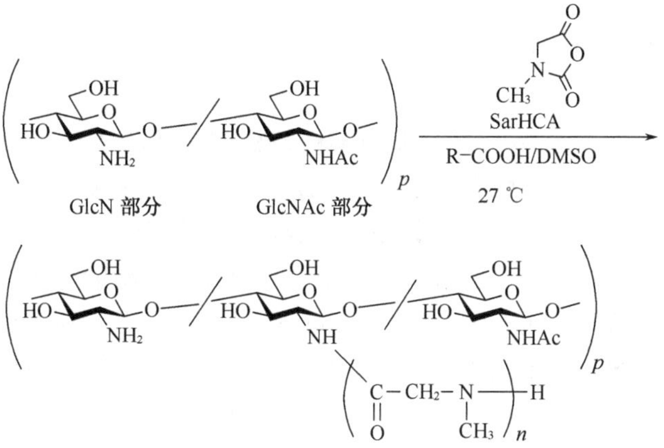

图 9-103　壳聚糖与肌氨酸 N-羧酸酐的接枝聚合反应示意图

酰胺 I 谱带、1550 cm⁻¹ 的酰胺 II 谱带、3310 cm⁻¹ 的 N—H 伸缩振动及 1550 cm⁻¹ 的倍频 3080 cm⁻¹），证实壳聚糖接枝了尼龙。在壳聚糖-g-尼龙 64 的 ¹H NMR 谱图中，虽然尼龙与壳聚糖主链上质子峰均出现在 $\delta=1.5\sim4.0$ ppm，相互有重叠，但仍有两个峰单独可辨，即 $\delta=2.1$ ppm 处峰归属于壳聚糖 C_2 质子，$\delta=3.7$ ppm 处峰归属于尼龙的 N—H，$\delta=7.1$ ppm 处峰归属于马来酸基上乙烯基的质子，也证实壳聚糖接枝了尼龙。

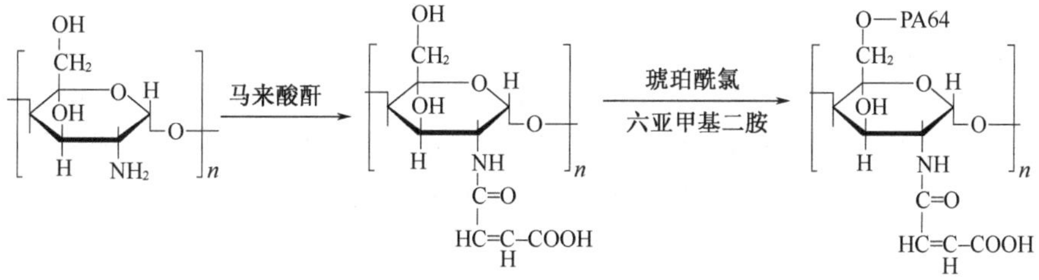

图 9-104　壳聚糖与尼龙 64 的接枝聚合反应示意图

9.7　与特殊结构化合物的接枝反应

　　壳聚糖除与烯类单体、聚乙二醇、聚乳酸和聚己内酯等通过接枝反应形成接枝聚合物外，还可与一些小分子化合物反应，得到兼具壳聚糖及小分子化合物性质的接枝产物。目前研究最多的是壳聚糖与环糊精、冠醚和杯芳烃等的接枝共聚。

9.7.1　环糊精接枝产物

环糊精（cyclodextrin，CD）是由环糊精葡萄糖转移酶作用于淀粉所产生的一组环状低聚糖，最常见的有 α-CD，β-CD 和 γ-CD，它们分别是由 6 个、7 个或 8 个葡萄糖基单元以 α-1,4-糖苷键联结而成的，分子形状都是略呈锥形的圆环。由于其（内疏水，外亲水）的特殊分子结构，使得环糊精能与多种有机小分子或高分子形成特殊结构的包合配合物（inclusion complexes）。环糊精可以依据空腔的大小、疏水作用力、氢键和范德华力等进行分子识别，同客体分子形成特殊配合物。壳聚糖分子中的氨基和羟基可以与环糊精及其衍生物发生接枝反应，在许多方面有潜在的应用。

9.7.1.1　壳聚糖及其衍生物与 β-环糊精的接枝反应

将壳聚糖与环氧氯丙烷反应制备 N-(3-氯-2-羟基) 丙基壳聚糖，然后与 β-环糊精接枝可以得到壳聚糖衍生物-g-β-环糊精产物，具体反应如图 9-105 所示[191]。在 IR 谱图中，壳聚糖位于 1598 cm^{-1} 处的氨基的吸收带在与环氧氯丙烷反应后消失，说明是壳聚糖的氨基发生了反应；与此同时，N-(3-氯-2-羟基) 丙基壳聚糖在 627 cm^{-1} 处出现了与 C—Cl 伸缩振动吸收带，说明 N-(3-氯-2-羟基) 丙基壳聚糖含有氯化羟丙基。壳聚糖衍生物-g-β-环糊精中位于 627 cm^{-1} 处的 C—Cl 吸收带消失，说明壳聚糖衍生物-g-β-环糊精中无 C—Cl。898 cm^{-1} 处的吸收带始终存在，说明壳聚糖的环状结构未被破坏。壳聚糖在 10° 和 20° 有较强的衍射吸收峰，N-(3-氯-2-羟基) 丙基壳聚糖在 10° 的特征吸收峰消失，在 20° 的衍射峰强度减弱，而壳聚糖衍生物-g-β-环糊精产物，其结构更加无序，结晶度进一步降低。

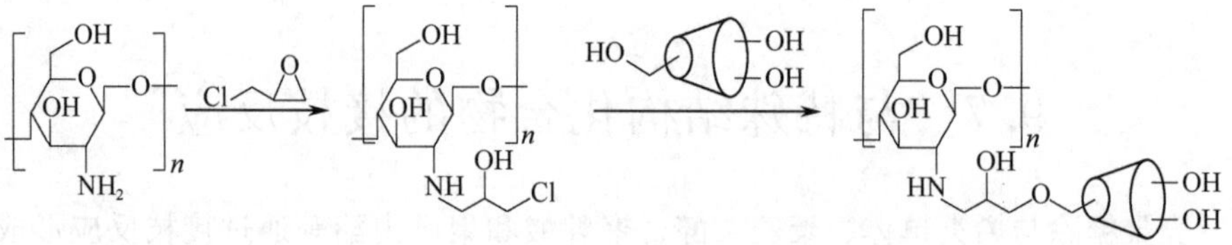

图 9-105　N-(3-氯-2-羟基) 丙基壳聚糖与 β-环糊精的接枝共聚反应

壳聚糖（CS）与苯甲醛反应生成席夫碱，然后与环氧氯丙烷反应，生成氨基被保护的环氧活化壳聚糖（CS-1），在 HCl 的作用下除去保护基团，得到 O-位环氧活化壳聚糖（CS-2），最后在碱液中加入 β-环糊精，得到浅黄色产物壳聚糖衍生物-g-β-环糊精 CS-CD，合成路线如图 9-106 所示[192]。用紫外分光光度计测得其环糊精表观固载量为 25.8 $\mu mol/g$，β-环糊精的固载率 18%。用氨基保护的环氧活化壳聚糖也可用金属离子配位的方法制备。将壳聚糖先与 Cu 络合制成壳聚糖 Cu^{2+} 配合物，然后与戊二醛交联，再洗去 Cu^{2+} 得到具有 Cu^{2+} 孔穴戊二醛交联的壳聚糖树脂。在一定条件下，用环氧氯丙烷将交联壳聚糖树脂活化，然后将 β-环糊精固载到被活化后的交联壳聚糖树脂上[193]。

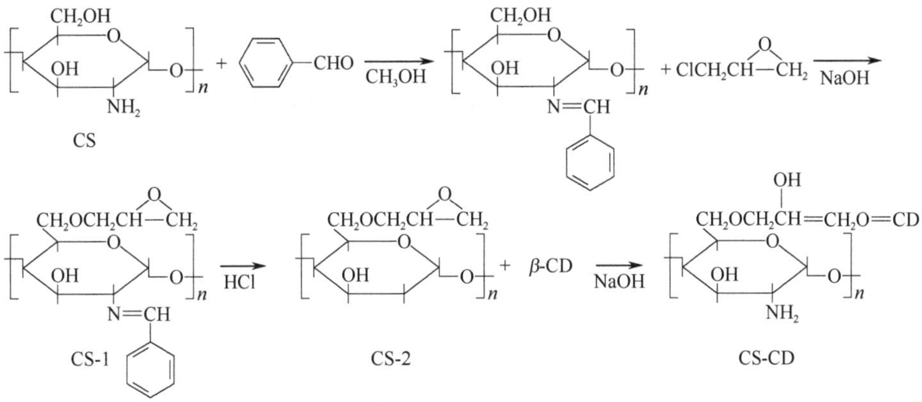

图 9-106　环氧活化壳聚糖-g-β-环糊精的合成路线

　　壳聚糖与丁二酸酐反应生成琥珀酰壳聚糖，然后在 10%1-乙基-3-(3-二甲氨基丙基) 碳二亚胺 (EDC) 溶液中，与单-6-氨基-单-脱氧环糊精进行均相反应，得到水不溶性棉花状的白色产物，合成路线如图 9-107 所示[194]。在吸附实验中，接枝产物吸附双酚 A 的动力系数是其吸附壬基酚的动力系数的 8.6 倍，而活性炭吸附双酚 A 的动力系数是其吸附壬基酚的动力系数 0.28 倍，这说明接枝产物对双酚 A 吸附具有选择性。这种衍生物可以合成人工接受器，能脱去食物中不需要的成分和水中有毒物质。

　　1,6-己二异氰酸酯 (HMDI) 有两个异氰酸酯基团 (—N＝C＝O)，HMDI 可作为氨基和羟基的强交联剂而被利用。在 pH＝6 的条件下，壳聚糖分子中羟基的质子移向 HMDI 中的氮原子，壳聚糖与 HMDI 反应形成一种氨基甲酸产物 (—NH—COO⁻)。然后与 β-环糊精中—OH 结合形成接枝产物[195]。在 pH 较低时，由于壳聚糖分子链中氨基的亲和力低于羟基，因而 HMDI 不可能接枝到壳聚糖的氨基上。研究发现，这种接枝产物不溶于有机溶剂，也不溶于酸性和碱性介质中。在吸附胆固醇研究发现中，此接枝产物能将 21% 的胆固醇从溶液中脱去。

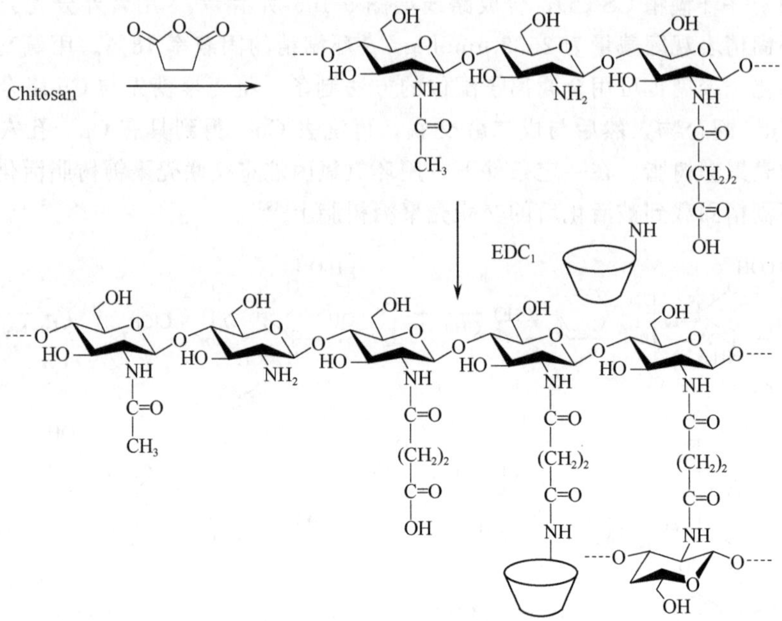

图 9-107　琥珀酰壳聚糖与 β-环糊精的反应示意图

9.7.1.2　壳聚糖与 β-环糊精衍生物的接枝反应

　　采用对甲苯磺酰氯对 β-环糊精进行修饰，可得到 β-环糊精-2-对甲苯磺酸酯，再在 DMF 中与壳聚糖反应，可得 β-环糊精-2-壳聚糖接枝产物，反应过程如图 9-108所示[196]。IR 谱图和 ^{13}C NMR 分析表明，对甲苯磺酸与 β-环糊精的 2 位羟基发生反应。该接枝产物对碘（$^{131}I_2$）具有很好的包裹能力。采用对甲苯磺酸对

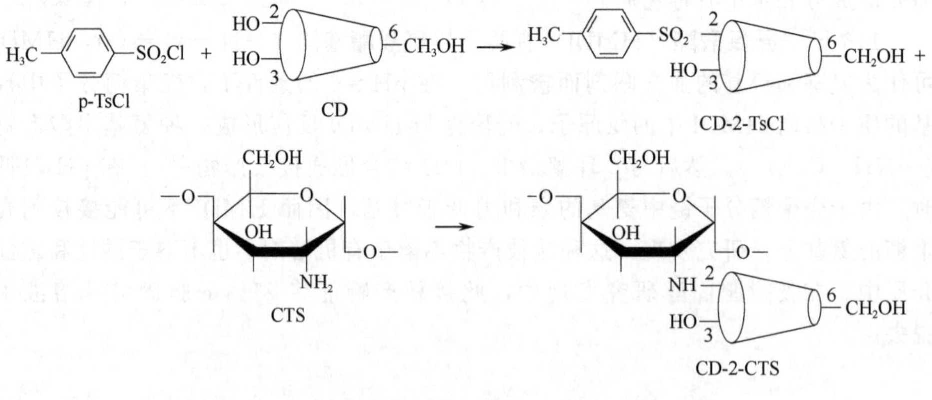

图 9-108　壳聚糖与 β-环糊精衍生物接枝反应路线

与 β-环糊精的 C_6 羟基反应，而后再与壳聚糖反应，可得到 β-环糊精-6-壳聚糖；或采用环氧氯丙烷将壳聚糖进行修饰，然后与 β-环糊精进行反应，也可得到 β-环糊精-6-壳聚糖[197]。对苯二酚的吸附研究表明：采用环氧氯丙烷制备的 β-环糊精-6-壳聚糖对对苯二酚的吸附量为 51.68 mg/g，而采用对甲苯磺酸所得 β-环糊精-6-壳聚糖的吸附量为 46.41 mg/g。

采用半干法，使 β-环糊精与衣康醛反应，得到 β-环糊精衣康酸酯，然后在硝酸铈铵引发下，与壳聚糖进行接枝聚合反应，得到壳聚糖-g-β-环糊精衣康酸酯，通过戊二醛交联可得到离子交换树脂，反应过程如图 9-109 所示[198]。实验证明：在 pH＝6 的条件下，β-环糊精与壳聚糖形成一个稳定的主客体包合物，而且也能增强与阴离子染料分子之间的相互作用；由于共聚物中阴离子与阳离子染料之间的相互作用，在碱性介质中碱性染料具有较高的吸附率。

图 9-109　壳聚糖与 β-环糊精衣康酸酯的反应路线

将 β-环糊精衍生化得到羧甲基-β-环糊精，然后酰氯化再与壳聚糖反应，可以得到壳聚糖-g-羧甲基-β-环糊精，反应过程如图 9-110 所示[199]。羧甲基-β-环糊精对壳聚糖的取代度为 0.27。壳聚糖的引入提高了-β-环糊精对鸟嘌呤核苷的吸附量和吸附选择性。这种接枝产物将在鸟嘌呤核苷、胞嘧啶和尿嘧啶核苷的分离、浓缩和分析等方面具有广泛的应用价值。

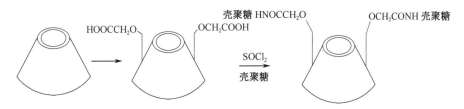

图 9-110　壳聚糖与羧甲基-β-环糊精的接枝反应路线

将 β-环糊精先与还原糖反应，然后利用还原胺法与壳聚糖反应，可得到二者的接枝产物[200]。2-O-烯丙基-β-环糊精在臭氧的作用下分解成 2-O-甲酰甲基-β-环糊精，然后在 pH＝4.4 的 0.2 mol/L 乙酸缓冲溶液中与壳聚糖反应，可制备壳聚糖-2-O-甲酰甲基-β-环糊精，合成路线如图 9-111 所示[201]。除了取代度为 11% 能溶于酸性溶液外，所有的产物都能溶于水和碱性溶液。同时也可将壳聚糖制成微球，然后与 2-O-甲酰甲基-α-环糊精反应，制备壳聚糖-2-O-甲酰甲基-α-环糊精[202,203]

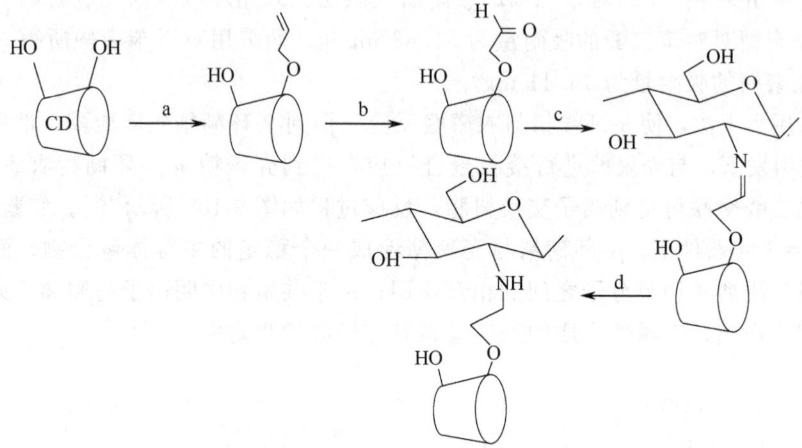

图 9-111　壳聚糖与 2-O-甲酰甲基-β-环糊精的接枝反应

将 β-环糊精先与对甲苯磺酰氯反应，然后在三乙胺作用下脱除苯磺酰基，得 β-环糊精甲醛，再与壳聚糖接枝共聚，可制备海绵状接枝产物，合成路线如图 9-112所示[204]。接枝产物对 p-硝基苯酚具有良好的吸附能力。当 p-硝基苯酚的初始质量浓度在 50～350 mg/L 范围内时，其吸附曲线符合 Langmuir 等温吸附方程，吸附量为 83.76 mg/g，比壳聚糖的最大吸附量增加了 54.56 mg/g。

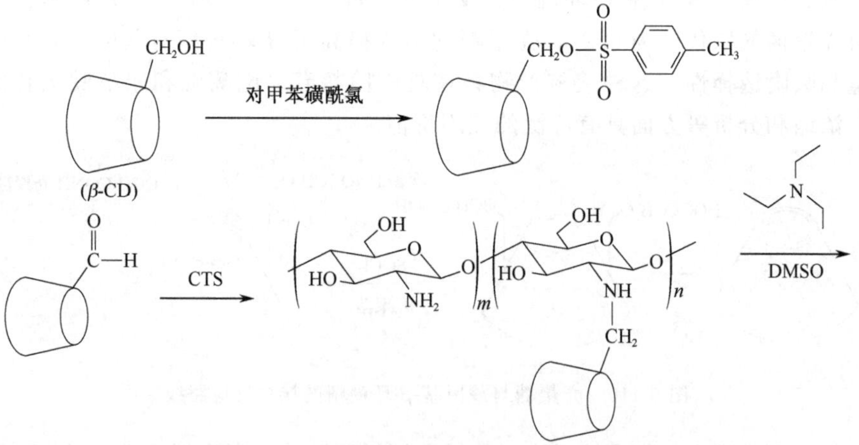

图 9-112　壳聚糖与环糊精甲醛的接枝反应

β-环糊精与丁二酸酐反应生成 β-环糊精琥珀酸，然后将壳聚糖膜浸泡到 10%β-环糊精琥珀酸水溶液中，得到壳聚糖接枝 β-环糊精琥珀酸复合膜[205]。β-环糊精与柠檬酸反应，得到 β-环糊精柠檬酸盐，然后与壳聚糖反应，可制备 β-

环糊精柠檬酸盐壳聚糖[206]。实验表明：β-环糊精柠檬酸盐中羧基的含量随次磷酸钠、柠檬酸浓度和反应温度的增加以及反应时间的延长而增加。β-环糊精柠檬酸盐与壳聚糖的接枝率随乙酸浓度和 β-环糊精柠檬酸盐先增加后趋于平稳。

9.7.2 冠醚接枝产物

冠醚化合物具有独特的分子结构和选择性络合能力，能与许多金属离子形成主-客体络合物，有较好的选择性，但低分子冠醚化合物有一定毒性，使用后不易回收。将低分子冠醚通过化学反应接枝到壳聚糖分子上制备成高分子化合物，既增强了冠醚的络合选择性，又降低了冠醚的水溶性，从而在环境保护方面有一定的应用。

通过 4′-甲酰基苯并 15-冠-5 和 4′-甲酰基苯并 18-冠-6 与壳聚糖分子中的氨基反应，将冠醚接枝到壳聚糖上，可以得到席夫碱型壳聚糖冠醚（图 9-113）[207]。对金属离子的吸附研究表明，接枝产物在 Pd^{2+}-Pb^{2+}-Cr^{3+} 的三元体系中对 Pd^{2+} 和 Pb^{2+} 的吸附选择系数分别为 9.9 和 11.5，而对 Cr^{3+} 不吸附；在 Ag^+-Pb^{2+} 的二元体系中对 Ag^+ 和 Pb^{2+} 的吸附选择系数分别为 9.8 和 7.1。表明它们对贵金属离子 Ag^+ 和 Pd^{2+} 有较好的吸附选择性。

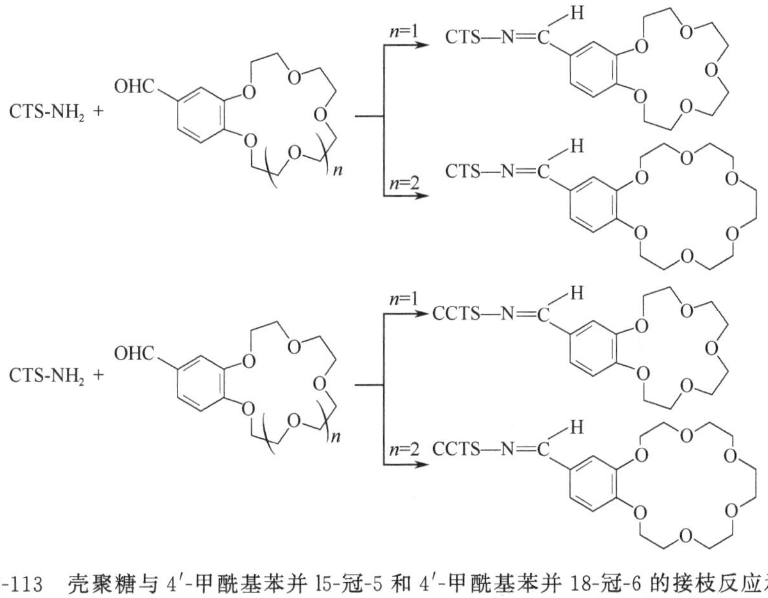

图 9-113 壳聚糖与 4′-甲酰基苯并 15-冠-5 和 4′-甲酰基苯并 18-冠-6 的接枝反应示意图

在 N_2 保护下，以无水甲苯为溶剂，使叔丁基杯 [6] 芳烃与三甘醇双对甲苯磺酸酯反应，可以得到杯[6]-1,4-冠-4；然后在 NaH 及二氧六环存在下与环氧氯丙烷反应，可以得到四环氧丙基杯[6]-1,4-冠-4；再在 DMF/H_2O 溶液中，

与经过碱化处理的壳聚糖进行反应,可以得到壳聚糖-*g*-四环氧丙基杯 [6] -1,
4-冠-4 (图 9-114)[208]。杯芳烃衍生物一般易溶于有机溶剂,而壳聚糖的溶解度
较小。先通过预处理把壳聚糖充分溶解在 DMF/H_2O 溶液中,再将环丙氧基杯
[6] 冠醚的 DMF 溶液滴加其中,利用壳聚糖中的氨基容易与环氧基开环反应的
特点有效地合成了杯 [6] 冠醚-壳聚糖交联聚合物。与壳聚糖及没有稳定构象的
环氧丙基杯 [6] 芳烃接枝壳聚糖相比,新型杯 [6] 冠醚壳聚糖虽然部分吸附能
力有所降低,但选择性吸附能力得到极大提高,其 Na/K 和 Ag/Hg 的选择性分
别达 4.2 和 3.7,这一性能与其结构特点是相符的。新型聚合物中由于以具有稳
定构象的杯 [6] 冠醚为接枝单元,其三维空腔大小基本不变,同时由于其确定
的构象使得整个聚合物中结构较为有序,杯芳烃与壳聚糖单元形成的络合空腔空
隙大小会更加均匀,从而产生较好的离子选择性。接枝聚合物对 Na[+] 表现出较
好的选择性吸附能力可能意味着 Na[+] 是包合在杯芳烃与全氧冠醚链形成的三维
空腔当中,而对半径较大的 Ag[+] 表现出较好的选择性吸附可能意味着 Ag[+] 主要
是络合在杯芳烃单元与壳聚糖单元形成的空隙当中。

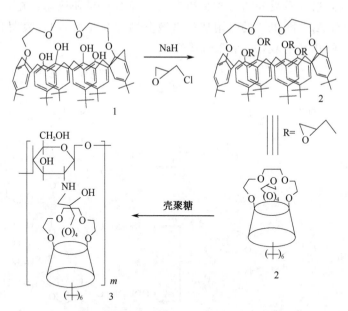

图 9-114　壳聚糖与环氧丙基杯[6]-1,4-冠-4 的接枝反应示意图

9.7.3　杯芳烃接枝产物

　　杯芳烃是一类由对位取代的苯酚与甲醛缩合而成的环状低聚物,其结构的下
缘排列着数个羟基,上缘则具有疏水空穴;最大的特点是具有由苯环单元组成的

富电子的、大小可调的三维空腔和环形排列的氧原子，既可络合离子又可包结中性分子。与冠醚一般只络合离子、环糊精只包结中性分子相比，杯芳烃在分子识别方面更有发展潜力，被誉为超分子化学中继环糊精、冠醚之后的第三代主体分子。虽然杯芳烃聚合物常常表现出优异的离子选择性识别性能，在离子交换与吸附、离子萃取与分离、离子传感器和离子色谱等方面有较好的应用前景，但这类聚合物的吸附能力一般较低。壳聚糖对金属离子有较强的吸附和螯合作用，但其对离子的选择性吸附能力较差。若将杯芳烃交联于壳聚糖上，通过杯芳烃和壳聚糖单元之间的协同作用，其络合能力应兼具二者的各自优势。

　　在丙酮和 NaOH 的混合溶液中加入杯 [4] 芳烃，然后加入环氧氯丙烷，以三甲基十二烷基溴化铵作相转移催化剂，在 N_2 保护下 40～50℃反应 72 h，待反应体系中有稠状物生成，分出下层液体，得到双环氧丙基杯 [4] 芳烃。将氨基保护的壳聚糖用 1,2-二氯乙烷浸泡，并用 NaOH 溶液碱化，再与双环氧丙基杯 [4] 芳烃反应，得到二者的接枝产物，反应过程如图 9-115 所示[209]。杯 [4] 芳烃壳聚糖在 1640 cm^{-1} 附近已无 C＝N 特征带，表明壳聚糖席夫碱已水解；在 900 cm^{-1} 附近的吡喃苷特征吸收带仍然存在，表明接枝反应并未破坏壳聚糖的六氧环；在 3179 cm^{-1} 附近出现杯环典型的伸展振动强吸收带；在 1382 cm^{-1}、

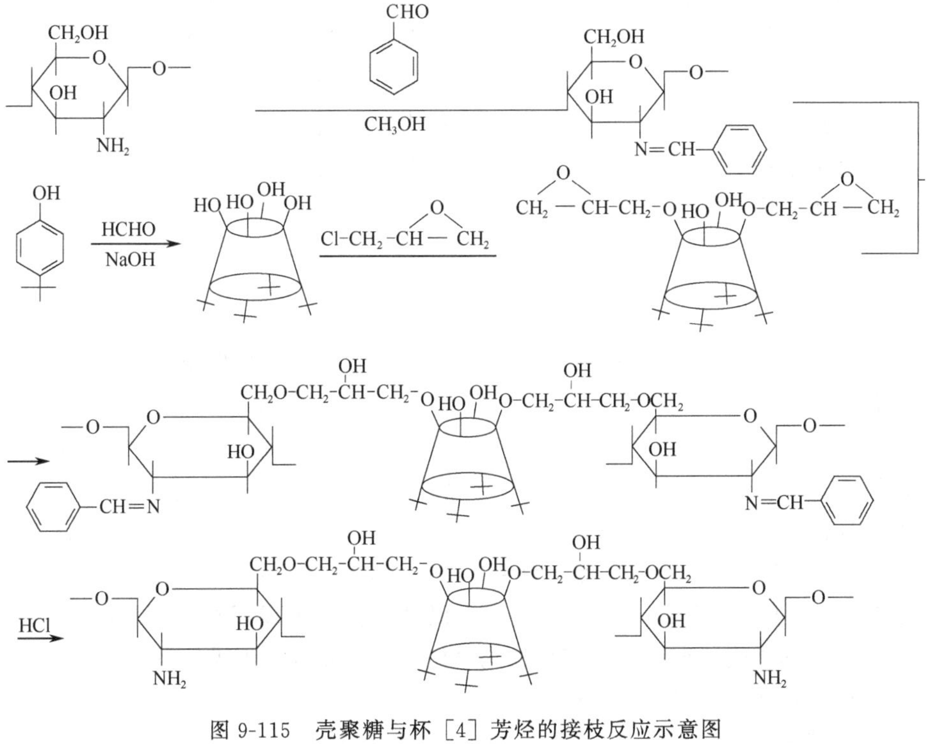

图 9-115　壳聚糖与杯 [4] 芳烃的接枝反应示意图

1358 cm^{-1}处出现了叔丁基的特征吸收带。IR 光谱数据表明：壳聚糖已成功接枝在杯 [4] 芳烃分子上。

在氯仿中采用二氯亚砜将杯 [4] 芳烃四乙酸的羧基转化为酰氯，然后与经碱化处理的壳聚糖进行接枝反应，可以得到壳聚糖-g-杯 [4] 芳烃接枝聚合物。按照同样的方法，可以得到壳聚糖-g-杯 [6] 芳烃接枝聚合物[210]。通过 1,3-二环氧丙基杯 [4] 芳烃与壳聚糖发生环氧开环交联，可合成新型杯芳烃-壳聚糖聚合物[211]。与未经修饰的壳聚糖相比，接枝聚合物在保持原有较高吸附能力的基础上选择性吸附能力大为提高，对 Hg^{2+}表现出高选择性吸附能力。

在乙腈介质中，在 N$_2$ 保护下，使对叔丁基杯 [4] 芳烃-甲苯包结与对甲苯磺酰缩水甘油酯进行回流反应，可以得到双缩水甘油基对-叔丁基杯 [4] 芳烃，然后在 DMF 中与壳聚糖或氨基保护的壳聚糖进行反应，可以得到壳聚糖-N-g-双缩水甘油基对-叔丁基杯 [4] 芳烃和壳聚糖-O-g-双缩水甘油基对-叔丁基杯 [4] 芳烃两种接枝聚合物，反应路线如图 9-116 所示[212]。壳聚糖及杯芳烃交联壳聚糖在 3400 cm^{-1}左右均有较强的吸收，为 O—H 伸缩振动与 N—H 的伸缩振动吸收带；2922 cm^{-1}处为 C—H 的伸缩振动吸收带；1640 cm^{-1}附近为壳聚糖中残留酰胺的羰基吸收带；890～900 cm^{-1}处为 β-D-吡喃苷的特征吸收带。两种接枝产物在 1500 cm^{-1}附近出现新吸收带，为杯芳烃分子中苯环骨架振动吸收带，从而可以确定杯芳烃已交联到壳聚糖分子体系中。对过渡金属离子 Co^{2+}、Ni^{2+}、Cu^{2+}、Zn^{2+}及碱金属离子 Na$^+$、K$^+$、Cs$^+$的吸附性能研究表明：O-交联壳聚糖对 Cu^{2+}的吸附容量最高，而 N-交联壳聚糖对 Ni^{2+}表现出高选择性吸附。由此可见，交联体系中引入杯芳烃单元后，不仅具有壳聚糖本身吸附过渡金属离子的能力，而且还表现出了杯芳烃对碱金属的吸附特征。

9.7.4　其他分子接枝产物

在异丙醇/乙醇混合溶剂中加入香草醛和异丙醇溶胀的壳聚糖，通过微波反应可以得到二者的接枝产物[213]。比较壳聚糖与壳聚糖-g-香草醛可以看出，两者的 IR 谱图发生了比较明显的变化。在接枝产物的谱图中，除壳聚糖的特征吸收带外出现了一些新吸收带。其中 1639 cm^{-1}处为 C＝N 席夫碱特征吸收带；1509 cm^{-1}处为苯环特征吸收带；1465 cm^{-1}处为—OCH$_3$ 的—CH$_3$ 吸收带；665～895 cm^{-1}处为苯环中 C—H 吸收带。这些新吸收带是由香草醛的结构单元或与壳聚糖发生席夫碱反应所产生的新键所引起的。因此，可以判断反应生成了香草醛接枝壳聚糖。对金属离子的吸附研究表明，该接枝壳聚糖具有比壳聚糖更优的吸附性能，是一种优良的重金属离子吸附剂，可用于废水处理中吸附、回收重金属离子。

水杨酸具有一定的络合性能，同时还具有杀菌防腐、解热镇痛、抗风湿作

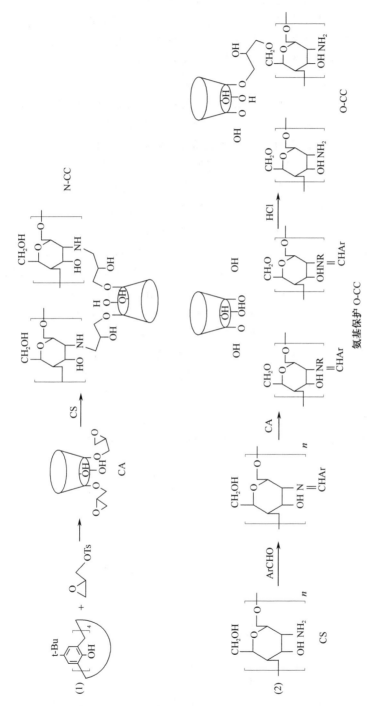

图 9-116　壳聚糖与双缩水甘油基对-叔丁基杯[4]芳烃的接枝反应示意图

用，医药上常用做杀菌防腐剂，也用于某些皮肤病治疗。由于水杨酸对胃黏膜有较强的刺激作用，其应用也受到了一定程度的限制。如果将水杨酸接枝在壳聚糖骨架上，壳聚糖的物理性能及水杨酸的缺点可能会同时得到改善。通过研磨或搅拌的方法即可得到二者的接枝产物[214]。接枝反应的最佳条件为：壳聚糖 12.5 mmol，$n_{水杨酸}/n_{壳聚糖}=0.75$，于 55～65℃反应 1 h，水杨酸接枝率为 20%。

光致变色聚合物是一类新型光致变色材料，将壳聚糖与螺吡喃和螺 嗪类化合物单体接枝，可以得到光致变色高聚物。将壳聚糖改性得到羧甲基壳聚糖，然后酰氯化得到酰氯化壳聚糖；在 NaOH 的丙酮溶液中与1′-(2-羟乙基)-6-硝基螺(2H-1-苯并吡喃-2,2′-吲哚啉)反应，可得二者的接枝聚合物[215]。

由两性聚合物通过自组装形成的纳米/微米粒子是药物靶向释放的优良载体。以 1-乙基-3-(3-二甲胺丙基) 碳二亚胺为媒介，可以实现羧甲基壳聚糖与磷脂酰乙醇胺的接枝，得到两性接枝聚合物[216]。以酮洛芬为载体药物，通过三聚磷酸交联，可以得到载药的羧甲基壳聚糖-g-磷脂酰乙醇胺小球。接枝产物中酮洛芬的释放比较缓慢而且平稳（$t_{80\%}=15～30$ h），而且接枝产物小球在溶液中仍能保持完整。两性接枝产物中疏水部分与疏水性酮洛芬的相互作用是药物缓释的主要原因。

绿原酸是一种含有羧基和酚羟基的天然产物，通过酪氨酸酶使绿原酸与壳聚糖接枝，可以拓宽壳聚糖的应用范围（反应过程如图 9-117 所示）[217]。该反应条件温和，在室温下即可进行，而且反应速度较快。^{1}H NMR 表明，在较低取代度时，接枝产物即可溶于碱性介质中，说明接枝产物中含有大量未反应的氨基。接枝产物中未反应的氨基使其能够溶于酸性介质中，而接枝绿原酸的羧基和羟基使其能够溶于碱性介质中。另外，未反应的氨基还可以进行壳聚糖的进一步修饰。与聚丙烯酰胺等合成高分子相比，该反应所用的催化剂和改性试剂均是可再生的

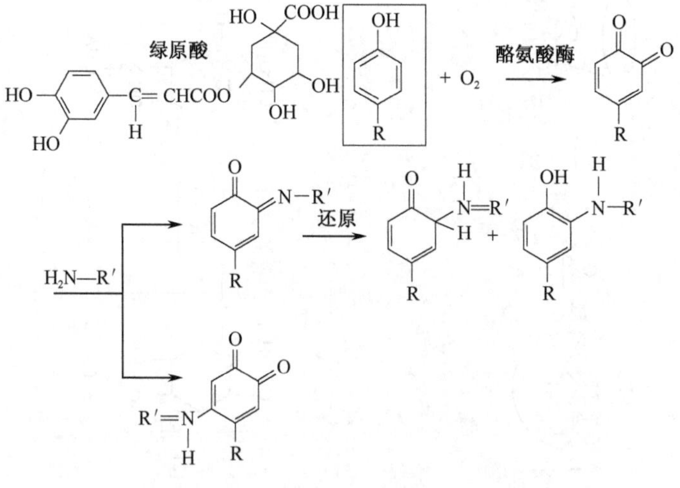

图 9-117 酪氨酸酶催化壳聚糖与绿原酸的接枝反应示意图

自然资源，因此对环境和人体健康的影响较小。另外，通过酶实现壳聚糖的接枝修饰，可以减少试剂纯化、分离和保存所带来的环境危害。

壳聚糖还可以接枝到树状分子上[218]。研究表明，将 DOBOB 接枝到壳聚糖上后，改变了分子间作用力，从而能自组装成一种少有的壳聚糖基热致液晶高分子。利用热台正交偏光显微镜观察到 DOBOB-壳聚糖在经加热冷却后有破碎的扇型织构，这是其自组装成六方柱状液晶相的典型织构（图 9-118）。其热致液晶 XRD 峰的 d 值满足六方柱相的关系式，而且它同时兼有溶致液晶性，溶致液晶织构也是接近于六方柱状的。

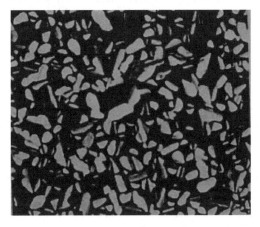

图 9-118　DOBOB-壳聚糖的破碎扇型织构

参 考 文 献

[1] 杨安乐，陈长春，孙康等. 甲壳素的接枝共聚合反应. 功能高分子学报，1999，12（2）：192～196

[2] Rao K P，Shantha K L，Bala U. Tailor-made chitosans for drug delivery. Eur Polym J，1995，31（4）：377-382

[3] 汪玉庭，刘玉红，张淑琴. 甲壳素、壳聚糖的化学改性及其衍生物应用研究进展. 功能高分子学报，2002，15（1）：107～114

[4] Slagel R C，Sinkovitz G D M. The synthesis of the grafted copolymer of chitosan. US 3 709 780，1973

[5] Slagel R C，Sinkovitz G D M. Chitosan graft copolymer for making paper products of improved dry strength. US 3 770 673，1973

[6] Kojima K，Yoshikuni M，Suzuki T. Tributylborane-initiated grafting of methyl methacrylate onto chitin. J Appl Polym Sci，1979，24（7）：1587～1593

[7] Kurita K，Kanari M，Koyama Y. Studies on chitin. Polym Bull，1985，14（6）：511～514

[8] Aiba S，Norihiko M，Yukihiko F. Graft copolymerization of amino acids onto partially deacetylated chitin. Int J Biol Macromol，1985，7（2）：120～121

[9] Yang S，Tirmizi S A，Bums A et al. Chitaline materials：soluble chitosan-polyaniline copolymers and their conductive doped forms. Synth Met，1989，32（2）：191～200

[10] Blair S H，Guthrie J，Law T K et al. Chitosan and modified chitosan membranes I. Preparation and

characterisation. J Appl Polym Sci, 1987, 33 (2): 641～656

[11] Lagos A, Reyes J. Grafting onto chitosan. I. Graft copolymerization of methyl methacrylate onto chitosan with Fenton's reagent (Fe^{2+}-H_2O_2) as a redox initiator. J Polym Sci Part A Polym Chem, 1988, 26 (4): 985～991

[12] 杨靖先, 贺大庆, 吴军等. 甲壳质接枝反应的研究. 山东海洋学院学报, 1984, 14 (4): 58～63

[13] Zhang J P, Wang Q, Wang A Q. Synthesis and characterization of chitosan-g-poly (acrylic acid) /attapulgite superabsorbent composites. Carbohyd Polym, 2007, 68 (2): 367～374

[14] 王惠武, 董炎明, 赵雅青. 甲壳素/壳聚糖接枝共聚反应. 化学进展, 2006, 18 (5): 601～608

[15] Li W, Li Z Y, Hao W S, et al. Chemical modification of biopolymers-mechanism of model graft copolymerization of chitosan. J Biomater Sci Polym Ed, 1993, 4 (5): 557～566

[16] 张国栋, 冯新德. 铈盐作用下甲基丙烯酸甲酯在壳聚糖模型化合物上接枝聚合机理研究. 高分子学报, 1998, 4: 505～508

[17] 杜秀英, 张维邦, 许家瑞等. 壳聚糖接枝甲基丙烯酸甲酯的动力学研究 X. 中山大学学报 (自然科学版), 1997, 36 (2): 87～90

[18] 杜秀英, 张维邦, 曾汉民等. 铈离子引发壳聚糖与甲基丙烯酸甲酯接枝共聚的研究. 高分子材料科学与工程, 1996, 12 (2): 28～32

[19] 彭湘红, 杜金平, 王敏鹃等. 甲基丙烯酸与壳聚糖接枝共聚物的制备及应用研究. 精细化工, 2000, 17 (3): 137～139

[20] 彭湘红, 潘雪龙. 壳聚糖接枝共聚物的应用研究. 湖北化工, 2000, (4): 32～33

[21] 唐星华, 舒红英, 胡小华, 郭灿城. 硝酸铈铵-乙二胺四乙酸引发壳聚糖与 MAA 和 VAc 接枝共聚合. 高分子材料科学与工程, 2005, 21 (4): 77～80

[22] Ren L, Miufa Y, Nishi Y et al. Modification of chitin by ceric salt-initiated graft polymerisation-preparation of poly (methyl methacrylate) -grafted chitin derivatives that swell in organic solvents. Carbohydr Polym, 1993, 21 (1): 23～27

[23] Ren L, Tokura S. Structural aspects of poly (methyl methacrylate) -grafted β-Chitin copolymers initiated by ceric salt. Carbohydr Polym, 1994, 23 (1): 19～25

[24] 吴根, 罗人明, 赵耘挚. 丙烯酰胺改性壳聚糖的制备. 化学世界, 2001, (2): 90～92

[25] 杨建平. 壳聚糖接枝丙烯酰胺的研究. 宁波大学学报, 1997, 10 (2): 58～62

[26] Kurita K, Kawata M, Koyama Y et al. Graft copolymerization of vinyl monomers onto chitin with cerium (IV) ion. J Appl Polym Sci, 1991, 42 (11): 2885～2891

[27] Don T M, King C F, Chiu W Y. Preparation of chitosan-graft-poly (vinyl acetate) copolymers and their adsorption of copper ion. Polym J, 2002, 34 (6): 418～425

[28] Don T M, King C F, Chiu W Y. Synthesis and properties of chitosan-modified poly (vinyl acetate). J Appl Polym Sci, 2002, 86 (12): 3057～3063

[29] Kim S Y, Cho S M, Lee Y M et al. Thermo- and pH-responsive behaviors of graft copolymer and blend based on chitosan and N-isopropylacrylamide. J Appl Polym Sci, 2000, 78 (7): 1381～1391

[30] Jung B O, Kim C H, Choi K S et al. Preparation of amphiphilic chitosan and their antimicrobial activities. J Appl Polym Sci, 1999, 72 (13): 1713～1719

[31] Kang D W, Choi H R, Kweon D K. Stability constants of amidoximated chitosan-g-poly (acrylonitrile) copolymer for heavy metal ions. J Appl Polym Sci, 1999, 73 (4): 469～476

[32] Hsu S C, Don T M, Chiu W Y. Free radical degradation of chitosan with potassium persulfate. Polym

Degrad Stab，2002，75（1）：73～83

[33] 汪艺，杨靖先，丘坤元. 甲壳胺接枝聚合反应的研究. 高分子学报，1994（2）：188～195

[34] 陈湘平，俞继华，唐有根. EA 与壳聚糖接枝聚合反应. 广西化工，1999，28（3）：6～9

[35] Yazdani-Pedram M，Lagos A，Campos N et al. Comparison of redox initiators reactivities in the grafting of methyl methacrylate onto chitin. Int J Polym Mater 1992，18（1）：25～37

[36] 魏德卿，罗孝君，邓萍等. 壳多糖与丙烯酸丁酯的乳液接枝共聚研究. 高分子学报，1995，（4）：427～433

[37] Najjar A M K，Yunus W M Z W，Ahmad M B et al. Preparation and characterization of poly（2-acrylamido-2-methylpropane-sulfonic acid）grafted chitosan using potassium persulfate as redox initiator. J Appl Polym Sci，2000，77（10）：2314～2318

[38] Kumbar S G，Soppimath K S，Aminabhavi T M. Synthesis and characterization of polyacrylamide-grafted chitosan hydrogel microspheres for the controlled release of indomethacin. J Appl Polym Sci，2003，87（9）：1525～1536

[39] 张光华，谢曙辉，郭炎等. 一类新型壳聚糖改性聚合物絮凝剂的制备与性能. 西安交通大学学报，2002，36（5）：541～544

[40] Berkovich L A，Tsyurupa M P，Davankov V A. The synthesis of crosslinked copolymers of maleilated chitosan and acrylamide. J Polym Sci Polym Chem Ed，1983，21，1281～1287

[41] 郑静，王俊卿，苏致兴. 壳聚糖与 N-异丙基丙烯酰胺接枝共聚. 应用化学，2003，20（12）：1204～1207

[42] Xie W M，Xu P X，Wang W et al. Preparation and antibacterical activity of water-soluble chitosan derivative. Carbohydr Polym，2002，50（1）：35～40

[43] Yazdani-Pedram M，Neenan N，Marcolongo M et al. retuert in biomedical materials-drug delivery，"Synthesis and swelling behavior of hydrogels based on grafted chitosan". Implants and Tissue Engineering. Materials Research Society，USA，Warrendale，Pennsylvania，1999，550，29～34

[44] Yazdani-pedram M，Retuert J. Homogeneous grafting reaction of vinyl pyrrolidone onto chitosan. J Appl Polym Sci，1997，63（10）：1321～1326

[45] Sun T，Xu P X，Liu Q et al. Graft copolymerization of methacrylic acid onto carboxymethyl chitosan. Eur Polym J，2003，39（1）：189～192

[46] Richards G N. Initiation of graft polymerization on cellulose by hydroxyl radicals and by ceric salts. J Appl Polym Sci，1961，5（17）：539～544

[47] Yazdani-Pedram M，Retuert J，Quijada R. Hydrogels based on modifed chitosan. 1. Synthesis and swelling behavior of poly（acrylic acid）grafted chitosan. Macromol Chem Phys，2000，201（9）：923～930

[48] Abdel-Mohdy F A，Waly A，Ibrahim M S et al. Synthesis of PVA-Chitin graft copolymers as a base of chitosan-PVA ion exchangers. Polym Compos 1998，6（3）：147～154.

[49] Takahashi A，Sugahara Y，Hirano Y. Studies on graft copolymerization onto cellulose derivatives. XXIX. Photo-induced graft copolymerization of methyl methacrylate onto chitin and oxychitin. J Polym Sci Part A Polym Chem，1989，27（11）：3817～3828

[50] Takahashi A，Tanzawa J，Sugahara Y. Graft copolymerization onto oxychitosan and ion exchange reaction of the products. Studies on graft copolymerization onto cellulose derivatives. XXX. Kobunshi Ronbunshu，1989，46（5）：329～334

[51] Shigeno Y, Kondo K, Takemoto K. Functional monomers and polymers, 90. Radiation-induced graft polymerization of styrene onto chitin and chitosan. J Macromol Sci Chem, 1982, A17 (4): 571~583

[52] Shigeno Y, Kondo K, Takemoto K. Functional monomers and polymers, 91. On the adsorption of iodine and bromine onto polystyrene-grafted chitosan. Makromol Chem., 1981, 182 (2): 709~712

[53] Singh D K, Ray A R. Graft copolymerization of 2-hydroxyethylmethacrylate onto chitosan films and their blood compatibility. J Appl Polym Sci, 1994, 53 (8): 1115~1121

[54] Singh D K, Ray A R. Characterization of grafted chitosan films. Carbohydr Polym, 1998, 36 (2-3): 251~255

[55] Singh D K, Ray A R. Controlled release of glucose through modified chitosan membranes. J Membr Sci, 1999, 155 (1): 107~112

[56] Singh D K, Ray A R. Radiation-induced grafting of N,N'-dimethylaminoethylmethacrylate onto chitosan films. J Appl Polym Sci, 1997, 66 (5): 869~877

[57] Li Y, Liu L, Zhang W A, Fang Y E. A new hybrid nanocomposite prepared by graft copolymerization of butyl acrylate onto chitosan in the presence of organophilic montmorillonite. Radiat Phys Chem, 2004, 69 (6): 467~471

[58] Ohya Y, Maruhashi S, Shizuno K et al. Graft polymerization of styrene on chitosan and the characteristics of the copolymers. J Macromol Sci Pure Appl Chem, 1999, 36 (3): 339~353

[59] Ouchi T, Hirano T, Maruhashi, H et al. Synthesis of biomedical graft-copolymers using polysaccharides as backbone polymers. Polym Prepr, 2000, 41 (2): 1548~1549

[60] 陈志军, 陈庆隆. 甲壳素接枝共聚反应. 江西化工, 2004, (2): 47~50

[61] 王汉夫, 汪志亮, 陈新等. 交联壳聚糖/Cu²⁺/亚硫酸钠体系引发甲基丙烯酸甲酯缩合. 复旦学报 (自然科学版), 1997, 36 (1): 107~111

[62] Kurita K, Hashimoto S, Yoshino H et al. Preparation of chitin/polystyrene hybrid materials by efficient graft copolymerization based on mercaptochitin. Macromolecules, 1996, 29 (6): 1939~1942

[63] Tahlawy K E, Hudson S M. Synthesis of a well-defined chitosan graft poly (methoxy polyethyleneglycol methacrylate) by atom transfer radical polymerization. J Appl Polym Sci, 2003, 89 (4): 901~912

[64] Liu P, Su Z X, Surface-initiated atom transfer radical polymerization (SI-ATRP) of styrene from chitosan particles. Mater Lett, 2006, 60 (9-10): 1137~1139

[65] Singh V, Tripathi DN, Tiwari A et al. Microwave promoted synthesis of chitosan-graft-poly (acrylonitrile). J Appl Polym Sci, 2005, 95 (4): 820~825

[66] 谭凤姣, 孟伏梅. NaHSO₃-K₂S₂O₈引发壳聚糖与丙烯腈接枝共聚的研究. 化工技术与开发, 2003, 32 (1): 1~3

[67] 袁春桃, 蒋先明, 谭凤姣等. NH₂OH·HCl-H₂O₂引发壳聚糖接枝丙烯腈共聚合的研究. 化工技术与开发, 2002, 31 (4): 8~10

[68] Pourjavadi A, Mahdavinia G R, Zohuriaan-Mehr M J et al. Modified chitosan. I. Optimized cerium ammonium nitrate-induced synthesis of chitosan-graft- polyacrylonitrile. J Appl Polym Sci, 2003, 88 (8): 2048~2054

[69] Mahdavinia G R, Zohuriaan-Mehr M J, Pourjavadi A. Modified chitosan Ⅲ, superabsorbency, salt- and pH-sensitivity of smart ampholytic hydrogels from chitosan-g-PAN. Polym Adv Technol, 2004, 15 (4): 173~180

[70] 刘峥, 蒋先民. 壳聚糖与丙烯腈接枝共聚物的制备及固定化 α-淀粉酶研究. 离子交换与吸附, 2001,

17 (3)：256～262

[71] 袁春桃，蒋先民. 壳聚糖-g-聚丙烯腈固定化木瓜蛋白酶的研究. 应用化学，2002，19 (9)：862～865

[72] Prashanth K V H, Lakshmanb K, Shamalab T R et al. Biodegradation of chitosan-graft-polymethyl-methacrylate films. Int Biodeterior Biodegrad, 2005, 56 (2)：115～120

[73] Singh V, Tripathi D N, Tiwari A et al. Microwave synthesized chitosan-graft-poly (methylmethacry-late)：an efficient Zn^{2+} ion binder. Carbohydr Polym, 2006, 65 (1)：35～41

[74] Liu L, Li Y, Zhang W A et al. Homogeneous graft copolymerization of chitosan with methyl metha-crylate by γ-irradiation via a phthaloylchitosan intermediate. Polym Int, 2004, 53 (10)：1491～1494

[75] Prashanth K V H, Tharanathan R N. Studies on graft copolymerization of chitosan with synthetic monomers. Carbohydr Polym, 2003, 54 (3)：343～351

[76] 张志雄，焦延鹏，李立华等. 壳聚糖与甲基丙烯酸羟乙酯接枝聚合反应的研究. 山东生物医学工程，2002，21 (2)：14～17

[77] 吴昊，陆婷，朱爱萍. 壳聚糖接枝甲基丙烯酸羟乙酯的合成与表征. 扬州大学学报（自然科学版），2005，8 (2)：24～27

[78] Joshi J M, Sinha V K. Graft copolymerization of 2-hydroxyethylmethacrylate onto carboxymethyl chi-tosan using CAN as an initiator. Polymer, 2006, 47 (6)：2198～2204

[79] El-Tahlawy K, Hudson S M. Graft copolymerization of hydroxyethyl methacrylate onto chitosan. J Appl Polym Sci, 2001, 82 (3)：683～702

[80] Radhakumary C, Nair P D, Mathew S et al. HEMA-grafted chitosan for dialysis membrane applica-tions. J Appl Polym Sci, 2006, 101 (5)：2960～2966

[81] Li Y P, Liu L, Fang Y E. Plasma-induced grafting of hydroxyethyl methacrylate (HEMA) onto chi-tosan membranes by a swelling method. Polym Int, 2003, 52 (2)：285～290

[82] Li Y, Yu H, Liang B et al. Study of radiation-induced graft copolymerization of butyl acrylate onto ch-itosan in acetic acid aqueous solution. J Appl Polym Sci, 2003, 90 (10)：2855～2860

[83] Liu Z H, Wu G C, Liu Y H. Graft copolymerization of methyl acrylate onto chitosan initiated by po-tassium diperiodatoargentate (Ⅲ). J Appl Polym Sci, 2006, 101 (1)：799～804

[84] Liu Y H, Liu Z H, Zhang Y Z et al. Graft copolymerizaztion of methyl acrylate onto chitosan initiated by potassium diperiodatocuprate (Ⅲ). J Appl Polym Sci, 2003, 89 (8)：2283～2289

[85] Kang H M, Cai Y L, Liu P S. Synthesis, characterization and thermal sensitivity of chitosan-based graft copolymers. Carbohydr Res 2006, 341 (17)：2851～2857

[86] 郭保林，袁金芳，张晓丽等. 原子转移自由基聚合合成具有 pH 敏感性壳聚糖材料及其对辅酶 A 的控制释放. 现代化工，2006，26 (10)：49～52

[87] Radhakumary C, Nair P D, Mathew S et al. Synthesis, characterization, and properties of poly (vi-nyl acetate) - and poly (vinyl alcohol) -grafted chitosan. J Appl Polym Sci, 2007, 104 (3)：1852～1859

[88] Elkholy S, Khalil K D, Elsabee M Z et al. Grafting of vinyl acetate onto chitosan and biocidal activity of the graft copolymers. J Appl Polym Sci, 2007, 103 (3)：1651～1663

[89] Don T M, King C F, Chiu W Y et al. Preparation and characterization of chitosan-g-poly (vinyl alco-hol) /poly (vinyl alcohol) blends used for the evaluation of blood-contacting compatibility. Carbohydr Polym 2006, 63 (3)：331～339

[90] 孙多先，吴水珠. 壳聚糖和甲壳素接枝丙烯酸功能膜的 pH 刺激响应性研究. 中国生物医学工程学报，

1994, 13 (3): 279~282

[91] 刘毅, 杨丹, 何兰珍. 壳聚糖接枝丙烯酸制备高强吸水材料. 化学研究与应用, 2005, 17 (4): 565~567

[92] 吴国杰, 崔英德, 王富华等. 丙烯酸 (钠) -壳聚糖吸水树脂的合成. 化工新型材料, 2005, 33 (5): 36~38

[93] 陈煜, 陆铭, 王海涛等. 壳聚糖接枝聚丙烯酸高吸水性树脂的合成工艺. 高分子材料科学与工程, 2005, 21 (5): 266~269

[94] Mahdavinia G R, Pourjavadi A, Hosseinzadeh H et al. Modified chitosan 4. Superabsorbent hydrogels from poly (acrylic acid-co-acrylamide) grafted chitosan with salt-and pH-responsiveness properties. Eur Polym J, 2004, 40 (7): 1399~1407

[95] Ge H C, Pang W, Luo D K. Graft copolymerization of chitosan with acrylic acid under microwave irradiation and its water absorbency. Carbohydr Polym, 2006, 66 (3): 372~378

[96] 杨黎明, 施丽莉, 陈捷等. 辐射法制备壳聚糖/聚丙烯酸水凝胶及其溶胀性能研究. 辐射研究与辐射工艺学报, 2005, 23 (5): 274~277

[97] 施丽莉, 杨黎明, 陈捷. 壳聚糖/聚丙烯酸共聚物微球的制备及性能. 精细化工, 2004, 21 (11): 840~843

[98] Fu G Q, Li H Y, Yu H F et al. Synthesis and lipoprotein sorption properties of porous chitosan beads grafted with poly (acrylic acid). React Funct Polym, 2006, 66 (2): 239~246

[99] 罗志敏, 马秀玲, 陈盛等. 磁性壳聚糖/聚丙烯酸微球的制备及表征. 化学通报, 2005, (7): 551~554

[100] Yu C, Tan H M. Crosslinked carboxymethylchitosan-g-poly (acrylic acid) copolymer as a novel superabsorbent polymer. Carbohydr Res, 2006, 341 (7): 887~896

[101] 陈煜, 陆铭, 唐奕等. 羧甲基壳聚糖接枝聚丙烯酸钠/乙烯基吡咯烷酮高吸水性树脂的合成. 石油化工, 2004, 33 (12): 1137~1141

[102] Huang M F, Jin X, Li Y et al. Syntheses and characterization of novel pH-sensitive graft copolymers of maleoylchitosan and poly (acrylic acid). React Funct Polym, 2006, 66 (10): 1041~1046

[103] Santos K S C R., Coelho J F J, Ferreira P et al. Synthesis and characterization of membranes obtained by graft copolymerization of 2-hydroxyethyl methacrylate and acrylic acid onto chitosan. Int J Pharm, 2006, 310 (1-2): 37~45

[104] Sun T, Xie W M, Xu P X. Antioxidant activity of graft chitosan derivatives. Macromol Biosci, 2003, 3 (6): 320~323

[105] 胡宗智, 张垒, 陈燕等. 壳聚糖与 MAA 接枝共聚反应及产物热性能研究. 塑料工业, 2004, 32 (1): 38~40

[106] 姚评佳, 王华瑜, 蒋林斌等. 壳聚糖辐射接枝 MAA 共聚物的制备及应用. 化工技术与开发, 2005, 34 (1): 9~11

[107] Li N, Bai R B, Liu C K. Enhanced and selective adsorption of mercury ions on chitosan beads grafted with polyacrylamide via surface-initiated atom transfer radical polymerization. Langmuir, 2005, 21 (25): 11780~11787

[108] Singh V, Tiwari A, Tripathi D N et al. Microwave enhanced synthesis of chitosan-graft-polyacrylamide. Polymer, 2006, 47 (1): 254~260

[109] Kumbar S G, Aminabhavi T M. Synthesis and characterization of modified chitosan microspheres:

effect of the grafting ratio on the controlled release of nifedipine through microspheres. J Appl Polym Sci, 2003, 89 (11): 2940～2949

[110] 俞玫. 壳聚糖接枝聚丙烯酰胺水凝胶的制备及性质研究. 天津化工, 2006, 20 (3): 1～3

[111] 程建华, 胡勇有, 李泗清. 不同脱乙酰度壳聚糖接枝丙烯酰胺 DMC 絮凝剂的合成与表征. 高分子材料科学与工程, 2005, 21 (6): 266～269

[112] 程建华, 胡勇有, 李泗清. 不同脱乙酰度壳聚糖接枝丙烯酰胺的合成与表征. 湛江海洋大学学报, 2005, 25 (6): 50～54

[113] 王萍, 马兆立. 壳聚糖-丙烯酰胺接枝共聚高分子絮凝剂研究. 青岛大学学报（工程技术版）, 2005, 20 (4): 15～19

[114] 林静雯, 高丹, 胡筱敏. 丙烯酰胺接枝共聚及其絮凝性能. 应用化学, 2006, 23 (1): 38～41

[115] 张光华, 杨建洲, 沈一丁等. 丙烯酰胺、壳聚糖接枝共聚物造纸助留剂的制备与应用研究. 西北轻工业学院学报, 2000, 18 (2): 14～16

[116] 曹而云, 黄剑锋, 曹建军. 壳聚糖和丙烯酰胺接枝聚合研究. 精细石油化工, 2001, (3): 19～22

[117] 唐星华, 陈孝娥, 郭灿城. 反相乳液聚合制备壳聚糖接枝共聚物及应用. 离子交换与吸附, 2006, 22 (5): 464～469

[118] 程建华, 胡勇有, 李泗清. 壳聚糖接枝聚季铵盐的合成及调理性能. 精细化工, 2005, 22 (2): 130～132

[119] 蔡红, 张政朴, 孙平川等. 壳聚糖与 N-异丙基丙烯酰胺接枝共聚凝胶的辐射合成及性能研究. 高分子学报, 2005, (5): 709～713

[120] Cai H, Zhang Z P, Sun P C et al. Synthesis and characterization of thermo- and pH- sensitive hydrogels based on Chitosan-grafted N-isopropylacrylamide via γ-radiation. Radiat Phys Chem, In press

[121] Cai H, Zhang J, Zhang Z P et al. The Preparation and properties of thermosensitive hydrogels based on chitosan grafted N-isopropylacrylamide via γ-radiation. Chin Chem Lett, 2004, 15 (10): 1253～1254

[122] Don T M, Chen H R. Synthesis and characterization of AB-Crosslinked graft copolymers based on maleilated chitosan and N-isopropylacrylamide. Carbohydr Polym, 2005, 61 (3): 334～347

[123] Lee S B, Ha D I, Cho S K et al. Temperature/pH-sensitive comb-type graft hydrogels composed of chitosan and poly (N-isopropylacrylamide). J Appl Polym Sci, 2004, 92 (4): 2612～2620

[124] Cho J H, Kim S H, Park K D et al. Chondrogenic differentiation of human mesenchymal stem cells using a thermosensitive poly (N-isopropylacrylamide) and water-soluble chitosan copolymer. Biomaterials, 2004, 25 (26): 5743～5751

[125] 杨媛, 焦延鹏, 张志雄等. 壳聚糖/乙烯基吡咯烷酮接枝共聚物的制备与表征. 生物医学工程学杂志, 2002, 19 (2): 131～132

[126] 贾建洪, 许小丰, 盛卫坚. 接枝含氮杂环化合物壳聚糖的合成及其对重金属离子的吸附研究. 浙江工业大学学报, 2004, 32 (6): 639～642

[127] 易国斌, 崔英德, 杨少华等. NVP 接枝壳聚糖水凝胶的合成与溶胀性能. 化工学报, 2005, 56 (9): 1783～1789

[128] Zhang J P, Wang L, Wang A Q. Preparation and properties of chitosan-g-poly (acrylic acid) /montmorillonite superabsorbent nanocomposite via in situ intercalative polymerization. Ind Eng Chem Res, 2007, 46 (8): 2497～2502

[129] Pourjavadi A, Mahdavinia G R. Chitosan-g-poly (acrylic acid) /kaolin superabsorbent composite:

synthesis and characterization. Polym Polym Compos, 2006, 14 (2): 203~211

[130] Li P, Zhang J P, Wang A Q. Preparation and characterization of N-succinyl-chitosan-based composite hydrogels through inverse suspension polymerization. Macromol Mater Eng, 2007, 292: 962~969

[131] 丁德润，刘鸿志. 壳聚糖和丙烯酰胺基甲基丙磺酸接枝共聚及表征. 精细化工，2004, 21 (1): 72~75

[132] 许鑫华，吕丰，李冬光等. 自组装壳聚糖接枝聚苯胺/葡萄糖氧化酶生物传感器的研究. 高技术通讯，2004, 14 (8): 33~36

[133] Liu J H, Wang Q, Wang A Q. Synthesis and characterization of chitosan-g-poly (acrylic acid) /sodium humate superabsorbent. Carbohydr Polym, 2007, 70 (2): 166~173

[134] 舒红英，唐星华，付若鸿. 壳聚糖与二甲基二烯丙基氯化铵接枝共聚物. 应用化学，2004，21 (7): 734~736

[135] Elkholy S S, Khalil K D, Elsabee M Z. Homogeneous and heterogeneous grafting of 4-vinylpyridine onto chitosan. J Appl Polym Sci, 2006, 99 (6): 3308~3317

[136] Sun T, Xie W M, Xu P X. Superoxide anion scavenging activity of graft chitosan derivatives. Carbohydr Polym, 2004, 58 (4): 379~382

[137] Jou C H, Lin S M, Yun L et al. Biofunctional properties of polyester fibers grafted with chitosan and collagen. Polym Adv Technol, 2007, 18 (3): 235~239

[138] Jou C h, Lee J S, Chou W L et al. Effect of immobilization with chondroitin-6-sulfate and grafting with chitosan on fibroblast and antibacterial activity of polyester fibers. Polym Adv Technol, 2005, 16 (11-12): 821~826

[139] Huh M W, Kang I K, Lee D H et al. Surface characterization and antibacterial activity of chitosan-grafted poly (ethylene terephthalate) prepared by plasma glow discharge. J Appl Polym Sci, 2001, 81 (11): 2769~2778

[140] 孙毅毅，侯世祥，陈彤等. 壳聚糖-聚乙二醇接枝共聚物的合成与表征. 四川大学学报（工程科学版），2005, 37 (2): 76~81

[141] Fangkangwanwong J, Akashi M, Kida T et al. One-pot synthesis in aqueous system for water-soluble chitosan-graft-poly (ethylene glycol) methyl ether. Biopolymers, 2006, 82 (6): 580~586

[142] Jeong Y I, Kim S H, Jung T Y et al. Polyion complex micelles composed of all-trans retinoic acid and poly (ethylene glycol) -grafted-chitosan. J Pharm Sci, 2006, 95 (11): 2348~2360

[143] Silva S S, Menezes S M C, Garcia R B. Synthesis and characterization of polyurethane-g-chitosan. Eur Polym J, 2003, 39 (7): 1515~1519

[144] Chan P, Kurisawa M, Chung J E et al. Synthesis and characterization of chitosan-g-poly (ethylene glycol) -folate as a non-viral carrier for tumor-targeted gene delivery. Biomaterials, 2007, 28 (3): 540~549

[145] Jiang X, Dai H, Leong K W et al. Chitosan-g-PEG/DNA complexes deliver gene to the rat liver via intrabiliary and intraportal infusions. J Gene Med, 2006, 8 (4): 477~487

[146] Mao S R, Shuai X T, Unger F et al. Synthesis, characterization and cytotoxicity of poly (ethylene glycol) -graft-trimethyl chitosan block copolymers. Biomaterials, 2005, 26 (32): 6343~6356

[147] Yao F L, Chen W, Liu C et al. A novel amphoteric, pH-sensitive, biodegradable poly [chitosan-g-(L-lactic-co-citric) acid] hydrogel. J Appl Polym Sci, 2003, 89 (14): 3850~3854

[148] Ding Z, Chen J N, Gao S Y et al. Immobilization of chitosan onto poly-L-lactic acid film surface by

plasma graft polymerization to control the morphology of fibroblast andliver cells. Biomaterials, 2004, 25 (6): 1059~1067

[149] Liu Y, Tian F, Hu K A. Synthesis and characterization of a brush-like copolymer of polylactide grafted onto chitosan. Carbohydr Res, 2004, 339 (4): 845~851

[150] Yang H, Zhou S B, Deng X M. Synthesis and characterization of chitosan-g-poly- (D, L-lactic acid) copolymer. Chin Chem Lett, 2005, 16 (1): 123~126

[151] 陈炜. 壳聚糖与聚乳酸接枝共聚物的制备及性能测定. 天津: 天津大学硕士毕业论文, 2004

[152] Li N, Bai R B. Highly enhanced adsorption of lead ions on chitosan granules functionalized with poly (acrylic acid). Ind Eng Chem Res, 2006, 45 (23): 7897~7904

[153] Chen J P, Cheng T H. Thermo-responsive chitosan-graft-poly (N-isopropylacrylamide) injectable hydrogel for cultivation of chondrocytes and meniscus cells. Macromol Biosci, 2006, 6 (12): 1026~1039

[154] Park I K, Ihm J E, Park Y H et al. Galactosylated chitosan (GC) -graft-poly (vinyl pyrrolidone) (PVP) as hepatocyte-targeting DNA carrier Preparation and physicochemical characterization of GC-graft-PVP/DNA complex (1). J Controlled Release, 2003, 86 (2-3): 349~359

[155] Arslan H, Hazer B, Yoon S C. Grafting of poly (3-hydroxyalkanoate) and linoleic acid onto chitosan. J Appl Polym Sci, 2007, 103 (1): 81~89

[156] Park Y K, Park Y H, Shin B A et al. Galactosylated chitosan-graft-dextran as hepatocyte-targeting DNA carrier. J Control Rel, 2000, 69 (1): 97~108

[157] Yoshikawa S, Takayama T, Tsubokawa N. Grafting reaction of living polymer cations with amino groups on chitosan powder. J Appl Polym Sci, 1998, 68 (11): 1883~1889

[158] Jiang H L, Kim Y K, Arote R et al. Chitosan-graft-polyethylenimine as a gene carrier. J Control Rel 2007, 117 (2): 273~280

[159] Kurita K, Akao H, Jin Y et al. Nonnatural branched polysaccharides: Synthesis and properties of chitin and chitosan having disaccharide maltose branches. Biomacromolecules, 2003, 4 (5): 1264~1268

[160] Kurita K, Ikeda H, Yoshida Y et al. Chemoselective protection of the amino groups of chitosan by controlled phthaloylation: Facile preparation of a precursor useful for chemical modifications. Biomacromolecules, 2002, 3 (1): 1~4

[161] Kurita K, Kojima T, Nishiyama Y et al. Synthesis and some properties of nonnatural amino polysaccharides: Branched chitin and chitosan. Macromolecules, 2000, 33 (13): 4711~4716

[162] Kurita K, Shimada K, Nishiyama Y et al. Nonnatural branched polysaccharides: Synthesis and properties of chitin and chitosan having alpha-mannoside branches. Macromolecules, 1998, 31 (15): 4764~4769

[163] Nishiyama Y, Yoshikawa T, Kurita K et al. Regioselective conjugation of chitosan with a laminin-related peptide, Tyr-Ile-Gly-Ser-Arg, and evaluation of its inhibitory effect on experimental cancer metastasis. Chem Pharm Bull, 1999, 47 (3): 451~453

[164] Gorochovceva n, Makuvka R. Synthesis and study of water-soluble chitosan-O-poly (ethylene glycol) graft copolymers. Eur Polym J, 2004, 40 (4): 685~691

[165] Opanasopit P, Ngawhirunpat T, Chaidedgumjorn A et al. Incorporation of camptothecin into N-phthaloyl chitosan-g-mPEG self-assembly micellar system. Eur J Pharm Biopharm, 2006, 64 (3):

269~276

[166] Makuska R, Gorochovceva N. Regioselective grafting of poly (ethylene glycol) onto chitosan through C-6 position of glucosamine units. Carbohydr Polym, 2006, 64 (2): 319~327

[167] Liu L, Li F Z, Fang Y E et al. Regioselective grafting of poly (ethylene glycol) onto chitosan and the properties of the resulting copolymers. Macromol Biosci, 2006, 6 (10): 855~861

[168] Hu Y Q, Jiang H L, Xu C N et al. Preparation and characterization of poly (ethylene glycol) -g-chitosan with water- and organosolubility. Carbohydr Polym, 2005, 61 (4): 472~479

[169] Detchprohm S, Aoi K, Okada M. Synthesis of a novel chitin derivative having oligo (ε-caprolactone) side chains in aqueous reaction media. Macromol Chem Phys, 2001, 202 (18): 3560~3570

[170] Liu L, Li Y, Liu H, Fang Y E. Synthesis and characterization of chitosan-graft-polycaprolactone copolymers. Eur Polym J, 2004, 40 (12): 2739~2744

[171] Liu L, Wang Y S, Shen X F et al. Preparation of chitosan-g-polycaprolactone copolymers through ring-opening polymerization of epsilon-caprolactone onto phthaloyl-protected chitosan. Biopolymers, 2005, 78 (4), 163~170

[172] Liu L, Li Y, Fang Y E et al. Microwave-assisted graft copolymerization of ε-caprolactone onto chitosan via the phthaloyl protection method. Carbohydr Polym, 2005, 60 (2): 351~356

[173] Liu L, Chen L X, Fang Y E. Self-catalysis of phthaloylchitosan for graft copolymerization of ε-caprolactone with chitosan. Macromol Rapid Commun, 2006, 27 (23): 1988~1994

[174] Yu H J, Wang W S, Chen X S et al. Synthesis and characterization of the biodegradable polycaprolactone-graft-chitosan amphiphilic copolymers. Biopolymers, 2006, 83 (3): 233~242

[175] Li Y, Liu L, Shen X F et al. Preparation of chitosan/poly (butyl acrylate) hybrid materials by radiation-induced graft copolymerization based on phthaloylchitosan. Radiat Phys Chem 2005, 74 (5): 297~301

[176] Huang M F, Shen X F, Sheng Y et al. Study of graft copolymerization of N-maleamic acid-chitosan and butyl acrylate by γ-ray irradiation. Int J Biol Macromol, 2005, 36 (1-2): 98~102

[177] Huang M F, Xia X, Zhang Z C et al. Homogeneous graft copolymerization of chitosan with butyl acrylate by γ-irradiation via a 6-O-maleoyl-nphthaloyl- chitosan intermediate. J Appl Polym Sci, 2006, 102 (1): 489~493

[178] Huang M F, Fang Y E. Preparation, characterization, and properties of chitosan-g-poly (vinyl alcohol) copolymer. Biopolymers, 2006, 81 (3): 160~166

[179] Yang Z K, Wang Y T, Tang Y R. Synthesis and adsorption properties for metal ions of mesocyclic diamine-grafted chitosan-crown ether. J Appl Polym Sci, 2000, 75 (10): 1255~1260

[180] 李健, 杨智宽. 苯基硫脲接枝壳聚糖的合成及其对金属离子吸附性能的研究. 合成化学, 2004, 12 (3): 255~258

[181] 庄莉, 杨智宽. 含硫壳聚糖研究-氨基硫脲接枝壳聚糖的合成. 化学试剂, 2002, 24 (5): 282~283

[182] 杨智宽, 李健, 程淑玉. 羟基中环二胺接枝壳聚糖的合成与表征. 合成化学, 2003, 11 (6): 495~498

[183] 袁扬, 杨智宽, 汪玉庭. 中环二胺接枝壳聚糖研究 (I) -3-羟基-1, 5-二氮杂环庚烷接枝壳聚糖的合成及结构表征. 化学试剂, 2000, 22 (4): 198~199

[184] Yang Z K, Yuan Y. Studies on the synthesis and properties of hydroxyl azacrown ether-grafted chitosan. J Appl Polym Sci, 2001, 82 (8): 1838~1843

[185] 冯梦凰，邓联东，张晓丽等. 聚乙二醇单甲醚接枝壳聚糖的合成与表征. 化学工业与工程，2005，22（2）：79～82

[186] Yao F L，Chen W，Wang H et al. A study on cytocompatible poly（chitosan-g-L-lactic acid）. Polymer，2003，44（21）：6435～6441

[187] Luckachan G E，Pillai C K S. Chitosan/oligo L-lactide graft copolymers：Effect of hydrophobic side chains on the physico-chemical properties and biodegradability. Carbohydr Polym，2006，64（2）：254～266

[188] Wu Y，Zheng Y L，Yang W L，Wang C C et al. Synthesis and characterization of a novel amphiphilic chitosan-polylactide graft copolymer. Carbohydr Polym，2005，59（2）：165～171

[189] Feng H，Dong C M. Preparation and characterization of chitosan-graft-poly（ε-caprolactone）with an organic catalyst. J Polym Sci Part A Polym Chem，2006，44（18）：5353～5361

[190] Nakamura R，Aoi K，Okada M. Controlled synthesis of a chitosan-based graft copolymer having polysarcosine side chains using the nca method with a carboxylic acid additive. Macromol Rapid Commun，2006，27（20）：1725～1732

[191] 董炎明，谢永元，赵雅青等. 壳聚糖接枝尼龙 64 及其增容性. 应用化学，2006，23（2）：126～130

[192] 易英，汪玉庭. 壳聚糖-g-β-环糊精的制备与表征. 合成化学，2005. 13（2）：180～182

[193] 张学勇，汪玉庭，易英. 壳聚糖固载化 β-环糊精的制备、表征及其性能研究. 武汉大学学报（理学版），2004，50（2）：197～200

[194] 曹佐英，张启修，魏琦峰. 微波辐射下交联壳聚糖树脂固载化 β-环糊精. 高分子材料科学与工程，2003，19（3）：204～207

[195] Aoki N，Nishikaw M，Hattori K. Synthesis of chitosan derivatives bearing cyclodextrin and adsorption of p-nonylphenol and bisphenol A. Carbohydr Polym，2003，52（3）：219～223

[196] Chiu S H，Chung T W，Giridhar R et al. Immobilization of β-cyclodextrin in chitosan beads for separation of cholesterol from egg yolk. Food Res Int，2004，37（3）：217～223

[197] Chen S P，Wang Y T. Study on β-cyclodextrin grafting with chitosan and slow release of its inclusion complex with radioactive iodine. J Appl Polym Sci，2001，82（10）：2414～2421

[198] Zhang X Y，Wang Y T，Yi Y. Synthesis and characterization of grafting-cyclodextrin with chitosan. J Appl Polym Sci，2004，94（3）：860～864

[199] Gaffar M A，El-Rafie S M，El-Tahlawy K F. Preparation and utilization of ionic exchange resin via graft copolymerization of β-CD itaconate with chitosan. Carbohydr Polym，2004，56（4）：387～396

[200] Xiao J B. Adsorption of guanosine，cytidine，and uridine on a β-cyclodextrin derivative grafted chitosan. J Appl Polym Sci，2007，103（5）：3050～3055

[201] Auzely-Velty R，Rinaudo M. Chitosan derivatives bearing pendant cyclodextrin cavities：Synthesis and inclusion performance. Macromolecules，2001，34（11）：3574～3580

[202] Tanida F，Tojima T，Han S M et al. Novel synthesis of a water-soluble cyclodextrin-polymer having a chitosan skeleton. Polymer，1998，39（21）：5261～5263

[203] Tojima T，Katsura H，Han S M et al. Preparation of an a-cyclodextrin-linked chitosan derivative via reductive amination strategy. J Polym Sci Part A Polym Chem，1998，36（11）：1965～1968

[204] Tojima T，Katsura H，Nishiki M et al. Chitosan beads with pendant a-cyclodextrin：Preparation and inclusion property to nitrophenolates. Carbohydr Polym，1999，40（1）：17～22

[205] 魏永锋，张苏敏. 具有包络作用的壳聚糖的合成及其吸附性能. 应用化学，2005，22（7）：772～775

[206] 黄怡，范晓东. β-环糊精琥珀酸钠/壳聚糖离子复合膜的制备及其药物控释研究. 精细化工，2005，22 (1)：44～48

[207] Khaled E T, Mohamed A G, Safaa E R. Novel method for preparation of β-cyclodextrin/grafted chitosan and it's application. Carbohydr Polym, 2006, 63 (3)：385～392

[208] 汪玉庭，彭长宏，谭淑英等. 席夫碱型壳聚糖高分子冠醚的合成和表征. 合成化学，1999，7 (1)：57～61

[209] 郑林禄，杨发福，季衍卿等. 环氧丙基杯 [6] 冠醚接枝壳聚糖的合成与吸附性能研究. 福建师范大学学报（自然科学版），2005，21 (2)：51～54

[210] 唐星华，张爱琴，周书亮等. 杯 [4] 芳烃接枝壳聚糖的合成. 化学研究与应用，2003，15 (2)：274～275

[211] 陈希磊，杨发福，蔡秀琴等. 杯芳烃-壳聚糖聚合物的合成与吸附性能. 化学研究与应用，2004，16 (3)：371～372

[212] 杨发福，陈希磊，蔡秀琴等. 环氧丙基杯 [4] 芳烃-壳聚糖交联聚合物的合成与吸附性能研究. 合成化学，2004，12 (2)：120～122

[213] 龚淑玲，胡才仲，王巍等. 杯芳烃交联壳聚糖的合成及吸附性能研究. 武汉大学学报（理学版），2005，50 (4)：458～462

[214] 郑大锋，葛华才. 香草醛接枝壳聚糖的微波辐射制备及其吸附性能. 华南理工大学学报（自然科学版），2003，31 (12)：51～54

[215] 武雪芬，刘伟，芦锰等. 壳聚糖-g-水杨酸的合成. 合成化学，2005，13 (5)：461～463

[216] 刘茂栋. 壳聚糖接枝/掺杂螺吡喃、螺嗪及光致变色性能的研究. 兰州：西北师范大学硕士毕业论文，2005

[217] Prabaharan M, Reis R L, Mano J F. Carboxymethyl chitosan-graft-phosphatidylethanolamine：Amphiphilic matrices for controlled drug delivery. React Funct Polym, 2007, 67 (1)：43～52

[218] Kumar G, Smith P J, Payne G F. Enzymatic grafting of a natural product onto chitosan to confer water solubility under basic conditions. Biotechnol Bioeng, 1999, 63 (2)：154～165

[219] 曾而曼，葛强，杨柳林等. 基于 DOBOB 片断的树状分子接枝壳聚糖的合成及其自组装结构和液晶性能的研究. 中国化学会第五届甲壳素化学生物学与应用技术研讨会论文集，2006，451～453

第10章 壳聚糖及其衍生物复合物

10.1 引　言

近年来，环境友好可降解高分子的研究已越来越受重视，这些材料主要有脂肪族聚酯（BAP）、聚乳酸（PLA）、聚 β -羟基丁酸酯（PHB）、聚己内酯（PCL）、聚乙交酯（PGA）和甲壳素/壳聚糖等。其中，甲壳素/壳聚糖及其衍生物受到了人们的高度关注，因为它们不仅具有许多重要的功能性，满足功能材料对性能的要求，而且还具有一定的生理活性，可作为生物活性材料在组织工程等方面得到应用。但由于使用环境和领域不一样，在实际应用中，甲壳素/壳聚糖仍存在缺陷。因此，甲壳素/壳聚糖及其衍生物复合化成为当前的研究热点之一[1~3]。复合材料是从分子水平上将两种或两种以上的材料复合化，从而综合各种材料的优点以获得新型材料。无机材料具有高强度、高刚性、高硬度等优点，但存在韧性差、加工成型困难的问题。高分子材料具有较好的韧性，易成型加工。将有机高分子材料和无机材料复合，可兼具两类材料的特点，获得性能优异的功能材料。甲壳素/壳聚糖及其衍生物的复合就是既保持甲壳素/壳聚糖及其衍生物的有关独特性能，又克服在某些方面的不足而展开相关研究工作的。

纳米复合材料可以模拟与人体组织相似的细胞基质微环境，因而是生物材料尤其是组织工程支架材料研究中应用最为广泛的材料[4,5]。纳米复合材料包括3种形式，即由两种以上纳米尺寸的粒子进行复合、两种以上厚薄不同的薄膜交替复合，纳米粒子和薄膜复合的复合材料。从材料学观点来讲，生物体内多数组织均可视为由各种基质材料构成的复合材料，尤以无机/有机纳米生物复合材料最为常见，如骨骼、牙齿等就是由羟基磷灰石纳米晶体和有机高分子基质等构成的纳米生物复合材料。研究和开发无机/无机、有机/无机、有机/有机以及生物活性/非生物活性的纳米结构复合材料，用于细胞种植和生长，使种植的细胞保持活性和具有增殖能力，是目前组织工程学研究的重点内容之一。

将壳聚糖与胶原蛋白按不同比例混合，制备具有纳米结构的复合材料，随着壳聚糖比例的增大，复合物支架的机械强度增加，孔径尺寸增大，在此三维支架上生长的 K562 细胞，功能得到显著增强。由于壳聚糖进行有机/无机和有机/有机复合后，其理化性能有很大变化，满足了相关性能的要求，成为当前研究的新热点。为此，本章系统地介绍壳聚糖/黏土复合物、壳聚糖/无机复合物和壳聚糖/有机复合物的制备方法和表征手段，同时还介绍壳聚糖/碳纳米管复合物的研究进展。

10.2　壳聚糖/黏土复合物

黏土矿物主要有高岭土、蒙脱石、凹凸棒石、海泡石、蛭石、云母、伊利石、累托石和水滑石等，它们大多属于层状或层链状结构硅酸盐。不同的黏土矿物有不同的晶体结构，而晶体结构与晶体化学特点决定了它们的如下一些性质[6]：①离子交换性。具有吸着某些阳离子和阴离子并保持于交换状态的特性。一般交换性阳离子是 Ca^{2+}、Mg^{2+}、H^+、K^+、NH_4^+ 和 Na^+，常见的交换性阴离子是 SO_4^{2-}、Cl^-、PO_4^{3-} 和 NO_3^-；②黏土-水系统特点。黏土矿物中的水以吸附水、层间水和结构水的形式存在。结构水只有在高温下结构破坏时才失去，但是吸附水、层间水以及沸石水都是低温水，经低温（100～150℃）加热后就可脱出，同时像蒙皂石族矿物失水后还可以复水。黏土矿物与水的作用可产生膨胀性、分散和凝聚性、黏性、触变性和可塑性等特点；③黏土矿物与有机物反应特点。有些黏土矿物与有机物反应形成有机复合体，改善了它们的性能，扩大了应用范围。同时少量的黏土复合在有机物中可极大地改善有机物的性质。正因为有这些性能特点，黏土在壳聚糖及其衍生物复合物中得到了广泛应用[7]。

10.2.1　壳聚糖/蒙脱土复合物

蒙脱土是一种以蒙脱石为主要成分的黏土矿物，其次有少量的碎屑矿物如长石、石英和碳酸盐等，蒙脱土的各项物理化学性质主要是由蒙脱石的层状结构以及元素在结构中的类型和分布决定的。因此，蒙脱土中蒙脱石的含量越高，其质量也越好。蒙脱石的特性决定了蒙脱土的基本性能。蒙脱石由纳米级的颗粒（10^{-11}～10^{-9} m）组成，为天然纳米材料。蒙脱石晶层间阳离子与晶体格架间形成电偶极子，晶层之间氧层和氧层的联系力很小，使其具有很高的阳离子交换容量、膨胀性、吸附性和分散性等，能够稳定地分散在丙烯酸类亲水性单体的水溶液中。所以，可用来制备有机无机复合高吸水性树脂[8]。

10.2.1.1　蒙脱土的结构和性质

蒙脱石是一种层状含水的铝硅酸盐矿物，它的晶体结构为单斜晶系。晶体由两个硅氧四面体中夹一个铝（镁）氧（氢氧）八面体构成的 2:1 层状硅酸盐，晶体结构如图 10-1 所示[9]。四面体中有少量的 Si^{4+} 被 Al^{3+} 置换，八面体中有少量 Al^{3+} 被 Mg^{2+}、$Fe^{2+/3+}$、Zn^{2+} 等金属离子置换。由于这些多面体中高价离子被低价离子置换，造成晶体层间产生永久性负电荷，晶层间被吸附的阳离子是可交换的。类质同象置换是蒙脱石产生许多重要性能的根源。蒙脱石具有较高的离子交换容量（80～120 mmol/100g）及良好的吸附能力，在常温、常压下，离子、水和盐类以及几乎所有有机物，能够出入蒙脱石矿物的层间，形成复杂的蒙脱石无机复合体和蒙脱石有机复合体，拓展了蒙脱土的应用领域。

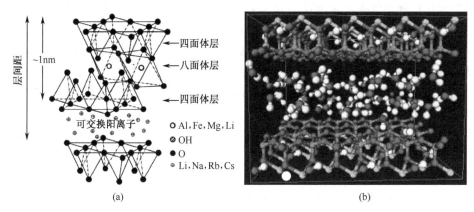

图 10-1　蒙脱石的晶体结构

　　蒙脱土有好的膨胀性和悬浮性。蒙脱土吸水膨胀，晶层间距加大。蒙脱土在水介质中能分散呈胶体状态。蒙脱土胶体分散体系的物理化学性质首先取决于分散相颗粒大小和形态。蒙脱石在分散液中可能呈单一晶胞，也可以是许多晶胞的附聚体。这些独特的性质是其在复合材料制备中广泛应用的主要原因。

　　根据聚合物/蒙脱土插层复合材料中蒙脱石层片在聚合物基体内部分散状态的不同，可将其复合结构分为 3 种类型：普通复合、普通插层纳米复合与剥离型插层纳米复合。在普通插层纳米复合材料中，虽然蒙脱石的层片间距由于聚合物的插入有较为可观的扩展，但片层之间仍存在较强的范德华作用力，片层仍具有一定的有序性。在剥离型插层纳米复合材料中，层状硅酸盐的有序结构完全被破坏，硅酸盐片层均匀分散在聚合物基体中，层间膨胀的间距相当于聚合物的回转半径，黏土片层与聚合物实现了纳米尺度上的均匀混合[10]。

10.2.1.2　蒙脱土负载壳聚糖复合物

　　壳聚糖的胺基极易形成四级胺正离子，与弱碱性阴离子有交换作用，不但对印染废水能脱色，对过渡金属离子、蛋白质、酶等有机物也有良好的螯合作用。目前，对壳聚糖吸附剂的研究已经扩展到生物、医学、环境保护、化妆品、药学和农业等诸多方面。然而，壳聚糖是线形分子结构的高分子，在酸性溶液中会溶解，稳定性差；用于传质分离过程时，平衡时间长，传质速率慢，在固定床层中作为吸附剂应用时受到了一定的限制。另外，壳聚糖在吸附过程中因—NH₂并未全部参加与被吸附的物质的络合，而使其吸附能力受到限制。因此，以壳聚糖为基体的新型吸附剂的开发吸引了众多目光[11,12]。

对于含不同成分的废水，壳聚糖对其絮凝作用也有所不同，如壳聚糖絮凝有机废水的机理是以壳聚糖所带正电与溶液悬浮质所带负电之间的静电作用力为主，同时加上桥联作用等。当壳聚糖带有足够量的正电荷时，作用力更大，絮凝物沉降越快，去除能力越强。但是壳聚糖溶液直接作为絮凝剂的沉降时间长，需要与碱式 AlCl₃ 等无机絮凝剂配合使用。壳聚糖本身也是絮凝物，如果加入量不当反而不絮凝。而过量的絮凝剂会使胶体颗粒表面发生二次吸附，使胶粒表面覆盖一层壳聚糖分子，从而产生再稳定现象。为解决此类问题，利用蒙脱土可以吸附阳离子的特性和壳聚糖在酸性溶液中带有正电荷的特性，先将壳聚糖负载在焙烧改性后的蒙脱土上，制成固体吸附剂，增加吸附比表面积，然后再对染料溶液进行脱色。

蒙脱土和壳聚糖可依靠正负电荷的吸引结合在一起。由于带正电荷的壳聚糖分子链很大，在一定制备条件下，它并未插入黏土层间，只是形成蒙脱土/壳聚糖复合物[13]。加碳焙烧蒙脱土负载壳聚糖和加碳焙烧蒙脱土两种吸附剂的 XRD 图谱的主峰没有太大区别，只是在个别地方出现了一些新的小峰，说明其表面结构已有改变，推测这可能是由于壳聚糖吸附于改性蒙脱土的表面，或部分插入改性蒙脱土的空隙中，造成新的相面产生。加碳焙烧法负载壳聚糖水处理剂的脱色去污能力强，能够减少吸附剂的投入量，降低水处理的成本。实验表明，加碳焙烧法负载壳聚糖吸附剂在处理废水的加入量比单独改性的蒙脱土和壳聚糖的加入量低。这是因为在相同体积下复合吸附剂具有较大的比表面积。

将壳聚糖负载在蒙脱土上，用其处理陈醋，沉降时间短、容易过滤，可以得到透明的产品，放置 6 个月无沉淀。该复合物既能发挥壳聚糖的络合、吸附作用，又可以避免单独使用壳聚糖时容易出现的随机影响因素[14]。将壳聚糖与蒙脱土相结合的复合吸附剂用于染料溶液的脱色，脱色率达到 95%。该吸附剂具有投药量少、稳定性高、操作简单、无再次污染等优点[15]。

以蒙脱土为载体，负载 1% 质量分数的壳聚糖后，用于 4 种活性染料（活性大红 B-3G、活性深蓝 B-2GLN、活性黑 B-GRFN 和活性墨绿 B-4BLN）的吸附平衡研究，在 100 mg/L 浓度范围内，每种染料的饱和吸附容量分别是 11.850 mg/g、7.760 mg/g、7.276 mg/g 和 8.362 mg/g，X 射线衍射实验结果表明，蒙脱土的片状层结构未发生变化。吸附的可能机理为单分子层化学吸附作用[16]。将壳聚糖与膨润土复合制得一种固体吸附剂对水溶液中苯酚的吸附研究表明：温度为 25℃，溶液 pH=4.0 时，吸附容量最大，达到 63.69 mg/g；吸附量随苯酚起始浓度的增大而增大，吸附过程符合 Langmuir 和 Freundlich 模型[17]。

利用负载壳聚糖的蒙脱土吸附鞣酸，吸附作用迅速、明显，可以清除中药注射剂中的鞣酸。对于含有 0.5% 的鞣酸溶液，清除率可达到 50%，而且操作简便易行，壳聚糖使用量小。按丹参注射剂计，仅需要 1.0% 的壳聚糖；按丹参水煎液计，仅需 0.05%～0.1% 的壳聚糖[18]。

以壳聚糖对活化后的蒙脱土进行改性，制备的新型金属离子吸附剂，IR 光谱表明其改性是活化的蒙脱土对带正电的壳聚糖键合而形成的[19]。电镜照片显示壳聚糖能较均匀地负载于蒙脱土表面。BET 测定其比表面为 15.2 m²/g。吸附实验结果表明，制备的壳聚糖/膨润土对 Ni²⁺ 和 Pb²⁺ 在溶液 pH 分别为 6.5 和 6.0 时吸附效果最好，其饱和吸附量分别为 1.87、1.99 mmol/g，吸附行为符合 Langmuir 和 Freundlich 吸附等温式，多次再生吸附容量基本不变。

10.2.1.3　蒙脱土插层壳聚糖复合物

蒙脱土负载到壳聚糖上改善了使用性能，而壳聚糖分子中有氨基，在一定条件下，质子化的壳聚糖也可插层到蒙脱土中，形成纳米复合材料[20]。将聚壳糖溶解在 0.17 mol/L 的乙酸溶液中制成 1% 的溶液，加入 KPS-蒙脱土粉末。在水浴中 60℃ 加热 1 h，取壳聚糖/过硫酸钾-蒙脱土的上层清液，用旋转蒸发仪浓缩后，浇注浓缩液成膜，再浸入 0.1 mol/L 的 KOH 水溶液中，1 h 后用去离子水漂洗几次。之后膜在 30℃ 和 20% 湿度的条件下干燥 3 d，即可得壳聚糖/蒙脱土复合膜[21]。

当蒙脱土被 0.5CEC 的 KPS 处理过后，没有观察到 KPS 衍射峰，当 KPS 的量增加到 1CEC 时才开始看到衍射峰，可以认为一部分 KPS 被吸附到蒙脱土表面。结合在 KPS-蒙脱土的 KPS 越多，在清液中得到的蒙脱土也越多。如果蒙脱土没有经 KPS 处理，不会悬浮在聚壳糖的酸性溶液中，而会凝聚成沉淀。纯聚壳糖的主要尺寸分布较宽，范围从 50～900 nm 不等。当壳聚糖溶液用 0.5CEC KPS-蒙脱土处理以后，上层清液有两个狭长的主尺寸峰，一个在 200～500 nm 范围内，另一个大约在 100 nm 附近；当与蒙脱土结合的 KPS 的量增加到 2CEC 时，左边的峰移动到 30 nm；当 KPS 的量增加到 3CEC 的时候，右边的峰移动到 200 nm 的位置，而左面的峰向右移动；当达到 5CEC 时，右边的峰在 200 nm 的位置并且强度减弱，而左面的峰从 100 nm 移动到 60 nm。该结果说明，不同的反应条件下，可形成不同纳米尺度的复合物。

流变学性能测试表明，当壳聚糖加入到蒙脱土的悬浮液中时，首先有絮凝作用，然后又抗絮凝。然而，将蒙脱土加入壳聚糖的溶液中时，一开始就表现出抗絮凝作用。这说明加入方式不一样，壳聚糖与蒙脱土的作用方式和结果也不一样。在一定条件下，带正电荷的壳聚糖与带负电的蒙脱土微粒相互作用。随着壳聚糖浓度的增加，蒙脱土粒子表面被壳聚糖所包覆。通过流变学等性能的测定，可以推测壳聚糖与蒙脱土微粒的相互作用情况，图 10-2 给出了它们的相互作用示意图[22]。

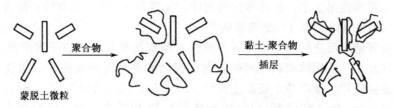

蒙脱土微粒　　　聚合物　　　黏土-聚合物 插层

图 10-2　壳聚糖与蒙脱土微粒相互作用示意图

为了推断壳聚糖是否进入了蒙脱土的层间，可用 XRD 测试其层间距。蒙脱土的 $2\theta \approx 7°$，与此相应的层间距离为 12.6 Å。当将蒙脱土加入到壳聚糖乙酸溶液中形成悬浮体系后，其 $2\theta = 5.85°$，相应的其层间距离为 15.09 Å。从 XRD 的测试结果来看，在该制备条件下，壳聚糖分子与蒙脱土实现了相互作用，但并没有充分地进入到黏土的层间结构中。

图 10-3 是壳聚糖/蒙脱土复合物和蒙脱土的 IR 光谱图。蒙脱土的 IR 光谱中，3627 cm^{-1} 是—OH 伸缩振动吸收带，在 3449 cm^{-1} 的宽峰是层内和层间水—OH 的伸缩振动吸收带，1641 cm^{-1} 是其相应的弯曲振动吸收带，1087 和 1035 cm^{-1} 是 Si—O 的伸缩振动吸收带，916 和 626 cm^{-1} 是 Al—OH 的吸收带，843 和 793 cm^{-1} 是（Al，Mg）—OH 振动吸收带，520 和 467 cm^{-1} 是 Si—O 弯曲振动吸收带。蒙脱土中无机阳离子与其他离子交换的结果会导致在 3500～3200 cm^{-1} 处吸收带的加强，同时伴随 Si—O 和 Al—O 吸收带的减弱。在 3500～3200 cm^{-1} 处吸收带的加强反映了层内羟基与有机基团间氢键的增加。当壳聚糖中的

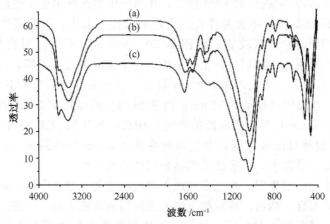

图 10-3　（a）10 g/g 蒙脱土/壳聚糖复合物；（b）50 g/g
蒙脱土/壳聚糖复合物；（c）蒙脱土的 IR 谱图

质子以氢键的形式与 Si—O 和 Al—O 键相连时，Si—O 和 Al—O 键的强度就会减弱，其四面体对称结构也会受到扭曲。

　　蒙脱土与壳聚糖形成复合物后表现出 3 个伸缩振动区间：壳聚糖的 N—H、O—H 吸收带，蒙脱土的 O—H、Si—O 和（Al，Mg）—OH 或 Al—OH 吸收带。壳聚糖的吸收带主要出现在 2929 和 2874 cm^{-1}（C—H 伸缩振动）、1385 cm^{-1}（C—H 弯曲振动）、1651 cm^{-1}（N—H 弯曲振动）、1560 cm^{-1}（N—H 弯曲振动）、1425 和 1401 cm^{-1}（C—H 弯曲振动）、1138 和 1095 cm^{-1}（C—O 伸缩振动）。10 g/g 蒙脱土与壳聚糖复合物的 IR 光谱中，在 1612 cm^{-1}（N—H 弯曲振动）、1566 cm^{-1}（N—H 弯曲振动）、1450 和 1425 cm^{-1}（C—H 弯曲振动）有附加吸收带出现，并在 3621 cm^{-1} 出现 O—H 伸缩振动吸收带，在 1634 cm^{-1} 出现 H—O—H 的吸水变形振动吸收带，在 915、624、842 和 792 cm^{-1} 的 Al—O 振动吸收带都证明了分散体系中蒙脱土的存在。在蒙脱土与壳聚糖复合物中，O—H 的伸缩振动吸收带变宽，其最大吸收波数在 3621 cm^{-1}，Si—O 伸缩振动吸收带的最大吸收波数在 1086 和 1034 cm^{-1}，而 Si—O 弯曲振动吸收带变化不明显（520 和 467 cm^{-1}）。在 50 g/g 的蒙脱土和壳聚糖复合物中，所有组分的特征谱带依然出现。以上结果表明壳聚糖大分子和蒙脱土粒子主要在其表面相结合。蒙脱土和壳聚糖复合物的 O—H 伸缩振动向低波数偏移大约 12~14 cm^{-1}，这可能是由于氢键的贡献。IR 分析表明，壳聚糖分子与黏土颗粒只在表面发生作用。

　　壳聚糖与蒙脱土的作用可以是表面相互作用方式，也可以是插层方式。加入相应量的壳聚糖于 1%（体积分数）乙酸溶液中，用 NaOH 溶液调 pH=4.9 后，再与蒙脱土的悬浮液进行混合，即得到插层方式的纳米复合物[23~24]。在 323 K，将 25 mL 溶液中分别含有 20.1、40.2、80.5 和 161.0 mg 壳聚糖的溶液，缓慢加入到 2% 的蒙脱土悬浮液中，可得到初始壳聚糖/蒙脱土比率分别为 0.25∶1、0.5∶1、1∶1

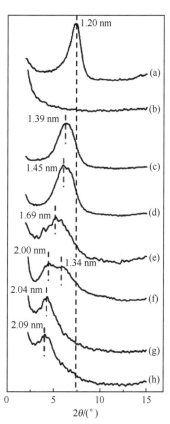

图 10-4　纳米复合物的 XRD 谱图

(a) 钠基蒙脱土；(b) 壳聚糖膜、壳聚糖/蒙脱土比率为 (c) 0.25∶1；(d) 0.5∶1；(e) 1∶1；(f) 2∶1；(g) 5∶1；(h) 10∶1

和 2∶1 的纳米复合物。对于壳聚糖/蒙脱土比率为 5∶1 和 10∶1 纳米复合物的制备，则是将 402.5 mg 的壳聚糖溶解在 125 mL 和 805.0 mg 的壳聚糖溶解在 250 mL 溶液中得到的壳聚糖溶液分别与黏土悬浮液混合。混合溶液搅拌 2 d 后，用纯水洗涤直至无乙酸盐存在。

　　图 10-4 是蒙脱土、壳聚糖和相应纳米复合物的 XRD 谱图。随着壳聚糖/黏土比率的增加，2θ 值逐渐降低，表明壳聚糖分子成功地插层在硅酸盐片层中。在酸性溶液中，壳聚糖的线形结构有利于在黏土中的插层，而卷曲或螺旋结构的壳聚糖仅仅被吸附在硅酸盐片层的外表面。壳聚糖膜的 XRD 谱图显示的 d_{001} 面的间距为 0.38 nm，而壳聚糖/黏土比率为 0.25∶1 和 0.5∶1 的纳米复合物的层间距与一个壳聚糖的面间距相当。因此，可以认为插层是一个单分子插层在黏土的层间。壳聚糖/黏土比率继续增大时，面间距的增加可以被解释为有两个壳聚糖分子插层到黏土的片层间。随壳聚糖/黏土比率增大的插层示意图如图 10-5 所示。

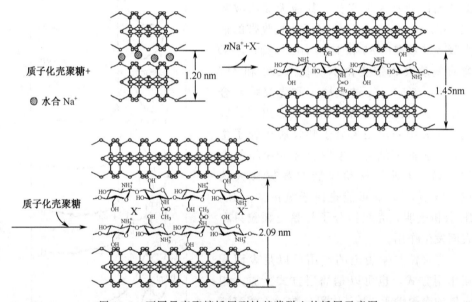

图 10-5　不同量壳聚糖插层到钠基蒙脱土的插层示意图

　　壳聚糖/蒙脱土纳米复合物的 IR 谱图中，出现了硅酸盐的 Al(Mg)—O—H 的伸缩振动吸收带（3635 cm^{-1}）、H—O—H 的伸缩振动吸收带（3430 cm^{-1} 和 3250 cm^{-1}）、H—O—H 的弯曲振动吸收带（1640 cm^{-1}）和 Si—O—Si 伸缩振动吸收带（1050 cm^{-1}），也出现了壳聚糖氨基质子化的振动吸收带（1560 cm^{-1}），而且该吸收带随壳聚糖插层量的增加向低波数位移。这说明壳聚糖的氨基阳离子和蒙脱土结构中的层间负离子存在着静电作用。壳聚糖/蒙脱土物质的量比为

5∶1时，复合物在 1721 cm⁻¹出现了吸收带，可能是双插层壳聚糖乙酸盐离子中
—C═O的伸缩振动吸收带。

在 STEM 中，壳聚糖/蒙脱土纳米复合物的皱状结构，表明壳聚糖插入到蒙
脱土的片层中，形成了很好的插层相。在 pH＝4.9 的条件下，壳聚糖分子中过
量的—NH₃⁺ 并没有与蒙脱土负电荷的位点产生静电相互作用，而是平衡了壳聚
糖溶液的乙酸根离子，提供了与阴离子位点（—NH₃⁺X⁻）一致的二维纳米结构
材料。壳聚糖/蒙脱土纳米复合物有较好的响应功能和机械性质。因此，该纳米
复合物是传感器的优良材料。

壳聚糖/蒙脱土纳米复合物的结构随制备条件的变化也发生相应变化。蒙脱
土含量低的纳米复合物形成的是插层-剥离型纳米结构；蒙脱土含量高的纳米复
合物形成的是插层-絮凝型纳米结构[25]。将壳聚糖引入蒙脱土后，蒙脱土在 2θ＝
7.1°的峰消失了，而在 2θ＝3～5°产生了弱的宽峰。蒙脱土 2θ 值向更低的角度位
移，表明插层结构的形成，而峰变宽和强度的减弱表明是无序的插层或剥离结
构。在较低蒙脱土含量下 ［2.5％（质量分数），图 10-6(a)］，TEM 显示蒙脱土
是共存的插层型（MMT 多个片层的堆积）和剥离型结构。随着蒙脱土含量的增
加 ［5％，图 10-6(b)、(c) 和 10％，图 10-6(d)］，蒙脱土清晰地显示了絮凝的

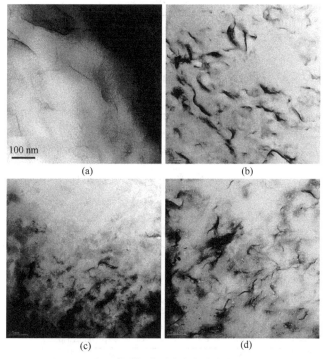

图 10-6　壳聚糖/蒙脱土纳米复合物的 TEM 图
(a) 壳聚糖-2.5；(b) 壳聚糖-5；(c) 乙酸-壳聚糖-5；(d) 壳聚糖-10

插层性结构。蒙脱土片层的堆积尺寸在 400～600 nm 之间。随着蒙脱土含量的增加，壳聚糖/蒙脱土纳米复合物中絮凝结构的形成是由于硅酸盐片层羟基化的端基相互作用的结果。一个壳聚糖单元有一个氨基和两个羟基，它可与硅酸盐羟基化的端基相互作用形成氢键（图 10-7），该强相互作用被认为是蒙脱土在壳聚糖网络中聚集形成絮凝结构的主要驱动力。

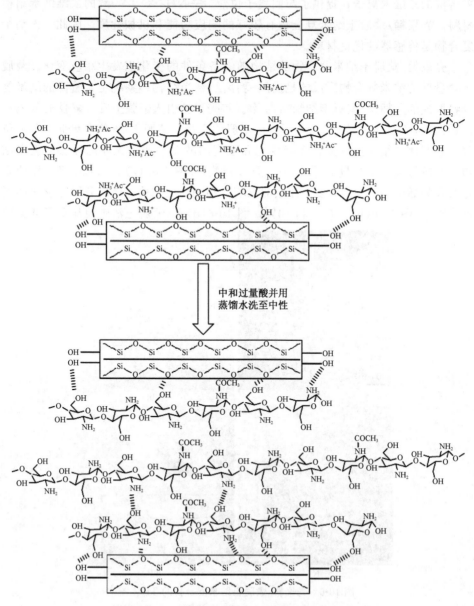

图 10-7　壳聚糖与蒙脱土氢键形成示意图

用壳聚糖和 H_2SO_4 活化的蒙脱土也可制备壳聚糖/蒙脱土纳米复合物。将 1 g 壳聚糖和 1 g H_2SO_4 活化的蒙脱土溶于 100 mL 1 mol/L 乙酸水溶液中，24 000 r/min 下搅拌 10 min。将反应后的溶液放入真空干燥箱除去气泡（3 h），然后通过注射器以恒定速度逐滴喷射到含 15% NaOH 和 95%乙醇（$V/V = 4:1$）溶液中，静置 1 d，形成的纳米复合物颗粒用蒸馏水洗至中性。将制备的壳聚糖/蒙脱土纳米复合物应用于鞣酸、腐殖酸、亚甲基蓝和活性染料 RR222 的吸附中，取得了较好的吸附效果[26]。采用不同量的壳聚糖制备壳聚糖/蒙脱土纳米复合物，将其应用于鞣酸的吸附中，实验结果表明：在壳聚糖的负载量较低时（24.7%、49.5%），壳聚糖在蒙脱土层间以单分子层形式存在；在壳聚糖负载量较高时（96.8%），壳聚糖在蒙脱土层间形成双分子层结构。在 pH = 4.0 时，复合材料对鞣酸的吸附量可达 240 g/kg[27]。

将壳聚糖与蒙脱土复合后，壳聚糖包覆的蒙脱土颗粒能将其净表面电荷由负电荷变为正电荷，黏土的零电荷点也由 2.8 变为 5.8。作为吸附剂时净表面电荷随着水中钨浓度的增加而降低。吸附平衡研究表明，在 pH = 4 时，对钨的清除率最高。在所研究的浓度和 pH 范围内，复合吸附剂和黏土对钨的吸附都遵循 Langmuir 等温方程。研究发现壳聚糖表面质子化的基团与带负电钨之间的相互吸引对钨的吸附起着决定性的作用[28]。

通过控制壳聚糖溶液的 pH、反应温度、反应时间和壳聚糖与蒙脱土物质的量比，可考察反应条件对壳聚糖纳米复合物有机化程度的影响[29,30]。在反应温度 60℃、反应时间 6 h、壳聚糖和蒙脱土物质的量比为 5:1 时，由图 10-8 可以看出，随着制备复合材料壳聚糖溶液 pH 的增加，纳米复合材料的有机化程度呈先增大后减小再增加的趋势。在酸性溶液中，壳聚糖分子链上的游离—NH_2 与 H^+ 结合形成—NH_3^+。当壳聚糖溶液的

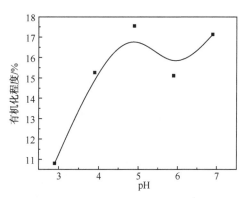

图 10-8 壳聚糖溶液 pH 对壳聚糖/蒙脱土复合物有机化程度的影响

pH 较小时，多余的 H^+ 与壳聚糖分子链上的—NH_3^+ 形成竞争，不利于插层反应的进行。当壳聚糖溶液的 pH 大于 4.90 时，壳聚糖分子链上的游离氨基不能充分质子化，也不利于插层反应的进行。当 pH 达到 6.90 时，纳米复合材料的有机化程度又增大，是因为壳聚糖从溶液中析出。当 pH 为 4.90 时，约有 95% 的游离氨基质子化[23]，有利于壳聚糖和蒙脱土通过阳离子交换的插层反应而达到最大的有机化程度。

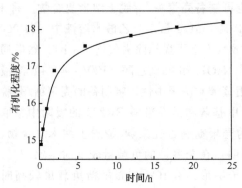

图 10-9　反应时间对壳聚糖/蒙脱土复合物有
机化程度的影响

在壳聚糖溶液 pH 为 4.90、反应时间 6 h、壳聚糖和蒙脱土物质的量比为5∶1时，由图 10-9 可看出，随着温度的增加，纳米复合材料有机化程度也相应增加。但超过 60℃以后，有机化程度增加幅度不大。这是由于反应温度较低时，体系黏度较大，壳聚糖分子活动性差，不利于壳聚糖与蒙脱土发生插层反应。随着反应温度的升高，壳聚糖分子活动性增强，壳聚糖分子链间的氢键作用减弱，从而更容易插入到蒙脱土片层间。但温度过高会导致壳聚糖在酸溶液中发生降解反应，所以反应温度选择 60℃为宜。

由图 10-9 可以看出，随着反应时间的延长，纳米复合材料的有机化程度呈先快速增加，6 h 后缓慢增加的趋势，但总体增加的幅度不大。这可能是由于在反应初期，壳聚糖分子与蒙脱土以插层反应为主，随着反应时间的延长，向剥离型转变。当反应时间超过 6 h 有机化程度增加缓慢，说明壳聚糖与蒙脱土的插层或剥离已基本达到平衡。改变壳聚糖的相对分子质量，发现壳聚糖的相对分子质量对壳聚糖蒙脱土纳米复合材料的有机化程度几乎没有影响，这可能与壳聚糖在蒙脱土片层间的微观排布有关。

在壳聚糖溶液的 pH 为 4.90、反应时间 6 h、反应温度 60℃时，壳聚糖和蒙脱土的物质的量比对纳米复合材料有机化程度的影响如图 10-10 所示。从图可以看出，当壳聚糖量较少时，仅有少量的壳聚糖插入蒙脱土层间，所以纳米复合材料的有机化程度较低。随着壳聚糖量的增加，更多的壳聚糖插入蒙脱土层间，所以有机化程度高。当壳聚糖与蒙脱土物质的量比超过 5∶1 时，有机化程度几乎没有变化，说明壳聚糖与蒙脱土的插层已达到平衡。

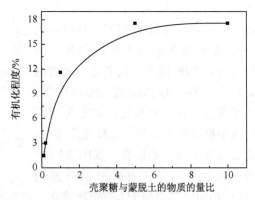

图 10-10　壳聚糖和蒙脱土物质的量比对壳聚
糖/蒙脱土复合物有机化程度的影响

图 10-11 为蒙脱土、壳聚糖和蒙脱土以不同有机化程度制备的复合材料的 XRD 图。由图可见，与壳聚糖发生复合后，随着有机化程度的增加，蒙脱土在

6.94°的特征衍射峰（相应的层间距为 12.74 Å）向低角度位移甚至消失。当有机化程度相对低的时候，在 $2\theta=5.61$ 处出现衍射峰，层间距为 15.76 nm，这说明大部分蒙脱土仍保持较为完整的晶体结构。当有机化程度相对高的时候，峰形宽化，无明显衍射峰，这说明壳聚糖部分分子链已经很好地插入到蒙脱土的片层中，壳聚糖/蒙脱土纳米复合材料形成了剥离型纳米结构[25]。

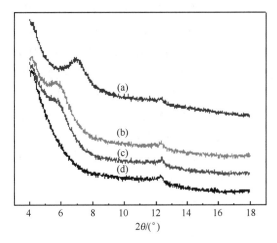

图 10-11　（a）蒙脱土和壳聚糖/蒙脱土复合物；（b）3.02%；
（c）11.60%；（d）17.55% 的 XRD 谱图

表 10-1 为蒙脱土和壳聚糖/蒙脱土以不同有机化度制备的复合材料的比表面积、密度和平均孔径。可以看出，随着有机化程度的增加，与蒙脱土相比，纳米复合物的比表面积和密度逐渐减小，而平均孔径逐渐增大。这是由于壳聚糖分子进入蒙脱土层间，在使其层间距增大的同时，又堵塞了蒙脱土表面的小孔，从而导致纳米复合物的比表面积减小，平均孔径增大。而纳米复合物密度的减小是由于壳聚糖的密度（0.33 g/m³）远小于蒙脱土（1.56 g/m³）的缘故。

表 10-1　蒙脱土和壳聚糖/蒙脱土纳米复合物的比表面积、密度和平均孔径

样品	比表面积/(m²/g)	密度/(g/m³)	平均孔径/Å
蒙脱土	61.37	1.56	66.85
3.02%	55.47	1.52	73.56
11.60%	44.87	1.46	80.48
17.55%	22.32	1.39	118.45

采用羧甲基壳聚糖可制备壳聚糖衍生物/蒙脱土纳米复合物。将含 0.0185、0.037、0.185、0.925 和 1.85 g 羧甲基壳聚糖的水溶液分别缓慢倒入蒙脱土悬浮液中（1.0 g 蒙脱土悬浮于 25 mL 蒸馏水中），于 60℃反应 6 h 后，离心，产物

用蒸馏水洗至上清液 pH 为中性, 在 60℃下烘干分别得羧甲基壳聚糖/蒙脱土物质的量比为 1∶10、1∶5、1∶1、5∶1 和 10∶1 的纳米复合物。

图 10-12 是蒙脱土和不同物质的量比制备的羧甲基壳聚糖/蒙脱土纳米复合物及羧甲基壳聚糖的 IR 谱图。可以看出, 蒙脱土在 3442 cm^{-1} 处 H_2O 的—OH 伸缩振动吸收带在发生复合后向低波数位移。这表明羧甲基壳聚糖在 3423 cm^{-1} 处 O—H 和 N—H 的伸缩振动吸收带和蒙脱土 H_2O 中—OH 伸缩振动吸收带发生了交叠。在纳米复合物的 IR 谱图中出现了—CH_2 (2885 cm^{-1}) 和—CH_3 (2921 cm^{-1}) 的对称和不对称伸缩振动吸收带, 而且这些吸收带的强度随着羧甲基壳聚糖/蒙脱土物质的量比的增加而增强。另外, 蒙脱土中 1636 cm^{-1} 处 H_2O 中—OH 的弯曲振动吸收带在发生复合后向低波数位移, 表明插层羧甲基壳聚糖在 1600 cm^{-1} 处的—COO$^-$ 不对称伸缩振动吸收带和蒙脱土 H_2O 中的—OH 弯曲振动吸收带发生了交叠。同时随着羧甲基壳聚糖/蒙脱土物质的量比的增加, 纳米复合物的谱图中出现了羧甲基壳聚糖 1417 cm^{-1} 处的—COO$^-$ 对称伸缩振动吸收带和 1086 cm^{-1} 处的—OH 伸缩振动吸收带。

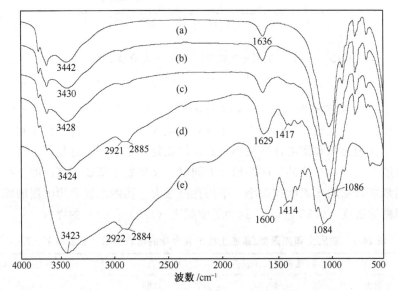

图 10-12　(a) 蒙脱土和壳聚糖/蒙脱土复合物的 IR 谱图; 有机化度分别为: (b) 3.02%; (c) 11.60%; (d) 17.55%; (e) 羧甲基壳聚糖

图 10-13 给出了膨润土和不同物质的量比制备的羧甲基壳聚糖/蒙脱土纳米复合物的 XRD 谱图。与羧甲基壳聚糖发生复合后, 随着羧甲基壳聚糖/蒙脱土物质的量比的增加, 蒙脱土在 6.94°的特征衍射峰向低角度位移甚至消失。当羧甲基壳聚糖/蒙脱土的物质的量比为 1∶5 时, 在 $2\theta = 5.78°$处出现衍射峰, 层间

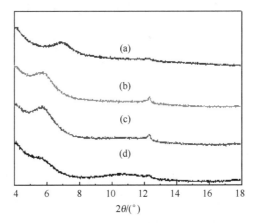

图 10-13　（a）蒙脱土和羧甲基壳聚糖/蒙脱土复合物；
（b）1∶5；（c）1∶1；（d）5∶1 的 XRD 谱图

距为 15.34 nm，这说明羧甲基壳聚糖已经进入蒙脱土片层间，形成插层型纳米复合物。当羧甲基壳聚糖/蒙脱土的物质的量增加到 5∶1 时，蒙脱土的特征衍射峰几乎消失，无明显衍射峰，这说明羧甲基壳聚糖/蒙脱土纳米复合材料形成了剥离型纳米结构。

　　图 10-14 是蒙脱土、羧甲基壳聚糖和羧甲基壳聚糖/蒙脱土物质的量比为 5∶1 的纳米复合物的扫描电镜图片。可以看出，蒙脱土粒子均匀的分散到羧甲基壳聚糖的基体结构中 [图 10-14(c)]，而且相对于蒙脱土最初的尺寸 [图 10-14(a)]，纳米复合物中蒙脱土的颗粒变小了 [图 10-14(c)]，这说明羧甲基壳聚糖/蒙脱土纳米复合物形成了剥离型纳米结构。

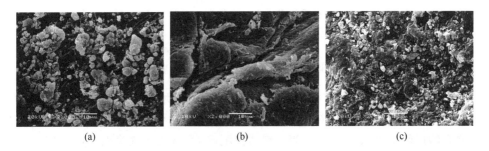

图 10-14　（a）蒙脱土；（b）羧甲基壳聚糖；（c）羧甲基壳聚糖/蒙脱土复合物的 SEM 谱图

　　表 10-2 为蒙脱土和羧甲基壳聚糖与蒙脱土以不同物质的量比制备的复合材料的比表面积和平均孔径。可以看出，随着羧甲基壳聚糖/蒙脱土物质的量比的增加，纳米复合物的比表面积逐渐减小，而平均孔径逐渐增大。这是由于羧甲基壳聚糖分子进入蒙脱土层间，在使其层间距增大的同时，又堵塞了蒙脱土表面的

小孔，从而导致纳米复合物的比表面积减小，平均孔径增大。

表 10-2　蒙脱土和羧甲基壳聚糖/蒙脱土纳米复合物的比表面积和平均孔径

样品	比表面积/(m²/g)	平均孔径/Å
蒙脱土	61.4	6.7
1∶5	41.6	7.6
1∶1	29.2	8.7
5∶1	15.9	12.1

采用壳聚糖-Ag 络合物对钠基蒙脱土进行改性，可合成壳聚糖- Ag/蒙脱土纳米复合材料[31]。2 g 壳聚糖加入到一定浓度 AgNO₃ 溶液中，恒温震荡吸附数小时之后，静止 14 h，分离，干燥后得到红棕色的壳聚糖-Ag 络合物。将蒙脱土配制成 5% 的水溶液，取一定量的壳聚糖-Ag 络合物加入到蒙脱土溶液中，恒温搅拌反应一定时间，60℃真空烘干，研磨即得。

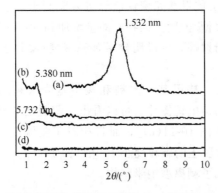

图 10-15　不同物料配比条件下（蒙脱土∶壳聚糖-Ag）制备的壳
聚糖-Ag/蒙脱土复合物的 XRD（反应温度：80℃，反应时间：2 h）
(a) 蒙脱土　　　(b) 蒙脱土∶壳聚糖-Ag=1∶0.5
(c) 蒙脱土∶壳聚糖-Ag=1∶1　　(d) 蒙脱土∶壳聚糖-Ag=1∶1.3

由图 10-15 可见，随着插层剂壳聚糖-Ag 比例的增加，XRD 的 2θ 向小角方向移动。当物料质量配比（蒙脱土∶壳聚糖-Ag）=1∶0.5 时，壳聚糖-Ag/蒙脱土复合物层间距为 5.380 nm。当物料质量配比（蒙脱土∶壳聚糖-Ag）=1 时，壳聚糖-Ag/蒙脱土复合物层间距由 5.380 nm 变大 5.732 nm。当壳聚糖-Ag∶蒙脱土=1∶1.3 时，壳聚糖-Ag 在层间的吸附量达到饱和，黏土开始剥离，这说明壳聚糖部分分子链已经很好地插入到蒙脱土的片层中。当物料质量配比（壳聚糖-Ag∶蒙脱土）为 1∶1 时，60℃下反应 2 h，壳聚糖-Ag/蒙脱土复合物层间距为3.874 nm，这说明有少量的壳聚糖插入蒙脱土层间，但部分蒙脱土仍保持较为完整的晶体结构。延长反应时间到 4 h，壳聚糖-Ag/蒙脱土复合物峰形宽化，层间距由 3.874 nm 增加到 5.658 nm。继续延长时间，壳聚糖-Ag/蒙脱土复合物层间距增加不大，说明壳聚糖-Ag/蒙脱土在层间的吸附量达到饱和，壳聚糖部分分子链已经很好地插入到蒙脱土的片层中，形成了插层甚至部分剥离的纳米复合物。在 80℃反应 2 h 和 60℃反应 4 h，壳聚糖-Ag/蒙脱土复合物层间距分别为 5.732 nm 和 5.658 nm，层间距相差不大。

利用溶液插层方法也可制备明胶/蒙脱土-壳聚糖纳米复合材料[32]。将蒙脱土溶液经超声波处理后，在 70℃下滴入明胶溶液中，反应 1 h。取一定量明胶/蒙脱土插层产物，滴加到壳聚糖的 1% 乙酸溶液中，反应 6 h。向反应产物中滴加适量戊二醛溶液，在 40℃下交联。将制得的插层复合物倒入培养皿中，成膜，经过冷冻干燥可得到 2 mm 左右厚的多孔材料。XRD 证实明胶分子与蒙脱土形成插层结构，同时明胶与壳聚糖分子链间存在强烈的相互作用，形成聚电解质配合物。实验结果表明，蒙脱土的加入对复合材料的力学性能有明显的提高，并减慢了降解速率。通过 SEM 观察及 MTT 测试表明，该复合材料具有良好的生物相容性，是一种符合组织工程要求的细胞载体。

最近，聚乳酸（PLA）/黏土纳米复合材料已有很多文献报道。而将蒙脱土先用十六烷基三甲基溴化铵（CTAB）阳离子处理，然后用溶解在 1%（质量分数）乳酸水溶液中的壳聚糖进行修饰，再与 PLA 复合可改进 PLA 和蒙脱土之间的化学相容性。图 10-16 给出了制备过程的示意图[33]。

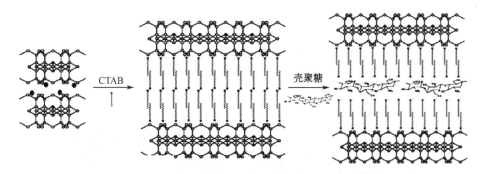

图 10-16　有机化蒙脱土与壳聚糖作用的示意图

在壳聚糖作用后的 IR 谱图中，1472 和 726 cm⁻¹ 吸收带是壳聚糖的 C—N 伸缩振动，该结果说明在溶液混合过程中，壳聚糖已经成功地接枝到有机化蒙脱土上。在 PLA/壳聚糖修饰蒙脱土纳米复合材料的 XRD 图上，当有机化黏土含量增加到 6%（质量分数）时，形成了插层结构。图 10-17 给出了 3% PLA/壳聚糖修饰蒙脱土纳米复合材料的 TEM 照片，其中黑色线条为蒙脱土片层，白色为 PLA 支架。从 TEM 可以看出，蒙脱土在 PLA 支架中达到了均匀分散。

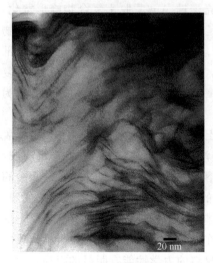

图 10-17　3% PLA/壳聚糖修饰蒙脱土
纳米复合材料的 TEM 照片

PLA/壳聚糖修饰蒙脱土纳米复合材料的降解速率比 PLA 支架缓慢，该结果说明在 PLA 体系中引入壳聚糖修饰蒙脱土可以改善纳米复合材料的物理性质。

壳聚糖还作为相溶剂用于木薯淀粉/蒙脱土复合物膜的制备[34]。在 pH＝3 的乙酸溶液中，将木薯淀粉、蒙脱土、壳聚糖和丙三醇，用高速搅拌器混合均匀，加热到温度为 70～80℃使之凝胶化后，浇铸并在敞开的空气中干燥。实验发现，经过壳聚糖处理后的蒙脱土层间距从 14.78 Å 增加到 15.80 Å，尽管壳聚糖未能完全插层到黏土的片层中，但由于壳聚糖的亲水性和它吸附在黏土表面的能力，它在淀粉网络和蒙脱土之间起了一个相溶剂的作用。在较低蒙脱土含量下，淀粉/蒙脱土复合物膜的强度明显改善。随着壳聚糖含量的增加，复合物膜的表面亲水性也明显增加。

图 10-18 为含有 10%蒙脱土（b）和含 10%壳聚糖与 10%蒙脱土的淀粉膜的 SEM 照片（a）。从图中可以看出，在含有蒙脱土的淀粉膜上，能普遍观测到直径大约为 10 μm 的黏土颗粒。而含有壳聚糖的复合膜，具有较小的黏土粒径分布。该结果表明，壳聚糖的加入促进了黏土的分散，从而使它们更均匀地分散在淀粉的网络中。酸化的壳聚糖很容易吸附在黏土的表面，壳聚糖是亲水性的高分子，且氢键作用可以与淀粉相容。因此，壳聚糖在剪切力的作用下，很容易将蒙脱土解离成较小的粒子，而在复合物中实现更好地分散。图 10-19 给出了壳聚糖

(a)　　　　　　　　　　　　　　(b)

图 10-18　（a）壳聚糖改性蒙脱土/淀粉复合物膜；（b）蒙脱土/淀粉复合
物膜的 SEM 照片

改性蒙脱土/淀粉复合物膜实际持水情况。蒙脱土和壳聚糖的加入能够改善复合物膜的延伸性能。由于壳聚糖的结构类似于淀粉，具有很高的相对分子质量和线形结构，它的加入能提高延伸强度和杨氏模量。壳聚糖的疏水性比淀粉强，实验表明壳聚糖链上的乙酰基团对其疏水性有一定贡献。

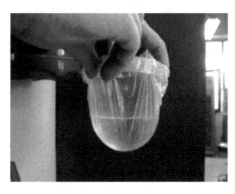

图 10-19　壳聚糖改性蒙脱土/淀粉复合物膜实际持水情况

10.2.2　壳聚糖/累托石复合物

10.2.2.1　累托石的结构和性质

累托石是一种具有特殊结构的层状硅铝酸盐矿物，是一类由八面体的类云母和二八面体的类蒙脱石层组成的 1∶1 型规则间层黏土矿物。其中，云母层不具有膨胀性，蒙脱石层遇水可膨胀，经适当的有机改性后，其层间距可以扩大。图 10-20 是累托石的结构示意图。由于累托石晶体结构中具有蒙脱石层，因此具有蒙脱石的物化性能；又由于其具有云母层，使其热稳定性优于蒙脱石。累托石的晶体结构中含有膨胀性的蒙脱石晶层，具有较大的亲水表面，在水溶液中显示出良好的亲水性、分散性和膨胀性。胶质价、可塑性指数和比表面积是衡量累托石上述性能的重要技术指标，实测累托石黏土（含 70％累托石）的胶质价一般在 50～60 mL/15g，可塑性指数为 36～37。由于累托石晶体结构中的蒙脱石层具有层负电荷，显示电极性，使其能吸附各种无机离子、有机极性分子和气体分子，一般用吸蓝量衡量累托石吸附能力的大小。蒙脱石层间的水化阳离子可被其他阳离子交换，阳离子交换性能是累托石矿物具有的极其重要的特性，许多工业产品的制备，就是利用了它的这种特性。利用其阳离子交换性，可以对累托石进行改性。

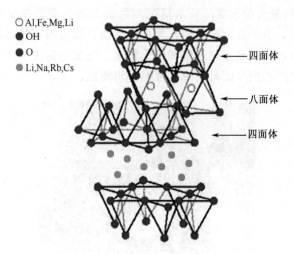

图 10-20　累托石的结构示意图

10.2.2.2　壳聚糖/累托石混合物

天然累托石矿物存在着大量可交换的亲水性无机阳离子，使实际黏土表面通常存在着一层薄的水膜，因而不能有效地吸附疏水性有机污染物，直接用于废水处理，往往不能达到很好的处理效果。为了提高累托石处理污水的能力，将其用于污水处理时，首先对其进行改性。常用的累托石改性有活化法和添加改性剂两种方法。采用铝交联改性的累托石与壳聚糖复合后可明显改善废水处理效果[35]。由XRD 图可知，在直接混合的条件下，交联改性后的累托石存在很强的 001 衍射峰，这说明铝交联改性累托石并没有改变其晶体的层状结构，只是与其层间的阳离子进行交换。目前在这方面的文献报道较少，而更多的是插层制备纳米复合材料。

10.2.2.3　壳聚糖/累托石纳米复合材料

将累托石与十六烷基三甲基溴化铵反应，可得到有机改性累托石。一定量的壳聚糖溶解在 1%（W/V）乙酸中配成 0.5% 的溶液，在搅拌条件下，按壳聚糖：累托石质量比为 6∶1、12∶1、20∶1（壳聚糖∶有机累托石质量比 2∶1、6∶1、12∶1、20∶1、50∶1）缓慢滴加到累托石（有机累托石）悬浮液中，加热至 60℃反应 2 d。然后用 1 mol/L 的 NaOH 溶液沉淀产物并将产物用蒸馏水洗至中性，50℃下烘干、研磨即得壳聚糖/累托石和壳聚糖/有机累托石纳米复合材料[36]。

图 10-21 (A) 为钙基累托石和有机累托石的 XRD 图。可以看出，累托石在 $2\theta=3.59°$ 是特征衍射峰（相应的层间距为 2.45 nm），有机化后向低角度位移（2θ 为 3.19°，相应的层间距为 2.94 nm）。说明十六烷基三甲基溴化铵已经插入到累托石层间。图 10-21 (B) 和 (C) 分别给出了不同含量累托石纳米复合物和不同含量有机累托石纳米复合物的 XRD 图。与天然累托石相比，所有复合材料的衍射角都没有消失而是都向小角发生了位移，这表明壳聚糖与累托石（有机累托石）形成了插层型而不是剥离型的纳米复合材料。值得注意的是，复合材料的层间距并不与黏土（有机黏土）的质量成正比。随着黏土（有机黏土）量的增加，累托石（有机累托石）的层间距增大。当壳聚糖与有机累托石的质量比为12∶1时，其复合材料的层间距最大，可达 8.24 nm。但继续增加黏土（有机黏土）的量，层间距反而减小。壳聚糖/有机累托石纳米复合物的插层效果优于壳

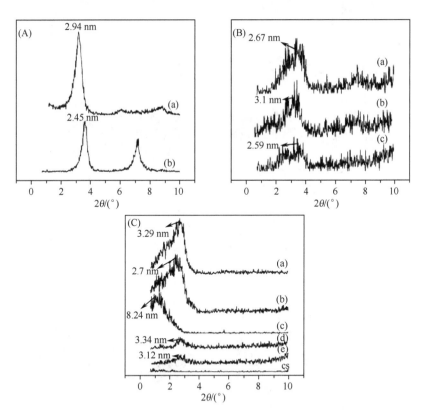

图 10-21 (A) (a) 有机累托石，(b) 累托石；(B) 壳聚糖和累托石的重量比为 (a) 6∶1，(b) 12∶1，(c) 20∶1 壳聚糖/累托石纳米复合物；(C) 壳聚糖和有机累托石的重量比为 (a) 2∶1，(b) 6∶1，(c) 12∶1，(d) 20∶1，(e) 50∶1 壳聚糖/有机累托石纳米复合物的 XRD 谱图

聚糖/累托石纳米复合物，原因可能是有机改性剂可以极大地改善累托石表面的疏水性，使壳聚糖更容易插入到黏土层间。

　　图 10-22 给出了壳聚糖/有机累托石纳米复合物和壳聚糖/累托石纳米复合物的 TEM 照片。其中黑色谱线和发亮的区域分别代表黏土和壳聚糖的基体。TEM 照片清晰地表明了黏土片层以纳米尺寸很好地分散到壳聚糖基体中。与壳聚糖和黏土质量比为 12∶1 的纳米复合物相比，在质量比为 6∶1 复合物的 TEM 照片中，可以观察到少量的黏土聚集体。这说明随着黏土含量的增加，大多数硅

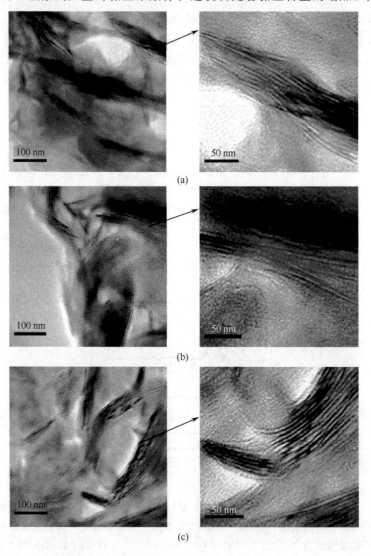

图 10-22　壳聚糖和有机累托石的质量比为（a）6∶1，（b）12∶1，壳聚糖和累托石的质量比为（c）12∶1 纳米复合物的 TEM 照片

酸盐片层可以均一地分散到壳聚糖/黏土纳米复合物中，从而明显影响复合物的性质。累托石片层是堆积在一起［图（a）和图（c）］，并没有剥离，片层的间距大约在 3 nm，这与 XRD 的观察结果一致。此外，在图（b）中观察到了部分黏土片层发生了分离，XRD 分析结果表明，此时层间距可达 8.24 nm，这说明壳聚糖和黏土质量比为 12∶1 的纳米复合物存在着很少的剥离结构。

　　图 10-23 是累托石、有机累托石和不同质量比制备的壳聚糖/有机累托石纳米复合物的 IR 谱图。可以看出，相对于累托石和有机累托石的 IR 谱图，在 2921 cm^{-1}，2851 cm^{-1}处出现了—CH$_2$—和—CH$_3$的伸缩振动吸收带，这表明十六烷基三甲基溴化铵通过阳离子交换的方式进入累托石片层间。在纳米复合物的 IR 谱图中，壳聚糖在 3448 cm^{-1}的 N—H 和 O—H 振动吸收带变宽加强并向低波数位移，这说明壳聚糖中的—NH$_2$ 和—OH 基团与累托石中的—OH 可能形成了氢键，还有一个可能的原因是壳聚糖在受限条件下，分子间和分子内也会发生强烈的氢键作用。相对于其他复合物，壳聚糖和有机累托石质量比为 12∶1 制备的纳米复合物 N—H 和 O—H 振动吸收带移向了最低的波数（3419 cm^{-1}）。另外，在壳聚糖和有机累托石质量比为 12∶1 纳米复合物在 1547 cm^{-1}出现了一个新吸收带，进一步说明了壳聚糖和有机累托石发生了相互作用。

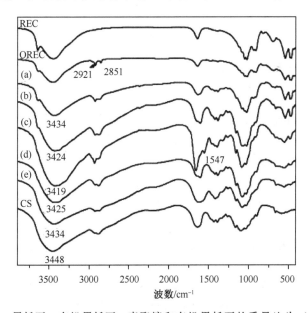

图 10-23　累托石、有机累托石、壳聚糖和有机累托石的质量比为（a）2∶1，
（b）6∶1，（c）12∶1，（d）20∶1，（e）50∶1壳聚糖有机累托石纳米复合物
的 IR 谱图

　　图 10-24 给出了壳聚糖和不同质量比制备的壳聚糖/有机累托石纳米复合物

的 TG 曲线。纳米复合物的 TG 曲线和壳聚糖相似，有两个热分解阶段，但纳米复合物的热分解温度高于壳聚糖，这是由于壳聚糖和黏土之间的相互作用的结果。从图还可以观察到壳聚糖和有机累托石质量比为 2：1 时形成的纳米复合物（有机黏土含量最大），其热分解温度最高。而壳聚糖和有机累托石质量比为 12：1 纳米复合物（层间距最大）的热分解温度和质量比为 2：1 纳米复合物的相似。这表明复合物的热稳定性和黏土的量以及层间距有关。

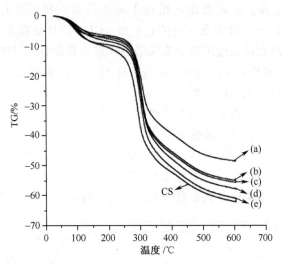

图 10-24　壳聚糖、壳聚糖和有机累托石的质量比为（a）2：1，（b）6：1，
（c）12：1，（d）20：1，（e）50：1 壳聚糖有机累托石纳米复合物的 TG 曲线

　　将有机累托石加入到纯壳聚糖膜中，可以影响很多性质。这些性质的改变与壳聚糖/有机累托石纳米复合材料膜中层状硅酸盐的量和层间距有关。有机累托石添加剂的性质对于聚合物复合材料是非常重要的，该类复合物在抑菌、防水、抗紫外和药物释放系统中有潜在的应用前景[37]。

　　直接利用壳聚糖季铵盐上的正离子与累托石的钙离子进行交换，依靠搅拌的剪切力将高分子链插入到硅酸盐片层，使黏土达到纳米尺度的均匀分散，可形成壳聚糖季铵盐/累托石纳米复合材料[38]。将壳聚糖季铵盐制成 0.25% 水溶液，分别按壳聚糖季铵盐：累托石的比例 2：1、1：2、1：4 滴加到累托石悬浮液中，搅拌并加热至 70～80℃，反应 2 d 后，冷冻干燥即得壳聚糖季铵盐/累托石纳米复合材料。与钙基累托石相比，复合材料的衍射角都向小角发生了移动，这些结果表明，壳聚糖季铵盐与累托石形成了插层型的纳米复合物。值得注意的是，复合材料的层间距并不与累托石的质量分数成正比。当壳聚糖与累托石的比例为 1：2 时，其复合材料的层间距最大，达到了 3.6 nm。从壳聚糖季铵盐/累托石纳米复合材料的 TEM 照片可以看出，钙基累托石均匀地分散在壳聚糖季铵盐基体中，形成了插层型纳米复合材料。该复合材料可以在基因载体方面得到应用。

10.2.3　壳聚糖/锂皂石复合物

锂皂石是一种人工合成的具有正离子交换能力的黏土，黏土片层带负电荷，其化学式为 $(Mg_{5.5}Li_{0.5})Si_4O_{10}(OH)_2(Na_{0.73}^+ nH_2O)$。带正电的壳聚糖可以通过静电作用插入或被吸附于锂皂石负电性黏土的板层间或表面。壳聚糖与锂皂石复合后其黏性、生物兼容性和机械强度等性质都可明显得以改善。壳聚糖/锂皂石复合材料可固定多酚氧化酶制备生物传感器。

图 10-25 是壳聚糖、锂皂石、壳聚糖/锂皂石和壳聚糖/锂皂石/多酚氧化酶的 IR 光谱图[39]。壳聚糖（a）的 1408 cm^{-1} 归属于—CH$_2$ 的弯曲振动。锂皂石（b）的 H—O 的宽伸缩和弯曲吸收带分别位于 3500 和 1637 cm^{-1}，Si—O 伸缩振动的位置在 1009 cm^{-1}。在 655 cm^{-1} 的吸收带归属于 Mg—O。与锂皂石的光谱（b）相比，壳聚糖/锂皂石（c）的 1637 cm^{-1} 和 1009 cm^{-1} 分别位移到 1634 cm^{-1} 和 1004 cm^{-1}。这与分子间和分子内氢键的形成导致氨基和羟基峰波数的减小非常吻合。该结果说明壳聚糖插入到锂皂石的层间或者壳聚糖吸附于锂皂石相的表面。当多酚氧化酶固定于壳聚糖/锂皂石复合材料时，壳聚糖 1578 cm^{-1} 处的氨基吸收带消失（d），说明多酚氧化酶的接枝发生在壳聚糖的氨基上。由于多酚氧化酶和壳聚糖间有相互作用，可以有效地阻止壳聚糖/锂皂石网络上多酚氧化酶的释放，这说明壳聚糖/锂皂石是一种良好的酶固定化载体。

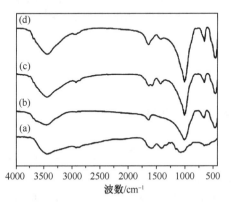

图 10-25　(a)壳聚糖、(b) 锂皂石、(c) 壳聚糖/锂皂石和 (d) 壳聚
糖/锂皂石/多酚氧化酶的 IR 谱图

在膜的表面形貌方面，纯锂皂石 [图 10-26 (a)] 是直径为 50 nm 的紧密球状颗粒，纯壳聚糖 [图 10-26 (b)] 是由短规则纤维结构组成，而在壳聚糖/锂皂石凝胶中，壳聚糖的形貌发生改变，并且显示出网络状结构 [图 10-26 (c)]。

壳聚糖/锂皂石膜的孔大小比纯壳聚糖膜小的多，可以有效阻止酶从膜中的释放。这是没有化学交联而壳聚糖/锂皂石仍有较高酶担载量的主要原因。当多酚氧化酶进入到壳聚糖/锂皂石复合物中，更多珊瑚状颗粒均匀分散于表面 [图 10-26 (d)]。壳聚糖在锂皂石凝胶中的剥离极大地改进了酶固定化网络的附着能力、生物相容性和机械强度。采用复合材料制备的生物传感器，避免了戊二醛的使用，所得到的传感器敏感性高、重现性和稳定性好，该复合材料在生物传感器中具有很好的应用前景。

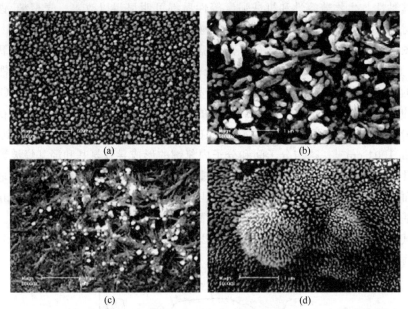

图 10-26　　(a) 壳聚糖、(b) 锂皂石、(c) 壳聚糖/锂皂石和 (d) 壳聚糖/锂皂石/多酚氧化酶的 SEM 照片

10.2.4　壳聚糖/海泡石复合物

海泡石是一种微晶水合含镁硅酸盐，理论单元分子是 $Si_{12}O_{30}Mg_8(OH,F)_4(H_2O)_4H_2O$，其孔道横断面的尺度大约为 $1.1 \times 0.4\ nm^2$，是一种微纤维状形貌和大小为 $2 \sim 10\ \mu m$ 长范围的颗粒 (图 10-27)。与蒙脱石一样，海泡石也是一种具有形成聚合物/黏土纳米复合材料能力的黏土矿物。聚合物不仅可以与海泡石的外表面相互作用，而且也能渗透进入矿物的结构孔道。不同结构、组成和形貌的黏土矿物对高分子网络的改善取决于两种组分间的相互作用。在复合材料中具有高比表面积的颗粒可以有效地改善聚合物网络的机械性质，而海泡石的比表面积较大，因而在复合物中有广泛的应用。

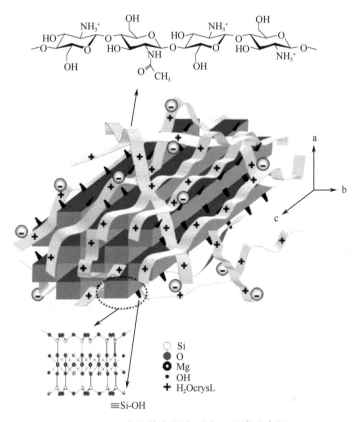

图 10-27　壳聚糖在海泡石表面吸附示意图

　　壳聚糖分子中含有氨基和羟基，在弱酸性溶液中，壳聚糖分子中的氨基被质子化，这样可补偿海泡石的负电荷而发生相互作用。除了这种相互作用机理，在壳聚糖的羟基和海泡石外表面的硅羟基之间还存在确定的氢键。两种类型相互作用的结合使海泡石与壳聚糖的复合成为可能[40]。在蒸馏水中制备 3％海泡石悬浮液。将不同量的壳聚糖溶解于 50 mL 1％乙酸溶液中，然后将壳聚糖溶液分别加入到 50 mL 海泡石分散液中，室温搅拌 24 h。一部分用来制备壳聚糖/海泡石复合膜，另一部分壳聚糖/海泡石悬浮液离心处理，用蒸馏水洗涤 3 次后再重新分散在蒸馏水中，可制备没有过量壳聚糖的海泡石膜。XRD 证实了在纳米复合材料制备中，酸性溶液并未改变海泡石的结构。使用 LT-SEM 技术可以得到高含水样品在低温下的电镜照片。在壳聚糖的存在下，能清楚地看到分散的海泡石纤维。但壳聚糖的量越大，壳聚糖/海泡石纳米复合物中海泡石纤维会发生凝聚。海泡石与壳聚糖的相互作用增强了生物复合物材料的机械性质。因此，壳聚糖/海泡石复合材料在气体混合物的分离、电化学传感器的组成部分和燃料电池的隔膜上等方面具有潜在的使用价值。

采用 0.56 mg/L 壳聚糖与 32 mg/L 海泡石制备的混合物，在相同条件下对铜绿微囊藻的絮凝效果研究表明，对浊度和叶绿素的去除有较好的效果。这是由于绒状的海泡石对铜绿微囊藻具有良好的吸附作用，再复配上壳聚糖絮凝剂，通过壳聚糖的吸附架桥和电性中和双重作用，形成的絮体进一步网捕水体中的小絮体，使形成的絮体粗大、致密、沉降速度快，处理后的水清澈透亮。在海泡石粒径 20～40 目范围时，最佳絮凝剂用量配比壳聚糖为 0.56～0.8 mg/L，海泡石为 32～40 mg/L。絮凝结果是藻去除率达到 99.93%[41]。

从图 10-28 的显微镜图像中可以看出，（a）是水样中铜绿微囊藻的形态，说明水体中是单藻种，而且是相互分散，非团聚态存在；（b）是单加壳聚糖所形成的絮体，尽管已发生了絮凝，但藻间距比较大，这符合高分子电解质专属吸附异体凝聚的特征，特别是絮体密度与水相近且藻类物质没有完全脱稳，因而在搅拌过程的水力条件下不可能形成更为密实的絮体，在沉降性能与网捕性能较差的前提下，絮凝后水体浊度较高；（c）是单加海泡石絮凝的显微镜图像，绒状海泡石与藻类发生的是吸附作用，由于海泡石不具有电中和作用，藻类及其他胶体颗粒不会脱稳，因而絮体疏松，水体浊度更大；（d）是复合絮凝初始所形成的絮体，由于在海泡石吸附藻类及胶体的前提下，再加入壳聚糖进行脱稳絮凝，已形成较密实的网状絮体；（e）是静置沉降 30 min 后的絮体，在初始形成的网状絮体进一步网捕脱稳的藻类和其他胶体下，形成了更为密实的絮体，具有较高的沉降速度，胶体和藻类进行了充分的絮凝沉降，获得了优良的效果。

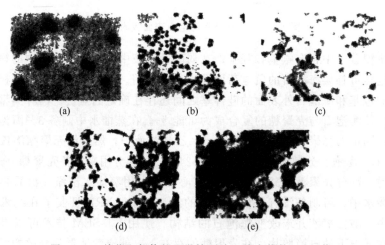

(a)　　　　　　　　(b)　　　　　　　　(c)

(d)　　　　　　　　(e)

图 10-28　单藻和絮体的显微镜照片（放大倍数：400 倍）

10.2.5　壳聚糖/高岭土复合物

针对壳聚糖造粒难和比重较小,在低 pH 下使用容易从溶液中流失的缺点,以壳聚糖为改性剂对活化处理后的高岭土进行表面改性,可制备壳聚糖/高岭土吸附剂。取 3%壳聚糖溶胶 10 mL,用 10 mL 去离子水稀释,50℃下搅拌 1 h后,缓慢加入 5 g 高岭土,持续搅拌 5 h,离心分离,洗涤,抽滤后样品于 50℃真空干燥至恒重。将第一次负载、干燥后的壳聚糖/高岭土,缓慢加入到 3%壳聚糖溶胶 10 mL 中,50℃下搅拌 6 h,静置过夜。除去上清液,剩余物倾倒入一定量的 1.0 mol/L NaOH 溶液中,搅拌 1 h 后,用去离子水洗至中性,抽滤,真空干燥 24 h 得橘黄色固体小颗粒[42]。研究表明所制备的壳聚糖/高岭土具有分散度高、吸附容量大、无污染等特点,可作金属离子吸附剂。

图 10-29 为壳聚糖/高岭土被重新分散后的 SEM 照片。(a)为粒径分布照片。从(a)中可以看出所制备的壳聚糖/高岭土颗粒近似球形,其分布均匀,分散性好。粒径在 120 μm 左右,比负载前大。少量较大颗粒是由于小颗粒发生强烈团聚所致。(b)为单个颗粒局部放大照片。从(b)中可以发现所形成的壳聚糖/高岭土颗粒是壳聚糖将很多个高岭土微粒包裹在一起所致。通常情况下,高岭土与壳聚糖很难形成插层复合物。

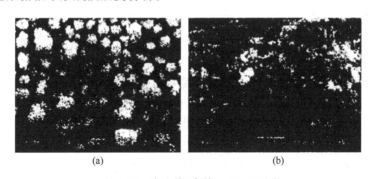

(a)　　　　　　　　　　　　　(b)

图 10-29　壳聚糖/高岭土 SEM 照片

10.2.6　壳聚糖/其他黏土复合物

10.2.6.1　壳聚糖/凹凸棒黏土复合物

由于壳聚糖成本较高,凹凸棒土成本较低。所以,实际应用时,若将壳聚糖和活化凹凸棒土混合使用,既能降低成本,又能提高吸附效率,这是一种合理有效的、能降低成本的污水处理方法。将 1 mL 1%壳聚糖溶液与 0.01 g 活化凹凸棒土的混合物，用于 Cu^{2+}、Pb^{2+}、Cd^{2+} 和 Zn^{2+} 等金属离子的吸附，吸附能力大为提高。这可能是由于活化凹凸棒土与壳聚糖以某种形式结合，增加了分子内的空隙结构，使得羟基和氨基等基团活化，增加了与金属离子发生螯合作用的概率，从而使得共同吸附能力大为提高[43]。与高岭土一样，凹凸棒黏土与壳聚糖也很难形成插层复合物。

将凹凸棒土-活性炭-壳聚糖负载环糊精后可吸附对硝基苯酚和邻硝基苯酚。在 pH=5.0～7.5 时，复合吸附剂对硝基苯酚和邻硝基苯酚具有较好的吸附作用[44]。热力学函数计算表明，复合吸附剂对硝基酚的吸附是自发的放热过程，对硝基苯酚的吸附热和熵变分别为 −27.49 kJ/mol 和 −70.39 J/(mol·K)，邻硝基苯酚的吸附热和熵变分别为 −29.06 kJ/mol 和 −78.87 J/(mol·K)，吸附自由能均随温度的升高而增加。

10.2.6.2　壳聚糖/沸石复合物

根据天然沸石对金属阳离子的可交换性，利用壳聚糖在酸性溶液中带有正电荷的特性，将 80 目天然沸石与 90%脱乙酰度壳聚糖的 0.5%乙酸溶液按 1∶1.2 质量比混合，使壳聚糖负载在天然沸石上，制成固体复合吸附剂，用于水中 Cr^{6+} 的去除。最佳工艺条件是：壳聚糖与天然沸石质量比为 0.04，吸附剂用量为 8.0 g/L，废水中 Cr^{6+} 质量浓度不大于 10 mg/L，pH=4～6，吸附平衡时间为 40 min，Cr^{6+} 去除率为 80%。与活性炭吸附法相比，壳聚糖/天然沸石复合吸附剂吸附平衡时间短，成本仅为其 1/6[45]。

与单一的壳聚糖或天然沸石相比，复合吸附剂对 Cr^{6+} 溶液有显著的吸附作用。这是因为天然沸石对 Cr^{6+} 的吸附属于物理吸附，吸附效果取决于其表面积的大小。由于 CrO_4^{2-} 和 $Cr_2O_7^{2-}$ 基团较大，难以进入天然沸石空腔，因而吸附效果较差；单独使用壳聚糖时，壳聚糖的吸附受 Cr^{6+} 从表面向颗粒内活性位置迁移扩散的影响，吸附反应速度较慢，达到吸附平衡需时较长，吸附容量较小；当壳聚糖与天然沸石复合后，吸附性能明显提高。从吸附原理分析，复合吸附剂可发生共同吸附，多组分的吸附剂比单组分的吸附容量大，再者，负载在大表面积天然沸石上的壳聚糖分子中的活性基团，能更高效地与 Cr^{6+} 作用，加快吸附平衡速度。

10.3　壳聚糖/无机复合物

多种无机物如金属氧化物其结构的改造和修饰难度很大，难以根据实际需要来控制其大小、形状以及物理化学性质。而有机组分则具有优良的分子剪裁与修饰的功能，但它们却在坚固性与稳定性等方面具有明显的缺点。通过两种或多种材料的功能杂化复合、性能互补和优化，制备出性能优异的杂化复合材料，已成为现代材料发展的趋势。在无机/有机杂化材料中，通过将无机物作为一组分引入有机分子结构中，可增加材料的复杂性及官能度。在这类材料中，有机和无机组分之间存在着协同作用，这使得结构信息从有机分子传递到无机物的骨架结构上，无机组分的存在改变了有机物的结构性质。

　　有机/无机复合材料在两相间存在相互作用力或形成了互穿网络，因此使有机相和无机相之间的界面面积大，相互作用强，与传统意义上具有较大微相尺寸的复合材料在结构、性能上有明显的差别。如何将无机和有机化合物两者互补的性能结合起来，构筑结构可塑、稳定、坚固的新型杂化材料已成为无机化学与材料科学领域中的重要研究课题。就壳聚糖而言，由于其独特的性能，与无机材料复合后具有诱人的应用前景，被认为是 21 世纪最有前途的材料之一。

10.3.1　壳聚糖/SiO$_2$复合物

　　纳米 SiO$_2$ 是一种重要的无机化工产品，具有大的比表面积，存在着大量的羟基基团，表现出极强的反应活性，它自身作为材料的一部分而起改性作用，具有良好的补强作用。近年来，壳聚糖已被广泛应用于医药、食品和组织工程等领域，其产品的开发研究已引起越来越多的国家和研究机构的重视。但单纯的壳聚糖作为材料应用有一定的局限性，用纳米 SiO$_2$ 对壳聚糖进行改性，可合成应用范围广的有机/无机复合材料。

　　溶胶-凝胶（Sol-Gel）法是制备有机/无机复合材料的重要方法，将壳聚糖与烷氧基硅烷如正硅酸乙酯（TEOS）混合，随后发生 TEOS 的水解和缩聚反应（Sol-Gel 反应），可以得到有机/无机复合均质膜[46]。图 10-30 给出了壳聚糖及其与 SiO$_2$ 复合膜的 IR 光谱图。纯壳聚糖膜中

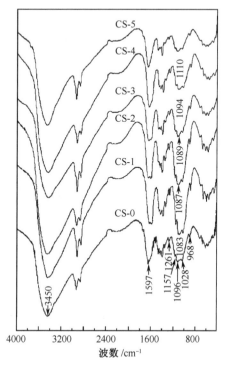

图 10-30　壳聚糖及其 SiO$_2$ 复合膜的 IR 谱图

1597 cm^{-1} 处的吸收带归属于氨基的变形振动，1261 cm^{-1} 处的吸收带归属于 O—H 的弯曲振动，3450 cm^{-1} 处的宽吸收带归属于 O—H 和 N—H 的伸缩振动，1096 cm^{-1} 和 1028 cm^{-1} 处的平行谱带分别归属于 C$_3$ 二级羟基和 C$_6$ 一级羟基的 C—O 伸缩振动。1157 cm^{-1} 及 896 cm^{-1} 处的吸收带则为壳聚糖糖苷键的特征吸收带。在复合膜中，1597 cm^{-1}、1157 cm^{-1} 及 896 cm^{-1} 处的吸收带基本不变，说明—NH$_2$ 和糖苷键未参加反应，而位于 1096 cm^{-1} 处的 C$_3$ 上的 C—O 振动则有不同程度的红移，分别移至 1083、1087、1089 和 1094 cm^{-1} 处，只有 1028 cm^{-1} 处的 C$_6$ 上羟基 C—O 伸缩振动向低波数方向发生轻微移动。这些变化表明 SiO$_2$ 和壳聚糖分子间有较强的氢键作用，有利于 SiO$_2$ 在壳聚糖膜中的分散。当复合膜中 SiO$_2$ 的质量百分含量达到 8% 时，两种组分之间的相容性达到最大值。这一结果与膜的拉伸强度和断裂伸长率达到最大值得到的结论相一致。

　　将 N-酰化壳聚糖与 SiO$_2$ 复合可合成新型材料。取 N-酰化壳聚糖溶于蒸馏水中，加入纳米 SiO$_2$ 颗粒，加酸调节 pH 至 3 后，搅拌 2 h，放入培养皿中，膜封口室温下静置 1 d，扎孔使溶剂挥发。一周后，置于真空烘箱中干燥，即得片状复合材料。其制备过程如图 10-31 所示[47]。

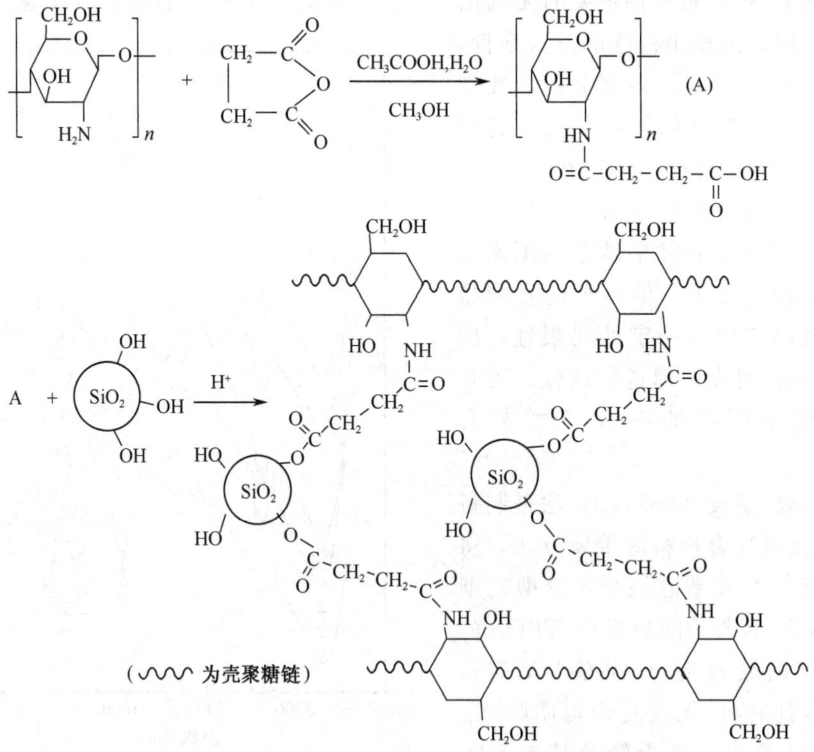

图 10-31　N-酰化壳聚糖/SiO$_2$ 复合材料制备过程

IR 光谱表明，N-酰化壳聚糖/SiO_2 是以化学键的形式将 SiO_2 纳米颗粒引入壳聚糖衍生物中的。图 10-32（a）是片状复合材料样品断面的 SEM 照片，这种断面形貌的复合材料具有优异的力学性能，表明壳聚糖/SiO_2 复合材料是由纳米尺度的无机 SiO_2 加强化的材料。图 10-32（b）是样品的表面形貌分析 SEM 照片，纳米 SiO_2 颗粒与壳聚糖形成了具有均匀表面的片状复合材料。

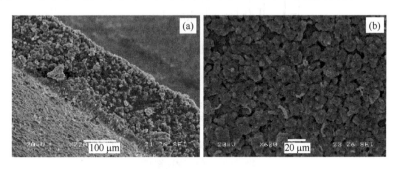

图 10-32　N-酰化壳聚糖/SiO_2 复合材料 SEM 照片

SiO_2 负载到壳聚糖上也可以制备手性多相催化剂的载体。将 1 g 壳聚糖加入 60 mL 质量分数为 1.5% 的乙酸水溶液中，加热搅拌，待完全溶解后，加入 10 g SiO_2，搅拌使之完全浸润后，逐渐滴加 4 mol/L 的 NaOH 水溶液，使壳聚糖逐渐析出并沉积在 SiO_2 表面，调节溶液的 pH 至 13，产物经过滤后用去离子水洗涤至中性，干燥后备用。将 SiO_2 负载壳聚糖产物置于 30 mL 乙醇水 [V(乙醇)：V(水)=5∶1] 溶液中，加入相应量的活性金属前驱物，加热升温，搅拌回流 8 h，至 SiO_2 负载壳聚糖颗粒变为灰黑色，过滤，洗涤，经甲醛还原后即得 SiO_2 负载壳聚糖手性加氢催化剂[48]。元素分析结果表明，壳聚糖中氮的含量为 7.29%（理论值为 7.32%），催化剂中氮的含量（0.64%）与其理论计算值（0.66%）基本相符，说明制备的 SiO_2 负载壳聚糖/$PdCl_2$ 催化剂的组成达到了理论设计值。

图 10-33 为 SiO_2、SiO_2 负载壳聚糖和 SiO_2 负载壳聚糖/$PdCl_2$ 的 XRD 图谱。图中结果表明，SiO_2 负载壳聚糖与 SiO_2 的衍射峰几乎没有差异，说明壳聚糖在修饰 SiO_2 时，仅仅是物理覆盖。同时也说明在壳聚糖的覆膜过程中没有对 SiO_2 的结构产生影响。负载贵金属 Pd 后，产物的 XRD 图谱与 SiO_2 和 SiO_2 负载壳聚糖的图谱也没有明显的差异，同时没有发现 Pd 的两个特征衍射峰，说明 Pd 在 SiO_2 负载壳聚糖表面上是高度分散的。

在 SiO_2 负载壳聚糖产物上再负载金属 Pd 后，IR 谱图在 474 cm^{-1} 处有吸收带，与 SiO_2 相比，变得窄而尖锐，这可能是在原有 SiO_2 吸收带的基础上，又叠加了其他的红外吸收带。基于上述结果，可以推测催化剂可能的结构如图 10-34

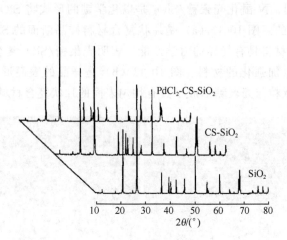

图 10-33 SiO_2、SiO_2 负载壳聚糖和 SiO_2 负载壳聚糖/$PdCl_2$ 的 XRD 图谱

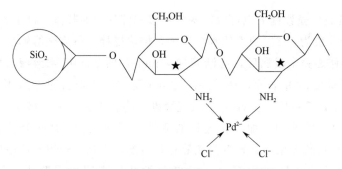

图 10-34 SiO_2 负载壳聚糖/$PdCl_2$ 的结构

所示。

　　将玻璃微球经壳聚糖改性后可用于金属离子的吸附。通过 4 步可实现壳聚糖对平均直径为 60 和 600 μm 玻璃微球的改性。首先用 NaOH 水溶液侵蚀无孔的玻璃微球，活化微球表面；然后活性微球 1 用硅烷偶联剂处理；再在 25℃下用戊二醛水溶液处理玻璃微球 2，形成醛基，再与壳聚糖反应形成席夫碱，用 $NaBH_4$ 还原后即可得到壳聚糖修饰的玻璃微球。其制备过程如图 10-35 所示[49]。该玻璃微球对 Cu^{2+}、Ag^+、Pb^{2+}、Fe^{3+} 和 Cd^{2+} 等过渡金属离子的吸附率超过了 90%，而对其他的金属离子如 Zn^{2+}、Cr^{3+}、Mn^{2+}、Sn^{4+} 和 Co^{2+} 的吸附也超过了 60%，但对碱土金属离子像 Ca^{2+} 和 Mg^{2+} 几乎没有吸附。研究结果表明，壳聚糖改性的玻璃微球通过协同效应对过渡金属离子具有强烈的吸附，而不是仅仅通过简单的离子交换效应。

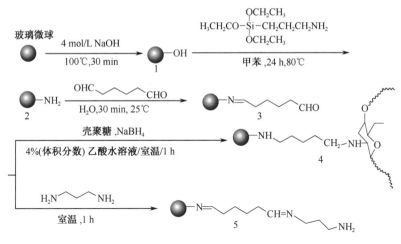

图 10-35　壳聚糖改性玻璃微球制备过程

　　利用壳聚糖的自组装性、独特的化学功能和不对称性，与硅复合后也可作为催化剂的载体[50]。通过不同方法可以实现壳聚糖/硅复合物的制备。为了控制最终复合物的形态，将壳聚糖以微球形式滴加到硅产生的前躯体四乙氧基硅烷中，在 NaF 的催化下，利用溶胶-凝胶法可改善多孔硅的形成。也可用尿素作为硅浓缩的致孔剂。采用该方法制备的多孔材料在催化领域有潜在的应用前景。

　　近年来，有机/无机核壳结构纳米球的制备得到了很大的关注。在这些研究中，硅是经常被选择用作核的材料。聚合物/硅核壳纳米微球可通过以下几种方法制备：①通过在壳上含有—OH、—NH₂、—CH＝CH₂ 和—R—Br 等官能团引发的表面聚合；②相反电荷的基团被选择性地沉积在带电荷的外壳上；③利用原位乳液和分散聚合直接获得纳米微球。最近，有人采用 3-(三甲氧基甲硅烷基) 丙基甲基丙烯酸酯（TMSPM）合成了壳聚糖-有机硅交联的纳米微球[51]。在壳聚糖的酸性溶液中，TMSPM 可水解成为硅烷醇并分散在水相中。添加叔丁基过氧化氢（TBHP）后，在壳聚糖—NH₂ 的 N 原子上产生自由基，然后与含有活性乙烯基官能团的硅烷醇实现接枝聚合。随着聚乙烯基硅烷醇侧链的增加，在邻近的 Si—OH 官能团之间原位浓缩优先形成微凝胶。由于局部的凝胶化，疏水性的聚丙基甲基丙烯酸甲酯侧链变得占优，两亲性的共聚物自组装成核壳球，即壳聚糖为壳和有机硅为核。其反应过程如图 10-36 所示。

　　壳聚糖/有机硅复合物纳米微球经过纯化，在 SEM 上可以观测均匀分散的粒子，直径大约为 100 nm［图 10-37（a）］。在 TEM 上能清楚地观测到纳米微球的核壳结构，具有黑色的有机硅是核，灰色的壳聚糖是壳。球的大小可通过改变 TMSPM 的使用量来调整。当使用 0.5 mL TMSPM 时，球的尺寸大约为30～50 nm，外壳的厚度为 10 nm［图 10-37（b）］；当使用 2 mL TMSPM 时，球尺

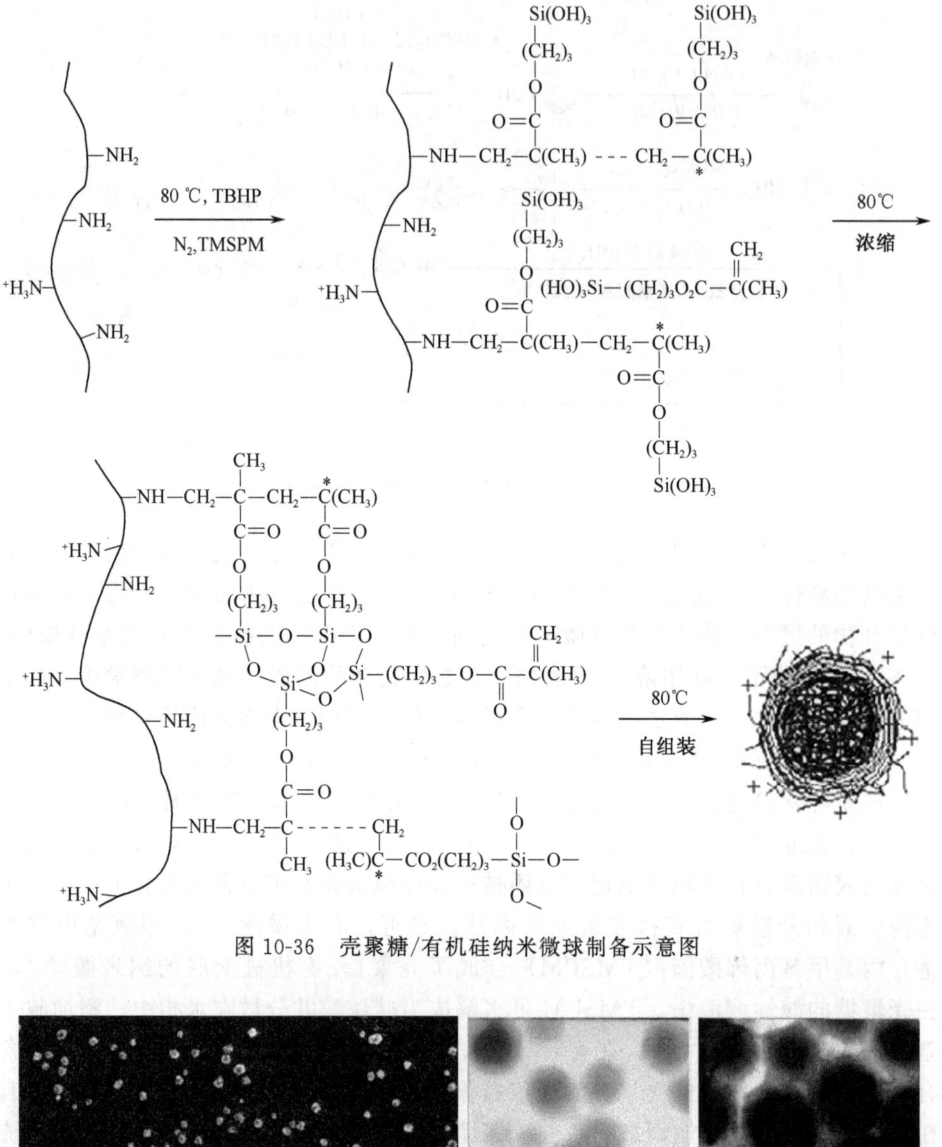

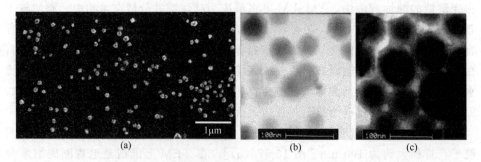

图 10-36　壳聚糖/有机硅纳米微球制备示意图

图 10-37　（a）壳聚糖/有机硅纳米微球的 SEM 图；（b）加入 0.5 mL TMSPM 的 TEM 图
和（c）加入 2 mL TMSPM 的 TEM 图

寸分布在 70~100 nm 之间，外壳的厚度为 10 nm［图 10-37 （c）］。合成的壳聚糖/有机硅纳米微球没有有害的残余物，将在非均相催化、基因载体和抗菌技术上获得应用。因为大量的生物分子含有—NH$_2$ 官能团（例如：白明胶和酪蛋白），这种方法还可用于各种生物大分子/硅复合物的制备。

10.3.2　壳聚糖/羟基磷灰石复合物

生物材料是对生物体进行治疗和置换损坏的组织、器官或增进其功能的材料。随着材料科学、生命科学与生物技术的发展，越来越多的生物材料得到广泛应用，人们开始在分子水平上去认识材料和机体间的相互作用，力求使无生命的材料通过参与生命组织的活动，成为有生命组织的一部分。常用的骨骼替代品是金属、塑料以及陶瓷等，其中以钛和钛合金为主。但由于金属是生物惰性材料，与骨的结合仅仅是一种机械锁合的方式，会产生磨损和成分扩散等问题。因此，在组织工程与人工器官、软硬组织修复与重建方面，对材料的功能提出了新的挑战。材料不仅是惰性植入体，而且要具有生物活性，能引导和诱导组织、器官的修复和再生。目前，羟基磷灰石聚合物材料研究的比较多，有羟基磷灰石/聚乳酸复合人工骨材料、羟基磷灰石/聚乙烯醇复合材料、纳米羟基磷灰石/聚酰胺66复合材料等。壳聚糖对机体细胞的影响表现在 3 个方面：黏附作用、激活和促进作用及抑制作用。文献报道较多的是壳聚糖的细胞黏附作用。壳聚糖及其衍生物具有止血、止痛、抑制微生物生长、促进上皮细胞生长、促进或抑制成纤维细胞增殖、激活和趋化巨噬细胞、促进成纤维细胞迁移、诱导有序的胶原沉积和纤维排列、有利于新生组织的结构重塑和构建等活性，决定了其对创面愈合的重要价值和在创面治疗中的重大意义。壳聚糖作为可降解天然高分子材料，在自然界中储量丰富，因而近年来，壳聚糖、羟基磷灰石及其复合物的研究受到广泛关注[52~56]。

10.3.2.1　羟基磷灰石基本特点

羟基磷灰石（hydroxyapatite，HA）是动物和人体骨骼的主要无机矿物成分。由于具有良好的生物相容性、生物活性、骨传导性及其与人体骨矿物相组分的相似性，在许多骨替代物中脱颖而出，被广泛用于生物医用材料领域。目前有关羟基磷灰石的研究已经取得了很大的进展，人工合成羟基磷灰石的方法有多种，如湿法合成法、水热合成法、冷冻干燥法、凝胶沉淀法以及喷雾热分解法等。按烧结工艺不同，羟基磷灰石制品可分为两种类型：致密型和多孔型，致密型仅有微孔（孔径<5 μm），具有较大的强度，但由于在用做人工骨时易于漂浮

及移动，手术后容易迁移，造成修复效果不佳。多孔型除有微孔外，还有许多大孔（孔径 $100\sim400~\mu m$），结构类似松质骨，其抗压强度不足，临床直接应用受到限制。

由于单一组分的羟基磷灰石烧结性能差，作为种植材料其强度较低、韧性较差、力学性能不足，致使其难以承受负荷或冲击，这就限制了其作为人体材料种植体的使用。为了提高羟基磷灰石陶瓷材料的力学性能，使这一材料得以在临床上推广应用，许多学者采用羟基磷灰石与壳聚糖复合的方法来提高有关性能。

10.3.2.2　壳聚糖/羟基磷灰石复合物制备方法

运用组织工程的方法制备人体骨、牙齿是当今生物硬组织材料人工合成领域的发展方向，实现这一过程的前提是必须有合适的支架材料。目前这类支架材料大多为羟基磷灰石及其与高分子化合物的复合材料，运用羟基磷灰石自身结构和具有的生物特性，人们将羟基磷灰石和其他生物材料复合，制得了多种人工骨复合材料，其中羟基磷灰石与壳聚糖的复合材料研究的较多，其制备方法也就成为人们十分关注的问题。归纳起来主要有以下几种方法。

1. 共混法制备壳聚糖/羟基磷灰石复合材料

制备壳聚糖/羟基磷灰石复合材料最简单和直接的方法是将羟基磷灰石颗粒和壳聚糖溶液直接混合，再制备成一定的形状进行应用。将溶胶-凝胶法制得的纳米羟基磷灰石充分混合于 2%壳聚糖乙酸溶液中，冷冻干燥制备壳聚糖/纳米羟基磷灰石复合材料[57]。XRD 分析结果表明溶胶-凝胶法制备的纳米羟基磷灰石晶体结构符合标准羟基磷灰石的空间 6 方晶体结构。TEM 分析结果显示壳聚糖/纳米羟基磷灰石材料中羟基磷灰石为纳米级粉体。接种成纤维细胞5、7、9 d后，壳聚糖/纳米羟基磷灰石材料表面的细胞黏附数量高于纳米羟基磷灰石组，差异有显著性（$P<0.05$）。SEM 下，细胞以多个突起黏附于复合材料表面，并具有良好的伸展性能。

含有谷氨酸盐的壳聚糖/羟基磷灰石浆糊状骨修复材料，用于修复兔子颅骨缺损，力学性能测试表明，修复组织具有和正常组织相近的抗冲击能力。组织检验学结果表明，在骨缺损区发现矿化的骨针状体，说明该材料对骨缺损修复有效。将 N，N-二羧甲基壳聚糖加入到磷酸钙沉淀中，发现能促进复合凝胶的形成。动物体试验表明，N，N-二羧甲基壳聚糖/磷酸钙复合物能促进山羊的骨缺损修复并在矿化中有助于骨形成。在共混法制备壳聚糖/羟基磷灰石复合材料中，壳聚糖的主要作用是黏合剂或赋形剂，既将羟基磷灰石颗粒黏结在一起便于成型加工，同时也解决了羟基磷灰石颗粒在植入体内后容易迁移的问题，还可加速羟基磷灰石降解速度。将磷酸钙与壳聚糖溶液混合制备成可流动糊状物，然后将可降解纤维网浸渍在糊状物中。弯曲性能试验结果表明，经过协同增强的复合材料弯曲强度高达 43 MPa。更重要的是网状结构的可降解纤维在体内降解后产生大孔，便于骨组织长入[58]。

2. 电化学沉积法制备壳聚糖/羟基磷灰石复合材料

电化学沉积法是利用高分子壳聚糖的—NH$_2$ 在一定 pH 条件下发生质子化，外加电场使质子化的壳聚糖向阴极迁移，形成非水溶性的壳聚糖。在电化学条件控制下，电沉积溶液 Ca(NO$_3$)$_2$ 和 NH$_4$H$_2$PO$_4$ 在电极/溶液界面合适的化学环境下与壳聚糖发生共沉积，在基底材料钛合金表面获得钙磷陶瓷/壳聚糖复合沉积层。

用电化学共沉积方法在医用钛合金表面可成功制备 CaP/壳聚糖复合膜层[59]。由图 10-38 可见，加入壳聚糖后可观察到沉积层表面呈枝脉状形貌，沉积层的结晶度很高，其晶体呈多层片状，层与层之间结构紧密。通过阴极电沉积可得到晶体结构良好的多孔状沉积层，这与电化学沉积过程复杂的界面物理化学条件密切有关。比较加入壳聚糖前后二水磷酸氢钙沉积层结构形貌（图 10-39），可看到单纯的二水磷酸氢钙钙磷陶瓷沉积层的晶体呈鳞片状无规则堆砌，结构松散；加入壳聚糖后二水磷酸氢钙钙磷陶瓷沉积层晶体结构呈多片重叠有序排列，晶体成长取向性强，结构明显致密。从生物医学的角度来看，这种晶体结构良好的多孔状形貌对提高钙磷陶瓷的生物活性和生物相容性比较有利，因为沉积层具有较大的反应表面积和微晶结构，有利于作为植入材料与人体组织形成大面积的骨结合界面和强的化学作用。表面良好的晶体结构还有利于促进界面成骨诱导作用。

图 10-38　壳聚糖复合二水磷酸氢钙的 SEM 照片

(a) ×100；(b) ×1000；(c) ×3000

图 10-39　（a）二水磷酸氢钙和（b）壳聚糖复合二水磷酸氢钙的 SEM 照片

　　天然高分子壳聚糖的—NH_2 在一定的 pH 条件下发生质子化，从而使壳聚糖分子带正电荷，在外加电场的作用下，质子化的壳聚糖向阴极迁移，并在电极界面较高 pH 下脱去质子氢，即质子化的壳聚糖在电极/溶液界面去质子化，形成非水溶性的壳聚糖。与此同时，在电化学条件控制下，电极/溶液界面合适的化学环境促使钙磷化合物与壳聚糖发生共沉积，形成 CaP/壳聚糖复合物。此外，质子化的壳聚糖还可与磷酸氢根等发生键合作用，并在阴极表面沉积生成有机/无机杂化物。由于壳聚糖大分子在电极表面的位阻和诱导作用，对钙磷化合物的结晶过程及结晶形态有显著影响。可见，壳聚糖参与电极界面化学沉积反应，并趋向与 CaP 形成杂化物和复合物的结合形式，有机/无机沉积层相互结合交联在一起，使得沉积层相内及沉积层与金属基底的结合力明显增强。

　　加入壳聚糖可使钙磷沉积层结构发生显著变化，将壳聚糖掺入钙磷沉积层，形成 CaP/壳聚糖复合物和杂化物。力学实验表明，在钛基底表面未进行表面预处理条件下，CaP/壳聚糖复合膜层与钛基底的结合力高达 2.6 MPa，比单一CaP 电化学沉积层与基底的结合力提高约 4 倍。壳聚糖大分子在电极表面的位阻和诱导作用，对钙磷化合物的结晶过程及结晶形态有显著影响，趋向与 CaP 形成杂化物和复合物的结合形式，有机/无机沉积层相互结合交联在一起，使得沉积层相内及沉积层与金属基底的结合力明显增强。电化学沉积法优点是可以方便地通过精确控制电压大小、电流强度、通电程序和电极材料选择等因素，在多孔或不规则形状物体表面沉积羟基磷灰石并控制其形貌，但也存在明显的缺点，即要求基体材料导电，而壳聚糖或一般高分子材料本身不具备导电性或导电性较差。

3. 共沉淀法制备壳聚糖/羟基磷灰石复合材料

　　共沉淀法就是将羟基磷灰石的前驱液与壳聚糖的酸溶液混合，调节体系的

pH，体系 pH 升高使羟基磷灰石与壳聚糖先后沉淀出来，由于混合方式为溶液混合，复合粉体有较好的均匀性。通常可以先将磷酸水溶液（8.5%）和壳聚糖乙酸溶液（1.5%）混合，再滴加到 Ca(OH)₂ 悬浮液中，即可制备均匀分散的壳聚糖/羟基磷灰石纳米复合材料。质子化的壳聚糖在 Ca(OH)₂ 溶液中沉析，同时磷酸和 Ca(OH)₂ 反应生成羟基磷灰石，即二者共同沉淀，因此称为共沉淀法。TEM 照片显示共沉淀方法制备的羟基磷灰石颗粒为椭圆形。动物体内试验表明壳聚糖/羟基磷灰石复合材料可提高骨组织的诱导性和降解性，并且在骨缺损周围没有出现炎症反应。在共沉淀时加入柠檬酸，可使壳聚糖/羟基磷灰石颗粒尺寸增加，而柠檬酸加入对共沉淀法制备的羟基磷灰石颗粒尺寸几乎没有影响。共沉淀虽然在一定程度上解决了羟基磷灰石纳米颗粒在壳聚糖基质中的分散问题，得到了均相材料。但从 TEM 照片看，纳米羟基磷灰石颗粒仍有不同程度的聚集（图 10-40）[60]。

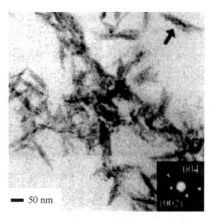

图 10-40　壳聚糖/羟基磷灰石＝50/50
时的 TEM

　　以尿素为沉淀剂，用溶液均匀共沉淀法可制得纤维状羟基磷灰石和无定形颗粒状壳聚糖的复合粉体[61]。通过改变尿素浓度和调节体系 pH，可控制粉体无机相的 Ca/P 及晶相组成。尿素浓度为 1.0 mol/L，体系 pH＝7.2，复合粉体无机相的 Ca 与 P 物质的量比为 1.64 时，无机相基本为羟基磷灰石；尿素浓度 0.5 mol/L，体系 pH＝6.1，复合粉体无机相的 Ca 与 P 物质的量比为 1.42 时，无机相含有部分磷酸氢钙。复合粉体中羟基磷灰石的平均长度为 4.0 μm，平均直径为 600 nm，均匀分布在壳聚糖颗粒中。

　　与物理混合的壳聚糖/羟基磷灰石相比，共沉淀法得到的粉体在 IR 谱图 1654 cm⁻¹ 和 1560 cm⁻¹ 处有新吸收带出现。为了进一步调整粉体的微观尺寸，将共沉淀出来的粉体再进行水热处理，可以制得混合均匀的壳聚糖/羟基磷灰石复合粉体[62]。均匀水热共沉淀法复合粉体无机相有磷灰石和磷酸氢钙存在，相组成及 Ca/P 与反应液最终 pH 有关。pH＝8.0 时除少量的磷酸氢钙外，基本为磷灰石相，Ca/P 为 1.65，接近理论值 1.67。复合粉体显微特征为纤维状磷灰石与无定形颗粒壳聚糖共存。pH＝8.1 时纤维直径范围 60～300 nm，长度范围 0.5～2 μm。与物理混合壳聚糖/羟基磷酸钙样品相比，复合粉体在 IR 谱图中有新的吸收带（1654 cm⁻¹ 和 1560 cm⁻¹）出现。

4. 交替沉积法制备壳聚糖/羟基磷灰石复合材料

聚电解质的层层自组装技术已经有较多的研究。当把层层自组装中的聚电解质溶液换成 Ca^{2+} 和 PO_4^{3-}，将壳聚糖基质分别浸泡到两种离子溶液中就是交替沉积法制备的壳聚糖/羟基磷灰石。用交替沉积法在聚乙烯醇改性聚乙烯膜表面沉积出羟基磷灰石，并系统研究羟基磷灰石厚度与交替循环的次数、PVA 的溶胀度和沉积温度和沉积液浓度之间的关系，发现随着交替循环次数增加、PVA 溶胀度增大和沉积液浓度增大，沉积的羟基磷灰石增厚，而沉积反应温度升高只能使沉积羟基磷灰石结晶性能提高。

5. SBF 矿化法制备壳聚糖/羟基磷灰石复合材料

生物体内的羟基磷灰石都是在 Ca^{2+} 和 PO_4^{3-} 浓度较低的情况下生成的。因此，从仿生的角度，将壳聚糖膜浸入模拟体液（simulated body fluid，SBF）或过饱和的 SBF 溶液，7 d 左右可在壳聚糖膜表面沉积出羟基磷灰石颗粒，而且通过控制浸泡时间和 SBF 中离子浓度，可调控羟基磷灰石的颗粒大小和形貌。

晶体在有机基质上成核析晶，有机基质的功能基团所带的电荷类型和电荷密度能够通过静电作用影响晶体在有机基质和溶液界面的成核生长过程。由于静电作用，可能会提高或降低某种溶质在界面处的浓度，从而造成局部过饱和度发生变化，影响晶体的成核和生长。研究证实在羧甲基壳聚糖中，羧基是主要的成核位点。在壳聚糖分子中，其结构中的羟基和氨基都可以作为功能基团诱导成核，但壳聚糖分子中的氨基与 PO_4^{3-} 间的静电作用较弱，诱导作用较弱；另一方面壳聚糖中的羟基与 Ca^{2+} 之间的静电作用也较弱；故将壳聚糖支架直接放入 SBF 溶液中，XRD 未检测到明显的羟基磷灰石特征峰。将壳聚糖支架浸入饱和的 $Ca(OH)_2$ 溶液中，在碱性条件下，可促使羟基磷灰石的成核长大。壳聚糖支架在 1.5 倍 SBF 溶液中放置 1、4、8 d 后的 XRD 分析结果见图 10-41[63]。从图中可看出，浸 $Ca(OH)_2$ 的壳聚糖支架在 1.5 倍 SBF 溶液中放置 1 d 后，未出现明显羟基磷灰石特征峰；4 d 后羟基磷灰石特征峰明显；8 d 后衍射峰强度增强，说明羟基磷灰石晶体不仅可以在壳聚糖表面形成，而且含量随时间的延长而增加。未浸 $Ca(OH)_2$ 的壳聚糖样品 XRD 图谱中未发现羟基磷灰石特征峰，空白 1.5 SBF 溶液中未发现羟基磷灰石晶体。复合壳聚糖材料的 IR 光谱证实，壳聚糖的氨基谱带发生明显变化，说明此位置发生了化学键合，证实了氨基作为羟基磷灰石成核的主要活性位点的推测。这种方法制备的无机/有机复合支架材料有望成为一种新型的生物活性组织工程支架材料。

交替沉积法与 SBF 矿化法比较，交替沉积法和 SBF 矿化法都是以较低浓度的 Ca^{2+} 和 PO_4^{3-} 溶液作为羟基磷灰石前驱体。将基质膜浸泡到前驱体溶液中，

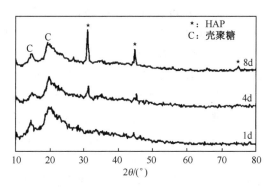

图 10-41　壳聚糖支架在 1.5 倍 SBF 溶液中放置不同时间后的 XRD 图

通过控制前驱体溶液的浓度和浸泡时间，生成不同厚度羟基磷灰石涂层和调控羟基磷灰石颗粒形貌，可以在具有复杂结构或多孔结构材料表面矿化羟基磷灰石。两种制备壳聚糖/羟基磷灰石复合材料的条件温和（常温，常压，pH 为 7.4）。因此，非常适合在生物活性材料表面或组织表面沉积羟基磷灰石。交替沉积法是把 Ca^{2+} 和 PO_4^{3-} 分别配制成各自溶液，这时离子浓度较大。因此，沉积羟基磷灰石涂层所需时间短，只需要几个小时，且生成羟基磷灰石量较多。缺点是生成的羟基磷灰石结晶较差。SBF 矿化法是把钙离子和磷酸根离子混合在一起，为了避免出现沉淀，钙离子和磷酸根离子浓度比较小。矿化过程可分为成核阶段（在 SBF 溶液中浸泡）和生长阶段（在浸泡 1.5 或 3 倍 SBF 溶液）两个阶段。缺点是矿化时间比较长，一般需要 7 d 左右。

6. 原位沉析法制备壳聚糖/羟基磷灰石复合材料

原位复合法是在模具内壁预先沉积一层壳聚糖膜，复合过程中壳聚糖膜具有控制 OH⁻ 扩散速度的作用，使壳聚糖分子沉积和前体转化为羟基磷灰石的过程缓慢、有序地进行。另外，膜也为壳聚糖分子链在负电层诱导下有序沉积提供模板。pH 改变时，质子化的壳聚糖分子链在负电层诱导下有序沉积并形成层状结构，羟基磷灰石前体在扩散进来的 OH⁻ 作用下原位生成磷酸钙盐，经过陈化后转化为羟基磷灰石，从而保证羟基磷灰石以纳米尺寸均匀分散在壳聚糖中[64]。

壳聚糖分子对 pH 变化很敏感。当环境的 pH 大于 6.0 时，壳聚糖分子就沉积出来。用原位沉析方法制备棒材时，壳聚糖分子的沉积并不是无规则的，膜外的凝固液中的 OH⁻ 在向膜内渗透时，聚集在膜外的 OH⁻ 给膜充上负电荷；乙酸溶液中壳聚糖上的氨基被质子化后带有正电荷，带有正电荷的壳聚糖在遇到 OH⁻ 沉积时，在电荷吸引的作用下，壳聚糖分子按照与负电荷有最大接触概率的原则排列，即壳聚糖的分子链倾向平铺于沉积模板上。膜内的壳聚糖/羟基磷灰石混合物在负电荷的影响下也逐渐按部就班地向膜上靠近，这样就形成了第一层。分散在壳聚糖溶液中的羟基磷灰石也在壳聚糖被沉积下来的同时沉积下来（图 10-42）。随着壳聚糖/羟基磷灰石被 NaOH 沉积，出现了第二层、第三层等。在弯曲断裂实验中，可以得到样品有一片从棒材上剥落下来，样品的断裂处也有一些花纹，说明层状结构在干燥后的样品中依然存在。随着沉析的层数越来越多，OH⁻ 渗透越来越难，同时其浓度也越来越低，为了保证有足够的 OH⁻ 浓度，通过实验得出 NaOH 要大于 3％才能保证制备的样品不会出现宏观上的分层。用原位沉析法制备的棒材是经过缓慢的凝固过程，从而实现了壳聚糖分子在模板上逐层、有序地沉积，故样品中壳聚糖分子在轴向上有一定的取向。在干燥过程中，凝胶棒材是从最外层开始干燥，而且壳聚糖棒材干燥时的体积收缩率高达 95％左右，最外层的首先收缩会给内层的部分施加一定的收缩力，该力使棒材在干燥过程中在径向上有自增强的效果。研究表明用原位沉析法制备壳聚糖/羟基磷灰石材料的力学性能比人的松质骨力学性能高 3 倍左右。原位沉析的优点是一步完成材料的制备和成型加工，缺点是羟基磷灰石加入会导致力学性能下降。

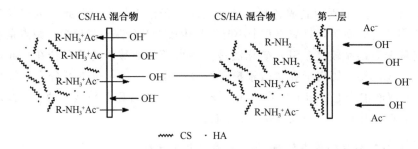

图 10-42　原位沉析法制备壳聚糖/羟基磷灰石复合材料机理

用预先沉积的壳聚糖膜将含有羟基磷灰石前驱体的壳聚糖溶液与凝固液隔离，同时控制壳聚糖沉积与羟基磷灰石前驱体转化为羟基磷灰石的过程，使其缓慢且有序地进行。当 pH 改变时，质子化的壳聚糖分子链在负电层诱导下有序沉积，并形成层状结构与羟基磷灰石原位生成壳聚糖/羟基磷灰石复合物，并实现二者分子级复合[65]。

7. 仿生法制备壳聚糖/羟基磷灰石复合材料

生物体内的生物矿化过程通常受到各种生物分子及其有序聚集体的精巧控制，从而生成形貌、大小及结构受到完好调控的矿物，性能大大优于相应人工合成材料的各种生物矿物。受生物矿化过程的启发，基于有机模板的仿生材料合成已发展成为当前材料科学中一个非常活跃的研究领域。用隔膜或者固体介质作为扩散屏障把 Ca^{2+} 和 PO_4^{3-} 分开，让离子通过扩散进行反应。为了进一步模仿生物过程，可将隔膜改性使其带有活性的官能团，则该膜又可作为诱导羟基磷灰石成核生长的模板。用甲壳素膜将 0.0073 mol/L 的乙酸钙（pH＝6.8）和 0.0073 mol/L 磷酸钾溶液分开，2 d 后在甲壳素支架上出现具有层状结构羟基磷灰石的沉淀，其 SEM 形貌如图 10-43 所示[66]。

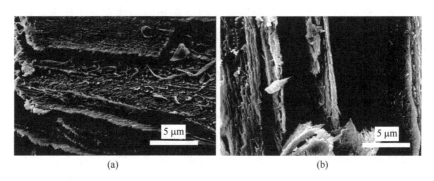

图 10-43　甲壳素/羟基磷灰石复合膜 SEM 照片

8. 温和湿纺法制备壳聚糖/羟基磷灰石复合材料

用湿纺法制备核壳型的复合纤维，将壳聚糖溶液在 80℃用乙酸溶液反应 10h 以降低其黏度，把 H_3PO_4 滴入到壳聚糖溶液中，以一定比例的乙醇/饱和 $Ca(OH)_2$ 混合物作为凝固液，用注射器把壳聚糖溶液注射到凝固剂中或用多功能挤压机在室温下把壳聚糖溶液注入到凝固液中，形成壳聚糖/羟基磷灰石复合纤维，并在室温老化 2 d，然后用蒸馏水冲洗吸附的试剂。Ca 和 P 原子主要分布在复合纤维的外层生成磷酸钙晶体，而少量的 P 原子仍在纤维的内部，形成的复合纤维是一种特殊的以壳聚糖为核、$Ca_3(PO_4)_2$ 为壳的核壳结构。除此以外，还有注浆法和相分离法等其他方法，但这些方法应用不多。

在临床上，大多数骨缺损部位的形状不规则，预先成型的骨修复体很难实现对缺损部位的有效充填与修复。为此，按照适当的固/液比例进行调和，制备一种在空气、生理盐水、血液或体液中均可快速固化的壳聚糖/羟基磷灰石复合骨水泥，对提高骨修复材料的临床可操作性具有重要的实际应用意义[67]。选择 ZnO 粉末作为壳聚糖/羟基磷灰石复合材料的促凝物质。在酸性介质中，ZnO 与 H^+ 发生较缓慢的中和反应。在壳聚糖/羟基磷灰石与 ZnO 的混合粉末中加入一定量固化液并进行调和时，弱碱性的 ZnO 会与酸性固化液发生中和反应，但由于其反应速度较慢，不会在短时间内抢夺大量的 H^+，从而可保证复合材料中壳聚糖的氨基能够与较多的 H^+ 结合而形成壳聚糖聚电解质，并溶于水中形成黏稠的壳聚糖溶液，使材料在一定时间内具有可任意成形的特性。随着时间的延长，混合体中的 ZnO 会继续与固化液中的 H^+ 反应，甚至开始夺取壳聚糖聚电解质

中的 H^+，调和物的 pH 不断上升，溶解的壳聚糖又逐渐沉淀出来，材料由塑性体转变为弹性体，且不易再成形。另一方面，壳聚糖具有较强的螯合二价金属阳离子，尤其是过渡金属阳离子的作用。羟基磷灰石中含有 Ca^{2+}，ZnO 与 H^+ 发生中和反应后也释放出 Zn^{2+}，这两种二价金属阳离子都可能与壳聚糖的氨基发生化学反应，形成络合物，二者的协同作用使调和物中的水分子排出，从而实现了复合骨水泥的快速固化，并赋予固化体较高的初始固化强度。随着时间的延长，固化体中水分排出充分，其机械强度也相应较高。此外，在壳聚糖/羟基磷灰石复合微球中负载庆大霉素，具有药物缓释功能，在骨骼的修复与再生方面有潜在的应用[68]。

　　人工三维支架吸附细胞，并诱导其增殖和分化，在再生医学中具有重要意义。近年来，壳聚糖在软骨修复中的应用日益受到重视。研究证实壳聚糖凝胶能够提供细胞生长和新陈代谢的三维空间，有助于维持细胞正常形态和表型；同时壳聚糖也是一种带正电荷的阳离子聚合物，它很容易与带负电荷的阴离子聚合物相互作用，如壳聚糖可与一些水溶性的具有生物活性的阴离子聚合物如 GAGs、DNA、肝素等形成电解质复合物。因此，采用磷酸化壳聚糖电介质复合物（CS-PEC）制备三维凝胶支架，并开展髁突软骨细胞体外培养工作，发现复合支架的性能优于单纯壳聚糖支架。MTT 检测结果显示培养至第 5 d 时，CS-PEC 组细胞增殖活性强于壳聚糖组，两组之间细胞增殖活性有显著性差异（$P<0.05$）。软骨细胞在 CS-PEC 支架中的吸附及增殖状态良好，此支架有可能作为软骨再生的载体[69]。

10.3.2.3　壳聚糖/羟基磷灰石三元复合物

　　将纳米级羟基磷灰石浆料与聚酰胺 66 通过溶液共混法复合，可得到与自然骨结构相似，强度和模量相匹配的仿生复合材料。该复合材料克服了单纯羟基磷灰石生物陶瓷脆性大、强度差、不易成型等缺点，在提高材料的韧性和力学性能的同时，保持了该复合材料良好的生物相容性和生物活性。为了进一步改善有关性能，还可以与壳聚糖复合，加速组织的修复。将羟基磷灰石/壳聚糖/聚酰胺 66 按 2：1：2 的质量比，以聚乙烯吡咯烷酮（PVP）和 NaCl 混合物为致孔剂，按复合材料/致孔剂质量比为 3：4 的比例称取复合材料粉末和致孔剂。在致孔剂中 PVP 和 NaCl 的质量比分别为 0、1：12、1：6、1：3，超声振荡使之充分混合。加入一定量的乙醇，调和均匀，调和时间不超过 1 min，之后将其转移至柱状模具中，加压成型，保压 30 s，脱模，后于 60℃烘干 3 h，可制得羟基磷灰石/壳聚糖/聚酰胺 66 三元复合物[70]。

　　羟基磷灰石、壳聚糖、聚酰胺 66 及其三元复合材料的 XRD 光谱如图 10-44

所示。曲线（a）在 25.9°和 31.8°两处出现了羟基磷灰石（002）和（211）晶面的特征衍射峰，但从谱峰锋锐程度及 IR 分析结果可知，其属于含 CO_3^{2-} 的弱结晶纳米羟基磷灰石。曲线（b）中出现了壳聚糖的两个特征衍射峰，分别在 10°和 19.8°附近。纯聚酰胺 66 在 20°和 24°有两个衍射峰［曲线（c）］。在羟基磷灰石/壳聚糖/聚酰胺 66 三元复合物中，3 种单组分的特征衍射峰都出现在曲线（d）中，复合材料在 16°处出现一个新峰。从图中还可以看出，复合材料中聚酰胺 66 的衍射峰明显宽化、减弱，这说明聚酰胺 66 的结晶度有所降低。在复合材料中，羟基磷灰石的衍射峰强度基本没发生变化，说明复合后的羟基磷灰石仍呈弱结晶结构。

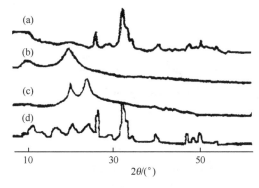

图 10-44　　（a）羟基磷灰石、（b）壳聚糖、（c）聚酰胺 66 和
（d）三元复合物的 XRD 谱图

在复合材料表面的 SEM 照片上，可以看出材料表面凹凸不平，且分布着尺寸从十几微米到数百微米不等的宏观孔隙，孔的形状多样，但以近圆形孔居多。同时还可以看到大孔内部呈三维网状多孔结构，孔的贯通性良好。随着聚乙烯吡咯烷酮含量的增加，孔的贯通性更好，且微孔数量增多。采用水溶性的无机盐和水溶性的高分子作为致孔剂，可增加孔隙间的相互连通程度。聚乙烯吡咯烷酮既可溶于水，又能溶于乙醇，当用乙醇作赋形剂时，聚乙烯吡咯烷酮和聚酰胺 66 均部分溶解，当干燥时聚乙烯吡咯烷酮和聚酰胺 66 同时析出，二者相互间形成高分子网络交错结构，当在水中超声振荡时，聚乙烯吡咯烷酮溶出，即在材料中留下相互连通的通道。

壳聚糖溶解在 1% 的乙酸溶液中，明胶溶解在 50℃ 的水中，将它们混合搅拌一夜后，将适量的戊二醛水溶液（0.25%）滴加到混合溶液中，然后将混合物浇铸，在室温下干燥直至无水蒸发。用 NaOH 溶液（1%）处理薄膜，再用去离子水洗涤至 pH=7.0。然后用硼氢化钠（$NaBH_4$）处理样品以消除残余的戊二醛。利用去离子水反复洗涤样品并在室温下干燥，可得到壳聚糖‑明胶复合膜。

在含有$Ca(NO_3)_2$-Na_3PO_4的三重缓冲溶液中，在壳聚糖–明胶膜的表面可原位制备具有纳米结构的羟基磷灰石[71]。

在$Ca(NO_3)_2$-Na_3PO_4的三重缓冲溶液中，在壳聚糖–明胶复合膜的表面羟基磷灰石结晶的成核主要依赖于存在于壳聚糖–明胶膜表面的带电荷的功能团。因此，在壳聚糖–明胶膜的表面原位处有异相成核和羟基磷灰石的生长。图10-45给出了羟基磷灰石在壳聚糖–明胶膜上结晶形成示意图。首先，Ca^{2+}在明胶的羧

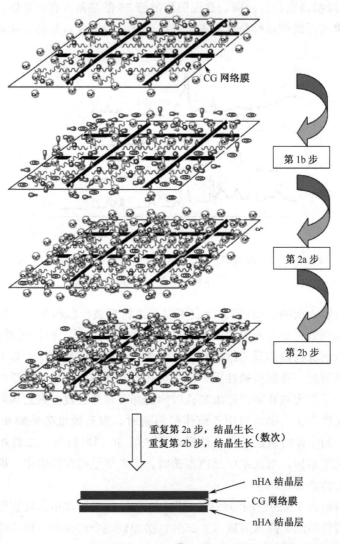

图10-45　壳聚糖–明胶膜表面原位羟基磷灰石结晶形成机理示意图

甲基官能团上，在壳聚糖的 C＝O 官能团和壳聚糖和明胶的氨基官能团上富集，然后 PO_4^{3-} 在壳聚糖和明胶的氨基官能团或者在 Ca^{2+} 的复合体系上富集，所有这些富集可能归因于静电相互作用和/或极化相互作用。其次，在壳聚糖-明胶膜的表面上的羟基磷灰石的异相成核也促使 Ca^{2+} 和 PO_4^{3-} 在 pH＝11～14 的范围内的富集。最后，羟基磷灰石的纳米结晶的生长通过重复步骤 2 完成。图 10-46 (a) 表明当壳聚糖-明胶膜仅仅吸收一次 $Ca(NO_3)_2$-Na_3PO_4 三重缓冲溶液，很少有羟基磷灰石粒子形成，这可能是羟基磷灰石结晶的成核步骤，随着沉淀次数的增加，羟基磷灰石结晶生长并形成了一个无机的羟基磷灰石层 [如图 10-46 (b)～(e) 所示]。

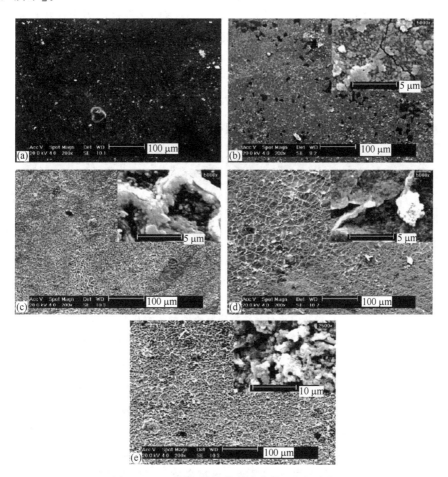

图 10-46 不同沉淀次数复合物的 SEM 照片

(a) 一次；(b) 三次；(c) 五次；(d) 七次；(e) 八次

羟基磷灰石结晶平均粒子大小，随着钙和磷酸盐浓度的增加而增加。温度是羟基磷灰石形成的一个重要影响因素。在低于50℃时羟基磷灰石结晶的平均尺寸几乎是固定不变的，在17.2 nm到19.2 nm范围内，但当温度达到70℃时，平均尺寸为52.3 nm，相当于低于50℃时的3倍。在壳聚糖-明胶网络中羟基磷灰石的存在可促进与细胞的黏合，在组织工程支架材料方面有好的应用前景[72]。

　　人们发现硅在生物矿化上具有重要的作用。对于聚合物/羟基磷灰石复合物的制备来说，在羟基磷灰石上涂层硅，可在低pH下减缓羟基磷灰石的分解，促进羟基磷灰石和聚合物网络的形成以及增强生物相容性。采用电化学沉积法可制备复合的羟基磷灰石/硅/壳聚糖涂层[73]。沉淀的组成和微观结构取决于悬浮液中羟基磷灰石和硅的浓度。当悬浮液中羟基磷灰石或硅浓度超过0.7 g/L时制备的沉淀显示出孔状微观结构 [图10-47 (a)]。这表明多孔性归因于针状羟基磷灰石颗粒的包裹。从硅悬浮液中制备的沉淀显示出低的多孔性，这应该归因于低的微粒大小和较好的包裹 [图10-47 (b)]。沉淀的多孔性随着硅和羟基磷灰石纳米颗粒浓度的减少而减少。当悬浮液中包含0~0.5 g/L硅或羟基磷灰石时，制备的沉淀平滑而致密。沉淀中包含的硅或羟基磷灰石纳米颗粒分散于聚合物网络中。

图10-47　(a) 2.5 g/L羟基磷灰石悬浮液中制备的羟基磷灰石/壳聚糖复合材料沉淀；
(b) 1.8 g/L硅悬浮液中制备的硅/壳聚糖复合材料沉淀的SEM照片

　　壳聚糖和蚕丝蛋白可分别从天然甲壳素和丝茧中得到，使用壳聚糖和蚕丝蛋白与羟基磷灰石颗粒复合可制备新型羟基磷灰石/壳聚糖-蚕丝蛋白（HA/CTS-SF）复合物[74]。IR谱图和TG热分析证实了壳聚糖和蚕丝蛋白已经被引入到复合材料中。在复合材料中无机和有机组分的化学作用是通过在Ca^{2+}和壳聚糖的氨基或SF的酰胺键间的化学键合发生。相对于纯羟基磷灰石来说，壳聚糖和蚕丝蛋白的引入赋予了复合材料更高的压缩强度。该复合材料可作为骨骼支架材料使用。

　　采用共沉淀方法可制备纳米羟基磷灰石/壳聚糖-硫酸软骨素复合材料[75]。研究结果表明，纳米羟基磷灰石/壳聚糖-硫酸软骨素复合材料具有良好的力学性能，对机体微环境影响微小、表面矿化效果好，有良好的生物活性和生物相容性。当羟基磷灰石含量为 50% 时，抗压强度为 42.3 MPa，该复合材料可满足骨组织修复与替代的要求。

骨组织工程要求有 3 个基本的生物学因素参与，即细胞、生长和分化因子、细胞外基质支架材料，这也是当今组织工程研究中的三大课题。其中细胞外基质支架材料的选择是成功的关键因素之一，三维多孔的细胞支架不但起着决定新生组织、器官形状大小的作用，更重要的是为细胞增殖起着提供营养、进行气体交换、排除废物，为细胞增殖、繁衍提供场所的重要作用。作为骨组织工程基质材料应具备良好的细胞相容性、良好的组织相容性、生物可降解性，且具有三维立体的结构。以壳聚糖、明胶、磷酸三钙为基础的复合支架生物相容性好，壳聚糖-明胶/磷酸三钙海绵状多孔复合体其成分类似于自然骨，利于细胞黏附，生物相容性好，可降解吸收，具有三维立体结构，基本符合骨组织工程理想支架材料的要求，有潜在的临床应用前景[76]。$CaO-P_2O_5-SiO_2$ 系统溶胶凝胶生物玻璃（GBG）具有生物活性高，与骨和软骨都有良好的键合等优点，已经用于骨缺损修复和重建方面的研究。而天然骨的主要成分是胶原蛋白、糖类和羟基磷灰石，从结构和成分仿生的角度出发，以这三者为原料，采用冷冻干燥法可以得到高孔隙率、矿化性能优良的壳聚糖-明胶/生物玻璃复合多孔支架[77]。

壳聚糖/羟基磷灰石复合物作为骨组织修复材料已经有比较多的研究，有的以羟基磷灰石为基体，有的以壳聚糖为基体。在羟基磷灰石体系中，引入壳聚糖是为了解决羟基磷灰石颗粒成型困难和增加强度问题。目前，壳聚糖/羟基磷灰石复合材料在骨组织中的应用从实验室到临床研究都有很大进展。从理论上讲，人体中大多数组织均可视为复合材料，纳米羟基磷灰石/壳聚糖复合体和人体骨组织介观环境很相似，可作为支架起爬行替代作用，并具有成骨活性，已经基本达到理想的组织工程应用支架材料的要求。随着材料科学与生命科学的发展，生物材料的研究已从被动适应生物环境向功能性、生命化方向发展，已从应用仿生原理、组织工程、基质矿化的思路出发用来研制成为组织、结构和性能与人体自然组织相近的生物医学材料。纳米羟基磷灰石/壳聚糖复合材料所具有的独特优势正显示出它作为生物材料的巨大潜力和广阔应用前景，这正引起越来越多的关注和研究。

羟基磷灰石/壳聚糖体系复合材料可获得良好的骨诱导性、匹配的降解速率，但仍存在羟基磷灰石与壳聚糖界面结合不太理想、粒子分散不均匀、脆性大、力学性能差等问题。为了使材料的性能更加完善，人们正在开发三相复合物，并且已经取得了一定的成绩。模拟人体组织成分、结构和力学性能的纳米复合生物材料是一个十分重要的方向，新一代生物材料不但要考虑到材料科学，而且要兼顾生物科学的需要，使其更接近机体自身组织的生物学特性。对生物材料进行表面修饰，尽可能为细胞提供一种近似天然的细胞外基质，从而实现生物材料的仿生化。未来如果在采用仿生的策略制备具有多级结构的仿生骨材料；具有对应力（或外场）响应的智能骨材料；具有治疗效果的骨材料；甚至具有生命的骨材料，如骨材料/骨细胞的杂化材料和骨材料/骨组织的杂化材料等方面取得突破，将为获得真正仿生的类人体组织的材料和器官开辟广阔的前景。

10.3.3　壳聚糖/Fe_3O_4 复合物

磁性氧化铁颗粒（包括 Fe_3O_4 和 Fe_2O_3）与生物高分子复合形成磁性生物材料在磁性细胞分离、靶向药物释放系统、磁共振成像和诊断等生物医学领域有广泛应用，这引起了材料界和医学界的共同关注。生物高分子改性的磁性氧化铁颗粒可以提高氧化铁的生物相容性和生物活性。目前与 Fe_3O_4 复合的高分子基质主要有水溶性高分子（如聚乙烯醇、聚乙二醇、聚丙烯酸）和生物活性大分子（如 DNA、蛋白质和多糖等）。壳聚糖由于具有很好的生物相容性，与磁性氧化铁颗粒的复合物也受到了广泛关注[78,79]。临床应用的磁性氧化铁颗粒要求其粒径尺寸为 20 nm 左右，并且具有较窄的粒径分布和超顺磁性。但高分子/无机物纳米复合材料中的无机纳米颗粒在高分子基质中团聚和无规分布是材料科学中关键问题，却一直没有很好的解决方法。通过一步杂化法在外磁场诱导下制备壳聚糖/Fe_3O_4 纳米复合材料，不但可实现 Fe_3O_4 纳米颗粒均匀分布在壳聚糖基质中，而且在外加磁场作用下可把 Fe_3O_4 颗粒组装成纳米线。更重要的是 Fe_3O_4 纳米线被壳聚糖凝胶固定下来，当撤去外加磁场后，Fe_3O_4 纳米线仍保持取向状态，而不会回复到无规状态。

称取 20 g 的壳聚糖粉末，将其加入到体积分数为 2% 的乙酸溶液中搅拌 1 h，然后快速加入 Fe^{2+}：Fe^{3+}（物质的量比为 1∶2）的混合溶液，匀速搅拌 2 h 制成质量体积分数为 4% 的均一亮黄色的壳聚糖和 Fe_3O_4 前驱体溶液，密封静置脱泡 6 h，将溶液倒入有一层壳聚糖膜的模具中，在质量分数为 5% 的 NaOH 凝固液中静置 1 min，然后取出壳聚糖/Fe_3O_4 凝胶棒，放入凝固液中浸泡 12 h，在凝胶棒的成型过程中，其两端分别加上一块同型号的磁钢，在磁力作用下生成的 Fe_3O_4 会沿着磁力线的方向择优排列。将制得的壳聚糖/Fe_3O_4 凝胶棒材用蒸馏水反复漂洗至中性，置于烘箱（60℃）中烘干，得到黑色壳聚糖/Fe_3O_4 复合棒材[80]。

以原位沉析法制备壳聚糖/Fe_3O_4 复合棒材的原理是利用壳聚糖膜为渗透隔离膜，将壳聚糖与 Fe^{2+}/Fe^{3+} 的混合溶液与凝固液隔开，该膜不允许壳聚糖大分子通过，只允许小分子和离子通过。但壳聚糖溶液体系中的 Fe^{2+} 和 Fe^{3+} 由于处在黏度较大的环境中，同时 Fe^{2+} 和 Fe^{3+} 能与壳聚糖分子产生络合作用而形成络合物，导致其不能通过壳聚糖膜向外扩散。而质子化的壳聚糖与扩散进来的

OH^- 发生中和反应，引起壳聚糖被沉积的同时，Fe_3O_4 前驱体溶液在 OH^- 的作用下原位生成 Fe_3O_4，保证了 Fe_3O_4 颗粒以纳米尺寸均匀地分散在壳聚糖基质中。反应方程式如下

$$CS\text{-}NH_2 + HAc \longrightarrow CS\text{-}NH_3^+ + Ac^- \qquad (pH = 4.2)$$

$$OH^- + CS\text{-}NH_3^+ \longrightarrow CS\text{-}NH_2 + H_2O \qquad (pH > 7)$$

$$Fe^{2+} + 2Fe^{3+} + 8OH^- \longrightarrow Fe_3O_4 + 4H_2O \qquad (pH > 10)$$

为了防止 Fe^{2+} 在空气中放置被氧化，实验是在密封的条件下进行的，并且壳聚糖能与 Fe^{2+} 形成配合物，起到保护 Fe^{2+} 的作用，同时在原位法制备棒材的过程中能很好地隔绝 O_2，保证了 Fe_3O_4 的生成。在壳聚糖/Fe_3O_4 棒材的 XRD 图谱中，$2\theta = 20°$ 的峰是壳聚糖的衍射峰，其他的衍射峰是 Fe_3O_4 的特征峰，说明通过原位沉析法可以制备出壳聚糖/Fe_3O_4 复合材料。Fe_3O_4 晶粒的平均尺寸为 11.3 nm。图 10-48 给出了三维磁性生物材料的实际照片[81]。

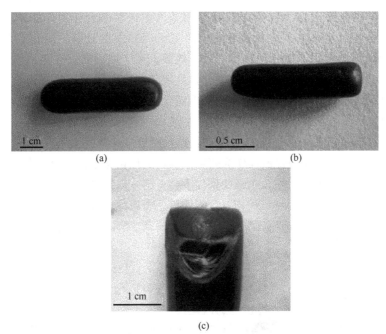

图 10-48　圆柱形壳聚糖/Fe_3O_4 棒的照片

(a) 湿凝胶棒；(b) 干棒；(c) 凝胶棒的切断面

图 10-49 是磁性壳聚糖棒材的横向和纵向切片的透射电镜图。从图 10-49 (a) 可以看出，在没有外加磁场时，生成的 Fe_3O_4 在壳聚糖基质中分布均匀，无团聚现象。从图 10-49 (b) 可以得出 Fe_3O_4 粒径约为 15 nm，其在棒材中的分布很均匀。同时可以从图 10-49 (b) 看到纳米 Fe_3O_4 有一定的定向聚集，由于颗粒的粒径太小且成圆球状，取向并不非常明显。而从图 10-49 (c) 可以明显看到

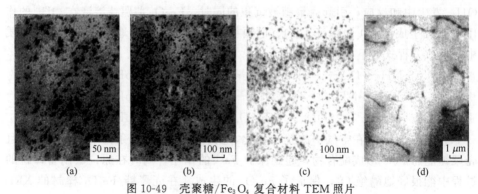

图 10-49　壳聚糖/Fe_3O_4 复合材料 TEM 照片

(a) 无磁场条件下的横断面；(b) 有磁场条件下的横断面；(c)，(d) 有磁场条件下的纵断面

很多长度大约为 3 μm，宽度为 50 nm 的长条有序排列区域，这是由于壳聚糖分子链与金属离子发生络合作用，起到稳定离子和产生纳米颗粒生成位点的作用。原位生成的纳米 Fe_3O_4 无规分布在壳聚糖基质中，在络合作用的影响下会与壳聚糖分子链发生缠结，在外加磁场的作用下 Fe_3O_4 发生迁移，这也会使壳聚糖分子链产生取向作用，使分子链排列趋于规整。由于取向状态在热力学上是一种非平衡态，一旦除去外力后，链段便会自发解除取向而恢复原状，为了维持取向状态，必须在取向后使温度迅速降低到玻璃化温度以下，壳聚糖的玻璃化转变温度为 203℃，而制备棒材的最高温度仅 60℃，故能保持分子链的取向。

　　磁性液体多年来一直是人们的研究热点，而近年来采用具有生物相容性的表面改性剂制备出的水基磁性液体作为药物载体，更加拓宽了磁性液体在医学领域的应用前景。壳聚糖水溶性差，在碱性条件下会析出，则其作为表面活性剂改性磁颗粒用途因此受到限制。而羧甲基壳聚糖除保留了壳聚糖原有的优越特性外，因它能溶于中性及偏碱性溶液中，使其改性磁性颗粒的溶液 pH 条件范围增大，还因其侧链上连有新的官能团羧基，活性得以增强。目前较为成熟的磁流体制备方法包括化学共沉淀法、机械研磨法、热分解法、火花电蚀法、还原法、电沉淀法、等离子体 CVD 法和真空蒸镀法等。化学共沉淀法因具有操作简便、成本低和对设备要求不高等优点，是目前制备磁流体最常使用的方法。

　　称取羧甲基壳聚糖于平底三口烧瓶中，加入氨水搅拌至完全溶解，将平底三口烧瓶固定在水浴锅中，然后将一定比例的 Fe^{2+}/Fe^{3+} 盐混合溶液通过漏斗注入烧瓶，在 1200 r/min 搅

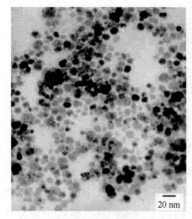

图 10-50　羧甲基壳聚糖/ Fe_3O_4 纳米粒子 TEM 照片

拌速度下反应 10 min，再在 625 r/min 搅拌速度下反应 30 min。反应完毕将磁性液体离心 4 h，再将上层分散稳定的磁性液体倒出，即得黑色磁性液体[82]。从图 10-50 可以看到，Fe_3O_4 球状粒子大小较均匀，粒径约为 10 nm。

在含氧 N_2 氛围下，搅拌下快速滴加 NaOH 溶液到含有壳聚糖和亚铁盐的微乳液中进行反应，随着 pH 的增加，壳聚糖沉淀出来。为了活化 Fe_3O_4 以得到更好的磁性，反应在水浴 60℃ 中维持 2 h。通过滴加 2 mL 包含戊二醛的微乳液和保持相同条件 2 h，形成了交联磁性壳聚糖纳米颗粒。纳米颗粒通过室温离心（4000 r/min，15 min）沉淀，用甲醇和去离子水冲洗 3 次。所制备的纳米颗粒冰冻干燥 24 h，即得磁性壳聚糖纳米颗粒。图 10-51 给出了磁性壳聚糖纳米颗粒的制备过程[83]。

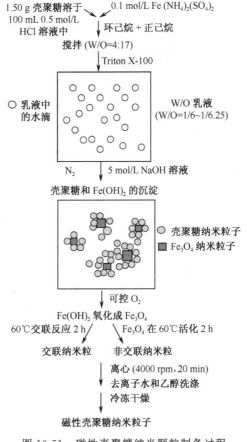

图 10-51　磁性壳聚糖纳米颗粒制备过程

图 10-52 给出了磁性壳聚糖纳米颗粒的 TEM 图像。对于 $M_w=1.0×10^5$ 的壳聚糖，壳聚糖颗粒的直径在 60～80 nm 之间，但是在交联之后，其直径减少

到 10～50 nm。交联反应可以减小壳聚糖颗粒的直径,但对 Fe_3O_4 的直径没有明显的影响。磁性氧化铁纳米颗粒被壳聚糖纳米颗粒包裹起来。随着壳聚糖相对分子质量的变化,磁性壳聚糖纳米颗粒的大小在 10～80 nm 之间变化。复合材料纳米颗粒的饱和磁性可以达到 11.15 emu/g,并且纳米颗粒显示出超顺磁性的特性。磁性壳聚糖纳米颗粒具有高的磁化稳定性。

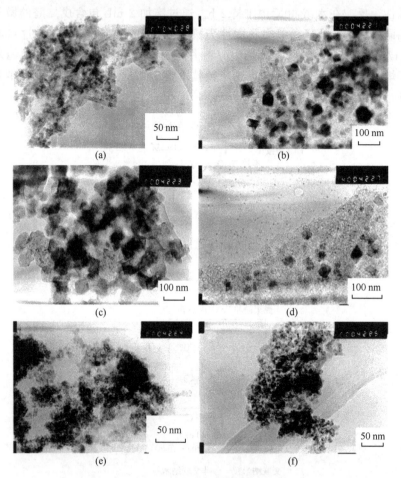

图 10-52　磁性壳聚糖纳米颗粒的 TEM 照片

以 Fe_3O_4 为磁核,采用化学沉淀法可制备出磁性 Fe_3O_4/羟基磷灰石复合物,将所得的磁性 Fe_3O_4/羟基磷灰石与壳聚糖在超声作用下搅拌分散均匀获得均一溶液,然后采用原位沉析法可制备出磁性 Fe_3O_4/羟基磷灰石/壳聚糖棒材[84]。首先在模具内壁浇涂一层壳聚糖的乙酸溶液,然后在凝固液中析出壳聚糖,形成一层壳聚糖膜,该膜具有选择透过性,Na^+、CH_3COO^-、OH^- 能自由渗透,而壳聚糖大分子和 Fe_3O_4、羟基磷灰石大颗粒不能通过。当向该模具中注入磁性

Fe_3O_4/羟基磷灰石/壳聚糖前驱体溶液后，模具中附着在预先形成的壳聚糖膜上的 OH^- 会渗透进入壳聚糖混合溶液中与质子化的壳聚糖发生中和反应引起壳聚糖的沉积，同时分散在壳聚糖溶液中的 Fe_3O_4/羟基磷灰石也会沉积下来，形成一层磁性 Fe_3O_4/羟基磷灰石/壳聚糖膜。当脱去模具后在凝固液中，膜外的 OH^- 由于渗透压作用会继续往里渗透与质子化的壳聚糖反应，引起壳聚糖和 Fe_3O_4/羟基磷灰石的沉积，形成另一圈层凝胶膜，如此继续渗透、中和、沉积最终形成具有宏观圈层结构的圆柱形凝胶棒。凝胶棒在干燥过程中，随着自由水的蒸发，凝胶层之间变得更加致密，最终形成红褐色的磁性 Fe_3O_4/羟基磷灰石/壳聚糖复合棒材。

在磁性 Fe_3O_4/羟基磷灰石/壳聚糖棒材断面的 SEM 照片上，磁性 Fe_3O_4/羟基磷灰石和壳聚糖之间形成了很好的包覆作用，没有明显的相分离现象出现，这对维持复合材料的力学性能有帮助，同时也可以看到小裂缝的存在，正是这些裂缝使得复合材料的力学性能较纯壳聚糖棒有所下降。随着磁性 Fe_3O_4/羟基磷灰石含量的增加，皱褶和小裂缝越来越多，这一现象与复合棒材的力学性能随磁性羟基磷灰石的增加而减小结论相吻合。通过棒材的力学性能测试可以得出，棒材的弯曲强度达到 8710 MPa，高于自然骨 3～4 倍，能很好的满足骨修复对材料力学性能的要求。

10.3.4　壳聚糖/其他金属氧化物复合物

有机高分子的使用可以克服陶瓷材料在实际应用中的一些缺陷。同时，陶瓷材料的使用也可以改进有机膜的化学和热稳定性。因此，近几年来，将陶瓷和有机高分子的结合来制备生物传感器受到广泛关注。将纳米级 CeO_2 与壳聚糖复合可作为有选择性的电化学传感器[85]。适量的纳米级 CeO_2 溶解于 1.0％乙酸壳聚糖溶液中，CeO_2：壳聚糖的质量比为 1：100。混合液超声 15 min 后得到高分散的胶状溶液。将 CeO_2/壳聚糖复合材料溶液（10 μL）移到反向的 GC 电极表面，并在室温下过夜干燥。电极用磷酸缓冲液（pH＝7.0）冲洗。CeO_2/壳聚糖修饰 GC 电极倒转后，将 10 μL ssDNA 探针（232.5 nmol/L）液转移到电极表面。探针小滴室温空气干燥 1 h 后得到探针修饰的 GC 电极。图 10-53 给出了复合薄膜 SEM 形貌图。数百纳米的 CeO_2 颗粒均一分散在壳聚糖膜上。复合薄膜可以有效地提高探针的担载量并且提升生物传感器的相应性能。

表面处理的纳米 ZrO_2/壳聚糖复合膜可用来制备酶生物传感器[86]。纳米 ZrO_2 用十二烷基苯磺酸钠处理可改进 ZrO_2 在壳聚糖溶液中的分散性。新型复合膜的优点是其酶的固定化是基于在纳米孔状 ZrO_2 上的吸附。因此，该制备方法可避免戊二醛的使用。图 10-54（a）是纯 ZrO_2/壳聚糖 TEM 照片，ZrO_2 并没有

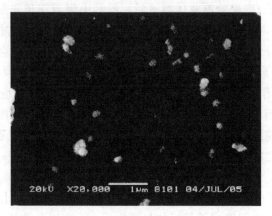

图 10-53　CeO$_2$/壳聚糖复合膜 SEM 照片

在壳聚糖溶液中很好的分散。图 10-54 （b）是表面处理 ZrO$_2$/壳聚糖膜的 TEM，其颗粒大小是约为 20 nm 的均一孔状结构。当 ZrO$_2$ 用表面活性剂分子处理时，十二烷基苯磺酸钠被吸附于 ZrO$_2$ 表面之上，ZrO$_2$ 的表面从亲水变为疏水性，有利于 ZrO$_2$ 分散于壳聚糖的溶液中。对酶填充提供了一个极其放大的电极表面。相对于通过戊二醛交联固定化的 GO$_x$，此固定化 GO$_x$ 保留更好的生物活性。此传感器显示出对葡萄糖的高亲和力、高灵敏性、快速响应、高重现性和精确性。此复合材料也可以便利地扩展到其他生物分子的固定化。

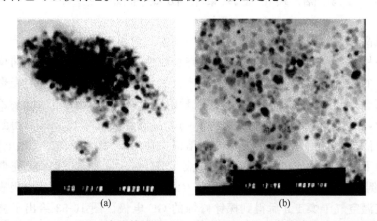

| (a) | (b) |

图 10-54　（a）ZrO$_2$/壳聚糖膜和（b）表面处理 ZrO$_2$/壳聚糖膜的 TEM 照片

通过电化学沉淀可制备氧化亚铜（Cu$_2$O）/壳聚糖纳米复合材料[87]。图 10-55 （a）～（d）给出了不同条件下制备的 Cu$_2$O/壳聚糖复合材料的 SEM 照片。图 10-55 （a）是纳米尺寸壳聚糖颗粒的 SEM 照片，壳聚糖颗粒的直径大约为 100 nm。当电流为 0.05 A，30 min 时，直径为 20 nm 和长为 50 nm 的针状

Cu$_2$O 颗粒在壳聚糖纳米颗粒 [图 10-55 (b)] 上沉淀。这些针状 Cu$_2$O 很可能在壳聚糖表面直接生长。当系统电流为 0.1 A，30 min 时，图 10-55 (c) 在壳聚糖表面之上并没有发现针状 Cu$_2$O 纳米晶体，只有 Cu$_2$O 球状纳米颗粒。当电流保持在 0.6 A 超过 10 min 之后，在壳聚糖表面之上同时发现了针状纳米晶体和大球状 Cu$_2$O 颗粒 [图 10-55 (d)]。因此，通过改变实验参数可以很容易地控制沉淀于壳聚糖上的 Cu$_2$O 结晶的形貌。

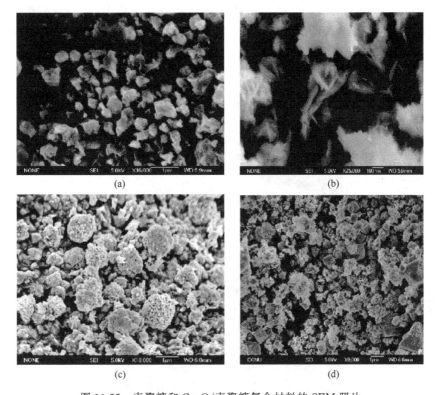

图 10-55　壳聚糖和 Cu$_2$O/壳聚糖复合材料的 SEM 照片

(a) 壳聚糖颗粒；(b) 在电流 0.05 A，30 min 时制备的 Cu$_2$O/壳聚糖；(c) 在电流 0.1 A，

30 min 时制备的 Cu$_2$O/壳聚糖；(d) 在电流 0.6 A，10 min 时制备 Cu$_2$O/壳聚糖

在许多文献报道中，壳聚糖以薄膜或粒状用于金属离子的吸附，但吸附平衡时间较长。这是因为薄膜或粒状壳聚糖的微观结构缺乏足够的孔结构。通过相转变方法和使用硅颗粒作为成孔剂可制备多孔壳聚糖膜。在低 pH 时，壳聚糖溶解于水中而硅不溶；在高 pH 时壳聚糖沉淀而硅溶解，这样形成了一种具多孔性的孔状结构，并且孔大小取决于硅颗粒的量和大小。而在 Al$_2$O$_3$ 上涂层壳聚糖可制备 Al$_2$O$_3$/壳聚糖膜，该复合膜对 Cu^{2+} 有很好的吸附性能[88]。

将 α-Al$_2$O$_3$ 粉末烧结处理后与壳聚糖溶液复合形成复合膜。为了改善壳聚糖涂层的多孔性和稳定性，可用 NaOH 水溶液处理，也可用含硅凝胶的壳聚糖同样方法制备多孔膜，还可以用表氯醇做交联剂制备复合膜。纯壳聚糖的普通浸渍和干燥并不能得到连贯的涂层，载体的黏着性能很差。而用 NaOH 水溶液处理后，膜层大约为 14 μm 厚，且由平行的多层组成（图 10-56）。当含硅凝胶的壳聚糖膜，其厚大约为 17 μm，而再交联后膜厚大约为 16 μm。可见使用这种方法可以得到厚度为 15±2 μm 的不同结构壳聚糖涂层。Al_2O_3/壳聚糖复合膜用来吸附 50 mg/L $CuSO_4$ 溶液，可使 Cu^{2+} 浓度低于 1 mg/L。图 10-57 为含硅凝胶的壳聚糖复合膜吸附 Cu^{2+} 后的 SEM 照片，显然吸附 Cu^{2+} 后复合膜有一定的收缩。

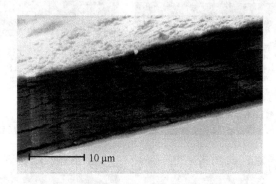

10 μm

图 10-56　在吸附 Cu^{2+} 以前的 Chi-NaOH 膜的 SEM 照片

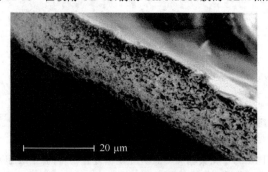

20 μm

图 10-57　吸附 Cu^{2+} 后含硅凝胶的壳聚糖复合膜的 SEM 照片

水中污染物的催化光降解通常是基于一种半导体通过 UV 照射产生降解反应。半导体氧化铌（V）并不显示好的光催化活性。这种半导体在水中形成的水状胶体因稳定性很低，而使氧化物沉淀，这影响了底物在其表面的吸附。为了避免这个问题，通过共沉淀反应将氧化铌（V）附于壳聚糖生物大分子表面，这样可形成生物大分子复合材料，显示出半导体在壳聚糖表面的良好分散。通过加入适量的草酸铌铵到 26.0 mL 壳聚糖（1 g）的乙酸溶液中，此混合液在热液系统中 70℃维持 120 h，此过程得到了 0～13.9% 氧化铌（V）分散于有机骨架的有机无机复合材料[89]。

　　通过 SEM 和 X 射线分散光谱（EDS）的研究得到了有关复合材料颗粒形貌和铌在复合材料表面分散的信息。图 10-58（a）是含 9.3％氧化铌（V）于生物大分子表面的壳聚糖/氧化铌复合材料的 SEM 照片，图 10-58（b）是使用 EDS 检测器 320 eV 得到的相应的 EDS 射线发散，可以观察到铌的黑点。照片显示铌是均一分散的。壳聚糖/氧化铌复合材料显示出对水溶液中靛青洋红染料降解的高催化活性，即可以很容易从反应混合液中回收并且经过很多次重复使用还维持高的催化能力。正如前面所述的 TiO₂ 光催化剂具有相似的催化效率和极好的重复使用潜力一样，按照清洁技术和绿色化学的原则，壳聚糖/氧化铌复合材料成本低，将在水净化过程中作为环境友好的催化剂发挥重要的作用。

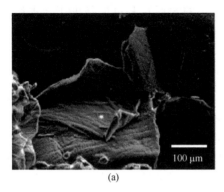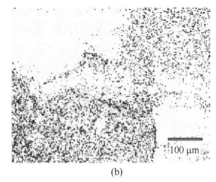

图 10-58　含 9.3％氧化铌（V）于生物大分子表面的 Chit/Nb 复合材料的 SEM 照片
（a）和通过 X 射线荧光微探针得到相应的 EDS 点图（b）

　　近年来，壳聚糖在生物医用膜、食品包装材料等方面应用的报道不断增加，其中拓宽这种天然高分子用作膜材料的关键在于提高其膜材料的抗张强度尤其是湿态抗张强度。纳米 TiO₂ 是目前研究最为活跃的无机纳米材料之一，具有无毒、抗菌并分解细菌、防紫外线、超亲水和超亲油等特性。用 SDS 改性后的 TiO₂ 表面转化为憎水表面，提高了其在有机高分子中的分散性。将纳米 TiO₂ 引入由高碘酸钠氧化壳聚糖制得的氧化自组装壳聚糖膜中，其力学性能以及阻水性得到了较大的改善[90]。

　　称取一定量的壳聚糖，溶于 2％乙酸水溶液中，得到质量百分比为 2％的壳聚糖乙酸溶液。将纳米 TiO₂ 粉体按不同掺杂比加入到 25 mL 壳聚糖溶液中。每搅拌 1 h 用超声波超声 10～15 min，至纳米 TiO₂ 粉体均匀分散。分别加入 0.01 g 高碘酸钠在 30℃下避光搅拌反应 2 h，停止反应后，将溶液减压脱泡后于水平放置的干净玻璃板上流延，在红外灯下成膜，揭膜，放入 2％的 NaOH 溶液中浸泡 5 min，然后蒸馏水洗膜多次，最后将膜四周固定，室温晾干，即得到光滑平整的氧化自组装壳聚糖/纳米 TiO₂ 复合膜。

　　比较壳聚糖及其复合膜的 IR 光谱图发现：壳聚糖膜的 1597 cm^{-1} 的氨基变形振动吸收带消失，在壳聚糖氧化自组装膜的 IR 光谱中出现 1650 cm^{-1} 的新吸收带，归属于 C＝N 双键的特征吸收带，这是高碘酸钠氧化壳聚糖后生成的醛基与壳聚糖自身剩余的氨基发生席夫碱反应后形成的键，证明了生成的膜本身产生了交联反应，交联键是 C＝N 双键。纳米 TiO$_2$ 在 450～500 cm^{-1} 处有一个强而宽的吸收带，这是由 O—Ti—O 的伸缩振动引起的，应归属于的 TiO$_2$ 特征吸收带。该吸收带在复合膜 IR 谱图中没有出现，是由于纳米 TiO$_2$ 含量较少，吸收带被掩盖的缘故。位于 1030 cm^{-1} 处的 C$_6$ 上的 v（C—O）吸收带向低波数方向发生轻微移动。这表明纳米 TiO$_2$ 和壳聚糖分子之间可能有氢键作用，有利于纳米 TiO$_2$ 在壳聚糖膜中的分散。纳米 TiO$_2$ 的表面羟基可能是由于与水接触反应的结果，纳米 TiO$_2$ 其 Ti—O 键的距离都很小且不等长。Ti—O 的不平衡使其极性很强，表面吸附的水因极化而发生解离，易形成羟基。

　　各复合膜的干态抗张强度随着膜中纳米 TiO$_2$ 含量的增加而降低。与壳聚糖膜相比，未添加高碘酸钠的壳聚糖/纳米 TiO$_2$ 复合膜的湿态抗张强度普遍增强，当纳米 TiO$_2$ 的掺杂比为 1％时增加的最为显著，湿强为 29.14 MPa，比纯壳聚糖膜提高了 27％。加入高碘酸钠后的各氧化自组装壳聚糖/纳米 TiO$_2$ 复合膜的干态抗张强度在纳米 TiO$_2$ 掺杂比为 1％时有最大值 51.13 MPa，比纯壳聚糖膜提高了 10.6％。

　　在壳聚糖溶液中金纳米粒子的合成已有研究报道。在外界环境条件下，在 253.7 nm 通过辐射可制备壳聚糖/金薄膜，其中的壳聚糖也可以被认为是稳定剂和催化剂。不添加任何还原剂或稳定剂，金盐可以变为零价金纳米粒子。采用壳聚糖还原金离子形成稳定的金纳米粒子的优点是该过程很容易进行而且不污染环境。然而，对壳聚糖/金来说，金纳米粒子在线形壳聚糖上的组装加工仍然存在着很大的挑战性。因此，采用冷冻方法制备壳聚糖，在没有表面活性剂的悬浮液中用戊二醛部分交联，然后将成型的壳聚糖分散在 0.025 mol/L 的四氯金酸水溶液中，磁力搅拌 6 d 可形成金纳米粒子[91]。图 10-59 给出了用场发射扫描电子显微镜观察的壳聚糖/金复合物照片。改变实验条件，壳聚糖纤维的直径和长度也相应的改变。

　　图 10-59（a）、（b）以两个不同的放大倍率显示了几束成长良好的直径约为 100 nm 的线型成型壳聚糖光纤。图 10-59（c）显示了直径为 2 μm 的壳聚糖光纤。在壳聚糖光纤上开始形成金的时候，可以观察到壳聚糖表面反应单元的形态。图 10-59（e）显示了厚度约为 50 nm 的自组装薄片。图 10-59（f）表明随着时间的延长，金薄片的尺寸越来越大，在光纤表面逐渐形成连续的层。场发射扫描电子显微镜照片揭示了典型的核/壳结构。很显然，50 nm 的壳聚糖光纤核被 2 nm 金壳环绕。

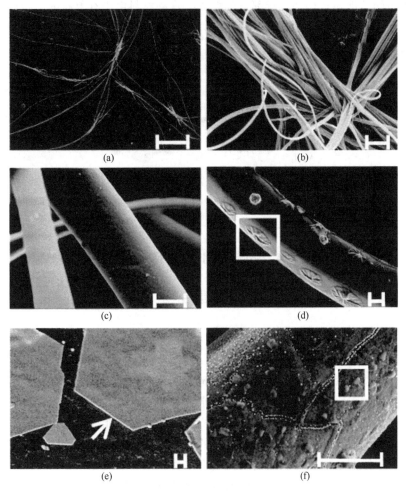

图 10-59　扫描电镜照片　(a)、(b) 典型小的壳聚糖光纤，(c) 典型大的壳聚糖光纤，(d) 金纳米粒子形成初期的表面状态，(e) 在壳聚糖光纤表面形成的金壳，(f) 溶液中形成的壳聚糖/金光纤核金纳米粒子

标尺：(a) 20 μm；(b) 500 nm；(c) 1 μm；(d) 1 μm；(e) 200 nm；(f) 1 μm

图 10-60 显示了用场发射扫描电子显微镜和投射电子显微镜观察的金纳米粒子改性壳聚糖光纤的机理假想示意图。在水溶液中，壳聚糖光纤表面的正电荷 R—NH$_3^+$ 可以提供吸附带负电荷的 AuCl$_4^-$ 的支架。如图 10-60 (a) 所示，在水溶液中，AuCl$_4^-$ 和阳离子壳聚糖主链以静电作用结合。在最初反应阶段，吸附离子的壳聚糖将 AuCl$_4^-$ 还原为金属态的金。被壳聚糖链还原后 [图 10-60 (b)]，氨基和金粒子之间的范德华作用力和强的亲和力使金核和成型的金纳米粒子在壳聚糖光纤表面发生自组装。壳聚糖表面被金纳米粒子覆盖满后，金纳米粒子在溶

液中以布朗运动随意移动接近邻近的粒子。这种材料由于有着高的面积体积比和潜在的强敏感性，从而对制备新一代的纤维生物传感器和其他功能设备有着重要的意义。

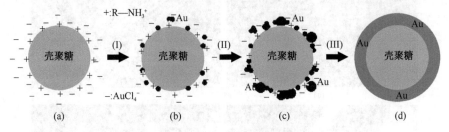

图 10-60　壳聚糖/金形成机理示意图

10.4　壳聚糖/有机高分子复合物

10.4.1　壳聚糖/天然高分子复合物

10.4.1.1　壳聚糖/壳聚糖衍生物复合物

理想的皮肤代用品应具备价廉、来源广、保存方便、有柔韧性和一定的机械强度、可吸收渗出液、防止细菌侵入和水分丢失等特点。研究发现，将具有不同性能的高分子材料复合形成双层或多层复合结构的膜，能综合所用高分子材料的优点，得到性能比所用高分子材料优良的复合型高分子膜。因此，近年来，用复合型高分子膜制备皮肤代用品的研究引人注目。

国内外关于壳聚糖膜在临床上的应用报道较多，但单一膜在韧性和稳定性及多功能性方面差，在临床上的应用受到一定限制，而采用壳聚糖和壳聚糖衍生物复合膜可改善有关性能。将壳聚糖溶液先在玻璃板材上流延，烘干后在其上层涂加不同体积的 PVA 溶液，烘干后再涂定量的羧甲基壳聚糖溶液，烘干即得到上层为壳聚糖层、中间为 PVA 层和下层为羧甲基壳聚糖层的 C-P-C 复合膜[92]。

由于羧甲基壳聚糖在溶液中是带负电荷，壳聚糖在溶液中带正电荷，二者混合会产生絮凝，难以形成质地均匀的 C-P-C 复合膜。因此，利用 PVA 含有大量羟基、具有很强的亲水性和易交联的特性，在壳聚糖层和羧甲基壳聚糖层中间增加 PVA 缓冲层，采用分步流延法制备 3 层复合膜材料。C-P-C 复合膜的扫描电镜观察见图 10-61，壳聚糖层质地均匀致密，羧甲基壳聚糖层可见大量孔隙，壳聚糖层表面亦可见孔隙，但与羧甲基壳聚糖层比孔隙明显减少。对 C-P-C 复合膜生物相容性实验发现，C-P-C 复合膜是无毒材料且不引起创伤感染，膜植入早

图 10-61　C-P-C 复合膜 SEM 图

(a) 羧甲基壳聚糖面；(b) 壳聚糖面，×1000

期出现巨噬细胞为主的炎症反应，炎细胞浸润 C-P-C 复合膜实验组与对照组在第 1、2 周时均较严重（$P<0.05$），在第 3、4 周实验组接近外科缝合线，而在第 5、6 周 C-P-C 复合膜引起的组织反应要小于手术缝合线（$P<0.05$）。随着时间的延长，由 C-P-C 复合膜引起的炎症反应逐渐减轻，说明 C-P-C 复合膜材料具有很好组织相容性。C-P-C 复合膜能够明显促进创面愈合，能有效地密封出血创面且具有明显的止血作用，说明此 C-P-C 复合膜具有良好的创伤保护和修复功能。

在壳聚糖的氨基上引入羟丙基三甲基氯化铵能强化壳聚糖的吸水性、抑菌性和止血功能，但这同时也降低了壳聚糖季铵盐膜的机械强度。利用壳聚糖膜机械性能优良的特点，以戊二醛为交联剂，在壳聚糖膜上涂敷壳聚糖季铵盐，制备壳聚糖/壳聚糖季铵盐复合膜，可进一步改进其吸水性、抑菌性及药物缓释能力[93]。

图 10-62 显示了膜的抗张强度和断裂伸长率与膜的交联度之间的关系。由图可见，适度的交联可以大幅度提高膜的抗张强度和断裂伸长率，但过度交联使膜

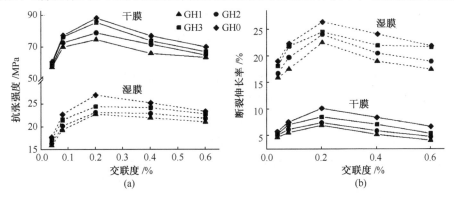

图 10-62　不同交联度复合膜的抗张强度（a）和断裂伸长率（b）的关系

变脆，力学性能降低。当交联剂用量为壳聚糖季铵盐质量的 0.2 时，膜的力学性能最好。取代度越低，复合膜的力学性能越好。这是因为季铵盐的引入，在一定程度上破坏了壳聚糖分子的规整性，影响分子链的紧密排列，使分子间作用力减小，膜的强度减小。

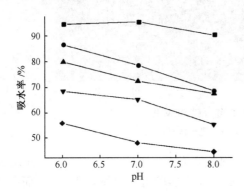

图 10-63　几种复合膜的吸水率随 pH 的变化曲线
■：GH1-1；●：GH1-3；▲：GH3-1；▼：GH3-3；
◆：CS

空间位阻大和水合能力强的季铵盐基团的引入，可大大增加复合膜的吸水率。从图 10-63 可见，在相同 pH 时，取代度越高，吸水率越大；交联度越大，吸水率越低。取代度越高，壳聚糖分子链上离子电荷越高，电荷相斥使分子链扩张，离子基团对水分子的亲和性使其吸水率增大。交联度提高阻止了分子链伸展，使吸水能力减弱。从图还可以看出，不同取代度和交联度的复合膜的吸水率随溶液 pH 变化的趋势是相似的。复合膜的吸水率和抑菌性均比壳聚糖膜有所提高，且随着取代度增大，膜的吸水率和抑菌性增加；交联度增加使膜的吸水率和抑菌性下降。复合膜可望在人工皮肤方面得到应用。

10.4.1.2　壳聚糖/淀粉复合物

壳聚糖膜在农业、食物和制药中具有潜在的应用，然而，只用壳聚糖制备的膜保水性和机械性能较差。用壳聚糖和其他亲水性的生物大分子复合可改善材料的有关性能。将壳聚糖和玉米淀粉复合可制备壳聚糖/淀粉复合膜[94]。图 10-64 是壳聚糖/淀粉复合膜的 X 射线衍射图。壳聚糖粉末的两个主要衍射峰分别在 $2\theta = 11.6°$ 和 $20.25°$ 出现。在形成膜之后，两个主要衍射峰仍然存在，但强度变小。当淀粉和壳聚糖以 0.5：1 比率混合时，在复合膜中壳聚糖特征峰依然存在，说明少量淀粉的加入并不影响壳聚糖的结构。然而，当复合膜中的淀粉比率继续增加时，可以观察到强度更强的一个宽无定形峰。

图 10-65 是壳聚糖、淀粉和壳聚糖/淀粉复合膜的 IR 光谱图。在 3351 cm^{-1} 处的宽峰是壳聚糖—OH 和—NH 伸缩振动吸收带。在 1578 cm^{-1} 是—NH 弯曲振动吸收带（酰胺Ⅱ）。在 1655 cm^{-1} 附近的小峰归因于 C＝O 伸缩振动（酰胺Ⅰ）。在淀粉膜的光谱中，宽峰是—OH 伸缩振动吸收带。1648 cm^{-1} 和 1458 cm^{-1} 是水的 δ（O—H）和 CH$_2$ 的弯曲振动吸收带。在壳聚糖/淀粉复合膜的谱图中，随着淀

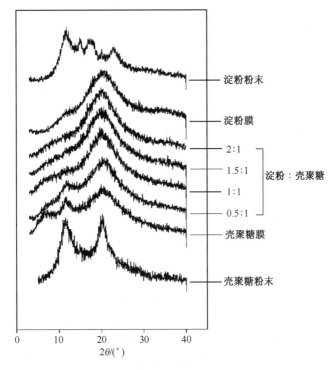

图 10-64　壳聚糖/淀粉复合膜的 XRD 图

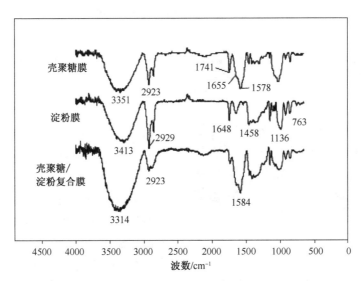

图 10-65　壳聚糖膜、淀粉膜和壳聚糖/淀粉复合膜（壳聚糖与淀粉
比为 1∶1）的 IR 谱图

粉的加入，壳聚糖的氨基吸收带从 1578 cm^{-1} 位移到 1584 cm^{-1}。该结果表明淀粉的羟基和壳聚糖的氨基间存在相互作用。

10.4.1.3　壳聚糖/纤维素复合物

用生物大分子制备的可食用膜和涂层具有保护产品和延长其保鲜期的作用。壳聚糖与纤维素衍生物可用于制备可食用膜。将甲基纤维素和壳聚糖溶液分别配置成 1％和 2％的溶液。按壳聚糖：甲基纤维素＝为 25：75、50：50 和 75：25 比例制备混合液。将混合溶液注入模具中，溶液在 60℃通风干燥直到质量不变，即可得到可食用膜[95]。用该方法制备的膜厚度在 14.12±1.59～26.07±3.17 μm 之间变化。通过控制膜配方中壳聚糖的浓度，可以调整材料的溶解性。复合膜的渗透性与单组分膜无明显不同，壳聚糖赋予了复合膜刚性特性（高弹性模量和低延长性）。研究表明，该食用膜可在食品、医药和化妆品等很多领域得到应用[96]。

壳聚糖/羧甲基纤维素复合微球可作为金属离子的吸附剂。壳聚糖溶解于 3％ HCl 溶液中配成 2％浓度的溶液。羧甲基纤维素溶解于蒸馏水中配成 3％浓度的溶液。将壳聚糖溶液置于 500 mL 三口烧瓶中，加入一定量的异丙醇，羧甲基纤维素溶液以细雾状喷入高速搅拌的壳聚糖溶液中，形成壳聚糖/羧甲基纤维素复合微球，滤布过滤分离后，将微球加入 0.4％戊二醛溶液进一步交联硬化，过滤后，用蒸馏水洗涤至无 Cl$^-$（用 AgNO$_3$ 溶液检测），然后用 NaOH 稀溶液中和，真空干燥即得[97]。

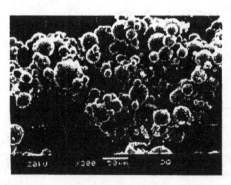

图 10-66　壳聚糖/羧甲基纤维素复合微球的 SEM 照片

通过控制加料次序使壳聚糖形成离子交联的微囊，核为壳聚糖组分，外壳为羧甲基纤维素组分，微球的外部分布有—COONa 基团，经过 NaOH 溶液中和后的微球含有部分—NH$_2$ 基团，形成具有 EDTA 式的氨羧螯合结构的高分子微球。微球的电子显微镜形貌如图 10-66 所示，是较为规整的球状结构。激光粒度分布结果表明，粒径尺寸范围为 10～500 μm。SEM 形貌观察发现初级粒子直径大致在 10～50 μm 之间，但存在明显的团聚现象，说明超声分散不能完全使团聚体解离，粒子间存在强的黏结作用，这主要是戊二醛使粒子间产生化学交联所致。此外，壳聚糖/羧甲基纤维素聚电解质复合物还具有较好缓释药物的性能[98]。

10.4.1.4　壳聚糖/胶原复合物

壳聚糖和胶原均为天然大分子物质。胶原是人体结缔组织的主要成分，是组织工程化生物材料制备的一种理想成分，但胶原的机械性能差、难以成型。壳聚糖大分子链是刚性结构，含有大量的氨基和羟基，与胶原结合成大分子聚电解质复合材料，可提高胶原的机械强度。以大鼠骨髓基质细胞为种子细胞，壳聚糖/胶原复合物为支架材料，通过骨组织工程的原理和方法修复牙槽骨缺损。组织学观察表明，实验组 2 周后可见有少量新骨形成，4 周后新骨形成面积增大。对照组无明显新骨形成，材料周围有炎细胞浸润，并可见部分纤维结缔组织包绕。细胞在壳聚糖/胶原复合材料中繁殖良好，证明材料有很好的生物相容性，对细胞无毒害作用，可用于自体骨的生长或修复缺损[99]。

将壳聚糖与胶原形成高分子离子复合物后，采用浇铸/冷冻干燥技术，可制备壳聚糖复合物海绵[100]。由于壳聚糖带正电荷而胶原带负电荷，两者混合后可通过静电作用形成高分子离子复合物。在复合物溶液低温冷冻时，随着水不断结冰，高分子链发生聚集。当冷冻干燥时，因冰升华而在原来结冰的位置形成孔，最终得到多孔性的海绵结构。在相同制备条件下，纯胶原海绵的孔较小，孔道显得杂乱无章 [图 10-67 （a）]。在壳聚糖与胶原复合物的海绵中，孔的尺寸较大 [图 10-67 （b）]。对于单一高分子体系而言，海绵中孔的大小应当与溶液中高分子的浓度成反比，而对于复合高分子体系，孔尺寸除了与浓度相关之外，复合物溶液冷冻时高分子骨架与水或冰出现相分离时间和程度也会对孔的大小产生重要影响。尽管在制备复合物海绵时高分子的总浓度较大，但由于离子复合物的形成，容易过早出现相分离，而且因离子键的作用高分子相的密度较大，结果容易

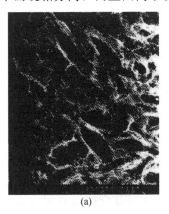
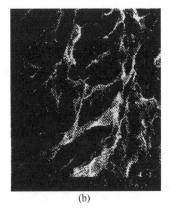

（a）　　　　　　　　　　　　　（b）

图 10-67　（a）胶原和（b）壳聚糖/胶原海绵的 SEM 照片

形成大孔。因此，孔径的调整除了通过制样时高分子溶液的浓度控制之外，还应当考虑影响相分离发生的其他因素。

研究发现加入胶原可增加海绵的吸水性和保水性，有助于在海绵中形成大孔结构。海绵在 pH＝7.4 的磷酸盐缓冲液中用溶菌酶进行体外降解，复合物海绵的降解速率比单纯的壳聚糖海绵稍快。在海绵中进行胎儿皮肤成纤维细胞的培养，发现细胞在复合物海绵中的生长增殖优于单纯的壳聚糖海绵，而且复合物海绵不会像单纯胶原海绵那样在细胞培养过程中发生降解收缩。

在众多制作海绵的材料中，壳聚糖和明胶引人注目。明胶是胶原蛋白的部分水解产物，具有良好的生物相容性、可降解性和细胞亲和性。目前采用在壳聚糖与明胶的混合溶液中加入交联剂的方法制备壳聚糖/明胶共混海绵，但交联剂的引入势必会影响材料的生物相容性，产生细胞毒性。用乙酸酐对壳聚糖与明胶共混物进行乙酰化处理，然后冷冻干燥可制备乙酰化壳聚糖/明胶海绵[101]。将壳聚糖和明胶溶液按照一定的比例混合均匀，加入乙醇，再加入一定体积的乙酸酐溶液，充分搅拌后，将溶液倒入直径为 90 mm 的一次性塑料培养皿中，静置一夜，形成凝胶。然后用蒸馏水浸泡至 pH 到中性，将其放在预先降至 −50℃ 的板层上冷冻 3 h，真空干燥 37 h，即得到复合海绵。

当乙酸酐用量较小时，得到的凝胶强度小，在水中溶胀。增加乙酸酐用量，凝胶的强度增大，水中溶胀性减小。乙酰化壳聚糖/明胶海绵具有多孔结构，海绵的孔结构与海绵中壳聚糖的含量有关。随着乙酸酐加入量的增加，海绵的吸水率先减后增，但对海绵保水率的影响却与吸水率的变化规律相反，吸水率最低的海绵保水率最高。这是因为乙酸酐与壳聚糖的氨基反应生成乙酰氨基，减少了—NH$_2$ 阳离子基团，海绵的吸水率下降。然而，乙酰氨基的引入使分子链的刚性增强，链尺寸增大，随着乙酰化程度的提高，壳聚糖分子的不规整性增加，使海绵的吸水率反而增加。

将重组人骨形成蛋白 2（recombinant human bone morphogenetic protein 2，rhBMP 2）与壳聚糖/明胶支架复合，按 2×10^4/mL 的密度接种成骨细胞系或成肌细胞系至 rhBMP-2 复合材料上。接种相同的细胞时，复合有 rhBMP-2 的材料中有更多的钙盐沉积。研究结果表明，复合有 rhBMP-2 的壳聚糖-明胶人工骨支架材料在体外具有良好的诱导成骨能力[102]。

将壳聚糖与天然阴离子絮凝剂卡拉胶等进行复配用于红花水提液的絮凝试验，IR 谱图分析表明壳聚糖分子上的—NH$_3^+$ 与卡拉胶分子上的 SO$_3^-$；通过静电相互作用而联结形成壳聚糖-卡拉胶聚电解质复合物。通过对红花水提液的絮凝试验，研究了不同聚阳离子-聚阴离子间进行复配以及复配方式、复配配比等条件对絮凝效果的影响，结果表明复配后的絮凝体系，絮体增长加快，且体积增大，其沉降速度明显加快，絮凝效果显著提高。复配方式以先加入壳聚糖，搅拌一段时间后，再加入卡拉胶的絮凝效果为最佳。复配的絮凝剂其絮凝效果得到显著提高[103]。

　　壳聚糖具有优良的生物活性、生物相容性、生物降解性和抗菌功能，丝胶/壳聚糖复合物具有良好的人体亲和性[104]。将丝胶与壳聚糖乙酸胶液均匀混合，检测了其黏流特性，将二元共混膜放置于模拟体液内，SEM 的形态结构观察表明丝胶均匀分散于壳聚糖中，可调控膜的降解，复合物为生物材料和功能性纤维的制备提供了新素材。

10.4.1.5　壳聚糖/葡甘露聚糖复合物

　　葡甘露聚糖（KGM）是魔芋块茎中所含的储备性多糖，它是由葡萄糖和甘露糖主要以 β-(1,4) 糖苷键连接起来的高分子多糖，具有良好的吸水、保湿、成膜和胶凝性，并有良好的生物降解性、生物相容性、一定的生物活性和促进伤口愈合、止血以及缓释药物等功能。将壳聚糖与高纯度的水溶性葡甘露聚糖共混复合，可制备壳聚糖/葡甘露聚糖复合膜[105]。

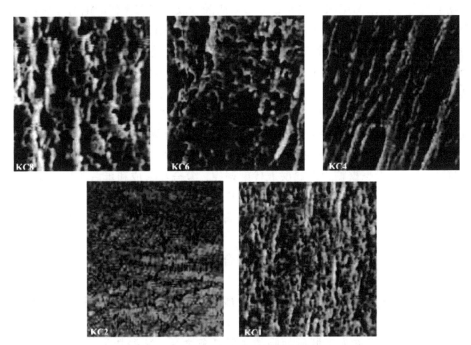

图 10-68　KC1，KC2，KC4，KC6 和 KC8 的横截面 SEM 照片

其中，KC1、KC2、KC4、KC6 和 KC8 分别表示葡甘露聚糖和壳聚糖的质量比为 90/10、80/20、60/40、40/60 和 20/80 的葡甘露聚糖/壳聚糖膜

　　由于壳聚糖的氨基和甘露聚糖的羟基存在着强烈的分子间氢键作用，甘露聚糖和壳聚糖的质量比为 80/20 的混合膜表现出好的可混合性和均一性[106]。用光学显微镜观察混合膜的细胞形态并采用 MMT 检验细胞的生存能力。研究结果表明，与纯的甘露聚糖膜相比，混合膜更适合细胞的生长。由于该膜具有良好的机械性能、可混合性及生物相容性，从而可作为生物材料的候选物。

　　当两种高聚物有很好的混合性时，两者混合而得的膜是很均一紧密的。图 10-68 为葡甘露聚糖/壳聚糖膜的 SEM 照片，可以看出，膜 CH8 的横截面形态是一个明显的相分离，相分离现象随着葡甘露聚糖含量的增加而减弱。当甘露聚糖和壳聚糖的质量比为 80：20，KC2 膜显示了一个光滑均一的横截面形态，表明甘露聚糖和壳聚糖之间有好的可混合性和混合均一性。

10.4.1.6　壳聚糖/肝素复合物

　　肝素（HP）是一种糖胺聚糖，由硫酸氨基葡萄糖、葡萄糖醛酸和艾杜糖醛酸的硫酸酯组成，同样具有良好的生物降解和生物相容性。另外，肝素和两性壳聚糖分别与动物结缔组织中主要成分透明质酸和胶原有着类似的电荷性质，这对蛋白药物活性的保持非常有利。用胶体与 pH 浊度滴定研究肝素钠与两性壳聚糖的复合作用，发现两组分在一定 pH 范围内能通过静电相互作用形成复合物[107,108]。复合转变临界 pH（pH_ϕ）与两性壳聚糖中丙烯酸取代度有关，取代度越低，pH_ϕ 值越高。以牛血清白蛋白（BSA）为模型，测定了其在复合物中包埋及不同 pH 介质中的释药行为。结果表明，BSA 可以在非常温和条件下有效包埋于复合物中，包埋率接近 100%；BSA 从复合物中释放具有很高的 pH 响应性，释放转变在很窄的 pH 范围内（＜0.4pH 单位）完成，释放转变临界 pH（pH_ϕ'）可由两性壳聚糖中丙烯酸取代度调控。复合物形成和蛋白质释放在对 pH 依赖性上存在很好的相关性。同时还发现，在中性介质中（pH＝7.4），复合物对 BSA 具有很好的缓释作用，BSA 持续释放时间可达 15 d 左右。

10.4.1.7　壳聚糖/海藻酸钠复合物

　　杂化人工肝支持系统是近 30 年来发展起来的治疗肝功能衰竭的一种很有前景的方法，但如何提高反应器内的肝细胞密度并维持其生理活性是一个关键问题，也是进一步发展人工肝所面临的主要任务之一。藻酸盐类（APA）可与壳聚糖在温和条件下发生复合反应。肝细胞在体内是生长在一个由各种细胞外基质（ECMs）构成的三维交联网络中，在体外这种贴壁依赖的细胞则需要附着在材料上，才能生长和代谢。因此，从改善材料的化学结构和几何形态角度考虑，模拟体内的三维环境，利用壳聚糖制备多孔网状结构支架用于原代肝细胞的培养。多孔结构支架可通过冷冻干燥壳聚糖凝胶获得，冷冻干燥的多孔支架用海藻酸（ALG）水化后，会在孔表面形成一层复合物[109]。

用质量分数 1.5% 的壳聚糖溶液制得的多孔支架孔径多在 $50\sim200~\mu m$ 之间，孔隙率为 90% 以上 [图 10-69 （a）]。当用海藻酸钠水化冷冻干燥后的多孔壳聚糖支架时，材料会发生溶胀，用 SEM 观察二次冷冻干燥的多孔壳聚糖复合物支架时，发现材料表层的孔结构部分被复合物封闭，移去表层后里面的孔结构仍然完好，只是孔内壁变得更粗糙，更有纹理 [图 10-69 （b） 和 （c）]。细胞培养结果表明，这些粗糙的表面比未修饰的孔表面更利于细胞贴附，使细胞与材料接触的表面积增加，细胞沿着表面纹理的取向黏附，形成接触引导 （Contact guidance）。

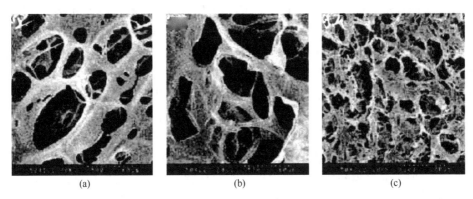

图 10-69　多孔壳聚糖支架 （a） 和多孔壳聚糖/海藻酸钠复合支架 （b）、（c）

以海藻酸钠复合的孔表面，两种聚电解质通过静电相互作用形成一层薄膜。复合物支架上细胞代谢活性高，是因为海藻酸盐是一种有效的促细胞聚集因子，使肝细胞聚集形成类组织的三维结构。结果表明，细胞在多孔壳聚糖支架上生长良好，且密度、代谢活性较单层培养条件下有大幅度提高，细胞在 7d 后仍能保持较强的分泌白蛋白和合成尿素的功能，壳聚糖复合物上肝细胞的代谢活性更高。

10.4.2　壳聚糖/合成高分子复合物

10.4.2.1　壳聚糖/聚乳酸复合物

聚乳酸具有良好的生物相容性，生物降解性和较好的力学性能，在组织工程领域有着广泛的应用。聚乳酸的疏水性妨碍了细胞的贴附与增殖，因此必须对聚乳酸进行改性，增加它的亲水官能团的数量。聚乳酸改性的方法包括与亲水的链段共聚、表面修饰及与亲水聚合物共混的方法。壳聚糖是在组织工程中应用较广泛的天然生物高分子材料。通过低相对分子质量壳聚糖与 L-聚乳酸共混,在保持聚乳酸较高力学性能的同时,可改善 L-聚乳酸的亲水性,以利于细胞的贴附和增殖。

聚乳酸与壳聚糖的极性差别很大,采用常规的挤出共混时会出现宏观相分离,降低材料的力学性能。将聚乳酸与低相对分子质量壳聚糖同时溶解在 DMSO 中,用溶液流延的方法将聚乳酸和壳聚糖进行共混,可制备不同比例的 PLLA/低相对分子质量壳聚糖共混膜。将 L-聚乳酸和低相对分子质量壳聚糖分别溶解在 DMSO 中,配制成 5% 的溶液(质量分数),然后按聚乳酸与低相对分子质量壳聚糖的含量分别为 100∶0、99.5∶0.5、99∶1、98∶2、95∶5 和 90∶10 的比例将两种组分进行混合。在 50℃ 下搅拌为 30 min,然后静置过夜。将初混后的混合溶液在超声波混合仪上再进行超声混合。混合完毕后,将混合液倒入特制的塑料模具中,于 60℃ 干燥,在 N₂ 气氛下,持续一周,蒸发掉大量溶剂,膜初步形成。最后将共混膜转移到真空烘箱中,在 60℃ 下干燥至恒重,得到不同比例的 PLLA/低相对分子质量壳聚糖共混膜[110]。结果发现,壳聚糖含量分别为 0.5%、1%、2%、5% 时,共混物可以形成完整的膜。

在 SEM 照片上可以看到,壳聚糖含量 0.5% 的复合膜存在微相分离现象,壳聚糖粒子呈现不规则形状,大小为几百纳米到几微米之间;当壳聚糖含量为 1% 和 2% 时,壳聚糖相在聚乳酸中以空心圆柱状分布,圆柱的内部及外部都是聚乳酸相,圆柱的直径为 10 μm 以下,圆柱界面层厚度为数百纳米,而且壳聚糖粒子几乎都分布在空心圆柱内部,空心圆之间的壳聚糖组分很少,这种现象的出现可能是由于在溶剂 DMSO 蒸发的过程中,含量较低的低相对分子质量壳聚糖在聚乳酸溶液中会产生一定程度的聚集,但随着溶剂的蒸发,溶液浓度增大,聚乳酸阻碍了壳聚糖进一步的聚集而形成的。当壳聚糖含量增加到 5% 时,壳聚糖粒子发生了聚集,相分离程度显著增加。当壳聚糖含量增加到 10% 时,低相对分子质量壳聚糖与聚乳酸相分离严重,难以成膜。

组织工程支架材料需要表面比较粗糙,而且保证表面的孔洞和孔隙率,所以在制备时采用粗糙的聚四氟乙烯板上成型。壳聚糖/聚乳酸多孔复合材料可以制备成膜、片、块、棒、筒状及其他所需形状。可以根据不同的需要,通过调节聚乳酸的相对分子质量、孔洞大小以及施加压力的大小来调节材料的力学强度。通过熔融法制备壳聚糖/聚乳酸多孔复合材料,既可消除有机溶剂的参与,又可以使两者能够更均匀地混合而达到性质的均一[111]。将聚乳酸和壳聚糖按质量比例为 10∶1~10∶4 和一定质量的 40~60 目 NaCl 颗粒置于真空密闭系统中,在 130℃ 下强力搅拌 30 min 后,置于干净、无菌、粗糙的聚四氟乙烯板成型,投入蒸馏水中,搅拌,浸出 NaCl,即可得到壳聚糖/聚乳酸多孔复合材料。经 SEM

观察材料内部孔洞相通，孔洞大小为 $100 \sim 300~\mu m$，孔隙率为 85% 以上。在材料制备成型过程中，由于施加的压力大小不同，材料的力学强度也不同。经三点弯曲强度测试，复合材料的力学性能均大于 120 MPa，达到临床对皮质骨力学强度的要求。对软骨细胞进行体外培养观察，结果发现，复合材料接种细胞悬液后，细胞迅速均匀地扩散到支架空隙内，证明支架有较好的亲水性和细胞亲和性，材料对细胞增殖无抑制作用。通过皮下和肌肉植入试验表明复合材料的组织相容性良好，炎症反应低、降解速度缓慢且保持一定的形状和强度，并同时证明了体内外降解试验方法的差别[112]。壳聚糖/聚乳酸复合材料在水平和垂直方向的弹性很好，壳聚糖的引入改善了材料的亲水性和对细胞的亲和性。另外，壳聚糖也能吸引巨噬细胞，促进血小板和血管的生长。所有这些都促成了血管从表面到纤维内部的生长和骨的形成[113]。

黄芪具有补气升阳、益卫固表、利尿消肿、排毒生肌之功效。近来资料表明，浓度合适的黄芪多糖在体外能促进人骨髓细胞中红细胞系和粒细胞系祖细胞的生成。将黄芪与壳聚糖/聚乳酸复合，将为牙周组织工程提供一种新型的支架材料[114]。经超微观察发现，在黄芪–壳聚糖/聚乳酸复合体中，大量的细胞成簇或单个地分布于材料表面和孔隙中，细胞呈椭圆或圆形，成簇的细胞表面有细胞外基质沉积。而壳聚糖/聚乳酸复合组，细胞数量和细胞外基质沉积相对较少。活细胞观察结合血球计数板计数法检测细胞的吸附率发现，在总细胞数不变的前提下，黄芪–壳聚糖/聚乳酸复合体组细胞吸附率明显高于壳聚糖/聚乳酸复合组（$P < 0.05$），说明黄芪–壳聚糖/聚乳酸复合体组有利于细胞的贴附，也提示黄芪多糖可促进细胞黏附生长。

10.4.2.2　壳聚糖/聚乙烯醇（PVA）复合物

功能性抗菌纤维的开发适应日用纺织消费品的必然趋势，利用自然界拥有丰富资源的甲壳素、壳聚糖作为抗菌因子，以常规高分子聚合物做纤维基材，采用常规合成纤维的加工工艺制备保健抗菌纤维，为纺织企业低成本、低投入地进行市场开拓提供了一条便捷、高效的新途径。PVA/壳聚糖共混成纤，使纤维带有特殊功能（抗菌性、生物相容性、生物降解性），PVA 在纤维中成为纤维的主体，担当着纤维主要的物理机械性能，同时又是壳聚糖的载体，使纤维表现出壳聚糖特有的卫生、保健和抗菌性能[115]。当溶剂乙酸溶液用量为 100 mL、交联剂戊二醛的浓度为 0.213 mol/L、凝胶温度为 55℃时，凝胶溶胀度随聚乙烯醇与壳聚糖质量比的增加而减少，当质量比为 2 时最大[116]。

聚乙烯醇、壳聚糖及其聚乙烯醇/壳聚糖凝胶的 IR 谱图如图 10-70 所示。在壳聚糖的 IR 光谱图中，1602 cm^{-1} 处的吸收带归属于氨基的变形振动，1378

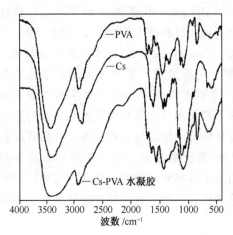

图 10-70　聚乙烯醇、壳聚糖及其聚乙烯醇/
壳聚糖凝胶的红外光谱

cm^{-1} 处的吸收带归属于 O—H 的弯曲振动，1086 cm^{-1} 和 664 cm^{-1} 为壳聚糖的结晶敏感吸收带。与壳聚糖原料相比，聚乙烯醇/壳聚糖凝胶的红外光谱图中，1086 cm^{-1} 的壳聚糖结晶吸收带向高波数移到 1096 cm^{-1}，并由孤立的可分峰变成不可分的肩峰；壳聚糖的另一结晶敏感吸收带 664 cm^{-1} 向低波数移到 653 cm^{-1} 并变弱，因聚乙烯醇加入，归属于氨基变形振动的 1602 cm^{-1} 处的吸收带相对于亚甲基伸缩振动吸收带减弱，而在 3432 cm^{-1} 处附近的 O—H、N—H 吸收带变宽，并向低波数移至 3410 cm^{-1}，这表明共混膜中壳聚糖分子与聚乙烯醇分子有很强的氢键作用。用戊二醛交联后 1602 cm^{-1} 处 N—H 变形振动吸收带向低波数移到 1557 cm^{-1}，并随交联剂的加入而减弱，在 1638 cm^{-1} 处出现席夫碱吸收带。由此可以说明，形成凝胶的过程中除了壳聚糖分子与聚乙烯醇分子之间形成氢键之外无新的化学键生成，二者之间未发生共聚或缩聚反应，同时也证明聚乙烯醇与壳聚糖形成了互穿网络结构。

将壳聚糖与聚乙二醇（PEG）复合可得到固体 PEG/壳聚糖复合物[117]。为揭示该分子间相互作用的形成机制，应用差谱技术，将复合物减去 PEG，然后与壳聚糖对照。复合物减去 PEG 后得到壳聚糖的 IR 谱图与纯壳聚糖的 IR 谱图相比无明显的变化，即无新吸收带出现和旧吸收带消失，说明复合物中 PEG 与壳聚糖间未发生化学反应。与壳聚糖相比，差谱后的壳聚糖的 O—H 和 C—O 吸收带向低波数分别移动了 32 cm^{-1} 和 41 cm^{-1}。该结果证实复合物中 PEG 与壳聚糖间存在强的分子间相互作用。由于壳聚糖具有与纤维素类似的化学结构和空间结构，在其 3 位和 6 位上含有丰富的羟基，而 PEG 分子中含有丰富的 C—O 基团和两个端羟基，因而 PEG 与壳聚糖二者间的强相互作用应该是分子间氢键；PEG 与壳聚糖分子间的氢键作用导致上述 FT-IR 差谱向低波数移动。壳聚糖羟基与 PEG 端羟基或 C—O 间通过形成分子间氢键，将 PEG 固定在半刚性壳聚糖链上，当升温到 PEG 的熔点时，PEG 只能在壳聚糖骨架内振动和转动而不能自由平移，从而表现出固态相变行为。

10.4.2.3　壳聚糖/γ-聚谷氨酸复合物

γ-聚谷氨酸无毒、亲水、可生物降解，已经成功地应用在生物黏合剂和药物载体体系中。它含有很多羧基官能团，使得它成为了一个聚阴离子聚合物，与壳聚糖复合后在界面上通过静电吸引可形成聚离子复合物。但当直接混合壳聚糖和γ-聚谷氨酸的溶液时，在界面上会立即形成聚离子复合物。为了得到壳聚糖/γ-聚谷氨酸的均相溶液，可把没有溶解的壳聚糖粉末在剧烈搅拌下直接添加γ-聚谷氨酸溶液中[118]。在 SEM 照片中（图 10-71），发现通过冷冻凝胶方法制备的多孔网格的横截面有相互交联的三维多孔结构，孔尺寸大约为 $30\sim100~\mu m$。γ-聚谷氨酸能很好地与壳聚糖复合来制备高密度和多孔的 γ-聚谷氨酸/壳聚糖复合物网络。复合物网络的亲水性和血清蛋白的吸附能显著增强。预示 γ-聚谷氨酸/壳聚糖复合物在组织工程中有很好的应用前景。

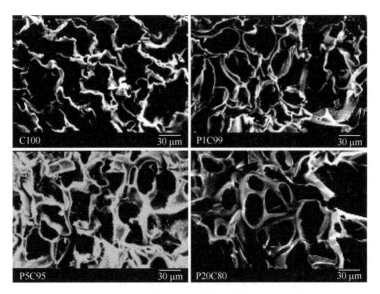

图 10-71　壳聚糖（C100）和 γ-聚谷氨酸/壳聚糖（P1C99、P5C95 和 P20C80）多孔网络横截面 SEM 照片

10.4.2.4　壳聚糖/聚砜复合物

纳滤是能截留透过超滤膜的小相对分子质量的有机物而透析被反渗透所截留的无机盐的一种压力驱动型分离技术。壳聚糖/聚丙烯腈复合纳滤膜中，壳聚糖层的形成使聚丙烯腈基膜的孔径减小，截留相对分子质量的范围变窄。壳聚糖的

氨基可与聚丙烯腈水解形成的羧酸基键合，因此利用戊二醛进行交联可以提高膜的稳定性并可降低截留相对分子质量。随着戊二醛浓度提高，膜的疏水性提高，膜的纯水透过率和溶胀度降低而对盐和糖的截留率提高，戊二醛浓度为 0.08%～0.2%、交联时间为 1 h 时，膜的截留相对分子质量从未交联的 1500 减少到 600，并且膜的稳定性随戊二醛浓度的增大而提高。研究还表明该膜具有良好的抗溶剂性，pH 适用范围宽，适用于回收有机溶剂和处理含有微量有机溶剂的废气[119]。

在壳聚糖浸渍涂层的壳聚糖/聚砜复合物中空纤维膜中，通过增加壳聚糖溶液的浓度，其渗透率以及在渗透中乙醇的含量会降低[120]。使用羧甲基壳聚糖与聚砜复合可制备纳滤膜。羧甲基壳聚糖/聚砜复合物膜的截留性质可以通过改变制备活性层的溶液的组成、交联剂的浓度、添加的低相对分子质量有机添加剂和制备技术来调整[121]。

10.4.2.5　壳聚糖/其他有机酸复合物

中性油是导致肥胖的重要原因。硬脂酸壳聚糖复合物对油脂的吸附研究表明，壳聚糖与硬脂酸间主要以盐键结合，复合物能明显吸附中性油脂[122]。以天然高分子壳聚糖与长链脂肪酸盐（硬脂酸钠）为原料，利用硬脂酸钠溶液中的羧基与壳聚糖盐酸溶液中 NH_3^+ 基团的反应，可制备疏水、亲油性的壳聚糖/硬脂酸离子复合物[123]。SEM 和激光粒度分析表明，该离子复合物为多孔性粉末，小颗粒聚集形成大团聚体，粒径为 50～700 μm；当 —COO⁻ 与 NH_3^+ 的物质的量比为 0.5～1.0 时，离子复合物对柴油、原油和煤油均有良好的吸油性能；当 —COO⁻ 与 NH_3^+ 的物质的量比为 0.9 时，对原油、柴油和煤油的吸油倍率分别为 23、16、13；长链烷烃含量高的离子复合物的保油率接近 90%。

水溶性壳聚糖结合硬脂酸钠、十二烷基硫酸钠的能力主要取决于其阳离子化程度。修饰后的壳聚糖对硬脂酸钠、十二烷基硫酸钠结合能力的增强，说明引入更多的胺基或铵基有利于对硬脂酸钠、十二烷基硫酸钠的结合，氨基上烷基与硬脂酸钠、十二烷基硫酸钠碳链之间也应当产生疏水相互作用。这种疏水相互作用也有助于硬脂酸盐、十二烷基硫酸盐在壳聚糖上的结合[124]。

将壳聚糖溶于 1% 柠檬酸溶液配成 1% 壳聚糖溶液，用 1 mol/L NaOH 溶液调节 pH=5.4；丁香油用吐温-80 配成 1% 丁香油，同样调节 pH=5.4；两种溶液按 1∶1（V/V）混合，充分混匀，放置 2 d，能形成壳聚糖/丁香油复合物溶液[125]。该复合物对真菌灰霉菌、链格孢菌、青霉菌、浆孢菌均有较强的抑制效果。

10.5 壳聚糖/碳纳米管复合材料

　　碳纳米管又称巴基管，属富勒碳系，是石墨的碳原子层卷曲成圆柱状、径向尺寸很小的碳管，管壁一般由六边形碳环构成。此外，还有一些五边形碳环和七边形碳环存在于碳纳米管的弯曲部位。碳纳米管的直径一般在 1～30 nm 之间，长度则为微米级。这种针状的碳纳米管管壁为单层或多层，称为单壁碳纳米管和多壁碳纳米管（图 10-72）。多壁碳纳米管是由许多柱状碳管同轴套构而成，层数在 2～50 不等，层间距离约为 0.34 nm，观察发现多数碳纳米管的两端是闭合的。自 1991 年 Iijima 发现碳纳米管以来，由于其独特的力学、磁学、电学等性能，碳纳米管的应用已涉及到催化剂载体、电极材料、储氢材料、纳米电子器件和复合材料等多方面，逐渐形成了材料界和凝聚态物理的前沿和热点。

图 10-72　碳纳米管结构示意图

　　近年来，随着研究的不断深入，碳纳米管在生物医药等方面的潜在应用也引起了研究工作者的关注。例如：用碳纳米管可以制备各种生物传感器和生物医学微电子器件的导线、开关、记忆元件等[126,127]。但碳纳米管在常见有机溶剂及水中的分散性极差，制约着碳纳米管的应用。另外，碳纳米管的生物相容性不是很好，需要采用生物相容性好的天然高分子修饰碳纳米管，以改善其生物相容性。淀粉、DNA、脂质体和壳聚糖等均已用于碳纳米管的分散和生物相容性的赋予，其中以壳聚糖/碳纳米管复合体系的研究最为引人注意。这是因为壳聚糖具有良好的生物相容性和生物可降解性，并具有抗菌、止血、促进伤口愈合、良好的成膜性、吸附性、透气性和渗透性等功能和特点。将碳纳米管与壳聚糖复合，不仅可以利用生物大分子的亲水性来改善碳纳米管的分散性，更会赋予碳纳米管某些生物学的性质，拓宽碳纳米管在生物医学领域的应用。本节主要从制备方法、机理和应用三方面对壳聚糖/碳纳米管复合材料做介绍。

10.5.1　壳聚糖/碳纳米管复合材料的制备方法

　　壳聚糖/碳纳米管复合材料是一种具有生物和光电双重功能的复合材料。它的制备方法主要有溶液共混法、表面沉积交联法、逐层自组装法、电化学沉积法、静电纺丝法、溶胶-凝胶法及共价接枝法等。不同方法制备的复合材料在性能和用途等方面都有明显不同。

10.5.1.1　溶液共混法

　　共混是早期人们在制备复合材料时使用最普遍的方法之一，包括溶液共混法和熔融共混法。此类方法一般是将碳纳米管先超声分散于聚合物溶液或聚合物熔融体中，再通过溶剂蒸出或冷却，制得碳纳米管聚合物复合材料。这种方法简单易行，碳纳米管的体积分数等便于控制，但缺点是复合体系中碳纳米管的空间分布参数难以确定，且碳纳米管不易分散均匀，容易发生团聚现象，影响了复合材料的综合性能。因此，一般先将碳纳米管进行表面改性，改善其分散性，使其分散均匀。

　　将酸化处理过的碳纳米管超声分散于壳聚糖的酸性溶液中，可以得到分散性良好的壳聚糖/碳纳米管复合材料。由于碳纳米管上的羧基与聚阳离子壳聚糖产生静电吸附作用，使壳聚糖/碳纳米管复合溶液的稳定性非常好。将酸化的碳纳米管悬浮于蒸馏水中，然后与壳聚糖的乙酸溶液混合，在 18 000 r/min 的高转速下机械搅拌 30 min，继而超声 20 min 除去泡沫，可得到二者的混合溶液。然后将混合溶液蒸去水分，得到壳聚糖/多壁碳纳米管复合材料[128]。XRD 结果表明，碳纳米管的引入没有改变壳聚糖的结晶结构。该材料的断面 SEM（图 10-73）照片表明，在低碳纳米管含量（如 0.8%）下，碳纳米管能够均匀地分散在壳聚糖基体材料中；当碳纳米管含量较高（如 2.0%）时，部分碳纳米管在壳聚糖基体中呈聚集体形式存在。另外，当该材料断裂时，大部分的碳纳米管被破坏，而不是简单地从壳聚糖相中脱出，这也表明碳纳米管和壳聚糖基体间有着强大的界面结合力。由表 10-3 可以看出，多壁碳纳米管的引入极大地提高了壳聚糖的拉伸模量和拉伸强度。随碳纳米管含量由 0 增至 2.0%，材料的拉伸模量和强度不断增加，含 0.8% 碳纳米管材料的拉伸模量和强度分别比壳聚糖增加了 93% 和 99%；而断裂形变随碳纳米管含量增加逐渐减小。以上结果表明，碳纳米管的引入为增大壳聚糖的强度提供了一条新的途径。

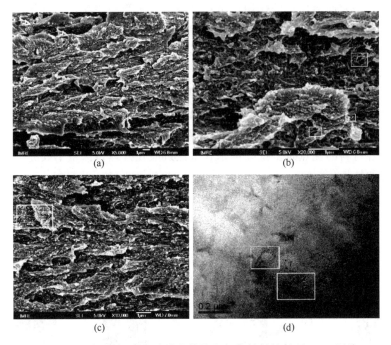

图 10-73　壳聚糖/多壁碳纳米管纳米复合材料的断面 SEM 照片

（a）0.8％多壁碳纳米管×5000 倍；（b）0.8％多壁碳纳米管×20 000 倍；（c）2.0％
多壁碳纳米管×10 000 倍；（d）透射电镜照片，0.8％多壁碳纳米管

表 10-3　壳聚糖/多壁碳纳米管的机械性能

样品	拉伸模量/GPa	拉伸强度/MPa	断裂形变/％
壳聚糖	1.08±0.04	37.7±4.5	49.5±5.6
壳聚糖/0.2％MWNTs	1.33±0.06	56.0±6.8	36.1±3.0
壳聚糖/0.4％MWNTs	1.92±0.07	73.1±6.3	20.8±4.3
壳聚糖/0.8％MWNTs	2.08±0.05	74.9±4.8	19.5±3.3
壳聚糖/2.0％MWNTs	2.15±0.09	74.3±4.6	13.4±4.5

10.5.1.2　表面沉积交联法

　　表面沉积交联法是指壳聚糖在酸性溶液中会发生质子化而带正电荷，可与碳纳米管上的电子产生静电吸引作用。通过调节体系 pH 至中性或碱性，可使壳聚糖在碳纳米管表面沉积，再用戊二醛使壳聚糖在碳纳米管表面交联，从而使壳聚糖分子在碳纳米管表面有序排列，在碳纳米管表面形成完整密实的壳聚糖膜。

　　将多壁碳纳米管直接加入到壳聚糖的乙酸溶液中，超声并搅拌，此时的壳聚糖起着阳离子表面活性剂的作用，阻止多壁碳纳米管的团聚，使碳纳米管稳定地分散在酸性溶液中[129]；然后用稀氨水溶液调节体系的 pH，随着 pH 的增加，壳聚糖分子在多壁碳纳米管表面上沉积，形成壳聚糖包覆层；再加入戊二醛使沉积层的壳聚糖交联在多壁碳纳米管的表面（图 10-74）。这种方法得到的复合材料中多壁碳纳米管表面完全被壳聚糖所覆盖，并且由于壳聚糖覆层的静电排斥作用，使被包裹的多壁碳纳米管的团聚现象很少。图 10-75 给出了多壁碳纳米管及壳聚糖/多壁碳纳米管复合材料的 SEM 照片。采用该方法制得的多壁碳纳米管/壳聚糖复合材料的优点是多壁碳纳米管未经过酸化处理，保持了其完整的电子结构和原有的特性。

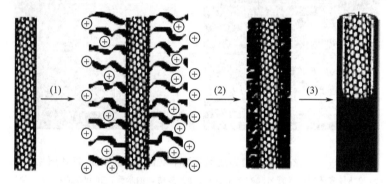

图 10-74　壳聚糖在多壁碳纳米管表面的沉积交联示意图

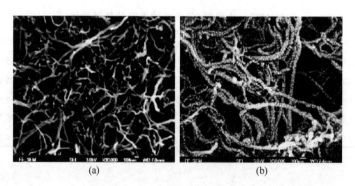

图 10-75　（a）多壁碳纳米管和（b）多壁碳纳米管/壳聚糖 SEM 图

　　壳聚糖可将碳纳米管稳定分散于水溶液中，分散液经长时间放置也不会产生沉淀。壳聚糖对碳纳米管的分散及应用研究尽管取得了良好的发展前景，但仍处于起步阶段。壳聚糖对碳纳米管的分散只能在酸性介质中进行，当介质 pH 大于 6 时，壳聚糖/碳纳米管悬浮体系就会发生沉淀，这极大地限制了壳聚糖/碳纳米管体系应用领域的拓宽。羧化、酰化及季铵盐化可以改善壳聚糖的水溶性，极大拓宽其在各个领域的应用范围。以此为启发，采用各种壳聚糖衍生物用于碳纳米管的分散必然能克服壳聚糖本身的缺陷，可以得到在更宽 pH 范围或特定 pH 范围内对碳纳米管具有很好分散性的体系。选用壳聚糖、羧甲基壳聚糖、羧丁酰壳聚糖和 2-羟丙基三甲基氯化铵壳聚糖作为碳纳米管的高分子分散剂的研究表明，这 4 种壳聚糖及其衍生物能够很好地分散碳纳米管[130]。通过调节体系的 pH，可以实现碳纳米管的可控分散。壳聚糖可在酸性介质中分散碳纳米管，碱性介质中沉淀；羧丁酰壳聚糖可在碱性介质中分散碳纳米管，酸性介质中沉淀；羧甲基壳聚糖可在酸性和碱性介质中分散碳纳米管，而在中性附近沉淀；2-羟丙基三甲基氯化铵壳聚糖可在 pH＝2～12 范围内对碳纳米管进行很好的分散（图10-76）。

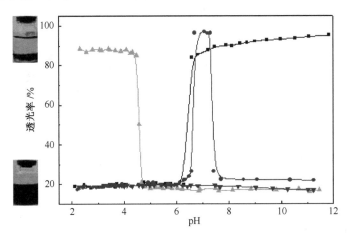

图 10-76　壳聚糖及其衍生物对碳纳米管的分散液的透光率与 pH 的关系
■壳聚糖/碳纳米管；◆羧甲基壳聚糖/碳纳米管；▲羧丁酰壳聚糖/碳纳米管；▼ 2-羟丙基三甲基氯化铵壳聚糖/碳纳米管

10.5.1.3　逐层自组装法

逐层分子自组装也是制备碳纳米管壳聚糖复合材料的一种常见方法。用逐层自组装法可以制得壳聚糖/碳纳米管复合多层膜。具体方法是将一块带电荷的石英片放入壳聚糖聚电解质溶液中一段时间，再放入酸化处理后的碳纳米管悬浮液中一段时间，拿出后用去离子水淋洗，重复上述步骤，最终可以得到厚度可控的碳纳米管与壳聚糖的自组装多层膜，并可用于微过氧化物 MP-II 的电化学性能的研究。

将用 HNO$_3$ 和浓 H$_2$SO$_4$ 处理的多壁碳纳米管利用超声使其在蒸馏水中分散，得到碳纳米管的悬浮液。然后，先将带负电的 ITO 电极浸入壳聚糖的乙酸溶液 [0.25％（质量分数），pH＝6.3] 中 20 min，使其表面带上正电荷，水洗和 N$_2$

干燥后，再将其浸入碳纳米管悬浮液中 20 min，使其带上负电荷，水洗和 N$_2$ 干燥，此时即得到壳聚糖/碳纳米管的双层膜。电极重新浸入壳聚糖溶液 20 min，然后在带负电荷的微过氧化酶 MP-Ⅱ 溶液（1 mg/mL，pH=7.0）中，就可以在 ITO 电极表面得到壳聚糖/碳纳米管/壳聚糖/MP-Ⅱ 的复合膜，再重复上述步骤，得到厚度可控的多层膜[131]（图 10-77）。扫描电镜、原子力显微镜、紫外光谱和循环伏安法表明，该法制得的壳聚糖/多壁碳纳米管均匀生长，得到均一的复合膜，组分之间结合均匀、致密，并且具有连续、多孔的三维网状结构。对微过氧化物 MP-Ⅱ 的电化学性能研究表明，壳聚糖/多壁碳纳米管多层复合膜对 H$_2$O$_2$ 和 O$_2$ 的电催化响应性随膜层数的增加而增加。这可能是由于膜中碳纳米管密度增加的缘故，说明碳纳米管在促进蛋白质氧化还原电子转移中起到重要作用。

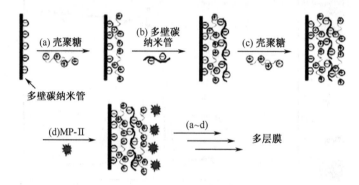

图 10-77　壳聚糖/多壁碳纳米管/壳聚糖/MP-Ⅱ 多层复合膜的自组装过程

10.5.1.4　电化学沉积法

电化学沉积是电解液中的金属离子在外电压的作用下被还原并沉积在阴极上的电化学过程。它不仅仅是一种表面工程技术，而且还是一种开发新型材料的途径。采用电化学沉积技术不仅可以制得单层和总厚度、成分、界面密度可调的多层膜，而且还可以把两种不同的材料在接近原子水平上进行堆垛，从而获得具有独特性能的新材料。电化学沉积法也可以制备壳聚糖/碳纳米管复合材料，复合材料的微观结构可控，从而制备出性能独特的复合材料。将一对金电极连接直流电源，浸入到碳纳米管和壳聚糖溶液（pH=5.0）中。溶液中的 H$^+$ 在阴极被还原成 H$_2$，同时阴极表面的 pH 逐渐增加，因为壳聚糖的溶解性与 pH 有关，当 pH 达到 6.3 时，壳聚糖变得不溶，在阴极的表面沉积。可以看到直径为 40～80 nm 的线状物质均匀地分布在膜内，得到被链状壳聚糖包裹的碳纳米管，并由此构建了电化学生物传感器[132]。因此，电化学沉积法是一种制备壳聚糖包裹碳纳米管复合材料的很好方法。

10.5.1.5　静电纺丝法

静电纺丝是一种利用聚合物溶液或熔体在强电场作用下形成喷射流进行纺丝加工的工艺。它是制备超精细纤维的一种新型加工方法，制得的纤维比传统纺丝方法细得多，直径一般在数十到上千纳米。目前用碳纳米管或壳聚糖与其他聚合物进行静电纺丝的报道已经很多[133,134]。利用静电纺丝技术可制备碳纳米管/壳聚糖复合纤维[135]。首先将酸化后的碳纳米管在壳聚糖 2％（质量分数）冰乙酸溶液中超声分散，然后加入聚乙烯醇 2％冰乙酸溶液并充分搅拌。PVA 的加入是为了增加体系黏度，有利于静电纺丝。由纺丝后的扫描电子显微镜照片可以发现：壳聚糖/碳纳米管复合体在静电力下能够很好地纺丝，并且没有出现珠状体，这主要是由于碳纳米管上 PVA 的加入降低了纺丝的表面张力，增加了电荷密度，使得纺丝更易完成（图 10-78）。

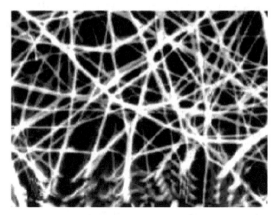

图 10-78　壳聚糖/多壁碳纳米管/聚乙烯醇静电纺丝纳米
纤维的 SEM 照片

10.5.1.6　溶胶-凝胶法

溶胶-凝胶法就是将烷氧金属或金属盐等前驱物加水分解后再缩聚成溶胶，然后经加热或将溶剂除去使溶胶转化为网状结构的氧化物凝胶的过程，主要用来制备有机/无机杂化材料。用这种方法制得材料的优点是同时具有有机物的柔性及易修饰性和无机物的刚性和稳定性。将一定量的甲基三甲氧基硅烷、甲醇和0.5％壳聚糖的乙酸溶液混合、超声，得到无色、均匀的溶液，然后将酸化后的多壁碳纳米管水悬浮液、胆固醇氧化酶的磷酸缓冲溶液与上述混合物充分混合，再倒在玻碳/普鲁士蓝电极上，在电极表面形成壳聚糖/SiO₂/多壁碳纳米管杂化膜，可制成胆固醇生物传感器[136]。该生物传感器具有一系列很好的电化学性能，包括高敏感性、很好的重复性、快速响应性、高选择性和长期稳定性。这是因为采用溶胶-凝胶法得到的生物传感器既克服了石英玻璃的易碎性，又克服了壳聚糖水凝胶的溶胀；而碳纳米管兼有纳米导线和催化剂双重作用，可以提高酶和电极表面的电子传输能力。

10.5.1.7　共价接枝法

除了以上方法外，也可以用共价接枝法合成壳聚糖接枝碳纳米管复合材料。碳纳米管的共价接枝研究最早是在 1994 年[137]，发现用强酸对碳纳米管进行切割，可得到含活性基团（如羧基、羟基等）的碳纳米管，利用这些基团人们可以实现对碳纳米管的共价接枝。此后，研究工作者利用氧化开口的单壁碳纳米管与氯化亚砜反应，得到酰氯化的碳纳米管，再与十八胺反应，实现了碳纳米管在有机溶剂中的溶解[138]。将壳聚糖的最终水解产物氨基葡萄糖共价接枝到酰氯化的单壁碳纳米管上，可以得到具有良好的水溶性共价接枝产物（图 10-79），其溶解度随温度的增加而增加，变化大约为 0.1～0.3 mg/mL [139]。将多壁碳纳米管经球磨剪断、提纯、氧化后，与二氯亚砜反应，可得到酰氯化的多壁碳纳米管，然后在二甲基甲酰胺溶液中，在氯化锂存在下，与低相对分子质量壳聚糖回流反应一定时间后，可得到低相对分子质量壳聚糖-g-多壁碳纳米管[140]。IR 谱图及 ¹H NMR 表明，低相对分子质量壳聚糖的氨基和伯羟基参与了与多壁碳纳米管的反应（图 10-80）。低相对分子质量壳聚糖-g-多壁碳纳米管中低相对分子质量壳聚糖含量约为 58%，大约每 4 个氨基葡萄糖单元与 1000 个碳原子结合。XRD 结果表明，多壁碳纳米管引起了低相对分子质量壳聚糖结晶性的变化，由无定性态转化为结晶态（图 10-81）。该低相对分子质量壳聚糖-g-多壁碳纳米管溶于二甲基甲酰胺、二甲基乙酰胺、二甲亚砜、乙酸水溶液，不溶于蒸馏水和盐酸溶液。碳纳米管与壳聚糖的共价结合，将促进碳纳米管在催化及环境保护方面的应用。

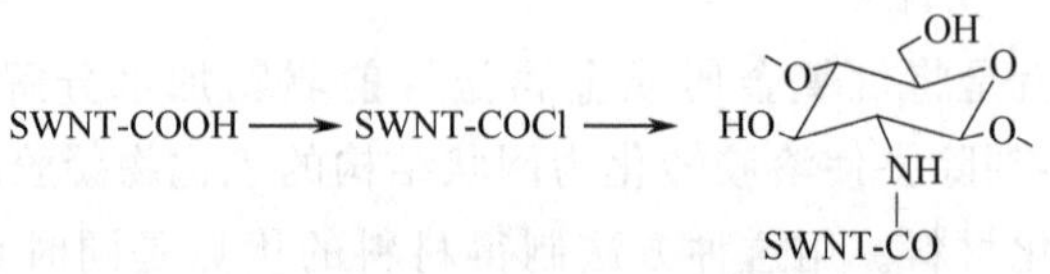

$$\text{SWNT-COOH} \longrightarrow \text{SWNT-COCl} \longrightarrow$$

图 10-79　碳纳米管与氨基葡萄糖的反应

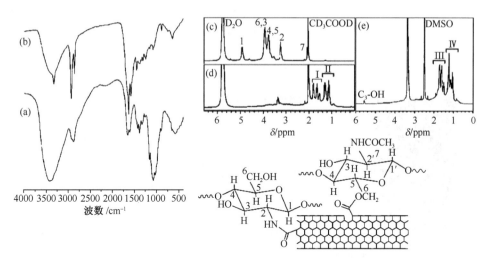

图 10-80　（a）低相对分子质量壳聚糖，（b）低相对分子质量壳聚糖-g-多壁碳纳米管的 IR 谱图，（c）低相对分子质量壳聚糖 [CD_3COOD/D_2O，1∶1（体积比）]，（d）低相对分子质量壳聚糖-g-多壁碳纳米管 [CD_3COOD/D_2O，1∶1（体积比）]和低相对分子质量壳聚糖-g-多壁碳纳米管（DMSO-d6)的 ^1H NMR 谱图，（e）低相对分子质量壳聚糖与多壁碳纳米管反应示意图

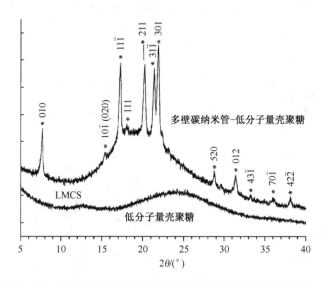

图 10-81　低相对分子质量壳聚糖和低相对分子质量壳聚糖-g-多壁碳纳米管的 XRD 谱图

　　将酸化的多壁碳纳米管加入到壳聚糖乙酸溶液中，在 N_2 保护下，于 98℃反应 24 h，可得到壳聚糖-g-碳纳米管[141]。由图 10-82 可以看出，将碳纳米管与壳

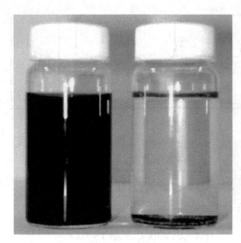

图 10-82　壳聚糖-g-碳纳米管（左）和碳纳米管（右）在水中的分散情况

聚糖进行接枝聚合后，其在水中的分散性显著提高，放置很长时间后也不会发生沉降。图 10-83（a）和（b）中，暗区表示碳纳米管，亮区表示壳聚糖。由图 10-83（a）可以看出，碳纳米管均匀分散在壳聚糖基体中，暗区尺寸小于 1 μm。而未接枝的碳纳米管聚集在一起，尺寸大于 100 μm。SEM 照片表明：壳聚糖/壳聚糖-g-碳纳米管（50/50）复合材料较为均匀，且有序排列（图 10-83（c））；而壳聚糖/碳纳米管（50/50）则较为松散且不是有序排列。热重分析表明壳聚糖-g-碳纳米管中壳聚糖含量约为 25%。图 10-84 给出了不同温度下

壳聚糖/壳聚糖-g-碳纳米管纳米复合材料的存储模量。由图可以看出，在一定温

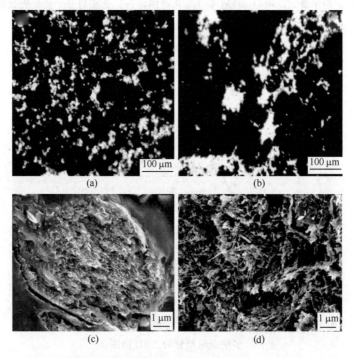

图 10-83　（a）壳聚糖/壳聚糖-g-碳纳米管（80/20）和（b）壳聚糖/碳纳米管的光学显微图片（80/20）；（c）壳聚糖/壳聚糖-g-碳纳米管（50/50）和（d）壳聚糖/碳纳米管（50/50）的 SEM 图片

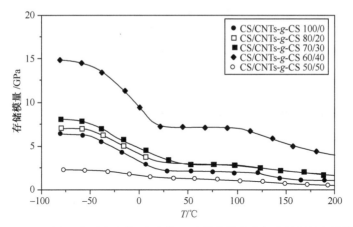

图 10-84　不同温度下壳聚糖/壳聚糖-*g*-碳纳米管纳米复合材料的存储模量

图 10-85　壳聚糖/壳聚糖-*g*-碳纳米管复合膜在水中放置一定时间的外观

（a）壳聚糖/壳聚糖-*g*-碳纳米管，50/50，12h；（b）壳聚糖/壳聚糖-*g*-碳纳米管，60/40，48h；（c）壳聚糖/壳聚糖-*g*-碳纳米管，70/30，48h；（d）壳聚糖/壳聚糖-*g*-碳纳米管，80/20，48h

图 10-86　壳聚糖/碳纳米管复合膜在水中放置一定时间的外观

（a）壳聚糖/碳纳米管，50/50，12h；（b）壳聚糖/碳纳米管，60/40，12h；（c）壳聚糖/碳纳米管，70/30，12h；（d）壳聚糖/碳纳米管，80/20，48h

度下，添加 20％或者 30％壳聚糖-*g*-碳纳米管对壳聚糖的存储模量没有明显的改善，但是当添加量达到 40％时，壳聚糖的存储模量得到显著提高，从 6.4 GPa 提高到 15 GPa，提高了 134％。对比图 10-85 和图 10-86 可以看出，将复合膜在水中放置一定时间后，壳聚糖/壳聚糖-*g*-碳纳米管复合膜仅有壳聚糖/壳聚糖-*g*-碳纳米管＝50/50 的样品部分被破坏；而所有壳聚糖/碳纳米管样品在放置 12 h 后均被破坏，说明壳聚糖/壳聚糖-*g*-碳纳米管在水中具有很好的稳定性。

10.5.1.8　其他

壳聚糖/碳纳米管的研究引起了广泛关注，制备方法也多种多样。除以上方法外，研究工作者还采用其他一些方法得到了壳聚糖/碳纳米管复合材料。采用湿纺丝法可以得到壳聚糖/碳纳米管纤维。将壳聚糖的乙酸溶液与单壁碳纳米管混合，经超声、离心，除去碳纳米管聚集体及催化剂后，吸入注射器，搅拌下缓慢注入到乙醇/NaOH 混合水溶液中沉淀，再在戊二醛溶液中交联，得到壳聚糖/碳纳米管纤维[142]。通过拉曼光谱考察了溶液中碳纳米管的状态，通过 SEM 考察了材料的表面形貌，通过动态机械测试考察了材料的机械性能。结果表明：壳聚糖均匀、平滑、有条纹的表面在添加碳纳米管之后，由于碳纳米管大的聚集体的存在变得粗糙，但通过离心除去碳纳米管的大的聚集体之后，所得材料的表面又变得非常平滑（图 10-87）；碳纳米管的引入可以很大程度地提高壳聚糖的机械性能；通过离心除去碳纳米管大的聚集体后，可以进一步提高材料的杨氏模量和拉伸强度；碳纳米管的引入还可以改善溶胀后壳聚糖纤维的强度；这种材料对外界溶液 pH 的变化具有响应性，可用于制备生物传感器和人工肌肉。采用同样的方法，可得到同时对 pH 和电场具有响应性的壳聚糖/聚苯胺/单壁碳纳米管复合材料[143]。对 pH 的响应性来自于壳聚糖氨基的质子化与非质子化之间的转变；对电场的响应性来自于对聚苯胺的氧化还原（图 10-88）。在非最优条件下得到了复合纤维对 pH 变化的应变为 2％，对电场的应变为 0.3％。经过系统条件优化后，该复合材料可能对 pH 和电场的响应程度会进一步提高。研究还发

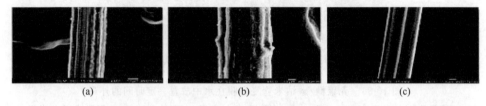

(a)　　　　　　　　　　(b)　　　　　　　　　　(c)

图 10-87　　（a）壳聚糖纤维，（b）壳聚糖/单壁碳纳米管纤维（未离心）和（c）壳聚糖/单壁碳纳米管纤维（离心）的 SEM 照片

现，必须添加碳纳米管才能使该材料获得充分的电导，从而具有很好的电化学响应性。

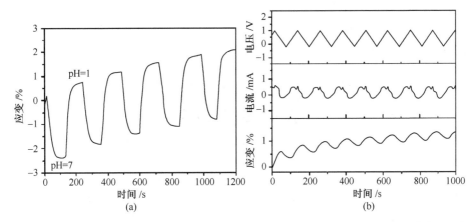

图 10-88　（a）溶液中壳聚糖/聚苯胺/单壁碳纳米管复合纤维和伸展与收缩随溶液 pH 变化的情况；（b）0.1 mol/L HCl 溶液中壳聚糖/聚苯胺/单壁碳纳米管复合纤维在外加电压下的电流及应变，电压扫描速度：10 mV/s

10.5.2　壳聚糖/碳纳米管的复合机理

碳纳米管不溶于各种溶剂（尤其是水），从而使它很难在生物方面得到应用。目前对于高分散性甚至可溶性碳纳米管的研究已经越来越多，其方法大致可以分为对碳纳米管进行聚合物的非共价修饰、表面活性剂修饰或共价的功能化修饰等 3 类。同样，制备壳聚糖/碳纳米管复合材料也可以用这 3 类方法[144]。这 3 类方法各有优缺点：非共价法修饰的复合材料结合力比较牢固，同时碳纳米管的原有特性基本上不被破坏，因此其用途广泛，但其缺点是复合材料只是分散在水中，水溶性不是很好，不能长时间放置；表面活性剂不破坏碳纳米管原有的特性，但是在实际应用时可能改变生物分子的本性；共价修饰法制得的壳聚糖/碳纳米管复合材料的结合力很牢固，但可破坏碳纳米管的各种物理特性。在介绍的制备复合材料的几种方法中，其中溶液共混法、电化学沉积法、逐层自组装法、静电纺丝法和溶胶-凝胶法属于聚合物非共价修饰；表面沉积交联法属于表面活性剂修饰；共价接枝法属于共价的功能化修饰。

不同方法制备的复合材料中碳纳米管与壳聚糖之间的相互作用机理不尽相同。非共价修饰的壳聚糖/碳纳米管复合材料中，碳纳米管在壳聚糖溶液中以非共轭形式缔合，并不改变碳纳米管的物理性质，仍然具有良好的电子传递能力。首先，壳聚糖分子链上的游离氨基呈现弱碱性，可以溶于微酸性溶液，这时壳聚糖成为带正电荷的聚电解质，破坏了壳聚糖分子间和分子内的氢键，使之溶于水中；然后，被纯化后的碳纳米管由于带有羧基，使碳纳米管成为电子受体，并带负电。两者之间由于物理的静电吸附作用，牢牢地吸附在一起。又由于碳纳米管水溶性差的表面被壳聚糖包裹着，使复合材料的水溶性大大提高，可以均匀地分散在水中，且溶液十分稳定（图 10-89）。

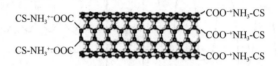

图 10-89　碳纳米管与壳聚糖之间静电吸附作用示意图

由于碳纳米管具有疏水效应，所以在水中直接分散的效果很差，在不破坏碳纳米管表面结构的情况下，通常用表面活性剂来促进碳纳米管在水中的分散。表面沉积交联法制得的壳聚糖/碳纳米管复合材料中，溶解于乙酸的壳聚糖起着阳离子表面活性剂和复合物的双重作用，改变体系界面状态而达到分散的目的。壳聚糖聚阳离子包裹在碳纳米管的表面，起到静电排斥作用，可以有效地防止碳纳米管的团聚及相互缠绕现象，使碳纳米管稳定地分散在酸性溶液中。共价修饰法是提高碳纳米管溶解性的一种有效方法。酸化后的碳纳米管带有羧基或其他基团，但是碳纳米管上的羧基数量很少，且不活泼，不能与氨基等基团直接反应。通常改性的方法是先将酸化的碳纳米管酰氯化，以提高其活性使之与氨基反应。此外，也可

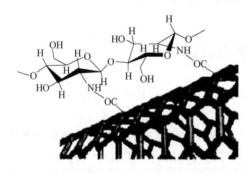

图 10-90　壳聚糖接枝碳纳米管示意图

通过加入 N, N'-二环己基碳化二亚胺或 1-乙基-3-(3-二甲胺基丙基) 碳二亚胺等偶联试剂直接与氨基结合形成酰胺键。壳聚糖上带有大量的氨基，只要控制好反应条件，可以得到共价修饰的壳聚糖/碳纳米管复合材料（图 10-90）。

10.5.3　壳聚糖/碳纳米管的应用

壳聚糖/碳纳米管体系具有很好的导电性、很高的稳定性和很好的生物相容性。在不需添加交联剂的情况下就可以很好地固定各种酶。这一复合体系在溶液 pH 高于 6.3 时很容易形成膜。目前，壳聚糖/碳纳米管复合材料主要用来设计各种各样的生物电化学装置，如电化学传感器和生物传感器等，以改善这些电化

学装置的生物活性和光电等性能。此外，它也可以应用在抗菌纤维、基因治疗及
药物释放等方面。

10.5.3.1　在电化学传感器方面的应用

　　壳聚糖复合材料主要用于检测某种特殊物质及其相关的电化学反应的电化学
传感器上。将壳聚糖/碳纳米管复合膜来改性修饰电极，在反应速率、可逆性及
稳定性方面明显优于修饰前的电极。将氧化还原介质吩噻嗪的衍生物 TBO、
AZU 等共价接枝到壳聚糖上，可以加速氧化还原过程[145~147]。基于壳聚糖/碳纳
米管的电化学传感器可以用于检测烟酰胺腺嘌呤二核苷酸（NADH）。NADH 是
烟碱腺嘌呤二核苷酸（NAD$^+$）的还原形态，是目前已知 300 多种脱氢酶的辅
酶，也是许多生物氧化还原电子传递链中的重要物质。它在通常的电极上氧化具
有较大的过电位，且氧化产物易在电极表面吸附而引起电极钝化，使得 NADH
的直接电化学测量十分困难。通过壳聚糖/碳纳米管体系制备的修饰电极，使
NADH 的传递速率得到明显改善。在这个体系中，碳纳米管为三维导电网络结
构，为脱氢酶的辅酶 NADH 的电化学氧化提供了传输途径；而生物相容性良好
的壳聚糖的氨基对酶的固定起到了很好作用。此外，将壳聚糖/碳纳米管复合膜
修饰玻碳电极表面，还可用于检测胰岛素及其氧化过程[148]。在电压为 0.700V、
pH＝7.4 时，该电极的检测极限大约为 30 nmol/L 胰岛素（SN＝3），灵敏度为
135 mAL/(mol·cm^2)，线性动态范围为 0.10~3.0 μmol/L（R^2＝0.995）。

　　将壳聚糖/碳纳米管复合膜改性修饰电极，可以制得能够同时检测多巴胺
（DA）和抗坏血酸浓度的电化学传感器[149~151]。由于溶于壳聚糖的碳纳米管复合
体系与 DA 和抗坏血酸结构中的—OH 键产生强烈的氢键作用，同时，细化了的
碳纳米管提高了电极和反应物之间的电子传输能力，从而提高了 DA 和抗坏血酸
的电催化能力。而壳聚糖中少量的—NH$_2$ 可以转化成—NH$_3^+$，由于 DA 带正电
荷，抗坏血酸带负电荷，所以壳聚糖可以对抗坏血酸产生静电吸附作用。这种作
用可以使抗坏血酸更容易到达电极表面，进一步被催化成氧化态的 AA。虽然
DA 与壳聚糖产生静电排斥作用，但是由于—NH$_3^+$ 的浓度很低，使得氧化态的
DA 封闭效应很弱。且由于 DA 和壳聚糖之间的氢键作用要大于它们之间的静电
排斥作用，使得 DA 仍能被电极催化。结果，DA 和抗坏血酸的阳极峰电位差
（E$_{pa}$）为 212 mV（由循环伏安法测定）和 185 mV（由差示脉冲伏安法测定），
这样就可以同时检测 DA 和抗坏血酸，此时抗坏血酸不会影响到 DA 的检测。

　　此外，利用壳聚糖/碳纳米管还可以制备检测亚硝酸盐氧化行为的电化学传
感器[152]。壳聚糖/碳纳米管修饰后的电极对亚硝酸盐有快的响应，检测极限达
到 1×10^{-7} mol/L，线性范围为 5×10^{-7}~1×10^{-4} mol/L。壳聚糖酸溶液中的

NH_3^+ 可以吸收 NO_2^-，因此 NO_2^- 聚集在电极的表面；同时，酸化后的碳纳米管增强了电极与反应物的电子传递能力。这种电化学传感器可以应用于湖水或香肠中亚硝酸盐的检测。壳聚糖/碳纳米管修饰的玻碳电极还可用于检测 Br^-，其电极反应机理如图 10-91 所示，结果表明该修饰电极对 Br^- 具有很高的敏感性、稳定性和可重复性[153]。这一结果拓宽了壳聚糖/碳纳米管复合体系的应用范围，可以用于检测无机阴离子。另外，由于壳聚糖的生物相容性，壳聚糖/碳纳米管复合体系还有望用于生物体内 Br^- 的检测。将壳聚糖共价结合在多壁碳纳米管表面，并用于修饰金电极，结果表明壳聚糖/碳纳米管修饰的电极对 H_2O_2 具有很好的电催化性能，可望用于基于氧化酶的安培型生物传感器[154]。

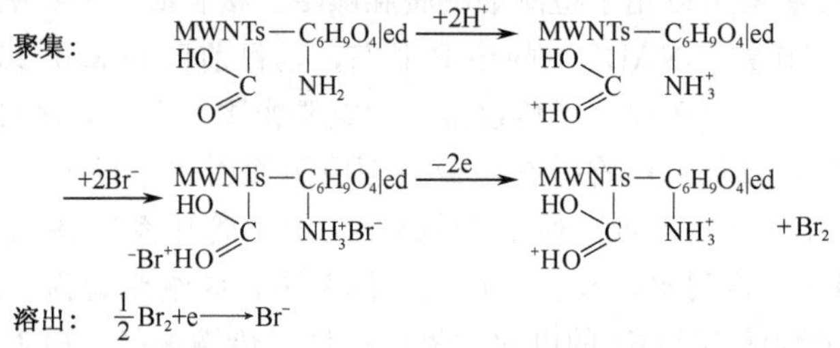

图 10-91　壳聚糖/多壁碳纳米管复合膜与 Br^- 的电极反应机理

10.5.3.2　在生物传感器上的应用

壳聚糖/碳纳米管复合材料在生物传感器上的应用主要是用来检测葡萄糖、DNA 和胆固醇等生物分子。采用溶液共混法将提纯的碳纳米管与壳聚糖溶液混合，并加入氧化还原调节剂，然后将其涂在预先处理好的玻碳电极上，自然晾干，可以得到对谷氨酸盐具有生物传感性的碳纳米管复合电极[155]。图 10-92 给出了这一基于碳纳米管的谷氨酸盐生物传感器的示意图。结果表明：碳纳米管的加入有利于辅酶 NADH 氧化过程中电子的转移；该碳纳米管复合电极对 NADH 具有很高的敏感性（5.9 ± 1.52 nAL/μmol），在中性 pH 条件下，对 NADH 的检测限为 0.5 μmol/L；该碳纳米管复合电极具有很好的稳定性，氧化产物也不会使其失活。采用溶液共混法将得到的壳聚糖/多壁碳纳米管复合物涂于玻碳电极表面，并通过戊二醛将山葵过氧化酶固定在玻碳电极上，可以得到生物传感器[156]。在没有调节剂的情况下，该酶电极也具有很高的电催化活性，对 H_2O_2 具有很高的响应速度。在检测 H_2O_2 时，该生物传感器具有很高的可重复性和稳定性。

壳聚糖/碳纳米管复合膜还可用于设计葡萄糖生物传感器[157]。这种传感器

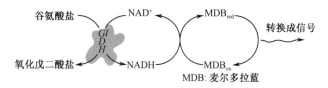

图 10-92　基于碳纳米管的谷氨酸盐生物传感器的示意图

具有很高的电子传输速率，达到了 $7.73s^{-1}$。这可能是因为壳聚糖/碳纳米管复合膜使葡萄糖氧化酶在微环境下构象发生改变，为葡萄糖氧化酶进入电极活性位置提供了途径；此外，葡萄糖氧化酶的生物活性并不减小。实验证明：这种葡萄糖生物传感器具有很高的灵敏度（0.52 $\mu AL/mmol$）和很好的稳定性（在 4℃ 下葡萄糖的催化活性基本没有减少）。将漆酶加入到壳聚糖/碳纳米管复合体系中，并用其修饰玻碳电极，可以得到漆酶生物传感器[158]。在 pH＝6.0 时，固定于玻碳电极表面的漆酶比溶液中的漆酶具有更高的催化活性。该漆酶生物传感器最大的优点就是：①可以检测不同的底物（儿茶酚、O_2 等）；②具有很好的亲和性和敏感性；③持久的稳定性；④简单的制备方法。另外，由于对 O_2 还原具有很好的电催化性能，该体系还可用作生物燃料电池的阴极催化剂。该体系还可用于固定其他酶和生物分子，这将有助于促进其他生物传感器、生物燃料电池和生物电化学装置的研制。在玻碳电极表面涂一层 Nafion/碳纳米管，然后通过自组装的方法涂上壳聚糖衍生物聚阳离子和葡萄糖酶、L-氨基酸酶或多酚酶聚阴离子，可以得到系列酶生物传感器[159]。通过将壳聚糖/单壁碳纳米管涂于玻碳电极上，然后采用戊二醛进行交联，再通过游离的醛基结合半乳糖氧化酶，可以得到半乳糖生物传感器[160]。采用壳聚糖/多壁碳纳米管复合体系将乳酸脱氢酶结合在玻碳电极上，可以得到乳酸盐生物传感器[161]。原子力显微镜分析表明，乳酸脱氢酶均匀分散在壳聚糖/多壁碳纳米管复合体系中。

此外，用一步电化学沉积的方法制得的壳聚糖/碳纳米管复合薄膜，也可应用于葡萄糖生物传感器中[162]。将壳聚糖包裹的碳纳米管固定在石墨电极的表面，用亚甲基蓝作指示剂，可以得到能检测 DNA 的生物传感器[163]。引入碳纳米管以后，检测信号立即增多，这是因为碳纳米管不仅增加了电极表面的电活性，还起到加速电极和亚甲基蓝之间电子传输的桥梁作用。实验证明壳聚糖/碳纳米管复合体系是 DNA 检测稳定、灵敏的平台。

为了进一步改善修饰电极的敏感性和检测限等性能，许多研究者还将壳聚糖/碳纳米管体系与其他无机纳米粒子掺杂。将六氰合铁化钴纳米粒掺杂在壳聚糖/碳纳米管体系中，可以得到壳聚糖/六氰合铁化钴纳米粒/碳纳米管复合体系；将其涂于玻碳电极上，并通过戊二醛将葡萄糖氧化酶固定在电极上，能够得到葡萄糖生物传感器，其对葡萄糖的检测限为 5 $\mu mol/L$[164]。由于碳纳米管优异的电子传导能力，碳纳米管的引入极大地提高了六氰合铁化钴的氧化还原能力。该复合电极具有很高的响应速度，对 H_2O_2 的敏感度提高了近 70 倍（相对于壳聚糖/六氰合铁化钴纳米粒复合体系）。

以多孔阳极 Al_2O_3 为模板，通过电沉积法可以得到铂纳米线，将其与碳纳米管一同加入到壳聚糖溶液中，可以得到铂纳米线/碳纳米管/壳聚糖有机/无机复合体系[165]。将这一复合溶液用于修饰玻碳电极，可以明显减小 H_2O_2 的过电压，是一种性能优异的安培型 H_2O_2 传感器。将葡萄糖氧化酶固定在该修饰电极表面时，可以得到放大的葡萄糖生物传感器，其敏感性可以高达 30 $\mu Am/(mol \cdot cm^2)$，检测限为 3 $\mu mol/L$，具有较高的响应速度、放大的线性响应范围、优异的可重复性和稳定性。

采用逐层自组装的方法可以得到铂/碳纳米管/壳聚糖复合多层膜，用于制备生物传感器[166]。采用 $NaBH_4$ 将壳聚糖溶液中的 H_2PtCl_6 还原为 Pt，可以得到掺杂 Pt 纳米颗粒的壳聚糖溶液，然后加入多壁碳纳米管，形成 Pt/碳纳米管/壳聚糖复合体系。采用带正电荷的 Pt/碳纳米管/壳聚糖溶液和带负电荷的对苯乙烯磺酸钠，通过逐层自组装的方法，在金电极和石英玻璃表面能够得到稳定的超薄多层膜（图 10-93）。循环伏安谱图和紫外光谱图证明了该复合多层膜的持续生长。该复合电极对 H_2O_2 具有很快的响应速度和很高的敏感性。通过采用戊二醛将胆固醇氧化酶固定在修饰的电极表面，构建了一种对胆固醇具有很好检测性能的生物传感器。在修饰电极上进一步结合一层胆固醇酯酶，可以用于检测血浆中全胆固醇的含量，取得了令人满意的结果。

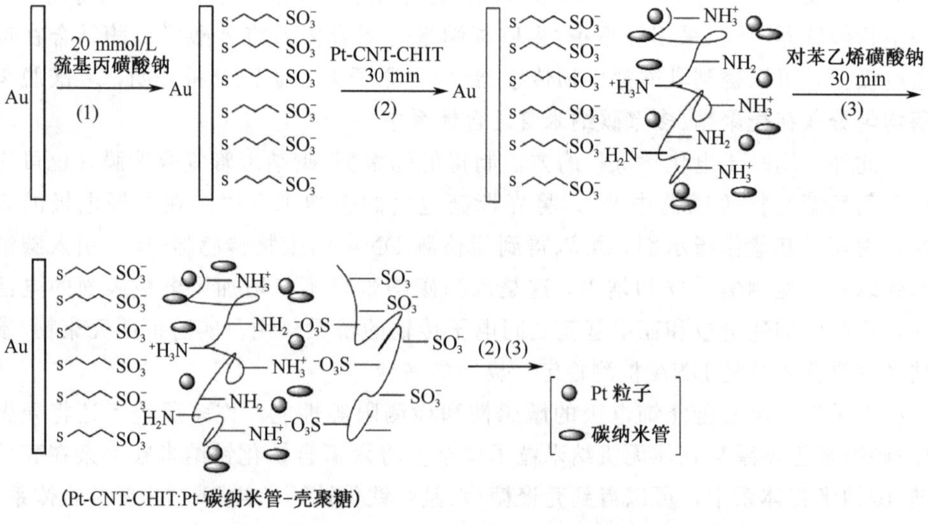

(Pt-CNT-CHIT:Pt-碳纳米管–壳聚糖)

图 10-93　Pt/碳纳米管/壳聚糖溶液和对苯乙烯磺酸钠在金电极表面的自组装示意图

通过化学共沉淀法可以得到碳纳米管/Fe_3O_4 磁性复合材料，将其与壳聚糖复合，然后将葡萄糖氧化酶固定在电极上，可以得到葡萄糖生物传感器[167]。采用溶胶-凝胶壳聚糖/SiO_2 和碳纳米管复合薄膜，并用这种膜涂覆到电极的表面，设计了一种新型的安培胆固醇生物传感器[134]。这种生物传感器具有极高的灵敏度、良好的可重复再生性、极快的反应速度、很好的选择性和长时间的稳定性。这种生物传感器的主要用途是检测人体血液样品游离的胆固醇浓度。以硫堇作为介质，结合多壁碳纳米管、壳聚糖、辣根过氧化酶的混合包埋物，可以得到H_2O_2 生物传感器[168]。研究结果表明：由于多壁碳纳米管特殊的空间结构、电子性质，使其在传感器中起到三维网络导电骨架的作用，所得传感器对 H_2O_2 具有明显的增敏效应，线性范围为 0.03～5.5 mmol/L，相关系数为 0.9995；检出限为 19 μmol/L（S/N＝3），具有良好的稳定性及工作寿命。

将采用十二烷基苯磺酸钠进行表面处理过的纳米氧化锆及酸化的多壁碳纳米管加入到壳聚糖溶液中，可以得到多壁碳纳米管/氧化锆/壳聚糖复合体系（图10-94）。将其用于修饰玻碳电极，再吸附上探针 DNA，可以得到 DNA 生物传感器，用于检测脱氧核糖核酸的杂交[169]。与以前的单独将低聚核苷酸固定在碳纳米管或二氧化锆膜上得到的传感器相比，同时引入碳纳米管和二氧化锆，由于具有较大的面积和良好的电子转移特点，提高了探针 DNA 的负载量，改善了DNA 杂交的检测敏感性。

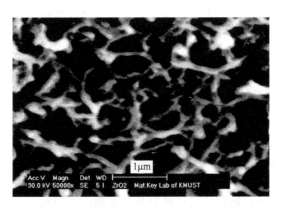

图 10-94　多壁碳纳米管/氧化锆/壳聚糖复合物的 SEM 照片

10.5.3.3　制备抗菌电磁屏蔽纤维

利用静电纺丝方法制备的碳纳米管/壳聚糖/PVA 复合纤维是一种抗菌电磁屏蔽纤维[170]。在该体系中，壳聚糖是线形高分子，具有成纤性和抗菌性；PVA的加入可以增加体系的黏度，增加碳纳米管的微孔率，进而改善其容抗性质；碳纳米管的加入不仅可以利用其力学性质对纤维进行增强,更可以在体系中产生一个微电极,产生电晕放电(空气电离),达到消除静电的效果。并且,由于碳纳米管的优异导电性,可以使织物形成一个具有电磁屏蔽性能的体系,主要用来防止高频电磁场的影响,在民用防护、家居生活、工业生产和军工航天等领域都有望得到应用。

10.5.4　壳聚糖/碳纳米管应用展望

虽然目前壳聚糖/碳纳米管复合材料的研究已经取得了不少成果,但是这个领域仍然有很多问题等待我们去解决。

首先,在复合材料的合成方法上,共混法操作简单,成本低廉,是目前应用比较广泛的方法,但是制得的产物难以达到分子水平上的良好结合,容易产生组分分散不均的现象,影响复合物的性能;电化学沉积法和逐层自组装法制备的复合薄膜与电极的附着力不强,复合材料的微观结构容易被破坏;静电纺丝的操作比较复杂,成本较高,并且要受仪器及实验条件等限制;溶胶-凝胶法制得的生物传感器中酶的动力学行为可能发生改变,从而使酶的活性降低,如何提高酶的活性还是个亟待解决的问题;表面沉积交联法是一种新的方法,其复合材料的电化学及其他性质还有待验证;共价接枝法虽然能使两组分结合牢固,但会破坏碳纳米管的原有结构,影响其电子传输能力及其他物理特性。

其次,壳聚糖/碳纳米管复合材料的成膜及成膜后的性质仍然需要进一步研究。在成膜性方面,复合材料中的壳聚糖分子上的羟基和氨基容易进行化学修饰,成膜性较好。而碳纳米管表面往往不带任何基团,即使经过化学修饰而带上了羧基、羟基等基团,其数量和活性也很有限,不易电离,导致碳纳米管上的带电基团很少,难以吸附成膜。而一旦在碳纳米管上接上过多的基团,又会严重破坏其共轭结构,影响其原有的特性。如何在不破坏碳纳米管共轭结构的基础上,提高复合材料的成膜性,是一个亟待解决的问题。此外,目前对复合材料各种性质,除了某些电化学性质以外,其他性质并没有深入的研究。在机械性能方面,已有人研究了利用共混制得的复合材料的拉伸强度,但是还很不全面。复合材料的各种性质与制备方法、原料配比之间的关系,也是一个需要深入研究的课题。

最后,壳聚糖/碳纳米管复合材料的应用领域仍然有待拓宽。目前这种材料绝大多数是应用在生物电化学装置上,这主要是利用了碳纳米管的电学性质以及壳聚糖的生物相容性。而其他方面的性质,如碳纳米管超强的力学性能,独特的光学性能,一维纳米结构所带来的纳米效应等性质并没有得到有效的应用。因此,针对壳聚糖/碳纳米管复合材料的应用研究还需要深入,比如利用二者的复合材料制作人工视网膜材料、光伏电池材料、储氢材料、信息存储材料、催化剂材料、基因治疗及药物释放材料等等。

壳聚糖/碳纳米管复合材料是一种很有生命力的新型生物光电复合材料,为碳纳米管在生物医用领域的应用提供了可能性,目前已经在电化学传感器、生物传感器及高性能纤维等领域得到了初步的应用。在制备方法及提高复合性能等一系列问题解决以后,随着生物技术和信息产业高速发展,新型材料特别是生物光电材料的研发不断加快,壳聚糖/碳纳米管复合材料的应用领域一定会十分广阔。

10.6　壳聚糖/其他复合物

10.6.1　壳聚糖/脂质体复合物

将脂质体和生物可降解聚合物结合起来用于药物释放体系,可以结合两者单独使用的优点,同时避免它们的缺点。通过溶剂提取/蒸发的方法使脂质体进入壳聚糖微球基体中,激光散射及荧光光谱表明,聚合物微球的粒径、表面形态变化较小,脂质体在微球的聚合物基体中保持完整形态。药物释放实验结果表明,在零级释放阶段之后,脂质体以几乎恒定的速度从微球中释放出来。脂质体粒径的减小和聚合物基体孔径的增加,缩短了药物零级释放周期的同时增加了脂质体的释放速度。这种新型的药物控释体系有望在药物释放、基因治疗中得到应用,保护蛋白质和缩氨酸的活性,增加抗癌药物的功效并减少其副作用[171]。

研究表明,低纯度油脂制备的脂质体的粒径大于高纯度油脂制备的脂质体,而且低纯度油脂制备的脂质体具有高的零电位,可以阻止物质的絮凝。高纯度油脂制备的脂质体,在聚合物浓度低时,聚合物的桥键作用导致絮凝;聚合物浓度高时,被吸附的壳聚糖分子会导致原子空间排布的稳定性。当壳聚糖加到脂质体中,由于壳聚糖和脂质体双分子层的干扰使得其诱捕药物的效率下降。稀释后,低纯度脂质体释放乙酸亮丙瑞林的量大于高纯度脂质体释放乙酸亮丙瑞林的量。这说明壳聚糖和磷脂双分子层表面的主要极性官能团发生作用,从而干扰脂质体诱捕乙酸亮丙瑞林使其被释放[172]。

药物抗氧化作用对老年认知障碍的效果,主要取决于到达脑组织的药物有效成分有多少。许多实验证明,天然活性成分与磷脂复合后药理作用增强,作用时间迅速、持久。磷脂具有载体作用,可携带药物通过血脑屏障。磷脂还是细胞膜的重要组成成分,是合成神经递质——乙酰胆碱的前体物质,机体服用磷脂后生成胆碱,与乙酰基结合后生成乙酰胆碱,能直接为大脑所利用。将壳聚糖与磷脂复合制备壳聚糖/磷脂复合物,发现壳聚糖/磷脂复合物能显著改善老年认知障碍患者的脑功能[173~176]。

10.6.2　壳聚糖/胰岛素复合物

　　壳聚糖溶于体积分数为 1% 的乙酸中，搅拌溶胀过夜，用饱和 NaOH 溶液调节 pH=6.0，取壳聚糖溶液 4 mL，室温下置磁力搅拌器上，将 0.5 mL 胰岛素的 0.01 mol/L NaOH 溶液在搅拌下逐滴加入上述壳聚糖溶液中，继续搅拌 2 h，加入 0.5 mL 表面活性剂溶液（1 g/L），当体系出现微弱的乳光时，在搅拌下缓缓滴加适量三聚磷酸钠（TPP）溶液，体系出现明显的乳光，即得到胰岛素/壳聚糖复合物纳米粒。然后在上述胶体体系中滴加 1 mL 羟丙基甲基纤维素酞酸酯（HP55，1 g/L）的无水乙醇丙酮溶液（体积比为 5∶1），室温搅拌挥发有机溶剂，HP55 即可在纳米粒的表面沉积，即得肠溶包衣胰岛素壳聚糖纳米粒。在胰岛素/壳聚糖纳米粒混悬液和肠包衣胰岛素/壳聚糖复合物纳米粒混悬液中，加入质量浓度为 10 g/L 的甘露醇，冷冻干燥，即得两种纳米粒的固体粉末[177]。

　　研究结果表明，通过离子交联法制备胰岛素的壳聚糖纳米粒，条件比较简单、温和，易于产业化，为胰岛素口服制剂的研制奠定了一定的基础。制备得到的胰岛素/壳聚糖复合物纳米粒比较均匀，粒度在 300 nm 左右。该粒度的纳米粒能够透过消化道黏膜被较好地摄取。在制备纳米粒的过程中，胰岛素与壳聚糖依靠相反电荷之间的作用形成了复合物，既提高了胰岛素的包封率，又显著减小了其突释效应。肠溶包衣能够更有效地抑制胰岛素的突释效应，并且在胃酸中起到更好的保护作用，可以大大减少由于壳聚糖溶于胃酸而引起的胰岛素快速释放并被强酸或消化酶破坏失活。

　　选择低相对分子质量季铵化壳聚糖，利用静电作用对胰岛素结构进行修饰，制备非注射用胰岛素。该修饰条件温和、工艺简单、产率高，修饰后的胰岛素生物活性不受影响。用季铵化壳聚糖作胰岛素修饰剂，可起到保护胰岛素和促进胰岛素吸收的作用[178]。通过舌下和口服给药研究证实，胰岛素/低分子季铵化壳聚糖复合物降血糖效果显著。

10.6.3　壳聚糖/DNA 复合物

　　自 20 世纪 90 年代初期首例基因治疗临床试验获得成功后，人们对基因治疗的临床疗效充满信心。然而 1999 年美国宾夕法尼亚大学却发生了因应用重组腺病毒载体不当引发机体致命免疫反应而死亡的"杰辛格事件"；2000 年，法国也发生了用逆转录病毒载体基因治疗重症联合免疫缺陷病而诱发白血病的恶性事件。因此，使得基因治疗的载体问题引起关注[179]。

　　目前，基因治疗常用的载体系统主要包括两大类：病毒载体系统和非病毒载体系统。病毒载体系统有逆转录病毒载体、腺病毒载体和腺相关病毒载体等。尽管病毒载体系统基因传递效率高达 90％以上，但仍存在许多难以克服的局限性，如逆转录病毒不能感染非分裂细胞；腺病毒不能稳定整合于宿主细胞基因组内，故难以长期稳定表达，甚至可能引起机体强烈的免疫反应；腺相关病毒载体容量小，难以为大片段基因所利用且制备困难。于是研究者把目光转移到安全无毒而且无免疫原性的非病毒载体。传统的非病毒载体如裸 DNA、脂质体、阳离子多聚物等，虽然安全但基因传递效率极低，难以获得有意义的基因表达。因此，发展基因治疗的关键在于开发安全、有效并具有优良特性的非病毒基因转运载体系统。近年来，壳聚糖在该方面的应用备受关注。

1995 年，Munper 等首次报道壳聚糖溶液与 DNA 以自聚集的方式沉淀，能得到一种大小为 150～500 nm 的复合物[180]，具备用于基因治疗载体的潜质。壳聚糖用乙酸进行预处理，用 NaOH 溶液调节其 pH＝5.5～5.7，并在壳聚糖与 DNA 形成复合物的反应中加入 Na_2SO_4，可得到大小在 200～500 nm 结构紧凑的壳聚糖/DNA 复合物微球[181]。通过向 Na_2SO_4、DNA 和溴化乙啶（EB）的混合溶液中分别加入不同体积的壳聚糖溶液，运用荧光分光光度计检测溶液荧光值的变化，发现随着壳聚糖浓度的增加，荧光值下降，说明壳聚糖和 EB 与 DNA 之间的结合存在竞争性；通过测定 Na_2SO_4 离子浓度对壳聚糖-EB-DNA 体系的影响发现，随着离子浓度的增加，壳聚糖-EB-DNA 三者形成的平衡体系整体荧光强度不断减弱，这说明壳聚糖是以静电与 DNA 相互作用的[182]。

壳聚糖在乙酸缓冲溶液中能与 DNA 有效结合，保护 DNA 被核酸酶降解，并能转染进入细胞。但是，由于壳聚糖分子间氢键的存在，使它不溶于一般的有机溶剂和水，而且由于其疏水性，所制成的 DNA 给药系统易被网状内皮吞噬系统（reticuloendothelial-system，RES）所吞噬。为了改善其水溶性，延长壳聚糖/DNA 自组装复合物在长循环中的停留时间，通过接枝共聚的方法将亲水无毒的聚乙二醇链段引入壳聚糖链段中，并在溶液中通过自动（静电）吸附得到 PEG 化的壳聚糖/DNA 自组装复合物。由流式细胞仪测得 PEG 化的壳聚糖/DNA 自组装复合物在体外 Hela 细胞上的细胞转染率为 80.75％（$n=3$）。也就是说，在随机选取的 100 个细胞中，在大约 81 个细胞中有高于 Hela 细胞本底的绿色荧光存在。表明 PEG 化的壳聚糖/DNA 自组装复合物成功的将 PEGFP-N₁ 质粒 DNA 转染到细胞内，说明 PEG 化的壳聚糖有可能成为基因转染的非病毒载体[183]。

碳是非金属材料中十分重要的部分，它处于金属与典型非金属之间，是一种结构特殊的非金属材料，在非金属材料中占有非常重要的位置。迄今为止，纳米无定型碳和纳米金刚石已有研制成功的报道。纳米无定型碳在制作高档油墨及活性剂、催化剂等方面已进入应用阶段，纳米石墨碳由于其制作过程中极易发生团聚，而使其对纳米石墨颗粒的表面修饰状态要求十分严格，因此制作十分困难。但大量研究表明，纳米尺度范围的石墨碳所具有的润滑性、耐磨性、吸附性、磁性、电学性能与普通尺寸的石墨碳材料具有很大的差异。所以，张阳德等将纳米石墨碳的这些优良性质用于基因载体的研制中[184]。为制备一种新型的纳米基因载体，他们首先用溶胶法制备出分散性良好的纳米石墨碳粉；再通过正负电荷相互吸引，使其与表面带有正电荷的壳聚糖相结合，形成壳聚糖/碳纳米颗粒；其次，用绿色荧光蛋白（PEGFP-C1）质粒做报告基因，以静电吸附的方式使DNA带负电荷的磷酸基团与表面携带正电荷的纳米载体结合形成纳米基因复合物；再次，用 SEM 观察其形态特征，激光粒度分析仪测定其粒度分布及表面电位（Zeta 电位），MMT 试验检测壳聚糖/碳纳米载体对 HepG2 细胞和 COS7 细胞的毒性作用，凝胶阻滞实验确定该基因载体的 DNA 携带率，DNase I 消化实验研究其对所携带基因的保护作用，体外导入实验定性评价纳米粒进入细胞的活性，并用荧光显微镜观察其导入效果。最后，针对以上实验结果进行分析，评价壳聚糖/碳纳米基因载体的理化性质和体外活性。研究结果表明：当该纳米粒与基因形成复合物后，它可以高效地将基因导入细胞内，从而提高基因的转染效率。壳聚糖/碳纳米载体是一种新型高效的基因载体，人们对它的特性认识还有待进一步研究，应用范围也有待进一步开拓。

　　壳聚糖/DNA 复合物的理化特性与壳聚糖相对分子质量、脱乙酰度、DNA浓度及混合量、交联剂溶液的 pH 和浓度以及制备温度等多种因素有关。壳聚糖/DNA复合物的稳定性也是关注的重点。研究发现，交联的壳聚糖/DNA 纳米级颗粒在水中可稳定存在达 3 个月以上，然而非交联的纳米级颗粒在 PBS 中仅稳定存在数小时，冻干的壳聚糖/DNA 纳米颗粒可保持转染能力达 4 周以上[185]。壳聚糖基因载体的转染机制目前还没有完全阐明。转染机制可以大体分成细胞摄取、逃逸内吞小体和向核转运 3 个阶段[186]。壳聚糖及其衍生物作为基因载体大多是体外实验报道，而有关体内实验的报道却较少[187]。随着研究的深入，相信壳聚糖/DNA 复合物能在临床中得到应用。

参 考 文 献

[1] Hsieh W C, Chang C P, Lin S M. Morphology and characterization of 3D micro-porous structured chitosan scaffolds for tissue engineering. Colloids Surf B, 2007, 57 (2): 250～255

[2] Nie H, Wang C H. Fabrication and characterization of PLGA/HAp composite scaffolds for delivery of BMP-2 plasmid DNA. J Control Release, 2007, 120 (1～2): 111～121

[3] Abdel-Fattah W I, Jiang T, El-Bassyouni G E T et al. Synthesis, characterization of chitosans and fabrication of sintered chitosan microsphere matrices for bone tissue engineering. Acta Biomaterialia, 2007, 3 (4): 503～514

[4] Shen X Y, Tong H, Jiang T et al. Homogeneous chitosan/carbonate apatite/citric acid nanocomposites

prepared through a novel in situ precipitation method. Compos Sci Technol，2007，67（11-12），2238～2245

[5] Zhitomirsky I，Hashambhoy A. Chitosan-mediated electrosynthesis of organic-inorganic nanocomposites. J Mater Process Technol，2007，191（1～3），68～72

[6] 郑茂松，王爱勤，詹庚申. 凹凸棒石黏土应用研究. 北京：化学工业出版社，2007.

[7] Zhou N L，Liu Y，Meng N et al. A new nanocomposite biomedical material of polymer/clay-CTS-Ag nanocomposites. Curr Appl Phy，2007，45，1212～1218

[8] 王爱勤，张俊平. 有机无机复合高吸水性树脂. 北京：科学出版社，2006.

[9] Sinha Ray S，Okamoto M. Polymer/layered silicate nanocomposites：a review from preparation to processing. Prog Polym Sci，2003，28（11）：1539～1641

[10] 柯扬船，皮特·斯壮. 聚合物-无机纳米复合材料. 北京：化工出版社，2003

[11] Fujiwara K，Ramesh A，Maki T et al. Adsorption of platinum（Ⅳ），palladium（Ⅱ）and gold（Ⅲ）from aqueous solutions onto L-lysine modified crosslinked chitosan resin. J Hazard Mater，2007，19（1～2）：39～50

[12] Nie H L，Zhu L M. Adsorption of papain with Cibacron Blue F3GA carrying chitosan-coated nylon affinity membranes，Int J Biol Macromol，2007，40（3）：261～267

[13] 马勇，王恩德，邵红. 膨润土负载壳聚糖制备吸附剂. 应用化学，2004，21（6）：597～600

[14] 马勇，王恩德，邵悦. 膨润土负载壳聚糖对陈醋的澄清作用. 食品科学，2004，25（3）：119～121

[15] 马勇，王恩德，邵红. 膨润土负载壳聚糖的脱色作用. 环境科学与技术，2004，27（1）：13～14

[16] 刘秉涛，李瑞涛，姜安玺. 膨润土负载壳聚糖对活性染料吸附平衡的研究. 黑龙江大学自然科学学报，2006，23（3）：345～348

[17] 陈天明，王世和，许琦等. 膨润土负载壳聚糖吸附剂对苯酚的吸附性能研究. 化工时刊，2006，20（7）：1～3

[18] 毕海燕，邵悦，金丽杰. 负载壳聚糖膨润土清除丹参注射液中鞣酸. 中草药，2005，36（10）：1503～1505

[19] 刘维俊，刘兰侠，刘志芳等. 壳聚糖改性膨润土吸附剂的研制及其吸附性能研究. 化学世界，2005，46（7）：385～388

[20] 徐云龙，肖宏，钱秀珍. 壳聚糖/蒙脱土纳米复合材料的结构与性能研究. 功能高分子学报，18（3）：383～386

[21] Lin K F，Hsu C Y，Huang T S. A novel method to prepare chitosan/montmorillonite nanocomposites. J Appl Pol Sci，2005，98（5）：2042～2047

[22] Günister E，Dilay P，Ünlü C H et al. Synthesis and characterization of chitosan-MMT biocomposite systems. Carbohydr Res，2007，67（3）：358～365

[23] Darder M，Colilla M，Ruiz-Hitzky E. Biopolymer-clay nanocomposites based on chitosan intercalated in montmorillonite. Chem Mater，2003，15（20）：3774～3780

[24] Darder M，Colilla M，Ruiz-Hitzky E. Chitosan-clay nanocomposites：application as electrochemical sensors. Appl Clay Sci，2005，28（1～4）：199～208

[25] Wang S F，Shen L，Tong Y J et al. Biopolymer chitosan/montmorillonite nanocomposites：preparation and characterization. Polym Degrad Stab，2005，90（1）：123～131

[26] Chang M Y，Juang R S. Adsorption of tannic acid，humic acid，and dyes from water using the composite of chitosan and activated clay. J Colloid Interface Sci，2004，278（1）：18～25

[27] An J H, Dultz S. Adsorption of tannic acid on chitosan-montmorillonite as a function of pH and surface charge properties. Appl Clay Sci, 2006, 45, 1212～1218

[28] Gecol H, Miakatsindila P, Ergican E et al. Desalination, 2006, 197 (1～3): 165～178

[29] 王丽, 王爱勤. 壳聚糖/蒙脱土纳米复合材料的制备及其对染料吸附性能的研究. 高分子材料科学与工程, 印刷中

[30] Wang L, Wang A Q. Adsorption characteristics of congo red onto the chitosan/montmorillonite nano-composite, J Hazard Mater, Accepted

[31] 刘颖, 周琳, 李利等. 壳聚糖-银/蒙脱上纳米中间体的合成及性能表征. 南京师大学报 2006, 29 (3): 45～49

[32] 庄宏, 郑俊萍, 姚康德. 明胶/蒙脱土-壳聚糖纳米复合生物材料. 复合材料学报, 2005, 22 (4): 135～138

[33] Wu T M, Wu C Y. Biodegradable poly (lactic acid) /chitosan-modified montmorillonite nanocompos-ites: Preparation and characterization. Polym Degrad Stab, 2006, 91 (9): 2198～2204

[34] Kampeerapappun P, Aht-ong D. Pentrakoon D et al. Preparation of cassava starch/montmorillonite composite film. Carbohydr Polym, 2007, 67 (2): 155～163

[35] 李娟. 铝交联累托石/壳聚糖复合絮凝剂的制备及应用研究. 武汉: 武汉理工大学硕士学位论文, 2005

[36] Wang X Y, Du Y M, Yang J H et al. Preparation, characterization and antimicrobial activity of chi-tosan/layeredsilicate nanocomposites. Polymer, 2006, 47 (19): 6738～6744

[37] Wang X Y, Du Y M, Luo J W et al. Chitosan/organic rectorite nanocomposite films: Structure, char-acteristic and drug delivery behaviour. Carbohydr Polym, 2006, 69 (1): 41～49

[38] 王小英, 杜予民, 汤玉峰等. 壳聚糖/累托石纳米复合材料的制备及药物缓释性能研究. 中国化学会第五届甲壳素化学生物学与应用技术研讨会论文集, 2006, 26～29

[39] Fan Q, Shan D, Xue H G et al. Amperometric phenol biosensor based on laponite clay-chitosan nano-composite matrix. Biosens Bioelectron, 2007, 22 (6): 816～821

[40] Darder M, Lopez-Blanco M, Aranda P et al. Microfibrous chitosan-sepiolite nanocomposites. Chem Mater, 2006, 18 (6): 1602～1610

[41] 刘振儒, 田重威. 壳聚糖复合黏土矿凝聚铜绿微囊藻的研究. 环境工程, 2004, 22 (3): 80～82

[42] 刘维俊. 负载壳聚糖吸附剂的研制及吸附性能. 化学研究与应用, 2006, 18 (6): 327～330

[43] 卜洪忠, 于文涛. 壳聚糖与凹凸棒土对金属离子吸附作用研究. 化学世界, 2005, 46 (8): 468～470

[44] 查飞, 常玥, 吕学谦等. 坡缕石-活性炭-壳聚糖负载环糊精对硝基苯酚的吸附性质. 精细化工, 2007, 24 (3): 209～212

[45] 李增新, 段春生, 王彤等. 天然沸石负载壳聚糖去除废水中 Cr(Ⅵ)研究. 非金属矿, 2006, 29 (4): 46～49

[46] 魏铭, 谭占鳌. 壳聚糖/二氧化硅纳米复合膜的制备、结构与性能表征. 武汉理工大学学报, 28 (1): 157～160

[47] 张军丽, 王汉雄, 曲黎等. 壳聚糖/纳米 SiO_2 杂化材料的研究. 应用化工, 35 (9): 697～699

[48] 孙延喜, 郭耘, 吴小华等. SiO_2 负载壳聚糖-Pd 多相手性加氢催化剂. 应用化学, 23 (1): 42～47

[49] Liu X D, S Tokura, M Haruki et al. Surface modification of nonporous glass beads with chitosan and their adsorption property for transition metal ions. Carbohydr Polym, 2002, 49 (2): 103～108

[50] Molvinger K, Quignard F, Brunel D et al. Porous chitosan-silica hybrid microspheres as a potential cat-alyst. Chem Mater, 2004, 16 (17): 3367～3372

[51] Fei B，Lu H F，Xin J H. One-step preparation of organosilica@chitosan crosslinked nanospheres. Polymer，2006，47（4）：947～950

[52] Hu Q L，Li B Q，Wang M et al. Preparation and characterization of biodegradable chitosan/hydroxyapatite nanocomposite rods via in situ hybridization：a potential material as internal fixation of bone fracture. Biomaterials，2004，25（5）：779～785

[53] Takagi S，Chow L C，Hirayama S et al. Properties of elastomeric calcium phosphate cement-chitosan composites. Dent Mater，2003，19（8）：797～804

[54] Chen F，Wang Z C，Lin C J. Preparation and characterization of nano-sized hydroxyapatite particles and hydroxyapatite/chitosan nano-composite for use in biomedical materials. Mater Lett，2002，57（4）：858～861

[55] Zhao F，Yin Y J，Lu W W et al. Preparation and histological evaluation of biomimetic three-dimensional hydroxyapatite/chitosan-gelatin network composite scaffolds. Biomaterials，2002，23（15）：3227～3234

[56] 李国政，张阳德，张洪等. 医用羟基磷灰石纳米粒的制备和特性：羟基磷灰石纳米粒的纳米结构及纳米尺寸效应. 中国现代医学杂志，2007，17（4）：389～393

[57] 孙凯莹，孙卫斌，储成林等. 纳米羟基磷灰石-壳聚糖复合材料对细胞粘附的影响. 临床口腔医学杂志，2007，23（3）：150～153

[58] Xu H H K，Quinn J B，Takagi S et al. Synergistic reinforcement of in situ hardening calcium phosphate composite scaffold for bone tissue engineering. Biomaterials，2004，25（6）：1029～1037

[59] 胡仁，胡皓冰，林昌. CaP/壳聚糖复合膜层的电化学共沉积研究. 高等学校化学学报，2002，23（11）：2142～2146

[60] Yamaguchi L，Tokuchi K，Fukuzaki H et al. Preparation and mechanical properties of chitosan/hydroxyapatite nanocomposites. Bioceramics，2000，192（1）：673～676

[61] 杨洪，傅山岗. 尿素共沉淀法制备纤维状羟基磷灰石/壳聚糖复合粉料. 应用化学，2005，22（1）：87～90

[62] 杨洪，宁黔冀，赵海涛. 均匀共沉淀-水热法制备纤维状羟基磷酸钙/壳聚糖复合粉体. 化学研究与应用，2005，17（2）：186～189

[63] 李红，朱敏鹰，李立华等. 原位沉析羟基磷灰石-壳聚糖骨组织工程支架材料的研制. 功能材料，2006，37（6）：909～911

[64] 李保强，胡巧玲，钱秀珍等. 原位沉析法制备可吸收壳聚糖-羟基磷灰石棒材. 高分子学报，2002，（6）：12828～12833

[65] 李保强，胡巧玲，汪茫等. 原位复合法制备层状结构的壳聚糖/羟基磷灰石纳米材料. 高等学校化学学报，2004，25（10）：1949～1952

[66] Falini C，Fermani S，Ripamonti A. Oriented crystallization of octacalcium phosphate into beta-chitin scaffold. J Inorg Biochem，2001，84（3～4）：255～258

[67] 张利，李玉宝，周钢等. 纳米羟基磷灰石/壳聚糖复合骨水泥的固化机理研究. 无机材料学报，2006，21（5）：1197～1202

[68] Sivakumar M，Manjubala I，Panduranga Rao K. Preparation，characterization and in-vitro release of gentamicin from coralline hydroxyapatite-chitosan composite microspheres. Carbohydr Polym，2002，49（3）：281～288

[69] 刘来奎，江宏兵，洪宇娟等. 壳聚糖电介质复合物作为软骨再生支架实验研究. 广东牙病防治，2005，

　　　　13（4）：255～257

[70] 牟元华，李玉宝，向鸿照等. 多孔 n-HA/CS/PA66 三元复合支架材料的制备及性能. 高分子材料科学
　　　　与工程，2006，22（5）：213～216

[71] Li J J, Chen Y P, Yin Y J et al. Modulation of nano-hydroxyapatite size via formation on chitosan-gelat-
　　　　in network film in situ. Biomaterials, 2007, 28（5）：781～790

[72] Zhao F, Grayson W L, Ma T et al. Effects of hydroxyapatite in 3-D chitosan-gelatin polymer network
　　　　on human mesenchymal stem cell construct development. Biomaterials，2006，27（9）：1859～1867

[73] Grandfield K, Zhitomirsky I. Electrophoretic deposition of composite hydroxyapatite-silica-chitosan
　　　　coatings Mater Charact, 2006, In Press

[74] Wang L, Li C Z. Preparation and physicochemical properties of a novel hydroxyapatite/chitosan-silk fi-
　　　　broin composite. Carbohydr Polym, 2007, 68（4）：740～745

[75] 吕彩霞，姚子华. 纳米羟基磷灰石/壳聚糖-硫酸软骨素复合材料的制备及其性能研究. 复合材料学报，
　　　　2007，24（1）：110～115

[76] 张芳，尹玉姬，李卫星等. 壳聚糖-明胶-磷酸三钙多孔复合体作为骨组织工程支架的实验研究. 2006，
　　　　6（2）：94～97

[77] 赵营刚，王迎军，卢玲等. 仿生型壳聚糖-明胶/溶胶凝胶生物玻璃复合支架的制备及其矿化性能研究.
　　　　硅酸盐通报，2006，（2）：8～12

[78] Hu Q L, Wu J, Chen F P et al. Biomimetic preparation of magnetite/chitosan nanocomposite via in situ
　　　　composite method-potential use in magnetic tissue repair domain. Chem Res Chinese U，2006，22（6）：
　　　　792～796

[79] Li B Q, Jia D C, Zhou Y et al. In situ hybridization to chitosan/magnetite nanocomposite induced by the
　　　　magnetic field. J Magn Magn Mater, 2006, 306（2）：223～227

[80] 胡巧玲，陈福平，李保强等. 原位沉析法制备有序排列四氧化三铁/壳聚糖纳米复合材料的研究. 高等
　　　　学校化学学报，2005，26（10）：1960～1962

[81] Hu Q L, Chen F P, Li B Q et al. Preparation of three-dimensional nano-magnetite/chitosan rod. Mater
　　　　Lett, 2006, 60（3）：368～370

[82] 孙启凤，徐雪青，沈辉等. 羧甲基壳聚糖改性水基 Fe_3O_4 磁性液体的研制. 材料科学与工程学报，
　　　　2005，23（6）：854～858

[83] Zhi J, Wang Y J, Lu Y C et al. In situ preparation of magnetic chitosan/Fe_3O_4 composite nanoparticles
　　　　in tiny pools of water-in-oil microemulsion. React Funct Polym, 2006, 66（12）：1552～1558

[84] 陈福平，胡巧玲，陈亮等. 原位沉析法制备磁性氧化铁羟基磷灰石/壳聚糖棒材. 高分子学报，2006，
　　　　（6）：756～760

[85] Feng K J, Yang Y H, Wang Z J et al. A nano-porous CeO_2/Chitosan composite film as the immobiliza-
　　　　tion matrix for colorectal cancer DNA sequence-selective electrochemical biosensor. Talanta, 2006, 70
　　　　（3）：561～565

[86] Yang Y H, Yang H F, Yang M H et al. Amperometric glucose biosensor based on a surface treated
　　　　nanoporous ZrO_2/Chitosan composite film as immobilization matrix. Analytica Chimica Acta, 2004,
　　　　525（2）：213～220

[87] Chen J Y, Zhou P J, Li J L et al. Depositing Cu_2O of different morphology on chitosan nanoparticles by
　　　　an electrochemical method. Carbohydr Polym, 2007, 67（4）：623～629

[88] Steenkamp G C, Keizer K, Neomagus H W J P et al. Copper（Ⅱ）removal from polluted water with

alumina/chitosan composite membranes. J Membr Sci, 2002, 197 (1～2): 147～156

[89] Torres J D, Faria E A, SouzaDe J R et al. Preparation of photoactive chitosan-niobium (V) oxide composites for dye degradation. J Photochem Photobiol A, 2006, 182 (2): 202～206

[90] 张婷, 杜予民, 梁凯. 氧化自组装壳聚糖/纳米 TiO_2 复合膜的制备及其性能. 中国化学会第五届甲壳素化学生物学与应用技术研讨会论文集, 2006

[91] Wang R H, Hu Z G, Liu Y et al. Self-assembled gold nanoshells on biodegradable chitosan fibers. Biomacromolecules, 2006, 7 (10): 2719～2721

[92] 倪思亮, 陈西广, 钟德玉等. 壳聚糖复合不对称膜的制备及生物组织相容性研究. 高技术通讯, 2005, 15 (8): 61～66

[93] 肖玲, 涂依, 李洁等. 壳聚糖/壳聚糖季铵盐复合膜的性能研究. 武汉大学学报, 2005, 51 (2): 190～194

[94] Xu Y X, Kim K M, Hanna M A et al. Chitosan-starch composite film: preparation and characterization, Ind Crops Prod, 2005, 21 (2): 185～192

[95] Pinotti A, García M A, Martino M N et al. Study on microstructure and physical properties of composite films based on chitosan and methylcellulose. Food Hydrocolloids, 2007, 21 (1): 66～72

[96] María A G, Adriana P, Miriam N M et al. Characterization of composite hydrocolloid films. Carbohydr Polym, 2004, 56 (3): 339～345

[97] 吴奕真. 羧甲基纤维素-壳聚糖聚电解质复合物微球的吸附性能. 福建环境, 2002, 19 (3): 33～35

[98] 杨小钢, 邓兆群, 李利华等. 壳聚糖-羧甲基纤维素聚电解质复合物的释药性能研究. 数理医药学杂志, 2000, 13 (4): 345～346

[99] 李乾凤, 周洪, 金岩. 大鼠骨髓基质细胞与胶原-壳聚糖复合后修复牙槽骨缺损的研究. 牙体牙髓牙周病学杂志, 2004, 14 (5): 246～249

[100] 马建标, 王红军, 何炳林等. 壳聚糖与胶原或海藻酸复合物海绵的制备以及人胎儿皮肤成纤维细胞在其中的生长. 自然科学进展, 2000, 10 (10): 896～903

[101] 肖玲, 万冬, 常玉华. 乙酰化对壳聚糖-明胶海绵结构和性能的影响. 分析科学学报, 2006, 22 (3): 262～266

[102] 梁东春, 左爱军, 王宝利等. 壳聚糖与重组人骨形成蛋白 2 复合物体外成骨作用的研究. 中国修复重建外科杂志, 2005, 19 (9): 721～724

[103] 徐正义, 孙多先. 壳聚糖-聚阴离子复合絮凝剂的应用. 化学工业与工程, 2005, 22 (6): 419～421

[104] 梁列峰, 崔彪, 敬凌霄. 丝胶对壳聚糖膜在模拟体液内降解的调控作用. 四川丝绸, 2006, (2): 16～18

[105] 王碧, 岳兴建, 覃松等. 葡甘聚糖-壳聚糖复合膜的制备及细胞相容性评价. 华东理工大学学报, 2006, 32 (10): 1206～1211

[106] Ye X, Kennedy J F, Lia B et al. Condensed state structure and biocompatibility of the konjac glucomannan/chitosan blend films. Carbohydr Polym, 2006, 64 (4): 532～538

[107] 汪一娟, 蒋宏亮, 胡应乾等. 可生物降解肝素钠/两性壳聚糖复合物用于蛋白药物 pH 响应释放研究. 高分子学报, 2005, (4): 524～528

[108] 王一娟. 聚阴离子/两性壳聚糖复合物用于蛋白质药物 pH 响应性释放. 浙江: 浙江大学硕士学位论文, 2005

[109] 李结良, 潘继伦, 张立国. 原代大鼠肝细胞在多孔壳聚糖及其复合物支架上的培养. 高等学校化学学报, 2004, 25 (1): 63～66

[110] 赵晓东, 刘文广, 姚康德. L-聚乳酸/低相对分子质量壳聚糖共混膜的制备和特性. 离子交换与吸附, 2003, 19 (4): 304~310

[111] 李立华, 丁珊, 周长忍. 聚乳酸/壳聚糖多孔支架材料的生物学性能评价. 生物医学工程学杂志, 2003, 20 (3): 398~400

[112] 焦延鹏, 李志忠, 丁珊等. 聚乳酸/壳聚糖复合支架材料的生物相容性研究. 中国生物医学工程学报, 2005, 24 (4): 503~506

[113] Zhang X F, Hua H, Shen X Y. In vitro degradation and biocompatibility of poly (L-lactic acid) /chitosan fiber composites. Polymer, 2007, 48 (4): 1005~1011

[114] 许春姣, 蒚新春, 彭解英等. 黄芪/壳聚糖/聚乳酸多孔支架对犬骨髓基质细胞生物学行为的影响. 中南大学学报, 2005, 30 (3): 283~287

[115] 梁列峰, 张霞, 邹传勇. 壳聚糖与聚乙烯醇共混成纤的可行性研究. 现代纺织技术, 2006, (1): 1~4

[116] 吴国杰, 吴炜亮, 李金蔓等. 聚乙烯醇-壳聚糖水凝胶制备与溶胀行为的研究. 广东工业大学学报, 2006, 23 (3): 16~20

[117] 郭元强, 童真, 陈鸣才等. 聚乙二醇/壳聚糖复合物的相变行为及分子间相互作用. 高分子材料科学与工程, 2003, 19 (6): 187~190

[118] Hsieh C Y, Tsai S P, Wang D M et al. Preparation of γ-PGA/chitosan composite tissue engineering matrices. Biomaterials, 2005, 26 (28): 5617~5623

[119] 郎雪梅, 侯有军, 赵建青等. 壳聚糖作为分离膜材料的研究进展. 化工进展, 2005, 24 (7): 737~741

[120] Tsai H A, Chen H C, Lee K R et al. Study of the separation properties of chitosan/polysulfone composite hollow-fiber membranes. Desalination, 2006, 193 (1-3): 129~136

[121] Miao J, Chen G H, Gao C J et al. Preparation and characterization of N, O-carboxymethyl chitosan (NOCC) /polysulfone (PS) composite nanofiltration membranes. J Membr Sci, 2006, 280 (1~2): 478~484

[122] 王星. 硬脂酸壳聚糖复合物的合成与吸油研究. 胶体与聚合物, 2005, 23 (3): 28~29

[123] 林少琴. 壳聚糖-硬脂酸离子复合物吸油材料的制备和性能. 石油化工, 2005, 34 (12): 1183~1185

[124] 吴雁, 王亦农, 马建标. 水溶性壳聚糖降血脂作用的化学机理 (II) 水溶性壳聚糖及其氨化衍生物对硬脂酸钠、十二烷基硫酸钠结合能力. 离子交换与吸附, 2003, 19 (4): 369~373

[125] 杨红, 关文强, 杨家荣. 丁香精油及其与壳聚糖复合物对水果采后病原菌的抑制作用. 植物保护, 2006, 32 (4): 70~73

[126] Sarangi D, Karimi A. Comparative study of the carbon nanotubes grown over metallic wire by cold plasma assisted technique. Carbon, 2004, 42 (5-6): 1113~1118

[127] Kang J W, Hwang H J. Carbon nanotube shuttle' memory device. Carbon, 2004, 42 (14): 3018~3021

[128] Wang S F, Shen L, Zhang W D et al. Preparation and mechanical properties of chitosan/carbon nanotubes composites. Biomacromolecules, 2005, 6 (6): 3067~3072

[129] Liu Y Y, Tang J, Chen X Q et al. Decoration of carbon nanotubes with chitosan. Carbon, 2005, 43 (15): 3178~3180

[130] Zhang J P, Wang Q, Wang L et al. Manipulated dispersion of carbon nanotubes with derivatives of chitosan. Carbon, 2007, 45 (9): 1917~1920

[131] Xu Z A, Gao N, Chen H J et al. Biopolymer and carbon nanotubes interface prepared by self-assembly for studying the electrochemistry of microperoxidase-11. Langmuir, 2005, 21 (23): 10808~10813

[132] Luo X L, Xu J J, Wang J L et al. Electrochemically deposited nanocomposite of chitosan and carbon nanotubes for biosensor application. Chem Commun, 2005, 16: 2169~2171

[133] Ge J J, Hou H Q, Li Q et al. Assembly of well-aligned multiwalled carbon nanotubes in confined poly-acrylonitrile environments: electrospun composite nanofiber sheets. J Am Chem Soc, 2004, 126 (48): 15754~15761

[134] Sen R, Zhao B, Perea D et al. Preparation of single-walled carbon nanotube reinforced polystyrene and polyurethane nanofibers and membranes by electrospinning. Nano Lett, 2004, 4 (3): 459~464

[135] 封伟, 袁晓燕, 冯奕钰. 壳聚糖/碳纳米管静电纺丝膜的制备方法. CN1730742, 2006

[136] Tan X C, Li M J, Cai P X et al. An amperometric cholesterol biosensor based on multiwalled carbon nanotubes and organically modified sol-gel/chitosan hybrid composite film. Anal Biochem, 2005, 337: 111~120

[137] Tsang S C, Chen Y K, Harris P J F et al. A simple chemical method of opening and filling carbon nanotubes. Nature, 1994, 372: 159~162

[138] Chen J, Hamm M A, Hu H et al. Solution properties of single-walled carbon nanotubes. Science, 1998, 282: 95~98

[139] Pompeo F, Resasco D E. Water solubilization of single-walled carbon nanotubes by functionalization with glucosamine. Nano Lett, 2002, 2 (4): 369~373

[140] Ke G, Guan W C, Tang C Y et al. Covalent functionalization of multiwalled carbon nanotubes with a low molecular weight chitosan. Biomacromolecules, 2007, 8 (2): 322~326

[141] Shieh Y T, Yang Y F. Significant improvements in mechanical property and water stability of chitosan by carbon nanotubes. Eur Polym J, 2006, 42: 3162~3170

[142] Spinks G M, Shin S R, Wallace G G et al. Mechanical properties of chitosan/CNT microfibers obtained with improved dispersion. Sens Actuators B, 2006, 115: 678~684

[143] Spinks G M, Shin S R, Wallace G G et al. A novel "dual mode" actuation in chitosan/polyaniline/carbon nanotube fibers. Sens Actuators B, 2007, 121: 616~621

[144] 吴子刚, 林鸿波, 封伟. 碳纳米管/壳聚糖复合材料. 化学进展, 2006, 18: 1200~1207

[145] Zhang M G, Smith A, Gorski W. Carbon nanotube-chitosan system for electrochemical sensing based on dehydrogenase enzymes. Anal Chem, 2004, 76: 5045~5050

[146] Zhang M G, Gorski W. Electrochemical sensing based on redox mediation at carbon nanotubes. Anal Chem, 2005, 77: 3960~3965

[147] Zhang M, Gorski W. Electrochemical sensing platform based on the carbon nanotubes/redox mediators-biopolymer system. J Am Chem Soc, 2005, 127 (7): 2058~2059

[148] Zhang M G, Mullens C, Gorski W. Insulin oxidation and determination at carbon electrodes. Anal Chem, 2005, 77: 6396~6401

[149] Lu G H, Jiang L Y, Song F et al. Determination of uric acid and norepinephrine by chitosan-multiwall carbon nanotube modified electrode. Electroanalysis, 2005, 17 (10): 901~905

[150] Jiang L Y, Liu C Y, Jiang L P et al. A multiwall carbon nanotube-chitosan modified electrode for selective detection of dopamine in the presence of ascorbic acid. Chin Chem Lett, 2005, 16 (2): 229~232

[151] Jiang L Y, Liu C Y, Jiang L P et al. A chitosan-multiwall carbon nanotube modified electrode for simultaneous detection of dopamine and ascorbic acid. Anal Sci, 2004, 20 (7): 1055~1059

[152] Jiang L Y, Wang R X, Li X M et al. Electrochemical oxidation behavior of nitrite on a chitosan-carboxylated multiwall carbon nanotube modified electrode. Electrochem Commun, 2005, 7: 597～601

[153] Zeng Y, Zhu Z H, Wang R X et al. Electrochemical determination of bromide at a multiwall carbon nanotubes-chitosan modified electrode. Electrochimica Acta, 2005, 51: 649～654

[154] Wu Z G, Feng W, Feng Y Y et al. Preparation and characterization of chitosan-grafted multiwalled carbon nanotubes and their electrochemical properties. Carbon, 2007, 45, 1212～1218

[155] Chakraborty S, Raj C R. Amperometric biosensing of glutamate using carbon nanotube based electrode. Electrochem Commun, 2007, 22 (12): 3051～3056

[156] Qian L, Yang X R. Composite film of carbon nanotubes and chitosan for preparation of amperometric hydrogen peroxide biosensor. Talanta, 2006, 68: 721～727

[157] Liu Y, Wang M K, Zhao F et al. The direct electron transfer of glucose oxidase and glucose biosensor based on carbon nanotubes/chitosan matrix. Biosens Bioelectron, 2005, 21: 984～988

[158] Liu Y, Qu X H, Guo H W et al. Facile preparation of amperometric laccase biosensor with multifunction based on the matrix of carbon nanotubes-chitosan composite. Biosens Bioelectron, 2006, 21: 2195～2201

[159] Rivas G A, Miscoria S A, Desbrieres J et al. New biosensing platforms based on the layer-by-layer self-assembling of polyelectrolytes on nafion/carbon nanotubes-coated glassy carbon electrodes. Talanta, 2007, 71: 270～275

[160] Tkac J, Whittaker J W, Ruzgas T. The use of single walled carbon nanotubes dispersed in a chitosan matrix for preparation of a galactose biosensor. Biosens Bioelectron, 2007, 22: 1820～1824

[161] Tsai Y C, Chen S Y, Liaw H W. Immobilization of lactate dehydrogenase within multiwalled carbon nanotube-chitosan nanocomposite for application to lactate biosensors. Sens Actuators B, 2007, 125: 474～481

[162] Luo X L, Xu J J, Wang J L et al. Electrochemically deposited nanocomposite of chitosan and carbon nanotubes for biosensor application. Chem Commun, 2005, 16: 2169～2171

[163] Li J, Liu Q, Liu Y J et al. DNA biosensor based on chitosan film doped with carbon nanotubes. Anal Biochem, 2005, 346: 107～114

[164] Yang M H, Jiang J H, Yang Y H et al. Carbon nanotube/cobalt hexacyanoferrate nanoparticle-biopolymer system for the fabrication of biosensors. Biosens Bioelectron, 2006, 21: 1791～1797

[165] Qu F L, Yang M H, Shen G L et al. Electrochemical biosensing utilizing synergic action of carbon nanotubes and platinum nanowires prepared by template synthesis. Biosens Bioelectron, 2007, 22: 1749～1755

[166] Yang M H, Yang Y, Yang H F et al. Layer-by-layer self-assembled multilayer films of carbon nanotubes and platinum nanoparticles with polyelectrolyte for the fabrication of biosensors. Biomaterials, 2006, 27: 246～255

[167] Qu S, Wang J, Kong J L et al. Magnetic loading of carbon nanotube/nano-Fe_3O_4 composite for electrochemical sensing. Talanta, 2007, 71: 1096～1102

[168] 麦智彬, 谭学才, 邹小勇. 一种基于碳纳米管的安培型过氧化氢生物传感器. 分析化学, 2006, 34 (6): 801～804

[169] Yang Y H, Wang Z J, Yang M H et al. Electrical detection of deoxyribonucleic acid hybridization based on carbon-nanotubes/nano zirconium dioxide/chitosan-modified electrodes. Analytica Chimica

Acta, 2007, 584: 268~274

[170] 封伟, 袁晓燕, 冯奕钰. 壳聚糖/碳纳米管静电纺丝膜的制备方法. 2006, CN1730742

[171] Feng S S, Ruan G, Li Q T. Fabrication and characterizations of a novel drug delivery device liposomes-in-microsphere (LIM). Biomaterials, 2004, 25 (15): 5181~5189

[172] Guo J, Ping Q, Jiang G et al. Chitosan-coated liposomes: characterization and interaction with leuprolide. Int J Pharm, 2003, 260 (2): 167~173

[173] 赵光远, 李秀艳, 王玉良. 壳聚糖磷脂复合物对老年认知障碍患者脑功能的影响. 潍坊医学院学报, 2005, 27 (3): 168~169

[174] 赵光远, 李秀艳, 王玉良. 壳聚糖磷脂复合物对老年认知功能的影响. 中国行为医学科学, 2005, 14 (1): 58~59

[175] 赵光远, 李秀艳, 卢国华等. 壳聚糖磷脂复合物对老年性痴呆患者脑功能的影响. 中国应用生理学杂志, 2006, 22 (1): 112~113

[176] 李秀艳, 王玉良, 郭方明等. 壳聚糖磷脂复合物防治老年性痴呆的临床效果评价. 潍坊医学院学报, 2005, 27 (3): 165~167

[177] 张立强, 陶安进, 石凯等. 肠溶包衣胰岛素壳聚糖复合物纳米制备及体内外性质. 沈阳药科大学学报, 2006, 23 (2): 65~69

[178] 张建国. 胰岛素-低相对分子质量季铵化壳聚糖复合物的制备, 理化性质及其生物活性研究. 山东: 山东大学硕士学位论文, 2005

[179] 黄进, 汪世龙, 孙晓宇等. 壳聚糖及其衍生物基因载体的研究进展. 高分子通报, 2006, (1): 65~69

[180] Murnper R J, Wang J, Claspell J M et al. Novel polymeric condensing carriers for gene delivery. Proc Int Symp Contol Rel Bioact Mater, 1995, 22 (3): 178~179

[181] Mao H Q, Roy K, Walsh S M et al. DNA-chitosan nanospheres for gene delivery. Proc Int Symp Contol Rel Bioact Mater, 1996, 23: 401~402

[182] 陈郧东, 蔡妙颜, 张英等. 壳聚糖-DNA 复合物形成机理研究药物生物技术, 2005, 12 (5): 291~293

[183] 魏晓红, 梁文权, 潘远江. PEG 化壳聚糖/DNA 自组装复合物的制备、表征和体外 Hela 细胞转染研究. 高等学校化学学报, 2003, 24 (11): 1993~1996

[184] 张阳德, 张彦琼, 陈记稷等. 壳聚糖-碳纳米粒的制备及其体外性质的研究. 中国现代医学杂志, 2006, 16 (6): 801~806

[185] Lee K Y, Kwon I C, Kim Y H et al. Preparation of cjitosan self-aggregates as a gene delivery system. J Control Release, 1998, 51 (2~3): 213~220

[186] Ishii T, Okahata Y, Sato T. Mechanism of cell transfection with plasmid/chitosan complexes. Biochim Biophys Acta, 2001, 1514 (1): 51~64

[187] Mansouri S, Lavigne P, Corsi K et al. Chitosan-DNA nanoparticles as non-viral vectors in gene therapy: strategies to improve transfection efficacy. Eur J Pharm Biopharm, 2004, 57 (1): 1~8

第 11 章　壳聚糖及其衍生物
与金属离子的作用

11.1　引　　言

壳聚糖是甲壳素脱乙酰基的产物，是一种具有良好生物降解性和生物相容性的天然高分子。完全脱乙酰化的壳聚糖化学名称为 (1,4)-2-氨基-2-脱氧-β-D-葡萄糖。由于壳聚糖及其衍生物的分子链中存在有羟基、氨基和少量 N-乙酰氨基以及其他活性基团，它们与金属离子有很好的配位作用，从而使其在废水处理和金属离子的回收利用等方面得到了广泛应用[1~3]。甲壳素在金属离子的吸附方面也有报道，但文献量非常有限。为此，本章主要介绍壳聚糖及其衍生物对金属离子吸附和配位方面的研究进展，并简单介绍壳聚糖及其衍生物对金属离子的吸附机理和配位方式。

11.2　壳聚糖与金属离子的作用

11.2.1　壳聚糖对金属离子的吸附

早在 1977 年，Muzzarelli 就壳聚糖与金属离子的配位和吸附性能进行了较为系统的研究[4]，发现壳聚糖对过渡金属离子和重金属离子有很好的吸附作用，而对碱金属和碱土金属却没有吸附作用。早期人们研究壳聚糖对金属离子的吸附作用主要侧重于吸附条件的选择，即在什么条件下对金属离子有最大吸附。大量的研究结果表明[5~8]，壳聚糖对金属离子的吸附与壳聚糖脱乙酰度的大小、物理状态、溶液 pH、吸附时间和温度以及所吸附金属离子的种类有关。不同的吸附条件对同一金属离子可得到不同的吸附结果。

11.2.1.1　壳聚糖对过渡金属离子的吸附

有关壳聚糖对 Ag^+、Zn^{2+}、Mn^{2+}、Fe^{2+}、Cu^{2+}、Cd^{2+} 和 Co^{2+} 等常见过渡金属离子的吸附研究文献报道很多[9~13]。壳聚糖与 Ag^+、Zn^{2+}、Pb^{2+}、Cd^{2+} 和 Co^{2+} 的吸附研究结果表明，随着壳聚糖用量和吸附时间的增加，其配位能力逐

渐增强[14]。通常情况下，不同金属离子的吸附量随 pH 的增加而增加。在强酸性条件下，壳聚糖对 Cd^{2+}、Pb^{2+}、Mn^{2+}、Cu^{2+}、Zn^{2+} 和 Fe^{3+} 等离子几乎无吸附作用；随着 pH 升高，出现少量吸附；当 pH 在 $5.0 \sim 8.0$ 范围时，吸附率最高；$pH \geqslant 12.0$ 时，壳聚糖对 Pb^{2+}、Cu^{2+} 和 Zn^{2+} 的吸附呈明显下降趋势，对 Cd^{2+}、Fe^{3+} 和 Mn^{2+} 的吸附也均有不同程度的下降。壳聚糖吸附重金属离子主要是通过壳聚糖分子中的—OH 和—NH_2 对金属离子的配位作用来进行的。在低 pH 下，壳聚糖链节上的—NH_2 形成—NH_3^+，使—NH_2 的配位能力下降，对金属离子的吸附率降低；随着 pH 增高，壳聚糖中的—NH_2 游离出来，有利于增加其对金属离子的吸附率；当 pH 过高时，壳聚糖中未配位的—OH 形成—O^-，导致吸附率下降[15]。

壳聚糖对 Cr^{6+} 的吸附明显依赖于 pH，这与在不同 pH 溶液中，壳聚糖的带电状态及 Cr^{6+} 的存在形态有关。pH 在 $3.5 \sim 5.5$ 之间时，溶液中 Cr^{6+} 主要以 $HCrO_4^-$ 形态存在，与壳聚糖正电活性中心发生静电吸附；$pH < 3.5$ 时，虽然壳聚糖固相表面正电活性中心数目增加，但 $HCrO_4^-$ 的百分含量随 pH 减小而降低，这是 Cr^{6+} 的吸附量降低的主要原因；$pH > 5.5$ 时，壳聚糖固相表面正电活性中心数目减少，也造成吸附量降低[16]。随 pH 的变化，壳聚糖参与配位反应的基团各有不同，金属配合物的结构也有所差异[17]。在均相条件下，壳聚糖溶于稀甲酸后，其 C_2 位上的—NH_2 被质子化，因而对金属离子的配位能力较弱，随着 pH 的提高，当达到 5.0 时，壳聚糖与 Cu^{2+} 形成了配比为 8：3 的配合物，而达到 6.0 时形成了配比为 4：3 的配合物，$pH = 7.0$ 时壳聚糖与 Cu^{2+} 的配比为 1：1，这说明不同 pH 条件下形成的配合物构型不同。

壳聚糖除对金属离子的吸附除与溶液的 pH 有关外，还与壳聚糖的脱乙酰度、相对分子质量、粒度大小、吸附温度、金属离子起始浓度和不同类型金属盐等因素密切相关[18]。一般情况下，壳聚糖对金属离子的平衡吸附量随壳聚糖脱乙酰度的增大而提高，但对不同条件下制备的壳聚糖也有例外。如在均相条件下制得的脱乙酰度为 50% 的壳聚糖对 Cu^{2+} 和 Hg^{2+} 有最大吸附量[7]，而不是脱乙酰度越高，吸附量越大。壳聚糖相对分子质量对平衡吸附量影响相对较小[19]。壳聚糖对金属离子的吸附能力还与其来源有关。分别用虾和蟹制得的壳聚糖对 Cu^{2+} 的吸附性能进行研究，结果发现虾壳聚糖对 Cu^{2+} 的吸附量最大值出现在脱乙酰度约为 70% 处，而蟹壳聚糖的吸附量则随脱乙酰度的增大而增大[8]。结晶态与非结晶态壳聚糖对 Cr^{3+} 的吸附动力学和吸附等温线研究结果发现，非结晶态壳聚糖对 Cr^{3+} 的吸附速率和吸附容量均大于结晶态的壳聚糖[20]。壳聚糖的物理状态对其吸附性能也有影响，粉末状壳聚糖对 Fe^{3+} 的吸附量高于片状壳聚糖和微球状壳聚糖[21]。

在均相反应条件下，壳聚糖对 Fe^{3+} 和 Ni^{2+} 可发生吸附作用，其吸附等温式符合 Langmuir 单分子层吸附等温式[20]。壳聚糖-Fe^{3+} 和壳聚糖-Ni^{2+} 的配合物不溶于水和大部分有机溶剂，溶于浓度为 1% 的 HCl 稀溶液，微溶于部分有机酸的稀溶液。壳聚糖对 Ni^{2+} 的配位能力大于对 Fe^{3+} 的配位能力。以壳聚糖的 UV 谱图作对照，壳聚糖-Fe^{3+} 配合物的 UV 谱图中出现了新的吸收峰。IR 谱图分析显示，形成配合物后，壳聚糖的部分特征吸收带也发生了一定的位移。IR 谱图分析的结果表明，壳聚糖与两种金属离子之间发生了配位反应。壳聚糖中主要是—NH_2 和—OH 参与了配位，部分乙酰氨基也参与了配位。

在匀速搅拌的壳聚糖溶液中，恒速加入 Fe^{2+} 溶液，在 pH=3~3.5，壳聚糖浓度为 5 mg/mL，Fe^{2+} 浓度为 15 mg/mL，搅拌反应 0.5~1 h，再静置反应 10 h后，壳聚糖对 Fe^{2+} 的络合容量可高达 637.5 mg/g[23]。用差热分析法和 IR 谱图法研究壳聚糖和 5 种过渡元素金属离子盐（Fe^{3+}、Co^{2+}、Ni^{2+}、Cu^{2+} 和 Zn^{2+}）形成不同壳聚糖金属配合物变化特征后发现：壳聚糖分子中的—NH_2 和—OH与金属离子发生配位作用后，吸热和放热峰均发生了较大的位移；在 3400 cm^{-1}处的羟基和氨基、1654.11 cm^{-1} 处的酰胺吸收带均发生了相应的变化，而位于1379 cm^{-1} 的 C—H 弯曲和—CH_3 对称变形振动吸收带保持不变，表明壳聚糖与金属离子发生配位后空间构象发生了变化[24]。

微波加热和水浴加热对配合物的形成也有不同的影响。相同条件下，微波加热较传统的水浴加热能使配合物反应加快。通过改变反应条件，可得到 Ca^{2+} 和 Zn^{2+} 含量不同的配合物[25,26]。此外，溶液中存在的络合试剂也对壳聚糖的吸附能力有一定的影响[5]。选用乙二胺四乙酸、柠檬酸和酒石酸 3 种络合试剂对 Cu^{2+} 及其络合物从负载的壳聚糖上的解吸研究，发现在一定条件下酒石酸的解吸效果最好。

壳聚糖对 Cu^{2+} 的吸附符合 Langmuir 模型和 Langmuir-Freundlich 模型。研究结果表明，在一定的金属离子起始浓度和吸附剂用量范围内，计算结果和实验结果能很好吻合。只要吸附速率常数与两个体系的变量相关，那么这两个速率模型可用于动力学数据的精确计算，而用扩散模型计算得到的数据与实验数据之间则存在较大的偏差[27]。从反应热力学所得的数据可计算甲壳素及壳聚糖与 Cu^{2+} 作用时的焓变和吉布斯自由能，其中吉布斯自由能分别为（−35.9±0.1）kJ/mol 和（−36.8±0.1）kJ/mol，说明甲壳素及壳聚糖对 Cu^{2+} 的吸附是自发进行的[28]。

壳聚糖对金属离子的吸附具有一定的选择性。壳聚糖对溶液中 Mn^{2+}、Fe^{2+}、Cu^{2+} 和 Zn^{2+} 4 种金属离子离子选择性吸附次序为：$Cu^{2+}>Zn^{2+}>Fe^{2+}>Mn^{2+}$[29]。壳聚糖对不同金属离子的选择性，其选择性序列一般为 $Ca^{2+}=In^{3+}=Fe^{3+}>Cu^{2+}>Mo^{6+}>Ni^{2+}>V^{4+}>Zn^{2+}=Co^{2+}>Al^{3+}>Mn^{2+}$。而用 EDTA 和二亚乙基三胺五乙酸对壳聚糖进行化学改性后，新型吸附剂对金属离子的吸附顺序为 $Cu^{2+}>Mo^{6+}>Ni^{2+}>V^{4+}>Zn^{2+}>Co^{2+}>Al^{3+}$[30]。总结壳聚糖对金属离子

的吸附性能研究的许多报道,壳聚糖螯合金属离子的大致顺序为:$Cr^{3+}<Co^{2+}$ $<Pb^{2+}<Mn^{2+}\ll Cd^{2+}<Ag^+<Ni^{2+}<Fe^{3+}<Cu^{2+}<Hg^{2+}$。

11.2.1.2　壳聚糖对重金属离子的吸附

关于壳聚糖吸附去除有毒重金属离子方面的研究也较多。根据 HSAB 理论,Hg^{2+} 为软离子。软离子和—CN、RS—、—SH 和—NH_2 以及咪唑等含有氮和硫原子的基团具有很强的键合作用。因此,壳聚糖的—NH_2 对 Hg^{2+} 表现出很高的吸附量[31]。壳聚糖粒径大小(0.177 mm、0.5 mm、1.19 mm)及 Hg^{2+} 溶液初始 pH 对吸附性能影响研究表明:壳聚糖对 Hg^{2+} 的吸附量随 Hg^{2+} 溶液 pH 的增加而增加,随壳聚糖粒径的增大而减小。用脱乙酰度为 70% 的壳聚糖对 Hg^{2+}、Bi^{3+} 的吸附研究结果表明:在 Hg^{2+}、Bi^{3+} 浓度为 0.1×10^{-2} mol/L,吸附时间分别为 90 min 和 60 min,体系 pH 分别为 4.0~6.0 和 3.0~6.0 时,壳聚糖对 Bi^{3+} 的吸附效果好,其吸附率最高可达 82.9%;但对 Hg^{2+} 的吸附只能达到 41.4%[32]。

壳聚糖与亚硒酸钠作用可得到硒化壳聚糖。同样的方法还可得到砷化壳聚糖[33]。IR 谱图分析表明,亚硒酸根和砷酸根连接在 C_2 位的氨基和 C_6 位的伯羟基上。硒化壳聚糖兼有天然高分子壳聚糖和有机硒化合物的双重结构特性和生物功能,不仅在抗癌药物的开发利用方面,而且在壳聚糖的高附加值产品的开发研究方面都有较大的应用价值。壳聚糖对亚硒酸的吸附量受 pH、吸附时间、吸附温度、亚硒酸浓度和壳聚糖用量等因素的影响。壳聚糖对亚硒酸的吸附符合 Langmuir 单分子层吸附等温式和 Freundlich 吸附等温式[22]。

11.2.1.3　壳聚糖对贵金属离子的吸附或负载

壳聚糖分子中的氨基和羟基,从构象上看,它们都是平伏键,因其分子中具有相邻的羟基和氨基,对贵金属离子在一定的 pH 条件下具有配合作用,可得到具有光学活性的特殊高级结构的天然高分子金属配合物,可获得高活性、高选择性并在常温常压下有专一催化性能的人工模拟酶。因此,近年来壳聚糖金属催化剂成为研究的热点之一。

由于壳聚糖形态多变(如粒、膜、片、胶体、纤维、中空纤维等),可以将其负载在惰性载体(如硅胶等)上,所以其负载催化剂的制备方法各异。目前壳聚糖负载贵金属催化剂的制备方法主要有以下几种[34]:

(1)直接将壳聚糖粉末置于贵金属(以 Pd 为例)的盐溶液中,或先用稀酸将壳聚糖溶解,然后逐滴加入到 NaOH 溶液中,沉淀出椭球状壳聚糖,洗涤干燥后置于贵金属盐溶液中,搅拌下反应一定时间制得催化剂。其可能结构为:催

化剂中钯是以水合 $PdCl_2$ 的形态与两个氨基配位［图 11-1(a)］；被还原后 Cl 原子消失，Pd 金属键形成，结构为断开的直链形［图 11-1(b)］。

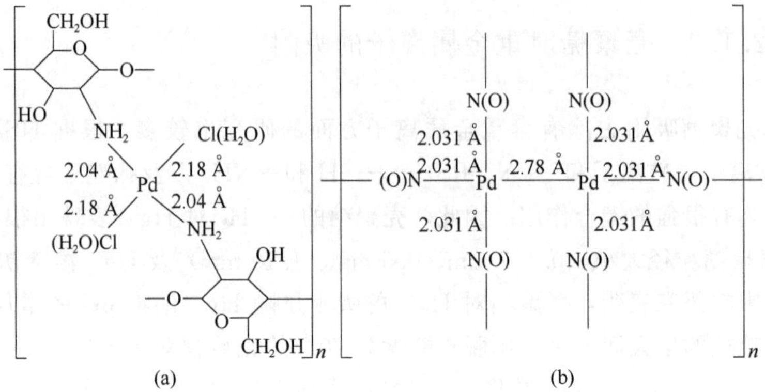

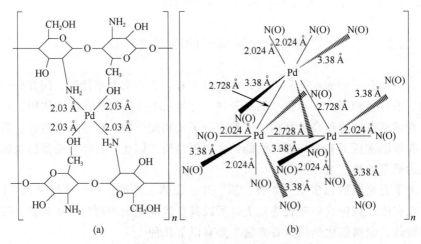

图 11-1　　(a) $PdCl_2$ 水溶液中吸附法制备的 Pd-壳聚糖化合物的可能结构；(b) 吸附法制备的催化剂还原后 Pd(0) 的可能结构

(2) 用稀酸将壳聚糖溶解，与贵金属（以 Pd 为例）盐溶液混合，搅拌成均一溶液，充分反应后将其逐滴加入到 NaOH 溶液中，沉淀出椭球状催化剂。其结构可能为：Pd 与不同壳聚糖单体中的两个氨基和两个羟基配位（一个 Pd 与 4 个氨基葡萄糖单元交联）［图 11-2 (a)］；Pd—N 键比图 11-1 中形成的 Pd—N 键要强，因为螯合键取代了单齿键；金属还原后，有三聚物形成（三角形结构）［图 11-2 (b)］。

图 11-2　　(a) 共沉淀法制备的 Pd-壳聚糖催化剂的可能结构；(b) 共沉淀法制备的催化剂还原后 Pd(0) 的可能结构

（3）首先用稀酸将壳聚糖溶解，然后加入惰性载体（SiO_2、MgO 等），充分混合均匀后加入 NaOH 溶液或丙酮将其沉淀出来，然后与贵金属盐溶液作用制得催化剂（图 11-3）。其中贵金属 M(Pd、Rh、Pt) 与壳聚糖分子中的两个氨基配位。

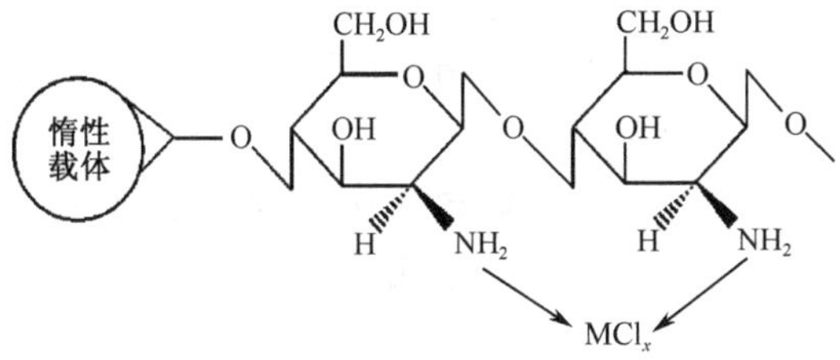

图 11-3 CS－MCl_x/惰性载体催化剂的结构

（4）首先将壳聚糖与醛类交联制得壳聚糖席夫碱，然后将其与贵金属盐作用制得改性壳聚糖的贵金属催化剂。这种方法制备的催化剂结构是壳聚糖席夫碱中的亚胺基团和醛中的其他可配位原子（如 N、O）与贵金属原子形成配合物。例如，将壳聚糖与 2-吡啶甲醛在乙醇介质中回流反应，得到 2-吡啶甲醛修饰的壳聚糖席夫碱衍生物；将其与 Pd(OAc)$_2$ 在丙酮中反应制得催化剂，其可能结构见图 11-4[35]。

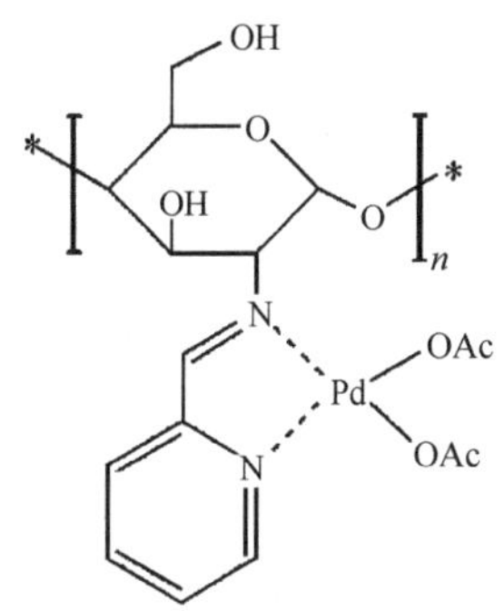

图 11-4 改性壳聚糖负载 Pd 化合物的结构

壳聚糖负载的贵金属催化剂显示了高催化活性和高选择性，已被用于氧化反应、氢化反应、烯丙基取代反应、羰基化反应、Suzuki 和 Heck 偶联反应、烯烃的不对称二羟基化反应及有机醛、酮的合成反应体系中。

贵金属壳聚糖配合物大多用于催化加氢反应。硅胶壳聚糖铂镍配合物催化剂在常温常压下能有效地催化乙腈、丙腈和丁腈生成相应的胺类。这种催化剂可以反复使用而催化活性基本保持不变[36]。由于甲壳素、壳聚糖及其衍生物中的酰胺基或氨基与金属胶体颗粒间能起一定的相互作用，因此，能保护胶态贵金属。此类催化剂金属胶体颗粒小、分布窄、胶体稳定，表现出极高的催化活性和选择性。例如，将 1，3-环辛二烯催化氢化为环辛烯的选择性几乎为 100%[37, 38]。

壳聚糖与 $AgNO_3$ 作用后的 IR 图谱，在 1730 m^{-1} 和 500 cm^{-1} 处吸收带明显增强。这是由于 C_2—NH_2 与 Ag^+ 间发生了配位反应。壳聚糖和壳聚糖-Ag 分别溶于 1%乙酸中，取少量进行 UV 光谱单波长扫描，纯的壳聚糖溶液仅在 210 nm 产生一个吸收峰，而络合物除在 210 nm 外，还在 560 nm 产生一吸收峰。综合分析确证了 Ag^+ 与壳聚糖的配位作用[39]。此外，有研究认为壳聚糖与 Ag^+ 配

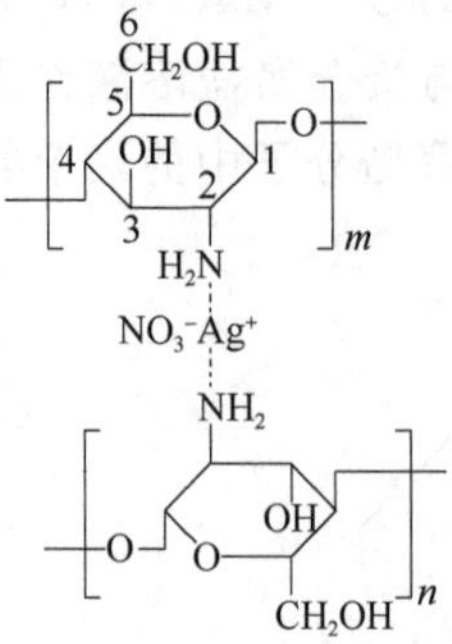

图 11-5　Ag(CTS)$_2$NO$_3$ 的
结构示意图

位生成配合物 Ag(CTS)$_2$NO$_3$（图 11-5），其吸附行为
符合 Freundlich 吸附等温式[40]。特别是钠米 Ag 具有
非常突出的抗菌防霉作用，已在许多行业得以应用，
为了能够使银或钠米银填充/沉积在皮革纤维间，通过
壳聚糖的载体作用，可使 Ag$^+$ 或纳米 Ag 沉积并分布
在皮革的断面上，从而赋予皮革全面的良好抗菌防霉
性能[41]。

壳聚糖和 N-羧甲基壳聚糖对 Au^{3+} 吸附结果表明，
壳聚糖和 N-羧甲基壳聚糖对 Au^{3+} 的最大吸附量分别
在 pH=4 和 pH=6。动力学的研究结果表明，壳聚糖
和 N-羧甲基壳聚糖对 Au^{3+} 的吸附是一个快速吸附过
程，分别在 30 min、20 min 达到吸附平衡。它们对 Au^{3+} 的吸附过程可以由
Langmuir 吸附等温线很好地描述，由 Langmuir 吸附等温线方程计算出壳聚糖
和 N-羧甲基壳聚糖的饱和吸附量分别为 30.95 和 33.90 mg/g。EDTA 水溶液可
以使 Au^{3+} 很容易从壳聚糖和 N-羧甲基壳聚糖吸附剂上脱附下来[42]。

11.2.1.4　壳聚糖对稀土金属离子的吸附

目前，稀土元素及过渡元素的壳聚糖配合物也被广泛应用到催化剂领域。以
壳聚糖为载体制得的稀土元素的壳聚糖配合物，多用于开环聚合和烯类单体聚合
反应[43,44]。壳聚糖对镧系金属离子均有一定的吸附性。在 pH=6.0 的情况下，
不同浓度和不同反应时间对壳聚糖吸附镧系金属离子有明显影响[45]。在选定的
浓度范围和 pH=6.0 的条件下，壳聚糖对镧系金属离子的吸附序列为 Nd^{3+}＞
La^{3+}＞Sm^{3+}＞Lu^{3+}＞Pr^{3+}＞Yb^{3+}＞Eu^{3+}＞Dy^{3+}＞Ce^{3+}（见表 11-1）。

表 11-1　壳聚糖对镧系金属离子吸附率

金属离子	c_0/(mg/L)	c_1+c_2/(mg/L)	吸附率/%
La^{3+}	138.80	36.08	74.01
Pr^{3+}	140.60	80.20	42.96
Sm^{3+}	151.00	48.90	67.64
Dy^{3+}	161.91	105.90	34.62
Lu^{3+}	174.82	80.00	54.24
Ce^{3+}	140.42	47.76	13.66
Nd^{3+}	145.00	34.90	75.93
Eu^{3+}	153.70	98.80	35.72
Yb^{3+}	173.53	103.55	40.33

　　以吸附率较高的和吸附率较低的 Nd^{3+}、La^{3+}、Sm^{3+} 和 Ce^{3+} 为实例，考察
金属离子浓度对吸附率的影响（表 11-2）。由表 11-2 可知，壳聚糖对稀土金属离
子的吸附作用与金属离子的浓度有很大的关系。除 Ce^{3+} 以外，其他稀土金属离
子在离子浓度为 2.5×10^{-3} mol/L 时，吸附率最大；La^{3+} 和 Nd^{3+} 随浓度增加吸
附率降低，说明在此浓度下已达到平衡状态；而 Ce^{3+} 则随浓度增加吸附率升高，
表明在所选择的浓度范围内，尚未达到平衡状态。由上看出，吸附作用与金属离
子的浓度有关，也进一步说明壳聚糖对镧系金属离子存在吸附平衡。吸附时间对
吸附率的影响见图 11-6。由图可以看出，随反应时间的增加，壳聚糖对 La^{3+}、
Nd^{3+}、Sm^{3+} 的吸附明显增加，但时间达到一定限度，吸附达到平衡，此时的吸
附率不会发生太大的变化。

表 11-2　金属离子浓度对吸附率的影响

金属离子	$c/(mg/L)$	吸附率/%
	138.80	74.01
La^{3+}	277.60	40.57
	413.38	40.45
	138.74	75.93
Nd^{3+}	277.48	39.00
	416.22	39.79
	145.00	13.65
Ce^{3+}	290.00	15.09
	435.00	37.05
	151.10	67.64
Sm^{3+}	302.24	24.94
	453.36	38.49

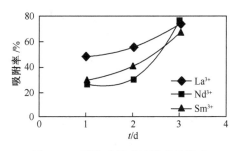

图 11-6　吸附时间对吸附率的影响

用间歇吸附法研究高脱乙酰度壳聚糖对 Nd^{3+} 的吸附性能，结果表明壳聚糖对 Nd^{3+} 吸附率可达 80% 以上。在乙酸溶液中，稀土金属离子 Er^{3+} 和 Nd^{3+} 与壳聚糖薄膜相互作用，IR 和 XPS 衍射谱图表明，金属离子和壳聚糖氨基之间存在着弱的配合作用[46]。特别是吸附金属离子后的壳聚糖薄膜的红外光谱在 550、480、和 250 cm^{-1} 出现了金属离子配位振动吸收带。XPS 谱图表明由于金属离子和壳聚糖之间的相互作用使得 N 原子的结合能增加，从而使 N 原子存在着多重化学价态。

以镧系元素为基础合成的纳米晶体在发光材料方面具有广泛的应用前景，然而合成的纳米晶体既不溶于水也不具有生物相容性，使其在生物学方面的应用受到限制。采用非常简单的方法将掺杂 Eu^{3+} 的 LaF_3 纳米晶体通过和壳聚糖共沉淀法，可制备水溶性的具有生物相容性的纳米晶体[47]。该纳米粒子有很好的荧光性，粒子大小为 20 nm。研究结果表明，壳聚糖覆盖在纳米晶体表面，提供的羟基和氨基使得纳米晶体溶于水并具有生物相容性。该纳米晶体在 pH 为 2~7.4 的水溶液中仍然保持稳定。

甲壳素、壳聚糖、镧-壳聚糖对饮用水中过剩 F^- 有去除作用[48]。结果表明，镧-壳聚糖对 F^- 的去除效果优于甲壳素和壳聚糖。在 pH=6.7 时，吸附剂对 F^- 的吸附量最大。吸附平衡数据符合 Freundlich 吸附等温线模型。饮用水中的氯化物、硫酸盐、碳酸盐和重碳酸盐离子显著地影响镧-壳聚糖对 F^- 的吸附。

11.2.1.5　壳聚糖对放射性金属离子的吸附

相对分子质量比较低的壳聚糖在酸性溶液中有好的溶解性。因此，将完成吸附作用后的壳聚糖从被吸附基质中分离是很困难的。为克服壳聚糖的水溶性和吸附完成后分离困难的问题，通过将壳聚糖包敷在 Fe_3O_4 磁子表面并经交联化后制成磁性壳聚糖，可作为放射性核素的吸附剂。由于磁性壳聚糖含有磁性内核，吸附作用完成后可以通过简单的磁分离等方法和基质实现分离。在 pH>5 的 HNO_3 溶液中，该磁性壳聚糖可以吸附除去大于 99% 的 Pu^{6+}、Cm^{3+} 和 Am^{3+} 等超铀元素，其吸附能力是 $Am^{3+}>Cm^{3+}>Pu^{6+}$，吸附过程在 45 s 内基本达到平衡[49]。

水体中的铀来源很多，如各种核武器试验、核电站放射性废物的非正常排放、异常事故、铀加工及铀矿冶企业排放的废水等。利用壳聚糖分子中存在氨基和羟基两种活性基团的结构特点，对废水中较难处理的低浓度污染物铀的吸附研究表明，壳聚糖对铀的最佳吸附 pH 范围为 4.5~5.5，最佳吸附时间大约为 4 h，壳聚糖对铀的吸附容量约为 2.5 mg/g，对溶液中的铀的去除率可达 90% 以上[50]。

11.2.2　交联壳聚糖对金属离子的吸附

壳聚糖本身为线形高分子，在被处理溶液的 pH 过低或在处理后进行金属离子的酸性解吸时，往往会因分子中的—NH_2 被质子化（—NH_3^+）而溶于酸性水溶液，造成吸附剂的流失，应用范围受到很大的限制，也不利于回收再利用。因此，需对壳聚糖进行交联改性，使其成为不溶的网状聚合物。

交联壳聚糖即使是在酸性条件下也能够有效吸附金属离子，吸附容量主要依赖于交联的程度，一般随着交联度的增加而减少。与非均相条件下的交联相比，均相条件下由于晶态部分破坏导致亲水性增强，与金属离子的配位能力增强。在均相条件下，壳聚糖与戊二醛交联后（醛氨比为 0.7），对铜的吸附从 74％增加到 96％；当醛氨比大于 0.7 后，随着醛氨比的增大，吸附容量降低[51]。也有人以壳聚糖为原料分别经悬浮交联和复合，制备得到壳聚糖树脂吸附剂和壳聚糖/活性炭复合吸附剂，发现这两种吸附剂对有毒金属离子 Pb^{2+} 的去除率达 90％以上[52]。壳聚糖珠在非均相条件下与戊二醛交联，随着戊二醛物质的量的增加，交联壳聚糖对 Cd^{2+} 的吸附容量从 250 mg/g 下降到 100 mg/g[53]。这主要是因为聚合物的网状结构限制了分子扩散，降低了聚合物分子链的柔韧性[54]。另外，与醛基反应占据了作为主要吸附点的氨基，也是导致吸附容量降低的原因。

利用壳聚糖 C_2—NH_2 发生席夫碱反应来保护—NH_2，以环氧氯丙烷为交联剂，通过多乙烯多胺的引入来增加在壳聚糖分子上的吸附点，制备的新型多孔多胺化壳聚糖（P-CCTS），在 pH=6 左右时，对 Cd^{2+} 的吸附能力最强，溶液中适量 NaCl 的存在能够显著提高 P-CCTS 对 Cd^{2+} 的吸附容量[55]。用香草醛与壳聚糖交联，改性后的壳聚糖对金属离子的饱和吸附量比壳聚糖大，其中对 Cu^{2+}、Pb^{2+}、Cd^{2+} 和 Zn^{2+} 的吸附量分别达 143.5、585.9、357.7 和 178.4 mg/g[56]。

交联壳聚糖在酸性溶液中对钼酸盐的吸附研究表明，最大吸附能力主要与结晶度和脱乙酰化程度有关。通过使用壳聚糖胶粒来代替片状壳聚糖，使吸附剂的结晶度下降，从而可增加其吸附能力。戊二醛交联剂的存在使壳聚糖对大尺寸粒子的吸附性降低，而对小尺寸粒子的吸附则没什么影响[57, 58]。不同来源和不同脱乙酰度戊二醛交联壳聚糖在 pH=2 时对铂的吸附研究表明，从虾中提取的壳聚糖比从真菌及乌贼中提取的壳聚糖对铂具有更高的亲和力[59]。虾壳聚糖和真菌壳聚糖的吸附动力学没有明显区别，而乌贼壳聚糖的吸附动力学则不相同，这与其结晶度高和离子扩散受到限制有关。戊二醛交联壳聚糖在固定床体系中对钯的吸附作用研究表明，吸附主要受溶液中抗衡离子的影响。SO_4^{2-}、Cl^- 和 NO_3^- 的存在能显著降低其吸附性能，其他一些因素如粒子大小、柱子长度及流速对钯吸附影响较小，这主要与其传质速度快、粒子内部扩散微弱有关[60]。

在微波辐射下，用乙二醛和壳聚糖制备的交联壳聚糖，与传统制备方法相比，其比表面大，因而对 Cu^{2+} 的吸附量大[61]。用香兰醛改性的壳聚糖对金属离子的吸附结果表明，交联壳聚糖对 Cd^{2+} 和 Zn^{2+} 的吸附符合 Langmuir 及 Freundlich 公式，吸附以化学吸附为主[62]。在 CCl_4 存在下，利用 γ 辐射制备交联壳聚糖，对 Cr^{6+} 的吸附性能结果表明，在 pH＝3 时交联壳聚糖对 Cr^{6+} 的吸附量达到最大。该交联壳聚糖可以在流动状态下有效地处理含 Cr^{6+} 废水。最重要的是吸附 Cr^{6+} 后的交联壳聚糖很容易再生，从而有效再利用[63]。用高脱乙酰度的壳聚糖包埋自制磁流体，并用戊二醛交联制成磁性壳聚糖（MCG），考察其对稀土离子 La^{3+}、Nd^{3+}、Eu^{3+} 和 Lu^{3+} 的吸附性能。发现 MCG 对稀土离子的吸附性能比纯高脱乙酰度的壳聚糖强，最高吸附率可达到 99％ 以上，并具有良好的重复使用性；其吸附行为符合 Langmuir 等温式[64]。

除了常见的交联剂外，一些学者还采用其他一些新型交联剂对壳聚糖进行交联，以改善其吸附性能。采用乙二醇双缩甘油醚对壳聚糖进行交联，结果表明其饱和吸附量虽然略低于壳聚糖，但它吸附速度快、易再生、不易流失，尤其在 Cu^{2+} 和 Ni^{2+} 共存时能选择吸附 Cu^{2+}[65]。利用壳聚糖 C_2 位上的活泼氨基与水杨醛进行大分子反应，再以环硫氯丙烷作交联剂，可以得到带有邻羟基席夫碱的交联型壳聚糖。结果发现交联型壳聚糖对 Au^{3+}、Pd^{2+}、Hg^{2+}、Pt^{4+} 和 Ag^+ 等贵金属离子具有较大的吸附容量，其中对 Au^{3+} 吸附量可达 5.37 mmol/g[66]。采用带游离氨基的交联壳聚糖与丙烯腈进行大分子反应，可得到带有氰基的功能聚合物，再与水合肼进一步反应，可得带有酰肼基团的壳聚糖，该交联产物对 Cu^{2+}、Pd^{2+}、Hg^{2+} 和 Ag^+ 具有较大的吸附容量。

交联反应虽然解决了树脂强度和可重复使用性能，但也导致了吸附性能较未交联时差，其主要原因是交联反应往往发生在活性较高的—NH_2 上，而—NH_2 上引入其他的基团后增加了 N 原子同金属离子配位的空间位阻。为此，为了解决交联壳聚糖吸附能力下降的问题，近年来一种新的壳聚糖衍生物，即"交联模板壳聚糖"受到了重视[67]。交联模板壳聚糖的合成是通过使用金属阳离子作模板、交联，然后除去模板离子，形成具有一定"记忆"功能的高分子吸附螯合树脂。该法合成的交联产物，因其分子内保留有恰好能容纳模板离子的"空穴"，从而对模板离子具有较强的识别能力。这种树脂的高选择性和吸附能力依赖于 pH 的大小。此外，这种树脂在酸性介质中比较稳定，也能再生。

以 Ni^{2+} 为模板剂的交联壳聚糖树脂，与非模板法合成的交联树脂相比，该树脂对金属离子具有更高的吸附能力，且对 Ni^{2+} 具有更好的选择性[68]。壳聚糖树脂交联后，在酸中稳定性增强，可重复使用 10 次，吸附容量没有明显降低，模板壳聚糖交联树脂对 Ni^{2+}、Zn^{2+} 和 Cu^{2+} 等特定金属离子的吸附容量比非模板壳聚糖交联树脂提高了 1 倍左右，同时交联壳聚糖树脂与商用吸附树脂相比，两

者对 Ni^{2+} 与柠檬酸镍的吸附容量相当[69]。以 Cu^{2+} 为交联壳聚糖的模板，对 Cu^{2+}、Cd^{2+}、Zn^{2+}、Ni^{2+}、Fe^{3+}、Pb^{2+}、Co^{2+}、Ag^+、Mo^{4+}、V^{5+}、In^{3+}、Ga^{3+} 和 Al^{3+} 溶液进行吸附，发现这种交联树脂与市售的 Lewait 和 TP-207 亚胺基二乙酸型螯合树脂相比，选择性大大提高[70]。该交联树脂很容易将 Cu^{2+} 从其他二价金属离子中选择分离出来，而采用市售的螯合树脂分离效果则较差。铜模板交联壳聚糖从稀 HCl 中以离子交换形式吸附 Pt^{4+} 和 Pd^{2+}，对 Cu^{2+} 则是通过与壳聚糖的氨基和羟基螯合配位被吸附的。而当交联壳聚糖采用 Ni^{2+} 作模板时，它对 Ni^{2+} 和 Co^{2+} 有较好的吸附能力。与非模板树脂相比，对 Ni^{2+} 的吸附量提高 $5 \sim 6$ 倍，对 Co^{2+} 的吸附量提高两倍多。以 Cu^{2+} 为模板合成的戊二醛交联羧甲基壳聚糖树脂，可以从含 3 种金属离子的混合溶液中优先选择吸附 Cu^{2+}，而且该树脂有着良好的可重复利用性，重复使用 10 次对 Cu^{2+} 还保持着很高的吸附量[71]。

通过对过渡金属离子吸附性能的研究发现，以 Zn^{2+} 为模板合成的戊二醛交联壳聚糖树脂对 Zn^{2+} 有较强的记忆功能，且对同族的 Cd^{2+}、Hg^{2+} 也有较高的吸附能力，而且在酸性条件下不会发生软化和溶解，重复使用性好[72]。通过对 Cu^{2+}、Co^{2+}、Ni^{2+}、Zn^{2+}、Cd^{2+} 和 Hg^{2+} 吸附性能的研究发现，以 Zn^{2+} 为模板合成的戊二醛交联羧甲基壳聚糖树脂对 Zn^{2+} 的选择吸附性有了极大提高。XPS 和 IR 谱图表明，该树脂主要通过—CH_2COOH 和—OH 上的 O 原子以及—NH_2 上的 N 原子和 Zn^{2+} 作用[73]。

以 Ga^{3+} 为模板金属离子，将壳聚糖与 5-氯甲基-8-喹啉盐酸盐进行交联反应形成模板（图 11-7），并对其从稀 H_2SO_4 溶液中吸附 Mo^{4+}、V^{4+}、In^{3+}、Al^{3+}、Zn^{2+}、Fe^{2+}、Cd^{2+} 和 Ga^{3+} 的能力进行比较，结果发现在相同 pH 下，模板树脂的吸附比壳聚糖低，Ga^{3+} 最为明显。此外，还能很好地从 Zn^{2+} 富集的溶液中选择分离 Ga^{3+} 和 In^{3+}，最大吸附量为 1.17 $mmol/g$[74]。

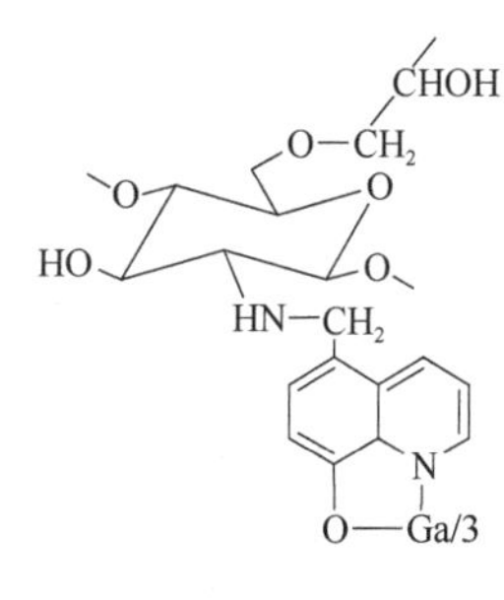

图 11-7　模板交联壳聚糖结构式

在不同取代度羧丁酰壳聚糖、不同溶液 pH 和吸附温度对羧丁酰壳聚糖吸附 Pb^{2+} 的影响研究的基础上，以 Pb^{2+} 为模板合成的戊二醛交联羧丁酰壳聚糖树脂，无论在单一金属离子溶液中，还是在混合金属离子溶液中，对 Pb^{2+} 的吸附量都高于羧丁酰壳聚糖。该树脂具有很好的重复利用性，在重复使用 10 次还有很好的吸附性能。IR 和 XPS 谱图分析表明，在吸附过程中，主要是羧丁酰壳聚糖和交联羧丁酰壳聚糖树脂的羧基发生吸附反应，部分发生在氨基上[75]。

11.2.3　壳寡糖对金属离子的吸附

壳寡糖由于易溶于水，又有较高生物活性，是一些金属离子的良好配体。壳寡糖与 Cu^{2+}、Zn^{2+} 配合后应用 IR 光谱、UV 光谱对其结构进行表征，发现壳寡糖水溶液与金属离子 M^{n+} 可形成配合物，配位基团主要是氨基[76]，乙酰氨基和羟基可能也有一定的配位能力，但配合强度不大，其配合物可能的结构如图 11-8。

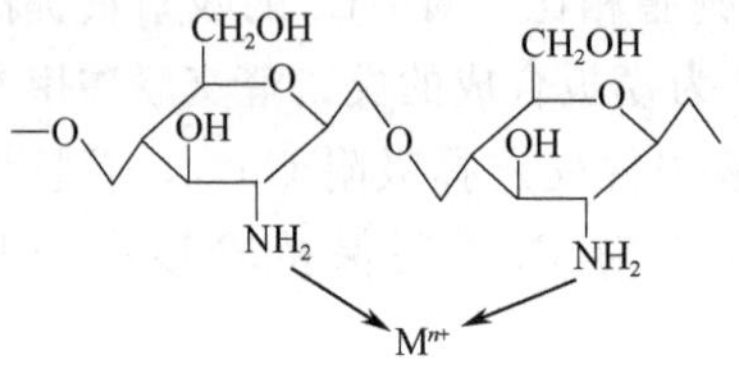

图 11-8　壳寡糖与 M^{n+} 形成配合物的可能结构

活性氧在医学、食品和化妆品等领域都有很重要的作用，过多活性氧的存在会导致人体衰老，心、肝、肺、皮肤等器官病变，且活性氧与酶、细胞膜中的脂肪酸以及核酸等物质作用，会引发癌症等恶性病症。因此，筛选对人体安全、高效的活性氧清除剂有着重要的意义。壳寡糖和铜及镧的配合物对活性氧 O^{2-}·表现出好的清除率[77]。

郭振楚等[78]合成了壳寡糖-镧和壳寡糖-铈配合物（图 11-9），用 IR 谱图和 UV 谱图进行了表征，并证实了氮-金属（N—M）键的形成。元素分析证实配合物中各元素 C∶H∶N∶La 或 Ce 的原子个数比分别接近于 24∶44∶4∶1，即相当于配位数为 4。壳寡糖-镧和壳寡糖-铈较未配位的镧或铈具有更强的催化氧化能力。配合物除去废液中磷（PO_4^{3-}）的效果比未配位的镧和铈提高 10%。

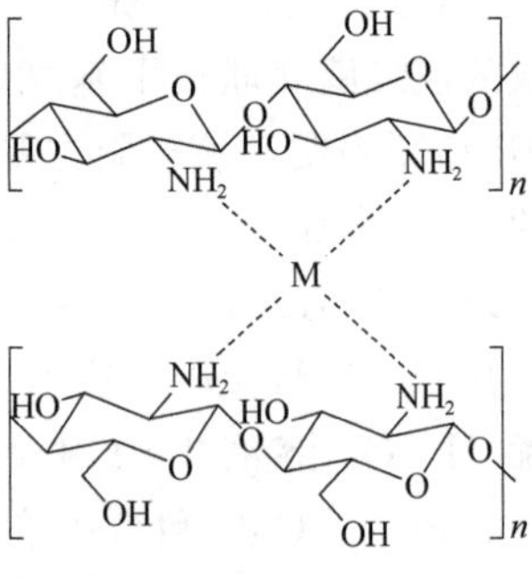

图 11-9　壳寡糖-镧和壳寡糖-铈配合物的结构

用相对分子质量在 5500～6000 的水溶性壳寡糖进行化学改性，制备 N-羧甲基壳寡糖衍生物。壳寡糖及其改性产物 N-羧甲基壳寡糖对 Fe^{2+}、Ni^{2+}、Cu^{2+} 和 Cr^{3+} 均有配位能力。由于壳寡糖衍生物引入羧甲基，其对金属离子的配位能力大于壳寡糖[79]。

壳寡糖对 Fe^{3+}、Cr^{3+} 的吸附情况表明：在 pH＝4～5 时对 Fe^{3+} 吸附最佳，吸附容量随温度的升高而下降；但是壳寡糖对 Cr^{3+} 吸附的最佳 pH＝5.5～6.5，其吸附容量随温度升高而升高[80]。用相对分子质量为 5000 的壳寡糖与 $FeCl_3$ 反应可制得纳米壳寡糖-铁配合物[81]。壳寡糖-铁配合物纳米粒大多呈球形，纳米粒表面不光滑，绝大多数粒子粒径集中在 100 nm 以下，数均粒径为 61 nm。研究结果表明，纳米壳寡糖-铁配合物是以静电嵌插的方式与质粒 DNA 进行结合，而致使 DNA 损伤。该结果为新型抗癌药物的研制与筛选提供了一定的理论研究基础。

11.2.4 氨基葡萄糖与金属离子的配位

壳聚糖的最终降解产物是 D-氨基葡萄糖,具有一定的生理活性。D-氨基葡萄糖与金属离子形成的配合物具有良好的水溶性,具有低毒、抗菌和抑制细胞生长等作用,在医药、食品和功能材料等研究领域有着潜在的应用前景。近年来对它的研究受到了广泛的关注。对合成的一系列 D-氨基葡萄糖-ZnSO$_4$ 配合物进行综合分析时发现,不同 pH 下所形成配合物中的氨基葡萄糖与 ZnSO$_4$ 的配比不同。随着 pH 的增大,其比例逐渐趋向于 1:1[82]。当 pH>6.5 时,其配比又小于 1:1,由此说明 D-氨基葡萄糖-ZnSO$_4$ 配合物具有非计量的特性,只有 pH=6.5 时 D-氨基葡萄糖与 ZnSO$_4$ 的物质的量比才为 1:1。

为进一步了解 D-氨基葡萄糖与 ZnSO$_4$ 的相互作用情况,在 D-氨基葡萄糖与 ZnSO$_4$ 等物质的量的 HCl 溶液中,用 100 mmol/L NaOH 水溶液连续调 pH。从图 11-10 可以看出,当 pH 逐渐增大时,D-氨基葡萄糖对 Zn^{2+} 的配位能力逐渐增强,至 pH=6.5 时达到最大,这与元素分析的结果相一致。这可能是因为在 pH<

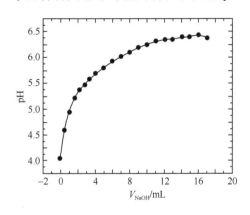

图 11-10 D-氨基葡萄糖与 ZnSO$_4$ 的滴定曲线

6.5 时,D-氨基葡萄糖的氨基被质子化,随着 pH 的增大,被质子化的倾向减小,而配位能力增强;当 pH>6.5 时,氨基又呈弱碱性,配位能力亦减弱。所以,pH=6.5 是 ZnSO$_4$ 与 D-氨基葡萄糖配位的最佳 pH。

D-氨基葡萄糖在 3346、3292、3096、3040 cm^{-1} 出现了羟基和氨基的伸缩振动吸收带,而配位后出现了宽带,一方面说明氨基糖分子的羟基和氨基与锌发生了配位反应,另一方面说明形成配合物后有结晶水。配位后在 1630 cm^{-1} 出现吸收带,进一步佐证了在形成的配合物中有结晶水存在。而在不同 pH 下,D-氨基葡萄糖与 ZnSO$_4$ 形成配合物后,在 1530 cm^{-1} 附近出现了宽吸收带,随着 pH 的增大,δ_{NH} 吸收带向高波数移动,而且在 698 cm^{-1} 处的 γ_{N-H} 吸收带形成配合物后明显减弱,这说明—NH$_2$ 参与了配位。D-氨基葡萄糖在 1094 cm^{-1} 和 1034 cm^{-1} 处出现了吸收带,这分别是 C—OH 的仲羟基和伯羟基吸收带。形成配合物后,位于 1094 cm^{-1} 处的吸收带消失,这说明 D-氨基葡萄糖中的仲羟

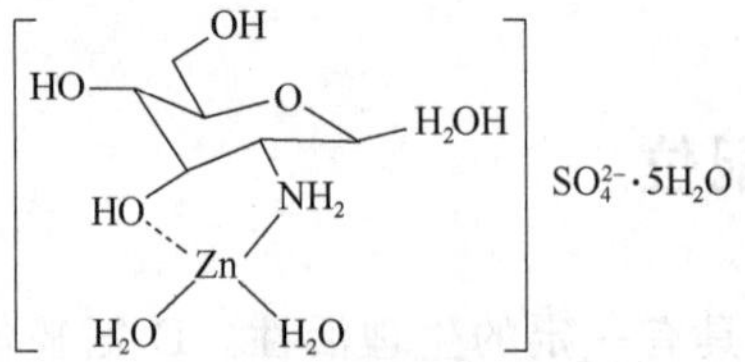

图 11-11　　D-氨基葡萄糖-Zn 配合物
的结构示意图

基参与了配位反应；伯羟基的吸收带几乎没有发生变化，说明伯羟基没有参与配位反应。随着 pH 的升高，糖环的吸收带逐渐向高波数移动，而当 pH>6.5 时吸收带又向低波数移动，这一变化趋势也进一步表明 pH=6.5 时是 ZnSO₄ 的最佳 pH 配位点。D-氨基葡萄糖-Zn 的 IR 谱图在 617 cm⁻¹ 处出现了强的 SO₄²⁻ 特征吸收带，1117 cm⁻¹ 的 γ_{S-O} 吸收带进一步说明 SO₄²⁻ 的存在。结合元素分析、IR、UV 和热分析结果，在 pH=6.5 时，D-氨基葡萄糖-Zn 中氨基葡萄糖与 ZnSO₄ 的物质的量比为 1∶1，其可能的结构如图 11-11 所示。

与 ZnSO₄ 配合物比较，D-氨基葡萄糖-乙酸锌、D-氨基葡萄糖-Zn(NO₃)₂、D-氨基葡萄糖-ZnCl₂ 配合物的 IR 谱图中，在 3000～3500 cm⁻¹ 的吸收带相对较窄。在 Zn(NO₃)₂ 配合物谱图中的 1369 cm⁻¹ 和 835 cm⁻¹ 处出现了 NO₃⁻ 的特征吸收带，835 cm⁻¹ 和 1369 cm⁻¹ 的吸收带很强，而 1615 cm⁻¹ 处—NH₂ 吸收带变宽，说明 NO₃⁻ 没有参加配位；在 D-氨基葡萄糖-ZnCl₂ 形成的配合物中，位于 1421 cm⁻¹ 处的吸收带消失，其他吸收带也明显减弱。综上所述，配合物在 3000～3500 cm⁻¹ 的宽吸收带显著变窄，且在 3000～3200 cm⁻¹ 的缔合吸收带消失，1615 cm⁻¹ 附近的弯曲振动吸收带（δ_{NH}）也明显减弱，并且向低频移动，说明—NH₂ 参与了配位，形成了 N—Zn 键[83]。

D-氨基葡萄糖与金属离子的配位方式和结构组成往往随金属离子、阴离子种类、阴离子价态和合成方法等因素的不同而有所变化。D-氨基葡萄糖盐酸盐与铜、钴和镍硫酸盐配合后，经 UV、IR、元素分析和热分析等综合分析表明，不同金属离子与 D-氨基葡萄糖盐酸盐的配位方式不同，其中 CuSO₄ 与其有特殊的配位方式[84]，其可能的结构如图 11-12 所示。

在氨基葡萄糖与一价阴离子金属盐的配位反应中，文献报道有形成 1∶1 型的配合物，也有 4∶1 型的配合物。而 D-氨基葡萄糖与 CuSO₄、CoSO₄ 和 NiSO₄ 形成的都是 1∶1 型的配合物。由此说明，二价阴离子盐与一价阴离子盐形成配合物的方式是不同的。

在离子强度为 0～0.75 mol/kg 的 NaNO₃ 溶

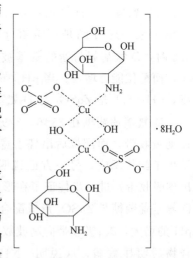

图 11-12　　D-氨基葡萄糖-硫酸铜配合物的结构示意图

液中，用电位滴定法测定 D-氨基葡萄糖与 Cu^{2+}、Fe^{3+}、Co^{2+} 和 Ni^{2+} 形成配合物的酸离解常数及配合物稳定常数（配体 pKa=7.74），结果显示这些配合物的稳定性按下列次序减小：$Fe^{3+}>Cu^{2+}>Ni^{2+}>Co^{2+}$。这些工作为 D-氨基葡萄糖与金属配合物的研究奠定了基础。以 D-氨基葡萄糖盐酸盐和咖啡酸为配体，可以得到 La^{3+} 与 Sm^{3+} 的三元稀土配合物。元素分析表明，配合物的组成分别为 $La_2(C_6H_{13}NO_5)(C_6H_7O_4)_4Cl_2$ 和 $Sm_2(C_6H_{13}NO_5)(C_9H_7O_4)_4Cl_2$。红外光谱分析表明，D-氨基葡萄糖和咖啡酸同时参与了配位[85]。叶勇等人利用紫外可见光谱、荧光光谱、表面增强拉曼光谱研究了 22 种席夫碱类 D-氨基葡萄糖形成的抗癌金属配合物与 DNA 的相互作用，提出将荧光光谱与表面增强拉曼光谱结合可作为化合物是否有抗癌活性筛选的可行性依据[86]。

11.3　壳聚糖衍生物对金属离子吸附

壳聚糖衍生物归纳起来有 3 种类型：N-、O- 和 N,O-位取代产物，它们因取代位置不同，对金属离子的吸附方式也不同。

11.3.1　N-壳聚糖衍生物

在壳聚糖的—NH_2 上引入不同的基团，可使壳聚糖的性质发生较大的变化，在其分子链中引入含—COOH 或—OH 的基团，可提高壳聚糖对金属离子的配位或吸附能力[87]。用脂肪醛或芳香醛与壳聚糖反应生成席夫碱，然后用 $NaBH_3CN$ 或 $NaBH_4$ 还原，是制备壳聚糖的 N-衍生物的主要方法。用乙醛酸与壳聚糖反应，再用 $NaBH_4$ 还原可制得水溶性的 N-羧甲基壳聚糖，发现将其加入到过渡金属离子溶液中能够生成不溶于水的金属螯合物，在中性溶液中对 Cu^{2+}、Ni^{2+}、Zn^{2+}、Hg^{2+}、Pb^{2+}、Co^{2+}、Cd^{2+} 和 UO_2^{2+} 有很好的吸附能力[88]。研究还发现它与二价金属离子亲和力大小依次为 $Cu^{2+}>Cd^{2+}>Pb^{2+}$，$Ni^{2+}>Co^{2+}$[89]。N-羧甲基壳聚糖对 Ca^{2+} 和 Fe^{2+} 的络合能力均随 pH 的升高而增大，当 pH=10 时，N-羧甲基壳聚糖对 Ca^{2+} 的最大吸附量为 0.6575 mmol/g；pH=6.0 时 N-羧甲基壳聚糖对 Fe^{2+} 的最大吸附量为 2.3920 mmol/g。N-羧甲基壳聚糖对 Fe^{2+} 的络合吸附能力大于 Ca^{2+}[90]。N-(O-羧苯甲基) 壳聚糖是两性聚电解质，它的制备类似于 N-羧甲基壳聚糖，是壳聚糖与苯醛酸在还原剂存在的条件下反应制得的，它也是水溶性的，形成非水溶性螯合物时依赖于溶液的 pH。该聚合物在浓度为 200～500 mg/mL 范围内能够除去稀溶液中的 Co^{2+}、Ni^{2+}、Cu^{2+}、Cd^{2+}、Pb^{2+} 和 UO_2^{2+}，而且即使在高浓度溶液中 Cu^{2+} 和 Pb^{2+} 也能被全部除去。

将吡啶、噻吩和甲基硫引入壳聚糖，合成了含硫取代基的壳聚糖衍生物，它们对于贵金属离子有很强的螯合能力，而对于重金属离子的螯合能力不强，因而可用于贵金属离子与重金属离子的分离[91]。用氨基乙酸、EDTA、亚氨基二乙酸和二亚乙基三胺五乙酸作酰化剂得到的 N-酰化壳聚糖，对于金属离子有很好的吸附能力，但几种壳聚糖衍生物得到最大吸附量的 pH 不同[92]。

　　分别用丙酮酸、α-酮戊二酸经席夫碱反应对壳聚糖进行修饰，可以得到高取代的水溶性丙酮酸缩壳聚糖（PCTS）和 α-酮戊二酸改性壳聚糖（KCTS）。金属离子浓度、介质酸度、吸附时间对吸附剂去除金属离子的能力影响研究表明，PCTS、KCTS 对 Cu^{2+}、Zn^{2+} 和 Co^{2+} 的吸附能力比壳聚糖、水杨醛壳聚糖效果好[93]。α-酮戊二酸缩壳聚糖和羟胺 α-酮戊二酸缩壳聚糖对 Zn^{2+} 吸附符合 Langmuir 等温吸附经验式，同时也符合二级反应动力学特征。吸附表观活化能分别为 $E_a = 25.47$ kJ/mol 和 $E_a = 5.473$ kJ/mol，二级速率常数 k 分别为 0.00311 g/(mg·min) 和 0.005 g/(mg·min)。这些数据表明 Zn^{2+} 在壳聚糖衍生物上的吸附行为不受物理作用的影响，而主要是化学作用的影响[94]。将 KCTS 及经盐酸羟胺二次改性合成的羟胺 α-酮戊二酸缩壳聚糖（HKCTS）分别与 Fe^{3+} 交联并负载口服茶碱药物，可得到 KCTS-Fe-T 和 HKCTS-Fe-T（图 11-13 和图11-14）。该缓释剂具有明显的缓释效果[95]。

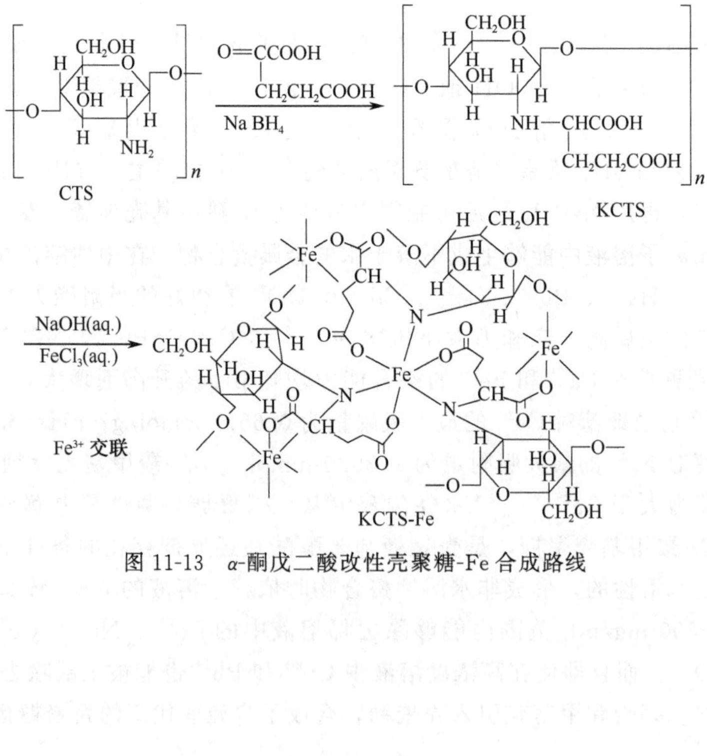

图 11-13　α-酮戊二酸改性壳聚糖-Fe 合成路线

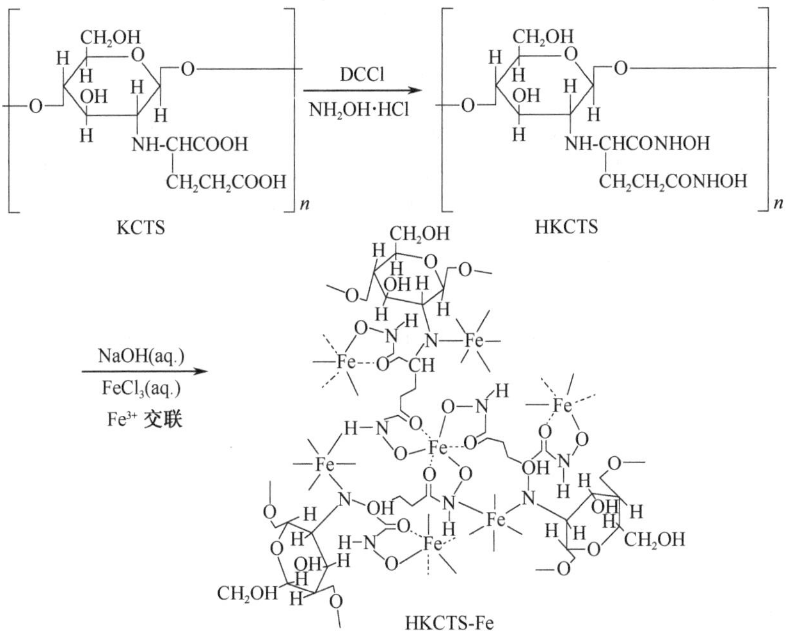

图 11-14　羟胺 α-酮戊二酸缩壳聚糖-Fe 的合成路线

11.3.2　*O*-壳聚糖衍生物

壳聚糖对金属离子的吸附主要是分子中的—NH_2 起作用，而在—NH_2 形成席夫碱后尽管稳定性和刚性增强了，但吸附量却下降了，而 *O*-位反应不仅保留了—NH_2，而且引入的基团又可进一步增强壳聚糖的功能性。因此，该类反应的研究工作受到了更多的关注。

O-羧甲基壳聚糖有很好的溶解性和很强的金属离子配合能力，氮原子上的孤对电子还能够最大限度地与很多金属离子形成配位键，从而生成配合物沉淀下来。C_6 位取代的 6-*O*-羧甲基壳聚糖与 Ca^{2+} 可形成稳定的配合物，而 C_3 位和 C_6 位取代的 3,6-*O*-羧甲基壳聚糖与 Ca^{2+} 键合位点存在弱相互作用，这意味着 6-*O*-羧甲基壳聚糖与 Ca^{2+} 的配合物比 3,6-*O*-羧甲基壳聚糖与 Ca^{2+} 的配合物稳定。羧甲基壳聚糖与金属离子的配位吸附具有明显的选择性，对不同金属离子的配位吸附能力不同，且配位吸附过程受羧甲基取代度、溶液 pH、离子强度、温度以及反应时间等因素的影响[96]。*O*-丁烷基壳聚糖和 *O*-羧甲基壳聚糖对废水中较难处理的污染物 Cr^{6+} 的吸附研究表明，壳聚糖对 Cr^{6+} 吸附的最佳 pH＝5.0～6.0，最佳吸附时间大约为 2 h，吸附率可达 90％以上。丁烷基壳聚糖对 Cr^{6+} 的吸附效

果都比壳聚糖本身好得多，吸附 Cr^{6+} 的最佳 pH 在 5.0 附近，更适应酸性环境[97]。

　　氨基保护的壳聚糖微球经环氧氯丙烷交联可得到不溶于酸的吸附剂，与氯乙酸在碱性条件下反应，可得 O-羧甲基壳聚糖树脂（图 11-15）。对 Pb^{2+} 的吸附研究表明：在 1 h 内有最快的吸附速率；吸附受 pH 影响，在 pH=5 时，对 Pb^{2+} 的吸附量为 1.12 mmol/g，比壳聚糖树脂提高了 70%[98]。

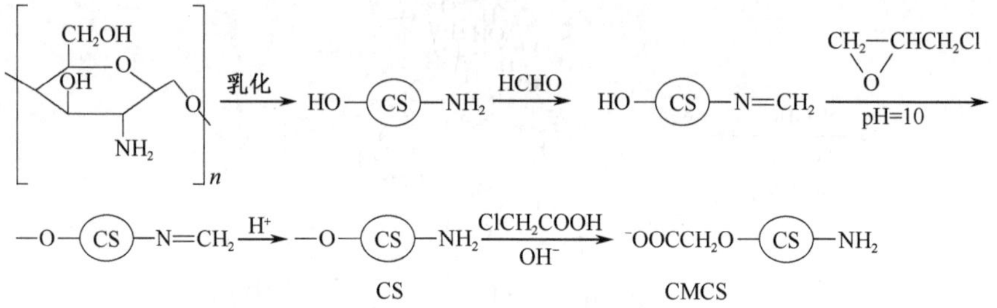

图 11-15　O-羧甲基壳聚糖交联树脂的合成路线

　　多胺类化合物对许多重金属及贵金属离子有着选择性及稳定性，但是它们容易溶解于水中不能回收利用，因此使其应用受到限制。如果将它们引入壳聚糖高分子骨架形成壳聚糖和多胺类化合物的双重结构，这些新型的壳聚糖衍生物将在溶液中金属离子及重金属离子的分离富集上有着广泛的应用[99,100]。利用环氧氯丙烷作为二乙烯三胺接枝壳聚糖的连接基团，由于其与 C_2 位置及 C_6 位置的活性基团均可以发生反应，故在 C_2 位置上利用苯甲醛与壳聚糖反应制成席夫碱对 —NH_2 进行保护，使环氧氯丙烷与壳聚糖 C_6 位置的—OH 反应引入环氧基团，然后二乙烯三胺与其发生接枝反应，接着脱去用于氨基保护的苯甲醛而保留 C_2 位置的游离氨基，使其结构中氨基含量上升，成为新型壳聚糖氨基衍生物二乙烯三胺接枝壳聚糖（CTSN）[101]，其反应路线如图 11-16 所示。对 Pd^{2+}、Ag^+、Ni^{2+}、Cu^{2+}、Co^{2+} 和 Cd^{2+} 等金属离子的静态吸附性能研究表明，CTSN 对金属离子有较大的吸附容量，对 Pd^{2+} 和 Ag^+ 的吸附容量分别为 1.29 mmol/g 和 1.15 mmol/g。在与 Cu^{2+} 和 Ni^{2+} 共存的混合溶液中，CTSN 对 Ag^+ 表现出更高的吸附选择性。CTSN 的选择系数为 $K(Ag^+/Cu^{2+})=11.73$，而交联壳聚糖的选择系数仅为 3.2。溶液 pH 显著影响 CTSN 对 Ag^+ 的吸附[102]。

　　为了提高对 Hg^{2+} 的吸附量，将壳聚糖经戊二醛交联后与氯乙酸反应在壳聚糖的羟基上引入羧基，然后将交联的羧化壳聚糖珠用乙二胺处理制得胺化壳聚糖珠[103]。胺化壳聚糖在 pH=7.0 时对 Hg^{2+} 的吸附量为 2.3 mmol/g。综合分析表明，胺化壳聚糖珠对 Hg^{2+} 和 H^+ 存在典型的竞争吸附。图 11-17 为胺化壳聚糖吸附 Hg^{2+} 前后的 ESEM 照片。从图 11-17(a)可以看出，胺化壳聚糖表面呈多孔

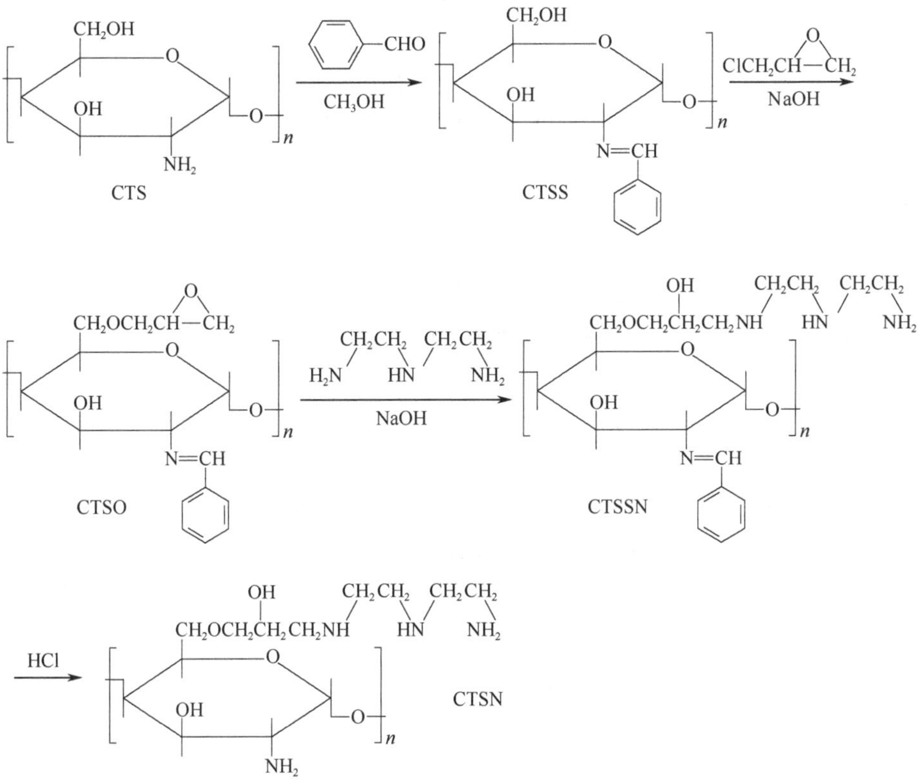

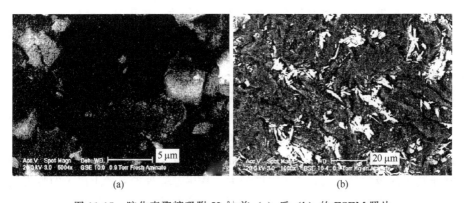

图 11-16　交联二乙烯三胺接枝壳聚糖合成路线

结构，这有助于胺化壳聚糖珠对 Hg^{2+} 的吸附。然而图 11-17（b）显示了胺化壳聚糖表面密集，这意味着胺化壳聚糖珠由于吸附 Hg^{2+} 而使其表面的孔减少，同时也说明胺化壳聚糖表面在与 Hg^{2+} 溶液接触时有溶胀现象。

(a)　　　　　　　　　　　　　　(b)

图 11-17　胺化壳聚糖吸附 Hg^{2+} 前（a）后（b）的 ESEM 照片

胺化壳聚糖珠对 Hg^{2+} 的吸附是一个放热反应,在 150 r/min、10 min 就可以达到吸附平衡。胺化壳聚糖珠对 Hg^{2+} 的吸附受离子强度、有机材料和碱土金属离子的影响不大。吸附到胺化壳聚糖珠上的 Hg^{2+} 可由 EDTA 进行 95% 的脱附,循环使用 5 次后,胺化壳聚糖珠的重复再生率仍能达到 90%[104]。

11.3.3　*N,O*-壳聚糖衍生物

壳聚糖分子中有—NH_2 和—OH,在碱性条件下很容易发生 *N,O* 位反应。*N,O*-羧甲基壳聚糖对重金属离子有很强的配合作用,用它处理含 Cu^{2+} 的废水,配合反应能在几分钟内达到平衡,是用壳聚糖处理平衡时间的 1/300。当 Cu^{2+} 平衡浓度为 $1.25×10^{-4}$ mol/L 时,吸附量可达 189 mg/g,废水经一次处理即可达到排放标准。不同取代度的 *N,O*-羧甲基壳聚糖对 Cu^{2+} 吸附结果表明,高取代度羧甲基壳聚糖对 Cu^{2+} 螯合能力更强。取代度为 1.63 时,在 Cu^{2+} 初始浓度 $4.8266×10^{-4}$ mol/L 的稀溶液中,吸附量可达 189 mg/g[105]。

在 Zn^{2+} 与 *N,O*-羧甲基壳聚糖衍生物配合反应中,发现 Zn^{2+} 浓度为 0.005 mol/L、温度 50℃、配位体 $ZnSO_4$ 浓度为 0.25 g/100 mL 是形成 Zn^{2+} 配合物的最佳条件[106]。IR 谱图显示螯合作用是在羧基的位置上发生的。此外,还发现水不溶性螯合物有四面体的结构。水溶性羧甲基壳聚糖对 Ca^{2+}、Fe^{2+} 和 Zn^{2+} 等金属离子具有较强的配位吸附能力,对 Zn^{2+} 的吸附能力最强,对 Ca^{2+} 的吸附能力最弱。吸附的最佳 pH=5.0~7.0,室温下反应 10 min 吸附量趋于饱和。羧甲基壳聚糖对各金属离子吸附能力随羧甲基取代度的增大而增强,随着体系的离子强度增大而减弱[107]。对 Pb^{2+} 的吸附研究结果表明,羧基是吸附 Pb^{2+} 的主要活性基团,羧甲基壳聚糖对 Pb^{2+} 的饱和吸附量为 3.1083 mmol/g[108]。均相反应条件下,羧甲基壳聚糖与 Fe^{3+} 及 Ni^{2+} 形成配合物的研究表明:羧基的引入使羧甲基壳聚糖比壳聚糖具有更强的与金属离子配位的能力。羧甲基壳聚糖-Fe^{3+} 及羧甲基壳聚糖-Ni^{2+} 配合物微溶于稀 HCl,其溶解性明显弱于壳聚糖-Fe^{3+} 及壳聚糖-Ni^{2+} 配合物。由此表明,羧甲基壳聚糖金属离子配合物在酸性溶液中的稳定性强于壳聚糖金属配合物。IR 光谱分析结果显示,羧甲基壳聚糖中的—COOH、—NH_2 及—OH 都参与了与金属离子的配位反应[22]。

羧甲基壳聚糖与壳聚糖相比,对稀土离子具有更强的吸附能力,且吸附能力随羧甲基取代度的增大而增大。可见羧甲基壳聚糖吸附稀土离子的活性中心是—COO^-,其吸附能力取决于活性基团的数目。当 pH=5~7 时,羧甲基壳聚糖对稀土离子的吸附量最大;离子强度越大,羧甲基壳聚糖对稀土离子的吸附速率越慢,吸附量越小。用戊二醛为交联剂制备的交联羧甲基壳聚糖树脂所吸附的稀土离子可以方便地用酸洗脱,再用碱洗即可使树脂再生。连续再生使用 5 次,吸

附率可达 80% 以上[109]。

采用电子束辐射方法制备的交联羧甲基甲壳素和羧甲基壳聚糖，在对金属离子 Sc、Pd、Au、Cd、V 和 Pt 的吸附中，交联羧甲基甲壳素和羧甲基壳聚糖分别对 Sc 和 Au 有最大的吸附量。动力学研究结果表明，交联羧甲基甲壳素和羧甲基壳聚糖对大多数金属离子都在 2 h 达到吸附平衡。由 Langmuir 吸附等温线方程计算出交联羧甲基甲壳素和羧甲基壳聚糖对金的吸附量分别为 37.59 mg/g 和 11.86 mg/g[110]。

表 11-3 给出了取代度分别为 0.63、0.75 和 0.83 的 N,O-羧乙基壳聚糖对 7 种过渡金属离子的吸附情况[111]。与壳聚糖相比，N,O-羧乙基壳聚糖对金属离子的吸附容量都明显提高。壳聚糖主要以氨基为主要吸附点，壳聚糖发生取代反应生成 N,O-羧乙基壳聚糖后，在一定程度上降低了氨基对金属离子的吸附能力。但在其重复单元上同时引入了羧基，而羧基具有较好的配位能力，从而进一步提高对金属离子的吸附能力。因此，N,O-羧乙基壳聚糖对金属离子的吸附作用优于壳聚糖。从表 11-3 可以看出，随着 N,O-羧乙基壳聚糖取代度的增大，对金属离子的吸附量也逐渐增大，尤其对 Pb 的吸附量变化较大，说明在吸附过程中有更多的羧基参与了配位，预示着该衍生物在水处理的应用中对 Pb 有更好的选择吸附性。

表 11-3　壳聚糖和 N,O-羧乙基壳聚糖对金属离子的吸附容量

吸附容量/(mmol/g)	Cu^{2+}	Zn^{2+}	Cd^{2+}	Hg^{2+}	Pb^{2+}	Ni^{2+}	Co^{2+}
壳聚糖（DD=0.90）	1.85	1.23	1.38	1.05	0.41	1.34	1.33
N,O-羧乙基壳聚糖（DS=0.63）	2.03	1.85	1.65	1.36	1.34	1.61	1.53
N,O-羧乙基壳聚糖（DS=0.75）	2.15	1.96	1.70	1.43	1.52	1.72	1.63
N,O-羧乙基壳聚糖（DS=0.83）	2.21	2.03	1.76	1.54	1.71	1.85	1.69

11.3.4　含杂原子壳聚糖衍生物

11.3.4.1　含氮杂原子壳聚糖衍生物

将氨基酸连接到壳聚糖或部分交联壳聚糖上可得氨基酸壳聚糖衍生物，该壳聚糖衍生物对 Co^{2+} 和 Mn^{2+} 的吸附量有了显著提高[112]。在酸性条件下用甘氨酸、谷氨酸、赖氨酸、异亮氨酸修饰壳聚糖，将其对 Cu^{2+} 的吸附与壳聚糖比较时发现，吸附量依赖于离子的初始浓度和所加入基团的链长度，所引入的基团链越长，吸附量越小[113]。

　　通过图 11-18 所示的合成路线，可以得到 L-赖氨酸改性壳聚糖。金属离子浓度、吸附时间、溶液 pH 和吸附温度对壳聚糖衍生物吸附 Pu^{4+}、Pd^{2+} 和 Au^{3+} 的影响研究表明：L-赖氨酸修饰壳聚糖分别在 pH＝1.0、pH＝2.0 和 pH＝2.0 时，对 Pu^{4+}、Pd^{2+} 和 Au^{3+} 的吸附量达到最大。壳聚糖衍生物吸附 Pu^{4+}、Pd^{2+} 和 Au^{3+} 的饱和吸附量分别为 129.26、109.47 和 70.34 mg/g，吸附过程可由 Langmuir 吸附等温线描述。动力学研究结果表明：其吸附过程复合准二级动力学模型；对 Pu^{4+}、Pd^{2+} 和 Au^{3+} 的吸附是一个放热的自发过程。采用 0.7 mol/L 硫脲-2 mol/L HCl 可使这些贵金属离子达到最大脱附量[114]。

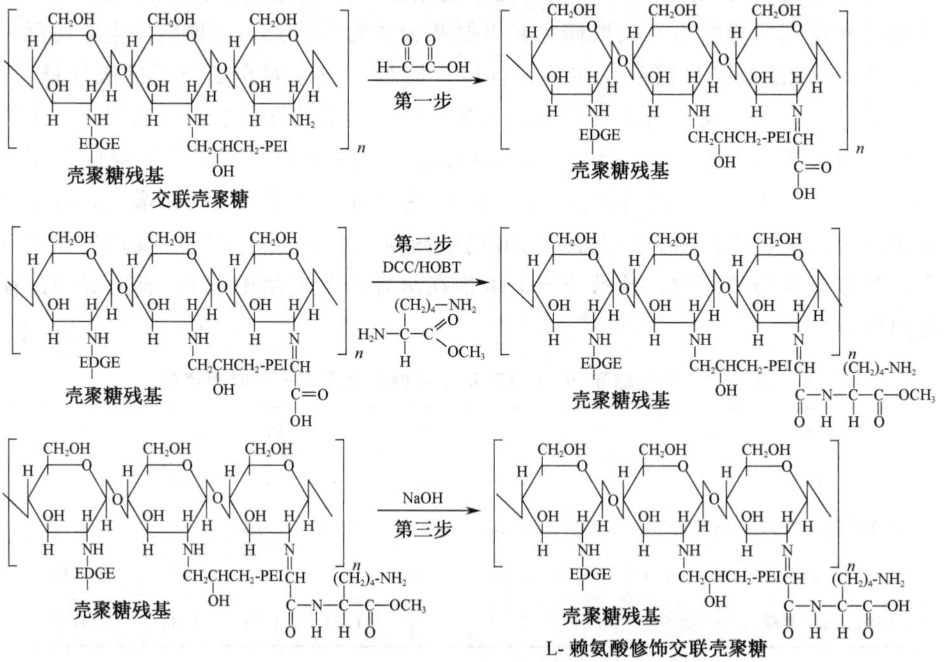

图 11-18　L-赖氨酸改性壳聚糖的合成路线

　　采用乙二胺和 3-氨基-1,2,4-三唑-5-硫脲分别对壳聚糖进行化学修饰，可得壳聚糖/胺和壳聚糖/吡咯树脂，合成路线如图 11-19 所示[115]。该树脂对 Hg^{2+} 和 UO_2^{2+} 的吸附实验表明，相对于壳聚糖/吡咯树脂，壳聚糖/胺树脂表现出更高的吸附量。这是由于壳聚糖/胺树脂中胺的活性部位比较紧凑，可以和金属离子有效地结合（见图 11-20 和图 11-21）。在 pH＜2 时，树脂可以从 Hg^{2+} 和 UO_2^{2+} 的混合溶液中优先选择吸附 Hg^{2+}，这是因为在酸性介质中，Hg^{2+} 可以通过离子交换吸附到树脂上，而 UO_2^{2+} 则不能被吸附。壳聚糖/胺树脂对 Hg^{2+} 和 UO_2^{2+} 的吸附量分别为 2.0 和 1.7 mmol/g。Langmuir 吸附等温线模型表明，相对于 UO_2^{2+}，

Hg^{2+}和树脂之间有很强的键合作用。吸附在树脂上的 Hg^{2+}和 UO$_2^{2+}$ 可以分别用 H$_2$SO$_4$ 和 HCl 洗脱。

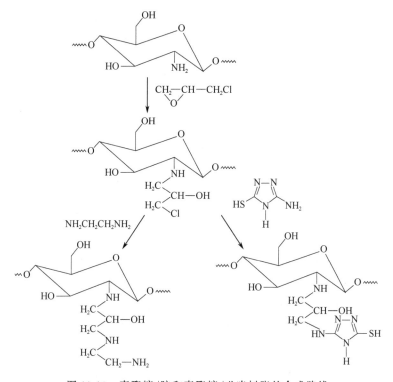

图 11-19　壳聚糖/胺和壳聚糖/吡咯树脂的合成路线

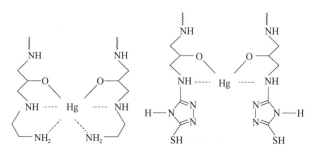

图 11-20　壳聚糖/胺和壳聚糖/吡咯树脂与 Hg^{2+} 的络合方式

新型多胺化交联壳聚糖（P-CCTS）含有大量胺基，对重金属离子具有高的吸附容量[116]。壳聚糖对 Cu^{2+}、Pb^{2+}、Ni^{2+}、Cd^{2+} 和 Mn^{2+} 的吸附容量分别为 217.7、418.9、110.7、223.3 和 93.98 mg/g，而 P-CCTS 对 Cu^{2+}、Pb^{2+}、Ni^{2+}、Cd^{2+} 和 Mn^{2+} 的吸附容量分别增加至 286.8、685.4、133.1、284.5 和

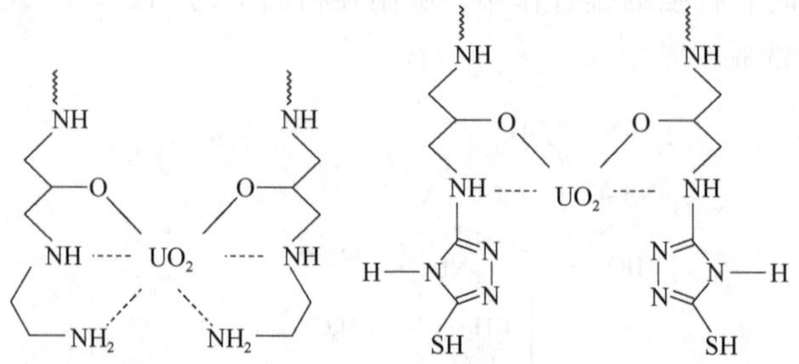

图 11-21　壳聚糖/胺和壳聚糖/吡咯树脂与 UO_2^{2+} 的络合方式

148.2 mg/g。在 pH＝6.0 的溶液中，P-CCTS 可以完全除去浓度分别为 50 mg/L 的 Cu^{2+}、Pb^{2+}、Ni^{2+} 和 Cd^{2+} 等重金属离子，说明 P-CCTS 对低浓度重金属离子有很高的去除率。

　　由 2-吡啶烷基二醛对壳聚糖先交联而后由 $NaBH_4$ 还原的衍生物，在较低的 pH 范围内，能够从碱金属离子溶液中选择性吸附 Pd^{2+}，在 Cu^{2+}-Fe^{2+}（硝酸铵溶液）共存时选择性吸附 Cu^{2+}[117]。N-(2-吡啶甲基)壳聚糖在 pH 较低的条件下，对于 Ni^{2+}、Pd^{2+}、Cu^{2+} 和 Hg^{2+} 等能够形成配合物的金属离子具有较好的吸附能力。与交联壳聚糖相比，它能够选择吸附 Ni^{2+} 和 Pd^{2+}[118]。研究发现 N-(2-吡啶甲基)壳聚糖在水溶液中对 Cu^{2+} 的吸附平衡常数较大[119]，吸附平衡常数不同是吡啶环取代位置不同而导致的。

　　壳聚糖还可与吡哆醛盐酸盐反应，而后用氰化硼氢化钠还原得壳聚糖－吡哆醛[120]。这种衍生物对 Cu^{2+}、Pb^{2+} 和 Fe^{3+} 显示了较强的吸附能力。在 pH＝5 的铜溶液中，2 h 内吸附 Cu^{2+} 达 71%，而在相同条件下，壳聚糖只能吸附 54%。研究发现这类衍生物相比于其他的壳聚糖衍生物如巯基琥珀酸壳聚糖、硫杂丙环壳聚糖和琥珀酰胺壳聚糖等有更高的吸附能力。用环氧氯丙烷交联时，当这类衍生物对 Cu^{2+} 的选择性要高于 Fe^{3+}、Zn^{2+}、Cd^{2+}；N-2-羟基-3-甲基-氨丙基-壳聚糖对 Cu^{2+} 和 Hg^{2+} 的吸附能力与壳聚糖相比好得多[121]。

11.3.4.2　含硫杂原子壳聚糖衍生物

　　二硫代氨基甲酸壳聚糖可通过壳聚糖与二硫碳化合物反应制备，也可以通过二硫代氨基甲酸盐和壳聚糖相互作用制备[122]。这类衍生物能够选择吸附 Ag^+、Au^{3+} 和 Pd^{2+}，对 Ag^+ 的最大吸附量为 3.6 mmol/g。它比壳聚糖以及含有相同官能团的螯合树脂具有更高的吸附能力。壳聚糖与氯乙醇或含—SO_3 基团的环氧化合物反应可以制备壳聚糖磺酸盐衍生物，这种衍生物含有 8% 的 S，而且容易与铁离子进行配位。N-苯甲基磺酸盐壳聚糖和二磺酸盐都是除去酸性溶液中金属离子的良好吸附剂[123]。这类衍生物可以通过壳聚糖与 2-甲酸基苯磺酸钠和 4-甲酸基-1,3-苯磺酸钠反应而后用氰化硼氢化钠还原制得。二磺酸盐衍生物对 Cd^{2+}、Zn^{2+}、Ni^{2+}、Pb^{2+}、Cu^{2+}、Fe^{3+} 和 Cr^{3+} 的吸附性能，要比单磺酸盐衍生物高。在 5×10^{-6} 溶液中，单磺酸盐衍生物仅能吸附 7% 的 Cr^{3+}，而二磺酸盐能吸附 25% 的 Fe^{3+} 和 26% 的 Cr^{3+}。为了提高单磺酸基化合物的吸附能力，可将化合物中的氨基用酸酐保护起来，同样，双磺酸基化合物中氨基的保护也能提高其吸附性能。对保护过的聚合物对重金属离子吸附性能研究表明，二者的吸附性能均优于没有保护的聚合物，合成的磺酸基壳聚糖衍生物对吸附工业排放的酸性废水中重金属离子尤其有效。

利用氨基硫脲对贵金属离子的良好配位作用，通过接枝的方法将氨基硫脲引入壳聚糖，可生成一种新型的螯合树脂，从而提高壳聚糖对贵金属离子的吸附率和选择性[124]。壳聚糖和硫氰酸铵与肼反应可生成壳聚糖氨基硫脲衍生物，这种衍生物有交联网状结构，不溶于有机溶剂。研究发现这种衍生物对 Hg^{2+} 吸附效果很好，对 Hg^{2+}、UO^{2+}、Cu^{2+} 的吸附能力依次递减。硫脲衍生物对 Pd^{2+} 和 Pt^{4+} 有好的吸附性与选择性，它的最大吸附能力几乎不受阴离子特别是 SO_4^{2-} 的影响[125]。

甲基噻吩和甲基硫修饰的壳聚糖在盐酸溶液中对 Au^{3+}、Pd^{2+}、Pt^{4+} 和 Hg^{2+} 有较高的选择性[91]。这类衍生物对 Pd^{2+} 的吸附率取决于 Cl^- 的浓度。研究还发现这些衍生物对 Pd^{2+} 吸附能力比 2-氯甲基环氧基壳聚糖及市售的螯合树脂高出 2.5～3 倍。在 pH 3～6 范围内，交联壳聚糖与 (R)-噻唑烷-4-羧酸和巯基乙酸的酯类衍生物对 Ni^{2+} 和 Cd^{2+} 与 Zn^{2+}、Mg^{2+} 和 Ca^{2+} 相比选择性要好得多[2]。

金属离子与 1,3-二氨基丙烷四乙酸和巯基乙酸官能团形成稳定的螯合物使这类衍生物即使在较低的 pH 条件下也会有相当好的吸附能力。具有线形硫脲基和羧基双官能团的改性交联壳聚糖颗粒树脂对 Cu^{2+}、Ni^{2+} 和 Co^{2+} 均有良好的吸附性，对 Cu^{2+} 的吸附量为 2.40 mmol/g，Ni^{2+} 为 1.60 mmol/g 和 Co^{2+} 为 3.10 mmol/g；在 Cu^{2+}、Ni^{2+} 和 Co^{2+} 3 种离子共存时，该吸附剂对 Cu^{2+} 有较强的选择吸附性，而在 Ni^{2+}、Co^{2+} 二元体系中，吸附剂能更强地选择吸附 Co^{2+}，这正是改性壳聚糖与壳聚糖的不同之处[125]。

丁巯基壳聚糖对 Hg^{2+} 和 Pb^{2+} 两种金属离子的吸附容量分别达到 121.0 和 177.3 mg/g，而在 Hg^{2+}-Pb^{2+}-Cd^{2+} 三元体系中，丁巯基壳聚糖不吸附 Cd^{2+}，只吸附少量的 Pb^{2+}，对 Hg^{2+} 的选择性非常高，可望在 Hg 的富集分离和分析中有潜在的应用前景[127]。将苯基硫脲与经氨基保护的席夫碱壳聚糖进行接枝反应，合成了一种对金属离子具有优良螯合性能的苯基硫脲壳聚糖，合成路线见图

11-22。吸附结果表明，苯基硫脲壳聚糖比壳聚糖对 Cr^{6+} 具有更优良的吸附性能；苯基硫脲壳聚糖对金属离子还具有吸附选择性能。预期它在重金属废水处理、自来水的净化及湿法冶金中金属离子的分离等领域得到应用[128]。

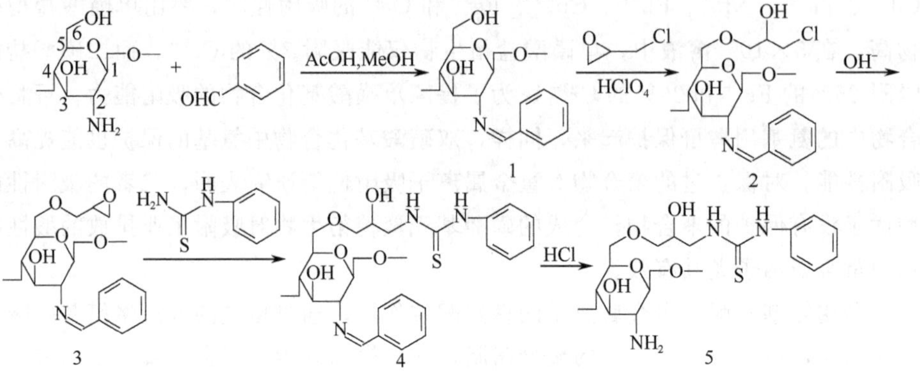

图 11-22　苯基硫脲壳聚糖合成路线

11.4　特殊结构壳聚糖衍生物对金属离子的吸附

11.4.1　冠醚壳聚糖衍生物

冠醚特殊的分子结构能对金属离子进行有选择性的络合。冠醚壳聚糖衍生物同时具有壳聚糖和冠醚的性质。氮杂冠醚接枝壳聚糖对 Cu^{2+} 等及重金属离子的吸附结果发现，该衍生物对 Cu^{2+} 具有较高的吸附量和选择性，在相同条件下，对 Cu^{2+} 吸附选择性比壳聚糖有大幅度提高[129]。这是因其在壳聚糖分子骨架上引入了高选择性的氮杂冠醚，增强了对金属离子的选择性，所以在 Pb^{2+}-Cd^{2+}-Cu^{2+} 三元体系中对 Cu^{2+} 有较高的选择性。研究发现用交联壳聚糖与 4′-甲酸基苯并 15-冠-5 和 4′-甲酸基苯并 18-冠-6 反应可合成席夫碱型交联壳聚糖冠醚衍生物（CCTSN＝CH-B-15-C-5）和（CCTSN＝CH-B-18-C-6），它们的吸附性量虽然比壳聚糖低，但是对 Ag^+ 和 Pd^{2+} 有更好的选择性。在 Pd^{2+}-Pb^{2+}-Cr^{3+} 三元体系中，它们选择次序为 $Pd^{2+} \gg Pb^{2+}$ 且对 Cr^{3+} 不吸附。CCTSN＝CH-B-15-C-5 在 pH＝6 时对 Ag^+ 比 Pb^{2+} 有更好的吸附性，对 Ag^+ 的吸附量为 52.5 mg/g，而对 Pb^{2+} 的吸附量为 4.1 mg/g。此外，CCTSN＝CH-B-15-C-5 对 Ag^+ 的吸附量要比 CTSN＝CH-B-18-C-6 好。这可能是因为冠醚 CCTSN＝CH-B-15-C-5 的半径要比 CCTSN＝CH-B-18-C-6 小[130]。用壳聚糖与 4,4′-二溴代苯并-18-冠-6-冠醚反应，可以得到 6-OH 和—NH₂ 交联的产物（如图 11-23）。但 6-OH 和 6-OH 之间，—NH₂ 和—NH₂ 之间也会形成不均匀的交联结构。而将苄基保护起来能在 6-OH

和 6-OH 间产生均匀交联，所得产物能从水相环境中分离和预富集重金属离子[131]。

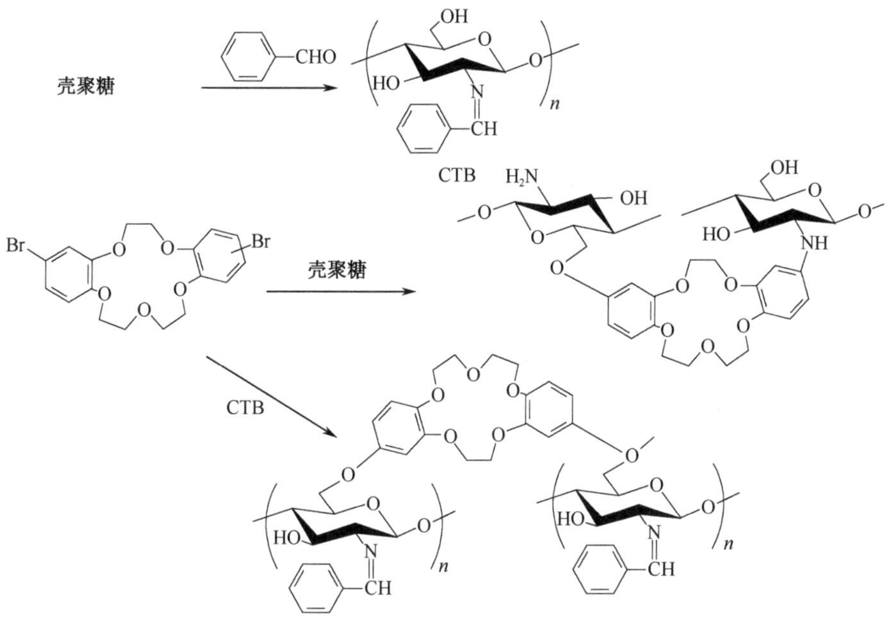

图 11-23　苯并-18-冠-6-冠醚壳聚糖合成路线

用交联的壳聚糖与二苯并-16-冠-5 氯乙酰冠醚和 3,5-二-叔丁基二苯并-14-冠-4-二氯乙酰冠醚反应，合成了两种新型的壳聚糖衍生物——交联壳聚糖二苯并-16-冠-5-乙酰冠醚（CCTS-1）和交联壳聚糖 3,5-二-叔丁基二苯并-14-冠-4-二乙酰冠醚（CCTS-2）。研究表明这两种壳聚糖的衍生物不仅对 Pb^{2+} 和 Cu^{2+} 有很好的吸附性能，而且当共存离子为 Ni^{2+} 时对这两种离子还具有很好的选择性。在包括 Pb^{2+}、Ni^{2+} 或者 Cu^{2+}、Ni^{2+} 的水溶液中，CCTS-1 只吸附 Pb^{2+} 或者 Cu^{2+}，在含有 Pb^{2+}，Cr^{3+} 和 Ni^{2+} 的水溶液中，CCTS-2 对 Pb^{2+} 具有很高的选择吸附性[132]。以交联壳聚糖和环氧活性氮杂冠醚反应，合成了新型氮杂冠醚壳聚糖衍生物 CCAE-Ⅰ 和 CCAE-Ⅱ，合成路线如图 11-24 所示。研究表明 CCAE-Ⅱ 对 Cd^{2+} 和 Hg^{2+} 吸附性能要优于 CCAE-Ⅰ，二者对 Pb^{2+}、Cu^{2+}、Cr^{3+}、Cd^{2+} 和 Hg^{2+} 的吸附性和选择性都优于壳聚糖和交联壳聚糖[133]。

将二苯并 16-冠-5 氯代乙酸酯冠醚分别接枝到两种席夫碱型壳聚糖冠醚上，制备了 1,4-壳聚糖双冠醚。该衍生物对 Pd^{2+}、Ag^+、Pt^{4+} 和 Au^{3+} 的静态吸附能力较好，并且能在 Cu^{2+} 和 Hg^{2+} 共存的条件下选择吸附 Pd^{2+}，而且壳聚糖双冠醚比壳聚糖单冠醚具有更好的选择性[134]。以 4,4'-二溴二苯并 18-冠-6 为交联剂，合成了一种冠醚交联壳聚糖（DCTS）。在 pH=7.5 的溶液中，DCTS 对铬

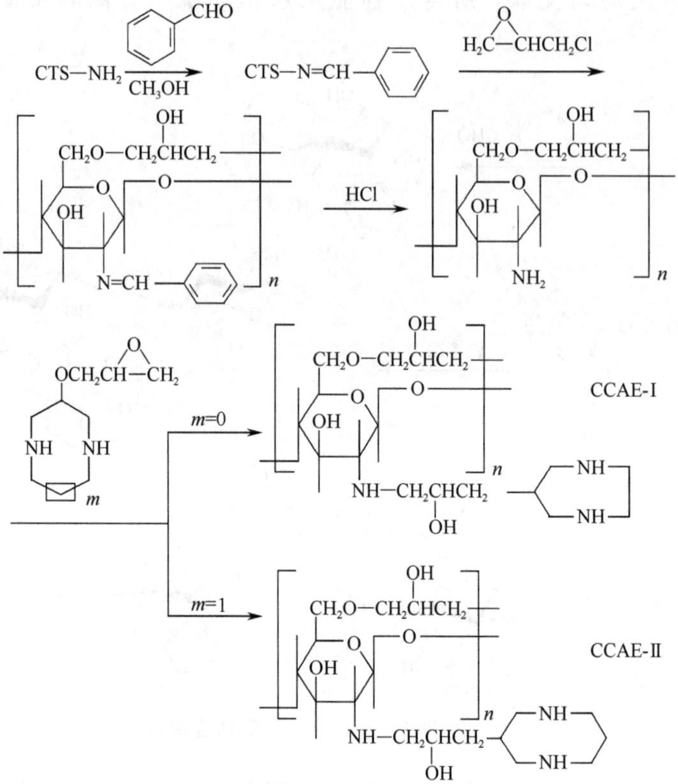

图 11-24　CCAE-I 和 CCAE-II 的合成路线

的吸附率为 100%，富集倍数可达 50 倍以上，用 0.20 g/L 酒石酸 2 mL 溶液可定量解吸总铬，用 0.20 g/L 柠檬酸 2 mL 溶液可定量解吸 Cr^{3+} [135]。

　　将壳聚糖和 N,N'-二烯丙基二苯并-18-冠-6-冠醚反应制备了二氮杂冠醚壳聚糖衍生物。通过二氮杂冠醚壳聚糖和表氯醇的交联反应制备了二氮杂冠醚交联壳聚糖。在 20±1℃，pH＝4 时，二氮杂冠醚壳聚糖和二氮杂冠醚交联壳聚糖对 Pb^{2+} 的吸附量分别为 248.1 mg/g、215.4 mg/g；对 Ag^+ 的吸附量分别为 15.8 mg/g、85.1 mg/g [136]。这两种新型二氮杂冠醚交联壳聚糖衍生物的制备过程如图 11-25 所示。

　　4-甲酸基苯并-15-冠-5 接枝交联壳聚糖对 Pd 有较高的吸附选择性。实验结果证明，4-甲酰基苯并-15-冠-5 接枝交联壳聚糖/钯新催化剂能够在常温常压下对苯乙酮进行不对称加氢催化。壳聚糖生物高分子与钯配合物作为催化剂很容易从反应体系中被分离出来，重复使用 4 次光学产率几乎没有变化 [137]。

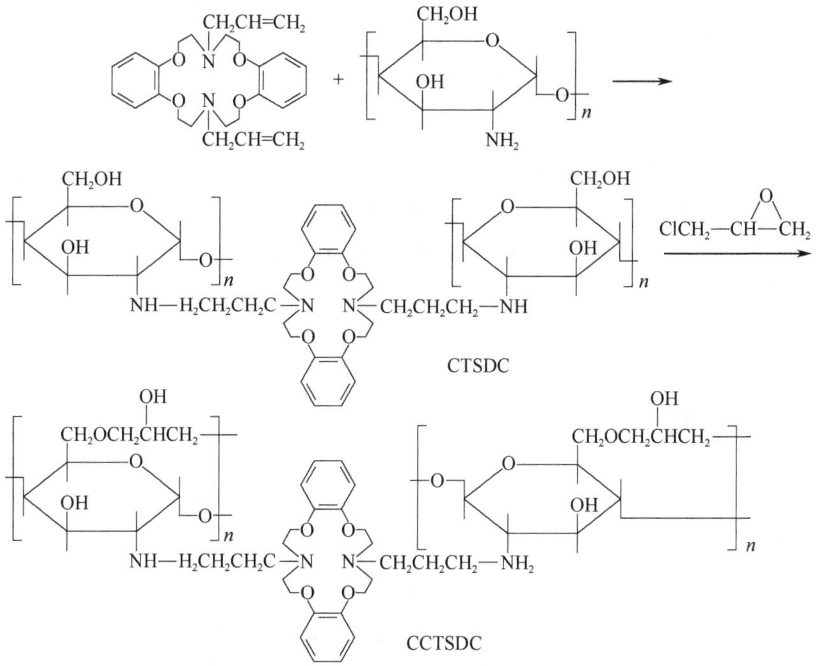

图 11-25　二氮杂冠醚交联壳聚糖衍生物的制备过程

11.4.2　环糊精壳聚糖衍生物

由于环糊精具有疏水空穴，它能与芳香性小分子等结合，近年来环状糊精-壳聚糖在药物制备、化妆品和化学分析等方面的应用备受注目。虽然环糊精 C_6 位上的—OH 基团较容易发生反应，C_2 和 C_3 位上的—OH 基团与环糊精结合所得的产物则更加有用[138]。有关环糊精壳聚糖衍生物及其对金属离子的吸附作用已在第 9 章中做了介绍，这里不再赘述。

11.4.3　杯芳烃壳聚糖衍生物

杯芳烃聚合物常常表现出优异的离子选择性识别性能，在离子交换与吸附、离子萃取与分离、离子传感器和离子色谱等方面有较好的应用前景，但这类聚合物的吸附能力一般较低。壳聚糖对金属离子有较强的吸附和螯合作用，但其对离子的选择性吸附能力较差。若将杯芳烃交联于壳聚糖上，通过杯芳烃和壳聚糖单元之间的协同作用，其络合能力应兼具二者的各自优势。通过杯 [4,6] 芳烃的乙酰氯衍生物与壳聚糖反应，可合成杯芳烃-壳聚糖聚合物[139]。杯芳烃-壳聚糖的吸附百分率比一般的杯芳烃聚合物高出许多。与未经修饰的壳聚糖相比，杯[4]芳烃-壳聚糖对 Na^+ 的吸附百分率较为突出，表现出较好的选择性吸附能力。杯[6]芳烃-壳聚糖的吸附能力比壳聚糖和杯[4]芳烃-壳聚糖要高得多，但没有对某一离子表现出明显的选择性吸附能力。由此可以推测其吸附能力的提高可归因于杯芳烃衍生物单元和壳聚糖单元的协同作用。杯[4]芳烃-壳聚糖中杯[4]芳烃为稳定的杯式构象，从而有较好的选择性吸附能力，杯[4]的空腔较小，所以对半径较小的 Na^+ 有好的选择性吸附作用。杯[6]芳烃-壳聚糖中杯[6]芳烃衍生物单元没有固定的构象，所以尽管吸附能力大为提高，但选择性吸附能力没有明显改善。有关杯芳烃壳聚糖衍生物详细介绍见第 9 章。

11. 4. 4　其他壳聚糖衍生物

以 Fe^{2+}-H_2O_2 为引发剂，N-乙烯基吡咯烷酮为醚化剂，将壳聚糖进行醚化改性，可得到接枝含氮杂环化合物壳聚糖（NVP-CTS）。NVP-CTS 对 Ni^{2+}、Cu^{2+}、Cr^{3+} 和 Pb^{2+} 4 种重金属离子的吸附研究表明，由于在壳聚糖分子中接枝上了含氮杂环化合物，NVP-CTS 对重金属离子的吸附性能为改性前的 2～5 倍，并且对 Ni^{2+} 有特殊的吸附能力，吸附量约为其他离子的两倍。以 Ni^{2+} 为实验对象，研究吸附时间、吸附温度以及吸附溶液 pH 对 NVP-CTS 和 CTS 的吸附性能的影响时发现，NVP-CTS 较壳聚糖达到平衡的时间要长，吸附时间达到 150 min 以后，吸附趋于饱和；吸附能力随吸附温度的升高而降低，NVP-CTS 的吸附性能较壳聚糖随温度变化小；随着吸附溶液 pH 的升高，NVP-CTS 和壳聚糖的吸附能力增加，但 pH 的变化对 NVP-CTS 较 CTS 要小[140]。以壳聚糖（CTS）为基体，经环氧氯丙烷交联，可得水不溶性交联壳聚糖（CCTS），然后以 Fe^{2+}-H_2O_2 为引发剂，将丙烯腈单体接枝到 CCTS 分子骨架上，经皂化可得水不溶性接枝羧基壳聚糖聚合物（CTCA）。经元素分析、FT-IR 分析和 XRD 分析表征了结构，CTCA 含 N 量低于 CTS 和 CCTS，在交联、接枝和共聚过程中未破坏 CTS 和 CCTS 中的吡喃苷六元环结构，其结构与预期吻合。对 Cu^{2+}、Cr^{3+}、Cd^{2+} 和 Pb^{2+} 的吸附实验结果说明，CTCA 对 Pb^{2+} 和 Cd^{2+} 具有较大的吸附容量，对 Cd^{2+} 的吸附速率大于 Cu^{2+} [141]。

将聚丙烯腈接枝壳聚糖进一步衍生化可以得到偕胺肟（amidoximated）壳聚糖。与交联壳聚糖相比，它对 Cu^{2+}、Mn^{2+} 和 Pb^{2+} 有更好的吸附性，并且对 Cu^{2+} 和 Pb^{2+} 的吸附量与 pH 呈线性关系。但是它对 Zn^{2+} 和 Cd^{2+} 的吸附有明显的降低[142]。将乙烯吡咯烷酮均相接枝到壳聚糖上，可以合成聚乙烯吡咯烷酮接枝壳聚糖[143]，它不溶于一般的有机溶剂和有机/无机酸，能很好地吸附 Cu^{2+}。与链烯酸一样，链烷二酸、链烯二酸接枝壳聚糖衍生物也有较高的吸附性，可作为两性絮凝剂，在酸性介质中聚阳离子官能团发挥作用，在碱性介质中聚阴离子官能团发挥作用[88]。

壳聚糖可与单糖、二糖甚至是多糖在—NH₂ 上发生支化反应，形成一种新的衍生物。脱氧乳糖壳聚糖能与 Cu^{2+}、Fe^{3+} 形成络合物。D-半乳糖壳聚糖不仅能吸附稀土金属离子还能吸附碱金属离子，吸附顺序为 $Ga^{3+}>In^{3+}>Nb^{3+}>Eu^{3+}$，$Cu^{2+}>Ni^{2+}>Co^{2+}$，选择吸附系数受金属离子价态的影响[144]。

11.5　壳聚糖及其衍生物吸附机理

关于壳聚糖对金属离子的吸附机理已经被广泛研究。Muzzarelli 最早研究了壳聚糖对 Cu^{2+} 的配位能力，并推测壳聚糖与金属离子通过 3 种形式结合：离子交换、吸附和配合[4]。这个推测被以后的许多研究者接受和证实。例如钙以离子交换占优势，而其他金属离子则是以吸附或配合为主。但由于制备方法不同，有关吸附机理的解释也不尽相同。

11.5.1　壳聚糖及其衍生物吸附机理

目前用于吸附机理方面的表征方法主要有 IR、CP-MAS、¹³C NMR、CD、EPR 和 XPS 等。以壳聚糖-Cu^{2+} 为例，吸附 Cu^{2+} 前后壳聚糖分子中 C、O 元素的结合能谱图没有明显变化，说明吸附过程中 C、O 没有化学变化。吸附后 N 的结合能谱图有了明显变化，已分裂成两个峰，分别位于 -401.5 eV 和 -403.5 eV 左右，这是 N 存在两种结合能的表现。一种结合能与吸附前的结合能一致，位于 -401.5 eV，另一种结合能则因为 N 在吸附过程中有明显失电子倾向，从 -401.5 eV 变成 -403.5 eV。$CuSO_4$ 中 Cu^{2+} 结合能是 -935.6 eV，而壳聚糖结合的 Cu^{2+} 存在着 -935.6 eV 和 -933.8 eV 两种结合能，结合壳聚糖分子链上 N 元素结合能的变化，认为结合能为 -933.8 eV 的这部分 Cu^{2+} 是通过配位作用吸附到壳聚糖上的，而结合能为 -935.6 eV 的 Cu^{2+} 则认为是通过离子交换吸附在壳聚糖上的[145]。

壳聚糖、供电子配体（如水杨醛、氨基酸等）可共同与金属离子形成二配体三元配合物，如壳聚糖、水杨醛缩乙二胺与钴形成五配位的金属配合物构型[146]。通过 IR 和 XPS 分析，认为壳聚糖-Zn^{2+} 是通过壳聚糖表面—NH₂ 中的 N 提供孤电子对和 Zn^{2+} 外层 4s 和 4p 所形成的 sp^3 杂化轨道配位成配位数为 4 的正四面体构型[147]；而壳聚糖-Cd^{2+} 是通过壳聚糖表面—NH₂ 中的 N 提供孤电子对和 Cd^{2+} 外层 5s 和 5p 所形成的 $3p^3$ 杂化轨道配位后形成配位数为 4 的正四面体构型的螯合物[148]。Navarro 等系统研究了壳聚糖及其衍生物对 Cd、V、Mo

的吸附机理，认为阴离子价态越高，越易被吸附[149]。

有机配体的存在也会影响壳聚糖对金属离子的吸附。以 Cu^{2+} 为例，若溶液中存在柠檬酸（L^-），该有机配体对 Cu^{2+} 的螯合作用会改变壳聚糖吸附 Cu^{2+} 的机理。在酸性溶液中，L^- 与 $Cu(OH)L^{2-}$ 都可与质子化氨基反应，pH<3 时，由于解离的自由配体 L^- 占优势，CuL^- 和 $Cu(OH)L^{2-}$ 很少，壳聚糖对 Cu^{2+} 的吸附量很低；pH>3 时，由于解离的自由配体 L^- 很少，$Cu(OH)L^{2-}$ 占优势，质子化的氨基通过静电吸引吸附 $Cu(OH)L^{2-}$，所以对 Cu^{2+} 的吸附量逐渐增大，直至 pH=4.5～5.5[150]。

将壳聚糖制成膜后浸泡在含有金属离子 Cu^{2+}、Co^{2+}、Ni^{2+} 的溶液中可得到相应的复合物[151]。根据光谱中官能团特征频率的位移和 XPS 谱中元素结合能的变化，认为 Cu^{2+}、Co^{2+}、Ni^{2+} 与壳聚糖膜的吸附机理包括物理吸附和化学吸附，其中化学吸附是通过壳聚糖表面部分—NH_2 提供孤对电子和金属离子形成配位键。

在较低浓度时，壳聚糖对大部分金属离子的吸附符合 Langmuir 吸附等温线方程，壳聚糖吸附 Cu^{2+} 是单电子层吸附，吸附过程中 H^+ 与 Cu^{2+} 发生竞争反应，溶液偏中性时有利于吸附，偏酸性时有利于脱附[152]。壳聚糖对 Fe^{2+} 的吸附行为，通过研究其光谱性能、元素分析和热分析结果，认为壳聚糖与 Fe^{2+} 之间发生了配位作用，其吸附行为可用 Langmuir 单分子层吸附机理解释，且求得吸附表观活化能为 20.23 kJ/mol [13]。

利用 X 射线电子光谱研究壳聚糖片、壳聚糖球以及用戊二醛交联的壳聚糖与 Cu^{2+}、Mo^{6+}、Cr^{6+} 的配位作用。结果表明，这 3 种金属离子均是通过壳聚糖分子中—NH_2 上的 N 原子进行配位作用的[153]。采用 NMR、XRD、ICP-OES 以及远红外光谱等表征手段，研究壳聚糖和戊二醛交联壳聚糖对 7 种金属离子的吸附机理。结果表明壳聚糖 C_2 位上的 N 原子和金属离子发生作用从而形成壳聚糖金属配合物。做出了壳聚糖的螺旋状模型以及两个壳聚糖和一个交联剂的模型，从而得出金属离子吸附在聚合物的内部，而不是吸附在聚合物的表面的结论[154]。

由以上介绍可以看出，用不同的制备方法或用不同的表征手段对同一种金属离子的吸附有不同的机理解释，在这方面还有许多工作需深入开展。

11.5.2　壳聚糖及其衍生物配位结构

关于壳聚糖与金属离子配合物的结构，金属离子不同所形成的结构不同，Piron 和 Domard[155] 提出有两种形式的壳聚糖—金属络合物结构。一种为分子内或分子间桥式络合方式，另一种为金属离子与壳聚糖链中一个氨基络合的悬挂式模式。在均相条件下，研究壳聚糖与 CuSO₄ 配位作用，随着 pH 的升高，壳聚糖分子中的羟基参与配位，至 pH＝5 时，稀碱中的一个羟基也参与配位；pH＝6 时，稀碱中的两个羟基参与了配位；pH＝7 时，两个羟基转变为 1∶1 桥羟结构，其结构式如图 11-26 所示[17]。

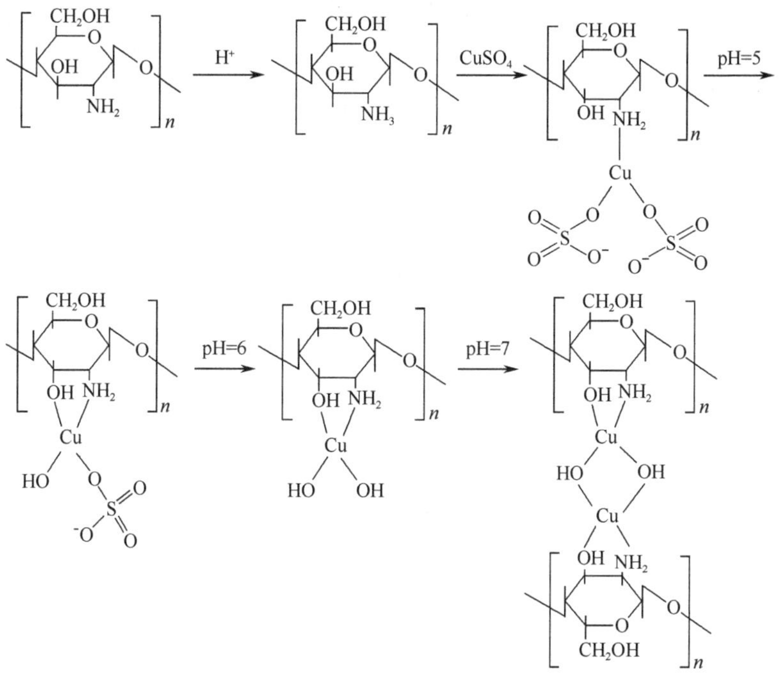

图 11-26　不同 pH 下壳聚糖-铜（Ⅱ）的配位结构

以不同的壳聚糖与 ZnSO₄ 原料比反应，可得到不同结构的壳聚糖-ZnSO₄ 配合物（图 11-27）[12]。在均相反应条件下，完全脱乙酰化的壳聚糖与 ZnSO₄ 进行配位，用元素分析、IR、固体 ^{13}C NMR、UV-vis、TGA 和 XRD 等表征方法研究了 Zn^{2+} 与壳聚糖所形成配位聚合物的组成和结构。在 pH＝7 时，一个 Zn^{2+} 与两个壳聚糖重复单元中的氨基和仲羟基进行了配位[156]。

用 XPS、IR、热分析、电导率等方法确定壳聚糖与 Co（Ⅱ）的配位情况，研究认为 Co^{2+} 和两个糖残基结合形成高自旋的配合物[11]（图 11-28）。

用 X 射线光电子光谱法测定了壳聚糖和壳聚糖-Cd^{2+} 络合物表面 C、O 及 N 原子的结合能及组成，研究了壳聚糖与 Cd^{2+} 的作用机理[157]。N 原子的化学位移表明氨基是吸附活性基团。由化学分析和 XPS 得到参与吸附的 N/Cd 值为 1.6，存在物理吸附和化学吸附，在化学吸附中两个 N 原子与一个 Cd^{2+} 络合，其络合吸附的结构式如图 11.29 所示。

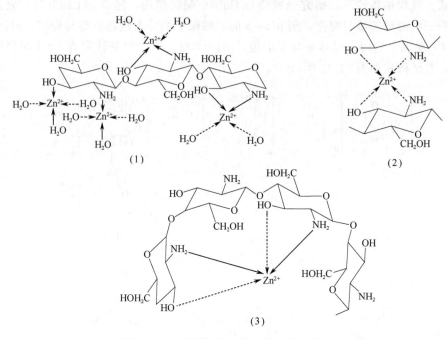

图 11-27　壳聚糖-锌（Ⅱ）的配位结构式

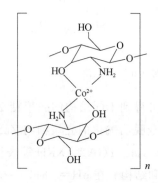

图 11-28　壳聚糖-钴（Ⅱ）的
配位结构式

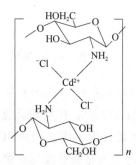

图 11-29　壳聚糖-镉（Ⅱ）的
配位结构式

　　壳聚糖与金属离子配合物的制备方法不同，其结构也不同。以壳聚糖-Pd 化合物为例，共沉淀法制得的化合物很可能是螯合结构，而吸附法制得的化合物则是一个钯离子与两个壳聚糖氨基配位[158]。

　　壳聚糖是一类重要的天然高分子，通过化学改性可赋予各种功能性，所以它与大多数金属离子可形成配合物。但目前壳聚糖及其衍生物金属配合物的制备，绝大多数反应是以非均相为主。由于壳聚糖分子中存在分子间和分子内氢键，对配位反应会产生一定的影响，形成的配合物往往是非计量的。而在均相配位反应中，壳聚糖溶于酸后几乎呈无定形状态，易发生配位反应，且在一定的 pH 下有固定的配比。因此，系统展开均相条件下壳聚糖及其衍生物金属配合物的研究，对于定量研究构效关系具有重要意义。

目前对壳聚糖及其衍生物与金属离子的配位研究尚未形成一套完整的理论体系，在壳聚糖及其衍生物金属配合物的报道中，多以应用为主，虽涉及了机理和结构的研究，但缺乏系统性和理论性。尽管高分子配体与金属离子形成配合物后结构复杂，但随着现代分析测试手段的不断发展，金属配合物由定性向定量发展已是必然趋势。深入系统地探索壳聚糖及其衍生物金属配合物的结构和反应机理，必将为它们在催化聚合[159]、吸附剂[160,161]、抑菌作用[162]和修复材料[163]等方面的应用提供理论依据。

壳聚糖及其衍生物与金属离子吸附研究的应用已经取得了一定的进展，但是这对于取之不尽、用之不竭的壳聚糖资源来说，还是比较缓慢而不够深入。随着对壳聚糖及其衍生物与金属离子吸附研究的深入开展，相信必将会拓宽它们的应用领域。

参 考 文 献

[1] Covas C P, Alvarez L W, Monal W A. The adsorption of mercuric ions by chitosan. J Appl Polym Sci, 1992, 46 (7): 1147~1150

[2] Becker T, Schlaak M, Strasdeit H. Adsorption of nickel (Ⅱ), zinc (Ⅱ) and cadmium (Ⅱ) by new chitosan derivatives. React Funct Polym, 2000, 44 (3): 289~298

[3] Khor E, Lim L Y. Implantable applications of chitin and chitosan. Biomaterials, 2003, 24 (13): 2339~2349

[4] Muzzarelli R A A. Chitin. New York: Pergamon press, 1977, 134

[5] Tseng R L, Wu F C, Juang R S. Effect of complexing agents on liquid-phase adsorption and desorption of copper (Ⅱ) using chitosan. J Chem Technol Biotechnol, 1999, 74 (6): 533~588

[6] Kim D S, Park B Y. Effects on the removal of Pb²⁺ from aqueous solution by crab shell. J Chem Technol Biotechnol, 2001, 76 (11): 1179~1184

[7] Kurita K, Sannan T, Iwakura Y. Studies on chitin. Ⅵ. Binding of metal cations J Appl Polym Sci, 1979, 23 (2): 511~515

[8] 柯火仲, 吕禹泽. 壳聚糖氨基含量对铜吸附量和氨基酸回收率的影响. 化学世界, 1991, 32 (4): 158~160

[9] James L, Roerig, James E et al. The eating disorders medicine cabinet revisited: a clinician's guide to appetite suppressants and diuretics. Int J Eat Disord, 2003, 33 (4): 443~457

[10] Yonekura L, Suzuki H. Nutrition Research, Some polysaccharides improve zinc bioavailability in rats fed a phytic acid-containing diet. Nutr Res, 2003, 23 (3): 343~355

[11] Guan H M, Cheng X S. Study of cobalt (Ⅱ) -chitosan coordination polymer and its catalytic activity

　　　　and selectivity for vinyl monomer polymerization. Polym Adv Technol，2004，15（1-2）：89～92

[12] Wang X H，Du Y M，Liu H. Preparation，characterization and antimicrobial activity of chitosan-Zn complex. Carbohydr Polym，2004，56（1）：21～26

[13] 张秀军，郎惠云，魏永锋等. 壳聚糖亚铁螯合物的合成及吸附动力学. 应用化学，2003，20（8）：749～753.

[14] 刘振南. 壳聚糖对重金属离子的吸附研究. 广西化工，1996，25（2）：8～11

[15] 徐景华，鲁越青，李益民等. 壳聚糖对重金属离子吸附作用的研究. 水处理技术，1998，24（6）：359～362

[16] 陈炳稔，汤又文，李国明等. 可再生甲壳素吸附铬（Ⅵ）的特性研究. 应用化学，1998，15（3）：109～111

[17] 王爱勤，邵士俊，周金芳等. 甲壳胺与Cu（Ⅱ）配合物的合成与表征. 高分子学报，2000，（3）：297～300

[18] 黄晓佳，王爱勤. 壳聚糖对Zn²⁺的吸附性能研究. 离子交换与吸附，2000，16（1）：60～65

[19] 季君晖. 壳聚糖对Cu²⁺吸附行为及机理研究. 离子交换与吸附，1999，15（6）：511～517

[20] 陈天，汪士新. 壳聚糖对铬离子（Ⅲ）的吸附研究. 离子交换与吸附，1997，13（5）：466～471

[21] Burke A，Yilmaz E，Hasirci N et al. Iron（Ⅲ）ion removal from solution through adsorption on chitosan. J appl Polym Sci，2002，84（6）：1185～1192

[22] 孙兰萍. 壳聚糖配合物的合成及其性质研究. 安徽：安徽大学硕士学位论文，2006

[23] 王艳丽，刘萍，孙君社. 提高壳聚糖基亚铁配合物络合量的研究. 食品工业科技，2006，27（10）：92～95

[24] 张海容，郭祀远，李琳等. 壳聚糖与五种过渡金属离子形成配合物的研究. 光谱实验室，2006，23（5）：1035～1038

[25] 曹佐英，葛华才，赖声礼. 微波能促进壳聚糖钙离子配合物的制备研究. 食品工业科技，2000，21（2）：11～13

[26] 曹佐英，赖声礼. 微波辐射下壳聚糖Zn（Ⅱ）配合物的合成. 现代化工，1999，19（11）：24～27

[27] Hu K H. Removal of copper from aqueous solution by chitosan in prawn shell：adsorption equilibrium and kinetics. J Hazar Mater. 2002，90（1）：77～95

[28] Onteiro O A C，Airoldi C. Some thermodynamic data on copper-chitin and copper-chitosan biopolymer interactions. J Colloi Inter Sci，1999，212（2）：212～219

[29] 刘维俊. 壳聚糖对微量金属离子吸附作用研究. 上海工程技术大学学报，2002，16（3）：227～230

[30] Inoue K.，Yoshizuka K，Ohto K. Adsorptive separation of some metal ions by complexing agent types of chemically modified chitosan. Anal Chim Acta，1999，388（1-2）：209～218

[31] Volesky B. Biosorption of heavy metals. Boca Raton，FL：CRC Press，1990，253

[32] 王振东，李琼，余会堂等. 壳聚糖对含Hg²⁺、Bi³⁺废水的吸咐研究. 武汉科技学院学报，14（2）：6～11

[33] 吕键. 硒化壳聚糖和砷化壳聚糖的制备、结构及其性质分析. 延吉：延边大学硕士毕业论文，2004

[34] 张鹏，刘蒲，王向宇等. 壳聚糖负载贵金属催化剂的研究进展. 化学进展，2006，18（5）：556～562

[35] Hardy J J E，Hubert S，Macquarrie D J et al. Chitosan-based heterogeneous catalysts for Suzuki and Heck reactions. Green Chem，2004（2）：6：53～56

[36] Yang X，Tian J，Huang M et al，Hydrogenation of nitriles catalyzed by a silica-supported chitosan-platinum nickel complex. Macromot Chem，1993，14（8）：485～488

［37］ Ishizuki N, Torigoe K, Esumi K et al. Characterization of precious metal particles prepared using chi-
tosan as a protective agent. Colloids Surf, 1991, 55（4）: 15～21

［38］ 卢华, 王惠, 刘汉范. 甲壳质、甲壳胺衍生物保护的贵金属胶体. 高分子学报, 1993, 11（1）:
100～103

［39］ 熊远珍, 柳喆. 壳聚糖对银离子的吸附作用. 南昌大学学报, 1999, 23（3）: 276～278

［40］ 张苏敏, 魏永锋, 郎惠云. 壳聚糖银（Ⅰ）配合物的合成及吸附动力学. 化学通报, 2005（4）:
296～300

［41］ 肖尧, 赵婷, 戴红等. 壳聚糖对银离子的吸附性能研究. 皮革化工, 2006, 23（3）: 5～9

［42］ Ngah W S W, K, Liang K H. Adsorption of Gold（Ⅲ）Ions onto chitosan and N-carboxymethyl Chi-
tosan: Equilibrium studies. Ind Eng Chem Res, 1999, 38（4）: 1411～1414

［43］ Shen Z, Jiang D, Zhang Y. Rare earth polymer complex catalyst for ring opening polymerization of epi-
chlorohydrin, Chem Res Chin Univ, 1995, 11（3）: 238～242

［44］ 张一烽, 曾宪标, 沈之荃. 壳聚搪负载稀土催化剂催化甲基丙烯酸甲酯聚合. 高等学校化学学报,
1997, 18（7）: 1202～1206

［45］ 李继平, 邢魏魏, 杨德君等. 壳聚糖对镧系金属离子吸附性的研究. 辽宁师范大学学报, 2001, 24
（1）: 54～56

［46］ Hao J, Jim L, John T G. Characterization of chitosan and rare-earth-metal-ion doped chitosan films.
Macromol Chem Phys, 198（5）: 1561～1578

［47］ Wang F, Zhang Y, Fan X P. One-pot synthesis of chitosan/LaF$_3$: Eu^{3+} nanocrystals for bio-applica-
tions. Nanotechnology, 2006, 17（5）: 1527～1532

［48］ Kamblea S P, Jagtap S, Labhsetwar N K et al. Defluoridation of drinking water using chitin, chitosan
and lanthanum-modified chitosan. Chem Eng J, 2007, 129（1～3）: 173～180

［49］ 金玉仁, 李冬梅, 张海涛等. 磁性壳聚糖对钚、镅、镄的吸附性能研究. 原子能科学技术, 1998, 32
（S1）: 136～140

［50］ 曹小红, 刘云海, 朱政等. 壳聚糖及其衍生物对铀的吸附研究. 化学研究与应用, 2006, 18（7）: 878～
880

［51］ Koyama Y, Taniguchi A. Studies on chitin X. Homogeneous cross-linking of chitosan for enhanced cu-
pric ion adsorption. J Appl Polym Sci, 1986, 31（6）: 1951～1954

［52］ 易琼, 叶菊招. 壳聚糖吸附剂的制备及其性能. 离子交换与吸附, 1996, 12（1）: 19～26

［53］ Hsien T-Y, Rorrer G L. Heterogeneous cross-linking of chitosan gel beads: kinetics, modeling, and in-
fluence on cadmium ion adsorption capacity. Ind Eng Chem Res, 1997, 36（9）: 3631～3638

［54］ Ruiz M, Sastre A M, Guibal E. Palladium sorption on glutaraldehyde-crosslinked chitosan. React Funct
Polym, 2000, 45（3）: 155～173

［55］ 王志华, 李青燕, 王书俊. 新型多孔多胺化交联壳聚糖对镉（Ⅱ）的吸附性能. 北京化工大学学报,
2003, 30（2）: 93～96

［56］ 邵健, 杨宇民. 香草醛改性壳聚糖的制备及其吸附性能. 中国环境科学, 2000, 20（1）: 61～63

［57］ Guibal E, Dambies L, Milot C et al. Influence of polymer structural parameters and experimental condi-
tions on metal anion sorption by chitosan Polym Inter, 1999, 48（8）: 671～680

［58］ Milot C, McBrien J, Allen S et al. Influence of physicochemical and structural characteristics of chi-
tosan flakes on molybdate sorption J Appl Polym Sci, 1998, 68（4）: 571～580

［59］ Jaworska M, Kula K, Chassary P et al. Influence of chitosan characteristics on polymer properties Ⅱ.

Platinum sorption properties. Polym Inter, 2003, 52 (2): 206~212

[60] Ruiz M, Sastre A M, Zikan M C et al. Palladium sorption on glutaraldehyde-crosslinked chitosan in fixed-bed systems. J Appl Polym Sci., 2001, 81 (1): 153~165

[61] 曹佐英, 赖声礼, 葛华才. 微波辐射下乙二醛交联壳聚糖的制备及其吸附性能的研究. 微波学报, 2000, 16 (1): 96~99

[62] 邵健, 杨宇民. 香兰醛改性壳聚糖对金属离子的吸附机理. 南通医学院学报, 2000, 20 (1): 40~41

[63] Ramnani S P, Sabharwal S. Adsorption behavior of Cr (Ⅵ) onto radiation crosslinked chitosan and its possible application for the treatment of wastewater containing Cr (Ⅵ). React Funct Polym, 2006, 66 (9): 902~909

[64] 李继平, 宋立民, 张淑娟. 磁性交联壳聚糖对稀土金属离子的吸附性能. 中国稀土学报, 2002, 20 (3): 219~221

[65] 曲荣君. 天然高分子吸附剂研究Ⅰ. 乙二醇双缩水甘油醚交联壳聚糖的制备及其对 Cu(Ⅱ)、Ni(Ⅱ) 的吸附性能. 应用化学, 1996, 13 (2): 22~25

[66] 刘芳等. 带席夫碱和酰肼基团的壳聚糖螯合树脂的合成及其吸附性能. 环境化学, 1996, 15 (3): 207~213

[67] Ohga K, Kurauchi Y, Yanase H. Adsorption of Cu^{2+} or Hg^{2+} ion on resins prepared by crosslinking metal-complexed chitosans. Bull chem Soc Jpn, 1987, 60 (1): 444~446

[68] 曲荣君, 刘庆俭. 天然高分子吸附剂研究: Ⅱ. 镍离子模板壳聚糖树脂的合成及特性. 高分子材料科学与工程, 1996, 12 (4): 140~143

[69] 苏海佳, 贺小进, 谭天伟. 球形壳聚糖树脂对含金属离子废水的吸附性能研究. 北京化工大学学报, 2003, 30 (2): 19~22

[70] Inoue K, Baba Y, Yoshizuka K. Adsorption of metal ions on chitosan and crosslinked copper (Ⅱ) -complexed chitosan. Bull Chem Soc Jpn, 1993, 66: 2915~2921

[71] Sun S L, Wang A Q. Adsorption properties of carboxymethyl-chitosan and cross-linked carboxymethyl-chitosan resin with Cu(Ⅱ) as template. Sep Purif Technol, 2006, 49 (3): 197~204

[72] 黄晓佳, 袁光谱, 王爱勤. 模板交联壳聚糖对过渡金属离子吸附性能研究. 离子交换与吸附, 2000, 16 (3): 262~266

[73] Sun S L, Wang A Q. Adsorption properties and mechanism of cross-linked carboxymethyl-chitosan resin with Zn (Ⅱ) as template ion. React Funct Polym, 2006, 66 (8): 819~826

[74] Inoue K, Hirakawa H, Ishikawa Y et al. Adsorption of metal-ions on Gallium (Ⅲ) -templated oxine type of chemically-modified chitosan. Sep Sci Technol, 1996, 31 (16): 2273~2285

[75] Sun S L, Wang A Q. Adsorption properties of N-succinyl-chitosan and cross-linked N-succinyl-chitosan resin with Pb (Ⅱ) as template ions. Sep Purif Technol, 2006, 51 (3): 409~415

[76] 雷永亮, 孙伟, 王海玉. 低分子量水溶性壳聚糖与 Cu (Ⅱ)、Zn (Ⅱ) 配合物的光谱分析. 青岛科技大学学报, 2003, 24 (1): 31~32

[77] 尹学琼, 林强, 张岐等. 低聚壳聚糖及其金属配合物的抗 $O_2^{-·}$ 活性研究. 应用化学, 2002. 19 (4): 325~328

[78] 郭振楚, 刘福清, 彭校宗. 壳寡糖与镧、铈配合物的合成、表征及应用. 中国稀土学报. 2003, 21 (1): 98~101

[79] 丁德润. 低相对分子质量壳聚糖及其衍生物与金属离子配合物研究. 无机化学学报, 2005. 21 (8): 1249~1252

[80] 郭振楚. 甲壳素化学与应用研讨会论文集. 浙江：1998，121

[81] 黄进，汪世龙术，孙晓宇等. 纳米壳寡糖-铁配合物的制备及其生物活性的研究. 化学学报，2006，64
（15）：1570～1574

[82] 孙胜玲，王爱勤. D-氨基葡萄糖-硫酸锌配合物的合成与表征. 合成化学，2004. 12（5）：462～464

[83] 孙胜玲，王爱勤，高忆慈. D-氨基葡萄糖与锌盐配位的红外光谱研究. 光谱学与光谱分析，2005. 25
（3）：374～376

[84] 孙胜玲，王爱勤. D-氨基葡萄糖与硫酸盐配合物的合成与表征. 合成化学. 2005，13（4）：364～367

[85] 张永安，张英峰，赵慧春等. 稀土-氨基葡萄糖咖啡酸配合物的合成与表征. 北京师范大学学报，2000，
36（1）：82～84

[86] 叶勇，胡继明，曾云鹗. 抗癌金属络合物与脱氧核糖核酸作用的谱学研究比较. 分析化学，2000，28
（7）：798～804

[87] Paradossi G，Chiessi E，Venanzi M. Branched-chain analogues of linear polysaccharides：a spectroscopic
and conformational investigation of chitosan derivatives. Int J Biol Macromol，1992，14（2）：73～80

[88] Muzzarelli R A A. Tanfani F. N-（O-carboxy-benzul）chitosan，N-carboxymethyl chitosan and dithio-
carbamate chitosan；new chelating derivertives of chitosan. Pure Appl Chem，1982，54（11）：
2141～2150

[89] Muzzarelli R A A，Delben F. Binding of metal cations by N-carboxymethyl chitosans in water. Carbon-
hydr Polym，1992，18（9）：273～282

[90] 丁德润. N-羧甲基壳聚糖对 Ca^{2+}，Fe^{2+} 的络合（吸附）及光谱研究. 上海工程技术大学学报，2004，
4（18）：298～301

[91] Baba Y，Inoue K. Adsorptive separation behavior of chitosan and chemically modified chitosan for metal
ions. 3. Preparation of chitosan derivatives containing pyridyl，thienyl，and methylthio groups and
their selective adsorption for metal ions. Nippon Ion Kokan Gakkaishi，1997，8（4）：227～234

[92] Inoue K，Ohto K，Yoshizuka K et al. Adsorption behavior of metal ions on some carboxymethylated chi-
tosans. Bunseki Kagaku，1993，42（11）：725～731

[93] 马全红，邹宗柏，高永红. 丙酮酸改性壳聚糖对金属离子的吸附性能研究. 现代化工，2000，20（10）：
44～46

[94] 丁萍，黄可龙，李桂银等. 壳聚糖衍生物对 Zn（Ⅱ）的吸附行为. 化工学报，2006，57（11）：
2652～2656

[95] 关鲁雄，丁萍，欧阳冬生等. 壳聚糖衍生物金属配合物的制备及其药物制剂的缓释特征. 化学与生物
工程，2005，（4）：15～17

[96] Uraki Y，Fujii T，Matsuoka T et al. Site specific binding of calcium ions to anionic chitin derivatives.
Carbohydr Polym，1993，20（2）：139～143

[97] 刘小鹏，张剑波，王维敬等. 壳聚糖衍生物的制备及其对 Cr（Ⅵ）离子的吸附. 北京大学学报，2003，
39（6）：880～887

[98] 施晓文，杜予民，覃采芹等. 交联羧甲基壳聚糖微球的制备及其对 Pb^{2+} 的吸附性能. 应用化学，
2003，20（8）：715～718

[99] Kurita K，Inoue S，Koyama Y. Studies on Chitin. Polym Bull，1989，21（1）：13～17

[100] Kurita K，Koyama Y，Inoue S，et al. （(Diethylamino) ethyl) Chitins：preparation and properties of
novel aminated Chitin derivatives. Macromolecules，1990，23（11）：2865～2869

[101] 易英，汪玉庭. 二乙烯三胺接枝壳聚糖的合成与表征. 离子交换与吸附，2006，22 (1)：33～38

[102] Yi Y，Wang Y T，Ye F Y. Synthesis and properties of diethylene triamine derivative of chitosan. Colloids Surf A, 2006, 277 (1～3): 69～74

[103] Jeon C，Höll W H. Chemical modification of chitosan and equilibrium study for mercury ion removal. Water Research, 2003, 37 (19): 4770～4780

[104] Jeon C，Park K H. Adsorption and desorption characteristics of mercury（Ⅱ）ions using aminated chitosan bead. Water Research，2005，39 (16)：3938～3944

[105] 魏玉萍，李桂凤，冯建新等. 高取代度 N, O-羧甲基壳聚糖的合成及其对水中 Cu^{2+} 的螯合絮凝性能. 天津大学学报，2001，34 (5)：689～693

[106] Hon N S，Tang L G. Chelation of chitosan derivatives with zinc ions I. O, N-carboxymethyl chitosan. J Appl Polym Sci, 2000, 77 (10): 2246～2253

[107] 林友文，罗红斌，陈伟等. 羧甲基壳聚糖金属配合物的研制. 中国海洋药物，2001，20 (4)：11～14

[108] 林友文，陈伟等. 羧甲基壳聚糖对铅离子的吸附性能研究. 离子交换与吸附，2001，17 (4)：333～338

[109] 韩吉慧. 壳聚糖的改性及其对稀土离子的吸附性能研究. 辽宁：辽宁师范大学硕士研究生学位论文，2004

[110] Jaroslaw M W，Naotsugu N. Adsorption of metal ions by carboxymethylchitin and carboxymethylchitosan hydrogels. Nucl Instrum Methods Phys Res Sec B Beam Interactions with Materials and Atoms, 2005, 236 (1～4): 617～623

[111] 孙胜玲，王爱勤. N, O-羧乙基壳聚糖的合成及对金属离子的吸附性能. 高分子材料科学与工程，2006，22 (3)：25～29

[112] Hiroshi I，Malko M，Boonma L et al. Synthesis of chitosan-amino acid conjugates and their use in heavy metal uptake. Int J Biol Macromol, 1995, 17 (1): 21～23

[113] Gomez M D，Esparaza M H，Reyes R C et al. Properties and adsorptive capacity of amino acids modified chitosans for copper ion removal. Macromol Symp, 2003, 197 (1): 277～288

[114] Kensuke F，Attinti R，Teruya M et al. Adsorption of platinum（Ⅳ），palladium（Ⅱ）and gold（Ⅲ）from aqueous solutions onto l-lysine modified crosslinked chitosan resin. J Hazard Mater, 2006, 146 (1～2): 39～50

[115] Atia A A. Studies on the interaction of mercury（Ⅱ）and uranyl（Ⅱ）with modified chitosan resins. Hydrometallurgy, 2005, 80 (1～2): 13～22

[116] 李青燕. 多孔多胺化交联壳聚糖的合成及其对重金属离子的吸附性能研究. 北京：北京化工大学硕士论文，2003

[117] Inoue K，Ohto K，Yoshizuka K et al. Adsorption of Lead（Ⅱ）Ion on Complexane Types of Chemically Modified Chitosan. Bull Chem Soc Jpn, 1997, 70 (10): 2443～2447

[118] Baba Y，Matsumara N，Shiomori K et al. Selective Adsorption of Mercury（Ⅱ）on Chitosan Derivatives from Hydrochloric Acid. Anal Sci, 1998, 14 (4): 687～690

[119] Rodrigues C A，Laranjeira M C M，de Fávere V T et al. Interaction of Cu（Ⅱ）on N-(2-pyridylmethyl) and N-(4-pyridylmethyl) chitosan. Polymer, 1998, 39 (21): 5121～5126

[120] Lasko C L，Pesic B M，Oliver D J. Enhancement of the metal-binding properties of chitosan through synthetic addition of sulfur - and nitrogen-containing compounds. J Appl Polym Sci, 1993, 48 (9):

1565~1570

[121] Cárdenas G，Orlando P，Edelio T. Synthesis and applications of chitosan mercaptanes as heavy metal retention agent. Int J Biol Macromol，2001，28（2）：167~174

[122] Asakawa T，Inoue K，Tanaka T. Adsorption of silver on dithiocarbamate type of chemically modified chitosan. Kagaku Kogaku Ronbunshu，2000，26（3）：321~326

[123] Weltowski M，Martel B，Morcellet M. Chitosan N-benzyl sulfonate derivatives as sorbents for removal of metal ions in an acidic medium. J Appl Polym Sci，1996，59（4）：647~654

[124] 庄莉，杨智宽. 含硫壳聚糖研究-氨基硫脲接枝壳聚糖的合成. 化学试剂，2002，24（5）：282~283

[125] Guibal E，Vincent T，Mendoza R N. Synthesis and characterization of a thiourea derivative of chitosan for platinum recovery. J Appl Polym Sci，2000，75（1）：119~134

[126] 赵春禄，刘娟，刘振儒. 壳聚糖衍生物对重金属离子的吸附性能. 环境科学，2004，25（S1）：98~100

[127] 张伟安，汪玉庭，杨智宽. 巯基壳聚糖对重金属离子的配合吸附性能. 化学试剂，2006，28（2）：65~67

[128] 李健，杨智宽. 苯基硫脲接枝壳聚糖的合成及其对金属离子吸附性能的研究. 合成化学，12（3）：255~258

[129] Yang Z K，Wang Y，Tang Y R. Synthesis and adsorption properties for metal ions of mesocyclic diamine-grafted chitosan-crown ether. J Appl Polym Sci，2000，75（10）：1255~1260

[130] Peng C H，Wang YT，Tang Y R. Synthesis of crosslinked chitosan-crown ethers and evaluation of these products as adsorbents for metal ions. J Appl Polym Sci，1998，70（3）：501~506

[131] Wan L，Wang Y，Qian S. Study on the adsorptionproperty of novel crown ether crosslinked chitosan for metal ions. J Appl Polym Sci 2002；84（1）：29~34

[132] Tan S Y，Wang Y T，Peng C H et al. Synthesis and adsorption properties for metal ions of crosslinked chitosan acetate crown ethers. J Appl Polym Sci，1999，71（12）：2069~2074

[133] Yang Z K，Wang Y T，Tang Y R. Preparation and adsorption properties of metal ions of crosslinked chitosan azacrown ethers. J Appl Polym Sci，1999，74（13）：3053~3058

[134] 谭淑英，汤心虎，汪玉庭. 壳聚糖双冠醚的合成及其对金属离子的吸附性能研究. 环境污染与防治，2001，23（5）：207~209

[135] Zhang S Q，Wang Y T，Tang Y R. Studies of some ultratrace elements in antarctic water via crown ether crosslinked chitosan. J Appl Polym Sci，2003，90（3）：806~809

[136] Ding S M，Zhang X Y，Feng X H et al. Synthesis of N，N'-diallyl dibenzo 18-crown-6 crown ether crosslinked chitosan and their adsorption properties for metal ions. Reac Funct Polym，2006，66（3）：357~363

[137] 易英. 壳聚糖衍生物的合成及其性能的研究. 武汉：武汉大学博士学位论文. 2005

[138] Martlet B，Devassin M，Crini G et al. Preparation and sorption prop-erties of a β-cyclodextrin linked chitosan derivatives. J Polym Sci Part A Polym Chem，2001，39（1）：169~176

[139] 陈希磊，杨发福，蔡秀琴等. 杯芳烃-壳聚糖聚合物的合成与吸附性能. 化学研究与应用，2004，16（3）：371~372

[140] 贾建洪，许小丰，盛卫坚. 接枝含氮杂环化合物壳聚糖的合成及其对重金属离子的吸附研究. 浙江工业大学学报，2004，32（6）：639~642

[141] 彭长宏，汪玉庭，程格等. 接枝羧基壳聚糖的合成及其对重金离子的吸附性能. 环境科学，1998，19

(5)：29～33

[142] Kang D W, Choi H R, Kweon D K. Stability constants of amidoximated chitosan-g-poly (acryloni-trile) copolymer for heavy metal ions. J Appl Polymr Sci, 1999, 73 (4)：469～476

[143] Yazdani P M, Retuert J. Homogeneous grafting reaction of vinyl pyrrolidone onto chitosan. J Appl Polym Sci, 1997, 63 (10)：1321～1326

[144] Kondo K, Sumi H, Matsumoto M. Adsorption characteristics of metal-ions on chitosan chemically-modified by D-Galactose. Sep Sci Technol, 1996, 31 (12)：1771～1775

[145] 季君晖. Cu^{2+}-壳聚糖配合物及壳聚糖吸附 Cu^{2+} 机理的 XPS 研究. 应用化学, 2000, 17 (1)：115～116

[146] 尹琼琼, 孙中亮, 林强等. 壳聚糖基金属配合物材料及其应用现状. 昆明理工大学学报, 2002, 27 (3)：78～82

[147] 丁纯梅, 宋庆平, 叶生梅. Zn^{2+}-壳聚糖螯合物的制备及其 IR, XPS 分析. 华东理工大学学报, 2003, 29 (3)：315～317

[148] 丁纯梅, 宋庆平, 王岚岚. 壳聚糖吸附 Cd^{2+} 的机理. 应用化学, 2003, 20 (2)：203～204

[149] Navarro R, Guzmán J, Saucedo I et al. Recovery of metal ions by chitosan：Sorption mechanisms and influence of metal speciation. Macromol Biosci, 2003, 3 (10)：552～561

[150] Guzman J, Saucedo I, Revilla J et al. Copper sorption by chitosan in the presence of citrate ions：influence of metal speciation on sorption mechanism and uptake capacities. Int J Biol Macromol, 2003, 33 (1～3)：57～65

[151] 郝志峰, 杨阳, 余坚等. 壳聚糖膜与 Co(Ⅱ)、Ni(Ⅱ)、Cu(Ⅱ) 复合物的 IR 光谱和 XPS 谱. 光谱实验室, 2003, 20 (6)：799～802

[152] 鲁道荣. 壳聚糖吸附重金属离子 Cu(Ⅱ) 机理研究. 安徽化工, 1998, 24 (4)：29～30

[153] Dambies L, Guimon C, Yiacoumi S. Characterization of metal ion interactions with chitosan by X-ray. Colloids Surf A, 2001, 177 (2～3)：203～214

[154] Webster A, Halling M D, Grant D M. Metal complexation of chitosan and its glutaraldehyde cross-linked derivative. Carbohydr Res, 2007, 342 (9)：1189～1201

[155] Piron E, Domard A. Interaction between chitosan and uranyl ions. Part 2. Mechanism of interaction. Int J Biol Macromol, 1998, 22 (1)：33～40

[156] 王爱勤, 周金芳, 俞贤达. 完全脱乙酰化壳聚糖与 Zn(Ⅱ) 的配位作用. 高分子学报, 2000, (6)：688～691

[157] 王志华, 王书俊, 黄毓礼. X 射线光电子光谱法研究壳聚糖吸附镉 (Ⅱ) 的机理. 分析试验室, 2001, 20 (6)：14～16

[158] Kramareva N V, Stakheev A Y, Tkachenko O P et al. Heterogenized palladium chitosan complexes as potential catalysts in oxidation reactions：study of the structure. J Mol Catal A Chem, 2004, 209 (1～2)：97～106

[159] Liu Y H, Liu Z H, Zhang Y Z et al. Graft copolymerizaztion of methyl acrylate onto chitosan initiated by potassium diperiodatocuprate (Ⅲ). J Appl Polym Sci, 2003, 89 (8)：2283～2289

[160] Liu J H, Chen X, Shao Z Z et al. Preparation and characterization of chitosan/Cu(Ⅱ) affinity membrane for urea adsorption. J Appl Polym Sci, 2003, 90 (12)：3457～3458

[161] Zhou Y G, YangY D, Guo X M et al. Effect of molecular weight and degree of deacetylation of chi-